W0394738

Gerhard Hauser

Hygienische Produktionstechnologie

Hygienische Produktionstechnologie. Gerhard Hauser
Copyright © 2008 WILEY-VCH Verlag GmbH & Co. KGaA, Weinheim
ISBN: 978-3-527-30307-3

Beachten Sie bitte auch weitere empfehlenswerte Titel zu diesem Thema

G. Hauser

Hygienegerechte Apparate und Anlagen

in der Lebensmittel-, Pharma- und Kosmetikindustrie

2008

ISBN 978-3-527-32291-4

J. G. Brennan (Ed.)

Food Processing Handbook

2006

ISBN 978-3-527-30719-7

H. P. Schuchmann, H. Schuchmann

Lebensmittelverfahrenstechnik

Rohstoffe, Prozesse, Produkte

2005

ISBN 978-3-527-31230-6

Gerhard Hauser

Hygienische Produktionstechnologie

WILEY-VCH

WILEY-VCH Verlag GmbH & Co. KGaA

Autor

Dr. Gerhard Hauser
Goethestraße 43
85386 Eching

Umschlagbild:
GEA-Tuchenhagen, Büchen

Alle Bücher von Wiley-VCH werden sorgfältig erarbeitet. Dennoch übernehmen Autoren, Herausgeber und Verlag in keinem Fall, einschließlich des vorliegenden Werkes, für die Richtigkeit von Angaben, Hinweisen und Ratschlägen sowie für eventuelle Druckfehler irgendeine Haftung.

Bibliografische Information der Deutschen Nationalbibliothek
Die Deutsche Nationalbibliothek verzeichnet diese Publikation in der Deutschen Nationalbibliografie; detaillierte bibliografische Daten sind im Internet über http://dnb.d-nb.de abrufbar.

© 2008 WILEY-VCH Verlag GmbH & Co. KGaA, Weinheim

Alle Rechte, insbesondere die der Übersetzung in andere Sprachen, vorbehalten. Kein Teil dieses Buches darf ohne schriftliche Genehmigung des Verlages in irgendeiner Form – durch Photokopie, Mikroverfilmung oder irgendein anderes Verfahren – reproduziert oder in eine von Maschinen, insbesondere von Datenverarbeitungsmaschinen, verwendbare Sprache übertragen oder übersetzt werden. Die Wiedergabe von Warenbezeichnungen, Handelsnamen oder sonstigen Kennzeichen in diesem Buch berechtigt nicht zu der Annahme, dass diese von jedermann frei benutzt werden dürfen. Vielmehr kann es sich auch dann um eingetragene Warenzeichen oder sonstige gesetzlich geschützte Kennzeichen handeln, wenn sie nicht eigens als solche markiert sind.

Satz Manuela Treindl, Laaber
Druck Strauss GmbH, Mörlenbach

ISBN: 978-3-527-30307-3

Inhaltsverzeichnis

Hygienische Produktionstechnologie. Gerhard Hauser
Copyright © 2008 WILEY-VCH Verlag GmbH & Co. KGaA, Weinheim
ISBN: 978-3-527-30307-3

Vorwort

Die Anregung des Wiley-VCH Verlags, meine Erfahrungen im Bereich der Grundlagen sowie der praktischen Gestaltung von hygienegerechten Anlagen zu publizieren, habe ich gern aufgegriffen. Das umfangreiche Themengebiet, das mich neben anderen Arbeitsbereichen des Apparatebaus und der mechanischen Verfahrenstechnik über 30 Jahre beschäftigt hat und in den letzten Jahren mein ausschließliches Tätigkeitsgebiet umfasste, hat schließlich zu zwei Büchern geführt.

Das vorliegende Buch soll in erster Linie in das Gebiet „Hygienic Design" einführen, während das zweite sich mit Beispielen der hygienegerechten Gestaltung im Bereich von geschlossenen und offenen Apparaten und Anlagen bis hin zur Anforderung an Betriebe befasst. Das vorliegende Buch baut unter anderem auf meinen Vorlesungen über Elemente des Apparatebaus und der hygienegerechten Gestaltung von Apparaten für Ingenieure der Lebensmittel- und Biotechnologie sowie auf zahlreichen Vorträgen für die Pharmatechnologie und -industrie auf. Zusätzlich spielen Erfahrungen eine Rolle, die durch langjährige Mitarbeit in verschiedenen Gremien sowie bei Durchführung von Hygienetests durch Versuchsergebnisse und die Zertifizierung von Anlagenkomponenten gewonnen wurden.

Ein wesentliches Ziel des Buches ist es, einen tieferen Einblick in die grundlegenden Wirkmechanismen und die daraus abgeleiteten Anforderungen an die hygienegerechte Gestaltung zu vermitteln. Es wendet sich zum einen an Ingenieure, die in der Konstruktion hygienerelevanter Anlagen, Apparate und Komponenten tätig sind. Die maschinenbauliche Ausbildung bietet bis heute in dieser Hinsicht leider keine Möglichkeiten der Spezialisierung oder weiterführenden Information an, so dass die speziellen Anforderungen meist erst bei entsprechender Tätigkeit in der Praxis erworben werden können. Zum anderen soll auch Ingenieuren und anderen Beschäftigten, die im Anschaffungs- und Produktionsbereich von Betrieben tätig sind, die Möglichkeit gegeben werden, grundlegende Einflüsse auf die apparative Gestaltung und daraus erwachsende Risikobereiche genauer kennen zu lernen.

Um den derzeitigen Stand der Technik aufzuzeigen, besteht die Notwendigkeit, auf rechtliche Grundlagen, Normen und Leitlinien einzugehen, die von den verschiedenen maßgebenden Organisationen in Europa und in den USA

Hygienische Produktionstechnologie. Gerhard Hauser
Copyright © 2008 WILEY-VCH Verlag GmbH & Co. KGaA, Weinheim
ISBN: 978-3-527-30307-3

herausgegeben werden. Dieser Bereich ist naturgemäß einem ständigen Wandel unterworfen.

Ein besonderes Anliegen besteht darin, einen tieferen Einblick in die üblicherweise dem praktisch tätigen Konstrukteur und Betriebsingenieur nicht direkt zugänglichen Grundlagen der „visuell nicht wahrnehmbaren" Einflüsse zu vermitteln. Die langjährige Beschäftigung mit dispersen Produkten und Partikeln im Mikro- und Nanobereich, zu denen beispielweise auch Mikroorganismen zählen, sowie die damit verbundenen Probleme der Verschmutzung und Reinigung von Oberflächen haben gezeigt, dass die Auswirkungen im nicht direkt sichtbaren Mikrobereich eine entscheidende Rolle auf die hygienegerechte Gestaltung spielen und dem Verständnis besser zugänglich gemacht werden sollten. In Zusammenhang mit diesem Arbeitsbereich möchte ich meinen ganz besonderen Dank Prof. Dr.-Ing. Karl Sommer für die zahlreichen Diskussionen über die verschiedenen Einflüsse und Auswirkungen aussprechen.

Die Ausführung und Anwendung von Anlagen für eine hygienische Produktionstechnologie beginnt im Allgemeinen mit der Auswahl von Werkstoffen, für die grundlegende Anforderungsprofile für das jeweilige Einsatzgebiet bekannt sein müssen. Unter hygienischen Gesichtpunkten ist vor allem die Beschäftigung mit Fragen der Korrosion in Zusammenhang mit Produkten und Reinigungsmitteln entscheidend. Für die hygienegerechte konstruktive Ausführung sowie deren Auswirkung auf Reinigungsverfahren und -konzepte ist die Kenntnis der grundlegenden Einflüsse und Problemstellen wichtig, die sich durch einzelne Prinzipien wiedergeben lässt.

Schließlich ist ein abschließender Bereich der Gestaltung von Maschinenelementen gewidmet, für die unter hygienischen Gesichtspunkten spezielle Ausführungen erforderlich sind. Bei der Diskussion der Anforderungen an Oberflächen werden auch Forschungsergebnisse beispielhaft angeführt, die Tendenzen von Einflüssen etwas ausführlicher aufzeigen sollen. In diesem Bereich sind weitere Ergebnisse zu erwarten, die richtungsweisend die praktische Auslegung in Zukunft bestimmen werden.

Die dargestellten Beispiele von Maschinenelementen sind im Allgemeinen jeweils zur Vermittlung der Grundidee gedacht, wie Problembereiche erkannt und beeinflusst werden können, und sind in den meisten Fällen nicht als endgültige konstruktive Lösungen gedacht. In diesem Bereich sollte dem praktisch tätigen Ingenieur die Freiheit für eigene Maßnahmen und Realisierungen gegeben werden.

Dem Wiley-VCH Verlag und den zuständigen Mitarbeitern möchte ich für die große Geduld während der Fertigstellung des Buches und die großzügige Unterstützung in der letzten Phase der Drucklegung meinen herzlichen Dank aussprechen.

Das vorliegende Buch möchte ich meiner Familie widmen, an erster Stelle aber meiner Frau, die mich die lange Zeit in allen Belangen mit liebevollem Verständnis unter Zurückstellung eigener Interessen unterstützt hat und alle unwichtigen Dinge von mir ferngehalten hat.

Eching, im März 2008 *Gerhard Hauser*

1
Einleitung

In Abstimmung mit allen relevanten Industriezweigen wie der Lebensmittel-, Pharma- und Kosmetikindustrie oder Biotechnologie sehen die staatlichen Gesundheitsbehörden sowohl ihre Hauptaufgabe als auch ihr Anliegen darin, Produkte zur Ernährung oder Behandlung von Menschen und im erweiterten Sinn auch von Tieren so weit wie möglich frei von schädlichen Einflüssen zu halten. Im Rahmen dieser Politik ist die Unbedenklichkeit, Qualität und Haltbarkeit des an den Verbraucher abgegebenen Produktes entscheidend. Alle Bestrebungen des Verbraucherschutzes zielen deshalb auf Produktsicherheit ab, um sowohl vorbeugend als auch nachhaltig vor toxischen Substanzen und relevanten Mikroorganismen zu schützen und gesundheitliche Risiken auszuschließen.

1.1
Problemkreis „Industriehygiene"

Für die genannten Industriebereiche, in denen zum Teil hygienisch hochsensible Produkte hergestellt werden, ist es charakteristisch, dass die Zielrichtung der Gesetzgebung ursprünglich allein Hygiene- und Qualitätsmaßnahmen der hergestellten Produkte umfasste, während bei den Prozessanlagen lediglich der Reinigungszustand vor Prozessbeginn eine wichtige Randbedingung darstellte. In den vergangenen Jahren sind zu diesen Anforderungen gesetzliche Vorgaben hinzugekommen: „Hygienic Design", d. h. die leicht reinigbare und hygienegerechte Gestaltung der Prozessanlagen, als wichtige Voraussetzung für sichere Produktion im Sinne des Verbraucherschutzes. Neuere Erkenntnisse und wirtschaftliche Betrachtungen zeigen, dass nur über die Kombination der beiden Zielgrößen „Produkt" und „Produktionsanlage" die angestrebte hochwertige Qualität der Erzeugnisse mit langer Lebensdauer zu erreichen ist.

Im Rahmen des vorliegenden sowie eines folgenden Buches soll speziell anhand von grundlegenden Darstellungen und praktischen Beispielen die Idee von Hygienic Design oder der „hygienegerechten Gestaltung" vermittelt werden. Aufgrund der enormen Vielfalt von Anlagentypen, Apparaten und Komponenten ist lediglich die Behandlung einer beschränkten Auswahl von Beispielen möglich, deren gestalterische Prinzipien sich auch auf andere Bereiche übertragen lassen.

Hygienische Produktionstechnologie. Gerhard Hauser
Copyright © 2008 WILEY-VCH Verlag GmbH & Co. KGaA, Weinheim
ISBN: 978-3-527-30307-3

Wesentlich ist jedoch, dass für die Praxis des Konstrukteurs sowie das Verständnis des Betriebsingenieurs oder -technikers Grundlagen aufgezeigt werden sollen, die Herstellung und Auswahl hygienegerechter Anlagen unterstützen. Neben rechtlichen Anforderungen werden theoretische Grundlagen, Fragen des Einsatzes von Werkstoffen sowie notwendige Oberflächenqualitäten in die Betrachtungen einbezogen. Für Anlagen, Apparate, Komponenten, Prozessumgebung sowie räumliche Ausstattungen werden anhand vieler konstruktiver Praxisbeispiele Schwachstellen und Problembereiche sowie Möglichkeiten zu deren Verbesserung dargestellt. Für das technische Personal werden wichtige Grundlagen der Mikrobiologie und Reinigung zum allgemeinen Verständnis dargelegt und in den Zusammenhang mit Hygienic Design gebracht.

Die Ausführungen richten sich zum einen an Ingenieure von Anlagenbau und Zulieferindustrie für die relevanten Industriezweige wie Lebensmittel-, Pharma- und Kosmetikindustrie oder Biotechnik, die im konstruktiven Bereich tätig sind und auch an Studenten der betreffenden Fachrichtungen. Zum anderen erhalten Betriebsangehörige, die für Risikoanalysen, Qualität und Produktsicherheit bei der Produktherstellung verantwortlich sind, viele praktische Hinweise auf apparatives Design.

1.2
Bewertung von Produkt und Prozessanlage

Die anfangs erwähnten Aspekte der Produktsicherheit und -qualität sollen zunächst etwas stärker differenziert werden. Der erste Aspekt konzentriert sich auf das Produkt und umfasst die Produktqualität sowie Fragen der Risiken und Gefahren für den Verbraucher, während der zweite auf die Produktionsanlage gerichtet ist und deren Reinigbarkeit und Sauberkeit vor Produktionsbeginn oder nach Chargenwechsel betrifft. Verfahren relevanter Kontrollen und Maßnahmen zur Validierung auf gesetzlich geregelter oder betriebsinterner Basis dienen der Erfassung und Sicherstellung der dafür notwendigen Hygienemaßnahmen.

Abbildung 1.1 gibt einen allgemeinen Überblick über die Strukturierung der beiden genannten Zielbereiche. Unter Hygiene werden dabei heute, ergänzend zu der grundlegenden Bedeutung „Gesundheit“ bzw. „die Gesundheit fördernd“ auch alle Bereiche verstanden, die das Vermeiden von Risiken und Gefahren für die menschliche Gesundheit durch Kontamination aufgrund von relevanten Mikroorganismen und anderen Substanzen beim Konsum von Produkten zum Ziel haben. Verallgemeinert gehören dazu alle Vorkehrungen und Maßnahmen, die notwendig sind, um ein unbedenkliches und genusstaugliches Produkt zu erreichen [1].

Abbildung 1.2 zeigt den auf das herzustellende Produkt bezogenen Bereich. Bei der Durchleuchtung aller „kritischen Punkte zur Analyse von Gefahren“ für das Produkt während des Herstellungsprozesses, im Sinne des Verbraucherschutzes durch Begriffe wie HACCP (Hazard Analysis and Critical Control Points) oder GMP (Good Engineering Practice) gekennzeichnet, werden bei der Qualitätssiche-

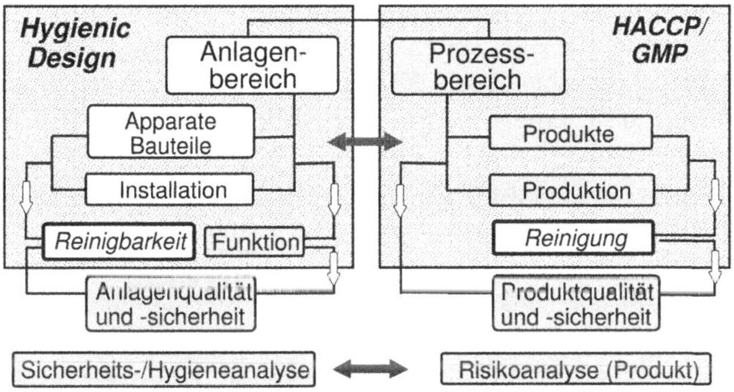

Abb. 1.1 Konzeptbereiche Hygienic Design und HACCP/GMP bei der Produktherstellung.

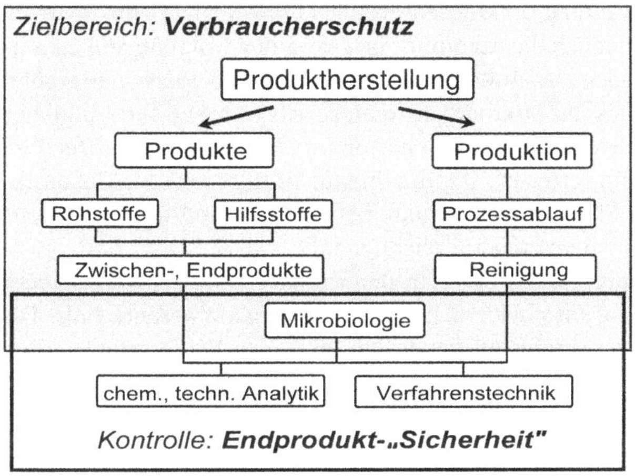

Abb. 1.2 Zielbereiche Hygiene und Qualitätssicherung bei der Herstellung von Produkten.

rung vor allem Aspekte der Hygiene und Produktreinheit berücksichtigt. Sowohl Qualität und mikrobiologische Belastung von Rohmaterialien als auch von Hilfsstoffen wie z. B. Prozessluft oder Wasser, die mit den herzustellenden Produkten in Berührung kommen, sind für das Enderzeugnis von entscheidender Bedeutung. Dazu können Einflüsse auf die Produktqualität durch Prozessgestaltung und -ablauf kommen. Aus diesem Grund muss das Herstellungsverfahren unter verfahrenstechnischen Gesichtspunkten (z. B. Abstimmung von Massenströmen, Verweilzeiten, Temperaturen) optimiert und im Hinblick auf mögliche Produktbeeinflussung kontrolliert werden. Um eine zusätzliche Kontamination durch Mikroorganismen und qualitätsmindernde Substanzen auszuschließen, steht am Ende eines jeden Produktionszyklus die Reinigung von Anlagen, Apparaten und Komponenten sowie – vor allem bei Prozessen, die währen der Produktion zur Umgebung offen sind oder inspiziert werden müssen – des Prozessumfeldes. Als Ergebnis einer umfassenden Qualitätssicherung müssen alle negativen Einflüsse auf das Produkt ursächlich ausgeschaltet werden. Wichtige Produkt- und Prozessparameter sind daher in allen Stufen der Herstellung durch analytische, verfahrenstechnische und mikrobiologische Kontrollen zu überwachen und durch geeignete Maßnahmen zu sichern.

Während man in vielen Bereichen der angesprochenen Industrien Produktverarbeitung und Reinigung von jeher als gleich wichtig einordnete, wurde lange Zeit der starke Einfluss einer hygienegerechten Anlagen- und Bauteilgestaltung als nicht relevant angesehen oder einfach vernachlässigt. In manchen Bereichen herrschte die Meinung vor, dass durch entsprechend hohe Konzentrationen von geeigneten, zum großen Teil aggressiven Reinigungs- und Desinfektionsmitteln sowie durch ausreichend lange Reinigungszeiten und hohe Temperaturen für praktisch jede Anlage der Reinigungserfolg sichergestellt werden kann. Außerdem wurde man häufig mit dem Argument konfrontiert, dass bei Produkten, die unmittelbar vor dem Abfüllen oder Verpacken pasteurisiert oder sterilisiert werden, Aspekte der Hygiene während der Herstellung nicht unbedingt die entscheidende Rolle spielen, da letztendlich die Abtötung von relevanten Mikroorganismen im letzten Schritt entscheidend ist. Außer Acht gelassen wird dabei, dass eine erhöhte Belastung des Produktes mit Mikroorganismen bereits während der Produktion dessen Qualität entscheidend beeinflussen kann und Maßnahmen zur Dekontamination erschwert und verteuert. Darüber hinaus ist die verstärkte Gefahr der Entstehung toxischer Stoffwechselprodukte bei erhöhter und unkontrollierter Anzahl an Mikroorganismen zu berücksichtigen.

Aufgrund von Lernprozessen in diesem Bereich hat sich in den vergangenen Jahren die Blickrichtung entscheidend geändert, wobei ganz wesentlich die Forderung nach hygienegerechtem Anlagendesign mit in den Vordergrund gerückt wurde. Fachbegriffe wie Hygienic Design oder reinigungsgerechte Gestaltung sind mittlerweile in aller Fachleute Munde, die mit Hygienefragen im Zusammenhang mit Produktion und Produktionsanlagen zu tun haben. Durch entsprechende konstruktive Gestaltungsmaßnahmen, die inzwischen in verschiedenen Bereichen auch gesetzlich gefordert werden, soll durch Hygienic Design die Reinigbarkeit und damit der Reinigungserfolg verbessert sowie die Reinigung sicherer gemacht werden.

Zunehmende Aufmerksamkeit wird daher diesem wichtigen Aspekt gewidmet, der gemäß Abb. 1.3 die Gestaltung von Apparaten und Komponenten (z. B. Pumpen, Ventile, Rohrleitungen, Fittings usw.) sowie die Errichtung von Anlagen umfasst. Während zunächst in allen Industriezweigen traditionsgemäß die verfahrenstechnische Auslegung, die optimierte Fertigung und Montage, die funktionsgerechte Gestaltung sowie Aspekte der Steuerung und Automation Ziele einer auf Qualität ausgerichteten Produktion sind, kommen im Bereich von Lebensmittel- und Pharmaindustrie ebenso wie in der Biotechnologie spezielle Anforderungen nach einer Gestaltung unter hygienischen Gesichtspunkten hinzu. Ausführliche Untersuchungen, begleitet von praktischen Erkenntnissen, haben gezeigt, dass in vielen üblichen Anlagenkonzepten sowie in der Gestaltung von Apparaten und Bauteilen potenzielle und akute Gefahren durch Infektionen und Kontaminationen für Produkte zu sehen sind, wenn in diesem Bereich nicht

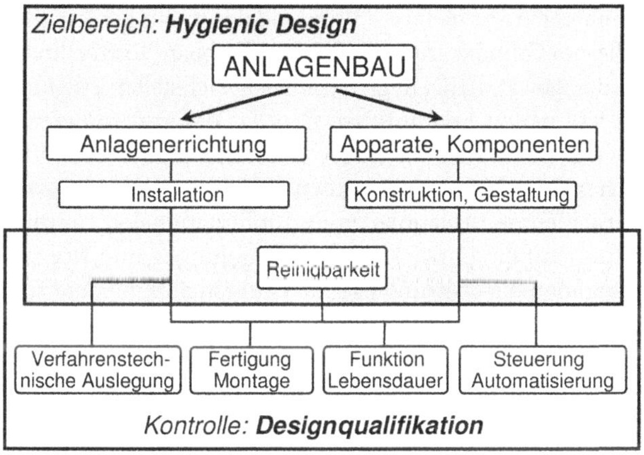

Abb. 1.3 Einflüsse auf die Qualitätssicherung im Anlagenbau unter Einbeziehung von Hygienemaßnahmen.

auf hygienegerechte Ausführung geachtet wird. Aus dieser Anforderung lässt sich die Konsequenz ableiten, dass alle produktberührten Komponenten- und Anlagenteile sowie zum Teil – z. B. bei offenen Prozessen in Reinräumen – auch die Umgebung nach entsprechenden Hygienekriterien zu dimensionieren und zu gestalten sind. Für Bereiche, die nicht produktberührt sind, gelten entsprechende Anforderungen in abgeschwächter Form.

Als Konsequenz ergibt dies zunächst eine Herausforderung für den Apparate- und Anlagenhersteller, der für die Entwicklung neuer Konzepte sowie die Gestaltung hygienegerechter Konstruktionen verantwortlich zeichnet. Ein hygienisches Gesamtkonzept kann nur dann erfolgreich sein, wenn er sich möglicher Kontaminationsquellen innerhalb von Produktionsanlagen sowie im direkten Einflussbereich bewusst wird und sie soweit wie möglich durch konstruktive Maßnahmen auszuschalten versucht. Da er vor allem in mikrobiologischen Fragen nicht geschult ist, benötigt er die Kommunikation und den Erfahrungsaustausch mit dem Produkthersteller oder Anwender. In vielen Fällen werden daher heute vom Anlagenbetreiber Lastenhefte erstellt, die dem Anlagenhersteller die notwendigen Anforderungen transparent machen sollen. Am Ende des Entwicklungsprozesses sollte eine Designqualifizierung oder -validierung stehen, die Hygienic Design zu einem der Hauptgesichtspunkte macht. Im Ergebnis soll dadurch ein nicht unerheblicher Beitrag zur Erreichung einer optimalen Produkthygiene im Rahmen des Verbraucherschutzes geleistet werden, um den Gehalt an produktverderbenden oder gesundheitsgefährdenden Mikroorganismen sowie an toxischen Stoffen innerhalb der Anlagen und damit in allen Stufen der Produktion zu minimieren.

In Teilbereichen der hygienegerechten Gestaltung wurden sowohl vonseiten der Industrie als auch der Wissenschaft bereits in einem sehr frühen Stadium Untersuchungen über grundlegende Einflüsse und die notwendigen konstruktiven Konsequenzen durchgeführt, da Anlagenhersteller im Behälter-, Rohrleitungs- und Komponentenbereich an objektiven Prüf- und Beurteilungsmethoden interessiert waren. Aus diesem Grund wurden einfach handhabbare Testmethoden entwickelt, überprüft und angewandt, die hygienische Schwachstellen erkennen lassen. Aufgrund der gewonnenen Erkenntnisse und der damit verbundenen Erfahrungen konnte auf der einen Seite in einigen Industriezweigen der Zulieferindustrie ein erheblicher Fortschritt erzielt werden. Auf der anderen Seite war durch Mitwirkung von Fachleuten in nationalen und internationalen Gremien ein entscheidender Einfluss auf die Entwicklung von Regelungen und Normen möglich. Insgesamt entstanden durch grundlegende Untersuchungen, die zum Teil durch Versuche mit neuen mikrobiologischen Testmethoden an ausgeführten Konstruktionen unterstützt wurden, eine Reihe von Veröffentlichungen auf dem Gebiet des Hygienic Design. Mittlerweile befasst sich diese Disziplin international mit der Aufgabe, auf wissenschaftlicher Basis allgemeingültige Kriterien zu entwickeln und entsprechende Hygieneanforderungen in Normen oder gesetzlichen Regelungen zu verankern.

Im Rahmen einer Gesamtbetrachtung von Hygienefragen dürfen wirtschaftliche Fragen nicht außer Acht gelassen werden. Bei den immer sensibler werdenden modernen Produkten lassen sich trotz allen Sicherheitsbestrebens Probleme nicht völlig vermeiden. Die jährlich veröffentlichten Berichte über Erkrankungen, die z. B. von Lebensmitteln verursacht werdend – im englischen Sprachgebrauch als „foodborne diseases" bezeichnet –, weisen auf die Problematik hin, die sich von gesundheitlicher Beeinträchtigung bis hin zu hohen wirtschaftlichen Belastungen erstrecken kann. In den USA, wo 1994 der Rat für Agrarwissenschaften und Technik (Council for Agricultural Science and Technology) eine Schätzung durchführte [2], geht man davon aus, dass jährlich zwischen 6,5 und 33 Millionen Menschen durch Mikroorganismen in Lebensmitteln erkranken und etwa 9000 daran sterben. Für einige Menschen ergeben sich lediglich Beschwerden oder längere Ausfallzeiten im Beruf, andere – vor allem Kinder oder ältere Menschen – erleiden häufig dauerhafte Schäden. Die jährlichen Kosten in Form aller möglichen Beeinträchtigungen bis hin zu verminderter Arbeitsfähigkeit und medizinischen Aufwendungen werden jährlich auf Summen in Milliardenhöhe geschätzt. Im Jahr 1996 wurde z. B. in den USA eine Summe zwischen 20 und 37 Milliarden Dollar beziffert, die für Rückrufaktionen von Produkten bis hin zu bekannt gewordenen Erkrankungen von kontaminierten Lebensmitteln herrührten. Die Schätzung besagt weiterhin, dass etwa ein Viertel der genannten Summe, d. h. etwa 5–9 Milliarden Dollar, auf nicht ausreichend hygienegerecht gestaltete Anlagen, Komponenten und Räumlichkeiten zurückzuführen sind. In Europa ist nach Schätzungen in Großunternehmen und Konzernen in etwa von gleich hohen Beträgen auszugehen. Hinzu kommt, dass im gesamten Bereich eine nicht zu unterschätzende Grauzone vorliegt, da nur gemeldete oder aktenkundig gemachte Probleme erfasst und abgeschätzt werden können. Auch lassen sich die ideellen Beeinträchtigungen, die zu einem allgemein verminderten Absatz von Produkten betroffener Industrieunternehmen führen können, kaum beziffern.

Aus positiver Sicht deutet dies auf ein enormes wirtschaftliches Potenzial für mögliche Verbesserungen, vor allem auch in der hygienegerechten Anlagengestaltung hin, dessen man sich bewusst sein sollte, um es sinnvoll zu nutzen und erhöhten Aufwand bei Verbesserungen zu begründen. Nicht zu vernachlässigen ist dabei der Beitrag zur Umweltentlastung, der aus der Minimierung von Reinigungsaufwand und Produktkontamination während der Produktion durch hygienegerecht gestaltete Anlagen resultiert. Auch dadurch sind zunehmend gesamtwirtschaftlich erhebliche Kosteneinsparungen zu erzielen. Ein zielgerichtetes Kostenmanagement muss daher nicht nur Produkt und Herstellungsprozess, sondern auch das Hygienic Design der Produktionsanlage und umweltschonende Gesichtpunkte umfassen.

2
Gesetzliche Regelungen

Durch die Europäische Union hat sich in den vergangenen Jahren ein Wandel der Strukturen sowie der Verantwortlichkeit ergeben, mit dem eine Rechtsangleichung in den einzelnen Ländern verbunden ist. Nach Einführung des gemeinsamen Binnenmarktes im Jahr 1993 ist der größte Wirtschafts- und Sozialraum der Welt mit über 490 Mio. Einwohnern entstanden (Stand Anfang 2007). Der Abbau von technischen Handelshemmnissen, d. h. die technische Rechtsangleichung, ist bereits seit der Gründung der Europäischen Union im Jahre 1975 ein wesentlicher Bestandteil der Realisierung des europäischen Binnenmarktes. Unterschiedliche Vorschriften, Normen sowie Prüf- und Zulassungsverfahren hemmten in einzelnen Ländern den freien Warenverkehr. Nach den als „Primärrecht" bezeichneten europäischen Verträgen, die die Grundprinzipien der Gemeinschaft wiedergeben, stellt das „abgeleitete Recht" eine wichtige Quelle des gemeinschaftlichen Rechts dar [1]. Zu ihm gehören zum einen *Verordnungen,* die allgemeine Geltung für alle Mitgliedstaaten besitzen und in allen ihren Teilen verbindlich sind. Zum anderen umfasst es *Richtlinien,* die an die Mitgliedstaaten gerichtet sind, um Rechtsvorschriften anzugleichen. Richtlinien binden die Mitgliedstaaten im Hinblick auf das zu erreichende Ziel. Im Rahmen der Harmonisierung wird jedoch die Wahl von Form und Mitteln freigestellt, mit denen die gemeinschaftlichen Ziele in den einzelnen Ländern verwirklicht werden. Ein Beispiel des Prinzips der strukturellen Entwicklung von Regelungen und dazugehörigen Normen soll Abb. 2.1 verdeutlichen. Gesetze, Regelungen, Verordnungen, Regeln und Normen folgen einer Hierarchieordnung, deren Prinzip in Abb. 2.2 dargestellt ist. Sie bestimmt sowohl die Verbindlichkeit und Gültigkeit der Aussagen als auch die Anpassungsmöglichkeiten durch Änderungen. Allerdings stellen alle rechtlichen Regelungen nur eine Momentaufnahme dar, die im Laufe der Zeit ständig verändert und aktualisiert wird. Dabei sollen im Folgenden nur solche gesetzlichen Anforderungen angeführt werden, die sich unmittelbar oder mittelbar auf die reinigungsgerechte Gestaltung (Hygienic Design) von Räumlichkeiten, Anlagen oder Geräten auswirken.

In diesem Bereich sind die gesetzlichen Regelungen zum Teil sehr unübersichtlich, da sie von der Zielrichtung her ursprünglich meist Hygienemaßnahmen für die Herstellung mikrobiologisch sensibler oder reiner, qualitativ hochwertiger Produkte mit definierten Haltbarkeits- bzw. Reinheitsanforderungen betreffen.

Hygienische Produktionstechnologie. Gerhard Hauser
Copyright © 2008 WILEY-VCH Verlag GmbH & Co. KGaA, Weinheim
ISBN: 978-3-527-30307-3

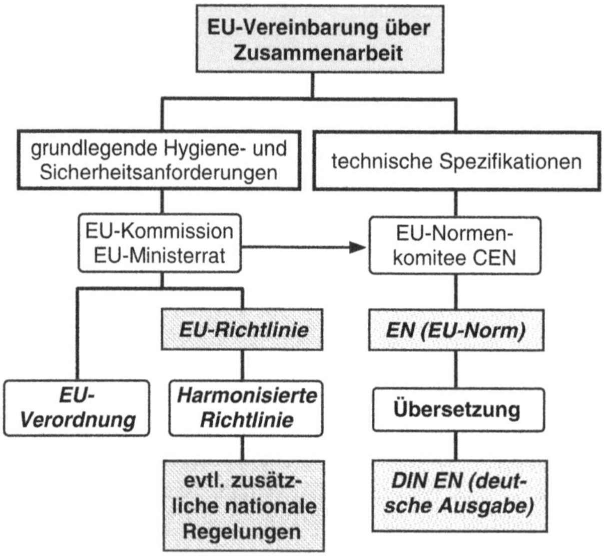

Abb. 2.1 Grundlagen und Strukturen gesetzlicher Regelungen und beauftragter Normung.

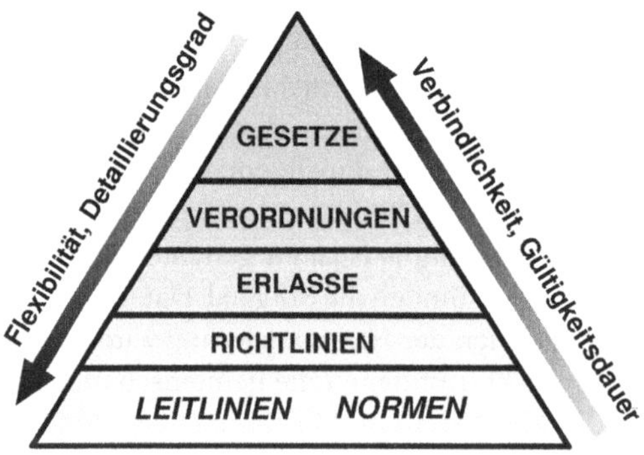

Abb. 2.2 Pyramide der hierarchischen Ordnung im gesetzlichen Bereich.

Außerdem haben sich die nationalen und internationalen Gesetze bezüglich Produkthaftung und -sicherheit in den letzten Jahren deutlich geändert. Das eigenverantwortliche Handeln der Unternehmen, die Qualifikation der Mitarbeiter sowie deren kontinuierliche Fort- und Weiterbildung sind in den Vordergrund gerückt. Die produktbezogene Betrachtungsweise hat im Endeffekt den Zweck, den Verbraucher zu schützen. Maßgebende Regelungen in dieser Hinsicht waren ursprünglich im europäischen Bereich z. B. für die Lebensmittelindustrie die Lebensmittelhygienerichtlinie [2] sowie die nationale -verordnung [3].

Neue einheitliche EU-Regelungen umfassen das sogenannte Lebensmittelhygienepaket, bestehend aus der Basisverordnung [4] und den Verordnungen (EG) Nr. 852/2004 [5], VO (EG) Nr. 853/2004 [6] und VO (EG) Nr. 854/2004) [7], dessen

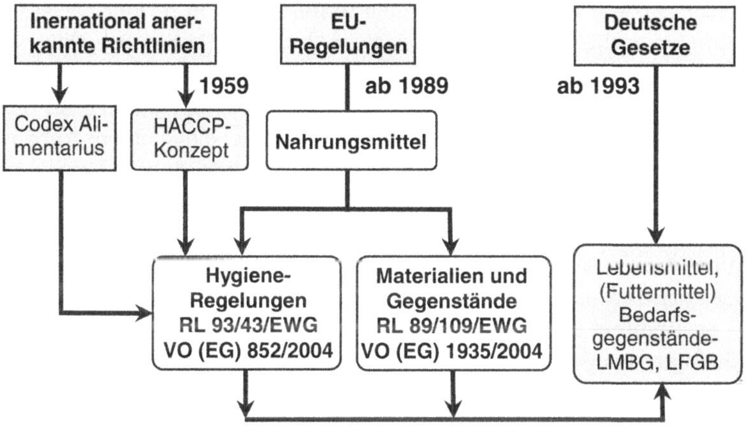

Abb. 2.3 Grundlagen der Lebensmittelhygienerichtlinie und die harmonisierte Lebensmittelverordnung.

Hygienevorschriften den Grundsatz der hygienischen Sicherheit „Vom Acker bis zum Teller“ verwirklichen und auch Kontrollen abdecken sollen.

Im Lebensmittelbereich stehen außerdem weit zurückreichende rechtliche Regelungen der EU bezüglich Materialien und Gegenständen zur Verfügung, die dazu bestimmt sind mit Lebensmitteln in Berührung zu kommen [8–10]. Sie dienen zusammen mit den Regelungen für Lebensmittelhygiene als Grundlage für zusätzliche nationale Gesetze wie das Lebensmittel- und Futtermittelgesetzbuch (LFGB) [12], das das frühere LMBG [11] abgelöst hat. Einen vereinfachten Überblick über die Zusammenhänge im Nahrungsmittelbereich gibt Abb. 2.3.

Für die Pharmaindustrie wurde die erste Richtlinie [13] für eine „Good Manufacturing Practice – GMP“ 1991 in Kraft gesetzt. Im Jahr 2001 entstand ein Gemeinschaftskodex für Humanarzneimittel mit jeweils angepassten Ergänzungen [14] sowie 2003 eine neue „Festlegung der Grundsätze und Leitlinien der Guten Herstellungspraxis für Humanarzneimittel und für die Anwendung beim Menschen bestimmte Prüfapparate“ [15].

Die Gestaltung von Anlagen unter hygienischen Aspekten, d. h. Hygienic Design, wurde in der Vergangenheit von der Idee her als notwendiges und vorteilhaftes Grundprinzip für die Lebensmittel- und Pharmaindustrie sowie die Biotechnologie erkannt, das wesentlich dazu beiträgt, Reinigung und Desinfektion sicherer, einfacher und kostengünstiger zu machen sowie zur Umweltentlastung beizutragen. In den letzten Jahren entstand daher in den genannten Industriebereichen eine allgemeine Akzeptanz der Vorteile mit der Folge, Regelungen als Grundlagen für Anforderungen und Vorgehensweisen zu fordern. In der Bundesrepublik wurden in der Vergangenheit lediglich in einigen speziellen Industriezweigen wie z. B. in der Milchwirtschaft bestimmte anlagenspezifische Anforderungen als anerkannter und notwendiger Stand der Technik in Normen aufgenommen (siehe z. B. [16]). Für alle Industriezweige gültige, detaillierte Anforderungen an eine hygienegerechte Gestaltung von Apparaten, Geräten,

Komponenten bis hin zum Anlagenumfeld waren jedoch in rechtlich relevanten Regelungen nicht vorhanden. Die Erkenntnis, dass Reinigung effektiver durchgeführt werden kann, wenn sich entsprechend gestaltete Apparate „leicht" reinigen lassen, veranlasste die gesetzgebenden Gremien, Regelungen für diesen Bereich zu erlassen. Die erste europäische Richtlinie, die in einem Anhang spezielle Anforderungen an die reinigungsgerechte Gestaltung von Nahrungsmittelmaschinen festlegt, ist die Maschinenrichtlinie [17] von 1989, die 1998 neu gefasst wurde [18] und bis Ende 2009 gültig ist. Eine neue Version [19], die 2006 veröffentlicht wurde und im Dezember 2009 in Kraft tritt, umfasst nunmehr *Nahrungsmittelmaschinen und Maschinen für kosmetische oder pharmazeutische Erzeugnisse.* Sie ist ihrem Schutzziel nach eine Sicherheitsrichtlinie, die den Schutz von Beschäftigten vor Gefahren und Risiken regelt. Es ist interessant, dass für die genannten Maschinen auch Gesundheitsanforderungen festgelegt werden und damit praktisch zum ersten Mal mangelnde „Hygiene" in Zusammenhang mit Maschinen als Gefahren- oder Risikobereich angesehen wird.

Als Folge der rechtlichen Vorgaben wurden konkrete Aktivitäten im Bereich Hygienic Design in den europäischen und internationalen Normengremien ausgelöst. Gleichzeitig begannen die verschiedensten amtlichen und privaten Organisationen in Ausfüllung der Maschinenrichtlinie detaillierte Leitlinien für die verschiedenen Bereiche der Lebensmittelindustrie zu entwickeln. Die rechtliche Relevanz solcher Leitlinien ist darin zu sehen, dass sie zusammen mit Normen den Stand der Technik beschreiben, von dem Hersteller und Anwender oder Betreiber von Geräten nur abweichen dürfen, wenn sie vergleichbar sichere technische Lösungen anwenden.

Der für die deutsche Herstellerindustrie bedeutende US-Markt besitzt ebenfalls in erster Linie Regelungen, die bezüglich Hygieneanforderungen auf die Herstellung und Abgabe von Lebensmittel-, Pharma- und Bioprodukten gerichtet, also produktspezifisch angelegt sind. Hier werden meist in gleicher Weise wie in Deutschland allgemeine grundlegende Anforderungen an Anlagen, Geräte und Ausrüstungen erwähnt, die jedoch kaum spezifiziert sind. Das amerikanische Landwirtschaftsministerium USDA definiert im Food Safety and Inspection Service (FSIS) in den Serien 11.000 die Anforderungen an „Facilities, Equipment & Sanitation" [20]. Die Food and Drug Administration FDA ist zusammen mit USDA verantwortlich für das Center for Food Safety and Applied Nutrition (CFSAN) [21]. Im Code of Federal Regulations (CFR) [22] finden sich die gesetzlichen Grundlagen für Lebensmittel und Pharmaprodukte, wobei dort zum Teil auch grundlegende Anforderungen an Geräte und Räume festgelegt sind. In den USA ist auch eine Vernetzung zwischen gesetzlichen, durch offizielle Behörden erstellte Regelungen und Leitlinien oder Empfehlungen festzustellen, die durch halbamtliche oder private Organisationen erarbeitet und veröffentlicht werden. Spezielle ausführliche Anforderungen an Hygienic Design von Apparaten und Komponenten werden entweder von Normenorganisationen oder von privaten Verbänden erstellt.

Im Folgenden soll ein beispielhafter Überblick über europäische Regelungen, die entweder direkt oder in den einzelnen Ländern durch den Schritt der Harmonisierung wirksam werden, sowie über spezielle deutsche Gesetze gegeben werden, falls übergeordnete Regelungen fehlen. Außerdem wird auf in den USA geltende Anforderungen kurz eingegangen, soweit sie Hygienic Design berühren.

2.1 Apparatebezogene Regelungen in Europa

Entsprechend einer Vereinbarung der Europäischen Union nach der „Entschließung des Rates über eine neue Konzeption auf dem Gebiet der technischen Harmonisierung und der Normung“ vom Mai 1985 (New Approach) werden in einem zweistufig gegliederten Harmonisierungsvorgang die „grundlegenden Hygiene- und Sicherheitsanforderungen“ in EU-Richtlinien und die dazu notwendigen „technischen Spezifikationen“ in europäische Normen (CEN-Normen) aufgenommen [23]. Alle verabschiedeten Richtlinien werden anschließend in den Mitgliedsländern der EU in Landessprache umgesetzt und harmonisiert. Für diesen Vorgang wird jeweils ein Zeitrahmen vorgegeben, der von den Ländern entsprechend einzuhalten ist.

2.1.1 EU-Maschinenrichtlinie

Als Konsequenz der eingangs erwähnten Erkenntnisse über den Einfluss von Anlagen, Apparaten und Komponenten im Lebensmittelbereich auf die Hygiene und Sicherheit von Produkten, haben die Gremien der europäischen Gesetzgebung in der EU-Maschinenrichtlinie [17, 18], die die grundlegenden Sicherheits- und Gesundheitsanforderungen für Maschinen regelt, erstmals in der Geschichte der europäischen Gesetzgebung konstruktive Anforderungen an Maschinen zur Nahrungsmittelherstellung unter Berücksichtigung hygienischer Gesichtspunkte festgelegt. Die Erweiterung der im Dezember 2009 in Kraft tretenden Neufassung der Richtlinie [19] schließt zusätzlich „Maschinen für kosmetische oder pharmazeutische Erzeugnisse“ mit ein.

Maschinen sind danach im Wesentlichen *„eine Gesamtheit von miteinander verbundenen Teilen oder Vorrichtungen, von denen mindestens eines beweglich ist, sowie ggf. von Betätigungsgeräten, Steuer- und Energiekreisen usw., die für eine bestimmte Anwendung, wie die Verarbeitung, die Behandlung, die Fortbewegung und die Aufbereitung eines Werkstoffs zusammengefügt sind“* [18]. Unter „Werkstoff“ sind in diesem Fall zunächst Nahrungsmittel zu verstehen, die als Lebensmittel und Futtermittel definiert werden. Wie erwähnt, erweitert sich der Geltungsbereich ab Dezember 2009 um pharmazeutische und biotechnologische Produkte. Die Maschinenrichtlinie enthält zunächst in erster Linie Regelungen zum Anwendungsbereich, Inverkehrbringen, freien Warenverkehr und zur Ausführung des CE-Zeichens als Label der EU (Abb. 2.4).

Die Anforderungen enthalten, dass Maschinen und Bauteile für die Herstellung von Nahrungsmitteln ohne Kennzeichnung durch das CE-Zeichen weder

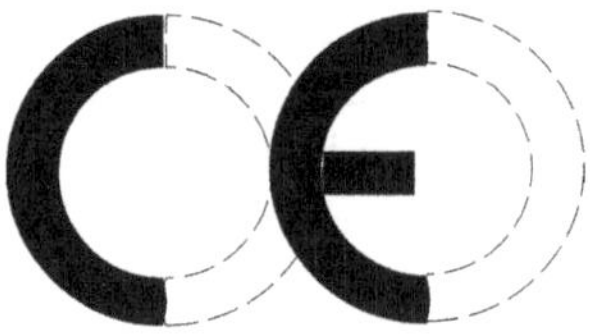

Abb. 2.4 Das CE-Zeichen, ohne das Maschinen und Bauteile weder verkauft noch in Betrieb genommen werden dürfen.

verkauft noch betrieben werden dürfen. Dabei wird die Übereinstimmung mit den Sicherheits- und Gesundheitsanforderungen bestätigt. Ein praktisches Problem ist dadurch entstanden, dass die Hersteller von Maschinen das CE-Zeichen selbst vergeben, d. h. das Kennzeichen als Garantie für die Einhaltung der Richtlinie selbst anbringen dürfen. Eine behördliche Überprüfung der Einhaltung der Anforderungen ist aus Gründen der sogenannten Deregulierung, d. h. der Aufhebung von Kontrollen und der Verlagerung der Verantwortlichkeit in den Privatbereich bezüglich der Hygieneanforderungen nicht vorgesehen. Die EU geht davon aus, dass die Partnerschaft von „Hersteller" und „Anwender" als ausreichende Kontrolle anzusehen ist.

In Anhang I der Richtlinie wurden die grundlegenden Sicherheits- und Gesundheitsanforderungen bei Konzipierung und Bau von Maschinen zusammengestellt, wobei ausgeführt wird, dass diese bindend sind. Es ist jedoch möglich, dass die in diesem Zusammenhang gesetzten Ziele beim gegebenen Stand der Technik nicht erreicht werden. In diesem Falle muss die Maschine so weit wie irgend möglich auf diese Ziele hin konzipiert und gebaut werden. Der Maschinenhersteller ist verpflichtet, eine Gefahrenanalyse vorzunehmen, um alle mit seiner Maschine verbundenen Gefahren zu ermitteln; er muss die Maschine dann unter Berücksichtigung seiner Analyse entwerfen und bauen.

Die hygienerelevanten Maschinen müssen generell so konzipiert und gebaut sein, dass Gefahren von Infektion, Krankheit und Ansteckung ausgeschaltet sind. Spezielle Anforderungen sind detaillierter ausgeführt, wobei z. B. Werkstoffe den einschlägigen Richtlinien entsprechen müssen und so zu verwenden sind, dass sie vor Benutzung sauber sein können. Flächen und Verbindungen müssen glatt sein und dürfen deshalb keine zu hohen Rauigkeiten oder Vertiefungen enthalten, in denen sich organische Stoffe festsetzen können. Produktberührte Flächen müssen leicht zu reinigen und zu desinfizieren sein, wobei leicht demontierbare Teile abzunehmen sind, wenn sie dies behindern. Verbindungen sollten vorzugsweise geschweißt oder geklebt sein. Vorstehende Teile, Leisten und Ecken sind auf ein Mindestmaß zu beschränken. Innenflächen müssen wegen leichter Reinigung ausreichend ausgerundet sein. Produktflüssigkeiten sowie Reinigungs-, Desinfektions- und Spülmittel müssen ungehindert abfließen können, wobei z. B. eine Reinigungsstellung vorgesehen werden kann.

In der englischen Originalfassung wurde in diesem Zusammenhang von „selfdraining" gesprochen, was streng übersetzt „selbstentleerend" bedeutet. Die Infiltration von Flüssigkeiten, das Festsetzen organischer Stoffe oder das Eindringen von Lebewesen in Bereiche, die nicht der Reinigung zugänglich sind, ist zu verhindern. Betriebsstoffe wie z. B. Schmiermittel dürfen nicht mit Lebensmitteln in Berührung kommen, was auch überprüfbar sein muss. Ein wesentlicher Punkt betrifft die Betriebsanleitung von Maschinen, die auch die *Reinigung* und in der Neufassung die *Reinigungsmittel* umfasst. Der Maschinenhersteller muss darin ausführen, wie seine Maschine im Einzelnen zu reinigen ist.

2.1.2
EU-Verordnung über Materialien und Gegenstände

Gestützt auf die Richtlinie 89/109/EWG [9] zur Angleichung der Rechtsvorschriften über Materialien und Gegenstände, die dazu bestimmt sind, mit Lebensmitteln in Berührung zu kommen, sowie entsprechende Ergänzungen wurde 2004 die Verordnung (EG) Nr. 1935/2004 [10] über Materialien und Gegenstände verabschiedet, die für den Kontakt mit Lebensmitteln vorgesehen sind. Ihr Geltungsbereich erstreckt sich damit im Wesentlichen auf produktberührte Werkstoffe und Bedarfsgegenstände einschließlich aktiver und intelligenter produktberührter Materialien und Artikel. Letztere sollen die Lebensdauer z. B. von verpackten Lebensmitteln verlängern, ihren Zustand erhalten oder verbessern bzw. den Zustand eines verpackten Lebensmittels oder die das Lebensmittel umgebende Umwelt überwachen.

Grundsätzlich sollen produktberührte Werkstoffe in Übereinstimmung mit Regeln der „Good Manufacturing Practice“ (GMP) hergestellt werden, d. h. die menschliche Gesundheit nicht gefährden, keine inakzeptable Veränderung in der Zusammensetzung der Lebensmittel sowie keine Veränderung in den organoleptischen Eigenschaften verursachen. Außerdem regelt die Verordnung die allgemeinen Anforderungen über die Zulassung und Kontrolle von Stoffen.

Ein wesentlicher Bereich umfasst die *Rückverfolgbarkeit* der Materialien und Gegenstände, die auf sämtlichen Stufen gewährleistet sein muss, um Kontrollen, den Rückruf fehlerhafter Ausführungen, die Unterrichtung der Verbraucher und die Feststellung der Haftung zu erleichtern. Die Unternehmer müssen deshalb unter gebührender Berücksichtigung der technologischen Machbarkeit über Systeme und Verfahren verfügen, mit denen ermittelt werden kann, von welchem Unternehmen die Materialien oder Gegenstände sowie gegebenenfalls die für deren Herstellung verwendeten Stoffe bezogen und an welches Unternehmen Erzeugnisse geliefert wurden. Die notwendigen Angaben sind der zuständigen Behörde auf Anfrage zur Verfügung zu stellen. Außerdem müssen die Materialien und Gegenstände, die in der Europäischen Gemeinschaft in Verkehr gebracht werden, im Rahmen eines geeigneten Systems zu identifizieren sein, das die Rückverfolgbarkeit anhand der Kennzeichnung oder einschlägiger Unterlagen und Informationen ermöglicht.

2.2
Produktbezogene Regelungen in Europa

Produktbezogene Regelungen, vor allem im Lebensmittel- und Pharmabereich, sind zum Schutz des Verbrauchers in Deutschland ein historisch gewachsenes und sehr ausführlich gestaltetes Recht. Entsprechend war eine Harmonisierung europäischer Richtlinien erst nach entsprechender Abstimmung aller beteiligten Kreise und Organisationen zu erreichen. Anforderungen an apparative Ausstattungen sowie an Räumlichkeiten werden in diesem Zusammenhang nur sehr allgemein behandelt.

2.2.1
EU-Regelungen über Lebensmittelhygiene

Den Bereich der Hygiene von Lebensmittelprodukten und Herstellungsprozessen umfasste die EU-Richtlinie über Lebensmittelhygiene [2], die 1997 in der Bundesrepublik in Form einer entsprechenden Verordnung [3] harmonisiert wurde. Sie bezieht sich generell auf Hygieneanforderungen an Produkte zum Schutz der Verbraucher und definiert Hygienemaßnahmen und Kontrollen für eine gute Hygienepraxis. Diese umfasst Zubereitung, Verarbeitung, Herstellung, Verpackung, Lagerung, Beförderung usw. von Lebensmitteln, um unbedenkliche und genustaugliche Produkte zu gewährleisten. Zum Schutz der Konsumenten wurde das HACCP-Konzept eingeführt, dessen Struktur Abb. 2.5 wiedergibt. Im Anhang der harmonisierten deutschen Lebensmittelhygieneverordnung fanden sich entsprechende Regelungen, die als „gute Lebensmittelpraxis" zu bezeichnen sind.

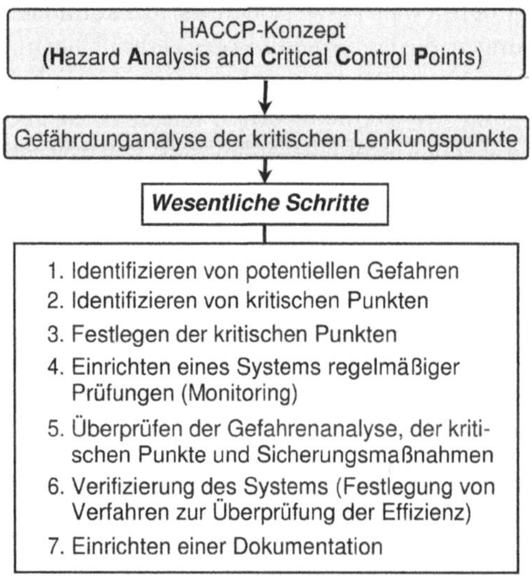

Abb. 2.5 Das HACCP-Konzept als Beispiel der Struktur einer Risikoanalyse zur Beherrschung von Gefährdungen des Verbrauchers.

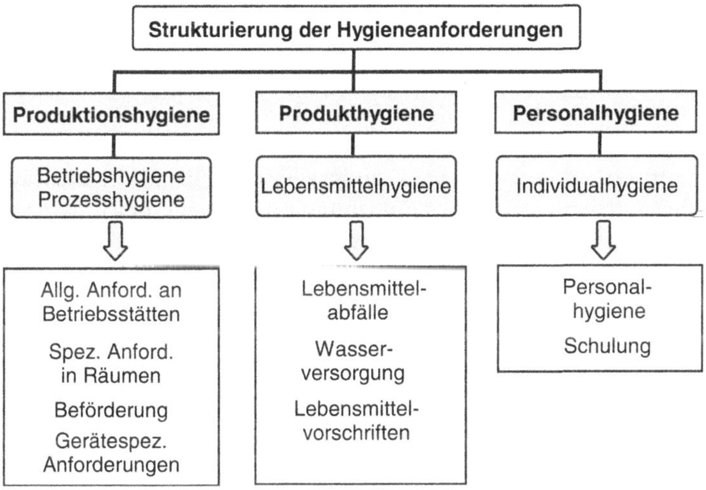

Abb. 2.6 Struktur der Lebensmittelhygienerichtlinie als Beispiel für die geregelten Hygienebereiche.

Die Richtlinie enthielt im Wesentlichen die drei Hauptbereiche Produktions- bzw. Prozesshygiene, Produkthygiene und Personalhygiene (Abb. 2.6). Im Rahmen der hygienegerechten Gestaltung ist besonders der erste Bereich von Interesse, der sich mit speziellen Anforderungen an Betriebsstätten, Räume, Beförderung von Produkten und gerätespezifischen Vorgaben befasste. Aufgrund der Deregulierung und der damit verbundenen Eigenverantwortlichkeit liegt ein Hauptgewicht auf der Dokumentation der durchgeführten Maßnahmen, die rechtliche Relevanz bei eventuellen Schäden in Verbindung mit Produkthaftung besitzt. Die Ausführungen, die den Bereich der hygienegerechten Gestaltung betreffen, sind sehr allgemein gehalten, sodass daraus keinerlei konkrete Hinweise für den Hersteller von Maschinen und Anlagen abzuleiten sind.

Seit dem 1. Januar 2006 gelten die neuen EU-Verordnungen für Lebensmittelhygiene. Sie umfassen die Verordnungen (EG) Nr. 852/2004 [5], VO (EG) Nr. 853/2004 [6] und VO (EG) Nr. 854/2004) [7]. Sie sind in allen Mitgliedstaaten unmittelbar anzuwendendes Recht und lösen die nationalen Produktvorschriften – z. B. die Milchverordnung, die Fischhygieneverordnung usw. – in diesem Bereich ab. Damit besteht jetzt ein EU-einheitliches Hygieneregelwerk, das dem Grundsatz des EU-Weißbuchs zur Lebensmittelsicherheit „Vom Acker bis zum Teller“ entspricht. Diese Hygienevorschriften umfassen alle Stufen der Lebensmittelherstellung und Vermarktung einschließlich der landwirtschaftlichen Primärproduktion. Die einheitliche Beachtung und Einhaltung der Regelungen ist eine wesentliche Voraussetzung für ein hohes Niveau der Lebensmittelsicherheit und den ungestörten Warenverkehr im Binnenmarkt. Auch der internationale Handel wird durch ein EU-einheitliches Hygienerecht als Grundlage für sichere Wirtschaftsbeziehungen erleichtert.

Als Begleitvorschrift zum neuen EU-Hygienerecht sind nationale Durchführungsvorschriften zu den EU-Verordnungen zu verstehen, die spezifische Hygienevorschriften für die vom EU-Recht nicht unmittelbar geregelten Bereiche sowie spezifische Vorschriften für die amtliche Überwachung im Rahmen der gemeinschaftsrechtlichen Ermächtigungen vorsehen. Ein weiteres nationales Vorhaben betrifft eine Allgemeine Verwaltungsvorschrift über die Durchführung der amtlichen Überwachung zur Einhaltung von Hygienevorschriften für Lebensmittel tierischen Ursprungs. Ziel dieser Vorschrift ist insbesondere eine einheitliche Anwendung der Vorschriften im Vollzug und damit eine Vereinheitlichung der Überwachung.

Im europäischen Recht über Lebensmittelhygiene sind auch Konzepte und Risikoanalysen zum Schutz des Verbrauchers dargelegt. Auch sind in den Verordnungen jeweils Hinweise auf allgemeine Anforderungen an die hygienegerechte Gestaltung und vor allem die Reinigung von „Geräten“ und „Ausrüstungen“ enthalten, konkrete detaillierte Ausführungen für den Konstrukteur bezüglich der Reinigbarkeit von Apparaten oder für den Betreiber von Anlagen fehlen jedoch.

Besondere Vorschriften in der Verordnung (EG) 852/2004 [5] für Räume, in denen Lebensmittel zubereitet, behandelt oder verarbeitet werden, umfassen z. B. allgemeine Anforderungen an Böden, Wände, Decken, Fenster und Türen sowie Vorrichtungen zum Reinigen von Ausrüstungen und Lebensmitteln. Außerdem müssen z. B. Gegenstände, Armaturen und Ausrüstungen so gebaut, beschaffen und instandgehalten werden, dass das Kontaminationsrisiko so gering wie möglich ist. Die Reinigung von Anlagen und relevanten Räumen wird als eng verknüpft mit dem Herstellungsprozess der Produkte angesehen und in den Regelungen meist mit diesem auf die gleiche Stufe gestellt.

2.2.2
Deutsches Lebensmittel-, Futtermittel- und Bedarfsgegenständegesetzbuch (LFGB)

Für Bedarfsgegenstände gelten bestimmte Voraussetzungen, die ebenfalls zum Schutz des Verbrauchers festgelegt wurden und ursprünglich im LMBG [11] zu finden waren. Durch die neuen Lebensmittelhygienevorschriften der EU sowie aufgrund von Problemen im Futtermittelbereich entstand 2006 das LFGB [12], das bei Lebensmitteln, Futtermitteln, kosmetischen Mitteln und Bedarfsgegenständen den Schutz des Verbrauchers durch Vorbeugung gegen oder Abwehr von Gefahr für die menschliche Gesundheit sicherstellen und vor Täuschung beim Verkehr mit diesen Produkten schützen soll. Im Sinne des Gesetzes werden als Bedarfsgegenstände z. B. Gegenstände für das Herstellen, Behandeln, Inverkehrbringen oder zum Verzehr von Lebensmitteln bezeichnet, die mit diesen in Berührung kommen oder auf sie einwirken. Außerdem gehören dazu Packungen, Behältnisse oder sonstige Umhüllungen, die mit kosmetischen Mitteln oder mit Tabakerzeugnissen in Kontakt kommen.

Das Gesetz schafft die Grundlage für zugelassene Zusatzstoffe, zu denen auch Werkstoffe wie Kunststoffe für Bedarfsgegenstände als indirekt wirkende Zusatzstoffe gehören. Regelungen und Empfehlungen für Kunststoffe wurden für Deutschland vom Bundesamt für gesundheitlichen Verbraucherschutz und Veterinärmedizin (BGVV) in Zusammenhang mit der Kunststoffkommission ausgesprochen [24]. Zur Aufnahme neuer Kunststoffe in das Regelwerk überprüft das Bundesinstitut für Risikobewertung (BfR), Nachfolger des früheren BGVV solche Materialien auf Unbedenklichkeit, soweit dies im öffentlichen Interesse steht, und veröffentlicht die Ergebnisse im Bundesgesundheitsblatt sowie in der Datenbank [24]. Entsprechende europäische Regelungen werden jeweils harmonisiert und in das LFGB aufgenommen.

Als wesentliche Aussage ist anzusehen, dass grundsätzlich die Herstellung von Gegenständen verboten ist, von denen irgendwelche Stoffe auf Lebensmittel übergehen. Ausgenommen sind gesundheitlich, geruchlich und geschmacklich unbedenkliche Anteile, die technisch unvermeidbar sind. Das Bundesministerium für Ernährung, Landwirtschaft und Verbraucherschutz ist ermächtigt, Verbote über die Verwendung bestimmter Werkstoffe für Bedarfsgegenstände auszusprechen, Vorschriften für die Verwendung von Stoffen zu erlassen, die Zulassung für die Verwendung zu regeln sowie Art und Umfang der Kennzeichnung festzulegen. So ist es z. B. verboten, Bedarfsgegenstände derart herzustellen oder zu behandeln, dass sie bei bestimmungsgemäßem oder vorauszusehendem Gebrauch geeignet sind, die Gesundheit durch ihre stoffliche Zusammensetzung, insbesondere durch toxikologisch wirksame Stoffe oder durch Verunreinigungen, zu schädigen. Durch die Verordnung wird das Bundesministerium im Hinblick auf Bedarfsgegenstände ermächtigt, die Verwendung bestimmter Stoffe, Stoffgruppen oder Stoffgemische zu verbieten oder zu beschränken, für ihre Herstellung bzw. für einzelne Teile nur bestimmte Stoffe vorzuschreiben, die Anwendung bestimmter Verfahren zu verbieten oder zu beschränken und Höchstmengen sowie Reinheitsanforderungen für bestimmte Stoffe festzusetzen.

2.2.3
EU-Richtlinien für den Pharmabereich

Bereits 1965 wurden in der Europäischen Gemeinschaft z. B. durch die Richtlinie 65/65/EWG [26] zur Angleichung der Rechts- und Verwaltungsvorschriften für Arzneispezialitäten Maßnahmen zur gesetzlichen Regelung und Genehmigung von pharmazeutischen Produkten erstellt, da die Pharmaindustrie in Entwicklung, Herstellung und Kontrolle von Arzneimitteln auf einen hohen Stand des Verbraucherschutzes und der gemeinschaftlichen Qualitätssicherung angewiesen ist. Aufgrund weiterer Angleichungsmaßnahmen wurde schließlich durch die Richtlinie 2001/83/EC [14] und deren Ergänzungen und Änderungen die Schaffung eines Gemeinschaftskodexes für Humanarzneimittel eingeführt. Zur Erlangung der Herstellungserlaubnis müssen unter anderem geeignete und ausreichende Betriebsräume, technische Ausrüstungen und Kontrollmöglichkeiten vorhanden sein, die den gesetzlichen Anforderungen des betreffenden Mitgliedstaates genügen.

Im Jahr 1991 wurden von der Europäischen Kommission zwei Richtlinien zur Festlegung der Grundsätze und Leitlinien für die pharmazeutische Industrie verabschiedet. Die erste Richtlinie 91/356/EWG [13] regelte die Anwendung von Arzneimitteln, die für den Menschen bestimmt sind, während die zweite 91/412/EWG [24] für Tierarzneimittel galt. Herausragender Begriff war die „Good Manufacturing Practice“ (GMP) oder „Gute Herstellungspraxis“ für Arzneimittel, der eine stehende Redewendung geworden ist und unter dem die Richtlinien allgemein bekannt wurden. Die Grundsätze von GMP und die ausführlichen Leitlinien dazu gelten für alle Tätigkeiten, für die eine Erlaubnis gemäß Artikel 40 der Richtlinie 2001/83/EG [14] und Artikel 44 der Richtlinie 2001/82/EG [28] bzw. 2004/28/EG [29] sowie der inzwischen in Kraft getretenen Änderungen und Ergänzungen vorgeschrieben ist.

GMP-Regeln sind auch bei jeder anderen Arzneimittelherstellung zu berücksichtigen, die im großen Maßstab durchgeführt wird, so z. B. bei der Zubereitung von Arzneimitteln in Krankenhäusern, bei der Anfertigung klinischer Prüfmuster und, soweit anwendbar, beim Großhandel mit Arzneimitteln. Alle Mitgliedstaaten und die Industrie selbst stimmen darin überein, dass für die Herstellung von Tierarzneimitteln die gleichen GMP-Anforderungen zu erfüllen sind wie bei Arzneimitteln, die für den Menschen bestimmt sind. Ähnlich wie bei der Lebensmittelhygienerichtlinie steht dabei in erster Linie das hergestellte Produkt „Arzneimittel“ im Vordergrund der gesetzlichen Regelungen, während für relevante Bereiche der Anlagen und des Anlagenumfeldes Anforderungen an die reinigungsgerechte Gestaltung nur sehr allgemein gehalten sind.

In Richtlinie 91/356/EWG [13] und der Nachfolge-Richtlinie 2003/94/EG [15] wird im weitesten Sinne auch Hygienic Design angesprochen, indem dort in einer kurzen Abhandlung Anforderungen an Räumlichkeiten und Ausrüstung zusammengestellt werden. Im Einzelnen wird vorgeschrieben, dass Räumlichkeiten und Ausrüstung so angeordnet, ausgelegt, ausgeführt, nachgerüstet und instandgehalten sein müssen, dass sie sich für die beabsichtigten Zwecke eignen. Sie müssen deshalb so ausgelegt, gestaltet und genutzt werden, dass das Risiko von Fehlern minimal und eine gründliche Reinigung und Wartung möglich ist, um Verunreinigungen, Kreuzkontaminationen und ganz allgemein jeden die Qualität des Produktes beeinträchtigenden Effekt zu vermeiden. Räumlichkeiten und Ausrüstungen, die für kritische Herstellungsvorgänge hinsichtlich der Produktqualität bestimmt sind, müssen auf ihre Eignung überprüft, d. h. „qualifiziert“ werden. Zusätzlich wird darauf hingewiesen, dass die Mitarbeiter zu Anfang und danach fortlaufend geschult werden müssen. Die Schulung sollte sich auf Theorie und Anwendung der Qualitätssicherung und der Guten Herstellungspraxis erstrecken.

Ein Zulassungssystem, das auf einer definierten weitreichenden Dokumentation basiert, garantiert die Beurteilung aller Arzneimittel durch die zuständige Behörde. Diese stellt sicher, dass Arzneimittel dem aktuellen Unbedenklichkeits-, Qualitäts- und Wirksamkeitsstandard entsprechen. Weiterhin wird dadurch gewährleistet, dass sämtliche auf dem europäischen Markt zugelassenen Produkte nur von Firmen hergestellt werden dürfen, die über die hierfür erforderliche Erlaubnis verfügen und deren Tätigkeiten regelmäßig durch die zuständigen Behörden überwacht werden. Jeder pharmazeutische Hersteller in der Europäischen

Gemeinschaft benötigt eine Herstellungserlaubnis, gleichgültig ob die Produkte innerhalb oder außerhalb der Gemeinschaft in den Verkehr gebracht werden.

2.2.4 GMP-Leitfaden der EU für Pharmaprodukte

Im Leitfaden einer Guten Herstellungspraxis, der bei der Entscheidung über die Erteilung einer Herstellungserlaubnis und bei der Inspektion der Arzneimittelhersteller heranzuziehen ist, werden ausführliche Leitlinien auf der Grundlage dieser Grundsätze veröffentlicht. Hinweise in Angleichung an die GMP-Leitlinien werden in zwei Anhängen dargestellt, die sich speziell mit Tierarzneimitteln bzw. mit immunologischen Tierarzneimitteln beschäftigen.

Die erste Ausgabe des Leitfadens einer Guten Herstellungspraxis für Arzneimittel von 1989 (s. auch [30, 31]) enthielt einen Anhang über die Herstellung steriler Arzneimittel. In der zweiten Auflage wurden 1992 in Erfüllung der Richtlinie 91/356/EWG [13] darüber hinaus weitere Anhänge für bestimmte Arzneimittelgruppen eingefügt, die zur Anwendung beim Menschen bestimmt sind, sowie Prüfmethoden, Herstellungsverfahren bzw. allgemeine Sachverhalte festlegen. Außerdem wurden aufgrund der Richtlinie 91/412/EWG [27] Arzneimittel für Tiere eingeschlossen.

Mit der Ausgabe Oktober 2005 [30] wurde eine Neustrukturierung des GMP-Leitfadens vorgenommen, indem die Richtlinien 2004/27/EWG [33] und 2004/28/EWG [29] implementiert wurden. In die derzeitige Ausgabe wurden 19 Anhänge über die Herstellung von Arzneimitteln aufgenommen. Eine Übersicht darüber gibt Tabelle 2.1. Im Anschluss an die Anhänge ist ein Glossar mit einigen der im Leitfaden verwendeten Begriffe angefügt.

Im Hinblick auf die Herstellung wirksamer Bestandteile wurde Übereinkunft dahingehend erzielt, dass die von der Pharmazeutischen Inspektions-Convention (PIC) am 6. Juni 1987 veröffentlichten und weitergeführten Richtlinien [34] eine geeignete Vorgabe für die Hersteller und eine Grundlage für die Inspektion durch die zuständigen Behörden darstellen.

Der GMP-Leitfaden lässt Aspekte der Sicherheit des in der Herstellung beschäftigten Personals unberührt, was insbesondere für die Herstellung hochwirksamer biologischer und radioaktiver Arzneimittel von Belang sein kann. Hierfür gelten jedoch andere Vorschriften der Gemeinschaft oder des nationalen Rechts.

Im Leitfaden wird generell davon ausgegangen, dass die im Rahmen der Zulassung spezifizierten Anforderungen hinsichtlich Unbedenklichkeit, Qualität und Wirksamkeit der Produkte vom Inhaber der Herstellungserlaubnis systematisch bei allen Maßnahmen der Herstellung, Prüfung und Freigabe für den Verkauf berücksichtigt werden. Er wurde in der Absicht verfasst, nationale Leitlinien oder andere relevante GMP-Regeln zu ersetzen. Es wird anerkannt, dass auch andere als die hier beschriebenen Methoden akzeptiert werden können, mit denen sich die Ziele dieses Leitfadens erreichen lassen. Dadurch soll die Entwicklung neuer Konzepte oder neuer Technologien nicht behindert werden, vorausgesetzt diese sind validiert und garantieren ein Niveau der Qualitätssicherung, das dem hier festgelegten mindestens gleichwertig ist.

GMP gewährleistet als Teil der Qualitätssicherung, dass Produkte gleichbleibend nach Qualitätsstandards hergestellt und geprüft werden. Sie betrifft sowohl die Produktion als auch die Qualitätskontrolle. Grundlegende Anforderungen umfassen z. B., dass

- kritische Herstellungsschritte und wesentliche Prozessänderungen validiert werden,
- angemessenes qualifiziertes Personal zur Verfügung steht,
- geeignete, ausreichend große Räumlichkeiten, geeignete Ausrüstungs- und Versorgungseinrichtungen sowie einwandfreie Materialien, Behältnisse und Etiketten vorhanden sind,
- genehmigte Verfahren und geeigneter Transport vorliegen und
- klare, eindeutige Anweisungen und Verfahrensbeschreibungen verwendet werden.

Tabelle 2.1 Zusammenstellung der Anhänge zu den GMP-Regelungen.

Anhang	Titel der Leitlinie
1	Herstellung steriler Arzneimittel
2	Herstellung von biologischen Arzneimitteln zur Anwendung beim Menschen
3	Herstellung von Radiopharmaka
4	Herstellung von Tierarzneimitteln außer immunologischen Tierarzneimitteln
5	Herstellung immunologischer Tierarzneimittel
6	Herstellung medizinischer Gase
7	Herstellung von pflanzlichen Arzneimitteln
8	Probenahme von Ausgangsstoffen und Verpackungsmaterial
9	Herstellung von Liquida, Cremes und Salben
10	Herstellung von Aerosolpräparaten in Sprühflaschen mit vorgegebener Dosierungsvorrichtung zur Inhalation
11	Computergestützte Systeme
12	Herstellung von Arzneimitteln unter Verwendung ionisierender Strahlen
13	Herstellung von klinischen Prüfpräparaten
14	Herstellung von Erzeugnissen aus menschlichem Blut oder Blutplasma
15	Qualifizierung und Validierung
16	Zertifizierung durch eine qualifizierte Person und Batch-Freigabe
17	Parametrische Freigabe
18	Good Manufacturing Practice für aktive pharmazeutische Inhaltsstoffe
19	Reference and Retention Samples

In Teil I der deutschen Ausgabe, der sich mit Arzneimitteln für den menschlichen und veterinären Gebrauch beschäftigt, werden zunächst die Hygieneanforderungen für Personal sowie Gestaltungsmaßnahmen für Räumlichkeiten wie z. B. Produktions-, Lager-, Qualitätskontroll- und Nebenbereiche festgelegt. Für die Ausrüstung zur Herstellung von Produkten wird z. B. gefordert, dass sie in Konstruktion, Anordnung und Wartung für die vorgesehenen Zwecke geeignet sind und die Produktqualität durch Reparatur oder Wartungsarbeiten nicht gefährden. Eine leichte und gründliche Reinigung nach detaillierten schriftlichen Verfahren muss möglich sein. Die zum Waschen und Reinigen verwendete Ausrüstung darf selbst keine Quelle der Verunreinigung darstellen. Leitungen für destilliertes und demineralisiertes Wasser sollten nach schriftlich festgelegten Verfahren desinfiziert werden.

Teil II befasst sich mit grundlegenden Anforderungen für Wirkstoffe zur Verwendung als Ausgangsstoffe und enthält zusätzliche Ausführungen über Personalhygiene sowie die Gestaltung von Gebäuden, Anlagen, Räumlichkeiten und Ausrüstung. So sollen z. B. die für die Herstellung von Zwischenprodukten und Wirkstoffen verwendeten Gebäude und Anlagen so gelegen, beschaffen und konstruiert sein, dass sie die Reinigung und Wartung sowie die entsprechenden Betriebstätigkeiten nach Art und Stufe der Herstellung erleichtern. Die Gestaltung von Anlagen sollte außerdem das Kontaminationspotenzial minimieren. Definierte Bereiche sind z. B. für Annahme, Quarantäne, Probenahme, Produktionsvorgänge, Lagerung und Labortätigkeiten vorzusehen. Für die Produktion von stark allergiesierenden Materialien sollten Mono-Produktionsbereiche (containments) verwendet werden, die auch Anlagen, Belüftungsvorrichtungen und/oder Prozessausrüstung einschließen können. Bei der Prozessausrüstung wird z. B. gefordert, dass mit Rohmaterialien, Zwischenprodukten oder Wirkstoffen in Berührung kommende Oberflächen die Qualität der Zwischenprodukte und Wirkstoffe nicht über die festgelegten Spezifikationen hinaus verändern dürfen. Falls für den Betrieb benötigte Substanzen wie Schmiermittel, Heiz- und Kühlflüssigkeiten mit Zwischenprodukten oder Wirkstoffen in Berührung kommen, dürfen sie die Produktqualität nicht verändern. Wann immer möglich, sollten lebensmittelechte Schmiermittel und Öle verwendet werden. Wenn erforderlich, sollten *geschlossene* Systeme eingesetzt werden. Werden *offene* Systeme verwendet bzw. wird die Ausrüstung geöffnet, sollten geeignete Vorsichtsmaßnahmen getroffen werden, um das Risiko einer Kontamination zu minimieren. Schließlich werden weitere Anforderungen zu Wartung und Reinigung festgelegt.

Der Leitfaden soll regelmäßig überprüft und aktualisiert werden. Auf spezielle Anforderungen, die in den einzelnen Anhängen festgelegt sind, wird hier nicht näher eingegangen. Anforderungen an Hygienic Design werden in den jeweils relevanten Kapiteln später angeführt.

2.2.5
Deutsche Arzneimittel- und Wirkstoffherstellungsverordnung (AMWHV)

Basierend auf der EU Richtlinie 2004/27/EU [33] unter Ergänzung bzw. Änderung der Richtlinie 2001/83/EU [14] veröffentlichte das Gesundheitsministerium die Arzneimittel- und Wirkstoffherstellungsverordnung (AMWHV) [35], die am 10. Nov. 2006 in Kraft trat. Sie enthält Anforderungen an Betriebsräume und Ausrüstungen, die im Folgenden zusammenfassend wiedergegeben werden.

Danach müssen die Betriebsräume nach Art, Größe, Zahl und Ausrüstung für die beabsichtigten Zwecke geeignet sein. Ausgestaltung und Nutzung müssen das Risiko von Fehlern auf das kleinstmögliche Maß einschränken und jeden die Qualität des Produktes beeinträchtigenden Effekt vermeiden. Die Anordnung der Betriebsräume soll die Produktion in logisch aufeinander folgenden Schritten entsprechend der Reihenfolge der Arbeitsgänge und der Reinheitsklassen der Räume ermöglichen. Die Betriebsräume müssen sich in einem ordnungsgemäßen baulichen Zustand befinden. Sie müssen ausreichend beleuchtet sein, geeignete klimatische Verhältnisse aufweisen und durch geeignete Maßnahmen vor dem Zutritt Unbefugter geschützt werden können. Die Betriebsräume und ihre Ausrüstungen müssen gründlich zu reinigen sein und instandgehalten werden, um Verunreinigungen und Kreuzkontaminationen sowie jeden die Qualität des Produktes beeinträchtigenden Effekt zu vermeiden. Vor jedem Verarbeitungsvorgang ist sicherzustellen, dass der Arbeitsbereich und die Ausrüstung sauber und frei von allen für die geplanten Arbeitsgänge nicht benötigten Ausgangsstoffen, Produkten, Produktrückständen, Unterlagen und sonstigen Materialien sind.

Betriebsräume und ihre Ausrüstungen müssen regelmäßig gereinigt und, soweit erforderlich, desinfiziert oder sterilisiert werden. Es soll nach einem schriftlichen Hygieneplan verfahren werden, der die Häufigkeit der Maßnahmen, die durchzuführenden Reinigungs-, Desinfektions- oder Sterilisationsverfahren und die zu verwendenden Geräte und Hilfsmittel enthält. Die Wirksamkeit von Reinigungs- und Sterilisationsverfahren ist zu validieren, soweit es Herstellungsverfahren oder Produkt erfordern. Es müssen schriftliche Hygieneprogramme vorhanden sein, die den durchzuführenden Tätigkeiten angepasst sind.

2.2.6
Biotechnologische Richtlinien

Die EU verfolgt generell das Ziel, Umweltbeeinträchtigungen vorzubeugen, die Umwelt zu erhalten und zu schützen sowie den Schutz der menschliche Gesundheit zu gewährleisten. Maßnahmen bezüglich der Bewertung und dem bestmöglichen Einsatz der Biotechnologie im Hinblick auf den Umweltschutz stellen in diesem Zusammenhang einen vorrangigen Bereich dar, der auch zur Wirtschaftsentwicklung der Mitgliedstaaten beiträgt.

In der Biotechnologie werden auch genetisch veränderte Mikroorganismen bei Arbeitsgängen unterschiedlicher Art und unterschiedlichen Umfangs verwendet. Dies sollte in geschlossenen Systemen ohne schädliche Auswirkungen auf die menschliche Gesundheit und auf die Umwelt erfolgen, wobei der Unfallverhütung und Abfallbewirtschaftung gebührende Aufmerksamkeit gewidmet werden muss. Zur Gewährleistung der Sicherheit müssen Maßnahmen zur Bewertung und Verringerung der Risiken festgelegt werden, damit vorgesehene Anlagen ohne Gefahr für die menschliche Gesundheit oder die Umwelt betrieben werden können. Die Europäische Gemeinschaft verfasste dazu im Wesentlichen die Richtlinie 90/679/EWG [36] gefolgt von Richtlinie 2000/54/EWG [37] über den Schutz von Arbeitnehmern vor biologischen Arbeitsstoffen, die Richtlinie 90/219/EWG [38] und die Entscheidung der Kommission 2005/174/EG [39] über die Anwendung genetisch veränderter Mikroorganismen in geschlossenen Systemen, die Richtlinie 90/220/EWG [40] gefolgt von Richtlinie 2001/18/EG [41] über die absichtliche Freisetzung genetisch veränderter Organismen in die Umwelt sowie die Verordnung (EG) Nr. 1829/2003 [42] über genetisch veränderte Lebens- und Futtermittel.

Bezüglich Geräten und Ausrüstungen wird die Anmeldepflicht durch den Anwender für Anlagen vorgeschrieben, die genetisch veränderte Mikroorganismen bestimmter Gefahrenklassen einsetzen, wobei nach Richtlinie 2005/174/EG für geschlossene Systeme z. B. Informationen über die genetisch veränderten Mikroorganismen, das Personal und dessen Ausbildung, die Anlage, über Abfallbewirtschaftung, Unfallverhütung und geplante Maßnahmen für den Notfall sowie eine Risikobewertung für die menschliche Gesundheit und Umwelt vorzulegen sind. Falls erforderlich, kann die zuständige Behörde dem Anwender auferlegen, weitere Informationen zur Verfügung zu stellen oder die Bedingungen der geplanten Anwendung in geschlossenen Systemen zu ändern. Die zuständigen Behörden stellen z. B. sicher, dass erforderlichenfalls vor Beginn eines Arbeitsgangs ein Notfallplan erstellt wird, um im Falle eines Unfalls die menschliche Gesundheit und die Umwelt außerhalb der Anlage zu schützen.

In einem der Anhänge werden Sicherheitsmaßnahmen bezüglich der „Einschließungsmaßnahmen" von Mikroorganismen angegeben, die sowohl prozessorientiert als auch anlagen- und funktionsspezifisch zu betrachten sind. Interpretiert man diesen Bereich, so kann man daraus auf Anforderungen an die Leckagesicherheit von Apparaten und Ausrüstungen schließen, was auch in biotechnischen Normen wiederzufinden ist.

Die Richtlinie 2001/18/EG über die absichtliche Freisetzung „genetisch veränderter Organismen" (GVO) regelt, dass für Umweltmaßnahmen der Gemeinschaft der Grundsatz gilt, Umweltbeeinträchtigungen vorzubeugen. Lebende Organismen, die in großen oder kleinen Mengen zu experimentellen Zwecken oder in Form von kommerziellen Produkten in die Umwelt freigesetzt werden, können sich in dieser fortpflanzen und ausbreiten. Die Auswirkungen solcher Freisetzungen können unumkehrbar sein. Der Schutz der menschlichen Gesundheit und der Umwelt erfordert eine gebührende Kontrolle der Risiken infolge der absichtlichen Freisetzung. Die Maßnahmen zur Angleichung der Vorschriften innerhalb der EU sollten in den Bereichen Gesundheit, Sicherheit, Umwelt- und Verbraucherschutz von einem hohen Schutzniveau in der gesamten Gemeinschaft ausgehen. Es ist notwendig, die gefahrlose Entwicklung von Produkten zu gewährleisten, in denen

GVO angewendet werden. Diese Forderung hat gleichzeitig Auswirkungen auf die Gestaltung von Gebäuden, Einrichtungen, Apparaten und Geräten.

Zur Beurteilung der potenziellen Risiken, die infolge der absichtlichen Freisetzung von GVO in die Umwelt entstehen, müssen Verfahren und Kriterien ausgearbeitet werden. Die Einbringung von GVO in die Umwelt sollte nach dem „Stufenprinzip" erfolgen, wobei die Einschließung der GVO nach und nach stufenweise gelockert werden kann. In diesem Zusammenhang sind Regelungen für Geräte und Ausrüstungen nicht erforderlich, da nur das Ausbringen und nicht die Herstellung von Produkten geregelt wird.

2.3 Gesetzliche Regelungen in den USA

Wenn europäische Firmen Anlagen für die USA produzieren, müssen sie die dortigen Anforderungen erfüllen. Außerdem verwenden europäische und internationale Konzerne vor allem im Bereich der Kunststoffherstellung und -verwendung USA-Richtlinien als allgemeingültige internationale Anforderungen.

2.3.1 Food and Drug Administration (FDA)

Die Lebens- und Arzneimittelbehörde (Food and Drug Administration, FDA) [43] ist im Hygienebereich eine der wichtigsten Behörden der USA. Sie berührt nahezu täglich das Leben eines jeden Amerikaners und beeinflusst außerdem erheblich die Anforderungen an ausländische Maschinen- und Apparatehersteller, die für die Bereiche Lebensmittel, Arzneimittel-, Kosmetik- und Biotechnologieprodukte Anlagen, Apparate, Maschinen und Komponenten für die USA herstellen. Sie ist eine der ältesten Verbraucherschutzbehörden der USA, die in erster Linie als Organisation des öffentlichen Gesundheitswesens damit beauftragt ist, den amerikanischen Verbraucher mithilfe der Bundesgesetzgebung für Lebensmittel, Arzneien und Kosmetika und verschiedener anderer die öffentliche Gesundheit betreffender Gesetze zu schützen. Es ist die Hauptaufgabe von FDA, dafür zu sorgen, dass Lebensmittel sicher und nahrhaft sind, Kosmetika niemanden beeinträchtigen, Arzneimittel und medizinische Geräte sicher und effektiv sind und Strahlung erzeugende Geräte wie z. B. Mikrowellenherde dem Menschen keinen Schaden zufügen. Auch Futter und Arzneien für Haus- und Nutztiere unterliegen dem Schutz von FDA. Darüber hinaus stellt die Behörde sicher, dass alle Produkte und Geräte mit den Informationen gekennzeichnet werden, die für den Verbraucher oder Benutzer notwendig sind. Um diese Aufgaben durchführen und die damit verbundenen Anforderungen überwachen zu können, beschäftigt FDA eine große Anzahl von Untersuchungsbeamten und Inspektoren.

2.3.1.1 Anforderungen an Geräte im Food Code

Die Aktivitäten des Gesundheitsdienstes haben generell ergeben, dass eine effektive Vorbeugung vor Erkrankungen durch Lebensmittel eine umfassende Kontrolle und Überprüfung der Hygiene von der Produktion bis zum Verbrauch erfordert. Als Folge dieser Erkenntnis veröffentlichte der öffentliche Gesundheitsdienst (Public Health Service, PHS) ein Modell eines Lebensmittel-Regelwerks (Food Code) [44], das die verschiedenen Bereiche des Einzelhandels der Lebensmittelindustrie betraf. Heute ist es das Ziel von FDA, durch die Weiterführung eines Lebensmittelkodex, der jeweils auf den neuesten Stand gebracht wird [15], der Lebensmittelkontrolle und -rechtssprechung sowie allen Stufen der staatlichen Behörden mit einer wissenschaftlich und technisch fundierten Grundlage für die Regelung des Einzelhandels beizustehen. Dieser Bereich umfasst solche Einrichtungen und Standorte in der Kette der Lebensmitteldistribution, wo der Verbraucher in den Besitz der Produkte gelangt. Das Modell „Lebensmittel-Regelwerk" ist weder Bundesrecht noch -regelung oder Präventivvorgabe. Es stellt vielmehr die besten Ratschläge von FDA dar, die zu einheitlichen Regelungen für einen sicheren und hygienegerechten Einzelhandel führen.

In Kapitel 4 des Food Codes [45] werden Anforderungen an die *reinigungsgerechte Gestaltung* von Geräten angegeben, wobei im Einzelnen Werkstoffe, Gestaltung und Konstruktion, Installation und Wartung angesprochen werden. Entsprechend dem Geltungsbereich, der sich auf den Einzelhandel bezieht, sind im Wesentlichen kleinere Gebrauchsgegenstände in relativ allgemeiner Form aufgeführt. Bei Werkstoffen werden spezielle Anforderungen an Schwermetallgehalte wie Blei oder z. B. für Kupfer und Kupferlegierungen wie Messing angeführt. Letztere dürfen als produktberührte Oberflächen nicht für Produkte mit einem pH-Wert unter 6 verwendet werden, wie dies bei Essig, Fruchtsäften oder Wein der Fall ist. Dagegen dürfen sie im Brauereibereich z. B. bei der Gärung verwendet werden, auch wenn der pH-Wert kleiner als 6 ist. Beschränkungen werden auch für galvanisch beschichtete Bauteile angegeben, wenn der Kontakt durch saure Lebensmittel erfolgt. Bezüglich der Oberflächenqualität wird für wiederverwendbare Geräte gefordert, dass sie frei von Brüchen, Rissen, Splittern, Einschlüssen, Löchern und anderen Mängeln sein müssen. Sie dürfen keine scharfen inneren Winkel und Ecken sowie Spalte aufweisen. Schweißnähte und Verbindungen müssen glatt ausgeführt werden. Die Geräte müssen zur Reinigung und Inspektion entweder ohne Zerlegung, durch Zerlegung ohne Werkzeuge oder mithilfe von einfachen Handwerkzeugen zugänglich sein. Bei Anforderungen an die Gestaltung wird z. B. für in-place reinigbare Geräte Selbstentleerung oder eine entsprechende Möglichkeit zur völligen Entleerung gefordert.

Für Aufstellungsorte von Geräten, an denen besonders Feuchtigkeit durch Kondensat, Tropfen von Lebensmitteln und Getränken oder schmelzendes Eis entsteht, soll der Boden ein Gefälle zu einem Ablauf hin aufweisen, damit ein völliges Ablaufen gewährleistet wird.

Die kurz dargestellten Auszüge zeigen, dass im Bereich von Hygieneanforderungen die Gestaltung als ein wesentlicher Bereich durchaus erkannt und als regelungswürdig angesehen wird.

2.3.1.2 Leitfäden für Inspektionen

Für den Bereich „Hygienic Design“ gehen zunächst keine direkten Empfehlungen für Konstruktionen von FDA aus. Das Hauptaugenmerk gilt der Produktsicherheit und dem Verbraucherschutz. Allerdings sind bei der Vorgabe von Anweisungen für Inspektionen von Herstellungsbetrieben sowohl für die Lebensmittel- und Pharmaindustrie als auch die Produktion biotechnologischer Produkte auch Anforderungen an die Ausrüstung, d. h. die verwendeten Anlagen und Apparate von Betrieben enthalten.

Für die Überwachung und Überprüfung der verschiedenen Bereiche hat FDA Leitfäden herausgegeben [46], von denen einige auch Angaben zur Hygiene und hygienegerechten Gestaltung enthalten. Für den Lebensmittel- und Kosmetikbereich ist das Zentrum für Lebensmittelsicherheit und Ernährung (Center for Food Safety and Applied Nutrition, CFSAN) [47] zuständig. CFSAN ist eines von sechs Zentren von FDA. Es sorgt dafür, dass Lebensmittel sicher, nahrhaft und gesund und Kosmetika sicher sind. Außerdem überwacht es, dass Lebensmittel- und Kosmetikprodukte ehrlich, richtig und informativ gekennzeichnet sind.

Für den Lebensmittelbereich stehen z. B. Leitfäden für „computerized systems in the food processing industry“, „aseptic processing and packaging for the food industry“ und „dairy product manufacturers“ zur Verfügung. Für das Gebiet Biotechnologie ist der „biotechnology inspektion guide“ verfügbar. Beispiele für Leitfäden für die Pharmaindustrie sind „bulk pharmaceutical chemicals“, „high purity water systems“, „validation of cleaning processes“ oder „sterile drug substance manufacturers“. Für ausländische Hersteller gelten die Leitfäden „foreign medical device manufacturers“ und „foreign pharmaceutical manufacturers“.

Am Beispiel der Inspektionen für die Hersteller von Molkereiprodukten (guide to inspections of dairy product manufacturers) [22] soll zusammenfassend dargestellt werden, welche Anforderungen an Hygienic Design aus diesen Dokumenten abgeleitet werden können. Zunächst wird ausgesagt, dass der Leitfaden als Unterlage für FDA-Inspektoren und anderes Personal gedacht ist, sich daraus aber keinerlei Bindung für FDA ergibt. Die einzelnen Bundesstaaten und die lokalen Behörden sind grundsätzlich für die Durchsetzung von Anforderungen an die Reinigung und Reinhaltung z. B. in Verarbeitungsbetrieben, Trockenmilchanlagen oder Annahme- und Transferstationen verantwortlich. Die öffentlichen Gesundheitsbehörden haben, von Ausnahmen z. B. im Handel zwischen den Staaten abgesehen, keine legale Rechtsaufgabe in der Verordnung von Standards zur Hygiene bei Molkereibetrieben. Die Hauptfunktion von FDA innerhalb eines staatlichen Sicherheits- und Kooperationsprogramms für Milch ist es, den Staaten bei der Einführung und Durchsetzung ihrer Regelungen behilflich zu sein, um z. B. von Milchprodukten herrührende Erkrankungen zu verhindern. Die Hilfe ist durch regionale Milchspezialisten und CFSAN gewährleistet.

Direkte konstruktive Anforderungen bezüglich Hygienic Design werden in den Leitfäden nicht gegeben. Jedoch wird darauf hingewiesen, welche Bereiche von Apparaten und Komponenten besonders zu beachten sind. Aus diesen Hinweisen lassen sich Anforderungen ableiten, die der Hersteller besonders zu erfüllen hat. Zum Beispiel sind für die Trockenmilchherstellung folgende

Bereiche, die beispielhaft herausgegriffen sind, besonders zu beachten: So sind die Geräte zum Pasteurisieren zu evaluieren, um eine sichere Hitzebehandlung zu garantieren. Dabei sind von der „Pasteurizeed Milk Ordinance PMO“ Part II, Section 7, Item 16p (B) [48] und die Spezifikationen nach „3-A Accepted Practices for the Sanitary Construction, Installation, Testing and Operations of HTST Pasteurizers“ [49] zu beachten.

Für den Pharmabereich soll als Beispiel der Leitfaden für die „Validierung der Inspektionen und des Reinigungsprozesses“ [50] angeführt werden, in dem ebenfalls Aussagen zur hygienegerechten Gestaltung von Apparaten und Geräten gemacht werden. Als Hintergrund der Bemühungen von FDA wird zunächst ein Fall aus dem Jahr 1988 angeführt, der aufgrund einer Kreuzkontamination zu einer Rückholaktion eines Pharmaproduktes führte. Weitere Ausführungen werden in den einschlägigen Kapiteln gemacht.

2.3.1.3 Gute Herstellungspraxis für Lebensmittel

FDA ist gemeinsam mit dem Gesundheitsministerium für den sogenannten Code of Federal Regulations (CFR) im Bereich „Food and Drugs“ verantwortlich. Im Lebensmittelbereich enthält er unter anderem die „Gute Herstellungspraxis für die Herstellung, Verpackung und Lagerung von Lebensmitteln“ [51]. Innerhalb der Regelungen, die sich in erster Linie auf das Produkt beziehen, sind ebenfalls Anforderungen an Apparate und Geräte ausgeführt. Sie beinhalten z. B., dass alle Apparate einer Anlage so gestaltet und aus solchen Werkstoffen bestehen müssen, dass sie in angemessener Weise zu reinigen und zu warten sind. Die Konstruktion muss so ausgeführt werden, dass der Kontakt mit Schmiermitteln, Metallteilen, kontaminiertem Wasser oder jeglichen anderen Kontaminationsmöglichkeiten ausgeschlossen ist. Alle Geräte sollten so installiert sein, dass das Reinigen aller anschließenden Zwischenräume erleichtert wird. Produktberührte Oberflächen sollen korrosionsbeständig sein. Sie müssen aus nicht toxischen Materialien hergestellt sein, die beständig gegen die verwendeten Produkte unter Betriebsbedingungen sowie gegen Reinigungs- und Desinfektionsmittel sind. Um die Möglichkeit des Wachstums von Mikroorganismen zu minimieren, müssen produktberührte Oberflächen so gewartet werden, dass sie nicht durch ungesetzliche indirekte Lebensmittelzusatzstoffe, Schmutz und andere organische Stoffe kontaminiert werden können.

Apparate, die sich innerhalb des Bereichs der Lebensmittelherstellung oder -bearbeitung befinden, aber nicht direkt mit Produkt in Berührung kommen, sollen so gestaltet werden, dass sie in sauberem Zustand gehalten werden können. Apparate zur Lagerung, Förderung oder Verarbeitung von Produkten sollen so gestaltet sein, dass sie in einer Weise gewartet werden können, dass sie sich stets in einem sauberen Zustand befinden. Gefrieranlagen und Kühlräume müssen mit einem Thermometer ausgestattet sein. Druckluft oder andere Gase, die in den Produktbereich eingeleitet werden oder mit sauberen produktberührten Oberflächen in Kontakt kommen, müssen so behandelt werden, dass Lebensmittel nicht mit unzulässigen Stoffen kontaminiert werden können.

2.3.1.4 Indirekte Lebensmittelzusatzstoffe

Einen weltweit bedeutenden Beitrag leistet FDA in der Regelung und rechtlichen Anerkennung von Stoffen, die bei der Produktherstellung als indirekte Zusatzstoffe bezeichnet werden. Im Code of Federal Regulations sind in 21CFR177 [53] neben anderen Stoffen vor allem die Auflistungen von Kunststoffen einschließlich der zugelassenen Inhaltsstoffe wichtig, die bei der Herstellung von Lebensmitteln verwendet werden dürfen. Augrund der international tätigen Hersteller von Kunststoffen wird dieses Regelwerk auch in Europa bei Fehlen spezieller Regelungen verwendet.

FDA hat seine Regelungen außerdem auf Zusatzstoffe ausgedehnt, bei denen die Wahrscheinlichkeit oder die Menge der Migration von einem Gerät, das mit Lebensmitteln in Kontakt kommt, so gering ist, dass eine Erfassung als Lebensmittelzusatzstoff nicht erforderlich ist. Obwohl solche Stoffe weiterhin als Zusatzstoffe aufgefasst werden müssen, sollen sie nicht als Zusatzstoffe geführt werden. Als Teil dieses Prozesses legt FDA Grenzwerte fest, bei deren Unterschreitung eine Aufnahme in die Auflistung nicht erforderlich ist. Außerdem werden in 21CFR175 [54] Vorgaben für Klebstoffe und Komponenten von Kunststoffbeschichtungen gemacht und die zulässigen Inhaltsstoffe aufgelistet. Unter 21CFR178 [55] sind zulässige Hilfsstoffe wie Schmiermittel und Reinigungsmittel zu finden. Die Listen werden jeweils auf den neuesten Stand gebracht.

2.3.1.5 Gute Herstellungspraxis für Arzneimittel

Die gesetzlichen Anforderungen an GMP für Arzneimittel sind zum einen in 21CFR210 als „Current Good Manufacturing Practice in Manufacturing, Processing, Packing, or Holding of Drugs“ [56] festgelegt. Der Abschnitt dient im Wesentlichen dazu, einen Überblick über den aktuellen Stand von cGMP sowie dessen Anwendbarkeit zu vermitteln. Zusätzlich werden Definitionen aufgeführt, die für das gesamte Kapitel 21 maßgebend sind.

Zum anderen wird in 21CFR211 die „Current Good Manufacturing Practice for Finished Pharmaceuticals“ [57] behandelt. In diesem Zusammenhang werden spezielle Vorgaben über Ausführung und Anordnung von Gebäude und Anlagen gemacht, wobei die notwendige Hygiene und Reinigung eine wichtige Rolle spielen. Im Einzelnen werden z. B. Gestaltungs- und Konstruktionsmerkmale, Beleuchtungseinrichtungen, Klimatisierung, sanitäre Installationen, Abwasser- und Abfallhandling sowie Maßnahmen zur Aufrechterhaltung der Hygiene und Wartung behandelt. Für die Konstruktion der Ausrüstung wird z. B. gefordert, dass die produktberührten Oberflächen nicht mit Produkten reagieren oder absorbierend wirken dürfen, um die Produktqualität nicht zu beeinflussen. Aus dem selben Grund sollten Betriebsstoffe wie Kühl- oder Schmiermittel mit den Produkten nicht in Berührung kommen. Speziell angesprochen werden z. B. Filter für Flüssigkeiten. Wesentlich ist dabei, dass keine Fasern in das Produkt abgeben werden dürfen.

Insgesamt sind in den Ausführungen jedoch keine direkten konstruktiven Details enthalten, die Anforderungen an Hygienic Design festlegen.

2.3.2
Department of Agriculture (USDA)

Das US-Ministerium für Landwirtschaft (U. S. Department of Agriculture, USDA) spielt im Bereich landwirtschaftlicher Produkte auch für die hygienegerechte Gestaltung eine entscheidende Rolle [58]. Es hat die Vision, eine gesunde und produktive Nation zu verwirklichen, die in Harmonie mit dem Land lebt, sowie die Lebensqualität durch Unterstützung der Produktion von Agrarprodukten generell zu verbessern. USDA ist für die Sicherheit von Fleisch, Geflügel und Eierprodukten verantwortlich und stellt sicher, dass diese Lebensmittel erschwinglich, nahrhaft und leicht zugänglich für die Lebensmittelversorgung sind.

Ein wichtigen Beitrag, der Aufschluss über Anforderungen an die Gestaltung geben kann, ist durch den bereits erwähnten Food Safety and Inspection Service (FSIS) gegeben, der in der Serie 11.000 Vorgaben für „Facilities, Equipment & Sanitation" macht [20].

Eine Liste von geschützten Substanzen und Verbindungen, die keine Lebensmittel sind, wurden von USDA in dem sogenannten Weißbuch zusammengestellt, das allgemein für die Lebensmittel- und Herstellerindustrie frei zur Verfügung stand. Teil II dieser Veröffentlichung enthielt Nicht-Lebensmittelprodukte, die in der Umgebung von Apparaten eingesetzt werden. Wichtig für den gesamten Bereich, der Hygienic Design umfasst, sind Aussagen zu Schmiermitteln, auf die praktisch weltweit zurückgegriffen wurde, da nirgends Angaben zur Anwendbarkeit in der Lebensmittelindustrie zu finden sind. Allerdings war USDA aus finanziellen Gründen die Weiterführung des Weißbuchs nicht mehr möglich. Die National Sanitation Foundation (NSF) [59] hat sich daher bereit erklärt, eine Umsetzung in Normen durchzuführen.

3
Bedeutung der Normung

Normen sind Regeln der Technik, die häufig als „Ausführungsbestimmungen" zur Konkretisierung allgemein gehaltener Aussagen in gesetzlichen Regelungen dienen. In vielen Fällen werden sie jedoch nicht von übergeordneten Stellen wie z. B. dem Staat angeordnet, sondern auf freiwilliger Basis entwickelt. Sie sind in einem großen Bereich ein grundlegender Teil unseres täglichen Lebens, indem sie Kommunikation und Handel verbessern, Verständnis für Produkte fördern, Kompatibilität sicherstellen, Massenproduktion ermöglichen und – einer der wichtigsten Gesichtspunkte – zur Grundlage für Gesundheit, Sicherheit und einer hohen Lebensqualität beitragen.

Rechtlich sind sie als wesentlicher Beitrag zum allgemeinen Stand der Technik für bestimmte Dinge oder Bereiche anzusehen, um eine Angleichung oder Austauschbarkeit zu erreichen, sei es zur Regulierung des Marktes, zum Abbau von Handelsbarrieren oder zur Erreichung bestimmter Sicherheits- und Gesundheitsanforderungen. Weiterhin dienen sie der Rationalisierung, erleichtern Qualitätssicherung, vereinheitlichen Testmethoden und Prozeduren und helfen generell bei der Kommunikation zwischen Wirtschaftsbereichen, Technik, Wissenschaft, Verwaltung und öffentlichen Diensten, um nur einige zu nennen [1]. Eine vom Deutschen Institut für Normung (DIN) initiierte Studie über den gesamtwirtschaftlichen Nutzen der Normung sagt im Wesentlichen aus, dass Normen zum Wirtschaftswachstum einen mindestens ebenso großen Beitrag leisten wie Patente und Lizenzen. Unternehmen erzielen zum Teil erhebliche Kosten- und Wettbewerbsvorteile, wenn sie sich an der Normungsarbeit aktiv beteiligen, da sich durch die Normungsarbeit der Forschungsaufwand vermindern lässt und Fehlinvestitionen vermieden werden können. Außerdem lassen sich Transaktionskosten durch die Anwendung europäischer und internationaler Normen senken. Die Studie konnte die bisherige Annahme eines volkswirtschaftlichen Nutzens der Normung in der Bundesrepublik von über 30 Mrd. DM (d. h. ca. 15,3 Mrd. Euro) jährlich bestätigen [2]. Weitere Untersuchungen, wie z. B. in [3], bestätigen die wirtschaftliche Bedeutung von Normungsvorhaben.

Die Gebiete der Normung erstrecken sich von Betriebsnormen, die in einzelnen Betrieben verbindlich sind, über die nationale Normung in einzelnen Staaten und die Normung in Staatengemeinschaften wie der Europäischen Union bis hin zur internationalen Standardisierung. Abbildung 3.1 zeigt die sogenannte

Hygienische Produktionstechnologie. Gerhard Hauser
Copyright © 2008 WILEY-VCH Verlag GmbH & Co. KGaA, Weinheim
ISBN: 978-3-527-30307-3

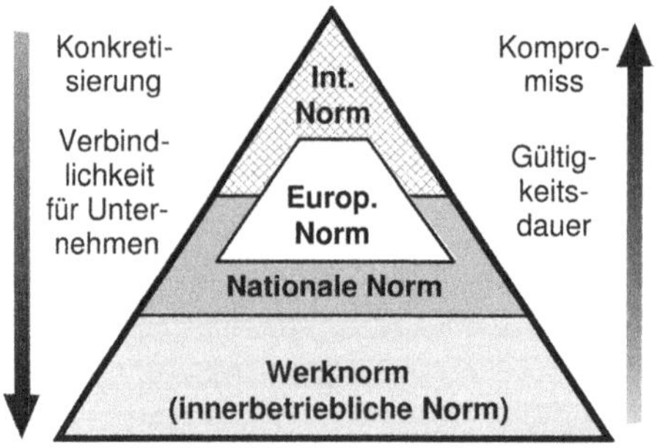

Abb. 3.1 Verfahrensschritte und Normungsprozess bei Erstellung einer internationalen und europäischen Norm.

Normenpyramide, an deren Basis die Werksnormen anzusiedeln sind, während die Spitze durch internationale Standards gebildet wird. Zur Spitze hin nimmt im Allgemeinen die Gültigkeitsdauer zu, da der Prozess der Normung und die zu erzielenden Kompromisse schwieriger und Änderungen nicht so leicht durchzuführen sind. In umgekehrter Richtung steigt der problemorientierte Grad der Konkretisierung, die Annäherung an den neuesten Erkenntnisstand der Technik sowie die Verbindlichkeiten für das Unternehmen.

Die generelle Arbeitsweise sowie die Schritte und Einflussfaktoren zur Erstellung von Normen ist in Abb. 3.2 wiedergegeben. Auf dem Gebiet der allgemeinen Anforderungen an Hygienic Design, das unter rechtlichen und wissenschaftlichen Gesichtpunkten eine relativ junge Disziplin darstellt, wurden erst aufgrund gesetzlicher Anforderungen in den letzten Jahren in verstärktem Maße allgemeine Normen initiiert.

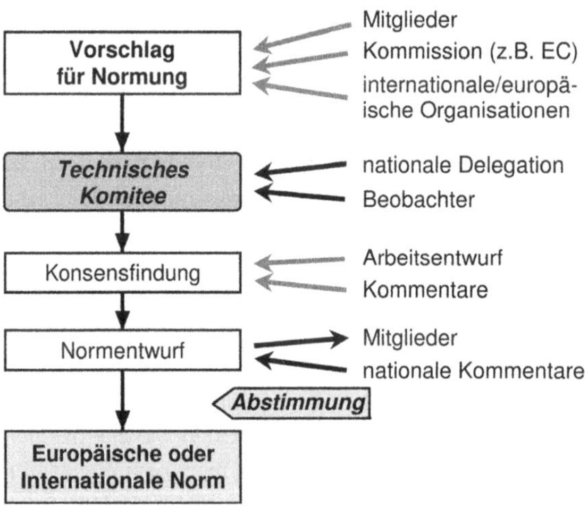

Abb. 3.2 Struktur der Erarbeitung von Normen durch Normungsorganisationen.

3.1
Standardisierung in Europa

Vor Gründung der Europäischen Gemeinschaft wurden Normen in den einzelnen europäischen Ländern erarbeitet. Sie hatten damit nur in den jeweiligen Staaten Bedeutung. Mit der Entstehung der europäischen Staatengemeinschaft entstand folgerichtig eine gemeinsame Standardisierung soweit sie im allgemeinen Interesse liegt. Daneben sind nach wie vor Landesnormen in Kraft, wenn z. B. die entsprechenden Normen nicht von allgemeinem Interesse sind. Im Folgenden soll lediglich auf die Gremien der Europäischen Gemeinschaft sowie der deutschen Normung eingegangen werden, während auf die Normungsarbeit in anderen europäischen Ländern verzichtet wird.

3.1.1
Europäisches Komitee für Normung (CEN)

CEN ist die europäische Normenorganisation [4], deren Geschäfte von der Generalversammlung der nationalen Mitglieder in Übereinstimmung mit der Geschäftsordnung bestimmt werden. Entscheidungen im technischen Bereich vertritt der Technische Vorstand, der das Normungsprogramm kontrolliert und die Erstellung von Normen überwacht. Technische Komitees (CEN Technical Committees: CEN/TCs) sind für die Normungsarbeit verantwortlich, wobei sie zusätzliche Arbeitsgruppen (CEN-Workshops) für spezielle Arbeitsbereiche gründen können. Wichtige Technische Komitees für den Bereich Hygienic Design sind: TC 153 für Lebensmittelmaschinen (Food processing machinery – Safety and Hygiene specifications), TC 233 für Biotechnologie (Biotechnology).

Die Hauptaufgabe von CEN ist es, die technische Harmonisierung auf freiwilliger Basis in Europa in Verbindung mit weltweiten Körperschaften und Partnern voranzubringen. Harmonisierung vermindert Handelshemmnisse, unterstützt Sicherheit und ermöglicht die Austauschbarkeit von Produkten, Systemen und Diensten. Außerdem wird das technische Verständnis verbessert. Heute repräsentieren europäische Normen einen Meilenstein bei der Realisierung des Europäischen Marktes. Sie gelten in allen Mitgliedstaaten von CEN einschließlich der EFTA-Staaten. Damit bieten die Normen ein Mittel zur Vereinigung Europas und zur Überwindung technischer Handelshemmnisse.

CEN arbeitet nach folgenden Prinzipien der Offenheit und Transparenz: Alle interessierten Kreise können an der Arbeit teilnehmen, wobei ihre Vertretung zuerst durch die nationalen Normeninstitutionen sichergestellt wird. Sie haben die Pflicht, ausgewogene Delegationen zu den Sitzungen der politischen Gremien und zu den Technischen Komitees zu senden.

Europäische Normen werden auf der Basis einer freiwilligen Übereinstimmung aller Beteiligten entwickelt. Sie werden durch die Stimmen einer gewichteten Mehrheit aller CEN-Mitglieder angenommen und sind für alle bindend. CEN arbeitet in Verbindung mit anderen privaten oder öffentlichen Organisationen, die europäische und weltweite Interessen vertreten. Insbesondere besteht ein

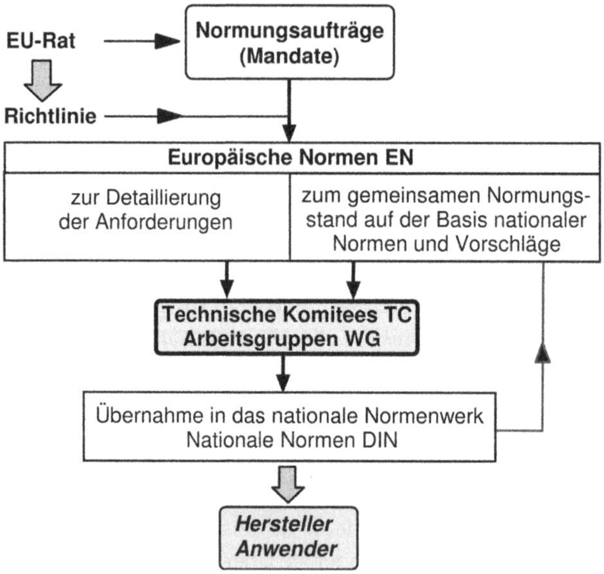

Abb. 3.3 Normung in der EU aufgrund von EU-Richtlinien.

Abkommen (Vienna Agreement) [5] über eine technische Zusammenarbeit mit ISO, der internationalen Normungsorganisation. Außerdem hat CEN den Welthandelscode (World Trade Organization Code) der WTO über die „Gute Praxis der Vorbereitung, Übernahme und Anwendung von Normen" unterzeichnet.

Die sehr allgemein gehaltenen Anforderungen von Richtlinien bzw. Verordnungen sollen durch europäische Normen ausgelegt und präzisiert werden, für deren Zuständigkeit der europäische Normenausschuss CEN als zuständiges Gremium festgelegt wurde. Die prinzipielle Vorgehensweise und Einflussnahme ist Abb. 3.3 zu entnehmen. Die Entwicklung erfolgt in Technischen Komitees, TCs genannt, die aus Fachleuten bestehen. Im Bereich der Maschinenrichtlinie beschäftigt sich z. B. TC 153 [6] mit grundlegenden Hygieneanforderungen an Maschinen zur Herstellung von Lebensmitteln.

Für spezielle Nahrungsmittelmaschinen werden Normen in sogenannten Working Groups (WGs) mit entsprechenden Arbeitsprogrammen entwickelt (Tabelle 3.1), die jeweils einen Anhang mit Hygieneanforderungen enthalten. Mit Einhaltung europäischer Normen bei der Herstellung technischer Erzeugnisse oder der Anwendung von Arbeitsverfahren wird davon ausgegangen, dass die grundlegenden sicherheits- und verhaltenstechnischen Anforderungen der zugehörigen EU-Richtlinie eingehalten sind. In diesem Zusammenhang hat die europäische Norm gegenüber allgemeinen nationalen Normen erheblich an rechtlichem Stellenwert gewonnen. Bei nationalen Normen bestehen etwa gleichrangige Verhältnisse, wenn sie in gesetzlichen Regelwerken direkt Erwähnung finden.

Tabelle 3.1 Beispiele von Arbeitsprogrammen (Work Programme) von CEN/TC 153 unter dem Titel „Lebensmittel verarbeitende Maschinen – Sicherheits- und Hygieneanforderungen (Food processing machinery – Safety and hygiene specifications)".

No.	Project reference	Title	Current status
	EN 12 042	Automatic dividers – Safety and hygiene requirements	Published 2005
	EN 13 389	Mixers with horizontal shafts – Safety and hygiene requirements	Published 2005
	EN 12 331	Mincing machines – Safety and hygiene requirements	Published 2003
00153041	prEN 15 165	Forming machines – Safety and hygiene requirements	Under approval
00153054	prEN 15 180	Food Depositors – Safety and hygiene requireements	Under approval
00153057	prEN 15 774	Machines for processing fresh and filled pasta (tagliatelle, cannelloni, ravioli, tortellini, orecchiette and gnocchi) – Safety and hygiene requirements	
00153061	prEN 453 rev	Dough mixers – Safety and hygiene requirements	Under development
00153063	prEN 454 rev	Planetary mixers – Safety and hygiene requirements	Under development
00153070	prEN 12 851 rev	Catering attachments for machinery having a auxiliary drive hub – Safety and hygiene requirements	Under development

Die erarbeiteten Ergebnisse werden in nationalen Spiegelgremien abgestimmt und nach Verabschiedung CEN zur Beschlussfassung vorgelegt. In einem anschließenden Verfahrensschritt werden diese Normen durch die nationalen Normenorganisationen in nationale Normen überführt. Die Europäische Norm EN 1672-2 [7] behandelt allgemeine Definitionen und grundlegende Gestaltungsregeln für Nahrungsmittelmaschinen und ist in der Bundesrepublik als DIN EN 1672-2 veröffentlicht. Die zurzeit intensiv betriebene Erarbeitung von Regelungen und Normen in Europa zeigt den hohen Stellenwert, der heute aus gesetzgeberischer Sicht der hygienegerechten Gestaltung eingeräumt wird.

In den USA wurden durch das „American National Standardizing Institute (ANSI)" bisher noch keine normativen Regelungen für hygienegerechte Gestaltung veröffentlicht.

3.1.2
Deutsches Institut für Normung (DIN)

Für die Arbeit des Deutschen Institutes für Normung e. V. (DIN) [8] spielt der Beuth-Verlag [9] eine entscheidende Rolle. Er ist einer der größten technisch-wissenschaftlichen Verlage der Bundesrepublik Deutschland und wurde von DIN zusammen mit dem Verein Deutscher Ingenieure e. V. (VDI) als zentrale Bezugsquelle für Normen, Literatur aus dem Normungsbereich und technische Regeln gegründet. Er bietet z. B. Recherchedatenbanken (online und offline), individuelle Profildienstleistungen sowie einen Beschaffungsdienst, der die Versorgung mit nationalen, europäischen und internationalen technischen Regeln übernimmt. Die Verlagserlöse tragen zur Finanzierung der Arbeit des DIN bei und schaffen damit die finanzielle Grundlage für zukünftige Normungsaufgaben.

Als Beispiel einer europäischen Zusammenarbeit kann die Norm „aseptische Verbindungen" nach DIN 11 864 genannt werden [10]. Aufgrund von Hygieneanforderungen der Industrie sowie den Ausführungen der Maschinenrichtlinie, die unter anderem das Vermeiden von Spalten fordert, wurde ein EHEDG-Unterausschuss (European Hygienic Engineering and Design Group) gegründet, der sich die hygienische Verbesserung von lösbaren Verbindungen für Rohrleitungen zum Ziel setzte. Die bis dahin in der Lebensmittelindustrie am weitesten verbreitete sogenannte Milchrohrverschraubung, die diese Anforderung nicht erfüllt, war der eigentliche Anlass für diese Arbeit. Der zum großen Teil aus deutschen Mitgliedern bestehende Ausschuss regte an, DIN für die Arbeit zu interessieren und eine entsprechende Norm zu erstellen. Die mit reger Beteiligung der Komponenten- und Dichtungshersteller sowie der Lebensmittelindustrie erarbeiteten Ergebnisse zeigten beispielhaft, dass Lösungen für Detailprobleme zum Teil mit hohem Aufwand verbunden sein können, letztlich aber deutliche Verbesserungen ergeben und neue Einblicke in spezielle Probleme wie z. B. hygienegerechte Dichtungstechnik vermitteln.

3.2
Normen in den USA

Wie in anderen Staaten spielen auch in den USA Normenorganisationen und von ihnen entwickelte Normen eine bedeutende Rolle. Im Gegensatz zu anderen Ländern, in denen normalerweise eine Organisation auf freiwilliger Basis mit eventueller Unterstützung durch den Staat die Aufgabe zur Entwicklung von Normen übernommen hat, gibt es in den USA verschiedene Organisationen einschließlich der Regierung, die für die Erstellung von Normung zuständig sind. Im Wesentlichen sind zwei Kategorien von Normen maßgebend:

- Vorgeschriebene Standards werden durch die Regierung erstellt. Sie können entweder der Beschaffung gelten oder regelnde Standards sein. Eine Beschaffungsnorm legt die Anforderungen dar, die von Lieferanten der Regierung erfüllt werden müssen. Regelnde Standards können z. B. Gesundheit, Sicherheit oder andere Kriterien betreffen.
- Freiwillige (voluntary) Standards werden in den Vereinigten Staaten aus zwei Gründen so bezeichnet. Zum einen ist Teilnahme an der Arbeit freiwillig. Zum anderen sind die Standards, die entwickelt werden, für den freiwilligen Gebrauch bestimmt. Freiwillige Standards entstehen durch die Teilnahme aller interessierten Kreise einschließlich Hersteller, Anwender, Verbraucher und Repräsentanten der Regierung oder öffentlicher Institutionen an der Normungsarbeit. Außerdem ist die Anwendung der privaten Normung häufig nicht in das freie Ermessen der Benutzer gelegt. Häufig verweisen staatliche Behörden in ihren Regelungen auf privat bzw. freiwillig entwickelte Standards hin, wodurch sie in den Rang von bundesgesetzlichen Regelungen oder lokalen Richtlinien gehoben werden.

3.2.1 American National Standards Institute (ANSI)

ANSI ist eine private, gemeinnützige Organisation [11], die das Normierungswesen der Vereinigten Staaten von Amerika freiwillig ausübt und koordiniert. Das heißt, ANSI selbst stellt keine amerikanischen nationalen Standards (ANS) auf, sondern erleichtert deren Entwicklung, indem es Übereinstimmung unter qualifizierten Gruppen herstellt. Das Institut stellt sicher, dass seine grundlegenden Leitziele, nämlich Übereinstimmung, gebührender zeitlicher Ablauf und Offenheit, von den unterschiedlichen juristischen Organisationen befolgt werden. Die Mission des Instituts ist es, die globale Wettbewerbsfähigkeit des Staates sowie die Lebensqualität zu erhöhen, indem es als Verwalter und Koordinator auf freiwilliger gemeinnütziger Basis die Übereinstimmung in verschiedenen Bereichen durch freiwillige Standards fördert und erleichtert. Die bei ANSI akkreditierten Planer und Entwickler sind verpflichtet, die Entwicklung von nationalen und – in vielen Fällen – internationalen Normen zu unterstützen, die Trends technischer Innovationen, die Globalisierung der Märkte und gesetzgebende Reformen betreffen. Deshalb fördert ANSI den Gebrauch von amerikanischen Normen international, befürwortet die technischen Positionen der USA in den internationalen und regionalen Standardorganisationen und regt die Annahme der internationalen Standards als nationale Standards an, wenn sie die Bedürfnisse der Benutzergemeinschaft erfüllen. ANSI ist der alleinige Repräsentant der USA der beiden nationalen Standardorganisationen bei ISO. ANSI war ein Gründungsmitglied von ISO und spielt deshalb eine aktive Rolle in seiner Organisation. Durch ANSI haben die Vereinigten Staaten sofortigen Zugang zu den ISO-Standards und deren Entwicklung.

Die Wichtigkeit der Arbeit von ANSI wird dadurch bestätigt, dass die Vereinigten Staaten ihre Behörden dazu auffordern, die freiwillig erstellten Normen sowohl für regelnde Zwecke als auch für ihr Beschaffungswesen anzuwenden.

NSSN und sein STAR Service sind Produkte von ANSI. Die Vereinigung stellt eine Zentrale für die Suche nach Informationen über Normen der verschiedensten Quellen dar (http://www.nssn.org/).

3.2.2
National Institute of Standards and Technology (NIST)

NIST ist eine nicht gesetzgebende Bundesagentur [12] innerhalb der Technologie-Administration des Handelsministeriums. Sie nimmt die ausdrückliche Aufgabe wahr, die staatliche Industrie zu unterstützen, um ihre Leistung in der Entwicklung sowie in Anwendungen der Technik voranzubringen und die Lebensqualität zu steigern. Ob es sich um Anforderungen an automatisierte Maschinen oder Halbleiter handelt – in irgendeiner Weise beruhen sie auf Normen von NIST.

3.3
Internationale Normung

Innerhalb der internationalen Normung kann zwischen der Normung durch die allgemein anerkannte Normenorganisation ISO und privaten Initiativen unterschieden werden, die von den Mitgliedern nur auf freiwilliger Basis beachtet werden. Zur allgemeinen Information ist in Abb. 3.4 das Logo von ISO dem von CEN bzw. DIN gegenübergestellt.

Abb. 3.4 Kennzeichen von ISO, CEN und DIN.

3.3.1
International Standard Organisation (ISO)

Die Internationale Organisation für Normung (ISO) ist eine weltweite Föderation von nationalen Normenorganisationen aus etwa 130 Ländern [13]. Sie ist eine nicht staatliche Gesellschaft, die 1947 gegründet wurde. Ihre Aufgabe besteht darin, die Entwicklung von Normen und damit zusammenhängende Aktivitäten zu fördern bzw. zu veranlassen. Als Ergebnis der Arbeit entstehen international abgestimmte Normen, die als ISO-Normen veröffentlicht werden.

Die technische Arbeit ist weitgehend dezentralisiert und wird in technischen Ausschüssen, Unterausschüssen und Arbeitsgruppen ausgeführt, an denen fachlich kompetente Vertreter der Industrie, von Forschungsinstituten, staatlichen Behörden, Verbraucherorganisationen und internationalen Gesellschaften teilnehmen. Etwa 30.000 Experten nehmen jährlich an Sitzungen teil. Die Hauptverantwortung für die Verwaltung eines Normenausschusses liegt jeweils bei einer der nationalen Normenorganisationen wie AFNOR, ANSI, BSI, CSBTS, DIN, SIS etc. Ein Ausschussvorsitzender ist dafür verantwortlich, mit den Mitgliedern einen Konsens zu erzielen. Das bedeutet, dass die erzielte Lösung eines Problems die jeweils bestmögliche im Rahmen einer internationalen Beratung darstellt.

Im Bereich Hygienic Design wurde eine allgemeine Notwendigkeit darin gesehen, weltweit eine Norm zu initiieren, die übergreifend für Lebensmittel- und Pharmaindustrie sowie Biotechnologie die maßgebenden Begriffe und allgemeinen Bezeichnungen definiert sowie wichtige Sachverhalte an leicht verständlichen Beispielen und Skizzen darstellt. Wegen des Erfolgs der europäischen Normung im Bereich der hygienegerechten Gestaltung (z. B. EN 1672-2) wurde mittlerweile eine internationale Initiative durch ISO ergriffen, die aus übergeordneter Sicht Begriffe und Grundlagen für alle relevanten Industriezweige, wie Lebensmittelindustrie, pharmazeutische Industrie und Biotechnologie, einheitlich zu definieren und festzulegen versucht. Die unter diesen Prämissen entstandene Norm ISO 14 159 [14] verallgemeinert damit die nur für den Nahrungsmittelbereich gültige europäische Norm CEN 1672-2, die als erste Norm zur Ausfüllung der Maschinenrichtlinie im Bereich Hygienic Design entstanden ist.

3.3.2 American Society of Testing Materials (ASTM International)

Als Beispiel eines auf freiwilliger Basis an der Normung mitwirkenden Verbandes kann ASTM International genannt werden [15]. Die gemeinnützige Organisation stellt ein globales Forum für die Entwicklung und Publikation freiwilliger Normen für Materialien, Produkte, Systeme und Dienstleistungen zur Verfügung. Mittlerweile ist der Verband international tätig. In über 130 unterschiedlichen Industriebereichen dienen ASTM-Standards als Grundlage für Herstellung, Beschaffung und regelnde Tätigkeiten. Früher bekannt als die amerikanische Gesellschaft für Prüfung von Materialien, liefert die Organisation Standards, die in Forschung und Entwicklung, für Produkterprobung und für Systeme zur Qualitätssicherung weltweit verwendet werden. Unter anderem gibt ASTM heute ein Handbuch der Normierung sowie einen Führer zur Entwicklung von Standards heraus. Beispiele für Bereiche der Normung in Zusammenhang mit Hygiene sind Biotechnologie, Gesundheitspflege, medizinische Vorrichtungen, Werkstoffe, Schmiermittel und Wasser, um nur einige zu nennen.

4
Leitlinien und Empfehlungen von Organisationen

Auf Hygienic Design bezogene konkrete Leitlinien mit Ausführungsbeispielen, die unterschiedliche Gebiete betreffen, wurden als erste von privaten Organisationen erstellt. Experten verschiedener Fachgebiete erkannten die Notwendigkeit, der Industrie entsprechende Hilfestellung anzubieten. Für den Lebensmittelbereich übernahmen diese Aufgabe nach Veröffentlichung der Anforderungen an Nahrungsmittelmaschinen in der Maschinenrichtlinie (s. Kapitel 2) die European Hygienic Equipment and Design Group EHEDG [1] in Europa. In den USA hatte bereits vorher die Organisation 3-A [2] Leitlinien für Hygienic Design von Apparaten und Geräten für die Milchindustrie erstellt. Auf diese Anforderungen wird z. B. im Code of Federal Regulations (s. Kapitel 2) der USA verwiesen, wodurch für 3-A ein offizieller Status erreicht wurde. In den letzen Jahren wurde zwischen EHEDG und 3-A eine Kooperation vereinbart, um gemeinsame harmonisierte Vorgaben in Europa und den USA zu erreichen. Auf dem Gebiet der Pharmaindustrie ist z. B. ISPE tätig, um entsprechende Hygienic-Design-Empfehlungen auszuarbeiten. In den letzten Jahren sind weitere Organisationen dazu gekommen, die auf verschiedenen Gebieten Leitlinien und Empfehlungen erarbeiten. Einen allgemeinen Überblick über einige wesentliche Verbände, die auf diesem Gebiet tätig sind, gibt Abb. 4.1.

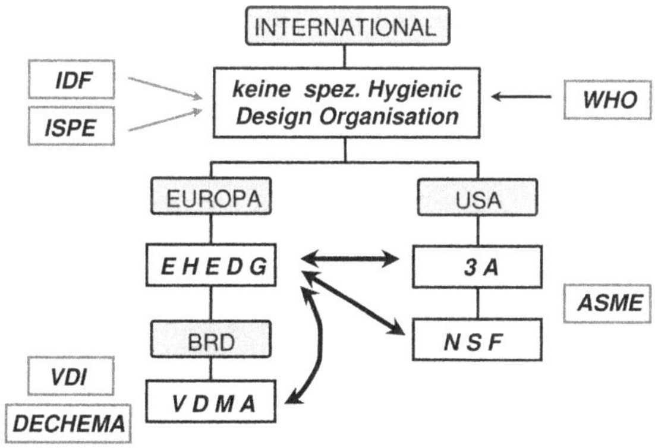

Abb. 4.1 Strukturdiagramm mit Organisationen, die in erster Linie oder in Teilbereichen Leitlinien für Hygienic Design erstellen.

Hygienische Produktionstechnologie. Gerhard Hauser
Copyright © 2008 WILEY-VCH Verlag GmbH & Co. KGaA, Weinheim
ISBN: 978-3-527-30307-3

4.1
Europäische Organisationen

Innerhalb von Europa hat sich in erster Linie die EHEDG seit 1989 einen Namen im Bereich Hygienic Design gemacht, als Vorreiter für die Erstellung von Leitlinien mit konkreten Beispielen für unterschiedliche Anwendungsbereiche. Innerhalb von Deutschland erarbeitete der VDMA speziell für das Gebiet Steriltechnik entsprechende Anforderungen.

4.1.1
EHEDG – European Hygienic Equipment and Design Group

Die EHEDG ist eine europäische Organisation, die 1989 mit der Absicht gegründet wurde, hygienegerechte Verhältnisse im Apparate- und Anlagenbau der Lebensmittelindustrie sowie bei der Herstellung und Verpackung von Lebensmitteln zu fördern und voranzutreiben. Sie vereinigt Fachleute von Herstellerfirmen für Komponenten, Apparate und Anlagen zur Lebensmittelverarbeitung, von Betrieben der Lebensmittelindustrie, Forschungsinstituten und staatlichen Gesundheitsbehörden aus ganz Europa. Ihr Logo (Abb. 4.2) ist mittlerweile als Markenzeichen für Hygienic Design über Europa hinaus bekannt geworden. Das Sekretariat wurde 2008 vom VDMA übernommen.

Wie bereits erwähnt, verlangt die europäische Gesetzgebung seit 1989 aufgrund der EU-Maschinen-Richtlinie (s. Kapitel 2), dass das Handhaben, Bearbeiten, Herstellen und Verpacken von Lebensmitteln unter hygienischen Bedingungen, mit hygienegerechten Maschinen und Apparaten in hygienegerechter Umgebung zu erfolgen hat. Wie man diese Anforderungen jedoch befolgen kann, wurde bis zur Erstellung entsprechender Normen, die eine Ausfüllung der Richtlinie ermöglichen, der Industrie überlassen. Die EHEDG begann deshalb entsprechende Empfehlungen als Leitlinien zur hygienegerechten Gestaltung von Apparaten zu entwickeln. Darüber hinaus fördert sie aktiv eine weltweite Harmonisierung von Leitlinien und Normen. Letzteres hat eine enge Kooperation mit den USA bewirkt, wobei in erster Linie Beziehungen mit den Organisationen 3-A und NSF (National Sanitation Foundation) International bestehen, die beschlossen

Abb. 4.2 EHEDG-Logo.

haben, gemeinsam mit der EHEDG Hygienic Design zu fördern und Leitlinien abzustimmen.

4.1.1.1 Zielvorgaben

Eine wesentliche Voraussetzung für die Arbeit der EHEDG besteht darin, dass unabhängige Fachleute das Ziel verfolgen, Anleitungen für hygieneorientierte Aspekte für das Engineering bereitzustellen, um innerhalb der gesamten Produktionskette von Lebensmitteln sichere und gesundheitlich unbedenkliche Produkte garantieren zu können. Wesentlich dabei ist, essenzielle Anforderungen an die hygiene- und reinigungsrechte Gestaltung von Apparaten zu diskutieren und als Leitlinien zu veröffentlichen.

Die Aufgaben und Ziele im Einzelnen sind:

- ein ausgewogenes Forum für europäische Hersteller von Maschinen und Apparaten für die Lebensmittelindustrie, für Anwender bzw. Betreiber von Anlagen sowie für Gesetzgeber zu bilden, um Angelegenheiten der hygienegerechten Gestaltung zu diskutieren und die Sicherheit im Bereich der Lebensmittelherstellung sowie der Gesundheit zu unterstützen;
- Leitlinien über essenzielle Anforderungen im Bereich Hygienic Design und neuerdings auch Engineering zu erarbeiten, Normen und praktische Anleitungen über reinigungsgerechte Gestaltung zu initiieren und deren periodische Überarbeitung nach wissenschaftlichen Erkenntnissen und praktischen Erfahrungen zu veranlassen. Dadurch sollen den Apparateherstellern und -anwendern Empfehlungen zur Verfügung gestellt werden, wie sie nach dem Stand der Technik die nationale und internationale Gesetzgebung erfüllen können;
- Testmethoden zu entwickeln, die von Testinstituten zur Bewertung von Hygienic Design angewendet werden können, um die Übereinstimmung mit der Gesetzgebung zu dokumentieren;
- sicherzustellen, dass die Verwendung des EHEDG-Namens und -Logos für die Ergebnisse solcher Tests rechtmäßig erfolgt;
- Bereiche zu identifizieren, in denen ausreichende Kenntnisse und Unterlagen über Hygienic Design fehlen, sowie Forschung und Entwicklung auf solchen Gebieten anzuregen;
- Verbindungen und Harmonisierung mit anderen Organisationen zu erreichen, die ähnliche Ziele habe und
- Schulungen von Konstrukteuren, Anwendern und gesetzgebenden Organisationen zu unterstützen und entsprechendes Schulungsmaterial zu entwickeln oder fachgerecht zu überprüfen.

Zusätzlich stellt die EHEDG Unterlagen als Anregung und Vorgabe für die Normung zur Verfügung, die bisher unter anderem bei CEN (z. B. Norm EN 1672-2), ISO (z. B. Norm ISO 14 159) und DIN (z. B. Norm DIN 11 864) genutzt wurden.

4.1.1.2 Struktur der Organisation

Die EHEDG wurde zunächst als „Non-Profit"-Organisation gegründet, in der Mitgliedschaft und Mitarbeit ehrenamtlich ist. Sie wird von einem Präsidenten geleitet, der durch den Exekutiv-Ausschuss (Executive Group) unterstützt wird. Der Hauptausschuss (Main Group), stellt eine ausgewogene Vertretung von Apparateherstellern, der Lebensmittelindustrie, von Forschungseinrichtungen und gesetzgebenden Organisationen dar. Mitglieder sind außerdem Vertreter von 3-A und NSF International aus den USA, mit denen eine Vereinbarung über eine enge Zusammenarbeit besteht. Der Hauptausschuss wird von der Generalversammlung (General Assembly) kontrolliert. Es bleibt dem Hauptausschuss überlassen, Vertreter von anderen Organisationen mit ähnlichen Zielen einzuladen.

Unterausschüsse (Subgroups) werden vom Hauptausschuss mit dem Ziel eingesetzt, mithilfe von Experten für Spezialbereiche Leitlinien zu erstellen, diese dem Hauptausschuss zur Genehmigung vorzulegen und zur Veröffentlichung vorzubereiten. Die Leitlinien sollen alle fünf Jahre von den Unterausschüssen überarbeitet werden. In Tabelle 4.1 sind die zurzeit bestehenden Unterausschüsse sowie ihre derzeit aktuellen Arbeitsbereiche zusammengestellt. Die Bezeichnung der Gruppen erfolgt in englisch, da sie in dieser Form international ausgewiesen sind.

Tabelle 4.1 Bezeichnung der EHEDG-Arbeitsausschüsse (Subgroups) mit ihren aktuellen Arbeitsgebieten (Stand 2007).

Bezeichnung: Subgroup	Aufgabenstellung Hygienic Design
Air Handling	Luft-Systeme: Gestaltung, Überwachung, Inbetriebnahme und Wartung, bisher Leitlinie Nr. 30
Building Design	Gestaltung, Konstruktion und Betrieb von Gebäuden und deren Umgebung; hygienegerechte „Zonen"-Philosophie
Cooling and Chilling Equipment	Gestaltung und Installation verschiedener Komponenten von Kühlgeräten; Leitlinie in Vorbereitung
Design Principles	Prinzipien für aseptische Geräte; hygienegerechtes Engineering; bisher Leitlinien Nr. 8, 9, 10, 13, 18
Dry Materials Handling	Gestaltung von hygienegerechten Anlagen zur Schüttgutverarbeitung; bisher Leitlinie Nr. 22, 26, 29, 31, 33, 36
Electrical Installations	Hygienegerechte Gestaltung von Elektroinstallationen und deren Komponenten
Fish and Meat Handling Equipment	Neu gegründet (Aufgabenstellung in Vorbereitung)

Tabelle 4.1 (Fortsetzung)

Bezeichnung: Subgroup	Aufgabenstellung Hygienic Design
Heat Treatments	Sicherheit von Plattenwärmetauschern; Autoklavieren; bisher Leitlinien Nr. 1, 6, 12
Hygienic Systems Integration	Systeme zur Integration von Hygiene zur Vermeidung von Fehlern während Konstruktion, Vertragserstellung, Konstruktionsänderungen, Herstellung und Installation; bisher Leitlinie Nr. 34
Lubricants	Lebensmittelechte Schmierstoffe; bisher Leitlinie Nr. 23
Materials of Construction	Eigenschaften und Anwendungen von Werkstoffen; bisher Leitlinie Nr. 32
Mechanical Seals	Gestaltung von Gleitringdichtungen für Reinigung nach Zerlegen und CIP; Dichtungen für aseptische und hygienegerechte Anwendungen; Leitlinie Nr. 25
Packing Machines	Verpackungsmaschinen für feste Lebensmittel (Käse, Würstchen und Fleisch); bisher Leitlinien Nr. 3, 11, 19, 21
Pipes and Pipe Couplings	Bakteriendichte Verbindungssysteme; Verbesserungen für Klemmverbindungen; bisher Leitlinie Nr. 16 (DIN 11 864)
Process Water	Technologien zur Minimierung des Wasserverbrauchs, Wiederbehandlung und Wiederverwendung; bisher Leitlinien Nr. 24, 27, 28
Pumps, Homogenizers and Dampening Devices	Aktuelle Entwicklungen bei Pumpen; bisher Leitlinie Nr. 17
Sensors	Prinzipielle Gestaltung und Anwendungen von Sensoren in der Lebensmittelindustrie
Test Methods	Methoden aller Art zum Testen von Bauteilen und Apparaten; Ringtests für Testinstitute; bisher Leitlinien Nr. 2, 4, 5, 7, 15, 19
Training and Education	Umsetzung des Inhalts der Leitlinien in Trainingsmaterial zum Wissenstransfer für die verschiedenen Benutzer (Industrie, Lehrinstitute)
Valves	Neue technische Entwicklungen und Anforderungen; bisher Leitlinien Nr. 14, 20
Welding	Moderne Schweißtechniken; bisher Leitlinien Nr. 9, 35

Da die EHEDG als Organisation keinerlei Rechtsposition besaß, um die Verwendung z. B. des Logos zu Werbezwecken für die Industrie zu regeln, wurde eine Stiftung (Foundation) gegründet. Sie soll die Verwendung des EHEDG-Logos überwachen und die Arbeit von Testinstituten sicherstellen. Die Stiftung veröffentlicht außerdem die Leitlinien und Schulungsunterlagen, verfasst eine EHEDG-Webseite, organisiert Zusammenkünfte, Seminare sowie Konferenzen und fungiert allgemein als das Sekretariat der EHEDG. Sie ermächtigt Institutionen, im Auftrag der EHEDG eine Zertifizierung von hygienegerecht gestalteten Apparaten und Komponenten nach festgelegten Regeln vorzunehmen.

4.1.1.3 Leitlinien

Bisher sind eine Reihe von Leitlinien bzw. Empfehlungen veröffentlicht worden, die in Tabelle 4.2 nach Themenkreisen zusammengefasst aufgelistet sind.

Tabelle 4.2 Von EHEDG erarbeitete Leitlinien gruppiert nach Kategorien (Stand 2002).

Dokument	Originaltitel	Deutscher Titel	Jahr
Hygienic Design			
8	Hygienic equipment design criteria	Kriterien zur hygienegerechten Gestaltung von Apparaten	1993
9	Welding stainless steel to meet hygienic requirements	Hygieneanforderungen beim Schweißen von Edelstahl	1993
18	Passivation of stainless steel	Passivieren von Edelstahl	1998
10	Hygienic design of closed equipment for the processing of liquid food	Hygienegerechte Gestaltung von geschlossenen Apparaten zur Herstellung von flüssigen Lebensmitteln	1993
13	Hygienic design of equipment for open processing	Hygienegerechte Gestaltung von Apparaten für offene Prozesse	1996
16	Hygienic pipe couplings	Hygienische Rohrverbindungen	1997
14	Hygienic design of valves for food processing	Hygienegerechte Gestaltung von Armaturen für Lebensmittelprozesse	1996
17	Hygienic design of pumps, homogenisers and dampening devices	Hygienegerechte Gestaltung von Pumpen, Homogenisierern und Befeuchtungsgeräten	1998
20	Hygienic design and safe use of double-seat mixproof valves	Hygienic Design und sichere Verwendung von Doppelsitzventilen	2000
22	General hygienic design criteria for the safe processing of dry particulate materials	Allgemeine Hygienic-Design-Kriterien für die sichere Herstellung von trockenen Schüttgütern	2001
23	Production and use of food-grade lubricants	Herstellung und Benutzung von lebensmittelechten Schmiermitteln	2002

Tabelle 4.2 (Fortsetzung)

Dokument	Originaltitel	Deutscher Titel	Jahr
Mikrobiologisch sichere Herstellung von Produkten			
1	Microbiologically safe continuous pasteurisation of liquid foods	Mikrobiologisch sicheres kontinuierliches Pasteurisieren von flüssigen Lebensmitteln	1992
6	The microbiologically safe continuous flow thermal sterilisation of liquid foods	Mikrobiologisch sicheres kontinuierliches Sterilisieren von flüssigen Lebensmitteln	1993
12	The continuous or semi-continuous flow thermal treatment of particulate foods	Kontinuierliche oder halb-kontinuierliche thermische Behandlung von dispersen Lebensmitteln	1994
Verpacken von Lebensmitteln			
11	Hygienic packing of food products	Hygienisches Verpacken von Lebensmittelprodukten	1993
3	Microbiologically safe aseptic packing of food products	Mikrobiologisch sicheres aseptisches Verpacken von Lebensmitteln	1993
21	Challenge tests for the evaluation of the hygienic characteristics of packing machines	Anforderungstest für die Evaluierung der hygienischen Merkmale von Verpackungsmaschinen	2000
Testmethoden			
2	A method for assessing the in-place cleanability of food processing equipment	Methode zur Bewertung der In-place-Reinigbarkeit von Apparaten zur Lebensmittelherstellung	1992
15	A method for the assessment of in-place cleanability of moderately-sized food processing equipment	Methode zum Nachweis der In-place-Reinigbarkeit von Apparaten mittlerer Größe zur Lebensmittelherstellung	1997
4	A method for the assessment of in-line pasteurisation of food processing equipment	Methode zur Bewertung der In-line-Pasteurisation von Apparaten zur Lebensmittelherstellung	1993
5	A method for the assessment of in-line sterilisability of food processing equipment	Methode zur Bewertung der In-line-Sterilisation von Apparaten zur Lebensmittelherstellung	1993
7	A method for the assessment of bacteria tightness of food processing equipment	Methode zur Bewertung der Dichtheit gegen Bakterien von Apparaten zur Lebensmittelherstellung	1993
19	A method for assessing bacterial impermeability of hydrophobic membrane filters	Methode zur Bewertung der Undurchdringlichkeit für Bakterien von hydrophoben Membranfiltern	2000

Darüber hinaus sind weitere Dokumente in Arbeit, sodass in Zukunft weitere Leitlinien zur Verfügung stehen.

Die Leitlinien können als Vollversionen in englischer Sprache beim Sekretariat bestellt werden. Verkürzte Darstellungen wurden in der Zeitschrift „Trends in Food Science and Technology", Elsevier-Verlag London, veröffentlicht. Die deutsche Gruppe der EHEDG wird ebenfalls vom VDMA betreut, wo auch die bisher übersetzten Leitlinien erhältlich sind.

Leitlinien zum Themenkreis Hygienic Design

Das Hauptziel der Leitlinien besteht darin, den Apparateherstellern eine Unterstützung bei der Ausfüllung der Maschinenrichtlinie nach dem Stand der Technik anzubieten. Bei der Zielsetzung, dass Apparate in erster Linie den Zweck erfüllen, für den sie konstruiert wurden, können mitunter hygienische Erfordernisse mit funktionellen Notwendigkeiten kollidieren. In der Regel kann in solchen Fällen ein vertretbarer Kompromiss gefunden werden. Wo dies nicht der Fall ist und aus Gründen der mikrobiologischen Sicherheit die Erfordernisse der Produkthygiene überwiegen, müssen funktionelle Nachteile der Maschinen zugunsten der Produkthygiene in Kauf genommen werden. Ingenieure, die Apparate für die Nahrungsmittelherstellung konstruieren, haben gewöhnlich ein ausgezeichnetes Verständnis für die Anforderungen und konstruktiven Lösungen, die in Zusammenhang mit Sicherheitsbedürfnissen, elektrischen und mechanischen Anforderungen sowie Aspekten des Massen- und Energietransfers stehen. Dies ist jedoch häufig nicht der Fall, wenn es um Hygieneanforderungen geht, die aber in vielen Fällen für die Nahrungsmittelindustrie sowohl hinsichtlich der mikrobiologischen Sicherheit als auch der Qualität der Produkte von großer Bedeutung sind. Im Folgenden werden einige Leitlinien als Beispiele kurz diskutiert.

Die Anfälligkeit eines Erzeugnisses für Mikroorganismen bestimmt weitgehend die Notwendigkeit, hygienisch und aseptisch einwandfreie Geräte für die Produktions- und Verpackungsabläufe einzusetzen. Trockenerzeugnisse weisen beispielsweise kein hohes Wachstum an Mikroorganismen auf und stellen deshalb keine so hohen Anforderungen wie feuchte oder flüssige Produkte. Die Notwendigkeit für die hygienische und aseptische Herstellung von Produkten liegt im Verantwortungsbereich des Nahrungsmittelherstellers und muss ggf. mit den zuständigen Behörden abgeklärt werden.

Die veröffentlichte Empfehlung über *Gestaltungskriterien* (Dokument 8, Tabelle 4.2) behandelt die wesentlichen Anforderungen an Werkstoffe und Oberflächenqualität sowie Konstruktionsprinzipien, die bei der Herstellung von hygienisch und aseptisch einwandfreien Maschinen und Apparaten zur Nahrungsmittelproduktion eingehalten werden müssen. Die Erfordernisse tragen der mikrobiologischen Sicherheit und der Qualität der Erzeugnisse Rechnung. Wenn den Erfordernissen nicht entsprochen werden kann, ist die Reinigungsfähigkeit durch Prüfungen nach festgelegten Testmethoden nachzuweisen.

Die Anforderungen an *Schweißen von Edelstahl* (Dokumente 9 und 35, Tabelle 4.2) geben den Stand der Technik wieder, diskutieren die Herstellungsverfahren und zeigen Schweißfehler aus hygienischer Sicht auf. Ausführlich werden allgemeine Anforderungen sowie das Schweißen von Rohrleitungen (z. B. Orbital-Schweißen) behandelt. Einen wesentlichen Behandlungsvorgang zur Sicherung der Oberflächenqualität von Edelstahl stellt das *Passivieren* (Dokument 18, Tabelle 4.2) dar. In einer Zusammenarbeit mit 3-A wurde eine Leitlinie entwickelt, die Grundlagen, praktische Anwendung und Sicherheitsmaßnahmen des Passivierens sowohl von neuen Apparaten als auch nach entsprechenden Betriebszeiten von Anlagen zusammenstellt.

Die Veröffentlichung über die *hygienegerechte Gestaltung von geschlossenen Apparaten* (Dokument 10, Tabelle 4.2) beschreibt Methoden über konstruktive Details sowie den Einsatz von Komponenten (Verbindungen, Armaturen, Pumpen) und Apparaten für geschlossene Prozesse, die CIP-fähig sind. Sie veranschaulicht die Gestaltungskriterien für Elemente solcher Prozesse. Dazu werden Beispiele aufgezeigt, wie man schlecht reinigbare Bereiche wie Spalte, Strömungsschatten sowie Stellen mit behindertem Produkttransport vermeiden kann und wie man Bauteile verbinden und in einem Prozess positionieren kann, um ungehinderte In-place-Reinigung anwenden und ein Entleeren der Anlage erreichen zu können.

Die Leitlinie über die hygienegerechte Gestaltung von *Apparaten für offene Prozesse* (Dokument 13, Tabelle 4.2) befasst sich mit den essenziellen hygienischen Anforderungen an Maschinen und Apparate, die offen zur Umgebung (Produktionsraum) betrieben werden. Sie beschreibt anhand von zwei Beispielgruppen (Behälter mit Werkzeugen, Apparate mit Förderbändern), wie grundlegende Gestaltungskriterien in solchen Prozessen eingehalten werden können. Außerdem wird die Gestaltung des unmittelbaren Umfeldes (Rahmen und Verkleidungen für Maschinen, Hygienemerkmale von Schaltschränken und Übergängen über Produktbereiche) an Beispielen diskutiert. Für Maschinen zur Herstellung spezieller Erzeugnisse und für spezielle Herstellungsverfahren können höhere Anforderungen gestellt werden, die gesondert festzulegen sind. Die Bedingungen des weiteren Prozessumfeldes (Gestaltung der Produktionsräume einschließlich Installation) sind nicht Gegenstand dieser Empfehlungen.

Für den Bereich „Komponenten“ von Anlagen ist zunächst die Leitlinie über hygienegerechte *Rohrverbindungen* (Dokument 16, Tabelle 4.2) beispielhaft. Unter Mitwirkung einer großen Anzahl von Herstellern sowie namhafter Firmen der Lebensmittelindustrie wurde unter anderem eine Rohrverbindung (Schraub- und Flanschverbindung) entwickelt, getestet und schließlich in Zusammenarbeit mit DIN als Norm DIN 11 864 (aseptische Rohrverbindung) eingeführt. In der Leitlinie über *Armaturen* (Dokumente 14 und 20, Tabelle 4.2) werden zunächst allgemeine Hygieneanforderungen an die Konstruktion wie an Werkstoffe, Oberflächen, Dichtungen und die Geometrie diskutiert. Anhand von Beispielen werden dann spezielle Typen von Armaturen dargestellt und bezüglich ihrer hygienischen Problemstellen besprochen. Für *Pumpen* (Dokument 17, Tabelle 4.2) sind ebenfalls in der entsprechenden Leitlinie zunächst allgemeine Anforderungen wiedergegeben. Zusätzlich wird anschließend das Spezifische unterschiedlicher Pumpentypen bezüglich Reinigbarkeit herausgestellt.

Weitere Leitlinien sind zusammen mit Abstracts auf der Homepage www.ehedg.org aufgeführt.

Leitlinien zur thermischen Behandlung von Produkten

Für den Bereich der thermischen Behandlung von Produkten wurden drei Leitlinien veröffentlicht. Die erste beschäftigt sich mit dem *Pasteurisieren von flüssigen Lebensmitteln* (Dokument 1, Tabelle 4.2). Neben allgemeinen Hygieneanforderungen wird auf Anordnung und Betrieb von Wärmetauschern sowie auf Details von Komponenten eingegangen. Für die *kontinuierliche Sterilisation von flüssigen Lebensmitteln* (Dokument 6, Tabelle 4.2) werden die verschiedenen Prozesse ausführlich gegenübergestellt, die verwendeten Apparate beschrieben sowie Anforderungen an Reinigung und Wartung diskutiert. Eine weitere Empfehlung beschäftigt sich mit der *kontinuierlichen oder halbkontinuierlichen thermischen Behandlung von dispersen (stückigen) Lebensmitteln* (Dokument 12, Tabelle 4.2). Wesentliches Ziel ist es dabei, die Anforderungen darzulegen, die durch Stücke enthaltende Produkte vorgegeben sind, um eine ausreichende Erhitzung aller Produktbereiche zu erreichen. Es werden Prozessbedingungen, Apparate, Reinigung, Wartung und Validierung im Einzelnen nach dem Stand der Technik zusammengestellt.

Leitlinien zum hygienegerechten Verpacken

Für verpackte Produkte ist der Lebensmittelhersteller verantwortlich. Er muss deshalb akzeptable Risiken definieren, wobei nicht nur die Produktqualität – gekennzeichnet durch die Anzahl der relevanten Mikroorganismen – im Eingangsprodukt der Verpackungsmaschine, sondern auch der Anstieg deren Konzentration in der Maschine von entscheidendem Einfluss ist. Aus diesem Grund müssen Spezifikationen für Hygieneanforderungen an Verpackungsmaschinen erstellt werden. In der Leitlinie über *hygienische Verpackung von Lebensmitteln* (Dokument 11, Tabelle 4.2) wird daher die hygienegerechte Gestaltung solcher Maschinen sowie die erforderliche mikrobielle Qualität des Verpackungsmaterials dargestellt. Zusätzlich spielt in den meisten Fällen die Umgebung des Abfüllprozesses eine wichtige Rolle, für die hygienegerechte Maßnahmen angegeben werden. Mit Produkt, das bezüglich seines mikrobiellen Status genau definiert wird, können Abfüllmaschinen bezüglich ihrer hygienischen Eignung getestet und überwacht werden.

In der Empfehlung über *aseptisches Verpacken von Lebensmitteln* (Dokument 3, Tabelle 4.2) werden Anforderungen diskutiert, die bei aseptischen Vorgaben zu beachten sind. Dabei muss in erster Linie definiert werden, welche Raten relevanter Mikroorganismen generell unterschritten werden müssen. Zusätzlich müssen alle Quellen möglicher Kontaminationen identifiziert und beseitigt werden. Eine unabdingbare Forderung dabei ist, dass die Maschinen hygienegerecht gestaltet werden.

Anwendung von Testmethoden

Eine Verifizierung der hygienegerechten Gestaltung von Komponenten und Apparaten anhand von Konstruktionszeichnungen reicht in Fällen nicht aus, wo die geforderte leichte Reinigbarkeit nicht unmittelbar erkennbar ist. Für solche Konstruktionen kann ein entsprechender Nachweis aufgrund von Reinigbarkeitstests erbracht werden.

Der EHEDG-Test *zur Bewertung der In-place-Reinigbarkeit von Apparaten zur Lebensmittelherstellung* (Dokument 2, Tabelle 4.2) verwendet Sporen thermoresistenter Mikroorganismen als Tracer, die zusammen mit einer Verschmutzungsmatrix zum Kontaminieren verwendet werden. Das Testobjekt wird zusammen mit einem glatten Referenzrohr definiert verschmutzt und danach so mild gereinigt, dass eine Restverschmutzung im Referenzrohr zurückbleibt. Nach Befüllen von Referenz- und Testobjekt mit einer Nährsubstanz und definiertem Bebrüten wird das Nährmedium aus den Bauteilen herauspräpariert. Ausgekeimte Sporen ergeben aufgrund einer Säurereaktion mit dem Nährmedium an den Kontaktstellen zu den Bauteilen Verfärbungen, die wie bei einem Fingerabdruck detektiert werden können. Durch Vergleich von Befunden in Referenzrohr und Testobjekt können hygienische Problemstellen ermittelt werden.

Für Bauteile, die für die Durchführung obiger Methode aufgrund ihrer Größe nicht geeignet sind, besteht die Möglichkeit, einen Nachweis durch Verschmutzung mit einer Matrix auf Margarinebasis mit anschließender Reinigung und der Detektion von Margarineresten zu führen (*Nachweis der In-place-Reinigbarkeit von Apparaten mittlerer Größe zur Lebensmittelherstellung*) (Dokument 11, Tabelle 4.2).

Die Tests zum Nachweis der *Pasteurisierbarkeit* (Dokument 4, Tabelle 4.2) bzw. *Sterilisierbarkeit* (Dokument 5, Tabelle 4.2) von Komponenten haben in erster Linie zum Ziel, Bereiche zu erkennen, wo aufgrund der verwendeten Materialien oder einer unzureichenden Gestaltung die entsprechende Temperatur nicht erreicht wird, um durch die thermische Behandlung zuverlässige Ergebnisse zu erreichen. Zur Überprüfung wird die Testeinheit mit einem Indikator-Mikroorganismus definiert kontaminiert und anschließend pasteurisiert bzw. sterilisiert. Um überlebende Mikroorganismen zu detektieren, wird durch die Testeinheit nach der Sterilisation für eine bestimmte Zeit eine Nährlösung gepumpt. Ist die Nährlösung nach der Inkubationszeit trüb, so wurden nicht alle Sporen abgetötet; ist die Bouillon klar, so kann das Bauteil als pasteurisierbar bzw. sterilisierbar klassifiziert werden.

Für aseptische Prozesse ist es erforderlich, dass eine Kontamination steriler Bauteile von außen verhindert wird. Die Testmethode zum *Nachweis der Dichtheit von Komponenten gegen Mikroorganismen* (Dokument 7, Tabelle 4.2) verwendet einen mobilen Bakterienstamm, der außen auf Bereiche sterilisierter Bauteile aufgebracht wird, an denen ein Eindringen in den Produktbereich vermutet wird. Im Inneren wird ein steriles Nährmedium zirkuliert, das durch eingedrungene Bakterien trüb wird. Bleibt dieses Medium klar, ist der Nachweis erbracht, dass das Bauteil als aseptisch eingestuft werden kann.

4.1.1.4 **Zertifizierung von Bauteilen**

Auf Nachfrage aus der Industrie hat die EHEDG den Beschluss gefasst, Apparate, Geräte und Komponenten zu zertifizieren und dafür ein Kennzeichen zu vergeben (Abb. 4.3), das der Hersteller auf seinen Produkten zum Zeichen der hygienegerechten Gestaltung anbringen kann. Die Zertifizierung wird von Instituten vorgenommen, die von der EHEDG dazu autorisiert sind. Sie erfolgt,

Abb. 4.3 Kennzeichen der EHEDG für die Zertifizierung von Geräten für flüssige Lebensmittel.

wenn das entsprechende Bauteil die im Dokument Nr. 8 „Design Criteria" der EHEDG angeführten Gestaltungsrichtlinien entweder vollständig erfüllt oder wenn bei Abweichung davon durch einen Reinigbarkeitstest nachgewiesen wird, dass das Bauteil als leicht reinigbar angesehen werden kann. Zur Überwachung der Zertifizierung besteht ein Ausschuss, der sich aus Mitgliedern der Lebensmittelindustrie zusammensetzt.

4.1.1.5 **Unterstützung durch die EU**

Die gegenwärtigen Bemühungen der Lebensmittelindustrie im Rahmen der Lebensmittelhygienerichtlinie bzw. -verordnung wollen ohne Zweifel die durch Lebensmittel verursachten Infektionen beseitigen. Allerdings bestehen zwei entscheidende Lücken zwischen der Richtlinie und ihrer Umsetzung in die Praxis:

- Es fehlen praktische Leitlinien und Testmethoden, um die Hygiene der Lebensmittelherstellung abzusichern.
- Es fehlt aufgrund von Lücken in der Ausbildung sowohl in der Industrie als auch in akademischen Kreisen das Verständnis für die Hauptgefahren und Risikofaktoren.

Das thematische Europäische Netzwerk „Hygienische Herstellung von Lebensmitteln" HYFOMA [3] wurde 2001 ins Leben gerufen, um diese Lücken zu füllen. Grund dafür ist, dass Infektionen, die von Lebensmitteln herrühren, auch bezüglich ihrer Häufigkeit ein wichtiger Sachverhalt im Bereich der Lebensmittelsicherheit sind. Die Hauptziele des Netzwerkes sind, Leitlinien zu entwickeln, Wissen zu verbreitern und das Verständnis für die Einführung der Strategie „vom Feld bis zur Gabel" in der Lebensmittelhygiene zu wecken. Der EHEDG wurde deshalb von der Europäischen Union ein Programm für vier Jahre innerhalb von HYFOMA (European Network for Hygienic Manufacturing of Food) genehmigt.

Das abgeschlossene Projekt hat neue Leitlinien sowie ausführliche Unterlagen für ein Training in Hygienic Design ergeben.

4.1.2
DECHEMA – Gesellschaft für Chemische Technik und Biotechnologie e. V.

Die DECHEMA, Gesellschaft für Chemische Technik und Biotechnologie e. V. [4], ist eine gemeinnützige wissenschaftlich-technische Gesellschaft mit Sitz in Frankfurt am Main. Als Mitglieder gehören ihr Naturwissenschaftler, Ingenieure, Firmen, Organisationen und Institute an. Die Aufgabe der DECHEMA ist es, die Entwicklung von chemischen Technologien und Verfahren aktiv zu begleiten und neue Erkenntnisse aus Forschung und Entwicklung für die Praxis der chemischen Technik, der Biotechnologie und des Umweltschutzes aufzuarbeiten. Wesentlich ist die interdisziplinäre Gemeinschaftsarbeit von Naturwissenschaftlern und Ingenieuren aus Forschung und Industrie. Fachleute aus Wissenschaft, Wirtschaft und Behörden arbeiten in Fachsektionen und Forschungsausschüssen zusammen.

Wissenschaftlich-technischer Fortschritt vollzieht sich heute im weltweiten Rahmen. Für die DECHEMA gehört die Kooperation mit anderen Fachgesellschaften – national und international – im Interesse der Abstimmung und Konzentration von Aktivitäten seit jeher zu den Grundsätzen der Arbeit. Eine Basis für die interdisziplinäre Zusammenarbeit auf den Arbeitsgebieten der stoffumwandelnden Industrien in Europa bilden die Europäischen Föderationen für Chemieingenieurwesen (EFCE), Korrosion (EFC) und Biotechnologie (EFB). Vor allem die Gestaltung von Apparaten und Anlagen zur Vermeidung von Korrosion [5] sowie Veröffentlichungen zu mikrobiologischer Korrosion und Spaltkorrosion spielen eine wichtige Rolle im Bereich Hygienic Design. Beispielsweise werden die Publikationen DECHEMA-Werkstoff-Tabelle/Corrosion Handbook [6] von der DECHEMA herausgegeben.

4.1.3
VDMA – Verband deutscher Maschinen- und Anlagenbau e. V.

Der Verband steht seit über 100 Jahren im Dienste des Maschinenbaues, des Anlagenbaues und der Informationstechnik [7]. Mit seiner liberalen Grundüberzeugung ist er dem weltweiten, freien Wettbewerb sowie dem gesamtgesellschaftlichen und gesamtwirtschaftlichen Wohl verpflichtet. Als private Organisation mit freiwilliger Mitgliedschaft steht seine Arbeit unter dem Motto: „Zukunft für Unternehmer, Technik für Menschen“. Als Vertretung eines Großteils der Investitionsgüterindustrie, die sich aus großen und kleinen Unternehmen zusammensetzt und vor allem mittelständische Leistungsstrukturen aufweist, spielt der Einsatz von Technik die Hauptrolle. Mitglieder sind Unternehmen des Maschinen- und Anlagenbaues, zugehöriger Werkzeuge und Komponenten. Darin eingeschlossen ist unter anderem das gesamte Spektrum der Fabrikautomation, von Software und produktbezogener Dienstleistungen. 2008 hat der VDMA das Sekretariat von EHEDG übernommen.

Hersteller von Maschinen und Komponenten für keimarme oder sterile Anwendungen sehen sich zunehmend mit der Forderung ihrer Kunden konfrontiert, den Nachweis zu erbringen, dass die Grundregeln einer hygienegerechten Konstruktion beachtet worden sind und die leichte Reinigbarkeit gewährleistet ist.

Ferner wird in Normen und anderen Regelwerken, die das Thema Hygiene behandeln, zunehmend die Forderung nach Testmethoden zur Überprüfung der Reinigbarkeit erhoben.

Die bisherigen Methoden sind nicht nur sehr aufwändig und kostenintensiv, sondern auch kompliziert in der Interpretation der Ergebnisse.

Die Mitgliedsfirmen der Fachabteilung „Sterile Verfahrenstechnik" setzen sich seit Jahren sehr intensiv mit allen Aspekten der Hygienethematik auseinander. Sie wirken sowohl in europäischen als auch in deutschen Normungsgremien mit und haben als Ergebnis ihrer Arbeit unter anderem einige VDMA-Einheitsblätter zum Thema „Sterile Verfahrenstechnik" erstellt. Die Gemeinschaftsarbeit konzentrierte sich zunehmend auf die Entwicklung eines Prüfsystems für die Reinigbarkeit von Komponenten, um den Anforderungen der Regelwerke, aber auch der Kunden, gerecht zu werden und nicht zuletzt, um zu dokumentieren, dass sich die Mitgliedsfirmen der Fachabteilung „Sterile Verfahrenstechnik" mit ihren Produkten auf einem sehr hohen Niveau auch bezüglich der Reinigbarkeit bewegen. Grundforderung dieses Prüfsystems war eine einfache und kostengünstige Handhabung. In Zusammenarbeit mit Mitgliedsfirmen und dem Lehrstuhl für Maschinen- und Apparatekunde der Technischen Universität München ist in den vergangenen Jahren ein Prüfsystem namens „Qualified Hygienic Design (QHD)" entwickelt worden [8], welches sich in zwei Prüfstufen aufgliedert. Stufe 1 beinhaltet den theoretischen Nachweis der hygienegerechten Konstruktion auf der Basis einer visuellen Überprüfung anhand einer Checkliste. Hierbei ist die Übereinstimmung mit der Gestaltung nach Anforderungen z. B. der DIN/EN-Normen, nach FDA- und GMP-Regelungen sowie sonstigen relevanten Regelwerken zu überprüfen. Die in Stufe 1 vorgenommene Dokumentation wird in Stufe 2 mittels eines vom Lehrstuhl für Maschinen- und Apparatekunde, TU München/Weihenstephan, entwickelten Standardtests verifiziert. Es erfolgt eine Prüfung auf Reinigbarkeit nach einer standardisierten und praxisnahen Prüfmethode, die der Hersteller selbst nach einer Schulung und Bereitstellung der erforderlichen Testausrüstung durchführen kann. Die Methode verwendet als Tracer-Substanz ATP (Adenosin-Triphosphat), das durch Abstriche an hygienischen Schwachstellen in wenigen Minuten nachgewiesen werden kann. Da die Methode relativ einfach durchgeführt werden kann, ist auch eine Überprüfung der konstruktiven Entwicklung in den einzelnen Schritten einer Neukonstruktion begleitend möglich.

Auch wenn die Initiative zur Entwicklung eines Prüfsystems für die Reinigbarkeit von Komponenten von den Mitgliedsfirmen der Fachabteilung „Sterile Verfahrenstechnik" ausging, liegt es im Interesse der Branche, dieses Prüfsystem allen interessierten in- und ausländischen Firmen zugänglich zu machen. Interessierte Firmen können die Nutzung des QHD-Handbuches bei der Geschäftsstelle der Fachgemeinschaft „Verfahrenstechnische Maschinen- und Apparate im VDMA" anfordern.

Qualified Hygienic Design
QHD
Authorized by VDMA

Abb. 4.4 Wort- und Bildmarke des QHD-Systems.

Die beim Deutschen Patentamt München hinterlegte Zeichensatzung legt die Regeln zur Handhabung des QHD-Systems und dazugehöriger Wort- und Bildmarke entsprechend Abb. 4.4 fest.

Eine Voraussetzung für die Nutzung ist die Teilnahme an einer Einweisung in das gesamte System an der Technischen Universität München/Weihenstephan sowie die Bestellung eines sogenannten QHD-Beauftragten.

4.1.4 **VDI – Verein Deutscher Ingenieure e. V.**

Der VDI [9] ist eine gemeinnützige, von wirtschaftlichen und parteipolitischen Interessen unabhängige Organisation von Ingenieuren und Naturwissenschaftlern. Er ist heute die größte technisch-wissenschaftliche Vereinigung Europas und gilt in Deutschland als Sprecher der Ingenieure und der Technik in Fachwelt und Öffentlichkeit, als führende Institution für die Weiterbildung und den Erfahrungsaustausch technischer Fach- und Führungskräfte und als kompetenter Partner im Vorfeld technologiepolitischer Entscheidungen sowie in allen Fragen, die sich dem Ingenieur in seinem beruflichen und gesellschaftlichen Umfeld stellen. Zu den Zielen des VDI zählen insbesondere das Zusammenwirken aller geistigen Kräfte der Technik, die Förderung der technischen Forschung und Entwicklung sowie des technischen Nachwuchses, die Aus- und Weiterbildung der Ingenieure, ihre Förderung in Wirtschaft, Staat und Gesellschaft sowie die Schaffung anerkannter Regeln der Technik.

Die technisch-wissenschaftliche Arbeit bildet den Schwerpunkt der VDI-Tätigkeit. Sie wird in Fachgliederungen mit Ausschüssen geleistet. Dabei sichert eine fachübergreifende Zusammenarbeit von Experten aus Wissenschaft, Industrie und öffentlicher Verwaltung fachkompetente und allgemeingültige Arbeitsergebnisse. Diese werden z. B. in den „VDI-Richtlinien" als anerkannte Regeln zum Stand der Technik niedergelegt. Die jährlichen, nationalen und internationalen Tagungen der VDI-Fachgliederungen werden von Experten der verschiedenen Fachgebiete besucht.

Die VDI-Gesellschaft Verfahrenstechnik und Chemieingenieurwesen GVC [10] ist die Fachorganisation der Ingenieure, die auf dem Gebiet der Verfahrenstechnik und des Chemieingenieurwesens sowie der ihnen nahestehenden Berufsgruppen tätig sind. Die GVC behandelt Fragen der Verfahrenstechnik und des Chemieingenieurwesens im Gesamtbereich von Wissenschaft und Technik, Industrie und öffentlichem Leben. Sie pflegt in Fachausschüssen und Unterausschüssen die wissenschaftliche Facharbeit. Die Ausschüsse sind zu 7 Fachbereichen gebündelt, die thematisch und inhaltlich überschneidende und ergänzende Fachausschüsse zusammenfassen. Hauptaufgabe der Fachausschüsse ist der Erfahrungsaustausch sowie die Behandlung und Diskussion von Forschungsproblemen. Den Ausschüssen gehören als Mitglieder Experten des betreffenden Fachgebietes aus Wissenschaft und Praxis gleichberechtigt an. Diese Art der Zusammensetzung sichert der Fachausschussarbeit das notwendige Gleichgewicht von Praxis und Theorie.

Der Fachbereich Bio- und Lebensmittelverfahrenstechnik mit seinen Fachausschüssen beschäftigt sich auch mit Problematiken in Zusammenhang mit Hygienic Design. Einige der weiteren Bereiche wie Prozesstechnik, Apparatetechnik, Anlagentechnik oder Feststoffverfahrenstechnik sowie das Kompetenzfeld Nanoverfahrenstechnik sind aufgrund verschiedener Problemkreise im weiteren Sinne mit hygienegerechter Gestaltung verknüpft.

Die GVC ist Mitherausgeberin der Zeitschriften „Chemie Ingenieur Technik (CIT)“ und „Chemical Engineering and Technology“.

4.2
Organisationen der USA

Ein Großteil der europäischen und deutschen Industrie führt seine Produkte nach Übersee und speziell nach den USA aus. Hierbei sind für Maschinen, Apparate und Komponenten, die in der Lebensmittel- und Pharmaindustrie sowie der Biotechnologie eingesetzt werden, spezielle Anforderungen staatlicher, staatlich anerkannter oder privater Organisationen einzuhalten. In den letzten Jahren lässt sich die Tendenz erkennen, dass eine Zusammenarbeit zwischen europäischen und amerikanischen Organisationen zu einer Annäherung der Anforderungen führt, was in erster Linie der Industrie zugute kommt. Damit wird der Versuch unternommen, bestimmte Anerkennungs- und Validierungsprozeduren zu vereinheitlichen.

4.2.1
3-A

Die staatlich anerkannte Organisation 3-A, die sich ursprünglich aus drei Verbänden zusammensetzte, spielt in den USA im Bereich Hygienic Design eine entscheidende Rolle [2]. Der Name 3-A wurde für die folgenden Gründerorganisationen gewählt: den internationalen Verband der Zulieferer für die Lebensmittelindustrie (International Association of Food Industry Suppliers, IAFIS), den internationalen Verband zum Schutz von Lebensmitteln (International Association for Food Protection, IAFP) und die Stiftung der Milchindustrie (Milk Industry Foundation, MIF). Seit 1944 umfasst das 3-A Programm Vertretungen der Zulieferindustrie und des Anlagenbaues, aller nationalen Molkereiverbände, des Ministeriums für Landwirtschaft (USDA), des Öffentlichen Gesundheitsdienstes (US Public Health Service, USPHS) und staatlicher gesetzgebender Behörden.

4.2.1.1 Hygienic-Design-Normen und anerkannte Vorgehensweisen

3-A hat sich von Anfang an damit beschäftigt, Normen zur hygienegerechten Gestaltung und zu allgemeinen Hygieneproblemen aufzustellen und zu veröffentlichen, die allgemein unter dem Namen „3 A Sanitary Standards" [11] einen Begriff darstellen. Das damit in Verbindung stehende Hauptziel ist der Schutz der allgemeinen Gesundheit. Um dieses Ziel zu erreichen, stellen 3-A-Normen und akzeptierte Vorgehensweisen sicher, dass Molkereiprodukte, Lebensmittel und andere empfindliche Produkte vor Kontamination geschützt werden, dass alle produktberührten Oberflächen entweder leicht durch CIP gereinigt oder einfach zur Reinigung zerlegt und auf einfache Weise inspiziert werden können, um die Effektivität der Reinigung zu bestätigen.

Die 3-A-Normen enthalten Spezifikationen für Werkstoffe, Kriterien für die hygienegerechte Gestaltung und andere notwendige Informationen für verschiedene Apparate, Geräte und Komponenten, die in Zusammenhang mit Anliegen der öffentlichen Gesundheit stehen. Sie umfassen die verschiedensten Gerätearten, angefangen bei Verbindungselementen bis hin zu Lagerbehältern. Zusätzlich zu Normen veröffentlicht 3-A sogenannte anerkannten Vorgehensweisen (3-A Accepted Practices). Eine Vorgehensweise befasst sich mit einem System einer Reihe miteinander verbundener Geräte oder Maschinen, die eine Gesamtheit bilden und miteinander arbeiten. Zusätzlich zu den Kriterien für Apparate kann eine Vorgehensweise auch Spezifikationen für die hygienegerechte Installation oder für gesetzlich vorgeschriebene Kontrollen enthalten.

Die Mehrzahl der Vorschläge zur Standardisierung kommt von der Apparateindustrie, Produktherstellern oder Mitgliedern des öffentlichen Gesundheitsdienstes. Die Anfragen werden generell an das 3-A-Sekretariat gerichtet, welches das Lenkungsgremium informiert. Dieses befindet über die Ausführbarkeit und den Zeitrahmen und leitet die Anfragen an das technische Komitee von IAFIS weiter. Anschließend wird das Projekt von einem zuständigen 3-A-Ausschuss für Geräte (3-A Equipment Task Committee) bearbeitet, der sich aus Vertretern aller bekannten zuständigen Apparatehersteller zusammensetzt. Mit Unterstützung gesetzlicher Vertreter wird ein Entwurf für eine Norm beraten und ausgearbeitet, der allen Beteiligten zur Begutachtung vorgelegt wird. Nach entsprechenden Änderungen, Kompromissen und dem Erreichen einer Übereinstimmung wird bei der jährlichen 3-A-Sitzung nach offizieller Genehmigung die Unterzeichnung durch Repräsentanten von IAFIS, Herstellern oder Anwendern, IAFP-CSP, USDA und USPHS vorgenommen. Das Dokument tritt sechs Monate danach in Kraft und wird in der Zeitschrift „Dairy, Food and Environmental Sanitation (DFES)" veröffentlicht. Die Standards sind nicht nur für die Molkereiindustrie anwendbar, sondern für alle mikrobiologisch sensiblen Produkte und für jeden Prozess, der mikrobiologisch einwandfreie Verhältnisse oder eine Reinigung erfordert.

Die Erfüllung von 3-A-Normen und anerkannten Vorgehensweisen wird nicht gesetzlich gefordert. 3-A-Normen werden auf freiwilliger Basis in einem offenen Forum aufgrund von allgemeiner Anerkennung entwickelt, jedoch werden sie in der „Grade A Pasteurized Milk Ordinance (PMO)" als Referenz genannt und in der für Molkereien zuständigen Abteilung von USDA vollständig benutzt.

3-A-Hygienenormen oder 3-A anerkannte Vorgehensweisen haben zum Ziel, Hygienic-Design-Anforderungen und Herstellungskriterien für die Reinigbarkeit produktberührter Bauteile für die Herstellung von Milch- und Lebensmittelprodukten, für Verpackungsanlagen und zum Produktschutz zu etablieren. Es werden nur Apparate und Geräte in die Anforderungsbereiche einbezogen, die auf dem industriellen Markt erhältlich sind. Die Hygienekriterien müssen generell auf Bedürfnissen des öffentlichen Gesundheitswesens begründet sein. Für die Erstellung der Normen ist es zunächst notwendig, Produkte, produktberührte und nicht produktberührte Oberflächen, alle für die Geräte wichtigen verwendeten Ausdrücke und, falls erforderlich, auch die Geräte selbst zu definieren. Es werden dann die beschränkenden Eigenschaften beschrieben, die für die Geräte verwendet werden. Schließlich sind Details der hygienegerechten Gestaltung entscheidend, wie z. B. die Oberflächenqualität, Beschränkung von Radien, Selbstentleerung, reinigungsgerechte Gestaltung z. B. bei CIP, Zugänglichkeit für die Kontrolle der Reinigung sowie zur Inspektion sowie die Abstände zum Boden und zur Wand. Geräte oder Bereiche, die keine Produktberührung haben, wie z. B. Fußböden, Schränke, Verpackungskästen und die Konstruktion von Gebäuden, sind nicht Gegenstand der 3-A-Kriterien. Nicht metallische Werkstoffe für produktberührte Oberflächen müssen durch spezielle Anwendungen begründet sein. Die Anwendung von Kunstoffen für produktberührte Oberflächen ist nur erlaubt, wenn die entsprechende 3-A-Norm und die FDA-Vorschriften eingehalten werden. Geräte werden normalerweise nicht bei den gemeinsamen Zusammenkünften des 3-A-Komitees vorgeführt, außer nach vorhergehender Aufforderung, um neue oder komplizierte Hygienic-Design-Konzepte zu erklären. Antragsteller von Ergänzungen oder Änderungen von 3-A-Hygienenormen oder anerkannten Vorgehensweisen müssen bei allen 3-A-Versammlungen anwesend sein, an denen die vorgeschlagenen Themen auf der Tagesordnung stehen. Zur Übersicht sind in Tabelle 4.3 einige der derzeit veröffentlichten 3-A-Standards aufgelistet. Die vollständige Dokumentensammlung kann auf der Website von 3-A eingesehen werden.

International vertritt 3-A die Interessen der USA bei dem Technischen Komitee 199 von ISO sowie beim Internationalen Molkereiverband (International Dairy Federation, IDF). 3-A beteiligt sich auch am Austausch von Informationen, arbeitet mit NSF International sowie der European Hygienic Equipment Design Group (EHEDG) zusammen und beobachtet die Aktivitäten von CEN-TC153. National überlegt 3-A eine Zusammenarbeit mit NSF und dem Komitee für Bioprozessapparate (Bioprocess Equipment Committee, ASME).

Tabelle 4.3 Beispiele aus den Leitlinien von 3-A (Stand Februar 2008).

Nr.	Originalbezeichnung	Deutscher Titel	Datum
01-08	Storage Tanks for Milk and Milk Products	Lagertanks für Milch und Milchprodukte	20-Nov-2001
02-10	Centrifugal and Positive Rotary Pumps for Milk and Milk Products	Kreisel- und Drehkolbenpumpen für Milch und Milchprodukte	25-Jan-2006
10-04	Sanitary Standards for Filters Using Single Service Filter Media	Hygienestandards für Filter mit einmal verwendbarem Filtermedium	12-Nov-2000
11-06	Sanitary Standards for Plate-Type Heat Exchangers	Hygienestandards für Plattenwärmeaustauscher	02-Jan-2007
12-07	Sanitary Standards for Tubular Heat Exchangers	Hygienestandards für Röhrenwärmeaustauscher	16-Nov-2003
17-10	Formers, Fillers, and Sealers of Single-Service Containers for Fluid Milk and Fluid Milk Products	Formteile, Füller und Abdichtungen für Einwegcontainer für flüssige Milch und Milchprodukte	24-Nov-2002
19-05	Batch and Continuous Freezers for Ice Cream, Ices, and Similarly Frozen Dairy Foods	Chargenweise und kontinuierlich arbeitende Froster für Eiscreme, Eis und ähnliche gefrorene Milchprodukte	01-Nov-1999
20-25	Sanitary Standards for Multiple-Use Plastic Material	Hygienestandards für produktberührte Oberflächen aus mehrfach verwendbarem Kunststoff	13-Nov-2006
22-08	Silo-type Storage Tanks for Milk and Milk Products	Siloähnliche Lagertanks für Milch und Milchprodukte	21-Nov-2004
23-05	Sanitary Standards for Equipment for Packaging Viscous Products	Hygienenormen für Geräte zum Verpacken viskoser Produkte	27-Okt-2006
25-03	Non-Coil Type Batch Processors for Milk and Milk Products	Nicht bündelartiger chargenweise arbeitender Prozessor für Milch und Milchprodukte	24-Nov-2002
26-05	Sanitary Standards for Sifters for Dry Products	Hygienestandards für Sichter für Trockenprodukte	26-Apr-2007
27-05	Equipment for Packaging Dry Milk and Dry Milk Products	Apparate zum Verpacken von Trockenmilch und Trockenmilchprodukten	24-Nov-2002

Tabelle 4.3 (Fortsetzung)

Nr.	Originalbezeichnung	Deutscher Titel	Datum
28-03	Flow Meters for Milk and Milk Products	Durchflussmessgeräte für Milch und Milchprodukte	01-Nov-1995
29-02	Air Eliminators for Milk and Milk Products	Entlüftungsgeräte für Milch und Milchprodukte	12-Nov-2000
31-04	Sanitary Standards for Scraped Surface Heat Exchangers	Hygienestandards für Kratz-Wärmetauscher	13-Jan-2006
33-01	Polished Metal for Milk and Milk Products	Poliertes Metall für Milch und Milchprodukte	01-Nov-1994
35-02	Blending Equipment	Kontinuierliche Mischer	05-Dez-2005
36-01	Colloid Mills	Kolloidmühlen	16-Nov-2003
39-01	Pneumatic Conveyors for Dry Milk and Dry Milk Products	Pneumatische Förderer für Milch und Milchprodukte	16-Nov-2003
41-03	Mechanical Conveyors for Dry Milk and Dry Milk Products	Mechanische Förderer für Milch und Milchprodukte	04-Jan-2008
44-03	Sanitary Standards for Diaphragm Pumps	Hygienestandards für Membranpumpen	20-Nov-2001
45-02	Crossflow Membrane Modules	Querstrom-Membran-Module	16-Nov-2003
46-03	Refractometers and Energy-Absorbing Optical Sensors for Milk and Milk Products	Refraktometer und energie-absorbierende optische Sensoren für Milch und Milchprodukte	24-Nov-2002
50-01	Sanitary Standards for Level Sensing Devices for Dry Products	Hygienenormen für Füllstand-sonden für Trockenprodukte für Trockenmilch und Trockenmilchprodukte	20-Nov-2001
54-02	Diaphragm-Type Valves for Milk and Milk Products	Membranventile für Milch und Milchprodukte	01-Nov-1997
63-03	Sanitary Fittings for Milk and Milk Products	Hygienegerechte Fittings für Milch und Milchprodukte	24-Nov-2002
68-00	Ball-Type Valves for Milk and Milk Products	Kugelventile für Milch und Milchprodukte	01-Nov-1996
78-01	Spray Cleaning Devices Intended to Remain in Place	Vorrichtungen für in-place-Sprühreinigung	16-Nov-2003
85-00	Double-Seat Mixproof Valves	Doppelsitz-Leckageventile	21-Nov-2006
88-00	Machine Leveling Feet and Supports	Maschinenfüße und Stützen	01-Dec-2006

Abb. 4.5 3-A-Symbol.

4.2.1.2 **Verwendung des 3-A-Symbols**

Die für Lebensmittelsicherheit wichtige Konformität von Apparaten und Komponenten mit 3-A Sanitary Standards wird durch das 3-A-Symbol gekennzeichnet. Die Überprüfung und Verifizierung, die die Organisation früher selbst durchführte, erfolgt mittlerweile durch unabhängige „Dritte Personen", die durch 3-A zertifiziert sind. Die Anforderungen sowie die Vorgehensweise für die Antragstellung sind im Einzelnen auf der Homepage aufgeführt.

Danach kann der Antrag auf Genehmigung gestellt werden, das 3-A-Symbol verwenden zu dürfen. Für jede Art von Gerät muss ein getrennter Antrag gestellt werden. Eine eidesstattliche Bestätigung, vollständige Angaben und Daten und die jährliche Gebühr müssen dem Antrag beigefügt werden. Innerhalb von 30 Tagen nach Erhalt der Unterlagen wird die Genehmigung erteilt, vorausgesetzt die Geräte stimmen mit den Anforderungen überein und alle erforderlichen Unterlagen liegen vor. Die Genehmigung gilt ein Jahr. Die Namen der Hersteller, die Genehmigung zur Verwendung des 3-A-Symbols besitzen, werden alle zwei Jahre in der Zeitschrift „DFES" veröffentlicht. Abdrucke dieser Veröffentlichung werden an Aufsichtsbeamten, Schulungsinstitutionen, Handelsagenturen der Industrie und alle anderen Interessenten verteilt.

4.2.2
NSF International

NSF International wurde 1944 als nationale Hygiene-Stiftung (National Sanitation Foundation) gegründet und ist heute für die Entwicklung von Normen, das Testen von Produkten und für Zertifizierungsdienste im Bereich der Sicherung der öffentlichen Gesundheit und des Umweltschutzes bekannt [12]. Mit dem NSF-Zeichen (Abb. 4.6) werden jährlich Millionen von Verbrauchsgütern und industriellen Produkten gekennzeichnet. Ihm wird von Verbrauchern, Behörden und Herstellern in gleicher Weise Vertrauen entgegengebracht. NSF-Zertifizierungsprogramme sind beim amerikanischen Normeninstitut (American National Standards Institute, ANSI), dem holländischen Akkreditierungsrat (Dutch Council for Accreditation RvA) und dem Normeninstitut Kanadas (Standards Council of Canada, SCC) anerkannt.

Die Zertifizierungsprogramme von NSF kommen gesetzgebenden Behörden, Verbrauchern und Herstellern von Geräten zugute. Gesetzgeber und Verbrauchergruppen haben die Sicherheit, dass eine glaubwürdige, objektive und unab-

Abb. 4.6 NSF-Zeichen.

hängige dritte Institution, die weitgehend von den öffentlichen Gesundheitsbehörden anerkannt ist, tatsächlich getestet und überprüft hat, dass zertifizierte Produkte mit den spezifizierten Standards übereinstimmen. Mit der Teilnahme an NSF-Zertifizierungsprogrammen, verbunden mit den notwendigen Tests und Inspektionen bzw. Audits, macht ein Hersteller deutlich, dass seine Geräte oder Produkte mit anerkannten Standards übereinstimmen. Die Standards spezifizieren Anforderungen an Produkte und können Kriterien für Werkstoffe, hygienegerechte Gestaltung und Ausführung enthalten.

Wie bereits erwähnt, hatte NSF von USDA die Aufgabe übernommen, das frühere Weißbuch (Lubricants – Draft Standard for Trial Use Nonfood Compounds – White Book™) [13] über Substanzen und Verbindungen, die keine Lebensmittel darstellen, weiterzuführen, um den jeweiligen Stand der Technik zu dokumentieren. Die Hersteller von Schmierstoffen haben mittlerweile zusammen mit der EHEDG eine Gruppe gegründet, die den neuesten Stand der Entwicklung dokumentieren und in Leitlinien den Anwendern zur Verfügung stellen will.

Die Vielfalt von NSF-Normen, die meist zusammen mit ANSI und anderen entwickelt wurden, zeigen die Beispiele nach Tabelle 4.4. Dienstleistungen werden unter anderem auf dem Gebiet Good Manufacturing Practices (GMPs) erbracht.

4.2.3 ASME – American Society of Mechanical Engineers

Die Gesellschaft wurde 1880 als amerikanische Organisation der Maschinenbauingenieure gegründet [14]. Heute ist sie international ausgerichtet und bedient weltweit ihre Mitglieder. Sie leitet einen der weltweit größten technischen Verlage, veranstaltet jährlich eine große Anzahl an technischen Konferenzen und Fortbildungskursen. Außerdem erarbeitet sie Industrie- und Fertigungsnormen.

Ziel der Gesellschaft sind, wissenschaftliche und praxisbezogene Aspekte des Maschinen- und Apparatebaues zu fördern, die technische Kompetenz der Mitglieder weiterzuentwickeln und durch qualitätsorientierte Programme in den praktischen Ingenieurswissenschaften zum Wohlergehen der Menschheit beizutragen.

Die internationalen technischen Gruppen und Abteilungen von ASME beschäftigen sich unter anderem mit hygienerelevanten Disziplinen wie Biotechnologie,

Tabelle 4.4 NSF-Leitlinien und -Standards als Beispiele der Arbeit der Organisation.

Ersteller	Nummer	Originaltitel	Deutscher Titel	Jahr
NSF/ANSI	25-2007	Vending Machines for Food and Beverages	Automaten für Lebensmittel und Getränke	Jul-2007
NSF 3A/ANSI	14159-1	Hygiene Requirements for the Design of Meat and Poultry Processing Equipment	Hygieneanforderungen für die Gestaltung von Fleisch- und Geflügelverarbeitungsmaschinen	06-Nov-2000
NSF/ANSI	35-2007	High Pressure Decorative Laminates for Surfacing Food Service Equipment	Dekorative Hochdrucklaminate für Oberflächen von Geräten für den Lebensmittelservice	03-Apr-2007
NSF/ANSI	37-2007 to 37-1992	Air Curtains for Entranceways in Food and Food Service Establishments	Luftvorhänge für Eingänge zu Lebensmittel- und Lebensmittelservicebetrieben	03-Apr-2007
NSF/ANSI	4-2007	Commercial Cooking, Rethermalization and Powered Hot Food Holding and Transport Equipment	Apparate für kommerzielles Kochen, Wiedererwärmen und motorisierte Geräte zum Heißhalten von Lebensmitteln sowie Transportgeräte	03-Apr-2007
NSF/ANSI	49-2007	Class II (Laminar Flow) Biosafety Cabinetry	Klasse II-Kabinen (laminare Strömung) mit biologischen Risiken	01-Jul-2007
NSF	49-2007 Annex F	Class II (Laminar Flow) Biosafety Cabinetry – Field Testing	Biologische Sicherheitskabinen der Klasse II (laminare Strömung) – Feldversuche	01-Jan-2007
NSF/ANSI	51-2007	Food Equipment Materials	Werkstoffe für Lebensmittelgeräte	03-Apr-2007
NSF/ANSI	55-2007	Ultraviolet Microbiological Water Treatment Systems	Ultraviolette mikrobiologische Wasseraufbereitungssysteme	22-Oct-2007

Tabelle 4.4 (Fortsetzung)

Ersteller	Nummer	Originaltitel	Deutscher Titel	Jahr
NSF/ANSI	58-2007	Reverse Osmosis Drinking Water Treatment Systems	Trinkwasseraufbereitungssysteme mit Umkehrosmose	22-Oct-2007
NSF/ANSI	59-2002e	Mobile Food Carts	Mobile Wagen für Lebensmittel	21-Jan-2004
NSF/ANSI	6-2007	Dispensing Freezers	Portionierungsanlagen mit Gefrierteil	03-Apr-2007
NSF/ANSI	62-2007	Drinking Water Distillation Systems	Destillationssysteme für Trinkwasser	15-Oct-2007
NSF BSR DRAFT	14i13	Hygiene Requirements for the Design of Meat and Poultry Processing Equipment	Hygieneanforderungen für die Gestaltung von Fleisch- und Geflügelverarbeitungsmaschinen	16-Jun-2006
NSF BSR DRAFT	14i5	Plastics Piping System Components and Related Materials	Komponenten von Rohrleitungssystemen aus Kunststoff und ähnlichen Werkstoffen	04-Aug-2006
NSF BSR DRAFT – Draft Revision	170i5r1	Glossary of Food Equipment Terminology	Glossar für die Fachausdrücke für Lebensmittelgeräte	05-Mar-2007
NSF DRAFT Standard withdrawn	116-01ds	Non-Food Compounds Used in Food-Processing Facilities – Food-Grade Lubricants	Nicht-Lebensmittelverbindungen zur Verwendung in Einrichtungen zur Lebensmittelherstellung – Lebensmittelechte Kunststoffe	03-Dec-2001
NSF	P171	Protocol for Chlorine Resistance of Plastic Piping Materials		12-Oct-1999

Bioprozess-Engineering, Umwelttechnik, Fertigungstechnik, Anlagengestaltung (Werkstoffe, Druckbehälter und Rohrleitungen), Techniken der Werkstoffverarbeitung sowie Anlagentechnik and -wartung.

4.3 Internationale Gesellschaften

4.3.1 WHO – Welt-Gesundheits-Organisation

Die WHO [15], die Vertretung der UN für Gesundheit, soll an dieser Stelle erwähnt werden, obwohl sie nicht direkt im Bereich Hygienic Design tätig ist. Ihr Hauptziel, das Erreichen der höchstmöglichen Stufe an Gesundheit für alle Menschen, ist jedoch eng mit allgemeinen produkt- und anlagenspezifischen Fragestellungen verknüpft. Gesundheit wird dabei als ein Zustand von völligem physischen, mentalen und sozialen Wohlbefinden und nicht nur des Fehlens von Krankheit und Gebrechlichkeit definiert. Die 191 Mitgliedstaaten bilden die World Health Assembly, welche die WHO-Programme genehmigt, die WHO-Politik entscheidet und den Haushalt bestimmt. Die Kommission für den Codex Alimentarius [16] wurde 1963 von WHO und FAO (Food and Agriculture Organization of the United Nations) gegründet, um Nahrungsmittelstandards, Richtlinien und zugeordnete Texte wie allgemeine Vorschriften unter dem Standardprogramm der Verbindung FAO/WHO für Nahrungsmittel zu entwickeln. Die Hauptzwecke dieses Programms schützen die Gesundheit der Verbraucher, stellen Regeln für den Nahrungsmittelhandel auf und fördern die Koordination aller Nahrungsmittelstandards. Diese werden durch internationale Regierungs- und nicht staatliche Organisationen angenommen.

4.3.2 IDF – International Dairy Foundation

IDF ist die Internationale Vereinigung der Milchwirtschaft [17]. Sie ist sowohl ein Forum für Diskussion und Austausch als auch ein Informationszentrum, das von der Milchwirtschaft für Molkereien gegründet wurde. Außerdem wirkt die Organisation als Bindeglied zwischen der Molkereiindustrie und anderen internationalen Verbänden. Um den Wert der Milchverarbeitung und das Ansehen von Milch und Milchprodukten zu steigern, wird die Vielfalt des Hintergrundes, der Erfahrung und der Kenntnisse aller Experten auf dem Gebiet der Milchwirtschaft benutzt, die für IDF arbeiten. Die Glaubwürdigkeit ist in der Unabhängigkeit von den Interessen einzelner Länder, spezieller Gruppierungen oder von internationalen Gremien begründet. IDF leiht ihre Stimme einer Gesamtsicht der Milchwirtschaft. Sie setzt klare und messbare Verantwortlichkeiten für ihre zahlreichen Gremien. Sie ist die erste Quelle für Informationen über Molkereiangelegenheiten weltweit.

Mit dem Blick auf vorrangige Bereiche und Flexibilität konzentriert sich die Organisation darauf, die maximale Wertschöpfung für den Molkereisektor zu erreichen und für neue Aufgabengebiete ausreichend vorbereitet zu sein. Die Schlüsselaufgaben umfassen in den hygienerelevanten Bereichen Hygiene und Sicherheit, Normen und Risikomanagement für die Lebensmittelindustrie sowie Ernährung.

Eine wesentliche Aufgabe von IDF besteht außerdem darin, grundlegende Entwürfe über Milch und Milchprodukte für das entsprechende Komitee des Codex Alimentarius vorzubereiten, der ein internationales Modell-Regelwerk für Lebensmittel darstellt.

Das Bulletin von IDF ist ein technisches Journal, in dem bedeutende Dokumente über interessante Bereiche und Neuigkeiten über IDF-Aktivitäten veröffentlicht werden. Im Folgenden sind einige Beispiele von Veröffentlichungen angegeben, die auch den Bereich des Hygienic Design betreffen:

- Fouling and Cleaning in Pressure Driven Membrane Processes.
- Biofilms on Dairy Plant Surfaces: What's New?
- Packaging of Milk Products.
- Corrosion in the Dairy Industry.
- Code of Practice for the Design & Construction of Milk Collecting Tankers.
- Hygienic Management in Dairy Plants.
- IDF Recommendations for the Hygienic Storage, Transport and – Distribution of Milk and Milk Based Products.
- IDF General Recommendations on Hygienic Design of Dairy Equipment.
- Guidelines for Evaluation of the Milking Process.
- Fouling and Cleaning of Heat Treatment Equipment.
- IDF Recommendations of the Hygienic manufacture of spray-dried milk powder.
- Dictionary of Dairy Terminology.

Außerdem werden Normen über die Zusammensetzung von Milchprodukten, chemische Analysenmethoden und gewisse Aspekte der Technik entwickelt. Beispiele für einige einschlägige Normen sind:

- Standard procedure for testing the corrosiveness of detergents and/or sterilants on metalls & alloys intended for use in contact with milk & milk products.
- Hygienic conditions – general guide on sampling & inspection procedures.

4.3.3
ISPE – International Society of Pharmaceutical Engineers

Die internationale Gesellschaft für pharmazeutisches Engineering [18] ist eine weltweit agierende, gemeinnützige, freiwillige Vereinigung von technisch tätigen Fachleuten, die ihre praktischen Kenntnisse in den Fertigungsindustrien anwenden, die dem geregelten Bereich der Gesundheitsfürsorge angehören. Sie ist der Förderung der Effizienz in der technischen Ausbildung ihrer Mitglieder sowie dem Austausch von Ideen und praktischen Erfahrungen verpflichtet.

Alle technischen Gebiete der Industrien, die für den Bereich der Gesundheitsfürsorge produzieren, sind in der ISPE vertreten. Ingenieure, Mikrobiologen, Chemiker, Mitarbeiter der Produktion sowie der Qualitätssicherung und -kontrolle, Produktentwickler, Pharmazeuten, Aufsichts- und Ausbildungspersonal, Hochschulangehörige, Hersteller sowie andere Fachleute stellen durch ihre Mitarbeit ihre Fachkenntnisse der Industrie zur Verfügung. Außerdem ermöglicht ISPE ihren Mitgliedern, weltweite Kontakte zu knüpfen, indem sie ein Forum für nützlichen Austausch mit Angehörigen der Regierungen, mit Unternehmern, Repräsentanten von Lieferfirmen, Hochschulangehörigen und Studenten anbietet. Ziel dieses Vorhabens ist es, praktische Lösungen für täglich auftretende Situationen aufzuzeigen. Außerdem informiert ISPE die Fachleute der Industrie über die neuesten gesetzgeberischen und technologischen Trends.

ISPE erstellt außerdem für verschiedene Bereiche Leitlinien, in denen auch Aspekte von Hygienic Design enthalten sind. Beispiele dafür sind die „Guides“: Water and Steam Systems, Commissioning and Qualification, Packaging, Maintenance (in Vorbereitung) und Sterile Manufacturing Facilities.

Die ISPE Baseline® Pharmaceutical Engineering Guides sind ein wichtiges Werkzeug mit den neuesten Konzepten für die Erstellung von Einrichtungen und Geräten. Die Leitlinien, die in Partnerschaft mit FDA entwickelt wurden, bieten praktische Antworten auf die komplexen und dynamischen Herausforderungen, die heute an Konstrukteure gestellt werden. Neben dem Verständnis für Produkte und Prozesse werden notwendige technische Anforderungen aufgezeigt, um staatliche Vorgaben zu erfüllen. Zusätzlich sprechen sie GMP- und Nicht-GMP-Regelungen sowie detaillierte Vorschriften für Inbetriebnahme und Qualifizierung an.

Der „Sterile Manufacturing Facilities Guide“ z. B., spricht Gestaltung, Konstruktion, Errichtung und Qualifizierung von Einrichtungen für aseptische Prozesse von parenteralen Produkten an, die nach Rezeptur hergestellt werden. Er ist für Formulierungen anwendbar, die entweder von konventionellen chemischen Verfahren oder von biopharmazeutischen Prozessen stammende aktive Inhaltsstoffe verwenden. Er ist zwar nicht anwendbar für schüttgutartige pharmazeutische Chemikalien, einige Teile können aber für sterile Schüttgüter, für sterile Herstellung im Entwicklungsmaßstab, medizinische Geräte oder andere sterile Produkte relevant sein. Es muss außerdem bemerkt werden, dass der Leitfaden keine Anleitung für die Produktion klinischen Materials darstellt. Er ist in erster Linie für Einrichtungen gedacht, die den gesetzlichen Anforderungen für den US-Markt genügen und die US-Normen und -Referenzen erfüllen. Der Leitfaden kann auch für Hersteller hilfreich sein, die Europäischen Anforderungen zu folgen haben.

Das GAMP-Forum (Good Automated Manufacturing Practice GAMP4/ISPE) dient zur Förderung des Verständnisses von gesetzlichen Regelungen sowie des Gebrauchs von Computern und Kontrollsystemen innerhalb der Industrien für Gesundheitsfürsorge.

4.4
Übersicht über weitere Organisationen

Im Folgenden sollen zusätzlich einige Organisationen angeführt werden, die häufig als Verbindungen genannt werden und deren Aufgaben im erweiterten Sinn mit dem Bereich Hygienic Design oder mit Hygienefragen verknüpft sind. Ihre Arbeit ist zum Teil auf bestimmte Staaten begrenzt oder international ausgerichtet. Die Auswahl erhebt keinen Anspruch auf Vollständigkeit, sondern stützt sich auf häufige Erwähnungen im Zusammenhang mit Hygiene und Hygienic Design durch andere Organisationen.

4.4.1
AAMI – Association for the Advancement of Medical Instrumentation, USA

Die Organisation [19] ist eine wichtige Quelle für Meinungsbildung und Information. Sie stellt aktuelle Informationen über medizinische Instrumentierung und Technik zur Verfügung. Publikationen (z. B. Current Issues in Medical Device Quality Systems) und Standards (z. B. über Biomedical Equipment) im Bereich von medizinischen Geräten stellen Verbindungen zu Problemkreisen von Hygienic Design her.

4.4.2
ABSA – American Biological Safety Association, USA

ABSA [20] ist eine professionelle Vereinigung, welche die Interessen und Bedürfnisse der Praktiker auf dem Gebiet der biologischen Sicherheit repräsentiert und ein Forum für kontinuierliche Informationen sowie aktuellen Austausch bietet. Veröffentlichungen wie z. B. „Perspectives on Laboratory Design“, „Facility Design Considerations“ oder „Application of Principles“ beschäftigen sich auch mit dem Design von Einrichtungen und Geräten.

4.4.3
APIC – Active Pharmaceutical Ingredients Committee, Europa

APIC [21] repräsentiert die Interessen der Industrie im Bereich der Herstellung von pharmakologisch wirksamen Inhaltsstoffen und Zwischenprodukten. Die Organisation ist auch in den Bereichen GMP und Reinigung tätig, wie Publikationen wie z. B. „Good Manufacturing Practices for Active Ingredients Manufacturers“ oder „Cleaning validation in Active Ingredient Manufacturing plants“ zeigen.

4.4.4
ASHRAE – American Society of Heating, Refrigerating and Air-Conditioning Engineers, Inc., USA

Die Organisation [22] hat die Aufgabe, Fortschritte auf dem Gebiet der Heiz-, Lüftungs-, Kälte- und Klimatisierungstechnik zu unterstützen. Durch Forschung, Normung, Weiterbildung und Veröffentlichungen sollen öffentliche Bereiche gefördert werden. Veröffentlichungen über Fragen des Designs wie z. B. über die Gestaltung von Belüftungssystemen können Anregungen für hygienegerechte Konstruktionen geben.

4.4.5
ASM – American Society for Microbiology, USA

ASM ist eine wissenschaftliche Organisation [23] von Mitgliedern, die 25 Disziplinen mikrobiologischer Spezialgebiete vertritt und eine Abteilung für Personen unterhält, die mikrobiologische Weiterbildung betreiben. Sie nennt sich die erste und größte „life science membership organization" in der Welt. Die Abteilung für Umwelt- und allgemeine angewandte Mikrobiologie beschäftigt sich mit den in Entwicklung befindlichen Bereichen wie z. B. Korrosion, mikrobielle Wechselwirkungen mit Metallen, Biofouling oder Mikroorganismen in Aerosolen. Von diesen Gebieten können Verbindungen zu speziellen Problemkreisen der hygienegerechten Gestaltung hergestellt werden.

4.4.6
BGN – Berufsgenossenschaft Nahrungsmittel und Gaststätten

Die Berufsgenossenschaft [24] ist die gesetzliche Unfallversicherung für Beschäftigte in Unternehmen der Nahrungsmittel- und Getränkeindustrie, des Hotel- und Gaststättengewerbes, des Bäcker- und Konditorenhandwerks, der Tabakindustrie sowie von Schaustellern und Zirkussen. Alle Mitarbeiter und Unternehmer dieser Betriebe sind bei der BGN pflichtversichert.

Neben der Rehabilitation und Entschädigung bei Arbeitsunfall sowie Berufskrankheit hat die BGN den gesetzlichen Auftrag zur Prävention, d. h. zur Verhütung von Arbeitsunfällen, Berufskrankheiten und arbeitsbedingten Gesundheitsgefahren. Die BGN erlässt BG-Vorschriften, die für die Betriebe verbindlich sind. Beispiele, die in erster Linie Sicherheitsvorschriften darstellen, aber auch Hygienefragen und Probleme von hygienegerechter Gestaltung ansprechen. Sie arbeitet in verschiedenen Organisationen wie z. B. CEN TC 153 in Working Groups mit, die sich mit Hygienic Design beschäftigen.

4.4.7 CEFIC – European Chemical Industry Council, Europa

Die Vereinigung der Europäischen chemischen Industrie [25] erstellt Publikationen zur Positionierung, Wirtschaft, Technik und Statistik. Sie kümmert sich nicht nur um die Sicherheit ihrer Produkte, sondern versucht die Herstellungsprozesse weiterzuentwickeln, um die Belastung der Umwelt zu minimieren. Eine Reihe von Arbeitsgruppen beschäftigt sich mit relevanten Themenkreisen wie Abfall, Wasser und Luft. Der Zweck der Teilnahme an Umweltfragen ist es, dass neue Gesetzgebungen und Entwicklungen in der Umweltpolitik die Realität der chemischen Produktion berücksichtigen, wobei innovative Herstellungsverfahren und die Anwendung der besten Technologien zu Verbesserungen führen sollen.

4.4.8 CETA – Controlled Environment Testing Association

Die Organisation [26] widmet sich der Verbesserung der Qualitätssicherung von geregelten Einrichtungen innerhalb der Umweltindustrie. Diese umfassen z. B. Reinräume, Einrichtungen mit laminarer Luftströmung, sterile Öfen, Tunnel und Trockner, biologische Sicherheitsschränke und andere Apparaturen, für die ein präzises Testen und Zertifizieren erforderlich ist.

Beispiele für Veröffentlichungen, die eine enge Verknüpfung zu Problemen des Hygienic Design aufweisen, sind „Troubleshooting Guide on Laminar Flow Biological Safety Cabinets", „Biological Safety Cabinets, Decontamination, or Sterilization with Paraformaldehyde" oder „Cleanrooms".

4.4.9 EFPIA – European Federation of Pharmaceutical Industries and Associations, Europa

Die Organisation repräsentiert die Pharmazeutische Industrie in Europa [27]. Sie erstellt Veröffentlichungen und hält Konferenzen zu Zielen der Positionierung der Pharmaindustrie ab. Publikationen umfassen Themen der Gesetzgebung, Forschung, der Entwicklung sowie der Herstellung von Medikamenten.

4.4.10 IAFIS – International Association of Food Industry Suppliers, USA

Die Vereinigung [28] ist eine weltweite Handelsorganisation von Lieferfirmen für die Lebensmittel-, Molkerei-, Getränke-, Pharma- und Kosmetikindustrie sowie für zugeordnete für die Gesundheit produzierende Industrien. Die Gesellschaft fördert Projekte für Weiterbildung, Wissenschaft und Literatur sowie Programme zur Unterstützung der Lebensmittelindustrie. Der Nutzen für die Industrie ergibt sich durch verbesserte Qualitätskontrolle, professionelle Standards und verbesserte Beziehungen zum Verbraucher. Technische Dienstleistungen umfassen

Engineering, Instrumentierung, Apparate und Einrichtungen für Herstellungsprozesse, Reinigung sowie Qualitätskontrolle.

4.4.11
IChemE – Institution of Chemical Engineers, GB

ICHemE ist eine international wirkende Organisation aus Großbritannien [29], die Dienstleistungen anbietet und die Interessen von Personen vertritt, die sich mit chemischer, biochemischer und prozessorientierter Technik weltweit beschäftigen. Chemie- und Verfahrensingenieure spielen z. B. auch eine wichtige Rolle in der kontinuierlichen Entwicklung der Lebensmittel- und Getränkeindustrie, die eine eigene Gruppe innerhalb von IChemE bildet. Sie zielt darauf ab, den Stellenwert der Herstellungstechnik innerhalb der Lebensmittel- und Getränkeindustrie und die Weiterbildung der Ingenieure zu fördern.

Die Aktivitäten schließen Treffen und Workshops über Prozesstechnik in der Lebensmittel- und Getränkeindustrie, Nachrichten über bevorstehende Veranstaltungen und industrielle Entwicklungen ein.

4.4.12
IEST – Institute of Environmental Sciences and Technology, USA

Die Mitglieder der multidisziplinären internationalen Gesellschaft [30] sind für ihre Beiträge zu Umweltwissenschaften im Bereich der Kontrolle von Kontaminationen in elektronischen und pharmazeutischen Herstellungsprozessen anerkannt. Weitere Bereiche sind Gestaltung, das Testen und Evaluieren von kommerziellen und militärischen Geräten sowie deren Betriebssicherheit. IEST will der weltweite Führer für Normen und Verfahren in Bezug auf Testen, Kontaminationskontrolle und Produktzuverlässigkeit für kontrollierte Umwelt sein. Die Gesellschaft erarbeitet technische Bildungsprogramme und Unterlagen für professionelle technische Entwicklung.

4.4.13
SMACNA – Sheet Metal and Air Conditioning Contractors National Association, USA

Die Normen und Handbücher der Organisation [31] sprechen alle Varianten der blechverarbeitenden Industrie von Leitungskonstruktionen und -installationen bis zur Kontrolle der Luftverschmutzung oder Energierückgewinnung an. Veröffentlichungen, die auch für Zwecke der hygienegerechten Gestaltung genutzt werden können, sind z. B. „Duct Cleanliness for New Construction Guidelines" oder „Technical Paper on Duct Leakage".

5
Risikobewertung und Kontrollkonzepte für Maschinen, Apparate und Anlagen

In den verschiedenen gesetzlichen Regelungen werden in Verbindung mit Kontrollkonzepten für Maschinen, Apparate und Anlagen Begriffe verwendet, deren Bedeutung im Hinblick auf die praktische Anwendung richtig interpretiert werden muss. So versteht man unter Gefahren oder Gefährdungen zunächst Ereignisse oder Umstände, die einen Schaden hervorrufen können. In Zusammenhang mit Hygiene im Bereich von Konstruktionen bedeutet Gefährdung, dass entweder Beschäftigte im Prozessbereich direkt einer gesundheitlichen Gefährdung ausgesetzt sind oder ein Produkt derart negativ beeinflusst wird, dass dadurch unmittelbar die Gesundheit des Verbrauchers gefährdet wird. Ein Risiko dagegen ist die Wahrscheinlichkeit, dass eine Gefährdungssituation eintritt. Wenn Schutzmaßnahmen durchgeführt werden, wird das Risiko auf ein Restrisiko gemindert. Demnach können aus Gründen der Sicherheit sowohl Anforderungen bestehen, Gefährdungen als auch Risiken zu analysieren, was zu den unterschiedlichen Begriffen Gefährdungsanalyse bzw. Risikoanalyse führt. Nach [1] ist Risiko eine Funktion vom Ausmaß eines möglichen Schadens, der durch die betrachtete Gefährdung verursacht werden kann, sowie von der Wahrscheinlichkeit des Eintretens dieses Schadens. Diese hängt wiederum von der Häufigkeit und Dauer der Gefährdungsexposition, der Wahrscheinlichkeit, mit der die Gefährdung eintritt, sowie der Möglichkeit ab, den Schaden zu vermeiden oder begrenzen.

Ursprünglich haben Konzepte zur Risikobewertung ebenso wie Kontrollkonzepte für den Bereich Hygienic Design zwei unterschiedliche Grundlagen:

- Die eine basiert auf sicherheitstechnischen Aspekten des Maschinen- und Apparatebaues, wonach aufgrund gesetzlicher Regelungen Gefahren für Beschäftigte und Dritte durch entsprechende Vorgaben auszuschließen oder so weit wie möglich einzuschränken sind. Als Beispiel aus dem europäischen Bereich kann die Maschinenrichtlinie [2] angeführt werden, die allgemeine Anforderungen zum Ausschluss von Gefährdungen enthält. In diesem Zusammenhang werden aber auch in einem Anhang, in dem spezielle Maschinen angesprochen werden, spezielle Anforderungen an eine reinigungsgerechte Gestaltung von Nahrungsmittelmaschinen und ab Dez. 20009 auch für Maschinen für kosmetische und pharmazeutische Erzeugnisse festgelegt. Dies bedeutet, dass hygienische Aspekte mit technischen Sicherheitsvorgaben auf eine Stufe gestellt werden.

Hygienische Produktionstechnologie. Gerhard Hauser
Copyright © 2008 WILEY-VCH Verlag GmbH & Co. KGaA, Weinheim
ISBN: 978-3-527-30307-3

Hygienische Gefährdungen sind somit ebenso wie technische in Überlegungen zu verbleibenden Restrisiken einzubeziehen.

- Die andere Grundlage stellen europäische Richtlinien für die Herstellung von pharmazeutischen Produkten [3, 4] und Lebensmitteln [5] dar. Sie besteht hauptsächlich in einer produktorientierten Sichtweise. Anforderungen an eine Gute Herstellungspraxis (GHP) oder Good Manufacturing Practice (GMP) verfolgen den Schutz des Verbrauchers von Pharma-, Kosmetik-, Lebensmittel- und Bioprodukten als wesentliches Ziel. Sie sind *„der Teil der Qualitätssicherung, der gewährleistet, dass Produkte gleichbleibend nach Qualitätsstandards produziert und geprüft werden, die der vorgesehenen Verwendung und evtl. geforderten Zulassungsunterlagen entsprechen"* [6].

Diese Konzepte decken sowohl in den Wirtschaftsbereichen Europas als auch den USA [7] übereinstimmend den Teil der Prozessführung und Produktherstellung ab, der sicherstellt, dass Produkte in Einklang mit den Anforderungen der gesetzlichen Regelungen und des Stands der Technik hergestellt und nach entsprechend definierten Qualitätsstandards überprüft werden. Zwangsläufig sind damit auch Aussagen zur Verpflichtung verbunden, Räume, Anlagen und Geräte hygienegerecht zu gestalten. Sie enthalten aber meist keine detaillierten Ausführungen, die dem Konstrukteur ausreichende Vorgaben und Hinweise auf die Ausführung von Konstruktionen unter hygienischen Aspekten geben.

5.1
Konzepte aufgrund der Maschinenrichtlinie

Die Maschinenrichtlinie der EU [2] ist zunächst auf technische Sicherheitsaspekte bei der konstruktiven Gestaltung von Maschinen und damit verbundene Konzepte zu Gefahren- und Risikoanalysen ausgerichtet. In ihrem Anhang I2 „Grundlegende Sicherheits- und Gesundheitsanforderungen bei Konzipierung und Bau von Maschinen und Sicherheitsbauteilen" wird ausgeführt, dass die in der Richtlinie formulierten Sicherheits- und Gesundheitsanforderungen zwar bindend sind, es jedoch möglich ist, *„dass die damit gesetzten Ziele beim gegebenen Stand der Technik nicht erreicht werden. In diesem Fall muss die Maschine soweit wie irgend möglich auf diese Ziele hin konzipiert und gebaut werden"*. Das bedeutet, dass die Verantwortung des Herstellers angesprochen wird, seine Möglichkeiten in diesem Zusammenhang festzulegen. Im Rahmen dieser Richtlinie ist der Hersteller verpflichtet, eine Gefahrenanalyse vorzunehmen, um alle mit seiner Maschine verbundenen Gefährdungen zu ermitteln und die Konstruktion unter Berücksichtigung dieser Analyse zu entwerfen und zu bauen. Bei Betrieb, Rüsten und Wartung darf bei bestimmungsgemäßer Verwendung keine Gefährdung von Personen erfolgen, indem Unfallrisiken selbst aus vorhersehbaren ungewöhnlichen Situationen ausgeschlossen werden. Durch Integration des Sicherheitskonzeptes in die Entwicklung und den Bau der Maschine muss der Hersteller bei der Wahl der „angemessensten Lösungen" die Gefahren minimieren oder beseitigen, nötige

Schutzmaßnahmen gegen nicht zu beseitigende Gefahren ergreifen und den Benutzer über eventuell vorhandene Restgefahren informieren. Bei Entwicklung und Ausführung der Maschine sowie bei der Ausarbeitung der Betriebsanleitung muss der *„Hersteller nicht nur den normalen Gebrauch der Maschine in Betracht ziehen, sondern auch die nach vernünftigem Ermessen zu erwartende Benutzung der Maschine"* berücksichtigen.

Ein entscheidender Ansatz in dieser Richtlinie ist, dass für Nahrungsmittelmaschinen und ab Ende 2009 auch für Maschinen für kosmetische und pharmazeutische Erzeugnisse spezielle Anforderungen angeführt werden, welche die hygienegerechte Gestaltung betreffen. Sie erfassen im Wesentlichen zwei Aspekte, nämlich die Eignung von Werkstoffen und Grundregeln für die hygienegerechte Gestaltung. Obwohl die Ausführungen in der Richtlinie nur sehr allgemein gehalten sind, stellen sie die Grundlage für Hygienic Design von Maschinen dar, was damit zu einem Thema der Maschinensicherheit geworden ist. Allerdings können Hygienerisiken sich stark von den Sicherheitsrisiken unterscheiden, die z. B. durch bewegte Bauelemente oder Werkzeuge oder durch elektrischen Strom entstehen. Sie beziehen sich vielmehr auf die Gestaltung von Maschinen im Hinblick darauf, dass sie nach der Reinigung frei von Verunreinigungen, Produktrückständen und Mikroorganismen sein müssen, um eine Kontamination von Produkten zu vermeiden. Aus den Anforderungen an Maschinen, die die Sicherheit von Personen, Haustieren und Gütern betreffen, kann geschlossen werden, dass die Hygieneregeln einem zweifachen Zweck dienen: Sie sollen zum einen die Beschäftigten vor Infektion und Krankheit schützen (Schutzziel: Gesundheitsschutz der Beschäftigten) und zum andern verhindern, dass Produkte durch die Maschinen und Apparate kontaminiert werden (Schutzziel: Verbraucherschutz). Zwei unterschiedliche Ansätze für die Analyse sollen im Folgenden als Beispiele aufgezeigt werden.

5.1.1
Risikograph für Hygienemaßnahmen

Die Anforderungen der EG-Maschinenrichtlinie betreffen in erster Linie den Hersteller der Maschine, also den Konstrukteur. Er ist verpflichtet, eine Risikoanalyse vorzunehmen, um alle mit der Maschine verbundenen Risiken zu ermitteln, die sich aus Gefährdungen ergeben können. Zu diesen gehören auch solche, die aufgrund unzureichender Maßnahmen im Bereich Hygienic Design entstehen.

Ziel der Risikoanalyse ist es, den ermittelten Risiken geeignete Maßnahmen gegenüberzustellen, die weder zu gering noch überdimensioniert sind. Dabei wird unterstellt, dass sich ein Restrisiko unter Umständen nicht vermeiden lässt. Die Maßnahmen müssen deshalb geeignet sein, das Restrisiko auf ein vertretbares Maß zu reduzieren.

Durch die einfache Aussage: „Geringe Risiken – einfache Maßnahmen, hohe Risiken – aufwendigere Maßnahmen" kann die Sicherheitsaufgabe den Anforderungen entsprechend gelöst werden [8]. In diesem Sinne sind auch konstruktive Maßnahmen unter hygienischen Gesichtpunkten zu verstehen. Sie stellen keinen

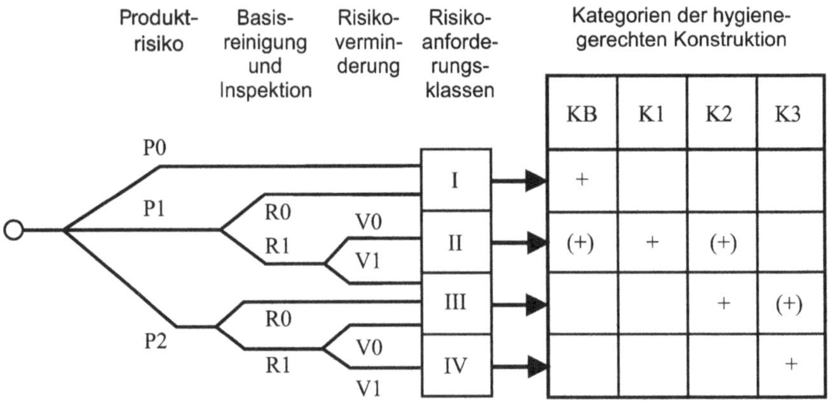

Abb. 5.1 Risikograph nach [8] zur Beurteilung von Hygienerisiken.

absoluten Anspruch dar. Allerdings sollten grundlegende Konstruktionsprinzipien als essenziell notwendige Hygienemaßnahmen möglichst immer angewendet werden.

Da bei der hygienegerechten Gestaltung von Maschinen zusätzlich das herzustellende Produkt zu berücksichtigen ist und damit verbundene Gefährdungen zeitabhängig sein können, lässt sich die Form des Risikographen, wie er in DIN EN 1050 [1] dargestellt ist, nicht direkt übernehmen. Für den Bereich Hygiene wurde daher ein eigener Risikograph in [8] entwickelt (Abb. 5.1), der als Entscheidungskriterien für die Risikoeinstufung die Parameter Produkt, Reinigung und Inspektion sowie Risikoverminderungsfaktoren enthält. Die einzelnen vorgeschlagenen Einflussgrößen sind in Tabelle 5.1 angegeben. Mithilfe der Risikoanforderungsklassen lässt sich dann eine Einordnung in Kategorien von Anforderungen an Hygienic Design vornehmen. Auch wenn in erster Linie das Hygienerisiko bei Nahrungsmittelmaschinen betrachtet wird, lässt sich der Risikograph in dieser Form auch auf das Hygienerisiko bei anderen technischen Arbeitsmitteln oder Gegenständen anwenden, die nicht unter den Geltungsbereich der Maschinenrichtlinie fallen. Dies sind beispielsweise Werkzeuge, Behälter, bauliche Einrichtungen und handbetriebene Maschinen. Ebenso ist die Anwendung auf andere Produkte als Nahrungsmittel nahe liegend, bei denen ein Hygienerisiko besteht, wie zum Beispiel pharmazeutische oder kosmetische Produkte. Wenn es zweckmäßig ist, kann der Risikograph zu höheren Risikoklassen hin erweitert werden, um beispielsweise den Umgang mit medizinischen Instrumenten, mit Körperimplantaten oder Organen zu erfassen. Die Vorschläge für die Einstufung des Risikos in Bezug auf Hygiene können auch dort hilfreich sein, wo Gefährdungen auftreten, aber noch keine Normen verfügbar sind. Darüber hinaus ist die Einbindung in ein HACCP-Konzept möglich.

Um die Einordnung in die einzelnen Gruppen zu erleichtern, werden die verschiedenen Parameter im Folgenden kurz diskutiert.

Tabelle 5.1 Angaben zu den Parametern des Risikographs nach Abb. 5.1.

P	**Produktrisiko**	**K**	**Kategorie der hygienegerechten Gestaltung**
P0	hygienisch wenig sensible Produkte	KB	Basismaßnahmen
P1	hygienisch mäßig sensible Produkte	K1	Basismaßnahmen und Anwendung der grundlegenden Hygieneprinzipien, soweit praktikabel
P2	hygienisch hochsensible Produkte		
R	Basisreinigung und Inspektion	K2	Basismaßnahmen und weitgehende Anwendung der grundlegenden Hygieneprinzipien, soweit technologisch möglich
R0	kritische Stellen einsehbar und leicht erreichbar		
R1	kritische Stellen schwer einsehbar und erreichbar	K3	Basismaßnahmen und konsequente Anwendung der grundlegenden Hygieneprinzipien, soweit technologisch möglich
V	Verminderung des Risikos		
V0	Risikoverminderungsfaktoren vorhanden		
V1	keine wirksame Verminderung des Risikos		

5.1.1.1 Produktrisiko

Die Einbeziehung des Produkts kann bei einer Maschine, von der keine primäre Gefährdung ausgeht, zu einem Hygienerisiko führen. Zum Beispiel können baugleiche Mischmaschinen sowohl für die Bearbeitung von Kunststoffen als auch von Nahrungsmitteln verwendet werden. Ein Hygienerisiko entsteht allerdings nur bei Letzteren. Da außerdem unterschiedlich sensible Produkte gemischt werden müssen, ist es sinnvoll, das Produkt als Parameter für das Grundrisiko zu wählen. Die hygienische Sensibilität bestimmt die Höhe des Risikos bei dieser Entscheidungsstufe. Sie ist umso höher, je höher die Verderblichkeit des Produktes ist und/oder die Fähigkeit, die Vermehrung pathogener Keime zu fördern. Maßgebend für die Einordnung sind außerdem Vorschriften über zulässige Keimgehalte. Die Einstufung eines Nahrungsmittels kann zusätzlich abhängig vom Bearbeitungsstadium wechseln. Daher kann bei gleichen Maschinen, die in unterschiedlichen Bearbeitungsstufen eines Produktes eingesetzt werden, die Einstufung variieren.

In Tabelle 5.2 sind die verwendeten Größen bezeichnet und einige Beispiele für relevante Produkte gegeben.

Tabelle 5.2 Beispiele für die Einstufung des Produktrisikos.

Produktrisiko P0	Produktrisiko P1	Produktrisiko P2
Produkte mit hohem Gehalt an Salz, Zucker, Säure, Alkohol (z. B. Honig, Sauerkraut, Spirituosen)	Produkte, die nicht eindeutig den Gruppen P0 oder P2 zuzuordnen sind, ggf. abhängig vom Stadium der Bearbeitung	Hochsensible Produkte, ggf. abhängig vom Stadium der Bearbeitung (z. B. Babynahrung, Mayonnaise, Sahne, Fisch, Geflügel, Hackfleisch, Speiseeis)
Produkte mit geringem Wasseranteil (z. B. Mehl, Kaffee, Tabak)		

5.1.1.2 **Reinigung**

Als weitere Basisgröße bei Risikobetrachtungen wird die Reinigung von produktberührten Bereichen verwendet, da mit ihrer Hilfe das Produktrisiko eliminiert werden kann. Dies gilt jedoch nur uneingeschränkt, wenn Geräte und Apparate leicht reinigbar, d. h. hygienegerecht gestaltet sind. Aus diesem Grund ist es wichtig, grundsätzlich zwischen den Begriffen „Reinigung" und „Reinigbarkeit" zu unterscheiden:

- Unter Reinigung versteht man das Entfernen von Schmutz. Sie kann mit unterschiedlichen Verfahren durchgeführt werden, wobei zwischen Reinigung von Hand oder mit Geräten zu unterscheiden ist. Das Verfahren kann nach Öffnen der Apparate oder in geschlossenem Zustand (cleaning in place) mit flüssigen, schaumförmigen oder trockenen Reinigungsmitteln angewendet werden. Reinigung ist zudem immer *produktabhängig* zu betrachten.
- Als Reinigbarkeit wird dagegen die Eigenschaft einer Maschine verstanden, dass sich eine Reinigung „leicht" und mit Erfolg durchführen lässt. In der Maschinenrichtlinie wird dazu für Nahrungsmittelmaschinen ausgeführt, dass *„die Maschine so konzipiert und gebaut"* sein muss, *„dass die Materialien vor jeder Benutzung sauber sein können. Alle mit Lebensmitteln in Berührung kommenden Flächen müssen leicht zu reinigen und zu desinfizieren sein, evtl. nach Abnehmen der leicht demontierbaren Teile. Die Innenflächen müssen durch Ausrundungen mit ausreichendem Durchmesser verbunden sein, damit sie vollständig gereinigt werden können."* Das bedeutet, dass Gestaltungsprinzipien von Hygienic Design anzuwenden sind, um Anforderungen an die Reinigbarkeit erfüllen zu können. Reinigbarkeit ist eine *produktunabhängige* Eigenschaft einer Maschine.

In diesem Zusammenhang wird im Risikograph nach Abb. 5.1 als Basisreinigung die vollständige Reinigung von außen mit unmittelbarem Zugang zu den produktberührten Flächen verstanden, die sich von Hand oder mit Hand ersetzenden Hilfsmitteln wie Wasserstrahl, Dampfstrahl oder Reinigungsmaschinen durchführen lässt. Das Ergebnis dieser Reinigung muss sich visuell überprüfen lassen. Die Basisreinigung kann daher nur an einfachen Gegenständen oder Arbeitsmitteln wie Wannen, Trichtern, Werkzeugen usw. angewendet werden.

Für komplexere Apparate oder Maschinen ist die Basisreinigung nur dann möglich, wenn sie für die Reinigung und Überprüfung vollständig zerlegt werden können. Aufgrund der fortgeschrittenen Reinigungstechnik könnte heute als Basisreinigung in erweitertem Sinn auch ein CIP-Verfahren in Zusammenhang mit einer Reinigungsvalidierung verstanden werden. Die Parameter des Risikographs müssten dann entsprechend anders definiert werden.

5.1.1.3 Risikoverminderungsfaktoren

Risikomindernde Umstände in Bezug auf das Produkt (Verbraucherschutz) liegen in erster Linie vor, wenn sich aus der Behandlung oder Bearbeitung, aus den Eigenschaften des Produktes oder aus den Umgebungsbedingungen eine Absenkung des Hygienerisikos ableiten lässt. Beispiele dafür sind Backen, Kochen, Pasteurisieren oder andere Verfahren, die das Wachstum von Mikroorganismen verhindern oder einschränken. Dabei sollte allerdings mit dem Irrtum aufgeräumt werden, dass eine Anreicherung mit Mikroorganismen dann in Kauf genommen werden kann, wenn später ein Schritt zu ihrer Abtötung erfolgt oder sie am Wachstum gehindert werden. Selbst wenn keine Toxine durch den Stoffwechsel der Mikroorganismen entstehen, die als solche wiederum eine Gefährdung bedeuten, wird durch eine dekontaminierende Behandlung stets nur eine Abtötungsrate und keine völlige Abtötung aller Keime erreicht. Damit ist das Ergebnis z. B. einer Hitzebehandlung bei gleichem Aufwand abhängig vom Ausgangsniveau an Mikroorganismen. Je höher dieses ist, desto höher ist die Überlebensrate von Keimen im behandelten Produkt bei gleicher Abtötungsrate.

Aus dieser Betrachtung folgt, dass die hygienegerechte Gestaltung, wie in der Maschinenrichtlinie gefordert, eine Voraussetzung für die „leichte“ Reinigbarkeit ist. Hygienic Design vermeidet weitgehend ein Anwachsen der Kontaminationsgefahr, die aus schlecht zu reinigenden Bereichen erwachsen würde.

Wenn Beschäftigte an Maschinen und Anlagen unmittelbar durch mangelnde Hygiene gefährdet sind, müssen risikomindernde Faktoren restriktiver betrachtet werden. Der Beschäftigtenschutz sollte jedoch nur dort in den Vordergrund gestellt werden, wo ein Risiko vorliegt, welches das allgemeine Lebensrisiko deutlich übersteigt. Als Beispiele können hier Substanzen in der Biotechnologie (pathogene Mikroorganismen) oder der Pharmaindustrie (Wirkstoffe) herangezogen werden, die bei schlecht gestalteten Konstruktionen nach der Reinigung und dem Öffnen der Apparate eine unmittelbare Gefährdung ergeben können. Wie bei allen Verzweigungen im Risikograph ist auch hier eine Einzelfallbetrachtung erforderlich.

5.1.1.4 Risikoanforderungsklassen

Der Entscheidungsbaum des Risikographs führt schließlich zu einer von vier vorgegebenen Risikoanforderungsklassen, die ein Maß für die Höhe des vorliegenden Risikos darstellt. Sofern durch wechselnde Produkte oder durch Risikominderungsfaktoren, die in verschiedenen Zeit- oder Prozessabschnitten unterschiedlich sind, mehrere Risikoanforderungsklassen zutreffend sein können, muss die Einstufung in die höchste der ermittelten Klassen erfolgen, um Probleme auszuschließen.

5.1.1.5 Maßnahmen bezüglich Hygienic Design

Den jeweiligen Risikoanforderungsklassen müssen angemessene Maßnahmen der Hygienekonstruktion gegenübergestellt werden. In [8] werden für den Bereich der Hygiene vier Kategorien vorgeschlagen. Entsprechend Tabelle 5.1 lassen sich diese Kategorien wie folgt definieren:

- Kategorie KB: Realisierung von Basismaßnahmen.
- Kategorie K1: Realisierung von Basismaßnahmen und Anwendung der grundlegenden Hygieneprinzipien, soweit dies praktikabel ist.
- Kategorie K2: Realisierung von Basismaßnahmen und *weitgehende* Anwendung der grundlegenden Hygieneprinzipien, soweit dies technologisch möglich ist.
- Kategorie K3: Realisierung von Basismaßnahmen und *konsequente* Anwendung der grundlegenden Hygieneprinzipien, soweit dies technologisch möglich ist.

Unter grundlegenden Hygieneprinzipien sind die prinzipiellen Anforderungen an die hygienegerechte Gestaltung von Maschinen und Apparaten zu verstehen, die den Stand der Technik darstellen. Basismaßnahmen umfassen die Eignung der verwendeten Werkstoffe, die Beschränkung auf eine Basisreinigung, eine Oberflächenbearbeitung, die dem Stand der Technik im allgemeinen Maschinenbau entspricht, sowie die grundlegenden Maßnahmen von Hygienic Design.

Für die Kategorien K1 bis K3 werden ausgehend von den Basismaßnahmen zunehmend höhere Anforderungen gestellt. Hierzu gehören beispielsweise Anforderungen an die Oberflächenrauheit, Vorgaben für die Qualität von Schweißnähten, die Größe von Ausrundungsradien, die spezielle Gestaltung von Dichtungen sowie für andere Details. Hinweise können Beispiele geben, wie sie in Normen [9, 10] und Empfehlungen [11] vorgeschlagen werden. Grundsätzlich sind die Maßnahmen immer im Einzelfall festzulegen.

5.1.2
Risikoanalyse nach DIN EN 1672-2 und DIN EN ISO 14 159

Um die Grundsätze der Maschinenrichtlinie im Detail auszufüllen, wurde bei CEN das Technische Komitee TC 153 für Nahrungsmittelmaschinen damit beauftragt, entsprechende Normen zu entwickeln. Als umfassende allgemeine Norm wurde in diesem Zusammenhang DIN EN 1672-2 [9] erstellt, die kein Konzept für eine Risikoanalyse von Maschinen enthält und neben Definitionen und grundlegenden Maßnahmen der hygienegerechten Gestaltung eine Liste der Gefährdungen aufführt, von denen Risiken für Produkte und/oder den Verbraucher ausgehen können. Aufgeführt sind mikrobielle und chemische Gefährdungen sowie Einwirkungen durch Fremdstoffe, die Kontaminationen hervorrufen und damit die Gesundheit des Verbrauchers schädigen können. Auch hier wird darauf hingewiesen, dass es bei der Gestaltung von Maschinen notwendig ist, die in Frage kommenden Gefährdungen zu analysieren und sie entweder auszuschalten oder so weit wie möglich zu reduzieren.

Die parallel zu EN 1672-2 ebenfalls im Rahmen von Hygienic Design entwickelte internationale Norm ISO 14 159 [10], die von Anfang an sowohl für den Maschinenbereich der Nahrungsmittel- als auch der Pharma-, Kosmetik- und Bioindustrie anzuwenden ist, enthält die gleiche Auflistung von Gefährdungen. Zusätzlich wird auch eine Strategie zur Auswahl von Hygienemaßnahmen sowie eine Risikoanalyse aufgezeigt.

Die Strategie muss entsprechend DIN EN ISO 12 100-1 [12] folgende Punkte enthalten:

- eine Charakterisierung des Anwendungsbereichs der Maschine,
- die relevanten Gefährdungen in Zusammenhang mit herzustellenden Produkten,
- eine von den festgestellten Gefährdungen abhängige Risikoanalyse,
- Gestaltungsverfahren oder -maßnahmen zur Ausschaltung von Gefährdungen oder Minimierung von Risiken,
- eine Identifizierung aller anderen sicherheitstechnischen und hygienischen Gefährdungen, die durch die Gestaltungsverfahren zur Minderung der Risiken neu entstehen können,
- Verfahren zur Verifizierung der Wirksamkeit der Ausschaltung der Gefährdung oder Minimierung der Risiken sowie
- eine Beschreibung der verbleibenden Risiken und aller zusätzlichen erforderlichen Vorsichtsmaßnahmen in der Betriebsanleitung.

Speziell für die Betriebsanleitung wird in [9] gefordert, dass Maßnahmen anzugeben sind, *„die eine Kontamination des Produktes bei richtigem Betreiben ausschließen"*. Falls eine Begrenzung des Risikos durch eine spezielle Gefährdung nicht möglich ist, müssen zusätzliche Informationen zur Verfügung gestellt werden, die z. B. erweiterte Reinigungs- und Demontageanforderungen, spezielle Verarbeitungsbedingungen, Einschränkungen der Produktpalette oder spezielle Anforderungen an die Maschinensicherheit enthalten.

Für die Risikoanalyse werden als Leitfaden für die Einordnung und Typisierung der Maschine sowie der zugehörigen Ausrüstung unterschiedliche Einflussgrößen angeführt, die hier etwas anders zu Gruppen zusammengefasst wiedergegeben werden.

Als maschinenspezifische Gesichtspunkte sind folgende Aussagen zu betrachten:

- Die bestimmungsgemäße Verwendung der Maschine sagt aus, ob die Maschine ausschließlich für einen spezifischen Zweck verwendet wird, was die Feststellung der Gefährdungen erleichtert, oder ob sie für einen breiten Einsatzbereich in verschiedenen Industriezweigen vorgesehen ist.
- Anforderungen an die Reinheit legen fest, ob die Maschine nach jedem Gebrauch gereinigt und/oder kontrolliert werden muss oder ob dies routinemäßig in bestimmten Zeitabständen geschehen kann.
- Die Häufigkeit der Verwendung der Maschine bestimmt Wartungs- und Reparaturintervalle.

- Aus der Art der Verwendung der Maschine ergeben sich Gründe für vorhersehbaren Missbrauch.

Unter produktspezifischen Aspekten werden folgende Punkte angeführt:

- Aus der Art des zu verarbeitenden Produktes ergibt sich, ob es z. B. als Rohstoff stärker kontaminiert oder in bereits behandelter Form als keimarm bzw. steril vorliegt.
- Aus der Art der Weiterverarbeitung lässt sich ableiten, ob eine Gefährdung ausgeschaltet wird, wie es z. B. bei einer Hitzebehandlung bezüglich Mikroorganismen der Fall ist, oder ob keine weiteren Maßnahmen zur Reduzierung von Gefährdungen vorgesehen sind.
- Bezüglich der Verwendungsart des Produktes ist zu berücksichtigen, ob es unmittelbarer nach der Herstellung verbraucht wird oder ob aufgrund einer Mindesthaltbarkeit die Gefährdung z. B. durch Wachstum relevanter Mikroorganismen ansteigen könnte.

Verbraucherspezifische Einflüsse:

- Nach Art der Verbrauchergruppe können sich besondere Gefährdungen ergeben, wie es z. B. bei Säuglingen, Kindern oder älteren und geschwächten Personen der Fall sein kann.

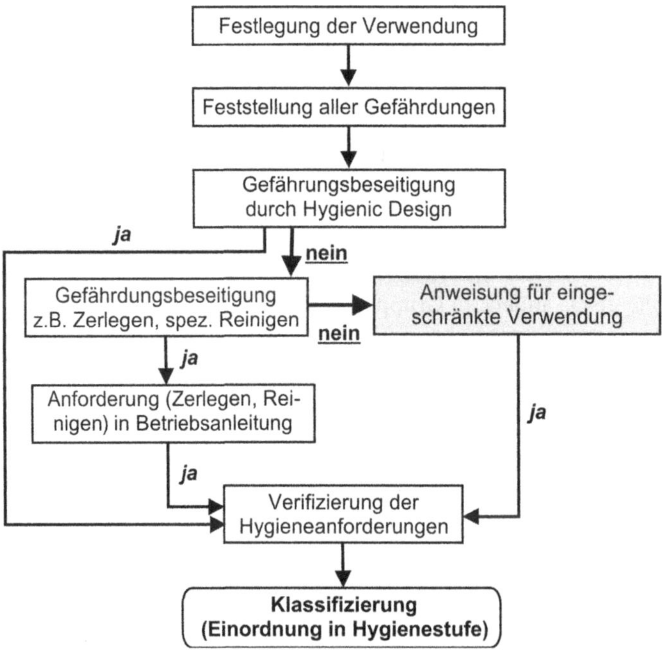

Abb. 5.2 Flussdiagramm zur Analyse von Hygienerisiken von Apparaten und Maschinen in Anlehnung an DIN EN ISO 14 159 [10].

Das Vorgehen bei der Risikoanalyse anhand der genannten Einflussgrößen wird schließlich in [9] und [10] in Form eines Flussdiagramms aufgezeigt. Abbildung 5.2 gibt den prinzipiellen Weg in vereinfachter Form wieder. Im Anschluss an die Prüfung der Übereinstimmung mit den festgelegten Hygieneanforderungen ist die Maschine in eine Hygienestufe nach Tabelle 5.3 einzuordnen. Insgesamt werden fünf Stufen in dem informativen Anhang A der Norm angegeben. Ein wichtiger Aspekt dabei ist, dass bei der Einteilung nach der Hygienerisikoanalyse neben Hygienic Design auch Maßnahmen eine Rolle spielen, die den mikrobiellen Befall verhindern und die bei der Gestaltung auf eine spezielle Hitzebehandlung, eine chemische oder physikalische Behandlung ausgelegt sind, um die Ausrüstung von relevanten Mikroorganismen freizuhalten.

Tabelle 5.3 Einteilung von Apparaten und Maschinen in Klassen nach Gesichtspunkten hygienegerechter Gestaltung (in Anlehnung an [10]).

Hygienestufe	Beschreibung der Hygieneanforderungen
1	Maschinen, die nach der Hygienerisikoanalyse nur einen Teil der Anforderungen in dieser Norm erfüllen müssen, um die bestehenden Risiken auszuschalten und ein sicheres Produkt herzustellen
2	Maschinen, die nach der Hygienerisikoanalyse den Anforderungen dieser Norm entsprechen, für die jedoch ein Plan zur Demontage vor der Reinigung erforderlich ist
3	Maschinen, die nach der Hygienerisikoanalyse vollständig den Anforderungen dieser Norm entsprechen und die ohne Demontage gereinigt werden können (z. B. für CIP-Verfahren geeignet)
4	Maschinen, die nach der Hygienerisikoanalyse vollständig den Anforderungen dieser Norm entsprechen und die bei der Gestaltung auf eine spezielle Hitzebehandlung, eine chemische oder physikalische Behandlung, um die Maschinen von relevanten Mikroorganismen freizuhalten, ausgelegt sind
5	Maschinen, die nach der Hygienerisikoanalyse vollständig den Anforderungen dieser Norm entsprechen, die den mikrobiellen Befall verhindern und die bei der Gestaltung auf eine spezielle Hitzebehandlung, eine chemische oder physikalische Behandlung ausgelegt sind, um die Ausrüstung von relevanten Mikroorganismen freizuhalten (z. B. aseptische Produktion)

5.2
Konzepte aufgrund produktorientierter Richtlinien

Für den Bereich der Nahrungsmittelindustrie spielt Produkthygiene eine maßgebende Rolle, um z. B. die Lebensdauer der im Verkehr befindlichen Lebensmittel sowie deren gesundheitliche Unbedenklichkeit zu garantieren. Dies umfasst sowohl die Produktion als auch Qualitätskontrolle und -sicherung von Nahrungsmitteln. Für den europäischen Bereich werden die notwendigen Anforderungen dazu in der Verordnung EG 852/2004 [5] vorgeschrieben. Entsprechend sind Lebensmittelunternehmen verpflichtet, mit ihren Produkten unter hygienisch einwandfreien Bedingungen umzugehen, für die notwendige hygienische Sicherheit im Prozessablauf zu sorgen und dafür angemessene Maßnahmen festzulegen, durchzuführen, einzuhalten und zu überprüfen. Analoge Voraussetzungen müssen in den USA erfüllt werden, wo der Code of Federal Regulations (CFR) [13] die maßgebenden Anforderungen festlegt.

Im Bereich der Pharma-, Kosmetik- und medizinbezogenen Biotechnologie sind die Regelungen für GMP maßgebend, die in erster Linie, prozess- und produktbezogene Anforderungen an die Herstellung von Arzneimitteln, Kosmetika und biologischen Produkten stellen. GMP betrifft ebenfalls sowohl die Produktion als auch die Qualitätskontrolle. Ein Zulassungssystem garantiert die Beurteilung aller Arzneimittel durch die zuständige Behörde, die sicherstellt, dass Arzneimittel nach dem aktuellen Standard unbedenklich, qualitativ hochwertig und wirksam sind [14]. Auf dem europäischen Markt zugelassene Produkte werden nur von Herstellern produziert, die über die erforderliche Erlaubnis verfügen und die regelmäßig durch die zuständigen Behörden überwacht werden. Jeder pharmazeutische Hersteller in der Europäischen Gemeinschaft benötigt eine Herstellungserlaubnis, gleichgültig ob die Produkte innerhalb oder außerhalb der Gemeinschaft in den Verkehr gebracht werden.

Für die USA werden GMP-Vorgaben ebenfalls durch FDA im CFR [15] vorgegeben. Es muss jedoch darauf hingewiesen werden, dass in allen produktorientierten Regelwerken im Allgemeinen keine detaillierten Anforderungen an Hygienic Design zu finden sind, die dem Konstrukteur direkte Hinweise auf die Ausführung von Konstruktionen unter hygienischen Aspekten geben. Auch ist es ein weit verbreiteter Irrtum, dass z. B. die amerikanische Behörde FDA Zulassungen für Apparate und Anlagen vergibt. Diese unterliegen vielmehr den allgemeinen GMP-Anforderungen, die Fragen nach der generellen Eignung von Geräten für bestimmte Herstellungsprozesse betreffen und vom Produkthersteller nachzuweisen sind.

Unter GMP wird damit in beiden Wirtschaftsbereichen übereinstimmend der Teil der Qualitätssicherung verstanden, der sicherstellt, dass Produkte in Einklang mit den Anforderungen der gesetzlichen Regelungen hergestellt und entsprechend den Qualitätsstandards überprüft werden.

5.2.1
Das HACCP-Konzept

Das HACCP-Konzept (Hazard Analysis and Critical Control Points) ist kein Werkzeug zur Umsetzung allgemeiner Hygienemaßnahmen, sondern Bestandteil eines Eigenkontrollsystems eines Betriebes [16]. Es stellt von seinem Ursprung her ein typisches neueres Kontrollsystem der Lebensmittelsicherheit dar, das auf einem bereits eingerichteten Hygienekonzept aufbaut und das Ziel verfolgt, die Gesundheit des Verbrauchers zu schützen. Damit definiert es sich in erster Linie als produktorientiertes System. Allerdings spielt im Rahmen der Produktherstellung auch das hygienegerechte Design der Prozessanlagen eine entscheidende Rolle, wodurch enge Verknüpfungen mit den Anforderungen an Hygienic Design von Apparaten, Komponenten und Geräten entstehen.

Von der Tradition her haben Industrie und Gesetzgebung im Rahmen von Hygienekonzepten in Bezug auf Produktsicherheit und -qualität den Weg verfolgt, Stichproben bei Prozessbedingungen und Endprodukten zu überprüfen. Mit diesem Ansatz kann jedoch nur auf bestehende Verhältnisse reagiert und nicht präventiv eingegriffen werden. Aus diesem Grund wurden prozessorientierte Systeme zur Qualitätssicherung eingeführt, bei denen es um Fehlervermeidung durch Steuerung und Überwachung des Herstellungsprozesses geht. Diese Art der Qualitätssicherung ist von der Vorstellung getragen, dass es einen völlig fehler- oder risikofreien Umgang mit Lebensmitteln nicht gibt und die Sicherung bereits während der Herstellung oder schon bei der Planung einer Produktion einzusetzen hat [17]. Nicht „Kontrollieren", sondern „Sicherstellen", nicht „Fehler feststellen", sondern „Fehler vermeiden" ist das Wesen der prozessorientierten Qualitätssicherung.

Eingebettet wird diese Art der Qualitätssicherung sinnvollerweise in ein Total Quality Management (TQM), das als normengerechtes Qualitätsmanagement eine Führungsstrategie eines Unternehmens mit allen Aktivitäten und Mitarbeitern darstellt [18]. TQM ist vor allem umfassender als andere Systeme zur Qualitätssicherung. Unter Qualität versteht man dabei die Arbeitsqualität jedes Einzelnen ebenso wie Prozess- und Unternehmensqualität, woraus zwangsläufig Produktqualität erwächst. Es ist nur in einem geschlossenen System zu erreichen, welches das gesamte Unternehmen erfasst und ständiges Rückkoppeln ermöglicht.

Eine wichtige Vorstufe zur Einrichtung eines normierten Qualitätsmanagementsystems wird durch die Normenreihe DIN EN ISO 9000 ff. [19] gegeben. Das Ziel qualitativ hochwertiger und sicherer Produkte soll dabei über die Eigenverantwortung der Betriebe erreicht werden. Europaweit wird im Lebensmittelbereich durch diese Konzepte der Weg zur Produktionssicherheit geebnet. Demzufolge tritt auch bei der nationalen Lebensmittelüberwachung die „Kontrolle der Kontrolle" in den Vordergrund. Somit zeichnen sich auch neue Strukturen der Lebensmittelüberwachung vor allem auf dem Gebiet der Hygiene ab. Kontrollen werden unter Einschaltung betriebseigener Sicherungs- und Kontrollsysteme verstärkt in die Erzeuger- und Herstellungsbetriebe verlegt. Grundlage hierfür ist die EG-Verordnung über die amtliche Lebensmittelüberwachung [19], die unter anderem eine regelmäßige Überprüfung der Eigenkontrollsysteme lebensmittelverarbeitender Betriebe vorsieht.

Rechtlich eingeführt wurde das HACCP-System, das in der Norm 3/13A des Codex Alimentarius [21] definiert wird, durch die Lebensmittelhygienerichtlinie [5], die in Deutschland als Lebensmittelhygieneverordnung (LMHV) [22] umgesetzt wurde. Diese haben drei wesentliche Ziele:

- als vorrangiges Anliegen den Schutz der menschlichen Gesundheit zu gewährleisten,
- Vertrauen in den Standard der gesundheitlichen Unbedenklichkeit innerhalb der EU bei freiem Verkehr mit Lebensmitteln zu realisieren sowie
- die Lebensmittelüberwachung zu stärken und zu verbessern.

Um die geforderten Hygieneziele zu erreichen, wird die Einführung eines HACCP-Konzeptes und darüber hinaus die Erarbeitung von Leitlinien für GMP vorgeschrieben. Ein HACCP-Konzept dient zur Beschreibung eines lebensmittelspezifischen Analyse- und Überwachungsverfahrens, das zum Ziel hat, die Sicherheit des Verbrauchers dadurch zu gewährleisten, dass alle Phasen der Produktentstehung beherrscht werden. Es umfasst die Gesamtheit der aufeinander abgestimmten Maßnahmen, um Lebensmittelsicherheit zu gewährleisten, und basiert auf der Durchführung von gesonderten HACCP-Studien. Zu diesem Zweck soll ein Plan erstellt werden, in dem die HACCP-relevanten Fragestellungen, die aus den Studien resultieren, zusammengefasst sind.

Bei Umsetzung der EG-Richtlinie in die Lebensmittelhygieneverordnung (LMHV) wurden betriebseigene Maßnahmen und Kontrollen in folgender Weise gefordert:

> „Der Inhaber oder Geschäftsführer eines Lebensmittelunternehmens hat die für die Lebensmittelsicherheit kritischen Punkte im Prozessablauf festzustellen und dafür Sorge zu tragen, dass angemessene Sicherheitsmaßnahmen festgelegt, durchgeführt, eingehalten und überprüft werden."

Dies hat nach den Regeln von HACCP zu erfolgen. Für die Reihenfolge des Vorgehens beim Aufbau werden im Allgemeinen sieben Grundsätze angegeben, von denen allerdings nur die ersten fünf in der LMHV explizit aufgeführt sind:

1. Identifizierung von Hygienerisiken: Festlegung der gesundheitlichen und den Verderb betreffenden Risiken, die im Verlauf der Urproduktion, Rohwarenbeschaffung, Produktion und Vermarktung auftreten können.
2. Ermittlung der kritischen Kontrollpunkte durch Schwachstellenanalyse: Ausweisen der Schwachstellen als kritische Kontrollpunkte (CCPs), die zur Überwachung der identifizierten Gefahren nötig sind.
3. Festlegung von Kontrollkriterien: Angabe von Kriterien, die anzeigen, ob eine Operation unter Kontrolle ist.
4. Überwachung der Kontrollkriterien: Die Kontrollkriterien werden durch sogenanntes „Monitoring" überwacht.
5. Einleitung von Korrekturmaßnahmen: Festlegung der Korrekturmaßnahmen, die eingeleitet werden, wenn durch die Überwachung eines CCPs eine Abweichung festgestellt wird.

6. Dokumentation des HACCP-Systems: Aufstellung eines Systems zur effektiven Führung der Unterlagen, die den HACCP-Plan dokumentieren.
7. Verifikation des HACCP-Systems: Unter Gefahren oder Gefährdungen werden in diesem Rahmen Ereignisse oder Umstände verstanden, die ein Produkt derart negativ beeinflussen, dass dadurch unmittelbar die Gesundheit des Verbrauchers gefährdet wird. Sie können biologischer, physikalischer oder chemischer Art sein. Ein Risiko dagegen ist die Wahrscheinlichkeit, dass eine Gefährdungssituation eintritt. Als Kritischer Punkt (CCP) wird eine Stufe, ein Schritt oder eine Phase in einem Herstellungsprozess definiert, an dem eine Gefahr durch gezielte Maßnahmen der Überwachung beseitigt oder das Risiko auf ein akzeptables Niveau verringert wird. Im Gegensatz dazu steht der QCP, ein Qualitätskontrollpunkt, dessen Lenkung zwar für den Betrieb von großer Bedeutung sein kann, jedoch in seiner Wertigkeit deutlich vom CCP zu unterscheiden ist, da keine unmittelbare Gesundheitsgefährdung gegeben ist. Der CCP wird auch als Lenkungspunkt bezeichnet. Lenkungsbedingungen sind produkt- oder prozessspezifische Vorgaben (Grenzen/Grenzwerte), bei deren Einhaltung eine Gesundheitsgefährdung nicht eintreten kann. Zu den Lenkungsbedingungen gehören die tolerierbaren Grenzen und die Möglichkeiten, die zur Feststellung ihrer Einhaltung nötig sind.

Eine der wichtigsten Voraussetzungen, um das HACCP-Konzept umzusetzen, bilden Flussdiagramme, welche die Beschreibung der Wege eines Erzeugnisses über alle Stufen des Herstellungsprozesses einschließlich der Verweilzeiten innerhalb von Prozessstufen und zwischen Bearbeitungsschritten umfassen. Die einzelnen Schritte und Überlegungen sind in dem Flussdiagramm der Abb. 5.3 dargestellt. Sie werden durch allgemeine und wichtige technische Informationen über die Herstellungsbedingungen der Produkte vervollständigt.

Im Einzelnen sind folgende Unterlagen notwendig:

- Pläne über Arbeitsräume und Nebengebäude.
- Übersichten über Anordnung und technische Merkmale von Maschinen und Ausrüstungen (z. B. Hygienic Design).
- Übersichten über den Prozessablauf (Flussdiagramme).
- Technische Parameter des Prozessablaufes (Temperatur/Zeitbeziehungen, Verweil- bzw. Standzeiten).
- Übersichten über innerbetrieblichen Produktverkehr einschließlich der Möglichkeiten für Kreuzkontaminationen.
- Angaben über die Trennung in reine und unreine Bereiche bzw. in Bereiche mit hohem oder niedrigem Kontaminationsrisiko.
- Angaben zur Reinigung und Desinfektion.
- Angaben zur Hygiene des Betriebsumfeldes einschließlich Maßnahmen zur Schädlingsbekämpfung.
- Angaben zu Personalverkehr und Personalhygiene.
- Angaben über die Lagerungs- und Vertriebsbedingungen sowie Angaben über den Verwenderkreis.

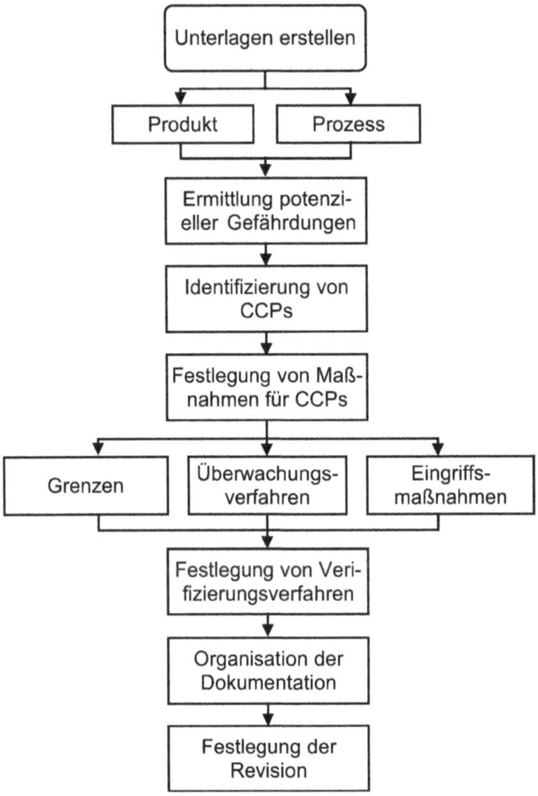

Abb. 5.3 Flussdiagramm für das Erstellen von Unterlagen im Rahmen des HACCP-Konzeptes.

Eine wichtige Rolle in diesem Zusammenhang spielen wiederum die Anforderungen an Hygienic Design von Maschinen und Anlagen. Die hygienegerechte Gestaltung hat das Ziel, die Produktsicherheit zu erhöhen und gleichzeitig die Hygienekosten zu reduzieren. Voraussetzungen dazu sind eine geeignete Konstruktion der Anlage und ein rationeller Einsatz von Hygienemaßnahmen. Spezielle Anforderungen waren in der LMHV nur sehr allgemein in folgender Weise gehalten:

„Alle Gegenstände, Armaturen und Geräte, mit denen Lebensmittel in Berührung kommen, müssen

a) saubergehalten und

b) so gebaut, beschaffen und instand gehalten sein, dass das Risiko einer Kontamination vermieden wird;

c) mit Ausnahme von Einwegbehältern oder -verpackungen so gebaut, beschaffen und instand gehalten sein, dass sie im Hinblick auf die beabsichtigte Verwendung rein gehalten und erforderlichenfalls desinfiziert werden können;

d) so installiert sein, dass das unmittelbare Umfeld angemessen gereinigt werden kann."

Da sowohl in der EU-Richtlinie als auch der EU-Verordnung genaue Maßnahmen und Anforderungen nicht vorgegeben sind, bedeutet z. B. die Interpretation von Punkt b), dass für die Ausführung bezüglich Hygienic Design der Stand der Technik einzuhalten ist. Dieser wird z. B. durch relevante Normen wie DIN EN 1672-2 [9] und DIN EN ISO 14 159 [10] sowie Leitlinien wie z. B. die EHEDG-Guidelines [11] beschrieben. Auch eine Risikoanalyse (s. Abschnitt 5.1.2) sollte in das HACCP-Konzept eingebunden werden.

Wie bereits erwähnt verfügen zahlreiche Unternehmen der Lebensmittelindustrie über ein Qualitätsmanagementsystem nach DIN EN ISO 9001 ff. Dabei können Synergieeffekte zwischen einem normenkonformen Qualitätsmanagementsystem und dem HACCP-Konzept genutzt werden. In der Regel sind in einem zertifizierten Produktionsbetrieb bereits Fließbilder von Herstellungsprozessen entsprechend der Norm vorhanden. Hilfreich ist die Erstellung eines skizzenartigen Materialflussdiagramms für einen Produktionsbetrieb: von der Zusammenfügung der Zutaten bis hin zur Auslieferung der fertigen Produkte. In [23] wird allerdings darauf hingewiesen, dass die Zertifizierungsunterlagen nach DIN EN 9000 ff. normalerweise nicht für die detaillierte Aufstellung des HACCP-Konzeptes ausreichen. In Flussdiagrammen für HACCP-Konzepte müssen Verfahren in entsprechende Schritte unterteilt werden, die genaue Angaben zu den Prozessparametern enthalten, was in DIN EN 9000 ff. im Allgemeinen nicht der Fall ist. Darüber hinaus ist aber festzulegen, welche Verweil- und Standzeiten für Produkte eingehalten werden müssen, z. B. für unsterilisierte Dosen in Wartestellung, für das Autoklavieren bzw. für abzufüllendes Produkt im Vorlauftrichter einer Packmaschine. Diese Angaben sind besonders für die Betriebe von Bedeutung, die keinen fliegenden Wechsel bei Schichten haben, sondern eine Pausenregelung mit stehendem Betrieb. Die Festlegung der Standzeiten ist unter Umständen auch abhängig von Produktparametern wie pH-Wert oder a_W-Wert.

In [24] wird das prinzipielle Vorgehen zur Ermittlung von CCPs in Form eines Entscheidungsdiagramms dargestellt (Abb. 5.4). Dabei ist nach der Analyse von Gefährdungen oder potenziellen Schadensquellen festzustellen, ob Maßnahmen zu ihrer Beherrschung vorgesehen sind. Wenn sich die Gefährdung durch die vorgesehenen Maßnahmen beseitigen lässt, liegt ein CCP vor. Sind solche Maßnahmen zur Abwendung gesundheitlicher Gefährdungen nicht unerlässlich, so ist diese Stelle kein CCP. Aus dieser Sicht ist der CCP ein Punkt, Schritt oder Verfahren, an dem eine Steuerung durch bestimmte Maßnahmen möglich ist, um eine Gefährdung zu verhindern, auszuschalten oder auf ein akzeptables Maß zu vermindern.

Um das HACCP-Konzept zu erstellen muss ein Team benannt werden, das aus Mitarbeitern aller zuständigen Betriebsbereiche wie Herstellung, Lagerung und Vertrieb zusammengesetzt sein sollte. Erforderlich sind vor allem Kenntnisse über potenzielle Hygienerisiken, um kritische Lenkungspunkte (CCPs) sachkundig ermitteln zu können. Bei der Identifizierung der CCPs sollte möglichst ein Konsens im Team erzielt werden. Bei der Festlegung der CCPs kann durch die Verwendung des Entscheidungsbaumes, der in Abb. 5.5 in abgewandelter Form in Anlehnung an [23] dargestellt ist, noch eine deutliche Hilfestellung gegeben

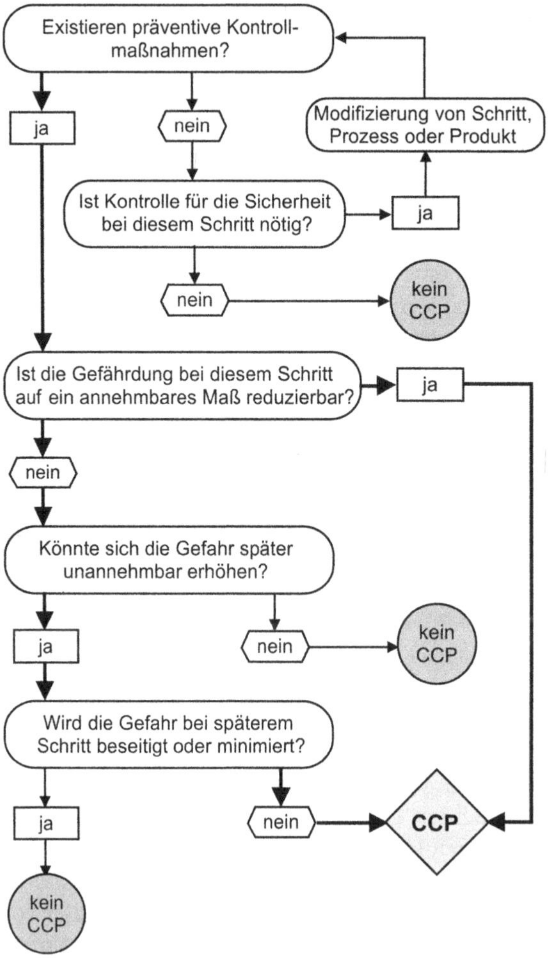

Abb. 5.4 Entscheidungsdiagramm zur Ermittlung von CCPs (nach [25]).

werden. Außerdem ist eine Schulung aller Teammitarbeiter notwendig, um relevante Definition und Begriffe zu vermitteln.

In der HACCP-Dokumentation werden sowohl die Grenzwerte, die Überwachungsmaßnahmen, die Überprüfung sowie die Maßnahmen bei Überschreitung der Grenzen festgelegt. Aus den Festlegungen, die sich auf die Überwachungsmaßnahmen beziehen, ergibt sich die Notwendigkeit, Prüfpläne bzw. Prüfanweisungen zu erstellen. Die Norm DIN EN ISO 9000 verlangt hier vom Unternehmen, dass die Dokumente und Daten entsprechend vor der Herausgabe genehmigt und danach gelenkt und auf aktuellem Stand gehalten werden müssen. Auch das HACCP-Konzept verlangt in regelmäßigen Abständen eine Überprüfung und ggf. eine Überarbeitung. Die Revision kann durch Prüfverfahren, z. B. Inspektion, Kontrollgänge, Überprüfung der Einhaltung der kritischen Grenz-

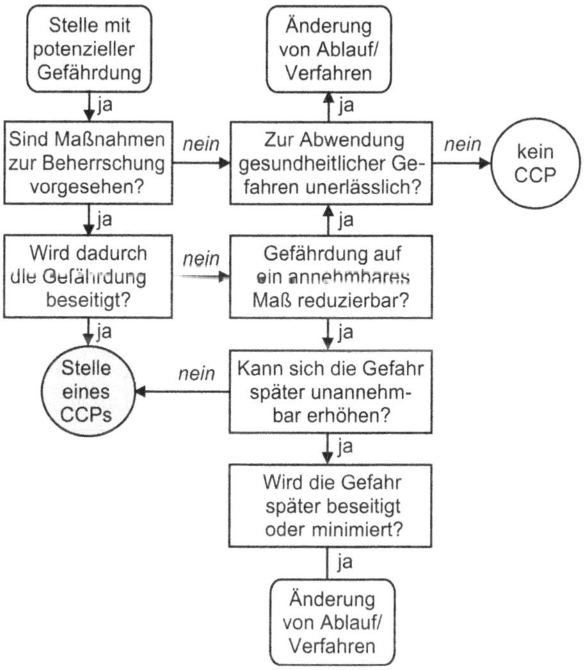

Abb. 5.5 Entscheidungsbaum zur Ermittlung von CCPs (nach [24]).

werte, Überprüfung eingeleiteter Korrekturmaßnahmen oder auch durch eine erneute Gefahrenanalyse, eine Neubewertung der Gefährdungen auf Basis neuer Erkenntnisse und Erfahrungen erfolgen. Produkt- und Prozessänderungen leiten automatisch eine Revision des Systems ein. Daraus kann auch eine Änderung der Vorgabedokumentation resultieren. Und genau hier greift dann die Norm, dass nämlich auch diese geänderte Dokumentation wieder geprüft, genehmigt und freigegeben werden muss. Auch müssen die veralteten Dokumente dabei eingezogen werden.

5.2.2
Qualifizierung nach GMP-Regelungen

Was für die Apotheke Jahrhunderte lang mit „Lege artis" umschrieben wurde, wird in neuer Zeit für den Industriebetrieb mit „GMP" bezeichnet. Dieser im internationalen Sprachgebrauch für Good Manufacturing Practice stehende Begriff könnte in freier Übersetzung als Abkürzung für „Gute Manieren beim Produzieren" verstanden werden [25]. Ansonsten wird er allgemein als „Gute Herstellungspraxis" übersetzt. Es ist das Verdienst der WHO (World Health Organisation), erstmals 1968 offiziell GMP unter dem Titel „Draft Requirements for Good Manufacturing and Quality Control of Drugs and Pharmaceutical Specialities" in das pharmazeutische Vokabular aufgenommen zu haben. Kurze Zeit später wurden entsprechende Richtlinien in den USA (1971) und in den EFTA-Staaten (1972) veröffentlicht. Eine Kernaussage ist die Feststellung, dass nur über eine Verknüpfung der einzelnen Herstellungs- und Prüfschritte das Risiko einer Fehlproduktion gemindert und Arzneimittelqualität gesichert werden kann. Deshalb wurde in [3] festgelegt, dass alle Hersteller eine wirksame Qualitätssicherung der Herstellungsvorgänge gewährleisten und folglich ein pharmazeutisches Qualitätssicherungssystem einführen und betreiben müssen. Die Beauftragten der zuständigen Behörden sollten in einem Bericht festhalten, ob sich der Hersteller an die Regeln der Guten Herstellungspraxis hält. Die Grundsätze und Leitlinien der Guten Herstellungspraxis sollen sich hauptsächlich mit dem Personal, den Räumlichkeiten und der Ausrüstung, der Dokumentation, der Produktion, der Qualitätskontrolle, der Auftragserstellung, den Beanstandungen und dem Produktrückruf sowie den Selbstinspektionen befassen. Dabei wird ausgeführt, dass Räumlichkeiten und Ausrüstung, die hinsichtlich der Produktqualität für kritische Herstellungsvorgänge bestimmt sind, auf ihrer Eignung überprüft werden, d. h. einer Qualifizierung unterzogen werden müssen. Der später zu definierende Begriff „Validierung" wird deshalb manchmal um das Konzept der Qualifizierung erweitert.

5.2.2.1 Grundanforderungen an GMP

Es ist wichtig zu wissen, dass GMP nicht im Detail durch Vorschriften geregelt ist, sondern nur grundlegende Anforderungen erfüllen muss. Daher ist jeder Betrieb relativ frei, in welcher Weise er seine eigenen Regeln erstellt. Sie müssen allerdings stichhaltig und logisch aufgebaut sowie lückenlos dokumentiert sein. Die grundlegenden Anforderungen der Guten Herstellungspraxis sind folgende:

- Alle Herstellungsvorgänge sind klar zu definieren, unter Einbeziehung der vorliegenden Erfahrungen systematisch zu überprüfen und müssen nachweislich geeignet sein, gleichbleibend Arzneimittel hervorzubringen, welche die erforderliche Qualität aufweisen und ihren Spezifikationen entsprechen.
- Kritische Herstellungsschritte und wesentliche Prozessänderungen sind zu validieren.
- Alle für die Gute Herstellungspraxis erforderlichen Voraussetzungen sind zu erfüllen. Dazu zählen insbesondere:
  - angemessen qualifiziertes und geschultes Personal,
  - geeignete, ausreichend große Räumlichkeiten,
  - geeignete Ausrüstungen und Versorgungseinrichtungen,
  - einwandfreie Materialien, Behältnisse und Etiketten,
  - genehmigte Verfahrensbeschreibungen und Anweisungen,
  - geeignete Lagerung und sachgemäßer Transport.

Anweisungen und Verfahrensbeschreibungen sind als Vorschriften in klarer und eindeutiger Sprache schriftlich abzufassen und gelten speziell für die vorhandenen Anlagen. Das Personal ist in der ordnungsgemäßen Ausführung der Verfahren zu schulen. Während der Herstellung werden manuell und/oder mit

Aufzeichnungsgeräten Protokolle erstellt, aus denen hervorgeht, dass alle nach den festgelegten Verfahren und Anweisungen erforderlichen Schritte tatsächlich durchgeführt wurden und die erhaltene Menge und Qualität des Produktes den Erwartungen entsprach. Alle wesentlichen Abweichungen werden vollständig aufgezeichnet und untersucht. Herstellungsprotokolle einschließlich Aufzeichnungen über den Vertrieb, anhand derer sich die vollständige Geschichte einer Charge zurückverfolgen lässt, werden in zugänglicher und verständlicher Form aufbewahrt. Der Vertrieb der Produkte im Großhandel hat so zu erfolgen, dass jedes Qualitätsrisiko minimiert wird. Es muss ein System bestehen, mit dem jede Produktcharge von der Auslieferung dem Verkauf zurückgerufen werden kann. Beanstandungen von im Handel befindlichen Produkten werden überprüft, die Ursachen von Qualitätsmängeln untersucht, geeignete Maßnahmen bezüglich der fehlerhaften Produkte ergriffen und Vorkehrungen getroffen, um ein Wiederauftreten der Fehler zu verhindern.

5.2.2.2 Grundlegendes Konzept der Qualifizierung

Obwohl generell als technisches Konzept anwendbar, ist die Qualifizierung ein typisches Werkzeug des Apparatebaues für die Pharmaindustrie. Qualifizierung heißt zunächst „sich eignen", „sich als geeignet erweisen" oder „eine Qualifikation erwerben". Im Rahmen von GMP definiert der EU-Leitfaden zur cGMP for Medical Products [26] die Qualifizierung als: *„Action of providing that any equipment works correctly and actually leads to expected results"*.

Dies bedeutet, dass unter Qualifizierung die Beweisführung verstanden wird, dass Ausrüstungsgegenstände einwandfrei arbeiten und tatsächlich zu den erwarteten Ergebnissen führen. Darüber ist ein dokumentierter Nachweis zu führen. Somit ist Qualifizierung als ein wesentliches Element von GMP zu betrachten, das speziell auf Anlagen, Apparate und Bauteile, d. h. die „Prozess-Hardware", bezogen ist. Sie umfasst z. B. die prozessangepasste Auslegung von Apparaten für eine sichere Produktion sowie das Feststellen von Grenzen und Grenzwerten für den Betrieb. Im Bereich reinigungsgerechter Gestaltung sind damit ganz entscheidend auch Hygieneanforderungen verbunden, obwohl gerade der letzte Punkt wegen fehlender konkreter Vorgaben häufig vernachlässigt wird.

Da die Qualifizierung in den vergangenen Jahren zu einem beachtlichen Kostenaufwand in der Pharmaindustrie führte, sind Bestrebungen zu erkennen, diesen Bereich transparenter zu machen sowie in verschiedener Weise zu differenzieren bzw. zu vereinfachen. Dabei wird in einer Initiative von ISPE [27] der regulatorisch festgelegten GMP der im Apparatebau bei Herstellern von Anlagen und Komponenten allgemein übliche Begriff der Good Engineering Practice (GEP) zur Seite gestellt. ISPE unterscheidet dabei zwischen technischen Systemen, die nur der GEP zuzuordnen sind und solchen, die entweder ganz oder in Teilen auch der GMP unterworfen sind. Im Pharmabereich wird unter GEP im Wesentlichen ein gutes, angepasstes Auftragsmanagement sowie nachvollziehbare und den Anforderungen entsprechende Engineeringleistungen verstanden. Sie stützt sich auf eingeführte Methoden nach dem Stand der Technik. Bei unkritischen Systemen, die nur der GEP unterworfen sind, kann deutlich einfacher und damit kostengünstiger verfahren werden, während nur für kritische Systeme, bei denen Anlagen, Anlagenteile, Systeme oder Subsysteme die Qualität des Pharmaproduktes beeinflussen, eine detaillierte Qualifizierung durchzuführen ist.

5.2.2.3 **Risikoanalyse**

Als Schlüssel zur Unterscheidung zwischen GEP und Qualifizierung wird die Risikoanalyse betrachtet. Verfolgt man die Kriterien für einen Teil eines technischen Systems (Abb. 5.6), so kommt man zu der Entscheidung, ob der Bereich nur der GEP unterworfen wird oder qualifiziert werden muss. In diesem Zusammenhang stellt die Risikoanalyse ein Instrument dar, das zur Ermittlung des Einflusses von Anlagen und Apparaten auf die Produktqualität dient. Sie liefert eine strukturierte Vorgehensweise, mit der die verschiedenen technischen Systeme im Detail untersucht werden können. Werden sie als unkritisch erkannt, so

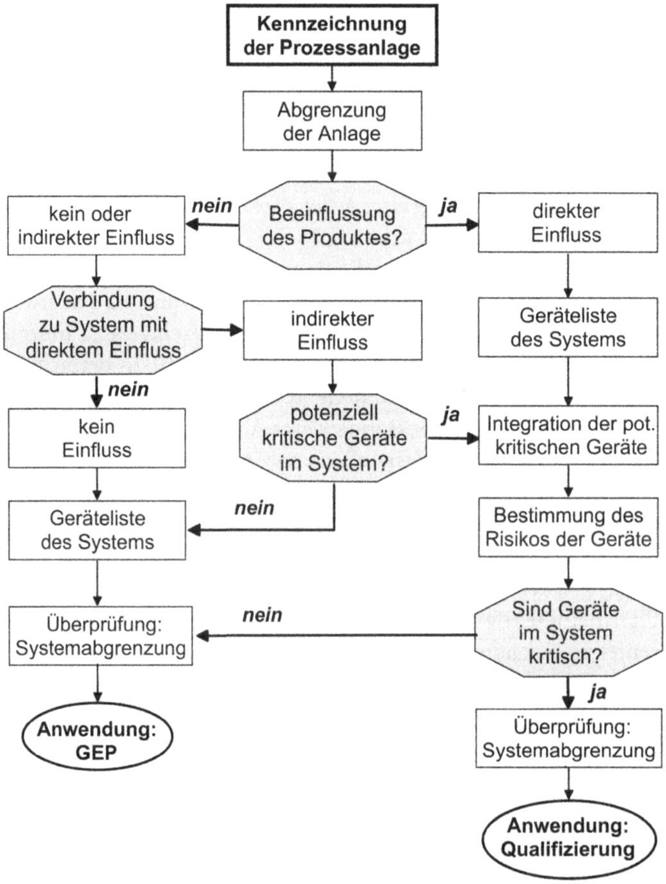

Abb. 5.6 Risikoanalyse und Kriterien zur Entscheidung für Qualifizierung oder Anwendung der Guten Ingenieurpraxis (GEP) für Anlagen und Geräte zur Herstellung von Produkten im GMP-Bereich.

kann auf die umfangreiche Qualifizierung verzichtet werden und für das Engineering nach Anforderungen von GEP vorgegangen werden. Auch wenn nicht in gleicher Weise wie bei GMP eine strenge Inspektion erfolgt, müssen bestimmte Qualitätsanforderungen eingehalten werden. Die darauf basierenden Abläufe sollten beim Lieferanten überprüft werden. Nur so können Engineeringleistungen sichergestellt werden, die den qualitativen Anforderungen gerecht werden. Da Abläufe und Entscheidungen anhand dieser Verfahren transparenter und damit schneller nachvollzogen werden können, wird sich dies im Lebenszyklus der Anlage bemerkbar machen (Abb. 5.7 und 5.8).

Mithilfe der GMP-Risikobetrachtung nach der Fehlermöglichkeits- und Einflussanalyse (FMEA-Methode) kann aufgrund eines weiter greifenden Ansatzes eine Differenzierung zwischen kritischen und unkritischen Systemen erfolgen. Seit etwa 25 Jahren wird die FMEA erfolgreich z. B. in der Luftfahrt-, Automobil- und Elektronikindustrie eingesetzt, wobei erhebliche Qualitätsverbesserungen erzielt wurden. Dabei wird ein System detailliert daraufhin untersucht, ob es nach Beendigung der Konstruktionsphase allen GMP-Anforderungen entspricht.

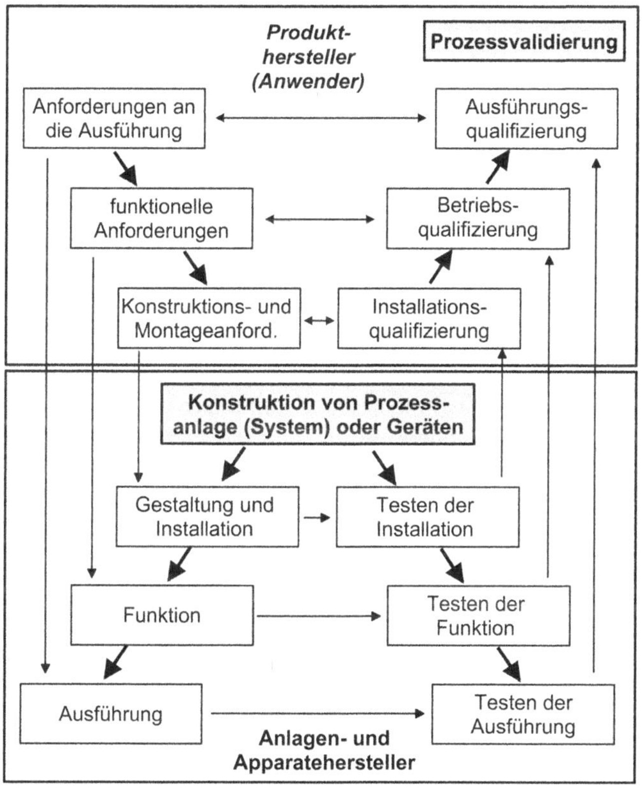

Abb. 5.7 Vorgehen bei der Herstellung von Apparaten und Geräten im Rahmen einer Qualifizierung nach GMP.

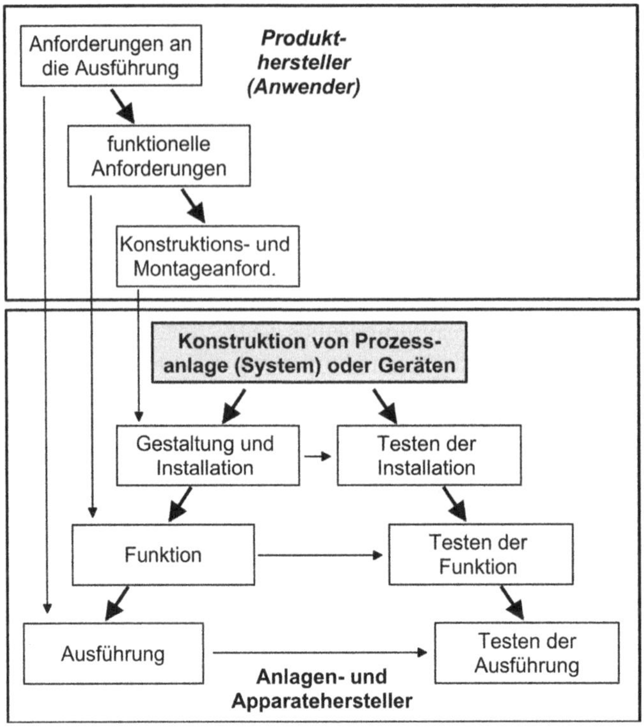

Abb. 5.8 Anforderungen und Vorgehensweise bei der Entwicklung und Herstellung von Apparaten und Geräten nach der Guten Ingenieurpraxis.

Die GMP-Aspekte werden mit Risikokennziffern bewertet, aufgrund derer eine Maßnahmenliste erstellt werden kann, die eine Reihenfolge zur Beseitigung der Risiken ergibt (Abb. 5.9). Hilfsmittel für die GMP-FMEA ist ein Formblatt, in das die Ergebnisse, getroffene Maßnahmen, Risikokennziffern usw. eingetragen werden. Das Ergebnis zeigt insbesondere auf,

- welche Prüfungen im Rahmen der Qualifizierung durchzuführen sind,
- welche GMP-Risiken an dem untersuchten technischen System am größten sind und
- ob das betrachtete technische System von Konstruktion und Konzept her noch geändert werden sollte, um potenzielle GMP-Risiken zu reduzieren.

Mit diesen Aussagen wird die Erstellung von Qualifizierungsplänen deutlich beschleunigt, da die Prüfungen aus der FMEA abgeleitet werden können. Des Weiteren können später auftretende GMP-Probleme frühzeitig erkannt werden und so auftretende Änderungskosten vermieden werden. Die GMP-FMEA ist gut zu standardisieren, da sich die GMP-Anforderungen regulatorischer Art sowie nach Stand der Technik aus entsprechenden Dokumenten ableiten lassen. Aufgrund der Möglichkeiten zur Standardisierung lässt sich der Aufwand in

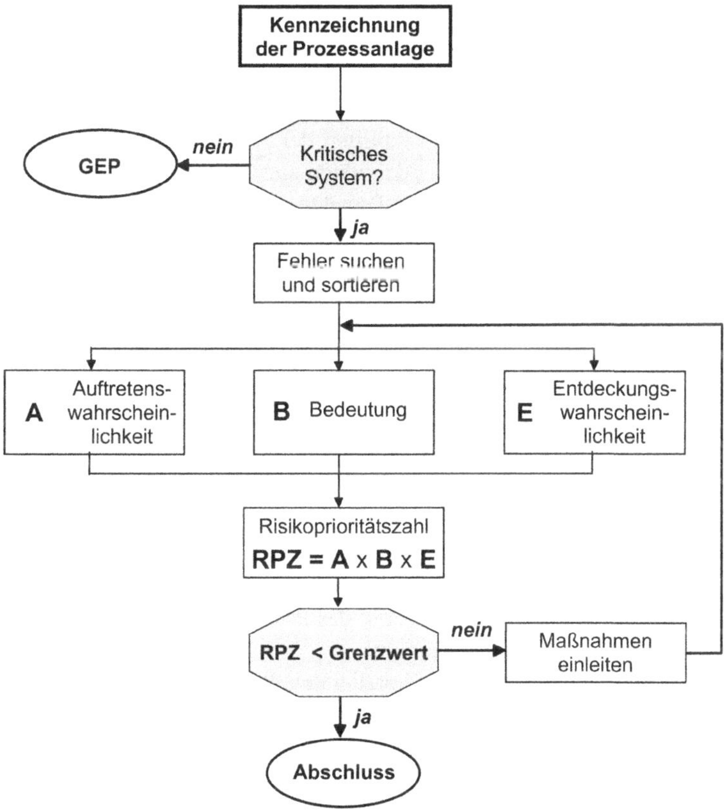

Abb. 5.9 Bewertung einer kritischen Anlage durch Risikofaktoren.

den Arbeitsgruppen im Wesentlichen auf die Bewertung reduzieren, sodass die Effizienz erheblich steigt.

5.2.2.4 **Schritte der Qualifizierung**

Bezüglich der Gestaltung und Ausführung von Apparaten und Geräten werden nach GMP (EU, FDA) bestimmte Kontrollen verlangt. Diese beinhalten, dass jeder Hersteller Vorgehensweisen einzuführen hat, nach denen die Eignung der Gestaltung von Geräten verifiziert oder bestätigt wird. Dies soll sicherstellen, dass der fertige Apparat mit den geforderten und dokumentierten Vorgaben übereinstimmt. Im Wesentlichen heißt das, dass er für die Herstellung des speziellen Produktes geeignet ist und dass keine Fremdstoffe auf das Produkt übergehen können. Das Resultat einschließlich Identifikation, Methode, Datum und Person, welche die Verifizierung durchgeführt hat, muss in dem Design History File (DHF) dokumentiert werden.

Der prinzipielle Ablauf einer Qualifikation umfasst die Abschnitte: Planung, Spezifikation mit Bestellung, Lieferung, Installation sowie Produktion und Stilllegung [28].

Die Planung regelt den groben zeitlichen Verlauf der Qualifizierung für das beschlossene Projekt. Sie kann als eine vorweggenommene, in die Zukunft gerichtete Denkeinheit bezeichnet werden, die in Zusammenhang mit einem Mastervalidierungsplan (MVP) bzw. Validierungsplan (VP) den groben zeitlichen Verlauf der Qualifizierung vorgibt. Im Rahmen der Planung, die vom Groben zum Detail fortschreitet, beginnen die Aktivitäten zur Qualifizierung, die unter anderem die weitere Kostenstruktur des Projektes entscheiden. Während der Planung entdeckte Fehler sind meist mit geringem Aufwand zu korrigieren. In der Planungsphase werden vom Betreiber ein Lasten- und ein Pflichtenheft erstellt. Das Lastenheft beschreibt die Erwartungen an das System und enthält die Beschreibung des Prozesses sowie dessen Funktionalität in der Reihenfolge der Wichtigkeit. Das Pflichtenheft, dessen Grundlage das Lastenheft ist, richtet sich an den Hersteller der Anlage und gibt die Anforderungen an das System wieder. Es beinhaltet überprüfbare Anforderungen an Mechanik, Elektrik/Pneumatik, Software usw., gibt erforderliche Leistungsdaten an und stellt GMP-relevante Gesichtspunkte wie z. B. Hygienic Design der Anlage zusammen. In Zusammenhang mit Lasten- und Pflichtenheft wird eine Risikoanalyse oder Qualification Need Analysis (QNA) durchgeführt. In der Planungsphase werden außerdem der Mastervalidierungsplan und der Qualifizierungsplan aufgestellt.

Im Bereich der Spezifikation wird anhand des Pflichtenheftes die Ausschreibung für das gewünschte Projekt vorgenommen. Nach Auswahl der Lieferanten und erfolgter Bestellung werden vom Hersteller detailliert die einzelnen Abläufe und Zusammenhänge des Systems beschrieben. Danach wird die Funktionsbeschreibung verfeinert und genehmigt. Sie dient als Grundlage für die technische Spezifikation und legt die technische sowie hygienerelevante Ausführung der einzelnen Systemkomponenten fest. Vor dem Liefertermin wird eine Maschinenabnahme beim Lieferanten durchgeführt. Anschließend erfolgt die Installation der Anlage.

Den einzelnen Vorgängen der Spezifikation sind entsprechende Qualifikationsprüfungen zugeordnet, wie sie in Abb. 5.10 dargestellt sind. Das prinzipielle Vorgehen bei den einzelnen Qualifikationstätigkeiten erfolgt nach dem genehmigten Qualifikationsplan mit vorher festgelegten Annahmen (Akzeptanzkriterien) oder erwartetem Ergebnis, einem Test und einem Bericht. Die Genehmigung der Pläne und Berichte erfolgt durch den Autor der Dokumente, den Qualifizierungsleiter, die Ingenieurabteilung, die Qualitätssicherung, den Herstellungsleiter und Prozessleiter. Die im Test entdeckten Mängel werden in GMP-kritische und GMP-unkritische unterteilt. Kritische Mängel müssen sofort behoben werden, spätestens bevor mit dem nächsten Qualifizierungsschritt begonnen wird. Unkritische Mängel können in einem Nachtragsbericht dokumentiert werden. Wurden die vorher festgelegten Akzeptanzkriterien aufgrund falscher Annahmen (Testfallfehler) zu hoch angesetzt, so ist die Sachlage zu erklären und zu dokumentieren. Mit der nächsten Qualifizierungsphase kann erst begonnen werden, wenn der Bericht der vorherigen Phase abgeschlossen und genehmigt wurde. Dadurch wird gewährleistet, dass die Ergebnisse überprüfbar und die benötigten Dokumente vorhanden sind.

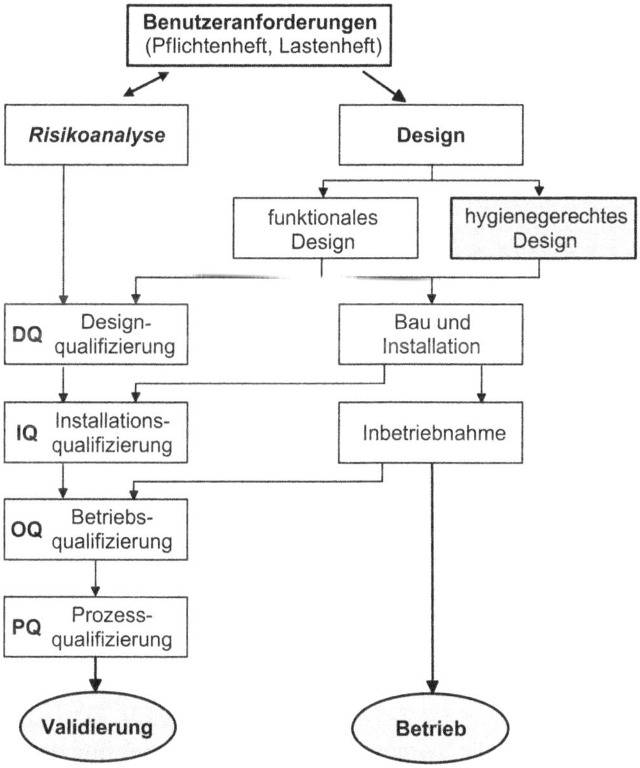

Abb. 5.10 Risikoanalyse und konstruktive Gestaltung im Rahmen von Benutzervorgaben und -anforderungen.

Designqualifizierung

Die Designqualifizierung (Design Qualification, DQ) beinhaltet alle Qualifizierungsebenen vom Anfang der Planung über die Erstellung der Ausführungsunterlagen bis vor Beginn der Installation. Es werden alle wichtigen Projektunterlagen wie Spezifikationen, Grundrisspläne, und Auftragsbestätigungen als Schlüsseldokumente auf GMP-Anforderungen und Betreiberanforderungen hin überprüft und bei der Gestaltung der Anlage berücksichtigt. Zudem muss die ständig wechselnde Gesetzeslage wie Umweltschutz und Stand der Technik einbezogen werden. Die DQ ist der dokumentierte Nachweis, dass cGMP-Anforderungen beim Design von Systemen berücksichtigt sind und die spezifischen Anforderungen der Pharmaindustrie in die Gestaltung eingeflossen sind. Dabei ist festzustellen, dass Fragen der *hygienegerechten Konstruktion* in diesem Zusammenhang mit im Vordergrund stehen sollten, was in den GMP-Vorgaben nicht zum Ausdruck kommt und bei der Projektierung deshalb häufig keine Berücksichtigung findet. Das Wesentliche der Designqualifizierung ist die Freigabe der Schlüsseldokumente nach cGMP-Anforderungen. Durch die Prüfung der Planungsdokumente können notwendige Anforderungen noch kostengünstig einfließen und Missverständnisse durch Fehlinterpretationen vermieden werden. Aus diesen Gründen ist es wichtig, die Schlüsseldokumente der Planungsunterlagen vor der Ausführung formal freizugeben.

Installationsqualifizierung

Die Installationsqualifizierung (Installation Qualification, IQ) ist die nächste Stufe der Qualifikation. Ihre Aufgabe ist die Überprüfung der korrekten Installation, wie z. B. von Medienanschlüssen, elektrischen Anschlüssen, Rohrleitungsverlegungen und Anzeigegeräten. Außerdem sind Überprüfungen der sicherheitstechnischen Einrichtungen wie Sicherheitsschalter, Maschinenummantelungen und Kalibrierung von qualitätsrelevanten Messstellen vorzunehmen. Die IQ realisiert den dokumentierten Nachweis, dass alle Systeme gemäß den Planungsdokumenten korrekt installiert wurden. Sie umfasst neben der Überprüfung des technisch korrekten Einbaues und der Funktion auch die Überprüfung der GMP-Forderungen. Dies beinhaltet z. B. die Existenz von Materialzertifikaten, Modellbeschreibungen kritischer Geräte, Reinigungen vor der Inbetriebnahme und Kalibrierungsberichten von Mess- und Anzeigegeräten. Auch in dieser Phase wäre die Integration von Hygienic Design im Hinblick auf leichte Reinigung in Zusammenhang mit sicherem Reinigungsergebnis eine wichtige Anforderung.

Betriebsqualifizierung

Bei der Betriebsqualifizierung (Operational Qualification OQ) erfolgt der Nachweis für sämtliche festgelegten Funktionsweisen der Systeme. Das Ziel der OQ ist der dokumentierte Nachweis, dass alle Systeme spezifikationskonform funktionieren. Die OQ beinhaltet die Überprüfung der spezifikationsgemäßen Funktion und Leistung eines Systems im Rahmen des Routinebetriebes. Die erfolgreich ausgeführten Tests zeigen, dass die Funktion der Anlage und Einrichtung in der richtigen Sequenz sicher und reproduzierbar innerhalb ihres spezifizierten Arbeitsbereiches durchgeführt werden können. Die Funktionskontrollen können durch Testläufe mit Placebosubstanzen oder einem Produkt, das nicht in den Handel gebracht wird, durchgeführt werden.

Prozessqualifizierung

Die Prozess Qualifizierung (Process Qualification, PQ) stellt den Abschluss der Qualifikation dar. Sie muss den Nachweis erbringen, dass das System gleichbleibend und reproduzierbar innerhalb der vorgegebenen Leistungsgrenzen arbeitet und unter normalen Arbeitsbedingungen eine reproduzierbare Produktqualität liefert. Das Ziel der PQ ist der dokumentierte Nachweis, dass Systeme gleichbleibend und reproduzierbar innerhalb der vorgegebenen Grenzen funktionieren und eine unter normalen Arbeitsbedingungen reproduzierbare Produktqualität liefern. Die Bezeichnung PQ wurde auch als Performance Qualification bezeichnet, wobei sich in letzter Zeit der Begriff Process Qualification immer mehr durchsetzt. Die PQ stellt die Schnittstelle zwischen der Anlagenqualifizierung und der Verfahrensqualifizierung (Prozessvalidierung) dar. Sie beinhaltet die Funktions- und Leistungsprüfung eines Systems unter extremen Bedingungen zur Ermittlung des Einsatzbereiches, der Festlegung von Grenzwerten für Betriebsparameter und der Festlegung von produktionsspezifischen Einstellgrößen. Häufig werden diese Prüfungen mit den tatsächlichen Produkten ausgeführt.

Die bereits vorhandenen Linien müssen ebenfalls einer Qualifizierung unterzogen werden, die als Retrospektive Qualifizierung bezeichnet wird. Sie beginnt bei der Installationsqualifizierung, durchläuft dann die Betriebsqualifizierung und endet schließlich bei der Prozessqualifizierung.

5.2.2.5 Anforderungen an Geräte

Die Anforderungen an Anlagen, Apparate und Komponenten, im Allgemeinen als Geräte bezeichnet, werden im GMP-Bereich immer von der Warte des Produktes und seiner Qualität aus betrachtet. In diesem Zusammenhang ist es in erster Linie wichtig, dass das herzustellende Produkt durch die eingesetzten Geräte nicht beeinflusst oder kontaminiert wird. Zu diesem Zweck werden allgemeine Vorgaben gemacht, die auch die Reinigung umfassen. Dass bereits im Vorfeld durch *hygienegerechte Gestaltung* von Geräten eine wesentliche Voraussetzung für die angesprochenen Ziele erfüllt werden kann, wird nicht konkret berücksichtigt, wie es z. B. in der Maschinenrichtlinie für Nahrungsmittel geschieht. Daher werden im Allgemeinen in dieser Hinsicht auch keine konstruktiven Anforderungen an Geräte gestellt. Sie können lediglich den generellen Formulierungen der GMP-Leitlinien entnommen werden. Im Folgenden soll daher ein Überblick über diese Anforderungen gegeben werden.

Die Untergruppe D der GMP-Richtlinie [3] über Geräte enthält als erstes die Aussage, dass Apparate zur Herstellung, Verpackung und Aufbewahrung von Pharmaprodukten geeignet gestaltet, hinreichend in der Größe und passend aufgestellt sein müssen, um die Arbeitsweise für den beabsichtigten Gebrauch sowie für die Reinigung und Wartung zu erleichtern. Die Apparate müssen so gestaltet sein, dass produktberührte Flächen weder reaktiv noch absorptiv sein dürfen, sodass Sicherheit, Qualität oder Reinheit der Produkte nicht über die festgelegten oder eingeführten Anforderungen hinaus beeinflusst werden. Hilfssubstanzen, die für den Betrieb benötigt werden, wie Schmier- oder Kühlmittel, dürfen nicht mit Komponenten, Produkten, Produktbehältern, Verschlüssen oder in Geräten verwendeten produktberührten Materialien in Kontakt kommen, sodass die Eigenschaften der Produkte über das oben erwähnte Maß hinaus verändert werden.

Apparate und Geräte sollen in geeigneten Intervallen gereinigt, gewartet und desinfiziert werden, um Fehlfunktionen und Kontaminationen zu vermeiden, die eine Veränderung des Produktes zur Folge haben. Schriftlich abgefasste Vorgehensweisen sind für Reinigung und Wartung festzulegen, die Folgendes enthalten sollen:

- die rechtlich relevante Zuständigkeit für Reinigung und Wartung, Wartungs-, Reinigungs- und eventuell Desinfektionszeitpläne;
- eine detaillierte Beschreibung der Methoden, Materialien und Gegenstände, die bei der Reinigung und Wartung verwendet werden;

- eine Beschreibung der Methoden zur Demontage und Montage von Geräten, wenn dies zur Reinigung erforderlich ist;
- die Entfernung oder Vernichtung vorhergehender Chargenreste;
- den Schutz gereinigter Apparate vor Kontamination vor erneutem Gebrauch und vor Inspektion der Reinheit von Apparaten unmittelbar vor Verwendung.

Die Niederschriften über Wartung, Reinigung, Desinfektion und Inspektion müssen entsprechend aufbewahrt werden.

Automatische, mechanische oder elektronische Geräte oder andere Apparatearten einschließlich Computern oder ähnlichen Geräten dürfen bei der Herstellung, Verarbeitung, Verpackung oder Aufbewahrung von Arzneimitteln verwendet werden. Sie müssen jedoch routinemäßig kalibriert, inspiziert oder überprüft werden, wobei ein geschriebenes Programm vorhanden sein muss, um ordnungsgemäßes Betriebsverhalten zu sichern. Die Kalibrierungsergebnisse und Inspektionen müssen dokumentiert werden.

Bei Computern oder ähnlichen Geräten müssen ausreichende Kontrollen sicherstellen, dass Veränderungen nur von autorisiertem Personal durchgeführt werden können.

Filter für Flüssigkeiten bei Herstellung, Verarbeitung oder Verpackung von Injektionsmitteln für den menschlichen Gebrauch dürfen keine Fasern in diese Produkte abgeben. Faserabgebende Filter dürfen für solche Arzneien nicht benutzt werden, außer es gibt keine Möglichkeit die Produkte ohne solche Filter herzustellen. Wenn solche Filter notwendig sind, muss ein zusätzlicher Filter mit 0,22 µm maximaler mittlerer Porosität verwendet werden, der keine Fasern abgibt.

Für jeden Apparate- und Gerätetyp muss der Hersteller eine Akte (DHF) erstellen und weiterführen, die nachweisen muss, dass die Bauweise in Übereinstimmung mit dem genehmigten Gestaltungsplan und den Anforderungen dieses Teiles steht. Weiterhin sind Überprüfung und Bewertung der Aufstellung von Apparaten, Unterlagen über die Qualifizierung von Betrieb und Betriebsverhalten sowie Bewertung der Testmethoden für die Validierung erforderlich.

Nach [3] sollte die Herstellungsausrüstung so ausgelegt, angeordnet und gewartet werden, dass sie für den vorgesehenen Zweck geeignet ist. Reparatur- und Wartungsarbeiten dürfen die Qualität der Produkte nicht gefährden. Die Herstellungsausrüstung sollte so konstruiert sein, dass sie sich leicht und gründlich reinigen lässt. Sie sollte nach detaillierten, schriftlichen Verfahren gereinigt und nur sauber und trocken aufbewahrt werden. Die zum Waschen und Reinigen verwendete Ausrüstung sollte so gewählt und eingesetzt werden, dass sie selbst keine Quelle der Verunreinigung darstellt. Die Ausrüstung sollte so installiert sein, dass keine Gefahr eines Fehlers oder einer Verunreinigung besteht.

Die für die Produktion verwendete Ausrüstung sollte für die Produkte kein Risiko darstellen. Kein mit dem Produkt in Berührung kommendes Ausrüstungsteil darf mit diesem so in Wechselwirkung treten, dass die Produktqualität beeinträchtigt wird und damit ein Risiko entsteht.

Für Produktions- und Kontrollzwecke sollten im geeigneten Wäge- und Messbereich und mit der erforderlichen Genauigkeit arbeitende Waagen und Messgeräte zur Verfügung stehen. Die Mess-, Wäge-, Aufzeichnungs- und Kontrollausrüstung sollte kalibriert sein und in bestimmten Abständen mit geeigneten Methoden überprüft werden. Aufzeichnungen hierüber sollten aufbewahrt werden.

Fest installierte Rohrleitungen sollten deutlich mit der Angabe des Inhaltes und ggf. der Fließrichtung gekennzeichnet sein.

Leitungen für destilliertes und demineralisiertes Wasser und ggf. andere Wasserleitungen sollten nach schriftlich festgelegten Verfahren desinfiziert werden, die genaue Angaben über die akzeptable mikrobiologische Verunreinigung und die bei Überschreitung der Grenzwerte zu treffenden Maßnahmen enthalten.

Schadhafte Ausrüstung sollte, wenn möglich, aus Produktions- und Qualitätskontrollbereichen entfernt oder zumindest deutlich als schadhaft gekennzeichnet werden.

5.2.2.6 **Anforderungen an Räumlichkeiten**

Räume werden in Zusammenhang mit der Herstellung von Pharmaprodukten in die GMP-Anforderungen ausführlich aus der Warte der Produktion behandelt, da jegliches Kontaminationsrisiko des Produktes vermieden werden muss. Bei den häufig zumindest teilweise offenen Prozessen kann von der Umgebung die Gefahr von Kontaminationen oder anderen qualitätsbeeinflussenden Faktoren ausgehen.

Für die Europäische Union werden allgemeine Anforderungen an Hygienic Design für Räumlichkeiten im GMP-Leitfaden der EU [3] definiert. Die Voraussetzungen umfassen dabei, dass Räumlichkeiten so gelegen sein sollten, dass das umgebungsbedingte Kontaminationsrisiko für Material oder Produkte unter Berücksichtigung der Schutzmaßnahmen bei der Herstellung minimal ist. Sie sollten sorgfältig instandgehalten werden. Reparatur- und Wartungsarbeiten sollten keine Gefahr für die Qualität der Produkte darstellen. Die Räumlichkeiten sollten nach detaillierten, schriftlich festgelegten Verfahren gereinigt und, falls notwendig, desinfiziert werden. Beleuchtung, Temperatur, Feuchtigkeit und Belüftung sollten geeignet und so beschaffen sein, dass sie weder direkt noch indirekt die Arzneimittel während der Herstellung und Lagerung oder das einwandfreie Funktionieren der Ausrüstung nachteilig beeinflussen. Sie sollten so ausgelegt und ausgestattet sein, dass der größtmögliche Schutz gegen das Eindringen von Insekten oder anderen Tieren gewährleistet ist. Es sollten Vorkehrungen getroffen werden, um Unbefugten den Zutritt zu verwehren. Produktions-, Lagerungs- und Qualitätskontrollbereiche sollten von Personal, das dort nicht arbeitet, nicht als Durchgang benutzt werden.

Um das Risiko einer ernsten Gesundheitsschädigung durch Kreuzkontamination zu minimieren, müssen für die Produktion besonderer Arzneimittel, wie hochsensibilisierender Stoffe oder Zubereitungen (z. B. Penicilline) oder biologischer Präparate (z. B. aus lebenden Mikroorganismen) besondere, in sich geschlossene Räume zur Verfügung stehen. Die Produktion weiterer Produkte, wie bestimmter Antibiotika, Hormone, Zytostatika, hochwirksamer Arzneimittel sowie von Erzeugnissen, die keine Arzneimittel sind, sollte ebenfalls in besonderen Räumen erfolgen. Für diese Produkte kann jedoch in Ausnahmefällen das

Prinzip der Produktion in Kampagnen unter der Voraussetzung akzeptiert werden, dass spezielle Vorsichtsmaßnahmen getroffen werden und die notwendigen Validierungen durchgeführt sind. Die Herstellung technischer Gifte, wie Pestizide und Herbizide, sollte in Räumlichkeiten, die zur Herstellung von Arzneimitteln benutzt werden, nicht erlaubt sein.

Die Räumlichkeiten sollten so angeordnet sein, dass die Produktion in logisch aufeinanderfolgenden Schritten erfolgen kann, entsprechend der Reihenfolge der Arbeitsgänge und den Reinheitsklassen. Ausreichend große Arbeits- und Lagerflächen im Produktionsbereich sollten die ordnungsgemäße und folgerichtige Aufstellung der Ausrüstung und Bereitstellung oder Aufbewahrung von Materialien ermöglichen, um das Risiko von Verwechslungen verschiedener Arzneimittel oder ihrer Bestandteile zu minimieren, Kreuzkontamination zu vermeiden und um die Gefahr, einen Produktions- oder Kontrollschritt auszulassen oder falsch anzuwenden, zu verringern. Die Räumlichkeiten, in denen Arzneimittel verpackt werden, sollten so ausgelegt und gestaltet sein, dass Kreuzkontaminationen vermieden werden.

Im Bereich der USA werden Anforderungen an Räumlichkeiten von FDA behandelt. Angaben über die hygienegerechte Gestaltung werden praktisch nicht gemacht. Im Wesentlichen wird ausgeführt, dass Räumlichkeiten und Ausrüstung so angeordnet, ausgelegt, ausgeführt, nachgerüstet und instandgehalten werden müssen, dass sie sich für die beabsichtigten Zwecke eignen. Sie müssen so ausgelegt, gestaltet und genutzt werden, dass das Risiko von Fehlern minimal und eine gründliche Reinigung und Wartung möglich ist, um Verunreinigungen, Kreuzkontamination und ganz allgemein jeden die Qualität des Produktes beeinträchtigenden Effekt zu vermeiden. Räumlichkeiten und Ausrüstung, die für hinsichtlich der Produktqualität kritische Herstellungsvorgänge bestimmt sind, müssen auf ihre Eignung überprüft werden (s. Abschnitt 5.2.2.4 „Qualifizierung").

5.3
Validierung

Validierung bedeutet zunächst im direkten Sinne des Wortes „gültig bzw. rechtsgültig machen". Im EU-Leitfaden zur cGMP for Medical Products wird die Validierung als: „*Action of providing, in accordance with the principles of Good Manufacturing Practices, that any procedure, process, equipment, material, activity or system actually leads to the expected results*" bezeichnet. Sie stellt damit eine dokumentierte Beweisführung in Übereinstimmung mit den Grundsätzen von GMP dar, dass alle möglichen Verfahren, Prozesse, Ausrüstungsgegenstände, Materialien, Arbeitsgänge oder Systeme tatsächlich zu den erwarteten Ergebnissen führen. In ähnlicher Weise wird Prozessvalidierung von FDA in der „Guideline on General Principles of Process Validation" [29] als: „*Establishing documented evidence which provides a high degree of assurance that a specific process will consistently produce a product meeting its predetermined specifications and quality attributes*" definiert.

Validierung und Abnahme durch die FDA betrachten danach in erster Linie die Produktqualität und nicht den Apparat oder die Produktionsanlage selbst. Danach soll ein dokumentierter Nachweis geführt werden, dass ein bestimmter Prozess mit durchwegs hoher Sicherheit ein Produkt liefert, welches festgelegten Spezifikationen und Qualitätseigenschaften entspricht. Für den Apparate und Anlagenbauer bedeutet dies, dass er keinen fertig validierten Apparat liefern kann, sondern nur ein „vorvalidiertes" Paket, das nach den Anforderungen des späteren Anlagenbetreibers für die Validierung qualifiziert wurde.

5.3.1 Validierung von Apparaten

Der Validierungsnachweis ist für jeden neuen Herstellungsprozess, aber auch für jede Änderung des Prozesses oder von Anlagenteilen, die sich auf die Produktqualität auswirken können, zu erbringen. Damit ist es relativ schwierig, in eine bestehende Anlage neue, z. B. besser gestaltete, Geräte zu integrieren. Zusätzlich müssen Arbeitsgänge und Verfahren in regelmäßigen Zeitabständen kritisch revalidiert werden. Die Definitionen der EU und von FDA zeigen, dass bezüglich Validierung gleiche Auffassungen bestehen. Allerdings findet sich im Code of Federal Regulations auch folgende Definition der amerikanischen Gesundheitsbehörde für die Validierung von Geräten [30]: *„Design validation means establishing by objective evidence that device specifications conform with user needs and intended use(s)."*

Voraussetzung für die Validierung ist ein Validierungsmasterplan, der ein Konzept für eine komplette verfahrenstechnische Produktionsanlage unter der Verantwortung des Anlagenbetreibers erfasst, die meist aus mehreren Apparaten und Systemen installiert wird [31]. Der Betreiber muss deshalb bereits vor der Beschaffung in diesem Masterplan die Vorgehensweise für die Validierung festlegen, um einheitliche Anforderungen beim Einkauf der verschiedenen Apparate stellen zu können und im Ergebnis von den einzelnen Apparate- und Maschinenlieferanten möglichst einheitlich ausgeführte und strukturierte Unterlagen zu bekommen. Diese können dann zu einer übersichtlichen Dokumentation zusammengestellt werden. Ist bei der Beschaffung der Apparate noch kein Validierungsmasterplan vorhanden, so muss der Anlagenbetreiber im Nachhinein die erhaltenen Dokumente auf den später festgelegten Standard umarbeiten und hierzu fehlende Dokumente sowie nicht durchgeführte Tests von den Unterlieferanten nachfordern. In der Praxis ist dieser Qualitätsplan zur Ausführung und Vorgehensweise der Validierung jedoch häufig in der frühen Projektphase, d. h. beim Einkauf der Apparate noch nicht detailliert festgelegt. Dies resultiert meist aus der fehlenden Kenntnis, dass ein Validierungsmasterplan zur Validierung einer Anlage erforderlich ist. Meist wird daher das vom Anlagenbauer individuell vorgeschlagene Vorgehen bei der Validierung als entscheidende Richtlinie für Art und Umfang der auszuführenden Tests und Dokumentationen verwendet. Die Projektabwicklung sollte in der Praxis in enger Kooperation zwischen Anlagenbetreiber und Maschinenlieferant vorgenommen werden. In wichtigen Projektphasen wird die Projektausführung deshalb vom Anlagenbetreiher überwacht, kontrolliert und abgenommen. Nur so kann der Anlagenbetreiber der Funktion der einzelnen Apparate sowie der Gesamtanlage sicherstellen und einheitlich nachvollziehbar dokumentieren.

Die Praxis zeigt, dass viele Kunden sehr unterschiedliche Anforderungsprofile an vorvalidierte Apparate haben. Von einfachen Anforderungen, die den normalen Umfang einer Standarddokumentation mit Funktionsbeschreibung und Testprotokollen kaum übersteigt, bis hin zu Vorgaben, nach denen jede einzelne Funktion nachweisbar dokumentiert und getestet werden soll, gibt es nahezu jedes Niveau.

In der Praxis stellt sich heraus, dass eines der häufigsten Probleme in der frühen Projektphase der noch fehlende oder noch nicht genau festgelegte Validierungsmasterplan des Anlagenbetreibers ist. Für den Apparatelieferanten bedeutet dies, dass Kosten und Aufwand bei Vertragsabschluss nur schwer abschätzbar sind und sich vertraglich schwierig abschätzen lassen. Der Apparatebauer ist für diesen Fall gut beraten, wenn er ein eigenes, ausgearbeitetes Validierungskonzept präsentieren kann. Damit lassen sich die Kosten für beide Seiten realistisch angeben und vertraglich fixieren. Außerdem kann sich der spätere Betreiber bei der weiteren Ausarbeitung eines Qualitätsplans an dem Konzept des Apparateherstellers orientieren.

5.3.2
Validierung der Reinigung

Pharmazeutische Produkte und aktive pharmazeutische Inhaltsstoffe können durch andere pharmazeutische Produkte, Reinigungsmittel, Mikroorganismen oder andere Substanzen wie z. B. Partikel aus der Luft, Staub, Schmierstoffe, Rohstoffe, Hilfsmittel usw. kontaminiert werden. Außerdem werden in vielen Fällen dieselben Apparate oder Geräte für die Herstellung verschiedener Produkte benutzt. Um Kontaminationen nachfolgender Produkte zu vermeiden, sind angemessene und wirksame Reinigungsverfahren essenziell. Deshalb müssen Reinigungsabläufe streng den Methoden folgen, die vorher entwickelt wurden und dann zu validieren sind. Dies trifft sowohl für pharmazeutische Produkte wie für aktive pharmazeutische Inhaltsstoffe zu. In jedem Fall müssen Herstellungsprozesse so gestaltet und durchgeführt werden, dass die Kontamination auf ein akzeptables Niveau begrenzt wird.

5.3.2.1 Prinzipien

Die Reinigungsvalidierung stellt den dokumentierten Nachweis dar, dass ein erprobtes Reinigungsverfahren einen Zustand der Geräte und Apparate ergibt, der für die Herstellung pharmazeutischer Produkte und aktiver pharmazeutischer Inhaltsstoffe die erforderliche Sauberkeit gewährleistet. Ziel der Validierung ist die Bestätigung eines solchen Reinigungsverfahrens, sodass die analytische Überwachung während der täglichen Produktion entfallen oder verringert werden kann. Die Reinigungsvalidierung stellt damit eine wichtige Grundlage für die Sauberkeit von Prozessanlagen dar. Als Vorbedingung sollte die Anlage von ihrer Gestaltung her den Stand der Technik an Hygienic Design erfüllen, um von einer „leichten Reinigbarkeit“ ausgehen zu können. Die folgenden Ausführungen geben einen Überblick über Empfehlungen [32] zur Validierung von Reinigungsabläufen. Die angesprochenen Empfehlungen gelten zwar ursprünglich nur für pharmazeutische Produkte, können jedoch als allgemeine Prinzipien auch auf andere Bereiche entsprechend übertragen werden.

Eine effektive Reinigung soll die Entfernung von Fremdstoffen, vorher produzierten Produkten, Rückständen von Reinigungsmitteln sowie potenziellen mikrobiellen Schadstoffen sicherstellen. Als Beweis für die Wirksamkeit sowie die Validierung der Methode sollten drei Reinigungsprozesse durchgeführt und die Ergebnisse überprüft werden. Normalerweise müssen nur Reinigungsprozesse für produktberührte Oberflächen validiert werden. Nicht produktberührte Flächen sollten jedoch dann in Betracht gezogen werden, wenn Produkt dorthin gelangen kann und eine spätere Kreuzkontamination möglich wird. Beispiele dafür sind Dichtungen, Flansche, Wellen von Prozesswerkzeugen wie Rührern oder Mischern, Ventilatoren und Heizelemente, aber auch Bereiche oberhalb von Apparaten, die während der Produktion zur Umgebung offen sind. Wie weit die Grenzen zu ziehen sind, bleibt einer sorgfältig diskutierten Strategie des Betriebes vorbehalten.

Bei chargenweiser Produktion ist es nicht generell notwendig nach jeder Charge zu reinigen, wenn für zuverlässige Reinigungsverfahren entsprechende Intervalle festgelegt und geprüft wurden. Für sehr ähnliche Produkte und Prozesse müssen Reinigungsprozeduren nicht einzeln validiert werden. Es wird als akzeptabel betrachtet, eine Reihe von repräsentativen Produkten und Verfahren auszuwählen und ein Validierungsprogramm zu begründen, das die kritischen Sachverhalte anspricht und berücksichtigt. Eine einzelne Validierungsstudie kann dann unter Bedingungen des „ungünstigsten Falls“ (worst case) durchgeführt werden, wenn die relevanten Kriterien berücksichtigt werden. Dieses Verfahren wird im englischen Sprachgebrauch „bracketing“ genannt.

Rohmaterialien von verschiedenen Herstellern können unterschiedliche Eigenschaften und Verunreinigungen besitzen. Solche Unterschiede sollten bei der Auswahl des Reinigungsverfahrens berücksichtigt werden, da sich die Materialien unterschiedlich verhalten können. Änderungen des Reinigungsverfahrens müssen überwacht werden. Eine Revalidierung sollte nach festgelegten Zeitabständen und wenn Änderungen an Geräten, Produkten oder Verfahren stattfinden, durchgeführt werden. Manuelle Verfahren sollten in häufigeren Intervallen wiederbewertet werden als Clean-in Place (CIP)-Systeme. Üblicherweise wird ein „Testen bis zur Sauberkeit“ (test until clean) nicht als akzeptabel betrachtet. Dieses Konzept beinhaltet Reinigen, Probennahme und Testen mit Wiederholung der Reihenfolge, bis die Grenzen zulässiger Rückstände erreicht sind. Für ein System oder für Geräte mit einem validierten Reinigungsprozess sollte „Testen bis zur Sauberkeit“ nicht verlangt werden, da das Verfahren als nicht geeignet betrachtet wird, das Validieren von Reinigungsverfahren zu ersetzen. Produkte, die die physikalisch-chemischen Eigenschaften der Substanzen simulieren, die bei der Reinigung zu entfernen sind, dürfen anstelle der Produkte verwendet werden, wenn die Substanzen entweder toxisch oder gefährlich sind.

5.3.2.2 Dokumentation

Es wird ein Protokoll der Reinigungsvalidierung verlangt, das die Prozedur beschreibt, wie der Reinigungsprozess validiert wird. Es sollte formell vom Management des Betriebes genehmigt werden, um sicherzustellen, dass alle im Protokoll definierten Aspekte dem Management bekannt sind und akzeptiert werden. Außerdem sollte die Qualitätssicherung in die Genehmigung der Protokolle und Berichte eingebunden werden. In einem endgültigen Validierungsbericht muss festgestellt werden, ob der Reinigungsprozess erfolgreich validiert wurde und welche Einschränkungen, wie z. B. analytische Grenzen für die Bestimmung der Sauberkeit, festgelegt wurden. Der Bericht sollte durch das Anlagenmanagement genehmigt werden. Die Aufzeichnungen über die Reinigung sollten von der Person, die die Reinigung durchgeführt hat und den für die Produktion Verantwortlichen unterzeichnet und durch die Qualitätssicherung überprüft werden.

5.3.2.3 Apparate

Nach den erwähnten Empfehlungen sollte die Gestaltung von Apparaten sorgfältig überprüft werden. Kritische Bereiche, die am schwierigsten zu reinigen sind, sollten vor allem bei großen Anlagen, die über halb- oder vollautomatischen CIP-Systeme verfügen, gekennzeichnet werden. Für Produkte, die schwierig zu entfernen sind, für Apparate, die schwierig zu reinigen sind sowie für Produkte mit hohem Sicherheitsrisiko sollten immer dieselben, fest zugeordneten Apparate verwendet werden.

Bei der Validierung müssen günstige Bedingungen für die Vermehrung von Mikroorganismen wie z. B. Feuchtigkeit, Temperatur, Spalte und raue Oberflächen sowie lange Lagerzeiten vermieden bzw. berücksichtigt werden. Ziel sollte es sein, übermäßige mikrobielle Kontamination zu vermeiden. Die Zeitdauer und die Bedingungen während der Stillstandzeiten der Apparate vor der Reinigung sowie der Zeitraum zwischen der Reinigung und der Wiederverwendung sollten Teil der Validierung von Reinigungsverfahren sein. Dies soll dazu beitragen, dass die routinemäßige Reinigung sowie die Zeiten bis zur Wiederverwendung der Apparate kein übermäßiges Wachstum von Mikroorganismen zulassen. Dabei sollten Apparate im Allgemeinen trocken gelagert werden. Unter keinen Umständen darf Wasser nach der Reinigung in Geräten zurückbleiben.

Weiterhin muss die Wirksamkeit der Entfernung von Reinigungsmitteln im Rahmen des Reinigungsverfahrens untersucht und bewertet werden. Idealerweise sollten keine Reinigungsmittelreste vorhanden sein, was jedoch nicht erreichbar ist. Für Praxisverhältnisse müssen deshalb akzeptable Grenzen für solche Rückstände festgelegt werden. Dazu sollte dem Anwender die Zusammensetzung der Reinigungsmittel bekannt sein. Wenn diese Information nicht verfügbar ist, sollten andere Reinigungsmittel ausgewählt werden, deren Zusammensetzung festgelegt werden kann. Als Leitlinien sollten lebensmittelrechtliche Vorgaben herangezogen werden.

Proben sollten entsprechend dem Validierungsprotokoll gezogen werden. Als akzeptierte Methoden gelten als direktes Verfahren Abstriche von relevanten Oberflächen der Apparate sowie als indirektes die Probennahme aus dem Spülwasser. Für die Überwachung des Reinigungserfolgs müssen Grenzwerte festgelegt und dokumentiert werden.

5.4 Inspektion

Inspektionen im Lebensmittel-, Pharma- und Biobereich sind gesetzlich vorgeschrieben, haben im Wesentlichen produktorientierten Charakter und erfolgen entweder durch die sogenannte „zuständige Behörde“ oder in Eigenverantwortung. Sie dienen zur Überprüfung, ob ein Hersteller von Produkten in Übereinstimmung mit Gesetzen und Regelungen sowie im Rahmen von festgelegten Kontrollkonzepten arbeitet. Die Verpflichtung zu einwandfreier Produktqualität ist unabhängig von der Art des hergestellten Produktes und der Art des Betriebes und dient dem Schutz des Verbrauchers. Es ist daher ein entscheidender Aspekt von Inspektionen, fehlerhafte Produkte sowie Systemfehler zu identifizieren. Daher sind Konzepte für die Entdeckung und Korrektur nicht einwandfreier Bedingungen und fehlerhafter Prozesse in Inspektionen einzubeziehen, da sie das Qualitätsniveau innerhalb eines Betriebes kennzeichnen. Wie bei jeder Inspektion wird der Erfassungsbereich durch ein Audit vorgegeben. Da nicht vollständig kontrolliert werden kann, sollte anhand eines Flussdiagramms des Betriebes entschieden werden, welche speziellen Herstellungsschritte zusammen mit dem dafür verantwortlichen Personal überprüft werden sollten.

Behördliche Inspektionen im Bereich des Herstellerbetriebes zur Überprüfung der Konstruktion von Maschinen sind im Allgemeinen nicht direkt vorgesehen. Die Maschinenrichtlinie schreibt innerhalb der EU für bestimmte Maschinen eine Baumusterprüfung durch benannte Stellen vor, die in erster Linie Sicherheitsaspekte umfasst. In diesem Rahmen kann eine Überprüfung der Gestaltung im Betrieb sowie eine Fertigungsüberwachung stattfinden. Für Maschinen und Anlagen aus dem Lebensmittel- und Pharmabereich, die nach USA geliefert werden, sind Inspektionen vorgesehen, auf die weiter unten eingegangen wird.

5.4.1 Inspektionen in der Lebensmittelindustrie

Im Bereich der Lebensmittelindustrie werden die Grundlagen für Inspektionen innerhalb der EU durch die Verordnung über Lebensmittelhygiene [33] festgelegt. Sie enthält die allgemeinen Hygienevorschriften für die Herstellung von Lebensmitteln und regelt die Überprüfung der Einhaltung dieser Vorschriften. Danach hat der Inhaber oder Geschäftsführer eines Lebensmittelunternehmens für die

Einhaltung der Hygienevorschriften zu sorgen, während die zuständige Behörde die Unternehmen auf die Einhaltung der Anforderungen der Verordnung in regelmäßigen Abständen kontrolliert. Ihr ist dabei Einsicht in Aufzeichnungen (Schrift- und Datenträger) zu gewähren.

Allgemeine Grundsätze für die Überwachung im Verkehr mit Lebensmitteln und Bedarfsgegenständen regelt die Richtlinie über die amtliche Lebensmittelüberwachung [34] sowie die Richtlinie über zusätzliche Maßnahmen im Bereich der amtlichen Lebensmittelüberwachung [19]. Wie in der Lebensmittelhygieneverordnung ist auch in diesen Regelungen der Schutz der menschlichen Gesundheit ein vorrangiges Anliegen, wobei die Überwachung hauptsächlich auf die Lebensmittelhygiene abzielen soll. Deshalb erstreckt sie sich im Wesentlichen auf Betriebsinspektion, Probenahme von Lebensmitteln und Analyse der Proben, Hygieneuntersuchung des Personals, Prüfung der Schrift- und Datenträger, Untersuchung der vom Unternehmen eingerichteten Kontrollsysteme wie HACCP und der damit erzielten Ergebnisse.

Der Inspektion unterliegen:

- der Zustand von Grundstücken, Betriebsräumen, Anlagen etc.,
- Rohstoffe, Zutaten, technologische Hilfsstoffe,
- Halberzeugnisse, Enderzeugnisse, Bedarfsgegenstände,
- Reinigungs- und Pflegemittel und -verfahren sowie Schädlingsbekämpfungsmittel,
- angewandte Verfahren für die Herstellung und Behandlung,
- Etikettierung und Aufmachung,
- zur Konservierung dienende Vorrichtungen,
- Ablesen von Aufzeichnungen der im Betrieb eingesetzten Messgeräte,
- Überprüfung der Messergebnisse, die von im Betrieb eingesetzten Messgeräten aufgezeichnet wurden, durch Inspektoren anhand ihrer eigenen Messgeräte.

Diese umfassende Aufzählung von Maßnahmen zeigt drei Trends auf:

- die Verlagerung der Überwachung schwerpunktmäßig vom Produkt auf den Herstellungsprozess,
- die Verlagerung der Inspektion an den Ursprung der Entstehung einer möglichen Gefahr,
- die Untersuchung der betrieblichen Kontrollsysteme und der damit erzielten Ergebnisse.

Gerade diese Prozessorientierung ermöglicht der Lebensmittelüberwachung bei vermuteten Rechtsverstößen, z. B. aufgrund einer Beschwerde oder eines Analysenergebnisses, nicht nur das Erzeugnis, sondern auch eine eventuelle Ursache zu ermitteln. So wird sich die amtliche Überwachung langfristig von der Reaktion auf Rechtsverstöße hin zu einer präventiven Überwachung orientieren [36]. Beleg hierfür ist auch, dass das HACCP-System in die Inspektion einzubeziehen ist. So wurde der Schulung der Kontrolleure im Bereich HACCP eine vorrangige Bedeutung in den Mitgliedstaaten der EU eingeräumt. In einigen Mitgliedstaaten beschränken sich die Fortbildungskurse auf einige Grundprinzipien, in anderen dagegen wird eine umfassende multidisziplinäre Ausbildung angeboten, die verschiedene Bereiche des Lebensmittelsektors umfasst.

In Deutschland dient die amtliche Lebensmittelüberwachung dem Schutz des Verbrauchers. Sie überwacht alle Rechtsvorschriften im Verkehr mit Lebensmitteln, Tabakerzeugnissen, kosmetischen Mitteln und Bedarfsgegenständen, hält Gefahren vom Verbraucher ab und ahndet Verstöße gegen Rechtsvorschriften. Der Verbraucher erwartet zu Recht von Hersteller und Handel, dass ihm Lebensmittel, Tabakerzeugnisse, kosmetische Mittel oder Bedarfsgegenstände angeboten werden, die in ihrer Qualität nicht nur gesundheitlich unbedenklich sind, sondern auch sonst seinen Gütevorstellungen entsprechen. Werden diese Erwartungen nicht erfüllt, kann er beim Hersteller oder im Geschäft reklamieren oder die amtliche Lebensmittelüberwachung informieren.

Stellen die zuständigen Behörden im Rahmen der Überwachungsmaßnahmen fest, dass durch Nichteinhaltung der relevanten Vorschriften die Unbedenklichkeit oder die Bekömmlichkeit von Lebensmitteln gefährdet werden könnte, müssen sie entsprechende Maßnahmen treffen. Diese können beispielsweise die Rücknahme vom Markt und/oder die Vernichtung von Lebensmitteln oder die Schließung eines Teils bzw. des gesamten Unternehmens für einen angemessenen Zeitraum beinhalten. Wenn ermittelt werden muss, ob die Unbedenklichkeit oder die Bekömmlichkeit von Lebensmitteln gefährdet ist, ist z. B. zu berücksichtigen, um welche Art von Lebensmitteln es sich handelt, wie mit ihnen umgegangen wird, welchen sonstigen Prozessen sie vor der Auslieferung an den Verbraucher unterworfen sind und wie sie gelagert werden.

Die Mitgliedstaaten der EU benennen die für die amtliche Überwachung der Hygiene zuständigen Behörden und geben sie der Kommission bekannt. Außerdem überwacht und bewertet die Kommission die Gleichwertigkeit und die Wirksamkeit der von den zuständigen Behörden in den Mitgliedstaaten betriebenen amtlichen Lebensmittelüberwachungssysteme. Die Häufigkeit der Inspektionen der Lebensmittelbereiche sollte auf die von diesen Bereichen ausgehende Gefahr bezogen sein.

Inspektionen sollen insgesamt gesehen den gesamten Prozessbereich in Betrieben und mit der Produktsicherheit verbundene Kontrollkonzepte erfassen. Die hygienegerechte Gestaltung von Apparaten und Anlagen spielt in Zusammenhang mit möglichen Kontaminationsquellen zwar eine Rolle, wird jedoch meist nur am Rande durch direkte Besichtigung geprüft. In den meisten Fällen ist das inspizierende Personal in der Beurteilung von Hygienic Design zurzeit noch nicht ausreichend geschult.

5.4.2
Inspektionen im Pharmabereich

Für die Pharmaindustrie sind im europäischen Bereich die GMP-Richtlinien [37] und [38] sowie die dazu erstellten Leitlinien maßgebend. Bezüglich Kontrollmaßnahmen sind dort sowohl Selbstinspektionen als auch behördliche Inspektionen vorgesehen.

5.4.2.1 Selbstinspektionen

Um die Anwendung und Beachtung der Regeln der Guten Herstellungspraxis (GMP) zu überwachen und um Vorschläge für notwendige Korrekturmaßnahmen zu machen, sollten Selbstinspektionen in den Herstellungsbetrieben durchgeführt werden. Ziel ist es dabei, die Übereinstimmung mit den Grundsätzen der Qualitätssicherung festzustellen. Dabei sollten in regelmäßigen Abständen nach einem im voraus festgelegten Programm überprüft werden:

- personalbezogene Belange,
- Räumlichkeiten und Ausrüstungen,
- Dokumentation, Produktion,
- Qualitätskontrolle,
- Vertrieb von Arzneimitteln sowie
- Vorkehrungen zur Behandlung von Beanstandungen und Abwicklung von Rückrufen.

Die Inspektionen sollten unabhängig und ausführlich von beauftragten Experten des Unternehmens oder externen Sachverständigen durchgeführt werden. Alle während der Inspektion gemachten Beobachtungen und Verbesserungsvorschläge sollten zusammen mit anschließend ergriffenen Maßnahmen protokolliert werden.

5.4.2.2 Inspektionen durch Behörden

Die pharmazeutische Industrie der Europäischen Gemeinschaft wendet strenge Qualitätssicherungsnormen bei der Entwicklung, Herstellung und Überwachung von Arzneimitteln an. Ein Zulassungssystem gewährleistet, dass alle Arzneimittel durch eine zuständige Behörde bewertet werden und den derzeitigen Unbedenklichkeits-, Qualitäts- und Wirksamkeitsanforderungen entsprechen. Die Regelung der Herstellungserlaubnis gewährleistet, dass alle auf dem europäischen Markt befindlichen zugelassenen Produkte nur von Herstellern stammen, die über eine entsprechende Zulassung verfügen und deren Tätigkeiten regelmäßigen Inspektionen durch zuständige Behörden unterworfen sind. Die Herstellungserlaubnis ist für alle Arzneimittelhersteller in der Europäischen Gemeinschaft vorgeschrieben, gleichgültig ob die Produkte innerhalb oder außerhalb der Gemeinschaft verkauft werden. Alle Mitgliedstaaten und auch die Industrie stimmen außerdem darin überein, dass für Tierarzneimittel dieselben Anforderungen der Guten Herstellungspraxis gelten müssen wie für Humanarzneimittel. Der Auftragnehmer muss die Grundsätze und Leitlinien der Guten Herstellungspraxis einhalten und sich den in Artikel 26 der Richtlinie 75/319/EWG vorgesehenen Inspektionen durch die zuständigen Behörden unterwerfen.

Bereits im Oktober 1970 [39] haben 10 europäische Länder, die nicht der damaligen Europäischen Wirtschaftsgemeinschaft (EWG) angehörten, das Übereinkommen zur gegenseitigen Anerkennung von Inspektionen betreffend die Herstellung pharmazeutischer Produkte geschlossen. Ausgangspunkt für das Zustandekommen der Konvention war der Wunsch der damaligen Vertragspartner, Informationen auszutauschen, um nicht tarifäre Hindernisse im wechselseitigen Arzneimittelhandel abzubauen unter Beibehaltung nationaler Rechts-, Verwaltungs- und Ausführungsvorschriften. Dieses Wunschziel konnte durch die gegenseitige Anerkennung der von den nationalen Gesundheitsbehörden durchgeführten Inspektionen der Arzneimittelherstellung realisiert werden.

Die Durchführung der Inspektion erfolgt dabei unter Berücksichtigung der PIC-Richtlinien einschließlich der Basic Standards for Good Manufacturing Practice.

PIC/S stellt die Abkürzung für zwei Bezeichnungen dar, nämlich die „Pharmaceutical Inspection Convention (PIC)" und das „Pharmaceutical Inspection Co-operation Scheme (PIC Scheme)". Das System verwirklicht eine Vereinbarung auf Zusammenarbeit von Gesundheitsbehörden. Die ursprünglichen Ziele bestehen in gegenseitiger Anerkennung von Inspektionen, Harmonisierung von GMP-Anforderungen und einheitlichen Inspektionssystemen. Die Inspektionen sollen das Personal, die Voraussetzungen für die Produktion, die Einrichtungen, die Geräte, die Hygiene, die Herstellung und die Kontrolle der Produktion umfassen. Letztere stellt eine essenzielle Anforderung dar und soll den Umgebungsbereich des Prozesses, die Produktherstellung mit besonderer Beachtung der Übereinstimmung von Vorgaben und Ist-Zustand sowie die Endkontrolle des fertigen Produktes beachten.

In zunehmendem Maße werden Geräte, Apparate und Anlagen in die Inspektionen einbezogen [40]. Dabei wird darauf hingewiesen, dass Geräte sorgfältig untersucht und kritische Bereiche festgestellt werden sollen, vor allem solche, die schwer zu reinigen sind oder großen komplizierten Anlagen angehören. Ausschließlich einem Produkt zugeordnete Geräte sollten dann verwendet werden, wenn Rückstände von teerigen oder gummiartigen Substanzen schwer zu entfernen sind, die Reinigung wie z. B. bei Säcken für Wirbelbetttrockner schwierig ist oder wenn bei Produkten mit hohem Sicherheitsrisiko wie z. B. hochwirksamen Wirkstoffen die Detektion unter einer akzeptablen Grenze nicht möglich ist. Geräte müssen auch darauf überprüft werden, dass nach der Reinigung kein Wasser zurückbleibt (Gefahr von Mikroorganismenwachstum). Grundsätzlich sollten Apparate bis zur Wiederbenutzung trocken aufbewahrt werden.

Die Ausbildung von Inspektoren hat auf diesem Gebiet den erhöhten Anforderungen Rechnung getragen [41]. So werden z. B. Seminare durchgeführt, die speziell die Inspektion von Apparaten und Versorgungseinrichtungen für die Herstellung von Arzneimitteln zum Ziel haben.

5.4.3
Inspektionen im Bereich Biotechnologie

Die Anwendung biologischer Systeme und Organismen auf technische und industrielle Prozesse erfordert ebenfalls in erster Linie produktspezifische Inspektionen. Wie bei jeder Inspektion wird der Erfassungsbereich durch ein Audit vorgegeben. Da nicht vollständig kontrolliert werden kann, sollte anhand eines Flussdiagramms des Betriebes entschieden werden, welche speziellen Herstellungsschritte zusammen mit dem dafür verantwortlichen Personal überprüft werden sollten. Die Entwicklung von Bioprodukten und die Inspektion von Herstellern sowie die Kontrolle von Produkten bieten viele Herausforderungen. Wegen der verschiedenartigen Herstellung und Kontrollprozesse wird ein erheblicher Grad von technischer Kompetenz verlangt, um diese Arbeiten zu inspizieren. Viele Jahre lang wurden dieselben Kriterien bei der Inspektion von Herstellern von Antibiotika, Enzymen sowie anderer Substanzen mit hohem Molekulargewicht wie Insulin, Heparin oder Albumin angewandt. Bei Inspektionen sind als grundlegende Anforderungen zu berücksichtigen, dass die Herstellung von Chargen den festgelegten Prozeduren entspricht, dass die Produkte rückverfolgbar sind, dass die Lagerung unter richtigen Bedingungen erfolgt und dass alle Fehlproduktionen festgehalten und ihre Ursachen untersucht werden.

Unter technischen Aspekten sind Apparate zu kontrollieren. So müssen z. B. Bioreaktoren nicht nur so konstruiert werden, dass Mikroorganismenkulturen behandelt, sondern dass sie auch innerhalb des Systems gehalten werden können. Bei Filtration oder Ultrafiltration ist die Kalibrierung der Porosität der Filter zu beachten. Zentrifugieren kann offen oder geschlossen erfolgen. Für den offenen Prozess muss die Eignung der Umgebung nachgewiesen werden. Aus Kostengründen verwenden viele Hersteller von Reinstwasser Systeme für Umkehrosmose und nicht für Destillation. Diese Systeme sind jedoch häufig kontaminiert. Typischerweise verwendet man Kunststoffrohre und nicht gedichtete Lagertanks, die schwer zu reinigen und sterilisieren sind. Vor allem Gewinde in kalten Bereichen bieten Nistplätze für Mikroorganismen. Die Inspektion sollte bei solchen Systemen die wichtigsten Problemstellen ausfindig machen.

5.4.4
US-Inspektionen im Ausland

Für die USA haben Inspektionen in ausländischen Arzneimittelbetrieben in den vergangenen Jahren ständig zugenommen. Europäische und vor allem deutsche Hersteller fragen häufig nach den Anforderungen, die bei solchen Inspektionen berücksichtigt werden müssen. Da sehr viele unterschiedliche Unterlagen für die verschiedenen Branchen vorliegen, können im Folgenden nur einige grundlegende Gedanken und Anforderungen der FDA wiedergegeben sowie einige Literaturstellen zitiert werden, die für Inspektionen durch US-Inspektoren hilfreich sind.

Nach [42] sollen Inspektionen im Ausland in derselben Weise durchgeführt werden wie in der einheimischen Industrie. Ein wesentlicher Unterschied besteht in der Logistik für die Inspektoren. Die meisten Inspektionen sind daher im Voraus mit einem relativ engen Zeitrahmen festzulegen, wobei es manchmal schwierig ist, das vorgesehene Programm zu erfüllen. Das Überprüfungsteam sollte die entsprechenden Anweisungen des Program Guidance Manual (CPGM) [43], des Compliance Policy Guides (CPGs) [44] sowie des Regulatory Procedures Manual (RPM) [45] zurate ziehen und verschiedene andere Inspektionsanleitungen verwenden, wenn es Überprüfungen von ausländischen Unternehmen vorbereitet. Die genannten Anleitungen enthalten unterschiedliche Anweisungen für den

Lebensmittel-, Pharma- und Biotechnologiebereich. Es ist dafür verantwortlich, die Übereinstimmung mit cGMPs sowie das Befolgen von Vorschriften für die Anwendung und DMF-Informationen [46] zu begutachten. Daher sollte es bereits vor Reiseantritt Hintergrunddokumente und Aufzeichnungen aufbereiten und nachprüfen, da ansonsten wegen enger Zeitrahmen eine ausreichende Prüfung vor Ort nicht erreicht werden kann. Sachverhalte, die während der Inspektion vor Ort eine wesentliche Rolle spielen, sollten deshalb bereits zu Hause provisorisch vorbereitet werden. Im Betrieb sollen die Inspektoren alle Prozessstörungen, Prozessänderungen, Produktfehler und Fehler bei Labortests begutachten. Speziell Fehler und Änderungen des Prozesses wirken sich signifikant darauf aus, ob die Prozessvalidierung hinreichend ist. Weiterhin sollten alle Protokolle des Betriebes über Untersuchungen von Fehlern überprüft werden, die das Überarbeiten von Produktchargen notwendig gemacht haben. Bei sterilen Produkten sollten alle mikrobiellen Ergebnisse der Chargen, alle positiven Resultate von Steriltests und deren Überprüfungsmethoden, alle isolierten Mikroorganismen und deren Quellen, die Ergebnisse der Überwachung von Wasser für Injektionen (WFI) sowie des Umfeldes begutachtet werden. Für aseptische Prozess müssen Abfüllungen von Medien geprüft werden.

Es wird erwartet, dass alle Herstellungsprozesse vor der Auslieferung von Produkten validiert werden. Das bedeutet allerdings nicht, dass ein Arzneimittelhersteller bereits zur Zeit der Inspektion die Dokumentation des validierten Prozesses zur Verfügung haben muss. Das Inspektionsteam sollte dadurch jedoch nicht davon abgehalten werden, eine Bewertung des Herstellungsprozesses vor Ort zu machen. Durch Überprüfung der Aufzeichnungen einer Serie von Chargen sollte versucht werden, jede Veränderung von kritischen Prozessparametern zu bewerten. Es ist ein Zeichen eines nicht zu akzeptierenden Prozesses, wenn z. B. von Charge zu Charge eine Feineinstellung der Prozessparameter erfolgen muss. Es sollte auch in die Prüfungen einbezogen werden, ob ein Produkt bereits für den einheimischen Markt hergestellt wird. In diesem Fall sollte das Inspektionsteam herauszufinden versuchen, ob bereits Daten der Validierung vorhanden sind und ob andere Produktionsdaten einen Validierungsprozess unterstützen.

In [47] werden einige konkrete Angaben zu Inspektionen von Einrichtungen und Geräten gemacht. Danach wird in einem Schema für den Hersteller von Arzneimittelprodukten bei Audits ein Qualitätssystem gefordert, das die Übereinstimmung mit cGMPs und internen Prozeduren und Spezifikationen absichert. Es schließt die Qualitätskontrolle und alle ihre Verpflichtungen zur Begutachtung und Genehmigung wie z. B. Änderungskontrollen, Wiederaufbereitung, Freigabe von Chargen, jährliche Überprüfung der Unterlagen, Validierungsprotokolle und Berichte ein. Dazu gehören Bewertungen von Produktfehlern und Rückholaktionen.

Außerdem sollte ein System für die Einrichtungen und Geräte festgelegt sein. Dieses soll Maßnahmen und Aktivitäten einschließen, die ein passendes Umfeld und entsprechende Mittel für die Produktion von Arzneimitteln gewährleisten. Es umfasst:

- Gebäude und Einrichtungen zusammen mit Wartung,
- Qualifizierung von Geräten (Installation und Betrieb), Kalibrierung von Geräten, vorbeugende Wartung, angemessene Reinigung und Reinigungsvalidierung, wobei die Qualifizierung der Prozessdurchführung als Teil der Inspektion und der gesamten Prozessvalidierung begutachtet wird,
- Versorgungseinrichtungen, die nicht direkt mit der Produktherstellung zu tun haben, wie für Heizung, Lüftung, Klimatisierung, Kühlung, komprimierte Gase, Dampf und Wasser.

Der Betrieb sollte schriftliche genehmigte Prozeduren und Dokumentationen besitzen für:

- Einrichtungen der Reinigung und Wartung,
- die Anordnung der Einrichtungen und die Steuerung der Luft, um Kreuzkontamination (z. B. durch Penicillin, Steroide, Hormone usw.) zu vermeiden,
- speziell gestaltete Bereiche für Herstellungsprozesse, um Kontaminationen oder Vermischungen zu vermeiden,
- das allgemeine Be- und Entlüftungssystem,
- Kontrollsysteme für die Durchführung von Änderungen im Gebäude,
- Beleuchtung, Trinkwasser, Wasch- und Toilettenräume, Abwasser- und Müllentsorgung, sanitäre Einrichtungen sowie die
- Benutzung von Reinigungs- und Desinfektionsmitteln, Fungiziden und Insektiziden.

Speziell für Geräte müssen vorliegen:

- Installations- und Betriebsqualifizierung (wo angemessen),
- Eignung von Gestaltung, Größe und Aufstellungsort von Geräten,
- geeignete nicht reagierende und nicht absorptive Geräteoberflächen,
- geeignete Hilfsmaterialien im Produktbereich wie Schmier- und Kühlmittel,
- Reinigungsverfahren und -validierung,
- Kontrollen, um Kontaminationen zu vermeiden, speziell durch Pestizide oder andere toxische Materialien,
- Qualifizierung, Kalibrierung und Wartung von Geräten zur Lagerung wie Kühlschränke und Gefriergeräte,
- Computerqualifizierung, -validierung und -sicherheit,
- Kontrollsysteme für die Durchführung von Änderungen von Geräten,
- Verfahren zur Identifizierung von Geräten,
- dokumentierte Untersuchungen von unerwarteten Abweichungen.

Wenn festgestellt wird, dass Mängel in der Validierung eines Prozesses bestehen, sollte begründet werden, weshalb das Inspektionsteam zu diesem Ergebnis gelangt ist.

Insgesamt gesehen werden keine direkten Forderungen zur Inspektion von Anforderungen an eine hygienegerechte Gestaltung von Räumen, Einrichtungen und Geräten gestellt.

Eine Übersicht über entsprechende Literatur kann in [48] gefunden werden, während in [49] praktische Anforderungen an Oberflächen für den Lebensmittelbereich am Beispiel der Geflügelverarbeitung enthalten sind. Für den Bereich Biotechnologie werden Hinweise auf Inspektionen in [50] gegeben.

6
Allgemeine Grundlagen

Aufgrund von Vorgaben, die z. B. in den gesetzlichen Regelungen gemäß Literatur [1–4] oder Normen [5–7] zu finden sind, lassen sich wesentliche grundlegende Anforderungen an die reinigungsgerechte Gestaltung von Anlagen, Apparaten, Geräten und Komponenten ableiten. Sie betreffen als Erstes das Verhalten von Werkstoffen, das im Hygienebereich von Anlagen bezüglich der physiologischen Unbedenklichkeit relativ genau geregelt ist. Außerdem ist die Korrosionsbeständigkeit unter Gebrauchs- und Reinigungsbedingungen entscheidend. Für die Oberflächenqualität wird meist nur die Vorgabe gemacht, dass Oberflächen glatt und frei von Fehlern sein sollen, ohne genaue Qualitätsanforderungen oder Größenordnungen von Rauheitswerten festzulegen. Vor allem Oberflächenstrukturen, die die Reinigbarkeit unabhängig von hygienegerechten Rauheitswerten erheblich beeinflussen, werden bisher gesetzlich nicht berücksichtigt. Allerdings hat sich in diesem Bereich mittlerweile ein Stand der Technik gebildet.

Allgemeine grundlegende Konstruktionsanforderungen, die die geometrische Gestaltung, funktionsbedingte und prozessspezifische Vorgaben oder Prinzipien für die Installation betreffen, werden aus gesetzlicher Sicht nur insoweit angesprochen, als eine leichte Reinigbarkeit erreicht werden soll. In Normen, Leitlinien und Empfehlungen von privaten Organisationen werden sie zum Teil konkret, aber in unterschiedlicher Weise ausgeführt. Gefordert werden aus geometrischer Sicht z. B. das Ausrunden von inneren Ecken, das Vermeiden von Spalten, Vor- oder Rücksprüngen sowie die Neigung horizontaler Flächen. Als prozesstechnische Anforderungen sind die Vermeidung von Totzonen und das Selbstentleeren als Beispiele anzusehen.

Um die grundlegenden Effekte zu verstehen, die hinter solchen Anforderungen stehen und erfahrungsgemäß hygienische Probleme aufgrund falscher konstruktiver Gestaltung von Apparaten und Bauteilen vermeiden helfen, müssen prinzipielle Einflüsse aus sehr unterschiedlichen Fachgebieten (Abb. 6.1) herangezogen und diskutiert werden. Ein tieferes Verständnis lässt sich dabei nur durch interdisziplinären Austausch von Grundlagen erreichen, da z. B. Werkstoffkunde, Korrosionstechnik, Grenzflächenphysik, Festigkeitslehre, Fügetechnik, Strömungsmechanik und Mikrobiologie – um nur einige Fachbereiche zu nennen – eine entscheidende Rolle spielen.

Hygienische Produktionstechnologie. Gerhard Hauser
Copyright © 2008 WILEY-VCH Verlag GmbH & Co. KGaA, Weinheim
ISBN: 978-3-527-30307-3

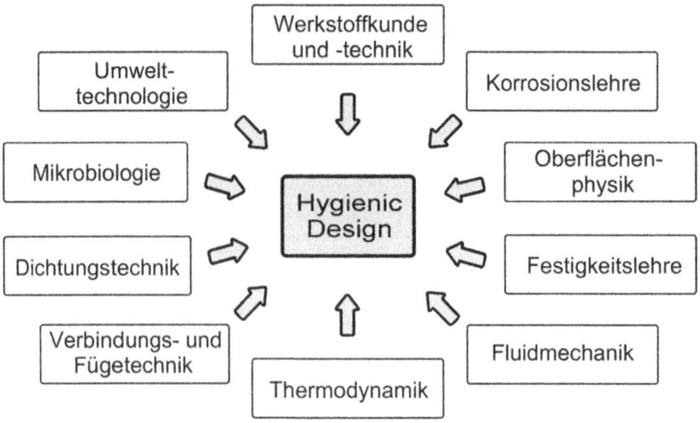

Abb. 6.1 Prinzipielle Einflüsse aus unterschiedlichen Fachgebieten auf Hygienic Design.

Allgemein kann man feststellen, dass auf Einzelgebieten wie z. B. der Oberflächenphysik, der numerischen Fluiddynamik oder der Mikrobiologie sich zunehmend Forschungsvorhaben einzelnen Problembereichen von Hygienic Design widmen, während kaum fachübergreifende Grundlagenuntersuchungen durchgeführt werden. Ansonsten wurde bisher vorwiegend praxisorientierte Forschung an konkreten Apparaten und Komponenten von privaten Institutionen bzw. von Industriebetrieben durchgeführt. Für den konstruktiv tätigen Ingenieur ist es meist ausreichend, sich allgemeine Grundkenntnisse anzueignen, die von wesentlichem Einfluss auf Gestaltungsprinzipien sind und ihm ein neues Gesamtbild für seine konstruktiven Anforderungen vermitteln. Dieses sollte allerdings auf verlässlichen Forschungsergebnissen und Grundsatzuntersuchungen basieren. Das Denken in hygienebezogenen Kategorien ist dem Konstrukteur von seiner maschinenbaulichen Ausbildung her völlig fremd. Erst in den hygienisch relevanten Industriebereichen des Maschinen- und Apparatebaues kann er sich anhand der vorhandenen praktischen Erfahrungen entsprechende Kenntnisse aneignen. Ein zusätzlicher Bedarf besteht darin, ihm in Seminaren, die von Experten verschiedener Fachrichtungen gehalten werden, in leicht verständlicher und übertragbarer Form mit Beispielen die Ziele von Hygienic Design und maßgebende Gestaltungsregeln zu vermitteln. Er sollte sich bewusst werden, dass ihre Nichtbeachtung die Reinigbarkeit und damit den Hygienestatus von Apparaten verschlechtert, was zu Kontamination der herzustellenden Produkte durch die Konstruktion führt.

Im Bereich der Werkstofftechnik stellt die Werkstoffwahl in Abhängigkeit von Produkten, Reinigungsmitteln und Prozessparametern die grundlegende Einflussgröße dar. Von wesentlicher Bedeutung ist dabei die Auswahl von Werkstoffen unter Gesichtspunkten der Korrosionsbeständigkeit (z. B. gegen Lochfraß oder Kontaktkorrosion), Abrasion und Alterung, da sich bei ungenügender Beständigkeit die validierten Anfangseigenschaften zunehmend verschlechtern. Hygienische Probleme durch rauer werdende Oberflächen sowie durch Vertiefungen und Spalte wie z. B. bei Loch- oder Rissbildung bei Spannungsrisskorrosion oder Kontaminationen von Produkten durch toxische Korrosionsprodukte werden dadurch möglich. Nicht vorausgesehene oder erkannte Mikrorisse und Poren, die durch Alterung bei Kunststoffen entstehen können und in den meisten Fällen ohne Hilfsmittel nicht sichtbar sind, führen ebenfalls zu Hygieneproblemen in produktberührten Bereichen.

Zusätzliche Parameter bei der Werkstoffwahl sind z. B. das Formgebungsverhalten (wie etwa zerspanende oder spanlose Verformung oder Schweißbarkeit bei Metallen) und die Herstellung geeigneter produktberührter Oberflächen (z. B. Erzielung anzustrebender Oberflächenrauheiten und -strukturen). Fragen der Festigkeit treten beispielsweise in Zusammenhang mit wechselnden Beanspruchungen von Metallen (Zeitverhalten, Dauerbruch) oder bei mechanisch und thermisch belasteten Kunststoffen (Plastomere, Elastomere) auf. Die Kenntnis spezifischer Grundlagen der Oberflächenphysik erleichtert das Verhalten von Schmutz-Mikrosubstanzen (z. B. feinste Partikel, Mikroorganismen) an Oberflächen zu verstehen und zu erklären, was dem Konstrukteur nur selten bekannt ist. Es stellt aber eine wichtige Voraussetzung dar, um z. B. geeignete Verfahren der Oberflächenbehandlung für die produktberührten Bereiche von Komponenten und Anlagen auszuwählen.

Grundkenntnisse in Strömungsmechanik erleichtern es, Konstruktionen leicht reinigbar zu gestalten. Hier kann man von dem Grundsatz ausgehen, dass strömungsgünstige Gestaltung leichte Reinigbarkeit bedeutet. Neben dem Vermeiden von Totwassergebieten, in denen ein ausreichender Produktaustausch bei der Reinigung nicht möglich ist, können z. B. Querschnittsänderungen richtig ausgeführt, Strömungsablösungen und -schatten entsprechend konstruktiv vermieden und andere Störeinflüsse beseitigt werden.

Für den Apparate- und Anlagenbau müssen Fügeverfahren unter Berücksichtigung hygienischer Gesichtspunkte (z. B. Schweiß- und Klebeverbindungen) verwendet werden. Besondere Erfahrung setzt die Gestaltung von statischen und dynamischen Dichtungen voraus. Die Anforderungen an keimarme oder aseptische Abdichtungen weichen weitgehend von üblichen Gestaltungsregeln im Dichtungsbereich ab. Besonders zu berücksichtigen ist z. B. zusätzlich die Spaltbildung bei Warm-kalt-Lastwechseln von thermisch beanspruchten Dichtungen.

Sucht man nach generellen Grundlagen und Prinzipien für hygienegerechte Konstruktionen, muss man sich auch mit den maßgebenden Effekten auseinandersetzen, die das Zusammenspiel von Verschmutzen und Reinigen bzw. Sterilisieren unter Gesichtspunkten der konstruktiven Gestaltung wesentlich beeinflussen. Besonders wichtig sind dabei Kenntnisse über das prinzipielle Verhalten von Mikroorganismen, da diese die häufigste Ursache für hygienische Probleme in Produktbereichen darstellen. Ihre Größenordnung, ihr Verhalten an Oberflächen, in Spalten und Toträumen, der Einfluss von Umgebungsbedingungen auf ihr Wachstum sowie die Initiierung, der Aufbau und das Verhalten von Biofilmen sollten dem Konstrukteur soweit bekannt sein, dass er bei der Gestaltung von Bauteilen entsprechende Maßnahmen treffen kann, um Probleme zu vermeiden oder zu vermindern. Hartnäckige biologische Verschmutzungen beginnen häufig dadurch, dass Mikroorganismen in ungünstig gestalteten Bereichen von Apparaten zum einen die notwendigen Schutzbedingungen finden; zum anderen steht durch die produzierten Produkte das für die Vermehrung erforderliche Substrat ausreichend zur Verfügung. Bei entsprechenden Umweltbedingungen vermehren sich Mikroorganismen schnell und lawinenartig. Sie stellen vor allem durch die rasch anwachsende Menge für nachfolgende Produktchargen eine zunehmende Kontaminationsgefahr dar, wenn sie durch Reinigung und Sterilisation nicht beseitigt werden. Eine Besiedlung durch Mikroorganismen an zu rauen Oberflächen, in engen Spalten oder anderen schlecht reinigbaren Stellen kann zu Biofilmen führen, d. h. gut haftenden Schichten aus organischen Substanzen (Biopolymeren) und Stoffwechselprodukten, in denen sich Mikroorganismen geschützt vermehren können.

Im Gegensatz dazu verändert sich die nach der Reinigung zurückbleibende Menge an Schmutz nicht, wenn er frei von Mikroorganismen ist, wie es z. B. bei trockenen Substanzen der Fall sein kann.

Auch die Möglichkeiten des Eintrages von Mikroorganismen oder anderen Fremdsubstanzen aus der Umgebung (z. B. an dynamischen Dichtungen oder durch Prozessluft) in den Produktbereich müssen berücksichtigt werden. Diese Forderung ist vor allem bei aseptischen Apparaten entscheidend.

Für den praktisch tätigen Ingenieur, der für die Konstruktion verantwortlich ist, sind die Größenordnungen, die im Bereich der initialen Kontamination relevant sind, meist völlig unbekannt und die Auswirkungen daher nicht vorstellbar. Dies liegt in erster Linie daran, dass die Größe von Mikroorganismen wie Pilze, Bakterien und deren Sporen in einem Bereich liegt, der unserer visuellen Beobachtung und damit unserer direkten Erfahrung entgeht. Gleiches gilt für entsprechend kleine organische und anorganische Substanzen, die erste Ansätze von Schmutz bilden. Erst bei starker Kolonienbildung von Mikroorganismen, die durch eine entsprechend hohe Anzahl gekennzeichnet ist, erkennt man ihr Vorhandensein visuell.

6.1 Mikrobiologische Grundlagen

Im folgenden Abschnitt sollen vor allem dem konstruktiv tätigen Ingenieur einige grundlegende Aspekte von mikrobiologischen Einflüssen aufgezeigt werden, um ihm die Wichtigkeit zu vermitteln, die gerade der Mikrobereich bei der konstruktiven Gestaltung von Apparaten und Anlagen spielt. Dabei können die verschiedenen Auswirkungen nur vereinfachend und beispielhaft dargestellt werden. Für einen genaueren Einblick in das Fachgebiet muss auf die einschlägige Literatur verwiesen werden.

Mikrobiologische Fragen werden von Mikrobiologen in erster Linie produktbezogen und damit in Zusammenhang mit der Produktherstellung und -qualität gesehen, da es ein wesentliches Ziel eines jeden lebensmittelherstellenden

Betriebes ist, sichere und stabile Erzeugnisse mit langer Haltbarkeitsdauer ohne Qualitätsverlust herzustellen. Die Verpflichtung, sichere Produkte in den Verkehr zu bringen, ergibt sich auch aus der allgemeinen Produktionssicherheitsrichtlinie. Der Verbraucher hat einen Anspruch auf Erzeugnisse, die in hygienischer Sicht einwandfrei sind. Um diesen Anforderungen an sichere Produkte gerecht zu werden, wurden in zunehmend stärkerem Maß Konzepte der prozess- und produktorientierten Qualitätssicherung angewandt. Dabei geht es in im Wesentlichen um Maßnahmen zur Steuerung und Überwachung von Herstellungsprozessen, um eine Minimierung des Risikos für den Verbraucher zu erreichen. Wie bereits erwähnt ist nicht „kontrollieren", sondern „sicherstellen"; nicht „Fehler feststellen", sondern „Fehler vermeiden" das Wesen einer prozessorientierten Qualitätssicherung.

Zum menschlichen oder tierischen Gebrauch bestimmte Produkte wie Lebensmittel, Pharmaka und Futtermittel müssen daher vor der Kontamination mit relevanten Mikroorganismen geschützt werden, die die Genusstauglichkeit, Haltbarkeit und Produktqualität beeinflussen. Mikrobiologische Verunreinigungen können einerseits durch Infektionen direkt die Gesundheit gefährden, andererseits können Mikroorganismen Stoffwechselprodukte bilden, die toxisch wirken. Hinzu kommt der Bereich der Biotechnik, wo mit Mikroorganismen aller Art, die auch gefährlich für den Menschen und die Umwelt sein können, sowohl im Labor- als auch im großtechnischen Maßstab direkt umgegangen wird.

Grundsätzlich sollte die Regel gelten, dass in jedem Prozessschritt eine Erhöhung des Gehaltes an relevanten Mikroorganismen, die nicht unmittelbar als spezifisch und erwünscht für ein Produkt sind, auszuschließen ist. Für solche relevanten Mikroorganismen können unterschiedliche Quellen maßgebend sein:

- Rohstoffe, die als Ausgangsprodukte für die Verarbeitung bestimmt sind, können je nach Herkunft, Art und Zustand unterschiedlich stark durch Mikroorganismen kontaminiert sein. Beispiele dafür sind im Lebensmittelbereich: Gemüse, Geflügel, Fisch, Gewürze und Kräuter. Wasser, das bei der Produktion verwendet wird, muss in diesem Zusammenhang ebenfalls als Rohstoff bezeichnet werden. Der Keimgehalt für Endprodukte, die zum Verbrauch bestimmt sind, wird häufig durch Vorschriften geregelt.
- Eine wichtige Kontaminationsquelle können die produktberührten Bereiche von Apparaten und Anlagen darstellen, wenn sie sich nicht ausreichend reinigen lassen. Aus diesem Grund wurde die leicht reinigbare Gestaltung (Hygienic Design) als wesentlicher Schritt für den Apparatebau hygienerelevanter Industrien zur Verpflichtung. Dabei müssen Problembereiche so weit wie möglich ausgeschaltet werden, um Mikroorganismen keine Wachstums- und Vermehrungsbedingungen zu bieten und sie auf einem Mindestmaß zu halten. So ist z. B. die Sicherheit von Sterilisationsprozessen für Produkte von der mit dem Produkt angelieferten Ausgangsmenge an Mikroorganismen abhängig. Jede zusätzliche Belastung, die aus Gefahrenzonen von Anlagen und Apparaten erwächst, erhöht das Risiko und ist daher durch Maßnahmen der hygienegerechten Gestaltung so weit wie möglich auszuschalten.

- Der nicht produktberührte Außenbereich von Apparaten und Anlagen kann als Träger zur Verbreitung von Mikroorganismen dienen, wenn offene Prozesse vorliegen. Eine Kreuzkontamination kann z. B. dadurch entstehen, dass Mikroorganismen von äußeren Apparateflächen durch Wasser oder Luft (Aerosole) in den Produktbereich verschleppt werden.
- Das weitere Umfeld offener Prozesse, wo der umgebende Raum in Betrachtungen der Kontamination mit einbezogen werden muss, kann auf verschiedene Weise von Einfluss sein. Verbreitungswege für Mikroorganismen können je nach Art des Prozesses durch Personal bei direktem Kontakt, durch Transportfahrzeuge, über verkeimte Böden oder durch Ungeziefer gegeben sein.

Entscheidend ist, dass in hygienerelevanten Bereichen der Lebensmittel-, Pharma- und Biotechnologie Mikroorganismen gefährliche Kontaminanten darstellen, da von ihnen in vielen Fällen die wesentlichen Risiken für die hergestellten Produkte und damit für den Verbraucher ausgehen. Im Gegensatz zu anderen Schmutzbestandteilen können sich Mikroorganismen, ausgehend von unmerklichen Anfangsmengen, in kurzer Zeit lawinennartig vermehren und damit auch große Produktchargen verderben.

Auf der anderen Seite dienen gerade Mikroorganismen zum Testen der Reinigungsfähigkeit von Apparaten und Geräten, da sie aufgrund ihrer geringen Größe überall eindringen können und aus Risikobereichen wie z. B. rauen Oberflächen oder engen Spalten bei der Reinigung nicht zuverlässig entfernt werden können. Aufgrund ihrer meist raschen Vermehrung werden sie als Tracer für den Nachweis der Reinigbarkeit eingesetzt. Dies darf jedoch im Allgemeinen nur außerhalb von Produktionsbetrieben erfolgen. Außerdem muss es möglich sein, getestete Apparate vor dem praktischen Einsatz völlig zu dekontaminieren.

6.1.1
Mikroorganismen

Im Bereich der Biotechnik [8] werden Mikroorganismen als zelluläre oder nicht zelluläre mikrobiologische Einheiten definiert, die sich vermehren oder genetisches Material übertragen können. In [9] wird auf die Gefährlichkeit von Mikroorganismen eingegangen, wobei sie je nach Gefahrenpotenzial in Kategorien eingeteilt werden, die im Wesentlichen die physiologischen Eigenschaften beschreiben, nicht aber eine Risikobewertung für Verwendung und Handhabung enthalten. Hierbei wird entsprechend Tabelle 6.1 zwischen Mikroorganismen unterschieden, die keine Gefährdung für den Menschen darstellen, und solchen, die unterschiedlich gefährlich für Mensch, Tier oder Pflanze sein können.

Unter dem Gesichtspunkt Hygienic Design sind drei Eigenschaften von Mikroorganismen besonders hervorzuheben:

Tabelle 6.1 Einstufung von Mikroorganismen in Kategorien nach Gefahrenpotenzial für Menschen entsprechend EN 1620 (sinngemäße, auszugsweise Wiedergabe).

Einstufung	Kategorie	Art der Gefährdung
Nicht pathogen	1	Keine Gefahr für Mensch und Umwelt
Pathogen für Menschen	2	Gefahr der Erkrankung; wirksame Behandlung oder Vorbeugung möglich
	3	Gefahr einer schweren Erkrankung; wirksame Behandlung oder Vorbeugung möglich
	4	Gefahr einer schweren Erkrankung; ernste Gefahr für Arbeitnehmer; wirksame Behandlung oder Vorbeugung nicht möglich

- Aufgrund ihrer geringen Größe sind sie einzeln oder in kleinen Mengen nicht direkt wahrnehmbar. Zur leichteren Übersicht können als sehr grobe Größenordnung für charakteristische Längenabmessungen Zehnerabstufungen gewählt werden: für manche Pilze wie z. B. Hefen etwa 10 μm, für Bakterien etwa 1 μm und für Sporen bis etwa 0,1 μm.
- Sie können sich relativ rasch durch Zellteilung vermehren, sodass wenige Mikroorganismen in kurzer Zeit zu großen Anzahlen lawinenartig anwachsen können.
- Sie besitzen Mechanismen, die ihnen eine Anpassung z. B. durch Erzeugung von Schleim oder Sporenbildung an die Umgebungsbedingungen gestatten und ihnen damit einen direkten Schutz gegen äußere Umweltbedingungen gewähren.

Der für Hygienic Design besonders wichtige Gesichtspunkt ist, dass Mikroorganismen wegen ihrer geringen Abmessungen ohne Hilfsmittel wie Mikroskope nicht sichtbar sind, da eine direkte visuelle Beobachtung unter etwa 60–100 μm nicht mehr möglich ist. Sie können vor allem in nicht sichtbare Spalte und Vertiefungen eindringen und sich in deren Schutz bei Vorhandensein von Nährstoffen lawinenartig vermehren. Häufig sind solche Stellen Ausgangspunkte für Biofilme, die schließlich ganze Anlagenbereiche besiedeln und durch Reinigung nur schwer zu entfernen sind. Dabei können die Nährstoffe nicht nur von Produkten, sondern auch von Werkstoffen der Apparate stammen. Besonders mobile Bakterien werden z. B. benutzt, um undichte Stellen an Konstruktionen zu detektieren, da sie Spalte in relativ kurzen Zeiten durchdringen können, indem sie in sie hinein- und hindurchwachsen. Eine Veranschaulichung der Vermehrung durch Zellteilung zeigt Abb. 6.2. In Abb. 6.3 ist der zeitliche Ablauf der entstehenden Keimzahlen für unterschiedliche Generationszeiten (Zeit einer Zellteilung) dargestellt.

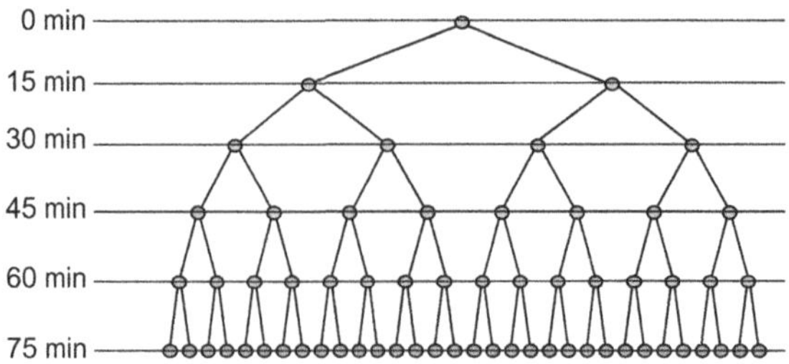

Abb. 6.2 Wachstum von Mikroorganismen durch Zellteilung.

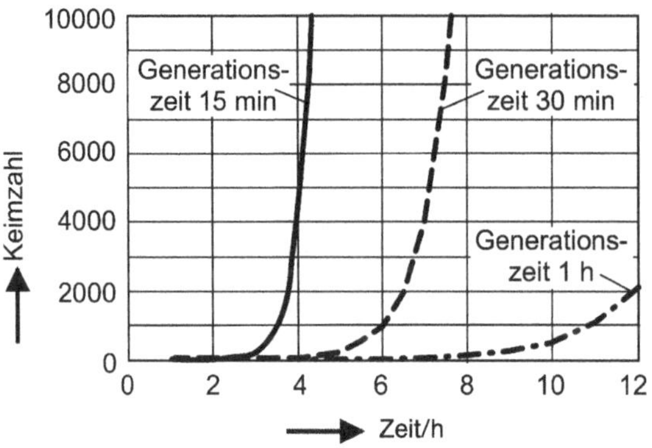

Abb. 6.3 Wachstumsphasen von Mikroorganismen bei unterschiedlichen Generationszeiten.

6.1.1.1 **Arten von Mikroorganismen**

Bakterien sind in äußerer Gestalt und Größe in unterschiedlichem Maße von Alter, Temperatur und Nährmedium abhängig [10]. Sie sind typischerweise einzellige Organismen, die kugel- (Kokken), stäbchen- (Stäbchen), komma- (Vibrionen) oder schraubenförmig (Spirillen) gestaltet sind. Einige grundlegenden Beispiele zeigt Abb. 6.4. Bakterien vermehren sich durch Zellteilung, wobei aus einer Zelle zwei Tochterzellen entstehen. Manche Bakterien haben fadenförmige Geißeln, mit denen sie sich aktiv fortbewegen können. Ihre mittleren Abmessungen liegen, wie bereits erwähnt, in der Größenordnung von 1 µm, wobei man je nach Form einen Bereich für die größten Abmessungen von 0,5 µm bis etwa 3 µm angeben kann.

Bestimmte Bakterien sind zur Sporenbildung fähig, die z. B. durch Nährstoffmangel ausgelöst wird. Sporen sind äußerst widerstandsfähig, sodass sie ungünstige Umweltbedingungen wie Trockenheit, Hitze, Kälte oder chemische Einflüsse (z. B. Desinfektionsmittel) überstehen können (Abb. 6.5). Sie stellen ein Ruhestadium dar, das der Erhaltung dient und der Reinigung nur schwer zugänglich ist. Manche Reinigungsverfahren bieten bei Vorhandensein hartnäckiger Sporen, diesen zunächst ein Nährmedium an, um sie zum Auskeimen anzuregen. Erst danach erfolgt der erforderliche Reinigungsschritt. Relevante Sporen können bezüglich ihrer Größenordnung Mittelwerte von etwa 0,5 µm

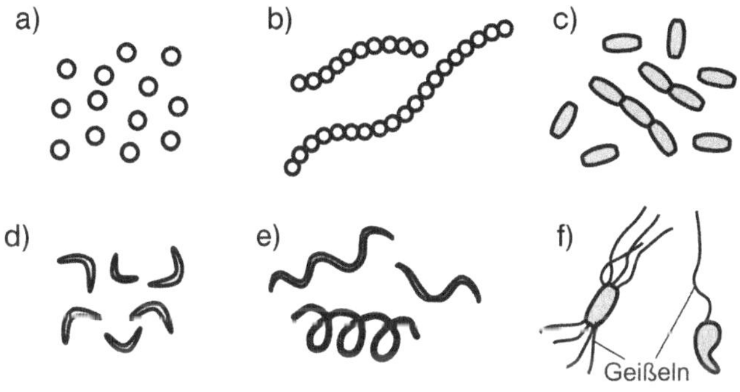

Abb. 6.4 Typische Arten von Bakterien:
(a, b) Kokken (kugelförmig, eventuell kettenförmig), (c) Stäbchen,
(d) Vibrionen (kommaförmig), (e) Spirillen (schraubenförmig),
(f) Bakterien mit fadenförmigen Geißeln.

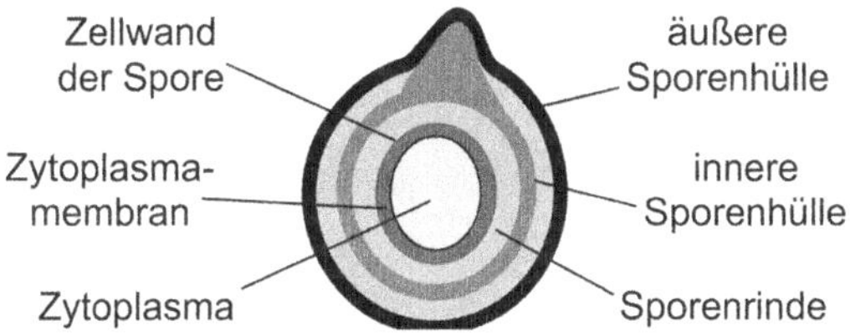

Abb. 6.5 Aufbau einer Spore.

erreichen, wobei die größten Abmessungen zwischen 0,5 µm und 2 µm liegen können (Abb. 6.5).

Pilze gehören zu den relativ großen, chlorophyllfreien Mikroorganismen, die in großer Vielfalt vorkommen. Sie unterscheiden sich von Bakterien dadurch, dass sie Zellkerne besitzen und sich sowohl geschlechtlich als ungeschlechtlich vermehren können. Einfach gebaute Pilze wie z. B. Hefen, die unter anderem zur Gärung von Bier eingesetzt werden, bilden kleine, meist ovale Zellen, die teilweise zu zusammenhängenden Zellverbänden vereinigt sind. Um eine ungefähre Größenordnung von relevanten Hefen anzugeben, kann man von etwa 10 µm ausgehen. Die größten Abmessungen können dabei zwischen 5 µm und 15 µm liegen. Abbildung 6.6 zeigt als Beispiel eine Darstellung von Hefekolonien, in der man Art und Verzweigung der Mikroorganismen erkennen kann [11].

Manche Pilzarten werden als Kulturen bei der Herstellung und Veredelung von Produkten der Lebensmittel- und Pharmaindustrie eingesetzt, wie bestimmte Schimmelpilze bei der Käseherstellung. Einige spielen als Fäulniserreger oder als Lebensmittelvergifter eine große Rolle. Abbildung 6.7 zeigt zwei Beispiele typischer Schimmelarten.

Viren sind als eigenständige biologische Einheiten keine Mikroorganismen, da sie keinen eigenständigen Stoffwechsel haben und damit keine selbstständig lebensfähigen Organismen darstellen. Sie sind im Vergleich zu Mikroorganismen relativ einfach gebaut, kommen aber in verschiedenen Organisationsstufen vor.

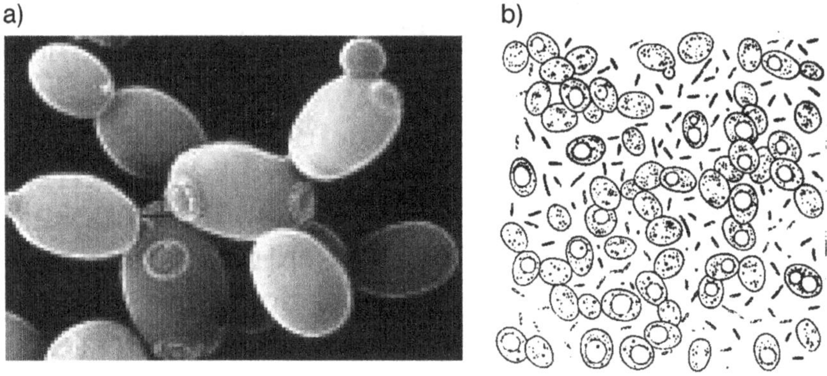

Abb. 6.6 Beispiele von Hefezellen:
(a) Rasterelektronenmikroskop, (b) Durchlichtmikroskop.

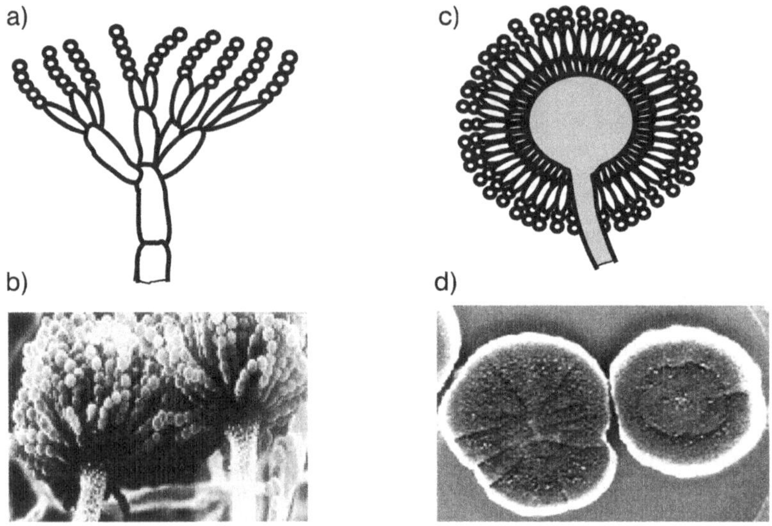

Abb. 6.7 Schimmelpilze:
(a) Prinzipdarstellung von Aspergillus, (b) Mikroskopaufnahme von Aspergillus,
(c) Prinzipdarstellung von Penicillium, (d) Mikroskopaufnahme von Penicilium.

Ihre Größe beträgt etwa 0,001 µm, sodass sie nur mit Elektronenmikroskopen sichtbar gemacht werden können. Viren können sich nur in lebenden Tier-, Pflanzen- oder Mikroorganismenzellen vermehren, da sie die Wirtzelle zur Vermehrung benötigen.

Fast alle Produkte, auf denen sich krankheitserregende Mikroorganismen vermehren können, sind leicht verderblich und besitzen oft einen gewissen Eiweiß-, Wasser- und Kohlenhydratgehalt. Dadurch wird die Vermehrung der Keime begünstigt, ohne dass diese unheilvolle Entwicklung durch einen andersartigen Geruch und Geschmack erkannt werden kann. Nicht das alleinige Vorhandensein

Tabelle 6.2 Gesundheitsgefährdende Mikroorganismen (in Anlehnung an K. Pichhardt, Hygieneschulung Lebensmittel, Springer Verlag, Berlin, 1998).

Art der Gefährdung	Erreger (Gattung)	Spezies	Erkrankung	Inkubationszeit
Infektionskrankheit, Lebensmittel-Toxiinfektion	Salmonella	*S. enteritidis* u. a.	Magen-Darm	6–72 h
Lebensmittel-Toxiinfektion	Escherichia	*E. coli*	Magen-Darm	3–36 h
Lebensmittel-Toxiinfektion	Campylobacter	*C. jejuni*	Magen-Darm	1–10 d
Infektionskrankheit	Listeria	*L. monocytogenes*	Hirnhautentzündung Magen-Darm	
Infektionskrankheit, Lebensmittel-Intoxikation	Staphylococcus	*C. aureus*	Magen-Darm	0,5–8 h
Lebensmittel-Intoxikation	Clostridium	*C. perfringens*	Durchfall, Erbrechen	9–15 h
		C. botulinum	eventuell Tod	2 h–8 d
Lebensmittel-Intoxikation	Bacillus	*B. cereus*	Durchfall, Erbrechen	0,5–24 h

solcher Keime (z. B. Salmonellen) ist letztlich für die Erkrankung des Menschen entscheidend, sondern ob sich diese Keime in oder auf dem Produkt vermehren können. Dabei spielen insbesondere unsachgemäße Lagerung und ungenügende Kühlung eine entscheidende Rolle. Eine auszugsweise Übersicht über gesundheitsgefährdende Mikroorganismen zeigt Tabelle 6.2.

Als Wachstum wird im Allgemeinen die Vergrößerung und Teilung von Zellen bezeichnet [12]. Unter Vermehrung versteht man dagegen, die Erhöhung der Anzahl der einzelnen Mikroorganismen. Unter konstanten Kulturbedingungen, bei denen weder Nährstoffe von außen noch Stoffwechselprodukte abgeführt werden, kann man sechs Phasen unterscheiden (Abb. 6.8). In der *Anlaufphase* erfolgt die Aktivierung des Stoffwechsels. Sie endet mit der ersten Zellteilung. In der *Beschleunigungsphase* nimmt die Zellteilung ständig zu, bis sie in der *exponentiellen Phase* konstant und gleichzeitig maximal ist. Parallel dazu wird die Generationszeit, in der eine Verdoppelung der Zellzahl eintritt, minimal. Die Generationszeit kann für viele Mikroorganismen zwischen 15 und 120 min betragen. Durch Verarmung an Substrat und Zunahme von eventuell toxischen Stoffwechselprodukten entsteht eine Abnahme der Vermehrungsgeschwindigkeit, die als *Verzögerungsphase*

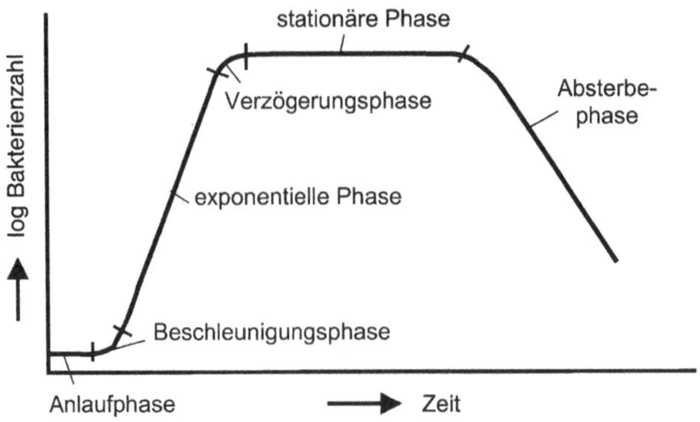

Abb. 6.8 Prinzipielle Wachstumsphasen von Mikroorganismen.

bezeichnet wird. In der darauf folgenden *stationären Phase* bleibt die Keimzahl konstant, da die Zahl der entstehenden und absterbenden Zellen in etwa gleich groß ist. In der *letalen Phase* (Absterbephase) geht die Keimzahl zurück, da durch Autolyse mehr Zellen absterben als neu gebildet werden.

Wesentlichen Einfluss auf die Wachstumsgeschwindigkeit von Mikroorganismen übt das Nährstoffangebot zusammen mit den Umgebungsbedingungen aus. Diese werden z. B. durch Wassergehalt, pH-Wert und Sauerstoffkonzentration bestimmt. Weiterhin gibt es für jede Art von Mikroorganismen optimale Entwicklungstemperaturen, bei denen Anlaufphase und Beschleunigungsphase am kürzesten sind. Durch Anwendung von Kälte, Hitze, chemischen Substanzen oder Bestrahlung kann eine Hemmung der Vermehrung oder Abtötung von Mikroorganismen erfolgen. Man bezeichnet den Einfluss als mikrobiostatisch, wenn die Vermehrung zeitweise gehemmt wird. Eine mikrobiozide Wirkung tritt ein, wenn die Mikroorganismen abgetötet werden.

6.1.1.2 **Einfluss von Feuchtigkeit**

Vermehrung und Wachstum von Mikroorganismen werden neben einem entsprechenden Nährstoffangebot und der notwendigen Temperatur in erster Linie durch die Anwesenheit von Wasser geprägt. Vom Gesamtwassergehalt eines Produktes steht den Mikroorganismen für die Vermehrung nur der chemisch nicht gebundene, *aktive* Teil des Wassers zur Verfügung.

Als Gesamtwassergehalt bezeichnet man die Menge an Wasser eines Materials bezogen auf dessen Trockensubstanz. Es kann sich z. B. aus chemisch gebundenem und in Poren haftendem absorbiertem Wasser zusammensetzen. Die Einheit wird in Gewichtsprozent (Gew.%) angegeben.

Materialien, die Wasser aufnehmen und zurückhalten oder abgeben, bezeichnet man als hygroskopisch. Hygroskopische Materialien sind stets bestrebt, mit der umgebenden Luft in ein Gleichgewicht bezüglich der Feuchte zu treten. Das freie Wasser in einem hygroskopischen Material bewirkt eine Dampfdruckerhöhung auf der Materialoberfläche. Wenn der Wasserdampfdruck auf der Materialoberfläche und der umgebenden Atmosphäre gleich ist, spricht man von Gleichgewichtsfeuchte. Jeder Unterschied zwischen diesen Drücken bewirkt einen Wasseraustausch.

Über das chemisch nicht gebundene Wasser gibt die Wasseraktivität, gekennzeichnet durch den a_w-Wert, Aufschluss. Sie ist damit geringer als der Gesamtwassergehalt. Zwischen dem Gesamtwassergehalt und der Wasseraktivität einer Substanz besteht eine von der Temperatur abhängige Beziehung, die meist nur empirisch bestimmt werden kann. Die Wasseraktivität ist proportional zur relativen Feuchte der direkt mit dem Material in Kontakt stehenden Luft. Man versteht darunter gemäß

$$a_w = \frac{P_{DS}}{P_{D0}} \tag{1}$$

das Verhältnis von Wasserdampfdruck im Substrat P_{DS} zu Wasserdampfdruck P_{D0} von Wasser bei gleicher Temperatur. Sie wird als Maßzahl des für Mikroorganismen verfügbaren Wassers im Bereich zwischen 0 (kein Wasser verfügbar) und 1 (Kondenswasserbildung, reines Wasser) angegeben. Bakterien benötigen in der Regel eine Wasseraktivität von über 0,95–0,98, aber auch deutlich niedrigere Wasseraktivitäten von bis zu 0,6 können von bestimmten Bakterien toleriert werden.

Die Messung beruht auf der Gleichgewichtsfeuchte. In einem abgeschlossenen Raum mit einer anteilsmäßig geringeren Menge Luft als Feststoff bestimmt das im Feststoff enthaltene freie Wasser die relative Feuchte der umgebenden Luft. Die Wasseraktivität (a_w-Wert) ist praktisch gleich der Gleichgewichtsfeuchte in einem abgeschlossenen Raum.

Die Wasseraktivität wird z. B. als Kennzahl für die Verderblichkeit von Lebensmitteln verwendet. Bei Prozessen für sogenannte „trockene" Produkte wie Pulver oder Tabletten ist unter einem bestimmten a_w-Wert des Produktes bzw. einer entsprechenden Luftfeuchtigkeit davon auszugehen, dass keine Gefahr von Mikroorganismenwachstum gegeben ist. Hier können nur Sporen überleben.

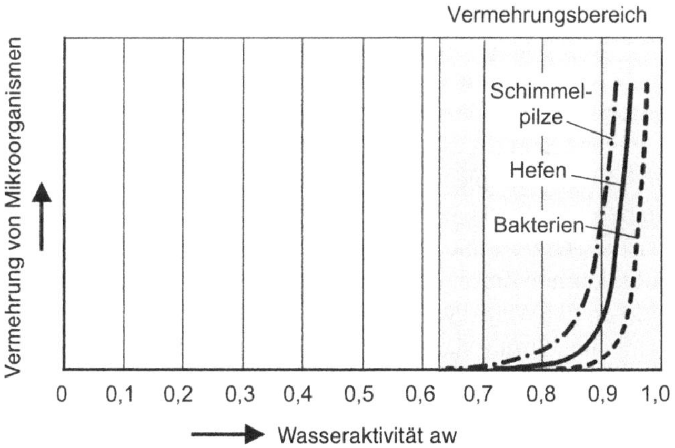

Abb. 6.9 Wachstum von Mikroorganismen in Abhängigkeit vom a_w-Wert.

Voraussetzung dabei ist, dass auch die Reinigung trocken erfolgt. Nach [13] sind die Voraussetzungen dafür Feuchtigkeiten wie sie in Abb. 6.9 dargestellt sind.

6.1.1.3 **Eigenschaften von Mikroorganismen**

Ziel der Herstellung von Produkten wie Lebensmittel oder Pharmaprodukte, die abhängig vom Feuchtigkeitsgehalt durch Mikroorganismen kontaminiert werden können, ist die Sicherheit für den Verbraucher. Dabei können Gefahren im Allgemeinen direkt von den Produkten ausgehen. Vor allem, wenn sie nicht oder nicht ausreichend wärmebehandelt werden, können schädliche Mikroorganismen ein erhebliches Risiko darstellen. Die Produkte müssen dann bis zum Verbrauch auf einem ungefährlichen Niveau, d. h. mikrobiostatisch, z. B. im Rahmen einer Kühlkette bis zum Verbraucher bzw. bis zum Verzehr gehalten werden. Indirekt kann aber auch die Prozessanlage Ursache für Kontaminationen sein, wenn sterilisierte Produkte nachträglich durch nicht sterile Bereiche infiziert werden. Eine zuverlässige Qualitätskontrolle und -sicherung ist daher eine entscheidende Voraussetzung für den Schutz des Verbrauchers.

Gefahren gehen in direkter Hinsicht von Krankheitserregern aus, die z. B. im Lebensmittelbereich zu sogenannten Lebensmittelinfektionen führen. Am bekanntesten bei Laien sind Infektionen durch Salmonellen oder Listerien. Werden diese Mikroorganismen zuverlässig z. B. bei der Zubereitung abgetötet, so sind die Lebensmittel unbedenklich zu genießen. Toxinbildende Mikroorganismen verderben dagegen die Produkte durch die entstandenen Giftstoffe (Intoxikation), sodass je nach Dosis gesundheitsschädliche Reaktionen trotz Vorsichtsmaßnahmen wie Abkochen vor dem Verbrauch auftreten können.

Abbildung 6.10 zeigt den prinzipiellen Verlauf des Wachstums von Bakterien, Hefen und Schimmelpilzen in Abhängigkeit des pH-Wertes. Während Bakterien hauptsächlich eine neutrale Umgebung bevorzugen, kommen Hefen und Schimmelpilze vor allem im sauren Bereich vor. Generell kann gesagt werden, dass unter einem pH-Wert von 4,5 keine pathogenen Keime wie z. B. *Clostridium botulinum* oder *Staphylococcus aureus* wachsen können. Es ist allerdings Vorsicht geboten, wenn Schutzmechanismen wie Biofilme an Oberflächen von Geräten vorhanden sind, die Bakterien vor der direkten Einwirkung von Säuren schützen können.

Bei Produkten im Lebensmittel- und Pharmabereich sind die Säuregehalte unterschiedlich, sodass Gefahren durch Kontamination in unterschiedlicher Weise gegeben sein können. Bei Lebensmitteln sind schwach saure Produkte mit pH-Werten zwischen 4,5 und 7 beispielsweise Fleisch, Fisch, Geflügel, Milch und manche Gemüse. Im Bereich von pH-Werten von 4,5–3,5 liegen z. B. Früchte wie Äpfel und Orangen sowie Getränke und Säfte wie Bier, Frucht- und Tomatensäfte. Als stark saure Produkte können Zitronen, Beerenobst, Rhabarber und Sauerkraut bezeichnet werden, deren pH-Werte zwischen 3,5 und 2,5 liegen.

Ein weiterer wesentlicher Einflussfaktor auf das Wachstum von Mikroorganismen ist der Sauerstoff (Abb. 6.11). Er wirkt auf anaerobe Mikroorganismen wie Megasphera oder Clostridien toxisch, sodass sie sich z. B. in O_2-haltigen Getränken nicht vermehren können. Fakultativ anaerobe Mikroorganismen wie manchen Hefen und Milchsäurebakterien können sich sowohl unter aeroben

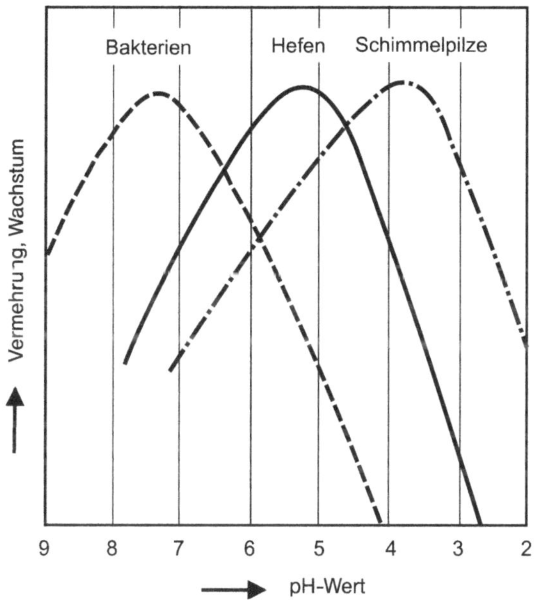

Abb. 6.10 Wachstum einiger Mikroorganismen in Abhängigkeit vom pH-Wert.

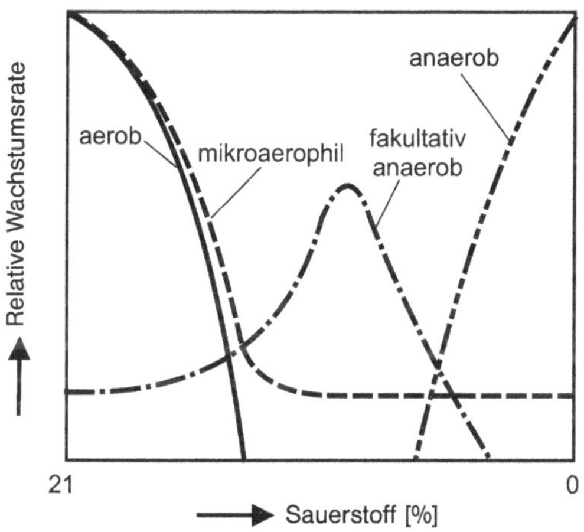

Abb. 6.11 Relative Wachstumsraten von Mikroorganismen in Abhängigkeit vom Sauerstoffgehalt in der Umgebung.

als auch anaeroben Verhältnissen vermehren, d. h. Atmung und Gärung sind unter Anwesenheit von Sauerstoff möglich. Aerobe Mikroorganismen wachsen dagegen nur bei Anwesenheit von Sauerstoff. Als mikroaerophil bezeichnet man Mikroorganismen, die sich bei niedrigem Sauerstoffpartialdruck besser entwickeln als bei normalem.

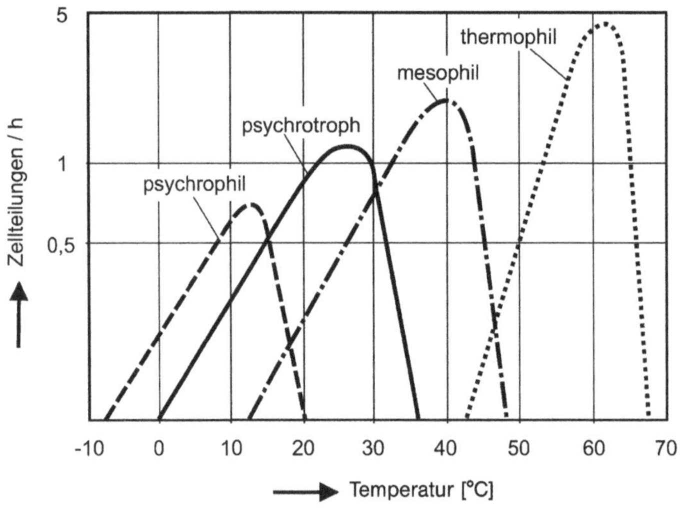

Abb. 6.12 Einteilung von Mikroorganismen nach Lebensfähigkeit in Abhängigkeit von der Temperatur.

In Zusammenhang mit Leben und Vermehrung von Mikroorganismen spielt die Temperatur eine entscheidende Rolle. Die Vermehrung erfolgt entsprechend Abb. 6.12 zwischen einem Temperaturminimum und -maximum, wobei im Bereich einer optimalen Temperatur die besten Bedingungen vorliegen. Als psychrophil bezeichnet man Mikroorganismen, deren optimale Vermehrungstemperatur niedrig, d. h. bei etwa 10–15 °C, liegt und die noch bei Temperaturen unter 0 °C wachsen. Sie können selbst bei der Kühllagerung von Produkten Schäden anrichten. Bei psychotropen Organismen befindet sich das Optimum zwischen 15 und 20 °C, ein Wachstum ist aber auch bis zu Temperaturen um 0 °C möglich. Sie sind z. B. die Hauptverursacher des Verderbs von Lebensmitteln. Die meisten Mikroorganismen sind mesophil. Ihre optimale Vermehrung erfolgt zwischen 20 und 37 °C, wobei ein Wachstum unter 10 °C praktisch nicht mehr möglich ist. Thermophile Mikroorganismen sind durch hohe optimale und maximale Vermehrungstemperaturen gekennzeichnet. Für relevante Keime liegt die maximale Temperatur bei etwa 75 °C. Thermophile Mikroorganismen, wie z. B. *Bacillus stearothermophilus* werden wegen ihrer Hitzebeständigkeit auch für Testverfahren zur Überprüfung der Reinigbarkeit von Geräten verwendet, da man Temperaturbereiche anwenden kann, in denen andere Mikroorganismen nicht mehr lebensfähig sind [14].

6.1.2
Biofilme

Biofilme sind Kolonien von Mikroorganismen wie z. B. von Bakterien, in denen sich diese entweder aneinander oder an einen bestimmten Untergrund anhaften.

Dabei umhüllt eine extrazelluläre Matrix die Zellen der Mikroorganismen. Als Besonderheit ist festzustellen, dass sich Mikroorganismen derselben Art völlig unterschiedlich verhalten, je nachdem ob sie in einem Biofilm oder in freiem Zustand vorliegen. Je nach Zustand können bestimmte Gene ein- bzw. ausgeschaltet werden. Außerdem werden in beiden Zustandsformen unterschiedliche Proteine ausgebildet.

Infolge des engen Zusammenwirkens mehrerer Organismen besitzen Biofilme bestimmte Merkmale [15], wie:

- die Nähe zu festen Körper wie z. B. zu Apparateoberflächen,
- eine relativ hohe Volumenkonzentration an unterschiedlichen Bestandteilen,
- eine lange Verweilzeit benachbarter Zellen zueinander,
- ein instationäres Verhalten, womit sich die Bedingungen im Biofilm ständig verändern,
- eine unterschiedliche Natur der beteiligten Mikroorganismen,
- ein Mikroökosystem unter Beteiligung aller Organismen, wobei diese positiv – unter anderem durch Bildung von Nährstoffen, Vitaminen und Enzymen zur Spaltung von Makromolekülen – und negativ – z. B. durch die Produktion von Säuren oder lytischen Enzymen – miteinander wechselwirken können und
- eine große räumliche Heterogenität (Konzentrationsunterschiede), unter anderem der Temperatur, des pH-Wertes, der Sauerstoff-, Nährstoff- und Substratkonzentrationen, aber auch von Bioziden und Stoffwechselprodukten.

In der Lebensmittelindustrie sind die meisten Produkte ausgezeichnete Nährmedien für unerwünschte Mikroorganismen, die meist mit Lebensmitteln wie z. B. Rohprodukten in die Anlage gelangen und dort ausgehend von schlecht gestalteten geschützten Bereichen Biofilme bilden. Gleiches kann bei bestimmten Produkten in der Pharmaindustrie der Fall sein. Ein häufig anfangs nicht bemerktes Problem der bakteriellen Kontamination durch Bildung von Biofilmen besteht z. B. bei Reinstwasseranlagen [16].

6.1.2.1 **Bildung und Struktur von Biofilmen**

Die Voraussetzungen zur Bildung von Biofilmen sind:

- eine Grenzfläche, die besiedelt werden kann,
- eine wässrige Lösung als Transportmittel und Adhäsionspartner,
- Nährstoffe,
- Mikroorganismen, insbesondere Bakterien [17].

Dabei können sich gemäß Abb. 6.13 unterschiedliche Schichten ausbilden, in denen aufgrund des jeweiligen Sauerstoffgehaltes unterschiedliche Mikroorganismen lebensfähig sind.

Die Anlagerung von Mikroorganismen an Oberflächen erfolgt aus verschiedenen Gründen. Eine wichtige Ursache besteht darin, dass sie meist negative Ladung besitzen und deshalb oft durch die positive Ladung von vielen anorganischen Oberflächen angezogen werden. Allerdings handelt sich dabei nicht nur um Zufall, sondern bestimmte Oberflächen lagern vermehrt Nahrung für

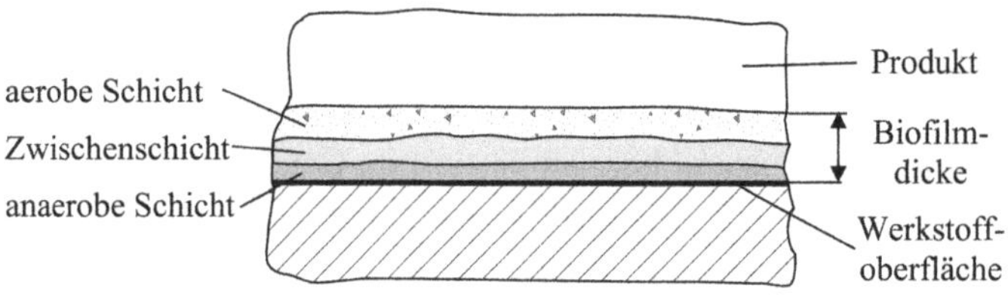

Abb. 6.13 Grundlegender Aufbau eines Biofilms.

Mikroorganismen an. Dadurch werden Mikroorganismen, die sich chemotaktisch orientieren, verstärkt angelockt [18].

Sobald die zunächst sauberen und ausreichend glatten Materialoberflächen mit Produkt in Kontakt kommen, werden sie sofort mit organischen Molekülen wie z. B. Proteinen überzogen (Abb. 6.14). Damit bildet sich bereits nach einigen Minuten auf der Oberfläche eine erste sehr dünne Schicht, womit sich die chemischen und physikalischen Eigenschaften der Oberfläche ändern. In vielen Fällen handelt es sich dabei um chemische Verbindungen in Form von Polysacchariden und Glykoproteinen. Durch die veränderte Oberflächenbeschaffenheit wird es den folgenden Mikroorganismen erleichtert sich anzulagern. Auf diese Weise können auch ursprünglich freie Mikroorganismen, die in nicht sterilen Produkten wie z. B. Trinkwasser immer vorhanden sind, innerhalb einiger Minuten eine reversible Schicht auf so gut wie jeder Oberfläche bilden. Ist der Zeitraum der

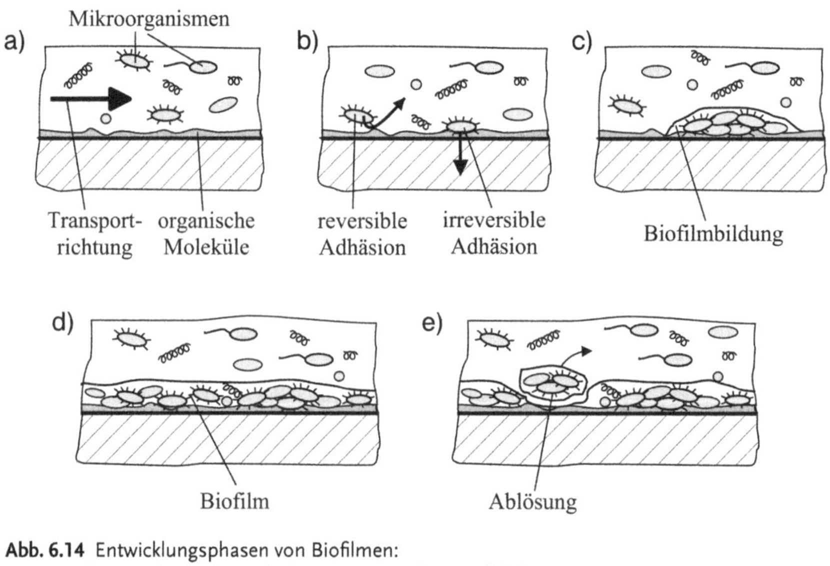

Abb. 6.14 Entwicklungsphasen von Biofilmen:
(a) erste dünne Oberflächenschicht mit organischen Molekülen,
(b) Anlagerung von Mikroorganismen an diese Schicht, (c) Beginn der Biofilmbildung (reversible Phase), (d) Bildung chemischer Veränderungen und extrazellulärer Polymere (irreversible Phase),
(e) Ablösung einzelner Teile.

Verbindung zwischen Bakterien und Oberfläche lang genug, entstehen weitere chemische und physikalische Strukturen. Dadurch wird die Anlagerung des Biofilms irreversibel.

Als letzter Schritt werden extrazelluläre Polymersubstanzen (EPS) gebildet, die z. B. Zucker wie Glukose oder Fruktose enthalten. An die entstandene Schicht aus Mikroorganismen und EPS können sich organisches Material wie tote Zellen oder Algen sowie Produktsubstanzen etc. anlagern. Die Lebensgemeinschaft des Biofilms wird auf diese Weise unendlich vielfältig. Man weiß aus der Medizin, dass Bakterien im eingebetteten Zustand eines Biofilms 100-mal resistenter gegen Antibiotika sind, als wenn sie frei zugänglich wären. Die Schicht z. B. aus Schleim, von der die Bakterien umgeben werden, schützt sie entscheidend vor äußeren Einflüssen. Außerdem wurde, beispielsweise nach der Behandlung mit Chlor, ein erneutes und zudem rasanteres Wachstum des Biofilms festgestellt.

Ein wichtiger Aspekt bei der Entstehung von Biofilmen ist, dass zusätzliche Nährstoffe für adsorbierte Mikroorganismen aus den verwendeten Werkstoffen freigesetzt werden können. Gerade für eine Reihe von Plastik- und Gummimaterialien konnte gezeigt werden, dass zum Teil erhebliche Mengen organischer Verbindungen aus den Werkstoffen abgegeben werden [19]. Zu diesen Substanzen gehören Weichmacher und sonstige Hilfsstoffe der Polymerproduktion, aber auch Schmier- und Gleitmittel, die für Funktion und Installationen benötigt werden.

Bei ausgebildeten Biofilmen können ganze Zellbereiche wieder absterben, die durch Adhäsion nicht mehr ersetzt werden, sodass ganze Teile des Films abgelöst werden. Der Film kann damit auch zerfallen. Dabei überwiegt aus den verschiedensten Gründen, wie Nahrungsmangel, mechanische Scherwirkungen, destabilisierende Gasbildung, Einwirkung von Bioziden oder Insektenlarven, die Todesrate gegenüber der Ansiedelung.

Abbildung 6.15 zeigt zwei Aufnahmen von Biofilmen in unterschiedlicher Vergrößerung. Während in Abb. 6.15a im Wesentlichen der Belag mit Einlagerungen zu erkennen ist, gibt Abb. 6.15b die zum Teil fadenförmige Struktur der Polymersubstanzen wieder.

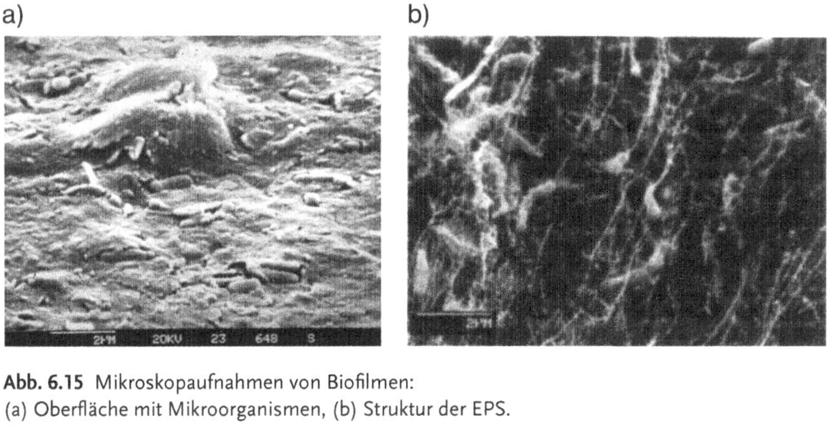

Abb. 6.15 Mikroskopaufnahmen von Biofilmen:
(a) Oberfläche mit Mikroorganismen, (b) Struktur der EPS.

6.1.2.2 **Extrazelluläre Polymersubstanzen (EPS)**

Wie bereits erwähnt sind für den Zusammenhalt von Biofilmen die extrazellulären polymeren Substanzen (EPS) verantwortlich. Sie sind die Schlüsselmoleküle für Struktur, Funktion und Organisationsform von Biofilmen und beeinflussen die Mikroumgebung der Biofilmbewohner. Um die Bedeutung und das Verhalten von Biofilmen in technischen Systemen und auch im medizinischen Bereich zu verstehen, sind eingehende Kenntnisse über die EPS erforderlich. Nebenbei ist zu erwähnen, dass die EPS auch biotechnologisch genutzt werden und einige von ihnen als Wertstoffe verwendet werden. Die Polymere bestimmen die physikalisch-chemischen Eigenschaften von Biofilmen, wie z. B. ihre mechanische Festigkeit und ihre dreidimensionale Struktur.

Die Bildung von EPS ist eine generelle Fähigkeit von Mikroorganismen. Sie wurde für Bakterien ebenso nachgewiesen wie für Algen oder Pilze. Der Begriff EPS umfasst eine ganze Reihe von Biopolymeren, darunter hauptsächlich Polysaccharide, Proteine, Glykoproteine, Lipide, Phospholipide, Glykolipide und Nukleinsäuren. Da diese Moleküle zur Bildung wassergefüllter Netzwerke neigen, kann ein wichtiger biologischer Zweck der EPS, nämlich Hydrogele zu bilden, von einer ungeheuren Vielfalt von Biopolymeren und speziell von Polysacchariden erfüllt werden. Verschiedene Arten von Mikroorganismen können damit sozusagen ihre eigenen EPS sowie Hydrogele bilden.

Die Zusammensetzung der EPS in Biofilmen hängt nicht nur von den Organismen ab, die den Biofilm bilden, sondern auch von den Nährstoffbedingungen. Eine wichtige Rolle spielt hierbei das Verhältnis von Kohlenstoff zu Stickstoff und Phosphor. Generell wird angenommen, dass eine Limitierung von Stickstoff oder Phosphor zu einer vermehrten Produktion von EPS führt, da die EPS-Produktion eine Antwort der Mikroorganismen auf Stress zu sein scheint. Aber auch die Anwesenheit verschiedener organischer Substrate führt zu Unterschieden in der EPS-Zusammensetzung.

Mehr als 45 % des gesamten Zellproteins sind in den EPS enthalten. Welche Rolle diese Proteine dort spielen, ist noch nicht ganz geklärt, jedoch besteht ein gewisser Anteil davon aus Enzymen.

Aus bisher bekannten Beobachtungen ergibt sich, dass die EPS-Matrix zeitlich und räumlich sehr heterogen ist und auf Umweltbelastungen mit der Produktion veränderter EPS reagieren kann [20]. Der Zusammenhalt der EPS-Matrix beruht nicht auf kovalenten Bindungen, sondern auf schwachen chemischen Wechselwirkungen wie Wasserstoffbrückenbindungen oder auf Adhäsionswirkungen wie z. B. Van-der-Waals- und elektrostatischen Wechselwirkungen. Die Energie der einzelnen Bindungen ist zwar verglichen mit kovalenten Bindungen sehr gering, aber die EPS-Moleküle enthalten sehr viele mögliche Bindungsstellen. Die Bindungen sind im Allgemeinen nicht gerichtet, sondern die Matrix besteht aus einem Netzwerk, das an fluktuierenden Haftpunkten zusammengehalten wird.

Bildlich gesprochen sind die EPS das Haus für die Biofilmbewohner, d. h. die Mikroorganismen. Die Polysaccharide entsprechen dabei dem Mauerwerk, während die Proteine mit den Möbeln verglichen werden können.

Dieses Wechselspiel zwischen Materialoberflächen, Polymeren und Zellen ist bisher nur für spezifische Stämme und Bedingungen empirisch analysiert worden. Merkmale dieser Prozesse können folgendermaßen charakterisiert werden:

- Polymere werden infolge ihrer großen Kettenlänge irreversibel adsorbiert, obwohl ein „freies" Molekül nur eine geringe Adhäsionskraft aufbringt. Dies befähigt Polymere zur Bildung von freien Ketten und Kapseln auf Festkörperoberflächen.
- Bakterien, die im Allgemeinen negativ geladen sind, können ohne spezifischen biochemischen Mechanismus, unter Nutzung dieser Polymere, mit einer negativ geladenen Oberfläche eine Bindung eingehen.
- Extrazelluläre Proteine bilden bei einer Adsorption zwischen negativ geladenen Bakterien und negativ geladenen Oberflächen positive Brücken, d. h. sie übernehmen die Funktion eines Vermittler-Ions. Darüber hinaus spielen sie eine wichtige Rolle für die Adsorption an hydrophoben Oberflächen.
- Die Adsorption wird von der Ionenstärke der geladenen Polymere beeinflusst.
- Kleine Moleküle und andere Polymere können die Adsorption von Makromolekülen auf der Festkörperoberfläche verhindern, wobei eine Bindung über die EPS erfolgt.
- Die Adhäsionskraft wächst mit der Zeit, vermutlich ein Effekt aus Konzentrationsveränderungen infolge des viskosen Fließens von Zellen auf festen Oberflächen.

6.1.2.3 Eigenschaften von Biofilmen

Wie bereits angedeutet, sind Biofilme in der Technik häufig anzutreffen. Sie können im gesamten Produktions- und Abfüllbereich auf den Apparateoberflächen entstehen, wobei als Ausgangspunkte meist schlecht zu reinigende Bereiche dienen. Biofilme stellen in nahezu allen Fällen eine Vorstufe für biologische Probleme dar, da sie auch für schädliche Mikroorganismen aufgrund ihrer EPS-Schleimhüllen Schutz vor Austrocknung und damit ein ideales Mikromilieu bieten. Daher ist es wichtig, dass Biofilme gerade in direkten Kontaktbereichen, rechtzeitig entdeckt und beseitigt werden [21].

Das Wachstum von Biofilmen auf Oberflächen verschiedener Materialien kann sehr unterschiedlich sein, wobei die in Untersuchungen meist nicht berücksichtigte Oberflächenstruktur eine entscheidende Rolle spielt. Abbildung 6.16 zeigt beispielhaft das Ergebnis einer Untersuchung, bei der die Besiedlung durch Listeria innerhalb von sieben Tagen wiedergegeben wird. Dabei stand zur Vermehrung der Mikroorganismen im Fall a) ein ausreichendes Nährstoffangebot zur Verfügung, während bei b) die vorhandenen Nährstoffe minimal waren. Davon abhängig kann offensichtlich auch die Bildung von Biofilmen völlig unterschiedlich ablaufen [22]. Für konkrete Fälle ist es daher in der Praxis notwendig, in Abhängigkeit von Werkstoff und Oberfläche die Entstehung von Biofilmen zu untersuchen, um entsprechende Maßnahmen zu ihrer Vermeidung bzw. Beseitigung ergreifen zu können.

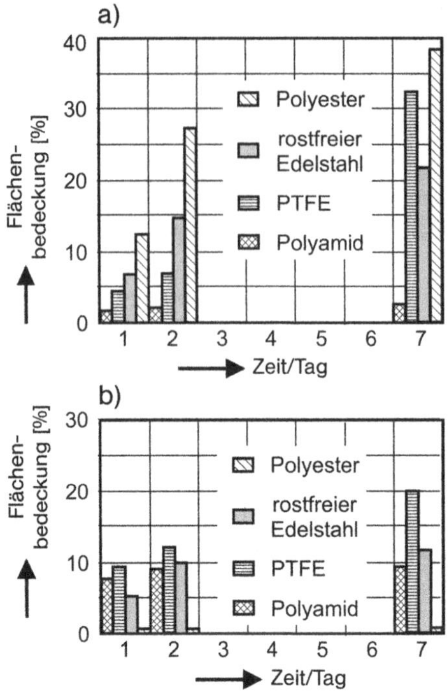

Abb. 6.16 Besiedlung verschiedener Oberflächen durch Listerien:
(a) ausreichendes Nährstoffangebot, (b) Minimalangebot an Nährstoffen.

Der Aufbau der EPS-Matrix beeinflusst die Prozesse, die in ihr stattfinden. Im Biofilm findet nicht nur diffusiver Stofftransport statt, sondern es treten auch Poren und Kanäle auf, in denen konvektiver Stofftransport möglich ist. Dies wurde vor allem dann beobachtet, wenn außerhalb des Biofilms eine Strömung herrscht [15].

Eine wichtige Frage ist, ob die EPS auch als Diffusionsbarriere wirken können [18]. Da die Hauptkomponente der EPS-Matrix Wasser ist, zeigt sich, dass der Diffusionskoeffizient von Wassermolekülen innerhalb und außerhalb der Matrix nahezu gleich ist. Kleine, ungeladene Moleküle erfahren ebenfalls fast keine Diffusionshemmung in der Matrix. Erst wenn die diffundierende Art mit der EPS-Matrix reagiert oder von den Zellen verbraucht wird, kommt es zur Ausbildung eines Gefälles. Ein Beispiel dafür ist Sauerstoff, dessen Konzentration im Biofilm abnehmen kann, da aktive aerobe Kolonien ihn schneller umsetzen können, als er nachdiffundieren kann. Dadurch entstehen sauerstofffreie Bereiche, in denen es strikt anaeroben Mikroorganismen möglich ist, direkt unter aeroben Kolonien zu wachsen. So können sich z. B. die obligat anaeroben sulfatreduzierenden Bakterien an der Basis von Biofilmen in aeroben Wassersystemen vermehren.

Biofilme können sich unter hohen Scherkräften entwickeln und erstaunlich fest an Oberflächen haften. Dabei erfolgt eine Selektion auf solche Organismen, die besonders feste Netzwerke bilden. Deshalb lassen sich auf Dauer auch in technischen Systemen Biofilme nicht durch erhöhte Fließgeschwindigkeiten verhindern. In anderen Fällen, in denen Biofilme unter geringeren Scherkräften entstehen, weisen die Aggregate eine deutlich geringere Festigkeit auf.

Ein Biofilm kann sich abhängig von der Belastung unterschiedlich verhalten. Häufig liegt er ohne Belastung als Gel vor. Wenn durch zunehmenden Druck der Bruchpunkt des Gels überschritten wird, finden sich im Netzwerk der fluktuierenden Haftpunkte nicht mehr die gleichen Bindungspartner wieder, sondern gleiten übereinander und finden neue Bindungsstellen. Damit ändert sich das anfängliche Verhalten und das System wird viskoelastisch. Dies ist z. B. in der Natur der Fall, wenn man beim Überqueren eines Baches auf einem algenbewachsenen Stein ausrutscht. Eine Fliege, die sich auf solch einem Biofilm niederlässt, rutscht dagegen nicht, da sie zu leicht ist. Außerdem konnte nachgewiesen werden, dass Biofilme unter hohen Scherkräften an Oberflächen entlang zu fließen beginnen. Ein weiterer Einfluss auf die physikalischen Eigenschaften entsteht durch erhöhte Konzentrationen von Calcium, die den Elastizitätsmodul des Biofilms erhöhen. Gleiches wurde auch für Eisen- und Kupferionen beobachtet. Magnesiumionen sind dagegen zu klein, um eine wirksame Brücke auszubilden.

Die Bindungskräfte der EPS an ihre Unterlage reichen aus, um z. B. Feststoffteilchen zu verkleben. Die Polymere sind es auch, die Filtermaterialien verstopfen können, wobei sich bei körnigen Filtermaterialien (z. B. Aktivkohle etc.) so stabile Aggregate bilden, dass sie in manchen Fällen auch durch starke Rückspülung nicht mehr getrennt werden können.

Da der Hauptbestandteil der EPS-Matrix Wasser ist, entstehen fadenartige oder flächige Strukturen, wenn es z. B. durch Trocknen entfernt wird. Mit abnehmendem Wassergehalt nimmt die Zahl der Bindungsstellen zwischen den Biopolymeren zu. So kommt es, dass eingetrocknete Biofilme praktisch nicht mehr aufgelöst werden können. Auch die Adhäsion von EPS an inerte Materialien kann beim Austrocknen erheblich zunehmen, wobei das Volumen geringer wird.

In Rohrleitungen verursachen Biofilme einen Druckverlust, der weit überproportional zur Verengung des Querschnittes durch Biofilme ist. Dies ist besonders in Kühlkreisläufen von Bedeutung. Hier wirkt sich auch aus, dass die Biofilmmatrix einen hauptsächlich diffusiven Wärmetransport erlaubt. Deshalb stellen Biofilme auf Wärmetauschern eine Art Isolierschicht dar, die den Wirkungsgrad des Wärmeübergangs stark verringern kann.

Prinzipiell sind die EPS biologisch abbaubar, aber sie scheinen wie andere biologische Strukturpolymere nur langsam verstoffwechselt zu werden. Dies trifft vor allem auf die Polysaccharide zu. Daran scheitern bisher auch die Anstrengungen, unerwünschte Biofilme in der für technische Zwecke wünschenswert kurzen Zeit mithilfe von Enzymen zu beseitigen.

Eine der herausragenden Eigenschaften von Biofilmen ist neben der enormen Stabilität ihr hohes Wasserbindungsvermögen. Diese Eigenschaften bergen Nachteile bei der Entfernung von unerwünschten Biofilmen. Im Schutz von Biofilmen überleben Mikroorganismen um Größenordnungen höhere Konzentrationen an Desinfektionsmitteln als in Einzelform. Für diese Schutzwirkung werden verschiedene Mechanismen vermutet: Zum einen verzögert sich bei überwiegend diffusivem Stofftransport das Eindringen von Bioziden in tiefere Bereiche. Hinzu kommt, dass durch Reaktion des Biozids mit EPS-Bestandteilen Zonen übrig bleiben, die überhaupt nicht mit Biozid belastet werden. Für Chlor und Wasserstoffperoxid wurden solche Effekte bereits nachgewiesen. Speziell trinkwasserrelevante Konzentrationen von Desinfektionsmitteln sind praktisch unwirksam gegenüber Biofilmorganismen. Weiterhin tritt in tiefen Bereichen von Biofilmen häufig Nährstoffmangel auf, sodass die Zellen in einen Ruhezustand übergehen, in dem sie nicht mehr empfindlich gegenüber Angriff sind. Hier entsteht ein indirekter Schutz durch die EPS, indem die Struktur der Matrix Bereiche mikrobieller Inaktivität begünstigt.

Insofern ist es wichtiger, Biofilme zu entfernen als sie abzutöten. Hierin liegt die Bedeutung des Reinigens und der dabei verwendeten Reinigungsmittel. Diese haben in Zusammenhang mit Biofilmen die Aufgabe, die Kohäsion der EPS-Matrix so zu schwächen, dass die Biofilme ausgetragen werden können.

Biofilme können schließlich Korrosionsprozesse stark beeinflussen, indem sie lokal die Konzentration an Sauerstoff, das Redoxpotenzial oder den Salzgehalt und damit die Leitfähigkeit verändern können. Sie können auch zur Komplexbildung von Metallionen beitragen, was die anodische Reaktion beschleunigen kann.

6.1.3 Bewertung der Abtötung von Mikroorganismen

Bei Hitzeeinwirkung ist das Absterben von Mikroorganismen ein zeitabhängiger Prozess, der im Allgemeinen als *Prozess erster Ordnung* abläuft. Das bedeutet, dass eine logarithmische Abnahme der Abtötung vorliegt, sodass je Zeiteinheit derselbe Bruchteil der jeweils überlebenden Keime abstirbt. Zur Charakterisierung von Abtötungsraten werden unterschiedliche Werte herangezogen.

Der *D-Wert* kennzeichnet bei konstanter Temperatur die dezimale Reduktionszeit, d. h. die Zeit, in der die Zahl der vorhandenen Keime auf ein Zehntel des Ausgangswertes reduziert wird (Abb. 6.17). Ein Wert von $D_{120\,°C} = 20$ s besagt z. B., dass die dezimale Reduktionszeit bei einer Temperatur von 120 °C für eine bestimmte Kategorie von Mikroorganismen 20 s beträgt.

Die Tatsache, dass zur Abtötung bestimmter Mengen von Mikroorganismen bei höherer Temperatur kürzere Zeiten notwendig sind, wird durch den *z-Wert* erfasst. Er lässt sich aus der TDT-Kurve (thermal death time) nach Abb. 6.18 bestimmen, in der die D-Werte in Abhängigkeit von der zugeordneten Temperatur aufgetragen sind. Meist ergibt sich ausreichend genau ein linearer Zusammenhang im halblogarithmischen Maßstab. Der sich gemäß

$$z = \frac{\vartheta_1 - \vartheta_2}{\log D_2 - \log D_1} \tag{2}$$

ergebende z-Wert bestimmt demnach die Temperaturerhöhung, die erforderlich ist, um die Abtötungszeit auf ein Zehntel zu verringern. Reicht z. B. zur Abtötung einer bestimmten Menge einer Mikroorganismenart eine Erhitzungszeit von

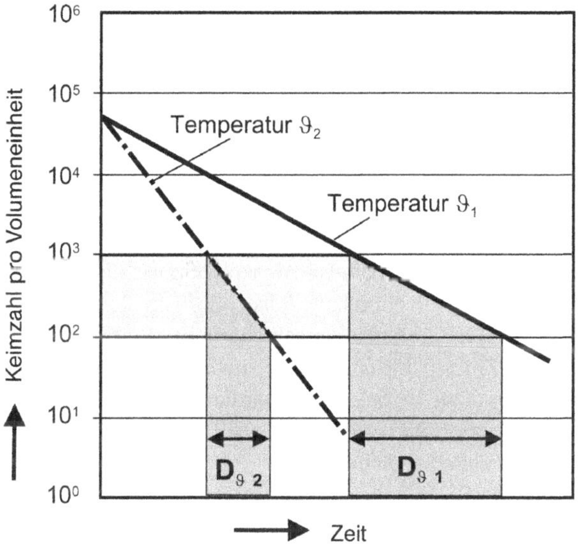

Abb. 6.17 Darstellung von Absterberaten und Bezeichnung des *D*-Wertes.

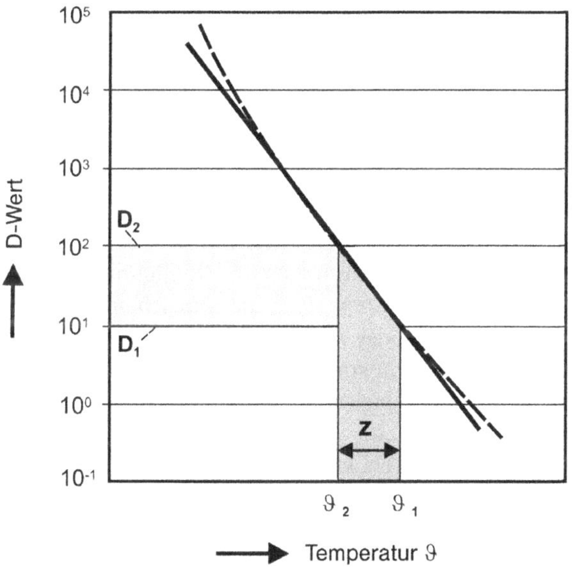

Abb. 6.18 Darstellung der Bedeutung des *z*-Wertes.

2 min bei 120 °C aus, so wird für den gleichen Effekt bei 110 °C eine zehnmal so lange Zeit, d. h. 20 min benötigt, während bei 100 °C bereits 200 min dazu nötig wären.

6.2
Physikalische Effekte an Oberflächen

Die an Oberflächen von Apparaten stattfindenden elementaren Vorgänge sind vielfältig und werden durch verschiedene Phänomene verursacht [23]. Das Aneinanderhaften zwischen einer festen Oberfläche und einer zweiten festen, flüssigen oder gasförmigen Phase wird als Adhäsion bezeichnet. Sie entsteht durch zwischenmolekulare Adhäsionskräfte wie elektrostatische Kräfte, Van-der-Waals-Kräfte oder chemische Bindungen (Chemisorption). Sie ist die Ursache für die Anlagerung und Benetzung (Adhäsion bzw. Adsorption) an Grenzflächen und die Einlagerung (Absorption) in Grenzflächenschichten. Ein Beispiel für die Adhäsion ist das Haften einer Flüssigkeit oder von Feststoffpartikeln an einer festen Oberfläche. Im Gegensatz dazu werden die Molekularkräfte zwischen den Molekülen ein und desselben Stoffes, wie z. B. von Wassermolekülen untereinander, allgemein als Kohäsionskräfte bezeichnet.

Bei Flüssigkeiten auf festen Oberflächen spricht man je nach dem Verhältnis von Adhäsions- und Kohäsionskräften von „benetzend“ bzw. „nicht benetzend“.

Bei benetzenden Flüssigkeiten ist die Adhäsion größer als die Kohäsion (z. B. Wasser auf einer Glasoberfläche), während bei nicht benetzenden Flüssigkeiten die Adhäsion kleiner als die Kohäsion ist (z. B. Quecksilber auf einer Glasoberfläche).

Die für Adhäsion maßgebenden verschiedenen Arten von Kräften wirken sich unterschiedlich stark und über unterschiedliche Entfernungen aus. Die sogenannten interatomaren Kräfte wirken in einem sehr geringen Abstand von < 10 nm zwischen Protonen, Neutronen, Elektronen und anderen Teilchen. Von größerer Reichweite sind dagegen die aus dem täglichen Leben bekannten elektromagnetischen Kräfte und die Gewichtskraft.

Interatomare und intermolekulare Haftkräfte sind in erster Linie für das Anhaften von sehr kleinen Teilchen an Oberflächen verantwortlich. Sie spielen in der Praxis neben Flüssigkeiten bei der Verschmutzung und Reinigung von Oberflächen, aber auch in verschiedenen anderen verfahrenstechnischen Prozessen wie der Agglomeration, Zerkleinerung oder Abscheidung eine entscheidende Rolle. Die Beschäftigung mit Haftmechanismen erfolgt aber auch in anderen technischen Bereichen, wie z. B. der Beschichtungstechnik (galvanische Beläge, Lacke, Farben) oder der Fügetechnik (Kleben und Löten).

Durch das Verständnis von Benetzungseffekten sowie Haft- und Bindemechanismen zwischen produktberührten Oberflächen von Apparaten und Partikeln, Mikroorganismen oder Belägen im Mikro- und Nanobereich können Maßnahmen zur Verbesserung der hygienegerechten Gestaltung abgeleitet werden. Grundsätzlich ist dabei zwischen Oberflächen zu unterscheiden, die von Flüssigkeiten benetzt sind, und solchen, die nur mit Gasen (meist Luft) Kontakt haben, wobei in diesem Fall die Feuchtigkeit aus dem Umfeld eine entscheidende Rolle spielt.

6.2.1 Benetzungsverhalten von Oberflächen

Bei Verarbeitung flüssiger Produkte sowie bei der Reinigung spielen Benetzungs- und Ablaufvorgänge für Anlagen und Apparate hygienerelevanter Industrien in Zusammenhang mit den verwendeten Werkstoffen eine entscheidende Rolle, da sie sowohl das Verschmutzen als auch das Entfernen von Schmutz beeinflussen. Typische Fragestellungen, die z. B. bei der Zerstäubungstrocknung von Produkten oder bei der Sprühreinigung relevant sind, umfassen dabei die Form von Flüssigkeitstropfen auf Oberflächen, ihre Benetzungsfähigkeit und Ausbreitung. Beim Entleeren von Apparaten nach der Produktion oder Reinigung ist von Interesse, welche Flüssigkeitsanteile nach Ablaufen der Flüssigkeit zurückbleiben. Ausschlaggebend sind dabei Wechselwirkungen an den maßgebenden Grenzflächen zwischen den einzelnen Phasen (fest, flüssig, gasförmig) eines Systems. Eine der Phasen stellt dabei immer die feste Apparateoberfläche dar.

Um das Verständnis zu erleichtern, werden die Effekte möglichst durch makroskopische Kräfte und Maße verdeutlicht, ohne auf die zugrunde liegenden intermolekularen Kräfte und deren Beschreibung einzugehen.

6.2.1.1 Grenzflächenspannung

Während sich bei Molekülen einer Phase, wie z. B. in Flüssigkeiten, die intermolekularen Anziehungskräfte (Kohäsionskräfte) gemäß Abb. 6.19a aufheben, sind an Phasengrenzflächen wie z. B. zwischen einer gasförmigen Umgebung und einer Flüssigkeit oder einer festen Oberfläche und einer Flüssigkeit unterschiedliche Wirkungen der einzelnen Phasen maßgebend. Dadurch ergibt sich eine resultierende Kraft, die z. B. bei gasförmig-flüssiger Grenzfläche (Abb. 6.19b) ins Innere

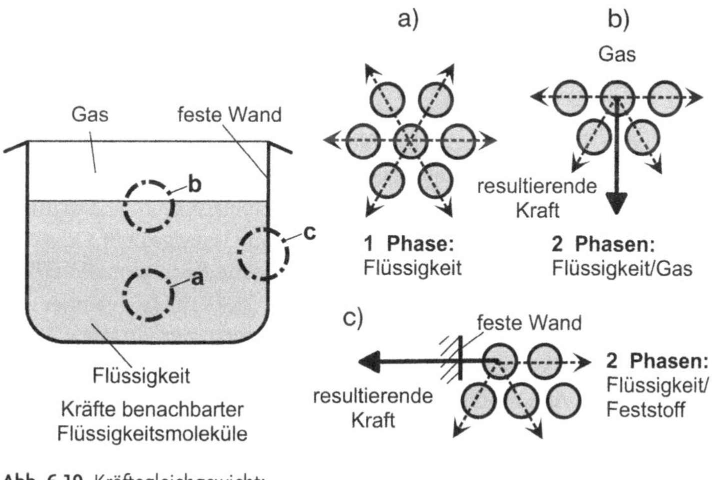

Abb. 6.19 Kräftegleichgewicht:
(a) Kohäsionskräfte zwischen Flüssigkeitsmolekülen,
(b) Kräfte zwischen Flüssig- und Gasphase,
(c) Kräfte zwischen Flüssigkeit und Feststoff.

der Flüssigkeit gerichtet ist. Die Kraft bewirkt die Tendenz, die Oberfläche der Flüssigkeit zu minimieren. Soll die benetzte Oberfläche vergrößert werden, so muss dafür Arbeit aufgewendet werden. Wird die für die Bildung einer neuen Oberfläche nötige Arbeit auf den Anteil an neu gebildeter Fläche bezogen, so resultiert daraus die sogenannte Grenzflächenspannung der beiden betreffenden Phasen [24]. Handelt es sich bei den beiden Phasen um eine Flüssigkeit und ein Gas wie z. B. Luft oder um den Dampf der Flüssigkeit, so wird diese Grenzflächenspannung als Oberflächenspannung bezeichnet.

Die Grenzflächenspannung ist temperaturabhängig. Da bei höherer Temperatur der Energiegehalt und damit die Beweglichkeit der Moleküle größer ist, lösen sie sich leichter aus dem Verbund gleichartiger Moleküle heraus. Dabei wird meist eine lineare Abhängigkeit der Oberflächenspannung von der absoluten Temperatur angenommen. Außerdem nimmt mit steigender Temperatur die Oberflächenspannung ab.

Treten drei unterschiedliche Phasen wie fest, flüssig und gasförmig in Kontakt, so wirken am Ort der Dreiphasengrenzlinie auch drei verschiedene Grenzflächenspannungen. Bei einem solchen System handelt es sich im Einzelnen um:

- die Grenzflächenspannung zwischen der flüssigen und der festen Phase σ_{ls},
- die Grenzflächenspannung zwischen der flüssigen und der gasförmigen Phase σ_{lg},
- die Grenzflächenspannung zwischen dem Feststoff und der gasförmigen Phase σ_{sg}.

Diese drei Grenzflächenspannungen, deren Beträge ausschließlich von der chemischen Zusammensetzung der Stoffe, dem Druck sowie der Temperatur abhängen, stehen gemäß der Young'schen Gleichung [24] entsprechend

$$\sigma_{sg} = \sigma_{ls} + \cos\Theta \cdot \sigma_{lg} \tag{3}$$

im Gleichgewicht zueinander. Θ ist hierbei der Winkel, welcher sich zwischen der Grenzfläche flüssig/gasförmig und der Grenzfläche flüssig/fest in unmittelbarer Nähe zur Dreiphasengrenzlinie einstellt. Dieser Winkel wird als Benetzungs-, Rand- oder auch Kontaktwinkel bezeichnet. In Abb. 6.20 sind die einzelnen Größen am Beispiel eines Tropfens auf einer festen Oberfläche in gasförmiger Umgebung sowie der Zusammenhang nach Gleichung (3) dargestellt.

Anhand des Kontaktwinkels kann eine Aussage über die Benetzungsfähigkeit des Feststoffes im gegebenen Stoffsystem getroffen werden. Je geringer der Kontaktwinkel ist, desto besser kann der Feststoff benetzt werden, bzw. desto vollständiger ist die Bedeckung einer Feststoffoberfläche mit Flüssigkeit in gasförmiger Umgebung. In Abhängigkeit von dem sich einstellenden Kontaktwinkel wird zwischen nicht benetzenden ($\Theta > 90°$), teilweise benetzenden ($0° < \Theta < 90°$) und vollständig benetzenden ($\Theta = 0°$) Systemen unterschieden (Abb. 6.21).

Bei kleinem Kontaktwinkel bezeichnet man einen Feststoff in Zusammenhang mit der Benetzung durch Wasser als hydrophil, was ursprünglich „wasserliebend“ (griechisch) bedeutet. Hydrophile Stoffe sind oft gleichzeitig lipophob, d. h. sie

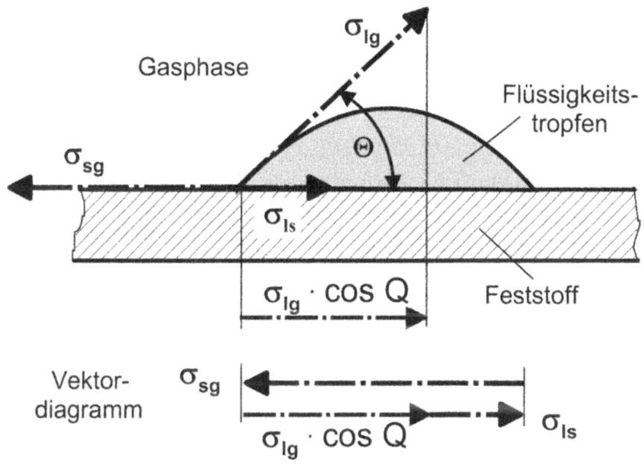

Abb. 6.20 Darstellung des Kontaktwinkels am Beispiel eines Tropfens auf einer Feststoffoberfläche mit Vektorgleichgewichtsdiagramm.

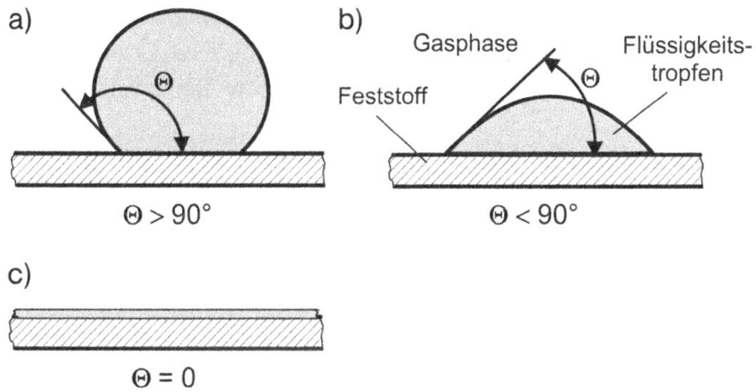

Abb. 6.21 Kontaktwinkel zwischen Tropfen und Feststoffoberfläche: (a) nicht benetzend, (b) benetzend, (c) vollständig benetzend.

weisen Fette oder Öle ab. Lässt sich die Oberfläche dagegen schlecht mit Wasser benetzen (großer Kontaktwinkel), liegt ein hydrophobes Verhalten vor. Hydrophob könnte man am besten mit „wassermeidend" übersetzen. Hydrophobe Stoffe sind so gut wie immer lipophil, das heißt z. B. als Produkte lösen sie sich gut in Fett und Öl auf. Substanzen, die hydrophil und lipophil (fettlöslich) sind, bezeichnet man als amphiphil.

Beim Benetzen fester Oberflächen durch Flüssigkeitsdampf können in manchen Fällen an der Grenzfläche zwischen Feststoff und Gasphase Flüssigkeitsmoleküle adsorbiert werden [25], die einen dünnen Flüssigkeitsfilm ausbilden. Dadurch kann das vollständige Benetzen der festen Oberfläche durch den Dampf stark vermindert bzw. verhindert werden.

Für die Berechnung des Kontaktwinkels auf heterogenen festen Phasengrenzflächen, die sich aus insgesamt n verschiedenen Komponenten i zusammensetzen, gilt die sogenannte Cassie-Gleichung:

$$\cos(\Theta) = \sum_{i=1}^{i=n} f_i \cdot \cos(\Theta_i) \qquad (4)$$

Die einzelne Komponente i hat dabei einen Anteil von f_i an der zu benetzenden Oberfläche. Für poröse Oberflächen mit einer Porosität ε wurde diese elementare Gleichung entsprechend gemäß

$$\cos(\Theta_p) = (1 - \varepsilon) \cdot \cos(\Theta_{glatt}) + \varepsilon \qquad (5)$$

abgewandelt [26]. Θ_{glatt} ist hierbei der Kontaktwinkel der Flüssigkeit auf einer glatten und nicht porösen Oberfläche des Feststoffes. Demgegenüber ist Θ_p der Kontaktwinkel auf einer porösen Oberfläche des gleichen Materials. Im Fall von heterogenen Oberflächen werden oft keine einfach konvexen, sondern mehrfach konvex/konkav gekrümmte Dreiphasengrenzlinien beobachtet.

Die endgültige Form des auf der Oberfläche aufsitzenden Flüssigkeitstropfens wird jedoch auch maßgeblich von der Oberflächenrauheit bestimmt, die meist durch die mittlere Rautiefe *Ra* charakterisiert wird. Allerdings müsste auch die Struktur der Oberflächenvertiefungen mit in die Charakterisierung der Oberfläche einbezogen werden, die im *Ra*-Wert keine Berücksichtigung findet.

Nach [27] kann der Rauheitseinfluss gegenüber glatten Feststoffoberflächen durch einen veränderten Kontaktwinkel Θ_{rau} gemäß

$$\cos(\Theta_{rau}) = \frac{\text{Fläche der rauen Oberfläche}}{\text{Fläche der glatten Oberfläche}} \cdot \cos(\Theta_{glatt}) \qquad (6)$$

berücksichtigt werden. Für mikroskopisch raue Oberflächen und einem Kontaktwinkel Θ_{glatt} von über 90° ergibt sich damit rein rechnerisch mit zunehmender Rauheit eine Zunahme des Benetzungswinkels. Umgekehrt liefert die Berechnung bei Benetzungswinkeln unter 90° mit zunehmender Rauheit geringer werdende Benetzungswinkel. Grundsätzlich stimmt dieser Befund zwar mit den Versuchsergebnissen vieler Autoren überein, die angegebene Berechnung ist aber offensichtlich nur für homogen angeraute Oberflächen mit Rauheiten definierter Geometrie geeignet. Bei anderen Untersuchungen an polymeren Oberflächen ergab sich bei Benetzungswinkeln von über 86° eine Zunahme des Kontaktwinkels mit zunehmender Rauheit, während bei Kontaktwinkeln unter 60° eine Abnahme des Winkels mit zunehmender Rauheit zu verzeichnen war. Außerdem stellte man bei *Ra*-Werten von $Ra < 0{,}1$ µm keinen Einfluss der Rauheit auf den Kontaktwinkel mehr fest.

Offensichtlich liegt die Ursache für die beobachtete Veränderung des Kontaktwinkels in der Unterscheidung zwischen einem mikroskopischen Θ_{mi} und einem makroskopischen Benetzungswinkel Θ_{ma}. Nach [28] wird der makroskopische Benetzungswinkel auf rauen Oberflächen mit einem vereinfachten Modell erklärt, das folgenden Zusammenhang zwischen makroskopischem und mikroskopischen Kontaktwinkel liefert:

$$\Theta_{ma} = \Theta_{mi} - \alpha(x) \qquad \text{für } \Theta \leq 90° \qquad (7)$$
$$\Theta_{ma} = \Theta_{mi} + \pi - \alpha(x) \qquad \text{für } \Theta \geq 90°$$

$\alpha(x)$ berücksichtigt die lokale Neigung der rauen Werkstoffoberfläche.

Der messbare Kontaktwinkel hängt damit von der chemischen Zusammensetzung der Oberfläche und ihrer Topografie ab. Entscheidend sind hierbei die äußeren 0,5–1 nm der Grenzphase. Der Kontaktwinkel ist damit ein Messwert, der auf sehr feine Veränderungen an der Oberfläche reagiert. Das Beispiel nach Abb. 6.22 zeigt diese beiden Einflüsse. Die Oberfläche einer Fluorpolymerfolie (FEP) wurde einmal oxidiert, ohne die Topografie zu verändern, und einmal aufgeraut, ohne ihre chemische Zusammensetzung zu verändern [29]. Die glatte FEP-Oberfläche zeigt für Wasser entsprechend Abb. 6.22a einen gemessenen Kontaktwinkel von $\Theta = 110°$. FEP kann damit als hydrophobes Material eingestuft werden. Oxidiert man die Oberfläche durch eine Plasmabehandlung, wird der Kontaktwinkel gemäß Abb. 6.22b mit $\Theta = 87°$ geringer, die Benetzung also besser. Wird die Oberfläche aufgeraut, ohne die chemische Zusammensetzung der Oberfläche zu ändern, vergrößert sich der Kontaktwinkels deutlich auf $\Theta = 150°$ (Abb. 6.22c).

Die Benetzungsfähigkeit einer Oberfläche, die durch den Kontaktwinkel charakterisiert wird, spielt sowohl beim Verschmutzen als auch beim Reinigen eine entscheidende Rolle. Für das Verschmutzen einer Oberfläche durch Tropfen ist die Art der Tropfenbildung und -belegung auf der Oberfläche sowie das Anlagern und Ablaufen der Tropfen (z. B. im Flüssigbereich von Zerstäubungstrocknern) in Abhängigkeit der eingesetzten Werkstoffe maßgebend. Beim Reinigen ist z. B. die Tropfenbildung und -ausbreitung bei der Benetzung von Oberflächen, die sprühgereinigt werden, oder die zurückbleibende Restmenge nach dem Ablaufen des Spülwassers von Apparateoberflächen entscheidend.

Befindet sich die Phasengrenzlinie flüssig/gasförmig im Gleichgewicht, so handelt es sich um den sogenannten statischen Kontaktwinkel. Benetzungswinkel dynamischer Prozesse, wie z. B. während des Ausbreitens eines Flüssigkeitstropfens, werden dementsprechend als dynamische Kontaktwinkel bezeichnet.

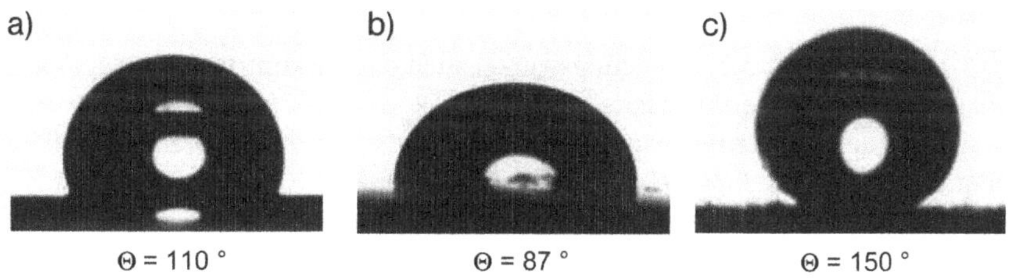

Abb. 6.22 Kontaktwinkel von Wasser auf FEP mit unterschiedlicher Oberflächenstruktur: (a) unbehandelte Folie, (b) oxidierte Folie, (c) aufgeraute Folie (nach www.igb.fhg.de/WWW/GF/GrenzflMem/Grenzflaechen/gf-physik/GFphys-KontWinkel-Obfl.html).

6.2.1.2 Kapillarität

Ein weiterer wichtiger Einfluss auf Verschmutzungs- und Reinigungsvorgänge liegt in Form der Kapillarität vor. Abbildung 6.23 soll den Effekt anhand eines Gefäßes mit Flüssigkeit verdeutlichen, in das ein an beiden Enden offenes Röhrchen in Form einer Kapillare eingetaucht wird. Der Benetzungswinkel stellt sich an allen festen Oberflächen von Behälter und Kapillare ein. Ist er < 90°, so steigt die Flüssigkeit an den Wänden an. Außerdem dringt sie in die Kapillare ein. Ist der Benetzungswinkel > 90°, so tritt an den Wänden ein Rückzug der Flüssigkeit auf. Außerdem kann sie nicht in die Kapillare eindringen, sodass der Spiegel in der Kapillare niedriger als im Gefäß liegt.

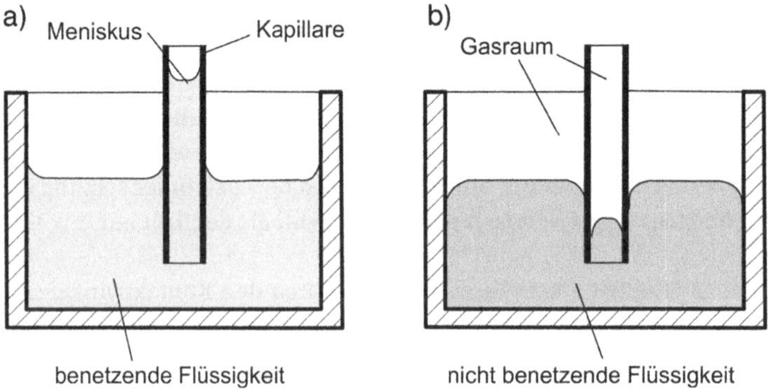

Abb. 6.23 Kapillarwirkung.

Tritt eine Flüssigkeit mit einer Kapillare in einem Apparat, z. B. einem dünnen Riss in einer Oberfläche oder einem engen Spalt an einer Dichtung in Kontakt, so stellt sich an der Innenwand der gasgefüllten Kapillare ebenfalls der Benetzungswinkel ein. Dieser bewirkt eine Krümmung der Grenzfläche zwischen Flüssigkeit und Gas. Der Krümmungsradius r der Grenzfläche flüssig/gasförmig berechnet sich in Abhängigkeit vom Radius der Kapillaren r_k und dem Benetzungswinkel Θ gemäß

$$r = \frac{r_k}{\cos\Theta} \tag{8}$$

Gleichzeitig gibt der Benetzungswinkel auch die Wirkungsrichtung der Oberflächenspannung der Flüssigkeit wieder.

Sofern der Benetzungswinkel < 90° ist, liegt wie bereits erwähnt kapillares Benetzen vor (Abb. 6.24a). Der Kapillardruck [30]

$$p_k = \frac{2 \cdot \sigma_{lg} \cdot \cos\Theta}{r_k} \tag{9}$$

wird in diesem Fall positiv. Die maximale Steighöhe h_{max} der Flüssigkeit kann aus dem Kapillardruck nach

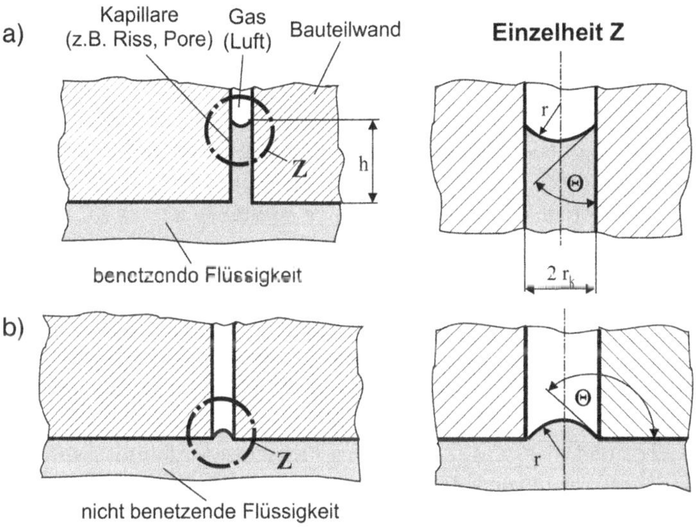

Abb. 6.24 Kapillares Benetzen:
(a) Steighöhe und Randwinkel einer benetzenden Flüssigkeit,
(b) kapillare Depression nicht benetzender Flüssigkeiten.

$$h_{\max} = \frac{2 \cdot \sigma_{lg} \cdot \cos\Theta}{r_k \cdot g \cdot \rho_l} \qquad (10)$$

berechnet werden.

Ist der Kontaktwinkel > 90°, so ergibt sich ein negativer Kapillardruck und die Flüssigkeit vermag bei unbegrenzter Flüssigkeitsmenge, d. h. beispielsweise bei einer mit einer Flüssigkeitsschicht bedeckten Oberfläche gemäß Abb. 6.24b nicht in die Kapillare einzudringen. Dieses Verhalten bezeichnet man als kapillare Depression.

Wenn jedoch einzelne abgegrenzte Flüssigkeitstropfen vorhanden sind, ist ein solches Verhalten nicht zwingend der Fall. Ein frei schwebender oder nur an einer Stelle an einer Feststoffoberfläche anhaftender Tropfen (Abb. 6.25a) einer Flüssigkeit mit dem Radius r_t besitzt aufgrund der Oberflächenspannung den inneren Überdruck

$$p_l = \frac{2 \cdot \sigma_{l,g}}{r_t} \qquad (11)$$

Dieser Druck wird Laplace-Druck genannt. Wenn ein Tropfen auf einer Feststoffoberfläche aufliegt, kann dieser Druck mithilfe des Krümmungsradius des aufliegenden Tropfens berechnet werden. Bei kleinen Tropfen kann bis ca. 2 mm Durchmesser eine kugelförmige Gestalt des Tropfens angenommen werden. Für Kontaktwinkel > 90° muss die Berechnung mit den beiden existierenden Hauptkrümmungsradien des aufsitzenden Tropfens mit der modifizierten Form entsprechend

$$p_l = \sigma_{l,g} \cdot \left(\frac{1}{r_{t1}} + \frac{1}{r_{t2}}\right) \quad (12)$$

durchgeführt werden.

In Zusammenhang mit Kapillaren wirkt der Laplace-Druck zusätzlich zum vorhandenen Kapillardruck und ermöglicht unter bestimmten Bedingungen auch das Eindringen einer Flüssigkeit, die einen Kontaktwinkel > 90° besitzt. Eine notwendige Bedingung dafür ist, dass die Summe aus Kapillardruck p_k und Laplace-Druck p_l gemäß

$$p_k + p_l > 0 \quad (13)$$

positiv wird. Erst wenn dies der Fall ist, kann ein kapillares Benetzen stattfinden.

Daher wird vermutet, dass ein sogenanntes kritisches Verhältnis zwischen dem Radius der Kapillare und dem Tropfenradius existiert, bei welchem die nicht benetzende Flüssigkeit gerade noch in die Kapillare eindringt. Dieses Verhältnis hängt ausschließlich vom Kontaktwinkel ab, den die Flüssigkeit gegen die Tangente an die makroskopische Feststoffoberfläche bildet. Dieser makroskopische Benetzungswinkel Θ_{ma} wird zwischen der örtlichen Neigung der Feststoffoberfläche im Bereich der Dreiphasengrenzlinie mit der Kapillarwand gebildet. Im Gegensatz dazu bleibt der mikroskopische Benetzungswinkel Θ_{mi} von makroskopischen Strukturen unbeeinflusst und ist somit unabhängig von der Geometrie der Oberfläche. Er hängt lediglich von der chemischen Zusammensetzung der Phasen sowie Druck und Temperatur ab.

Aus Gleichung (7) ergibt sich dann der Zusammenhang:

$$\frac{r_K}{r_t} > -\cos(\Theta_{ma}) \quad (14)$$

Abbildung 6.25c zeigt einen Tropfen, bei welchem das Verhältnis zwischen Kapillar- und Tropfenradius groß genug für ein kapillares Eindringen ist, während in Abb. 6.25b dieses Verhältnis für ein Eindringen der Flüssigkeit nicht ausreichend ist.

Dabei ist zu beachten, dass im Verlauf des Benetzungsvorganges das Volumen des Tropfens abnimmt und der Krümmungsradius zunächst geringer wird. Gegen Ende des Vorganges nimmt der Krümmungsradius wieder zu. Vorausgesetzt wird dabei, dass der anhaftende Tropfen seine Kugelform näherungsweise beibehält und damit nur ein punktuelles Anhaften des Tropfens an der Kapillarspitze gegeben ist.

Für die angeführten Betrachtungen ist es entscheidend, dass an der Grenzfläche in der Kapillare eine Gasphase vorliegt. Praktisch dringt das Gas meist durch Diffusion in die Flüssigkeit ein und wird dort gelöst. In diesem Fall wird die Kapillare völlig benetzt.

Das Eindringen von Produktflüssigkeiten und Schmutz in Risse, Poren und enge Spalte von Apparaten aufgrund der Kapillarwirkung stellt ein erhebliches

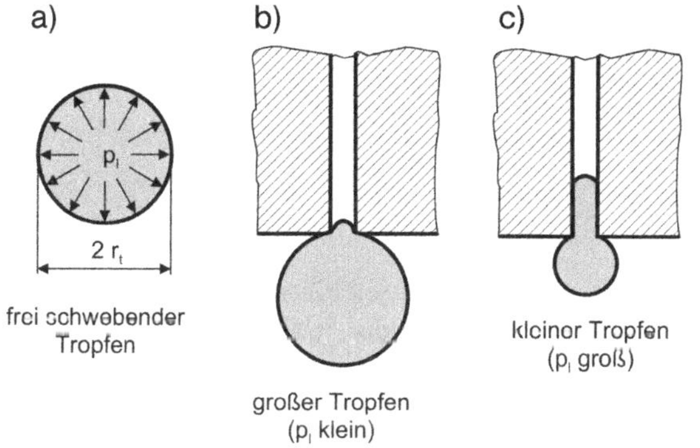

Abb. 6.25 Effekte an Tropfen:
(a) Kapillardruck, (b) großer und (c) kleiner Tropfen einer nicht benetzenden Flüssigkeit an einer Kapillaren.

Problem für die Reinigung dar, da sich das Entfernen von Schmutz aus solchen Bereichen als äußerst schwierig erweist. Hinzu kommt das an solchen Stellen ein ungehindertes Wachstum von Mikroorganismen stattfinden kann, das häufig den Ausgangspunkt für die Entstehung von Biofilmen bildet.

6.2.1.3 **Spreiten von Flüssigkeiten auf ebenen Oberflächen**

Ein weiterer wichtiger Vorgang ist das dynamische Benetzen, d. h. das zeitliche und örtliche Verteilen einer auf eine Oberfläche aufgebrachten Flüssigkeitsmenge wie z. B. eines Tropfens, das als Spreiten bezeichnet wird. Spreitende Flüssigkeiten bilden auf einer festen Oberfläche keine Tropfenform, sondern breiten sich zu einer (im Idealfall monomolekularen) Schicht aus. Ursache ist eine geringe Oberflächen- bzw. Grenzflächenspannung. Bei einem Kontaktwinkel von 0° verläuft eine Flüssigkeit auf der Oberfläche. So spreitet z. B. Wasser auf sauberen Metallflächen. Die endgültige benetzte Kontur und damit die von einem einzelnen Tropfen bedeckte Oberfläche hängt dabei sowohl vom mikroskopischen Benetzungswinkel als auch von der Oberflächenrauheit und der Oberflächenporosität des Feststoffes ab. Als kennzeichnende Größe kann der sogenannte Spreitungsdruck oder Spreitungskoeffizient S definiert werden [31]:

$$S = \sigma_{sg} - \sigma_{sl} - \sigma_{lg} \tag{15}$$

Je größer S ist, desto besser spreitet die Flüssigkeit auf der Feststoffoberfläche. Wird S positiv, so benetzt die Flüssigkeit den Feststoff großflächig. Ideale oder vollständige Benetzung wird bei $\Theta = 0$ erreicht (Abb. 6.21c).

Die Geschwindigkeit, mit der das Spreiten eines auf eine Feststoffoberfläche auftreffenden Flüssigkeitstropfens abläuft, hängt maßgeblich von der Viskosität der Flüssigkeit und der ursprünglichen kinetischen Energie des aufgebrachten Flüssigkeitsvolumens ab [32]. Bei Vergrößerung des Wassertropfens auf der Festkörperoberfläche misst man den Vorrückwinkel, der meist größer ist als der bei

Verkleinerung des Tropfens messbare Rückzugswinkel. Die Differenz zwischen Vorrück- und Rückzugskontaktwinkel bezeichnet man als Kontaktwinkelhysterese. Ihre Größe ist von der Rauheit, Morphologie und chemischen Homogenität der Festkörperoberfläche sowie von molekularen Reorganisationsprozessen an der Grenzphase abhängig.

6.2.1.4 **Lotuseffekt**

Die stark verminderte Benetzbarkeit von Blättern mit Flüssigkeitstropfen in Luftumgebung stellt ein sehr auffälliges Phänomen dar, das schon seit langer Zeit bekannt ist. Mitte der 1970er Jahre wurde beobachtet [33], dass die Oberflächen bestimmter Pflanzen kaum verschmutzen und dass dieses Phänomen immer mit einer Mikrostrukturierung der Oberfläche sowie aufgelagerten, wasserabstoßenden Wachskristallen im Nanometerbereich verbunden ist (Abb. 6.26). Bei den im Laufe der Evolution optimierten Oberflächen (zum Beispiel der Lotusblume) gehen die hydrophoben Eigenschaften soweit, dass z. B. Honig und selbst auf Wasserbasis hergestellte Klebstoffe nicht haften bleiben, sondern vollständig vom Blatt ablaufen.

Ist eine glatte Oberfläche relativ gut benetzbar, dann wird die Benetzbarkeit durch Aufrauung noch weiter verbessert. Ist eine glatte Oberfläche hydrophob und damit schlecht benetzbar, so führt eine Aufrauung zu „Superhydrophobie", also extremer Wasserabstoßung. Im letzteren Fall wird die Luft zwischen den Mikrostrukturen der festen Oberfläche und dem Wassertropfen eingeschlossen. Außerdem wird durch die Rauheit die Kontaktfläche zwischen der Oberfläche und dem Wassertropfen extrem minimiert, was ein scheinbar reibungsloses Abrollen der Tropfen ermöglicht (Abb. 6.27a).

Auf rauen, unbenetzbaren Oberflächen ist nicht nur die Adhäsion von Wasser an die Oberfläche verringert, sondern auch der Schmutz haftet häufig weniger stark. Rollt ein Tropfen über nur lose aufliegende Schmutzpartikel hinweg, dann werden sie von Wasser benetzt, haften an der Tropfenoberfläche und werden mit dem Tropfen mitgenommen (Abb. 6.27b).

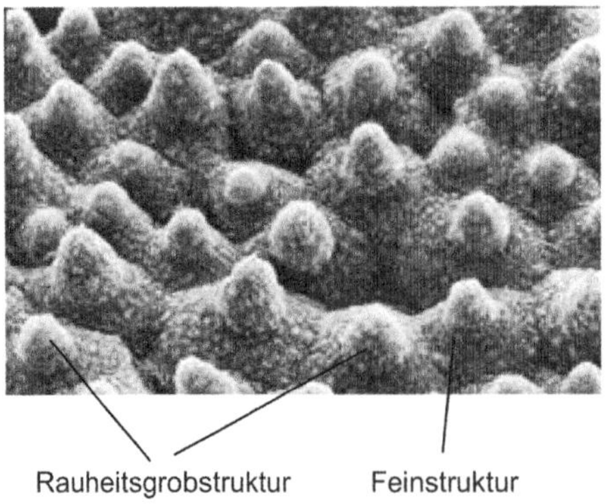

Abb. 6.26 Rauheitsstrukturen eines Lotusblattes (nach Barthlott [33]).

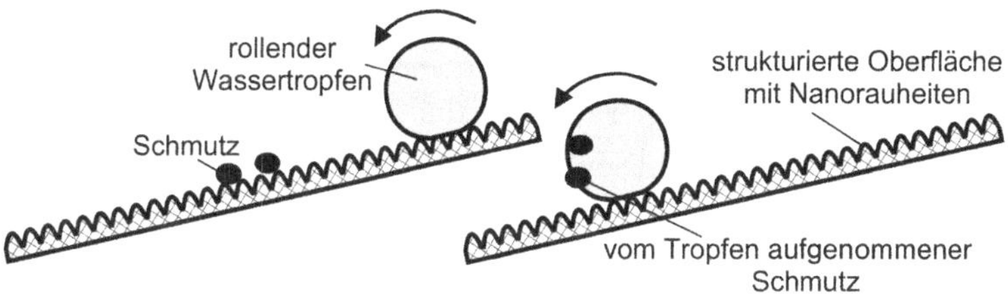

Abb. 6.27 Prinzip des Reinigungseffektes durch Wassertropfen auf einer „Lotus"-strukturierten Oberfläche.

Bei einer Kontamination der superhydrophoben Oberfläche mit einem hydrophilen Schmutz, kann häufig beobachtet werden, dass die Schmutzpartikel in die Wassertropfen aufgenommen werden, nicht wieder aus ihnen herausgelangen können und mit dem Tropfen abtransportiert werden. Befindet sich eine hydrophobe (wasserabweisende) Schmutzsubstanz auf einer superhydrophoben Oberfläche, so kann ein Wassertropfen die Schmutzpartikel ebenfalls entfernen. Dabei werden die Partikel jedoch nicht im Inneren des Tropfens aufgenommen, sondern bedecken dessen Oberfläche gleichmäßig. Zunächst erscheint es erstaunlich, dass eine hydrophobe Substanz durch einen Wassertropfen von einer hydrophoben Oberfläche entfernt wird. Bei Betrachtung der mikroskopischen Verhältnisse zeigt sich jedoch, dass die Partikel nur auf den äußersten Spitzen der Rauheiten aufliegen. Daher ist ihre Kontaktfläche mit der Blattoberfläche extrem gering, was zu einer geringeren Adhäsionskraft führt. Diese kann damit zwischen dem Wassertropfen und dem Partikel größer als zwischen dem Partikel und der hydrophoben Oberfläche werden, was zum Haften der Partikel an der Wasseroberfläche des Tropfens führt.

Untersuchungen haben gezeigt, dass sich optimale Verhältnisse bezüglich der Superhydrophobie bei einer gleichmäßigen Doppelstruktur ergeben. Dabei sollte die Rauheit der groben Struktur zwischen 10 und 50 μm und die darüber liegende Feinstruktur zwischen 200 nm und 5 μm betragen.

Entscheidend für die praktische Anwendung des Lotuseffektes ist neben der hydrophoben strukturierten Oberfläche die zwischen den Mikrostrukturen eingeschlossene Luft. Wenn solche Oberflächen in eine Flüssigkeit wie Wasser eingetaucht werden, so diffundiert mit der Zeit die Luft aus den Strukturen in die Flüssigkeit, sodass eine vollständige Benetzung stattfindet, was den Effekt zunichte macht. Technische Umsetzungen sind daher auf Fälle beschränkt, wo die Flüssigkeit tropfenförmig vorliegt und die Gasphase erhalten bleibt, wie es z. B. beim Sprühreinigen trockener Oberflächen der Fall ist.

6.2.2
Haftkräfte

Haftkräfte sind die Ursache aller Oberflächeneffekte, die zum Verschmutzen führen und die Reinigung beeinflussen. Sie wirken, wie bereits erwähnt, in einem Mikrobereich, der sich unserer unmittelbaren Vorstellung und damit auch Erfahrung entzieht. Die Kenntnis ihrer Wirkungsweise sowie die dadurch verursachten Einflüsse können dem praktisch tätigen Konstrukteur als Hilfe dienen, wenn aus ihnen praxisrelevante Vorstellungen ableitbar sind.

Haftkräfte können nach [34] in Bezug auf ihre Reichweite in dieser Mikrowelt in drei Gruppen eingeteilt werden: Die sogenannten „long range forces", wie die Van-der-Waals- und die elektrostatischen Kräfte, wirken nicht nur im Kontaktbereich zweier Materialien, sondern haben durch ihre Stärke und Reichweite auch entscheidenden Einfluss auf die Gesamthaftkraft außerhalb des direkten Kontaktbereiches. Zusammen mit den unmittelbaren Reaktionen zwischen Grenzflächen wie Sinterverbindungen, Kondensation und Diffusion beschreiben sie die Effekte des Anhaftens, aus denen die Adhäsionskinetik und die daraus resultierende Adhäsionsfläche als Funktion der Zeit bestimmt werden können. Zu den „short range forces" gehören die verschiedenen chemischen Bindungskräfte einschließlich Wasserstoffbrückenbindungen. Sie können erst zum Tragen kommen, wenn sich bereits eine Adhäsionsfläche aufgrund der Haftkräfte ausgebildet hat. Grundlegende Ausführungen über Haft- und Trennkräfte sind in [35] dargestellt.

Prinzipiell läuft der Vorgang des Anhaftens von Teilchen und Substanzen an Oberflächen (Adhäsionskinetik) immer nach dem gleichen Schema ab:

1. Annäherung des Partikels an die Oberfläche.
2. Erster Kontakt von Partikel und Oberfläche im atomaren Bereich.
3. Long range forces zwischen den Haftpartnern bringen das Partikel vor allem bei rauen Oberflächen in eine möglichst stabile Lage, die mehrere Kontaktpunke aufweist.
4. Durch intermolekulare Kräfte im Kontaktbereich steigt die Kontaktfläche durch elastische und/oder plastische Verformung des Partikels und der Oberfläche. Dies geschieht solange, bis die Haftkräfte und die Widerstandskräfte gegen die Deformation in einem Gleichgewicht sind, wodurch sich eine Kontaktfläche definierter Größe ausbildet.

Abbildung 6.28 zeigt ein Beispiel für Haftkräfte zwischen kleinsten Teilchen. Die beiden aneinander haftenden Glaspartikel mit einem Durchmesser von etwa 20 μm in der Mitte des Bildes stellen ein stabiles System in dieser Mikrowelt

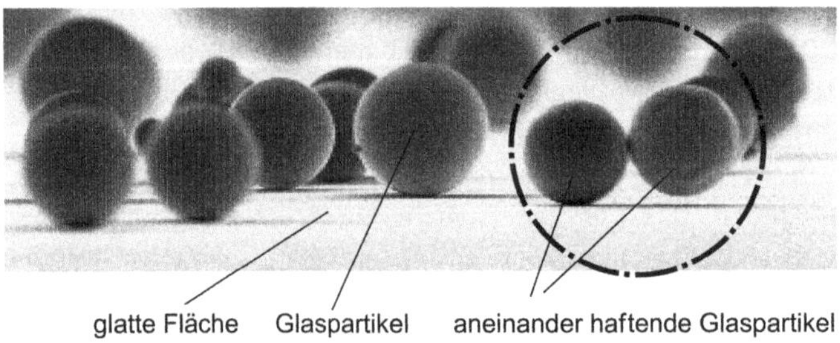

Abb. 6.28 Haftkräfte zwischen mikroskopisch kleinen Feststoffpartikeln in stabiler Lage (nach [52]).

dar. In der Makrowelt könnte ein derartiges System nicht stabil existieren, da die Gewichtskraft des rechten Partikels über den Hebelarm zu einem „Umkippen“ führen würde.

Bei Partikeln mit einem Durchmesser $d > 100$ µm dominiert die Gewichtskraft. Da sie eine anschauliche und allgemein bekannte Kraft darstellt, soll sie als Vergleichsgröße dienen. Für kugelförmige Partikel mit der Dichte ρ_S und dem Durchmesser d ergibt sich bei der Erdbeschleunigung g die Gewichtskraft zu

$$F_G = \rho_S \cdot g \cdot \frac{\pi}{6} \cdot d^3 \tag{16}$$

Das bedeutet bekanntlich, dass entsprechend Gleichung (16) die Gewichtskraft F_G mit abnehmendem Partikeldurchmesser D mit der dritten Potenz von D abnimmt. Außerdem sind Gewichtskräfte unabhängig vom Abstand (z. B. Abstand Partikel/Wand). Die Anziehungskräfte zwischen zwei Haftpartnern nimmt jedoch in Relation dazu in der sechsten bis siebten Potenz des Partikeldurchmessers zu. Dadurch ist es möglich, ein Haftsystem wie in Abb. 6.28 im langzeitstabilen Zustand zu halten.

Bei einer Hefezelle mit einem Durchmesser von etwa $d = 10$ µm und einer mittleren Dichte von $\rho = 1{,}2$ kg/l ergibt sich eine Gewichtskraft von $F_G = 6{,}2 \cdot 10^{-12}$ N.

6.2.2.1 Haftkräfte in gasförmiger Umgebung, wie z. B. Luft

Bei der Herstellung trockener Produkte ist feinster Staub nicht vermeidbar, der dann aufgrund verschiedener Haftkraftmechanismen an Oberflächen haftet. Als nach der Produktion zurückbleibender Schmutz muss er von diesen wieder entfernt werden, um Kontamination zu vermeiden.

Die Haftkräfte zwischen Oberflächen von Apparaten und kleinsten Feststoffteilchen in gasförmiger Umgebung können nach [36] gemäß Abb. 6.29 in Bindemechanismen ohne und mit Materialbrücke eingeteilt werden. Ohne Materialbrücken kommen Van-der-Waals-Kräfte, elektrostatische Kräfte und formschlüssige Verbindungen (v. a. bei faserförmigen Stoffen) in Betracht. Wo weder Feststoffbrücken noch Kapillarkräfte oder Formschluss vorhanden sind, kommt Van-der-Waals-Kräften und, bei ähnlichen Materialien mit gleichartigen Oberflächenionen, elektrostatischen Kräften die entscheidende Haftwirkung zu.

Zu den Bindemechanismen mit Materialbrücken zählen Sintervorgänge oder das Aushärten von Bindemitteln, das Erhärten von kristallisch gelösten Stoffen im Kontaktbereich, Flüssigkeitsbrücken und Kapillarflüssigkeit. Wenn während der Produktion Apparate mit flüssigen Lebensmitteln oder Reinigungsmitteln beaufschlagt werden, sind Oberflächen und Partikel ständig von Flüssigkeit umgeben, sodass keine Kapillarkräfte wirken.

Da das Energiespektrum von realen Oberflächen meist unbekannt ist und die Haftvorgänge in starkem Maße von Oberflächenverunreinigungen sowie durch Adsorption von Fremdstoffen beeinflusst werden, müssen zur Berechnung von Haftkräften stark vereinfachte Modelle herangezogen werden. Sie gestatten es jedoch, grundlegende Tendenzen zu erkennen und sie für die Praxis zu nutzen.

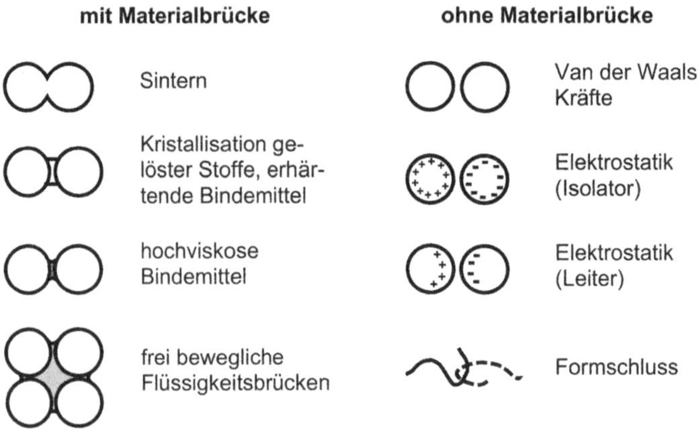

Abb. 6.29 Prinzipielle Haftmechanismen zwischen mikroskopisch kleinen Partikeln (nach [42]).

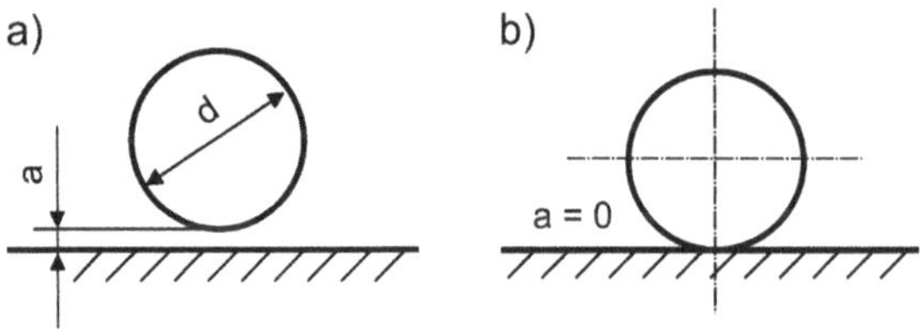

Abb. 6.30 Haftkraftmodell „Kugel/Platte" als Grundlage für Berechnungen: (a) Abstand zur Oberfläche, (b) Berührung der Oberfläche.

Aus der Literatur ist ersichtlich, dass bei einem Haftsystem Kugel/Platte gemäß Abb. 6.30, das als grobes Modell für das Verhalten von Mikroorganismen bzw. Partikeln gegenüber einer Apparateoberfläche herangezogen werden kann, hauptsächlich die intermolekularen Kräfte (Van-der-Waals-Kraft, elektrostatische Kraft, Kapillarkraft) Berücksichtigung finden müssen. Weitere Kräfte, speziell die Auftriebs- und Gewichtskraft, können dabei vernachlässigt werden. Bevor weitergehende Aussagen über die Haftkräfte realer, verformbarer Partikel und Oberflächen getroffen werden können, sollen zuerst die Prinzipien der Haftkräfte am idealen System erläutert werden.

Van-der-Waals-Kräfte

Statistisch schwankende Ladungsverteilungen (Dipol-Dipol-Wechselwirkungen) sind verantwortlich für Van-der-Waals-Anziehungseffekte zwischen Oberflächen und Partikeln, die auch Mikroorganismen sein können. Weichen die Elektronen eines Atoms für kurze Zeit von der Normallage ab, dann besitzt das Molekül ein momentanes Dipolmoment, welches in den Atomen eines Nachbarmoleküls ebenfalls ein momentanes Dipolmoment induziert [37]. Vorübergehend bilden sich Regionen mit erhöhter oder erniedrigter Elektronendichte, was zu einer elektrostatischen Anziehung der Moleküle, der Van-der-Waals-Kraft, führt. Sie kann für die Modellkombination Kugel/Platte gemäß Abb. 6.30 entsprechend

$$F_{\mathrm{VDW}} = \frac{H \cdot d}{12 \cdot (a + z)^2} \tag{17}$$

berechnet werden, wobei H die Hamaker-Konstante, D der Kugeldurchmesser und a der Abstand der Haftpartner ist. Der geringste Adhäsionsabstand, der bei Berührung der Haftpartner gegeben ist, wird durch den Anpassungsparameter $z = 0{,}4$ nm beschrieben, der etwa eine atomare Dimension darstellt [38]. Damit wird gewährleistet, dass die Kraft F_{VDW} bei Kontakt der Haftpartner nicht unendlich groß wird. Für die Wirksamkeit von Van-der-Waals-Kräften muss der Abstand zwischen Kugel und Wand weniger als $a = 5 \cdot 10^{-2}$ µm betragen.

Die Größenordnung von Van-der-Waals-Kräften wird häufig nach der makroskopischen Theorie von Lifshitz aus den geometrischen Verhältnissen und den elektrischen Eigenschaften der beiden Haftpartner bestimmt [39]. Für die nachfolgenden Betrachtungen sollen entsprechend dem einfachen Modell Partikel bzw. Mikroorganismen (z. B. Hefen, Sporen) als ideal kugelförmig (Durchmesser d) und Oberflächen als ideal glatt angenommen werden. Für einen Abstand a der Haftpartner lässt sich die Van-der-Waals-Kraft zu

$$F_{\mathrm{VDW}} = \frac{h\,\varpi \cdot d}{16 \cdot \pi \cdot (a + z)^2} \tag{18}$$

berechnen, wobei $h\,\varpi$ die Lifschitz-van-der-Waals-Konstante bezeichnet, die experimentell bestimmt werden kann und in einer Gasatmosphäre (z. B. Luft) praktisch zwischen $h\,\varpi = 0.2$ eV (Elektronenvolt) und $h\,\varpi = 9$ eV liegt [23], wobei 1 eV $1{,}6 \cdot 10^{-19}$ J entspricht.

Im Fall eines bereits erfolgten Kontaktes zwischen Oberfläche und Kugelteilchen kann die Van-der-Waals-Kraft durch

$$F_{\mathrm{VDW}} = \frac{h\,\varpi \cdot d}{16 \cdot \pi \cdot z^2} \tag{19}$$

beschrieben werden.

Abbildung 6.31 zeigt die Größe der Haftkraft F_{VDW} in Abhängigkeit des Partikeldurchmessers d für eine Lifschitz-van-der-Waals-Konstante von $h\,\varpi = 5 \cdot 10^{-19}$ J bei unterschiedlichem Abstand des Partikels a. Der Verlauf der Haftkraft ist linear. Für einen Partikeldurchmesser von $d = 10$ µm erhält man bei Wandkontakt $a = 0$ eine Van-der-Waals-Kraft von ungefähr $F_{\mathrm{VDW}} = 6{,}2 \cdot 10^{-7}$ N. Sie ist damit etwa um den Faktor 10^5 größer als die Gewichtskraft des Teilchens.

Normalerweise sind Partikel und Oberflächen nicht regulär geformt, wie in den Gleichungen (17) bis (19) vorausgesetzt. Sie besitzen im Allgemeinen Rauheiten, welche als kleine kugelförmige Erhebungen angenommen werden können. Für die nachfolgenden Betrachtungen soll deshalb das einfache Modell gemäß Abb. 6.32 mit kugelförmigen Partikeln bzw. Mikroorganismen (z. B. Hefen, Sporen) mit Durchmesser d und ebenfalls runden Oberflächenrauheiten angenommen werden, um einen grundlegenden Einblick zu geben. Im Fall

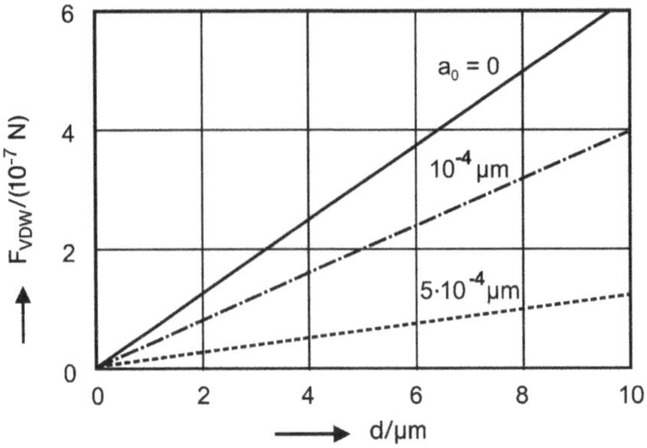

Abb. 6.31 Darstellung der Van-der-Waals-Kraft in Abhängigkeit des Partikeldurchmessers *d* bei verschiedenen Abständen a_0 zwischen Partikel und Oberfläche.

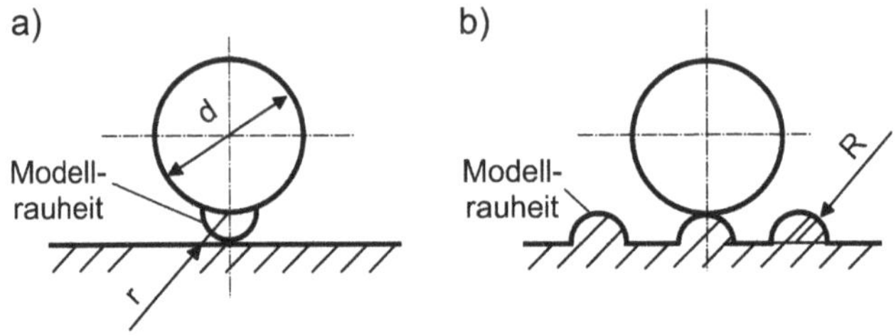

Abb. 6.32 Haftkraftmodell unter Berücksichtigung von Rauheiten: (a) Modellrauheit an Partikel, (b) Rauheit an Oberfläche.

rauer Partikel mit dem Rauheitsradius *r* kann die Van-der-Waals-Kraft in der modifizierten Form durch

$$F_{VDW} = \frac{h\,\varpi \cdot d}{16 \cdot \pi} \cdot \left[\frac{1}{(r + a + z)^2} + \frac{2 \cdot r}{d \cdot (a + z)^2} \right] \tag{20}$$

angegeben werden. Dabei beschreibt der erste Term in der Klammer den Einfluss des Partikels selbst, während der zweite den der Rauheit angibt. Bei direktem Kontakt erhält man mit $a = 0$

$$F_{VDW} = \frac{h\,\varpi}{16 \cdot \pi} \cdot \left[\frac{d}{(r + z)^2} + \frac{2 \cdot r}{z^2} \right] \tag{21}$$

Geht man davon aus, dass ein glattes rundes Partikel mit einer rauen Oberfläche der Rauheit *R* in direktem Kontakt steht ($a = 0$), so erhält man als Haftkraft nach

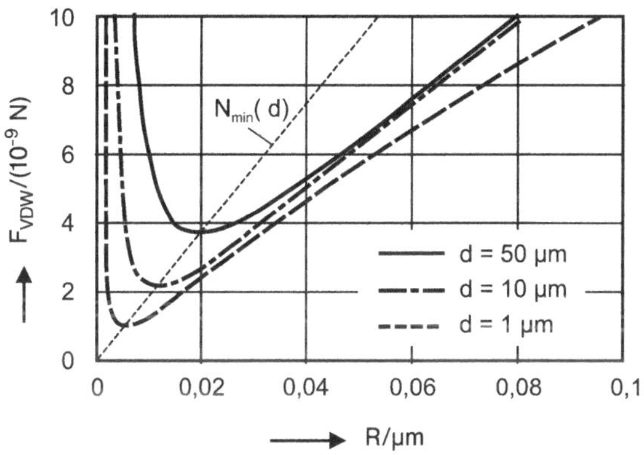

Abb. 6.33 Darstellung der Van-der-Waals-Kraft F_{VDW} in Abhängigkeit des Radius R der Oberflächenrauheit.

$$F_{VDW} = \frac{h\,\varpi \cdot d}{16 \cdot \pi} \cdot \left[\frac{1}{(R+z)^2} + \frac{2 \cdot R}{z^2 \cdot (2 \cdot R + d)} \right] \tag{22}$$

Der Verlauf sowie die Größenordnung der Kräfte nach Gleichungen (22) ist am Beispiel verschiedener Partikel mit dem Durchmesser d in Abhängigkeit der Größe der Rauheit R in Abb. 6.33 dargestellt. Prinzipiell entsteht durch den Einfluss der Rauheiten ein Minimum der Haftkraft, das im vorliegenden Beispiel bei einem Rauheitsradius von etwa $R = 0{,}01$ µm liegen würde. In diesem Fall erhält man für obiges Beispiel eine Van-der-Waals-Kraft von $F_{VDW} = 2{,}25 \cdot 10^{-9}$ N, also eine um etwa den Faktor 280 kleinere Haftkraft als bei glattem Partikel. Ursache dafür ist Wirkung der Rauheit als Abstandshalter zwischen Partikel und Ebene.

Durch Verformung der Kontaktstellen kann umgekehrt auch eine Haftkraftverstärkung erzielt werden. Die elastische Deformation eines kugelförmigen Partikels kann man nach [40] rechnerisch bestimmen. Die danach berechenbare Rückstellkraft ergibt ein nur gering ansteigendes Kraft-/Weg-Gesetz. Die maximale Trennkraft, die sich als Differenz zwischen Anziehungskraft und elastischer Rückstellkraft ergibt, liegt deshalb höher als die berechnete Van-der-Waals-Kraft der unverformten Partikel, was als Haftkraftverstärkung bezeichnet werden kann. Eine darüber hinausgehende elastische Verformung durch äußere Anpresskräfte führt zu keiner weiteren Haftkraftverstärkung, da die gespeicherte elastische Energie immer ausreicht, nach Entlastung den ursprünglichen Zustand der Verformung wieder herzustellen. Eine Erhöhung der Haftkraft durch elastische Verformung durch äußere Kräfte ist nur möglich, wenn durch die Verformung die Zahl der Kontaktstellen erhöht wird. Im Gegensatz zum elastischen Fall bleibt bei plastischer Verformung ein deformierter Anteil erhalten, der zu einer zusätzlichen Van-der-Waals-Anziehung führt. Praktisch kann die Haftkraft als proportional zur äußeren Anpresskraft angesehen werden (für Quarzglas beträgt der Proportionalitätsfaktor etwa $f \approx 10^{-2}$).

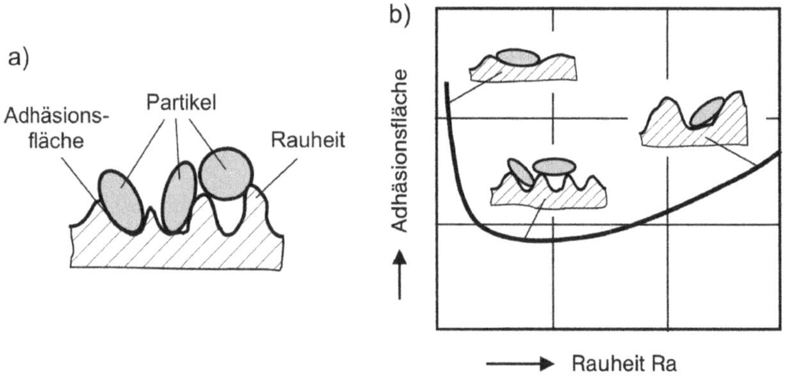

Abb. 6.34 Einfluss der Adhäsionsfläche:
(a) prinzipielle Möglichkeiten der Kontakte zwischen Partikel und Oberfläche,
(b) Zusammenhang zwischen Adhäsionsfläche und Oberflächenrauheit.

Die Zahl für die Adhäsion maßgebender Kontaktstellen kann auch von Art und Struktur des Rauheitsprofils der Oberfläche sowie von Form und Anpassungsvermögen der Partikel, wie z. B. Mikroorganismen, abhängen. Nach [15] sind entsprechend Abb. 6.34 grundsätzlich unterschiedliche Anordnungen möglich, die von den einfachen Modellvorstellungen abweichen und damit zu anderen Resultaten führen. Dabei können Effekte der Haftkraftverstärkung auf die Vergrößerung der Adhäsionsfläche zurückgeführt werden, wenn eine entsprechende Formanpassung möglich ist.

Elektrostatische Kräfte

Elektrostatische Haftkräfte können entweder durch Oberflächenadsorption von Ionen oder durch den Austritt von Elektronen hervorgerufen werden. Die elektrostatische Haftung durch Oberflächenadsorption ist in trockenen Systemen kaum relevant. Die an der Oberfläche adsorbierten Ladungen werden durch die hohe Beweglichkeit der Gegenionen im Gas ausgeglichen.

In gasförmigen Medien wie Luft lässt sich die elektrostatische Haftkraft F_E zwischen geladenen Kontaktpartnern „glatte Oberfläche/kugelförmiges Teilchen" aus der Energie der beiden elektrostatischen Felder ableiten. Dabei weisen die Materialien der beiden Kontaktpartner jeweils eine materialspezifische Elektronenaustrittsarbeit auf [41], die benötigt wird, um ein Elektron aus der Oberfläche herauszulösen. Durch gegenpolige Ladung der Kontaktpartner kommt es dann zu einer Anziehung. Da sich bei elektrischen Leitern die Ladungen im Kontaktbereich konzentrieren, ist die elektrostatische Wechselwirkung größer als bei Isolatoren, wo sich eine „Ladungsschicht" bis zu einer Tiefe von etwa 1 µm unter die Oberfläche ausdehnt. Das sogenannte Kontaktpotenzial U_K ist ein Maß für die Elektronenaustrittsarbeit bei Festkörpern. Für Abstände $a < d$ berechnet sich die elektrostatische Kraft für elektrische Leiter F_{EL} zwischen einer ebenen Wand und einem kugelförmigen Partikel durch

$$F_{EL} = \frac{\pi}{2} \cdot \varepsilon \cdot \varepsilon_0 \cdot \frac{U_K^2}{a + z} \cdot d \qquad (23)$$

ε ist die Dielektrizitäts- oder elektrische Feldkonstante ($\varepsilon_0 = 8854 \cdot 10^{-12}$ A s/Vm), ε die relative Dielektrizitätskonstante des Mediums zwischen den Haftpartnern (für Luft $\varepsilon = 1$) und U_K die Potenzialdifferenz ($U_K \approx 0{,}05$–$0{,}7$ V).

Für nicht leitende Werkstoffe (Isolatoren) kann die elektrostatische Anziehungskraft für die Modellkombination „glatte Oberfläche/kugelförmiges Teilchen" durch folgende Gleichung bestimmt werden:

$$F_{EI} = \frac{\pi}{2 \cdot \varepsilon \cdot \varepsilon_0} \cdot \frac{\varphi_1 \cdot \varphi_2}{\left(1 + \frac{a + z}{d}\right)^2} \cdot d^2 \qquad (24)$$

Dabei sind φ_1 und φ_2 die Flächenladungen der beiden Haftpartner. Die maximalen Überschussladungen können im Mittel mit etwa $\varphi_{max} = 100$ e/µm² angegeben werden, wobei die Elementarladung $e = 1{,}6 \cdot 10^{-19}$ C beträgt. Damit erhält man für $\varphi_{max} = 1{,}6 \cdot 10^{-11}$ A s/mm². Im Fall von idealen Nichtleitern in direktem Kontakt wird $a = 0$. Das Verhältnis z/d wird dann im Vergleich zu 1 so klein, dass es vernachlässigt werden kann.

Beispiel
Für das Modell „glatte Wand/glatte kugelförmige Partikel" erhält man bei einem Partikeldurchmesser von $d = 10$ µm für den Fall von leitenden Materialien bei dem Minimalabstand z und einer Potenzialdifferenz von $U_K = 0{,}1$ V eine Haftkraft von $F_{EL} = 3{,}5 \cdot 10^{-9}$ N, die sich bei einem Abstand von $a = 0{,}5$ nm auf $1{,}5 \cdot 10^{-9}$ N verringert. Für nicht leitende Haftpartner ergibt sich mit $\varphi_1 = \varphi_2 = 1{,}6 \cdot 10^{-11}$ A s/mm² bei direktem Kontakt eine Haftkraft von $F_I = 4{,}5 \cdot 10^{-9}$ N.

Kapillarkräfte
Kapillare Haftkräfte entstehen bei vorhandener Feuchtigkeit in gasförmiger Umgebung infolge der Oberflächenspannung, indem sich gemäß Abb. 6.35a Flüssigkeitsbrücken an den Kontaktpunkten der sich berührenden Kontaktpartner durch Kondensation bilden. Das Partikel haftet auf der Oberfläche durch den entstandenen kapillaren Unterdruck. Die Flüssigkeitskondensation wird dabei von der Geometrie sowie von Materialeigenschaften der beteiligten Haftpartner und der relativen Luftfeuchte beeinflusst. Erst ab einer relativen Luftfeuchte von etwa 65 % ist die Ausbildung einer „wirkenden" Wasserkapillare zu beobachten [42]. Die Anziehungskräfte F_K durch rotationssymmetrische Flüssigkeitsbrücken entsprechend dem Modell nach Abb. 6.36b können durch

$$F_K = \sigma \cdot D \cdot f\left(\beta, \frac{a}{d}, \Theta\right) \qquad (25)$$

beschrieben werden. Dabei gibt σ die Oberflächenspannung, β den halben Winkel vom Kugelmittelpunkt zum Ansatz der Flüssigkeitsbrücke, a den Abstand zwi-

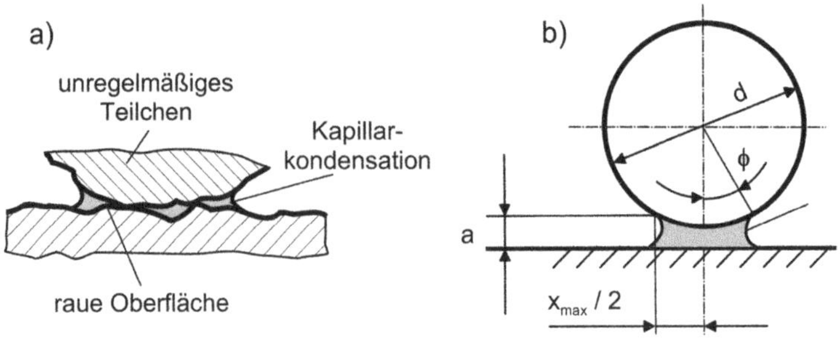

Abb. 6.35 Kapillarwirkung durch Flüssigkeitsbrücken zwischen Partikel und Oberfläche:
(a) praktische Verhältnisse bei unregelmäßigen Oberflächen,
(b) Modell für Berechnung.

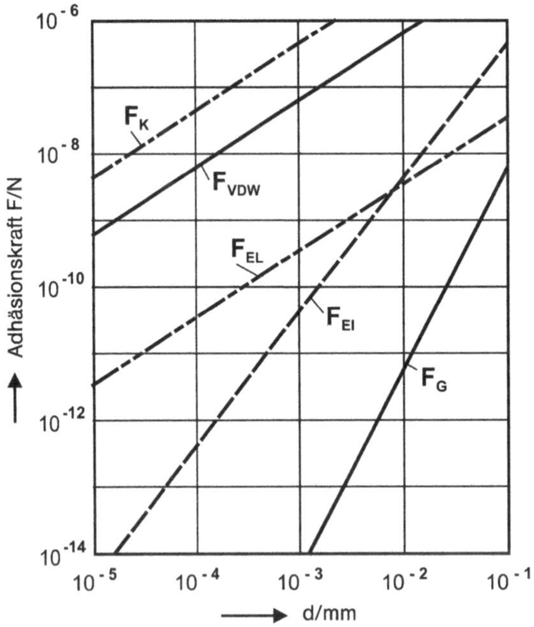

Abb. 6.36 Darstellung der Adhäsionskräfte in Luft (Kapillarkraft F_K, Van-der-Waals-Kraft F_{VDW}, elektrostatische Kraft eines Leiters F_{EL} und Isolators F_{EI}, Gewichtskraft F_G) in Abhängigkeit des Partikeldurchmessers d nach dem „Platte/Kugel"-Modell.

schen den Haftpartnern und Θ den Benetzungswinkel wieder. Für das einfache Modell „glatte Wand/glattes kugelförmiges Teilchen" ergibt sich für die Wechselwirkung der Zusammenhang

$$F_K = 2 \cdot \pi \cdot \sigma \cdot \cos\Theta \cdot \frac{d}{1 + \frac{a}{x_{max}}} \qquad (26)$$

Dabei entsteht die maximale Kapillarwirkung bei Kontakt der Haftpartner mit $a = 0$ gemäß

$$F_K = 2 \cdot \pi \cdot \sigma \cdot \cos\Theta \cdot d \tag{27}$$

Zum Vergleich der Größenordnung sind die Haftkräfte Van-der-Waals-Kraft, elektrostatische Kraft für leitende und nicht leitende Materialien und Kapillarkraft in Abb. 6.36 für gasförmige Umgebung beispielhaft einander gegenübergestellt. Es zeigt sich, dass bei Partikeldurchmessern unter $d = 0{,}1$ mm die Gewichtskraft F_G keine Rolle spielt. Die stärkste Adhäsion in gasförmiger Umgebung wie Luft wird durch die Kapillarkraft F_K, gefolgt von der Van-der-Waals-Kraft F_{VDW} verursacht. Die elektrostatischen Kräfte F_{EL} und F_{EI} für leitende und nicht leitende Werkstoffe haben die geringste Adhäsionswirkung. Bei den Beispielen ist zu beachten, dass für das Diagramm nach Abb. 6.36 jeweils bestimmte Parameter verwendet wurden, die selbst zum Teil in weiten Bereichen schwanken können.

6.2.2.2 **Haftkräfte in flüssiger Umgebung**

Wenn flüssige Produkte hergestellt werden oder eine Nassreinigung erfolgt, sind die Haftpartner von Flüssigkeit umgeben. In diesem Fall existieren grundsätzlich keine Kapillarkräfte zwischen Einzelpartikeln und der Wandoberfläche. Die anderen Anziehungseffekte basieren auf den gleichen Mechanismen wie es in Luft oder Gasen der Fall ist. Jedoch ergeben sich bei der Wechselwirkung von Van-der-Waals-Kräften und abstoßenden elektrostatischen Kräften gewisse Anomalien in Flüssigkeiten, die durch absorbierte Ionen verursacht werden.

Van-der-Waals-Kräfte

Wenn Oberfläche und Partikel von Flüssigkeit umgeben sind, hat das Medium einen zusätzlichen dielektrischen Effekt auf die Dipol-Dipol-Wechselwirkungen. Dabei ergeben sich, wie bereits erwähnt, bei der Wechselwirkung von Van-der-Waals-Kräften und abstoßenden elektrostatischen Kräften Anomalien durch absorbierte Ionen, wobei das Medium als Dielektrikum wirkt. Als äquivalenter Ausdruck zu Gleichung (17), kann das Van-der-Waals-Potenzial durch

$$V_{VDW} = -C_{sls} \cdot \frac{D}{12 \cdot (a + z)} \tag{28a}$$

ausgedrückt werden. Die resultierende Hamaker-van-der-Waals-Konstante C_{sls} (fest – flüssig – fest)

$$C_{sls} \approx (\sqrt{C_{ss}} - \sqrt{C_{ll}}) \tag{28b}$$

hängt entsprechend Gleichung (27b) von denen für den Feststoff C_{ss} und der Flüssigkeit C_{ll} ab. Für ein System aus Feststoffoberfläche und Partikel, die von einem Fluid umgeben sind, kann dann die Haftkraft zu

$$F_{VDW} = C_{sls} \cdot \frac{D}{12 \cdot (a+z)^2} \tag{29}$$

berechnet werden. Die Lifschitz-Konstanten entsprechend der makroskopischen Theorie der Van-der-Waals-Kräfte haben ein entsprechendes Verhalten.

Elektrostatische Haftung durch Oberflächenadsorption

Wird ein in Wasser suspendiertes Teilchen betrachtet, so können alle funktionellen Gruppen als dissoziiert angenommen werden. Die Ursache für eine elektrostatische Ladung des Teilchens ist eine fest adsorbierte Schicht von Ionen an der Oberfläche. Diese Schicht erzeugt eine abstoßende Wirkung gegenüber der Wandoberfläche oder anderen Partikeln. Eine Wolke von Gegenionen, die als diffuse Schicht bezeichnet wird, umgibt das Teilchen. Es erscheint nach außen neutral. In der diffusen Schicht erfolgt ein exponentieller Potenzialabfall, da die Konzentration an Gegenionen in der Nähe der Partikeloberfläche höher ist als in größerer Entfernung (Abb. 6.37). Diese sogenannte Doppelschicht wird durch die Debeye-Länge l_D charakterisiert, nach der das elektrostatische Potenzial V_{El} um den Faktor 1/e abnimmt. Eine Potenzialbarriere verhindert in diesem Fall, dass die Entfernung zwischen Partikel und Wand „null" wird.

Die Dicke der diffusen Schicht hängt von der Art der Flüssigkeit ab. Enthält sie wenige Ionen („hochverdünnter Elektrolyt"), so wird das suspendierte Teilchen nur von einer sehr geringen Konzentration von Gegenionen umgeben. Der Abfall des Potenzials erfolgt über eine „große" Dicke der diffusen Schicht. Durch Erhöhung der Ionenkonzentration in der Flüssigkeit werden Gegenionen in der Nähe der Partikeloberfläche angereichert. Die Oberflächenladung wird schneller über die diffuse Schicht kompensiert. Es kommt demnach zu einem steileren Abfall des Potenzials über eine kürzere Distanz von der Partikeloberfläche, sodass die Dicke der Doppelschicht gering ist. Enthält die Flüssigkeit mehrwertige Gegenionen, werden die Ladungen schneller ausgeglichen. Der Potenzialabfall ist ebenfalls steiler, wodurch die Dicke der diffusen Schicht abnimmt.

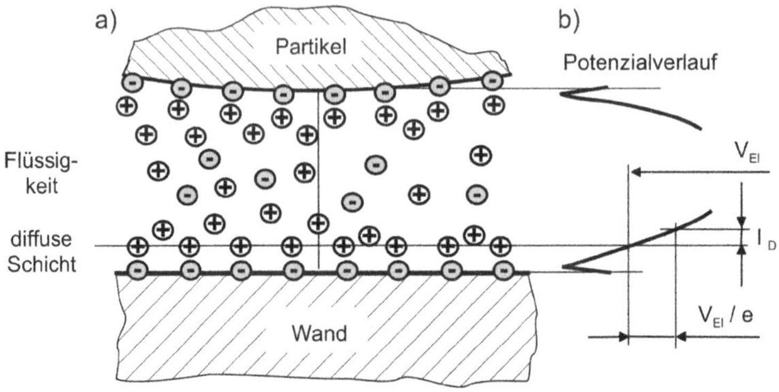

Abb. 6.37 Modell der elektrostatischen Haftung zwischen Partikel und Oberfläche durch Oberflächenadsorption: (a) Ladungsverteilung, (b) Darstellung von Potenzialverlauf und Debeye-Länge l_D.

Kombination von Van-der-Waals- und elektrostatischer Kraft (DLVO-Theorie)
Die effektive Wechselwirkung zwischen einem suspendierten Partikel und der Feststoffoberfläche kann durch Überlagerung der anziehenden Van-der-Waals-Kräfte oder Potenziale mit den abstoßenden Komponenten der elektrostatische Kräfte oder Potenziale angegeben werden. Durch die unterschiedliche Abhängigkeit der beiden Potenziale vom Abstand überwiegt in größerer Entfernung des Teilchens von der Oberfläche die abstoßende elektrostatische Kraft, während in sehr kleiner Entfernung die Van-der-Waals-Kraft maßgebend ist. Sie ergibt beispielsweise gemäß Abb. 6.38 bei sehr geringem Abstand der Haftpartner ein Minimum, das die größte Anziehung beschreibt und im Wesentlichen durch die Van-der-Waals-Anziehung entsteht. In größerem Abstand bildet sich ein Maximum der Abstoßung aus. Können Teilchen die dadurch verursachte Energiebarriere überwinden, so werden sie angezogen. Dies ist z. B. der Fall, wenn diese Energiebarriere $< 10 \cdot k \cdot T$ ist, wobei k die Boltzmann-Konstante und T die absolute Temperatur bedeuten. Überschlägig beträgt dieser Wert etwa $1{,}4 \cdot 10^{-22}$ J oder $8{,}6 \cdot 10^{-4}$ eV. Ist sie größer, so können sich Teilchen nur auf einen definierten Abstand nähern. Soll in einem solchen Fall auf einen kleineren Abstand angenähert werden, muss die Abstoßungsenergie überwunden werden, d. h. es muss dem System Energie zugeführt werden. Haben Teilchen die Energiebarriere in Richtung kleinerer Abstände überschritten, überwiegt meist die Anziehung. Die Kurve der Wechselwirkungsresultierenden hängt in großem Maße von der elektrostatischen Abstoßung und somit vom umgebenden Fluid ab. Bei größerem

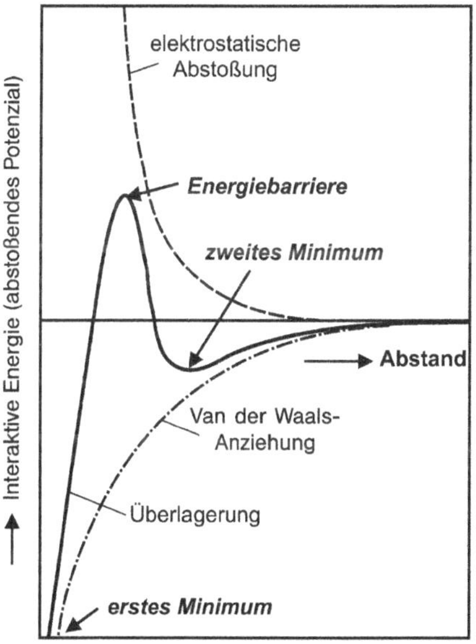

Abb. 6.38 Wechselwirkung zwischen suspendierten Partikeln und Oberfläche (Überlagerung von anziehendem Van-der-Waals- und abstoßendem elektrostatischen Potenzial).

Teilchenabstand kann es wieder zu einem Bereich kommen, in dem die Van-der-Waals-Anziehung überwiegt. Dies führt dann zur Ausbildung eines sogenannten sekundären Minimums, bei dem die Teilchen ebenfalls haften. Die Bindung im sekundären Minimum ist nicht so stark ausgeprägt wie im primären Minimum und kann durch Energieausgleich überwunden werden [43].

Die Van-der-Waals-Kraft kann nicht sehr stark beeinflusst bzw. verändert werden. Eine Möglichkeit ist vielleicht eine entsprechend angepasste Adsorptionsschicht an der Oberfläche. Die elektrostatische Abstoßung kann dagegen z. B. durch die Veränderung des elektrolytischen Verhaltens der Flüssigkeit verändert werden.

Feststoffbrücken

Feststoffbrücken können nicht nur in flüssiger, sondern auch in trockener Umgebung auftreten, wenn z. B. durch Wärmewirkung Kristallisation oder Schmelzen (Anbacken durch Sintern) stattfinden. Für solche Brücken sind hauptsächlich folgende Mechanismen verantwortlich:

- Kristallisation von gelösten Inhaltsstoffen,
- lokales Schmelzen an Kontaktpunkten,
- Verformung von Partikeln in Zusammenhang mit thermischen und chemischen Reaktionen.

In diesen Fällen können die Kräfte in der Größenordnung der Festigkeit der beteiligten Haftmaterialien liegen. Wegen der starken Stoffabhängigkeit können praktische Werte der Haftkräfte nur experimentell gefunden werden. Für kugelförmige Partner, wie z. B. Partikel gegenüber Oberflächenrauheit, die durch Salzbrücken verbunden sind, kann die Zugfestigkeit σ in ihrer Größenordnung gemäß

$$\sigma = \frac{V_{Sa}}{V_S} \cdot (1 - \varepsilon) \cdot \sigma_{Sa} \tag{30}$$

abgeschätzt werden [40], wenn das Volumen V_{Sa} bekannt ist. V_S bedeutet das Volumen der Feststoffpartikel, ε die Porosität. Die Zugfestigkeit σ_{Sa} von auskristallisiertem Salz kann zu etwa $\sigma_{Sa} \approx 5 \cdot 10^6$ Pa angenommen werden. Die Zugfestigkeit von Kontaktpartnern (z. B. Partikel/Oberflächenrauheit), die durch Salzbrücken verbunden sind, liegt in der Größenordnung von etwa $\sigma \approx 10^4$ Pa.

Feststoffbrücken sind auch typisch für viskose und pastöse Produkte, die an festen Oberflächen Schichten (Verschmutzung) bilden. Aus dem Lebensmittelbereich sind einige Werte bekannt, aus denen die Größenordnung der Kräfte zu entnehmen ist. Bei Produktschichten wird im Allgemeinen die Scherfestigkeit τ_S als charakteristische Größe verwendet bzw. gemessen. Schichten von Tomatenpaste ergeben z. B. eine Scherfestigkeit von etwa $\tau_S = 60–120$ Pa (30 % Feststoffanteil) und $\tau_S = 10$ Pa (15 % Trockensubstanz), die in einem großen Bereich unabhängig von der Temperatur ist. Für Hackfleischmischungen liegt die Größenordnung der Scherfestigkeit in einem Bereich von $\tau_S = 60–120$ Pa.

6.3
Strömungseffekte

Das Strömungsverhalten von Fluiden in Apparaten ist sowohl für die Verschmutzung von Oberflächen während der Herstellungsprozesse von Produkten als auch für die Reinigung von entscheidendem Einfluss. Es ist deshalb sowohl für Konstrukteure als auch für Anwender erforderlich, die Auswirkungen der grundlegenden Effekte bezüglich ihrer Größenordnung zu kennen. In den meisten Strömungen treten Verluste durch Reibung auf. Der Bereich in dem dies der Fall ist, wird dabei Grenzschicht genannt. Außerdem lassen sich Strömungen aufgrund von Ähnlichkeitsgesetzen in den entsprechenden Gültigkeitsbereichen durch allgemeine Gesetzmäßigkeiten beschreiben, wodurch ein Scale-up möglich ist.

In vielen Branchen der Industrie werden z. B. bestimmte Reinigungsgeschwindigkeiten in geschlossenen Apparaten angewendet, ohne dass man ein Scale-up in Abhängigkeit der Größe der Apparate berücksichtigt. Grundlegende Strömungseinflüsse sollen daher im Folgenden dargestellt werden.

Bei laminarer Strömung erfolgt die Strömungsbewegung in Form paralleler Stromlinien, ohne dass eine Querbewegung erfolgt. Laminare Strömungen sind für eine Reihe von praktischen Anwendungen im Hygienebereich wichtig. Eine ist z. B. die gerichtete laminare Luftströmung in Reinräumen, mit der man unkontrollierbare Kontaminationswege zu vermeiden sucht. Andere sind Strömungen durch Poren von Filtern sowie die Strömungsverhältnisse von Fluiden in unmittelbarer, d. h. mikroskopisch kleiner Entfernung von Apparateoberflächen, die nicht nur bei laminarer, sondern auch bei turbulenter Gesamtströmung auftreten und als laminare Unterschicht (laminar sublayer) bezeichnet werden [44].

6.3.1
Rohrströmung

In der Anlagentechnik hygienerelevanter Industrien spielen im Flüssigkeitsbereich sowohl bei der Produktion als auch bei der Reinigung Strömungen in Rohrleitungen eine besondere Rolle. Dabei sind für Verschmutzen und Reinigen speziell die wandnahen Strömungsbereiche von Interesse [45].

Allgemein lassen sich für Strömungen in Rohrleitungen unabhängig von der Strömungsart die folgenden Beziehungen angeben:

Die Ähnlichkeit von Rohrströmungen wird durch die Reynoldszahl

$$\mathrm{Re} = \frac{D_{\mathrm{R}} \cdot u_{\mathrm{m}}}{\nu} \tag{31}$$

mit dem Rohrdurchmesser D_{R}, der mittleren Geschwindigkeit u_{m} und der Viskosität ν charakterisiert. Die mittlere Geschwindigkeit lässt sich bei bekanntem Volumenstrom Q zu

$$u_{\mathrm{m}} = \frac{4 \cdot Q}{\pi \cdot D_{\mathrm{R}}^2} \tag{32}$$

berechnen. Aus dem Kräftegleichgewicht an einem zylindrischen Volumenelement des Durchmessers D_R mit der Länge L ergibt sich der Zusammenhang

$$\Delta p_l = 4 \cdot \tau_W \cdot \frac{L}{D_R} \tag{33}$$

6.3.1.1 Laminare Rohrströmung

Für Rohrleitungen kann der laminare Strömungsbereich durch

$$0 < \mathrm{Re} < 2320$$

abgegrenzt werden. Außerdem ist die gesamte Strömung reibungsbehaftet, sodass im gesamten Querschnitt von Rohrleitungen eine Grenzschichtströmung vorliegt. Abbildung 6.39 zeigt als Beispiel des prinzipiellen Verhaltens einer laminaren Strömung die Geschwindigkeitsverteilung über den Querschnitt einer Rohrleitung.

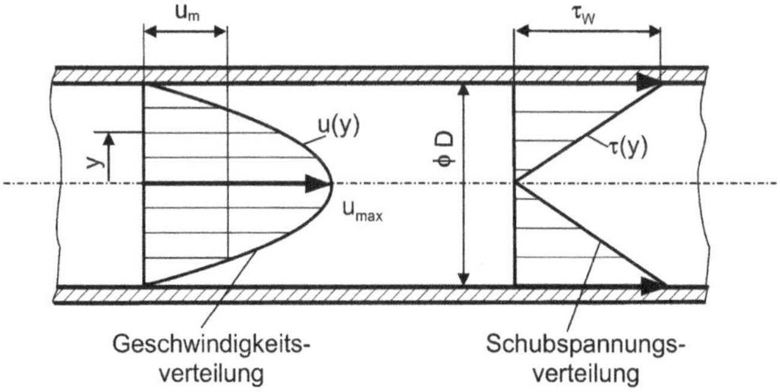

Abb. 6.39 Strömungsprofil und Schubspannungsverteilung bei laminarer Rohrströmung.

Sie lässt sich an jeder Stelle y, die von Rohrmitte zur Wand hin gezählt wird, entsprechend

$$u(y) = \frac{\Delta p_l \cdot D_R^2}{16 \cdot L \cdot \rho \cdot \nu} \cdot \left[1 - \left(\frac{2 \cdot y}{D_R}\right)^2\right] \tag{34}$$

berechnen. Dabei bedeuten Δp_l den Druckverlust auf der Strecke L der Leitung und ρ die Dichte des Fluids. Wie bereits erwähnt ergibt sich an der Wand die Geschwindigkeit

$$u_w = u(D_R/2) = 0$$

während sie am Maximum in Rohrmitte den Wert

$$u_{max} = u(0) = \frac{\Delta p_l \cdot D_R^2}{16 \cdot L \cdot \rho \cdot \nu} \tag{35}$$

erreicht.

Der Druckverlust der Rohrleitung kann allgemein für Rohrströmungen durch

$$\Delta p = \lambda \cdot \frac{L}{D_R} \cdot \frac{\rho}{2} \cdot u_m^2 \tag{36}$$

ausgedrückt werden, wobei der Reibungskoeffizient der laminaren Rohrströmung nach Hagen-Poiseulle entsprechend

$$\lambda_l = \frac{64}{\mathrm{Re}} \tag{37}$$

bestimmt werden kann.

Mithilfe dieser Beziehungen lässt sich schließlich der Druckverlust zu

$$\Delta p_l = 32 \cdot \frac{L}{D_R^2} \cdot \nu \cdot \rho \cdot u_m \tag{38}$$

oder mit dem Volumenstrom zu

$$\Delta p_l = 40{,}74 \cdot \frac{L}{D_R^4} \cdot \nu \cdot \rho \cdot Q \tag{39}$$

bestimmen.

Für eine konstante mittlere Fließgeschwindigkeit erhält man für zwei verschiedene Rohrdurchmesser *a* und *b* bei gleichen Fluidparametern das Verhältnis der Druckverluste zu

$$\frac{\Delta p_{l\,a}}{\Delta p_{l\,b}} = \left(\frac{D_{R\,b}}{D_{R\,a}}\right)^2 \qquad \text{für } u_m = \text{konst.} \tag{40}$$

während sich bei konstantem Volumenstrom Q

$$\frac{\Delta p_{l\,a}}{\Delta p_{l\,b}} = \left(\frac{D_{R\,b}}{D_{R\,a}}\right)^4 \qquad \text{für } Q = \text{konst.} \tag{41}$$

ergibt.

Aufgrund der Viskosität besteht zwischen den parallelen laminaren Schichten der Strömung eine innere Reibung, die eine Schub- oder Scherspannung zwischen den Schichten verursacht. Diese kann allgemein in Form der Schubspannungsverteilung über den Querschnitt gemäß

$$\tau(y) = \frac{\Delta p_l}{2 \cdot L} \cdot y \tag{42}$$

beschrieben werden. Setzt man den Druckverlust für die laminare Strömung in diese Beziehung ein, so ergibt sich

$$\tau(y) = 16 \cdot \nu \cdot \rho \cdot \frac{u_m}{D_R^2} \cdot y \tag{43}$$

oder

$$\tau(y) = 20{,}37 \cdot \nu \cdot \rho \cdot \frac{Q}{D_R^4} \cdot y \tag{44}$$

Damit erhält man die Wandschubspannung an der Stelle $y = ½\,D_R$ zu

$$\tau_W = \tau\left(\frac{D_R}{2}\right) = 8 \cdot \nu \cdot \rho \cdot \frac{u_m}{D_R} \tag{45}$$

oder zu

$$\tau_W = 10{,}185 \cdot \nu \cdot \rho \cdot \frac{Q}{D_R^3} \tag{46}$$

Über die Größe der Wandschubspannung lassen sich eventuell Abschätzungen über die mechanische Wirkung an der Wand z. B. bei der Reinigung von Oberflächenbelägen ableiten.

Die Schubspannungsverhältnisse für unterschiedlich Rohrdurchmesser ergeben bei konstanter mittlerer Geschwindigkeit

$$\frac{\tau_{W\,a}}{\tau_{W\,b}} = \frac{D_{R\,b}}{D_{R\,a}} \qquad \text{für } u_m = \text{konst.} \tag{47}$$

oder bei konstantem Volumenstrom

$$\frac{\tau_{W\,a}}{\tau_{W\,b}} = \left(\frac{D_{R\,b}}{D_{R\,a}}\right)^3 \qquad \text{für } Q = \text{konst.} \tag{48}$$

6.3.1.2 **Turbulente Strömung**

Für viele technische Anwendungen ist aufgrund der auftretenden Turbulenzen und der damit verbundenen Durchmischung die turbulente Strömung gemäß Abb. 6.40 wichtiger als die laminare. In diesem Fall wird die Hauptströmung, deren Profil nicht parabelförmig ist, durch einen in allen Richtungen statistisch schwankenden Austausch in Wirbelform überlagert, der sehr schwierig zu berechnen und zu erfassen ist. Im turbulenten Bereich oszilliert die Strömung zusätzlich zur axialen Hauptströmung sowohl in Strömungsrichtung als auch senkrecht dazu in Form kleiner Turbulenzballen, die damit im Gegensatz zur laminaren Strömung für Vermischungseffekte sorgen, wie es vom Prinzip her in Abb. 6.40b dargestellt ist. Diese Mischbewegungen sind von großem Einfluss auf die Beziehung zwischen Strömungskräften und der vorhandenen Energie. Ein Haupteffekt besteht darin, dass die Viskosität und damit der Widerstand der Strömung erhöht wird.

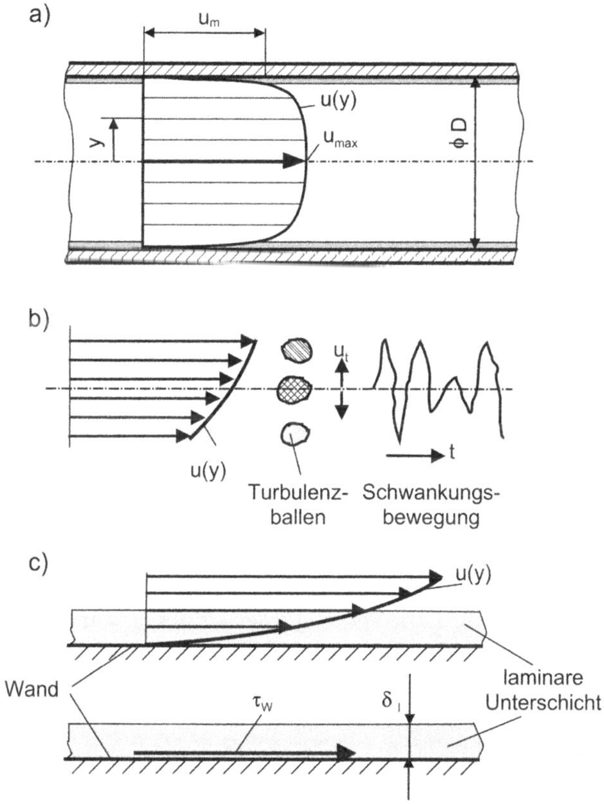

Abb. 6.40 Turbulente Rohrströmung:
(a) turbulentes Strömungsprofil, (b) Austausch durch Turbulenzballen,
(c) Verhältnisse in der laminaren Unterschicht (Strömungsprofil und Wandschubspannung).

Die Energiedissipation ist im nahen Bereich der Wand am größten. Direkt an der Wand entsteht auch bei turbulenter Grenzschicht eine dünne laminare Schicht entsprechend Abb. 6.40c, die laminare Unterschicht genannt wird. Üblicherweise geht man davon aus, dass Turbulenzballen nicht in die laminare Unterschicht eindringen. Allerdings wird auch vereinzelt die Hypothese aufgestellt [46], dass Wirbel aus der turbulenten Strömung trotzdem in die laminare Unterschicht einschlagen und somit zusätzlich Partikel von der Oberfläche lösen. In diesem wandnahen Bereich gelten grundsätzlich die bereits angeführten Gesetzmäßigkeiten der laminaren Strömung.

Unabhängig von diesen örtlichen Effekten kann die mittlere Geschwindigkeit der turbulenten Strömung durch

$$u(y) = u_{\mathrm{m}} \cdot \frac{(n+1)\cdot(2\cdot n+1)}{2\cdot n^2} \cdot \left(1 - \frac{2\cdot y}{D_{\mathrm{R}}}\right)^{\frac{1}{n}} \tag{49}$$

$$\text{für den Bereich} \quad y < \frac{D_R}{2} - \delta_l$$

berechnet werden, wobei δ_l die Dicke der laminaren Unterschicht bedeutet. Üblicherweise kann $n = 7$ für einen großen Bereich von Reynoldszahlen verwendet werden. Das daraus resultierende Geschwindigkeitsprofil zeigt Abb. 6.40a. In diesem Fall ergibt sich die maximale Geschwindigkeit zu

$$u_{max} = 1{,}22 \cdot u_m$$

wobei sich die mittlere Geschwindigkeit aus dem Volumenstrom Q nach Gleichung (32) bestimmen lässt.

Für die laminare Unterschicht δ_l nahe der Wand kann die Geschwindigkeit zu

$$u(y) = \frac{\tau_W}{4 \cdot \rho \cdot \nu} \cdot \left(1 + 2 \cdot \frac{y}{D_R}\right) \cdot (D_R - 2 \cdot y) \tag{50}$$

$$\text{für den Bereich} \quad y > \frac{D_R}{2} - \delta_l$$

berechnet werden. Die Adhäsionsbedingung an der Wand erfordert wieder, dass die Geschwindigkeit $u(D_R/2) = 0$ wird. Die Verteilung der Schubspannung in der laminaren Unterschicht mit der Dicke

$$\delta_l = 5 \cdot \nu \cdot \left(\frac{\rho}{\tau_W}\right)^{0{,}5} \tag{51}$$

kann entsprechend der für laminare Strömungen bestimmt werden. Das bedeutet, dass Gleichung (42) gilt. Auf der anderen Seite unterscheiden sich aber der Reibungskoeffizient λ_t und damit der Druckverlust Δp_t von den Größen der laminaren Strömung. Für den Reynoldsbereich

$$2300 \le \text{Re} \le 10^5 \tag{52}$$

der die meisten praktischen Anwendungen für turbulente Produktströmung und Reinigung umfasst, erhält man nach Blasius [45] für der Reibungskoeffizienten

$$\lambda_t = \frac{0{,}3164}{\text{Re}^{0{,}25}} \tag{53}$$

Der Druckverlust in Abhängigkeit der mittleren Fließgeschwindigkeit u_m im Rohr entsprechend Gleichung (36) ergibt

$$\Delta p = \lambda_t \cdot \frac{L}{D_R} \cdot \frac{\rho}{2} \cdot u_m^2 \tag{54}$$

Durch Einsetzen des Reibungsbeiwerts λ_t erhält man in Abhängigkeit der mittleren Fließgeschwindigkeit

$$\Delta p_t = 0{,}1582 \cdot \frac{L}{D_R^{1,25}} \cdot \nu^{0,25} \cdot \rho \cdot u_m^{1,75} \tag{55}$$

oder mit dem Volumenstrom Q

$$\Delta p_t = 0{,}2414 \cdot \frac{L}{D_R^{4,75}} \cdot \nu^{0,25} \cdot \rho \cdot Q^{1,75} \tag{56}$$

Mithilfe des Druckverlustes kann schließlich die Wandschubspannung der turbulenten Strömung für den angegebenen Reynoldsbereich zu

$$\tau_W = 0{,}0396 \cdot \left(\frac{\nu}{D_R}\right)^{0,25} \cdot \rho \cdot u_m^{1,75} \tag{57}$$

oder zu

$$\tau_W = 0{,}0604 \cdot \frac{\nu^{0,25}}{D_R^{3,75}} \cdot \rho \cdot Q^{1,75} \tag{58}$$

bestimmt werden.

Die Schichtdicke der laminaren Unterschicht lässt sich dann zu

$$\delta_l = 25{,}126 \cdot \frac{\nu^{0,875} \cdot D_R^{0,125}}{u_m^{0,875}} \tag{59}$$

oder

$$\delta_l = 20{,}339 \cdot \frac{\nu^{0,875} \cdot D_R^{1,875}}{Q^{0,875}} \tag{60}$$

berechnen.

Bei gleichen Fluiddaten und unterschiedlichen Rohrdurchmessern (Index a und b) erhält man bei konstanter mittlerer Fließgeschwindigkeit

$$u_m = \text{konst.}$$

die folgenden Umrechnungen

$$\frac{\Delta p_{t\,a}}{\Delta p_{t\,b}} = \left(\frac{D_{R\,b}}{D_{R\,a}}\right)^{1,25} \tag{61}$$

$$\frac{\tau_{W\,a}}{\tau_{W\,b}} = \left(\frac{D_{R\,b}}{D_{R\,a}}\right)^{0,25} \tag{62}$$

und

$$\frac{\delta_{l\,a}}{\delta_{l\,b}} = \left(\frac{D_{R\,a}}{D_{R\,b}}\right)^{0,125} \tag{63}$$

während sich für konstanten Volumenstrom Q = konst.

$$\frac{\Delta p_{t\,a}}{\Delta p_{t\,b}} = \left(\frac{D_{R\,b}}{D_{R\,a}}\right)^{4,75} \tag{64}$$

$$\frac{\tau_{W\,a}}{\tau_{W\,b}} = \left(\frac{D_{R\,b}}{D_{R\,a}}\right)^{3,75} \tag{65}$$

und

$$\frac{\delta_{l\,a}}{\delta_{l\,b}} = \left(\frac{D_{R\,a}}{D_{R\,b}}\right)^{0,875} \tag{66}$$

ergibt.

Im angrenzenden Reynoldsbereich zwischen

$$10^5 \leq \text{Re} \leq 10^8 \tag{67}$$

gilt nach Nikuradse für den Reibungskoeffizienten

$$\lambda = 0,0032 + \frac{0,221}{\text{Re}^{0,237}} \tag{68}$$

womit die anderen Größen wie Druckverlust, Wandschubspannung und Schichtdicke der laminaren Strömung entsprechend berechnet werden können. Um die Größenordnung der maßgebenden Parameter zu charakterisieren werden im Folgenden zwei Beispiele gegeben.

Beispiel
Die laminare Strömungsgeschwindigkeit in einer Rohrleitung hat ihre Grenze bei Re = 2320. Bei Annahme eines Leitungsdurchmessers von $D_R = 50$ mm erhält man für Wasser mit der Dichte von $\rho = 1000$ kg/m^3 und der Viskosität von $\nu = 10^{-6}$ m^2/s bei 20 °C eine mittlere Geschwindigkeit bei dieser Reynoldszahl entsprechend Gleichung (31) zu

$$u_m = 0,046 \text{ m/s}$$

Aufgrund dieser Geschwindigkeit ergibt sich die sehr geringe Durchflussmenge von etwa

$$Q = 9,1 \cdot 10^{-5} \text{ m}^3/\text{s} = 5,5 \text{ l/min}$$

Die Wandschubspannung erreicht entsprechend Gleichung (46) den Wert

$$\tau_W = 7{,}4 \cdot 10^{-3}\ \text{Pa}$$

Verringert man den Durchmesser auf $D_R = 25$ mm, so ergibt sich entsprechend

$$u_m = 0{,}093\ \text{m/s}, \quad Q = 2{,}7\ \text{l/min}$$

und eine Wandschubspannung von

$$\tau_W = 0{,}03\ \text{Pa}$$

Das Beispiel zeigt, dass man mit laminarer Strömung in Rohren mit größeren Durchmessern nur sehr kleine mittlere Strömungsgeschwindigkeiten und Wandschubspannungen erreichen kann. Solche Geschwindigkeiten werden nur sehr selten bei viskosen Produkten angewendet, die dann meist ein anderes Zähigkeitsverhalten aufweisen.

Beispiel
Die Strömungsgeschwindigkeit von kaltem Wasser, das eine Viskosität von $\nu = 10^{-6}\ \text{m}^2/\text{s}$ und eine Dichte von $\rho = 10^3\ \text{kg/m}^3$ besitzt, beträgt in einer Rohrleitung von $D_R = 50$ mm Durchmesser $u_m = 1{,}5$ m/s, was einem Volumenstrom von etwa 177 l/min entspricht. Aus Gleichung (31) ergibt sich die Reynoldszahl zu

$$\text{Re} = 7{,}5 \cdot 10^4$$

Mit dem Reibungsbeiwert nach Gleichung (53)

$$\lambda_t = 0{,}019$$

erhält man einen Druckverlust für eine Länge von $L = 1$ m der Rohrleitung zu

$$\Delta p = 430\ \text{Pa}$$

Die Wandschubspannung wird damit etwa

$$\tau_W = 5{,}4\ \text{Pa}$$

sodass nur Schichten mit geringerer Scherfestigkeit abgeschert werden können.

Die Dicke der laminaren Unterschicht ist dabei

$$\delta_l = 68\ \mu\text{m},$$

sodass alle Partikel, die an der Rohrwand haften und kleiner als dieser Wert sind, sich innerhalb der laminaren Unterschicht befinden.

Bei Verwendung von Heißwasser mit 80 °C, wie es häufig zum Spülen von Rohrleitungen verwendet wird, liegt die Zähigkeit bei etwa $\nu = 0{,}364 \cdot 10^{-6}\ m^2/s$ und die Dichte bei $\rho = 972\ kg/m^3$. Bei gleichem Durchmesser von $D_R = 50$ mm und gleicher mittlerer Strömungsgeschwindigkeit von $u_m = 1{,}5$ m/s, was einem Volumenstrom von 177 l/min entspricht, liegt die Reynoldszahl bei etwa $Re = 2 \cdot 10^5$, was nicht mehr dem Blasius-Bereich entspricht. Mit dem Reibungskoeffizienten $\lambda = 0{,}015$ nach Gleichung (68) (Nikuradse) ergibt sich ein Druckverlust von $\Delta p = 336$ Pa pro Meter Länge der Rohrleitung. Die Wandschubspannung beträgt in diesem Fall bei einer Dicke der laminaren Unterschicht von $\delta = 28\ \mu m$ nur noch $\tau_W = 4{,}2$ Pa.

6.3.2
Rieselströmung an Oberflächen

Als Rieselfilme werden Flüssigkeitsfilme [47] bezeichnet, die in dünner Schicht an vertikalen oder geneigten Wänden ablaufen, wie es z. B. bei der Sprühreinigung von Apparaten der Fall ist. Die Flüssigkeitsschicht haftet an der Wand, wie es bereits von der Rohrströmung her bekannt ist und steht an der Oberfläche mit dem umgebenden Gas (meist Luft) in Kontakt. Entsprechend Abb. 6.41a ergibt sich für einen ausgebildeten senkrecht ablaufenden Film ein Geschwindigkeitsprofil, das bei dünner Schichtdicke S für laminares Fließen durch

$$u(y) = \frac{g}{2 \cdot \nu} \cdot (y^2 - S^2) \tag{69}$$

beschrieben werden kann. g bedeutet darin die Erdbeschleunigung und ν die kinematische Zähigkeit. Die Geschwindigkeit an der Oberfläche ergibt sich mit $y = 0$ zu

$$u_{max} = \frac{g \cdot S^2}{2 \cdot \nu} \tag{70}$$

Durch Integration über das Geschwindigkeitsprofil des Querschnittes mit der Breite B kann der Volumenstrom zu

$$Q = \frac{g \cdot B}{\nu} \cdot \frac{S^3}{3} \tag{71}$$

bestimmt werden. Daraus ergibt sich die Schichtdicke des Rieselfilms bei bekanntem Volumenstrom mit

$$S = \left(\frac{3 \cdot \nu \cdot Q}{g \cdot B} \right)^{\frac{1}{3}} \tag{72}$$

Die mittlere Geschwindigkeit lässt sich zu

$$u_m = \frac{Q}{B \cdot S} = \frac{g}{3 \cdot \nu} \cdot S^2 \tag{73}$$

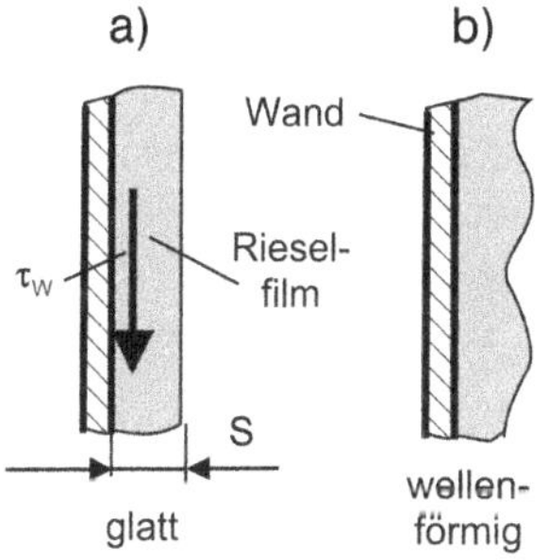

Abb. 6.41 Prinzip der Rieselfilmströmung: (a) gleichmäßige Schichtdicke, (b) Wellenbildung.

angeben. Die Reynoldszahl wird im Fall der Filmströmung mit der Schichtdicke S als charakteristischer Länge gebildet, sodass sich

$$\mathrm{Re} = \frac{u_m \cdot S}{\nu} = \frac{Q}{B \cdot \nu} \tag{74}$$

ergibt.

Aus dem laminaren Geschwindigkeitsprofil kann man die Verteilung der Schubspannung in der Schicht zu

$$\tau(y) = \rho \cdot g \cdot y \tag{75}$$

und für $y = S$ die Wandschubspannung zu

$$\tau_W = \rho \cdot g \cdot S = \left(\frac{3 \cdot \nu \cdot Q}{g \cdot B} \right)^{\frac{1}{3}} \tag{76}$$

berechnen.

Beobachtungen zeigen, dass ab Reynoldszahlen von $\mathrm{Re} > 6$ an der Oberfläche des Rieselfilms Wellen auftreten können (Abb. 6.41b), die sich mit gerader Wellenfront und konstantem Abstand abwärts bewegen. Untersuchungen haben gezeigt, dass sich trotz dieser Erscheinung die mittlere Geschwindigkeit u_m bis zu Reynoldszahlen von $\mathrm{Re} \cong 400$ noch ausreichend genau mit Gleichung (73) angeben lässt.

Für höhere Reynoldszahlen wird für den Bereich

$$400 \leq \mathrm{Re} \leq 2000 \tag{77}$$

zur Berechnung der mittleren Schichtdicke des Rieselfilms die Beziehung

$$S = \left(\frac{Q}{B \cdot \nu} \right)^{\frac{8}{15}} \cdot \left(\frac{\nu^2}{12{,}1 \cdot g} \right)^{\frac{1}{3}} \tag{78}$$

angegeben [47]. Dabei wurde beobachtet, dass die Welligkeit mit der Reynoldszahl ansteigt. Während die Dicke in den Tälern mit etwa $S_1 = 0{,}3$ mm nahezu unabhängig von der Reynoldszahl ist, steigt die Dicke der Wellenberge bis zu $S_2 = 6$ mm bei Re = 2000 an.

Ist die Wand um den Winkel α gegen die Senkrechte geneigt, so lässt sich das Geschwindigkeitsprofil aus der Komponente der Schwerkraft zu

$$u(y) = \frac{g \cdot \cos(\alpha)}{\nu} \cdot (y^2 - S^2) \tag{79}$$

bestimmen.

Beispiel

Wenn zum Besprühen an den senkrechten Wänden eines stehenden Behälters mit einem Durchmesser von $D = 4$ m z. B. beim Reinigen ein Volumenstrom von $Q = 300$ l/min eingesetzt wird, entsteht ein Rieselfilm aus Wasser mit einer mittleren Schichtdicke von rund $S = 0{,}5$ mm. Die mittlere Geschwindigkeit beträgt dabei etwa $u_m = 0{,}8$ m/s und die Reynoldszahl knapp Re = 400. An der Wand könnte bei glattem Rieselfilm damit eine mechanische Wirkung durch die Wandschubspannung von etwa $\tau_W = 5$ Pa erreicht werden. Sie liegt damit in der gleichen Größenordnung wie bei der Rohrströmung nach Beispiel auf S. 179.

Wird die versprühte Menge auf $Q = 1000$ l/min erhöht, so erreicht der Rieselfilm eine mittlere Schichtdicke von ungefähr $S = 1$ mm, wobei die Strömungsgeschwindigkeit etwa $u_m = 1{,}4$ m/s erreicht.

6.3.3 Totwasserzonen

Der strömungsbedingte Austausch innerhalb turbulenter Strömungen kann aufgrund der konstruktiven Gestaltung in verschiedener Weise dadurch behindert werden, dass sogenannte Totwasserzonen auftreten. In diesen Bereichen ist das Fluid zwar in Bewegung, bildet aber meist wirbelförmige Zonen, in denen nur ein schwacher Austausch mit der ungestörten Strömung erfolgt.

Ein typisches Beispiel stellen nicht durchströmte Abzweigungen dar, die in technischen Konstruktionen häufig anzutreffen sind. Neben der Lage des Totraumes spielt dessen Tiefe im Verhältnis zur Breite eine entscheidende Rolle. In Abb. 6.42 sind die Verhältnisse am Beispiel einer T-förmigen Rohrabzweigung dargestellt, die an ihrem Ende geschlossen ist [48]. In dem Raum bilden sich je nach Tiefe Wirbel in unterschiedlicher Weise aus, die mit langsamerer Geschwindigkeit u_W gegenüber der mittleren Fließgeschwindigkeit u_m der vorbeiströmenden Flüssigkeit rotieren und dadurch den Austausch stark behindern.

Ein anderes Beispiel stellt die Umströmung von Körpern wie z. B. Ventilstangen oder Sensoren dar. Dabei treten zwei wichtige Effekte gemäß Abb. 6.43 auf, die den Fluidaustausch nahe der Oberfläche behindern. An der Seite der Anströmung teilt sich die Strömung. Dadurch tritt ein Staupunkt auf, an der sie sich in Ruhe befindet. Aus diesem Grund besteht an dieser Stelle keine Mischbewegung, auch wenn die Gesamtströmung turbulent ist. Das bedeutet, dass im Staupunkt kein

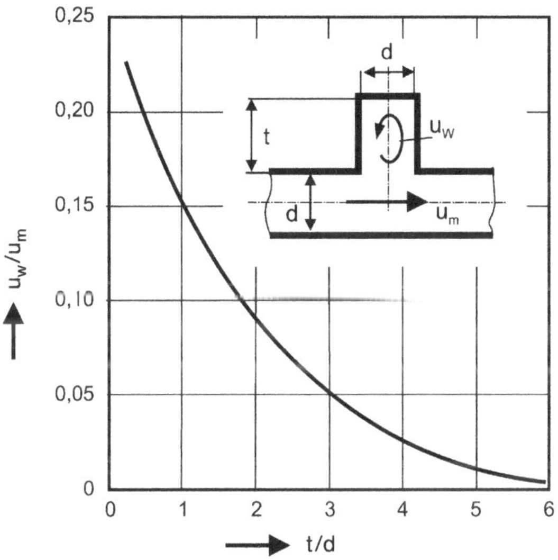

Abb. 6.42 Strömungsverhältnisse im Totraum eines T-Stückes nach [48]: Verhältnis von mittlerer Strömungsgeschwindigkeit u_m zu Wirbelgeschwindigkeit u_W am Totraumende in Abhängigkeit des Verhältnisses Tiefe t zu Rohrdurchmesser d.

Austausch durch die Strömung bewirkt wird. Durch das Abbremsen entsteht eine Druckerhöhung in Form des Staudruckes

$$\Delta p_S = \frac{\rho}{2} \cdot u^2 \tag{80}$$

wobei u die ungestörte Anströmgeschwindigkeit bedeutet.

An der Rückseite des Körpers entsteht ein Totwasserbereich, der durch das Abreißen der Strömung erzeugt wird und dessen Größe von der Strömungsgeschwindigkeit abhängt. In diesem Bereich ist das Fluid keineswegs in Ruhe, sondern befindet sich in einer Drehbewegung, in der jedoch kaum ein Austausch infolge der Strömung stattfindet.

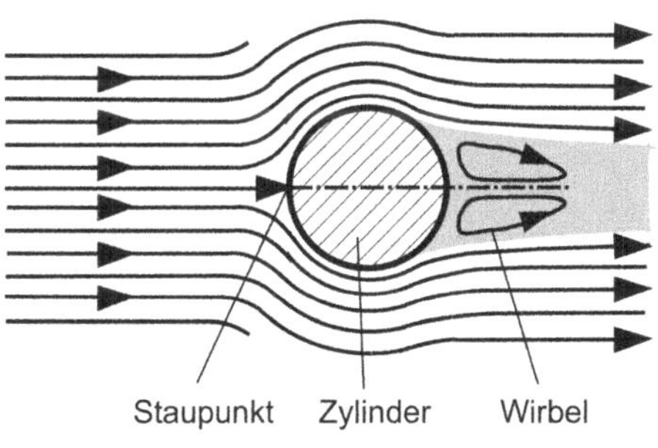

Abb. 6.43 Strömungsschatten (Ablösung) mit behindertem Austausch hinter Bauelementen.

6.3.4
Diffusion und Konvektion

Wenn innerhalb von Stoffen inhomogene Bereiche entstehen oder vorhanden sind, besteht grundsätzlich die Tendenz, durch Stoffaustausch einen Ausgleich herbeizuführen. Dieser kann auf unterschiedlichen physikalischen Effekten wie Diffusion oder Konvektion beruhen [49].

6.3.4.1 Diffusion

Unter Diffusion versteht man die Vermischung von unterschiedlichen Stoffen unter dem Einfluss der Brown'schen Molekularbewegung, die ohne zusätzliche äußere Einwirkung abläuft. Die Ursache dafür ist in dem Bestreben begründet, dass sich Moleküle mithilfe ihrer Eigenbeweglichkeit über einen verfügbaren Raum gleichmäßig zu verteilen suchen. Ist dieser Raum durch eine für die Moleküle durchlässige Wand (z. B. Membran) in zwei Bereiche geteilt, so findet Diffusion auch durch diese hindurch statt. Die Geschwindigkeit des Ausgleichs hängt von der freien Weglänge der Moleküle in dem jeweiligen Medium ab. Dadurch erfolgt der Ausgleich in Gasen wesentlich schneller als in Flüssigkeiten oder Feststoffen, wo reine Diffusionsvorgänge sehr langsam ablaufen.

Liegen z. B. in einem Raum unterschiedliche Konzentrationen c an verschiedenen Stellen x vor, so entsteht ein molekularer Stoffstrom von der höheren zur niedrigeren Konzentration hin. Ein allgemein bekannter Diffusionsvorgang ist die allmähliche Einfärbung in einem Glas mit Wasser, in das man einen Beutel mit Tee hängt und nicht umrührt oder schüttelt.

Die beiden folgenden Gleichungen sollen die wesentlichen Abhängigkeiten prinzipiell aufzeigen:

Das 1. Fick'sche Gesetz beschreibt, dass gemäß

$$j(x,t) = \frac{\delta\, m(x,t)}{A \cdot \delta\, t} = -D \cdot \frac{\delta\, c(x,t)}{\delta\, x} \tag{81}$$

die bezogene Massenstromdichte $j(x,t)$, d. h. der Diffusionsmassenstrom $m(x,t)$ bezogen auf die Fläche A an der Stelle x zur Zeit t proportional der Diffusionskonstanten D sowie dem Konzentrationsgradienten $\delta\, c(x,t)/\delta\, x$ in x-Richtung ist.

Bei der 2. Fick'schen Gleichung dagegen verfolgt man den Verlauf der Konzentration entlang des Diffusionsweges nach einer bestimmten Zeit oder den zeitlichen Verlauf der Konzentration an einer bestimmten Stelle. Das bedeutet, dass entsprechend

$$\frac{\delta\, c(x,t)}{\delta\, t} = D \cdot \frac{\delta^2\, c(x,t)}{\delta\, x^2} \tag{82}$$

eine Aussage über den Zusammenhang zwischen der Geschwindigkeit der Konzentrationsänderung $\delta\, c(x,t)/\delta\, t$ und der Änderung des Konzentrationsgradienten $\delta\, c(x,t)/\delta\, x$ an der Stelle x zur Zeit t bei konstantem D gemacht wird. Eine explizite Lösung dieser Gleichung ist nur für bestimmte Fälle möglich.

In einem abgegrenzten Raum mit Gas wie ruhender Luft kann beispielsweise der Ausgleich von hoher Konzentration an Feuchtigkeit (feuchte Atmosphäre) in einem Teilbereich nach geringer Konzentration (trockene Luft) erfolgen. Weitere Beispiele für Diffusionsvorgänge sind das Eindringen von flüssigen Reinigungslösungen in Schmutzschichten oder von Weichmachern bzw. Farbstoffen aus Elasto- und Plastomeren in flüssige Lebensmittel- und Pharmaprodukte. Wesentlich ist, dass in engen z. B. mikroskopischen Spalten und Vertiefungen von Bauteilen und Apparaten, die bei Produktion oder Reinigung von Fluiden durchströmt werden, die vorliegende Gesamtströmung keinen Einfluss hat. Das bedeutet, dass dort keine von außen erzwungene Strömung vorliegt, sondern lediglich Diffusion aufgrund der stofflichen Unterschiede stattfindet. Dieser Vorgang läuft, wie bereits erwähnt, sehr langsam ab, weshalb an solchen Stellen die Reinigung meist versagt.

6.3.4.2 Konvektion

Unter freier Konvektion versteht man den Temperaturausgleich durch frei entstehende Strömungen. Da in Fluiden durch unterschiedliche Temperaturen unterschiedliche Dichten entstehen, wird zunächst das Gleichgewicht gestört. Die Dichteunterschiede haben Druckdifferenzen zur Folge, die Ausgleichsströmungen hervorrufen, um das Gleichgewicht wieder herzustellen. Ein Beispiel stellt eine von außen erwärmte oder gekühlte Apparatewand dar, an deren Innenseite ein Fluid vorhanden ist, das sich in Ruhe befindet. Der Temperaturunterschied zwischen Wand und Fluid führt zu einer Konvektionsströmung, die die Temperatur auszugleichen versucht.

Wird die Strömung des Fluids dagegen durch mechanisch erzwungene Druckdifferenzen z. B. durch Energieeintrag mithilfe eines Ventilators hervorgerufen, so wird ein solcher Vorgang als erzwungene Konvektion bezeichnet.

6.4 Trennkräfte an Oberflächen

Mechanische Trennkräfte und Effekte, die z. B. zur Ablösung von Partikeln und Schmutzsubstanzen von Oberflächen führen, hängen in erster Linie von der Art der strömungstechnischen Verhältnisse ab. Während bei Strömungen, bei denen die laminare Unterschicht entscheidend ist, die mechanischen Effekte bei den üblichen Geschwindigkeiten sehr gering sind, ändert sich dies erheblich, wenn die Wirkung durch Spritzvorgänge senkrecht zur Wand hervorgerufen wird. Wie bereits erwähnt, ist dagegen praktisch kein mechanischer Einfluss in Oberflächenporen und -rissen sowie in engen Spalten z. B. von Dichtungen zu verzeichnen, wo auch bei Spritzvorgängen nur eine geringe Tiefenwirkung entsteht.

Bei Lösungsvorgängen und chemischem Angriff ist die Konzentration des Lösemittels die maßgebende Größe. Die Flüssigkeitsströmung übernimmt dabei in erster Linie die Aufgabe, den Austausch zu bewirken, um das Konzentrationsgefälle zwischen Wand und unmittelbarer Umgebung aufrechtzuerhalten.

Dies ist gut möglich, wenn die anzugreifenden Schichten und Substanzen frei zugänglich an der Oberfläche liegen. Bei größeren Rautiefen der Oberfläche mit engen Tälern und hohen Spitzen dagegen kann dieser Austausch behindert sein. Er wird dann in solchen Tälern und vor allem in engen Spalten, wo kleine Substanzen wie z. B. Mikroorganismen nicht mehr leicht zugänglich sind, nur nach ausreichend langer Zeit durch Diffusion erreicht. Als Folge zu kurzer Reinigungszeiten bleiben Verschmutzungen zurück.

Für den Reinigungsvorgang, für den das Abtrennen und Entfernen von Verschmutzungen die maßgebende Aufgabe darstellt, sind ebenfalls eine Reihe unterschiedlicher Einflussfaktoren je nach angewendetem Verfahren entscheidend. Dabei soll jedoch zunächst nicht auf die einzelnen Verfahren eingegangen werden, sondern die Strömungseffekte in Bereichen nahe der Oberfläche und ihr mechanischer Einfluss auf Schmutz grundlegend dargestellt werden.

6.4.1
Einfluss der Wandschubspannung auf kontinuierliche Oberflächenbeläge

Die mechanische Wirkung der Strömung auf einen Oberflächenbelag (Schmutz) soll wiederum modellhaft beschrieben und diskutiert werden. Bedingung für einen rein mechanischen Effekt bei der Ablösung einer kontinuierlichen Schicht von einer Oberfläche ist, dass deren Festigkeit von der auftretenden Scherspannung der Strömung an der Grenzfläche zu dieser Schicht überwunden werden muss. Maßgebend ist in diesem Fall gemäß

$$\tau_S < \tau_W \qquad (83)$$

die Scherfestigkeit der Oberflächenschicht τ_S im Vergleich zur Schubspannung an der Grenzfläche, die der Wandschubspannung τ_W entspricht (Abb. 6.44). Ein gleichmäßiger Oberflächenbelag wirkt in diesem Fall als Grenzfläche, sodass dort die Wandschubspannung angenommen werden kann. Aufgrund der Haftbedingung an der Grenzfläche ist dort gleichzeitig die Strömungsgeschwindigkeit null.

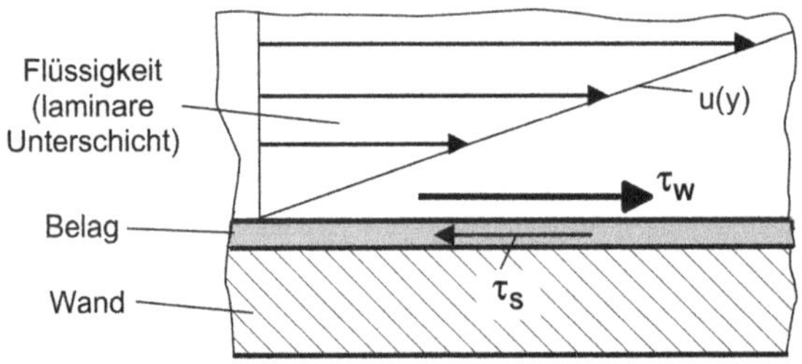

Abb. 6.44 Prinzipielle Verhältnisse bei der Ablösung von Belägen mit der Festigkeit τ_S durch die Wandschubspannung τ_W ($\tau_W > \tau_S$).

6.4.2
Trennkräfte der Strömung auf haftende Partikel der Strömung

Bezüglich der mechanischen Wirkung der Strömung auf einzelne Partikel und Mikroorganismen, die an der Wand von Apparaten haften, sind dagegen andere Mechanismen maßgebend, die ebenfalls modellhaft dargestellt werden sollen. Ziel ist es dabei, eine grundsätzliche Vorstellung von den Größenordnungen der wirksamen Mechanismen zu vermitteln, da mechanische Effekte der Strömung häufig falsch diskutiert und ihr Einflüsse überschätzt werden.

6.4.2.1 Widerstands- und Auftriebskräfte an Partikeln

Um einzelne Teilchen von Apparateoberflächen zu entfernen, ist es notwendig die Adhäsionskräfte zu überwinden. Trennkräfte durch dynamische Strömungseffekte in der laminaren Unterschicht eines Fluids, z. B. eines Reinigungsmittels auf kleine kugelförmige Partikel, die an einer glatten Oberfläche haften, werden durch

- eine Widerstandskraft F_W parallel zur makroskopischen Oberfläche,
- ein Moment T_W um den Partikelberührpunkt infolge der Widerstandskraft F_R sowie
- eine Auftriebskraft F_A senkrecht zur Strömung und zur Wand

verursacht, wie es dem Prinzip nach in Abb. 6.45 dargestellt ist. Diese Kraftgrößen können für das Beispiel der Rohrströmung nach Untersuchungen in [50] bestimmt werden.

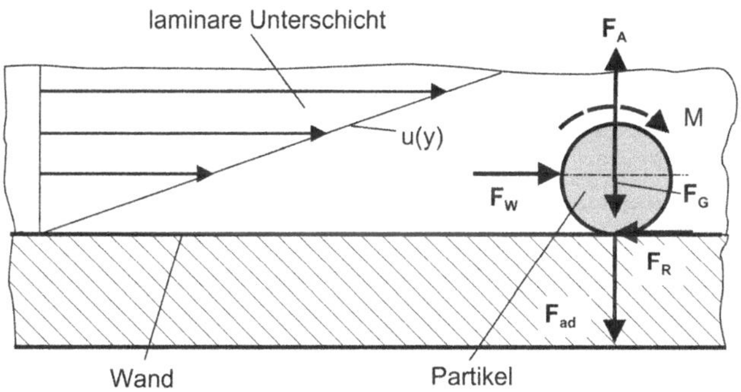

Abb. 6.45 Kraftgrößen an einem an der Wand haftenden Partikel in der laminaren Unterschicht.

Widerstands- und Auftriebskraft können durch

$$F_W = c_W \cdot \frac{d_P^2 \cdot \pi}{4} \cdot \frac{\rho}{2} \cdot u_P^2 \tag{84}$$

bzw.

$$F_A = c_A \cdot \frac{d_P^2 \cdot p}{4} \cdot \frac{\rho}{2} \cdot u_P^2 \tag{85}$$

wiedergegeben werden, wobei c_W den Widerstandsbeiwert, c_A den Auftriebsbeiwert, d den Partikeldurchmesser, ρ die Fluiddichte, und u_P die Strömungsgeschwindigkeit in der Mitte der Partikel charakterisieren. Wenn ein Teilchen an der Wand haftet, sodass der Wandabstand $a = 0$ beträgt, können der Widerstandsbeiwert zu

$$c_W = 44{,}1 \cdot \frac{\nu}{u_P \cdot d_P} + 12{,}6 \cdot \left(\frac{\nu}{u_P \cdot d_P}\right)^{-0{,}5} + 0{,}588 \tag{86}$$

und der Auftriebskoeffizient zu

$$c_A = 5{,}48 \cdot \left(\frac{\nu}{u_P \cdot d_P}\right)^{-0{,}5} \tag{87}$$

berechnet werden. Der Mittelpunkt des Teilchens ist von der Rohrmitte um den Abstand

$$y_P = \frac{D_R - d_P}{2} \tag{88}$$

entfernt. Im Fall, dass das Partikel in der wandnahen Schicht einer laminaren Rohrströmung liegt, kann die Geschwindigkeit im Zentrum des Teilchens u_P im Verhältnis zur mittleren Geschwindigkeit u_m im Rohr aus Gleichung (32) in Kombination mit Gleichung (37) zu

$$u_P = 2 \cdot u_m \cdot \left[1 - \frac{(D_R - d_P)^2}{D_P^2}\right] \tag{89}$$

bestimmt werden. Beide Koeffizienten und damit die Widerstands- und Auftriebskraft können mit diesen Beziehungen berechnet werden.

Für turbulente Strömung ist für die Widerstands- und Auftriebskraft von Partikeln, die Kontakt zur Wand haben und kleiner als die Dicke der laminaren Unterschicht δ_l nach Gleichung (50) sind, die laminare Unterschicht unmittelbar an der Wand maßgebend. Die Beziehung zwischen u_P und u_m resultiert in diesem Fall aus den Gleichungen (42), (49) und (88) entsprechend:

$$u_P = \frac{\tau_W}{4 \cdot \rho \cdot \nu} \cdot \left(1 - \frac{d_P}{D_R}\right) \cdot d_P \tag{90}$$

Mit

$$\tau_W = \frac{\Delta p \cdot D_R}{4 \cdot L}$$

nach Gleichung (33) erhält man für den Reynoldsbereich $2300 \le Re \le 10^5$ die Wandschubspannung mit Gleichung (53) zu

$$\tau_W = 0{,}0396 \cdot \left(\frac{\nu}{D_R}\right)^{0{,}25} \cdot \rho \cdot u_m^{1{,}75}$$

In diesem Fall wird u_P durch

$$u_P = 0{,}0396 \cdot u_m^{1{,}75} \cdot \frac{d_P}{D_R^{0{,}25} \cdot \nu^{0{,}75}} \cdot \left(1 - \frac{d_P}{D_R}\right) \tag{91}$$

bestimmt. Die Koeffizienten und Kräfte für Widerstand und Auftrieb können damit aus den Gleichungen (84) bis (87) in der gleichen Weise berechnet werden wie für die laminare Rohrströmung.

Beispiel
Bei einer Fließgeschwindigkeit von $u_m = 2$ m/s in einer Rohrleitung ergibt sich bei einem Leitungsdurchmesser von $D_R = 50$ mm eine Dicke der laminaren Unterschicht in der Größenordnung von $\delta_l = 60$ µm bei 20 °C (Abb. 6.40). Die Trennkräfte auf ein kugelförmiges Partikel von $d = 10$ µm, das eine Rohrwand berührt, kann nach den Gleichungen (84) und (85) berechnet werden. Für die dynamische Auftriebskraft ergibt sich ein Wert von $F_A = 1{,}7 \cdot 10^{-10}$ N und für die Widerstandskraft $F_W = 3{,}6 \cdot 10^{-9}$ N. Nimmt man als Van-der-Waals-Kraft $F_{VDW} = 2 \cdot 10^{-8}$ N für das an der Wand haftende Partikel an, so zeigt sich, dass die Auftriebskraft senkrecht zur Rohrwand um etwa zwei Zehnerpotenzen kleiner als die Adhäsionskraft ist, ein Ablösen des Partikels also nicht möglich ist. Nach makroskopischen Theorien würde der in Strömungsrichtung wirkenden Strömungskraft F_W eine Reibungskraft zwischen Partikel und Wand entgegenwirken, die bei einem Reibungskoeffizienten von $\mu = 0{,}1$ mit der Van-der-Waals-Kraft einen Wert von $F_R = \mu\, F_{VDW} = 2 \cdot 10^{-9}$ N ergeben und damit in der gleichen Größenordnung der Strömungskraft liegen würde, sodass ein Verschieben in Strömungsrichtung möglich wäre.

Allerdings sind in der Praxis Rauheiten vorhanden, die im Allgemeinen bei Annahme starrer Teilchen Dreipunkt-Kontakte an den Rauheiten der Wand haben und damit die Verhältnisse beeinflussen.

Zusätzlich ist zu berücksichtigen, dass die Strömungskraft ein Moment um die Auflagepunkte des Partikels erzeugt, das das Teilchen zum Rollen zu bringen kann. Ein Ablösen bei fehlendem Kontakt wäre dadurch möglich.

6.4.2.2 **Einfluss der Schubspannung**
Wenn die Wände von Apparaten mit kontinuierlichen Schmutzschichten bedeckt sind, wird der mechanische Effekt der Reinigung durch die Scherspannung verursacht, die die Flüssigkeit auf die Schmutzschicht ausübt. Um Schichten mechanisch zu zerstören, muss die Scherspannung der Flüssigkeit an der Oberfläche der Schicht, die in diesem Fall einer Wand entspricht, größer als die Scherfestigkeit des Schmutzes sein. Speziell für Rohrleitungen kann die Beziehung zwischen Fließgeschwindigkeit und Scherspannung mit $y = D/2$ bestimmt werden, indem man den Druckverlust für laminare bzw. turbulente Strömung verwendet.

Für Rohrleitungen und Filme der Sprühreinigung ist die Scherspannung für Oberflächen bzw. Schmutzschichten in Abb. 6.44 dargestellt.

Für viskose Rückstände von Produkten an Wandoberflächen von Apparaten muss das rheologische Verhalten berücksichtigt werden. In solchen Fällen kann die Schmutzschicht in Abhängigkeit der Scherspannung zu fließen beginnen, wodurch die Schicht dünner wird.

Beispiel
Aus Festigkeitsuntersuchungen ist bekannt, dass Schichten von Tomatenpaste z. B. eine Scherfestigkeit von etwa $\tau_S = 60\text{–}120$ Pa bei 30 % Feststoffanteil und $\tau_S = 10$ Pa bei 15 % Feststoffanteil ergeben, die in einem großen Bereich unabhängig von der Temperatur ist. Für Hackfleischmischungen liegt die Größenordnung der Scherfestigkeit in einem Bereich von $\tau_S = 60\text{–}120$ Pa.

Bei einem Rohrdurchmesser $D_R = 50$ mm und einer Strömungsgeschwindigkeit von $u_m = 1{,}5$ m/s erhält man für Wasser eine Wandschubspannung von $\tau_W = 5{,}4$ Pa. Sie liegt damit deutlich unter den Scherfestigkeiten der obigen Werte, sodass eine mechanische Zerstörung solcher Schichten durch die Wandschubspannung nicht stattfinden würde, wenn sie als Schmutzschichten nach der Produktion an der Rohrwand haften bleiben. Allerdings wird sich bei wasserlöslichen Schichten die Festigkeit durch Wasseraufnahme so weit verringen, dass z. B. bei Tomatenpaste nach diesem Vorgang ein Abspülen der Schicht möglich wird. Außerdem ist eine reine Auflösung möglich.

6.4.3
Beispielhafte Ergebnisse von Trennversuchen

Die tatsächlichen Zusammenhänge zwischen der Überwindung der Adhäsion an Oberflächen bei der Reinigung und den Einflüssen der hygienegerechten Konstruktion (Hygienic Design) sind im Allgemeinen nur wenig grundlegend untersucht worden. Die zurzeit immer weiter gehenden Anforderungen in Richtung geringerer Rauheitswerte lassen erkennen, dass die zunehmenden Bearbeitungskosten in keiner Weise gerechtfertigt sind, da die Reinigungsergebnisse kaum verbessert werden. In diesem Zusammenhang ist auch eine Beurteilung von Elektropolierbehandlungen von Oberflächen und die dazu notwendige Vorbearbeitung zu sehen, die kostenintensive Anteile bei der Erzielung von hohen Oberflächenqualitäten sein können. Begrenzte Vorbearbeitung würde erhebliche Kosteneinsparungen ermöglichen. Diese Innovationslücke kann nur durch interdisziplinäre Zusammenarbeit von Werkstoffkunde, Verfahrenstechnik und der relevanten produktorientierten Industriezweige geschlossen werden.

Außerdem führt zur Beurteilung der Oberflächentopographie der heute üblicherweise verwendete Mittenrauwert *Ra*, der in Abhängigkeit der mikrobiologischen Gefährdung des Produktes sowie der erforderlichen hygienischen Verhältnisse aufgrund praktischer Erfahrungen festgelegt wird, in eine Sackgasse [51]. Deshalb ist es notwendig, die grundlegend dargestellten Einflüsse wie Haftkräfte von Partikeln und Mikroorganismen auf Oberflächen unterschiedlicher Topographien, Rauheiten und Materialien in praktischen Versuchen zu verifizieren und mit den theoretischen Größenordnungen zu vergleichen. Die auszugsweise dargestellten Untersuchungen wurden am Lehrstuhl für Maschinen- und Apparatekunde der Technischen Universität München-Weihenstephan in Zusammenarbeit mit der Bundesanstalt für Materialforschung und -prüfung in Berlin in einem von der FEI unterstützten AiF-Forschungsvorhaben durchgeführt. Die auszugsweise dargestellten Ergebnisse entstammen im Wesentlichen aus der Dissertation [52], wobei besonderer Wert auf die Einflüsse bei der Ablösung von Partikeln von definierten Oberflächen gelegt wird und speziell das Verhältnis der Ablösekraft normal und tangential zur Testoberfläche von besonderem Interesse ist.

Die Größe der erforderlichen Trennkraft ist abhängig von dem verwendeten Haftsystem. Außerdem haben Durchmesser und Form der Partikel sowie Art des Oberflächenmaterials der Haftfläche und dessen Struktur entscheidenden Einfluss auf die Größe der Haftkraft.

6.4.3.1 Verwendete Materialien der Oberflächen

Als Vertreter der Metalle kamen $s = 2$ mm starke Bleche aus Edelstahl 1.4404 (316 L) in Form von kaltgewalztem Vormaterial (cIII) zum Einsatz. Zusätzlich wurde das Ausgangsblech jeweils mit Korn 120, Korn 240 und Korn 400 geschliffen sowie mit einem Standardabtrag von ca. 30–40 µm elektropoliert. Ferner wurden alle Proben (Korn 120, 240 und 400) ebenfalls mit einem Abtrag von ca. 30–40 µm elektropoliert. Somit standen insgesamt neun Proben aus rostfreiem Edelstahl zur Verfügung. Die Schliffdaten (Anpressdruck, Zeit, Verwendung von Fett, Schleifrichtung) wurden bestimmt und fixiert, um reproduzierbare Ergebnisse zu erhalten. Die mit einem Tastschnittgerät ermittelten *Ra*-Werte sind Tabelle 6.3 zu entnehmen. Zusätzlich wurde der Quadratische Mittelwert (rms-Wert) bestimmt, der nicht mit angegeben ist.

Als weiteres Material wurde Email als glasartiger Stoff untersucht. Es wird aufgrund der Beständigkeit gegen aggressive Medien vor allem in der Pharma- und chemischen Industrie eingesetzt. Die Rauheitswerte sind in Tabelle 6.4 zusammengestellt. Durch die Art der Emailherstellung sowie das Brenn- und Abkühlverfahren wurden definierte Oberflächeneigenschaften eingestellt. Im Vergleich zum geschliffenen Stahl haben die Emailoberflächen geringere Rauheitswerte.

Als Vertreter der Kunststoffe wurde der häufig eingesetzte Auskleidungs- und Dichtstoff PTFE ausgewählt, der in der ursprünglich gesinterten Form aufgrund seiner Porenstruktur als schlecht reinigbar gilt. Bei den untersuchten modifizierten Materialien handelte es sich um emulsions- und suspensionspolymerisierte Typen sowie vollfluorierte Thermoplaste, die FDA-Zulassung haben. TFM 2001 wurde durch Pastenextrusion erzeugt, während TFM 1600 durch Schälen eines PTFE-Blockes und PFA 6502 in Plattenform durch Sinterpressung hergestellt wurden. Die Rauheiten liegen in der Größenordnung gemäß Tabelle 6.5 der Emailproben. Alle verwendeten Oberflächen wurden zusätzlich zum *Ra*-Wert auch auf ihre Oberflächenenergie und Welligkeit untersucht.

Zur besseren Übersicht sind die *Ra*-Werte der verwendeten Proben zusammen mit den 95 %-Vertrauensbereichen in Abb. 6.46 veranschaulicht.

Tabelle 6.3 Bezeichnung und mittlere Rauheitswerte *Ra* der Testoberflächen aus Edelstahl [52].

Oberfläche	Abkürzung	Arithmetischer Mittenrauwert *Ra* in μm nach DIN 4768
Originalblech 1.4404, cIII	orig.	0,40
Originalblech elektropoliert	orig. e-pol.	0,10
Blech mit Korn 80 geschliffen, elektropoliert	K 80	6,02
Blech mit Korn 120 geschliffen	K 120	1,50
Blech mit Korn 120 geschliffen, elektropoliert	K 120 e-pol.	0,66
Blech mit Korn 240 geschliffen	K 240	1,10
Blech mit Korn 240 geschliffen, elektropoliert	K 120 e-pol.	0,19
Blech mit Korn 400 geschliffen	K 400	0,56
Blech mit Korn 400 geschliffen, elektropoliert	K 120 e-pol.	0,14

Tabelle 6.4 Mittlere Rauheitswerte *Ra* der verwendeten Testoberflächen aus PTFE [52].

Oberfläche	Abkürzung	Arithmetischer Mittenrauwert *Ra* in μm nach DIN 4768
Deckemail	Deckemail	0,05
Email 3009	3009	0,22
Email 2290W	2290W	0,08
Email ESD8	ESD8	0,09
Email CW4	CW4	0,08
Email 1005	1005	0,58
Email 1118	1118	0,14

Tabelle 6.5 Mittlere Rauheitswerte *Ra* der verwendeten Testoberflächen aus Email [52].

Oberfläche	Abkürzung	Arithmetischer Mittenrauwert *Ra* in μm nach DIN 4768
Teflon TFM 1600	TFM 1600	0,52
Teflon TFM 6502	TFM 6502	0,36
Teflon PFA 6502 N	PFA 6502 N	0,21

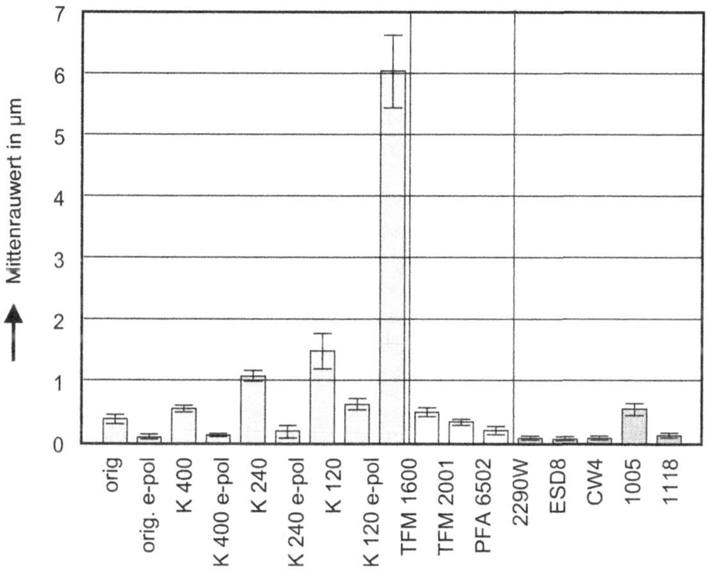

Abb. 6.46 Mittlere Rauheitswerte *Ra* der Testoberflächen (nach [52]).

6.4.3.2 Verwendete Partikel

Als Partikel wurden zum einen starre Glaskugeln und zum anderen Mikroorganismen in Form von Hefen verwendet.

Glas hat eine sehr glatte Oberfläche und ist deshalb für Trennkraftversuche geeignet. Glaskugeln sind zudem nahezu ideal rund, hart und praktisch nicht verformbar. Der d_{50}-Wert der Glaskugeln ist $d = 22{,}3$ µm. Dieser wird für die weiteren Betrachtungen als charakteristische Größe der Glaskugeln verwendet.

Als Mikroorganismen wurden die in der Praxis häufig vorkommenden Hefen verwendet, da sie aufgrund ihrer Größe leicht zu handhaben und im Mikroskop deutlich zu sehen sind. Die Zellwand der Hefe macht ca. 20 % des Hefegewichts aus. Sie besteht aus mehreren Schichten 1,3-Glucan, Eiweiß und Lipiden. An ihrer Oberfläche ist die Zellmembran von einer Schleimhülle umgeben, dem sogenannten Hefegummi, der sich überwiegend aus Mannan aufbaut. Die Partikelgrößenverteilung der Hefe ist mit d-Werten zwischen etwa 2 µm und 15 µm eng. Der d_{50}-Wert beträgt etwa $d = 5{,}5$ µm.

6.4.3.3 Adhäsionsarbeit, Oberflächenenergie und Benetzung

Die Adhäsionsarbeit übt einen maßgeblichen Einfluss auf einen Feststoff-Feststoff-Kontakt (Partikel-Oberfläche) aus. Unter Adhäsionsarbeit W_{12} pro Fläche wird die Energie verstanden, die benötigt wird, um zwei miteinander in Kontakt stehende Flächen unterschiedlichen Materials 1 und 2 innerhalb eines Vakuums bis ins Unendliche zu trennen. Sind zwei Oberflächen identischen Materials beteiligt, wird die Adhäsionsarbeit analog mit W_{11} bezeichnet.

Die Oberflächenenergie γ_s ist die benötigte Energie, um die Oberfläche eines Stoffes um eine Flächeneinheit zu vergrößern. Um eine neue Oberfläche mit einer Flächeneinheit zu bilden, müssen zwei halbe Flächeneinheiten vom Kontakt aus ins Unendliche getrennt werden, sodass zwischen Oberflächenenergie γ_{12} und Adhäsionsarbeit pro Fläche W_{12} der Zusammenhang

$$\gamma_{12} = 1/2 \cdot W_{12}$$

gilt [71]. Die Oberflächenenergie γ_s von Feststoffen wird im Allgemeinen in [J/m^2], die Oberflächenspannung von Flüssigkeiten γ_l in [N/m] angegeben. Da die direkte Bestimmung der Adhäsionsarbeit eines Festkörpers praktisch nicht möglich ist, wird die Oberflächenenergie z. B. über Kontaktwinkelmessungen indirekt bestimmt.

Die Oberflächenenergien der Edelstahlproben (Originalprobe, orig. elpol., K 400, K 400 e-pol., K 240, K 240 e-pol., K 120 und K 120 e-pol.) liegen gemäß Abb. 6.47 alle in der gleichen Größenordnung und haben einen Wert zwischen $\gamma_l = 35$ mN/m und $\gamma_l = 40$ mN/m. Durch die Adsorption von Wasser aus der Luft werden aus den hochenergetischen Stählen an der Grenzschicht zwischen Oberfläche und Tropfen Stahloberflächen niedrigerer Oberflächenenergie.

Die Emailproben (2290W, ESD8, CW4, 1005, 1118) weisen die höchste Oberflächenenergie der untersuchten Oberflächen auf. Die Werte der unterschiedlichen Emailproben sind jedoch in sich nicht alle ähnlich. Sie variieren zwischen $\gamma_l = 35$ mN/m und $\gamma_l = 60$ mN/m. Gründe hierfür liegen im Herstellungsprozess der jeweiligen Emailoberfläche.

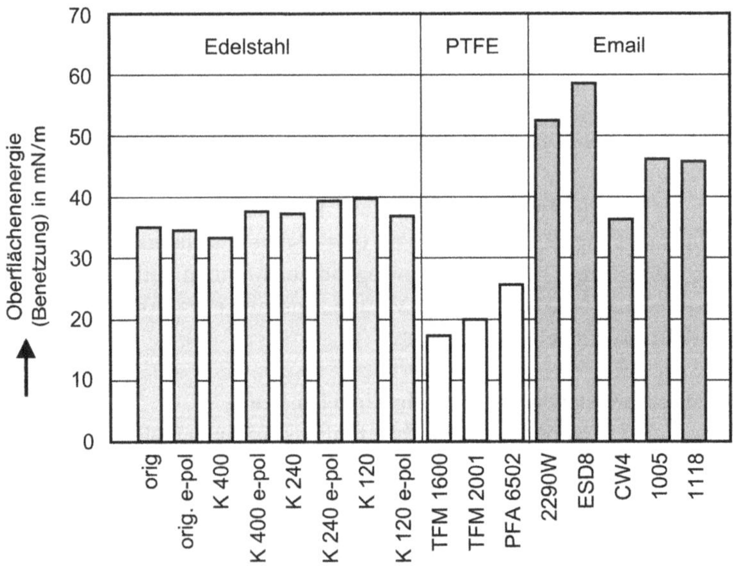

Abb. 6.47 Oberflächenenergien der Testoberflächen (nach [52]).

Die Werte der Oberflächenenergie des Kunststoffes PTFE (TFM 1600, T FM 2001, PFA 6506) sind niedriger als die der Stahloberflächen. Sie liegen um $\gamma_l = 20$ mN/m.

6.4.3.4 Rechnerisch ermittelte Haftkräfte

Mit den Ergebnissen der Oberflächenenergiemessungen lassen sich die Hamaker-Konstanten der Testoberflächen entsprechend Tabelle 6.6 annähern. Die jeweiligen Einzelwerte der Materialgruppen Stahl, PTFE und Email sind in ihrer Größe vergleichbar, sodass im Folgenden eine Hamaker-Konstante für die Gruppe aus dem Mittelwert der einzelnen Hamaker-Konstanten verwendet wurde.

Die Hamaker-Konstanten bestimmen die Größe der Van-der-Waals-Kraft. Niederenergetische Oberflächen zeigen geringe Van-der-Waals-Kräfte. Die Hamaker-Konstanten von Haftsystemen in Wasser sind um etwa den Faktor 10 geringer als die in Luft. Elektrostatische Kräfte sind im Kontaktbereich kleiner als die Van-der-Waals-Kräfte. Eine Ausnahme bildet PTFE, bei dem die rechnerische Van-der-Waals-Kraft kleiner als die elektrostatische Abstoßung ist. In Luftumgebung überwiegen die Kapillarkräfte die anderen Haftkräfte um etwa den Faktor 10. Die mittleren Hamaker-Konstanten H zwischen den Haftpartnern

Tabelle 6.6 Oberflächenenergie und Hamaker-Konstanten H der Testoberflächen (nach [52]).

Testoberfläche	Oberflächenenergie in mN/m	Hamaker-Konstante in J
orig.	34,63	$7{,}11 \cdot 10^{-20}$
orig. e-pol.	34,04	$6{,}99 \cdot 10^{-20}$
K 80	keine Bestimmung	kein Wert
K 120	39,70	$8{,}15 \cdot 10^{-20}$
K 120 e-pol.	36,85	$7{,}75 \cdot 10^{-20}$
K 240	37,00	$7{,}60 \cdot 10^{-20}$
K 240 e-pol.	39,54	$8{,}12 \cdot 10^{-20}$
K 400	33,03	$6{,}78 \cdot 10^{-20}$
K 400 e-pol.	37,46	$7{,}96 \cdot 10^{-20}$
TFM 1600	17,31	$3{,}55 \cdot 10^{-20}$
TFM 6502	19,79	$4{,}06 \cdot 10^{-20}$
PFA 6502 N	25,45	$5{,}22 \cdot 10^{-20}$
2290W	52,30	$10{,}74 \cdot 10^{-20}$
ESD8	58,40	$11{,}99 \cdot 10^{-20}$
CW4	36,00	$7{,}39 \cdot 10^{-20}$
1005	45,90	$9{,}42 \cdot 10^{-20}$
1118	45,60	$9{,}36 \cdot 10^{-20}$

Tabelle 6.7 Errechnete Haftkräfte des idealen Kugel/Platte-Modells für die verschiedenen Testoberflächen [52].

Partikel-Oberfläche-Medium	H in J	F_{VDW} in N	F_E in N	F_K in N
Hefe-Stahl-Luft	$23{,}5 \cdot 10^{-20}$	$6{,}7 \cdot 10^{-7}$	–	$2{,}8 \cdot 10^{-6}$
Hefe-Stahl-Wasser	$7{,}6 \cdot 10^{-20}$	$2{,}1 \cdot 10^{-7}$	$7{,}3 \cdot 10^{-8}$	
Hefe-PTFE-Luft	$11{,}5 \cdot 10^{-20}$	$3{,}2 \cdot 10^{-7}$	–	$2{,}8 \cdot 10^{-6}$
Hefe-PTFE-Wasser	$0{,}8 \cdot 10^{-20}$	$2{,}3 \cdot 10^{-8}$	$7{,}3 \cdot 10^{-8}$	
Hefe-Email-Luft	$19{,}8 \cdot 10^{-20}$	$5{,}6 \cdot 10^{-7}$	–	$2{,}8 \cdot 10^{-6}$
Hefe-Email-Wasser	$5{,}4 \cdot 10^{-20}$	$1{,}5 \cdot 10^{-7}$	$7{,}3 \cdot 10^{-8}$	
Glaskugeln-Stahl-Luft	$19{,}5 \cdot 10^{-20}$	$2{,}3 \cdot 10^{-6}$	–	$1{,}1 \cdot 10^{-5}$
Glaskugeln-Stahl-Wasser	$5{,}3 \cdot 10^{-20}$	$6{,}2 \cdot 10^{-7}$	$3{,}0 \cdot 10^{-7}$	
Glaskugeln-PTFE-Luft	$9{,}6 \cdot 10^{-20}$	$1{,}3 \cdot 10^{-6}$	–	$1{,}1 \cdot 10^{-5}$
Glaskugeln-PTFE-Wasser	$0{,}5 \cdot 10^{-20}$	$5{,}8 \cdot 10^{-8}$	$3{,}0 \cdot 10^{-7}$	
Glaskugeln-Email-Luft	$16{,}4 \cdot 10^{-20}$	$1{,}9 \cdot 10^{-6}$	–	$1{,}1 \cdot 10^{-5}$
Glaskugeln-Email-Wasser	$3{,}8 \cdot 10^{-20}$	$4{,}4 \cdot 10^{-7}$	$3{,}0 \cdot 10^{-7}$	

in der jeweiligen Umgebung sowie die theoretisch berechneten Haftkräfte wie Van-der-Waals-Kraft F_{FDW}, elektrostatische Kraft F_E und Kapillarkraft F_K sind der Tabelle 6.7 zu entnehmen.

Raue Oberflächen reduzieren die Haftkräfte im Haftsystem, da die Rauheiten den Abstand zwischen den Haftpartnern vergrößern. Die elektrostatischen und die kapillaren Kräfte sind dagegen praktisch unabhängig von der Rauheit. Auf Ergebnisse in diesem Bereich wird hier nicht eingegangen. Das gleiche gilt für Effekte der Haftkraftverstärkung.

6.4.3.5 Messergebnisse mit dem Kraftmikroskop (AFM)

Mit dem AFM konnten die Trennkräfte sowohl in flüssiger als auch gasförmiger Umgebung normal zur Oberfläche gemessen werden. Dabei wurden Kraft-Weg-Kurven aufgenommen. Aus dem Weg, der nötig ist, um das Testpartikel von der Oberfläche abzulösen, lässt sich mit der Federkonstanten des Messsystems die benötigte Trennkraft F_{AFM} bestimmen. Da bei Mehrfachmessungen mit gleichen Partikeln die örtlichen Kontaktverhältnisse an der Oberfläche eine Rolle spielen, d. h. die örtliche Rauheit bei dem für die Charakterisierung der Oberfläche verwendeten Mittelwert *Ra* unterschiedlich ist, liegt jeweils eine Verteilung der Haftkraft vor. Bei den dargestellten Ergebnissen wurden jeweils die Mittelwerte der gemessenen Haftkraftverteilungen (Konfidenzintervall bei 95 % Vertrauenswahrscheinlichkeit nicht dargestellt) miteinander verglichen. Die Ergebnisse für Hefezellen auf den Testoberflächen in Wasser sind in Abb. 6.48 dargestellt.

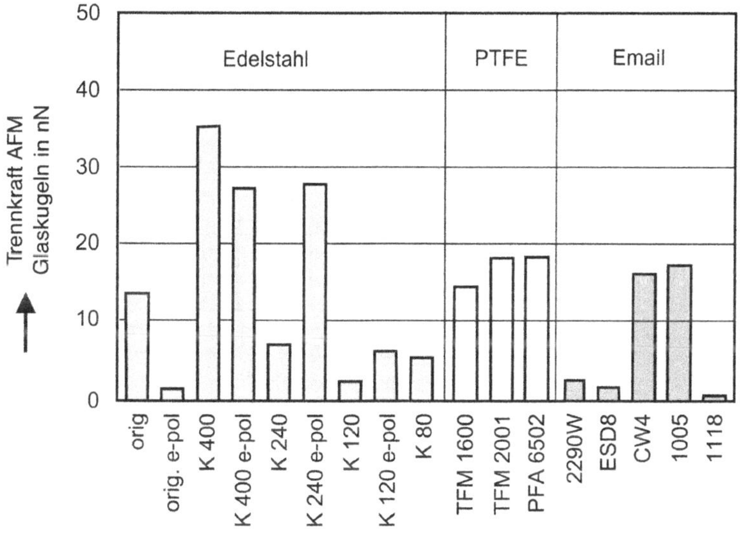

Abb. 6.48 Mit dem Kraftmikroskop (AFM) gemessene Trennkräfte von Hefezellen gegenüber den Testoberflächen in Wasser [52].

Es zeigt sich, dass die gemessenen Trennkräfte für Hefezellen gegenüber Edelstahl in der Größenordnung von $F_{AFM} = 4$ nN bis $F_{AFM} = 5$ nN liegen. Dabei ist bei den nicht elektropolierten Oberflächen kein signifikanter Unterschied in Abhängigkeit der Rauheit festzustellen. Bei den elektropolierten Testproben fällt auf, dass die Trennkräfte bei geringer Rauheit sich von den nicht elektropolierten ebenfalls kaum unterscheiden. Dagegen treten bei den raueren elektropolierten Oberflächen (K 240 e-pol. und K 120 e-pol.) deutlich höhere Trennkräfte auf. Die Ergebnisse können damit zusammenhängen, dass sich Hefezellen an ihre Umgebung anpassen und z. B. ihre Adhäsionsfläche beeinflussen können. Die Gruppe der PTFE- und die der Emailoberflächen besitzen jeweils vergleichbare Rauheiten. Innerhalb dieser Gruppen sind die Unterschiede der mit dem AFM ermittelten Trennkraft gering.

Die nicht dargestellten Trennkräfte in Luft waren stets höher als in Wasser, was auf die in Luft zusätzlich wirkenden Kapillarkräfte zurückzuführen ist. Die Erhöhung der Kräfte durch die Kapillarwirkung war unterschiedlich, jedoch nicht in der Größenordnung, wie es die Berechnungen mit den theoretischen Methoden vorhersagen würden, da während der Versuche eine relativ geringe Luftfeuchte vorlag.

Als Referenzmessung für „totes" Material wurden Trennkraftmessungen am AFM mit Glaskugeln vollzogen. Die Resultate in flüssiger Umgebung (Wasser) sind in Abb. 6.49 nach der gleichen Vorgehensweise zusammengestellt. Da die Haftkraft proportional zum Durchmesser der Testpartikel ist, kann jedoch ein direkter Vergleich zwischen den Trennkraftmessungen von Hefen und Glaspartikeln nur dann erfolgen, wenn auf den Durchmesser normiert wird.

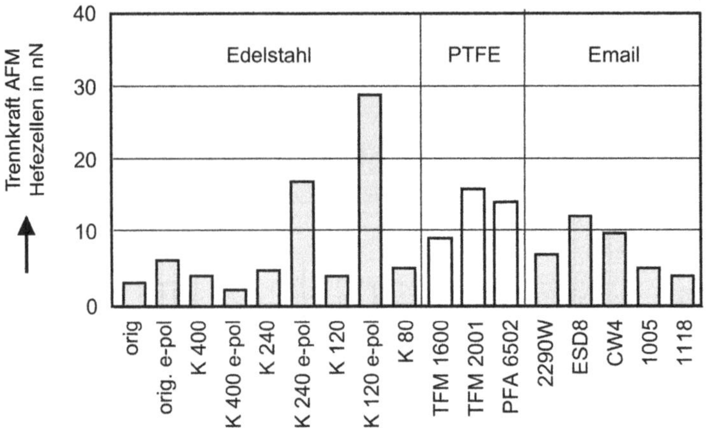

Abb. 6.49 Mit dem Kraftmikroskop (AFM) gemessene Trennkräfte von Glaskugeln gegenüber den Testoberflächen in Wasser [52].

Bei den Messungen ergab sich, dass die am feinsten bearbeitete Oberfläche (K 400) die höchste Trennkraft ergab, während für die raueren Proben niedrigere Werte festgestellt wurden. Bei den elektropolierten Oberflächen ist eine ähnliche Tendenz festzustellen. Im Vergleich zu Hefen bilden die starren Glaskugel z. B. nur einzelne Punktkontakte gegenüber Rauheiten der Oberfläche aus, was das grundlegende Haftverhalten beeinflusst. Eine Vergrößerung der Adhäsionsfläche ergibt sich nur dann, wenn sich die Partikel an die Oberfläche anschmiegen können. Eine Struktur der Oberfläche ähnlich der auf einem Lotusblatt könnte demnach helfen, die Trennkräfte zwischen Partikel und Oberfläche zu minimieren.

Bei den nicht dargestellten Messungen in Luft ergaben die glatt polierten Stahloberflächen größere Trennkräfte als die raueren, da die Partikel offensichtlich eine größere Kontaktfläche auf der glatteren Probe und damit größere Haftkräfte ausbilden.

6.4.3.6 **Trennkraftbestimmung mit der Ultrazentrifuge**

Als weitere Methode zur Bestimmung der Trennkräfte zwischen Mikroorganismen, Partikeln und Oberflächen wurde eine Zentrifuge mit 90.000 Umdrehungen pro Minute verwendet, womit als maximale Beschleunigung die 692.000-fache Erdbeschleunigung erzeugt werden kann. Im Gegensatz zum AFM können mit der Ultrazentrifuge die Trennkräfte von vielen Partikeln gleichzeitig bestimmt werden. Zudem ist es möglich, die Zentrifugalkraft, je nach Positionierung der Testoberfläche in Relation zur Zentrifugenachse, in jedem beliebigen Winkel angreifen zu lassen, sodass sich z. B. durch definiertes Einbringen der Testplättchen in den Rotor entweder Ablösekräfte für Partikel senkrecht oder tangential zur Oberfläche bestimmen lassen. Da die Partikel aufgrund der örtlichen Verhältnisse nicht alle gleichzeitig bei einer Drehzahl der Zentrifuge abgeschleudert werden, ergeben die Trennkräfte jeweils eine Verteilung, die in Abhängigkeit der auf der

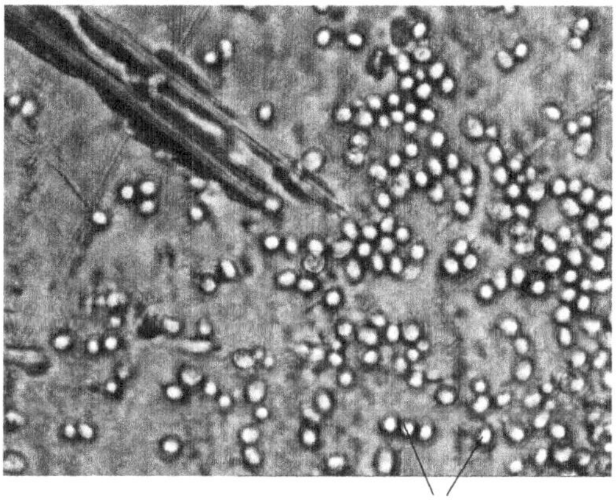

Abb. 6.50 Mikroskopaufnahme von Hefezellen auf einer Testoberfläche zur Ermittlung der Anzahl von Hefen mittels der automatischen Bildanalyse [52].

Fläche zurückgebliebenen Teilchen (Rückstand) angegeben werden kann. Die relativ breite Verteilung hängt wiederum von den örtlich schwankenden Verhältnissen von Rauheit und Oberflächenstruktur ab, die die Adhäsion der Partikeln bestimmen.

Die Ermittlung der Zahl der abgetrennten Partikel wurde mithilfe der Bildanalyse (Abb. 6.50) vorgenommen, indem die Testflächen vor und nach dem Versuch verglichen wurden. Bei rauen Oberflächen wurden die Teilchen eingefärbt, um einen ausreichenden Kontrast zu erhalten.

Die Messwerte von rauen Oberflächen liegen mit einer mittleren Trennkraft von etwa 1 nN unter denen der polierten Oberflächen. Raue Oberflächen tendieren demnach bei Kraftangriff normal zur Oberfläche zu geringeren Trennkräften als glattere.

Ein vergleichendes Beispiel für die Trennkräfte von Glaspartikeln gegenüber dem Stahl orig. e-pol. ist in Abb. 6.51 normal und in Abb. 6.52 tangential zur Oberfläche mit den jeweiligen Konfidenzintervallen dargestellt.

6.4.3.7 **Trennkraftmessung im Strömungskanal**

Zur Bestimmung der Trennkräfte durch Strömung wurde ein Strömungskanal verwendet, in dem definierte Strömungsverhältnisse eingestellt und messtechnisch erfasst werden können. In die Wand der Messstrecke wurden in eine rechteckige Vertiefung 2 mm starke Probenplättchen mit den anhaftenden Mikroorganismen oder Partikeln spaltfrei eingelegt, fixiert und während des Anfahrens der Strömung abgedeckt. Zur Berechnung der im stationären Zustand im Kanal auf die Partikel wirkenden hydrodynamischen Trennkraft wurde der Differenzdruck entlang einer festgelegten Wegstrecke experimentell bestimmt.

Im Strömungskanal wirkt die Strömungskraft tangential zur Oberfläche. Als Beispiel ist in Abb. 6.53 für Hefezellen auf Stahl orig. elpol. der Rückstand über

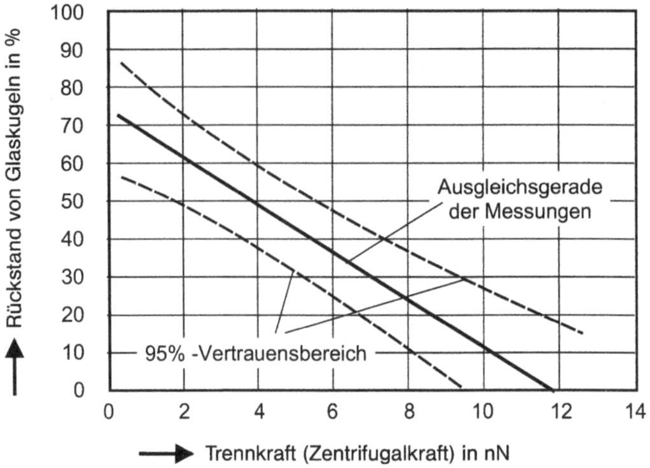

Abb. 6.51 Rückstand von Glaspartikeln auf der elektropolierten Probe des Original-Edelstahlblechs in Abhängigkeit der Trennkraft bei Messungen in der Zentrifuge senkrecht zur Oberfläche [52].

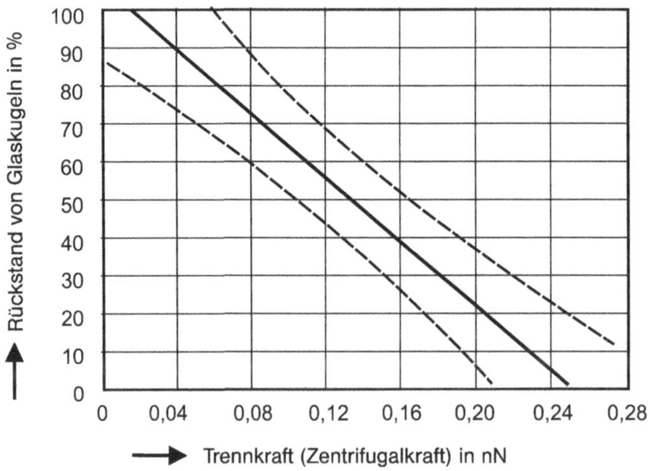

Abb. 6.52 Rückstand von Glaspartikeln auf der elektropolierten Probe des Original-Edelstahlblechs in Abhängigkeit der Trennkraft bei Messungen in der Zentrifuge tangential zur Oberfläche [52].

der hydrodynamischen Kraft dargestellt. Er sinkt im Strömungskanal ebenfalls mit steigender hydrodynamischer Kraft. Die Trennkraftverteilung resultiert wiederum aus der Partikelgrößenverteilung und der Rauheit der Oberfläche. Im Vergleich zu den Untersuchungen mit der Ultrazentrifuge ist die Trennkraft deutlich größer. Auch bei den anderen Oberflächen mit den haftenden Hefezellen war der gleiche Effekt zu beobachten. Aus der Literatur ist bekannt, dass sich Mikroorganismen

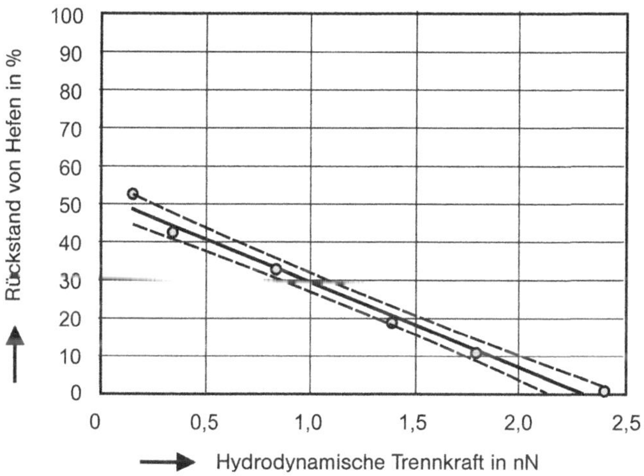

Abb. 6.53 Rückstand von Hefezellen auf der elektropolierten Probe des Original-Edelstahlblechs in Abhängigkeit der Trennkraft bei Messungen im Strömungskanal [52].

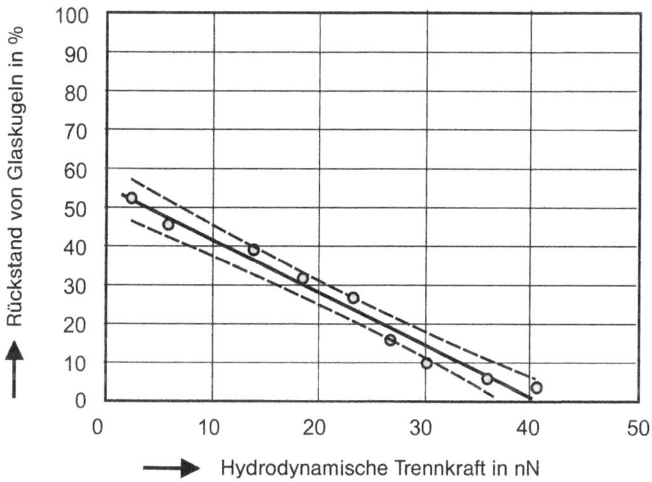

Abb. 6.54 Rückstand von Glaskugeln auf der elektropolierten Probe des Original-Edelstahlblechs in Abhängigkeit der Trennkraft bei Messungen im Strömungskanal [52].

in der Strömung aktiv ausrichten, um die angreifende hydrodynamische Kraft zu minimieren. Da in der Zentrifuge die tangentiale Trennkraft nach einem anderen physikalischen Prinzip aufgebracht wird als im Strömungskanal, könnte darin ein wesentlicher Grund für die höheren Kräfte liegen.

Im Vergleich zu dem dargestellten Versuch mit Hefezellen beträgt für das System Glaskugeln auf Stahl orig. elpol. gemäß Abb. 6.54 im Strömungskanal die mittlere Trennkraft etwa $F_{St} = 4$ nN tangential zur Oberfläche. Diese ist vergleichbar mit der tangential wirkenden mittleren Trennkraft $F_Z = 3$ nN für dasselbe Haftsystem in der Ultrazentrifuge. Ähnliches konnte für die weiteren Testoberflächen festgestellt werden.

6.4.3.8 Zusammenfassender Überblick

Die ermittelten Trennkräfte je Methode sind reproduzierbar. Die Kraft normal zur Oberfläche mit dem AFM ist vergleichbar mit der über die Zentrifugenmethode ermittelten. Tangential können die Trennkräfte mit der Zentrifuge und dem Strömungskanal ebenfalls in guter Übereinstimmung ermittelt werden. Sie sind geringer als die Kräfte normal zur Oberfläche. Werden die Trennkräfte in flüssiger Umgebung gemessen, sind sie geringer als in gasförmiger. Grund ist die in gasförmiger Umgebung zusätzlich vorhandene, stark dominierende Kapillarkraft. Angetrocknete Teilchen sind demnach schwerer abzulösen als noch angefeuchtete.

Werden die geschliffenen, rauen Oberflächen durch tangentiale Trennkräfte beansprucht, so ist der Verlauf des Schliffs in Relation zur Strömungsrichtung entscheidender Faktor. Über die Versuche konnte messtechnisch ein Anstieg der Trennkräfte bei Trennkraftangriff gegen die Schleifrichtung im Verhältnis zu denen in Schleifrichtung nachgewiesen werden.

Bei Trennung normal zur Oberfläche zeigten die Messungen, dass bei glatt polierten Oberflächen eine höhere Kraft angewendet werden muss als bei raueren Oberflächen. Durch die glatte Oberfläche erhöht sich die Kontaktfläche und damit die Haftkraft der Partikel. Demnach scheint die Forderung nach immer glatteren Oberflächen vor allem im Pharmabereich nicht sinnvoll zu sein. Diese glatten Oberflächen bedingen erhöhte Herstellungskosten, verbessern den Trennerfolg jedoch nicht. Die getroffenen Aussagen geben zunächst grobe Tendenzen wieder, da vor allem die Mittelwertbildung aus den gemessenen Verteilungen von Einfluss ist. Außerdem ist die jeweilige Kombination aus Partikeldurchmesser und Form und örtliche Oberflächenstruktur entscheidend. Es müssen daher bezüglich weiterer Haftpartner eingehendere Untersuchungen durchgeführt und verifiziert werden.

Weiterführende Untersuchungen in [53] zeigen als wesentliche Erkenntnis, dass kein Einfluss der Rauheit in dem Bereich von $Ra = 0{,}15$ µm bis $Ra = 2$ µm auf den Reinigungserfolg von Edelstahl gefunden wurde, wenn der Partikeldurchmesser $d \geq Ra$ gewählt wurde. Der Vergleich der verschiedenen Einflussgrößen zeigt, dass der Reinigungserfolg am stärksten durch das Reinigungsmedium zu beeinflussen ist. Wie zu erwarten, verbessert die Zugabe von Tensiden zusätzlich das Ergebnis, während deutliche Verschlechterungen durch scharfkantige Vertiefungen (Kratzer, Spalte, Risse) in der Oberfläche auftreten.

Ergebnisse neuer Untersuchungen über den Einfluss kontinuierlicher Beläge sind in Kürze zu erwarten. Sie legen sich zunächst über die Rauheitsstruktur und bilden zunächst eine „neue" Oberfläche. Lösliche Schichten werden in erster Linie durch Diffusion des Reinigungsmittels in der laminaren Unterschicht entfernt. Neben dem Einfluss des Reinigungsmittels ist der Reinigungsvorgang hauptsächlich zeitabhängig. Bei viskosen Belägen wirkt die Wandschubspannung ablösend, wobei zum Teil Inseln aus der Schicht entfernt werden, die den Ausgangspunkt für den Fortschritt der Reinigung durch Scherbeanspruchung bilden.

7
Konstruktionsmaterialien und Hilfsstoffe

Die Auswahl von Werkstoffen stellt den Ausgangspunkt für alle Maßnahmen der Gestaltung von Anlagen, Apparaten, Komponenten und Geräten dar. Konstruktionswerkstoffe bestimmen deren Herstellungsmöglichkeiten verbunden mit erzielbaren Oberflächenqualitäten und -strukturen und beeinflussen die Reinigbarkeit. Im Rahmen von Hygienic Design kann nur auf die wichtigsten Konstruktionsmaterialien entsprechend Abb. 7.1 sowie deren Eigenschaften zusammenfassend eingegangen werden. Dabei soll vor allem auch die physiologische Eignung angesprochen werden. Zusätzlich wird aber auch auf Materialien eingegangen, die wie Schmiermittel, Wärmeübertragungsmittel oder Füllstoffe bei Druckmittlern als Hilfsstoffe bei Geräten und Komponenten dienen.

Bei der Auswahl von Konstruktionswerkstoffen sind traditionsgemäß die Hauptgesichtspunkte

- Beanspruchbarkeit (Festigkeit, Verschleiß, Korrosion),
- Fertigungsanforderungen (mechanische Bearbeitbarkeit, Verformbarkeit, Fügbarkeit, Schweißbarkeit),
- Wirtschaftlichkeit

ausschlaggebend. Die wesentliche Grundanforderung aus konstruktiver und festigkeitstechnischer Sicht besteht darin, dass Konstruktionswerkstoffe generell entsprechend den einschlägigen Richtlinien den zu erwartenden mechanischen Beanspruchungen im Betrieb sicher widerstehen müssen. Sie müssen die Festigkeit (Festigkeitskennwerte) und bei verformungsfähigen Werkstoffen die Zähigkeit und Elastizität besitzen, die die auftretenden Beanspruchungen und technischen Anforderungen vorgeben [1]. Zur Übersicht sind für einige Werkstoffe die ungefähren Bereiche wichtiger Werkstoffkenngrößen, die vor allem auch für die hygienegerechte Gestaltung von Einfluss sind, in Tabelle 7.1 angegeben. Eine besondere Rolle spielt in diesem Zusammenhang z. B. das elastische Verhalten ausgeführter Konstruktionen, wobei sowohl die Verformung unter Betriebskräften als auch unter Temperatureinfluss entscheidend ist. Als Beispiele können das spannungsfreie Verlegen von Rohrleitungen sowie das Dehnungsverhalten von Kunststoffen und Elastomeren an Dichtstellen erwähnt werden. Bei fehlender Berücksichtigung von Expansion oder Kontraktion unter Betriebsbedingungen

Hygienische Produktionstechnologie. Gerhard Hauser
Copyright © 2008 WILEY-VCH Verlag GmbH & Co. KGaA, Weinheim
ISBN: 978-3-527-30307-3

Abb. 7.1 Übersicht über Materialien.

können hygienische Problemzonen entstehen, die die Reinigbarkeit erheblich beeinträchtigen.

Als Kenngröße für den Zusammenhang zwischen Spannung σ und Dehnung ε gilt im linearen Bereich der Elastizitätsmodul E gemäß

$$\sigma = E \cdot \varepsilon \tag{1}$$

Der Elastizitätsmodul kann von der Temperatur abhängig sein, wie es z. B. bei Kunststoffen ausgeprägt der Fall ist.

Die Volumenänderung $\mathrm{d}V$ eines Körpers mit dem Volumen V in Abhängigkeit der Temperatur ϑ wird durch den Volumenausdehnungskoeffizienten entsprechend

$$\beta_\vartheta = \frac{1}{V} \cdot \frac{\mathrm{d}V}{\mathrm{d}\vartheta} \tag{2}$$

bestimmt. Häufig wird für Werkstoffe nur der Längenausdehnungskoeffizient α_ϑ angegeben, der für die thermische Längenausdehnung Δl eines Körpers der Länge l bei der Temperaturdifferenz Δt entsprechend

$$\alpha_\vartheta = \frac{1}{l} \cdot \frac{\mathrm{d}l}{\mathrm{d}\vartheta} \tag{3}$$

maßgebend ist. Bei homogenen, isotropen Werkstoffen gilt

$$\beta_\vartheta = 3 \cdot \alpha_\vartheta \tag{4}$$

Bei Temperaturänderung im Betrieb muss auf einen definierten Verformungsausgleich von Konstruktionselementen geachtet werden, um im Produktbereich hygienische Schwachstellen in Form von Vor- oder Rücksprüngen sowie Spalten zu vermeiden. Dies kann vor allem schwierig sein, wenn Konstruktionen unterschiedliche Materialien enthalten.

Für den Transport thermischer Energie in einem Feststoff ist die Wärmeleitfähigkeit λ entscheidend. Sie hängt von der chemischen Zusammensetzung des Werkstoffs, der Art der Bindungen und der Mikrostruktur ab und bestimmt zusammen mit dem Wärmeübergang unter anderem das Erwärmungsverhalten z. B. bei Hitzesterilisation. Dabei gilt für die Wärmemenge $\mathrm{d}Q$, die in einer Zeit $\mathrm{d}t$ bei einem Temperaturgefälle von $\mathrm{d}\vartheta/\mathrm{d}x$ durch eine Fläche A des Materials strömt, die Beziehung

$$\frac{\mathrm{d}Q}{\mathrm{d}t} = -\lambda \cdot A \cdot \frac{\mathrm{d}\vartheta}{\mathrm{d}x} \tag{5}$$

Als weitere Größen sind die Schmelztemperatur ϑ_S bzw. bei manchen Kunststoffen die Glas- und Zersetzungstemperatur, die Bruchfestigkeit R_m sowie die Bruchdehnung ε_R angegeben, die wichtige Grenzen für Konstruktionswerkstoffe darstellen.

Aus der Sicht der hygienegerechten Gestaltung kommen für Nahrungsmittelmaschinen und zukünftig auch für Maschinen, die für die Kosmetik- und Pharmaindustrie bestimmt sind, nach der neugefassten EU-Maschinenrichtlinie [2] im Wesentlichen noch folgende grundlegenden Anforderungen hinzu: Die Werkstoffe von Teilen, die mit diesen Produkten in Berührung kommen oder kommen können, müssen

- den einschlägigen Richtlinien entsprechen,
- physiologisch unbedenklich sein,
- von ihnen darf keine Migration unzulässiger Materialbestandteile in die herzustellenden Produkte erfolgen,
- die Oberflächen müssen mit der erforderlichen Oberflächenqualität fehlerfrei herstellbar sein,
- die Oberflächenqualität sollte sich während der Lebensdauer der Werkstoffe möglichst nicht verschlechtern.

In der EU-Richtlinie für Bedarfsgegenstände in Kontakt mit Lebensmitteln [3] wird dies in folgender Weise ausgedrückt:

> „Die Bedarfsgegenstände müssen gemäß den nach redlichem Herstellerbrauch üblichen Verfahren so hergestellt werden, dass sie unter den bestimmungsgemäßen oder vorhersehbaren Bedingungen ihrer Verwendung an die Lebensmittel keine Bestandteile in einer Menge abgeben, die geeignet ist,
>
> - die menschliche Gesundheit zu gefährden oder
> - eine unvertretbare Veränderung der Zusammensetzung oder eine Beeinträchtigung der organoleptischen Eigenschaften der Lebensmittel herbeizuführen.“

Tabelle 7.1 Ungefähre Bereiche wichtiger Kenngrößen ausgewählter Werkstoffe, die für die hygienegerechte Gestaltung von Einfluss sind.

Werkstoff	Dichte	Elastizitäts-modul	Therm. Längen-ausdehnungs-koeffizient	Wärme-leitfähigkeit	Schmelz-temperatur	Zugfestigkeit	Bruch-dehnung
	ρ	E	α	λ	T_S	R_m	ε_R
	kg/dm^3	GPa	$10^{-6}/K$	$W/(m \cdot K)$	°C	MPa	%
Metallische Werkstoffe							
Stahl austenitisch	7,8...7,9	191...199	16...17	13...17	1300...1520	440...750	35...50
Stahl ferritisch	7,8...7,9	108...212	10,5...13	30...60	1300...1520	440...930	10...20
Aluminiumlegierung	2,6...2,9	60...80	18,5...24	121...237		300...700	2...40
Nickel	8,88	210	13	230	1450	380...500	40...55
Nickellegierungen	7,8...9,2	158...213	11...18	19...90	1260...1440	540...1275	
Zinn	7,3	44	23	66	232	15...30	
Zink	7,1	128	26	113	420	100...150	
Kunststoffe (ohne Verstärkung)[a)]							
Polyvinylchlorid	1,2...1,7	1...3	70...100	0,17	90 G	45...60	> 100
Polyethylen	0,91...0,97	0,2	150...250	0,33...0,57	90...140	25....30	> 200
Polypropylen	0,89...0,91	0,4...0,9	150...200	0,23	160...170	25...45	800
Polystyrol	1,05	3...3,4	80	0,17	110 G	40...60	2...4
Polyoxymethylen	1,4	3	110...130	0,24	175	70	40...75
Polytetrafluorethylen	2,1...2,3	0,4	100...160	0,25	320	15...25	250...500

Tabelle 7.1 (Fortsetzung)

Werkstoff	Dichte	Elastizitäts-modul	Therm. Längen-ausdehnungs-koeffizient	Wärme-leitfähigkeit	Schmelz-temperatur	Zugfestigkeit	Bruch-dehnung
	ρ	E	α	λ	T_S	R_m	ε_R
	kg/dm^3	GPa	$10^{-6}/K$	$W/(m \cdot K)$	°C	MPa	%
Polyamid	1,01...1,14	1,3...4	70...150	0,25...0,35	180...220 G	40...80	50...250
Polycarbonat	1,2	2...3	65	0,20	200 G	60	> 60
Polyetheretherketon	1,32	3,5	9,5	0,25	340	95...100	50...60
Melaminharze	1,5	5...9	20...60	0,35...0,7	130.150 Z	30	bis 1
Polyesterharze	1,1...1,4	0,1...4		0,12...0,20	40...140 Z	10...90	150...300
Epoxidharz	1,2...1,3	2...3	60...70	0,20	40...140 Z	30...120	2...5
Kautschuk	0,93...1,3	0,01...0,1	590	0,036	200 Z	22	240
Silikonkautschuk	1,25	0,01...0,1	200	0,07		1,5...9	570...600
Fluorelastomer	1,80...1,90	0,4...0,6	100...160	0,2...0,22		13...18	115...240
Nichtmetallische anorganische Werkstoffe							
Keramik, oxidisch	3...6	20...200	1...10	2...30	2000...2700	50...500 b)	
Keramik, nicht oxidosch	3...3,25	280...420	3,2...4,7	35...110	1900...2300	380...750 b)	
Glas	2,2	40...95	0,5...0,6	0,7...1,2	1480 G	60	

a) Bei keramischen Werkstoffen ist anstelle der Zugfestigkeit die Biegefestigkeit angegeben.
b) Die Werte für Kunststoffe sind lediglich Anhaltswerte. Genauere Werte lassen sich nur für spezifizierte Typen angeben.

Im Anhang der Richtlinie sind als Werkstoffe für Bedarfsgegenstände, für die Einzelrichtlinien gelten, Kunststoffe (einschließlich Lacke und Beschichtungen), Regeneratzellulose, Elastomere und Gummi, Papier und Karton, Keramik, Glas, Metalle und Legierungen, Holz einschließlich Kork, Textilerzeugnisse und festes Paraffin oder Mikrokristallinwachs aufgeführt. Zu erstellende Einzelrichtlinien sollen spezifische Anwendungskriterien für die einzelnen Materialien festlegen.

Im deutschen Lebensmittel-, Bedarfsgegenstände- und Futtermittelgesetzbuch [4] wird diese Anforderung so formuliert, dass Bedarfsgegenstände, die mittelbar oder unmittelbar mit Lebensmitteln in Berührung kommen, so inert sein müssen, dass sie an diese Lebensmittel keine Bestandteile in einer Menge abgeben, die entweder eine Gefahr für die menschliche Gesundheit darstellt oder eine unvertretbare Veränderung der Zusammensetzung oder eine Beeinträchtigung der organoleptischen Eigenschaften der Lebensmittel ergibt. Andere Formulierungen verlangen, dass von produktberührten Materialien keine Stoffe auf Lebensmittelprodukte übergehen dürfen, ausgenommen gesundheitlich, geruchlich und geschmacklich unbedenkliche Anteile, die technisch unvermeidbar sind. In Tabelle 7.2 sind die Anforderungen an Werkstoffe in Anlehnung an Norm DIN EN 1672-2 [5] zusammen mit erforderlichen Prüfungen zur Übersicht tabellarisch dargestellt.

Im Recht der USA sind ähnliche Ausführungen für „indirect food additives" im Code of Federal Regulations zu finden [6], die häufig weltweit als Grundlage für die Unbedenklichkeit von Werkstoffen übergreifend für alle Industriezweige angewendet werden.

Für den Pharmabereich sind entsprechende Anforderungen durch GMP-Regeln für Europa z. B. in [7] sehr allgemein definiert: *„Die für die Produktion verwendete Ausrüstung sollte für die Produkte kein Risiko darstellen. Kein mit dem Produkt in Berührung kommendes Ausrüstungsteil darf mit diesem so in Wechselwirkung treten, dass die Produktqualität beeinträchtigt wird und damit ein Risiko entsteht"*. Für die USA fordert der Code of Federal Regulations im Bereich GMP [8], dass Oberflächen die mit Lebensmitteln in Kontakt sind, beständig gegen Korrosion sein müssen. Sie sollen aus untoxischen Materialien hergestellt und so gestaltet sein, dass sie bei beabsichtigtem Gebrauch gegen ihre Umgebung und gegen die verwendeten Lebensmittel sowie Reinigungs- und Desinfektionsmittel beständig sind. Lebensmittelberührte Oberflächen sollen so instandgehalten werden, dass Lebensmittel vor Kontamination jeder Art einschließlich ungesetzlicher indirekter Lebensmittelzusatzstoffe geschützt sind.

Aus europäischer Sicht werden ab Dezember 2009 Hygieneanforderungen des Anhangs der Maschinenrichtlinie für Nahrungsmittelmaschinen auch auf Maschinen für die Pharma- und Kosmetikindustrie anzuwenden sein [9]. Zusätzliche essenzielle Anforderungen der Maschinenrichtlinie verlangen eine geeignete, poren- und rissfreie Oberflächenstruktur der Konstruktionswerkstoffe, die eine leichte Reinigbarkeit ermöglicht. Außerdem müssen die Materialien den thermischen Belastungen durch Einwirkung von niedrigen und hohen Temperaturen während der Produktion sowie den chemischen Wechselwirkungen durch herzustellende Produkte, Reinigungsmittel oder andere beim Betrieb der Anlage

Tabelle 7.2 Werkstoffanforderungen in Anlehnung an Norm DIN EN 1672-2.

Anforderung an Werkstoff	Prüfung der Anforderung
Haltbar	Werkstoffspezifikation (Lebensmittel, Verarbeitungs- und Reinigungsbedingungen usw.) und/oder Praxis- oder Funktionsprüfung
Reinigbar und/oder desinfizierbar	Visuelle Prüfung (Zeichnung(en); an den Maschinen) und/oder Praxisprüfung, mikrobiologische Prüfung oder Funktionsprüfung
Korrosionsbeständig	Werkstoffspezifikation (Lebensmittel, Verarbeitungs- und Reinigungsbedingungen usw.) und/oder Praxis- oder Funktionsprüfung
Nicht toxisch	Werkstoffspezifikation oder Praxistest für Werkstoffe und Gegenstände, die für Kontakt mit Lebensmitteln vorgesehen sind
Nicht absorbierend	Werkstoffspezifikation oder Praxistest für Werkstoffe und Gegenstände, die für Kontakt mit Lebensmitteln vorgesehen sind
Keine Übertragung unerwünschter Gerüche, Farbstoffe oder Verunreinigung auf das Lebensmittel	Werkstoffspezifikation oder Praxistest für Werkstoffe und Gegenstände, die für Kontakt mit Lebensmitteln vorgesehen sind
Weder zur Kontamination des Lebensmittels beitragend noch eine nachteilige Beeinflussung ausübend	Werkstoffspezifikation oder Praxistest für Werkstoffe und Gegenstände, die für Kontakt mit Lebensmitteln vorgesehen sind

verwendete oder entstehende Stoffe sicher widerstehen. Bei beginnendem Versagen z. B. durch Rissbildung an der Oberfläche oder durch Spaltbildung infolge plastischer Verformung sowie durch Korrosion können neben einem eklatanten Hygienerisiko durch mangelnde Reinigbarkeit auch technische Sicherheitsrisiken entstehen.

7.1 Metallische Werkstoffe

Metallische Werkstoffe für den Einsatz im Apparatebau bestehen praktisch immer aus Legierungen, die mehrere charakteristische Bestandteile enthalten. Diese beeinflussen den kristallinen Aufbau und damit die maßgebenden Eigenschaften. Mit Legierungsbestandteilen ist aber stets auch eine gewisse Inhomogenität der Struktur verbunden, die die Oberflächenqualität bei Bearbeitung beeinflussen und

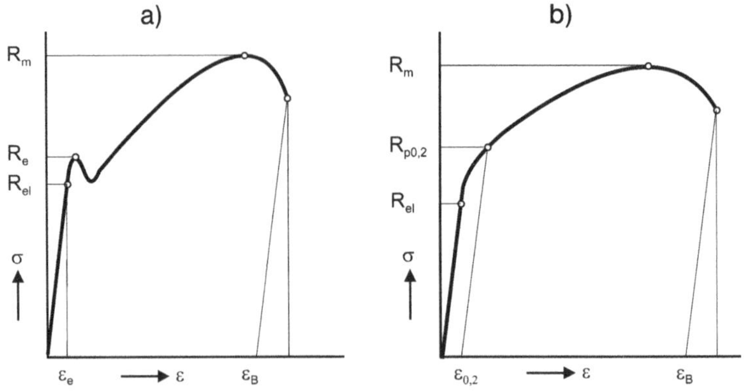

Abb. 7.2 Spannungs-Dehnungsdiagramme von Werkstoffen mit relevanten Festigkeiten: (a) duktiles Metall mit Streckgrenze, (b) Werkstoff ohne Streckgrenze.

den Werkstoff anfällig gegen Korrosion machen kann. Als wichtige Materialeigenschaften für den Apparatebau der Lebensmittel-, Pharma- und Bioindustrie sind daher die erzielbare Oberflächenstruktur, die chemische Widerstandsfähigkeit und die Korrosionsbeständigkeit gegen herzustellende Produkte und Reinigungsmittel maßgebend, die durch spezielle Legierungszusätze zu beeinflussen sind. Unter mechanischen Gesichtspunkten sind Festigkeit, Dehnung, Verformbarkeit und Bearbeitungsverhalten entscheidende Kenngrößen. Die Abb. 7.2 zeigt die grundsätzlichen Zusammenhänge zwischen Spannung und Dehnung einschließlich der maßgebenden Festigkeiten wie Elastizitätsgrenze R_{el}, Streckgrenze R_e, Dehngrenze R_p (Beispiel: Rp_{02} für 0,2 % Dehnung) und Bruchgrenze R_m sowie der Bruchdehnung ε_B. In Abb. 7.2a ist ein duktiler Werkstoff mit deutlichem Fließverhalten dargestellt, für den als Berechnungsgrenze R_m maßgebend ist, während Abb. 7.2b ein nicht fließendes Material charakterisiert, bei dem als Ersatz für R_m die Dehngrenze R_p herangezogen wird.

Metallische Werkstoffe wurden in genormter Form entweder durch ein Ziffernsystem oder durch Kurznamen eindeutig gekennzeichnet. Bei anderen Metallen wie z. B. Aluminium wurde dagegen die Bezeichnungsweise internationalen Gepflogenheiten angepasst. Beispiele der Bezeichnungsarten werden bei den einzelnen Werkstoffen gegeben.

7.1.1
Unlegierter Stahl

Der mengenmäßig in der Technik am meisten verwendete metallische Werkstoff ist Stahl, eine Legierung aus Eisen und Kohlenstoff. Zusätzlich sind durch den Herstellungsprozess eine Reihe weiterer Elemente in Form von Verunreinigungen enthalten. Mit Ausnahme gegossener Formen kann Stahl kalt und besonders warm gut verformt, geschmiedet und geschweißt werden. Über einem

Kohlenstoffgehalt von 0,2 % kann Stahl gehärtet werden. Durch den Gehalt an Kohlenstoff werden wesentliche Eigenschaften wie Festigkeit, Schmiedbarkeit (bis etwa 1,7 %, darüber nur Gusseisen), Schweißbarkeit und Härtbarkeit beeinflusst. Beim Kaltverformen wird die Streckgrenze stark angehoben, während die Zähigkeit sinkt und Versprödungsgefahr besteht. Die Kaltverfestigung kann durch Glühen beseitigt werden. Mit Ausnahme von austenitischen Sorten sind Stähle magnetisierbar [10].

Zur standardisierten Kennzeichnung werden bei Stählen Werkstoffnummern schematisch in der Form $X.Y_1 Y_2 Z_1 Z_2$ durch ein 5-stelliges System [11] angegeben. „1" für X als erste Ziffer kennzeichnet die Hauptgruppe „Stahl". Danach folgt die Sortenbezeichnung bestehend aus zwei Ziffern Y_1 und Y_2. Die letzten beiden Ziffern Z_1 und Z_2 kennzeichnen die fortlaufende Nummerierung. Daneben gibt es ein entsprechendes Bezeichnungssystem, das durch Kurzzeichen entweder Festigkeitseigenschaften oder die chemische Zusammensetzung [12] zusammen mit Zusatzanforderungen wiedergibt. Unlegierte Stähle können beispielsweise durch ein Kurzzeichen entsprechend ihrem Verwendungszweck mit anschließender Angabe des Zahlenwertes für die Mindeststreckgrenze in MPa für den kleinsten Dickenbereich bezeichnet werden. Anschließend können weitere Zusatzsymbole z. B. für die Kennzeichnung der Behandlung angefügt werden. Der durch 1.0037 bezeichnete unlegierte Stahlhochbau-Stahl hat die Kennzeichnung S 235 mit der Mindeststreckgrenze $R_{p\,0,2} = 235$ N/mm^2. Für Druckbehälterstähle wird als Hauptsymbol P, für Leitungsrohrstähle L und für Maschinenbaustähle E verwendet.

Als Konstruktionswerkstoff wird unlegierter Stahl bei feuchter Umgebung wegen Rostgefahr im Allgemeinen nur in Bereichen, die nicht direkt produktberührt sind, z. B. als Stahlhochbaustahl in Form von Trägern für Tragkonstruktionen oder den Unterbau von Apparaten verwendet. Dabei kann er mit Teilen von Apparaten aus Edelstahl direkt verschweißt werden. Durch Anstriche oder korrosionsbeständige Überzüge (z. B. Zink) kann er vor Rosten geschützt werden. Gleiches ist der Fall bei aus Blech hergestellten Gehäusen für Geräte und Motoren. In Trockenbereichen, in denen ein Rosten nicht möglich ist und die Reinigung ebenfalls trocken z. B. durch Absaugen erfolgt, wird unlegierter Stahl dagegen vor allem in der Lebensmittelindustrie auch für bestimmte produktberührte Apparate und Behälter eingesetzt.

7.1.2
Nicht rostender Stahl

Mit der Bezeichnung „Nicht rostender Stahl" werden nach [13] zusammenfassend legierte Stähle mit mindestens 10,5 % Chrom (Cr) und höchstens 1,2 % Kohlenstoff charakterisiert. Andere in der Literatur häufig verwendete Bezeichnungsweisen sind auch „Nicht rostender Edelstahl" oder „Edelstahl Rostfrei". Die Werkstoffe dieser Kategorie setzen sich gegenüber unlegierten Stählen durch eine deutlich höhere Korrosions- und Chemikalienbeständigkeit ab. Sie sind z. B. als Chrom-Nickel-Stähle mit Nickelgehalten über 8 % oder als Chrom-Stähle im

Einsatz. Die generellen Eigenschaften dieser Werkstoffgruppe können durch weitere Legierungsbestandteile entsprechend beeinflusst werden, sodass für die praktische Anwendung im Anlagen-, Apparate- und Komponentenbau eine große Anzahl von Werkstoffen zur Verfügung steht, die unterschiedlichsten Anforderungen genügen. Rostfreie Stähle können sowohl als Walz- und Schmiedestähle als auch in Form von Stahlguss eingesetzt werden.

7.1.2.1 Allgemeine Eigenschaften

Physiologische und geschmackliche Unbedenklichkeit sind bei den nach Stand der Technik als Standardwerkstoffe im Apparatebau der Pharma-, Lebensmittel- und Biotechnik eingesetzten rostfreien Edelstählen im Allgemeinen gewährleistet. In vergangenen Jahren wurde der Verdacht geäußert, dass Nickel in Chrom-Nickel-Stählen für Patienten mit Nickel-Allergien eine Gefährdung bedeuten könnte. Untersuchungen an Lebensmitteln, die in Behältnissen aus Chrom-Nickel-Stahl gekocht wurden, ergaben, dass vor und nach der Kochbehandlung keine signifikanten Nickelunterschiede z. B. in Spinat, Rhabarber oder Sauerkraut nachzuweisen waren, sodass sich für diesen Verdacht keine Argumente finden ließen, wie z. B. in [14] und [15] dargelegt. Die in vielen Fällen entscheidenden Anforderungen an Korrosionsbeständigkeit des Werkstoffes werden meist nicht vom herzustellenden Produkt selbst gestellt, sondern von den eingesetzten Reinigungsmitteln bei Anwendungstemperatur. Für Sonderanforderungen (z. B. hochreines Wasser) sind Spezialtypen mit zusätzlichen Eigenschaften und Reinheitsanforderungen zu verwenden oder man muss gegebenenfalls auf andere Materialien wie z. B. spezielle Kunststoffe ausweichen.

Im Allgemeinen besitzen rostfreie Edelstähle wegen ihrer Legierungsbestandteile eine höhere Wärmeausdehnung, geringere Wärmeleitfähigkeit sowie einen höheren elektrischen Widerstand als unlegierte Stähle. Neben den notwendigen Festigkeits- und Zähigkeitseigenschaften ist die Schweißbarkeit eine wesentliche Anforderung im Apparatebau. Sie wird hauptsächlich durch den Kohlenstoffgehalt (C) beeinflusst. Weitaus die meisten rostfreien Edelstähle sind mit optimierten Schmelz- und Widerstandsschweißverfahren unter Verwendung geeigneter Schweißzusätze und von Inertgas zum Schutz der Schweißzone zu schweißen. Weiterhin ist eine gute Kaltumformbarkeit (Biegen, Tiefziehen) charakteristisch für diese Werkstoffgruppe, die mit einer entsprechenden Kaltverfestigung verbunden sein kann. Die Zerspanbarkeit kann sehr unterschiedlich sein. Vor allem austenitische Edelstähle sind häufig wegen ihrer hohen Kaltverfestigung und Zähigkeit schwierig zu zerspanen [16]. Durch Zusatz von Schwefel (S) kann diese Eigenschaft verbessert werden. Spezielle Sorten werden als Stahlguss verarbeitet, wenn Massenbauteile herzustellen sind. Das verwendete Gießverfahren entscheidet über die hygienische Eignung, da der Guss für produktberührte Oberflächen poren- und lunkerfrei sein muss und entsprechende Anforderungen an die Oberflächenrauheit zu erfüllen hat.

7.1.2.2 Normung rostfreier Edelstähle

Für nicht rostende Stähle sind die Werkstoffnummern in [9] und Kurznamen in [10] bzw. in genormter Weise festgelegt. Als Beispiel für die Bezeichnungsweisen soll der austenitische Chrom-Nickel-Stahl 1.4301 dienen. Die Werkstoffnummern beginnen auch hier generell mit X = 1. Danach folgt die Sortenbezeichnung, die im angeführten Beispiel aus den beiden Ziffern 43 besteht. Für nicht rostenden Edelstahl ist die erste jeweils eine 4. Zusammen mit der zweiten gibt sie entsprechend Tabelle 7.3 im Wesentlichen die Legierungsbestandteile wieder. Die letzten beiden Ziffern 01 kennzeichnen die fortlaufende Nummerierung.

Tabelle 7.3 Kennzeichnungsschema nicht rostender Stähle durch Werkstoffnummern.

Grundlegierungsbestandteile	Erste Ziffern der Werkstoff-Nr.	Eventuelle weitere Legierungszusätze
Cr-Stahl mit Ni < 2,5 %	1. 4 0 . .	ohne Mo, Nb oder Ti
	1. 4 1 . .	mit Mo, ohne Nb oder Ti
Cr-Stahl mit Ni < 2,5 %	1. 4 3 . .	ohne Mo, Nb oder Ti
	1. 4 4 . .	mit Mo, ohne Nb oder Ti
Cr-, CrNi- oder CrNiMo-Stahl	1. 4 5 . .	mit Sonderzusätzen
	1. 4 6 . .	(Cu, Nb, Ti etc.)

Die Kennzeichnungsmöglichkeit durch eine Kurzbezeichnung nach der chemischen Zusammensetzung erfolgt z. B. für den Werkstoff 1.4301 in der Form X5CrNi18-9. Sie beginnt gegebenenfalls mit dem Buchstaben G für Stahlguss gefolgt vom Buchstaben X, der den Werkstoff als hochlegiert kennzeichnet. Danach folgt der mit dem Faktor 100 multiplizierte (gerundete) Wert des Kohlenstoffgehaltes. Der Wert 5 entspricht damit C = 0,05 % gemäß $C = 0{,}05 \cdot 100 = 5$. Anschließend gibt man die chemischen Symbole der Legierungsbestandteile geordnet nach ihren Gehalten an (z. B. Chrom Cr und Nickel Ni). Als Letztes folgen, jeweils durch Bindestrich getrennt, die prozentualen Anteile der Legierungsbestandteile in Form ganzer Zahlen in der Reihenfolge der vorher genannten chemischen Symbole, die durch Bindestrich getrennt werden. Im vorliegenden Fall entspricht 18 % Cr dem Zahlenwert 18 und 9 % Ni dem Wert 9. Außerdem können noch Zusatzzeichen für bestimmte Eigenschaften wie Behandlungsverfahren angehängt werden.

7.1.2.3 Grundlegende Einflüsse der Zusammensetzung

Die Beständigkeit dieser Werkstoffgruppe ist in erster Linie darauf zurückzuführen, dass sich an der Oberfläche spontan mit Luftsauerstoff oder durch Behandlung mit passivierenden Säuren (Passivierung) eine adsorptiv gebundene Sauerstoffschicht bzw. eine dünne stabile Oxidschicht bildet. Die Oxidschicht entsteht hauptsächlich durch Chrom, das in diesen Stählen mit einem Anteil von mindestens 10,5 % enthalten ist, und Chromoxid bildet. Chrom besitzt im

Vergleich zu Eisen, Nickel oder Molybdän die höchste Affinität zu Sauerstoff. Da etwa mindestens jedes zehnte Atom der Legierung ein Chromatom ist, an der Oberfläche aber noch Anreicherungen stattfinden können, entsteht eine relativ gut schützende oxidische Deckschicht, die allerdings nicht völlig dicht sein muss. Der Werkstoff geht infolge dieser Schutzschicht aus dem aktiven in den passiven Zustand über. Chrom erhöht zusätzlich einerseits die Festigkeit bei geringer Beeinflussung der Dehnung, andererseits lässt sich der Werkstoff bei hohen Chromgehalten schwerer verarbeiten. Chrom ist außerdem ein starker Karbidbildner.

Zusatz von 8–10 % Nickel zur Legierung führt zu besserer Verform- und Schweißbarkeit bei gleichzeitiger Erhöhung der chemischen Beständigkeit.

Wichtigster und einflussreichster Legierungsbestandteil aller Stähle ist Kohlenstoff. Mit zunehmendem Gehalt steigt die Festigkeit des Werkstoffes, während die Zähigkeit abnimmt. Vor allem beim Schweißen erhöht sich die Gefahr, dass Kohlenstoff mit Chrom reagiert und Chromkarbide bildet. Durch die damit verbundene Verarmung an Chrom sinkt die Korrosionsbeständigkeit gegen aggressive Medien.

Bei Zusatz von Titan (Ti), das eine höhere Affinität zu Kohlenstoff besitzt als Chrom, sowie von Molybdän (Mo) oder Niob (Nb) wird die Korrosionsbeständigkeit erhöht.

Stickstoff (N) wirkt als Austenitbildner und verzögert erheblich die Ausscheidung von Karbiden und intermetallischen Phasen.

Die speziellen Eigenschaften, die den praktischen Einsatz der rostfreien Stähle bestimmen, hängen stark von der Gitterstruktur und der Kristallbildung der beteiligten Legierungsbestandteile ab. Kühlt man flüssiges Eisen langsam ab, so scheiden sich aus der Schmelze Mischkristalle aus, sobald die Schmelztemperatur unterschritten ist. Diese Mischkristalle weisen zunächst ein kubisch-raumzentriertes (krz) Gitter auf und werden als α-Mischkristalle des ferritischen Gefüges bezeichnet. Bei weiterer Abkühlung kommt es zu einem Umklappen dieses Kristallgitters, wobei der entstandene sogenannte γ-Mischkristall kubisch-flächenzentriert (kfz) ist und das austenitische Gefüge kennzeichnet (Abb. 7.3). Der unterschiedliche geometrische Aufbau des Fe-Gitters ist die Ursache für die unterschiedliche Kohlenstofflöslichkeit, da die C-Atome in Zwischengitterplätze des Fe-Gitters eingelagert werden. Das kfz-Gitter, das durch eine größere Kantenlänge gekennzeichnet ist, ermöglicht eine höhere Löslichkeit von C als das krz-Gitter. Der Existenzbereich des Austenits liegt bei unlegiertem Stahl etwa zwischen 1.390 und 910 °C, wobei C und N die wichtigsten Austenitbildner sind. Durch geeignete Zusätze an Legierungselementen, wie Ni und Mn in rostfreien Edelstählen, kann man den Bereich des Austenits erheblich erweitern. Das kfz-Gitter bleibt dann auch nach dem Abschrecken bei Raumtemperatur erhalten [17]. Dabei werden die Stähle aber nicht härter, sondern weicher. Sie erreichen hohe Dehnungswerte, sind gut umformbar und nicht magnetisierbar.

Einen Vergleich der Spannungs-Dehnungsdiagramme von ferritischem (krz-Gitter) und austenitischem Edelstahl (kfz-Gitter) zeigt Abb. 7.4, um einen Einblick in das für den Apparatebau wichtige Umformungsverhalten zu geben. So ist zur

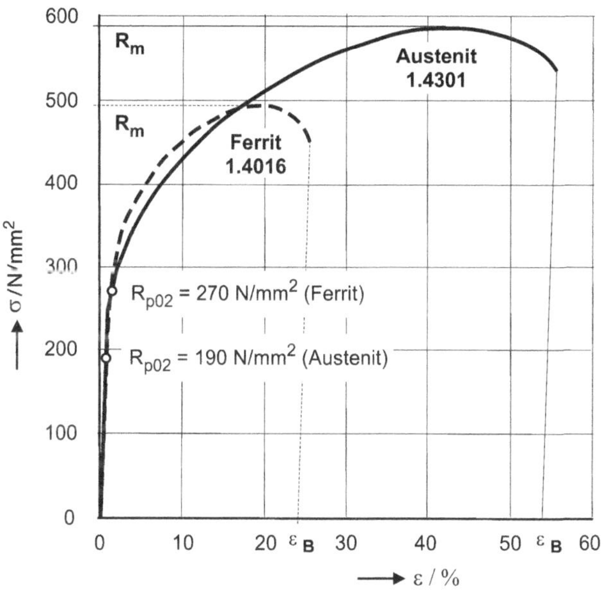

Abb. 7.3 Spannungs-Dehnungs-Diagramme als Beispiele für einen ferritischen und einen austenitischen Edelstahl.

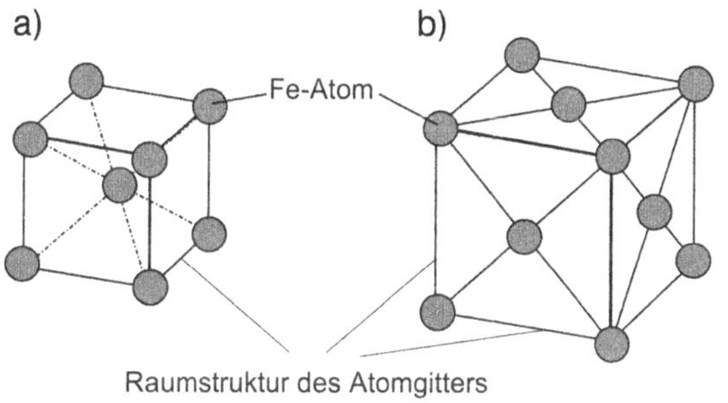

Abb. 7.4 Grundlegende Gittertypen des Eisens:
(a) kubisch-raumzentrierte (krz) Elementarzelle (α-Kristall des Ferrits),
(b) kubisch-flächenzentrierte Elementaranordnung (γ-Kristall des Austenits).

Einleitung einer plastischen Formänderung die erforderliche Fließspannung für den ferritischen Stahl höher als die des austenitischen Stahls.

Rostfreie Stähle werden generell in vier unterschiedlichen Gefügeformen hergestellt, nämlich als austenitische, ferritische, martensitische, und austenitisch-ferritische Typen [18].

In dem sogenannten Schäffler-Diagramm [19] kann man die jeweils auftretenden Gefügeanteile an Austenit, Ferrit und Martensit gemäß Abb. 7.5 ablesen. Dabei ist das Nickel- gegenüber dem Chrom-Äquivalent aufgetragen, und die charakteristischen Bereiche sind durch Geraden abgegrenzt.

Als Nickel-Äquivalent eines rostfreien Edelstahls wird dabei

$$\text{Ni-Ä} = \%\,\text{Ni} + 30\,\%\,\text{C} + 0{,}5\,\%\text{Mn} \tag{6}$$

definiert, während das Chrom-Äquivalent durch

$$\text{Cr-Ä} = \%\,\text{Cr} + \%\,\text{Mo} + 0{,}5\,\%\,\text{Nb} + 1{,}5\,\%\,\text{Si} \tag{7}$$

definiert ist.

In neueren Veröffentlichungen wird im Nickel-Äquivalent der Stickstoffgehalt gemäß

$$\text{Ni-Ä} = \%\,\text{Ni} + 30\,\%\,\text{C} + 0{,}5\,\%\,\text{Mn} + 30\,(\%\,\text{N}_2\text{-}0{,}02) \tag{8}$$

zusätzlich berücksichtigt. Das Chrom-Äquivalent enthält den gewichteten Titan-Anteil entsprechend

$$\text{Cr-Ä} = \%\,\text{Cr} + \%\,\text{Mo} + 0{,}5\,\%\,\text{Nb} + 1{,}5\,\%\,\text{Si} + 2\,\%\,\text{Ti} \tag{9}$$

Das Schäffler-Diagramm ist besonders für das Schweißen hochlegierter Stähle wichtig [20], da für bestimmte Einsatzgebiete im Pharmabereich eine Begrenzung von Delta-Ferrit in Schweißnähten gefordert wird.

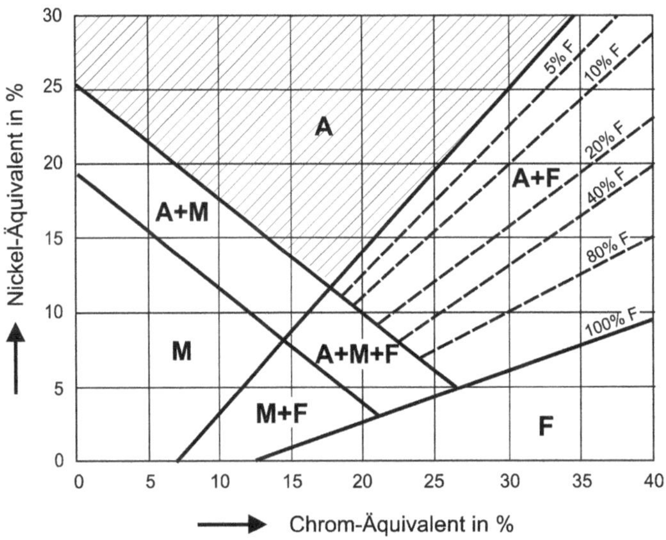

Abb. 7.5 Schäffler-Diagramm zur Beurteilung der Gefügearten von nicht rostenden Edelstählen. A = Austenit, F = Ferrit, M = Martensit.

7.1.2.4 Austenitische Edelstähle

Die austenitischen Edelstähle sind wegen ihrer physikalischen sowie korrosionstechnischen Eigenschaften die Hauptwerkstoffe für den Apparatebau der Lebensmittel-, Pharma- und Bioindustrie. In erster Linie sind dabei das erwähnte hohe Dehnvermögen und die gute Kaltumformbarkeit entscheidend, wobei die Neigung zur Kaltverfestigung zu beachten ist. Bei bestimmten Sorten (z. B. 1.4301, 1.4401, 1.4404, 1.4571) sind außerdem die guten Zähigkeitseigenschaften bei tiefen Temperaturen von Bedeutung. Die Werkstoffe enthalten für die Anwendung im Apparatebau mindestens 16 % Cr neben über 8 % Ni. Für viele Anwendungsfälle, vor allem im Pharmabereich, wird vollaustenitischer Edelstahl verlangt, da durch Gehalte an Martensit und Delta-Ferrit die Korrosionsbeständigkeit beeinträchtigt wird. Bei den Mindestanforderungen bezüglich Delta-Ferrit, der besonders auch in Schweißnähten zu beachten ist, folgt die Pharmaindustrie im Allgemeinen der „Basler Norm“ [21]. Danach muss die Analyse die Bedingung

$$7{,}70 \geq \text{Cr-Ä} - 0{,}91\ \text{Ni-Ä} \tag{10}$$

erfüllen, wobei Cr-Ä das Chrom-Äquivalent und Ni-Ä das Nickel-Äquivalent nach den Gl. (6) und (7) bedeuten.

Für Bleche und nahtlose Rohre wird ein Ferritgehalt unter 0,2 %, bei geschweißten Rohren unter 0,5 % gefordert, während bei Schmiedestücken normalerweise keine Begrenzung angegeben wird. Unter Ferrit werden alle magnetinduktiv erfassbaren Phasen im austenitischen Gefüge bei einer Messtiefe von 3 mm verstanden.

Bei niedrigen Cr- und Ni-Gehalten sind austenitische Stähle relativ instabil, sodass z. B. beim Kaltumformen oder bei tiefen Temperaturen Umform-Martensit entstehen kann. Bei unzureichend stabilem austenitischem Gefüge kann bereits während der Stahlherstellung Delta-Ferrit gebildet werden. Außerdem können hohe Gehalte an Cr zu Ferritausscheidung führen, da Cr und auch Mo ferritstabilisierende Elemente sind, wie das Chrom-Äquivalent bzw. das Schäffler-Diagramm zeigen. Durch hohe Ni-Gehalte wird die Ferritausscheidung dagegen verhindert [22]. Dabei ist jedoch zu beachten, dass ein Teil des Ni-Gehaltes bei Mo-haltigen Stählen zur Kompensation der ferritstabilisierenden Eigenschaften von Mo benötigt wird. Vor allem im Zusammenhang mit dem Schweißen wurden die Einflüsse auf die Entstehung von Delta-Ferrit ausführlich untersucht und dargestellt (s. auch Abschnitt 10.3 „Schweißverbindungen“).

Für gute technische Eigenschaften ist ein feinkörniges Gefüge erforderlich, das durch Wärmebehandlung erreicht wird. Durch Kaltumformung kann die Dehngrenze erhöht werden, wobei es jedoch – wie bereits erwähnt – zur Ausscheidung von Martensit kommen kann. N und C beeinflussen ebenfalls die Dehngrenze, wobei N im Gegensatz zu C auch die Korrosionsbeständigkeit erhöht, da Cr erhalten bleibt.

Austenitische Stähle sind normalerweise nicht härtbar. Vor allem bei Verschleißanforderungen stellen die geringe Härte und „Fressen“, d. h. das Verschweißen z. B. durch Erwärmung bei Reibung, Probleme dar. Es hat daher nicht an Versuchen gefehlt, eine Oberflächenhärtung mit klassischen Verfahren wie Nitrieren oder Hartverchromen durchzuführen. Allerdings wird dadurch die Korrosionsbeständigkeit vermindert. Mit dem Kolsterisieren [23] wurde eine Möglichkeit zum Oberflächenhärten gefunden, die das austenitische Gefüge und die Geometrie nicht verändert, sondern nur den oberflächennahen Bereich härtet. Es handelt sich dabei um ein Diffusionsverfahren zum Randschichthärten, bei dem Kohlenstoff bei Prozesstemperaturen unter 300 °C bei einer Prozesszeit von mehreren Tagen in die Randschicht diffundiert. Die Behandlungstiefe ist sehr gleichmäßig und passt sich den Werkstoffkonturen an, sodass z. B. auch Bohrungen von innen behandelt werden können. Die Korrosionseigenschaften werden nach [24] dabei nicht beeinflusst bzw. in wässrigen Lösungen besonders gegenüber Lochfraß sogar verbessert. Fressen, d. h. die Neigung zum Kaltverschweißen gegeneinander bewegter Oberflächen aus Edelstahl, kann meist nur durch Beschichtung einer Oberfläche mit einem gleitfähigen Werkstoff vermieden werden.

Tabelle 7.4 gibt einen Überblick über die wesentlichen austenitischen Edelstähle, die im Bereich von Lebensmittel-, Pharma- und Bioindustrie eingesetzt werden, wobei auch einige Gusssorten angeführt sind.

Der austenitische Edelstahl 1.4301 ist der am weitesten verbreitete Werkstoff im Apparatebau. Während er in der Lebensmittelindustrie bei entsprechenden Gegebenheiten (z. B. Abwesenheit von Chloridionen) im Produktbereich eingesetzt wird, gilt er in der pharmazeutischen Industrie im Wesentlichen nur für den Nicht-Produktbereich (Gehäuse, Verkleidungen, Isolierungen usw.) als geeignet. Er ist im Lieferzustand (z. B. Bleche, Bänder, Stabstahl) beständig gegen interkristalline Korrosion und im Allgemeinen beständig gegen Wasser und Dampf sowie saure und alkalische Lösungen. Bei Chloridionenkonzentrationen im Bereich von 100 mg/l besteht je nach Temperatur die Gefahr von Lochfraß, wobei zusätzliche Einflussfaktoren zu beachten sind. Beim Schweißen von Blechdicken bis 6 mm und Stabstahl bis 40 mm Durchmesser ist er ohne nachfolgende Wärmebehandlung zum Schweißen geeignet. Der Werkstoff lässt sich sehr gut kalt verformen (z. B. durch Tiefziehen) und kann hochglanzpoliert werden. Mit moderner Maschinentechnik ist der Werkstoff trotz seiner hohen Zähigkeit und Neigung zur Verfestigung noch relativ gut zerspanbar [25].

Für Apparateteile (z. B. Bolzen, Muttern, Schrauben), die durch Zerspanen (z. B. Drehen, Fräsen) hergestellt werden, ist der Werkstoff 1.4105 aufgrund des Schwefelgehaltes (Abbrechen des Spans) besser als 1.4301 geeignet. Er wird in verschiedenen Bereichen der Lebensmittelindustrie eingesetzt.

Der titanstabilisierte Werkstoff 1.4541 ist im Apparatebau der Getränke- und Molkereiindustrie, der Nahrungs- und Genussmittelindustrie sowie bei der Fett- und Ölherstellung weit verbreitet. Aufgrund der Stabilisierung benötigt er keine Wärmebehandlung nach dem Schweißen. Er ist sehr gut kalt verformbar, jedoch aufgrund des Titanzusatzes nicht gut glättbar wie z. B. hochglanzpolierbar. Die harte Kristallstruktur des Titanzusatzes tritt in Form von Spitzen aus der Grundmatrix des Werkstoff beim Feinstbearbeiten hervor.

Durch Molybdänzusatz wird der titanhaltige Werkstoff 1.4571 zusätzlich besser beständig gegen Loch-, Spalt- und Spannungsrisskorrosion sowie gegen

Tabelle 7.4 Beispiele genormter nicht rostender Stähle mit austenitischem Gefüge.

Stahlsorte		Chemische Zusammensetzung				
Werkst.-Nr.	Kurzname	C	Cr	Ni	Mo	Sonstige
1.4301	X5CrNi18-10	≤ 0,07	17,5/19,5	8,0/10,5		N ≤ 0,11
1.4305	X8CrNiS18-9	≤ 0,10	17,0/19,0	8,0/10,0		S 0,15/0,35 N ≤ 0,11 P ≤ 0,045 Cu ≤ 1,01
1.4541	X6CrNiTi 18-10	≤ 0,08	17,0/19,0	9,0/12,0		Ti: 5 × C bis 0,70
1.4571	X6CrNiMoTi17-12-2	≤ 0,08	16,5/18,5	10,5/13,5	2,0/2,5	Ti: 5 × C bis 0,70
1.4401	X5CrNiMo17-12-2	≤ 0,07	16,5/18,5	10,0/13,0	2,0/2,5	N ≤ 0,11
1.4404	X2CrNiMo17-12-2	≤ 0,03	16,5/18,5	10,0/13,0	2,0/2,5	N ≤ 0,11
1.4435	X2CrNiMo18-14-3	0,33/0,45	17,0/19,0	12,5/15,0	2,5/3,0	N ≤ 0,11
1.4439	X2CrNiMoN17-13-5	≤ 0,03	16,5/18,5	12,5/14,5	4,0/5,0	Mn 3,5/6,5
1.4308	GX6CrNi18-9	≤ 0,07	18,0	10,0		
1.4408	GX6CrNiMo18-10	≤ 0,07	18,0	11,0	2,3	
1.4448	GX6CrNiMo17-13	≤ 0,07	17,0	13,5	4,5	
1.4552	GX5CrNiNb18-9	≤ 0,06	19,0	10,0		Nb ≥ 8 · %C
1.4581	GX5CrNiMoNb18-10	≤ 0,06	19,0	11,5	2,3	Nb ≥ 8 · %C
1.4585	GX6CrNiMoCUNb18-18	≤ 0,08	17,5	20,0	2,3	Nb ≥ 8 %C

reduzierende Säuren (z. B. verdünnte Schwefel- und Salzsäure). Die bei 1.4541 erwähnten Eigenschaften gelten im Wesentlichen in gleicher Weise. Hauptanwendungsgebiet sind die Nahrungsmittelindustrie (z. B. Fleischverarbeitung) und die Pharmaindustrie.

Der molybdänstabilisierte Werkstoff 1.4401 ist gegen interkristalline Korrosion, gegen Medien, die Loch-, Spalt- oder Spannungsrisskorrosion auslösen können, sowie gegen reduzierende Säuren (z. B. verdünnte Schwefel- und Salzsäure) relativ gut beständig. Er ist sehr gut kaltverformbar und kann hochglanzpoliert werden. Aufgrund dieser Eigenschaften ist er dem Edelstahl 1.4301 überlegen und wird deshalb in vielen Bereichen der Lebensmittelindustrie (alkoholische Getränke, Fruchtsaftindustrie, Fleischverarbeitung) und vor allem in der Pharmaindustrie zunehmend stärker eingesetzt.

Ähnliche Eigenschaften besitzt der Edelstahl 1.4404, der aufgrund des geringeren Kohlenstoffgehaltes besser schweißbar ist und (auch wegen der Mo-Stabilisierung) keine Wärmebehandlung nach dem Schweißen erfordert.

Der Werkstoff 1.4435 ist ein vollaustenitischer Edelstahl, der sehr hohe Anforderungen an das Gefüge erfüllt und auch beim Schweißen das austenitische Gefüge behält. Er ist unempfindlich gegen Loch-, Spalt- oder Spannungsrisskorrosion in chloridhaltigen Lösungen und zusätzlich zur Beständigkeit gegen Säuren auch harnstoffbeständig. Er lässt sich hochglanzpolieren.

Durch Zulegieren des Austenitbildners Stickstoff wird bei dem Werkstoff 1.4439 zusammen mit dem Molybdängehalt eine sehr gute Gefügestabilität erreicht. Außerdem verzögert Stickstoff erheblich die Ausscheidung von intermetallischen Phasen und erhöht die Festigkeitseigenschaften. Der Werkstoff ist weitgehend allgemein korrosionsbeständig gegenüber vielen organischen Säuren bei hohen Konzentrationen und Temperaturen. Auch gegenüber anorganischen Mischsäuren ist er ausreichend beständig, wenn sie aus reduzierenden und oxidierenden Medien zusammengesetzt sind.

Bei hohen Anforderungsprofilen, wie sie vor allem in der Pharmaindustrie vorliegen, wo der Ferritanteil in austenitischen Werkstoffen extrem begrenzt wird (z. B. Ferritgehalt < 0,1 % nach Basler Norm [21]), ist ein deutlicher Trend von den traditionellen Werkstoffen 1.4571 und 1.4401 zu den Edelstählen 1.4404 und 1.4435 mit niedrigem Kohlenstoffgehalt zu erkennen. Generell stellt sich der Anlagen- und Apparatebau wegen internationaler, vor allem USA-orientierter Geschäfte zunehmend auf solche „low carbon" Werkstoffe um, die sowohl in Europa als auch in den USA in den Bereichen Nahrungsmittel- und Pharmaindustrie sowie Biotechnologie Anwendung finden. Eine Gegenüberstellung der relevanten, in beiden Hemisphären genormten, austenitischen Stähle [26] zeigt Tabelle 7.5.

Der Sonderwerkstoff 1.4539, dessen starke Passivität auf dem Kupfergehalt zusammen mit den hohen Anteilen an Cr und Mo beruht, ist in einem weiten Konzentrations- und Temperaturbereich beständig gegen Schwefelsäure. Gegen Phosphorsäure ist er bis zur Siedetemperatur beständig. Aufgrund seiner Eigenschaften wird er z. B. in der Düngemittelindustrie beim sauren Phosphataufschluss eingesetzt.

Tabelle 7.5 Gegenüberstellung der europäischen Normen sowie der USA-Normen von ANSI für ausgewählte nicht rostende Stähle mit austenitischem Gefüge.

Rostfreier Stahl		
Europäische Norm EN	**Amerikanische Norm AISI**	**Bemerkung**
1.4301	304	Standard-Edelstahl bei chloridfreien Medien
1.4571	316 Ti	titanstabilisierter Standard-Edelstahl
1.4401	316	molybdänhaltiger Standard-Edelstahl
1.4404	316 L	Edelstahl mit reduziertem C-Gehalt (low carbon steel) mit Molybdän (etwa 3 %)
1.4435	316 L	Edelstahl mit reduziertem C-Gehalt (low carbon steel) (etwa 5 %)

7.1.2.5 **Ferritische Edelstähle**

Diese Stähle enthalten als einziges Hauptlegierungselement Chrom. Sie werden im Wesentlichen mit 11–13 % (korrosionsträge) bzw. mit 17 % Chromgehalt (höhere Korrosionsbeständigkeit) und einem maximalen Kohlenstoffgehalt von 0,1 %. eingesetzt. Daher sind sie nicht härtbar, im Gegensatz zu austenitischem Edelstahl aber magnetisch. Sie liegen von Erstarrungsbeginn der Schmelze bis Raumtemperatur nahezu rein ferritisch vor. Als wichtigste ferritbildenden Elemente sind Cr und Mo zu nennen. Um die gewünschte feinkörnige Struktur zu erhalten, ist eine entsprechende Wärmebehandlung (Glühen) erforderlich. Ferritische Stähle lassen sich nicht durch Wärmebehandlung härten, sind aber billiger und gegen Chloridionen in Lösungen, vor allem gegen transkristalline Spannungsrisskorrosion, beständiger als austenitische Stähle [27]. Daher können sie z. B. für Rohrleitungen und Wärmetauscher für chloridhaltiges Wasser eingesetzt werden. Einige ferritische Stähle sind in Tabelle 7.6 angegeben.

Da die geringer chromhaltigen Werkstoffe nur unwesentlich billiger sind, werden hauptsächlich 17%ige ferritische Stähle in großem Umfang verarbeitet. Für Waschmaschinen wird z. B. der Werkstoff 1.4016 verwendet. Die Typen 1.4511 und 1.4516 sind allgemein für Schweißkonstruktionen im Einsatz, wenn keine Anforderungen bezüglich der Ferritgehalte bestehen. Die ferritischen Chromstähle mit etwa 18 % Chrom weisen ein viel geringeres Lösungsvermögen für Kohlenstoff und Stickstoff auf als vergleichbare Chrom-Nickel-Stähle. Damit eine ausreichende Stabilität gegen interkristalline Korrosion nach dem Schweißen gewährleistet werden kann, müssen sie grundsätzlich stabilisiert werden, wobei Ti und Nb am geeignetsten sind, um eine gute Duktilität zu erreichen. Aufgrund der niedrigen Kohlenstoff- und Stickstoffwerte besitzen diese Stähle eine hohe Streckgrenze bei guter Dehnbarkeit, aber geringer Kaltfestigkeit. Bei Stählen wie 1.4521 wurde daher die Summe von C und N auf 0,030 % begrenzt, um sie gut schweißbar und zusätzlich zu einer allgemein hohen Korrosionsbeständigkeit sicher gegen das Auftreten interkristalliner Korrosion zu machen.

Tabelle 7.6 Beispiele genormter nicht rostender Stähle mit ferritischem Gefüge.

Stahlsorte		Chemische Zusammensetzung				
Werkst.-Nr.	**Kurzname**	**C**	**Cr**	**Ni**	**Mo**	**Sonstige**
1.4000	X6Cr13	≤ 0,08	12,0/14,0			
1.4002	X6CrAl13	≤ 0,08	12,0/14,0			Al 0,10 bis 0,30
1.4003	X2CrNi12	≤ 0,03	10,5/12,5	0,30/1,00		
1.4016	X6CrNi17	≤ 0,08	16,0/18,0			
1.4105	X6CrMoS17	≤ 0,08	16,0/18,0		0,2/0,6	S 015/035; P ≤ 0,04
1.4113	X6CrMo17-1	≤ 0,08	16,0/18,0		0,9/1,4	
1.4510	X3CrTi17	≤ 0,05	16,0/18,0			Ti: 4 × (C+N) + 0,15 bis 0,80
1.4511	X3CrNb17	≤ 0,05	16,0/18,0			Nb: 12 × C bis 1,0
1.4512	X2CrTi12	≤ 0,03	10,5/12,5			Ti: 6 × (C+N) bis 0,65
1.4516	X6CrNiTi12	≤ 0,08	10,5/12,5	0,5/1,5		Ti: 0,5 bis 0,35
1.4521	X2CrMoTi18-2	≤ 0,025	17,0/20,0		1,8/2,5	Ti: 4 × (C+N) + 0,15 bis 0,8; N ≤ 0,03
1.4008	GX8Cr14	≤ 0,09	13	1,5	≤ 0,5	

7.1.2.6 Martensitische Edelstähle

Wie die ferritischen Sorten enthält diese Gruppe von Stählen Chrom als Hauptlegierungsbestandteil. Im Gegensatz zu den ferritischen Stählen kann jedoch der Kohlenstoffgehalt zwischen 0,2 % und 1,1 % liegen. Das Gefüge ist bei 12–18 % Chrom bei hohen Temperaturen (950–1.050 °C) rein austenitisch. Durch Abschrecken aus dem austenitischen Bereich erhält man die martensitische Struktur. Mit Kohlenstoffgehalten unter 0,4 % sind die Stähle vergütbar und besitzen gute mechanische Eigenschaften. Mit höheren Kohlenstoffanteilen werden sie als die einzigen härtbaren Edelstähle hergestellt [28]. Hier sind z. B. die Werkstoffe 1.4021 und 1.4034 zu erwähnen, aus denen Schneidewerkzeuge und verschleißfeste Bauteile hergestellt werden. Wegen der hohen Festigkeit aufgrund des erhöhten C-Gehaltes wird der Stahl 1.4021 z. B. für chirurgische Instrumente sowie wegen hoher Ermüdungsfestigkeit und Beständigkeit gegen Kavitation und Erosion für Pumpen eingesetzt. Die Einsatzgebiete von 1.4034 erstrecken sich von Maschinenmessern (z. B. Brot- und Wurstschneidemaschinen), Schaberklingen, chirurgischen Instrumenten bis hin zu Wälzlagern.

Der halbferritische nicht rostende Stahl 1.4006 (Tabelle 7.7) wird in hygienerelevanten Bereichen z. B. für Medizingeräte, Molkereimaschinen und Küchengeräte verwendet. Er ist bei feingeschliffener oder polierter Oberfläche z. B. beständig gegen Wasser und Wasserdampf [29]. Der Werkstoff 1.4104 ist ebenfalls ein halbferritischer Chromstahl, der im Apparatebau eingesetzt wird. Der nicht rostende martensitische Edelstahl 1.4122 ist wegen des erhöhten Cr-Gehaltes sowie wegen Mo-Zusatz beständig gegen Salzwasser, organische Säuren und Salpetersäure. Zusätzlich ist er beständig gegen Spaltkorrosion. Er besitzt eine höhere Festigkeit aufgrund seines C-Gehaltes sowie eine ausgezeichnete Verschleißfestigkeit bei guten Laufeigenschaften. Einsatzgebiete sind der Apparatebau sowie die Herstellung chirurgischer Instrumente.

7.1.2.7 Austenitisch-ferritische Edelstähle

Diese Werkstoffe werden wegen der beiden Gefügebestandteile Austenit und Ferrit häufig als Duplex-Stähle bezeichnet (Tabelle 7.8). Das Verhältnis von Ferrit zu Austenit ist von der Wärmebehandlung (steigende Glühtemperatur und schnelleres Abkühlen) abhängig. Als wesentliche Eigenschaften sind die gegenüber austenitischen Stählen höhere Dehngrenze bei ausreichender Zähigkeit und guter Schweißbarkeit, günstige Dauerfestigkeitseigenschaften und bessere Beständigkeit gegen Spannungsrisskorrosion aufgrund von Chloridionen hervorzuheben. Ein breites Anwendungsgebiet für diese Stähle besteht vor allem im Apparatebau der Chemie [30] sowie der Umwelt- und Meerestechnik.

Der Werkstoff 1.4460 ist stickstoffhaltig und wird für Wellen, Zentrifugenteile und Pumpen für See- oder Salzwasser eingesetzt. Der Stahl 1.4462 besitzt bei hoher Festigkeit gute Zähigkeit sowie aufgrund des höheren Mo-Gehaltes einen hohen Korrosionswiderstand, besonders gegen Spannungsrisskorrosion in chloridhaltigen Lösungen. Er wird für Verdichter und Wärmetauscher sowie in Meerwasserentsalzungsanlagen eingesetzt. Verwendungsbereiche für 1.4501 sind Komponenten von Kompressoren, Gebläsen, Pumpen und Separatoren.

Tabelle 7.7 Beispiele genormter nicht rostender Stähle mit martensitischem Gefüge.

Stahlsorte		Chemische Zusammensetzung				
Werkst.-Nr.	Kurzname	C	Cr	Ni	Mo	Sonstige
1.4006	X12Cr13	0,08/0,15	11,5/13,5			Ni: ≤ 0,75
1.4021	X20Cr13	0,16/0,25	12,0/14,0			
1.4034	X46Cr13	0,43/0,50	12,5/14,5			
1.4104	X14CrMoS17	0,10/0,17	15,5/17,5		0,20/0,60	
1.4122	X39CrMo17-1	0,33/0,45	15,5/17,5	≤ 1,00	0,80/1,30	
1.4313	X3CrNiMo13-4 GX3CrNiMo13-4	≤ 0,05	12,0/14,0	3,5/4,5	0,30/0,70	N: ≥ 0,020
1.4418	X4CrNiMo16-5-1	≤ 0,06	15,0/17,0	4,0/6,0	0,80/1,50	N: ≥ 0,020
1.4568	X7CrNiAl17-7	≤ 0,09	16,0/18,0	6,5/7,8		Al: 0,70–1,50

Tabelle 7.8 Beispiele genormter nicht rostender Stähle mit austenitisch-ferritischem Gefüge.

Stahlsorte		**Chemische Zusammensetzung**				
Werkst.-Nr.	**Kurzname**	**C**	**Cr**	**Ni**	**Mo**	**Sonstige**
1.4460	X3CrNiMoN27-5-2	≤ 0,05	25,0/28,0	4,5/6,5	1,30/2,00	N: 0,05–0,20
1.4462	X2CrNiMoN22-5-3	≤ 0,03	21,0/23,0	4,5/6,5	2,50/3,50	N: 0,10–0,22
1.4501	X2CrNiMoCuWN25-7-4	≤ 0,03	24,0/26,0	6,0/8,0	3,00/4,00	N : 0,2–0,3; Cu: 0,5–1,0 W: 0,5–1,0
1.4500	GX5CrNiMoCuNb25-20	≤ 0,08	20,0	25,0	3,0	Cu 2,0

7.1.3
Aluminium und Aluminiumlegierungen

Aluminium ist nach Sauerstoff und Silizium das dritthäufigste Element der Erdkruste und damit Bestandteil nahezu aller Gesteine und Böden. Das Metall und seine Legierungen werden in großem Umfang für technische Zwecke eingesetzt. In [31] sind allgemeine Begriffe und Definitionen genormt, um einheitliche Sprachregelungen zu gewährleisten.

Aluminium ist ungiftig und wird daher als ernährungsphysiologisch unbedenklich bezeichnet. Diese Unbedenklichkeit wird z. B. durch Untersuchungen von Aluminium in Kontakt mit Lebensmitteln in der HHS-Publikation der Food and Drug Administration, USA [32] und der Broschüre „Aluminum and Health" der Aluminium Association, USA, z. B. [33] angesprochen und bestätigt. Für lebensmittelberührte Oberflächen sind für Knetwerkstoffe in [34] und für Gussmaterialien in [35] Grenzen von Bestandteilen festgelegt. In Aluminium darf der Massenanteil anderer Elemente die folgenden Grenzwerte nicht überschreiten:

- Eisen + Silizium = 1,0 %;
- Chrom, Magnesium, Mangan, Nickel, Zink, Titan, Zinn = 0,10 % einzeln;
- Kupfer = 0,10 % (Kupfer darf 0,10 % überschreiten, nicht aber 0,20 %, vorausgesetzt, dass weder Chrom noch Mangan einen Massenanteil von über 0,05 % haben);
- andere Elemente = 0,05 %, einzeln.

Tabelle 7.9 Grenzwerte von Legierungselementen für Aluminiumlegierungen.

Element	Massenanteil %	Element	Massenanteil %
Silizium Si	13,5	Zink Zn	0,25
Eisen Fe	2,0	Antimon Sb	0,2
Kupfer Cu	0,6	Zinn Sn	0,10
Mangan Mn	4,0	Strontium Sr	0,2
Magnesium Mg[a)]	11,0	Zirkonium Zr	0,3
Chrom Cr	0,35	Titan Ti	0,3
Nickel Ni	3,0	sonstige Elemente[b)]	0,05 einzeln 0,15 gesamt

a) Legierungen mit über 5 % Magnesium dürfen nicht zur Herstellung von druckfesten Teilen für Dampfdruckkochgeräte verwendet werden.

b) Bestimmte Legierungselemente (z. B. Ag) sind in „sonstige Elemente, einzeln" mit 0,05 % begrenzt, da unzureichende Erfahrungen über ihr Verhalten bei Kontakt mit Lebensmitteln vorliegen. Höhere Grenzwerte können eingeführt werden, wenn weitere Informationen verfügbar sind.

Tabelle 7.10 Bezeichnungen einiger Aluminiumwerkstoffe im Vergleich zur früheren Kennzeichnung.

Bezeichnung	Bezeichnung		Bezeichnung	
DIN EN 485-2	DIN EN 573-3		DIN 1745-1	
	Numerisch	Chemische Symbole		
EN AW-1070A [Al 99,7]	EN AW-1070A	EN AW-99,7	Al99,7	3.0275
EN AW-1050A [Al 99,5]	EN AW-1050A	EN AW-99,5	Al99,5	3.0255
EN AW-1200 [Al 99,0]	EN AW-1200	EN AW-99,0	Al99,0	3.0205
EN AW-3103 [Al Mn1]	EN AW-3103	EN AW-Al Mn1	AlMn1	3.0515
EN AW-5005A [Al Mg1(C)]	EN AW-5005A	EN AW-Al Mg1(C)	AlMg1	3.3315
EN AW-5049 [Al Mg2Mn0,8]	EN AW-5049	EN AW-Al Mg2Mn0,8	AlMg2Mn0,8	3.3527
EN AW-6082 [Al Si1MgMn]	EN AW-6082	EN AW-Al Si1MgMn	AlMgSi1	3.2315
EN AW-6061 [Al Mg1SiCu]	EN AW-6061	EN AW-Al Mg1SiCu	AlMg1SiCu	3.3211

Bei Aluminiumlegierungen gelten für die Legierungselemente die Grenzwerte nach Tabelle 7.9. In [36] wird in einer separaten Spalte die Eignung der einzelnen Aluminiumlegierungen für Lebensmittelkontakte angeführt, die in Tabelle 7.10 mit aufgeführt wurde.

Aluminium und Aluminiumlegierungen werden heute in nahezu allen Gebieten der Technik und des täglichen Lebens eingesetzt [37]. Wichtigste Verwendungssektoren im Bereich von Lebensmittel-, Pharma- und Bioindustrie sind die Verpackungstechnik sowie der Apparate- und Maschinenbau. Allerdings wurden Aluminiumwerkstoffe vor allem wegen der hohen hygienischen Anforderungen, die Korrosionsbeständigkeit bei Werkstoffen in Kontakt mit Produkten für den menschlichen Konsum als wesentlich voraussetzen, weitgehend von austenitischem Edelstahl abgelöst, der in diesen Bereichen den Stand der Technik darstellt [38]. In bestehenden Industrieanlagen sind Aluminiumwerkstoffe noch immer weit verbreitet, wobei vor allem Behälter und gegossene Bauteile hervorzuheben sind. Für Prozesse im Trockenbereich, wo eine trockene Reinigung der Apparate stattfindet, können Aluminium und Aluminiumlegierungen auch weiterhin bedenkenlos eingesetzt werden [39], da ohne Feuchtigkeit keine Korrosion auftritt. Gleiches gilt für den Verpackungssektor, wo die Herstellung von Folien und dünnen Bändern sowie von Tuben und Dosen eine entscheidende Rolle spielt.

7.1.3.1 Bezeichnung

Die genormte Bezeichnung für Aluminiumwerkstoffe erfolgt nach [40] durch ein numerisches System mit vier Ziffern. Es beginnt mit der Abkürzung EN, der nach einem Zwischenraum der Buchstabe A für Aluminium, W für Halbzeug und ein Bindestrich folgen. Die erste Zahl des Ziffernsystems bezeichnet die Legierungsgruppe, unterteilt nach Hauptlegierungselementen. Aluminium mit mindestens 99,5 % wird durch 1 (Serie 1000) bezeichnet. Dem Hauptelement Kupfer entspricht 2 (Serie 2000), Mangan 3 (Serie 3000), Silizium 4 (Serie 4000), Magnesium 5 (Serie 5000), Magnesium und Silizium 6 (Serie 6000), Zink 7 (Serie 7000) und sonstige Elemente 8 (Serie 8000). Bei der Serie 1000 geben die letzten beiden Ziffern den Mindestgehalt an Aluminium in % an. Die zweite Ziffer kennzeichnet Legierungselemente oder Modifizierungen der Verunreinigungsgrenzen. Bei den Serien 2000 bis 8000 gibt die zweite Ziffer Legierungsabwandlungen an, während die letzten beiden Ziffern die unterschiedlichen Legierungen innerhalb der Serie bezeichnen. Danach kennzeichnet z. B. EN AW-5052 eine Aluminiumlegierung mit dem Hauptbestandteil Magnesium und der Werkstoffnummer 52. In Tabelle 7.10 sind nach [36] die Bezeichnungen einiger Aluminiumwerkstoffe im Vergleich zu früheren Kennzeichen angegeben.

7.1.3.2 **Eigenschaften**

Hauptgründe für den Einsatz im Apparatebau waren zum einen die geringe Dichte, die mit $\rho = 2{,}7\ kg/dm^3$ nur etwa ein Drittel der von Eisen beträgt, bei vergleichsweise hoher Festigkeit. Hochfeste Aluminiumlegierungen können z. B. die Festigkeit von normalem Baustahl erreichen. Zum anderen ist Aluminium sehr gut kalt und warm verformbar, lässt sich schweißen und schmieden, besitzt eine hohe Wärmeleitfähigkeit und einen günstigen Preis. An der Luft überzieht sich das Metall spontan mit einer dünnen, etwa 0,1 µm dicken Oxidhaut, die seine Korrosionsbeständigkeit ergibt. Allerdings traten in der Praxis bei diesen Werkstoffen doch relativ häufig Schäden durch Korrosionen auf, die meist durch Wasser bzw. die Anwendung von Reinigungsmitteln, seltener durch die Produkte selbst verursacht wurden.

Aluminium kann in reiner Form, in der es am korrosionsbeständigsten wäre, wegen unzureichender Festigkeit für den Apparate- und Anlagenbau nicht verwendet werden. Es wird jedoch in der Qualität Al 99.5 (Werkstoff-Nr. EN AW-1050A) als Plattierungswerkstoff eingesetzt, der auf eine Legierung mit höherer Festigkeit aufgewalzt wird. Aus Knetlegierungen werden Halbzeuge hergestellt, die anschließend durch Walzen, Pressen, Ziehen oder Schmieden umgeformt werden können. Beispiele für übliche Knetlegierungen [41] mit ausreichenden Festigkeitswerten für den Apparatebau sind EN AW-Al Si1MgMn (EN AW-6082), EN AW-Al Mn1 (EN AW-3103) und EN AW-Al Mg2Mn0,8 (EN AW-5049), deren Zusammensetzung in Tabelle 7.11 angegeben ist.

Komplizierte Bauteile, die nicht durch Verformen und Schweißen hergestellt werden können, werden aus Gusslegierungen meist in die endgültige Gebrauchsform gegossen. Sie lassen sich danach anschließend nicht mehr umformen, sondern müssen spanabhebend bearbeitet werden. Werkstoffe dieser Art sind z. B. Si-Legierungen. Mit hoher Maßgenauigkeit und mit reiner und glatter Oberfläche können Druckgussstücke gefertigt werden. Das Wachsausschmelzverfahren eignet sich für genaue dünnwandige Gussteile.

Tabelle 7.11 Beispiele für die Legierungsbestandteile einiger Aluminiumlegierungen.

Bezeichnung		Si	Fe	Cu	Mn	Mg	Zn	Cr	Ti	Al
Numerisch	**Chemische Symbole**									**min.**
EN AW-1070A	EN AW-99,7	0,20	0,25	0,03	0,03	0,03	0,07	–	0,03	99,70
EN AW-1050A	EN AW-99,5	0,25	0,40	0,05	0,05	0,05	0,07	–	0,05	99,50
EN AW-1200	EN AW-99,0	0,65 Si+Fe		0,05	0,05	–	0,10	–	–	99,00
EN AW-3103	EN AW-Al Mn1	0,6	0,7	0,10	0,9/1,5	0,30	0,20	0,10	–	Rest
EN AW-5005A	EN AW- Al Mg1(C)	0,30	0,7	0,20	0,20	0,5/1,1	0,25	0,10	–	Rest
EN AW-5049	EN AW- Al Mg2Mn0,8	0,40	0,50	0,10	0,5/1,1	1,6/2,5	0,20	0,30	0,10	Rest
EN AW-6082	EN AW-Al Si1MgMn	0,7/1,3	0,50	0,10	0,4/1,0	0,6/1,2	0,20	0,25	0,10	Rest
EN AW-6061	EN AW-Al Mg1SiCu	0,4/0,8	0,7	0,15/0,4	0,15	0,8/1,2	0,25	0,04/0,35	0,15	Rest

Höhere Festigkeiten können bei aushärtbaren Legierungen erzielt werden; dafür sind bestimmte Legierungsbestandteile wie z. B. Si, Mg oder Mn verantwortlich. Andere wie Fe, Cu oder Ti sind als Verunreinigungen durch das Herstellungsverfahren in der Legierung enthalten. Das Aushärten hat zur Folge, dass Apparate einen höheren Widerstand gegen Verformung erhalten. Das Warmaushärten erfolgt nach der Fertigung bei Temperaturen von 150–200 °C in entsprechenden Öfen. Die zu härtenden Bauteile sind daher in ihrer Größe begrenzt. Das Kaltaushärten wird durch Lagerung bei Umgebungstemperaturen durchgeführt. Während AlMgSi kalt oder warm aushärtbar ist, können die Knetlegierungen AlMn und AlMgMn nicht ausgehärtet werden.

Um die Korrosionsbeständigkeit zu erhöhen, können die mit Produkten in Berührung stehenden Werkstoffoberflächen auch eloxiert (anodisiert) werden. Dabei entsteht durch elektrolytisches Oxidieren eine künstliche Oxidhaut mit etwa 20 µm Dicke, beim Harteloxieren bis 60 µm Dicke. Anodisiertes Aluminium hat gegenüber dem metallblank eingesetzten den Vorteil, dass die anodisch erzeugte Oxidschicht das ursprüngliche oder das durch Oberflächenvorbehandlung erreichte Oberflächenaussehen dauerhaft konserviert. Diese Oxidschicht ist zudem hart und abriebfest, was sich bei mechanischer Beanspruchung als zweckmäßig erweist. Bei Untersuchungen hat man festgestellt, dass die spröde Oxidschicht durch Dehnung des Grundwerkstoffes unter Beanspruchung leicht Mikrorisse erhält, die sowohl Ausgangspunkte für beginnende Korrosion bilden als auch das Wachstum von Mikroorganismen in den entstehenden Spalten fördern können.

Weiterhin können zum Schutz Aluminiumbauteile mit dem beständigeren Reinaluminium plattiert oder mit Anstrichen bzw. Kunststoffbeschichtungen, wie z. B. Epoxidharz, versehen werden.

7.1.3.3 **Verwendung**

Im Gebäudedesign ist die Langlebigkeit und Wartungsfreiheit von Fenstern und Verkleidungen aus Aluminium gefragt. Im Verpackungsbereich schützt es aufgrund seiner Barriereeigenschaft das Füllgut vor Qualitätseinbußen, indem es das Eindringen von Mikroorganismen, Luft und Licht verhindert. Die Pharmaindustrie verwendet Aluminium zur Verpackung von Tabletten und anderen Arzneimitteln. Ein Großteil der von der Lebensmittelindustrie angebotenen Fertignahrung wird in Aluminiumfolien verpackt. Auch im Haushalt finden Folien vielfältige Verwendung.

Getränke- und Lebensmitteldosen aus Aluminium besitzen noch eine schützende Innenlackierung, um die Lagerzeiten zu verlängern. Diese Polymerschichten sorgen dafür, dass die in den Nahrungsmitteln und Getränken enthaltenen Säuren und Salze nicht in Kontakt mit dem Metall kommen. Es besteht Konsens darüber, dass nur geringfügige Spuren von Aluminium über den direkten Produktkontakt in die Nahrung gelangen [42].

Aluminium lässt sich bei geringen Emissionen mit einem Energiebedarf von etwa 5 % der Rohmetallgewinnung bei der Wiederverwertung in den Werkstoffkreislauf integrieren.

7.1.4
Nickel und Nickellegierungen

Nickel ist ein verformbares, dehnbares, silbrig-weißes Metall, das die kubisch dichteste Metallgitterstruktur aufweist. Wie Aluminium sind Nickel und einige seiner Legierungen passivierbar, wobei die Passivschicht durch Chemiesorption von Hydroxid- oder Sauerstoffionen, Oxidschichten oder Oxidhydrat entstehen kann. Damit wird das Metall gegen Luft, Wasser, Salzwasser, nicht oxidierende kalte Säuren und alkalische Lösungen beständig. Abgesehen von konzentrierter Salpetersäure wird es von einigen Säuren langsam unter Freisetzung von Wasserstoffgas zersetzt.

In der technischen Anwendung der Lebensmittel-, Getränke- und Biotechnologie wird Nickel häufig in Form von Nickelbeschichtungen verwendet, da durch „Vernickeln" Metalloberflächen korrosionsbeständig werden. Die zuverlässigste Beschichtung wird durch chemisches Vernickeln erzeugt, da sich eine Oberflächenschicht ergibt, die überall nahezu gleich dick ist. Das Verfahren beruht auf einer Reduktion von Nickelionen zu metallischem Nickel ohne Anwendung eines äußeren Stroms. Als Reduktionsmittel wird weltweit zu 96 % Natriumhypophosphit verwendet, aus dem auch der Phosphor stammt. Dabei entsteht eine fest haftende, sehr korrosionsbeständige Nickel-Phosphorschicht, unter anderem mit besonderer Lebensmittelechtheit. Im abgeschiedenen Zustand ist sie etwa dreimal härter als galvanisch erzeugte Nickelschichten. Durch Tempern kann die Härte auf den ca. siebenfachen Wert gesteigert werden. Die Beschichtung ergibt eine ausgeprägte Sperrschichtfunktion gegenüber z. B. Buntmetallen (z. B. Vernickeln von Messing). Die Dicke der Schicht, die blank und hell wie Nickel ist, beträgt zwischen 1 μm und 50 μm. Die Korrosionsbeständigkeit ist je nach Schichtdicke gut bis sehr gut. Ab 25 μm Dicke ist die Schicht porenfrei. Es ist allerdings zu beachten, dass durch die Verwendung falscher Reinigungsmittel, z. B. Mittel mit zu starkem Säuregehalt, die Schutzschicht mit der Zeit abgetragen wird. Bei fehlender Beschichtung von bleihaltigen Buntmetallen wie Messing entsprechen solche Bauteile bei Berührung mit Lebensmitteln nicht mehr den gesetzlichen Anforderungen, sodass sie nicht weiter eingesetzt werden dürfen.

In verschiedenen Bereichen wird von der Verwendung von Nickelbeschichtungen wegen der Gefahr, dass Schichten vor allem bei nicht chemischer Vernickelung an schadhaften Stellen abgelöst und eventuell Splitter gebildet werden können sowie wegen Abtrag durch Anwendung falscher (saurer) Produkte und Reinigungsmittel, Abstand genommen [43].

Die Toxizität metallischen Nickels und seiner anorganischen Verbindungen wird als gering betrachtet. Nickelstäube stehen in Verdacht, kanzerogen zu sein. Nickel kann als Schmuck verarbeitet und ständig getragen zu allergischen Hautreaktionen und Dermatitis führen [44]. Man schätzt, dass etwa 10–12 % der weiblichen Bevölkerung und 6 % der männlichen Bevölkerung allergisch auf Nickel ist [45]. Untersuchungen ergaben, dass es nicht das metallische Nickel ist, das Allergien verursacht, sondern es die Nickelsalze sind, die sich beim Kontakt mit dem Gegenstand (Schmuck, Uhr) unter Einfluss von Schweiß bilden.

Diese Erscheinung ist immer mit der Korrosion des Gegenstandes verbunden. Eine einmal entwickelte Allergie auf Nickel bleibt im Allgemeinen für das Leben erhalten. Erfahrungen des Gesundheitsschutzes im Umgang mit Nickel bei der Herstellung von Geräten sind in [46] im Überblick dargestellt.

Das Metall bildet leicht Legierungen wie z. B. mit Eisen (Edelstahl), Kupfer, Mangan und anderen Metallen, die für spezielle Anforderungen vor allem in der Pharmaindustrie eingesetzt werden. Die besonders korrosionsresistenten Nickel-Molybdänlegierungen (auch als Hastelloy bekannt) [47], die ursprünglich hauptsächlich in der chemischen Industrie eingesetzt wurden, werden zunehmend für besonders aggressive Produkte bei starker chemischer Beanspruchung, insbesondere in reduzierenden Medien, im pharmazeutischen Bereich zur Herstellung von Apparaten, Pumpen und Ventilen für Sonderanforderungen eingesetzt. Der hohe Molybdängehalt macht die Legierung besonders gegen Korrosion beständig. Praktische Anwendungen sind Mischer und flexible Bälge an Filtern, um Kontaminationen auszuschließen. Beispiele für Prozesse sind Herstellungsverfahren von Produkten mit oxidierenden Medien in Anwesenheit von Chloriden und Fluoriden. Die Legierungen zeichnen sich zusätzlich durch gute Verarbeitbarkeit und Schweißbarkeit aus.

Ein Beispiel stellt der Werkstoff 2.4617 mit der Zusammensetzung NiMo28 (Hastelloy B-2), dar, der besonders beständig gegen reduzierende Chemikalien wie Schwefel-, Essig- und Phosphorsäure ist. Der Werkstoff sollte nicht in stark oxidierenden Medien verwendet werden. Er bildet beim Schweißen keine Karbidausscheidungen an den Korngrenzen im Bereich der Schweißzone, sodass er für die meisten technischen Anwendungen eingesetzt werden kann. Außerdem ist er gegen Loch- und Spannungsrisskorrosion ausgezeichnet beständig. Das Material ist härtbar, kann aber bei entsprechenden Vorkehrungen auch verformt werden.

Die Nickel-Molybdänlegierung 2.4600 mit 28,5 % Mo (Hastelloy B-3) besitzt noch günstigere Eigenschaften mit ausgezeichneter Beständigkeit gegen Salzsäure in allen Konzentrationen und bei allen Temperaturen. Gleiches gilt für Schwefel-, Essig- und Phosphorsäure und andere nicht oxidierende Medien. Die thermische Stabilität ist der von NiMo28 überlegen. Die Legierung bietet ebenfalls einen ausgezeichneten Widerstand gegen Loch- und Spannungsrisskorrosion sowie gegen hitzeinduzierten Angriff. Außerdem besitzt sie gute Kalt- und Warmverformungs- und Schweißeigenschaften.

Eine verbesserte Beständigkeit gegen oxidierende Medien ergibt sich, wenn ein Teil des Molybdäns durch Chrom ersetzt wird. Die Legierung 2.4602 mit dem Kurznamen NiMo21Mo14 (Hastelloy C-22) ist ein Beispiel dafür. Außerdem besitzt sie eine verstärkte Beständigkeit gegen Loch-, Spalt- und Spannungsrisskorrosion. Sie ist gut schweißbar, wobei keine Ausscheidungen an den Korngrenzen des Materials stattfinden, und lässt sich wegen ihrer Duktilität gut kalt umformen.

Auch der Werkstoff 2.4819 mit der Kurzbezeichnung NiMo16Cr15W (Hastelloy C-276) gehört zu dieser Gruppe mit großer allgemeiner Korrosionsbeständigkeit, die von anderen Legierungen kaum erreicht wird, vor allem auch bei heißen Medien.

Tabelle 7.12 Beispiele für Nickellegierungen.

Bezeichnung	Werkstoff-Nr. (EU)	Kurzname	Werkstoff-Nr. (USA)	C %	Cr %	Mo %	Andere %	Ni %
Hastelloy B 2	2.4617	NiMo28	220	0,10	0,60	28,0	8,75	≈ 62
Hastelloy B 3	2.4600d	NiCu30Fe		0,01 <	1,5	28,5		65
Hastelloy C 22	2.4602	NiMo21Mo14		0,01 <	22	13		56
Hastelloy C 276	2.4819	NiMo16Cr15W	223	0,07	16,0	17,0	13,0	≈ 54
Inconel 600	2.4816	NiCr15Fe	285	0,05	15,5	–	8 Fe	75
Monel 400	2.4360		344	0,12	–	–	32 Cu	65

Bei den Ni-Cr-Legierungen (z. B. Inconel) verstärkt ein Anteil von maximal 20 % Chrom das Passivierungsvermögen und die Zunderbeständigkeit [48]. Werkstoffe dieser Gruppe werden z. B. als Heizleiter verwendet. Ein Beispiel dafür ist das Material 2.4816 mit dem Kurznamen NiCr15Fe (Inconel 600) mit guter Beständigkeit gegen Oxidation bei höheren Temperaturen sowie in aufkohlender und chlorhaltiger Umgebung. Der hohe Nickelgehalt macht es einigermaßen widerstandsfähig gegen reduzierende Medien. Die Beständigkeit gegen Spannungsrisskorrosion bei Anwesenheit von Chlor und Chloriden ist ausgezeichnet, ebenso der Korrosionswiderstand gegen alkalische Lösungen. Die Legierung ist für Anwendungen von Kälte bis zu hohen Temperaturen geeignet. Sie ist unmagnetisch, hat ausgezeichnete mechanische Eigenschaften in der Kombination von Festigkeit und Bearbeitbarkeit und ist relativ gut schweißbar. Sie lässt sich ähnlich gut wie Chrom-Nickel-Stahl kalt umformen.

Einige Beispiele von Nickellegierungen sind in Tabelle 7.12 aufgeführt.

7.1.5
Zinn

Zinn ist ein weiches, silbrig glänzendes Metall, das aber eine größere Härte als Blei besitzt. Von ihm sind zwei Modifikationen bekannt. Das tetragonale β-Zinn ist die metallisch glänzende Hauptmodifikation des Schwermetalls, die es bei Temperaturen über 13 °C annimmt und die von technischer Bedeutung ist. Die Umwandlung in die graue α-Form führt zu einem voluminösen grauen Pulver. Den langsamen Übergang der β- in die α-Modifikation bei niedrigen Temperaturen bezeichnet man als „Zinnpest“. Dieser Prozess kann durch die Legierung mit Bismut verhindert werden. Wird Zinn verbogen, gibt es ein charakteristisches Geräusch, das als „Zinngeschrei“ bekannt ist. An Luft und in Wasser ist das Metall unter Normalbedingungen sehr beständig, da es durch eine schützende Oxidschicht passiviert wird. Auch von verdünnten Säuren und Basen wird es nicht angegriffen. Dagegen findet mit konzentrierten Säuren und Basen eine Zersetzung unter Freisetzung von Wasserstoffgas statt [49]. Die Zusammensetzung von Legierungen und Geräten, die mit Lebensmitteln in Kontakt kommen sind in [50] festgelegt.

Wegen der physiologischen Unbedenklichkeit und günstiger hygienischer Eigenschaften wurde die Hauptmenge an Zinn zur Erzeugung von Weißblech eingesetzt, einem meist elektrolytisch verzinnten Stahlblech. Als Haupteinsatzgebiet im Lebensmittelbereich sind Verpackungen wie z. B. Dosen zu nennen [51]. Außerdem kann Zinn zu Folien ausgewalzt werden, die als Stanniol ebenfalls zu Verpackungszwecken dienten. Heute ist der Werkstoff in der Lebensmittelindustrie in weitgehendem Maße durch Aluminium und Kunststoffe ersetzt worden. Eine weitere wichtige Anwendung findet Zinn in Form von Legierungen für Lagermetalle, in denen z. B. harte tragfähige Antimonmischkristalle in eine weichere Grundmatrix eingelagert sind.

Obwohl Zinn selbst nur eine sehr geringe Toxizität hat, kann es zu gewissen Vergiftungserscheinungen führen, wenn Lebensmittel z. B. in Konserven mit dem

Metall stark kontaminiert sind. Die toxische Dosis liegt bei etwa zwei Gramm. Unwohlsein, Durchfall und Erbrechen sind die Folge. Einige organische Zinnverbindungen können im Gegensatz zur metallischen Form überaus giftig sein, sodass sie z. B. als Pilz- und Bakteriengifte im Einsatz sind [52].

7.2 Kunststoffe

Mit dem Begriff „Kunststoffe" (Polymerwerkstoffe) werden organische Werkstoffe bezeichnet, die durch chemische Umwandlung von Naturprodukten oder durch Synthese von kohlenstoffhaltigen Rohstoffen (Kohle, Erdöl, Erdgas) hergestellt werden. Wesentlich für ihre Struktur sind Makromoleküle, die aus niedermolekularen Verbindungen (Monomeren) durch unterschiedliche Verfahren wie Polymerisation, Polykondensation oder Polyaddition hergestellt werden. Die geometrische Molekülanordnung kann fadenförmig, verzweigt oder räumlich vernetzt vorliegen, die Struktur amorph oder teilkristallin sein. Die Eigenschaften der Kunststoffe werden wesentlich durch strukturelle Einflüsse wie chemische Bestandteile, Kettenlängen, Art der Bindungen, Molekülkonfigurationen, Verzweigungen, Vernetzungen und Kristallisation sowie durch die Art der Zusammensetzung in Form von Fremdatomen, Copolymerisation, Weichmachern sowie Füll- und Farbstoffen bestimmt.

Die makromolekularen Bausteine werden durch Van-der-Waals-Bindungen oder durch Bildung von Wasserstoffbrücken im Polymerwerkstoff zusammengehalten. Mit steigender Kettenlänge der Makromoleküle steigen im Allgemeinen Elastizitätsmodul, Zugfestigkeit und Erweichungstemperatur. Zum anderen sinken Bruchdehnung, Verformbarkeit und Löslichkeit in Lösemitteln. Andererseits können durch das Aneinanderfügen unterschiedlicher Monomere (Copolymerisation) und durch Erzeugung von Mischpolymerisaten die Eigenschaften von Kunststoffen variiert oder kombiniert werden. Durch Weichmacher wird die Wechselwirkung der Makromoleküle verringert, wodurch die Werkstoffe weicher und dehnbarer werden. Durch Füllstoffe wie Kreide, Ruß oder Kieselsäure lässt sich die Formstabilität erhöhen.

Kunststoffe können sich durch zwei unterschiedliche Arten von Elastizität auszeichnen. Bei tiefen Temperaturen sind sie hartelastisch, während sie sich bei höheren Temperaturen weichelastisch verhalten.

Kunststoffe mit Hart- und Weichelastizität kann man z. B. im weichelastischen Temperaturbereich (z. B. für PVC bei etwa 150 °C) warm umformen, d. h. etwa aus einer Platte eine Schale ziehen. Wenn man danach das Bauteil im verformten Zustand bis in den hartelastischen Bereich (Raumtemperatur) abkühlt, wird die Verformung eingefroren. Erwärmt man das Bauteil aber wieder bis zum weichelastischen Bereich, so „erinnert" es sich an seine frühere Plattenform und formt sich zur Platte zurück (Memory-Effekt). Die Wärmebewegung der Makromolekülsegmente ist beim erneuten Erwärmen die treibende Kraft für die Rückformung [53].

Zwischen diesen hart- und weichelastischen Temperaturbereichen liegt ein Übergangsgebiet, das durch die Bezeichnung „dynamische Glasübergangstemperatur" beschrieben wird. Nach [54] nennt man die gleiche Temperatur bei Elastomeren „Kälterichttemperatur".

Kunststoffe verhalten sich bei schneller Beanspruchung härter (höherer Elastizitätsmodul) oder auch spröder als bei langsamer Beanspruchung, weil die Makromolekülsegmente schnelleren Bewegungen nicht mehr folgen können. Die mangelnde Verformungsfähigkeit bei höherer Härte bedeutet nicht immer höhere Festigkeit, da Kerben an Mikrorissen das weitere Reißen bis zum Bruch begünstigen.

Im Allgemeinen tritt bei Kunststoffen der weichelastische Bereich, dessen Übergang durch die Glastemperatur *GT* gekennzeichnet wird, stets oberhalb 60 °C auf. Nur bei Elastomeren beginnt er bereits unterhalb von 0 °C und erstreckt sich in den Bereich der Raumtemperatur. Damit liegen bei Kunststoffen in naher Umgebung der Raumtemperatur keine grundlegenden Änderungen der mechanischen Eigenschaften mit der Temperatur vor. Bei teilkristallinen Kunststoffen, die merkliche bis hohe Anteile an amorphen Bereichen enthalten, tritt auch die Glastemperatur auf. Da nach Erweichen der amorphen Bereiche noch harte Segmente (Kristallite) vorhanden sind, liegt meist kein typisches weichelastisches Verhalten des gesamten Materials vor, wodurch die Verarbeitung durch Warmverformung erschwert oder verhindert wird.

Für viele Anwendungen, z. B. für Dichtungswerkstoffe im hygienisch relevanten Bereich, sind bei der Gestaltung neben der Oberflächenstruktur vor allem die Dehnungseigenschaften zu berücksichtigen. Der Elastizitätsmodul (*E*-Modul) ist bei konstanter Temperatur häufig nur angenähert konstant. Er hängt zusätzlich unterschiedlich stark von der Temperatur ab. Weiterhin sind das Kriechverhalten und plastische Verformung zu beachten.

Das grundlegende Verformungsverhalten unter Belastung kann für die verschiedenen Kunststoffarten durch das Spannungs-Dehnungsdiagramm wiedergegeben werden. Einige typische Kurven sind in Abb. 7.6 dargestellt.

Überschlägig liegt die Festigkeit von Duromeren (Kurve a), die hart, spröde und nur gering verformbar sind, in der Größenordnung von $R_m = 60$ MPa. Der *E*-Modul, der nur zur vergleichsweisen Beurteilung im Hooke'schen Bereich herangezogen werden kann, beträgt etwa $E = 5$ GPa. Bei hartelastischen, glasartigen, etwas höher verformbaren Plastomeren (Kurve b) können die Werte etwa zu $R_m = 30$ Mpa bis $R_m = 50$ MPa und $E = 2$ GPa bis $E = 4$ GPa angegeben werden. Zähelastische, formstabile und schlagfeste Plastomere können gemäß Kurve *c* bei Erreichen der Streckgrenze R_e ein deutliches Fließverhalten aufweisen. Die Festigkeitswerte liegen zwischen $R_m = 10$ MPa und $R_m = 30$ MPa, der *E*-Modul zwischen $E = 0{,}2$ GPa und $E = 2$ GPa. Bei Elastomeren, die leder- bis gummiartig, weich, flexibel und kautschukartig sind (Kurve d), erreichen die Festigkeitswerte $R_m = 10$ MPa bis $R_m = 20$ MPa, während der *E*-Modul weit unter $E = 0{,}1$ GPa beträgt [55]. Bei gummiartigen Kunststoffen ist aus konstruktiver Sicht zusätzlich vor allem die Volumenkonstanz bei Verformung unter Belastung zu beachten.

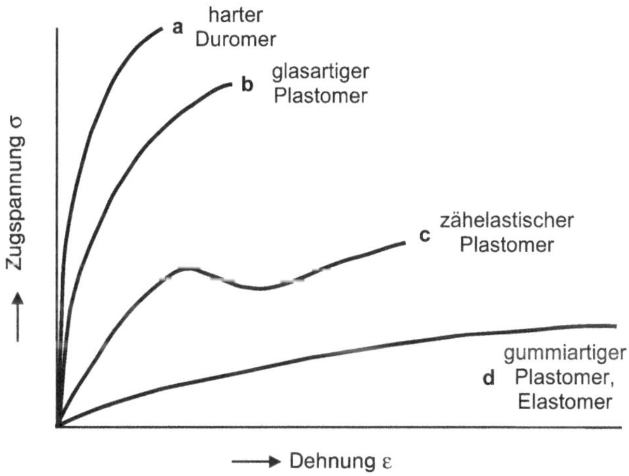

Abb. 7.6 Prinzipielles Verhalten unterschiedlicher Kunststofftypen.

Kunststoffe haben als Konstruktionsmaterial bei richtiger Auswahl den Vorteil einer hohen Korrosionsbeständigkeit gegen die meisten Produkte und viele Reinigungs- bzw. Desinfektionsmittel. Die sorgfältige Beurteilung der geforderten Eigenschaften sowohl durch den Konstrukteur als auch den Anwender steht daher an erster Stelle. Die ausreichend zur Verfügung stehenden Empfehlungen der Fachliteratur bzw. der Rohstoffhersteller sollen informieren und beraten. Sie können allerdings häufig nicht die Eignungsprüfung durch den Anwender unter den jeweiligen Anwendungsbedingungen ersetzen. Eine Reihe von Erfahrungen soll jedoch in allgemeiner Form wiedergegeben werden, um auf bestimmte Effekte aufmerksam zu machen.

So kann z. B. bei Weichmacher enthaltenden Kunststoffen durch zu hohe Konzentration von Lauge bei der Reinigung dieser gelöst werden, was zu einer Versprödung des Werkstoffes mit hygienischen Gefahren (Riss- oder Porenbildung) führt. Außerdem sind die meisten thermoplastischen Kunststoffe aufgrund ihrer Kettenstruktur nicht völlig gasdicht. In feinste, durch den Werkstoff hindurchgehende Poren können bei bestimmten Kunststoffen mit der Zeit aber auch kleine Substanzen und Mikroorganismen eindringen und Gefahrenherde bilden. Hier bietet die glatte Originaloberfläche (Haut), die bei der Herstellung (Extrudieren, Gießen) entsteht, einen entsprechenden Schutz sowohl bezüglich der Rauheit als auch der chemischen Beständigkeit. Bei Bauteilen, die durch mechanische Bearbeitung (Drehen, Fräsen, Schälen) hergestellt werden, kann die Oberfläche schuppen- oder faserartig aufgerissen werden. Dadurch kann sich zum einen Schmutz stärker anlagern; zum anderen finden vor allem Mikroorganismen entsprechenden Schutz für ungestörte Vermehrung, wobei manche Arten den Kunststoff gleichzeitig als Nährmedium (z. B. als Kohlenstoffquelle) nutzen. Um eine gute Reinigbarkeit solcher Oberflächen zu erreichen, ist die Art der Herstellung des Halbzeugs sowie die richtige mechanische Bearbeitung (Werkzeug, Schnittgeschwindigkeit, Kühlung usw.) entscheidend.

Einen erheblichen Einfluss auf die Anlagerung von Schmutz und Staub im Trockenbereich können elektrostatische Aufladungen ausüben. Aber auch bei nasser Kontaktfläche spielen die Potenziale von Kunststoffen in ihrer Auswirkung für Haftkräfte eine Rolle für Schmutzanlagerung und Reinigungsverhalten. Entscheidende Eigenschaften im Zusammenhang mit flüssigen Medien sind weiterhin die Benetzbarkeit sowie die Polarität. Bei der Gestaltung von hygienegerechten Konstruktionen muss zusätzlich die geringere Festigkeit und höhere Gefahr der Kerbwirkung gegenüber metallischen Werkstoffen, die hohe Wärmedehnung und die begrenzte Dauergebrauchstemperatur in Betracht gezogen werden.

Die Eignung von Kunststoffen für den Lebensmittelbereich ist in Deutschland durch die Veröffentlichung der Kunststoffkommission des BGVV [56] im Einzelnen definiert. Mittlerweile ist die Institution aufgeteilt und die Kommission der Bundesinstitut für Risikobewertung (BfR) zugeordnet worden. Die Empfehlungen werden seit November 2001 vom BgVV und jetzt vom BfR kostenfrei im Internet zur Verfügung gestellt. Der Zugriff auf die Datenbank „Kunststoffempfehlungen" ist über die Homepage unter dem Stichwort „Bedarfsgegenstände" möglich. Die einzelnen Empfehlungen sowie weitere Beurteilungsgrundlagen können als pdf-Dokumente heruntergeladen werden [57].

Im europäischen Bereich besteht ein Expertenkomitee des Europarates für Materialien, die mit Lebensmitteln in Berührung kommen. Die Expertengruppe setzt sich vorrangig aus Regierungssachverständigen zusammen, die die nationalen Interessen der Mitgliedstaaten vertreten. Sie erarbeitet Resolutionen für diejenigen Polymere, die von der EU-Kommission infolge fehlender Kapazität noch nicht aufgegriffen werden konnten. Die Resolutionen des Europarates sind an die Regierungen der Mitgliedstaaten gerichtete Empfehlungen, zu deren Umsetzung in deutsches Recht keine Verpflichtung besteht [58].

Weltweit akzeptierte Aussagen über die Eignung von Kunststoffen in Kontakt mit Lebensmitteln, Arzneimitteln und Kosmetika sind bei FDA [59] im „Code of Federal Regulations" der USA zu finden. Sie werden dort als indirekte Lebensmittelzusatzstoffe (indirect food additives) bezeichnet.

Die Eignung ist ebenso wie die gesundheitliche Unbedenklichkeit vom bestimmungsgemäßen Gebrauch abhängig. Sie umfasst z. B. bei Kunststoffen, die mit Lebensmitteln in Berührung kommen, die Haltbarkeit bei wiederholtem und dauerndem Gebrauch, die Temperaturbeständigkeit, die Bruchsicherheit und die Reinigbarkeit. Bei Packmitteln kommt hinzu, dass sich der Kunststoff mit der entsprechenden Geschwindigkeit maschinell verarbeiten lässt. Zusätzliche Eigenschaften sind daher Reibungsverhalten, Biegesteifigkeit, Falzbarkeit, Rückfederungsverhalten, elektrostatisches Verhalten, Verschweißbarkeit und Siegelverhalten.

Man kann die wichtigsten Eigenschaften von Kunststoffen folgendermaßen zusammenfassen: Maßgebende Kriterien sind ausreichende mechanische Festigkeit und Steifigkeit bei Anwendungstemperaturen, Freiheit von Rissbildung unter Beanspruchungen, Widerstandsfähigkeit gegen Über- und Unterdruck sowie bei Fall (Packmittel).

Weiterhin sind ausreichende chemische Inertheit und Beständigkeit gegen Produkte und Reinigungsmittel bei den zu erwartenden Gebrauchstemperaturen (z. B. beim Gefrieren, Auftauen, Kochen, Sterilisieren und Heißabfüllen) erforderlich. Hygienische Anforderungen enthalten neben minimaler Migration toxisch unbedenklicher, technisch unvermeidbarer Bestandteile die Unbedenklichkeit bezüglich Geschmack und Geruch sowie entsprechende Oberflächenbeschaffenheit wie Glattheit, Poren- und Rissfreiheit, und Keimarmut. Bei aseptischen Prozessen und Packmitteln wird Dichtheit gegen Penetration sowohl von innen (z. B. Aromaverluste, Wasserverluste, Ölverluste) als auch von außen (z. B. Wasserdampf, Sauerstoff, Licht) gefordert. Langjährige Erfahrungen mit Reinigbarkeitstests zeigen, dass die Oberflächenbeschaffenheit bei gleichen Kunststoffbauteilen in Abhängigkeit des Herstellers schwanken kann. Dies kann bei Spritzguss oder Extrudieren von der Bearbeitungsqualität der verwendeten Form abhängen. Die dabei entstehende „Haut" erhält als Struktur den Abdruck der Form, ist aber im Allgemeinen porenfrei und dicht. Bei spanabhebender Bearbeitung kann die Oberfläche riefenartig bis stark zerklüftet sein, wenn nicht mit den richtigen Werkzeugen, Schnittgeschwindigkeiten und Temperaturen (z. B. Kühlung) gearbeitet wird.

Kunststoffe können entweder kurzzeitig oder nahezu über ihre gesamte Lebensdauer bakterizid (bakterienabtötend) wirken. Wie vor allem bei Reinigbarkeitstests von Bauteilen festgestellt werden kann, töten manche Kunststoffoberflächen wie z. B. Dichtungen Mikroorganismen kurzzeitig ab, ohne dass die Hersteller der Bauelemente davon wissen. Ursachen können z. B. Trennmittel beim Extrudieren oder Spritzen sein, die an der Oberfläche solche Reaktionen hervorrufen. Meist lassen solche Effekte nach einigen Reinigungszyklen nach.

Auf der anderen Seite können manche Kunststoffe aufgrund der relativ großen Zwischenräume zwischen langkettigen Molekülen mit bakterizid wirkenden Wirkstoffen beaufschlagt werden, die in kleinsten Dosen an der Oberfläche abgegeben werden und antibakteriell wirken. Sie töten dann Mikroorganismen, die sich im Oberflächenbereich ansiedeln, ab. Eine Erhebung hat ergeben, dass bereits zahlreiche Bedarfsgegenstände wie Schneidunterlagen, Kühlschrankdosen, Kühlboxen, Kuchenbackformen etc. angeboten werden, die beim Lebensmittelkontakt das Wachstum von Bakterien verhindern und somit die Haltbarkeit von Lebensmitteln verlängern sollen. Ein Beispiel aus der Medizintechnik ist die Dotierung von medizinischen Kathetern mit Silber [60], dessen Langzeitabgabe Infektionsgefahren bei Kranken erheblich vermindert hat. Bei Anwendung solcher Maßnahmen ist jedoch darauf zu achten, dass Mikroorganismen anpassungsfähig sind und durch entsprechende Veränderungen nach einiger Zeit nicht mehr auf die abtötenden Substanzen ansprechen.

Die Kunststoffkommission des BFR beobachtet diese Entwicklung mit großer Aufmerksamkeit und sieht besonders den Einsatz von antimikrobiell wirksamen Stoffen mit Sorge. Soweit es sich um für Lebensmittel nicht zugelassene Stoffe handelt, ist ein Übergang auf Lebensmittel mit den geltenden lebensmittelrechtlichen Regelungen zu Zusatzstoffen nicht vereinbar. Sie rät deshalb dringend davon ab, Bedarfsgegenstände für den Lebensmittelkontakt mit antimikrobiell wirksamen Stoffen auszurüsten [61].

Kunststoffe werden nach ihrer chemischen Zusammensetzung nach [62] bzw. [63] durch Kurzzeichen gekennzeichnet. Es handelt sich dabei um ein einheitliches Ordnungssystem für alle heutigen Formmassen für Thermoplaste, das mithilfe eines Blocksystems mit bis zu 5 Merkmalen eine ziemlich genaue Beschreibung erlaubt. Die Angaben erfassen den chemischen Aufbau mit Kurzzeichen, Verarbeitungsmöglichkeiten und Zusätze, qualitative Eigenschaftswerte wie z. B. Dichte, Viskositätszahl, Elastizitätsmodul, Festigkeitskennwerte usw., Angaben über Art, Form und Menge von Füll- und Verstärkungsstoffen. Für Duroplaste ist dasselbe Kennzeichnungssystem vorgesehen. Elastomere werden nach [64] gekennzeichnet.

Die Einteilung von Kunststoffen kann nach unterschiedlichen Gesichtspunkten wie dem Herstellungsverfahren (Polykondensation, Polymerisation, Polyaddition), der Anordnung der Makromoleküle (amorph, teilkristallin) oder der chemischen Zusammensetzung erfolgen. Die nach [65] vorgenommene Klassifizierung in die Hauptgruppen Plastomere oder Thermoplaste, Duromere oder Duroplaste und Elastomere entspricht den anwendungstechnischen Eigenschaften und ist daher im Rahmen konstruktiver Betrachtungen besonders geeignet. Wegen der großen Vielfalt an Kunststoffen und ihren Besonderheiten kann im Folgenden nur eine Auswahl getroffen und auf Eigenschaften im Überblick eingegangen werden. Besonders soll dabei die physiologische Eignung betrachtet werden sowie Vorschriften, die Aussagen darüber machen.

7.2.1 Plastomere oder Thermoplaste

Plastomere können durch Erwärmung auf entsprechende Temperaturen wiederholt plastisch verformt werden, da sie viskoelastisch schmelzen. Damit können sie wiederverarbeitet oder einem Recycling zugeführt werden, was für den praktischen Einsatz einen wesentlichen umweltpolitischen Gesichtspunkt darstellt. Sie sind dadurch gekennzeichnet, dass sie nicht chemisch, sondern physikalisch vernetzt sind.

Eine Unterteilung unterscheidet zwischen amorphen Thermoplasten, die im weichelastischen Bereich gut warm umgeformt werden können, und teilkristallinen Thermoplasten, die sich nur schwierig warm umformen lassen, da sie keinen weichelastischen Bereich besitzen, sondern einen Fließübergang, der identisch mit der Schmelztemperatur der Kristallite ist. Das prinzipielle Dehnungs- und Festigkeitsverhalten dieser Werkstoffe zeigt Abb. 7.7 nach [65], wobei die praktisch nutzbaren Einsatzbereiche besonders hervorgehoben sind. Daneben spielen Polymerlegierungen als modifizierte Thermoplaste eine Rolle, deren Matrix in erster Linie die Eigenschaften bestimmt, während eine disperse Phase zur praxisgerechten Modifizierung der Eigenschaften dient. Zu ihnen zählt man die schlagzähen Thermoplaste mit spröder Matrix und dispersen weichelastischen Partikeln, wodurch die Zähigkeit erreicht wird. Die thermoplastischen Elastomere sind durch eine weichelastische Matrix gekennzeichnet, die durch eine harte disperse Phase vernetzt wird.

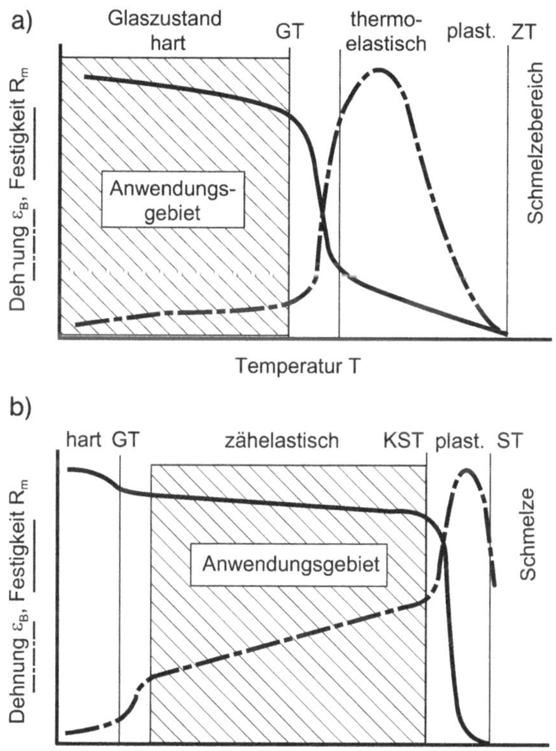

Abb. 7.7 Dehnungs- und Festigkeitsverhalten in Abhängigkeit von der Temperatur:
(a) amorpher Thermoplast (*GT* Glastemperatur, *ZT* Zersetzungstemperatur),
(b) teilkristalliner Thermoplast (*GT* Glastemperatur, *KST* Kristall-Schmelztemperatur, *ST* Schmelztemperatur).

Eine Beeinflussung der Eigenschaften erfolgt durch die Vernetzung bei der Herstellung [66]. Die häufigste Art von Thermoplasten (etwa 70 %) wird durch Polymerisation erzeugt. Sie besteht in einer Verknüpfung von monomeren Fadenmolekülen. Durch Aufspaltung von Doppelbindungen werden diese Monomere gegenseitig gebunden. Typische Vertreter dieser Gruppe sind Polyvinylchlorid (PVC), Polyethylen (PE), Polypropylen (PP), Polystyrol (PS), Polyoxymethylen (POM) und Polytetrafluorethylen (PTFE).

Thermoplaste mit langen Fadenmolekülen ohne Doppelbindungen werden durch Polykondensation gewonnen, wobei die Monomere mit jeweils zwei reaktionsfähigen Endgruppen bei der Anlagerung ein Nebenprodukt wie z. B. Wasser oder Ammoniak abspalten. Beispiele für solche Thermoplaste sind Polyamid (PA), Polycarbonat (PC) und Polyetheretherketon (PEEK).

Bei Polyaddition entstehen Thermoplaste durch Anlagerung von reaktionsfähigen Partnern ohne Abspaltung anderer Elemente. Zu dieser Kategorie gehören Epoxidharze (EP) und Polyurethane (PUR).

Tabelle 7.13 Beispiele für die Eigenschaften einiger Thermoplaste (Plastomere).

Material	Dichte [g/cm³]	Zugfestigkeit [MPa]	Bruchdehnung [%]	*E*-Modul [GPa]	Temperaturbereich [°C]	Wärmebeständigkeit [°C]	Feuchtigkeitsaufnahme [%]
PVC	1,36	45–65	20	3	–10 bis +55	61	< 0,1
PE	0,95	25–30	> 200	0,2–1,0	–100 bis +80	48	0
PP	0,91	25–45	800	0,4–0,9	+10 bis +100	65	0,1
PS hart	1,06	55	3	3,0–3,4	bis +70	86	
PMMA	1.18	73	3,5	3,2	bis +90	95	0,6
POM	1,41	70	75	3	–20 bis +100	124	0,17
PTFE	2,15	15–25	500–250	0,4	–200 bis +100	50	0
PVDF	1,78	55	20	2	–40 bis +100	110	< 0,04
PFA	2,15	80	300	0,6	–200 bis +260		
PA 6	1,14	80 trocken 50 flüssig	50 trocken > 160 flüssig	3 trocken 1,5 trocken	–40 bis +100	95	2,5–3
PC	1,20	> 60	> 80	2–3	–40 bis +135	138	0,2
PEEK	1,32	95–160	50	3,5	+250	182	0,2
PET	1,37	55–74	66–210	2,3–3,0	–20 bis +100	74	0,2

Definierte Werte sind für spezielle Plastomer-Sorten verfügbar.

Thermoplaste finden vor allem dann Anwendung, wenn geometrisch komplizierte Teile oder Massenprodukte hergestellt werden sollen und bestimmte Eigenschaften gefordert werden. Neben der hohen Korrosionsbeständigkeit bieten sie ein gutes elektrisches und thermisches Isolierverhalten. Aufgrund des geringen Elastizitätsmoduls besitzen sie eine hohe Geräuschdämpfung. Ihr geringes Gewicht und ihre einfache und dauerhafte Farbgebung sind weitere Vorteile. Je nach Anforderungen, die an das Formteil gestellt werden, erfolgt die Werkstoffauswahl nach den im Folgenden aufgeführten Gesichtspunkten und Anwendungsfällen. In Tabelle 7.13 soll ein Überblick über die Eigenschaften einiger Thermoplaste gegeben werden, wobei zu beachten ist, dass die Angaben jeweils durchschnittliche Werte enthalten, die nicht auf spezielle Werkstofftypen abgestimmt sind. Durch die Entwicklung spezieller Charakteristiken innerhalb einzelner Kunststoffgruppen lassen sich spezifische Anwendungsprofile und Eigenschaften erreichen.

7.2.1.1 PVC – Polyvinylchlorid

Bei PVC handelt es sich um einen der wichtigsten Standardkunststoffe. Er ist ein amorpher, polarer Thermoplast, der in den Ausführungen PVC-hart (PVC-U) und PVC-weich (PVC-P) hergestellt wird. Allgemeine Eigenschaften sind die gute Beständigkeit gegenüber Chemikalien, der die geringe Temperaturbeständigkeit (Erweichungstemperatur etwa 70 °C) und die Zersetzung bei hohen Temperaturen (ab etwa 160 °C) unter Abspaltung von Salzsäure (HCl) gegenüberstehen. Für Bauteile wird PVC sowohl im produktberührten als auch im nicht produktberührten Bereich in den verschiedensten Formen eingesetzt [67]. Dementsprechend sind auch die zu beachtenden Anforderungen unterschiedlich, z. B. ist die Zusammensetzung von weichmacherfreiem PVC im Kontakt mit Lebensmitteln in der Empfehlung [68] geregelt.

PVC-hart

Der Werkstoff ist glasklar herstellbar, hat eine hohe Abriebfestigkeit, lässt sich gut spanabhebend bearbeiten und mit allen Schweißverfahren schweißen. Zum Kleben sind PUR- und EP-Klebstoffe geeignet. Seine Einreißfestigkeit ist aufgrund hoher Kerbempfindlichkeit gering. Wegen fehlender Weichmacher ist PVC-hart physiologisch unbedenklich. Die Ausführung PVC-hart in der Form PVC-U (unplasticized) ist hornartig hart und besonders bei Kälte schlagempfindlich spröde (Einsatzgrenzen –5 °C bis +60 °C), während PVC-HI (high impact) schlagzähe Eigenschaften besitzt (Einsatzgrenzen –25 °C bis +80 °C). Als Anwendungsbeispiele sind Fensterrahmen, Rohre und Fittings von Versorgungsleitungen, Lüftungskanäle und Einwegbecher zu nennen.

PVC-weich

Für die Eigenschaften von PVC-P (plasticized) ist der Gehalt an Weichmachern (meist Dioctylphtalat DOC) entscheidend, der im Allgemeinen zwischen 20 und 50 % liegen kann. Auch dieses Material kann glasklar hergestellt werden, lässt sich eingeschränkt schweißen und mit verschiedenen Klebstoffen kleben. Verglichen mit gummiartigen Werkstoffen neigt PVC-P stärker zum Kriechen und verformt sich bei elastischer Dehnung langsamer zurück. Die maximale Gebrauchstemperatur liegt bei 60 °C, bei Einsatz von speziellen Weichmachern kann sie bis 150 °C gesteigert werden. Obwohl grundsätzlich unerwünscht, kann der Werkstoff bei Einsatz zugelassener Weichmacher im Lebensmittelbereich eingesetzt werden [69]. Spezielle Anwendungsbeispiele sind z. B. Fördergurte [70], Schläuche für flüssige Lebensmittel sowie Folien, Beschichtungen und Tuben mit festgelegten Weichmachern. Im praktischen Einsatz befinden sich außerdem Bodenbeläge und Rohre für Versorgungsleitungen.

7.2.1.2 PE – Polyethylen

Die mengenmäßig wichtigste Werkstoffart PE gehört zu den unpolaren teilkristallinen Thermoplasten mit sehr geringer Dichte, die normalerweise kein Wasser aufnehmen. Sie besitzen eine wachsartige glatte Oberfläche, sind weich, sehr zäh und chemisch sehr beständig. PE ist allerdings empfindlich gegenüber Halogenen und oxidierenden Säuren sowie gegen Luftsauerstoff in Verbindung mit Wärme und UV-Licht. Die obere Dauergebrauchstemperatur liegt je nach Belastung zwischen 60 und 90 °C. Die untere Grenztemperatur liegt bei etwa –50 °C. Im ungefärbten Zustand ist PE durchscheinend bis opak. Die Verarbeitung kann durch Spritzgießen oder Extrudieren erfolgen. Die spanabhebende Bearbeitung ist wegen der großen Zähigkeit schwierig. Schweißen ist z. B. mit Heizelementen oder Warmgas möglich. Dagegen ist Kleben wegen der guten chemischen Beständigkeit schwierig. Aufgrund der Dichte unterscheidet man unter anderem zwischen PE-LD (low density) und PE-HD (high density).

Bedarfsgegenstände für Lebensmittel aus PE dürfen entsprechend den Vorgaben nach [70] und für vernetztes PE nach [71] verwendet werden. Spezielle Anwendungen umfassen entsprechend [72] Filterpapiere und Filter sowie Außenbeschichtungen von Hohlgläsern [73]. Weitere wesentliche Einsatzgebiete sind Verpackungsfolien, Transport- und Lagerbehälter, Rohre und Fittings für Trinkwasser und Gase, Flaschen, Tuben, Haushaltswaren, Gleitlager und Zahnräder.

7.2.1.3 PP – Polypropylen

Polypropylen ist ein teilkristalliner Thermoplast mit bis zu 60–70 % Kristallinität und sehr niedriger Dichte. Es ist wasserabweisend und nimmt deshalb keine Feuchtigkeit auf. Seine Eigenschaften sind bei größerer Härte und höherer Warmfestigkeit ähnlich denen von PE. Die Grenze der Gebrauchstemperatur liegt ohne Belastung bei 110 °C. Die Beständigkeit gegen wässrige Salzlösungen, Säuren, Laugen, Alkohol und Lösemittel ist gut bis sehr gut. PP quillt bei Kontakt mit aromatischen und halogenisierten Kohlenwasserstoffen sowie bei höheren Temperaturen mit Fetten, Ölen und Wachsen auf. Die Verarbeitung erfolgt durch Spritzgießen, Extrudieren und Blasformen. Bei spanabhebender Bearbeitung sind hohe Schnittgeschwindigkeiten bei geringem Vorschub erforderlich, um ausreichend glatte Oberflächen zu erhalten. Als Verwendungsbereiche sind Verpackungsfolien, Verpackungsbehälter, Transportbehälter Rohre und Fittings für Trinkwasser sowie Flaschen zu nennen. Im Lebensmittelbereich kann PP bei Beachtung der Vorschriften nach [74] eingesetzt werden.

7.2.1.4 PS – Polystyrol

Polystyrol ist ein amorpher, glasklarer Thermoplast mit geringer Feuchtigkeitsaufnahme (etwa 0,05 %). Das harte, formstabile und hochfeste Material ist wenig dehnfähig. Sein Gebrauchsbereich liegt zwischen –70 und +70 °C. PS ist gegen Alkalien, Laugen, verdünnte Mineralsäuren, Alkohole, Wasser und wässrige Salzlösungen beständig. Es wird von aromatischen und chlorierten Kohlenwasserstoffen, Ether, Ketonen, Ester und stark oxidierenden Stoffen angegriffen. Es ist stark spannungsrissempfindlich, sodass auch Eigenspannungen bei der Herstellung zu vermeiden sind. Die Herstellung erfolgt durch Spritzgießen und Extrudieren. Beim spanenden Bearbeiten müssen wegen der niedrigen Erweichungstemperaturen und schlechten Wärmeleitfähigkeit die Schnittflächen mit Luft oder Wasser gekühlt werden. Schweißen ist mit Ultraschallverfahren oder Wärmeimpulsschweißen möglich. Das Verbinden durch Kleben, für das meist Lösemittelkleber eingesetzt werden, ist nur bei gleichem PS-Typ möglich. Beim Verbinden mit anderen Werkstoffen sind Haftkleber erforderlich.

Ausschließlich durch Polymerisation von Styrol gewonnenes PS kann für Lebensmittelbedarfsgegenstände nach LMBG verwendet werden, wenn die Anforderungen nach [75] eingehalten werden. Anwendungsgebiete sind Verpackungen, Frischhaltebehälter und Gefrierdosen.

7.2.1.5 PMMA – Polyacrylate

Polyacrylate, häufig auch „Acrylglas“ oder „organisches Glas“ genannt, sind glasklare amorphe Thermoplaste, die sehr gute optische Eigenschaften besitzen. Bei hoher Steifigkeit und Festigkeit sind sie hart, spröde und gut kratzfest. Sie besitzen eine gute Licht-, Alterungs- und Witterungsbeständigkeit. Die Einsatztemperaturen reichen bis +70 °C. PMMA sind beständig gegen schwache Säuren und Laugen, Salzlösungen, Fette, Öle und unpolare Lösemittel, dagegen nicht beständig gegen konzentrierte Säuren, halogenierte Kohlenwasserstoffe, Benzol und Spiritus. Sie lassen sich gut kleben und sind polierbar. Außerdem ist PMMA bedruck-, lackier- und metallisierbar. Die Werkstoffe sind geruchs- und geschmacksneutral sowie physiologisch unbedenklich [76].

Als niedermolekulare Typen können sie thermoplastisch verarbeitet werden. In hochmolekularer Form sind sie nur als Halbzeug in Form von Blöcken, Tafeln, Profilen, Rohren und Lichtleitfasern lieferbar. Typische Anwendungsgebiete sind Formteile vor allem für optische Geräte wie z. B. Brillen, Lupen, Linsen, Prismen, Rückleuchten und Schaugläser. Weiterhin dienen sie zur Herstellung von Haushaltsgeräten und Sanitärgegenständen.

7.2.1.6 POM – Polyoxymethylen

Als unpolarer teilkristalliner Thermoplast hat POM ausgezeichnete Konstruktionseigenschaften in Form von hoher Festigkeit und Härte bei großer Zähigkeit auch bei niedrigen Temperaturen und geringem Kriechen. Eine ausgeprägte Streckgrenze bei Raumtemperatur und gutes Rückstellverhalten im elastischen Bereich kennzeichnen weitere positive Eigenschaften. Der Gleitreibungskoeffizient ist bei hoher Verschleißfestigkeit gering. Auch die Wasseraufnahme ist sehr gering.

Die Gebrauchstemperaturen von 80–100 °C können bei kurzzeitiger Belastung bis auf 140 °C gesteigert werden. POM besitzt eine ausgezeichnete Beständigkeit gegenüber Alkoholen, Estern, Ether, schwachen Säuren und Laugen. Nicht beständig ist der Werkstoff gegen starke organische und anorganische Säuren (pH < 4) sowie gegen Oxidationsmittel. Bezüglich der Einsatzmöglichkeiten im Apparatebau der Lebensmittelindustrie gibt [77] Auskunft.

Die Herstellung von Gegenständen erfolgt vorwiegend durch Spritzgießen, bei Halbzeugen durch Extrudieren. Mit hoher Schnittgeschwindigkeit und kleinem Vorschub lässt sich POM sehr gut bearbeiten. Schweißen ist mit nahezu allen Verfahren möglich. Wegen der guten chemischen Beständigkeit ist Kleben schwierig. Mit Haftklebern können jedoch gas- und feuchtigkeitsdichte Klebestellen erzielt werden. Anwendungsbeispiele sind Rollen, Lager, Pumpenteile, Ventile und Filtergehäuse.

7.2.1.7 **Fluorpolymere**

Neben dem als Hauptwerkstoff der Fluorpolymere zu betrachtenden PTFE sind eine Reihe weiterer Werkstoffe mit speziellen, teilweise wesentlich modifizierten und verbesserten Eigenschaften im technischen Einsatz. Die wichtigsten werden in den folgenden Abschnitten angeführt. Ihre physikalischen Werte sind zum Vergleich in Tabelle 7.14 einander gegenübergestellt.

PTFE – Polytetrafluorethylen

PTFE besteht aus linearen, sehr langen Kohlenstoffketten, die ausschließlich von Fluoratomen umgeben sind, wodurch das Molekül damit chemisch abgesättigt ist. Aufgrund der hohen Bindungsenergie der C-F-Verbindung bleibt dieser Effekt auch bei extremen Einsatzbedingungen erhalten. Lediglich an den Endgruppen des Moleküls, die aber aufgrund des hohen Molekulargewichtes, d. h. der Länge der Ketten, nur sehr selten sind, kann ein Angriff erfolgen. PTFE lässt sich ohne Füllstoffe oder Weichmacher herstellen. Daher betrachtet man es als „reines“ Material, das nicht zur Verunreinigung eines Prozesses beiträgt, was vor allem in der Pharmaindustrie entscheidend ist. PTFE eignet sich für Anwendungen, die keine Rückstellfähigkeit erfordern.

Der teilkristalline Thermoplast zeichnet sich daher durch einige außergewöhnliche Eigenschaften aus. Er verhält sich unpolar, antiadhäsiv und hydrophob. Er besitzt einen der niedrigsten Reibungskoeffizienten aller Feststoffe, der in der Größenordnung von $\mu = 0{,}02$ liegt. Aufgrund der niedrigen Gleit- und Haftreibungskoeffizienten besitzt der Werkstoff kein „Slip-Stick-Verhalten“. Allerdings ist der Verschleiß ohne Füllstoffe sehr hoch. Durch Füllmaterialien können die Verschleißeigenschaften um nahezu drei Zehnerpotenzen verbessert werden. Festigkeit und Härte sind gering, können jedoch durch Verstärkung mit Glasfasern gesteigert werden. Von Nachteil ist die plastische Verformung (Kaltfließen) unter Belastung. Ausgezeichnet sind dagegen Zähigkeit und Biegsamkeit. Entscheidend für praktische Anwendungen ist häufig der große Temperatureinsatzbereich von –200 bis +270 °C. Die chemische Beständigkeit ist nahezu gegen alle Chemikalien gegeben. Extreme Oxidations- und Reduktionsmittel sind jedoch zu vermeiden.

Tabelle 7.14 Beispielhafte physikalische Werte von einigen Fluorpolymeren.

Eigenschaft	Einheit	PTFE	FEP	PFA	ETFE	PVDF
Dichte	g/cm^3	2,15–2,20	2,1–2,2	2,1–2,2	1,7–1,77	1,75–1,78
Zugfestigkeit	MPa	15–25	23	25	40–46	40
Reißdehnung	%	300–500	325	300	150–300	20
E-Modul	MPa	340–400	359–700	650	500–1200	2500
Biege-*E*-Modul	MPa	500–750	350–500	600–700	900–1000	1000–3000
Härte	Shore D	50–65	56	60	72	78
Längenausdehnungskoeffizient	$10^6 \cdot 1/K$	100–160	120	130	130	100 ... 130
Haftreibungskoeffizient		0,12–0,15	0,12–0,20	0,20	0,24–0,50	
Polarität		unpolar	unpolar	unpolar	unpolar	polar
Kontaktwinkel für Wasser	Grad	104–111	95–105	104–111	155–180	150
Max. Dauergebrauchstemperatur	unter °C	250	205	260	149	130
Versprödungstemperatur	°C	–200	–200	–200	–180	–60
Wasserabsorbtion	%	< 0,01	< 0,01	< 0,03	< 0,03	< 0,04

Definierte Werte sind für spezielle Plastomer-Sorten verfügbar.

Aus PTFE hergestellte Bauteile haben die Tendenz, nach einer Verformung zur ursprünglichen Form zurückzukehren (elastisches Erinnerungsvermögen), was allerdings bei niedrigen Temperaturen lange dauern kann. Der Vorgang läuft bei Erwärmung auf Sintertemperatur rasch ab, während er bei niedrigeren Temperaturen langsamer verläuft und zu partiellen Rückverformungen führt. Mit zunehmender Kristallinität nimmt die Erholung außerdem ab [78].

Der ursprüngliche Werkstoff kann nicht thermoplastisch verarbeitet werden, sondern muss gesintert werden. Beim drucklosen Sintern enthalten Formteile feine Poren, die aus den Zwischenräumen des Granulats sowie der Porosität der Granulatkörner resultieren. Aufgrund dieser schwammartigen Poren wurde der Werkstoff PTFE für Anwendungen im Hygienebereich als ungeeignet bzw. schlecht reinigbar eingestuft [79]. Auch durch mechanische Bearbeitung können Probleme infolge starker Zerklüftung der Oberfläche entstehen, was Schmutzanlagerungen und Wachstum von Mikroorganismen begünstigt. Der Werkstoff an sich (z. B. das Granulat) kann aufgrund seiner antiadhäsiven und hydrophoben Eigenschaften als einwandfrei reinigbar bezeichnet werden. Beim Formpressen (Sintern unter Druck) kann ein Werkstoff mit hoher Dichte, Festigkeit und porenfreier Oberfläche in endgültiger Bauteilform hergestellt werden, der sich ausgezeichnet in Hygienebereichen einsetzen lässt. Bei diesem Prozess wird zunächst beim Pressen sowohl elastische als auch plastische Verformung des in die Pressform gefüllten Granulats erreicht, sodass die Porosität weitgehend verschwindet. Dabei muss der zeitliche Verlauf des Druckanstiegs ein Entweichen von Luft aus den Zwischenräumen und Poren erlauben. Das anschließende Sintern und Abkühlen erfolgt dabei ebenfalls in der Pressform unter Anwendung von Druck. Durch die Wahl und Abstimmung der Prozessdaten kann die Eigenschaft des Werkstoffes (z. B. Kristallinität) weitgehend beeinflusst werden. Als kontinuierlicher Prozess wird das Kolbenstangenpressen verwendet, um Stangen, Rohre und Schläuche herzustellen. Folien und Membranen werden von Blöcken abgeschält, die ebenfalls durch Sintern hergestellt werden. Diese besitzen damit die Eigenschaften des gewählten Sinterverfahrens. Zusätzlich kann der Schälvorgang sowie jede andere mechanische Bearbeitung eine zerklüftete Oberfläche erzeugen und damit für hygienische Anwendungen ungeeignet sein. Durch nachträgliches Tempern unter Druck können solche Oberflächen wieder vergütet werden. Da bei PTFE eine Phasenumwandlung bei 19 °C mit einer Volumenvergrößerung von etwa 1 % stattfindet, muss die Temperatur über dieser Grenze liegen. Wenn enge Toleranzen gefordert werden, ist es günstig, die Bauelemente bzw. Halbzeuge bei Temperaturen über der späteren Gebrauchstemperatur zu tempern. Bei spanender Bearbeitung sind wegen der schlechten Wärmeableitung Kühlmittel und scharf geschliffene Hartmetallwerkzeuge mit empfohlenen Freiwinkeln und Schnittgeschwindigkeiten erforderlich, um hygienisch geeignete Oberflächenqualitäten zu erreichen. Voraussetzung ist auch hier ein porenfrei gesintertes Ausgangsmaterial.

Da die Kontaktflächen nicht schmelzen, ist das Schweißen schwierig. Aufgrund der Antihafteigenschaften kann PTFE in üblicher Weise nicht verklebt werden. Wenn die Klebeflächen vorher mit Alkalimetalllösungen angeätzt werden, können Spezialkleber eingesetzt werden, die eine Belastung der geklebten Stellen bis 130 °C gestatten.

Physiologisch ist PTFE unbedenklich. Besonders für temperaturbeständige Anwendung, z. B. für Brat-, Koch- und Backgeräte [80] ist der Werkstoff, auch in Form von Beschichtungen, geeignet. Gesinterte Bauelemente erfüllen die Anforderungen von FDA für den Kontakt mit Lebensmitteln [81] aus Sicht der Verträglichkeit.

Einsatzgebiete von PTFE sind Rohre, flexible Schläuche, Ventile, Membranen für Ventile und Pumpen, Gleitlager, Dichtungsummantelungen und Dichtungsbänder, vor allem in Rein- und Sterilbereichen der Lebensmittelindustrie. Bei Anwendungen in der Pharmaindustrie (z. B. Schläuche) muss der Werkstoff chemisch neutral sein und darf keine extrahierbaren Stoffe enthalten.

TFM – Perfluorpropylvinylether modifiziertes PTFE

Das wesentliche Eigenschaftsdefizit des klassischen PTFE ist die sehr schwierige Verschweißbarkeit und der Kaltfluss, die sogenannte Deformation unter Last. Beide Merkmale behindern gravierend die apparativen Gestaltungsmöglichkeiten. Verarbeitungstechniken, wie Tiefziehen und Blasformen sind aufgrund der extrem hohen Schmelzviskosität nicht möglich.

Modifizierte PTFE-Werkstoffe wie Perfluorpropylvinylether modifiziertes PTFE (TFM-PTFE) können als zweite PTFE-Generation bezeichnet werden. Die langkettige Kohlenstoffstruktur mit umgebenden Fluoratomen ist zunächst die gleiche wie bei PTFE. In die lineare Kette ist jedoch zusätzlich der Modifier Perfluorpropylvinylether PPVE eingebaut. Durch diese Copolymerisation mit einer geringen Menge an PPVE lässt sich das Eigenschaftsprofil des Werkstoffes verbessern.

Entscheidend dabei sind die bis zu fünfmal geringere Dichte, was gleichzeitig ein verbessertes Verschmelzen der PTFE-Partikel zur Folge hat, der reduzierte Kaltfluss, keine Versprödung und Alterung, ein dichteres Polymergefüge, eine verringerte Permeation und ein kleineres Porenvolumen [82]. Der Elastizitätsmodul ist besonders bei erhöhten Temperaturen deutlich höher. Bei mechanischer Bearbeitung ergeben sich deutlich glattere, porenfreie Oberflächen.

Das Material lässt sich durch die bekannten Press- und Sintertechniken verarbeiten. Zusätzlich liegen modifizierte Typen zur Pastenextrusion vor. Ein wesentlicher Vorteil ist, dass sich TFM im Gegensatz zu herkömmlichem PTFE verschweißen lässt. Die Schweißtemperatur muss dabei zwischen 360 und 380 °C, d. h. über dem Schmelzbereich von etwa 320 °C liegen. Anschließend ist ein langsames Abkühlen z. B. in einem Sinterofen erforderlich.

Beim mechanischen Bearbeiten sind relativ hohe Schnittgeschwindigkeiten bei geringem Vorschub, schnelle Spanentfernung und gute Kühlung (z. B. durch Bohremulsionen) Voraussetzung für einwandfreie Oberflächen. Durch Schälen können Folien von 0,02–5 mm Dicke hergestellt werden. Beim Schleifen ist intensiv zu kühlen, da die obere Dauergebrauchstemperatur von etwa 260 °C nicht überschritten werden darf. Bei Formteilen sind zwar enge Toleranzen möglich, jedoch meist wegen der guten Plastizität des Werkstoffes nicht sinnvoll, zumal sie nur in einem kleinen Temperaturbereich von Bestand sind. Außerdem ist zu beachten, dass das Material zwischen 19 und 21 °C aufgrund einer Umwandlung eine Volumenänderung von etwa 1 % erfährt.

Mit TFM kann ein Verbund mit Elastomeren hergestellt werden. Dazu muss die TFM-Oberfläche zunächst chemisch aktiviert (angeätzt) und dann mit einem Haftvermittler je nach Elastomer (nach Herstellerangaben) behandelt werden. Nach der Trocknung bei Raumtemperatur wird die unvulkanisierte Elastomermischung aufgelegt und durch Vulkanisieren eine Bindung hergestellt.

Der Fortschritt liegt vor allem in der Tatsache begründet, dass sich der Werkstoff durch das thermoplastische Verarbeiten, d. h. aufgrund der fehlenden Oberflächenporen, als leicht reinigbar erweist. Typische Anwendungsbereiche sind die Herstellung großer geschweißter Bauteile, korrosionsfeste Auskleidungen von Apparaten, Membranen und Faltenbälge mit niedriger Permeabilität und hoher Flexibilität, Flachdichtungen mit niedriger Deformation unter Last sowie Rohre und Hochdruckschläuche aus gewickelten und verschweißten Folien. Innovationen ergeben sich durch das Tiefziehen von Bechern, Flaschen, Behältern und anderen Formteilen.

FEP – Tetrafluorethylen-Perfluorpropylen

FEP ist ein hochmolekulares, teilkristallines Copolymerisat, das echte Thermoplasteigenschaften besitzt und kein Wasser aufnimmt. Die Eigenschaften bezüglich Biegefestigkeit, Schlagzähigkeit und Reibungskoeffizient sind etwas ungünstiger als bei PTFE, das chemische Verhalten ist dem von PTFE gleichzusetzen. Der Temperaturbereich für den Einsatz des Werkstoffes liegt zwischen –100 und +205 °C.

Der Hauptunterschied zu PTFE besteht darin, dass FEP ebenso wie TFM thermoplastisch (z. B. durch Spritzgießen, Extrudieren) verarbeitet werden kann. Dies bedeutet aus hygienischer Sicht, dass die Oberflächenbeschaffenheit bezüglich Porosität und damit Reinigbarkeit erheblich günstiger ist. Für die Anwendung in Kontakt mit Lebensmitteln sind Anforderungen in [83] enthalten. Untersuchungen zeigen, dass sich z. B. Biofilme sehr leicht von PFA-Oberflächen entfernen lassen [84]. Außerdem ist der Werkstoff ebenfalls antiadhäsiv und hydrophob.

Angewendet wird der Kunststoff für die Auskleidung von Ventilen, Pumpen und Rohren sowie für die Herstellung von Folien (z. B. Verpackung), die glasklar hergestellt werden können.

PFA – Perfluoralkoxy modifiziertes PTFE

Die teilkristallinen Fluorpolymerwerkstoffe dieses Typs wurden in erster Linie entwickelt, um die negativen Eigenschaften von PTFE zu verbessern. Sie sind teilkristalline Copolymere aus PTFE mit 3–5 % Alkoxy-Seitengruppen, welche die hervorragende chemische und thermische Beständigkeit von PTFE und die Fließeigenschaften anderer thermoplastischer Kunststoffe in sich vereinigen. Das bedeutet, dass das Kaltfließverhalten verbessert und die Porosität verringert wurden. Die Alkan-Seitenketten, die über Sauerstoff an die Hauptkette des Moleküls gebunden sind, verleihen dem PFA eine sehr niedrige Schmelzviskosität. Damit erhalten sie im Gegensatz zu PTFE ebenso wie FEP thermoplastische Eigenschaften und können daher sowohl extrudiert als auch in Formen gepresst werden, was zu porenfreien Oberflächen führt. Die Seitenketten können in ihrer Länge variiert werden, um unterschiedliche Grade an Kristallinität zu erhalten, da die optische Transparenz sich indirekt proportional zum Kristallinitätsgrad verhält. Obwohl sich Fluorpolymere nicht durch hohe Festigkeits- und Steifigkeitswerte auszeichnen, ist die Kombination von hohen zulässigen Temperaturen zusammen mit Festigkeit und hygienischer Eignung entscheidend für konstruktive Anwendungen. Außerdem besitzt PFA im Vergleich zu anderen Fluorpolymeren (PVDF, ETFE, ECTFE etc.) die geringste Rauhigkeit der Oberfläche, weswegen es nicht nur bevorzugt in der Spurenanalytik, sondern auch als vollfluorierter Werkstoff zur Anti-Haft-Beschichtung verwendet wird. Die Rauhigkeit der Oberfläche nimmt mit kürzeren Seitenketten ab. Die Werkstoffe sind praktisch elektrochemisch, biochemisch, enzymatisch und chemisch inert [85].

Ein weiterer wesentlicher Vorteil gegenüber PTFE ist die gute Abriebfestigkeit, während der Reibungskoeffizient die gleichen Werte erreicht wie PTFE.

PFA wird in verschiedenen Typen hergestellt, die sich entweder zum Pressen, Spritzgießen, Extrudieren (z. B. Rohre und Schläuche) oder Beschichten und Imprägnieren eignen. Anwendungen sind z. B. Auskleidungen von Armaturen, Ventilen, Rohren, Pumpen und Fittings oder Schmelzklebstoffe für Verbindungen von PTFE-Teilen sowie Klebefolien. Wegen der Möglichkeit, PFA in hochreiner Form mit sehr glatter Oberfläche herstellen zu können, wird es auch als Gefäßmaterial in der Ultraspurenanalytik eingesetzt [86].

ETFE – Modifiziertes Ethylen-Tetrafluorethylen-Copolymerisat

ETFE ist ein modifiziertes Copolymer von Ethylen mit Tetrafluorethylen [87]. Im Gegensatz zum Homopolymer PTFE, das nur mit Press- und Sintertechniken verarbeitbar ist, kann der Werkstoff thermoplastisch verarbeitet werden, z. B. mit geeigneten Maschinen spritzgegossen werden. Der Kunststoff zeichnet sich durch exzellente Chemikalienbeständigkeit aus. Doch sind die Temperaturstabilität und Gleiteigenschaften schlechter als bei PTFE. Die Härte ist dagegen größer.

PVDF – Polyvinylidenfluorid

Der hochmolekulare teilkristalline Thermoplast ist frei von Stabilisatoren, Pigmenten oder anderen Zusatzstoffen. Er zeichnet sich durch höhere Steifigkeit als PTFE, hohe Festigkeit, sehr gutes Zeitstandverhalten und hohe Kriechfestigkeit aus. Die Dauergebrauchstemperatur liegt zwischen –40 bis –100 °C und +150 bis +200 °C. Aufgrund der niedrigen Wärmeleitfähigkeit treten nur geringe Wärmeverluste auf. Die Formbeständigkeit bei hohen Temperaturen kann durch Zusatz von Glasfasern stark erhöht werden.

Die Wasseraufnahme ist sehr gering (etwa 0,04 %). Die chemische Beständigkeit ist sehr gut und ähnelt der von PTFE. Quellung tritt mit Ketonen und Estern bei höheren Temperaturen auf.

PVDF lässt sich ausgezeichnet bei Temperaturen über 250 °C thermoplastisch verarbeiten. Bei spanender Bearbeitung ist wegen der schlechten Wärmeleitung ausreichendes Kühlen erforderlich. Schweißen ist nicht mit allen Verfahren möglich. Spezielle Schweißverfahren z. B. bei Rohren [88] ergeben wulstfreie Nähte mit ausgezeichneten Oberflächenqualitäten. Zum Kleben werden im Allgemeinen Lösemittelkleber eingesetzt.

Der physiologisch unbedenkliche, hydrophobe Werkstoff [89] kann mit ausgezeichneter Oberflächenqualität (*Ra* < 0,2 µm) hergestellt werden. Die Neigung von Mikroorganismen, sich an der Oberfläche anzulagern, ist gering. Der Werkstoff wird für Pumpen, Armaturen und Rohrleitungen bzw. für deren Auskleidung eingesetzt. Im Pharmabereich werden Anlagen für Reinstwasser aus PVDF hergestellt [90]. Modifiziertes PVDF, das locker vernetzt wird, bildet ein hochwertiges Elastomer, das für Dichtungen verwendet wird.

7.2.1.8 **PA – Polyamide**

Polyamid ist ein teilkristalliner Thermoplast mit bis zu ca. 60 % Kristallinität, der z. B. als Nylon in Faserform weltbekannt wurde. Die mechanischen Eigenschaften hängen von Werkstofftyp, Wassergehalt und Kristallinität ab. Die Wasseraufnahme ist relativ hoch und läuft langsam ab. Sie beeinflusst gleichzeitig die Werkstoffeigenschaften. Da Spritzgussteile trocken und damit steif und spröde sind, wird der zu erwartende Feuchtigkeitsgehalt meist durch Wasserlagerung eingestellt. Diesen Vorgang nennt man „Konditionieren". Durch die Gewichtszunahme vom trockenen zum wasserhaltigen Teil kann der Feuchtigkeitsgehalt bestimmt werden. Hohe Zeitstandsfestigkeit, Ermüdungsfestigkeit und Wärmeformbeständigkeit bei guten Abrieb-, Gleit- und Kriecheigenschaften kennzeichnen PA. Durch Beifügen von kurzen Glasfasern können *E*-Modul und Festigkeit erhöht werden. Hierbei ergibt sich eine Verringerung der Schwindung und eine Erhöhung der Wärmeformbeständigkeit. Der Werkstoff lässt sich mit allen für Kunststoffe entwickelten Verfahren schweißen. Zum Kleben eigenen sich Polyamide mit niedriger Kristallinität besser. Die oberen Gebrauchstemperaturen liegen zwischen 80 und 120 °C, die untere bei etwa –40 °C bei Zunahme der Sprödigkeit. Die stark kristallinen Polyamide weisen eine gute Beständigkeit gegen Öle, Fette, Ester sowie organische und anorganische Laugen bis zu mittleren Konzentrationen auf. Alkohole wie Ethanol wirken ähnlich wie Wasser. Gegen starke Laugen, Mineralsäuren und Lösungen von Oxidationsmitteln ist PA nicht beständig.

PA ist für Lebensmittelbedarfsgegenstände bei bestimmungsgemäßem Gebrauch und Einhaltung bestimmter Rezepturen zugelassen [91]. Die Erzeugnisse dürfen die Lebensmittel weder geruchlich noch geschmacklich beeinflussen, besonders wenn wasserhaltige Produkte einer längeren Hitzebehandlung unterzogen werden.

Für die Herstellung von PA-Bauteilen ist das Spritzgießen besonders geeignet. Zum Extrudieren eignen sich besonders höherviskose Typen. Um gute Oberflächenqualitäten bei spanabhebender Bearbeitung ohne Kühlen zu erhalten, ist auf scharfe Werkzeuge zu achten.

Anwendungsgebiete sind neben Geweben vor allem Zahnräder, Lagerschalen, Rollen und Transportbänder. Außerdem können Rohre und Schläuche aus PA hergestellt werden.

7.2.1.9 **PC – Polycarbonat**

Der amorphe Thermoplast hat eine geringe Feuchtigkeitsaufnahme, die bei Lagerung in Wasser unter 0,5 % liegt. Bei heißem Wasser kann ein allmählicher chemischer Abbau auftreten. PC-Werkstoffe sind glasklar und über einen weiten Temperaturbereich (–90 bis etwa +130 °C) von hoher Formbeständigkeit, Festigkeit und Zähigkeit. Der thermische Ausdehnungskoeffizient ist kleiner als bei vielen anderen Thermoplasten.

Beständigkeit unter anderem gegen Mineralsäuren, organische Säuren, Oxidations- und Reduktionsmittel, Alkohole (mit Ausnahme Methylalkohol), verschiedene Öle und Fette sowie neutrale und saure Salzlösungen zeichnen Polycarbonate aus. Ein Angriff erfolgt durch Laugen, Ozon, aromatische Kohlenwasserstoffe, Ethylenchlorid und Amine. In einigen technischen Lösemitteln ist PC löslich.

Die Verarbeitung erfolgt hauptsächlich durch Spritzgießen und Extrudieren. Der Werkstoff neigt beim Spanen nicht zum Schmieren, sodass er gut zu bearbeiten ist. Auch Schweißen ist mit verschiedenen Verfahren möglich. Zum Kleben werden z. B. Lösemittel wie Methylenchlorid verwendet. Die Flächen müssen zuvor mit Petrolether oder Benzin gereinigt werden.

Für Bedarfsgegenstände im Lebensmittelbereich darf PC eingesetzt werden, wenn die Anforderungen nach [92] erfüllt sind. Einsatzgebiete sind Sicherheitsgläser in Behältern und Armaturen, Gehäuse und Formteile.

7.2.1.10 **PEEK – Polyetheretherketon**

PEEK ist ein für hohe Temperaturenresistenz entwickelter unpolarer, teilkristalliner Thermoplast, der eine ausgezeichnete Biege-, Schlag- und Zugfestigkeit sowie sehr hohe Zähigkeit besitzt. Besonders für starke Biege- und Dehnungsbeanspruchungen bei hohen Temperaturen bis 250 °C ist PEEK geeignet. Er kann mit Glas-, Graphit- oder Karbonfasern verstärkt werden. Die Beständigkeit gegen Heißverformung ist sehr hoch. Unverstärktes PEEK hat eine Erweichungstemperatur von 160 °C. Verstärkung mit 30 % Glasfasern erhöht den Wert bis zu 315 °C. PEEK und glasfaserverstärktes PEEK haben ausgezeichnete Verschleiß- und Abriebfestigkeit bei niedrigem Reibungskoeffizienten [93].

PEEK ist unlöslich in allen üblichen Lösemitteln und wegen seiner Kristallinität in einem weiten Bereich resistent gegen den Angriff durch organische und anorganische Chemikalien. Seine überlegene chemische Widerstandsfähigkeit ermöglicht es, PEEK wirksam als Metallersatz in aggressiver Umgebung einzusetzen. Es besitzt eine ausgezeichnete Beständigkeit gegen Hydrolyse in kochendem Wasser oder überhitztem Dampf (Sterilisation/Autoklavierung) bei Temperaturen bis 250 °C [94].

PEEK wird durch Spritzgießen, Extrudieren und Blasformen hergestellt. Bei intensiver mechanischer Bearbeitung sollte eine sekundäre Kühlung vorgesehen werden, um glatte und spannungsfreie Oberflächen zu erhalten. Eigene Untersuchungen bei Reinigbarkeitstests haben gezeigt, dass die Oberflächenstruktur nach der mechanischen Bearbeitung sehr unterschiedlich sein kann und das Reinigungsverhalten stark beeinflusst. Das Verbinden von PEEK-Teilen durch Schweißen und Kleben ist möglich.

Das halbkristalline Material ist für ein weites Spektrum von Anwendungen geeignet, wo hohe thermische und chemische Anforderungen gestellt werden. Es kann im Lebensmittel- und Pharmabereich eingesetzt werden (siehe z. B. [95]). Halbzeuge sind als Stangen und Bleche erhältlich. Anwendungsbeispiele für PEEK sind chromatographische Geräte, Kapillarrohre, kompliziert gestaltete Messsonden sowie Auskleidungen für Messrohre. Im medizinischen Bereich wird es für Geräte der minimal invasiven Chirurgie eingesetzt. Aufgrund sehr guter elastischer Eigenschaften ohne Kaltfließen kann PEEK auch als Dichtungswerkstoff erfolgreich genutzt werden. Durch Verstärkung mit Karbonfasern sowie Füllmitteln wie Graphit und PTFE wird der Werkstoff, der äußerst geringe Reibung und geringen Verschleiß bei sehr guter Zerspanbarkeit aufweist, für die Herstellung von Lagern eingesetzt.

7.2.1.11 **PET – Polyterephthalat**

Das Grundmaterial von PET wurde bereits 1941 als Polyester in den USA entwickelt und wird seitdem als hochwertige Kunstfaser – beispielsweise „Trevira" – in der Textilindustrie verwendet. Das heutige PET ist ein veredelter Polyester mit nochmals verbesserten Materialeigenschaften. Es ist ein teilkristallines, polares thermoplastisches Material, das hohe Festigkeit und Zähigkeit bei gutem Gleit- und Kriechverhalten aufweist. Wegen der Polarität ist die chemische Beständigkeit nur zufriedenstellend. Konzentrierte Laugen und Säuren greifen den Werkstoff an, während Heißwasser langfristig zu Versprödung durch Molekülabbau führt. Anforderungen bezüglich der physiologischen Unbedenklichkeit sind in [96] angegeben, wobei auch Empfehlungen für recyceltes PET entwickelt wurden [97].

Glasklares PET wird als Verpackungsbehälter und Flaschen, auch für CO_2-haltige Getränke, sowie für Verpackungsfolien eingesetzt. Dabei wird das Granulat einem zusätzlichen Veredelungsschritt unterzogen, bei dem unter anderem die mechanischen Eigenschaften des Kunststoffes weiter verbessert werden. In einem ersten Schritt werden sogenannte „Vorformlinge" hergestellt. Diese verfügen als Vorläufer der PET-Flaschen bereits über fertige Schraubgewinde. Damit man die endgültigen Flaschen erhält, werden sie bei 100 °Celsius nochmals erweicht, mit Druckluft gestreckt und zu Flaschen geblasen (Streckblasprozess). Ähnlich einfach sind auch die Herstellungsprozesse anderer PET-Produkte. Um beispielsweise Folien oder Bänder zu erhalten, wird die heiße Schmelze durch Schlitzdüsen gepresst und anschließend mithilfe von Walzen in die endgültige Form gebracht.

All diese Vorgänge laufen in vollautomatischen Prozessen und mit größter Präzision ab. Zur Kontrolle passieren die fertigen PET-Erzeugnisse Inspektionsmaschinen, die sie auf Form und Dichtigkeit prüfen. Weitere Anwendungen sind Präzisionsteile wie Zahnräder, Gleitlager und Rollen.

7.2.1.12 **Thermoplastische Elastomere**

Thermoplastische Elastomere bestehen aus Kautschukketten, die nicht chemisch vernetzt, sondern physikalisch gebunden sind, wodurch sie wie Thermoplaste verarbeitet werden können. Sie liegen damit in ihren Eigenschaften zwischen Elastomeren und Thermoplasten und zeichnen sich durch hohe Flexibilität, Dehnfähigkeit, Festigkeit und sehr gute dynamische Eigenschaften wie elastische Erholung und Rückstellung aus. Hohe Abriebfestigkeit und große Zähigkeit in Kälte sind weitere charakteristische Eigenschaften. Von Nachteil ist, dass sich mit steigender Temperatur die gummiähnlichen Eigenschaften rasch vermindern.

TPA – Thermoplastische Polyamidelastomere

Die Werkstoffe, die eine geringere Dichte als andere thermoplastische Elastomere besitzen, erreichen eine große Oberflächenhärte (bis 75 Shore) und eine hohe Flexibilität, die auch bei niedrigen Temperaturen erhalten bleibt. Die Belastbarkeit ist besser als bei Thermoplasten gleicher Härte und liegt erheblich über der von Kautschuk. Sie reicht praktisch bis zum Auftreten bleibender Verformungen.

Die chemische Beständigkeit ist gut und gegenüber Heißwasser besser als bei den elastomeren Polyestern und Polyurethanen. Wasser wird reversibel absorbiert. Alkohole und Aromaten führen zu starker Quellung, ohne den Werkstoff zu zerstören.

Die Verarbeitung erfolgt meist durch Spritzgießen und Extrudieren. Eine mechanische Bearbeitung ist häufig nicht notwendig, da meist das endgültige Bauelement gefertigt wird, jedoch möglich. Zur Verbindung kann Kleben und Schweißen angewendet werden.

Anwendungsbereiche sind Dichtungen, Dämpfungselemente, Schläuche und Gehäuse.

TPE – Thermoplastische Polyesterelastomere

Die thermoplastischen Polyesterelastomere zeichnen sich durch einen weiten Härtebereich aus, der von der Härte von Kautschuk (40 Shore D) bis zu technischen Kunststoffen (72 Shore D) reicht. Im Bereich kleiner Dehnungen ist der Elastizitätsmodul höher als bei vergleichbaren Elastomeren. Bei der Fließgrenze erreicht die Dehnung etwa 25 %. Die Werkstoffe besitzen eine hohe Zug- und Abriebfestigkeit sowie einen großen Widerstand gegen Weiterreißen. Die Hysterese bei dynamischer Belastung ist unterhalb der Fließgrenze gering.

Gegenüber unpolaren Flüssigkeiten wie Ölen ist die Beständigkeit je nach Typ auch bei höheren Temperaturen sehr gut. Bei Raumtemperatur werden TPE von den meisten polaren Medien wie Säuren, Laugen und Glykol nicht angegriffen. Der Werkstoff enthält außerdem keine Weichmacher.

Die Verarbeitung erfolgt thermoplastisch durch Extrudieren oder Spritzgießen. Bei spanender Bearbeitung federn die bearbeiteten Oberflächen aufgrund der hohen Elastizität zurück. Wegen schlechter Wärmeleitung ist eine Kühlung während der Bearbeitung unbedingt erforderlich. Formteile können je nach Härte ultraschall- oder vibrationsgeschweißt werden.

Als Anwendungsbereiche kommen Transportbänder, Antriebsriemen, flexible Kupplungen, Faltenbälge und Laufrollen in Frage.

PTU – Thermoplastische Polyurethanelastomere

Die Werkstoffe sind durch hohe Zugfestigkeit bei hoher Bruchdehnung und Bruchspannung gekennzeichnet. Der Elastizitätsmodul ist ebenfalls hoch. Die Flexibilität umfasst einen weiten Temperaturbereich. Die Verschleißfestigkeit kann mit Einsatz von Schmiermitteln die von Stahl erreichen. Mit der starken Hysterese ist ein hohes Dämpfungsverhalten bei dynamischen Belastungen verbunden. Der Temperaturbereich für den Dauereinsatz reicht von –40 bis etwa +80 °C.

Bis etwa 60 °C kann der Werkstoff ohne Änderung der Eigenschaften in Wasser eingesetzt werden. Verdünnte Säuren und Laugen greifen bei Raumtemperatur nur wenig an. Bei hohen Temperaturen tritt dagegen stärkerer Abbau ein. Beständigkeit besteht gegen die meisten Lösemittel. Stark polare Lösemittel bewirken eine Quellung.

Die Herstellung von Bauteilen erfolgt meist durch Extrudieren oder Spritzgießen. Bei hochbeanspruchten Teilen folgt anschließend ein Tempervorgang. Eine spanende Bearbeitung sollte nur bei härteren Typen erfolgen, wobei durch Einsatz von Schmiermitteln die Oberflächenqualität verbessert wird. Schweißen ist mit verschiedenen Verfahren wie z. B. Heißluft oder Reibung möglich.

Angewendet wird der Werkstoff für Dichtungen, Kupplungsteile, Zahnräder und Folien.

7.2.2
Elastomere

Elastomere werden aus verschiedenen Polymeren mit Füllstoffen, Vernetzungsmitteln und anderen Zusatzstoffen hergestellt. Diese Zusatzstoffe sind notwendig, um bestimmte physikalische Eigenschaften des Materials zu erzielen. Elastomere sind langkettige Polymere, deren Ketten chemisch untereinander verknüpft und auch physikalisch verschlauft sind. Die Vernetzung gibt ihnen ihr elastisches Erinnerungs- und Rückstellvermögen. Daher eignen sie sich z. B. sehr gut für Anwendungen, die elastische Verformungen verlangen. Die grundlegende Temperaturabhängigkeit von Zugfestigkeit R_m und Reißdehnung ε_R ist nach [55] in Abb. 7.8 dargestellt.

Der Aufbau der Polymerketten hat einen erheblichen Einfluss auf die chemische und thermische Beständigkeit des Elastomers. Um die Leistungsmerkmale eines Elastomers zu beeinflussen, werden dem Polymer weitere Komponenten zugemischt. Dazu gehören Füllstoffe, die die Festigkeit erhöhen, sowie Weichmacher, die auch die Tieftemperaturbeständigkeit und die Verarbeitbarkeit verbessern. Die Anzahl an Zusatzstoffen, die zur Herstellung eines Elastomers nötig ist, beeinflusst aber auch dessen Reinheit. Für die Auswahl eines geeigneten Werkstoffes ist dies vor allem in der pharmazeutischen Industrie wichtig, da Wechselwirkungen zwischen dem Elastomersystem und dem herzustellenden Produkt vermieden werden müssen. Zwei Phänomene kennzeichnen diese Wechselwirkung: Bei Absorption können Substanzen aus dem Produktstrom in das Elastomer eintreten, wodurch der Werkstoff quellen kann. Bei Extraktion von Bestandteilen aus dem

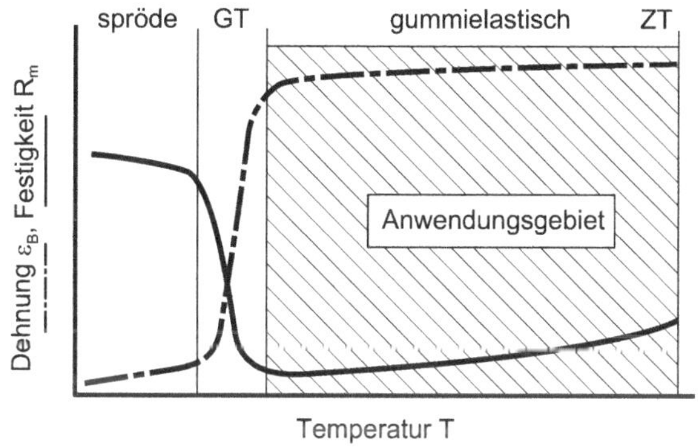

Abb. 7.8 Dehnungs- und Festigkeitsverhalten von Elastomeren in Abhängigkeit der Temperatur (*GT* Glastemperatur, *ZT* Zersetzungstemperatur).

Elastomer in das Produkt verliert das Material an Gewicht, während das Produkt unzulässig beeinflusst werden kann.

Die in pharmazeutischen Prozessen eingesetzten Medien können einen großen Einfluss auf die Leistungsfähigkeit von Elastomeren haben. Quellung aufgrund von Eindringen des Prozessmediums in das Elastomer kann zu einem frühzeitigen Versagen von Bauelementen führen. Der Verlust an Festigkeit und Relaxationsvermögen durch Extraktion von Weichmachern kann zum Verhärten bzw. Erweichen führen. Temperaturzyklen während der Reinigung können das Elastomer dauerhaft komprimieren, sodass die Funktionsfähigkeit z. B. bei Dichtungen nicht mehr gegeben ist. Schließlich können einige Prozesse, beispielsweise Reaktor- und Dampfsysteme, die Belastungsgrenzen vieler Elastomere überschreiten und dadurch die Produktion von Ausschuss verursachen. Alle diese Faktoren müssen in Erwägung gezogen werden, wenn die Leistungsfähigkeit eines Elastomers beurteilt wird.

Elastomere werden plastisch geformt und lassen sich bis zur Zersetzungstemperatur und auch bis zu tiefen Temperaturen stark gummielastisch verformen. Als wesentliches Charakteristikum ist der niedrige Elastizitätsmodul, der in einem weiten Temperaturbereich nahezu konstant bleibt. Damit verbunden ist das hohe Dehnvermögen bei geringer Härte und hoher Zähigkeit. Elastomere zeigen ein nahezu ideal-elastisches Verhalten, wobei sie sich bis zum 10-fachen ihrer Ausgangslänge dehnen lassen und bei Entlastung nahezu in den Ausgangszustand zurückgehen. Die meisten gummiartigen Materialien sind außerdem volumenbeständig, d. h. dass sie bei Belastung ihr Volumen nicht verändern. Ein wesentliches Anwendungsmerkmal, das zwar auch bei anderen Kunststoffen vorliegt, bei Elastomeren häufig aber eine wesentliche Rolle spielt, liegt in der relativ hohen Energiedissipation (Dämpfung) bei Be- und Entlastung. Der prinzipielle Verlauf des Spannungs-Dehnungsdiagramms nach Abb. 7.9. zeigt die Fläche zwischen Be- und Entlastungsvorgang eines gummiartigen Elastomers, die der in Wärme übergehenden Dissipationsenergie entspricht. Bei dynamischen Vorgängen ist mit dieser Eigenschaft eine Dämpfung verbunden.

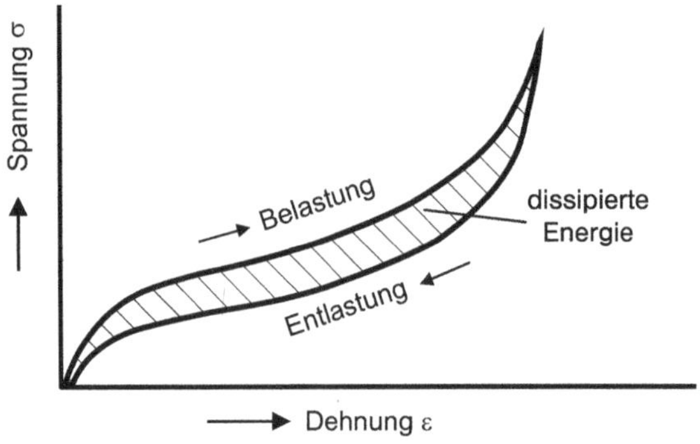

Abb. 7.9 Prinzipieller Spannungs-Dehnungs-Verlauf von Elastomeren bei Be- und Entlastung (Dissipationsverluste).

Schließlich ist noch die große Abriebfestigkeit zu erwähnen, die höher als die von Stahl ist.

Grundstoff sind heute weniger der Naturstoff Kautschuk, sondern zu etwa 70 % synthetisch hergestellte Stoffe. Durch eine Reihe von Zusatzstoffen wie z. B. Alterungsschutzmittel, Füllstoffe, Weichmacher, Pigmente, Treibmittel, Haftmittel, Vulkanisationsbeschleuniger, Aktivatoren und Vernetzungsmittel lassen sich die grundlegenden Eigenschaften beeinflussen. Aufgrund des Lebensmittel- und Bedarfsgegenständegesetzes sind Empfehlungen für Elastomere auf Kautschukbasis nach [98] vorgegeben. Einen Überblick über spezielle Eigenschaften von Elastomeren gibt Tabelle 7.15.

Tabelle 7.15 Beispielhafte mittlere Werte für Eigenschaften ausgewählter Elastomere.

Material	Dichte [g/cm³]	Zugfestigkeit [MPa]	Bruchdehnung [%]	*E*-Modul [MPa]	Temperaturbereich [°C]	Härte Shore A
NR	1,15	30	800		–50 ... +80	35 ... 95
BR	1,19	7 ... 20	400 ... 800 (1000)		–30 ... +90	40 ... 85
NBR	1,49	25	500		–35 ... +120	30 ... 95
HNBR 207	1,18	25 ... 30	310 ... 500	3,7	–40 ... +175	40 ... 90
EPDM 815	1,01	9,8	178	4	–45 ... +150	70
FKM	1,81	14 ... 20	400	7,1	–40 ... +205	50 ... 90
FFKM	1,9 ... 2,0	15 ... 16	150	7,0...7,2	... +220 ... 315	70 ... 75

Definierte Werte sind für spezielle Plastomer-Sorten verfügbar.

7.2.2.1 NR – Naturkautschuk

Aus Kautschukpflanzen wird der Rohkautschuk (Latex) gewonnen, dessen mechanische Eigenschaften wie z. B. Härte und Festigkeit beim Vulkanisieren mit Schwefel sowie durch Füllstoffe und Weichmacher beeinflusst werden. Die Zugfestigkeit ist bereits beim Grundwerkstoff sehr gut. Die hohe Stoßelastizität wird nur von Polybutadien übertroffen. Weiterhin sind hohes Dämpfungsverhalten und gute dynamische Eigenschaften von Vorteil. Allerdings liegt die Dauerwärmebeständigkeit nur bei 60–70 °C.

In unpolaren Lösemitteln ist NR nur wenig quellbeständig, noch weniger in Mineralölen. Auch die Ozonbeständigkeit ist nicht befriedigend.

Der größte Teil von NR kommt als Weichgummi auf den Markt. Typische Anwendungen sind Autoreifen, Federelemente und Puffer sowie chirurgische Handschuhe.

7.2.2.2 BR – Polybutadien-Kautschuk

BR ist besonders für dynamische Beanspruchungen geeignet. Aufgrund der niedrigen Einfriertemperatur, die niedriger als bei NR liegt, ist der Werkstoff gut für tiefe Temperaturen geeignet. Die geringe Zugfestigkeit lässt sich durch Verschneiden mit NR und Styrol-Butadien-Kautschuk (SBR) verbessern. Gleichzeitig werden dadurch Abriebfestigkeit und Elastizität verbessert. BR wird im Bereich hygienegerechter Anwendungen in erster Linie für Förderbänder verwendet.

7.2.2.3 NBR – Acrynitril-Butadien-Kautschuk

Durch Verwendung von Füllstoffen lassen sich sehr gute Festigkeitseigenschaften und hoher Abriebwiderstand erreichen, wobei die Härte von weich- bis hartgummiähnlichen Eigenschaften einstellbar ist. Die Dauergebrauchstemperatur geht bei manchen Typen bis 110 °C. Die relativ geringe Kälteflexibilität kann durch Weichmacher verbessert werden.

Hervorzuheben ist die Beständigkeit des Werkstoffes gegen Öle und Fette sowie die gute Quellbeständigkeit. Polare Lösemittel bewirken dagegen ein starkes Quellen. Die Beständigkeit gegen Ozon ist ähnlich der von NR.

NBR wird in erster Linie für chemikalienbeständige Förderbänder, Schläuche, Auskleidungen, Membranen und Dichtungen verwendet.

7.2.2.4 HNBR – Hydrogenisierter Acrylnitril-Butadien-Kautschuk

HNBR ist ein teilweise oder völlig hydrogenisierter Acrylnitril-Butadien-Kautschuk, der als Hochleistungselastomer speziell für Anwendungen entwickelt wurde, bei denen hohe Widerstandsfähigkeit in aggressiver Umgebung benötigt wird. Die Nitril-Gruppe in Verbindung mit der hohen Sättigung des Elastomers ist für die hervorragende Beständigkeit bis zu Temperaturen von 150 °C in Luft, Ölen, anderen aggressiven Stoffen und unpolaren Flüssigkeiten über längere Zeiträume verantwortlich. Zusätzlich sind die Ausgeglichenheit der dynamischen Eigenschaften bei erhöhten Temperaturen, ausgezeichnete Ozonbeständigkeit, überlegene Abriebfestigkeit und gutes Verhalten bei niedrigen Temperaturen charakteristisch.

Mit dem Anwachsen der Anforderungen ergab sich die Notwendigkeit, kompatible Klebesysteme für effektive neue Lösungen von Klebeverbindungen zu entwickeln, was zu erfolgreichen Ergebnissen führte.

Anwendungen reichen von der Herstellung von Synchronriemen über große industrielle Rollen, deren Beschichtungen drei- bis fünfmal länger halten als übliche Walzenbeläge, über Elemente von Klimaanlagen bis hin zu statischen Profildichtungen, O-Ringen und hin- und hergehenden Wellen-Dichtungen.

7.2.2.5 SBR – Styrol-Butadien-Kautschuk

Aufgrund der geringen Festigkeit des Grundmaterials werden in erster Linie gefüllte Sorten technisch eingesetzt. Die thermische Beständigkeit ist gering und liegt bei etwa 70 °C. Chemische Beständigkeit besteht gegenüber vielen unpolaren Lösemitteln, verdünnten Säuren und Laugen. Quellen tritt in Ölen und Fetten auf, ist jedoch geringer als bei Naturkautschuk. Die Ozonbeständigkeit ist mittelmäßig.

Anwendungsgebiete sind Schläuche, Walzenbezüge, technische Formartikel sowie chirurgische und sanitäre Artikel.

7.2.2.6 EPM/EPDM – Ethylen-Propylen-Kautschuk

Als Copolymer mit amorpher Struktur wird EPM aus PE und PP hergestellt, wobei Katalysatoren die Kristallisation verhindern. Elastizität und Zugfestigkeit können durch Zugabe von Füllstoffen die von Naturgummi erreichen. Die Kälte und Wärmebeständigkeit ist jedoch besser. Kommt zu den Monomeren PE- und PP-Dien hinzu, so erhält man EPDM.

Die Werkstoffe sind sehr gut gegen Säuren, Laugen, Aceton, Alkohol und pflanzliche Öle beständig. EPDM ist ein unpolares Elastomer. Daher quillt es in unpolaren Lösemitteln wie Hexan und Toluol. In Lösemitteln mit höherer Polarität, wie Aceton und Methanol, verhält es sich entsprechend besser. Eine starke Quellung wird durch Öl, Benzin und aromatische sowie chlorierte Kohlenwasserstoffe hervorgerufen. Für manche organischen Öle und Fette ist EPDM nicht oder nur bedingt geeignet. Negative Werte für das Quellen zeigen, dass Weichmacher aus dem Elastomer in das Lösemittel übergehen. Unter den Kautschukarten besitzt EPDM die beste Feuchtigkeits- und Ozonbeständigkeit. Als Hauptanwendungsbereiche sind Schläuche sowie Profildichtungen für Apparate zu nennen.

7.2.2.7 VMQ – Silikon-Kautschuk

Der Elastomer verbindet ausgezeichnete Hitzebeständigkeit mit guter Ölresistenz. Die Temperaturen reichen bei Dauerbetrieb von –20 bis etwa +200 °C, bei Kurzzeitbelastung bis +230 °C. Hauptanwendungsbereiche sind Dichtungen und medizinische Artikel sowie Ummantelungen von Kabeln.

7.2.2.8 FKM – Fluorkautschuk (Fluorelastomere)

Für die Arzneimittelindustrie müssen Elastomere mit besonderer Sorgfalt ausgewählt werden, da sie und ihre Inhaltsstoffe eher mit den Prozessmedien in Wechselwirkung treten können, als dies z. B. bei Metallen der Fall ist. Dies kann zu Verunreinigungen von Produkten und damit zu Ausschuss bei der Produktion führen. Fluorelastomere sind bei Weitem stabiler und daher weniger angreifbar als Kohlenwasserstoffelastomere wie EPDM, da die Kohlenstoff-Fluor-Bindungen etwa 30 % fester als Kohlenstoff-Wasserstoff-Bindungen sind. Typische Vernetzungssysteme für Fluorelastomere sind Diamine, Peroxide oder Bisphenol. Peroxidisch vernetzte Fluorelastomere entsprechen nicht den Richtlinien der FDA und werden daher im Pharmabereich nicht eingesetzt.

Die Elastomere haben mit Ausnahme der Perfluorelastomere die höchste Hitzebeständigkeit, die Dauertemperaturen bis 210 °C und Kurzeiterhitzung bis 280 °C erreicht. Im Kaltbereich sind Temperaturen bis –20 °C zulässig. Fluorkautschuk ist resistent gegen die meisten Flüssigkeiten. Das Hauptanwendungsgebiet sind Spezialdichtungen.

7.2.2.9 **FFKM – Perfluorelastomere**

Perfluorelastomere, deren Ketten nur aus Kohlenstoff- und Fluoratomen bestehen und gar keine Kohlenstoff-Wasserstoff-Bindungen enthalten, sind deshalb die chemisch und thermisch stabilsten Fluorelastomere. Außerdem zeigen Absorptions- und Extraktionsversuche, dass Perfluorelastomere in vielen Fällen als ebenso inerte Werkstoffe angesehen werden können wie PTFE [99].

Perfluorelastomere verbinden die Elastizität von echten Elastomeren mit der chemischen Beständigkeit und thermischen Stabilität von PTFE. Das bedeutet, dass sie widerstandsfähig gegen die meisten Lösemittel, Ester, Oxidationsmittel, Säuren und Laugen sind. Dadurch können sie für Dichtungsprobleme eingesetzt werden, bei denen Kautschuk versagt [100]. Verglichen mit anderen Elastomeren sind sie beständiger gegen Aufquellen und Verspröden. Sie bewahren ihre elastischen Eigenschaften über lange Zeiten und bis zu Temperaturen von 315 °C. Verglichen mit PTFE zeigen sie kein Kriechen und Fließen.

Stabilität gegen Oxidation besteht bei manchen Typen bis über 300 °C. Nach [101] besitzen einige Kalrez-Sorten die Zulassung von FDA.

Die Standardteile sind O-Ringe, Schläuche Platten und Folien. Weitere Anwendungsbereiche umfassen V-Ring-Packungssysteme, Flanschdichtungen Nutringe und T-Dichtungen für Apparate und Pumpen im Bereich aggressiver Medien.

7.2.3
Duromere oder Duroplaste

Duromere sind im Endzustand ausgehärtete Kunststoffe, die auch bei höheren Temperaturen nicht mehr erweichen und damit keine weiteren Umformungen zulassen. Damit sind Abfälle nicht mehr dem Herstellungsprozess zuführbar. Ursache dafür ist die enge chemische Vernetzung, die auch bei höheren Temperaturen nicht gelockert werden kann. In Abb. 7.10 ist die grundlegende Abhängigkeit von Zugfestigkeit R_m und Reißdehnung ε_R von der Temperatur dargestellt. Die Werkstoffe zeichnen sich durch hohe Oberflächenhärte sowie gute Wärmeform- und Lösemittelbeständigkeit aus. Der hohe Elastizitätsmodul bleibt auch bei hohen Temperaturen erhalten. Eine statische Aufladung wird durch einen hohen Oberflächenwiderstand verhindert.

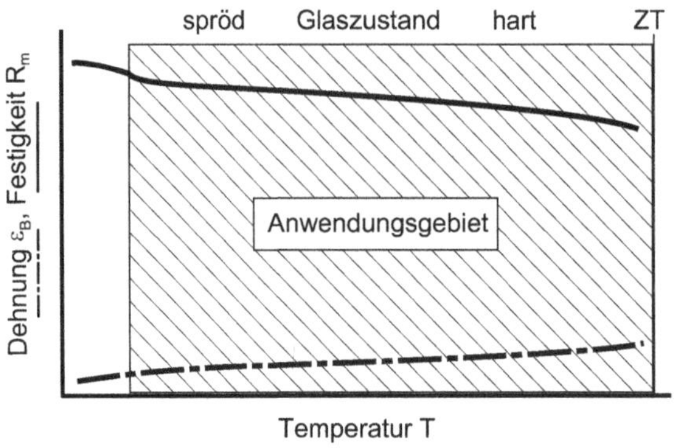

Abb. 7.10 Dehnungs- und Festigkeitsverhalten von Duromeren in Abhängigkeit von der Temperatur.

Nach [106] kann eine Auswahl der Werkstoffe nach den folgenden Anforderungen getroffen werden:

- hohe Temperaturbeständigkeit: Formmassen auf der Basis von Phenolharz-, Melamin- oder Polyesterharz, insbesondere mit Füllstoffen;
- gute elektrische Eigenschaften: Polyester- und Epoxidharze;
- geringe Schwindung: UP-Formmassen;
- Lichtbeständigkeit: Melamin-, Harnstoff- und Polyesterharz;
- Preis: ansteigend von Phenol über Harnstoff, Melamin, Polyester- bis zu Epoxidharz.

Zur Verbesserung der Eigenschaften werden die Harze mit Füllstoffen versetzt. Anorganische Zusätze wie pulverförmiges Gesteinsmehl, langfaserige Glasfasern oder blättchenförmige Glimmer erhöhen bei hoher Dichte die Temperaturbeständigkeit und Festigkeit und vermindern das Schwinden. Die leichteren organischen Füllstoffe wie Holzmehl, Zellstoff, Textil- oder Karbonfasern vermindern die Dichte, ergeben aber eine relativ starke Wasseraufnahme. Maßgebende Eigenschaften der erwähnten Duromere sind in Tabelle 7.16 angegeben.

Tabelle 7.16 Beispielhafte Angaben der Eigenschaften einiger Duromere.

Material	Dichte [g/cm³]	Zugfestigkeit [MPa]	*E*-Modul [GPa]	Temperaturbereich [°C]	Wärmebeständigkeit [°C]
MF	1,5–2	15–55	5–12	bis 100	110
SI	1,07	90	12–14	–40 bis +200	180–200
UP	1,1–1,4	60–70	0,1–4	–40 bis +150	100–150
EP	1,3	40–80	2–4	–40 bis +80 ... +130	120–130

Definierte Werte sind für spezielle Plastomer-Sorten verfügbar.
Hinweis: Die beispielhaften Werte können z. B. bei verstärkten Sorten stark abweichen.

7.2.3.1 MF – Melaminharze

Wegen der hohen Sprödigkeit des Reinharzes wird es mit Füllstoffen verarbeitet, die stark die Festigkeitseigenschaften beeinflussen. Die Dauergebrauchstemperatur liegt bei 130 °C.

Fertigteile sind gegen organische Lösemittel, Öle, Fette Alkohol und Heißwasser beständig. Angriff erfolgt durch starke Säuren und Laugen.

Die Herstellung erfolgt je nach Formmasse durch Spritzgießen, Spritzpressen oder Pressen. Eine spanabhebende Bearbeitung kann mit üblichen Werkzeugen durchgeführt werden, während der Werkstoff zum Schweißen nicht geeignet ist. Kleben ist durch Klebstoffe auf Epoxidbasis nach Aufrauen der Fügeflächen möglich.

Verwendet wird MF für Formteile wie Ess- und Trinkgeschirr, Haushaltswaren und Elektroisolierteile. Als Schichtpressstoff setzt man es z. B. zum Ladenbau ein. Wenn die Voraussetzungen nach [101] erfüllt sind, kann es in Kontakt mit Lebensmitteln eingesetzt werden.

7.2.3.2 SI – Silikonharz

Bei Silikonen bestehen die Moleküle nicht weitgehend aus Kohlenstoff wie bei allen anderen Kunststoffen, sondern aus Silizium und Sauerstoff. Damit ergeben sich zum Teil andere Eigenschaften, die in einem weiten Temperaturbereich von etwa –80 bis zu +200 °C nahezu konstant sind. Festigkeit und Elastizität sind für Duroplaste eher niedrig, während die Härte hoch ist.

SI ist chemisch sehr beständig, vor allem gegen verdünnte und konzentrierte Mineralsäuren. Es ist völlig wasserabweisend (hydrophob) und antiadhäsiv. Die Verarbeitung erfolgt in erster Linie durch Spritzpressen. Außerdem werden Beschichtungen durch Spritzen, Tauchen und Streichen hergestellt. SI wird hauptsächlich zum Oberflächen- und Korrosionsschutz sowie zum Tränken von Motorwicklungen eingesetzt. Bei Einsatz im Lebensmittelbereich sind die Vorschriften nach [102] zu beachten.

7.2.3.3 UP – Ungesättigte Polyesterharze

Die Eigenschaften sind abhängig vom Aufbau des Polyesters sowie von der Art der Verstärkung (hauptsächlich Glasfasern). Dadurch sind sehr unterschiedliche Eigenschaftsprofile zu erzielen. Im Allgemeinen sind Festigkeit, Steifigkeit und Kriechfestigkeit hoch. Die thermische Beständigkeit kann 200 °C und mehr erreichen.

Bei geschlossener Harzschicht an der Oberfläche ist die chemische Beständigkeit gegen verdünnte Säuren und Laugen, wässrige Salzlösungen und Öle sehr gut. Angriff erfolgt z. B. durch konzentrierte Säuren und Laugen, organische Lösemittel, Alkohol und heißes Wasser.

Die Verarbeitung erfolgt durch Pressen und bei bestimmten Formmassen zum Teil durch Spritzgießen. Die spanabhebende Bearbeitung erfordert bei glasfaserverstärktem Material Werkzeuge mit Diamantschneiden und Kühlung. Ausgehärtete Bauteile können mit Epoxidharz geklebt werden.

Aufgrund der hohen Festigkeit werden z. B. Druckbehälter, Fensterrahmen und Beschichtungen hergestellt. Für den Kontakt mit Lebensmitteln müssen die Anforderungen nach [103] erfüllt werden.

7.2.3.4 EP – Epoxidharz

Die Harze werden durch Polyaddition vernetzt und häufig durch Stoffe wie Quarzmehl, Kreide, Talk, Glaskugeln sowie durch Glas-, Kohle oder Textilfasern verstärkt. Sie zeichnen sich durch eine geringe Feuchtigkeitsaufnahme aus, was zu geringem Schwinden und hoher Formstabilität führt. Härtungs- und Verstärkungsmittel haben einen großen Einfluss auf die Eigenschaften des Werkstoffes. Die Festigkeit ist hoch und nimmt bis 150 °C nur geringfügig ab. Werte in Nähe der von Stahl können durch Textilfaserverstärkung erreicht werden. Steifigkeit und Zähigkeit können durch die Zusammensetzung und Verstärkung beeinflusst werden. Auch Härte und Abriebfestigkeit sind hoch.

EP-Sorten, die kalt bei Raumtemperatur gehärtet werden, sind z. B. gegen Alkalien, verdünnte Säuren und aliphatische Alkohole beständig. Bei warm ausgehärteten Werkstoffen (80–200 °C, z. B. mit Phtalsäure) besteht zusätzlich Beständigkeit gegen aromatische Kohlenwasserstoffe, höhere Ester, Öle und Fette. Gegen stark oxidierende Stoffe, Methylenchlorid, Phenole und bestimmte Acetate ist EP nicht beständig. Für die Anwendung in Kontakt mit Lebensmitteln sind die Empfehlungen nach [104] einzuhalten.

Die Verarbeitung kann durch Pressen und Gießen erfolgen. Der verarbeitete Werkstoff ist geruch- und geschmacklos sowie ungiftig. Er wird häufig dunkel eingefärbt, da die ursprüngliche milchige Farbe nicht lichtecht ist. Spanende Bearbeitung und Kleben ist möglich. EP kann selbst als Klebstoff eingesetzt werden. Typische weitere Einsatzgebiete sind Rohrleitungen, Lacke zum Schutz von Oberflächen sowie Beschichtungen.

7.3
Nichtmetallische anorganische Werkstoffe

In der Technik werden nichtmetallische anorganische Werkstoffe in erster Linie aus Gründen der Korrosionsbeständigkeit, Oberflächenbeschaffenheit und physiologischen Unbedenklichkeit eingesetzt. Sie erfordern jedoch aufgrund ihrer besonderen mechanischen Eigenschaften wie z. B. Empfindlichkeit gegen Stoß und plötzliche Temperaturänderungen als Konstruktionsmaterialien besondere Aufmerksamkeit bei der Gestaltung und Anwendung, wobei Anforderungen an Hygienic Design besondere Lösungen notwendig machen. Bezüglich der physiologischen Eignung sind entsprechende Anforderungen für silikatische Oberflächen aus Glas, Glaskeramik und glasähnlichen Emails für Behälter und Apparate, die mit Lebensmitteln in Kontakt kommen, in [105] standardisiert. Dabei wird in erster Linie die Gefahr der Abgabe von Blei und Cadmium geprüft und mit zulässigen Grenzwerten verglichen.

7.3.1
Technisches Glas

Im Gegensatz zu den teilkristallinen Kunststoffen ist Glas ein anorganisches Schmelzprodukt, welches erstarrt, ohne zu kristallisieren. Es bildet kein Kristallgitter aus, sondern vernetzt sich mithilfe sogenannter „Netzwerkbildner“ wie SiO_2, B_2O_3, P_2O_5 oder auch Al_2O_3. Die Glasbildung selbst hängt vorwiegend von der Abkühlungsgeschwindigkeit ab und setzt voraus, dass zwischen den Atomen oder Molekülen gemischte, d. h. kovalente und ionische Bindungen bestehen. Der amorphe Werkstoff Glas liegt damit in einem Zustand vor, bei dem die Moleküle im erstarrten Zustand die unregelmäßige Anordnung der Schmelze beibehalten, weshalb man Glas auch als „eingefroren“ bezeichnet. In diesem Zustand verhält sich der Werkstoff wie eine Flüssigkeit mit sehr hoher Viskosität. Glas wird aus diesem Grund auch als „unterkühlte“ Flüssigkeit bezeichnet [106].

Für die technische Industrie werden aufgrund der Anforderungen Borosilikatgläser verwendet. Der Gehalt an Boroxid B_2O_3 ist maßgeblich für die chemische Beständigkeit verantwortlich und sollte maximal 13 % betragen. Bei diesem Gehalt zeichnet sich das Glas durch hohe chemische Beständigkeit und einen sehr geringen Wärmeausdehnungskoeffizienten aus. Es ist gegenüber chemischem Angriff der meisten Medien resistent, jedoch können starke Säuren (z. B. Fluorwasserstoff, konzentrierte Phosphorsäure) und konzentrierte Laugen (z. B. Natronlauge), aber auch Komplexbildner (EDTA, Weinsäure o. ä.) Wechselwirkungen mit der Oberfläche des Glases eingehen, wobei ein merklicher Oberflächenabtrag bewirkt oder es gar zerstört wird [107]. Durch Adsorption und/oder Austauschreaktionen sucht Glas diesen Angriff zu verhindern. Die maximale Dauergebrauchstemperatur kann bis zu 500 °C betragen.

Als wichtige Eigenschaft ist die Transparenz zu erwähnen, die es zum einen gestattet Prozessabläufe zu beobachten, zum anderen die Sauberkeit nach Reinigungsvorgängen optisch zu beurteilen. Unter hygienischen Aspekten ist schließlich die porenfreie, glatte Oberfläche von Vorteil, wodurch Verschmutzungen häufig weniger rasch fortschreiten.

Die technischen Eigenschaften des spröden Werkstoffes sind international genormt [108] und zusammenfassend in Tabelle 7.17 aufgeführt. Glas ist stark kerbempfindlich, was jedoch in konstruktiver Hinsicht durch besondere Gestaltungsmaßnahmen für Apparate und Bauelemente ausgeglichen werden kann. Weiterhin besteht Empfindlichkeit gegen Stoß sowie schroffe Temperaturänderungen, obwohl die Temperaturwechselbeständigkeit von 120 K beachtlich hoch ist. Der hohen Druckfestigkeit von etwa $\sigma_D \approx 800$ MPa steht die geringe Zugfestigkeit von etwa $R_m \approx 60$ MPa gegenüber. Bei dünnen Glasfasern (Durchmesser $d \approx 3$ µm) kann die Zugfestigkeit auf Werte bis zu ca. $R_m = 3.000$ MPa ansteigen. Gegenüber Edelstahl ist der Elastizitätsmodul etwa 1/3, d. h. $E \approx 90$ GPa, der thermische Längenausdehnungskoeffizient etwa 1/5, d. h. $\alpha_\vartheta \approx 0{,}5 \cdot 10^{-6}$ 1/K.

Borosilikatglas wird nicht nur im drucklosen Betriebsbereich, sondern in gleichem Maße auch bei Vakuum oder Überdruck eingesetzt. Schnelle Temperaturänderungen der Glasbauteile sollten während des normalen Betriebes ver-

Tabelle 7.17 Eigenschaften von Borosilikatglas.

Mechanische Eigenschaften			
Dichte	2,23	g/cm^3	
Elastizitätsmodul	63	GPa	
Zug- und Biegebeanspruchung	25	MPa	bei zusätzlichen Einwirkungen
Thermische Eigenschaften			
Mittlerer linearer Wärmeausdehnungskoeffizient	3,3 · 10–6	1/K	
Mittlere spezifische Wärmekapazität	0,84	J/g K	zwischen 20 °C und 100 °C
Mittlere Wärmeleitfähigkeit	1,20	W/m K	zwischen 20 °C und 100 °C
Mittlere Temperaturleitfähigkeit	$0{,}65 \cdot 10^{-6}$	m^2/s	zwischen 20 °C und 100 °C
Schnelle Temperaturwechsel	≈ 100	°C	stark abhängig von Temperaturverhältnissen
Chemische Eigenschaften			
Säurebeständigkeit	Säureklasse 1		nach DIN 12 116
Laugenbeständigkeit	Laugenklasse 2		nach ISO 695
Wasserbeständigkeit	HGB 1		nach DIN ISO 720 bei 121 °C

mieden werden. Sie führen zu zusätzlichen thermischen Wandspannungen, die sich negativ auf die Druckfestigkeit der Anlagenkomponenten auswirken. Es gibt deshalb keinen allgemein verbindlichen Wert für alle praktisch vorkommenden Betriebsverhältnisse.

Spannungsfreies Glas lässt sich mit Hartmetallen und Diamanten schleifen und bohren. Mit besonderen Verfahren ist auch das Schweißen z. B. von Rohren bei Montage möglich. Dabei müssen besondere Maßnahmen während des Abkühlens getroffen werden, um Eigenspannungen weitgehend zu vermeiden.

Im Apparatebau wird es wegen seiner günstigen chemischen und hygienischen Eigenschaften für die Herstellung pharmazeutischer, kosmetischer und biotechnologischer Produkte verwendet. Im Edelstahl-Apparatebau werden Schaugläser eingesetzt, um Prozessabläufe von außen beobachten zu können. Einen großen Anwendungsbereich umfasst die Verpackungs- und Abfülltechnik, wo Glasgefäße, -flaschen und -ampullen eine erhebliche Rolle spielen. Sehr dünne Fäden aus flüssigem Glas werden zu Glasfasern, Glaswolle und Glasgewebe verarbeitet, die in Bereichen des Wärme- und Schallschutzes sowie für glasfaserverstärkte Kunststoffe eingesetzt werden.

7.3.2
Technisches Email

Bei manchen Prozessen der pharmazeutischen Industrie kommt es bei hohen Festigkeitsanforderungen für die Apparate auf besondere Reinheit der Produkte an. In solchen Fällen kann der Verbundwerkstoff Stahl/Email eingesetzt werden, der sich durch eine glatte, porenfreie Oberfläche mit hoher Korrosionsbeständigkeit auszeichnet.

Email ist eine vorzugsweise glasig erstarrte Masse mit anorganischer, meist oxidischer Zusammensetzung, die durch Schmelzen oder nicht vollendetes Schmelzen (Fritten) entsteht und in einer oder mehreren Schichten auf metallische Werkstücke aufgeschmolzen wird. Das Gerüst von Email besteht aus sogenannten Netzwerkbildnern, zu denen in erster Linie Kieselsäure Si_2O_3, aber auch Boroxid B_2O_3 oder Phosphorpentoxid P_2O_5 gehören. Hinzu kommen Alkalimetalloxide und Erdalkalimetalloxide, die in die Hohlräume des Netzwerkes eingelagert sind und als Netzwerkwandler bezeichnet werden. Im Grundmaterial sind weiterhin Haftmittel wie Nickel- und Kobaltoxid sowie Trübungsmittel wie Titan- und Zirkonoxid enthalten.

Email hat die Fähigkeit mit Stahl eine Bindung höchster Festigkeit einzugehen, die nicht nur mechanischer, sondern auch chemischer Natur ist [109]. Die hohe Haftfestigkeit ist eine wesentliche Voraussetzung für die praktische Anwendung, welche die chemische Beständigkeit des Glaswerkstoffes mit den ausgezeichneten Festigkeitseigenschaften von Stahl verbindet. Um grundlegende Emailfehler auszuschließen, ist eine hohe Oberflächengüte der Bleche ohne Einschlüsse in oberflächennahen Bereichen sowie ein eingeschränkter Kohlenstoff- und Mangangehalt entscheidend. Durch Haftoxide (z. B. NiO, CoO) mit guter Benetzbarkeit und geringer Oberflächenspannung wird das Grundemail als Haftvermittler für das Deckemail benutzt. Aufgrund der hohen Beständigkeit und der hohen Stabilität ist das Deckemail mit silikatischem Aufbau unempfindlich gegen stark oxidierende und reduzierende Einwirkungen [105, 110].

Dem Dehnungsverhalten der sehr unterschiedlichen Werkstoffe Stahl und Email kommt für den Apparatebau aus hygienischen Gründen eine besondere Bedeutung zu. Die inerte Eigenschaft der Emailoberfläche muss vor allem bei Zugbeanspruchungen, die unterschiedliche Dehnungen in Email und Stahl ergeben, rissfrei bleiben. Entscheidend dafür ist, dass beim Abkühlen nach dem Brennen in der Emailschicht eine Druckvorspannung gegenüber dem Grundwerkstoff Stahl entsteht. Bei der unterschiedlichen Dehnung (Zugbelastung bzw. thermische Beanspruchung) wird in der Emailschicht die Druckvorspannung abgebaut, ohne dass es zu einer gefährlichen, zu Rissen führenden Zugbeanspruchung kommt. Die Beanspruchung ist außerdem bei konvexen Radien zu berücksichtigen, wo Abplatzungen durch erhöhte Spannungen auftreten können. Es werden daher Krümmungsradien von $R > 20$ mm empfohlen.

Vor allem in der pharmazeutischen Industrie werden emaillierte Apparate eingesetzt, wenn z. B. metallische Fremdstoffe völlig ausgeschlossen werden müssen, hohe chemische Beanspruchungen vorliegen oder Belagbildung auf der Oberfläche vermieden werden soll. Anwendungsbeispiele sind Rührbehälter, Destillationskolonnen, Mischtrockner, Wärmetauscher, Dünnschichtverdampfer und Transportbehälter. Außerdem werden emaillierte Rohrleitungen, Armaturen und Messsonden erfolgreich eingesetzt.

7.3.3 Keramische Werkstoffe

Unter keramischen Werkstoffen versteht man in Deutschland im Allgemeinen anorganische und nichtmetallisch Materialien, die in der Regel bei Raumtemperatur aus einer Rohmasse geformt werden. Ihre typischen Werkstoffeigenschaften erhalten sie erst durch einen Sintervorgang bei hohen Temperaturen. Im angelsächsischen Sprachgebrauch umfasst der Begriff „ceramics“ dagegen zusätzlich auch Glas, Email, Glaskeramik und anorganische Bindemittel wie Zement, Kalk und Gips [111].

Die in der Elektrotechnik entwickelte Normung keramischer Werkstoffe wurde im Rahmen der Europäischen Normung als Vornorm für alle Technischen Keramiken übernommen [112]. Für die Kennzeichnung der chemischen Zusammensetzung, die durch den Buchstaben (C) in Verbindung mit entsprechenden Gruppennummern (100, 200 usw.) vorgenommen wird, sind einige Beispiele in Tabelle 7.18 zusammengestellt.

Die technisch eingesetzte Keramik gehört zur Feinkeramik, bei der die Korngröße der Gefügebestandteile unabhängig vom Werkstoff kleiner als 0,1 mm ist. Sie zeichnet sich durch große Härte, hohe Beständigkeit gegen Laugen, Säuren und wässrige Medien, hohe Oxidations- und Korrosionsbeständigkeit, günstiges Verschleißverhalten, mittlere bis geringe Wärmedehnung und ein linear-elastisches Spannung-Dehnungsverhalten aus [113]. Die niedrige Wärmeleitfähigkeit sollte aus Sicht der Sterilisierbarkeit von Keramikbereichen Berücksichtigung finden. Nach dem Brennen ist keine Formgebung mehr möglich, sodass die Bauteileigenschaften (Genauigkeit, Form) bereits im Rohzustand festliegen

Tabelle 7.18 Technische Eigenschaften einiger Keramikwerkstoffe.

Oxidkeramik	
Titanate und andere Keramiken hoher Permittivitätszahl	C 600
Keramikwerkstoffe mit hohem Aluminiumoxidgehalt	C 700
Oxidkeramikwerkstoffe anderer Art	C 800
Nichtoxidkeramik	
Nitride und nicht oxidische Keramikisolierstoffe	C 900
Silikatkeramik	
Alkali-Aluminiumsilikate	C 100
Magnesiumsilikate	C 200
Erdalkali-Aluminiumsilikate und Zirkonporzellane	C 400
Poröse Aluminiumsilikate und Magnesium-Aluminiumsilikate	C 500

müssen. Eine mechanische Bearbeitung ist nur durch Schneiden und Schleifen mit Diamantwerkzeugen möglich.

Bei Verbundwerkstoffen aus Metall und Keramik (Metal Matrix Composites, oder Ceramic Matrix Composites) wird ein metallisches Trägermaterial mit keramischen Hartstoffpartikeln verstärkt. Im Edelstahlbereich können z. B. Schrumpfverbindungen und Lager aus Keramik den Verschleiß minimieren. Bei Leichtmetallanwendungen lässt sich die Leichtigkeit des Metalls mit der Beständigkeit der Keramik unter tribologischer, mechanischer oder thermischer Belastung kombinieren. Hochporöse Keramik-Vorformlinge, die sogenannten Preforms, werden beim späteren Gießen des Leichtbauteils von der Metallschmelze infiltriert und sorgen so für einen nahtlosen Übergang zwischen Metall und Keramik.

Man unterscheidet zwischen oxidkeramischen, nichtoxidkeramischen und silikatkeramischen Werkstoffen.

Bei Keramiken, die im Hygienebereich eingesetzt werden, ist es wichtig, dass die Oberfläche eine glatte „verschmolzene" Struktur ohne Poren aufweist. Wie Hygienetests gezeigt haben, waren hier deutliche Unterschiede in Bezug auf Oberflächenporen vorhanden. Mittlerweile sind bei den getesteten Geräten porenfreie, hygienisch einwandfreie Oberflächen gegeben. Im Zusammenhang mit der Prüfung keramischer Schichten wird in der Vornorm DIN V ENV 1071-5 [114] die Prüfung bezüglich Poren beschrieben.

7.3.3.1 **Oxidkeramik**

Als Oxidkeramik bezeichnet man Werkstoffe, die im Wesentlichen aus Metalloxiden einer Phase und einer Komponente (> 90 %) bestehen und arm an oder frei von Glasphase sind. Die Rohstoffe werden synthetisch hergestellt und besitzen einen hohen Reinheitsgrad. Bei sehr hohen Sintertemperaturen entstehen gleichmäßige Mikrogefüge, die für die verbesserten Eigenschaften gegenüber anderen Keramikarten verantwortlich sind. Vertreter von Oxidkeramik sind z. B. Aluminiumoxid, Magnesiumoxid, Siliziumoxid, Bleizirkonattitanat und Titandioxid. Die Oxidkeramik bietet als typische Eigenschaften hohe Bruchzähigkeit, Verschleiß- und Hochtemperaturfestigkeit sowie Korrosionsbeständigkeit.

Angewendet werden oxidkeramische Materialien im Maschinen- und Anlagenbau als verschleißfestes Material (Verschleißschutz), in der chemischen und pharmazeutischen Industrie als Korrosionsschutz, der bis zu hohen Temperaturen gegenüber Dämpfen, weitestgehend beständig ist, in der Messtechnik als Schutzrohre für Thermoelemente bei Hochtemperaturmessungen und in der Humanmedizin als Implantate. Weitere Bauelemente sind Keramikwälzlager, Gleitringe von Gleitringdichtungen und Plunger von Hochdruckpumpen.

Der wichtigste oxidkeramische Werkstoff ist Aluminiumoxid in seinen verschiedenen Reinheitsgraden. Er wird im Bereich der technischen Keramik in den verschiedensten Anwendungsgebieten eingesetzt. Besonders Werkstofftypen mit niedriger Dichte und geringem Gewicht sowie guten mechanischen und chemischen Eigenschaften in unterschiedlicher Kombination sind technisch interessant. Die Oberfläche lässt sich außerdem hervorragend metallisieren und exzellent mit Dünnfilmbeschichtungen verarbeiten.

Eine wichtige Stelle nimmt das oxidische Mischkristall-System Bleizirkonat und Bleititanat (PZT) ein, auf dem die piezoelektrischen keramischen Werkstoffe basieren. Während des Herstellungsprozesses werden dabei gezielt ganz spezielle und in ihrer Kombination ungewöhnliche Eigenschaften eingestellt. Diese versetzen piezokeramische Bauteile in die Lage mechanische Kräfte wie Druck, Dehnung oder Beschleunigung in elektrische Spannung bzw. elektrische Spannung in mechanische Bewegung oder Schwingung umzuwandeln. Der Werkstoff nimmt dabei selbst nur in sehr geringem Maße Energie auf. Da er nur wenigen Formbeschränkungen unterliegt, ergeben sich die vielfältigsten Einsatzmöglichkeiten im Geräte- und Apparatebau.

Siliziumoxidkeramik (SiO_2) wird aus amorphem SiO_2-Pulver gesintert. Ziel ist es hier, die typischen Eigenschaften des amorphen SiO_2 mit einer thermischen Ausdehnung von nahezu „null" auf ein keramisches Bauteil zu übertragen und entsprechend zu nutzen. Für Hygieneanwendungen besteht die Gefahr, dass durch den Sinterprozess ein schwammartiges Gefüge entsteht, dass sich nicht reinigen lässt.

7.3.3.2 Nichtoxidkeramik

Zu den nichtoxidkeramischen Werkstoffen gehören Materialien auf der Basis von Verbindungen von Bor, Kohlenstoff, Stickstoff und Silizium, während Kohlenstoffprodukte aus amorphem Graphit nicht dazu gezählt werden. Sie werden durch außergewöhnliche Eigenschaften gekennzeichnet, für die die hohen kovalenten Bindungsanteile der karbidischen und nitridischen Kristallstrukturen verantwortlich sind. Bei dem aufwändigen Herstellungsprozess müssen die Rohstoffe z. T. extrem fein gemahlen werden. Außerdem erfordert der Brennprozess eine absolut sauerstofffreie Atmosphäre.

Kennzeichnende Eigenschaften sind hohe Einsatztemperaturen bei hohem Elastizitätsmodul, große Festigkeit und Härte, verbunden mit hoher Korrosionsbeständigkeit und Verschleißfestigkeit. Karbide sind elektrisch leitfähig, wogegen Nitride aufgrund ihres hohen Anteils an kovalenter Bindung auch bis in den Hochtemperaturbereich isolierend wirken. Anwendungsbereiche sind hochbeanspruchte Ventilsitze, Schneidwerkzeuge und Schleifscheiben.

Die wichtigsten Nichtoxidkeramiken sind Siliziumkarbid, Aluminiumnitrid, Borkarbid und Bornitrid.

7.3.3.3 Silikatkeramik

Silikatkeramische Werkstoffe stellen die älteste Gruppe aller Keramiken dar. Wesentliche Bestandteile dieser mehrphasigen Werkstoffe sind Ton und Kaolin, Feldspat und Speckstein als Silikatträger. Daneben werden auch Komponenten wie Tonerde und Zirkon zur Erzielung spezieller Werkstoffeigenschaften (z. B. hohe Festigkeit) verwendet. Wegen relativ niedriger Sintertemperaturen, guter Prozessbeherrschung und hoher Verfügbarkeit der natürlichen Rohstoffe ist die Silikatkeramik wesentlich kostengünstiger als Oxid- oder Nichtoxidkeramik.

Zu den Werkstoffen der Silikatkeramik zählen z. B. Porzellan oder Steatit. Silikatkeramik kommt z. B. in der Wärmetechnik, der Verfahrens- und Umwelttechnik, der Hoch- und Niederspannungstechnik mit typischen Anwendungen wie Isolatoren, Sicherungspatronen, Katalysatoren, Gehäusen und vielfältigen Anwendungen in der Elektroinstallationstechnik zum Einsatz. Sie findet sich weiterhin im Bereich feuerfester Apparate und Geräte.

7.4 Hilfsstoffe

Als Hilfsstoffe sollen im Folgenden Materialien bezeichnet werden, die nicht als Konstruktionswerkstoffe für Bauelemente verwendet, sondern entweder für die Funktion von Bauteilen oder zu deren Verbindung benötigt werden, mit Produkt entweder ständig oder nur gelegentlich in Berührung stehen oder bei Versagensfällen von Bauelementen in das Produkt gelangen können. Die Sorgfaltspflicht der Hersteller von Lebensmitteln, Pharma- und Bioprodukten verlangt, dass in allen Bereichen, in denen eine solche Gefahr der Kontaminierung mit Fremdstoffen besteht, diese physiologisch einwandfrei sind. Diese Eigenschaft muss entweder direkt oder anhand vorhandener gesetzlicher Anforderungen bezüglich Produktverträglichkeit nachgewiesen werden. Aussagen wie „unbedenklich für den menschlichen Gebrauch“, „lebensmitteltauglich“, oder „lebensmittelecht“ sind ohne weiterreichende Angaben zur Toxikologie nicht aussagekräftig und daher nicht geeignet der Einhaltung der Sorgfaltspflicht zu genügen.

7.4.1 Schmierstoffe

Schmierstoffe dienen zur Reibungs- und Verschleißminderung bei relativ zueinander bewegten Oberflächen wie z. B. bei Lagern für drehende oder hin- und hergehende Bewegungen. Dabei können sie aufgrund der Betriebsbedingungen unterschiedliche Wirkungsmechanismen haben. Man unterscheidet zwischen Festkörperreibung, Grenzreibung, Mischreibung und Flüssigkeitsreibung [115]. Bei Festkörperreibung haben die zueinander bewegten Oberflächen vollen Festkörperkontakt, wobei die Rauheitsprofile gemäß Abb. 7.11 ineinander verzahnt sein können und bei beginnender Bewegung der Formwiderstand (trockene Reibung) überwunden werden muss. Wenn die Reibpartner von einem molekularen Schmierfilm bedeckt sind, spricht man von Grenzreibung. Obwohl der dünne adhäsive Schmierfilm dabei die Reibung vermindert, entsteht relativ hoher Verschleiß durch Abschleifen der Spitzen des Rauheitsprofils. Bei Mischreibung haben die Oberflächen nur noch teilweise Kontakt, sodass sowohl Festkörper- als auch Schmiermittelreibung vorliegen. Die Schmierwirkung ist dadurch verbessert, was mit vermindertem Verschleiß verbunden ist. Bei reiner Schmiermittelreibung, die bei flüssigen Schmierstoffen durch Flüssigkeitsreibung oder hydrodynamische Wirkung und bei festen durch die mechanische Tragfähigkeit entsteht, bildet sich zwischen den Gleitflächen der Bauteile ein Schmierfilm, der die Kontaktpartner

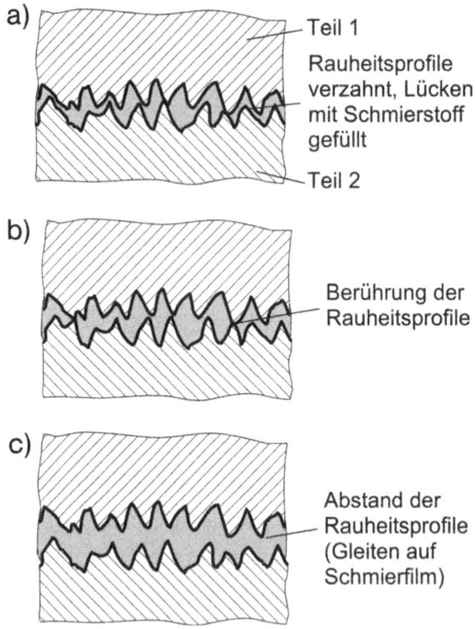

Abb. 7.11 Prinzipielle Verhältnisse der Schmierung von Gleitflächen: (a) geschmierte Feststoffreibung (Grenzreibung), (b) Mischreibung, (c) hydrodynamische Flüssigkeitsreibung.

trennt und die Schmierwirkung aufgrund von günstigen Gleiteigenschaften ergibt. In diesem Zustand entsteht kein Verschleiß.

Schmierstoffe werden entsprechend ihren Eigenschaften in Deutschland durch genormte Kurzbezeichnungen [116] benannt. Sie können aufgrund ihrer Konsistenz in flüssig, pastös oder fest eingeteilt werden.

Zu den flüssigen Schmierstoffen gehören:

- tierische und pflanzliche Öle (Rizinusöl, Fischöl, Olivenöl),
- synthetische Öle (Polyetheröle, Karbonsäureester, Esteröle, Phosphorsäureester, Silikonöle, Halogenkohlenwasserstoffe), die sich durch hohe Beständigkeit gegen Temperaturen auszeichnen, sowie
- mineralische Schmieröle (Paraffine, Naphtene, Aromaten), die als Kohlenwasserstoffe aus Erdöl gewonnen und durch Zugabe von Additiven in ihren Eigenschaften beeinflusst werden können.

Letztere werden von ihrer Funktion her in zwei Gruppen eingeteilt:

- Zusätze, die die tribologisch relevanten Eigenschaften der Schmierstoffe verbessern, wie das Viskositäts-, Temperaturverhalten oder das Reibungs- und Verschleißverhalten unter Grenz- oder Mischreibungsbedingungen und
- Zusätze, die andere wichtige Gebrauchseigenschaften beeinflussen, wie z. B. das Verhindern von Oxidation (Oxidationsinhibitoren) und Schaumbildung (Schaumverhütungsmittel).

Gemische aus Ölen und Laugen ergeben durch Verseifung von Fetten pastöse Schmierfette, bei denen an der zu schmierenden Stelle durch reibungsbedingte Temperaturerhöhung Öle aus dem Fett austreten und den Schmierfilm bilden. Sie können in ihrer Zusammensetzung so gestaltet werden, dass sie entweder feuchtigkeits- und wasserabweisend wirken oder bestimmte Gehalte an Feuchtigkeit aufnehmen können und damit eine schmierfähige Emulsion bilden.

Feste Schmierstoffe enthalten kleine feste Partikel, die sich zwischen den Werkstoffen anordnen, und wie extrem hoch belastbare Minikugellager deren Abgleiten erleichtern. Sie werden zur Schmierung unter extremen Bedingungen wie z. B. bei sehr hohen oder sehr tiefen Temperaturen, in aggressiven Medien oder im Vakuum eingesetzt. Sie können aus folgenden Gruppen von Stoffen bestehen:

- Verbindungen mit Schichtgitterstruktur wie z. B. Graphit, Molybdändisulfid, Metallhalogenide, Graphitfluorid oder hexagonales Bornitrid;
- Oxid- und Fluoridverbindungen wie Bleioxid, Molybdänoxid, Wolframoxid, Zinkoxid;
- Cadmiumoxid, Kupferoxid, Titandioxid, Calciumfluorid, Bariumfluorid, Lithiumfluorid, Natriumfluorid;
- weichen Metallen wie Blei oder Silber oder
- Polymeren wie insbesondere Polytetrafluorethylen (PTFE).

Besondere Bedeutung kommt den Festschmierstoffen zu, die vollständig oder teilweise aus Graphit oder Molybdändisulfid bestehen. Bei der Anwendung von Graphit ist darauf zu achten, dass es nur dann eine niedrige Reibung aufweist, wenn in seinem Gitter Wassermoleküle gelöst sind, die die Scherfestigkeit der hexagonalen Basisflächen herabsetzen. Bei Vakuumanwendungen ist Graphit daher als Festschmierstoff nicht geeignet. Dagegen besitzt Molybdändisulfid im Vakuum besonders niedrige Reibungszahlen, während sich diese in feuchter Luft erhöhen.

Konstantes physikalisches Verhalten über den gesamten Nutzungsbereich, hohe Temperaturbeständigkeit, Verträglichkeit gegenüber den verwendeten Werkstoffen, Beständigkeit gegenüber Alterung und Belastung sowie schwere Entflammbarkeit sind als wichtigste Eigenschaften von Schmierstoffen zu nennen.

Bei Einsatz in Bereichen der Lebensmittel-, Pharma- und Biotechnologie ist die physiologische Eignung entscheidend, wenn die Gefahr besteht, dass Schmiermittel mit den herzustellenden Produkten in Kontakt kommen können.

In der europäischen Gesetzgebung findet sich in Anhang 1 der Maschinenrichtlinie [2] der Hinweis für Nahrungsmittelmaschinen, dass sie so konstruiert sein müssen, dass keine Zusatzstoffe wie Schmiermittel in Kontakt mit Lebensmitteln kommen können: *„machinery must be so designed and constructed that no ancillary substances (e.g. lubricants, etc.) can come into contact with foodstuffs“*. Damit ist jedoch nicht gemeint, dass Stellen von Maschinen wie Lager, die mit Lebensmitteln in Kontakt stehen, nicht geschmiert werden dürfen. Die Art der verwendbaren Schmierstoffe ist definiert und die in Lebensmittel übergehende Menge muss so gering wie technisch möglich sein.

Die EU-Richtlinie für Zusatzstoffe [117] definiert zunächst „Lebensmittelzusatzstoff“ als Stoff mit oder ohne Nährwert, der in der Regel weder selbst als Lebensmittel verzehrt noch als charakteristische Lebensmittelzutat verwendet wird und einem Lebensmittel aus technologischen Gründen bei der Herstellung, Verarbeitung, Zubereitung, Behandlung, Verpackung, Beförderung oder Lagerung zugesetzt wird, wodurch er selbst oder seine Nebenprodukte (mittelbar oder unmittelbar) zu einem Bestandteil des Lebensmittels werden oder werden können.

Umfassendere Definitionen und Anforderungen ergeben sich aus der Vornorm über lebensmitteltechnische Schmierstoffe [118], die sich unter anderem auf die angeführte EU-Richtlinie für Zusatzstoffe und die Gesetzgebung in den USA stützt. Schmierstoffe müssen danach eine derartige Zusammensetzung aufweisen, dass bei bestimmungsgemäßem Gebrauch technisch gegebenenfalls nicht vermeidbare Verunreinigungen im verarbeiteten Produkt gesundheitlich, geruchlich und geschmacklich unbedenklich sind und auch keine andere nachteilige Beeinflussung des Produktes zur Folge haben. Sie müssen außerdem den zeitlichen, chemischen, thermischen und mechanischen Beanspruchungen unter Berücksichtigung der zu erwartenden Betriebsbedingungen standhalten. Die Anforderungen hinsichtlich der Zusammensetzung werden erfüllt, wenn sie ausschließlich aus solchen Stoffen bestehen, die in international anerkannten Listen wie z. B. von FDA (Food and Drug Administration) als Inhaltsstoffe für lebensmitteltechnische Schmierstoffe erlaubt sind. Die Erfüllung dieser Anforderungen muss außerdem durch eine Bescheinigung bestätigt werden.

Die USA verfügen bereits seit Längerem ebenfalls über gesetzliche Regularien. Auf Basis einer Positivliste von Schmierstoffkomponenten der FDA [119] erteilte USDA (United States Department of Agriculture) Zulassungen für Schmierstoffe, deren Eigenschaften im sogenannten „Whitebook“ festgelegt waren. Die Schmierstoffe sind für den „gelegentlichen“ Kontakt mit Lebensmitteln vorgesehen, wenn sie sicher, d. h. kontrolliert, für Maschinen zur Herstellung, Verpackung, Behandlung, Förderung eingesetzt werden. Sie werden nicht nur als Schmiermittel für Maschinenteile, bei denen die geschmierten Bereiche Lebensmitteln ausgesetzt sind, sondern auch als Schutzfilme gegen Korrosion oder als Trennmittel für Dichtungen (z. B. für Mannlochdichtungen von Behältern) verwendet. Dabei ist die geringste Menge an Schmierstoff zu verwenden, die den gewünschten technischen Effekt erreichen lässt. Bei der Zusammensetzung der Schmiermittel sind die von FDA in der Positivliste angegebenen Grenzkonzentrationen einzuhalten. NSF hatte das Registrierungssystem von USDA übernommen, die durch USDA registrierten Stoffe beibehalten und neue Mittel unter gleichen Voraussetzungen hinzugefügt [120]. Die Einteilung von Schmierstoffen erfolgte danach in drei Gruppen, die mittlerweile weltweit zur Kennzeichnung dienen:

- **H1-Schmiermittel** dürfen überall dort in der Lebensmittelindustrie eingesetzt werden, wo ein gelegentlicher technisch unvermeidbarer Kontakt mit dem Lebensmittel nicht auszuschließen ist (*... is acceptable as a lubricant with incidental food contact ...*).

- **H2-Schmiermittel** können in der Lebensmittelindustrie eingesetzt werden, wenn der Kontakt mit Lebensmitteln ausgeschlossen ist.
- **H3-Schmiermittel** sind wasserlösliche Öle, die als Antikorrosionsmittel oder zur Reinigung an Transportwagen, Haken und ähnlichen Geräten als chemisch akzeptabel eingestuft werden. Stellen, die mit essbaren Produkten in Berührung kommen, müssen vor Benutzung von diesen Mitteln befreit werden.

Von den Schmierstoffen sollte höchstens so viel verwendet werden, wie minimal erforderlich ist, um den erwünschten Effekt zu erzielen. Für zugelassene H1- und H2-Schmiermittel sind beispielhaft Grundöle in Tabelle 7.19, Dickungsmittel in Tabelle 7.20 und Additive in Tabelle 7.21 angegeben.

Wie bereits erwähnt, wurde die Arbeit von USDA durch NSF International weitergeführt. Ein Normentwurf von NSF International [121] setzte Definitionen und Anforderungen für lebensmittelechte Schmiermittel fest.

Der Entwurf umfasst lebensmittelechte Schmiermittel, die früher von USDA als H1- und H2-Schmiermittel definiert waren. Nicht eingeschlossen sind die Evaluierung der Wirksamkeit von Produkten oder Betriebskriterien innerhalb der Lebensmittelherstellung oder in anderen Einrichtungen. Außerdem führt NSF die Registrierung von Schmierstoffen durch [122].

Zusätzlich zu den bereits erwähnten Grundlagen stellt die EHEDG in einer Leitlinie über Schmierstoffe [123] die Gefahren und Risiken zusammen, die in Zusammenhang mit lebensmittelechten Schmierstoffen zu beherrschen sind.

Tabelle 7.19 Beispiele für Grundbestandteile von Ölen für Lebensmittelschmierstoffe der Typen H1 und H2.

Dickungsstoffe	Lebensmittelschmierstoffe USDA H1	Lebensmittelschmierstoffe USDA H2
Mineralöl	nicht erlaubt	erlaubt
Weißöl	erlaubt (technisch/mikrobiologisch nicht empfehlenswert)	erlaubt (technisch/mikrobiologisch nicht empfehlenswert)
Natives Öl	spezielle Sorten erlaubt	erlaubt
Polyalphaolefin (PAO)	spezielle Sorten erlaubt	erlaubt
Esteröl	spezielle Sorten erlaubt	erlaubt
Silikonöl	spezielle Sorten erlaubt	erlaubt
Perfluoralkylether	nicht erlaubt	erlaubt
Polyalkylenglykol	spezielle Sorten erlaubt	erlaubt

Tabelle 7.20 Zulässige Dickungsmittel für Lebensmittelschmierstoffe der Typen H1 und H2.

Dickungsstoffe	Lebensmittelschmierstoffe USDA H1	Lebensmittelschmierstoffe USDA H2
Lithiumverbindungen	nicht erlaubt	erlaubt
Aluminiumverbindungen	erlaubt	erlaubt
Bentonit	spezielle Sorten erlaubt	erlaubt
Natriumverbindungen	nicht erlaubt	erlaubt
Polyharnstoff	spezielle Sorten erlaubt	erlaubt
Calciumverbindungen	nicht erlaubt	erlaubt
Bariumverbindungen	nicht erlaubt	erlaubt

Tabelle 7.21 Beispiele von Additiven für Lebensmittelschmierstoffe der Typen H1 und H2.

Additive	Lebensmittelschmierstoffe USDA H1	Lebensmittelschmierstoffe USDA H2
Chlorverbindungen	nicht erlaubt	erlaubt
Schwefelverbindungen	erlaubt	erlaubt
Bleiverbindungen	nicht erlaubt	nicht erlaubt
Molybdänverbindungen	nicht erlaubt	erlaubt
Antimonverbindungen	nicht erlaubt	nicht erlaubt
Cadmiumverbindungen	nicht erlaubt	nicht erlaubt
Nickelverbindungen	nicht erlaubt	nicht erlaubt
Graphit	nicht erlaubt	erlaubt
Parfümierung	nicht erlaubt	nicht erlaubt

Zu beachten ist dabei die richtige Etikettierung und Dichtheit der Verpackung, die nicht durch Transport beschädigt sein darf, sowie die Einhaltung des Haltbarkeitsdatums. Wesentliche Risiken können sich durch nicht lebensmittelechte Schmierstoffe z. B. durch Schmierstellen an Maschinen ergeben, wenn Lager auslaufen, Schmierstoffe von offenen Schmierstellen wie an Ketten oder Getrieben in den Produktbereich tropfen, Leckagen in geschlossenen Druckbereichen von Umlaufschmierungen entstehen, hydraulisch betätigte Ventile undicht werden oder bei Wartungsarbeiten Öl austritt.

Bei lebensmittelechten Schmierstoffen liegen Gefahren z. B. darin, dass sie mit nicht erlaubten Schmierstoffen vermischt werden, durch Aufnahme von Getränken oder Lebensmitteln einen Nährboden für Mikroorganismen bilden oder sich bei Vermischung mit physikalischen oder chemischen Oxidantien unzulässig verändern. Zu lange Verwendungszeiten, Überfüllung von Schmiervorräten in Lagern oder unzureichende Funktion des verwendeten Schmierstoffes können ebenfalls den geforderten Schutz der Lebensmittel beeinträchtigen.

In dem EHEDG-Dokument wird daher dringend empfohlen, klare Regelungen festzulegen, die einen Zeitplan für Schmierintervalle enthalten, die zu verwendenden Schmierstoffmengen zu definieren und die zugelassenen Schmierstoffe anzugeben.

7.4.2
Flüssigkeiten zur Übertragung physikalischer Größen

In verschiedenen Bereichen werden zur Übertragung physikalischer Effekte Flüssigkeiten eingesetzt, die keinen Kontakt mit den herzustellenden Produkten haben. Beispiele dafür sind Druckmittlerflüssigkeiten oder Medien in Wärmetauschern, die zur Wärmeübertragung dienen.

Flüssigkeiten, die für Druckmittler im Lebensmittel- oder Pharmabereich verwendet werden, sind während des normalen Betriebs durch Membranen völlig, d. h. hermetisch vom Produkt getrennt. Damit wäre im Prinzip jede Flüssigkeit mit den entsprechenden physikalischen Eigenschaften einsetzbar (siehe als Beispiel Tabelle 7.22) [124]. Die mit Produkt in Kontakt stehenden Membranen der Messsysteme stellen jedoch aufgrund der Gestaltung bzw. der verwendeten Werkstoffe (z. B. Keramik) empfindliche Bauelemente dar. Es ist nicht auszuschließen, dass bei Fehlern im Betrieb oder bei Montage und Wartung ein Versagen der Membran durch Bruch oder Haarrissbildung eintritt. Damit könnte die Druckmittlerflüssigkeit in den Produktbereich eintreten und das Produkt kontaminieren. Aus diesem Grund werden für Druckmittler von Sensoren, die Messgrößen im Produktbereich erfassen, nur lebensmittelechte, zugelassene Flüssigkeiten verwendet.

Die amerikanische Behörde FDA hat eine Klassifizierung der Stoffe vorgenommen, die als Hilfs- und Betriebsstoffe im Lebensmittelbereich verwendet werden dürfen [125]. In den Bereichen, in denen es zu einem unbeabsichtigten Kontakt mit Lebensmitteln kommen kann, dürfen nur Stoffe der höchsten Stufe H1 eingesetzt werden.

Die gleichen Vorgaben treffen für Flüssigkeiten zur Wärmeübertragung zu. Da die Bildung von Haarrissen nicht auszuschließen ist, sind auch hier aus Sicherheitsgründen zugelassene Medien einzusetzen.

Tabelle 7.22 Flüssigkeiten zur Übertragung physikalischer Größen (z. B. Druckmittlerflüssigkeiten).

Bezeichnung	Zulässige Temperatur bei $P < 1$ bar	Zulässige Temperatur bei $P \geq 1$ bar
Medien für Anwendungen im Lebensmittel- und Pharmabereich		
Glyzerin	–	+17 ... +230 °C
Glyzerin/Wasser	–	–10 ... +120 °C
Pflanzenöl	–10 ... +120 °C	–10 ... +250 °C
Paraffinöl (FDA food grade)	–30 ... +170 °C	–30 ... +250 °C
Medien für allgemeine Anwendungen		
Silikonöl Typ 1	–	–20 ... +200 °C
Silikonöl Typ 2	–90 ... +80 °C	–90 ... +180 °C
Hochtemperatursilikonöl Typ 1	–10 ... +100 °C	–20 ... +300 °C
Hochtemperatursilikonöl Typ 2	–10 ... +200 °C	–20 ... +400 °C
Inertes Medium für Anwendungen bei Sauerstoff oder Chlor		
Halocarbonöl	–40 ... +80 °C	–40 ... +175 °C

7.4.3
Klebstoffe

Klebstoffe dienen zum Fügen von Materialien durch Kleben. Dabei lassen sich sowohl gleichartige als auch artfremde Materialien wie z. B. Glas mit Kunststoff oder Keramik mit Metall verbinden. Entscheidend ist, dass die zu fügenden Werkstoffe entweder in ihrer Struktur und ihrem Gefüge nur im Oberflächenbereich, wie es durch Anlösen bei Kunststoffen der Fall sein kann, oder gar nicht, wie z. B. bei Keramik oder Metallen, verändert werden.

Neben der Auswahl der geeigneten Klebstoffe ist die Aktivierung der zu verbindenden Oberflächen durch entsprechende Maßnahmen entscheidend. Dabei wird in erster Linie das Benetzungsverhalten durch Entfetten und Reinigen z. B. durch Lösemittel, Dampf oder Reinigungslösungen verbessert. In manchen Fällen muss auch die Rauheit erhöht werden, was mechanisch z. B. durch Strahlen oder Schleifen, chemisch z. B. durch Beizen oder Anlösen oder physikalisch z. B. durch Wärmebehandlung geschehen kann. Bei Kunststoffen haben sich außerdem

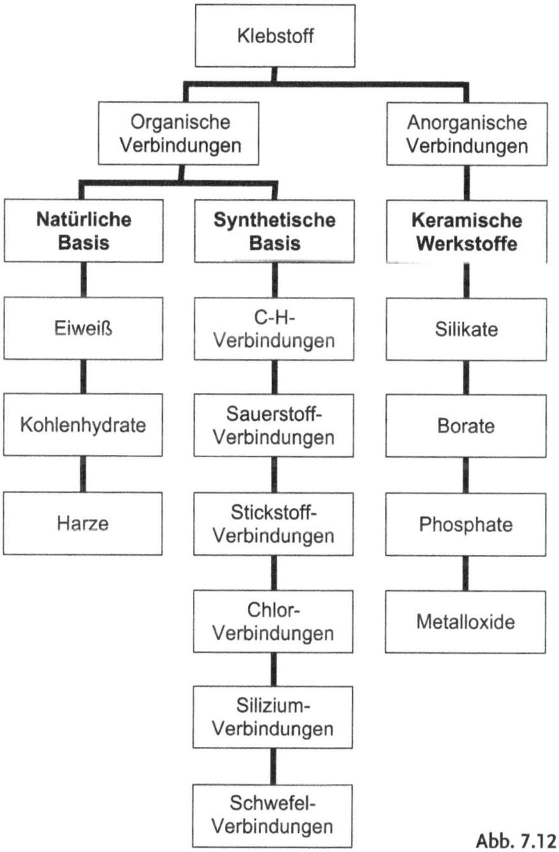

Abb. 7.12 Übersicht über Klebstoffarten.

ionisierende Verfahren wie Koronarentladung zwischen Elektroden im Luftstrom oder die Vorbehandlung mit Haftvermittlern bewährt.

Im Allgemeinen lassen sich hochenergetische Oberflächen wie Metalle, bestimmte Kunststoffe wie PC oder PVC gut kleben, während niederenergetische wie Gummi, Silikone oder PTFE schlecht zu verbinden sind.

Allgemein kann man nach Abb. 7.12 zwischen organischen und anorganischen Klebstoffen unterscheiden. Zur ersten Gruppe zählen natürliche Stoffe wie Eiweiß, Kohlehydrate oder Harze. Die zweite beruht auf synthetischer Basis und wird z. B. von C-H-, Sauerstoff-, Stickstoff-, Chlor-, Silizium- oder Schwefelverbindungen gebildet. Anorganische Klebstoffe sind z. B. Silikate, Borate, Phosphate oder Metalloxide. Die Wirkungsweise beruht entweder auf chemischen Bindungen homöopolarer, heteropolarer oder metallischer Art oder auf zwischenmolekularen Bindungen wie Van-der-Waals-, Dipol-, Induktions- bzw. Dispersionskräften oder Wasserstoffbrücken.

Von speziellem praktischem Interesse ist das Kleben von Kunststoffen [126]. Hier werden folgende Arten von Klebstoffen eingesetzt:

- Reaktionskleber in Form von Ein- oder Zweikomponenten auf der Basis von z. B. Epoxidharzen oder ungesättigten Polyesterharzen, die nach dem Auftragen durch Vernetzen aushärten und auch zum Verbinden von Kunststoffen mit anderen Werkstoffen wie Metallen oder Keramik eingesetzt werden;
- Polymerisationskleber, die mit dem Grundmaterial polymerisieren;
- Kontaktklebstoffe, die nach dem Verdunsten des Lösemittels die Klebeverbindung ergeben;
- Lösemittelklebstoffe, die thermoplastische Kunststoffe anquellen.

Neben rein mechanischen Aspekten treten bei der Anwendung von Klebstoffen häufig die Bedingungen bei der Verarbeitung in den Vordergrund. In Abb. 7.13 sind die wichtigsten Klebesysteme nach ihren Härtungsmechanismen zusammengestellt.

Unter rechtlichen Gesichtspunkten gelten für Klebstoffe, die im Lebensmittelbereich eingesetzt werden, die gleichen Voraussetzungen der europäischen Gesetzgebung wie für Schmierstoffe [126]. In den USA gilt die konkrete Regelung des Code of Federal Regulations, dass Klebstoffe bei sicherer Arbeitsweise für die Verwendung beim Verpacken, Transportieren oder Lagern von Lebensmitteln eingesetzt werden können, wenn bestimmte Voraussetzungen eingehalten werden und der Klebstoff nur die gelisteten Komponenten enthält [127]. Dabei muss der Klebstoff entweder durch eine Sperrschicht vom Lebensmittel getrennt sein oder innerhalb der Grenzen liegen, die durch die „gute Herstellungspraxis" gegeben sind. Dabei wird zwischen dem Einsatz bei trockenen und fett- bzw. wasserhaltigen Lebensmitteln unterschieden. Außerdem müssen unter normalen Nutzungsbedingungen die geklebten Schichten fest verbunden sein, ohne sichtbare Fehlstellen aufzuweisen. Hierbei ist vor allem eine Gefährdung durch Bildung mikroskopischer Spalte auszuschließen, in die Mikroorganismen und Produktsubstanzen eindringen und bei der Reinigung nicht mehr beseitigt werden können.

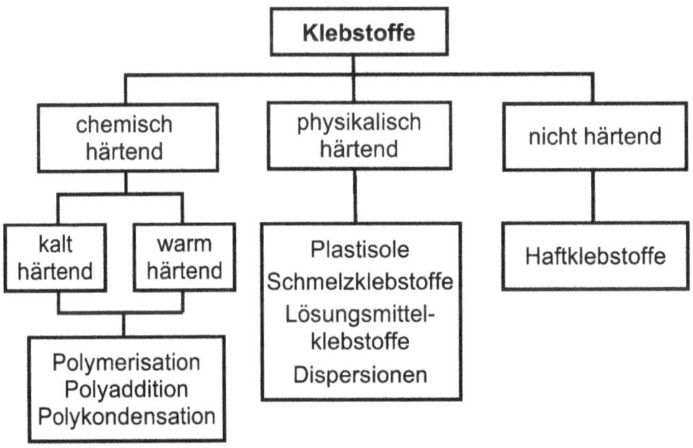

Abb. 7.13 Verbindungsmechanismen von Klebstoffen.

7.5
Korrosion von Werkstoffen

Das Wort Korrosion leitet sich vom lateinischen „corrodere“ ab und bedeutet wörtlich „zerfressen“. In der Praxis versteht man darunter die Abtragung und Zerklüftung von Oberflächen durch chemische Reaktion der Werkstoffe mit ihrer Umgebung. Die Phasengrenze zwischen Werkstoff und angreifendem Medium ist vorzugsweise der eigentliche Ort der Korrosionsreaktion. Von Einfluss sind die chemische Zusammensetzung, die Struktur, die mechanische Beanspruchung sowie der Zustand der Oberfläche des Materials [128].

Veränderungen von Apparaten durch Korrosion haben zur Folge, dass der Werkstoff seine Anforderungen als Konstruktionselement und als Gebrauchsgegenstand nicht erfüllt. Aus hygienischer Sicht sind Korrosionserscheinungen besonders problematisch, da sie stets zu „Beschädigungen“ in Form einer Verschlechterung der geforderten und validierten Ausgangssituation führen, sei es durch Aufrauung der Oberfläche, Bildung von lochartigen Vertiefungen bis hin zum Auftreten von Rissen. Zusätzlich können Korrosionsprodukte das herzustellende Produkt kontaminieren. Unter diesem Gesichtspunkt kommt der produkt- und reinigungsmittelbezogenen Werkstoffauswahl eine besondere Bedeutung zu, um Korrosion so weit wie möglich auszuschließen.

Korrosionsschäden lassen sich aber auch durch geeignete Schutzmaßnahmen begrenzen, die aufseiten des Werkstoffes, des umgebenden Mediums oder an der Grenzfläche zwischen Material und Medium eingesetzt werden können. Als Beispiele sind Schutzschichten und Überzüge der Oberfläche zu nennen.

Weiterhin lassen sich bereits in der Konzeptphase von Bauteilen, Geräten und Anlagen die Erfordernisse einer korrosionsschutzgerechten Ausführung berücksichtigen und verifizieren. So müssen beispielsweise enge Spalte möglichst vermieden werden, ebenso unbelüftbare Hohlräume, in denen aufgrund schlechter Spülung eine Aufkonzentrierung korrosiver Stoffe stattfinden kann. Die korrosionsschutzgerechte Konstruktion deckt sich häufig im Bereich der Gestaltung von Bauelementen mit den Anforderungen an Hygienic Design, d. h. an die einfache und sichere Reinigungsfähigkeit, der häufig zu wenig Aufmerksamkeit geschenkt wird.

Der Konstrukteur muss daher bestrebt sein, einen Werkstoff zu finden, der neben anderen Anforderungen vom Korrosionsverhalten her zu seiner individuellen Konstruktion passt und gleichzeitig eine kostengünstige Alternative darstellt. Dabei sind Anforderungen an den Oberflächenzustand und die konstruktive Gestaltung von vornherein so zu berücksichtigen, dass korrosive Veränderungen so gering wie möglich den Ausgangszustand beeinflussen.

Die wesentlichen Zusammenhänge, die zu Korrosionsproblemen führen, sowie die auftretenden Erscheinungsformen sollen im Folgenden kurz zusammengestellt werden.

7.5.1
Korrosion von Metallen

Bei Metallen ist für Korrosion meist elektrochemischer Angriff maßgebend, wobei Elektronen oder Atome aus der Werkstoffoberfläche entfernt werden. Der Grund dafür ist, dass Metalle mit Ausnahme der Edelmetalle gegenüber Sauerstoff und Wasser chemisch instabil sind und durch Oxidation in einen stabilen Zustand überzugehen bestrebt sind. Diese Reaktion ist in den meisten Fällen elektrochemischer Natur. Es können jedoch auch chemische oder metallphysikalische Vorgänge auftreten.

Schwerpunktmäßig ist das Korrosionsverhalten genauso wie das Festigkeitsverhalten von den Legierungsbestandteilen und der Wärmebehandlung bzw. dem Herstellungsverfahren abhängig. Insbesondere bei rostfreien Edelstählen können sich dabei bestimmte Legierungszusätze auf die Festigkeits-, Verformungs- und Bearbeitungseigenschaften negativ auswirken, während das Korrosionsverhalten verbessert wird. Eine Auswahl geeigneter Werkstoffe lässt sich deshalb bereits unter Kenntnis der Zusammensetzung treffen.

Wie bereits erwähnt, führt Korrosion aufgrund unterschiedlicher Mechanismen stets zu Beschädigungen der Bauelemente. Aufgrund der verschiedenen Korrosionsformen können Schäden in oberflächennahen Bereichen ablaufen oder tief im Werkstoff fortschreiten (Abb. 7.14). Entsprechend kann die hygienische Gefährdung sehr unterschiedlich sein, ohne jeweils direkt bemerkt zu werden.

Aufseiten des Werkstoffes sind Potenzialunterschiede sich berührender Materialien oder innerhalb des Werkstoffes durch Inhomogenitäten bzw. durch Bildung von Deckschichten die Ursache von Korrosion. Beim Elektrolyten können entsprechend Abb. 7.15 Konzentrationsunterschiede in Vertiefungen oder Spalten, Phasengrenzflächen oder unterschiedliche Strömungsverhältnisse

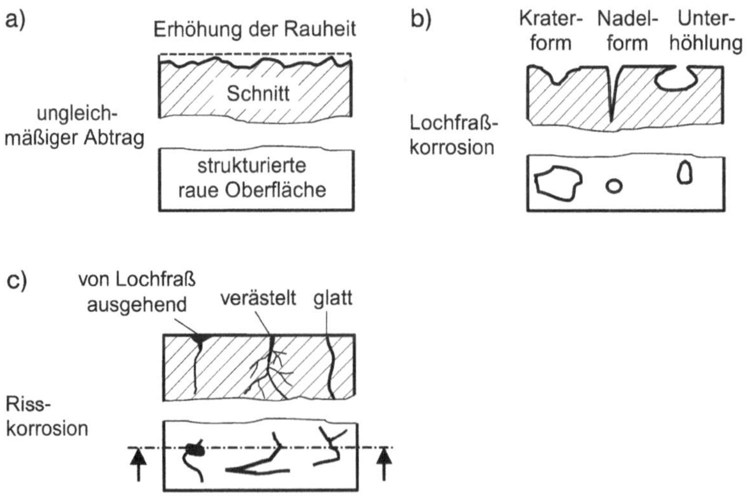

Abb. 7.14 Korrosionsformen: Ansichten von Werkstoffdraufsicht und -querschnitt.

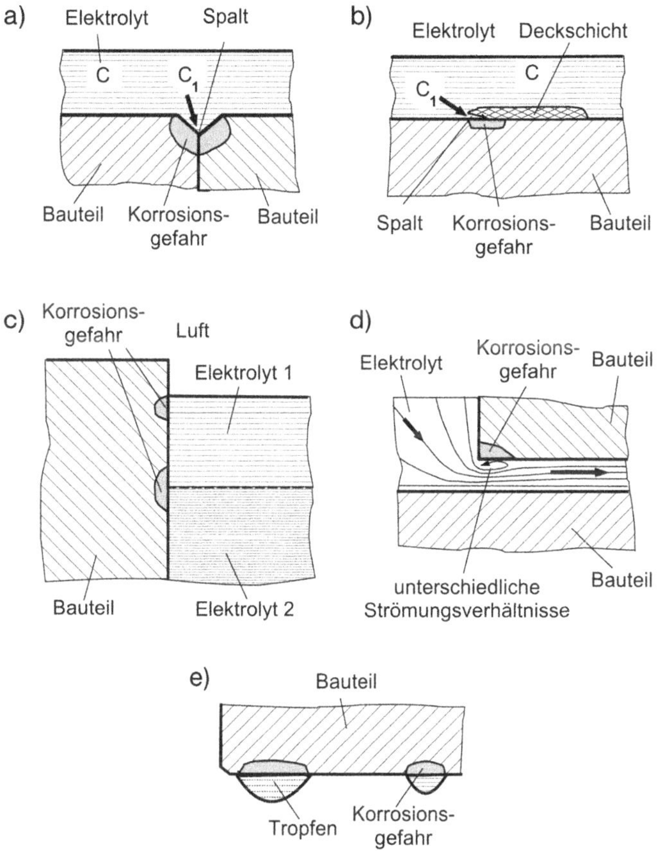

Abb. 7.15 Korrosionsgefährdete Bereiche durch Einfluss erhöhter Elektrolytkonzentration: (a) in Spalten, (b) unter Deckschichten, (c) an Phasengrenzflächen, (d) in Totwasserzonen, (e) in Tropfen.

entscheidend die Korrosion beeinflussen. Auch Tropfenbildung durch Kondensation mit anschließender Aufkonzentrierung des Fluids stellt eine erhebliche Gefährdung dar.

7.5.1.1 **Elektrochemische Grundvorgänge**

Im Anlagenbau treten Korrosionsschäden durch elektrochemische Vorgänge auf, wenn Bauteile aus verschiedenen Metallen, die elektrisch leitend miteinander verbunden sind, gemäß Abb. 7.16 a ein galvanisches Element bilden. Das korrosive Medium fungiert als Elektrolyt, wobei es zur Auflösung des unedleren Bauteils d. h. des Bauteils mit dem kleineren Normalpotenzial kommt. Derselbe Vorgang kann gemäß Abb. 7.16b auch innerhalb desselben Werkstoffes oder an Materialoberflächen stattfinden, wenn Inhomogenitäten oder Unterschiede im Kristallgefüge vorliegen. Die elektrochemische Spannungsreihe nach Tabelle 7.23 gibt die relative Stellung der Metalle bezüglich ihrer Potenziale wieder, wobei

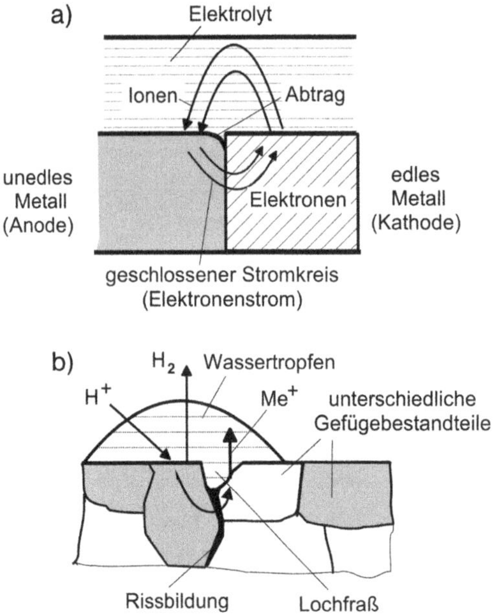

Abb. 7.16 Prinzip der elektrochemischen Korrosion:
(a) Kontaktkorrosion verschiedener Metalle,
(b) Korrosion unterschiedlicher Gefügebestandteile.

Tabelle 7.23 Auszug aus der elektrochemischen Spannungsreihe reiner Metalle gegenüber Wasserstoff sowie praktischer Metalle gegenüber Meereswasser.

Reine Metalle gegenüber Wasserstoff			**Praktische Metalle gegenüber Salzwasser**	
Magnesium	Mg	–2,38 V	Aluminium	–1,10 bis –1,00 V
Aluminium	Al	–1,66 V	Zink	–1,05 bis –0,90 V
Chrom	Cr	–0,91 V	Stahlguss	–0,70 bis –0,55 V
Zink	Zn	–0,76 V	Stahl	–0,65 bis –0,45 V
Eisen	Fe	–0,41 V	verzinktes Eisen	–0,60 V
Nickel	Ni	–0,23 V	Kupfer	–0,20 bis –0,30 V
Zinn	Sn	–0,14 V	Gusseisen	–0,3 V
Blei	Pb	–0,13 V	Cr-Ni-Stahl 316L	–0,02 bis +0,22 V
Wasserstoff	**H**	**0**	Nickel	–0,02 bis +0,07 V
Kupfer	Cu	+0,52 V	Titan	+0,15 bis +0,30 V
Silber	Ag	+0,80 V		
Gold	Au	+1,35 V		

üblicherweise die Standard-Wasserstoffelektrode (mit Wasserstoff umspülte Platinelektrode) als Bezug benutzt wird.

Bei der elektrochemischen Korrosion treten zwei meist örtlich getrennte Teilreaktionen auf, die einen Austausch elektrischer Ladungen erfordern: Im Metall erfolgt dieser durch Elektronenleitung, außerhalb des Metalls durch Transport von Ionen (Ionenleitung) in einem Elektrolyten. Elektrolyte sind im Allgemeinen wässrige Lösungen, in denen ein Teil der Moleküle in Ionen aufgespalten, d. h. dissoziiert sind, wie z. B.

$$H_2O \rightarrow H^+ + OH^- \qquad (11)$$

Die Aggressivität eines Elektrolyten wird durch seine Wasserstoffionenkonzentration oder seinen Dissoziationsgrad angegeben, der durch den pH-Wert gekennzeichnet ist:

$$pH = 7 \rightarrow 10^{-7}\,\frac{\mathrm{mol}}{\mathrm{l}}\,H^+\text{-Ionen} = \frac{7}{6{,}023 \cdot 10^{16}}\,\frac{H^+\text{-Ionen}}{l \cdot H_2O} \qquad (12)$$

An der Grenzfläche eines Metalls mit einem Elektrolyten laufen immer gleichzeitig sogenannte anodische und kathodische Teilreaktionen ab, die folgendermaßen gekennzeichnet sind:

- anodisch (Oxidation): *Metallatom → Metallion + Elektronen*
- kathodisch (Reduktion): *Metallion + Elektronen → Metallatom*

Sowohl die Anoden- als auch die Kathodenreaktion erfordern einen geschlossenen Stromkreis, der wegen des Fehlens einer Stromquelle durch das System selbst möglich sein muss. Ursache dafür ist der unterschiedliche Lösungsdruck verschiedener Metalle in einem Elektrolyten.

Das unedlere Metall des Korrosionselementes wird zur Anode, das edlere zur Kathode. Der entstehende Stromkreis führt zur Auflösung der Anode, wobei sich infolge des Ladungsausgleichs im elektrisch leitenden Material keine Gleichgewichtszustände an den Elektroden ausbilden können. An der Kathode ist keine Metall-Metallionen-Reaktion möglich, wenn der Elektrolyt nicht von vornherein Ionen des edleren Kathodenmetalls enthält. Die kathodische Teilreaktion ist dann eine elektrolytische Reduktionsreaktion (Wasserstoffkorrosion, Sauerstoffreaktion), bei der Elektronen **e** aus der Kathode in den Elektrolyten übertreten.

In sauren Medien, in denen Wasserstoffionen im Überschuss vorliegen, läuft der Wasserstoffkorrosionstyp entsprechend Abb. 7.16 b) ab. Der Elektronenüberschuss im Metall führt zur Entladung von Wasserstoffionen aus der Lösung gemäß

$$2\,H^+ + 2\,e \rightarrow H_2 \qquad (13)$$

In neutralen, sauerstoffhaltigen Medien entsteht der Korrosionsangriff entsprechend dem Sauerstoffkorrosionstyp. Als kathodische Teilreaktion erfolgt eine Elektronenaufnahme durch in der Lösung vorhandenen Sauerstoff entsprechend

$$O_2 + 2\,H_2O + 4\,e \rightarrow 4\,OH^- \qquad (14)$$

Das Kathodenpotenzial ist in diesem Fall meist wesentlich größer als bei der Wasserstoffkorrosion.

7.5.1.2 **Passivität**

Unter Passivität von Metallen versteht man einen Zustand stark reduzierter Korrosionsgeschwindigkeit durch eine Schutzschicht. In diesem Fall gehen sehr wenige Ionen aus der Oberfläche in Lösung. Die Schichtbildung erfolgt anfangs insulär, sodass aktive und passive Bereiche nebeneinander liegen, während sie später zu einer geschlossenen Bedeckung der Oberfläche führt.

Bei chemischer Ursache entsteht meist ein dünner, dichter, halbleitender Oxidfilm selbsttätig oder wird künstlich erzeugt bzw. verstärkt. Dadurch verschiebt sich das Potenzial des Metalls stark in positive Richtung. Bei mechanischer Passivität entstehen zum Teil poröse Schichten auf Metalloberflächen durch den Ausfall von festen Salzen. Beispiele sind Phosphat- oder Calciumkarbonatschichten auf Metallen. Das Potenzial muss in diesem Fall nicht zwangsläufig in positiver Richtung verschoben werden.

7.5.1.3 **Lochkorrosion**

Lochkorrosion, auch als Lochfraß bezeichnet, ist eine der häufigsten Erscheinungsformen der Korrosion von Metallen. Man bezeichnet damit eine Korrosionsform, bei der an der Oberfläche örtlich kleine kraterförmige Löcher festzustellen sind, die meist nadelstichartig beginnen und mit der Zeit tiefer werden. Sie können die Oberfläche auch unterhöhlen, sodass die Gefährdung nicht in vollem Umfang zu erkennen ist, und bei Fortschreiten schließlich das Material durchlöchern.

Örtlicher Angriff kann im Allgemeinen nur in neutralen Lösungen auftreten. Er tritt häufig bei partiell verunreinigten Oberflächen, undichten Deckschichten oder durchlässigen Oxidhäuten auf. Ursache ist die Bildung von Lokalelementen, d. h. von kleinen Bereichen unterschiedlichen Potenzials an der Werkstoffoberfläche, die z. B. bei der Verteilung von Legierungsbestandteilen durch Seigerungen oder durch kleinste Teilchen von Fremdmetallen (eingewalzte Fremdpartikel) verursacht werden (Abb. 7.17).

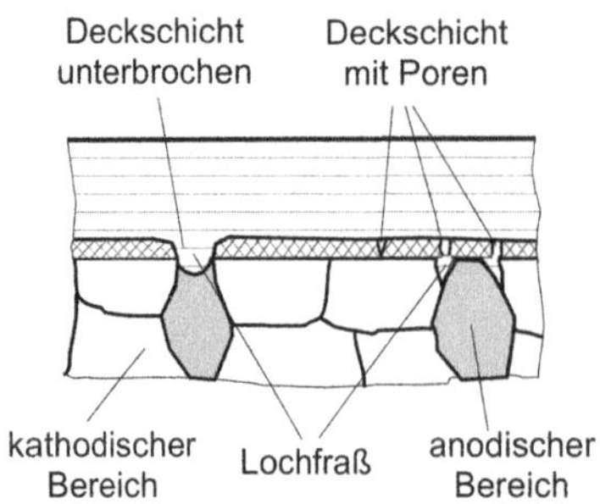

Abb. 7.17 Prinzip der Lochkorrosion.

Ein für Beschichtungen typischer Fall unterschiedlichen Verhaltens ist in Abb. 7.18 prinzipiell dargestellt. Während eine Verletzung der Deckschicht eines mit „edlerem“ Zinn (Sn) beschichteten „unedleren“ Stahlblechs (Fe) zu Lochfraß mit Rostlablagerung am Lochrand führt, wird bei einem verzinkten Blech (Zn „unedler“) der Schaden selbsttätig repariert, da Zn-Ionen zur ungeschützten „edleren“ Stahloberfläche (Fe) wandern, dort eine neue Schicht bilden und die Verletzung damit „heilen“.

Auch ungleichmäßige Belüftung in schlecht konstruierten Bereichen, in denen Spalte auftreten (häufig als getrennter Mechanismus unter „Spaltkorrosion“ bekannt), oder unterschiedliche Sauerstoffverteilung können zu Lochfraß führen. In den entstandenen Lochfraßstellen kann es dann zusätzlich zum Aufkonzentrieren von korrosiven Anteilen im Elektrolyten (Konzentrationselement) sowie zu unterschiedlicher Belüftung (Belüftungselement) kommen, wodurch die Korrosion beschleunigt wird.

Ein Beispiel einer konstruktiven Maßnahme zur Vermeidung von Lochkorrosion durch Spaltbildung zeigt Abb. 7.19. Die Rohre von Wärmetauschern werden

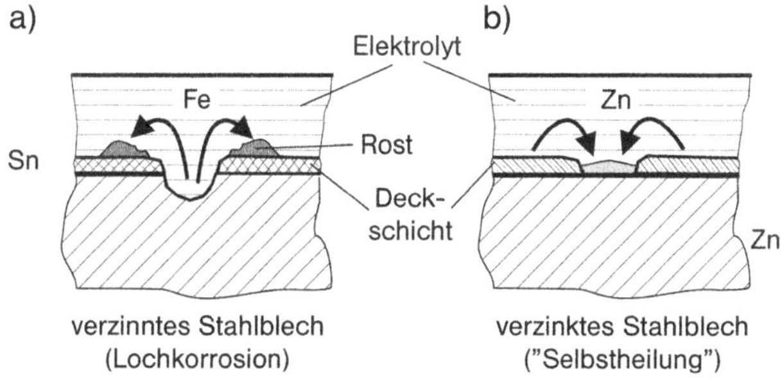

Abb. 7.18 Beispiel des Korrosionsverhaltens unterschiedlicher Beschichtungen von Stahl: (a) Zinn, (b) Zink.

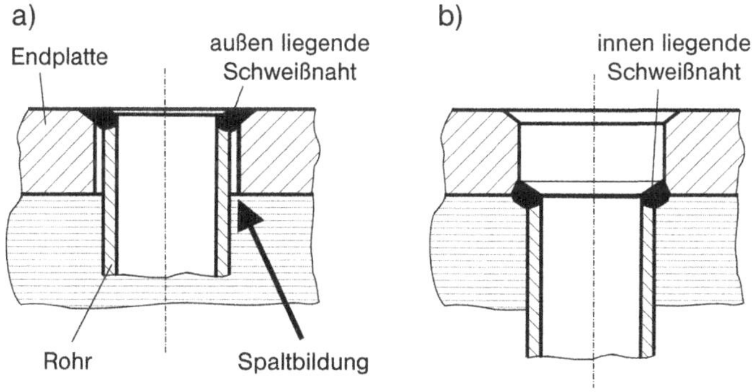

Abb. 7.19 Prinzipbeispiel zur Korrosion aufgrund konstruktiver Einflüsse (Schweißnaht): (a) Spaltbildung zwischen Rohr und Platte, (b) Vermeidung des Spalts.

üblicherweise durch die Endplatten gesteckt und von außen eingeschweißt. Dabei ist zwischen den Bohrungen und den Rohren ein Spalt unvermeidbar, der durch die gewählten Toleranzen zustande kommt und häufig zu Korrosion durch das neutrale Medium Wasser führt. Verschweißt man dagegen die Rohrenden mit der Innenseite der Endplatten, so lässt sich die Spaltbildung und damit Spaltkorrosion vermeiden.

7.5.1.4 Interkristalline Korrosion

Bei dieser Korrosionsart verläuft der Angriff entlang der Korngrenzen, wobei nur bestimmte Gefügebestandteile herausgelöst werden. Auch hier entstehen elektrochemische Korrosionselemente. Verstärkende Effekte ergeben sich an engen Spalten oder Dichtflächen z. B. von Bauteilverbindungen, da sich hier das korrosive Medium anreichern kann. Es entstehen meist feine Risse, die verästelt in das Innere des Werkstoffes vordringen. Damit werden Festigkeit und Verformbarkeit vermindert. Anfällig sind Legierungen, bei denen Ausscheidungen an den Korngrenzen vorliegen. Je nachdem, ob diese Ausscheidungen edler oder unedler als das Grundmetall sind, ergibt sich entlang der Korngrößen eine entsprechende Auflösung. Interkristalline Korrosion tritt vor allem bei hohen Temperaturen bei rostfreien und säurebeständigen Stählen auf. Spezielle Beispiele dieser Art von Korrosion sind eingewalzte Rohre in Wärmetauscherrohrböden [129] oder Verbindungen zwischen Rohren und Umlenkblechen.

7.5.1.5 Kontaktkorrosion

Wie in kleinen Bereichen bei Lochfraß tritt diese Korrosionsform auf, wenn ein unedleres mit einem edleren Metall in direktem Kontakt steht (Mischbauweise von Apparaten und Anlagen) und die Benetzung der Oberflächen mit einem Elektrolyten erfolgt, wobei häufig schon feuchte Luft genügt (Abb. 7.20). Als Beurteilungsmaßstab wird im Allgemeinen die elektro-chemische Spannungsreihe nach Tabelle 7.21 herangezogen. Dabei ist jedoch zu berücksichtigen, dass manche Metalle bei intakter passivierender Oxidschicht wesentlich edler sind, als es ihrem Normalpotenzial gegenüber Wasserstoff entspricht. Grundsätzlich sollte durch konsequente konstruktive Maßnahmen vermieden werden, dass Werkstoffe mit unterschiedlichem Potenzial miteinander in direktem Kontakt stehen. Ein praktisches Beispiel von Kontaktkorrosion zeigt Abb. 7.23, wo ein Stahl- und ein

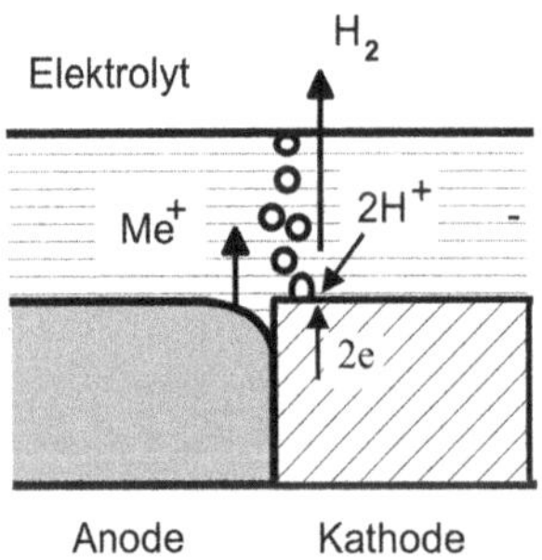

Abb. 7.20 Umsetzung und Abtrag bei Kontaktkorrosion.

Abb. 7.21 Beispiel für Kontaktkorrosion bei Verbindung von Kupfer und Stahl.

Kupferrohr direkt miteinander verschraubt wurden und erheblicher Korrosionsangriff durch Feuchtigkeit unter einer Isolierung entstand.

7.5.1.6 Spannungsriss- und Schwingungsrisskorrosion

Die meisten Probleme in der Praxis ergeben sich durch elektrochemische Korrosion, die mit zusätzlicher mechanischer Beanspruchung verbunden ist. Hier ist vor allem die Spannungsriss- und Schwingungsrisskorrosion zu nennen. Spannungsrisskorrosion tritt nur bei bestimmten Paarungen von Werkstoff und Elektrolyt auf. Beispiele sind Aluminiumwerkstoffe und austenitische oder ferritisch-austenitische Chrom-Nickel-Stähle in chloridhaltigen Lösungen. Durch Spannungen infolge äußerer Lasten, Eigenspannungen oder Fehlstellen und Kerbwirkung entstehen Anrisse, durch die der Elektrolyt in den Werkstoff eindringen kann.

Bei Schwingungsbelastung und elektrochemischer Elementbildung tritt Schwingungsrisskorrosion auf. Dabei ist jeder Werkstoff in jeder elektrolytisch wirkenden Lösung in Abhängigkeit verschiedenster Parameter wie Spannungsausschlag, Lastfolge und Lastfrequenz rissgefährdet. Bei dieser Angriffsart kann keine Dauerfestigkeit des Werkstoffes festgelegt werden, sondern lediglich eine Zeitfestigkeit in Abhängigkeit der Korrosionsparameter durch Versuche ermittelt werden.

Als ein Sonderfall der beider Korrosionsarten ist die Wasserstoffversprödung zu betrachten. Dabei dringt atomarer Wasserstoff, der durch die elektrochemische Reaktion erzeugt wird, in das Metallgitter des Werkstoffes ein. Der eingedrungene Wasserstoff vereinigt sich an Versetzungen, Korngrenzen und Einschlüssen zu Molekülen. Der molekulare Wasserstoff bleibt am Entstehungsort unter hohem Druck eingeschlossen. Die Folge ist ein sprödes Verhalten des Werkstoffes, was beim Erreichen der Trennfestigkeit zu Rissen führt [130].

7.5.1.7 **Biokorrosion**

Mikroorganismen und Biofilme können die auslösenden Faktoren für mikrobiell beeinflusste Korrosion darstellen [131], indem sie Wasser binden, Salze akkumulieren und den pH-Wert verändern können. Außerdem scheiden die den Biofilm bildenden Mikroorganismen Stoffwechselprodukte aus, die die Umgebung entsprechend beeinflussen. Bereits infolge behinderter Sauerstoffdiffusion zur Metalloberfläche können Biofilme die Korrosion fördern (s. auch „Lochfraß“). Zusätzlich können Mikroorganismen bei ihrem Stoffwechsel Säuren bilden und damit Elektrolyte örtlich stark beeinflussen. Weiterhin kann der Stoffwechsel bestimmter Eisenbakterien zu Eisenoxihydraten führen, worauf Korrosionseffekte z. B. in Trinkwasserleitungen zurückzuführen sind.

7.5.1.8 **Erosions- und Kavitationskorrosion**

Bei hohen örtlichen Geschwindigkeitsänderungen können Flüssigkeiten an Oberflächen Schäden durch Erosion hervorrufen, indem sie durch mechanische Wirkung z. B. Schutzschichten zerstören und zu Werkstoffabtrag führen. Bei örtlicher Unterschreitung des Dampfdrucks von Flüssigkeiten (z. B. an der Saugseite von Pumpen) kommt es zu lokal begrenzter Bildung von Dampfblasen, die im Bereich höherer Drücke schlagartig implodieren. Geschieht dies in der Nähe von Werkstoffoberflächen, so kommt es zu kraterförmigen Beschädigungen und Anfressungen in Form von Kavitationskorrosion, denen selbst die besten Werkstoffe nicht gewachsen sind.

7.5.1.9 **Anlaufen und Verzundern**

Wenn eine Werkstoffoberfläche mit einem umgebenden Gas reagiert, können die Reaktionsprodukte auf der Oberfläche eine Schicht ausbilden. Meist laufen die Vorgänge bei hohen Temperaturen (z. B. Schweißen) ab. Dabei reagieren feste oder flüssige Verunreinigungen wie Asche von Kohle oder Öl mit der Werkstoffoberfläche zu solchen überwiegend festen, gasdichten Deckschichten, wodurch Werkstoff und angreifendes Medium getrennt werden. Bei der Entstehung dickerer Schichten spricht man von Verzundern. Bei sehr dünnen Schichten bezeichnet man diesen Vorgang als Anlaufen, wobei sich charakteristische Anlauffarben ergeben, die abhängig vom Temperaturbereich der Erwärmung sind. Der Korrosionsangriff erfolgt dann dadurch, dass Metallionen und Elektronen bzw. Nichtmetallionen (z. B. Sauerstoffionen) und Elektronen in der Deckschicht beweglich sind. Die Abb. 7.22 zeigt eine Schweißnaht, bei der die Anlauffarben nicht entfernt wurden. Üblicherweise wird durch Beizen der Oberfläche eine farbfreie Oberfläche erzeugt.

7.5.1.10 **Korrosionsschutz**

Eine der wichtigsten Maßnahmen, um Korrosion zu vermeiden oder zu minimieren, besteht in der richtigen Werkstoffwahl in Verbindung mit korrosionsschutzgerechtem Konstruieren. Kontakt unterschiedlicher Metalle (Mischbauweise) sowie konstruktive Schwachstellen wie Spalten, Kanten und Totwassergebiete sind daher zu vermeiden.

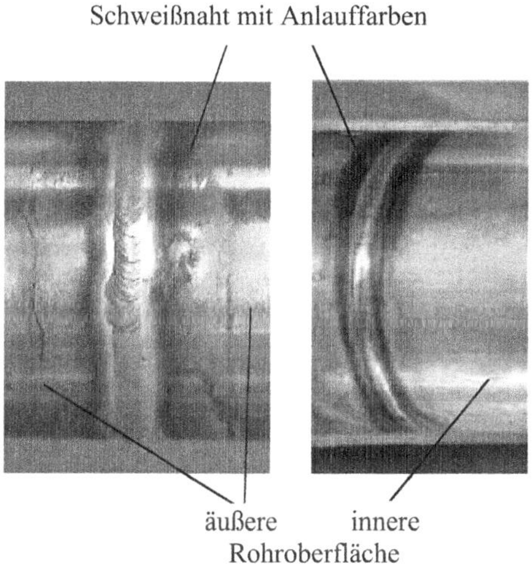

Abb. 7.22 Beispiel von Anlauffarben bei Rohrschweißnaht.

Bei elektrochemischem Korrosionsschutz unterscheidet man zwischen kathodischem und anodischem Schutz. Bei kathodischem, der nur in neutralen Medien eingesetzt werden kann, kann zum einen die gesamte Metallkonstruktion zur Kathode gemacht werden, indem sie mit einem unedleren Metall leitend verbunden wird. Dieses Metall geht als Opferanode in Lösung. Für hygienisch relevante produktberührte Konstruktionen kommt diese Schutzart meist nicht in Frage, da sie mit dem Eintrag von Metall in die Produkte verbunden ist. Zum anderen kann das zu Korrosion neigende Bauteil als Kathode zusammen mit einer unlöslichen Anode (z. B. Platin, Graphit) zu einer elektrolytischen Zelle zusammengeschaltet werden, welche aus einer externen Stromquelle mit Gleichstrom versorgt wird.

Eine weitere Schutzmaßnahme besteht in metallischen Überzügen, die entweder edler oder unedler als das zu schützende Metall sein können. Bei edleren Schutzüberzügen darf die Beschichtung keine Kratzer oder Poren enthalten, da sonst das freiliegende, zu schützende Metall eine kleine Anode gegenüber einer großflächigen Kathode des Schutzmetalls bildet. Damit entsteht Lochkorrosion. Bei einem unedleren Schutzüberzug dagegen würde die elektrochemische Reaktion bei Verletzung der Schutzschicht durch „Selbstheilung" zum Schließen der Verletzung führen, wie das Beispiel von verzinkten Bauelementen zeigt. Dabei findet eine Beschichtung der freiliegenden kathodischen Stelle durch das anodische schützende Metall statt.

Als Korrosionsschutz eignen sich auch nichtmetallische Überzüge. Beispiele dafür sind Email-, Keramik-, Polymer- oder Lackschichten auf korrosionsgefährdeten Metallen.

Zur Vermeidung von Korrosion können schließlich Inhibitoren eingesetzt werden, die in Form von organischen oder anorganischen Anionen, Kationen oder neutralen Molekülen dem korrosiv wirkenden Medium zugefügt werden. So erniedrigen z. B. Orthophosphate wie Dinatriumhydrogenphosphat die Korrosionsrate bei Trinkwasserrohren durch Bildung von Schutzfilmen.

7.5.1.11 **Korrosion von rostfreien Edelstählen**

Die rostfreien Edelstähle sind prinzipiell so konzipiert, dass Korrosionserscheinungen wie z. B. das für Stahl typische Rosten weitgehend ausgeschlossen werden. Trotzdem gibt es für diese Werkstoffgruppe abhängig von der Zusammensetzung unterschiedliche Korrosionsprobleme.

Rostfreie Edelstähle zeigen aufgrund der elektronenleitenden Deckschicht (Passivschicht), die entweder oxidischer Natur (s. o.) ist oder durch Chemiesorption bzw. Adsorption von Sauerstoff auf der Stahloberfläche entsteht, in einem weiten Bereich (Passivbereich) eine besondere Beständigkeit gegen Korrosion. Dabei stellt die Oberflächenbeschaffenheit einen entscheidenden Faktor dar. Die höchste Beständigkeit ist bei homogenen, glatten, sauberen und metallisch blanken Oberflächen gegeben. Zusätzlich hängt die Beständigkeit einerseits vom Gehalt der Legierungsbestandteile Chrom, Nickel und Molybdän, andererseits vom Kohlenstoffgehalt ab. Höhere Kohlenstoffgehalte erhöhen die Korrosionsgefahr. Die feinen Karbidausscheidungen mit edlerem Potenzial werden besonders bei einem Kohlenstoffgehalt von über 0,06 % wirksam. Die Karbide der Stabilisierungszusätze wirken ebenfalls verstärkend auf die Korrosion. Aus diesem Grund werden kohlenstoffarme Edelstahlqualitäten (low carbon steels) für den Anlagen- und Apparatebau bevorzugt.

Die Passivschicht wird allerdings nur unter leicht oxidierenden Bedingungen aufrechterhalten. Bei höheren Potenzialen (d. h. bei Säureangriff) erfolgt eine Zerstörung der Passivschicht, wobei die Werkstoffbestandteile Eisen und Chrom in Lösung gehen. Besitzt die Passivschicht Poren oder Fehlstellen, die bevorzugt an mikroskopisch kleinen Inhomogenitäten, tieferen Stellen der Oberflächenrauheit und in Verletzungen der Oberfläche entstehen, so kann ein Angriff als Folge elektrochemischer Vorgänge stattfinden. Ursache dafür sind in erster Linie Chloridionen in Wasser und Reinigungsmitteln, die in Poren adsorbiert werden und kleine anodische Bezirke bilden, während die passive Umgebung als Kathode wirkt. Der Vorgang wird durch steigende Chloridionenkonzentration, erhöhte Temperatur sowie die Legierungsbestandteile Kohlenstoff, Silizium und Schwefel des Werkstoffes begünstigt. Weitere aggressive Stoffe sind Metallionen wie Eisen, Kupfer und Zink, Oxidationsmittel (z. B. Aktivchlor in alkalischer Lösung), aufkonzentrierte Substanzen in Belägen und Krusten, die auf der Werkstoffoberfläche haften, sowie in die Oberfläche eingewalzte Kupfer- und Eisenteilchen. Solche Einflüsse werden in der Praxis dann relevant, wenn bei der Bearbeitung von Edelstahl dieselben Maschinen benutzt werden wie für andere Metalle.

Schützende Wirkung können Inhibitoren, wie z. B. Nitrit- und Nitrationen in Reinigungsmitteln erzielen. Bei Wasser können Inhaltsstoffe wie z. B. Sulfate, Nitrate, Hydroxidionen und Oxidationsmittel einen schützenden Effekt ausüben.

Gegenüber Salpetersäure sind die austenitischen Stähle bis zu hohen Konzentrationen (etwa 65 %) gut beständig. Ein geringer negativer Einfluss ergibt sich bei titanstabilierten Werkstoffen. Bei Phosphorsäure entsteht eine korrodierende Wirkung hauptsächlich durch herstellungsbedingte Verunreinigungen mit Flusssäure. Der Werkstoff 1.4401 hat sich z. B. für 25-prozentige Säure bis zum

Siedepunkt und für 85-prozentige bis 95 °C bewährt. Bei Schwefelsäure gibt es begrenzte Beständigkeitsbereiche bei niedrigen und hohen Konzentrationen, die von der Legierung abhängen. Zwischen diesen Bereichen besteht erhöhte Korrosionsgefahr. Der Werkstoff 1.4301 ist z. B. bei 20 °C gegen Schwefelsäure bis etwa 4 % und über etwa 80 % beständig, während in dem dazwischen liegenden Bereich erhöhter Korrosionsangriff erfolgt. Bei Essigsäure sind Konzentration und Verunreinigungen entscheidend. Während sich für geringere Konzentrationen der Werkstoff 1.4301 durchaus eignet, sind für höhere (bis über 75 %) bei höheren Temperaturen (bis über 66 °C) molybdänlegierte Stähle mit mindestens 2 % Molybdän (z. B. 1.4401) zu empfehlen. Letzteres gilt auch für Fettsäureanlagen bei höheren Temperaturen [132]. Gegenüber Natronlauge sind molybdänfreie Edelstähle bis zu Konzentrationen von etwa 10 % und Temperaturen bis etwa 93 °C beständig. Über diesem Bereich erfolgt eine Verfärbung des Produktes. Gefährdungen können bei schwach alkalischen Lösungen oberhalb der Flüssigkeitsgrenze auftreten, wenn sich dort Rückstände anreichern.

Auf Erfahrungen bezüglich der einzelnen Korrosionsarten soll im Folgenden zusammenfassend eingegangen werden, um die Einsatzbereiche der verschiedenen Werkstoffe abzugrenzen.

Biokorrosion

Seit Anfang der 1970er Jahre gibt es Berichte über biologisch induzierte Korrosion an nicht rostenden Edelstählen. Ausschlaggebend ist das Vorhandensein von aeroben und anaeroben Bereichen auf der Metalloberfläche, an denen die kathodische Sauerstoffreduktion eine wichtige Rolle spielt. Die häufigsten Angriffsformen sind Loch- und Spaltkorrosion unter lokalen mikrobiellen Ablagerungen an Schweißnähten, wobei schleimbildende sulfatreduzierende Bakterien, in vielen Fällen aber auch eisen- und manganoxidierende Mikroorganismen von maßgebendem Einfluss sind. Betroffen sind Stähle ohne und mit Molybdängehalt wie z. B. die Werkstoffe 1.4301 und 1.4571. In Einzelfällen wird auch von Biokorrosion an hochlegierten Austeniten mit mehr als 6,5 % Molybdän berichtet. Untersuchungen des Oberflächenmilieus unter Biofilmen sowie damit zusammenhängender Korrosionsprobleme wurden in [133] durchgeführt.

Lochfraß

Lochfraß tritt nur auf, wenn die Oberfläche des rostfreien Edelstahls vollständig von einer korrosionsschützenden Deckschicht bedeckt ist und diese Poren enthält. Unter atmosphärischen Bedingungen ist dies eine mehrere Atomlagen dicke Schicht aus chemiesorbiertem Sauerstoff, die Halbleitereigenschaften mit geringer Ionenleitfähigkeit besitzt. Der Angriff erfolgt ausschließlich durch Halogenionen, wobei praktisch Chloridionen aus Reinigungsmitteln und Produkten die entscheidende Rolle spielen. Sie können die Passivschicht durchdringen und an der Metalloberfläche Vorgänge initiieren, die die Deckschicht zerstören. Die unbeeinflusste Passivschicht aus chemieadsorbiertem Sauerstoff oder aus Chromoxid, die elektronenleitend und etwa 1–10 nm dick ist, wirkt in diesem Fall als Kathode.

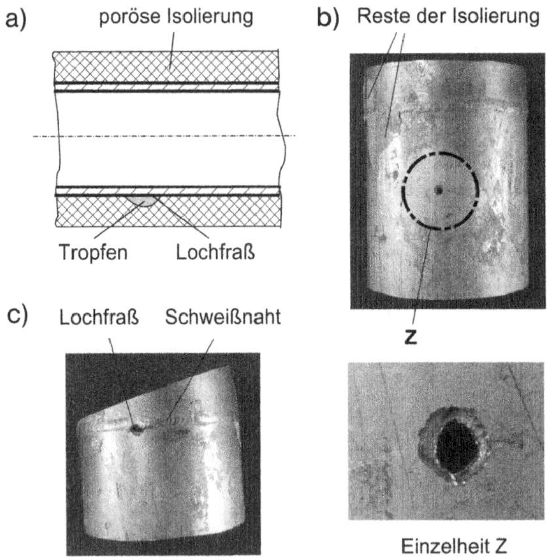

Abb. 7.23 Beispiel von Lochkorrosion an Edelstahlrohren: (a) prinzipielle Situation, (b) Korrosion am Rohr, (c) Korrosion der Schweißnaht.

Die Abb. 7.23 zeigt als praktisches Beispiel ein durch Lochfraß durchlöchertes Rohr aus Werkstoff 1.4301. Der Schadensfall entstand dadurch, dass Rohrleitungen isoliert wurden, indem ein chloridhaltiges Isoliermaterial ohne Dampfsperre auf die Rohre aufgeschäumt wurde. In horizontalen Rohrabschnitten bildete kondensierte Feuchtigkeit, die sich an der Rohrwand innerhalb der porösen Isolierung in Form von stationären Tropfen sammelte und in denen sich Chloridionen aufkonzentrierten, einen aggressiven Elektrolyten. Die Folge war fortschreitender Lochfraß in Form von Löchern in kurzen Abständen, der zum Teil bis zur Perforierung der Rohrwand fortgeschritten war, als man den Schaden entdeckte.

Andere technische Einflussfaktoren auf Lochfraß sind mikroskopisch kleine Inhomogenitäten, Anlauffarben, Schlackenreste, kristallographische Störstellen, Rauheitstäler, Riefen, Kanten und eingewalzte Fremdmetallteile wie z. B. Fremdrost. Die Fertigung von Bauteilen aus nicht rostendem Edelstahl sollte daher stets räumlich streng getrennt von der Verarbeitung anderer Werkstoffe durchgeführt werden.

Der Korrosionsvorgang wird weiterhin durch steigende Temperatur und zunehmende Chloridionenkonzentration gesteigert. Außerdem wird die Korrosion z. B. durch Oxidationsmittel wie Aktiv-Chlor in alkalischer Lösung, nichtmetallische Ablagerungen, Kupfer- und Eisenpartikel und aufkonzentrierte Substanzen in Krusten begünstigt. Hemmend wirkt eine einwandfreie Reinigung sowie das Beizen, Polieren und Passivieren der Oberfläche. Auch Alkalien vermindern die Korrosion. Auf der Werkstoffseite wird durch die Legierungsbestandteile Cr, Ni, Ti, N und in besonderem Maße durch Mo die Beständigkeit gegen Lochfraß erhöht. Während beim Werkstoff 1.4301 Lochfraß bei Vorhandensein von Chloridionen auftritt, sind die Edelstähle 1.4401, 1.4404 und 1.4435 bis zu mäßigen Temperaturen (< 60 °C) gegen Produkte mit Chloriden gegen Lochfraß beständig.

Spannungs- und Schwingungsrisskorrosion

Zugspannungen, die für diesen Korrosionstyp verantwortlich sind, werden in Apparaten zum einen durch äußere Belastungen oder durch Kaltumformen und spanende Bearbeitungsverfahren wie Schneiden und Schleifen als Eigenspannungen erzeugt. Dabei können diese Spannungen bis in eine Tiefe von etwa 50 µm reichen, sodass eine metallisch blanke bzw. glatte Oberfläche oder ein bis zu 5 µm starker Abtrag durch Beizen nicht ausreicht, um Korrosionsangriff zu vermeiden. Zum anderen entstehen Eigenspannungen z. B. beim Schweißen. Die damit verbundene Rissbildung erfolgt meist transkristallin, d. h. durch die Kristalle des Werkstoffes hindurch. Bei austenitischen Edelstählen, die in Chloridlösungen empfindlicher als ferritische oder austenitisch-ferritische Stähle reagieren, wird durch Erhöhung des Nickelgehaltes eine wesentliche Verbesserung erzielt.

In Abb. 7.24 sind die Rissinitiierung und der Rissfortschritt schematisch dargestellt. Der Anriss entsteht durch ein Zusammenspiel von mechanischer Spannung und elektrochemischer Korrosion. Entlang linienförmiger Baufehler des Kristallgitters, die als Versetzungen bezeichnet werden, kann ein Gleiten infolge von Spannungen erfolgen [134]. Dringt ein solches Gleitband nach außen, so entsteht eine Stufe, an der die Passivschicht (Oxidfilm) lokal durchstoßen wird bzw. abreißt. Der maßgebende Bereich stellt nun eine kleine, hochaktive Lokalanode dar. Der Korrosionsangriff folgt dem Gleitband in den Werkstoff hinein. Ist dieser in der

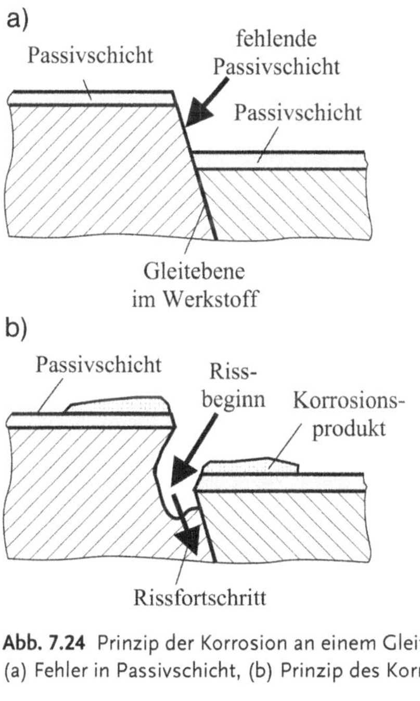

Abb. 7.24 Prinzip der Korrosion an einem Gleitband des Kristallgitters: (a) Fehler in Passivschicht, (b) Prinzip des Korrosionsverlaufs.

Lage, an der Korrosionsstelle die ursprüngliche Passivschicht wieder auszubilden (Repassivierung), dann kommt der Riss vorübergehend zum Stillstand. Die schon entstandene Kerbe führt jedoch zu einer lokalen Spannungserhöhung, weshalb die gerade gebildete Passivschicht wieder aufreißt. Ist keine Zwischenrepassivierung möglich, dann pflanzt sich der Riss mit steigender Geschwindigkeit in die Tiefe fort. In chloridhaltigen Medien ist der Rissbildungsmechanismus oft von Lochkorrosion begleitet, die sich dann verstärkt ausbilden kann, wenn der Riss nur langsam fortschreitet.

Die Korrosion wird fast ausschließlich durch Chloridionen ausgelöst. Die Vorgänge werden durch Oxidationsmittel beschleunigt, während durch Reduktionsmittel eine Verzögerung erfolgt. Als Maßnahme zur Vermeidung der Korrosion kommt in erster Linie die Auswahl geeigneter Werkstoffe in Frage. Darüber hinaus müssen Zugspannungen vermieden oder durch Wärmebehandlung (Glühen) beseitigt werden. Letzteres kann allerdings z. B. bei Mo-haltigen Stählen zu einer Versprödung des Werkstoffes führen. Zu den Mechanismen der Lochfraßkorrosion besteht ein fließender Übergang.

Die Werkstoffe 1.4401 und 1.4404 sind durch Spannungsrisskorrosion gefährdet, wobei sie günstiger als Mo-freie Edelstähle sind. Gut beständig in chloridhaltigen Lösungen ist dagegen 1.4435.

Bei Schwingungsrisskorrosion können an der Werkstoffoberfläche allein durch die mechanische Beanspruchung durch Austreten von Gleitbändern aktive Zentren entstehen, wobei durch den Korrosionsangriff kaum Korrosionsprodukte sichtbar werden. Der transkristalline Riss erfolgt ohne erkennbare Vertiefungen an der Oberfläche direkt entlang der Gleitbänder. Die Risse sind kaum verästelt und entsprechen der Rissform bei Dauerbruch.

Interkristalline Korrosion

Unter Wärmeeinfluss, vor allem beim Schweißen, kann bei stark chromlegierten Stählen in einem Temperaturbereich zwischen 425 und 850 °C, der z. B. beim Schweißen stets durchlaufen wird, Chromkarbid an den Korngrenzen ausgeschieden werden. Der Temperaturbereich kann auch beim Spannungsfreiglühen oder Warmumformen erreicht werden. Dabei kommt es infolge der verstärkten Karbidbildung in einigen Bereichen des Werkstoffes zu chromverarmten Zonen [13]. Das entstehende heterogene Werkstoffgefüge wirkt wie Bauteile aus unterschiedlichen Werkstoffen, die elektrisch leitend miteinander verbunden sind und unter Einwirkung eines Elektrolyten korrodieren. Sobald die an Chrom verarmten Bereiche so dicht beieinander liegen, dass sie Pfade bilden, kommt es zu Korrosion durch den korrosiven Elektrolyten, wobei das Medium entlang der Pfade weiter in die Tiefe eindringt. Abbildung 7.25 zeigt ein Rohrstück, bei dem ausgehend von Lochfraß interkristalline Korrosion zu sehen ist. Der Schliff durch den Werkstoff lässt den Rissverlauf in der Wand erkennen. Da in manchen Fällen der Werkstoff dabei in seine einzelnen „Körner“ zu zerfallen scheint, wurde der Vorgang früher als „Kornzerfall“ bezeichnet.

Die Karbidbildung mit Chrom kann in erster Linie durch Zulegieren von Titan vermieden werden, das aufgrund seiner größeren Affinität zu Kohlenstoff Titan-

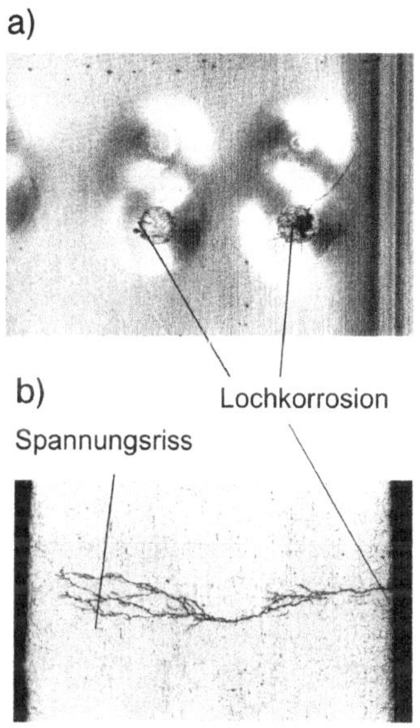

Abb. 7.25 Von Lochfraßstelle ausgehende Spannungsrisskorrosion: (a) Draufsicht, (b) Schliff des Querschnitts.

karbid bildet, während Chrom erhalten bleibt. Titanstabilisierte Edelstähle sind die Werkstoffe 1.4541 und 1.4571. Sie benötigen nach dem Schweißen keine Wärmebehandlung und sind bis etwa 400 °C beständig gegen interkristalline Korrosion. Aber auch die nicht stabilisierten Stähle mit niedrigem C-Gehalt wie 1.4404 und 1.4435 weisen eine hohe Beständigkeit gegen interkristalline Korrosion auf.

Rouging

In Reinstwassersystemen oder Anlagen für chloridhaltige Infusionslösungen können bei hohen Temperaturen oder im Dampfbereich Ablagerungen auf der Edelstahloberfläche von Behältern, Rohrleitungen und Ventilen auftreten, die als „Rouging“ oder „Rouge“ bezeichnet werden. Das Phänomen ist bei den für diese Bereiche am häufigsten verwendeten Werkstoffen 1.4404, 1.4571 und 1.4435 unabhängig von der Oberflächenbeschaffenheit (mechanisch geschliffen, chemisch gebeizt oder elektropoliert) feststellbar. Schweißnähte sind häufig stärker betroffen, wobei sowohl die höhere Rauheit als auch der Delta-Ferrit-Gehalt aufgrund von Inhomogenitäten des Gefüges verantwortlich sein könnte. Bei dem höherlegierten Werkstoff 1.4539, der aufgrund der Legierungsbestandteile eine stabilere Passivschicht als die vorgenannten Materialien ausbildet, wird die korrosionstechnisch schädliche Wirkung des Eisenanteils stärker unterdrückt, sodass bei Vergleichsversuchen der Beginn der flächigen Rouging-Effekte nicht in gleichem Ausmaß beobachtet werden können.

Der Entstehungsmechanismus dieser Korrosionsart wird noch nicht eindeutig verstanden. Manchmal treten die Effekte als puderige Ablagerungen auf, die leicht entfernbar sind, manchmal haften die Beläge fest an der Oberfläche. Die Bezeichnung selbst kann irreführend sein. Die Färbung ist zwar häufig rot, rotbraun oder orange, in vielen Fällen wird aber auch über graue, blaue bis gelb-grüne Ablagerungen berichtet, die ebenfalls in die Kategorie „Rouging" eingeordnet werden. Es wurden auch Doppelschichten gefunden, die aus einem schwarzen Belag an der Metalloberfläche und darüberliegenden rötlich-orangefarbenen Schicht bestanden. Untersuchungen haben gezeigt, dass die Zusammensetzung in erster Linie aus Eisenoxiden oder hydratisierten Formen besteht. Dies erklärt auch einige der beobachteten Färbungen, da Eisenoxide üblicherweise rostfarben (Fe_2O_3) oder schwarz (Fe_3O_4) erscheinen.

Die Verfärbungen treten meist nicht unmittelbar nach Inbetriebnahme der Anlagen, sondern erst Tage bis Jahre später auf. Manchmal ist die gesamte Anlage betroffen, während ein anderes Mal nur bestimmte Abschnitte die Effekte des Rouging aufweisen. Als Ursachen werden mechanische Bearbeitungsvorgänge (z. B. Schleifen), Schweißen, Hitzefärbung, ungenügend gereinigte Bereiche sowie unreines Wasser genannt. Sicher scheint zu sein, dass eisenhaltiges Material in Lösung geht und an bestimmten Stellen Ablagerungen verursacht [135].

Unabhängig davon, auf welche Ursache die Effekte zurückzuführen sind, bedeutet Rouging eine Kontamination eines „Reinstsystems". Auf der einen Seite können Partikel der Ablagerungen das Produkt gefährden. Auf der anderen Seite führen die Schichten durch unterschiedliche Potenziale zu Korrosion, die zum Teil unsichtbar unter den Belägen ablaufen kann.

7.5.1.12 **Korrosion bei Aluminiumlegierungen**

Die relativ hohe Korrosionsbeständigkeit von Aluminium und Aluminiumlegierungen beruht im Wesentlichen auf der Passivschicht, die spontan mit Luftsauerstoff auf der metallischen Oberfläche gebildet wird. Sie besteht aus amorphem Al_2O_3, ist weitgehend porenfrei, etwa 10 nm dick und schützt die Oberfläche wie eine dünne Glasur [136]. Bei Verletzung bildet sich die Schicht spontan auf eine Dicke von etwa 1 nm zurück und wächst kontinuierlich weiter, bis sie nach etwa 10–30 Tagen die ursprüngliche Dicke erreicht. In heißer Luft (z. B. Glühen von Blechen) nimmt die Schichtdicke weiter zu. Die chemische Beständigkeit kann durch Einwirkung von kochendem Wasser oder Dampf durch Bildung einer „Böhmitschicht", durch chemische Oxidation (Chromatieren, Phosphatieren) oder durch anodische Oxidation (Eloxieren) künstlich erheblich verstärkt werden. Mit zunehmender Schichtdicke steigt im Allgemeinen die Korrosionsbeständigkeit des Werkstoffes.

Anforderungen an die Korrosionsbeständigkeit von Blechen aus Aluminium und Aluminiumlegierungen sind in [137] im Rahmen mechanischer Eigenschaften genormt, während die Prüfung der Beständigkeit gegen Spannungsrisskorrosion in [138] festgelegt ist. Einige eigene Erfahrungen, die im Zusammenhang mit Korrosionsproblemen im Apparatebau der Lebensmittel- und Bioindustrie sowohl bei grundlegenden als auch praxisbezogenen Untersuchungen gemacht wurden, werden im Folgenden zusammenfassend wiedergegeben.

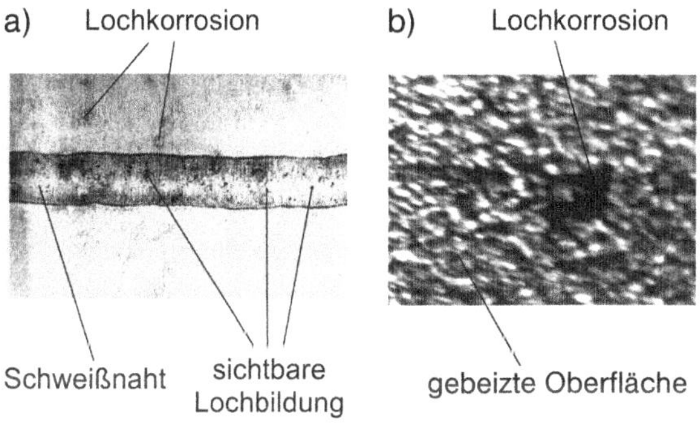

Abb. 7.26 Lochfraßbeginn: (a) Gesamtansicht von Blech und Schweißnaht, (b) Ausschnitt aus Blechoberfläche.

Lochkorrosion

Lochfraß war eine der häufigsten Erscheinungsformen von Korrosion, die während der Untersuchungen von Aluminium und Aluminiumlegierungen an Bauteilen und Behältern auftraten. Die Abb. 7.26 zeigt als Beispiel bereits sichtbaren Lochfraß an einer Schweißnaht (a) eines AlMgMn-Behälters. Auch die Blechbereiche sind bereits deutlich angegriffen. In Aufnahme (b) ist ein Ausschnitt aus einem mit Natronlauge gebeizten Blech, das Lochfraß aufweist, wiedergegeben.

Interkristalline Korrosion

Bei dieser Korrosionsart verläuft der Angriff entlang der Korngrenzen, wobei nur bestimmte Gefügebestandteile herausgelöst werden. Es entstehen meist feine Risse, die verästelt in das Innere des Werkstoffes vordringen. Damit werden Festigkeit und Verformbarkeit vermindert. Anfällig sind Legierungen, bei denen Ausscheidungen an den Korngrenzen vorliegen. Je nachdem ob diese Ausscheidungen edler oder unedler als das Grundmetall sind, ergibt sich entlang der Korngrenzen eine entsprechende Auflösung.

Wenn der Werkstoff in Schichten wie Blätterteig durch Risse aufgelockert wird und zur Oberfläche parallel laufende Schichten abgestoßen werden, spricht man von Schichtkorrosion als Sonderform der interkristallinen Korrosion. Sie tritt vor allem nach starker Querschnittsverminderung durch Umformen (Walzen, Pressen) auf, wenn dies ohne Lösungsglühen unterhalb der Rekristallisationstemperatur erfolgt. Abbildung 7.27 zeigt ein Beispiel von Schichtkorrosion eines Behälters aus AlMgSi. Man erkennt die in Schichten verlaufenden Risse sowie das Ablösen von Teilen im Oberflächenbereich. Die Legierungen AlMn und AlMgMn sind weitgehend unempfindlich gegen diese Korrosionsart.

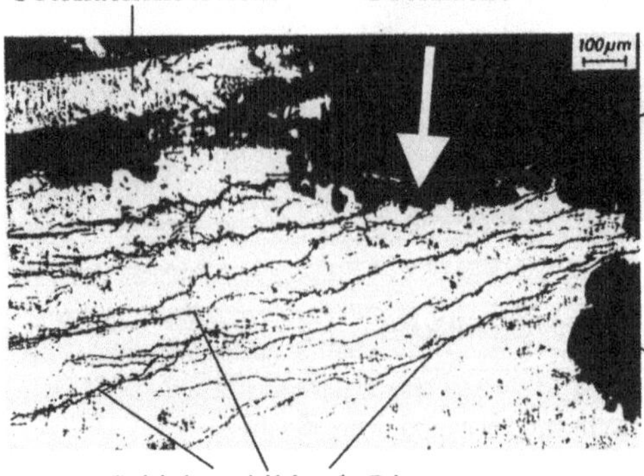

Abb. 7.27 Schichtkorrosion (Darstellung des Schliffbildes).

Kontaktkorrosion

Diese Korrosionsform tritt auf, wenn Aluminium mit einem edleren Metall in direktem Kontakt steht und die Benetzung der Oberflächen mit einem Elektrolyten erfolgt. Als Beurteilungsmaßstab wird im Allgemeinen die elektrochemische Spannungsreihe herangezogen. Dabei ist jedoch zu berücksichtigen, dass Aluminium bei intakter passivierender Oxidschicht wesentlich edler ist als es seinem Normalpotenzial gegenüber Wasserstoff entspricht.

Ein typisches Beispiel für Kontaktkorrosion zeigt Abb. 7.28. Sowohl die Spritzköpfe zur Reinigung als auch die Behälter und Tanks wurden in der Lebensmittelindustrie aus Aluminiumlegierungen hergestellt. Dabei wurden die Spritzköpfe auf Rohrstutzen aufgesteckt und mit Edelstahlstiften befestigt. Durch den Kontakt in feuchter Atmosphäre wurde das unedlere Aluminium aufgelöst, sodass zunächst langlochartige Korrosionserscheinungen auftraten, die schließlich dazu führten, dass der Sprühkopf in den Behälter fiel. In manchen Fällen wurde der Schaden erst durch die unzureichende Reinigung der Behälter entdeckt.

Grundsätzlich sollte durch konsequente konstruktive Maßnahmen vermieden werden, dass Aluminium mit einem edleren Metall, wie z. B. Edelstahl, direkt in Kontakt steht. Nur durch eine konsequente Isolierung der beiden Werkstoffe, wie das Beispiel der Flanschverbindung nach Abb. 7.29 zeigt, kann Kontaktkorrosion vermieden werde.

Wirkung elektrolytischer Medien

Bei systematischen Untersuchungen zur Korrosion von Aluminium, die im Zusammenhang mit Schadensfällen in der Praxis durchgeführt wurden, ist eine starke Abhängigkeit vom jeweiligen als Elektrolyt wirkenden Medium festzustellen. Im Folgenden sollen daher einige Gesichtspunkte eigener Erfahrungen dargelegt werden:

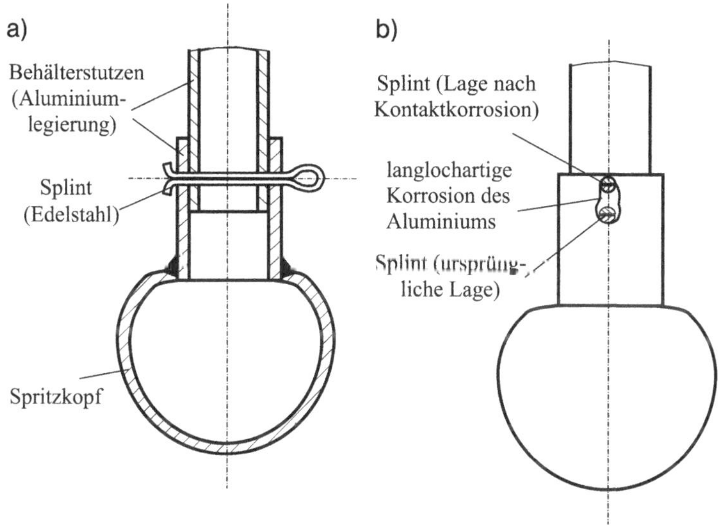

Abb. 7.28 Beispiel für Kontaktkorrosion bei Mischbauweise (Prinzip):
(a) Spritzkopfbefestigung mit Splint,
(b) Entstehung eines „Langlochs" durch Korrosion.

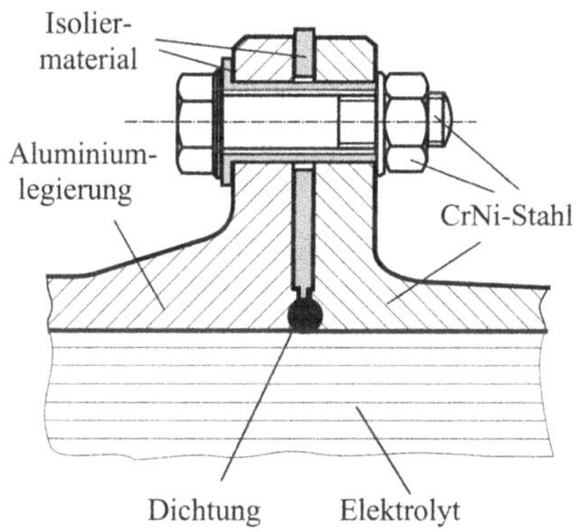

Abb. 7.29 Beispiel für Vermeidung von Kontaktkorrosion durch elektrische Isolierung.

- **Einfluss von Wasser**
  Die untersuchten Aluminiumlegierungen sind gegenüber destilliertem Wasser nach Abklingen einer anfänglichen Einwirkung im Allgemeinen beständig. Die anfänglich auftretende Korrosionserscheinung äußert sich in einer schwachen von hellbraun bis hellgrau reichenden Verfärbung der Oberfläche, deren Stärke von der Temperatur abhängt. Eine merkliche Abtragung konnte nicht beobachtet werden.

Bei Trink- und Brauchwässern hängt der Angriff von dem Gehalt an Inhaltsstoffen ab. Aus diesem Grund ist eine allgemeine Beurteilung des Einflusses von Wasser nicht ohne Weiteres möglich. Bei einer Reihe von Versuchen mit der Legierung AlMgSi, die mit Brauchwasser verschiedener Härte durchgeführt wurden, ergaben sich jeweils fleckig Verfärbungen, die je nach Einwirkzeit und Temperatur von hellbraun bis dunkelgrau reichten. Diese sind auch als Brunnenwasserschwärzung bekannt und gelten infolge chemischer Umsetzungen (z. B. Böhmitbildung) als beginnende Korrosion. Der Angriff war bei den durchgeführten Versuchen unbedeutend, obwohl die Verfärbungen bei der Erkennung von Schmutz oder Angriff durch andere Medien störend wirken. Messbare Abtagungsraten konnten jedoch nicht festgestellt werden. Bei sehr harten Wässern traten Ablagerungen auf der Probenoberfläche auf, die eine Schutzwirkung ausübten. Bei nicht geschlossenen und porösen Deckschichten besteht allerdings die Gefahr, dass sich edlere und unedlere Bezirke bilden, die die Korrosion begünstigen.

- **Einfluss von Laugen**
  Laugen greifen Aluminium und seine Legierungen erheblich an. Natronlauge wird wegen des Angriffs der Oberfläche als Beizmittel neuer Bauteile benutzt. Durch eine anschließende Nachbehandlung mit einer oxidierenden Säure wird die Werkstoffoberfläche passiviert und wieder blank. Allerdings sind gebeizte Oberflächen relativ rau.
  Die Stärke der Korrosion macht dabei ein Vielfaches der entsprechender Säuren aus. Abbildung 7.30 zeigt eine neue bearbeitete Oberfläche (a) einer Aluminiumlegierung mit dem dazugehörigen Rauheitsverlauf (Tastschnitt).

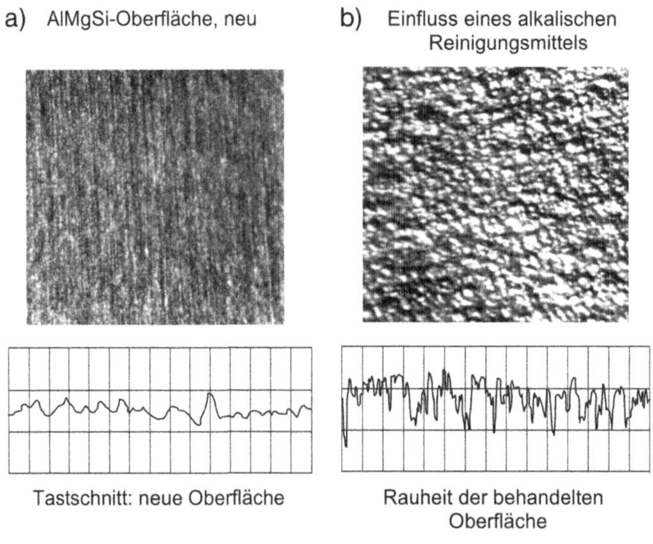

Abb. 7.30 Einfluss von chemischem Angriff auf die Oberflächenstruktur: (a) neue Oberfläche, (b) angegriffene Oberfläche.

Im Vergleich dazu ist in Abb. 7.30b eine mit einem alkalischen Reinigungsmittel behandelte Oberfläche dargestellt, die ein erheblich beeinflusstes Rauheitsprofil aufweist. Bei geringer Alkalität kommt es häufig zu einem mit der Zeit abklingenden Angriff. Durch bestimmte Inhibitoren, wie z. B. Silikate, kann die Aggressivität von Laugen herabgesetzt werden. Bei etwa 1%iger Natronlauge von 80 °C entstand bereits nach wenigen Tauchungen eine dunkelgraue bis schwarze Verfärbung mit zunehmendem flächenhaftem Angriff und rauer werdender Oberflächenstruktur. Vereinzelt trat bei nachfolgender Wasserbehandlung schnell fortschreitender Lochfraß auf. Die Gewichtsabnahme betrug bei Intervalleinwirkung von etwa 4 h bis zu 6 %. Schwach inhibierte alkalische Reinigungsmittel ließen wesentlich geringere Abtragungen erkennen, obwohl relativ starke Verfärbungen auftraten. Bei starker Inhibierung durch Silikate ergaben sich dünne Deckschichten auf den Proben, die eine gewisse Schutzwirkung gegen Korrosion zeigten.

- **Einfluss von Säuren**
  Säuren greifen im Allgemeinen sowohl Aluminium und Aluminiumlegierungen als auch die gebildete Oxidhaut an. Sie wirken dann unter Freiwerden von Wasserstoff korrodierend. Eine Oberflächenbehandlung durch Eloxieren führt daher nicht zu einer Schutzwirkung. Bei Säuren mit stark oxidierender Wirkung kann Aluminium infolge einer gleichzeitig auftretenden Passivierung der Oberfläche allerdings eine auffallende Beständigkeit zeigen, was z. B. die geringen Abtragungsraten bei Einwirkung von Schwefel- oder Salpetersäure zeigen. Bei Versuchen mit Säuren war in erster Linie eine Veränderung der Rautiefe an den Probenoberflächen zu erkennen, die von Korrosion herrührte. Es ergaben sich tiefe enge Rauheitstäler, die an einzelnen Stellen einen erheblich Angriff verdeutlichten.

- **Einfluss von Salzlösungen**
  Für das Verhalten von Aluminiumlegierungen gegenüber wässrigen Salzlösungen spielt sowohl die Alkalität der Lösung als auch die Art der Anionen und Kationen eine Rolle. Neutral reagierende Salze wirken im Allgemeinen geringer korrosiv als solche mit alkalischer oder saurer Reaktion. Bei den Anionen nimmt die Stärke der Einwirkung von Chlorid- über Nitrat- zu Sulfationen hin ab. Chloridionen besitzen wegen ihrer geringen Größe die stärkste Fähigkeit, den Oxidfilm an Fehlstellen zu durchdringen und die darunterliegende Oberfläche anzugreifen. Die Korrosionserscheinungen durch Chloridionen sind erheblich. Bei Kationen ist grundsätzlich ein schwächerer Einfluss zu verzeichnen. Hier nimmt die Korrosivität von Kalium über Natrium, und Calcium zu Magnesium hin ab. Schwermetallionen stellen wie Chloridionen eine erhebliche Korrosionsgefahr dar.

7.5.1.13 Oberflächenschutz von Aluminiumwerkstoffen

Um die Korrosionsbeständigkeit zu erhöhen, können die mit Produkten in Berührung stehenden Werkstoffe auch eloxiert werden, wobei durch elektrolytisches

Oxidieren eine künstliche Oxidhaut mit etwa 20 µm Dicke, beim Harteloxieren bis 60 µm Dicke entsteht.

Die sehr widerstandsfähige Schicht zeigt zunächst bei neuen Oberflächen eine bessere Korrosionsbeständigkeit als bei unbehandelten. Bei längeren Versuchszeiten ergab sich jedoch, dass lochfraßartiger Korrosionsangriff bei der Verwendung von Wasser entstand. Mikroskopaufnahmen der Oberflächen zeigten, dass durch mechanische Beanspruchung z. B. an Behältern feinste Risse in der Oberfläche entstanden waren, wodurch sich edlere (eloxierte) Stellen mit unedleren (legiertes Aluminium) abwechselten, was zu Korrosionselementen führte.

Da Reinaluminium aufgrund seiner Homogenität widerstandsfähiger gegen Korrosion als die technisch anwendbaren Legierungen ist, wurden mit Al99,5 plattierte Behälter im Unterschied zu unbehandelten Tanks aus AlMgSi bei Anwendung eines alkalischen Reinigungsmittels auf NaOH-Basis getestet. Das Ergebnis zeigte, dass bei Anwendung korrosiver Medien die plattierten Oberflächen relativ geringen Korrosionsangriff im Vergleich zu den stark korrodierten ungeschützten Proben aufwiesen.

Als weitere Schutzmaßnahme wurden Oberflächen mit Epoxidharz beschichtet. Der Arbeitsgang bei der Herstellung umfasste als Vorbehandlung ein Beizen und Chromatieren der Behälter, worauf nach einer definierten Trockenzeit die Kunststoffbeschichtung folgte. Der inerte Kunststoffüberzug haftete anfangs sehr gut auf der Oberfläche und schien einen geeigneten Schutz zu bewirken. Bei Langzeitversuchen in der Praxis und im Test zeigte sich, dass sich mit der Zeit der Belag abhob und zu Blasenbildung führte. Ursache dafür war, dass Kunststoffe aufgrund ihrer Struktur nicht gasdicht sind. Damit wird Wasser bzw. Wasserdampf zur Aluminiumoberfläche transportiert, wo durch Temperaturänderung (Volumenausdehnung) ein Abheben der Kunststoffbeschichtung von der Oberfläche erfolgte. Mit der Zeit waren solche Stellen durch deutliche Blasenbildung gemäß Abb. 7.31 zu erkennen. Unter den Blasen entstand beginnender Korrosionsangriff. Größere Blasen wiesen schließlich auch Risse auf, sodass die ungeschützte Oberfläche direkt für Elektrolyten zugänglich wurde.

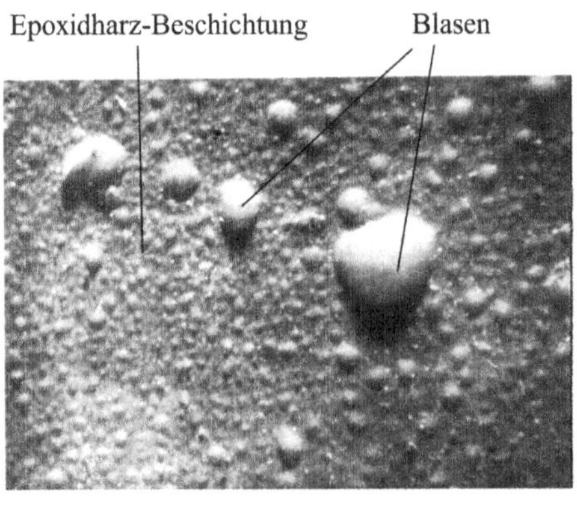

Abb. 7.31 Blasenbildung einer Kunststoffbeschichtung auf der Oberfläche einer Aluminiumlegierung.

7.5.1.14 **Korrosion von Nickel**

Nickel wird häufig gleichmäßig abgetragen, obwohl Loch- und Spannungsrisskorrosion sowie Kornzerfall ebenfalls vorkommen. Während die Legierungen außer bei extremen Anwendungsfällen eine gute Beständigkeit aufweisen, ist Nickel vor allem durch anorganische Säuren wie schweflige Säure, Salpeter- und Phosphorsäure gefährdet. Da Letztere in manchen sauren Reinigungsmitteln enthalten ist, können bei der Reinigung Schäden entstehen. Vor allem Beschichtungen von Messingbauteilen werden dadurch abgetragen, sodass schließlich die physiologisch unbedenkliche Schutzwirkung des Nickels entfällt und das meist nicht zulässige Messing mit den herzustellenden Produkten in Berührung kommt. Von organischen Säuren wie Essig-, Zitronen- und Ameisensäure wird Nickel zumindest bei nicht zu hohen Temperaturen kaum angegriffen. Bei Kochtemperaturen und starker Belüftung können jedoch höhere Abtragungsraten auftreten [139].

7.5.1.15 **Korrosion von Zinn**

Im Allgemeinen wird Zinn durch Medien mit pH-Werten unter 3,5 und über 11 gleichmäßig angegriffen. Teilweise zerstörte Oxidhäute und örtliche Beläge führen zu lokalem Angriff. Chloride bilden schwarze Flecken auf der Zinnoberfläche. Die Anwesenheit von Luft beschleunigt die Auflösung von Zinn z. B. bei Anwesenheit organischer Säuren. Durch zersetzbare Eiweißstoffe kann sich Zinnsulfid bilden, das die Oberfläche z. B. bei Konservendosen dunkel verfärbt.

7.5.2 Korrosion von Kunststoffen

Kunststoffe reagieren in vieler Hinsicht ähnlich wie Metalle, wobei unterschiedliche Einflüsse maßgebend sein können. So können z. B. Ermüdung, Erosion, Kavitation und Kriechen auftreten. Aber auch Korrosion kann ein entscheidendes Problem bedeuten. Sie wird allerdings in erster Linie durch chemische Reaktionen sowie Veränderungen aufgrund physikalischer Effekte gekennzeichnet und äußert sich im Allgemeinen nicht durch Auflösungserscheinungen an der Oberfläche wie es bei der Korrosion von Metallen der Fall ist. Sie läuft vielmehr meist im Inneren des Werkstoffes und damit unsichtbar ab. Für Korrosionsangriff gibt es drei grundlegende Ursachen:

1. Bestimmte Substanzen aus der Umgebung können in das Material eindiffundieren und dort zum Quellen oder zur Reaktion mit den Polymerketten führen. Dadurch können in erster Linie Erweichung und Versetzungen entstehen.
2. Durch Oxidation von Molekülen unter atmosphärischen Bedingungen oder anderen oxidierenden Einwirkungen können Versprödung, Schrumpfen oder Rissbildung auftreten.
3. Mit bestimmten Kunststoffkomponenten kann es zu einer weiterführenden Polymerisation kommen, die sich durch Aushärten, Schrumpfen oder Rissbildung äußert.

7.5.2.1 Einfluss von Wasser

Aufgrund ihres Aufbaues können manche Kunststoffe aus der gasförmigen oder flüssigen Umgebung Wassermoleküle aufnehmen, die langsam in den Molekülverband diffundieren und die Bindekräfte beeinflussen. Die Geschwindigkeit der Aufnahme von Molekülen ist von den äußeren Bedingungen abhängig, wobei die Temperatur von größtem Einfluss ist. Der Vorgang endet erst, wenn ein Gleichgewichtszustand erreicht ist. Um diesen Zustand bei frisch erzeugten Spritzgussteilen zu erreichen, werden sie z. B. konditioniert, d. h. in heißem Wasser definiert gelagert.

Mit zunehmendem Feuchtigkeitsgehalt wird der Kunststoffs weicher, d. h. es nimmt die Steifigkeit ab, sodass im Spannungs-Dehnungsdiagramm die Kurven flacher werden. Gleichzeitig kann die Wassereinlagerung eine Haarrissbildung bei Belastung fördern, während ein zu geringer Wassergehalt eine Versprödung des Werkstoffes bewirken kann.

Weiterhin führt die Einlagerung von Wassermolekülen zu einer Volumenvergrößerung. Die feuchtigkeitsbedingte Dehnung ist vor allem bei der Festlegung von Maßtoleranzen für Bauelemente nicht außer Acht zu lassen. Wird die Quelldehnung verhindert, so können innere Spannungen zu Verzug und Verwerfung von Bauteilen führen.

7.5.2.2 Bildung von Haarrissen

Bei Kunststoffen können bei relativ geringen Dehnungen, die durch Beanspruchungen bei Bauteilen entstehen und durch Wassereinlagerung oder chemischen Angriff verstärkt werden, Effekte wie Spannungsrisskorrosion in Form von Mikrorissen (crazes) sowie Verstreckungszonen auftreten. Dabei werden in erster Linie Molekülstränge aus ihrer Knäuelstruktur im Gefüge herausgerissen und in Dehnungsrichtung verstreckt, wobei Bindekräfte der Moleküle überwunden werden und Haarrisse entstehen. Die geschädigte Struktur kann nicht ausheilen und bleibt daher auch nach Entlastung erhalten. Bei gefüllten oder faserverstärkten Kunststoffen sind Ausgangspunkte für Haarrisse vor allem Grenzflächen zwischen Matrix und Füllstoffen sowie verstärkenden Fasern, bei

Tabelle 7.24 Überschlägige Werte für die Dehnungsgrenze ε_F der Haarrissbildung bei verschiedenen Kunststoffmaterialien.

Art des Kunststoffs	Grenze der Dehnung ε_F in %
Amorphe Thermoplaste	0,6–1,0
Teilkristalline Thermoplaste	2–4–8
Thermoplaste mit Kurzfasern	0,3–0,5
Unidirektional verstärkte Kunststoffe	0,02–0,2
Mit glasseidenmatten verstärkte Kunststoffe	0,2–0,7
Gefüllte Elastomere	5

teilkristallinen Thermoplasten die Grenzflächen der Kristallite. Obwohl die Dehnungen, bei denen die irreversible Schädigung eintritt, von Spannungszustand, Belastungsdauer und -geschwindigkeit, Temperatur und Umgebungsmedium abhängt, können überschlägige Werte für Grenzen der Dehnung entsprechend Tabelle 7.24 angegeben werden.

7.5.2.3 Mikrobiologische Korrosion

Wie andere Werkstoffe können auch Polymere von Mikroorganismen angegriffen und verändert werden. Hierbei kommen als Schadensverursacher sämtliche Mikroorganismen wie z. B. Bakterien, Algen und Pilze in Frage. Dabei kann der Werkstoff selbst eine Kohlenstoff- und Energiequelle für die Organismen darstellen. Außerdem können Weichmacher, Füllstoffe, Stabilisatoren und Emulgatoren angegriffen werden und zu Verfärbungen, Masse- und Festigkeitsverlusten führen. Ohne entsprechend häufig durchgeführte Reinigung, wie es z. B. in Trinkwasserleitungen der Fall ist, können sich mit der Zeit Biofilme ausbilden, in denen die beteiligten Mikroorganismen ein Schutzsystem finden. Untersuchungen haben gezeigt, dass die Besiedelung unterschiedlicher Materialien unterschiedlich stark verläuft. Das Wachstum von Bakterien auf Probeträgern in Trinkwasserleitungen erfolgte innerhalb weniger Tage, wobei z. B. PE durchwegs schneller und dichter besiedelt wurde als PS. Einige ungefüllte Polymere wie PE, PS, PVC, PTFE oder PC sind im Allgemeinen beständig gegen Mikroorganismen. Dies bedeutet allerdings nicht, dass sich diese bei porösen Oberflächen nicht in Poren geschützt unter Verwendung anderer Substrate vermehren und als Kontaminationsquelle dienen können.

7.5.3 Korrosion von nichtmetallischen anorganischen Werkstoffen

Anorganische Werkstoffe wie Glas und keramische Komponenten besitzen im Allgemeinen eine hohe Korrosionsbeständigkeit und spielen daher eine Hauptrolle in Bereichen, in denen Langzeitverhalten, lange Lebensdauer und damit verbundene Senkung von Stilllegungszeiten und vergrößerten inspektionsfreien Betriebsintervallen bei extremen Anforderungen der meist aggressiven Medien gefordert werden.

7.5.3.1 Glaskorrosion

Glas und Email gelten allgemein als beständig gegen fast alle Medien. Während Borosilikatglas am stärksten von Flusssäure angegriffen wird und zwar bereits bei geringsten Konzentrationen, bewirken Phosphorsäure und Laugen einen relativ geringen Oberflächenabtrag bei niedrigen Temperaturen. Die Beständigkeit gegen Laugen und Phosphorsäure sinkt jedoch sehr schnell mit steigender Temperatur. Aber auch Komplexbildner (EDTA, Weinsäure o. ä.) können Wechselwirkungen mit der Oberfläche des Glases eingehen. Der meist langsame Vorgang wird beschleunigt, wenn das Medium abrasive Bestandteile enthält, vor allem wenn Stellen mit hoher Strömungsgeschwindigkeit vorliegen.

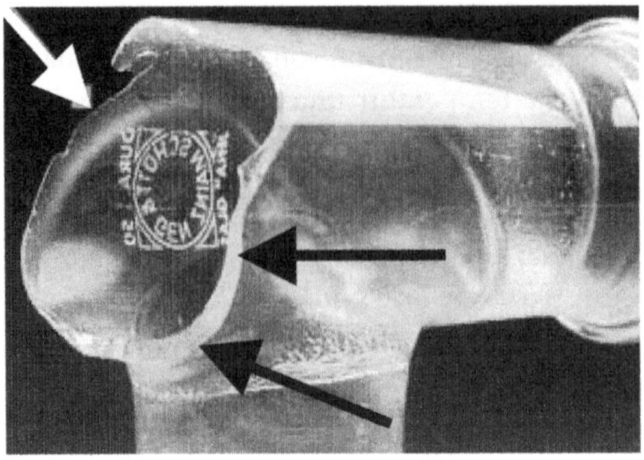

Abb. 7.32 Bruch einer Glasleitung durch Korrosion mit verdünnter Salzsäure (Pfeile: unterschiedliche Rohrwandstärke).

Bei Neuanlagen ist die Korrosion im Vergleich zu Werkstoffen wie Stahl nicht von Bedeutung. Bei älteren Anlagen kann sie jedoch bereits ein erhebliches Maß erreicht haben, ohne dass sie bemerkt wird. Ein Beispiel wird aus einem Betrieb der chemischen Industrie berichtet [140], wo ein Rohrleitungsteil aus Glas zerbrach und verdünnte Salzsäure austrat. Die Glasrohrleitung war seit etwa 20 Jahren im Einsatz. Grund für den Schaden war ein sehr langsamer Materialabtrag, der durch schnell fließende Salzsäure und Spuren von abrasiven Glasteilchen (Glasgries) verursacht worden war (Abb. 7.32). Mit der Glaskorrosion hatte niemand gerechnet, weil Glas gegenüber Salzsäure als beständig gilt. Das Problem ist indes nicht auf Glasrohre beschränkt, auch Schaugläser sind beispielsweise gefährdet.

Ein anderes Beispiel stellt „Scuffing" von Glasflaschen dar, das zwar zunächst eine mechanische Ursache in Verschleiß und Aneinanderstoßen von Flaschen hat, aber durch chemische Einwirkung von Reinigungsmitteln und damit verbundener Korrosion erheblich verstärkt werden kann. Da letztendlich der Verbraucher durch platzende Flaschen gefährdet ist, werden entsprechende Anstrengungen unternommen, durch geeignete Reinigungsmittel für das Reinigen der Flaschen die Korrosion zu vermeiden.

Abtragende Korrosion an Glas lässt sich im trockenen Zustand gut erkennen, weil die Oberfläche stumpf wird. Im nassen Zustand hingegen verschwinden die matten Stellen spurlos, sodass die Oberfläche völlig intakt wirkt. Die Wanddickenmessung ist die einzige sichere Schutzmaßnahme, um abtragende Korrosion an älteren Glasapparaturen rechtzeitig zu erkennen. Falls zur Detektion von Veränderungen Wiederholungsmessungen in einem bestimmten Zeitabstand notwendig sind, müssen sie an genau denselben Messpunkten durchgeführt werden.

7.5.3.2 Korrosion von Keramik

Die notwendigen wissenschaftlichen Grundlagen bezüglich des Verständnisses von Korrosionsmechanismen und deren Wirkung auf das Langzeitverhalten sind bisher nicht ausreichend bekannt. Die Bedeutung dieser Aufgaben ist mit der Grundlagenforschung zur Korrosionsforschung der Metalle vergleichbar. Es wird geschätzt, dass das Potenzial der anwendungsoptimierten Keramikwerkstoffe aufgrund der nicht bzw. unzureichend vorhandenen Kenntnisse der Korrosionsmechanismen und der einhergehenden relativ langsam ablaufenden Degradation der mechanischen Eigenschaften nicht ausgeschöpft wird. Die bisher nur ansatzweise verstandenen Zusammenhänge zwischen Korrosion und chemischer Abstimmung der Keramikwerkstoffe lassen erkennen, dass umfangreiche Möglichkeiten zur Materialneuentwicklung, der Werkstoffsubstitution und schließlich auch der Optimierung der Fertigungsprozesse bei den keramischen Hochleistungswerkstoffen bestehen [141].

Keramische Hochleistungswerkstoffe zeichnen sich im Allgemeinen durch einen hohen Verschleißwiderstand und eine gute Korrosionsbeständigkeit aus. Die verschiedenen Einflussgrößen auf das Korrosionsverhalten von Hochleistungskeramiken sind die Werkstoffparameter (z. B. chemische Zusammensetzung, Korngrößen, Sekundärphasen oder Verunreinigungen), die wesentlich auch vom Herstellungsprozess beeinflusst werden, die meist bearbeitungsbedingte Oberflächenstruktur (charakterisiert durch Größen wie Rauheit, Schädigungsgrad oder Eigenspannungen), die Zusammensetzung und Konzentration des Umgebungsmediums und dessen Fließgeschwindigkeit, die Auslagerungstemperatur und die Auslagerungszeit. Die Ursache für den unterschiedlichen Korrosionswiderstand liegt in dem unterschiedlichen Reaktionsverhalten der Einzelkomponenten der Keramik gegenüber den verschiedenen Medien. Korrosionsuntersuchungen an Einkristallen und gut definierten Glasphasen können viele Informationen über einzelne mit Modellen beschreibbare Korrosionsmechanismen liefern, die Keramik selbst jedoch mit ihren glashaltigen und kristallinen Sekundärphasen wird einer Beschreibung durch ein einfaches Modell meist nicht zugänglich sein. Die Beschreibung des Korrosionsverhaltens ist dann nur phänomenologisch möglich. Die Bedingungen für Korrosionsprüfungen an monolithischen Keramikwerkstoffen sind in [142] genormt.

8
Festlegung hygienerelevanter Konstruktionsbereiche

Für Maßnahmen der hygienegerechten Gestaltung ist es wichtig, klare Definitionen für die unterschiedlichen Konstruktionsbereiche vorzugeben, für die durch gesetzliche Regelungen oder nach Stand der Technik unterschiedliche Anforderungen festgelegt sind. Grundsätzlich geht es darum, dass in Anlagenbereichen, durch die eine Kontamination von Produkten in direkter oder indirekter Weise erfolgen kann, durch hygienegerechte Gestaltung Verbesserungen vorgenommen werden müssen, während andere Stellen nicht relevant sein können. Allerdings sind bereits in diesem Zusammenhang je nach verwendeter Grundlage deutliche Unterschiede in den Vorgaben und Festlegungen festzustellen.

8.1
Produktbezogene Definitionen

Innerhalb der maßgebenden Richtlinien werden im Allgemeinen lediglich Zielvorstellungen ausgedrückt, ohne dass detaillierte Angaben gemacht werden. Die EU-Maschinenrichtlinie [1] legt in Anhang I z. B. in allgemeiner Form Anforderungen für Werkstoffe und Oberflächen fest, die *„mit Lebensmitteln in Berührung kommen"*, ohne eine genauere Beschreibung dafür zu geben, welche Abgrenzungen für die Oberflächen im Einzelnen gelten. Die gleich Zielsetzung vermittelt die EU-Richtlinie bzw. Verordnung über Bedarfsgegenstände [2]. Sie gilt für *„Materialien und Gegenstände, die als Fertigerzeugnisse dazu bestimmt sind, mit Lebensmitteln in Berührung zu kommen oder die bestimmungsgemäß mit Lebensmitteln in Berührung kommen, nachstehend ‚Bedarfsgegenstände' genannt"*. In ähnlicher Weise verfährt die EU-Lebensmittelhygieneverordnung [3], soweit sie gerätespezifische Anforderungen festlegt. Danach müssen alle Gegenstände, Armaturen und Geräte, *„mit denen Lebensmittel in Berührung kommen"*, saubergehalten und erforderlichenfalls desinfiziert werden. Sie müssen so beschaffen sein, dass das Risiko einer Lebensmittelkontamination so gering wie möglich gehalten wird. Außerdem sind sie so zu installieren, dass das *„unmittelbare Umfeld"* angemessen gereinigt werden kann. Damit wird in dieser Richtlinie bereits zwischen einem Bereich, der mit Lebensmitteln in Kontakt steht und dem Apparateumfeld unterschieden, ohne jedoch Unterschiede in den Anforderungen festzulegen. Die

Hygienische Produktionstechnologie. Gerhard Hauser
Copyright © 2008 WILEY-VCH Verlag GmbH & Co. KGaA, Weinheim
ISBN: 978-3-527-30307-3

EU-GMP-Richtlinie [4] beschreibt in Artikel 8 Räumlichkeiten und Ausrüstung, ohne auf produktberührte Bereiche einzugehen. Sie müssen sich aber für die beabsichtigten Zwecke eignen. Außerdem sind sie so auszulegen, zu gestalten und zu nutzen, dass eine gründliche Reinigung und Wartung möglich ist, um Verunreinigungen, Kreuzkontamination und ganz allgemein jeden die Qualität des Produktes beeinträchtigenden Effekt zu vermeiden. Räumlichkeiten und Ausrüstung, die für kritische Herstellungsvorgänge hinsichtlich der Produktqualität bestimmt sind, müssen dafür qualifiziert werden.

In der amerikanischen Gesetzgebung wird von FDA [5] folgende Definition gegeben: *„Lebensmittel-Kontaktflächen" sind solche Oberflächen, die mit menschlicher Nahrung in Berührung stehen oder von denen ein Ablaufen in Lebensmittelprodukte oder auf produktberührte Oberflächen üblicherweise während des normalen Betriebsablaufs erfolgt. Die Bezeichnung „Lebensmittel-Kontaktflächen" beinhaltet Geräte und lebensmittelberührte Oberflächen von Apparaten."*

Wesentlich präzisere Ausführungen werden in DIN 1672-2 für Nahrungsmittelmaschinen [6] gemacht, die zur Auslegung der Maschinenrichtlinie bezüglich Hygienic Design verschiedene hygienerelevante Bereiche definiert. Für diese werden entsprechende konstruktive Maßnahmen im Einzelnen beschrieben. Zum „Lebensmittelbereich" zählen zunächst alle Oberflächen, die mit Lebensmitteln direkt in Berührung stehen. Außerdem gehören alle Flächen dazu, die unter üblichen Betriebsbedingungen mit Produkt z. B. durch Spritzen in Kontakt kommen, das dann anschließend wieder in den Hauptproduktbereich zurückgelangen kann. Als zweites wird ein „Spritzbereich" definiert, dem alle Oberflächen zugeordnet werden, an die unter Betriebsbedingungen Teile des Produktes spritzen oder an ihnen entlangfließen, die anschließend nicht wieder in den Produktbereich zurückgelangen. Der „Nicht-Lebensmittelbereich" umfasst schließlich alle anderen Bereiche. Die Definitionen werden durch eine bildliche Darstellung veranschaulicht, die gemäß Abb. 8.1 einen offenen Behälter zeigt.

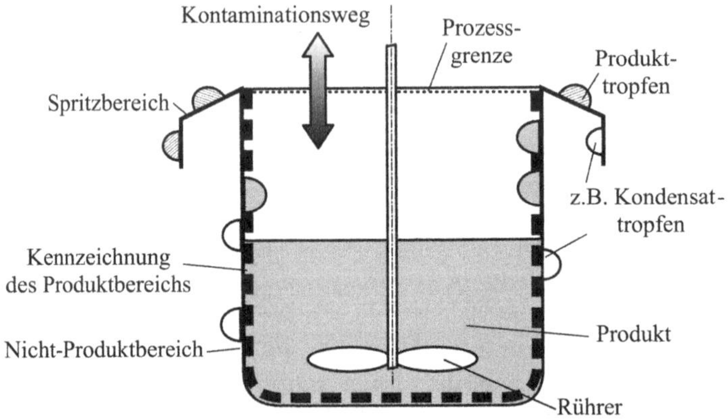

Abb. 8.1 Definition hygienerelevanter Konstruktionsbereiche entsprechend DIN EN 1672-2.

Die Hygieneanforderungen für die verschiedenen Bereiche sind abhängig von

- der Funktion des Bereiches,
- der Art des zu verarbeitenden Lebensmittels und
- der Art der Gefährdung des Lebensmittels.

Die internationale Norm DIN EN ISO 14 159 [7] gilt für alle Maschinen und dazugehörige Ausrüstungen, bei deren Verwendung Hygienerisiken für den Endverbraucher des Produktes entstehen können. Das bedeutet, dass die Vorgaben die hygienegerechte Gestaltung von Maschinen der Lebensmittel-, Pharma- und Bioindustrie umfassen. Anforderungen an die unkontrollierte Freisetzung mikrobiologischer Arbeitsstoffe sind dagegen ausdrücklich ausgeschlossen. Unter Produkt wird jede Substanz verstanden, *„die dazu bestimmt ist, an Menschen oder Haustieren angewendet oder von ihnen aufgenommen zu werden (z. B. durch orale Aufnahme, Injektion, örtliche Anwendung, Infusion, Einführen)"*. Hygiene umfasst alle Maßnahmen bei der Produktbearbeitung, die sicherstellen, dass das Produkt für Menschen und Haustiere anwendbar ist. Im Gegensatz zur DIN EN 1672-2 werden nur zwei relevante Bereiche definiert:

1. Produktberührte Oberflächen umfassen alle Bereiche einer Maschine, *„die dem Produkt ausgesetzt sind und an denen das Produkt oder andere Substanzen entlangfließen, tropfen, sich verteilen oder in das Produkt (selbstrückfließend) oder den Produktbehälter gelangen können"*.

2. Nicht produktberührte Oberflächen sind *„alle anderen freiliegenden Oberflächen der Maschinen"*.

Die Norm enthält keine bildliche Darstellung zur Verdeutlichung der Festlegungen.

Die EHEDG unterscheidet ebenfalls zwischen produktberührten und nicht produktberührten Flächen [8]. Erstere *„schließen alle Flächen ein, die beabsichtigt oder unbeabsichtigt (z. B. durch Spritzer) mit dem Produkt in Berührung kommen können oder von denen Produkt oder Kondensat ablaufen, abtropfen oder auf andere Weise in das Hauptprodukt oder einen Produktbehälter eingetragen werden kann. Eingeschlossen sind alle Flächen (z. B. nicht sterilisierte Teile), die indirekt produktberührte Flächen oder Behälter kreuzkontaminieren können."* Unter nicht produktberührten Flächen werden alle übrigen exponierten Flächen verstanden. Damit bezeichnet diese Definition im Gegensatz zu den Normen zusätzlich alle Bereiche als „produktberührt", von denen eine Kreuzkontamination ausgehen kann. Die Abb. 8.2 versucht dies in einfacher Weise zu verdeutlichen.

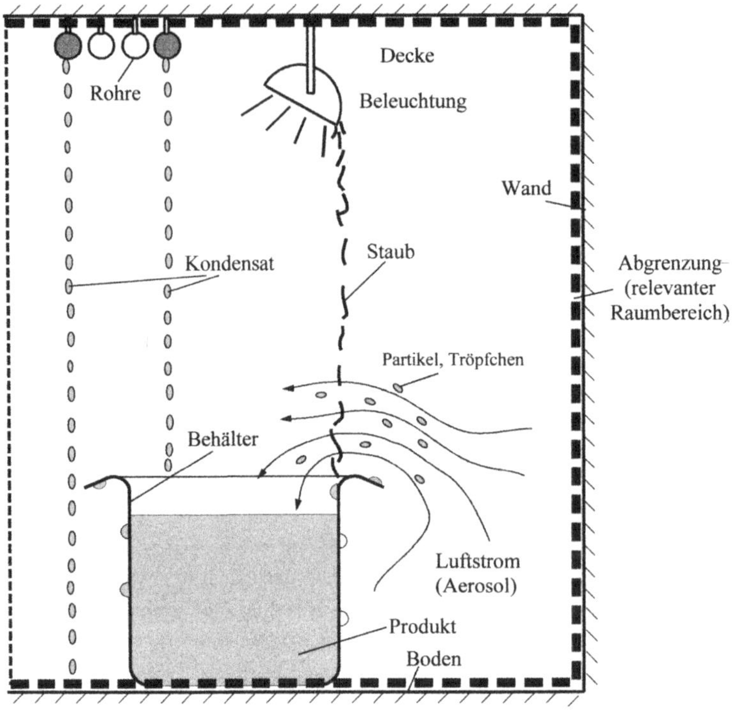

Abb. 8.2 Festlegung von Produktbereich und Nicht-Produktbereich entsprechend EHEDG.

8.2
Prozessbezogene Bezeichnungen

In der Praxis wird die Abgrenzung der relevanten Bereiche meist auf Prozesse bezogen, die als „geschlossen" z. B. [9] bzw. „offen" z. B. [10] bezeichnet werden.

Bei einem geschlossenen Prozess findet die Produktverarbeitung in einem Apparat oder in einer Anlage statt, die zur Umgebung hin nur in Ausnahmefällen wie z. B. zu Wartungszwecken geöffnet wird. Produkte und Produktionshilfsmittel werden in die Anlage ein- bzw. ausgeschleust, indem das gleiche Hygieneniveau hergestellt wird. In der Biotechnik wird der Begriff „geschlossenes System" in [11] definiert. Es wird als System bezeichnet, *„in dem eine Schranke Mikroorganismen bzw. Organismen von der Umgebung trennt"*. Als Schranke dienen dabei die Innenwände der gesamten Anlage, die zudem dicht sein müssen. Die Dichtheit verhindert entweder eine Kontaminationen des Produktes z. B. durch Mikroorganismen von außen oder dient dem Schutz der Umgebung durch Austritt unerwünschter Substanzen aus dem geschlossenen Bereich. Konsequenter Weise müssen das Befüllen und Entleeren einer geschlossenen Anlage unter gleichen Hygienebedingungen stattfinden, wie sie im Inneren herrschen. Die Festlegungen haben zur Folge, dass nur alle inneren Oberflächen der Anlage als

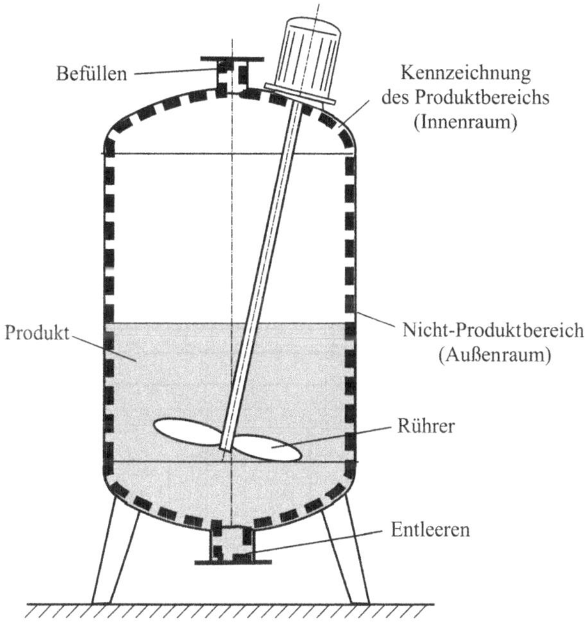

Abb. 8.3 Hygienerelevante Konstruktionsbereiche bei einem geschlossenen Prozess (Beispiel: geschlossener Behälter).

produktberührt gelten, während alle Außenbereiche nicht produktberührt sind. Damit kann außerhalb der Anlage grundsätzlich ein niedrigerer Hygienezustand vorliegen als innerhalb, was ein „Hygienegefälle" zwischen innen und außen bedeutet und unterschiedliche Hygienic-Design-Maßnahmen erfordert. Abbildung 8.3 soll die prinzipiellen Festlegungen für die hygienerelevanten Bereiche an einem Prozessbehälter aufzeigen, der während der Produktherstellung geschlossen ist. Für diesen Fall ist zur Darstellung der produktberührten Flächen die geschlossene Kontrollgrenze angegeben, die für die hygienegerechte Gestaltung maßgebend ist. Zusätzlich wird der Behälter aber gereinigt, befüllt und entleert. In diesen Phasen werden die Grenzen an den Anschlüssen aufgehoben und eine Verbindung zu anderen Bereichen hergestellt, die selbst geschlossene Systeme mit entsprechenden Hygieneanforderungen darstellen können. Während des Verbindens der Bereiche müssen gleiche Hygieneniveaus vorliegen, um Kontaminationen zu vermeiden.

Der produktberührte Bereich kann aber auch das gesamte Innere einer Anlage entsprechend der Prinzipdarstellung nach Abb. 8.4 umfassen, zu dem z. B. auch die CIP-Anlage gehört. Für diesen Fall soll der angegebene Kontrollraum den gesamten Prozessbereich umgrenzen, der die Anlage und die Prozessumgebung umfasst. Der Innenbereich, der sich im dargestellten Beispiel bis zu den Ventilen zur Ver- und Entsorgung erstreckt, gilt als produktberührt mit den entsprechend höheren Hygienic-Design-Anforderungen, während der Umgebungsbereich nicht produktberührt ist und geringere Anforderungen an die hygienegerech-

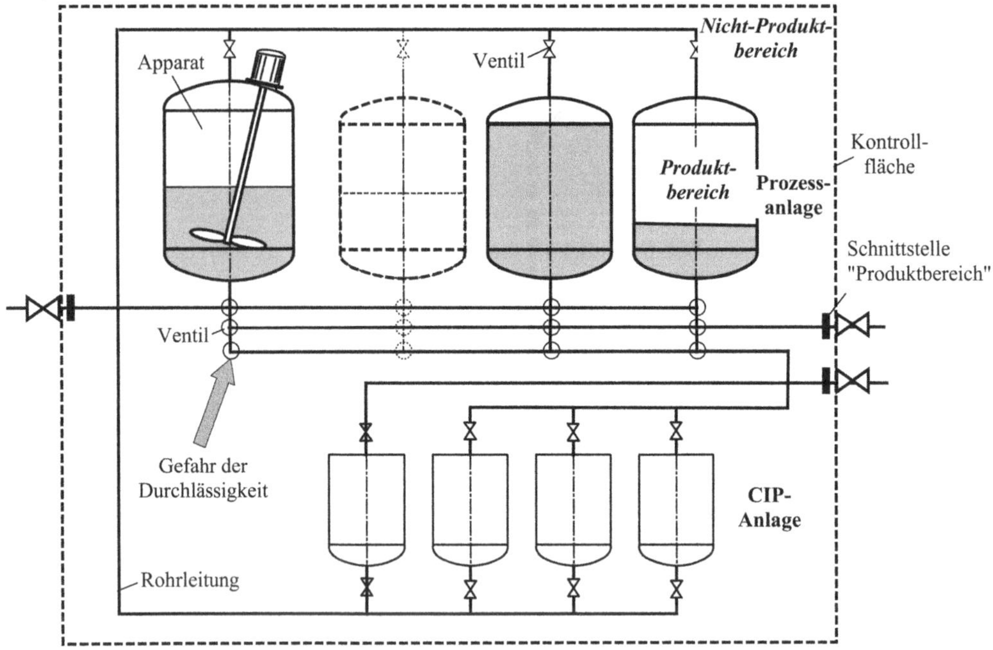

Abb. 8.4 Prinzipdarstellung eines geschlossenen Prozesses einschließlich CIP-Anlage.

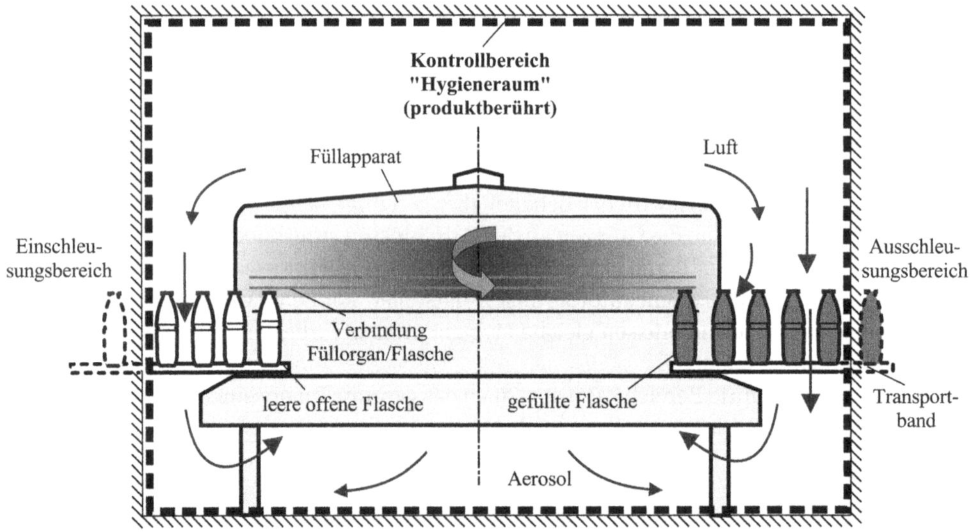

Abb. 8.5 Prinzip und Kontrollraum einer Abfüllanlage als Beispiel eines offenen Prozesses.

te Gestaltung zu erfüllen hat. Neben den Unterschieden in Hygienic Design bestehen auch unterschiedliche Hygieneniveaus im Produkt- und im Nicht-Produktbereich. Deshalb ist es besonders wichtig, Problemstellen zu erkennen, bei denen die geforderte Schranke „durchlässig" sein kann. Dazu können z. B. Ventile gehören, die zwar im offenen bzw. geschlossenen Zustand nach außen dicht sind, aber während des Schaltens eine gewisse Durchlässigkeit z. B. für Mikroorganismen aufweisen können. Solche Stellen sind durch konstruktive Maßnahmen auszuschalten, wenn ein Kontaminationsrisiko besteht.

Einem offenen Prozess ist eine Anlage zugeordnet, die während der Produktherstellung und der Reinigung oder während eines der beiden Vorgänge zur Umgebung hin offen ist. In der Biotechnologie bezeichnet ein offenes System [11] eine Anlage oder ein Gerät, bei dem es keine Schranke zwischen den zu bearbeitenden Mikroorganismen und der Umgebung gibt. Damit ist eine Kreuzkontamination aus dem Prozessumfeld oder in umgekehrter Richtung entweder während der Produktion oder während und nach der Reinigung möglich, wenn nicht von vornherein gleiche Hygienestufen innerhalb der Prozessanlage und im Einflussbereich des Umfeldes vorliegen. Dies wiederum hat zur Folge, dass sowohl die Prozessanlage als auch der relevante Bereich der Umgebung als Produktbereich zu definieren und entsprechend hygienegerecht zu gestalten sind. Damit kann die prinzipielle Abgrenzung des Produktbereiches entsprechend der EHEDG-Definition nach Abb. 8.2 vorgenommen werden. Die konkrete Festlegung und Abgrenzung des Einflussbereiches muss einer Risikoanalyse bzw. Qualifizierung vorbehalten bleiben, die die Wege der Kontamination verifiziert.

Ein typisches Beispiel eines offenen Prozesses ist gemäß der Prinzipdarstellung nach Abb. 8.5 die Abfüllung von Flüssigkeiten wie Getränken. Die offenen sauberen Flaschen werden an die Füllorgane angekoppelt, anschließend gefüllt und nach dem Lösen von den Füllorganen offen bis zum Verschließapparat transportiert. In diesem Fall muss der Kontrollraum den relevanten Bereich festlegen, der ein Kontaminationsrisiko für das Produkt darstellt. Alle innerhalb des Kontrollraumes liegenden inneren und äußeren Oberflächen gelten als produktberührt und sind entsprechend hygienegerecht zu gestalten.

9
Grundlegende Gesichtspunkte der hygienegerechten Gestaltung

Bei der Gestaltung von Anlagen, Apparaten, Bauteilen und Geräten nach hygienischen Gesichtspunkten sind eine Reihe von grundlegenden Kriterien zu beachten, deren praktische Anwendung in den einzelnen Konstruktionsbereichen eine wichtige Rolle spielen. Sie sind – unabhängig von der Art des Produktes und des Herstellungsprozesses – essenzielle Voraussetzung dafür, dass Lebensmittel, Pharma- und Bioprodukte mit ausreichender Qualität und mikrobiologischer Sicherheit hergestellt werden können.

Die entscheidende, für den Apparatebau der Lebensmittelindustrie gesetzlich geregelte Forderung sagt ganz allgemein aus, dass produktberührte Bereiche „leicht reinigbar“ gestaltet werden müssen.

Dies kann einerseits zu einem entscheidenden Teil durch die Auswahl geeigneter Konstruktionswerkstoffe erreicht werden. Die Hauptanforderungen besagen, dass sie eine geeignete, hygienegerechte, den jeweiligen Anforderungen entsprechende Oberflächenstruktur gewährleisten müssen und dass sie durch die verwendeten Produkte sowie Reinigungs- und Desinfektionsmittel bei Anwendungstemperaturen und -konzentrationen nicht angegriffen werden dürfen, um eine zeitabhängige Verschlechterung der erreichten Oberflächenqualität zu vermeiden [1]. Dass sie keine toxischen Stoffe enthalten dürfen und dass ein Übergang (Migration) von unbedenklichen Werkstoffsubstanzen in Produkte nur in einem technisch unvermeidbarem Maß erfolgen darf, sind in erster Linie Anforderungen, die durch den Verbraucherschutz vorgegeben sind.

Andererseits kann die „leichte Reinigbarkeit“ durch die Einhaltung bzw. Beachtung grundlegender Konstruktions- und Gestaltungsprinzipien erfüllt werden [2] wie

- die Herstellung geeigneter, ausreichend glatter Mikrostrukturen an produktberührten Oberflächen in Abstimmung mit den charakteristischen Eigenschaften der verwendeten Werkstoffe;
- die Vermeidung von Fehlstellen wie Poren, Risse, Versetzungen und Spalte in nicht sichtbarer, d. h. mikroskopischer Größe an freiliegenden Oberflächen;
- die Vermeidung bzw. Minimierung jeder Art von Spalten sowie von konstruktiv bedingten Unregelmäßigkeiten in mikroskopischer Größe zwischen Kontaktflächen;

Hygienische Produktionstechnologie. Gerhard Hauser
Copyright © 2008 WILEY-VCH Verlag GmbH & Co. KGaA, Weinheim
ISBN: 978-3-527-30307-3

- die Vermeidung von makroskopischen Spalten und Problemstellen;
- die strömungsgünstige Gestaltung von Produktbereichen;
- die selbstablaufende und selbstentleerbare Ausführung von Konstruktionen.

Grundlegende Einflüsse sollen im Folgenden anhand einfacher Skizzen diskutiert werden. Praktische Anforderungen und technische Vorgaben werden später bei Konstruktionselementen und Bauteilen angeführt.

9.1
Einfluss von frei zugänglichen Mikrostrukturen und -fehlstellen

Frei dem Produkt ausgesetzte Oberflächen bilden den Hauptanteil innerhalb von Anlagen, Komponenten und anderen Bauteilen. Sie werden häufig vor allem, weil sie relativ leicht mit eingeführten Methoden beurteilt werden können, als wesentliches Hygienemerkmal von Anlagen herangezogen. Struktur und Verhalten in mikroskopischer, d. h. nicht sichtbarer Größe sind dabei wesentliche Einflussgrößen für die Reinigbarkeit. Sie werden im Allgemeinen durch geometrische Parameter wie Mikroprofil und -struktur sowie physikalisch-chemische Eigenschaften wie Benetzbarkeit gekennzeichnet. Hinzu kommen Fehlstellen wie unsichtbare Poren, Risse, Versetzungen und Spalte, in die Mikroorganismen und anderer Schmutz eindringen können. Da diese Feinstrukturen sowie alle Initialvorgänge der Verschmutzung nicht visuell zu beobachten sind, bleiben sie sowohl in ihrer Art als auch bezüglich ihrer Auswirkungen der üblichen direkten Erfahrung verborgen. Es erfordert daher eine grundlegende Schulung von Konstrukteuren, bei hygienisch relevanten Konstruktionen den Mikrobereich als wesentlich für das Anforderungsprofil einer Konstruktion anzusehen und entsprechend zu berücksichtigen.

Obwohl in einigen Normen und Empfehlungen Anforderungen definiert werden, gibt es eine Reihe ungeklärter Fragen und Problemstellungen, die sich mit dem Einfluss von Mikrostrukturen auf die Reinigbarkeit beschäftigen. Vor allem unter wirtschaftlichen Gesichtspunkten spielt die notwendige Glattheit eine entscheidende Rolle, da zunehmend glattere Strukturen erheblich höhere Kosten verursachen. Im Folgenden sollen daher einige Gesichtspunkte zu dem Problemkreis der Mikrostrukturen angeführt werden.

Abbildung 9.1 zeigt zunächst einige Beispiele unterschiedlicher Profile von Mikrostrukturen an Oberflächen. Sie entstehen in erster Linie durch die Formgebung und werden zusätzlich durch die Materialart beeinflusst. Bei spanabhebender Bearbeitung von makroskopisch homogenen Materialien entstehen mit regelmäßig arbeitenden Verfahren wie Drehen und Fräsen meist relativ gleichmäßige rillenartige Profile mit definiertem Abstand und definierter Richtung (Abb. 9.1a). Durch Abtrag mit Schleifmitteln erzeugt die Körnung unregelmäßige Strukturen die meist ebenfalls gerichtet sind (Abb. 9.1b). Mechanische Strahlverfahren wie Glasperlenstrahlen können bei bestimmten Materialien wie Edelstahl schuppenartige Mikrostrukturen ergeben (Abb. 9.1c). Ähnliche Profile entstehen bei manchen Kunststoffen durch Schälen. Mit chemischen oder elektrochemischen

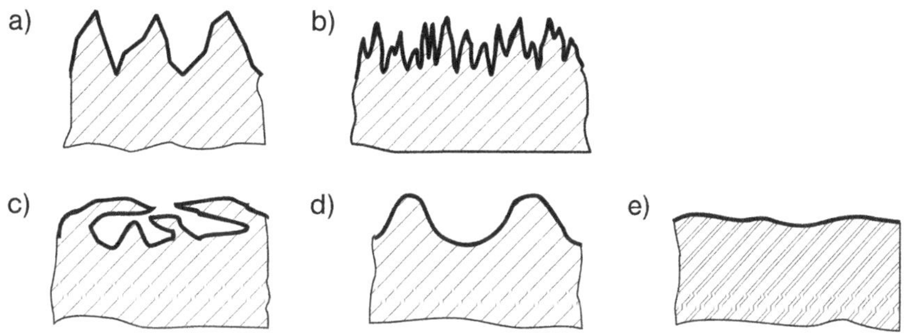

Abb. 9.1 Verschiedenartige Mikrostrukturen von Oberflächen:
(a) regelmäßig zackig (z. B. Feinstdrehen), (b) unregelmäßig zackig (z. B. Schleifen), (c) schuppenartig (z. B. Glasperlenstrahlen), (d) regelmäßig wellig (z. B. elektrochemische Abtragung), (e) glatt, leicht wellig (z. B. Glas- oder Keramikstruktur).

Bearbeitungsverfahren werden bevorzugt Spitzen abgetragen, sodass wellige Profile entstehen (Abb. 9.1d). Durch Erstarren von flüssigen Materialien mit freier Oberfläche, wie es z. B. bei technischem Glas der Fall ist, entstehen sehr glatte, leicht wellige Profile (Abb. 9.1e). Bei Erstarren in Formen wie beim Gießen bildet die Oberfläche einen Abdruck der Mikrostruktur der Gussform. Bei allen Strukturen können Profiltiefe und -abstand in einem großen Bereich variieren.

Beispiele für werkstoffbedingte Problemstellen sind modellhaft in Abb. 9.2 dargestellt. Vor allem in die Tiefe gehende Porenstrukturen ermöglichen das Eindringen und Vermehren von Mikroorganismen. Zum Beispiel wird als Ausgangsmaterial zur Herstellung von Bauteilen durch Sintern kugelartiges oder körniges Granulat verwendet. Dabei können löchrig poröse Kanäle zwischen den

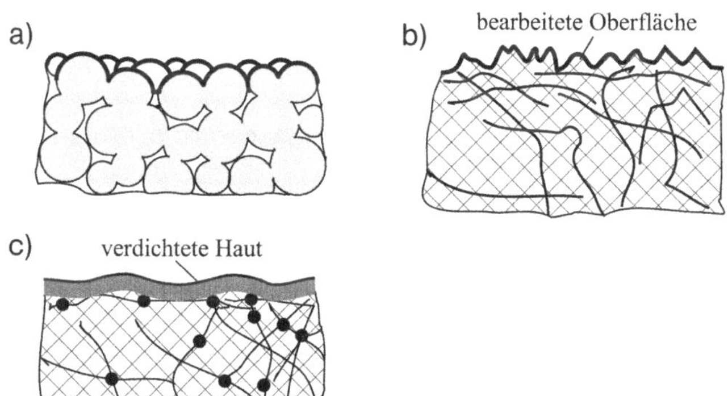

Abb. 9.2 Mikrostrukturen von Kunststoffen:
(a) kugelig porös (gesintert), (b) gewebeartig oder vernetzt und porös (mechanische Bearbeitung), (c) vernetzt wellig und geschlossen (gegossene oder extrudierte Struktur).

Sinterstellen entsprechend Abb. 9.2a entstehen. Für Hygieneanwendungen ist in diesem Fall eine glasartig geschlossene, porenfreie Oberfläche erforderlich, wie sie durch spezielle Behandlungsverfahren zu erreichen ist. Bei Kunststoffen, die aufgrund langkettiger Moleküle trotz Verwendung von Füllstoffen eine poröse Struktur aufweisen, können vor allem bei mechanischer Bearbeitung Poren zur Oberfläche hin geöffnet werden (Abb. 9.2b), die hygienisch nicht zulässig sind. Dagegen bildet sich bei Gieß- oder Extrudierverfahren meist eine geschlossene hygienisch einwandfreie Oberflächenschicht (Abb. 9.2c), deren Mikrostruktur dem Negativ der verwendeten Gussform entspricht.

Einzelne Fehlstellen an freiliegenden Bereichen können gemäß Abb. 9.3 sehr unterschiedlicher Art und Natur sein. Bei neu gefertigten Bauelementen können Ursachen für vereinzelte Poren oder lochförmige Vertiefungen z. B. bei Gussmaterialien (Abb. 9.3a) oder an Schweißnähten (Abb. 9.3b) in Verfahrensfehlern liegen. Versetzungen, Stufen, Kratzer und Riefen im Mikrobereich (Abb. 8.3c) [3] können durch Werkstofffehler, Umformverfahren wie Tiefziehen und mechanische Einwirkungen, z. B. durch Werkzeuge, entstehen. Korrosionserscheinungen bei Metallen lassen sich auf loch- und porenartige Vertiefungen sowie einfache und verzweigte Risse entsprechend Abb. 9.3d zurückführen.

Durch Art und Form der Mikrostrukturen wird einerseits die Verschmutzung bzw. das Eindringen und andererseits das Entfernen von Schmutz bei der Reinigung beeinflusst. Während Schmutzbeläge bei regelmäßigen und welligen

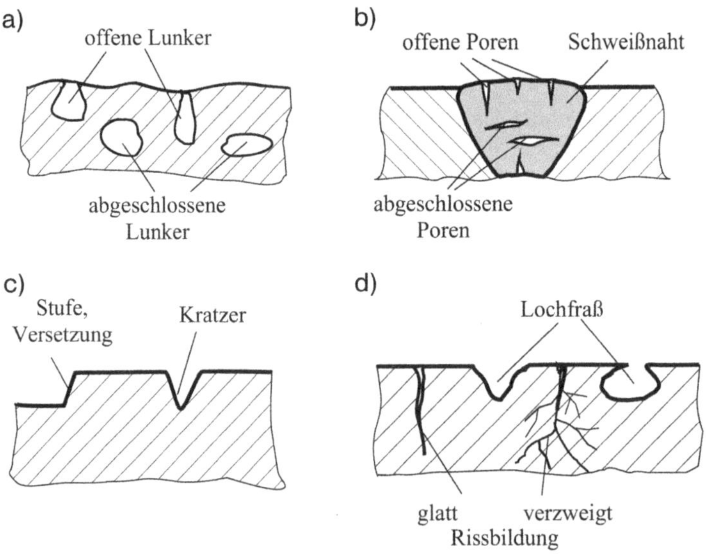

Abb. 9.3 Prinzipielle Darstellung von mikroskopischen Fehlstellen: (a) Gusswerkstoff mit Lunkern, (b) Schweißnaht mit Poren, (c) Oberfläche mit stufenartiger Versetzung und Verletzung durch Kratzer, (d) korrodierte Oberfläche mit lochartigen Vertiefungen und glatten bzw. verzweigten Rissen.

Profilen leicht erreicht werden können, sind sie bei schuppigen und porösen Strukturen unterhalb der Oberfläche geschützt und damit schwer zugänglich. Außerdem besteht zwischen der Art und Eigenschaft der Mikrostruktur und Größe und Verhalten der verschmutzenden und kontaminierenden Substanzen eine Relation in der Weise, dass das Benetzen der Profile und das Eindringen in Vertiefungen damit zusammenhängen. Für Mikroorganismen wie Bakterien mit einer charakteristischen Größenordnung von etwa 1 µm bietet eine Pore von z. B. 50 µm Weite einen ausreichenden Schutz zur ungestörten Vermehrung und kann als Startposition zur Bildung eines Biofilms dienen.

Zusätzlich zu Art und Form von Mikrostrukturen spielt die Benetzbarkeit eine entscheidende Rolle. Vor allem bei der Entleerung von Apparaten nach der Reinigung soll die Menge an Haftwasser so gering wie möglich sein. Hier ist eine Einflussnahme durch die Werkstoffwahl in Zusammenhang mit dem Rauheitsprofil in bestimmten Fällen möglich, wie Ansätze zur Anwendung des Lotuseffektes im Apparatebau zeigen.

Weiterhin sind für den Schmutzabtrag die Effekte der verwendeten Reinigungsverfahren maßgebend. Bei Strömungsreinigung liegt an einer glatten Oberfläche eine laminare Unterschicht vor, die unmittelbar an der Oberfläche die Haftbedingung (Geschwindigkeit „null") erfüllt. Die mechanische Wirkung der Strömung, die durch die Wandschubspannung beurteilt werden kann, reicht nicht aus, um „kleine" Substanzen wie Mikroorganismen (charakteristische Größenordnungen zwischen 10 µm und 0,1 µm) zu entfernen.

Gleiches gilt für sehr „dünne" Schmutzschichten wie z. B. Biofilme im µ-Bereich. Wählt man unter reinigungstechnischen Gesichtspunkten die Rauheit in gleicher Größenordnung wie die charakteristische Abmessung dieser Mikroorganismen oder dünnen Schichten, so ist die wesentliche Aufgabe der Strömung bei der Reinigung erfüllbar, ständig frisches Reinigungsmittel direkt an die Schmutzsubstanzen zu bringen. Durch direkte chemische Einwirkung von aktiven Inhaltsstoffen der Reinigungslösungen auf den Schmutz kann dann eine Umwandlung erfolgen. Außerdem ist es möglich, durch oberflächenaktive Stoffe ein Unterwandern und Ablösen zu erreichen.

Sind die Rauhigkeitswerte erheblich größer, so ist ein Eindringen der Reinigungsmittel in die mit Schmutz benetzten oder gefüllten Vertiefungen der Oberfläche erforderlich. Da die laminare Strömung nicht den Mikrorauheiten folgen kann, sind dort Eindringen, Austausch und Einwirken von Reinigungslösungen nur durch Diffusion aufgrund des Konzentrationsgefälles möglich. Dieser Vorgang bedeutet zusammen mit dem Umwandeln und Abtransportieren von Schmutz einen entsprechenden Zeitaufwand.

Von Einfluss ist in erster Linie die Tiefe der Mikroprofile sowie deren Füllungsgrad mit Schmutz (Abb. 9.4). Die Oberflächenmikrostruktur oder -form kann insofern eine Rolle spielen, als sich z. B. enge tiefe Täler schneller mit Schmutz füllen und tiefere Schichten schützen, während ein welliges Rauheitsprofil gleichmäßiger mit Schmutz belegt wird. Unter Schuppen oder in Poren ist der Schmutz noch erheblich schwieriger erreichbar, sodass solche Strukturen generell zu vermeiden sind. Mikroorganismen in zurückbleibenden Verschmutzungen können

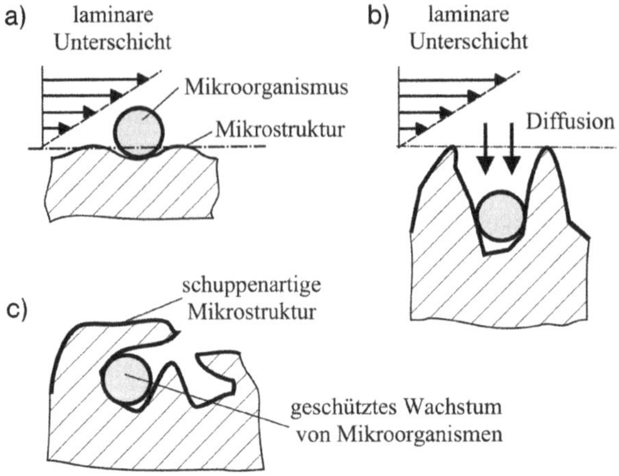

Abb. 9.4 Modellvorstellung zur Anlagerung und Entfernung von Mikroorganismen oder Schmutzpartikeln bei verschiedenen Mikrostrukturen: (a) glatte Struktur, (b) raue Struktur mit Vertiefungen, (c) schuppenartiges Profil.

lediglich durch sterilisierende Mittel (z. B. Dampf) abgetötet werden, wobei das Risiko, dass toxische Substanzen und Stoffwechselprodukte das nachfolgende Produkt kontaminieren, nicht auszuschließen ist.

Bei Spritzreinigung ist ein mechanischer Einfluss dort vorhanden, wo der Spritzstrahl direkt die Oberfläche trifft. Die auf die Oberfläche übertragene kinetische Energie kann bei entsprechender Größe das Aufplatzen und Ablösen von Schmutzschichten bewirken, wie Abb. 9.5 vom Prinzip her verdeutlichen soll. Auch hier ist eine gleichmäßig wellig gestaltete Mikrostruktur günstiger als eine stark gezackte oder schuppenartige, bei der im mikroskopischen Bereich ein Zerstreuen des Strahls verhindern kann, dass die mechanische Wirkung alle Bereiche gleichermaßen trifft.

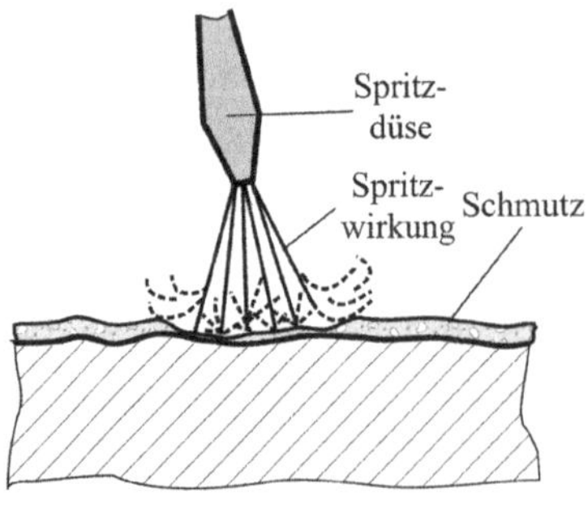

Abb. 9.5 Mechanische Reinigungswirkung durch Spritzreinigung, prinzipielle Darstellung des mechanischen Effektes.

9.2
Aspekte von Mikrostrukturen und -fehlstellen an sich berührenden Stellen

Einen wesentlichen Einflussfaktor auf die Reinigbarkeit bzw. die Rekontaminationsgefahr nach der Reinigung stellen Spalte und Fehler aufgrund von Mikrostrukturen in nicht sichtbarer d. h. mikroskopischer Größenordnung an Stellen dar, die sich berühren und an Produktbereiche angrenzen. Sie können dabei relativ zueinander feststehen, wie es z. B. bei Dichtstellen der Fall ist, oder beweglich angeordnet sein, wie es bei Lagerungen und Führungen notwendig ist.

9.2.1
Feststehende Kontaktstellen

An feststehenden Kontaktstellen sind Art der Werkstoffe, Geometrie und Mikrostrukur der Oberflächen sowie örtliche Flächenpressung entscheidende Größen für die hygienegerechte Gestaltung. Zwei aneinander anliegende Flächen berühren sich aufgrund ihrer Mikrostrukturen zunächst nicht entlang ihrer gesamten Oberfläche, sondern je nach Material und Anpressdruck mehr oder weniger punktuell bis zu teilweise flächigem Kontakt (Abb. 9.6). Aufgrund geometrischer Formabweichungen sind die Berührstellen außerdem nicht gleichmäßig über die Fläche verteilt. Daher können Bereiche, wo nahezu keine Berührung stattfindet, mit Stellen abwechseln, wo intensivere Kontakte vorliegen. Abhängig von der

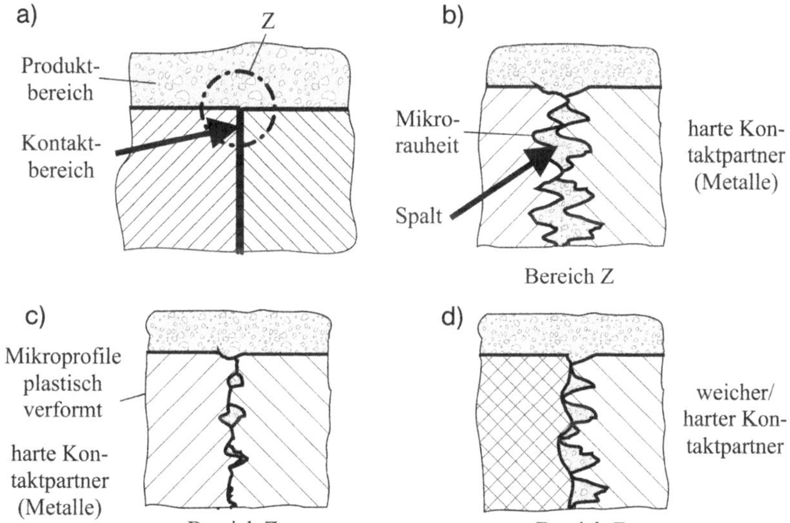

Abb. 9.6 Problemstellen von Kontaktbereichen ohne Relativbewegung: (a) prinzipielle Darstellung des Kontaktbereiches, (b) Spalt durch räumliche Mikrostrukturen bei geringer Anpressung und elastischer Verformung metallischer Partner, (c) Spaltverringerung durch plastische Verformung, (d) verringerte Spaltbildung bei elastischem und hartem Kontaktpartner.

mechanischen Zusammenpressung entstehen dann elastische oder plastische Verformungen der Mikrostrukturen, die zu Vergrößerung der flächigen Berührstellen führen. Gleiches ist auch durch das Eindringen von Mikrostrukturen eines härteren Kontaktpartners in einen weicheren möglich, wobei allerdings Verletzungen der Oberfläche entstehen können.

Abhängig von der Gestaltung und Belastung der Kontaktflächen ergeben sich zwischen den Flächen räumliche Spalte, die durchgehend miteinander verbunden oder teilweise abgeschlossen sein können. Im Ergebnis muss aus konstruktiver Sicht darauf geachtet werden, dass sie möglichst vermieden oder minimiert werden müssen, wenn sie am Produktraum enden. In diesem Fall sind sie in gleicher Weise wie Poren oder Risse in freiliegenden Oberflächen als nicht reinigbar einzustufen. Ist Schmutz in solche kritischen Stellen eingedrungen, so ist eine In-place-Reinigung aufgrund des mangelnden Stoffaustausches praktisch ohne Effekt.

Maßnahmen zur Beseitigung solcher Problemstellen sind von der vorgesehenen Art der Reinigung abhängig (Abb. 9.7). Werden die Flächen wie z. B. bei CIP-Verfahren bei der Reinigung nicht voneinander entfernt, so kann versucht werden, unmittelbar an der Produktseite den höchsten Anpressdruck aufzubringen. Durch Verformung der Kontaktprofile kann eine geschlossene flächige Berührung der Kontaktflächen erreicht und damit eine Spaltbildung vermieden werden. Die Verformung sollte bei demontierbaren Kontaktflächen wie lösbaren Verbindungen zum größten Teil im elastischen Bereich liegen, da ansonsten bei erneutem Kontakt neue undefinierte Verhältnisse im Mikrobereich entstehen. Plastische Verformungen können für dauerhafte Berührung (feste Verbindung) genutzt werden.

Werden die Berührflächen zur Reinigung grundsätzlich voneinander entfernt, um sie zugänglich zu machen, so sind die gleichen Anforderungen wie an freiliegende Stellen zu erfüllen. Allerdings muss kontrolliert werden, ob verformte Mikrobereiche keinerlei Veränderungen aufweisen, die Einschlüsse von Schmutz ermöglichen und durch die Reinigung nicht erfasst werden können.

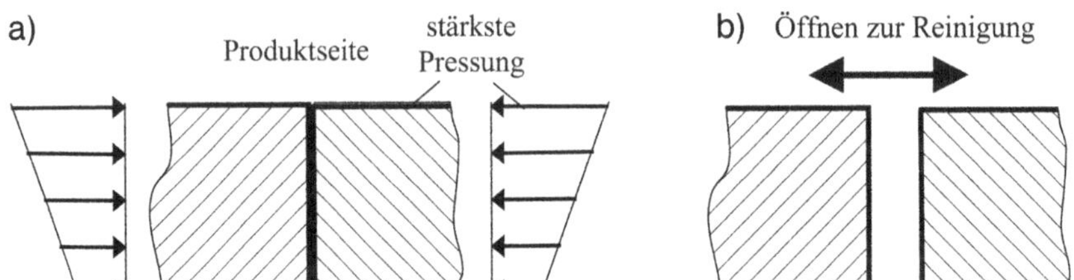

Abb. 9.7 Prinzipielle Möglichkeiten zur Verbesserung der Reinigbarkeit: (a) Minimierung des Mikrospaltes durch höchste Anpressung der Kontaktpartner unmittelbar an Produktseite, (b) Öffnen der Kontaktbereiche zur Reinigung.

9.2.2
Relativ zueinander bewegte Kontaktflächen

Wesentlich problematischer bezüglich der hygienegerechten Gestaltung sind produktberührte Flächen, die aus funktionellen Gründen miteinander in Kontakt stehen und dabei relativ zueinander bewegt werden. Typische Beispiele sind dynamische Abdichtungen von Lagerungen und Führungen, die Längs- oder Drehbewegungen ausführen können. Zu den bisher diskutierten Problemen durch Spaltbildung bei unbewegten Berührflächen kommt in diesem Fall eine Transportwirkung durch die Relativbewegung der Kontaktstellen hinzu. Medien wie z. B. Produkt, die an der bewegten Fläche in Mikrorauheiten anhaften, werden beim Gleitvorgang an der stillstehenden Fläche entlang transportiert und gelangen in einen Bereich, welcher der Reinigung nicht zugänglich ist. Bei flüssigen Medien und höheren Geschwindigkeiten entsteht zusätzlich ein hydrodynamischer Schmiereffekt, der sich in einem dünnen Schmierfilm zwischen den Flächen äußert und die Transportwirkung verstärkt. In jedem Fall ist ein Spalt zwischen den Kontaktflächen unvermeidlich, wie die prinzipielle Darstellung nach Abb. 9.8 verdeutlichen soll.

Zusätzlich zu dem Problem des unzugänglichen Spaltes zwischen den Berührbereichen entsteht eine wesentliche Gefahr durch die Bewegung dann, wenn über den vorhandenen Spalt zusammen mit der Bewegung eine Verbindung zwischen einem „Hygieneraum" (Produktraum) und einem unreinen Raum wie der kontaminierten Umgebung entsteht. In diesem Fall ist durch die Transportwirkung eine Kontamination des Hygienebereiches nicht zu vermeiden (Abb. 9.9).

Hygienic-Design-Maßnahmen können verschiedene Zielrichtungen in Abhängigkeit der erforderlichen Hygienestufen haben. Konstruktiv am einfachsten ist es, die bei der Bewegung entstehenden Transportmengen zu minimieren, indem man versucht durch entsprechende Materialauswahl in Kombination mit der Gestaltung der Gleitflächen eine möglichst gute Abstreifwirkung zu erreichen. In diesem

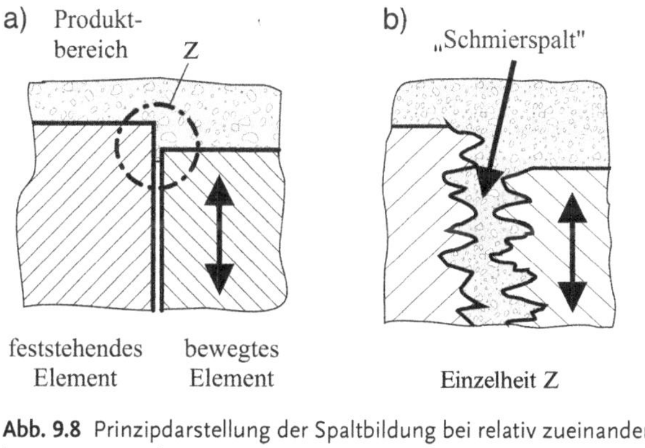

Abb. 9.8 Prinzipdarstellung der Spaltbildung bei relativ zueinander bewegten Kontaktpartnern:
(a) prinzipielle Situation bei hin- und hergehender Bewegung,
(b) Mikrospalt mit Misch- bzw. flüssiger Reibung und Produkttransport im Spalt.

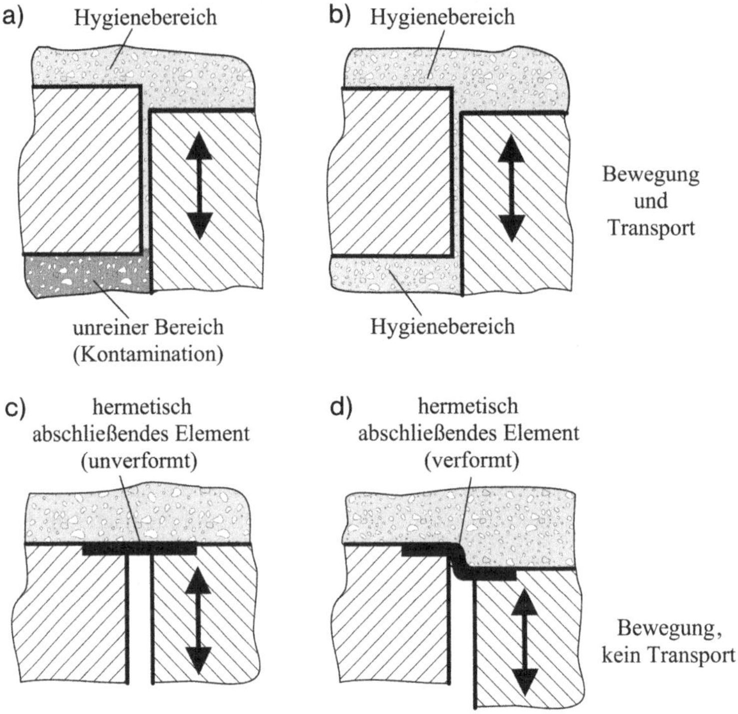

Abb. 9.9 Prinzipielle Hygienesituation bei unterschiedlichen konstruktiven Lösungen:
(a) Kontamination bei Transport zwischen unterschiedlichen Hygienebereichen (Mikroorganismen und Substanzen), (b) Vermeidung mikrobiologischer Kontamination bei gleichen Hygienestufen (nur Transport von Substanzen möglich), (c) und (d) Vermeidung jeglichen Transports durch hermetischen Abschluss des Transportbereiches.

Fall kann die Gefahr einer Kontamination nicht ausgeschlossen werden. Sie muss daher im Rahmen einer Risikobewertung für Produkt und Prozess abgeschätzt werden. Eine verbesserte Maßnahme besteht darin, die kontaminierte Umgebung dadurch auszuschalten, dass man dort ebenfalls hygienische Bedingungen gleicher Stufe wie im Produktbereich schafft. Dabei wird nicht vermieden, dass Substanzen durch den Gleitspalt hindurch transportiert werden. Muss ein solcher Transport z. B. wegen Reinheitsanforderungen an Produkte völlig ausgeschlossen werden, so muss der Spalt zwischen den Kontaktflächen völlig beseitigt werden, indem man sogenannte hermetische Abdichtungen verwendet. Die bewegten Teile werden in diesem Fall über ein elastisches Element, das die Bewegung zulässt und sowohl für sich als auch an den Befestigungsstellen hygienegerecht gestaltet sein muss, fest miteinander verbunden. Die beiden letztgenannten Lösungen sind für aseptische Verhältnisse geeignet, bei denen ein Eintritt von Kontaminanten in den Produktraum generell vermieden werden muss.

9.3
Einflüsse makroskopischer Spalte und anderer konstruktiver Problemstellen

Makroskopische Spalte und Toträume können sowohl zwischen nicht bewegten als auch relativ zueinander bewegten Flächen entstehen. Sie sind in den meisten Fällen auf eine herkömmliche konstruktive Gestaltung zurückzuführen, bei der Hygienic Design keine Rolle spielt. Als Hygienerisiko sind sie dann einzustufen, wenn sie mit dem Produktraum in irgendeiner Weise, z. B. über Mikrostrukturen, in Verbindung stehen und nicht reinigbar sind. Ursachen können funktionsbedingte Toleranzen für Ausdehnungs- oder Bewegungsvorgänge bei Anwendung bestimmter Materialien sein. So benötigen z. B. elastische Dichtungen in Dichtungsnuten entsprechende Dehnungsräume, um eine thermische Ausdehnung zu ermöglichen, oder Gewinde – vor allem bei nicht gleitenden Materialien wie Edelstahl – entsprechend großes Spiel, um die Schraubbewegung zu gewährleisten. Da die Funktion sichergestellt sein muss, bleibt für solche Bereiche häufig nur die Möglichkeit übrig, hygienegerechte Lösungen durch alternative Gestaltung zu finden. Als generelles Prinzip muss das Vermeiden bzw. Schließen von Spalten zum Produktbereich hin gelten. Ein Beispiel in Form einer Prinzipdarstellung zeigt Abb. 9.10. Bei der mittleren Skizze liegt zwischen den beiden abzudichtenden Flächen und dem Dichtelement ein mikroskopischer Spalt aufgrund der Kontaktstellen vor, der dadurch entsteht, dass die Dichtstelle nicht unmittelbar am Produktraum liegt. Durch Wärmeeinflüsse kann er sich gemäß der linken Darstellung zu einem makroskopischen Spalt erweitern. Eine mögliche prinzipielle Lösung des Problems kann entsprechend der rechten Darstellung durch Umgestaltung von Dichtstelle und Dichtelement erfolgen, die durch Anordnung unmittelbar am Produktbereich eine Kompensation der Spalte ermöglicht. Das Beispiel soll nicht als optimale Gestaltung der Dichtung dienen.

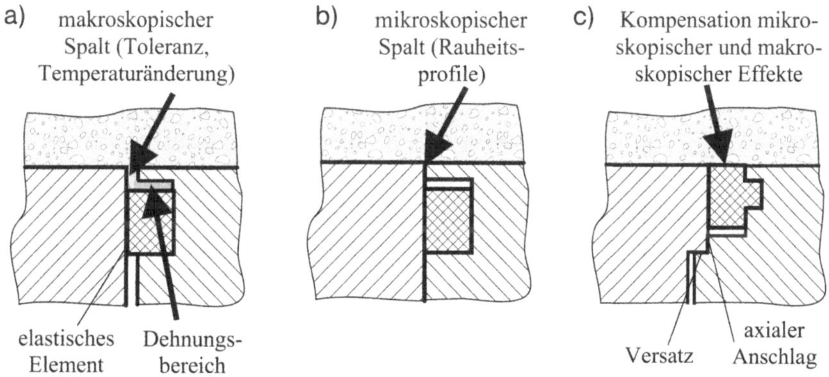

Abb. 9.10 Prinzipdarstellung makroskopischer Spalte:
(a) Spalt durch Temperaturänderung zum Produktbereich offen (Kontamination),
(b) mikroskopischer Spalt in Verbindung mit Dehnungsbereich (Kontaminationsgefahr),
(c) Vermeidung der Spaltbildung durch elastisches Element direkt am Produktbereich.

9.4 Strömungsbedingte Einflüsse

In Bereichen, in denen Fließvorgänge entweder aufgrund von Produktbewegungen oder wegen flüssiger In-place-Reinigung stattfinden, können Probleme durch ungünstige Strömungsverhältnisse entstehen. Stellen dieser Art sind zunächst alle Ecken und Kanten, an denen bei Flüssigkeiten eine Ablösung der Strömung mit Wirbelbildung und Totbereichen entsteht, die wegen mangelnden Austausches sowohl Ansätze von Schmutz als auch ungenügende Reinigung zur Folge haben. Grundlegende Beispiele für ungünstige Strömungsverhältnisse sind in Abb. 9.11 dargestellt. Meist wird hier je nach Winkel zwischen äußeren (Winkel > 180 °) und inneren Ecken (Winkel < 180 °) unterschieden, da sich abhängig davon unterschiedliche Reinigbarkeitsverhältnisse einstellen. Ein Abrunden mit möglichst großen Radien oder großzügiges Abschrägen von äußeren Kanten führt zu erheblich verbesserten Bedingungen. Man muss allerdings zur Kenntnis nehmen, dass z. B. bei einer Erweiterung eines Querschnitts nur in einem Winkelbereich von etwa 6–10 ° (halber Konuswinkel bei Rohrströmung) bei Wasser ein Anliegen der Strömung erreicht werden kann. Solche Bedingungen können in den meisten Fällen bei der konstruktiven Gestaltung nicht eingehalten werden, sodass entsprechende konstruktive Kompromisse geschlossen werden müssen.

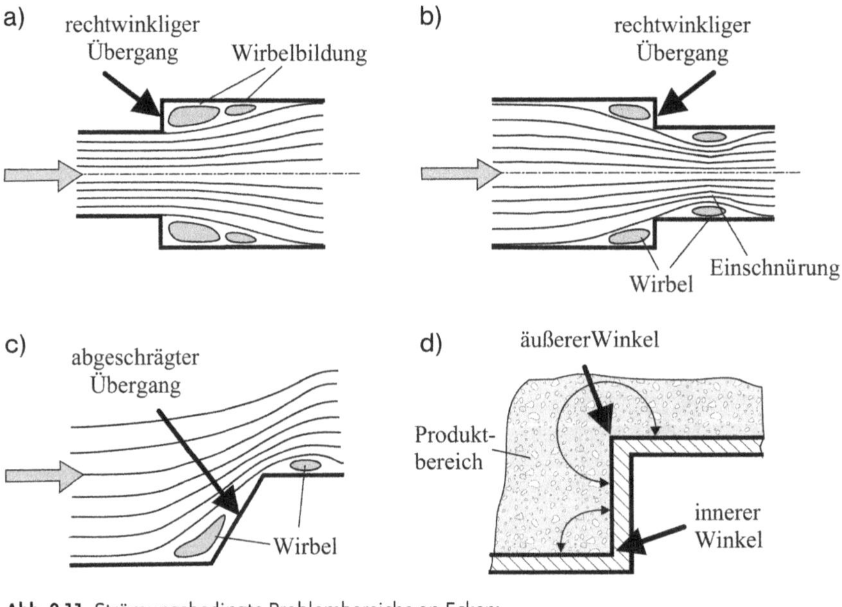

Abb. 9.11 Strömungsbedingte Problembereiche an Ecken:
(a) Strömung bei rechtwinkliger Erweiterung,
(b) Strömung bei rechtwinkliger Verengung,
(c) Strömung an geneigter Wand,
(d) Skizze zur Definition äußerer und innerer Winkel.

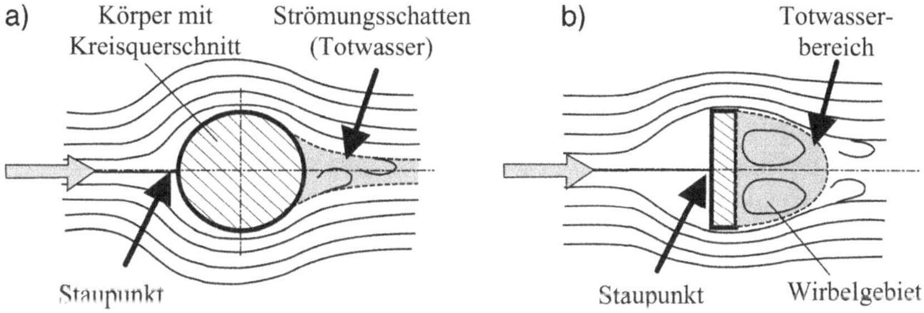

Abb. 9.12 Umströmung von Körpern und prinzipielle Darstellung der Schattenwirkung: (a) zylindrischer Körper, (b) Körper mit Rechteckquerschnitt.

Weitere Problemzonen entstehen bei der Umströmung von Körpern. Dabei spielt meist der Staupunkt auf der Anströmseite die geringere, aber durchaus zu berücksichtigende Rolle, wie praktische Untersuchungen gezeigt haben. Der größere Einfluss entsteht auf der Seite des Strömungsschattens, wo ebenfalls Strömungsablösungen und damit verbundene Schmutzanlagerungen sowie verminderte Reinigungswirkung zu verzeichnen sind (Abb. 9.12). Es gilt daher, solche Bauelemente möglichst strömungsgünstig, d. h. mit geringem Nachlaufbereich, zu gestalten. Für die Reinigung ist es hilfreich, wenn die Strömungsrichtung gewechselt werden kann. Vor allem bei rotationssymmetrischen Körpern ist eine Verbesserung zu erzielen, wenn man der Strömung eine Rotationsströmung um den Körper überlagern kann.

Auch bei gekrümmten Wandbereichen treten bereits Ablösungen auf, was zu Totwasserzonen mit Schmutzablagerungen führt, wie Abb. 9.13a verdeutlichen soll. Auch wenn beiderseits der Strömung oder wie bei Rohrkrümmern geschlossene Wände mit kreisförmigem Querschnitt existieren, ergeben sich ebenfalls entsprechende Beeinflussungen. Das gravierendste Problem im Strömungsbereich entsteht jedoch durch Toträume in Form von Rücksprüngen oder tot endenden Rohrstücken (Abb. 9.13b), die nicht ausreichend durchströmt werden. Je nach Anströmrichtung und Abmessung der Toträume bilden sich Wirbel, die die Ablagerung von Schmutz begünstigen und die Reinigung durch mangelnden

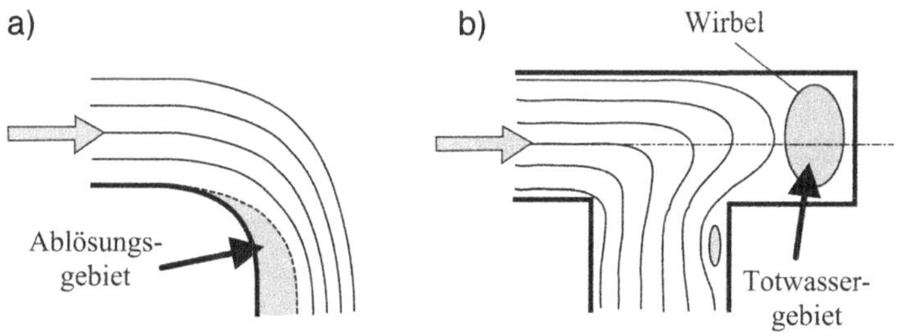

Abb. 9.13 Strömungsumlenkung: (a) Strömung entlang gekrümmter Wand, (b) Strömung in T-Stück mit totem Ende.

Flüssigkeitsaustausch erheblich behindern. Je tiefer solche Toträume sind, desto mehr Wirbel können sich bilden, die mit abwechselnder Drehrichtung umlaufen und mit zunehmender Anzahl aufgrund von Dissipation langsamer werden.

Dem Konstrukteur können in vielen Fällen bei der Auslegung von Bauelementen unter strömungstechnischen Gesichtspunkten Berechnungsergebnisse ganz wesentlich helfen, die bereits anhand eines Konstruktionsentwurfes erstellt werden können. Mithilfe moderner Computerprogramme lassen sich Geschwindigkeitsverteilungen und Wandschubspannungen ermitteln. Der Vorteil ist, dass man die Auswirkung von Änderungen in der Gestaltung bis ins Detail vergleichend gegenüberstellen kann, ohne jeweils einen Prototyp der Konstruktion zu benötigen. Das Vorgehen, das ohne ausreichende Kenntnisse zu falschen Aussagen führen kann, hat den Vorteil, schnell abänderbar zu sein, wobei man eine komplette Übersicht über den Strömungsverlauf einschließlich Wirbelbildung usw. erhält.

9.5
Nicht selbsttätig ablaufende und selbstentleerbare Bereiche

Generell ergeben sich in Bereichen, in denen Produkt z. B. nach Entleerung von Anlagen und Apparaten oder Wasser nach der Reinigung stehen bleiben können, hygienische Probleme z. B. in Form von Wachstum von Mikroorganismen in Pausen. Es wird daher auch gesetzlich gefordert [4], dass bei Produktwechsel oder in notwendigen längeren Pausen ein völliges Entleeren von Apparaten und Anlagen sicherzustellen ist. Problemstellen sind in erster Linie horizontale Flächen gemäß Abb. 9.14, auf denen dünne Restfilme zurückbleiben können. Zusätzlich sind durch Fertigungstoleranzen und -fehler leichte Welligkeiten ebener Bereiche nicht völlig zu vermeiden, durch die der Effekt noch verstärkt wird. Auch hori-

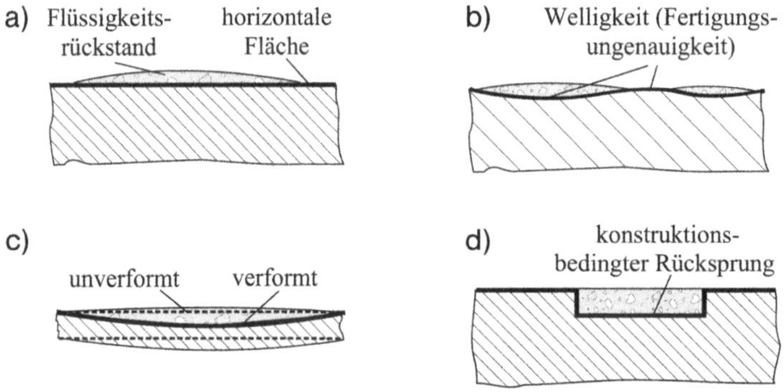

Abb. 9.14 Problembereiche durch behindertes Ablaufen oder Entleeren:
(a) horizontale Fläche,
(b) horizontale Fläche mit herstellungsbedingter Welligkeit,
(c) Durchbiegung horizontaler Bereiche bei Temperaturdehnung,
(d) Rücksprung in horizontaler Ebene.

zontale Stellen zwischen Schweißnähten mit geringen zulässigen Überhöhungen verhindern das Ablaufen von Flüssigkeiten. Weiterhin ist von konstruktiver Seite darauf zu achten, dass Verformungen aufgrund von Temperaturänderungen wie Durchbiegungen das Ablaufen oder Entleeren behindern können und deshalb zu berücksichtigen sind. Bei Bauteilen ist in diesem Zusammenhang besonders auf die Einbaulage zu achten, um nicht entleerbare Stellen wie tote Enden an Rohrleitungen oder Rücksprünge und Vertiefungen an Apparaten zu vermeiden.

Es ist daher ein grundlegendes Gestaltungsprinzip, alle produktberührten horizontalen Oberflächen entsprechend zu neigen und innerhalb von Anlagen und Apparaten einen tiefsten Punkt zu definieren, zu dem hin ein Abfließen erfolgt und eine Entleerung stattfinden kann. Bei Einzelapparaten kann bei Entleerungsproblemen auch eine Entleerungsstellung, z. B. durch Kippen oder Drehen, vorgesehen werden, um das Ablaufen von Flüssigkeiten sicherzustellen.

9.6
Wertung der unterschiedlichen Problembereiche

In der Praxis kann man häufig den Fehler beobachten, dass Anlagen und Apparate unter hygienischen Aspekten nach ihrer Oberflächenqualität beurteilt werden. Sie bilden flächenmäßig den Hauptanteil von eventuellen Problemstellen, in dem die Mikrostruktur eine wesentliche Rolle spielt. Vor allem im Pharmabereich sollen Oberflächen „spiegeln", um Verschmutzungen besser indirekt erkennen zu können. Deshalb stellt man häufig in Bezug auf Oberflächenrauheit bzw. -glattheit überzogene Forderungen an den Hersteller. Aufgrund von fehlender Erfahrung mit anderen Konstruktionsdetails wird viel Geld für glattere Oberflächen investiert, während Bereiche, die wesentlich einflussreicher auf die Reinigbarkeit sind, außer Acht gelassen werden.

Die praktische Erfahrung mit Hygienetests und Betriebskontrollen zeigt, dass ein wesentlich größerer Anteil an Kontaminationen von mikroskopischen Spalten an ruhenden und bewegten Berührstellen von Werkstoffen, d. h. von Dichtungen, herrührt. Da dort eine Reinigung ohne Zerlegung dieser Stellen kaum wirksam wird, können sich dort vor allem Mikroorganismen geschützt und ungestört vermehren. Deshalb beginnt das Wachstum von Biofilmen häufig in solchen Spalten und breitet sich dann erst in Oberflächenbereiche aus. Dies bedeutet wiederum, dass der Einsatz von hygienegerecht gestalteten Dichtungen in einer Apparatur eine wesentliche Voraussetzung für erhöhte Forderungen an die Oberflächenqualität ist.

Gefahren und Risiken für nicht ohne Zerlegen zu beseitigende Verschmutzungen steigen mit der Größe von nicht reinigbaren Spalten, die sichtbar, aber eventuell verborgen sein können. Dazu gehören Spalte, die entweder durch Temperatureinflüsse während des Betriebes entstehen oder auf notwendige größere Toleranzen zurückzuführen sind, wenn z. B. bei Schrauben Edelstahl gegenüber Edelstahl bewegt werden muss und nicht ausreichend geschmiert werden kann.

Als nächste Kategorie in der Stufung nach Größenordnungen und damit steigenden Mengen an kontaminierenden Substanzen sind Totbereiche anzusehen, die von Zonen der Strömungsablösung über Strömungsschatten bis hin zu nicht reinigbaren Vertiefungen und toten Enden von Rohrleitungen reichen.

Damit ist eine gewisse Wertigkeit der Hygienegefahren durch konstruktive Problembereiche gegeben. Eine hygienegerechte Konstruktion zeichnet sich dadurch aus, das alle Gefahrenstellen grundsätzlich erkannt und durch konstruktive Lösungen so weit wie möglich beseitigt sind.

10
Grundlegende Konstruktionselemente

Bei der Gestaltung von Maschinen und Apparaten spielen grundlegende Konstruktionselemente, häufig auch als Maschinenelemente bezeichnet, eine wesentliche Rolle. Dabei ist es entscheidend, dass bereits bei der Detailkonstruktion Gesichtspunkte der hygienegerechten Gestaltung berücksichtigt werden. Sie sind neben allgemein üblichen Konstruktionsregeln eine entscheidende Voraussetzung zum Erreichen leicht reinigbarer Verhältnisse in hygienerelevanten Bereichen der Lebensmittel-, Pharma- und Bioindustrie, um kontaminationsfrei und den Anforderungen des Verbraucherschutzes entsprechend produzieren zu können.

10.1
Produktberührte Oberflächen

Bei den grundlegenden Konstruktionselementen steht neben der Werkstoffwahl die Beschaffenheit und Gestaltung von Oberflächen an vorderster Stelle. Dabei werden besondere Anforderungen an produktberührte Oberflächen gestellt, auf die hauptsächlich im Folgenden eingegangen wird. Verschmutzung, Reinigbarkeit und Rekontaminationsrisiko sind von entscheidender Bedeutung bei der Herstellung von Produkten. Der Nicht-Produktbereich muss aufgrund geringerer Hygienerelevanz nicht denselben Status erreichen, obwohl bei einem Betrieb mit generellen Hygieneanforderungen auch dieser Bereich leicht reinigbar zu gestalten ist. Wesentliche Probleme im Bereich von Mikrostrukturen wurden vom Prinzip her bereits in Kapitel 9 angesprochen. Nunmehr soll unter praktischen Gesichtspunkten auf die konkrete Gestaltung von Oberflächenstrukturen und die Beeinflussung ihrer hygienerelevanten Eigenschaften eingegangen werden.

In der Praxis wird produktberührten Oberflächen in hygienerelevanten Produktionsbereichen im Verhältnis zu anderen Konstruktionselementen ein besonders hoher Stellenwert zugemessen, was oft nicht gerechtfertigt ist. Dies liegt häufig daran, dass freiliegende produktberührte Oberflächen einen direkten Zugriff für Reinigungsmedien während des Reinigungsprozesses ermöglichen und der Reinigungseffekt dort auch meist kontrollierbar ist. Dabei ist es wichtig, die Anforderungen an Mikrostrukturen und Gestaltung genau zu definieren und nicht von

Hygienische Produktionstechnologie. Gerhard Hauser
Copyright © 2008 WILEY-VCH Verlag GmbH & Co. KGaA, Weinheim
ISBN: 978-3-527-30307-3

vornherein zu hoch anzusetzen. In Spalten, unzugänglichen Ecken, Totzonen und anderen Problemstellen, die nicht zugänglich sind und dementsprechend auch die Reinigung erschweren, ergeben sich Gefährdungen, die ein wesentlich höheres Risikopotenzial beinhalten. Daher sollte die geforderte Glattheit von Oberflächen stets in Relation zur generell erreichbaren oder erreichten Gesamtgestaltung eines hygienerelevanten Bereichs gesehen und bewertet werden.

Neben der Korrosionsbeständigkeit hängen einerseits z. B. das Haftvermögen von Mikroorganismen, Produktresten und -belägen, der Aufbau von Krusten sowie das Entstehen von Biofilmen und andererseits das Reinigungsverhalten von der Oberflächenqualität in Zusammenhang mit den Eigenschaften des Werkstoffes ab. Hinzu kommt, dass die Oberflächenqualität meist nur einen Anfangs- oder Ausgangszustand darstellt, der durch mechanischen Verschleiß, chemischen Angriff, Alterungsprozesse bei manchen Kunststoffen und andere Effekte, die während der Produktion auftreten, meist in negativer Richtung verändert wird.

In der Praxis bestehen für Oberflächenqualitäten im Allgemeinen entsprechende Vorgaben, die sich auf Leitlinien, Betriebsnormen oder betriebsinterne Erfahrungen stützen. In vielen Fällen werden gut zugängliche Oberflächen zur Validierung der Reinigung herangezogen. Wie bereits erwähnt, sollte jedoch die Problematik nicht übersehen werden, dass an konstruktiven Problemstellen von Apparaten und Komponenten häufig ein höheres Hygienerisiko vorliegen kann, das entweder nicht genügend bekannt ist bzw. zu dessen Bewertung keine ausreichenden Anforderungsprofile vorliegen.

10.1.1
Feinstruktur von produktberührten freien Oberflächen

Trotz bestehender allgemeiner Erfahrungen stellt sich für die Praxis die entscheidende Frage, wie eine Oberfläche strukturell zu gestalten, zu charakterisieren und zu bewerten ist, um das unerwünschte Anhaften von Bestandteilen der herzustellenden Produkte zu minimieren, die letztendlich nach Produktionsende als zu entfernende Anlagerungen bzw. „Schmutz“ zurückbleiben und Mikroorganismen einen willkommenen Nährboden bieten. Dies ist sowohl für die Minimierung der Verschmutzungseffekte als auch die Optimierung des Reinigungsvorgangs von entscheidender Bedeutung und letztendlich ein entscheidender wirtschaftlicher Aspekt. An der Oberfläche anhaftende, schwer entfernbare Substanzen sind in hygienerelevanten Bereichen ganz allgemein organische und anorganische Substanzen in Submikrongröße. Aus dem organischen Bereich sind vor allem Mikroorganismen sowie Proteine, Fettbeläge und zelluläre Reststücke aus Produkten zu erwähnen. Als anorganische Substanzen sind in erster Linie krustenbildende Stoffe auf Oberflächen wie Kalk oder Bierstein maßgebend, die aus flüssigen Produkten auskristallisieren. In trockenen Prozessen stellen feinste Partikel aus Pulvern den Schmutzanteil, die sowohl organischer als auch anorganischer Natur sein können. Eine Gewährleistung der Reinigbarkeit und eventuell der Sterilität von Oberflächen kann sowohl seitens des Anlagenherstellers als auch des Anwenders nur dann übernommen werden, wenn man Materialkenngrößen anwenden kann, die die Reaktionen an den Grenzflächen beim Verschmutzen und Reinigen ausreichend wiedergeben [1, 2].

10.1.1.1 Beschreibung der Oberflächentopographie

Zur topographischen Charakterisierung von Oberflächen sind in den vergangenen Jahren eine Reihe von ISO-Normen veröffentlicht worden, die eine weitgehend genaue geometrische Beschreibung zum Teil mithilfe statistischer Methoden anhand von verschiedenen Tastschnitten ermöglichen. In DIN EN ISO 4287, Teil 1 [3], werden unterschiedlich Anteile der Oberflächengestalt in Form von Rauheit und Welligkeit definiert. Aus einem Tastschnittmessergebnis (Oberflächeprofil) wird durch Filtration mit einem langwelligen Profilfilter nach DIN EN ISO 11 562 [4] das Rauheitsprofil gewonnen, das alle kurzwelligen Anteile enthält, während langwellige entfernt sind. Aus diesem Profil berechnet sich der arithmetische Mittenrauwert *Ra* zu

$$Ra = 1/l \int_0^l |Z(x)| \, dx \tag{1}$$

Durch Abtrennen der kurzwelligen Profilanteile mit entsprechenden Profilfiltern erhält man aus dem Primärprofil das Welligkeitsprofil, für das ebenfalls ein arithmetischer Mittenwert der Welligkeit *Wa*

$$Wa = 1/l \int_0^l |Z(x)| \, dx \tag{2}$$

bestimmt werden kann. Auch quadratische Mittelwerte wie z. B. der quadratische Mittenrauheitswert

$$Rq = \sqrt{\left(1/l \int_0^l Z^2(x) \, dx\right)} \tag{3}$$

werden in der Norm definiert. Zusätzlich kann die Amplitudendichte der jeweiligen Profile ermittelt werden, die angibt, in welchem Maße die verschiedenen Amplitudenanteile in der Gesamtheit des betrachteten Profils enthalten sind. Bei wiederkehrenden Mustern (z. B. Drehrillen), die in dem Tastschnitt erkennbar sind, kann auch die mittlere Rillenbreite aus dem Profil ermittelt werden. In Abb. 10.1 ist ein Beispiel für die einzelnen Profile sowie in Abb. 10.2 die Amplitudendichtekurve entsprechend DIN EN ISO 4287 dargestellt. In DIN EN ISO 13 565, Teil 3 [5] wird der Auswertevorgang zur Ermittlung von Parametern aus Tastschnittprofilen mithilfe der linearen Regression der Wahrscheinlichkeitsdichtekurve beschrieben. Die Analyse soll in erster Linie für funktionsrelevante Oberflächen (z. B. Gleitflächen) Aussagen für die Regelung des Herstellungsprozesses liefern.

Die Angabe der Oberflächenbeschaffenheit in der technischen Produktdokumentation, z. B. in technischen Zeichnungen, wird im DIN EN ISO 1302

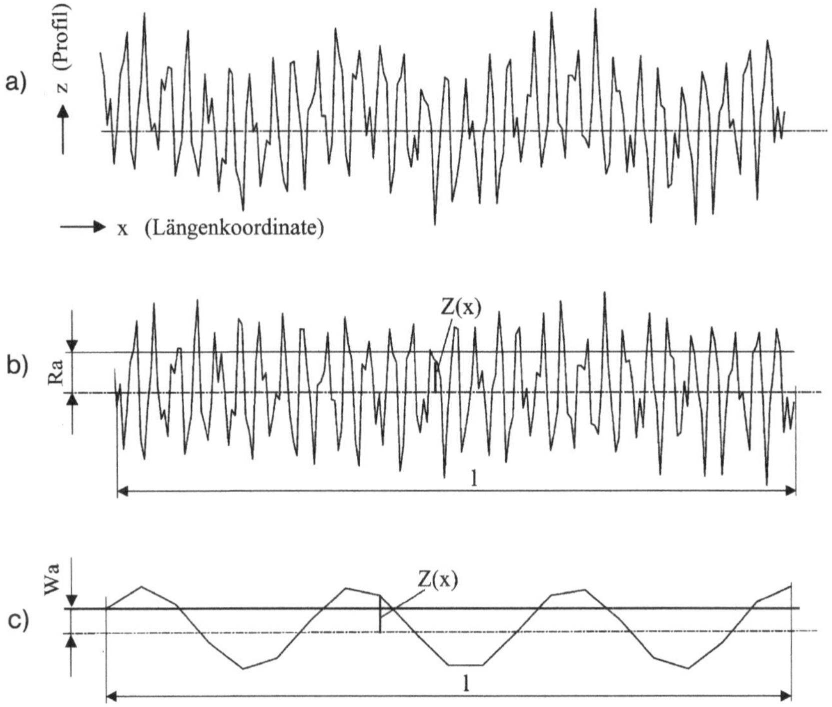

Abb. 10.1 Oberflächenprofile und DIN-Definition der Rauheitswerte:
(a) mit Tastschnittverfahren gemessenes Profil (ungefiltert),
(b) Rauheitsprofil (mit Tiefpass gefiltert),
(c) Welligkeitsprofil (mit Hochpass gefiltert).

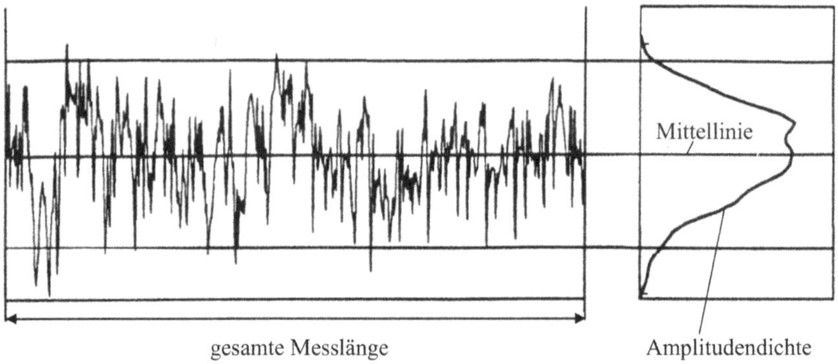

Abb. 10.2 Amplitudendichtekurve nach DIN EN ISO 4287.

[6] geregelt. Symbole in Verbindung mit Rauheitswerten sowie der Angabe, in welcher Richtung die Werte einzuhalten sind, kennzeichnen die vorgeschriebene Oberflächenqualität in Zeichnungen und Dokumentationen zur Herstellung von Bauteilen entsprechend Abb. 10.3.

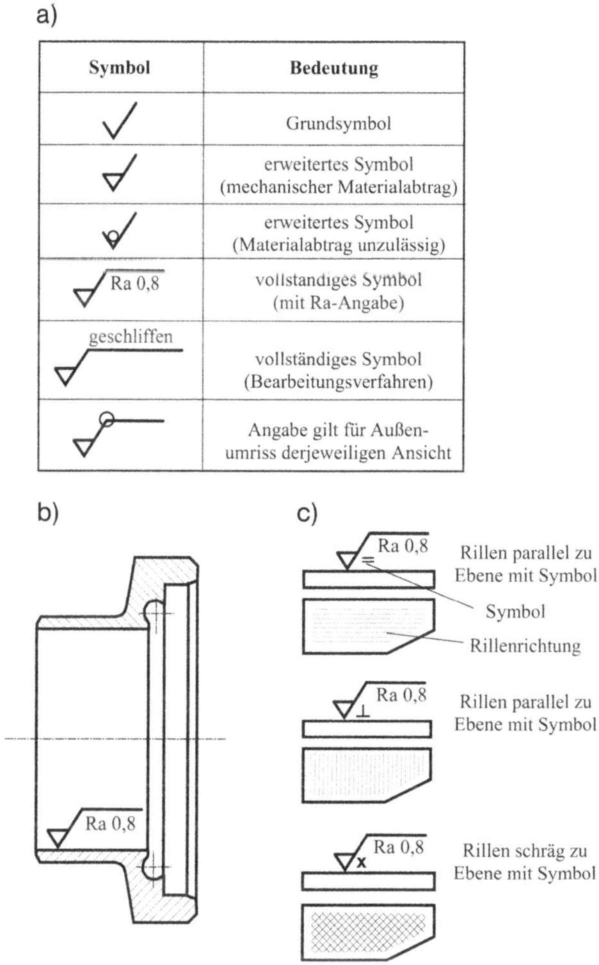

Abb. 10.3 Kennzeichnung der Oberflächenbeschaffenheit in der technischen Produktdokumentation nach Entwurf DIN EN ISO 1302: (a) Bedeutung der Symbole, (b) Beispiel der Kennzeichnung, (c) Festlegung der Bearbeitungsrichtung.

Nach DIN 17 440 bzw. der neuen DIN EN 10 088-2 [7] werden die Ausführungsarten von Oberflächen für Fertigerzeugnisse aus rostfreiem Edelstahl, wie Bleche, Bänder, nahtlose und geschweißte Rohre, durch Kurzzeichen angegeben. In Tabelle 10.1 ist ein Auszug aus der Norm zusammengestellt, um einen Einblick in die damit verbundene Beschreibung der Oberflächenqualitäten zu geben. In der Norm DIN 4766 [8], die seit Längerem zurückgezogen ist, wurde außerdem ein Zusammenhang zwischen den Oberflächengüten des gewählten Fertigungsverfahrens und der Rauheit *Rz* bzw. *Ra* hergestellt, wie auszugsweise in Abb. 10.4 dargestellt ist. Die Norm ist deshalb nicht mehr gültig, weil einerseits

Tabelle 10.1 Ausführungsarten von Oberflächen nicht rostender Stähle für Bleche, Bänder und Rohre nach DIN EN 10 088 bzw. DIN 17 440.

Kurzzeichen		Ausführungsart (Behandlung)	Oberflächenbeschaffenheit	Bleche	Bänder	Nahtlose Rohre	Geschweißte Rohre
DIN EN 10 088	DIN 17 440						
1E	c1 (II a)		metallisch sauber, geringfügige Oberflächenfehler zulässig	×	×	×	
2H	f (III a)	mechanisch oder chemisch entzundert, kaltgeformt, nicht wärmebehandelt	glatt und blank (wesentlich glatter als nach Ausführung c1)	×	×	×	
2D	h (III b)	wie f, zusätzlich wärmebehandelt und gebeizt	glatter als bei Ausführung c1 und weitgehend frei von Oberflächenfehlern	×	×	×	
2R	m (III a)	wie f, zusätzlich blankgeglüht und eventuell leicht nachgewalzt; bei Rohren: zunderfrei wärmebehandelt	glänzend und glatter als bei Ausführung h	×	×	×	
2B	n (III c)	wie h, zusätzlich leicht nachgewalzt und blankgezogen (ziehpoliert)	matt und glatter als bei Ausführung h	×	×	×	
1G/2G	o (IV)	geschliffen	Art und Grad des Schliffes sind bei Bestellung zu vereinbaren	×	×	×	×
1P/2P	p (V)	poliert	Güte und Art der Politur sind bei Bestellung zu vereinbaren	×	×	×	×
1J/2J	q	gebürstet mustergewalzt (dessiniert)	seidenmatt eingeprägte Muster	× ×	× ×	×	×

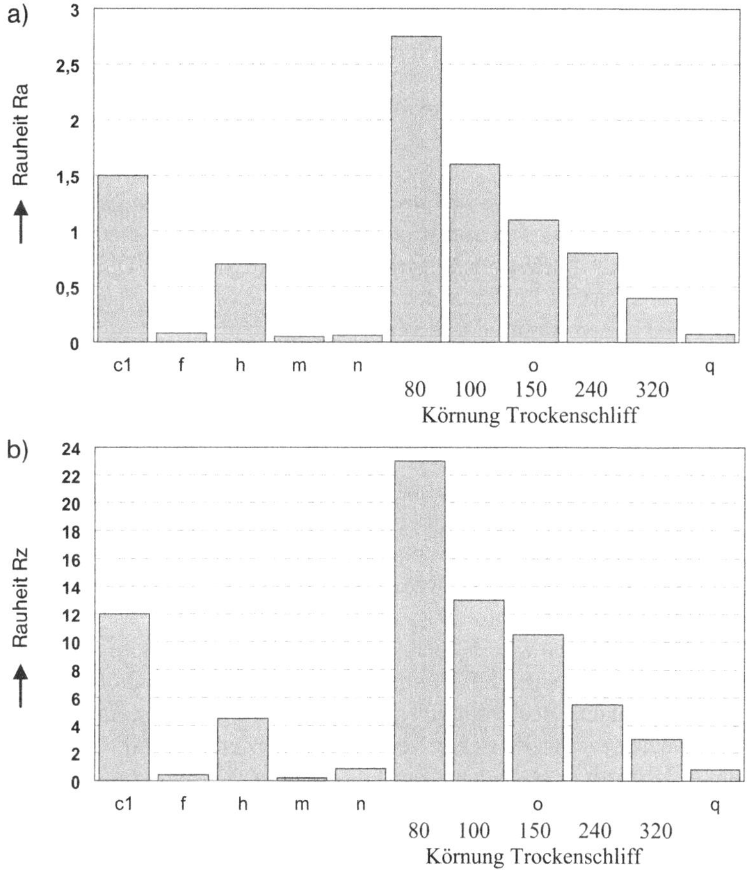

Abb. 10.4 Zusammenhang zwischen den Oberflächengüten des gewählten Fertigungsverfahrens und Rauheitswerten [8]: (a) Mittenrauwert *Ra*, (b) maximaler Rauwert *Rz*.

Änderungen in den Verfahren eingetreten sind. Andererseits kann wegen der Vielfalt der Einflussgrößen bei der Bearbeitung keine eindeute Zuordnung erfolgen. Grundlegend kann jedoch entnommen werden, in welcher Größenordnung z. B. die Körnigkeit von Schleifmitteln zu wählen ist, um z. B. einen Rauheitswert von $Ra = 0{,}8$ µm zu erreichen.

Neben der Rauhigkeit stellt die Porosität oder Porigkeit für produktberührte Oberflächen ein wesentliches Merkmal dar. Unter hygienischen Aspekten sind Oberflächenporen entscheidend, da in sie Schmutz einschließlich Mikroorganismen eindringen kann. Solche Poren können werkstoffabhängig vor allem bei Gusswerkstoffen, metallischen und anderen Oberflächenbeschichtungen, bei Schweißnähten, Keramik, Email und vor allem Kunststoffen auftreten. Die Porigkeit von metallischen und anderen anorganischen Schichten wird im DIN EN 13 143 [9] definiert. Unter Porigkeit werden in diesem Zusammenhang

Löcher, Poren, Risse oder andere Oberflächenfehler verstanden, die Unterbrechungen in der Oberflächenschicht darstellen und den Grundwerkstoff freilegen. Eine Charakterisierung der Abmessungen von Poren, deren maßgebenden Einflussgrößen in Durchmesser, Tiefe und unter der Oberfläche liegender Form zu sehen sind, wird nicht gegeben.

10.1.1.2 **Hygienische Anforderungen an produktberührte Oberflächenstrukturen**

Die beschriebenen Charakterisierungsmöglichkeiten für Oberflächen ergeben noch keinen nutzbaren Zusammenhang mit der Reinigbarkeit von Oberflächen. Hierbei spielt vor allem die Kenntnis des Verhaltens von Mikroorganismen, der aus ihnen entstehenden Biofilme und von anderem Schmutz auf unterschiedlichen Oberflächenstrukturen und Werkstoffen eine entscheidende Rolle. Dabei gilt das überwiegende Interesse Edelstahloberflächen von Apparaten, da sie zum einen den größten Anteil im Bereich der Prozesstechnik ausmachen, zum anderen die Edelstahlbearbeitung einen entscheidenden Kostenfaktor darstellt.

Für ein gezieltes Vorgehen bei der Gestaltung und Bearbeitung von Oberflächen müssen praktikable Kenngrößen, die bei der Reinigung entscheidend sind, für Apparatehersteller und Anwender nutzbar sein. Die Reinigung hat nicht nur ein Abtöten von Mikroorganismen (Sterilisieren), sondern in erster Linie das Entfernen (Abreinigen) von Schmutz zum Ziel.

Als Beurteilungsmaßstab wird zurzeit im Allgemeinen der Mittenrauwert Ra des Rauheitsprofils der Oberfläche herangezogen. Seine relevante Größe wird in Abhängigkeit der Qualität des Produktes, seiner mikrobiologischen Gefährdung sowie der erforderlichen hygienischen Verhältnisse bei der Reinigung aufgrund praktischer Erfahrungen festgelegt. Bei Edelstahloberflächen wird z. B. ein Höchstwert von $Ra < 0{,}8$ µm gefordert [10], der sich im Wesentlichen auf zwei Begründungen stützt: Der entscheidende Grund ist, dass bei Wahl solcher Rauheitsverhältnisse die Abmessungen von Mikroorganismen, von denen die größte Kontaminationsgefahr ausgeht, in der gleichen Größenordnung wie die Rauheiten selbst liegen. Sie sind damit einem chemischen Angriff durch Reinigungsmittel direkt zugänglich und nicht in enge Rauheitstäler eingebettet und durch andere Schmutzbestandteile geschützt, wenn offene Strukturen vorliegen oder sie nicht selbst einen Biofilm entwickeln (Abb. 10.5). Ein zweite Begründung betrifft die Tatsache, dass kaltgewalzte Edelstahlbleche und -bänder als Hauptkonstruktionselemente des Apparatebaues diese Rauheitsanforderungen erfüllen und sich in der Praxis als leicht reinigbar erweisen. Im Bereich der Pharmaindustrie werden häufig noch kleinere Rauheitswerte gefordert, die derzeit bis in Bereiche von $Ra = 0{,}2$ µm gehen.

Für Transportbehälter für flüssige Lebensmittel werden nach DIN 10 502, Teil 1 [11], für produktberührte Oberflächen bei Verwendung kaltgewalzter Bleche die Qualitäten h oder besser, für warmgewalzte Bleche c2 oder besser verlangt. Oberflächen bzw. Bearbeitungsstellen, die nicht der walzglatten Ausführung entsprechen, d. h. bearbeitet sind, sollen bei kaltgewalzten Blechen eine Rauheit von $Ra < 1{,}6$ µm und bei warmgewalzten Blechen $Ra < 3{,}2$ µm erreichen. Im Bereich milchwirtschaftlicher Maschinen werden nach DIN 11 480 [12] für produktberühr-

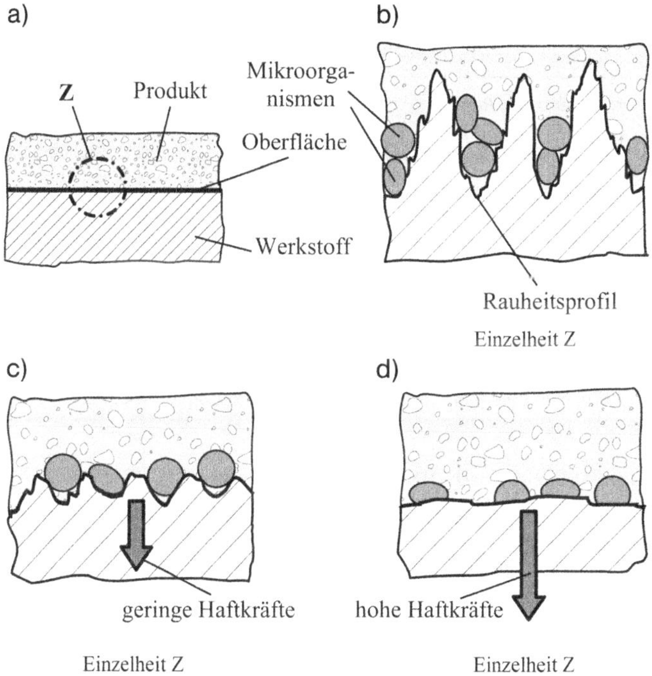

Abb. 10.5 Prinzipielle Darstellung der Größenordnung von Rauheiten und Mikroorganismen bezüglich der Relevanz für die Reinigbarkeit.

Tabelle 10.2 Rauheitsanforderungen an produktberührte Oberflächen von milchwirtschaftlichen Maschinen nach DIN 11 480.

Anforderungsstufe	Arithmetischer Mittenrauwert *Ra* [µm]	Anwendungsbeispiel
A	< 1,0	Produktbehandlung
B	< 0,6	Produktlagerung, Prozessbehälter
C	< 0,2	besondere mikrobiologische Anforderungen

te Oberflächen von Tanks und Behältern drei unterschiedliche Kategorien von mittleren Mindestrauheiten empfohlen, die in Tabelle 10.2 wiedergegeben werden. Die VDMA-Empfehlung 24432 für Komponenten und Anlagen für keimarme oder sterile Verfahrenstechniken [13] definiert 7 Sterilklassen entsprechend Tabelle 10.3, wobei Werte für *Ra* und *Rz* festgelegt werden.

Der Normentwurf DIN 11 866 [14] enthält für Rohre aus nicht rostenden Stählen, die im Aseptik-, Chemie- und Pharmabereich eingesetzt werden, fünf verschiedene Rauheitsklassen, deren Rauheitswerte von *Ra* = 1,60 µm bis

Tabelle 10.3 Empfehlungen für Oberflächen von Komponenten und Anlagen für keimarme oder sterile Verfahrenstechniken (VDMA 24432).

Sterilklasse	Mittenrauwert *Ra* [µm]	Gemittelte Rautiefe *Rz* [µm]
1	unbearbeitet	unbearbeitet
2	3,2	16
3	1,6	6,3
4	0,8	4,0
5	0,4	2,5
6	0,2	1,6
7	nach Vereinbarung	nach Vereinbarung

Tabelle 10.4 Rauheitsempfehlungen nach DIN 11 866 für Rohre aus nicht rostendem Stahl für die Bereiche Aseptik, Chemie und Pharmazie.

Hygieneklasse	H1	H2	H3	H4	H5
Innere Oberfläche *Ra* in µm	< 1,60	< 0,80	< 0,80	< 0,40	< 0,25
Äußere Oberfläche	Gebeizt oder blankgeglüht ohne besondere *Ra*-Vorgaben oder *Ra* < 0,80 µm geschliffen				

Ra < 0,25 µm reichen. Eine Übersicht in abgekürzter Form ohne die zugeordneten Herstellungsverfahren ist in Tabelle 10.4 enthalten.

Wie die Ausführungen zeigen, werden zurzeit Anforderungsprofile für die Oberflächenqualität generell auf Rauheitskennwerte wie den *Ra*-Wert gestützt. Diese werden mit dem genormten und deshalb in der Fertigung üblichen mechanischen Tastschnittverfahren bestimmt, wie bereits oben beschrieben. Dabei entsteht das Problem, dass die Beurteilung der Reinigbarkeit aufgrund eines Linienscans erfolgt und nicht die komplizierte, dreidimensionale „wahre" Struktur der Oberfläche berücksichtigt wird. Außerdem kann der Tastschnitt zum einen bei gerichtet bearbeiteten Oberflächen (Drehen, Schleifen) völlig unterschiedliche Ergebnisse aufzeigen (Abb. 10.6), je nachdem ob man z. B. in Bearbeitungsrichtung oder senkrecht dazu misst. Es ist daher sinnvoll, den geforderten *Ra*-Wert als maximale Größe anzunehmen, die bei Messung in der ungünstigsten Richtung einzuhalten ist. Zum anderen können sich für völlig unterschiedliche Strukturen entsprechend Abb. 10.7 (wellig, spitz) gleiche Mittenwerte ergeben, obwohl das Reinigungsverhalten durchaus völlig unterschiedlich sein kann. Schuppenartige oder gewebeartig-poröse Strukturen, die sich praktisch nicht reinigen lassen, werden bei diesen Beurteilungsverfahren überhaupt nicht erkannt. Ein weiteres Problem besteht darin, dass sich Tastschnittverfahren mit modernen hochauflösenden mikroskopischen Methoden (AFM, LSM, REM) nicht quantitativ vergleichen lassen.

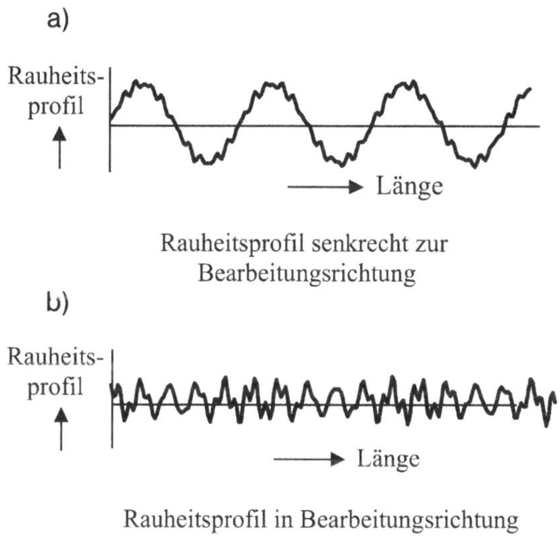

Abb. 10.6 Rauheits-Scan:
(a) senkrecht und (b) parallel zur Bearbeitungsrichtung.

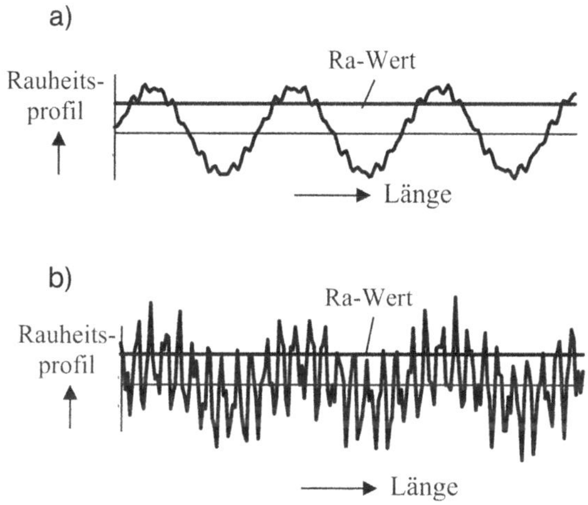

Abb. 10.7 Unterschiedliche Rauheitsprofile mit gleichen *Ra*-Werten:
(a) wellige Struktur mit geringer überlagerter Rauheit,
(b) raue Struktur mit Spitzen und tiefen Tälern.

Die Reinigbarkeit einer Oberfläche lässt sich daher nach praktischen Erfahrungen nicht allein durch Rauheitswerte wie *Ra* erfassen. Eine gut reinigbare Oberfläche zeichnet sich z. B. zusätzlich durch weite Abstände der Rauheitsberge und -täler sowie abgerundete Profilformen aus. Nach neueren Untersuchungen verursachen solche Oberflächen nur geringe Wechselwirkungen mit bestimmten Produkten, sodass eine Belagbildung erschwert bzw. die Reinigung begünstigt wird.

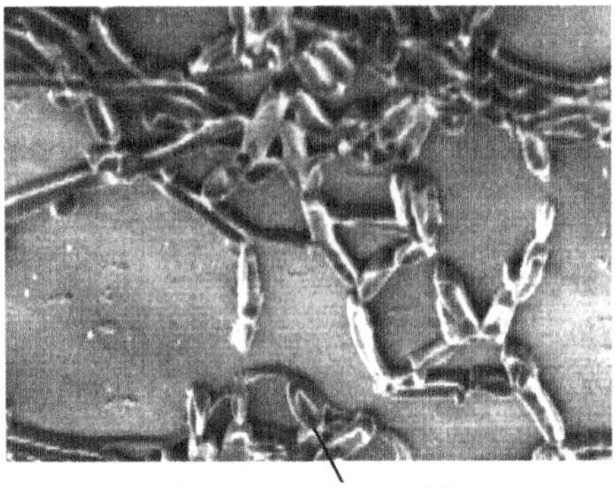

Abb. 10.8 Beispiel einer Koloniebildung von Mikroorganismen (Hefen) auf glatter Oberfläche.

Die Prozesse im Grenzbereich zu Oberflächen, die zu den obigen Erfahrungswerten und Aussagen führen und deren Kenntnis sie begründen helfen, werden bei den derzeit üblichen Kennzeichnungen nicht berücksichtigt. Man kann sie in drei Bereiche aufspalten: die Materialoberfläche selbst, die an ihr anhaftenden Bestandteile und – im Fall von Flüssigkeiten (flüssige Produkte, Reinigungsmittel) – die hydrodynamische Grenzschicht, die ganz entscheidend den Transport in unmittelbarer Nachbarschaft zur Oberfläche beeinflusst. Die Adhäsion als Wechselwirkungsenergie hängt von der Geometrie der miteinander reagierenden Partner, ihrer Anordnung und ihrer elektrischen Eigenschaften ab. Darüber hinaus verändern Deformationen der Oberfläche (z. B. bei Elastomeren) sowie von Substanzen (z. B. Mikroorganismen, Biopolymere usw.) bei Annäherung an Materialoberflächen den Wert der Anziehung durch Van-der-Waals-Kräfte. Die Abb. 10.8 zeigt ein Beispiel einer Mikroorganismenkolonie auf einer glatten Oberfläche [15], wo die Besiedlung keiner vom Werkstoff vorgegebenen erkennbaren Richtung folgt.

Bereits eine Abschätzung der strukturell beeinflussten Adhäsionsfläche kann die reinigungs- und steriltechnisch relevante Frage zwischen der Rauheit und dem Besiedelungsgrad von Mikroorganismen teilweise beantworten, wobei als Folge Biofilmwachstum mit selbständigen schwer angreifbaren Schutzmechanismen entstehen kann [16]. Die integrale Betrachtung der Oberflächenstruktur könnte nach [17] ein Optimum der Oberflächenrauheit (Abb. 10.9a) in Bezug auf die Größe der von Mikroorganismen besiedelten Fläche und damit der Reinigbarkeit liefern. Dabei wird davon ausgegangen, dass die Rauheitsstruktur der Oberfläche nur bestimmte Besiedelungskonfigurationen zulässt. Auch die von theoretischen Grundlagen ausgehenden Überlegungen in Zusammenhang mit Haftkräften an rauen Oberflächen (Abb. 10.9b) weisen prinzipiell auf die Möglichkeit eines Rauheitsoptimums hin. Beide nur qualitativ dargestellten Effekte könnten miteinander in bestimmter Weise in Zusammenhang stehen. Grundsätzlich stellt sich deshalb die Frage, ob die Forderung von immer glatter werdenden Oberflächen von praktischer Relevanz ist. Eine extrem glatte Oberfläche könnte infolge dieses Optimums stärker adhäsiv wirken und von Mikroorganismen stärker besiedelt

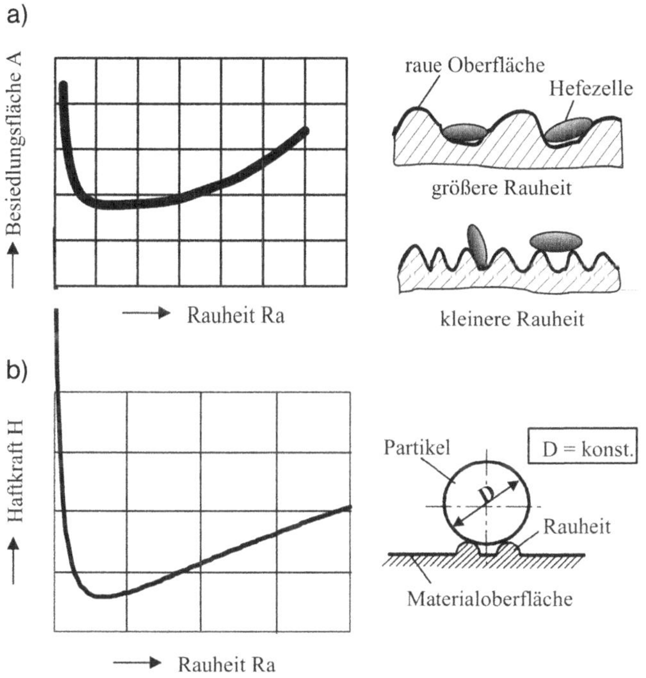

Abb. 10.9 Verhalten der mittleren Rauheit in Abhängigkeit von:
(a) der Besiedlungsfläche von Mikroorganismen und
(b) der theoretischen Haftkraft an einer rauen Oberfläche.

werden als eine im Verhältnis rauere Oberfläche. Umgekehrt könnte damit eine rauere Oberfläche leichter reinigbar sein als eine zu glatte.

Zurzeit liegen in diesem Zusammenhang unterschiedliche praktische Ergebnisse vor, die zum Teil nicht ausreichend abgesichert sind. Zum Beispiel weisen ältere Versuche von Timperley [18] nicht die geschilderte Tendenz auf. Seine Ergebnisse, die mit verschieden bearbeiteten Rohrinnenflächen bei einer mittleren Strömungsgeschwindigkeit während der Reinigung von $v = 1{,}5$ m/s erzielt wurden, ergaben mit geringer werdendem *Ra*-Wert ein besseres Reinigungsverhalten (Abb. 10.10).

In Zusammenhang mit der Diskussion höherer Rauheitswerte wird häufig der Lotuseffekt zitiert. Die raue, aber nanostrukturierte Oberfläche auf den Lotusblättern (Abb. 10.11) zeigt eine auffallend gute Reinigbarkeit. Die regelmäßige Grobstruktur, deren *Ra*-Wert im Bereich von 5 µm liegen kann, ist zusätzlich mit einer Mikrostruktur im Nanobereich überzogen, die nicht dargestellt ist. Allerdings ist zu bemerken, dass der Effekt des Lotusblattes wesentlich auch auf der schlechten Benetzbarkeit der Rauheiten beruht, die von einer Wachsschicht überzogen sind. Dadurch entsteht ein großer Benetzungswinkel, sodass z. B. Wassertropfen eine nahezu kugelförmige Gestalt annehmen und damit von Rauheitsspitze zu Rauheitsspitze überspringen, sodass eine Benetzung der Rauheitstäler verhindert

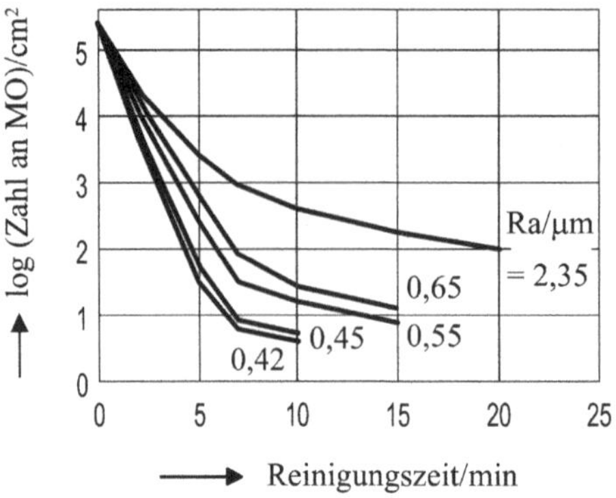

Abb. 10.10 Reinigungsverhalten in Abhängigkeit des Rauheitswert *Ra* (nach [17]).

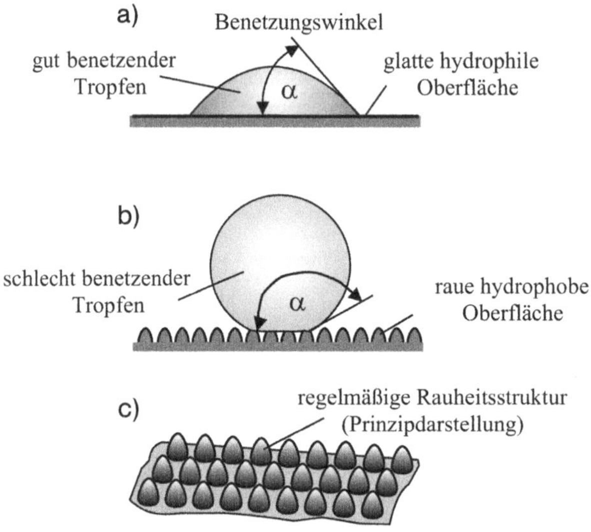

Abb. 10.11 Zur leicht reinigbaren Struktur der Rauheit von Lotusblättern:
(a) Wassertropfen auf hydrophiler glatter Oberfläche (Benetzungswinkel α klein),
(b) Tropfen auf hydrophober rauer Oberfläche (α groß),
(c) regelmäßig strukturierte raue und hydrophobe Oberfläche des Lotusblattes.

wird. Damit entsteht ein Abperlen von Flüssigkeiten von der Oberfläche. Von entscheidender Bedeutung für den Reinigungseffekt ist dabei das Dreiphasensystem: Oberfläche – Luft – Flüssigkeitstropfen, das die Benetzbarkeit bestimmt.

Die Abb. 10.12 nach Barthlott [19] soll den Unterschied der Wirkung einer genoppten, hydrophoben Oberfläche gegenüber einer glatten, hydrophilen aufzeigen. Auf wasserabstoßenden rauen Oberflächen zerfließen Wassertropfen nicht, sondern nehmen angenähert Kugelform an, wobei der Kontaktwinkel des Tröpfchens hierbei praktisch allein von der Oberflächenspannung des tropfbaren Materials abhängt. Schmutzpartikel, die die Oberflächen kontaminieren können,

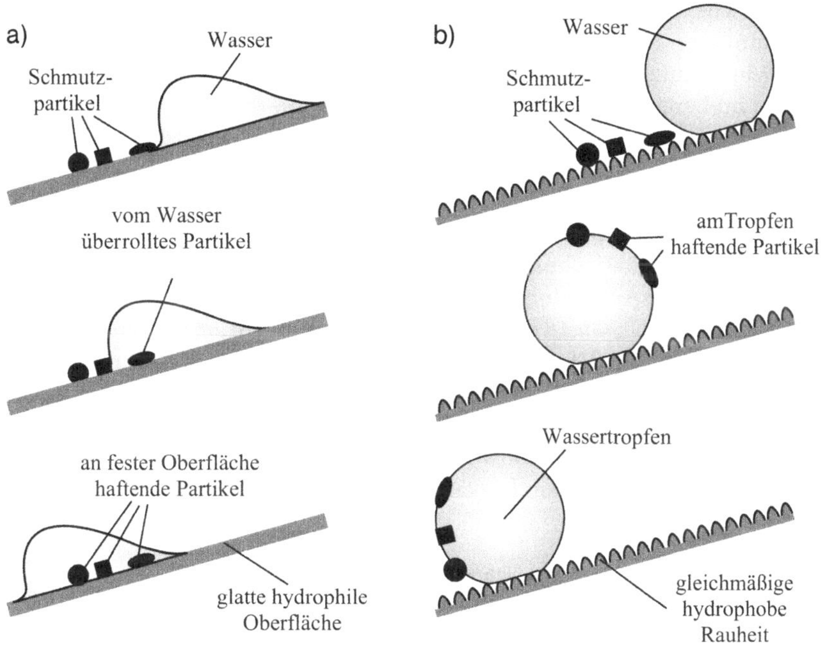

Abb. 10.12 Erläuterung des Reinigungseffektes nach [18]:
(a) Tropfen auf glatter, hydrophiler Oberfläche,
(b) Verhalten des Tropfens auf rauer, hydrophober Oberfläche (Lotuseffekt).

sind meist leichter benetzbar als die hydrophobe raue Oberfläche. Außerdem sind sie im Allgemeinen größer als die submikroskopischen Oberflächenstrukturen und ruhen meistens nur auf den Spitzen der Noppenstruktur. Somit wird die Berührzone zwischen Oberfläche und Kontaminationspartikel minimiert. Wenn ein Tropfen über ein solches Partikel rollt, reduziert sich die Oberfläche des Tropfens relativ zur Luft, die Absorptionsenergie erhöht sich, und das Partikelchen haftet an dem Tropfen. Es könnte davon nur dann entfernt werden, wenn die Adhäsionskraft zwischen Festkörperfläche und Partikel größer wäre als die zwischen Partikel und Wassertropfen. Dies ist aber nicht der Fall, weil die Grenzfläche zwischen Partikel und der rauen Oberfläche sehr klein ist. Deshalb bleibt das einmal überrollte Partikel „eingefangen“ und wird von dem abrollenden Wassertropfen mitgetragen. Praktisch folgt daraus, dass die Kombination von hydrophobem Oberflächenverhalten, gleichmäßigen noppenartigen Rauheiten und Lufteinschluss zwischen diesen Rauheiten eine Oberflächensituation schafft, die es abrollenden Wassertropfen erlaubt, praktisch alle Verschmutzungspartikel wegzutragen [20].

Auf einer glatten, nicht hydrophoben und nicht genoppten Oberfläche dagegen zerfließt der Wassertropfen. Da die Adhäsionskraft zwischen Partikel und Oberfläche nun relativ höher ist, bleiben die Partikel an der Oberfläche haften und werden nur überflossen.

Praktische Anwendungen, die mit einer Umsetzung des Effektes erfolgreich sind, umfassen Keramikgegenstände wie Waschbecken, Wandfarben für Häuser und Windschutzscheiben von Kraftfahrzeugen. Zurzeit finden auch Entwicklungen im Bereich von rostfreiem Edelstahl statt, wo man sich z. B. Erfolge im Bereich der Sprühreinigung von Behältern oder bei Apparaten, deren Oberflächen in Gasumgebung wie z. B. Luft berieselt werden, erhofft. Erkenntnisse über den Einfluss der Rauheiten im rein flüssigen System sind noch nicht ausreichend vorhanden, beruhen ansonsten aber auf den oben erwähnten Aussagen über die Abschätzung von Besiedlungsflächen sowie der Oberflächenhaftkräfte.

Bei praktischen Anwendungen hat sich allerdings auch gezeigt, dass z. B. Tropfen, die nicht von der Oberfläche abrollen können, sondern auf ihr stehen bleiben, verdunsten und Rückstände wie z. B. Kalkreste hinterlassen. Diese verändern das hydrophobe Oberflächenverhalten, sodass nachfolgende Tropfen tiefer zwischen die noppenartige Struktur eindringen können. Auf diese Weise ist mit der Zeit eine Benetzung und eventuelle Verschmutzung in den Rauheitstälern möglich, die nicht wieder entfernt werden kann.

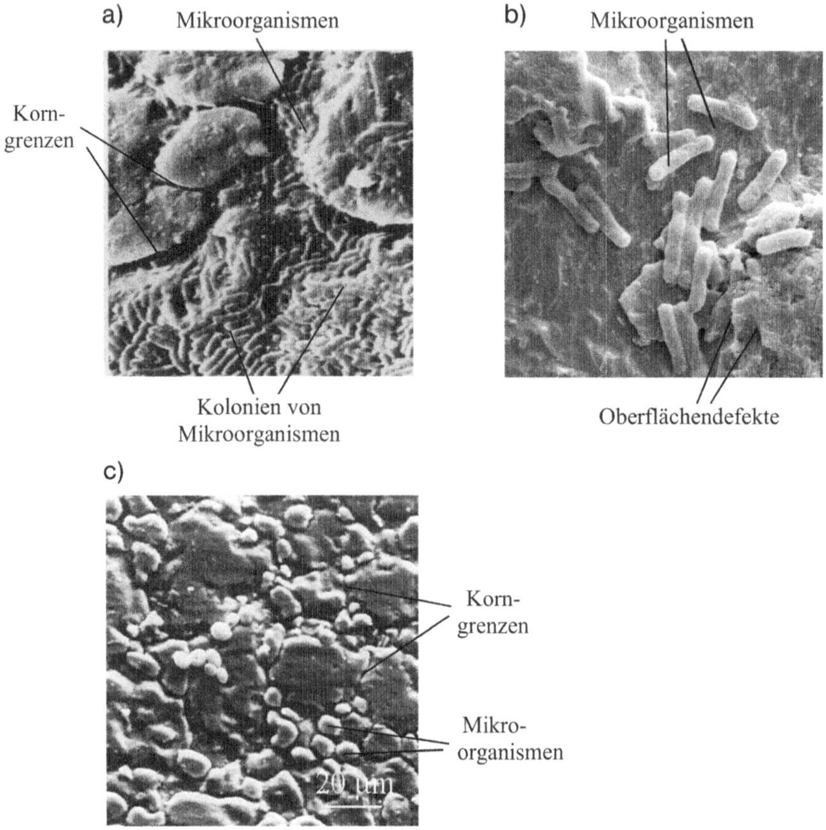

Abb. 10.13 Besiedelungsorte und -verhalten von Mikroorganismen auf Edelstahloberflächen.

Eine ganz wesentliche Kenngröße zur Charakterisierung der Wechselbeziehungen zwischen Oberflächenstruktur und Verschmutzung bzw. Reinigung stellt die Oberflächenenergie dar, die in der geometrischen Größe „Rauheit" in keiner Weise berücksichtigt wird. Sie kann als Materialkenngröße zur Beschreibung der energetischen Verhältnisse verwendet werden, die die Effekte der Anhaftung z. B. von Mikroorganismen an einer Oberfläche wiederspiegeln. Wesentlich für die Oberflächenenergie einer wässrigen Lösung ist auf der einen Seite die Van-der-Waals-Anziehung und auf der anderen Seite die Dipol-Dipol-Wechselwirkung entsprechend hydrophiler/hydrophober Einflüsse [21–23]. Experimente zeigen, dass Korngrenzen bevorzugte Besiedelungsorte sind und Zellkolonien häufig längs und quer zu Oberflächentälern wachsen, wie die prinzipielle Darstellung der Abb. 10.13 zeigt. Man nimmt an, dass hierfür die krümmungsabhängige Veränderung des Oberflächenpotenzials mitverantwortlich ist. Dies entspricht einem energetischen Anteil, der z. B. einen Selbstreinigungseffekt bewirkt.

10.1.1.3 Hygienerelevante Bearbeitungsverfahren

Bei den meisten Konstruktionswerkstoffen lassen sich die Oberflächeneigenschaften wie Rauheit, Textur und Oberflächenenergie durch chemische oder mechanische Bearbeitungsverfahren stark beeinflussen.

Vor allem bei Edelstahl werden sehr unterschiedliche Verfahren zur Bearbeitung der Oberfläche eingesetzt, um geeignete Oberflächenqualitäten zu erreichen und damit die Reinigbarkeit zu verbessern. Für die mechanische Bearbeitung ist dabei eine Grundvoraussetzung, dass eine strenge Trennung zwischen rostenden Stahlwerkstoffen und Edelstahl erfolgt, um Korrosion durch Fremdrost zu vermeiden. Das bedeutet, dass Maschinen zur Bearbeitung nur für Edelstahl verwendet werden dürfen und kein rostender Stahl auf ihnen bearbeitet werden darf.

Kaltgewalzte Bleche, Bänder und Profile aus austenitischem Edelstahl können, wie bereits erwähnt, je nach Lieferzustand bereits eine Rauheit von $Ra < 0{,}8$ mm besitzen, sodass sie einen großen Teil der gestellten Rauheitsanforderungen erfüllen. Durch die Verarbeitung bei der Herstellung von Apparaten entstehen jedoch in den meisten Fällen Beschädigungen wie Riefen und Kratzer, die anschließend durch Bearbeitungsverfahren beseitigt werden müssen. Generell ist die mechanische oder chemische Oberflächenbehandlung nach der Bearbeitung auch immer dann erforderlich, wenn durch die Vorbehandlung die Gefahr gegeben ist, dass dadurch die Korrosionsbeständigkeit vermindert wurde. Dies kann durch Zunder oder Anlauffarben möglich werden, aber auch – eventuell nicht sofort erkennbar – durch Fremdeisenpartikel, die später „Fremdrost" ergeben.

Durch mechanisches Strahlen lassen sich matte, nicht richtungsorientierte Oberflächenstrukturen herstellen. Bei Edelstahl werden in erster Linie Glasperlen verwendet, die nach eigenen Untersuchungen an ungünstigen Stellen stets zu schuppenartigen Aufwerfungen und Ablösungen an der Oberfläche führen. Anhand von Rauheitsschrieben sind solche Stellen meist nicht zu detektieren, da die *Ra*-Werte häufig die notwendigen Anforderungen erfüllen. Unter diesen Schuppen können anhaftende Produktreste und Mikroorganismen durch die Reinigung nicht entfernt werden. In produktberührten Bereichen sollte deshalb das Bearbeitungsverfahren nicht eingesetzt werden. Reste anderer Strahlmittel sind vor dem Strahlen von Edelstahl sorgfältig aus den Strahleinrichtungen zu entfernen, damit es nicht zu Fremdrost kommen kann.

Bei *mechanischen Bearbeitungsverfahren* wie Schleifen darf nicht mit zu großem Andruck gearbeitet werden, da aufgrund der geringeren Wärmeleitfähigkeit von austenitischen Edelstählen, verglichen mit unlegiertem Stahl, wegen örtlicher Erwärmung das Material anlaufen oder sich verwerfen könnte. Um Fremdrost zu vermeiden, dürfen für Schleifscheiben, Schleifbänder oder Schleifkorn nur eisenoxidfreie Schleifmittel verwendet werden. Aus dem gleichen Grund dürfen Schleifscheiben oder -bänder sowie Strahlmittel, die für Teile aus unlegiertem Stahl verwendet werden, nicht auch bei rostfreiem Edelstahl benutzt werden.

Für Fertigschliff sind die Kornabstufungen 80–120–180–240 üblich. Die Körnung richtet sich oft nach den Hygieneanforderungen der einzelnen Prozessbereiche, wobei unterschiedliche Schleifverfahren wie Trocken- oder Nassschliff angewandt werden können. Die Schleifgeschwindigkeit sollte wegen zu starker Erwärmung 40 m/s nicht überschreiten. Für die Bearbeitung großflächiger Teile sind Schleifautomaten mit schwingungsfreien Vorrichtungen üblich, um Rattermarken zu vermeiden.

Beim mechanischem Polieren eines hochlegierten Stahles wird im Gegensatz zum Schleifen praktisch kaum Material abgetragen. Man stellt sich den Poliervorgang als leichte plastische Verformung einer sehr dünnen Schicht der Oberfläche durch den Polierdruck und die dabei entstehende Wärme vor, wobei eine Art beweglicher Film ähnlich einer zähen Flüssigkeit aufgrund der Oberflächenkräfte eine möglichst plane Fläche anstrebt. Bei entsprechender Vorbearbeitung können in Abhängigkeit des verwendeten Polierverfahrens unterschiedliche Rauheiten erzielt werden. Ausgehend von einer Oberfläche nach Verfahren 2B (n bzw. IIIc), das etwa einer Rautiefe von $Rt = 1{,}2$ µm entspricht, können die erreichbaren Werte entsprechend Tabelle 10.5 zwischen $Rt = 0{,}9$ µm und 0,3 µm liegen [24].

Grundsätzlich kann ein zu grober Schliff nicht geglättet werden. Die Oberfläche muss zudem frei von Kratzern und Beschädigungen sein. Ansonsten besteht die Gefahr, dass Vertiefungen zugeschmiert werden und später Hygieneprobleme bereiten. Hochglanzpolitur lässt sich nur auf unstabilisierten Stählen erreichen, da härtere Gefügebestandteile, wie Karbide, Titan oder Martensite, geringer geglättet werden als weichere wie z. B. Ferrit oder Austenit. Bereits solche Ober-

Tabelle 10.5 Erreichbare Rauheitswerte *Rt* bei mechanischem Polieren bei einer Ausgangsrauheit von $Rt = 1{,}2$ µm.

Rauheit *Rt* in µm	**bis 0,9**	**etwa 0,7**	**etwa 0,6**	**etwa 0,5**	**etwa 0,35**	**etwa 0,25**
Polierpaste	**Besonders griffig und fett**				**Hochglanz, trocken**	
Polier-hilfsmittel	Fiber-bürste	Sisalkordel, -scheibe	Sisalscheibe, imprägniert	Baumwoll-scheibe, hart	Baumwoll-scheibe, hart	Baumwoll-scheibe, weich

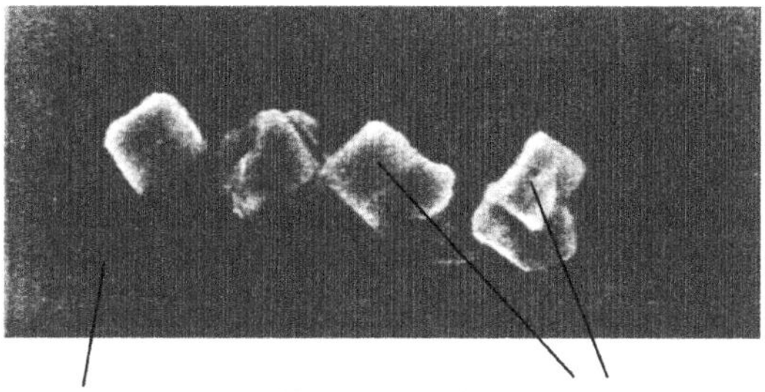

Abb. 10.14 Polierte Oberfläche mit harten Titannitridkristallen.

flächenabweichungen, die sehr häufig an hochglanzpolierten Stahloberflächen zu beobachten sind, können die Ausbildung einer geschlossenen Passivschicht verhindern und Ausgangspunkt für eine Koloniebildung von Mikroorganismen sein (Abb. 10.14). Hier ist vor allem Biofouling [25], [26] von Bedeutung, das von koloniebildenden Mikroorganismen und deren Stoffwechselprodukten initiiert bzw. entscheidend beeinflusst werden kann.

Chemische Behandlungsverfahren betreffen in erster Linie das Beizen, Passivieren und Elektropolieren.

Das Beizen von nicht rostenden Stählen ist oft eine zwingende Notwendigkeit, um die bei einer Wärmebehandlung entstehenden Zunderschichten oder die sich beim Schweißen bildenden Anlauffarben zu beseitigen. Ziel ist es dabei, wieder eine metallisch blanke Oberfläche herzustellen und die erforderliche Passivschicht zu erzeugen. Die Behandlung ist auch dann geboten, wenn in benachbarten Werksbereichen Staub mit Eisenpartikeln entstehen kann oder Werkzeuge Abrieb erzeugen können. Nach Entfernung aller störenden Substanzen auf den Oberflächen wie Folienreste, Klebemittel von Aufklebern usw. erfolgt das Beizen in wässrigen Lösungsmitteln mit elektrolytischen Verfahren oder mit Ultraschall. Als Beizmittel werden Schwefelsäure (H_2SO_4), Flusssäure (HF), Salzsäure (HCl) und Salpetersäure (HNO_3) verwendet. Der Abtrag sollte so gering wie möglich sein, andererseits aber alle unerwünschten Schichten beseitigen, die die Passivität beeinflussen. Dabei werden praktisch Abtragsraten bis zu 5 µm erreicht. Verschiedene empfohlene Beizverhältnisse sind in Tabelle 10.6 angegeben. Gebeizt wird in Beizbädern, durch Besprühen oder örtlich mit Beizpasten. Letztere sind hauptsächlich zum Entfernen von Anlauffarben und Zunder – z. B. an Schweißnähten – von Bedeutung. Es sollen nur Pasten verwendet werden, die ausdrücklich vom Hersteller als geeignet für rostfreie Stähle gekennzeichnet sind. Zum Abschluss jeder Beizbehandlung müssen alle Beizmittel mit Wasser unter eventueller Zugabe von Netzmitteln und möglichst unter Druck entfernt werden. Dies muss auch an schlecht zugänglichen Stellen wie Hohlräumen oder toten Enden gewährleistet werden. Zur Unterstützung kann man dort zunächst mit etwa 2%iger Natronlauge neutralisieren und dann mit Wasser nachspülen. Wenn aufgrund sehr hoher Ansprüche Wasserflecken stören, muss mit deionisiertem Wasser gespült und anschließend bei Raumtemperatur getrocknet werden.

Tabelle 10.6 Beispiel einer Beizlösung.

	Salpetersäure 50 % HNO_3	Flusssäure HF	Wasser H_2O	Temperatur	Beizdauer
Einheit	%	Vol. %		°C	min
Beize	10–30	2,5–3	Rest	20–40	20

Es sollte noch erwähnt werden, dass eine durch Beizen von allen Verunreinigungen befreite Edelstahloberfläche grundsätzlich nicht zusätzlich passiviert werden muss, da sie sich unter Einwirkung von Luftsauerstoff selbst passiviert. Dieser Vorgang nimmt jedoch bis zum vollständigen Aufbau einer Passivschicht einige Zeit in Anspruch, die z. B. bei Lagerung von Bauteilen in vollentsalztem Wasser bis zu drei Wochen dauern kann. Ist damit zu rechnen, dass die Oberfläche vor restlosem Aufbau der Passivschicht bereits korrodierenden Bedingungen ausgesetzt wird, so empfiehlt sich nach dem Beizen und Spülen ein Passivieren mit einer Lösung, die ein so hohes Oxidationspotenzial hat, dass die Passivschicht bereits in wenigen Minuten ausgebildet wird.

Durch Passivieren beschleunigt man die Bildung der Passivschicht auf einer Edelstahloberfläche, die durch Sauerstoffeinwirkung die Beständigkeit der rostfreien Edelstähle bewirkt [27]. Es wird in erster Linie angewandt, wenn keine Anlauffarben vorliegen, aber nicht sichergestellt ist, dass nach der Fertigung alle Bereich von sämtlichen Oberflächenschäden befreit und sauber sind. Besonders zu erwähnen sind Verunreinigungen durch Fingerabdrücke, Staub und Fremdpartikel aus der Fertigung, Schleifstaub mit Eisenpartikeln, mineralische oder organische Schmiermittel sowie Farb- oder Folienreste. Die Behandlung umfasst eine alkalische Heißreinigung, anschließendes Spülen mit Wasser, gefolgt vom Einwirken einer oxidierenden Säure wie z. B. 20%iger Salpetersäure (HNO_3). Dabei wird die Oberfläche praktisch nicht angegriffen, der Aufbau der Passivschicht jedoch erheblich unterstützt.

Unter Elektropolieren oder elektrolytischem Polieren wird eine elektrochemische Behandlung in Form einer elektrischen Abtragung verstanden [28], die zur Einebnung der Oberfläche dient. Im Prinzip handelt es sich um die Umkehrung des galvanischen Prozesses, wobei das zu behandelnde Werkstück als Anode an den Pluspol einer Gleichstromquelle angeschlossen wird. Im Gegensatz zur mechanischen Bearbeitung oder zu chemischen Beizvorgängen werden dadurch die Oberflächenprofile im Mikrobereich geglättet, wobei der Angriff zunächst bevorzugt an Profilspitzen erfolgt [29]. Bei längerer Behandlungsdauer werden aber auch Makrorauheiten abgebaut. Durch Abtrag der obersten Schichten entsteht im Vergleich zu einem geschliffenen Blech eine riss- und porenfreie Oberfläche, die durch das ursprüngliche austenitische Kristallgefüge ohne höhere Fremd- und Ferritanteile gekennzeichnet ist (Abb. 10.15) und entsprechend [30] eine optimale Passivschicht aus hauptsächlich Chromoxid aufweist. Diese beeinflusst zum einen die Kontaktverhältnisse zum Produkt hin und erhöht zum anderen die

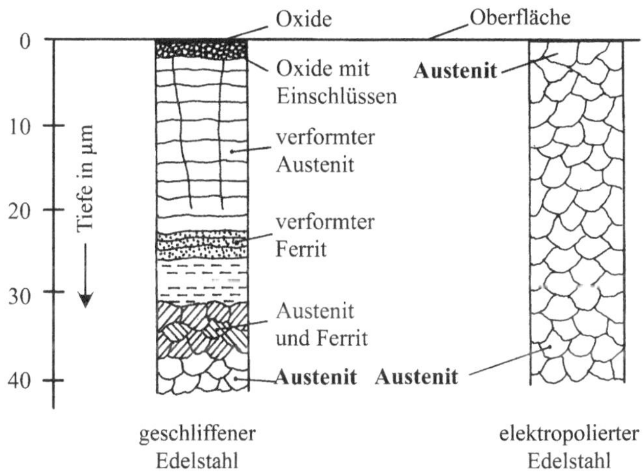

Abb. 10.15 Prinzipieller Vergleich der Gefügestrukturen einer geschliffenen und einer elektropolierten Oberfläche im Querschnitt.

Korrosionsbeständigkeit, sodass die zeitabhängige Verschlechterung der Oberflächenstrukturen und -eigenschaften vermindert wird. Die starke Einebnung im Mikrobereich resultiert außerdem in einem geringeren Reibungskoeffizienten, der einen Bruchteil des Reibungskoeffizienten von mechanisch polierten Oberflächen betragen kann. Je nach Zusammensetzung des Elektrolyten kann mit dem Elektropolieren ein Glanzeffekt an der Oberfläche erzielt werden, der auch als elektrolytisches Glänzen bezeichnet wird.

Vor dem Elektropolieren ist eine einwandfreie Reinigung der Oberfläche erforderlich, wobei vor allem Reste von Schmiermitteln nach Umformungsvorgängen und Zunderrückstände zu entfernen sind. Anlauffarben stören dagegen nicht. Als Elektrolyten werden hochkonzentrierte Gemische von Phosphor- und Schwefelsäure verwendet, die im stromlosen Zustand die Oberfläche nicht angreifen. Der Abtrag beim Elektropolieren liegt in einem Bereich zwischen 10 und 40 µm und ist über Stromdichte und Zeit gut einstellbar. Sind enge Maßtoleranzen erforderlich, so müssen die entsprechenden Bereiche entweder abgedeckt oder mit entsprechendem Aufmaß vorgefertigt werden.

Voraussetzungen bei Werkstoffen sollten ein möglichst feines, gleichmäßiges und homogenes Gefüge ohne nichtmetallische Einschlüsse, gleiches Auflösungsvermögen der verschiedenen Legierungsbestandteile und gute elektrische Leitfähigkeit sein. Da bei titan- und niobstabilisierten Stählen die Kristallstrukturen dieser Legierungsbestandteile wesentlich schwächer angreifbar sind, sind solche Werkstoffe nur bedingt für das Elektropolieren geeignet. Mikroskopische Oberflächenaufnahmen zeigen, dass diese nicht glättbaren Kristallstrukturen aus der Grundmatrix des Werkstoffes herausragen. Auch nichtmetallische Einschlüsse werden durch eine Elektropolierbehandlung sichtbar. Gleiches kann nach dem Schleifen der Fall sein, wenn Partikel des Schleifmittels in die Oberfläche eingedrückt und beim Elektropolieren nur teilweise freigelegt wurden.

Tabelle 10.7 Beispielhafte Vorgaben für die hygienegerechte Bearbeitung von Kunststoffen.

Bearbeitungsart	Betriebsparameter			Elastische Kunststoffe	Thermoplaste				Duroplaste
				z. B. PUR ab 90 Shore A	weich PE, PP, PTFE	zähhart PA, PC, PVDF	hart, unverstärkt Hart-PVC, PPE, POM, PEEK	sprödhart, kurzglasfaser-verstärkte Typen	Hartgewebe, Hartpapier
	Bezeichnung	**Zeichen**	**Einheit**	**HSS**	**HSS**	**HSS/HM**	**HSS/HM**	**HM**	**HM**
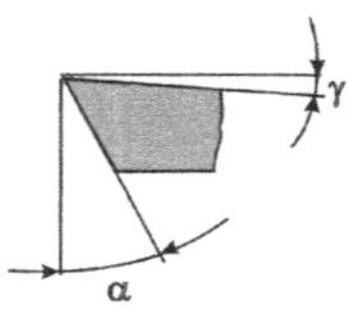	Freiwinkel	α	°	8–10	10–15	5–15	5–15	5–10	10–15
	Spanwinkel	γ	°	25	5–10	0–10	0–10	2–6	5–25
	Schnittgeschw.	v	m/min	100–150	200–300	200–500	200–500	200–400	100–300
	Vorschub	S	mm/U	0,1–0,3	0,05–0,5	0,05–0,5	0,05–0,5	0,1–0,2	0,05–0,5
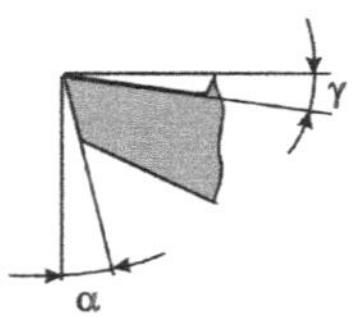	Freiwinkel	α	°	10	5–15	5–15	5–15	5–16	< 15
	Spanwinkel	γ	°	25	5–10	0–15	0–15	1–6	5–15
	Schnittgeschw.	v	m/min	200–400	< 500	200–500	< 200	< 200	100–200
	Vorschub	S	mm/Zahn	> 0,05	0,1–0,5	< 0,05	< 0,05	< 0,05	0,05–0,5
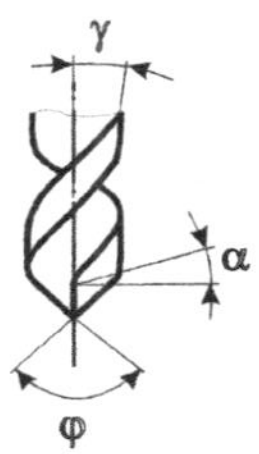	Freiwinkel	α	°	8–10	10–16	10–12	5–10	5–10	8–12
	Spanwinkel	γ	°	80	3–5	3–5	3–5	3–5	8–12
	Schnittgeschw.	v	m/min	40–50	50–200	50–100	50–100	50–80	100–120
	Vorschub	S	mm/U	0,01–0,04	0,1–0,4	0,1–0,3	0,1–0,3	0,1–0,3	0,04–1
	Spitze	φ	°	> 90	90	90–120	90–120	90–120	80–90

Bauteile aus Kunststoff werden entweder in endgültiger Form durch Gießen, Spritzen oder Extrudieren oder durch mechanische Bearbeitung aus Halbzeugen bzw. Formteilen gefertigt. Bei Verwendung von Formen erhalten die Kunststoffteile die negative Oberflächenstruktur der Form, die meist aus Metall gefertigt ist. Das erforderliche Rauheitsprofil ist daher bei Erstellung der Form zu beachten. Das fertige Bauteil hat meist eine porenfreie dichte Oberfläche, die vom Kontakt mit der Form herrührt. Bei der mechanischen Bearbeitung von extrudierten, gespritzten oder gegossenen Oberflächen wird die dichte und porenfreie „Haut" entfernt. Dadurch wird ein neues Mikroprofil geschaffen und die innere Struktur des Materials freigelegt. Es ist deshalb wichtig, dass zum einen der Bearbeitungsvorgang zu einer Mikrostruktur wie z. B. Rauheit führt, die den Anforderungen entspricht, und zum anderen der Kunststoff in seinem Inneren durch Füllstoffe ein porenfreies Gefüge besitzt. Da die meisten Kunststoffe schlecht Wärme leiten, sind ausreichende Kühlung und geringer Abtrag bei richtiger Werkzeugwahl Hauptvoraussetzungen für eine leicht reinigbare Oberfläche. In Tabelle 10.7 sind einige beispielhafte Daten für die spanabhebende Bearbeitung von Kunststoffen angegeben.

10.1.2 Dreidimensionale, bildliche Darstellung von Oberflächenstrukturen

Im Folgenden sollen einige Oberflächenstrukturen, die für praktische Anwendungen mit unterschiedlichen Bearbeitungsverfahren erzielt werden können, bildhaft durch Aufnahmen mit dem Rasterelektronenmikroskop dargestellt werden. Die dreidimensionale Darstellung vermittelt einen informativeren Eindruck, als es der Linienscan und dessen Ergebnis (z. B. *Ra*-Wert) vermögen. Bei einigen Oberflächen soll für Mikroorganismen, die sich auf der Oberfläche befinden und Abmessungen im Bereich von etwa 1 µm besitzen, ein Bild der Größenordnungen vermittelt werden, von dem im Allgemeinen weder Konstrukteur noch Anwender eine ausreichend genaue Vorstellung besitzen.

10.1.2.1 Bearbeitete Edelstahloberflächen

Die gebeizten Oberflächen nach Abb. 10.16 verdeutlichen in zwei verschiedenen Vergrößerungen einen gebirgsähnlichen Profilcharakter mit abgerundeten Höhen und Tälern. Die wellig-glatte Oberflächenstruktur, deren Topographie vor allem bei der stärkeren Vergrößerung (Abb. 10.16b) veranschaulicht wird, ist frei von Hinterschneidungen, spitzen Tälern, engen Spalten oder Poren. Das bedeutet, dass die chemische Oberflächenabtragung, die mit dem Beizen verbunden ist, eine Abrundung sowohl von Vertiefungen als auch von Spitzen bewirkt. Die Mikroorganismen (Bakterien) vermitteln die Größenordnung der maximalen Rauheiten, die etwa im Bereich von 10 µm liegen.

Im Gegensatz zur chemischen Abtragung sind bei der mechanischen Bearbeitung außer der Bearbeitungsrichtung häufig scharfe Kanten an den Profilspitzen erkennbar. Beim Schleifen entstehen je nach verwendeter Körnung des Schleifmittels deutlich gerichtete Spuren, wobei je nach Korngröße zum Teil

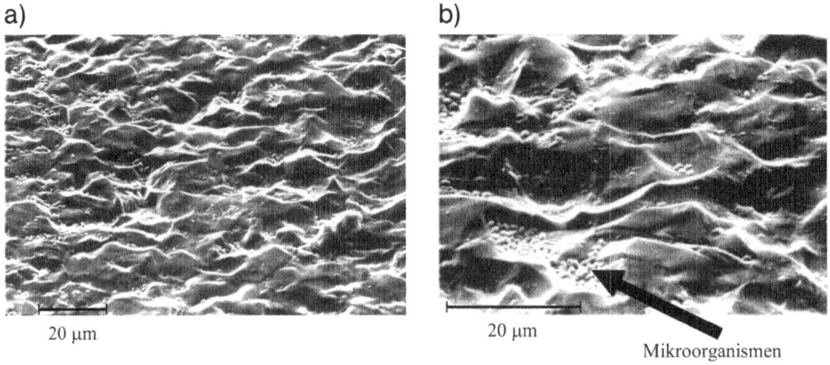

Abb. 10.16 Gebeizte Edelstahloberfläche mit Mikroorganismen.

Abb. 10.17 Mit Korn 40 geschliffene Edelstahloberfläche.

Löcher in die Oberfläche gerissen werden. Dies zeigt besonders deutlich ein grober Schliff mit Korn 40 nach Abb. 10.17. Wenn sich in den unzugänglichen Vertiefungen Schmutz und Mikroorganismen anlagern, ist eine Entfernung nur schwer möglich. Löcher dieser Art können dann Ausgangspunkte der Vermehrung von Mikroorganismen mit der Folge des Beginns von Biofilmen sein. Die Bilder nach Abb. 10.18 zeigen in zwei verschiedenen Vergrößerungen ein mit Korn 80 geschliffenes Edelstahlblech. Der Mittenrauwert liegt in der Größenordnung von $Ra = 3$ μm. Die Mikroorganismen orientieren sich an den Riefen, die beim Schleifen gebildet werden. Sie sind zum Teil unter den überhängenden Schleifspuren versteckt. In einigen Bereichen (Abb. 10.18b) sind vertiefte Stellen zu erkennen, aus denen Material durch das Schleifkorn herausgerissen wird.

Einen Vergleich der Auswirkung unterschiedlicher Schleifkörnungen zeigen die schräg auf die Oberfläche gerichteten Aufnahmen nach Abb. 10.19. Die gebirgsartigen zum Teil überhängenden Riefen bei Korn 80 mit einer Rauheit von $Ra \approx 3$ μm (Abb. 10.19a) werden über Korn 120 (Abb. 10.19b) und Korn 240 mit $Ra \approx 0{,}8$ μm (Abb. 10.19c) zu Korn 320 mit $Ra \approx 0{,}4$ μm (Abb. 10.19d) immer geringer. Trotzdem können, wie ein Ausschnitt aus einer mit Korn 320 geschliffenen Oberfläche (Abb. 10.20) zeigt, lochartige Vertiefungen von vorheri-

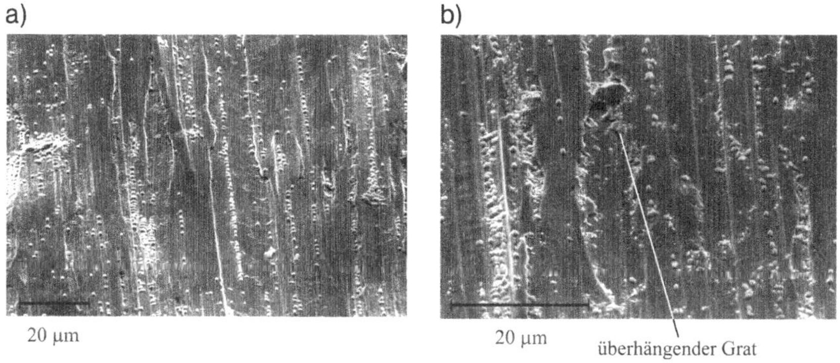

Abb. 10.18 Mit Korn 80 geschliffene Edelstahloberfläche in unterschiedlicher Vergrößerung.

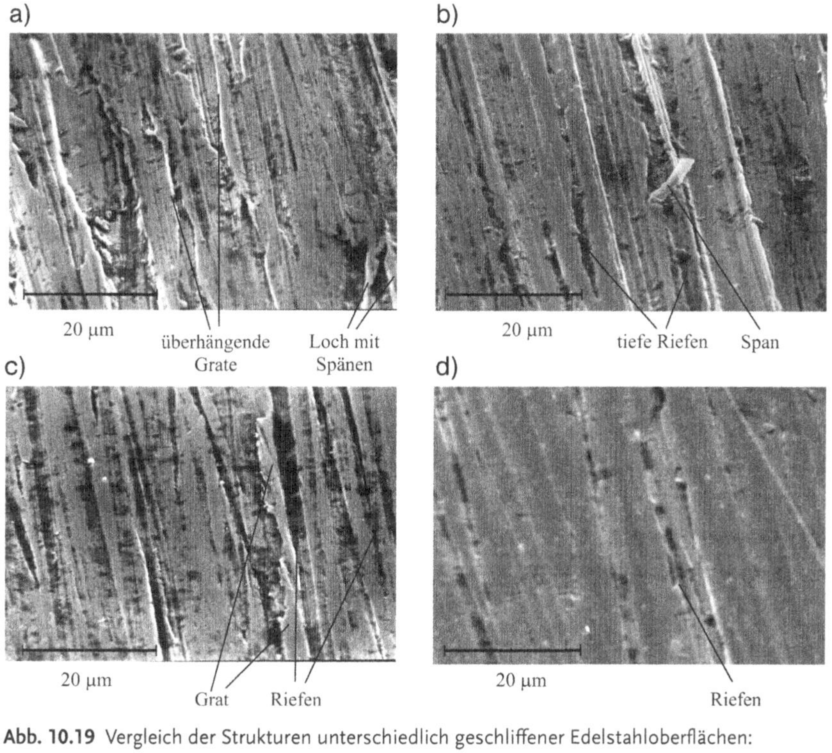

Abb. 10.19 Vergleich der Strukturen unterschiedlich geschliffener Edelstahloberflächen: (a) Korn 80, (b) Korn 120, (c) Korn 240, (d) Korn 320.

gen Bearbeitungsvorgängen nicht völlig beseitigt werden, womit örtlich kleinere hygienische Problemzonen verbunden sein können. Auch sorgfältig polierte Oberflächen enthalten oft noch einzelne Kratzer (Abb. 10.21). Ihre Größe ist jedoch, wie der Vergleich mit Mikroorganismen nach Abb. 10.21b zeigt, meist unerheblich, wenn keine größeren Oberflächenverletzungen von vorherigen Arbeitsvorgängen vorliegen.

Abb. 10.20 Lochartige Verletzung der Edelstahloberfläche eines Schliffes mit Korn 320.

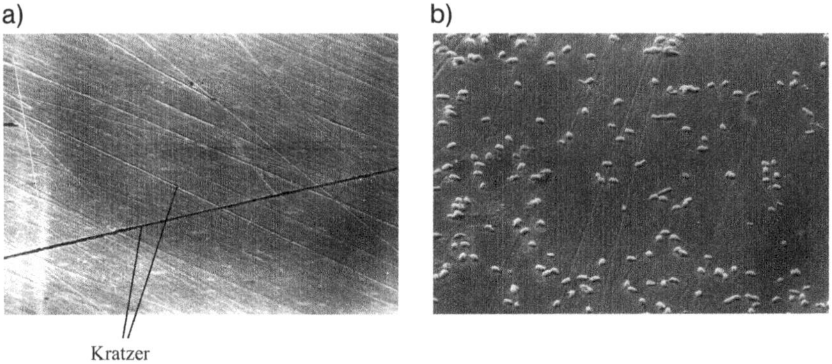

Abb. 10.21 Polierte Edelstahloberflächen: (a) mit Kratzern, (b) mit Mikroorganismen (Bakterien) zum Größenvergleich.

Erhebliche Hygieneprobleme können nach bisherigen Untersuchungen glasperlengestrahlte Oberflächen entsprechend Abb. 10.22 verursachen, auch wenn wie bei der dargestellten Qualität der empfohlene Rauheitswert $Ra \leq 0{,}8$ µm eingehalten wird. Entsprechend Abb. 22a erkennt man zunächst auf der Oberfläche sehr deutlich die kugelschalenförmige Ausbildung der Oberfläche, die durch den Beschuss mit Glaskügelchen entsteht. Dies ist charakteristisch für Bereiche, in denen eine gleichmäßige Bestrahlung erfolgen kann. Bei weiterer Vergrößerung zeigt Abb. 10.22b neben diesen Formen ein teilweises Aufreißen sowie lochartige Vertiefungen, die eventuell von Splittern beim Bestrahlen herrühren. Teilflächen können entsprechend Abb. 10.22c durchaus schalenförmig glatt sein. In Bereichen, in denen ein stärkeres Auftreffen der Glasperlen erfolgt wie es z. B. in Ecken oder an Kanten der Fall sein kann, bildet sich ein schuppenförmiges Aufreißen und Abheben der Oberfläche (Abb. 10.22d), unter der Mikroorganismen trotz Reinigung überleben, Biofilme bilden und zu Rekontaminationen führen können. Die REM-Aufnahmen beweisen beispielhaft, dass eine Beurteilung der Obenflächeneigenschaften allein durch den *Ra*-Wert nicht ausreichend ist.

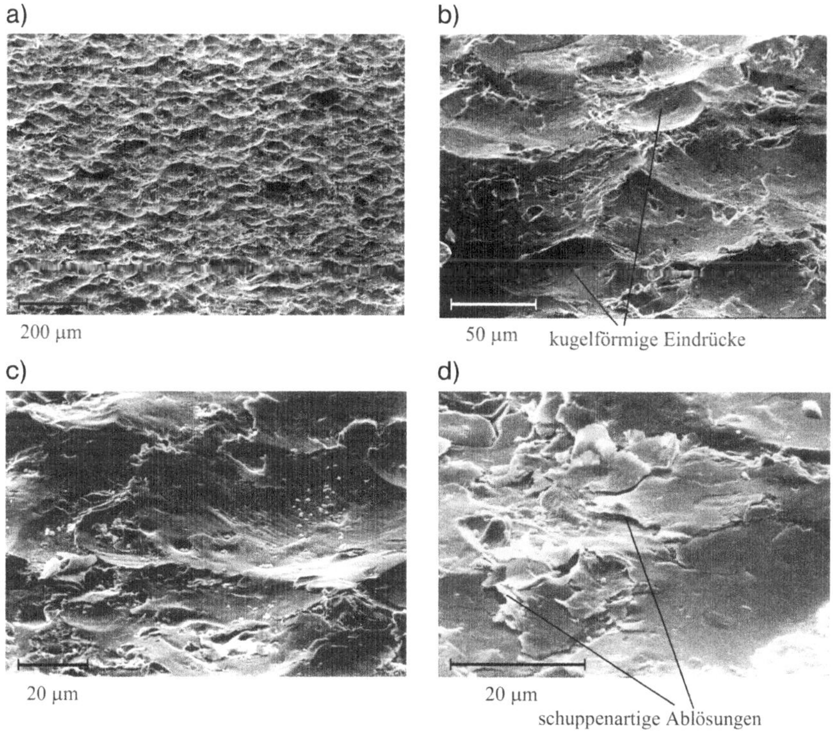

Abb. 10.22 Unterschiedliche Ausschnitte und Vergrößerungen einer glasperlengestrahlten Edelstahloberfläche.

10.1.2.2 **Oberflächen von Kunststoffen**

Bei Kunststoffoberflächen kann ein erheblicher Unterschied in der Oberflächenstruktur und Porosität darin bestehen, ob der Kunststoff in die endgültige Form extrudiert bzw. gepresst wird oder ob eine mechanische Bearbeitung erfolgt. Im ersten Fall entsteht im Allgemeinen eine dichte, nahezu porenfreie Oberfläche, die bei Formteilen die Struktur der verwendeten Form aufgeprägt bekommt. Bei Bearbeitung werden dagegen häufig Poren freigelegt, die aufgrund langkettiger Moleküle im Inneren des Werkstoffes vorliegen. Zusätzlich können faserartige Strukturen entstehen, die aus hygienischer Sicht die Reinigbarkeit verschlechtern.

Als ein Beispiel kann PTFE gelten, das im Prinzip einen Sinterwerkstoff darstellt und damit an der produktberührten Oberfläche gewebeartig porös sein kann. Dies ist z. B. der Grund dafür, dass in der Leitlinie „Hygienic Design Criteria“ der EHEDG [10] PTFE als schlecht reinigbar eingestuft wird. In Abb. 10.23 ist die generelle Struktur einer geschälten PTFE-Oberfläche zu erkennen, die zu dieser Aussage geführt hat. In der Vergrößerung (Abb. 10.23b) ist die gewebeartige Oberfläche deutlich erkennbar, in deren Vertiefungen sich Schmutz ansammeln kann. Obwohl sich die direkt an der Oberfläche liegenden Mikrobereiche des

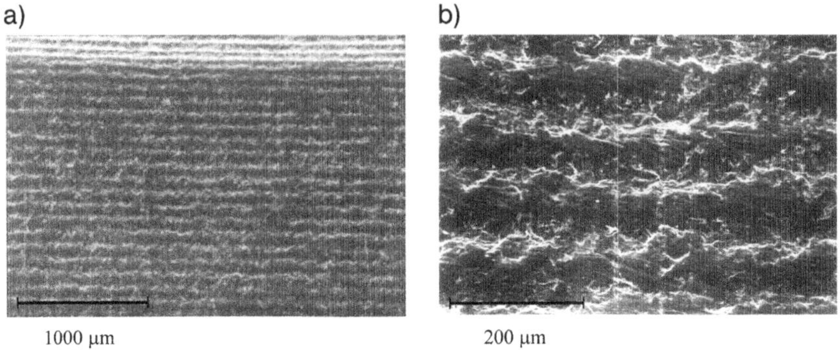

Abb. 10.23 Gesinterte Struktur einer PTFE-Oberfläche in zwei unterschiedlichen Vergrößerungen.

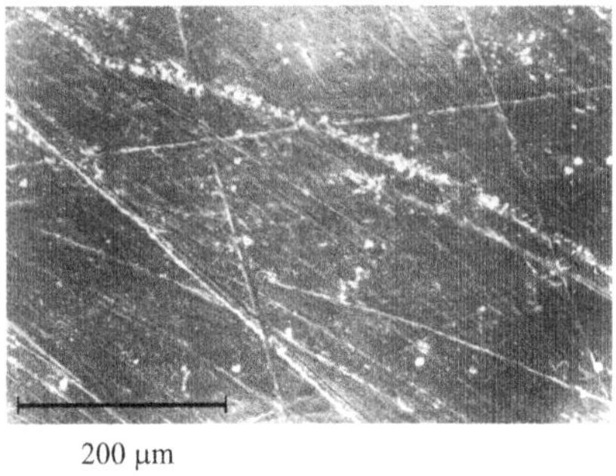

Abb. 10.24 Glatte und dichte PTFE-Oberfläche.

Werkstoffes aufgrund der hydrophoben Eigenschaften sehr gut reinigen lassen, bestätigen Testergebnisse, dass die gesamte Struktur als „nicht leicht reinigbar“ eingestuft werden muss. Die in Abb. 10.24 abgebildete glatte und dichte PTFE-Struktur kann dagegen mit einer polierten Edelstahloberfläche verglichen werden. Hinzu kommt, dass sie in diesem Fall aufgrund der hydrophoben Eigenschaften gegenüber dem leicht benetzbaren Verhalten von Edelstahl ein schmutzabweisendes Verhalten mit sehr guter Reinigbarkeit aufweist.

In Abb. 10.25 ist eine durch Schälen erzeugte PTFE-Oberfläche dargestellt, wie sie z. B. bei Membranen für Ventile eingesetzt wird. Die starke Zerklüftung wird vor allem in den vergrößerten Darstellungen (Abb. 25b,c) deutlich. Trotz hydrophoben Verhaltens kann sich in den Vertiefungen sowie im Schutz der schuppenartig abgelösten Stellen Schmutz einnisten, der mit üblichen In-place-Reinigungsverfahren nicht entfernt werden kann.

Abbildung 10.26a zeigt das grundlegende Verhalten einer durch Drehen falsch mechanisch bearbeiteten PTFE-Oberfläche mit faserartiger Rillenstruktur, die erhebliche Probleme bezüglich der Reinigbarkeit ergibt, im Gegensatz zu der ursprünglich glatten Oberfläche nach Abb. 10.26b. In Abb. 10.26c ist ein Riss in der ansonsten glatten PTFE-Oberfläche dargestellt, der Schmutz einschließlich Mikroorganismen guten Schutz bietet und die Reinigbarkeit behindert.

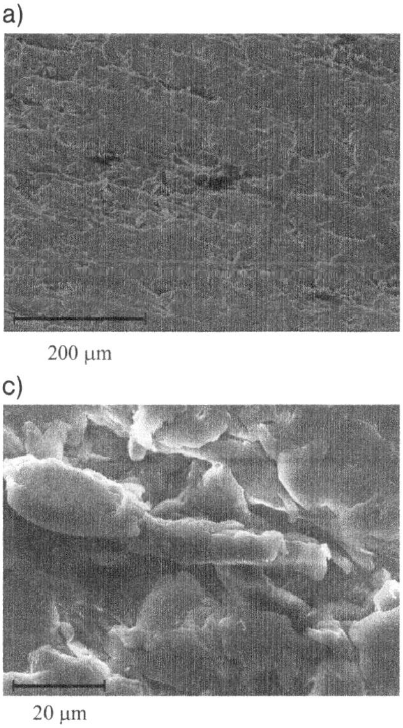

Abb. 10.25 Geschälte, zerklüftete Oberflächenstruktur einer PTFE-Membran.

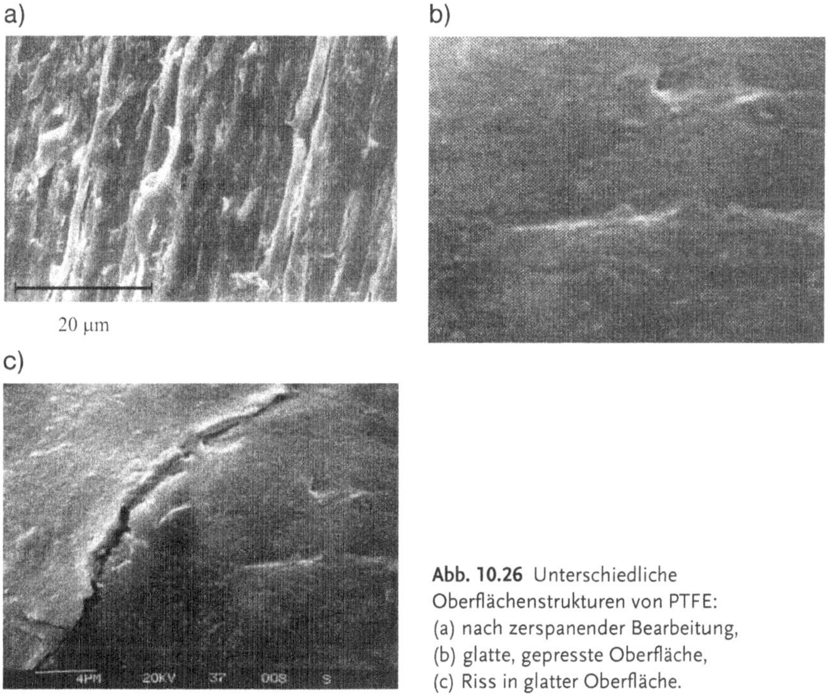

Abb. 10.26 Unterschiedliche Oberflächenstrukturen von PTFE:
(a) nach zerspanender Bearbeitung,
(b) glatte, gepresste Oberfläche,
(c) Riss in glatter Oberfläche.

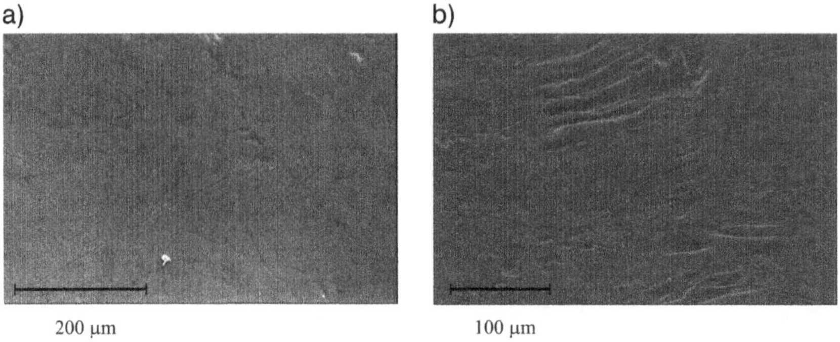

Abb. 10.27 Oberfläche von modifiziertem PTFE der 2. Generation in zwei unterschiedlichen Vergrößerungen: (a) glatt, (b) Fließwellen.

Die sogenannte neue Generation an modifizierten PTFE-Werkstoffen mit verbesserten Eigenschaften (s. Kapitel 7) lässt sich gießen und extrudieren und zeigt damit eine völlig andere Oberflächenstruktur, die entsprechend Abb. 10.27a dicht und glatt ist. Die leicht wellenförmigen Verwerfungen nach Abb. 10.27b sind häufig charakteristische Merkmale, die die Reinigbarkeit jedoch nicht beeinflussen.

10.1.2.3 **Oberflächen von Elastomeren**

Bei Elastomeren, die hauptsächlich für Dichtungen verwendet werden, ist in erster Linie die Struktur der zum Extrudieren verwendeten Form für die Oberflächenqualität entscheidend. In Abb. 10.28 ist die Oberfläche einer Silikondichtung dargestellt. Die von der Form herrührenden Bearbeitungsriefen sind deutlich erkennbar. Sie beeinflussen stark das eigentliche Dichtverhalten bei Kontakt mit der Gegenfläche, gegenüber der abzudichten ist (s. Kapitel 9). Durch eine verbesserte Oberflächenqualität der Form lässt sich eine entsprechende Qualitätsverbesserung erzielen. Zusätzlich weist die Silikonoberfläche zahlreiche lochartige Vertiefungen auf. Bei stärkerer Auflösung (Abb. 10.28b) zeigt sich, dass größere Löcher eine

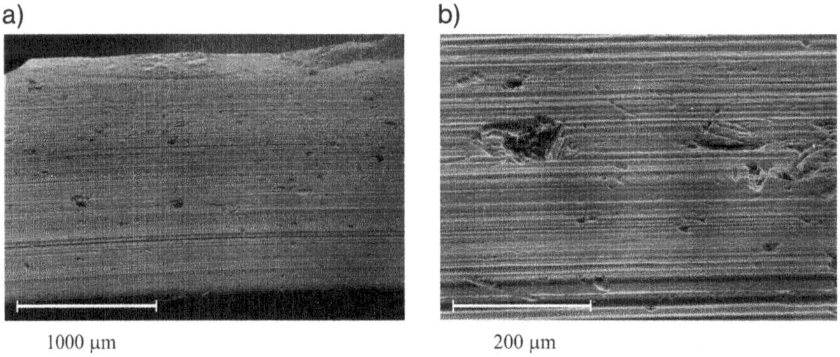

Abb. 10.28 Oberfläche einer Silikondichtung mit lochartigen Vertiefungen.

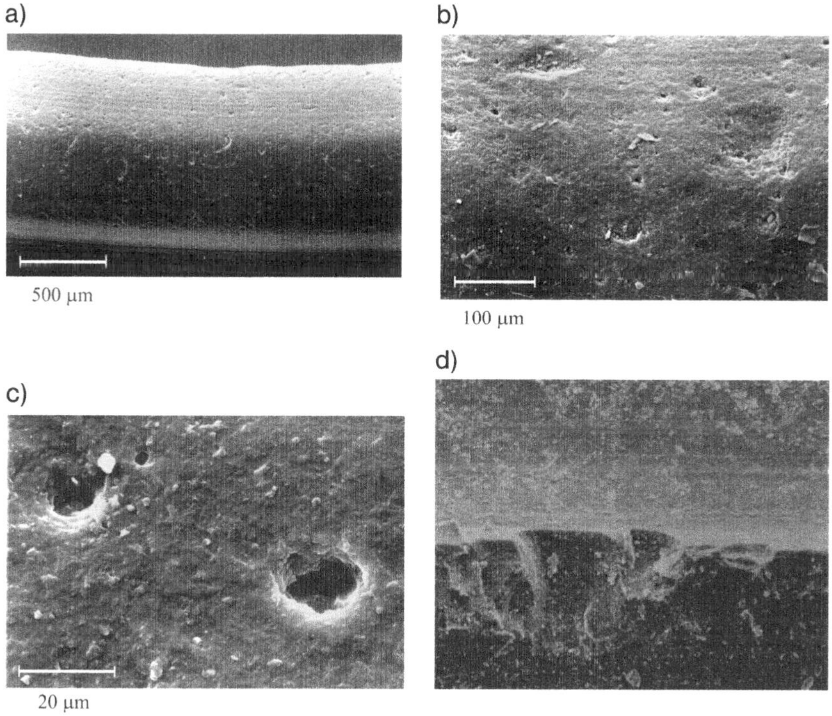

Abb. 10.29 Ausschnitte mit Beschädigungen an der Oberfläche einer EPDM-Dichtung.

Tiefe und einen Durchmesser von bis zu 50 µm aufweisen können, wodurch neben der Beeinträchtigung der Dichtwirkung erhebliche Kontaminationsrisiken entstehen. Sie rühren offensichtlich von nicht ausreichender Wirkung des Trennmittels in der Extrudier- oder Gießform her, sodass beim Entfernen der Dichtung aus der Form Material an der Wand haften bleibt. Andere Beschädigungen von Dichtungen treten bei unsachgemäßer Lagerung und mechanischer Verletzung bei Montage auf.

Eine untersuchte EPDM-Dichtung (Abb. 10.29) lässt praktisch keine Riefen erkennen. Dagegen sind relativ häufig Beschädigungen der Oberfläche in Form von Löchern bzw. Poren zu sehen (Abb. 10.29b), die bei weiterer Vergrößerung (Abb. 10.29c) eine erhebliche Tiefe zeigen. Zusätzlich zeigt Abb. 10.29d, dass an der Dichtkante durch Beanspruchung und Dehnung Beschädigungen der Oberfläche vorhanden sind.

10.1.2.4 **Keramikoberflächen**

Im Bereich von Keramik sind bei technischen Anwendungen unterschiedliche Oberflächenqualitäten festzustellen. Abbildung 10.30 zeigt die Oberfläche eines Sensors, der bei einem Reinigbarkeitstest ein schlechtes Ergebnis aufwies. Die REM-Aufnahme weist darauf hin, dass eine zerklüftete Oberfläche des Sintermaterials Mikroorganismen (Abb. 10.30b) offensichtlich ausreichenden Schutz vor der

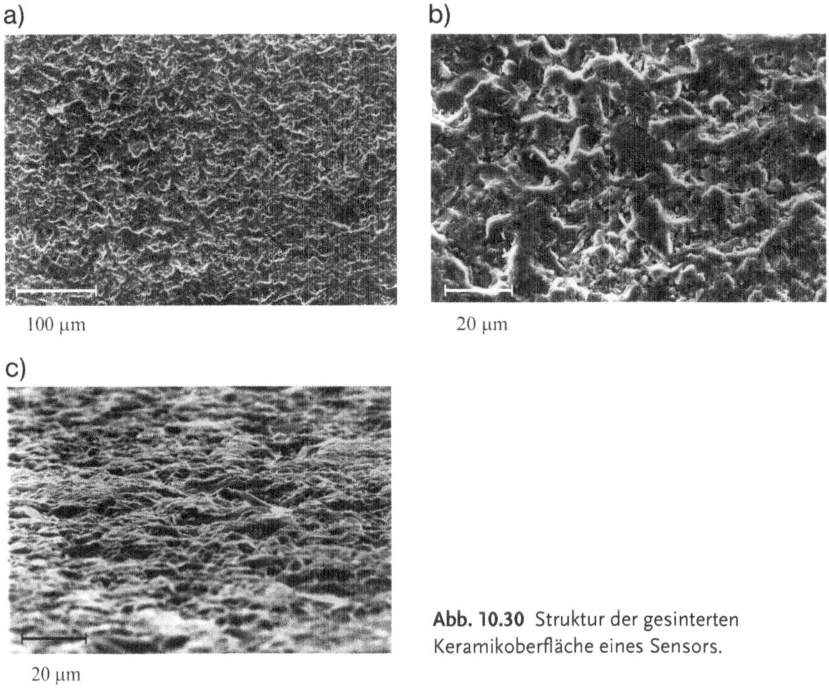

Abb. 10.30 Struktur der gesinterten Keramikoberfläche eines Sensors.

Reinigung bietet. Der nicht völlig an der gesinterten Oberfläche verschmolzene Werkstoff zeigt bei der schräg auf die Oberfläche gerichteten Aufnahme nach Abb. 10.30c zusätzlich deutliche Vertiefungen. Keramikwerkstoffe mit einer derartigen Oberflächenstruktur sind für hygienische Einsatzbereiche offensichtlich nicht geeignet.

Im Vergleich dazu besitzt eine gut reinigbare Oberflächenstruktur entsprechend Abb. 10.31a einen guten Verschmelzungsgrad an der produktberührten Schicht, der zu einer glatten Oberfläche mit relativ geringen Vertiefungen führt. Die

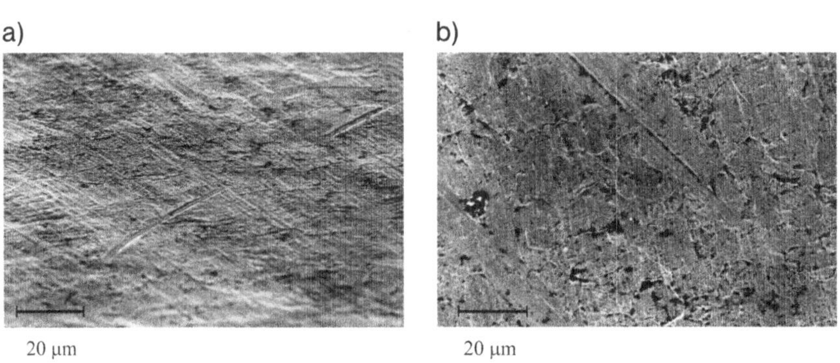

Abb. 10.31 Glatte Oberflächenstruktur der Keramikmembran eines Sensors.

senkrecht zur Oberfläche gerichtete Aufnahme nach Abb. 10.31b bestätigt diese Aussage, obwohl verschiedentlich flache kraterartige Vertiefungen zu erkennen sind. Eine Auswirkung auf die Reinigbarkeit unter Testbedingungen konnte jedoch nicht festgestellt werden.

10.1.3
Strukturen und Effekte an gegenseitigen Berührflächen von Materialien im Produktbereich

Sich berührende Oberflächen von zwei oder mehreren Bauteilen oder Konstruktionselementen, die im Produktbereich liegen oder an diesen angrenzen, werden bei ausreichend glatter Oberfläche im Allgemeinen als spaltfrei angesehen. Aus mikroskopischer Sicht sind jedoch, wie bereits in Kapitel 9 ausgeführt, gemäß Abb. 10.32 sowohl wegen geometrischer Formfehler (Abb. 10.32b) als auch wegen vorhandener Rauheitsprofile (Abb. 10.32c) Spalte vorhanden, in die feine Schmutzsubstanzen und vor allem Mikroorganismen eindringen können. Bei flüssigen Produkten wird dies durch die Kapillarwirkung der engen Spalte zusätzlich begünstigt, wenn gasförmige Umgebung z. B. beim Befüllen von Apparaten vorliegt. Eine Reinigung solcher Stellen ist nur bei Demontage möglich. Auch eine thermische Desinfektion kann im montierten Zustand je nach Werkstoff der Kontaktflächen ohne ausreichende Wirkung sein, da Isoliereffekte in den Spalten entstehen können.

Berührflächen, die bei Kontakt von metallischen Oberflächen entstehen, sollten daher in Hygienebereichen nicht ohne besondere Vorkehrungen und nur in besonderen Fällen verwendet werden, da aus ihnen Kontaminationsgefahren

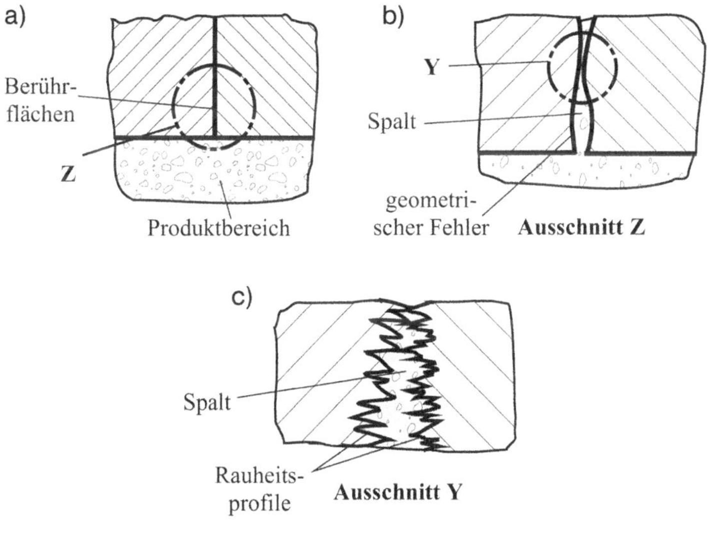

Abb. 10.32 Prinzipielle Darstellung zweier Berührflächen aus Edelstahl: (a) Gesamtsituation, (b) Grobstruktur (Formfehler), (c) Feinstruktur (Rauheit).

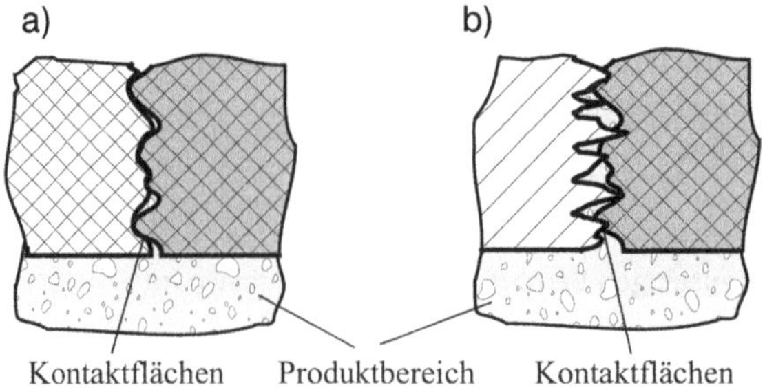

Abb. 10.33 Feinstruktur im Kontaktflächenbereich zwischen (a) Kunststoffen und (b) Metall und Elastomer.

erwachsen [31]. Ausnahmen können bei Apparaten für Trockenprodukte gemacht werden [32], wenn Produkt- und Luftfeuchte ein Wachstum von Mikroorganismen nicht zulassen und die Partikelgröße ausreichend groß ist. In solchen Fällen wird auch jeweils trocken durch Absaugen oder Ausblasen zum Teil unter Verwendung körniger Substanzen gereinigt. Ein Eindringen von staubförmigen Anteilen, die z. B. durch Abrieb bei der Bearbeitung von Trockenprodukten entstehen, in die engen Spalte zwischen metallische Kontaktflächen ist dabei nicht auszuschließen. Sie gefährden den Produktionsprozess aus hygienischer Sicht und unter Qualitätsgesichtpunkten jedoch kaum, solange jeweils das gleiche Produkt hergestellt wird. Eine Kontaminationsgefahr nach Chargenwechsel hängt von den Qualitätsanforderungen und Nachweisgrenzen ab.

Bei Kontaktflächen zwischen Kunststoffen (Abb. 10.33) oder Edelstahl und Elastomeren (Abb. 10.33b), wie sie z. B. bei Dichtungen gebildet werden, vermindert die meist hohe Verformbarkeit der elastischen Werkstoffe die Gefahr der Spaltbildung erheblich (s. auch Abschnitt 10.3). Trotzdem ist nur durch richtig gestaltete Berührflächen ein Kontaminationsrisiko zu vermeiden.

10.1.4
Oberflächengeometrie und konstruktive Ausführung von Oberflächen

Neben der Feinstruktur ist die konstruktive Gestaltung der Geometrie von Oberflächen im Produktbereich von entscheidender Bedeutung für die Reinigbarkeit von Komponenten, Apparaten und Anlagen. Grundlegende Anforderungen dazu sind für hygienerelevante Maschinen in der Maschinenrichtlinie [33], Anhang 1, zu finden. Er legt einige grundlegende konstruktive Anforderungen als sehr allgemein gehaltene Empfehlungen für produktberührte Maschinenteile und Oberflächen fest, die generell für hygienegerechte Konstruktionen unverzichtbar sind. Die zur Ausfüllung dieser grundlegenden Anforderungen entwickelte Norm DIN EN 1672-2 [34] ist als allgemeine Norm zur Definition von Begriffen und generellen konstruktiven Gefahrenquellen gedacht. Da der Bedarf deutlich wurde, zusätzlich zum Nahrungsmittelbereich gleichartige Regelungen auch für den Pharma- und Biotechnologiebereich zu erstellen und Begriffe einheitlich zu definieren, wurde die Norm DIN EN ISO 14 159 [35] entwickelt. Die in den angeführten Normen verwendeten Aussagen zur hygienegerechten Gestaltung von Oberflächen beruhen zum großen Teil auf Leitlinien und Beispielen der EHEDG, wobei dort jeweils im Gegensatz zu den Normen auch Größenangaben für bestimmte Gestaltungsvorschläge gemacht werden, um dem Konstrukteur Anhaltswerte für die Verbesserung von Problemzonen zu geben.

In allen Empfehlungen wird zunächst allgemein ausgeführt, dass Oberflächen wegen der erforderlichen Reinigbarkeit glatt, kontinuierlich durchgehen oder abgedichtet sein müssen. Grundlegende Problembereiche werden einzeln in unterschiedlicher Weise angesprochen. Sie sollen daher im Folgenden anhand der genannten Empfehlungen sowie aufgrund eigener Erfahrungen an beispielhaften Darstellungen aufgezeigt werden. Dabei ist zu beachten, dass manche Beispiele in mehrfacher Hinsicht Problemstellen enthalten. Sie werden meist aber nur den Bereich kennzeichnen, der im jeweiligen Kapitel dargelegt wird.

10.1.4.1 **Winkel und Ecken**

Allgemeine Problemstellen bezüglich der Reinigbarkeit sind innere Ecken. DIN EN 1672-2 führt dazu aus, dass sie so konstruiert sein müssen, *„dass sie wirksam reinigbar und wenn erforderlich desinfizierbar sind"*. Dazu wird als Beispiel auf eine Darstellung gemäß Abb. 10.34 verwiesen. Eine Kehlnaht als Ausrundung entsprechend Abb. 10.34a wird nur akzeptiert, wenn die Schweißnaht glatt und die Oberfläche frei von Spalten ist. Ansonsten wird eine Ausrundung von Ecken mit R_{min} = 3 mm vorgeschlagen (Abb. 10.34 b und d) und ausgesagt, dass die Reinigbarkeit bis zu einem Radius von R = 20 mm zunimmt. DIN EN ISO 14 159 verwendet als Beispiele das gleiche Bild und fordert grundsätzlich Kehlungen und Radien für innere Ecken, damit eine wirksame Reinigung möglich wird.

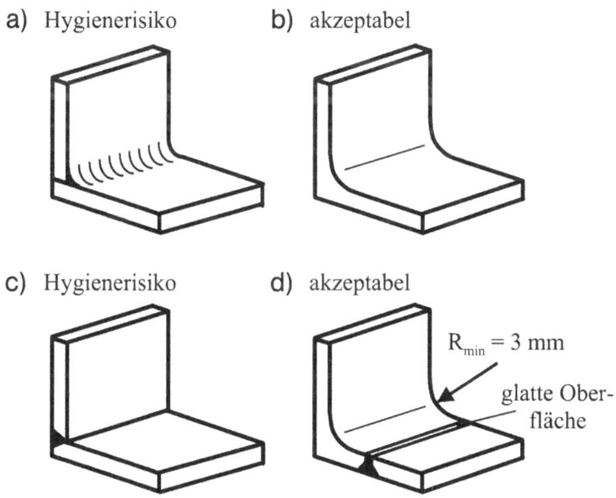

Abb. 10.34 Gestaltung innerer Ecken entsprechend DIN EN 1672-2.

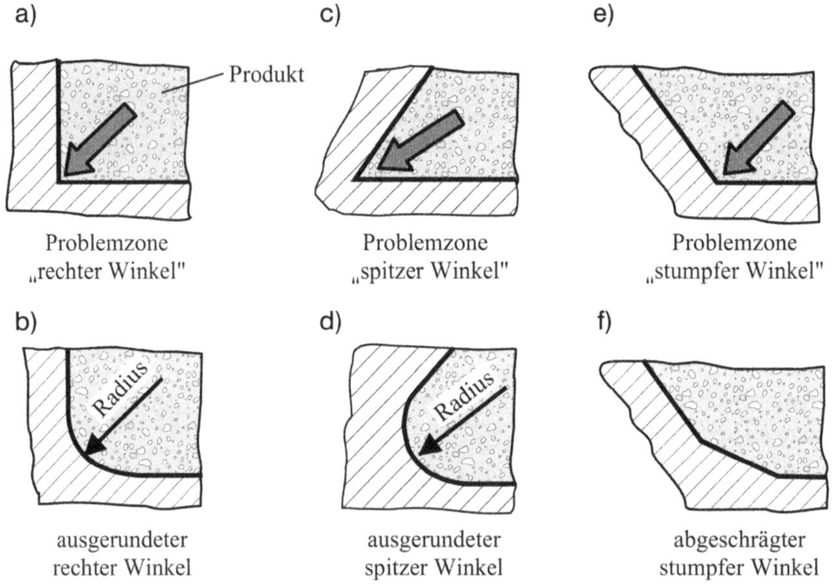

Abb. 10.35 Spanend hergestellte inneren Ecken:
(a, c, e) Hygienerisiken bei verschiedenen Winkeln, (b, d) Verbesserungen durch Ausrundung der Ecken, (f) Abschrägung der Ecke.

Folgt man dem Stand der Technik, so kann man generell feststellen, dass Ecken mit rechten Winkeln stets ausgerundet werden müssen. Spitze Winkel (≤ 90°) sollten grundsätzlich vermieden werden, da sie trotz Ausrundung ein Hygienerisiko darstellen. Sie sind lediglich bei sehr großen Rundungsradien akzeptabel. Bei stumpfen Winkeln kommt es im Allgemeinen auf die Größe des Winkels an, ob die Reinigbarkeit vermindert wird. Bezüglich der Größe von Ausrundungen wird außerdem darauf hingewesen, dass weitere Angaben eventuell in Normen für spezielle Maschinentypen zu finden sind.

Die Abb. 10.35 zeigt die grundlegende Situation am Beispiel verschiedener Eckenwinkel bei spanabhebender Bearbeitung, wo bis auf die geringfügige Abrundung der Werkzeugkanten scharfe Ecken entstehen können. Durch großzügiges Ausrunden entsprechend Abb. 10.35a und d kann eine verbesserte Gestaltung erzielt werden. Bei stumpfen Winkeln sollte auch die Möglichkeit des abgestuften Abwinkelns (Abb. 10.35f) in Erwägung gezogen werden. Aufgrund der Art der Verarbeitung ist bei Blechen stets ein Biegeradius vorhanden, der jedoch unter Gesichtspunkten der Reinigbarkeit häufig nicht ausreicht. Durch das Biegen können bei zu kleinem Radius außerdem hohe Eigenspannungen und als Folge Beschädigungen der Oberfläche in Form von Falten und Mikroanrissen entstehen. Auf die Oberflächenstruktur ist daher an solchen Stellen besonders zu achten. In Abb. 10.36 sind Beispiele von Eckbereichen, die ein Hygienerisiko darstellen, hygienegerechten Lösungen gegenübergestellt.

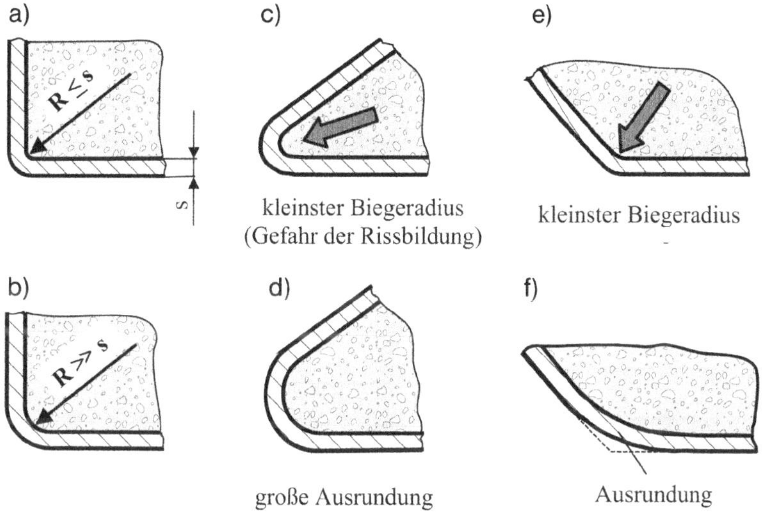

Abb. 10.36 Innere Ecken bei gebogenen Oberflächen: (a, c, e) Hygienerisiken, (b, d, f) konstruktive Verbesserungen.

Bezüglich der Größe von Ausrundungen empfiehlt die EHEDG [10, 36], dass Ecken vorzugsweise mit einem Radius von $r = 6$ mm oder mehr ausgerundet werden. Als Mindestradius sieht sie wie DIN 1672-2 $r = 3$ mm an. Falls spitze Winkel nicht zu vermeiden sind oder der Radius eines Winkels aus technischen Gründen kleiner als 3 mm sein muss, ist die Konstruktion so auszulegen, dass die dadurch verminderte Reinigbarkeit durch andere Maßnahmen wie z. B. höhere Reinigungsgeschwindigkeit oder längere Reinigungszeit kompensiert wird und ein Nachweis durch einen Reinigbarkeitstest erfolgt.

10.1.4.2 **Stufen, Vor- und Rücksprünge**

Nach der Maschinenrichtlinie [33] und ab Ende 2009 [37] müssen alle Flächen sowie ihre Verbindungen glatt sein. Sie dürfen keine Vertiefungen aufweisen, in denen sich organische Stoffe festsetzen können. Verbindungen müssen so gestaltet werden, dass vorstehende Teile, Leisten und versteckte Ecken auf ein Mindestmaß beschränkt sind.

Auch in Normen und Empfehlungen wird in verschiedenen Zusammenhängen darauf hingewiesen, dass stufenartige Rücksprünge oder Vertiefungen zu vermeiden sind, in denen sich organische Stoffe festsetzen können (Abb. 10.37a). Entsprechend Abb. 10.37b sind sie z. B. in Form von Rillen oder Nuten in horizontalen Flächen mit entsprechenden Ausrundungen akzeptabel, wenn sie in Längsrichtung der Vertiefung gereinigt werden können. Bei Queranströmung müssen Vertiefungen ausreichend breit und mit ausgerundeten Ecken gestaltet werden (Abb. 10.37c), wobei die Tiefe so gering wie möglich auszuführen ist.

Horizontale vorstehende Teile wie z. B. Leisten (Abb. 10.37d) oder andere stufenartige Erhöhungen sind auf ein Mindestmaß zu beschränken. Wenn solche

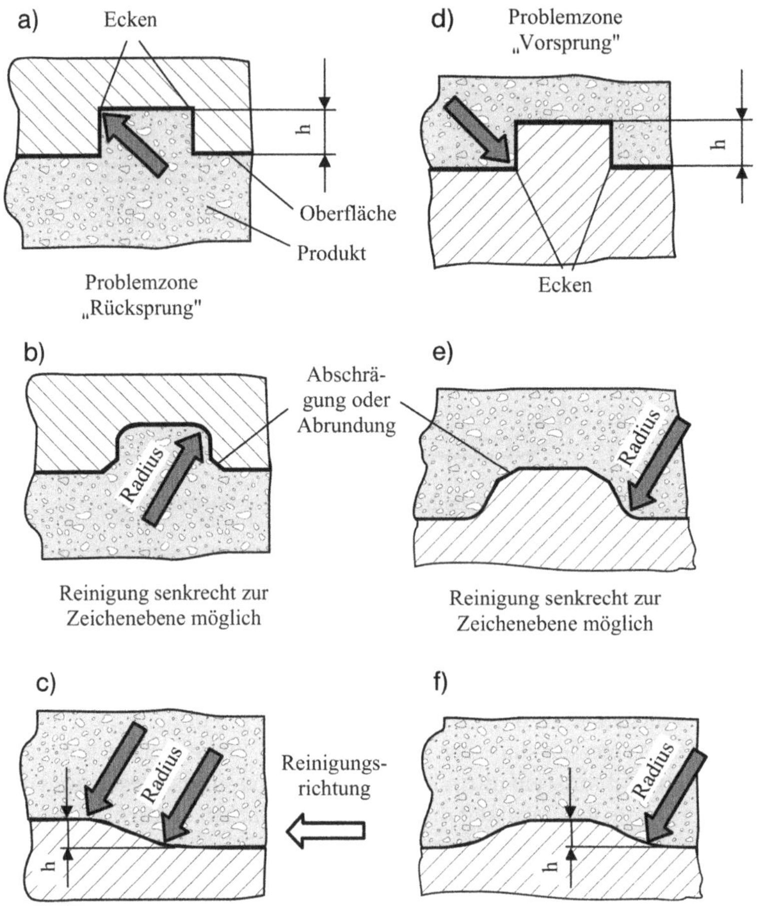

Abb. 10.37 Hygieneprobleme und Verbesserungsvorschläge für Rück- und Vorsprünge in glatten Oberflächen.

Bereiche nicht zu vermeiden sind, sollten konstruktive Verbesserungen entwickelt werden, um Risiken durch schlechte Reinigbarkeit so weit wie möglich zu vermindern. Das bedeutet, dass sie hygienegerecht ausgerundet oder abgeschrägt zu gestalten und während der Reinigung möglichst in Längsrichtung anzuströmen sind (Abb. 10.37e). Bei Queranströmung ist die Höhe h so gering wie möglich zu halten. Die Übergänge sind entsprechend Abb. 10.37f großzügig auszurunden. Stufen durch nicht fluchtende Bauteile [10] sind generell zu vermeiden.

Auch Vertiefungen oder Sicken, die in horizontalen und vertikalen Wandflächen zur Versteifung dienen, können schlecht reinigbare Bereiche darstellen, wenn sie gemäß Abb. 10.38a mit geringer Abrundung der Ecken und zu großer Tiefe ausgeführt werden. Verbesserungen in der Gestaltung können durch Abschrägen der Seitenflächen (Abb. 10.38b) oder durch völliges großzügiges Ausrunden (Abb. 10.38c) erreicht werden.

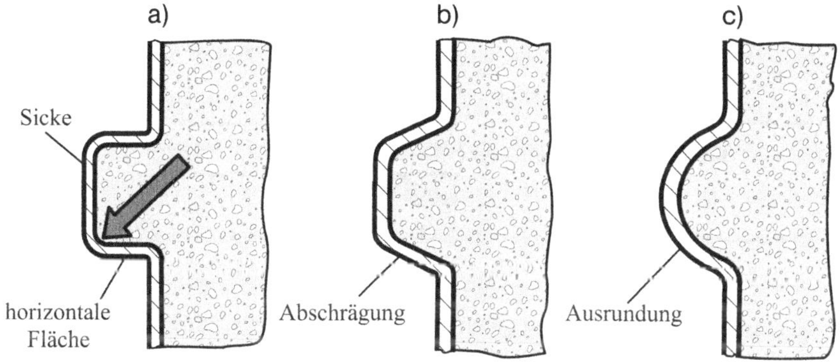

Abb. 10.38 Gestaltung von Sicken bei Blechkonstruktionen.

10.1.4.3 **Sichtbare Spalte und Toträume**

Aus Sicht der Gestaltung unterscheiden sich Spalte, Lücken und Fugen lediglich durch die eingeführte branchenbezogene Bezeichnungsweise sowie die Größenordnung der Abmessung der charakteristischen Breite, die allerdings zahlenmäßig nicht definiert ist. Sie ergeben meist gleichzeitig einen Totraum, der nach DIN EN ISO 14 159 [35] einen Bereich darstellt, *„in dem das Produkt, Reinigungs- oder Desinfektionsmittel oder Verschmutzungen eingeschlossen, festgehalten oder aus dem sie nicht vollständig durch Reinigungsmaßnahmen entfernt werden können"*. Dadurch wird Produkt vom Produktbereich abgetrennt und ergibt bei erneuter Produktion eine Kontaminationsgefahr.

Nach DIN EN 1672-2 [34] müssen Toträume, *„sofern es technisch möglich ist, bei der Gestaltung, Herstellung und Aufstellung von Maschinen vermieden werden. Toträume, die unvermeidbar sind, müssen auf solche Weise gebaut werden, dass sie entleerbar/ reinigbar und wenn erforderlich desinfizierbar sind"*. DIN EN ISO 14 159 führt dazu lediglich aus, dass Toträume vermieden werden müssen.

Neben den bereits erwähnten mikroskopischen, d. h. unsichtbaren Spalten und Vertiefungen, entstehen häufig größere, sichtbare Kratzer gemäß Abb. 10.39a durch Beschädigung einwandfrei hergestellter Oberflächen, z. B. durch falsche Lagerung oder durch unachtsamen Umgang mit Werkzeugen. Konstruktiv bedingte Spalte entsprechend Abb. 10.39b sind häufig durch notwendige Toleranzen oder Dehnungsfugen zwischen Bauelementen bedingt. Sie müssen durch dehnbare, hygienegerecht gestaltete Dichtelemente eine geschlossene, spaltfreie Verbindung ergeben, in die Schmutz nicht eindringen kann. Durch Eigenspannungen und Fertigungsfehler können gemäß Abb. 10.39c Enden von Blechen, die schon aufgrund der Mikrospalte durch die Metall-Metall-Berührung bei flüssigen Produkten zu beanstanden sind, durch Aufbiegen nicht reinigbare sichtbare Spalte ergeben. Das zu einer Öse gebogene Blech nach Abb. 10.39d zeigt einen Totraum, der durch einen Spalt am Ende des Bleches für Schmutz zugänglich ist, bei der In-place-Reinigung aber nicht erfasst werden kann.

Spezielle Anforderungen sind bei Vertiefungen an Gussoberflächen aus Edelstahl zu beachten. Hier sind kleinere Fehler aus technischen Gründen unvermeid-

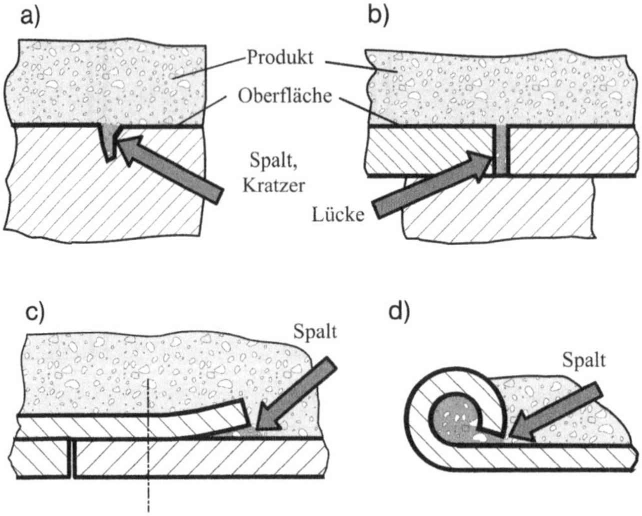

Abb. 10.39 Beispiele für vermeidbare Spalte und Toträume:
(a) Kratzer z. B. durch Verletzung der Oberfläche, (b) Dehnungsfuge zwischen Blechen, (c) Spalt an gebogenem Blechende, (d) Spalt an gebogener Öse.

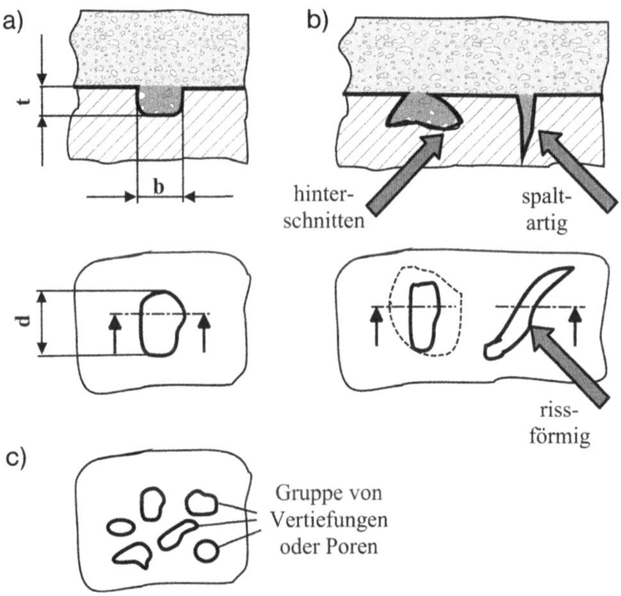

Abb. 10.40 Lochartige Vertiefungen an Gussoberflächen nach [38]:
(a) zulässige Abmessungen einzelner Fehlstellen, (b) unzulässige Fehler,
(c) statistisch verteilte Vertiefungen.

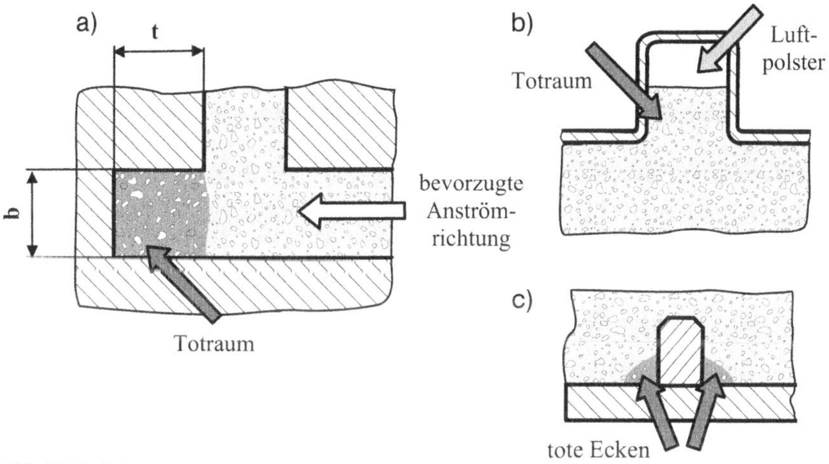

Abb. 10.41 Toträume:
(a) totes Ende eines Kanals oder einer Rohrabzweigung,
(b) Totraum mit Luftblase, (c) tote Ecken an einer Rippe.

bar. Die Abb. 10.40a zeigt in Anlehnung an EHEDG-Festlegungen [38] zulässige lochartige Vertiefungen, die häufig durch Lunker entstehen. Dabei werden auch Abmessungsbereiche angegeben, die festlegen dass $t < d$ und $b > 0{,}3\ d$ und $< 1{,}0\ d$ sein müssen. Außerdem müssen die fehlerhaften Stellen einzeln liegen, d. h. mindestens 6 mm voneinander entfernt sein. Statistisch verteilte Löcher der zulässigen Formen werden akzeptiert, wenn weniger als 6 innerhalb einer Fläche von 9 cm^2 vorkommen und das Verhältnis der Vertiefungen $b/d > 0{,}3$ und $< 1{,}0$ ist. Hygienerisiken entstehen durch Hinterschneidungen von Löchern und enge spaltartige Vertiefungen (Abb. 10.40b). Anhäufungen von statistisch verteilten Löchern oder Poren entsprechend Abb. 10.40c, die von den angegebenen zulässigen Werten abweichen, dürfen ebenfalls nicht auftreten.

Weitere großräumige Totwasserbereiche, die sich häufig aus Unachtsamkeit bei Konstruktionen oder bei Montage von Anlagen ergeben, sind als Prinzipskizzen in Abb. 10.41 dargestellt. Tote Enden von Kanälen (Abb. 10.41a) oder Vertiefungen sollten eine so geringe Tiefe wie möglich haben oder völlig vermieden werden. Für mögliche Abmessungen sollen als Beispiel tote Enden von Rohrleitungen angeführt werden, die bei Verhältnissen $t/b < 1$ noch reinigbar sind, wenn sie in Richtung des weißen Pfeils angeströmt werden. Reinigungsströmung in umgekehrter Richtung, d. h. von oben, führt zu nahezu keiner Wirkung. Ausrundungen der Vertiefungen verbessern die Reinigbarkeit. Bei nicht reinigbaren Toträumen, die gemäß Abb. 10.41b nach oben gerichtet sind, können Lufteinschlüsse das Wachstum von Mikroorganismen und Biofilmen fördern. Toträume können auch in Ecken von Wandelementen (Abb. 10.41c) wie Rippen oder Speichen entstehen, die bei der Reinigung nicht ausreichend erfasst werden.

10.1.4.4 **Selbsttätiges Ablaufen (Selfdraining)**

In der Maschinenrichtlinie [33] wird ausgeführt, dass von Lebensmitteln stammende Flüssigkeiten sowie Reinigungs-, Desinfizierungs- und Spülmittel ungehindert aus der Maschine abfließen können müssen, wobei dies eventuell in „Reinigungsstellung“ erfolgen kann. In Auslegung der Richtlinie ist nach DIN EN 1672-2 [34] sicherzustellen, dass Maschinen vorzugsweise selbstabfließend gestaltet werden müssen. Falls dies nicht möglich ist, müssen zurückbleibende Flüssigkeiten durch andere Maßnahmen entfernt werden können. DIN EN ISO 14 159 [35] bezieht sich dagegen nur auf Oberflächen von Maschinen, bei denen ein Abfließen vorgesehen ist. Sie müssen selbstabfließend oder anderweitig entleerbar sein, wobei übliche Feuchtigkeit auszunehmen ist.

Die Anforderungen der Richtlinie sowie der Normen bedingen, dass horizontale Flächen zu einer Seite hin mit einem Neigungswinkel versehen werden müssen. Die EHEDG fordert in [10], dass horizontale Oberflächen entsprechend Abb. 10.42a wegen nicht selbsttätigen Ablaufens zu vermeiden sind. Ausgehend von wasserähnlichen Flüssigkeiten wird in [36] ein Neigungswinkel von $\alpha > 3°$ empfohlen (Abb. 10.42b). Beispiele für selbsttätiges Ablaufen zeigen Abb. 10.42c für einen Behälterauslauf bzw. Abb. 10.42d für einen Durchlass durch ein vertikales Wandelement.

Ist ein selbsttätiges Ablaufen nicht möglich, so ist dafür zu sorgen, dass dies durch andere Maßnahmen wie z. B. durch Trocknen durch Strahlung (Abb. 10.43a) oder Heißluft (Abb. 10.43b) erreicht werden kann. Dabei ist zu vermeiden, dass aus den Flüssigkeiten ein Auskristallisieren stattfindet, wie es z. B. durch Kalkbildung der Fall sein kann. Dadurch wäre unter Umständen eine

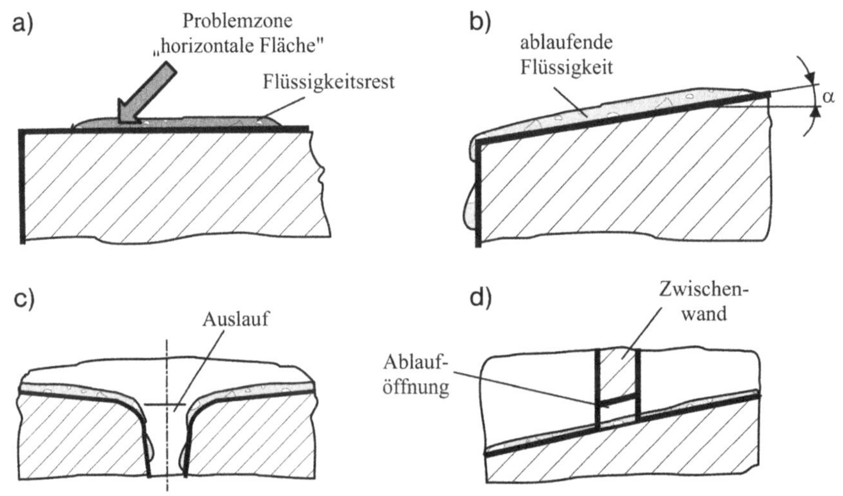

Abb. 10.42 Selbstablaufen von Oberflächen:
(a) nicht ablaufende horizontale Fläche, (b) geneigte Fläche,
(c) Auslaufstelle, (d) Durchbruch an Zwischenwand.

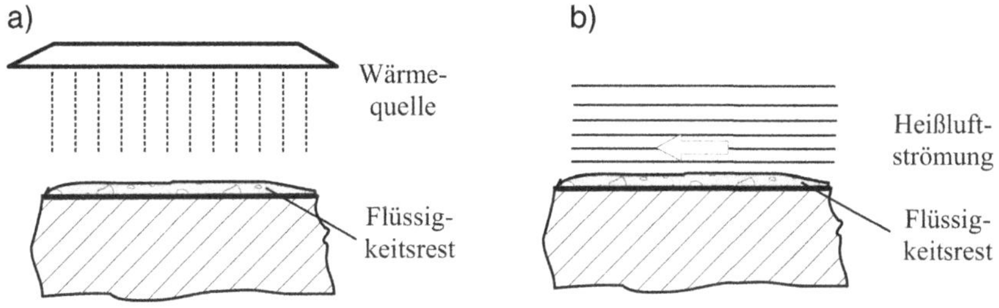

Abb. 10.43 Beispiele für Maßnahmen zur Entfernung von Restflüssigkeiten von Oberflächen:
(a) Trocknen durch Strahlung, (b) Anwendung von Heißluft.

Kreuzkontamination durch zwischen solchen Kristallstrukturen wachsenden Mikroorganismen nicht auszuschließen. Die Möglichkeit, das Abfließen aus einem Apparat durch eine eigene Entleerungsstellung zu verwirklichen, soll Abb. 10.44 verdeutlichen.

Häufig müssen durchgehende horizontale Profile aus Edelstahl z. B. als Trag- oder Versteifungselemente im Außenbereich von Apparaten bzw. zu Heiz- oder Kühlzwecken im Produktbereich verwendet werden, wo sie an horizontalen oder vertikalen Flächen unmittelbar angeschweißt werden. Dabei ist in einem Reinraum auch der Außenbereich einer Konstruktion als Produktbereich anzusehen. Auf freiliegenden Quadratrohren mit horizontalen Flächen gemäß Abb. 10.45a ist das selbsttätige Abfließen von Flüssigkeiten nicht gewährleistet. Dagegen kann an oben liegenden horizontalen Wänden gemäß Abb. 10.45c kein Problembereich entstehen. Bei offenen Profilen entsprechend Abb. 10.41b wird die Schmutzablagerung gefördert, während die Reinigung behindert ist und praktisch nur von Hand durchgeführt werden kann. Besonders geeignet ist die Verwendung von Winkel- oder Rundprofilen, die in den verschiedensten Lagen (z. B. Abb. 10.45d) selbsttätig ablaufen.

Es muss noch erwähnt werden, dass geschlossene Hohlprofile als „hollow bodies" von manchen Anwendern abgelehnt werden. Ursache dafür ist, dass es Fälle gab, wo durch Schwingungen an Maschinen, Risse in den Wandungen sowie den Hohlkörpern gemäß Abb. 10.46a entstanden. Dies kann dazu führen, dass

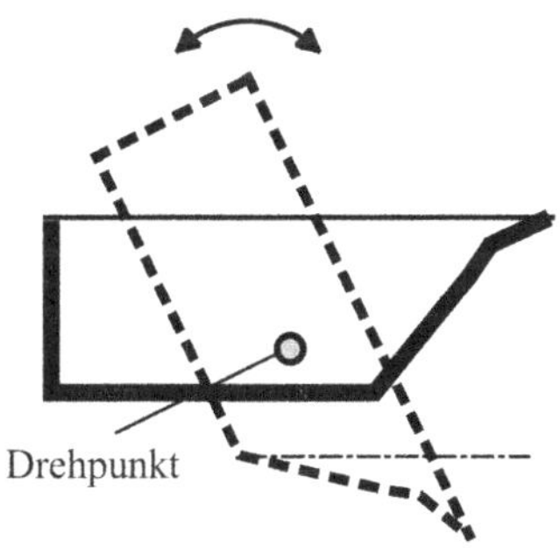

Abb. 10.44 Selbsttätiges Auslaufen in Entleerstellung.

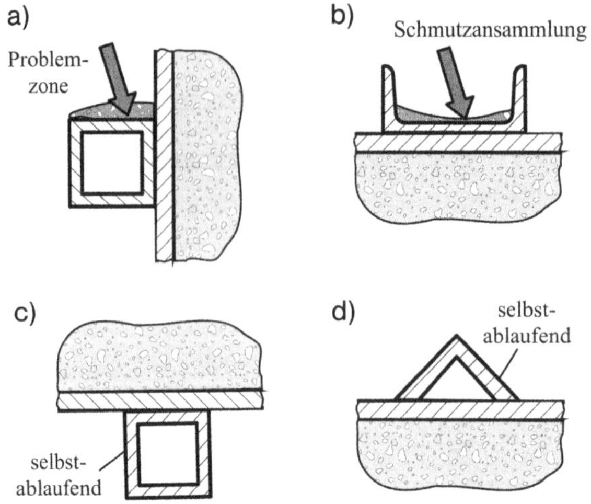

Abb. 10.45 Profile zur Versteifung oder als Heizflächen:
(a) Quadratrohr mit horizontaler, nicht ablaufender Oberfläche,
(b) nach oben offenes U-Profil, (c) Beispiel für die Verwendung von selbstablaufenden Quadratrohren, (d) selbstablaufendes Winkelprofil.

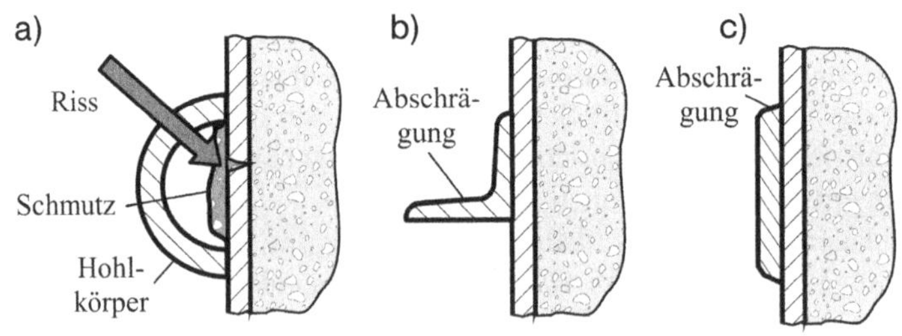

Abb. 10.46 Selbstablaufende Versteifungen an Blechteilen:
(a) Gefahr der Kontamination durch Rissbildung bei Hohlkörpern,
(b) Winkelprofil, (c) abgeschrägtes Blech.

im Inneren der Hohlräume Mikroorganismen ideale Lebensbedingungen finden. Durch Austritt aus den entstandenen Rissen in den Produktbereich kann dann eine Kontamination erfolgen. Vermeiden lassen sich solche Probleme durch die Verwendung von offenen Profilen (Abb. 10.46b) zur Versteifung von Konstruktionen. Obwohl das Winkelprofil aufgrund seiner Schräge selbstablaufend ist, sind Schmutzansammlungen nicht völlig vermeidbar. Die Versteifung kann auch gemäß (Abb. 10.46c) durch Bleche vorgenommen werden. Auch Sicken können zur Eigenversteifung bei Blechkonstruktionen eingesetzt werden (Abb. 10.38c).

10.2 Nicht produktberührte Oberflächen und Spritzbereich

Für nicht produktberührte Oberflächen enthalten sowohl DIN EN ISO 14 159 [35] als auch DIN EN 1672-2 [34] entsprechende Anforderungen. Der Spritzbereich ist dagegen nur in DIN EN 1672-2 definiert und geregelt.

10.2.1 Nicht produktberührte Oberflächen

Nach DIN EN ISO 14 159 [35] müssen auch nicht produktberührte Oberflächen die allgemeinen Anforderungen erfüllen. Oberflächen und Beschichtungen müssen haltbar, reinigbar und eventuell desinfizierbar sein. Bei bestimmungsgemäßer Verwendung dürfen sie keine Brüche aufweisen. Sie müssen widerstandsfähig gegen Brechen, Splittern, Abblättern, Korrosion und Abrieb sein und das Eindringen unerwünschter Substanzen verhindern.

Zusätzlich müssen nicht produktberührte Oberflächen aus korrosionsbeständigen Werkstoffen hergestellt sein oder sie müssen z. B. mittels fest haftender Beschichtung oder Farbauftrag behandelt werden. Die Oberflächen müssen nichtabsorbierend ausgeführt werden, es sei denn, dies ist technisch oder technologisch unvermeidbar. Sie dürfen das Produkt weder nachteilig beeinflussen noch kontaminieren.

DIN EN 1672-2 [34] enthält für den Nicht-Lebensmittelbereich die gleichen allgemeinen Anforderungen sowie spezifischen Aussagen wie DIN EN ISO 14 159. Zusätzlich müssen Einrichtungsteile so gestaltet und hergestellt werden, dass Ansammlungen von Feuchtigkeit und das Festsetzen von Verschmutzungen und Schädlingen verhindert wird. Außerdem müssen Überwachung, Wartung, Instandhaltung, Reinigung und falls notwendig Desinfektion möglich sein. Hohle Rahmenelemente müssen vollständig geschlossen oder wirksam abgedichtet sein.

Nach [35] müssen Teile, die zur Reinigung abgenommen werden und sowohl produktberührte als auch nicht produktberührte Oberflächen enthalten, die Anforderungen für produktberührte Oberflächen erfüllen.

10.2.2 Oberflächen im Spritzbereich

DIN EN 1672-2 sagt allgemein aus, dass der Spritzbereich nach den gleichen Prinzipien zu gestalten und herzustellen ist wie der Lebensmittelbereich.

Da das in den Spritzbereich gelangte Lebensmittel definitionsgemäß nicht in den Produktbereich zurück gelangt, dürfen bestimmte Anforderungen weniger streng angewandt werden, wenn keine nachhaltige Beeinflussung des Lebensmittels damit verbunden ist. So dürfen technische Anforderungen an die Oberflächengüte weniger streng angesetzt werden, sodass höhere *Rz*- und *Ra*-Werte zulässig sind als im Produktbereich. Konkrete Angaben werden zu den Rauheitswerten nicht gemacht.

Wenn Reinigung und Desinfektion nicht beeinflusst werden, dürfen für innere Winkel und Ecken kleinere Radien verwendet werden. Wenn das Lebensmittel nicht nachteilig beeinflusst wird, dürfen Lager, Dichtungen, Wellen und andere Bauelemente mit Schmierstoffen geschmiert werden, die nicht lebensmitteltauglich sind.

10.3
Schweißverbindungen

Im Apparatebau der Lebensmittel-, Pharma- und Bioindustrie ist Schweißen die am meisten verwendete Verbindungsart für Edelstahl. Es ist ein Verfahren, bei dem unter Anwendung von Wärme oder Kraft mit oder ohne Schweißzusatz eine Stoffverbindung erzielt wird. Dies kann durch Schweißhilfsstoffe wie Schutzgase, Schweißpulver oder Pasten ermöglicht oder erweitert werden. Die zum Schweißen nötige Energie wird von außen zugeführt. Der durch Schweißen entstandene Stoffschluss ist eine nur unter Materialzerstörung zu trennende Verbindung.

Wo kein häufigeres Demontieren von Anlagen und Zerlegen von Apparaten gefordert wird oder Austausch von Verschleißteilen notwendig ist, sollten nach dem Stand der Technik grundsätzlich Schweißverbindungen lösbaren Verbindungen als Verbindungselemente vorgezogen werden. Die Schweißverbindung bietet heute bei allen schweißbaren Werkstoffen eine optimale technische und mikrobiologische Sicherheit. Bei dem im Lebensmittel-, Pharma- und Biotechnologiebereich am häufigsten eingesetzten Werkstoff Edelstahl können bei Schutzgasschweißung unter Inertgas vor allem in Verbindung mit automatisierten Schweißverfahren porenfreie Nähte ohne merklichen Wulst garantiert werden, die allen hygienischen Anforderungen gewachsen sind. Gleiches gilt für das Schweißen von Kunststoffen, das bei entsprechender Erfahrung mit Nahtvorbereitung, Temperatur, Zusatzwerkstoff und Schweißgeschwindigkeit hohe Nahtqualitäten ergibt.

Es ist daher besonders wichtig, dass Schweißverbindungen neben Erfüllung der notwendigen Anforderungen an die Festigkeit vor allem unter hygienischen Gesichtspunkten gestaltet werden. Dabei ist zu berücksichtigen, dass innerhalb einer Anlage häufig Schweißnähte am stärksten korrosionsgefährdet und damit aus hygienischer Sicht anfällig für Oberflächenfehler sind. Im Folgenden soll in erster Linie auf das Schweißen von nicht rostendem Edelstahl eingegangen werden, da er im hygienerelevanten Apparatebau die höchste Relevanz besitzt. Wegen einiger wichtiger Anwendungen werden in geringerem Maß auch Kunststoffe besprochen, während Aluminium und seine Legierungen nicht berücksichtigt werden.

10.3.1
Nicht rostender Edelstahl

Austenitische und ferritische Edelstähle können mit den für unlegierte Stähle üblichen Verfahren und Maschinen des Schmelz- und Widerstandsschweißens geschweißt werden. Vom Gasschweißen z. B. mit Sauerstoff-Azetylen-Gemischen ist besonders in Hygienebereichen abzuraten. Sogenannt „Schwarz-Weiß-Verbindungen" von rostfreien mit unlegierten und niedrig legierten Stählen sind möglich. Dabei müssen die Verbindungsstellen außerhalb des Produktbereiches liegen. Ein Korrosionsschutz, wie z. B. eine Kunststoffbeschichtung, sollte für unlegierte Stähle vorgesehen und bis über den Schweißnahtbereich hinaus aufgebracht werden, wenn feuchte Umgebungsbedingungen herrschen.

Die Schweißzusatzwerkstoffe entsprechen weitgehend den Grundwerkstoffen, sind jedoch verfahrensbedingt modifiziert. Ihre Zusammensetzung (Tabelle 10.8) ist so abgestimmt, dass sie bei ordnungsgemäßer Handhabung ein weitgehend artgleiches, einwandfreies Schweißgut ergeben. Bei Schweißverbindungen unterschiedlicher rostfreier Stahlsorten (z. B. 1.4301 mit 1.4401) ist der Schweißzusatzwerkstoff zu bevorzugen, der für den Stahl mit dem höheren Legierungsgehalt bestimmt ist.

Nicht rostende Edelstähle haben gegenüber unlegierten Stählen nur etwa ein Drittel der Wärmeleitfähigkeit und einen um etwa 50 % höheren Wärmeausdehnungskoeffizienten. Dies ist bei der Vorbereitung der Bleche zum Schweißen zu berücksichtigen, indem der Blechabstand an der Nahtwurzel höher zu wählen ist.

Tabelle 10.8 Beispiele für Edelstähle und Schweißzusatzwerkstoffe.

Werkstoffnummer	**Schweißeignung**	**Schweißzusatzwerkstoffe (Normbezeichnung nach DIN 8556)**		
		Werkstoffnummer	**Umhüllte Elektroden**	**Schweißstab**
1.4301	bis 6 mm Blechdicke bzw. 20 mm Durchmesser [a)]	1.4302 1.4316	E 19 9 E 19 9L	SGX5CrNi19-9 SGX2CrNi19-9
1.4541	ohne Einschränkung	1.4316 1.4551	E 19 9L E 19 9Nb	SGX2CrNi19-9 SGX5CrNiNb19-9
1.4401	bis 6 mm Blechdicke bzw. 20 mm Durchmesser [a)]	1.44031.4430	E 19 12 3 E 19 12 3L	SGX5CrNiMo19-12 SGX2CrNiMo19-12
1.4571	ohne Einschränkung	1.44301.4576	E 19 12 3L E 19 12 3Nb	SGX2CrNiMo19-12 SGX5CrNiMoNb19-12
Schwarz-Weiß-Verbindungen bei allen Schmelzschweißverfahren		1 437Q2	E 18 8Mn	SGX5CrNiMn18-8

[a)] Größere Abmessungen erfordern Wärmenachbehandlung (Lösungsglühen).

Eine dichte Folge von Heftschweißungen oder Einspannungen, die auch beim Abkühlen der geschweißten Bleche aufrechterhalten bleiben sollte, vermindert das Verziehen der Bauteile.

Bei den austenitischen Stählen besteht keine Gefahr der Aufhärtung. Um Verzug und Verzunderung gering zu halten, sollte mit möglichst geringem Wärmeeinbringen geschweißt werden. Damit werden schmale Schweißnähte mit engen Anlauffarbenbereichen erreicht, die weniger Nacharbeit erfordern.

Austenitische Stähle sollten wegen ihres relativ hohen Wärmeausdehnungskoeffizienten vor dem Schweißen ausreichend fest gespannt werden. Klammern und Unterlagen aus Kupfer erleichtern das Abfließen der Wärme und begünstigen das Durchschweißen, wenn nur von einer Seite geschweißt wird. Andernfalls müssen Heftschweißungen vorgenommen werden, die in geringerem Abstand als bei unlegierten Stählen üblich anzubringen sind. Bei dünnen Blechen genügen leichte Heftpunkte im Abstand von 25–50 mm. Bei dickeren Blechen können die Heftschweißungen weiter auseinander liegen, müssen aber stark genug sein, um das Werkstück hinreichend abzustützen.

Bei ferritischen Stählen weichen die physikalischen Eigenschaften zwar nicht so deutlich von denen der unlegierten Stähle ab. Im Hinblick auf die Bildung von Chromkarbiden und Grobkorn ist jedoch darauf zu achten, dass die Zone der Wärmeeinbringung und die Größe des Schmelzbades möglichst gering gehalten werden [40].

Bei der Vorbereitung der Stoßstellen ist auf fettfreie, saubere und glatte Schnittkanten zu achten. Ab bestimmten Wandstärken müssen Bleche durch spanende Bearbeitung entsprechend vorbereitet werden, um einwandfreie Verbindungen zu erreichen. Art und Abmessungen der Nahtvorbereitung hängen wesentlich vom gewählten Schweißverfahren ab. Einige Beispiele der Vorbereitung sind in Abb. 10.47 dargestellt. Bei Blechen bis 5 mm Dicke werden vorzugsweise I-Nähte geschweißt, die für die Flanken der Fugen senkrecht zu schneiden oder span-

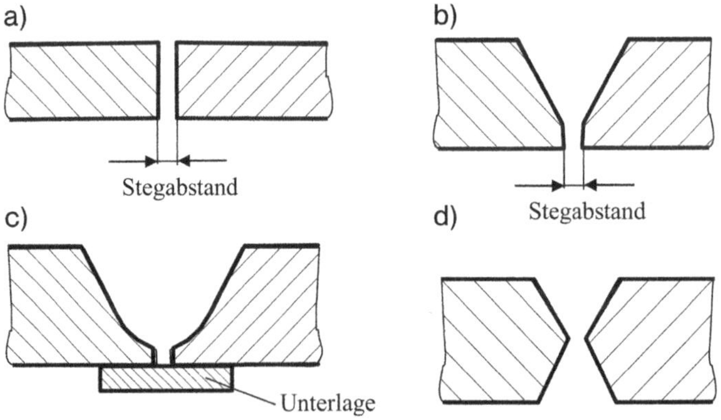

Abb. 10.47 Beispiele für die Vorbereitung von Blechen für das Schweißen bei verschiedenen Stumpfstößen:
(a) I-Naht, (b) V-Naht, (c) U-Naht mit Unterlage, (d) X-Naht.

abhebend zu bearbeiten sind. Zwischen 5 und 12 mm Blechdicke werden meist V-Nähte ausgeführt, während über 12 mm U-Naht- oder X-Naht-Schweißungen angewendet werden. Bei Mehrlagennähten sind mehrere dünne Lagen erfahrungsgemäß günstiger als wenige dicke. Nach jeder Lage ist die Naht vor dem Schweißen weiterer Lagen gründlich zu säubern. Bei V- und U-Nähten sollte möglichst die Wurzel gegengeschweißt werden.

Beim Schweißen von nicht rostenden Edelstählen spielt der Schutz der Schmelze vor Veränderungen eine wesentliche Rolle, die sich auf die Oberflächenqualität oder die Zusammensetzung des Gefüges auswirken. Fehlt diese schützende Wirkung, so können wichtige Legierungsbestandteile in die Schlacke übertreten. Damit wird die Zusammensetzung der Schmelze verändert, wodurch sich die Korrosionsbeständigkeit vermindert. Um z. B. einen unerwünschten Kohlenstoffanstieg in der Schmelze zu vermeiden, müssen Elektrodenumhüllungen, Pulver von Unterpulver-Schweißverfahren oder Schutzgas frei von kohlenstoffabgebenden Bestandteilen sein. Flussmittel, die z. B. in Umhüllungen von Elektroden oder im Pulver bei Unterpulver-Schweißverfahren enthalten sind, müssen in der Lage sein, unerwünschte Oxide in der Schmelze ausreichend zu benetzen und zu lösen. Blanke Elektroden lassen sich wegen mangelnder Stabilität des Lichtbogens und in der Schmelze entstehender Oxide nicht anwenden.

Im Allgemeinen wird als Schutzgas Schweißargon mit 99,95 % verwendet. Um glattere Raupenoberflächen zu erreichen, können beim maschinellen WIG-Schweißen für austenitische Stähle auch handelsübliche Argon-Wasserstoff-Mischgase verwendet werden. Damit keine Luft mit den erwärmten Bereichen in Berührung kommt, müssen die Durchflussmengen der Schutzgase groß genug sein. Die Nahtwurzel ist durch Spülen mit Formiergas oder Schweißargon zu spülen. Bei Montagearbeiten im Freien sollten Schirme gegen Zugluft aufgestellt werden.

Bis auf Gasschmelzverfahren können nicht rostende Edelstähle mit denselben Schweißverfahren und Schweißgeräten gefügt werden, wie sie bei unlegierten oder niedrig legierten Stählen eingesetzt werden. Für hohe Nahtqualitäten sind allerdings spezielle Vorgaben zu beachten.

10.3.1.1 Lichtbogenhandschweißen mit Stabelektroden

Nach Stand der Technik sollten soweit wie möglich automatische Schweißverfahren eingesetzt werden, da bei richtiger Einstellung technisch und hygienisch einwandfreie Nähte unabhängig vom Schweißpersonal erzielbar sind. In vielen Bereichen lassen sich jedoch sowohl bei der Fertigung von Apparaten als auch bei der Installation von Anlagen Handschweißungen nicht vermeiden. Bei Einsatz gut ausgebildeter, geübter und geprüfter Schweißer lassen sich allerdings ebenfalls ausgezeichnete Schweißnahtqualitäten erreichen.

Blanke Stabelektroden können beim Schweißen von Edelstählen nicht angewendet werden, da der Lichtbogen instabil ist und das Schweißgut nicht die notwendige Zusammensetzung erhält. Beim Schweißen mit umhüllten Stabelektroden werden entsprechend Abb. 10.48 auf der einen Seite Stab und Umhüllung der Elektrode abgeschmolzen und auf der anderen Seite ein Bereich des zu schwei-

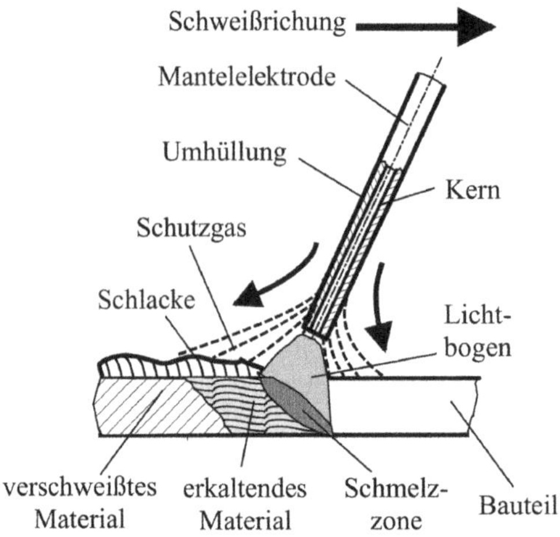

Abb. 10.48 Prinzip des Lichtbogenschweißens mit Mantelelektrode.

ßenden Grundwerkstoffes aufgeschmolzen. An der schmelzenden Elektrode bilden sich Tropfen, die von geschmolzener Umhüllung umgeben sind und deren Größe von der Oberflächenspannung des Metalls abhängt. Sauerstoff beeinflusst die Oberflächenspannung, indem viele kleine Tropfen entstehen, die vor der umgebenden Atmosphäre durch Schutzgase und Schlacke geschützt werden. Die Umhüllung der Elektrode beeinflusst entscheidend das Schweißverhalten, die Eigenschaften und das Aussehen der Schweißnaht.

Schlacke schützt in erster Linie die von der Elektrode abschmelzenden Tropfen sowie das Schweißbad vor dem Zutritt von Luft und soll sich nach dem Erkalten leicht von der Schweißraupe abheben lassen. Schutzgasbildner bilden bei den hohen Lichtbogentemperaturen einen Schutzgasmantel aus CO_2 um den Lichtbogen. Ionisationsstoffe erhöhen die Leitfähigkeit der Lichtbogenstrecke, bewirken einen stabilen Lichtbogen, ermöglichen leichtes Zünden und ermöglichen das Schweißen mit Wechselstrom. Desoxidationsmittel dienen zum Abspalten von Sauerstoff. Eingesetzte Legierungselemente beeinflussen die Zusammensetzung der Schweißschmelze. Mithilfe von Pressmitteln wird die glatte, rissfreie Oberfläche der Umhüllung erreicht, während Bindemittel die notwendige Plastizität zum Pressen der Umhüllung liefern.

Unter Hygienegesichtspunkten ist darauf zu achten, dass Feuchtigkeit in der Elektrodenumhüllung das Schweißverhalten und den Schlackeabgang verschlechtern kann. Folgen sind offene Poren in der Schweißnaht und Kaltrisse bei empfindlichen Stählen wie z. B. Feinkornstählen und ferritischen Stählen. Auf Lagerung, Transport und eventuell Trocknung der Elektroden ist daher besonders zu achten [41].

Das Schweißen muss bei den hochlegierten Elektroden für Edelstähle mit niedrigerer Stromstärke erfolgen als bei üblichen Elektroden. Außerdem ist meist ein kurzer Lichtbogenabstand einzuhalten.

Elektroden mit Rutilumhüllung können sowohl für Gleich- als auch Wechselstromschweißen verwendet werden. Wesentliche Eigenschaft ist die feine Tropfenbildung, die zu glatten, flachen, feinschuppigen Nähten führt, die auch als hygienisch geeignet eingestuft werden können. Kehlnähte werden leicht konkav, was die hygienische Eignung ebenfalls unterstützt. Die Schlacke lässt sich meist leicht entfernen oder löst sich selbsttätig ab.

Basisch umhüllte Elektroden können nur mit Gleichstrom verschweißt werden. Die Tropfenbildung ist gröber als bei rutilumhüllten Elektroden. Daher wird die Naht grobschuppiger, was hygienische Nachteile ergibt. Durch die gröberen Tropfen sind die Elektroden allerdings für das Schweißen in Zwangspositionen (z. B. über Kopf) besonders geeignet. Außerdem lassen sich Spalte leichter überbrücken, sodass sie zum Schweißen von Nahtwurzeln eingesetzt werden. Die Schlacke lässt sich von der Naht meist schlechter entfernen.

10.3.1.2 **Wofram-Inertgas-Schweißen (WIG)**

Das Schweißgerät enthält gemäß Abb. 10.49 eine Wolframelektrode, die von einem Schutzgasstrom umspült wird, um den Schweißbereich vor Luftzutritt zu schützen [42]. Als Schutzgas wird im Allgemeinen Argon mit hoher Reinheit (z. B. 99,99 % bei schwierigen Anwendungen) verwendet. Bei maschinellen Verfahren [43] werden zur Erhöhung der Schweißgeschwindigkeit auch Argon-Wasserstoff-Gemische wie z. B. R1 [44] eingesetzt. Das Schweißen erfolgt mit Gleichstrom, wobei die nicht abschmelzende Wolframelektrode mit dem Minuspol und das Werkstück mit dem Pluspol verbunden wird.

Das WIG-Schweißen kann für alle Positionen verwendet werden. Besonders geeignet ist es für dünne Bleche und Wurzelschweißungen. Es ermöglicht saubere, glatte, krater- und porenfreie Nähte vor allem bei Wurzellagen, die nicht gegengeschweißt werden können. Um höchste Schweißnahtqualitäten zu erreichen, können Fehlstellen durch verschiedene Maßnahmen ausgeschaltet werden:

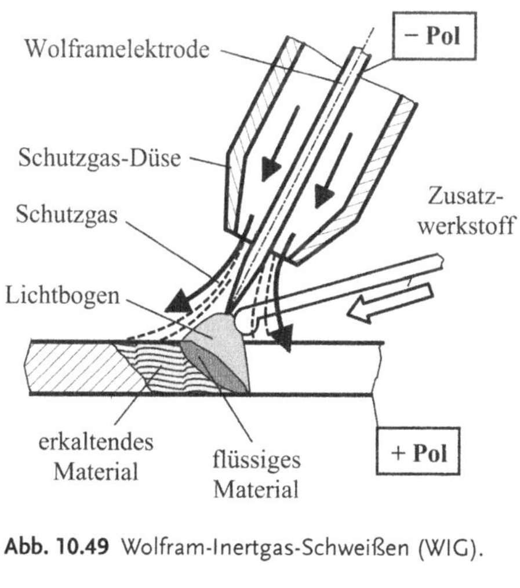

Abb. 10.49 Wolfram-Inertgas-Schweißen (WIG).

Abb. 10.50 Orbitalschweißgerät.

Durch den Einsatz von Zündblechen oder die Überlagerung des Zündstromes mit Hochfrequenz wird erreicht, dass keine Beschädigung der Werkstoffoberfläche beim Zünden des Lichtbogens erfolgt. Um beim Zünden einen besseren Einbrand zu erzielen und beim Löschen starke Endkrater und Endkraterrisse zu vermeiden, kann die Stromstärke beim Zünden erhöht und beim Löschen vermindert werden. Die Endkrater sind vor dem Weiterschweißen zu entfernen. Um glatte Nahtunterseiten zu erhalten, kann beim Mehrlagenschweißen auch nur die Wurzelseite mit WIG geschweißt werden. Die Folgelagen könnten dann z. B. mit dem Metall-Inert-Gas-Verfahren (MIG) erzeugt werden.

Bis 3 mm Blechdicke können die austenitischen Werkstoffe 1.4301, 1.4541, 1.4401 und 1.4571 ohne Schweißzusatz gefügt werden. Bei Stählen 1.4435, 1.4439, 1.4539 und 1.4462 werden vorwiegend Schweißzusätze verwendet.

Ein wesentliches Anwendungsgebiet im Hinblick auf Hygienic Design ist das Orbitalschweißen, eine teilmechanisierte Anwendung des WIG-Schweißens. Damit wird ein Prozess bezeichnet, bei dem der Lichtbogen gemäß Abb. 10.50 um einen feststehenden Rundkörper, meist ein Rohr, geführt wird [45]. Orbitalschweißen wird heute überall dort eingesetzt, wo sehr hohe Qualitätsansprüche an die Ausbildungsform der Schweißnaht gestellt werden. Die flache, gleichmäßige und mit geringer Rauheit erzielbare Wurzel, die teilweise nicht mehr nachbehandelt werden muss, ist ein wesentlicher Vorteil dieses Verfahrens. Die Nahtgüte hängt dabei wesentlich von der Nahtvorbereitung sowie der Minimierung der Toleranzen ab, die für jeden Anwendungsbereich individuell erprobt und festgelegt werden müssen. In der Praxis wird das Orbitalschweißen vor allem in hygienerelevanten Bereichen und aus wirtschaftlichen Gründen bei einlagig schweißbaren Stumpfstößen eingesetzt.

10.3.1.3 **Plasmaschweißen (WPL)**

Das Plasmaschweißen gehört ebenfalls zu den Lichtbogen-Schweißverfahren und ist eng mit dem WIG-Schweißen verwandt. Der Lichtbogen brennt unter einer inerten Schutzgasatmosphäre von einer nicht abschmelzenden Elektrode zum Werkstück. Durch die Anordnung einer wassergekühlten Düse mit geringem

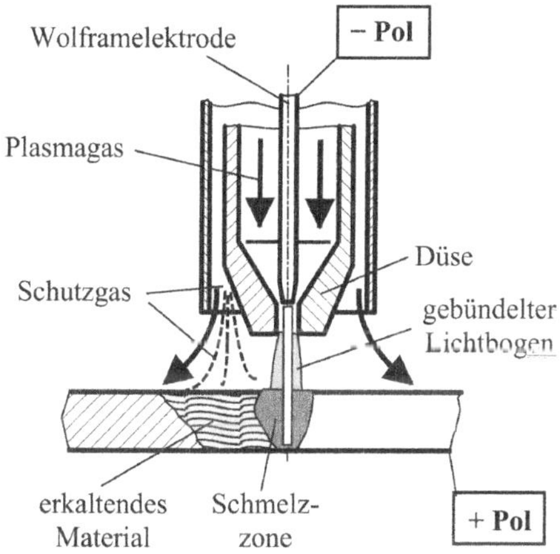

Abb. 10.51 Plasmaschweißen.

Durchmesser in der Lichtbogenstrecke wird der Lichtbogen jedoch eingeschnürt und scharf gebündelt, wodurch eine wesentlich höhere Energiedichte als beim WIG-Schweißen erreicht wird (Abb. 10.51). Der Zusatzwerkstoff wird extern, unabhängig von den Lichtbogenparametern, zugeführt [46].

Als Plasma bezeichnet man ein ionisiertes einatomiges Gas, dem im Fall des Schweißens von austenitischen Edelstählen geringe Anteile an Wasserstoff zugesetzt werden. Als äußeres Schutzgas werden meist Gemische aus Argon und Wasserstoff verwendet. Häufig kann ohne Schweißzusatz gearbeitet werden. Wesentliche Vorteile des Plasmaschweißens liegen in der hohen Schweißgeschwindigkeit bei schmaler Raupe und schmaler Wärmeeinflusszone. Damit wird relativ wenig Wärme in den Nahtbereich eingebracht, was sich in geringem Verzug äußert. Das Verfahren ist meistens mechanisiert, sodass es eine aufwändigere Schweißanlage erfordert. Aufgrund des schmalen Nahtbereiches ist außerdem eine genaue Nahtvorbereitung nötig.

Beim Plasmaschweißen wird eine qualitativ hochwertige Nahtoberfläche erzielt. Die Gefahr von Bindefehlern und Problemen beim Durchschweißen ist gering. Die Empfindlichkeit gegen Toleranzen ist geringer als beim Laserschweißen.

Zum Ausschneiden komplizierter Formen aus Blechen wird häufig das Plasmaschneiden eingesetzt. Es ist ein Schmelzprozess, bei dem der metallische Werkstoff durch den Plasmastrahl geschmolzen und durch die hohen Temperaturen und die kinetische Energie aus der Schnittfuge geblasen wird. Mit dem Plasmaschneiden lassen sich nahezu alle metallischen und nichtmetallischen Werkstoffe schneiden.

10.3.1.4 **Elektronenstrahlschweißen**

Elektronenstrahlschweißen ist das qualitativ hochwertigste Schmelzschweißverfahren. Dabei werden gebündelte Elektronen verwendet, die durch hohe Gleichspannung im Vakuum beschleunigt werden. Das Schweißteil befindet sich ebenfalls in einem evakuierten Raum. Das Verfahren erlaubt Schweißarbeiten mit schmaler Wärmeeinflusszone und großer Tiefenwirkung [47]. Es können Bleche bis zu 150 mm Stärke mit hoher Präzision und ausgezeichneter Qualität der Nähte geschweißt werden. Aufgrund des gezielten Wärmeeintrags entstehen schlanke und damit verzugsarme, fast schrumpfungsfreie Nähte. Auch bei dickeren Blechen bis z. B. 100 mm ist keine Vorbehandlung erforderlich.

Die Verbindung verschiedener Werkstoffe ist bei größter Reinheit der Naht möglich. In Abwandlung wird das Verfahren auch zum Trennen eingesetzt, wobei hochpräzise Trennflächen erreicht werden können.

10.3.1.5 **Unterpulverschweißen (UP)**

Beim Unterpulverschweißen brennt der Lichtbogen zwischen der blanken Drahtelektrode und dem Werkstück verdeckt unter dem lose aufgeschütteten Pulver, das den Schutz der Naht bewirkt und die Schlacke bildet (Abb. 10.52). Die Zusammensetzung des Pulvers ist ähnlich der Umhüllung von Stabelektroden, wobei das Bindemittel fehlt. Bei falscher Zusammensetzung des Pulvers kann Zu- bzw. Abbrand von Legierungselementen erfolgen, was zu unerwünschten Gefügeänderungen führt.

Das Verfahren benötigt kein Schutzgas, kann aber ohne Vorkehrungen nur in horizontaler Position angewandt werden [48]. Zur Sicherung des Schmelzbades können Unterlagen gemäß der Prinzipdarstellung nach Abb. 10.52b verwendet werden.

Als Vorteil ist die hohe Schweißgeschwindigkeit bei großen Blechdicken, wie sie z. B. beim Schweißen von Druckbehältern auftreten, ohne Nahtvorbereitung zu nennen. Die Schlacke deckt dabei die Schmelze recht zuverlässig ab. Der metallische Zusatzanteil ist mit bis 30 % im Pulver enthalten, wobei der Anteil auch von der Kornform abhängt. Von Nachteil ist die Empfindlichkeit gegen Feuchtigkeit. Außerdem muss sich die Schlacke gut von der Schmelze trennen, wofür Dichteunterschiede maßgebend sind, und später abschlagen lassen.

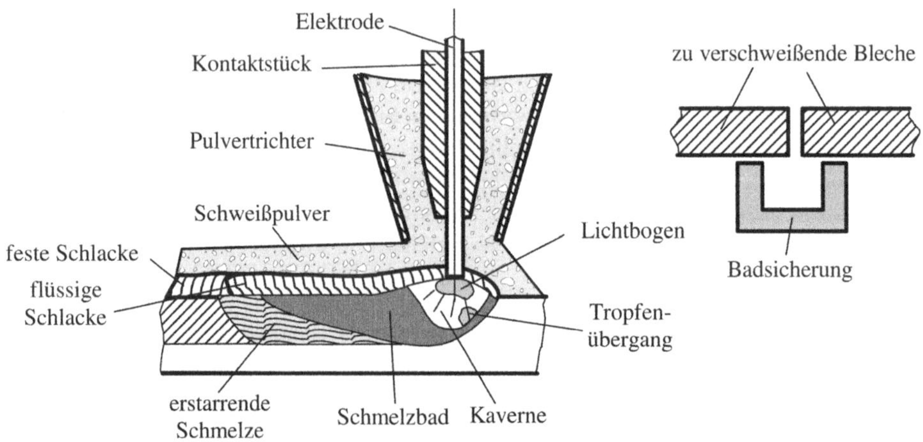

Abb. 10.52 Unterpulverschweißen.

10.3.1.6 Laserstrahlschweißen

Das Laserstrahlschweißen wird nach [49] den Schmelzschweißverfahren zugeordnet. Der Werkstoff wird aufgrund der Fokussierung des Laserstrahles lokal sehr eng begrenzt aufgeschmolzen. Dabei entsteht gemäß Abb. 10.53 eine Dampfkapillare (Keyhole), die einen Tiefschweißeffekt erzeugt. Die Schweißnähte sind wesentlich schlanker als bei konventionellen Verfahren. Durch Einsatz von Hochleistungslasern können Wandstärken bis zu 15 mm geschweißt werden. Aufgrund der konzentrierten Wärmeeinbringung und der schnellen Wärmeabfuhr können schmale Nähte mit einem großen Verhältnis von Tiefe zu Breite erzeugt werden.

Wesentliche Merkmale und Vorteile beim Einsatz der Lasertechnologie zum Schweißen sind hohe Leistungsdichte, kleiner Strahldurchmesser, hohe Schweißgeschwindigkeiten, berührungsloses Werkzeug, und das Schweißen ist ohne Zusatzwerkstoff möglich. An der Schweißnaht ergibt sich eine geringe Wärmeeinflusszone, eine minimale thermische Belastung und als Folge geringer Verzug. Außerdem ist das Schweißen fertig bearbeiteter Bauteile möglich und es lassen sich unterschiedliche Werkstoffe schweißen.

Durch die schmale Wärmeeinflusszone ist der thermische Verzug gering. Außerdem lassen sich die Nähte gut umformen. Konventionelle Schweißtechnik, im Besonderen bei großformatigen Dünnblechelementen, verursacht durch die eingebrachte Wärme enorme Verwerfungen und Spannungen in Bauteilen, da bei geringen Blech- und Profildicken ist die Reaktion auf thermische Einflüsse besonders stark ist. Die Grenzen des industriell einsetzbaren Laserstrahlschweißens liegen indes zurzeit bei 10–12 mm Plattenstärke.

Für das Schweißen von Edelstahl werden hauptsächlich zwei Laserarten eingesetzt. Der CO_2-Laser, dessen Leistung bis zu 25 kW betragen kann, eignet sich gut für Blechdicken zwischen 1 und 15 mm. Als Schutzgas werden Helium, Argon oder Gasgemische verwendet. Beim CO_2-Laserstrahlschweißen wird der Laserstrahl von der Strahlquelle über Spiegel (Strahlweg) zum Werkstück geführt.

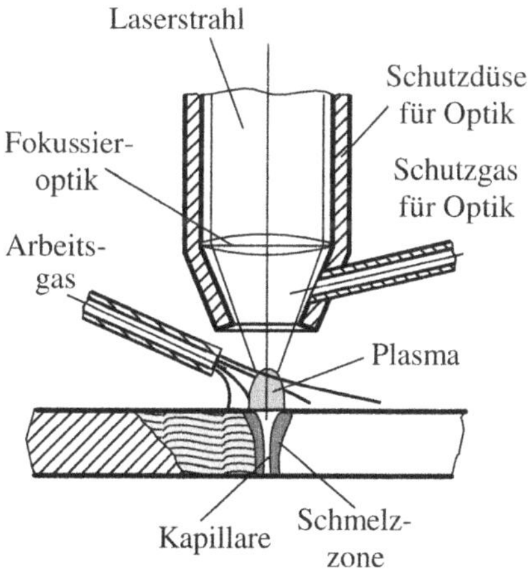

Abb. 10.53 Laserstrahlschweißen.

Der letzte Spiegel in der Schweißoptik fokussiert den Rohstrahl, der dann auf die Metalloberfläche auftrifft. Nach Erreichen der Verdampfungstemperatur bildet sich im Werkstück das „Keyhole". Darüber baut sich dabei durch den Laser ein Plasma auf, das den Schweißprozess unterstützt. Der nach oben abströmende Metalldampf erlaubt ein tieferes Eindringen des Laserstrahles und damit ein Verdampfen weiteren Materials. Es entsteht der sogenannte Tiefschweißeffekt. Das Schließen der Kapillare, welche von schmelzflüssigem Material umgeben ist, wird durch den Dampfdruck verhindert. Der wesentliche Teil der Schmelze umströmt die durch die Fügezone bewegte Kapillare und erstarrt. Die zur Fokussierung des Strahles verwendeten Spiegeloptiken machen die Gestaltung der Schweißanlage kompliziert.

Der Nd:YAG-Laser (YAG = Yttrium Aluminium Granat, $Y_3Al_5O_{12}$) wird wegen geringerer Leistungen, die im Bereich von 100 W bis 5 kW liegen, vorwiegend zum Verschweißen von Blechen zwischen etwa 0,2 und 4 mm verwendet. Der Laserstrahl wird über Glasfaserkabel zu einem System von Quarzlinsen geführt, das den Strahl auf das Werkstück fokussiert.

Beim CO_2-Laserstrahl-Schmelzschneiden bündelt die Fokussieroptik den Laserstrahl je nach Brennweite auf einen Fokusdurchmesser von etwa 0,1–0,3 mm. Durch Absorption auf der Metalloberfläche erwärmt sich der Werkstoff auf Schmelztemperatur und verdampft zum Teil spontan. Das schmelzflüssige Material wird mithilfe des Schneidgasstrahles aus der Schnittfuge getrieben, für den Stickstoff verwendet werden kann, wenn Reaktionen des Werkstoffes mit Sauerstoff unerwünscht sind. Im Vergleich zu anderen thermischen Schneidverfahren wird eine sehr schmale Schnittspaltweite (< 0,3 mm) erzielt. Dementsprechend ist auch die in das Material eingebrachte Wärmemenge gering. Die Schnittflächen des Schnittspaltes verlaufen beim Laserstrahlschneiden im Gegensatz zu allen anderen thermischen Schneidverfahren nahezu parallel. Dabei sind hohe Schneidgeschwindigkeiten möglich.

Mit einer Kombination aus Laserstrahlschneiden und Laserstrahlschweißen in einer Fertigungslinie ergeben sich weitere Vorteile. Sie bestehen in Automatisierung der Fertigung und einer komplexen Spanntechnik, die eine Heftschweißung von Bauteilen überflüssig macht und zu erheblich geringeren thermischen Deformationen als bei herkömmlichen Fügeverfahren führt.

10.3.1.7 **Einflüsse auf das Gefüge in Naht und Nahtumgebung**

Bei der Verbindung durch Schweißen kommt der Art der verwendeten nicht rostenden Edelstähle die größte Bedeutung zu. Neben Festigkeit und mechanischer Haltbarkeit der Schweißverbindung spielt das Gefüge sowohl an der Oberfläche der Schweißnaht als auch der Wärmeeinflusszone in der Nahtumgebung (Abb. 10.54) eine entscheidende Rolle. Durch Veränderungen wird zunächst die Korrosionsbeständigkeit beeinflusst, was aufgrund von Korrosionsangriff hygienische Probleme zur Folge hat.

Voraussetzung für eine hohe Beständigkeit der nicht rostenden Edelstähle ist der Chromgehalt (s. Kapitel 7), der ein edles elektrochemisches Potenzial an der Stahloberfläche bewirkt. Beim Schweißen, insbesondere mit Zusatz, sollte darauf

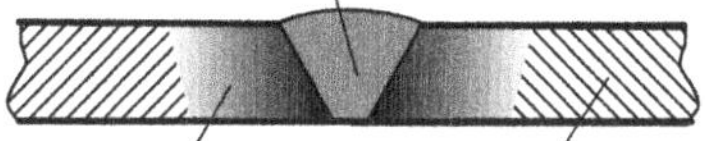

Abb. 10.54 Wärmeeinflusszone im Schweißnahtbereich.

geachtet werden, dass es möglichst hoch und gleichmäßig über den gesamten Schweißbereich erhalten bleibt. Der Idealfall liegt vor, wenn beim Übergang vom Grundwerkstoff zur Schweißnaht und wieder zum Grundwerkstoff keinerlei Änderung des elektrochemischen Potenzials erfolgt wie es in Abb. 10.55a prinzipiell dargestellt ist. Durch edlere bzw. unedlere Zusatzwerkstoffe wird das Potenzial gemäß Abb. 10.55b in der Naht beeinflusst, wodurch vor allem bei unedlem Zusatz und damit verbundenem Potenzialabfall Korrosionsprobleme entstehen.

Außerdem kann sich besonders bei den austenitischen Qualitäten beim Schweißen in einem Temperaturbereich zwischen 500 und 850 °C Kohlenstoff mit Chrom zu Karbiden verbinden und an den Korngrenzen des Gefüges ausscheiden. Dadurch entsteht in dem erwähnten Temperaturgebiet eine Chromverarmung im Bereich der Korngrenzen.

Von Bedeutung für diesen Effekt ist besonders die Höhe der Kohlenstoff- und Stickstoffanteile im Werkstoff sowie die Verweilzeit in dem kritischen Temperaturbereich. Da während des Schweißens in einer bestimmten Entfernung von der Schweißnaht immer dieser Temperaturbereich vorliegt, ist die Gefahr der Chromkarbidbildung grundsätzlich gegeben. Dabei ist die Schweißnaht selbst wegen der dort herrschenden wesentlich höheren Temperaturen meistens nicht gefährdet. Bei anschließender chemischen Beanspruchung der Verbindung wird daher nicht die Schweißnaht selbst, sondern nur eine bestimmte Zone im angrenzenden Bereich des Grundwerkstoffes angegriffen, wo gemäß Abb. 10.55c ein Potenzialabfall aufgrund der Chromverarmung entsteht.

Der im Apparatebau am häufigsten eingesetzte unstabilisierte Werkstoff 4301, dessen Kohlenstoffgehalt bei maximal 0,07 % relativ hoch liegt, ist nur bei geringen Dicken wegen der meist ausreichenden Abkühlungsgeschwindigkeit als sicher gegen Ausscheidung von Chromkarbid und damit Kornzerfall anzusehen. Bei dickeren Abmessungen ist er dies jedoch nicht mehr. Um Kornzerfall zu vermeiden, sind entweder Werkstoffe mit niedrigerem Kohlenstoffgehalt im Bereich von maximal 0,03 % anzustreben oder es muss eine Stabilisierung mit Titan oder Niob stattfinden. In diesem Fall wird Kohlenstoff mithilfe von Titan oder Niob, die eine höhere Affinität zu Kohlenstoff haben als Chrom, zu weitgehend unlöslichen Karbiden abgebunden. Dadurch wird der Chromgehalt praktisch nicht verändert. Für eine ausreichende Stabilisierung austenitischer Stähle wird z. B. Titan mit einem 5-mal so hohen Titangehalt wie an Kohlenstoff verwendet. Zu bemerken ist, dass stabilisierte Qualitäten wegen der harten Karbide in der weichen austenitischen Grundmasse nicht auf Hochglanzpolitur gebracht werden können.

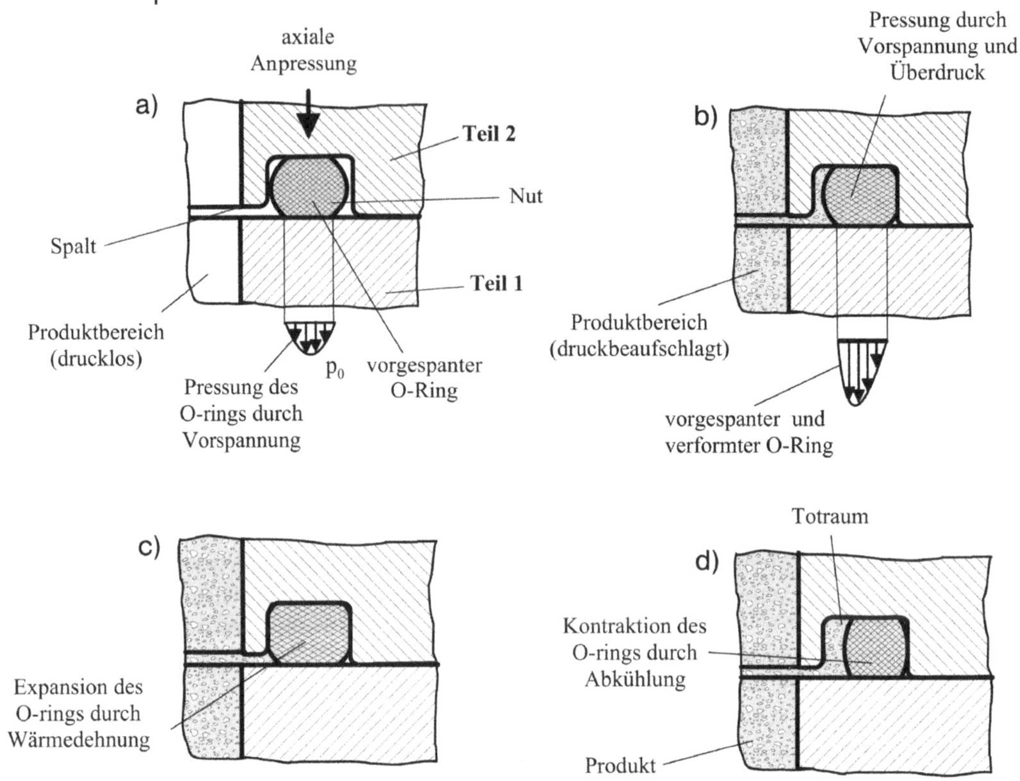

Abb. 10.55 Potenzialverlauf im Schweißnahtbereich:
(a) idealer Verlauf,
(b) Potenzialanstieg bzw. -abfall in Abhängigkeit der Art des Zusatzwerkstoffes,
(c) Potenzialabfall neben der Naht aufgrund von Karbidbildung,
(d) Potenzialabfall in Hochtemperaturzone bei stabilisierten Edelstählen.

Die Titankarbide in stabilisierten austenitischen Chrom-Nickel-Stählen gehen allerdings bei Temperaturen oberhalb 1150 °C zunehmend doch in Lösung. Wird von dieser Temperatur sehr schnell abgekühlt, ist der Werkstoff an Kohlenstoff übersättigt. Bei einer nachfolgenden Erwärmung scheidet sich wegen der rascheren Diffusion des Chroms im Vergleich zu dem Stabilisierungselement ein hochchromhaltiges Karbid aus, wodurch der Stahl in diesem Bereich interkristallin anfällig wird. Da beim Schweißen unmittelbar neben der Schweißnaht der Grundwerkstoff auf diese hohen kritischen Temperaturen gebracht wird und dabei die Titankarbide in Lösung gehen, scheidet sich in diesem Bereich bei einer nachträglichen Erwärmung, wie sie z. B. durch Schweißen einer Gegenlage (z. B. Nachschweißen der Nahtwurzel) gegeben sein kann, vorübergehend das Chromkarbid aus. Als Folge kommt es zu interkristalliner Korrosionsanfälligkeit, die sich in „Messerlinienkorrosion" äußert (Abb. 10.55d). Diese Gefahr wird durch eine unzureichende Stabilisierung (z. B. zu geringer Titangehalt) gefördert, während sie bei einer Überstabilisierung vermindert wird. Die unstabilisierten Stähle weisen keine Messerlinienkorrosion auf.

Zusammenfassend lässt sich sagen, dass zur Vermeidung der interkristallinen Korrosion und daraus folgender Hygieneprobleme bei einer kritischen Korrosionsbeanspruchung für austenitische Stähle drei Möglichkeiten bestehen [50]:

- ein erneutes Lösungsglühen nach dem Schweißen mit nachfolgendem schnellen Abkühlen,
- ein Abbinden des Kohlenstoffgehaltes durch Titan- oder Niobzusatz,
- die Verwendung von austenitischen Stählen mit besonders niedrigen Kohlenstoffgehalten von max. 0,03 % (low carbon steels).

Zum Schweißen dieser niedrig gekohlten Qualitäten können niedrig gekohlte oder stabilisierte Zusatzwerkstoffe eingesetzt werden.

Bei den ferritischen Chromstählen ist beim Schweißen die Diffusionsgeschwindigkeit, die zu Ausscheidungen des chromhaltigen Karbids an den Korngrenzen und der damit verbundenen Chromverarmung führt, im Allgemeinen wesentlich größer als bei den austenitischen Chrom-Nickel-Stählen. Außerdem ist die Löslichkeit des Kohlenstoffs im Ferritgitter kleiner als im austenitischen Gitter, sodass die Übersättigung bei gleichem Kohlenstoffgehalt größer ist. Die Karbidausscheidung geht deshalb so schnell vonstatten, dass selbst durch rasches Abkühlen (Abschrecken) nach dem Schweißen ein Unterdrücken nicht möglich ist. Dies zeigt sich darin, dass die interkristallin anfällige Zone im Gegensatz zu den austenitischen Stählen unmittelbar neben der Schweißnaht liegt. Außerdem kann die interkristalline Korrosionsanfälligkeit selbst durch Absenken des Kohlenstoffgehaltes auf Werte unterhalb von 0,01 % nicht verhindert werden. Erst bei niedrigsten Kohlenstoff- und Stickstoffgehalten, die unter etwa 0,006 % Kohlenstoff und 0,002 % Stickstoff liegen müssen (sogenannte „Superferrit"-Güten), besteht Beständigkeit gegen interkristalline Korrosion. Man kann jedoch auch bei ferritischen Stählen die Bildung von Chromkarbid durch Stabilisierung mit Titan oder Niob unterbinden.

Zusammenfassend lässt sich bei den ferritischen Chromstählen die interkristalline Korrosionsanfälligkeit vermeiden durch:

- Verwendung von Stählen mit einem extrem niedrigen Kohlenstoff- und Stickstoffgehalt (Superferrit-Güten) oder
- Abbinden des Kohlenstoffs und Stickstoffs mit Titan oder Niob.

Auch stabilisierte ferritische Edelstähle lassen sich nicht hochglanzpolieren.

10.3.1.8 Die Rolle von Delta-Ferrit in der Schweißnaht

In der Pharmaindustrie werden besondere Anforderungen an den Gehalt an Delta-Ferrit in nicht rostenden Edelstählen gestellt, da er meist für Korrosionsprobleme verantwortlich ist, als deren Folge verminderte Reinigbarkeit der Oberflächen auftritt. Das Grundgefüge nicht rostender austenitischer Stähle ist im Walz- und Schmiedezustand sowohl bei Raumtemperatur als auch bei hohen Temperaturen vollaustenitisch. Infolge der chemischen Zusammensetzung entstehen im Schweißgut geringe Mengen an Delta-Ferrit (δ-Ferrit), wodurch die Anfälligkeit gegen die Bildung von Heißrissen sinkt. Die Entstehung von δ-Ferrit hängt vom Verhältnis der Ferritbildner Cr, Mo, Si und Nb zu den Austenitbildnern Ni, C, Mn und N ab (s. Abschnitt 7.1 „Metallische Werkstoffe") und lässt sich näherungsweise im Schäffler-Diagramm nach Abb. 10.56 abschätzen. Zur Verdeutlichung sind einige Werkstoffe sowie Zusatzmaterialien für das Schweißen mit ihren nominellen Legierungsbestandteilen in das Diagramm eingetragen. Genauere Abschätzungen des Ferritgehaltes können mit dem WRC-Diagramm nach Abb. 10.57 durchgeführt werden, das Ferritnummern von 0 bis 100 enthält. Damit lassen sich z. B. auch Ferritgehalte im Schweißgut von Duplex-Stählen überschlägig ermitteln.

Bei Sicherstellung von homogenen und stabilen Verhältnissen speziell beim Glühen und Abkühlen bilden sich bei den Edelstählen 1.4404 und 1.4435 rein austenitische Gefügestrukturen aus. Allerdings zeigt das Schäffler-Diagramm,

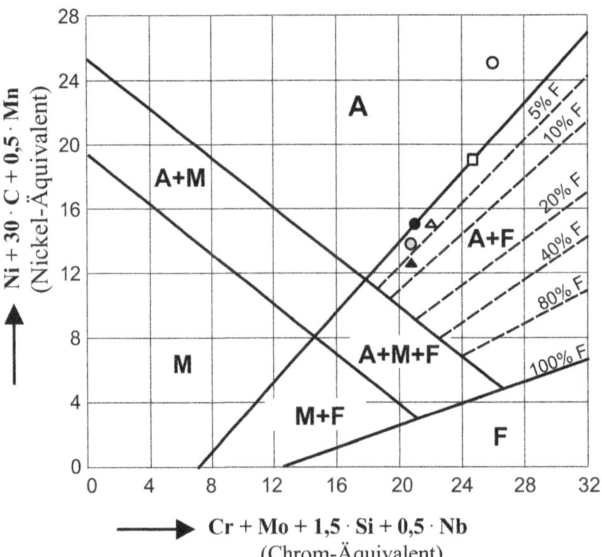

Werkstoffe:

1.4301 ▲	1.4401 △	1.4404 ◉	1.4439 □	1.4539 ○	1.4571 ●

Abb. 10.56 Gefügearten von Edelstählen im Schäffler-Diagramm.

dass man sich dabei mehr oder weniger hart an der Grenze zu teilferritischen Bedingungen befindet [51]. Dies kann dazu führen, dass beim Schweißen bestimmte Gefügebereiche infolge von örtlichen Konzentrationsunterschieden und Diffusionsprozessen beim Abkühlen in ferritischer Struktur auskristallisieren. Damit können in der austenitischen Grundmatrix mit kubisch-flächenzentriertem (kfz) Metallgitter nennenswerte Phasenbereiche in ferritischer Struktur entstehen, die sich als Inseln aus Edelstahlkristallen mit kubisch-raumzentriertem Gitter (krz) zeigen. Die Bezeichnung δ-Ferrit gibt gegenüber der anderen ferritischen Modifikation α Ferrit nur einen Hinweis auf den Zeitpunkt der Entstehung der Gefügeform. Bezüglich der Gitterstruktur bestehen keine Unterschiede. Die Bestimmung von δ-Ferritanteilen in Schweißnähten kann entweder zerstörend durch metallische Schliffbilder erfolgen, die ein genaues Bild der ferritischen Bereiche ermöglicht, oder zerstörungsfrei mithilfe magnetinduktiver Methoden, die die magnetische Wirkung der Ferritinseln ausnutzen und die Ermittlung von prozentualen Werten oder Ferritnummern ermöglichen. Bei Wandstärken über etwa 10 mm ist ein δ-Ferritgehalt von 10 bis 15 Volumenprozent erwünscht, da dadurch die Anfälligkeit der Naht gegen Heißrisse vermieden werden kann. Beim üblichen Apparatebau der Lebensmittel- und Pharmatechnik liegen die Wandstärken häufig unter 4 mm, sodass in der Regel keine Heißrisse entstehen. Wegen nicht abgesicherter Erkenntnisse über den Einfluss von δ-Ferrit auf die Korrosionsbeständigkeit werden im Pharmabereich prophylaktisch teilweise Grenzen < 0,5 % bzw. 1,0 % gefordert. Mittlerweile liegen in der Industrie übliche Anforderungen bei δ-Ferritanteilen unter 3 %. Untersuchungen zeigen, dass auch bei hochtechnisiertem Orbitalschweißen ohne Zusatzwerkstoff nicht mit

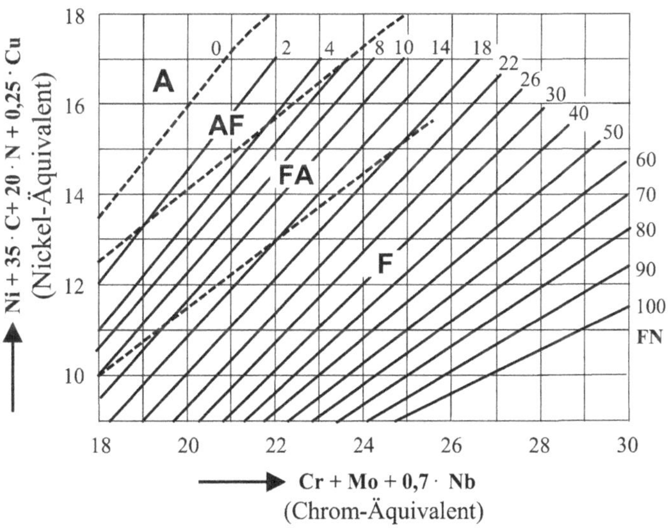

Abb. 10.57 Darstellung von Ferrit-Nummern (FN) in Abhängigkeit von Nickel- und Chromäquivalent.

Sicherheit δ-Ferrit vermieden werden kann. Allerdings werden die Verhältnisse durch Stickstoff im Schutzgas als Austenitbildner deutlich verbessert. Nur bei Verwendung des Vollausteniten 1.4539 als Zusatzmaterial kann die Bildung von δ-Ferrit in der Schweißnaht sicher vermieden werden, wodurch jedoch die Konstruktion verteuert wird.

Untersuchungen von Schweißnähten der Werkstoffe 1.4404 und 1.4435 haben gezeigt, dass bis zu δ-Ferrit-Anteilen von etwa 10 Volumenprozent die Ferritphase ausschließlich im Zentrum, d. h. im Inneren der Naht zu finden ist. Im Randbereich der Nahtdecklage und Nahtwurzel, d. h. an den möglichen produktberührten Oberflächen liegen dagegen ausschließlich austenitische Strukturen vor. Praktisch kann man davon ausgehen, dass nicht verschliffene Orbitalnähte mit δ-Ferritgehalten bis etwa 5 % mit ausreichender Sicherheit korrosionstechnisch unbedenklich sind, da die Ferritinseln keinen Kontakt zu Medien haben. Bei verschliffenen Nähten trifft dies jedoch nicht zu, da Ferritbereiche freigelegt werden können, die einen deutlich geringeren Korrosionswiderstand besitzen. Um die Bildung von δ-Ferritbezirken bei entsprechenden Anforderungen zu vermeiden, ist daher im Behälterbau, wo Nähte häufig verschliffen werden, die eventuell teurere Lösung von rein austenitischem Schweißzusatzmaterial zu empfehlen. Die vollaustenitischen Stähle 1.4439 und 1.4539 enthalten aufgrund des hohen Anteils an austenitbildendem Nickel keinen Ferrit wie die Lage im Schäffler-Diagramm zeigt. Wenn man das geeignete Schweißzusatzmaterial wie z. B. 1.4519 fachgerecht auswählt, wird auch beim Schweißen und nachfolgendem Abkühlen kein δ-Ferrit gebildet. Die Werkstoffe können aber unter bestimmten Umständen zur Heißrissbildung neigen [40].

Da die ferritischen Chromstähle eine geringere Zähigkeit und Bruchdehnung besitzen, ist auf Schweißzusätze, Schweißverfahren und Wärmeeinbringung stärker zu achten, um Risse beim Schweißen zu vermeiden. Diese sind vor allem bei vorhandener Kerbwirkung gefährlich.

10.1.3.9 Nachbehandlung von Schweißnähten

Eine Wärmenachbehandlung bei austenitischen Edelstählen ist in der Regel nicht erforderlich. Falls unstabilisierte austenitische Stähle mit normalen Kohlenstoffgehalten geglüht werden müssen, um Ausscheidungen von Chromkarbid an den Korngrenzen rückgängig zu machen, sind Temperaturen von 950 bis 980 °C erforderlich. Die Haltezeit sollte je nach Wanddicke 30 min bis mehrere Stunden betragen. Um eine Kohlenstoffaufnahme aus Schmiermittelresten und anderen Verunreinigungen zu vermeiden, sind die Bauteile vor dem Glühen einwandfrei zu säubern. Ein Lösungsglühen bei Temperaturen von 1000–1150 °C mit nachfolgendem schnellen Abkühlen wird man bei geschweißten Bauteilen nach dem Schweißen durch Auswahl geeigneter Grund- und Zusatzwerkstoffe fast immer vermeiden können. Ein Spannungsarmglühen der austenitischen Stähle kann bei Temperaturen bis maximal 550 °C erfolgen.

Die unstabilisierten ferritischen Chromstähle müssen geglüht werden, um die Chromverarmung an den Korngrenzen zu beseitigen und eine kritische Korrosionsbeanspruchung zu vermeiden. Hierfür genügt ein Glühen bei 800 °C

(Stabilglühen). Die gleiche Behandlung führt auch zu einer Rekristallisation von kaltverformtem Werkstoff.

Die vom Schweißen bzw. von einer Wärmebehandlung herrührenden Oxidhäute und Anlauffarben auf und neben der Naht bedeuten eine Unterbrechung der passiven Werkstoffoberfläche, an der eine Korrosion verstärkt einsetzen kann. Sie müssen daher verhindert oder entfernt werden. Bei den Schutzgasschweißverfahren kann durch eine Schutzgasbrause, die hinter dem Brenner herläuft, die Oxidbildung des noch warmen Werkstoffes im Nahtbereich wirksam vermindert werden, wobei die Schutzgasbrause die Nahtoberfläche schützt und gleichzeitig kühlt. Eine Schutzgasbrause kann vor allem beim automatisierten Schweißen angewendet werden. Im Übrigen sind die Anlauffarben und Oxidhäute mechanisch oder chemisch zu entfernen.

Flussmittel, Zunder und Anlauffarben können durch Schleifen oder Bürsten mit nicht rostenden Stahlbürsten mechanisch entfernt werden. Das Strahlen mit Glasperlen ist wegen der zum Teil schuppigen, nicht reinigbaren Oberflächenstruktur zu vermeiden. Trockenschleifen kann bei zu hohem Anpressdruck wegen der schlechteren Wärmeableitung die Oberfläche oxidieren, die mit Feuchtigkeit eine gelbbraune Farbe annimmt.

Es ist schwierig, Schweißnähte auf genau die gleiche Oberflächengüte des benachbarten Werkstoffes nachzuarbeiten. Mit einiger Erfahrung lassen sich aber gute Ergebnisse erzielen. Nach einem gröberen Vorschleifen benutzt man zum Fertigschleifen Körnungen bis 240, vorzugsweise in Kautschukbindung. Beim Schleifen der Schweißnähte ist darauf zu achten, dass die Schleifriefen nicht tiefer als die Oberfläche des umgebenden Metalls liegen.

Zum Polieren kann nach den Empfehlungen von Abschnitt 10.1.1.3 verfahren werden. Der letzte Strich sollte immer so ausgeführt werden, dass die Riefen zu denen des benachbarten Metalls parallel gerichtet sind. Manchmal gelingt es besser, die Schweißnaht auf die Oberflächengüte des benachbarten Metalls nachzuarbeiten, indem man zunächst auf eine feinere Oberflächengüte vorbearbeitet und erst zum Schluss mit der richtigen, gröberen Körnung nachschleift.

Zur chemischen Behandlung von Schweißnähten werden Beizlösungen eingesetzt. Meist sind es Säurelösungen aus Salpeter-, Fluss-, Salz- und/oder Schwefelsäure. Konzentration und Temperatur der Lösungen richten sich nach der Art des Zunders, der wieder von der unterschiedlichen Wärmebehandlung und chemischen Zusammensetzung des Stahles abhängt. Kaltgeformte und dann geglühte Teile werden anders gebeizt als warmgeformte Teile oder Schweißnähte. Besonders nach dem Fertigbeizen müssen sämtliche Teile aus nicht rostenden und säurebeständigen Stählen sofort gründlich gewässert werden, weil sonst Säurereste zurückbleiben, die gelbbraune Flecken hervorrufen.

10.3.1.10 **Hygieneanforderungen an die Nahtausführung**

Schweißnähte können heute mit ausgezeichneter Qualität und geringer Wärmeeinflusszone nahezu frei von Anlauffarben hergestellt werden, sodass sich trotz höherer Rauheit als bei glatten Oberflächen eine Nachbearbeitung erübrigt. Verschiedene Untersuchungen und Tests haben dies bestätigt. Die Feinstruktur von Schweißnähten unterscheidet sich von üblichen Edelstahloberflächen dadurch, dass zum einen die Oberfläche durch den Erhitzungs- und Schmelzvorgang in der Umgebung sowie unmittelbar in der Schweißnaht strukturell als auch in ihren chemischen Eigenschaften beeinflusst wird, wie z. B. Anlauffarben zeigen. Zum anderen entsteht aufgrund der Vorschubbewegung beim Schweißen und dem anschließenden Abkühlungsvorgang der Nahtzone eine raupenartige Nahtoberfläche mit höherer Rauheit und unterschiedlicher Struktur zur Bauteiloberfläche.

Unbearbeitete, qualitativ hochwertige Schweißnähte erreichen bei guter Inertisierung Rauheitswerte von $Ra = 3$ µm bis $Ra = 4$ µm. Auch wenn diese Werte höher als die für produktberührte Oberflächen geforderten Rauheiten von z. B. $Ra = 0{,}8$ µm sind, ist damit ein relativ geringes Hygienerisiko verbunden, da die Schweißnahtfläche im Ganzen gesehen klein im Verhältnis zur gesamten produktberührten Oberfläche von Apparaten ist. Man kann daher in vielen Hygienebereichen diese Rauheiten akzeptieren, wobei eine Validierung der Reinigung solche Stellen einbeziehen muss. Insbesondere bei innen unzugänglichen Schweißnähten, wie z. B. bei Rohrleitungen, ist dies bei Orbital-Schweißen der Fall, wenn die gefertigte Nahtqualität durch Probeschweißungen entsprechend abgesichert wird. Bei üblichen Industriestandards werden häufig Nahtrauheiten erzielt, die *Ra*-Werte von 7–8 µm oder mehr für die unbearbeiteten Oberflächen ergeben. Solche Nähte sind aus hygienischer Sicht für Produktbereiche nicht akzeptabel [52].

Qualitativ hochwertige, z. B. automatisch geschweißte Nähte können ohne mechanische Nachbearbeitung akzeptiert werden. Konkrete Angaben über Anforderungen an Rauheiten sind für manche Produktbereiche vorgegeben. Die für milchwirtschaftliche Tanks und Apparate nach DIN 11 480 [12] für Schweißnahtrauheiten von zugänglichen Nähten geforderten Werte z. B. sind in Tabelle 10.2 aufgeführt. Weiterhin wird in DIN 10 502 für Transportbehälter für flüssige Lebensmittel ebenso wie bei Bearbeitung durch Schleifen bei geschweißten kaltgewalzten Blechen eine mittlere Rauheit von $Ra < 1{,}6$ µm gefordert, während die Rauheit bei geschweißten warmgewalzten Blechen $Ra < 3{,}2$ µm betragen soll [11].

In allen verfügbaren Unterlagen über Hygieneanforderungen an Schweißnähte wird das Beseitigen von Anlauffarben vorgeschrieben, um eine korrosionsbeständige passive Oberfläche zu erreichen. Im Allgemeinen werden dafür Beizverfahren eingesetzt. Wenn die hygienerelevanten Anforderungen ohne mechanische Bearbeitung der Schweißnaht nicht erreicht werden, müssen durch mechanische Behandlungen in Form von Bürsten, Schleifen oder Polieren Schweißspritzer, Anlauffarben oder andere Oxidationsprodukte entfernt werden. Die mechanische Nachbehandlung ist nur an zugänglichen Oberflächen möglich. Das Bürsten mit feinen Edelstahlbürsten kann ausreichend sein, wenn sich dadurch Oxidschichten (Anlauffarben) zuverlässig beseitigen lassen und eine metallisch blanke, saubere Oberfläche erzielt werden kann. Die Abtragung ist relativ gering, sodass Nahtraupen erhalten bleiben. Bei hohen Anforderungen an die Korrosionsbeständigkeit sind ein anschließendes Beizen und eventuell zusätzliches Passivieren erforderlich [40]. Beim Schleifen erfolgt ein Abtrag der Schweißraupe, sodass die Nahtstruktur nicht mehr erkennbar ist (Abb. 10.60d). Die Oberflächenqualität des übrigen nicht geschweißten Materials sollte durch die verwendete Körnung erreicht werden, die im Bereich von Korn 180–240 und feiner liegen sollte. Besondere Anforderungen an die Rauheit der Oberfläche können ein Polieren erforderlich machen, das mechanisch oder mithilfe eines Elektropoliervorganges erfolgen kann.

Schweißnähte sind aber auch in Zusammenhang mit der hygienischen Gesamtbeurteilung von Apparaten hochsensible Stellen, da vor allem Schweißfehler im mikroskopischen und makroskopischen Bereich in Form von Poren, Spalten und Anrissen erhebliche Auswirkung auf die Reinigbarkeit haben können. Ursachen für Werkstofffehler in der Naht wie Heiß- und Kaltrisse oder Poren sind meist auf falsche Einstellung der Schweißparameter wie z. B. Strom, Spannung und Schweißgeschwindigkeit zurückzuführen. Bindefehler zwischen der Schmelze und dem umgebenden Material entstehen meist durch zu geringen örtlichen Wärmeeintrag.

Nichtmetallische Einschlüsse führen zum Terrassenbruch (lamellar tearing), d. h. zu einem Bruch ohne vorherige plastische Verformung. Gase wie N_2 oder H_2, die beim Erstarren der Schmelze nicht mehr entweichen können, ergeben Poren. Daher muss bei erkennbarem Sieden langsamer geschweißt werden, damit keine Gase in der Schmelze verbleiben. Bei Überkopfschweißen ist ein Entweichen der Gase nicht möglich. Heißrisse entstehen bei der Erstarrung der Schmelze durch unterschiedliche Erstarrungstemperaturen und Schrumpfung z. B. an den Korngrenzen zwischen erstarrtem Werkstoff und der Schmelze, weil die Schmelze dort nicht mehr nachfließen kann. Kaltrisse treten nach längerer Zeit auf, die sich von Stunden bis Jahre erstrecken kann, weil Wasserstoff erst in verformte Bereiche diffundieren muss. Daher ist für diesen Effekt das Vorhandensein von Wasserstoff notwendig. Die Rissbildung ist stärker, wenn bei geringerer Zähigkeit die Spannung und der Wasserstoffgehalt höher sind. Der Wasserstoff kann langsam in die Wärmeeinflusszone diffundieren und die Bruchzähigkeit senken. Je höher der Wasserstoffgehalt und die Eigenspannungen und je geringer die Gefügezähigkeit ist, um so größer ist die Kaltrissgefahr. Sie wird gefördert durch Aufhärtungen in der Wärmezone, Belastungs- und/oder Eigenspannungen oder Versprödung durch Gasaufnahme sowie durch tiefe Betriebstemperaturen. Bei dicken Blechen ist wegen der höheren Ankühlgeschwindigkeit eher mit Kaltrissen zu rechnen. Die höhere Härte ist dann neben der Schweißnaht zu finden, weil dort der Kohlenstoffgehalt höher ist. Nickel bewirkt eine Aufweitung des Gitters, wodurch die Streckgrenze bei gleicher Härte erhöht wird. Weitere Maßnahmen sind in der Verringerung des Kohlenstoffanteils zu sehn. Außerdem ist eine Wasserstoffaufnahme z. B. durch Feuchtigkeit oder Ölreste zu vermeiden.

Nach DIN EN 1011-3 [53] müssen Schweißverbindungen generell frei von Unregelmäßigkeiten sein, die die Einsatzfähigkeit der Bauteile beeinträchtigen würden. Darunter kann man auch hygienerelevante Beeinflussungen einordnen.

Neben der Korrosionsbeständigkeit, die stark von Gefügeveränderungen bestimmt wird, muss vor allem das Erscheinungsbild der Nähte und ihrer Umgebung berücksichtigt werden. Für die Qualität der Ausführung von Nähten unter hygienischen Aspekten kann als Anhalt DIN 8563 (zurückgezogen) [54] dienen, in der Oberflächenfehler als äußere Befunde bezeichnet werden. Aus hygienischer Sicht sind darunter Fehlstellen zu verstehen, an denen sich Schmutz und Mikroorganismen festsetzen können, die bei der Reinigung nicht entfernbar sind. Solche Stellen sind in erster Linie im Produktbereich relevant und können sowohl auf der Schweißseite als auch an der Nahtwurzel auftreten, je nachdem von wo aus geschweißt werden kann. Generell ist es sicherer, von der Produktseite aus zu schweißen. Ist diese nicht zugänglich, so liegt die Nahtwurzel auf der produktberührten Seite, was ein erhöhtes Risiko bezüglich der Nahtqualität bedeutet. In sichtbaren Bereichen der produktberührten Flächen ist eine Überprüfung der Nähte direkt möglich, während an unsichtbaren Stellen entweder endoskopische Untersuchungen gemacht werden können oder statistisch Proben aus den Nähten herausgeschnitten und überprüft werden müssen.

Entsprechend Abb. 10.58a können, wenn von der produktberührten Seite aus geschweißt wird, sowohl Nahtüberhöhungen als auch Vertiefungen in der Naht entstehen, was zu Problemzonen führt. Dem sogenannten Durchhängen von Nähten, das bei horizontalem Schweißen durch die Schwerkraftwirkung auf die Schmelze entsteht, kann dadurch entgegengewirkt werden, dass der Lichtbogen mit niedriger Frequenz gepulst wird, um in den kurzen Pausen ein Abkühlen der Schmelze zu erreichen. Problemstellen können weiterhin durch Einbrandstellen neben der Naht entstehen, die nicht reinigbare Spalte ergeben. Wichtige Voraussetzung für einwandfreie Nähte ist das Fluchten der zu verschweißenden Teile. Bei stufenartigem Versatz entsteht eine Behinderung der Reinigung an solchen Stellen. Vor allem wenn Bleche mit unterschiedlichen Wandstärken zu verbinden sind, muss die produktberührte Seite zum Fluchten gebracht werden.

Auf der Seite der Nahtwurzel sind entsprechend Abb. 10.58b die gleichen Schweißnahtfehler wie Überhöhung oder Vertiefungen der Wurzelraupe möglich wie auf der Schweißseite. Die Gefahr von Spalten neben der Nahtwurzel oder einer nicht völlig bzw. gleichmäßig durchgeschweißten Wurzel ist besonders zu beachten, da die Wurzel generell eine Problemzone darstellt. Poröse Nähte (Abb. 10.58c) können bei nicht richtig eingestellter Stromstärke oder Schweißgeschwindigkeit entstehen. In solche zur Produktseite offene Mikroporen können Mikroorganismen eindringen und eine Rekontaminationsgefahr nach der Reinigung nach sich ziehen. Schweißspritzer auf der Oberfläche von Nähten oder in der Umgebung sind durch geeignete Maßnahmen, z. B. mechanisch zu entfernen. Bei Nahtenden ist darauf zu achten, dass die gleiche Nahtqualität erreicht wird, wie in den restlichen Nahtbereichen. Sogenannte Endkrater, die als Vertiefungen hygienische Problembereiche darstellen, sind z. B. durch Nachschweißen zu beseitigen.

In Abb. 10.59 sind Grenzwerte für Nahtfehler in Anlehnung an Unterlagen von ASME [55] für nicht fluchtende Bleche, eingezogene Wurzel sowie durchhängende und überstehende Nähte in Abhängigkeit der Blechdicke t angegeben.

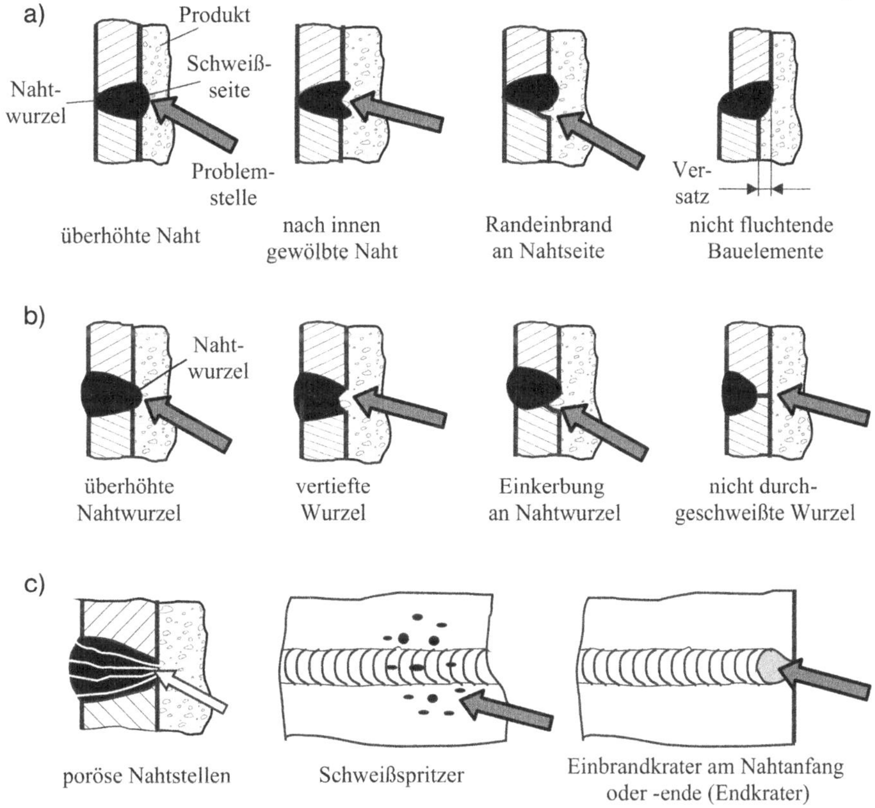

Abb. 10.58 Darstellung von Schweißnahtfehlern:
(a) auf der Schweißseite, (b) an der Nahtwurzel, (c) spezielle Fehlstellen.

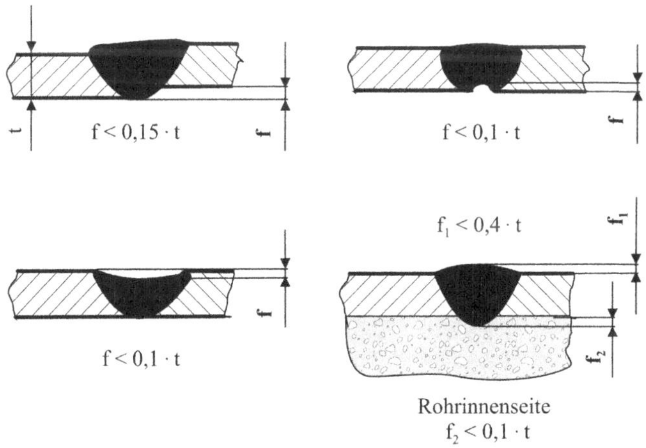

Abb. 10.59 Angaben von Toleranzen für Schweißnahtfehler nach ASME.

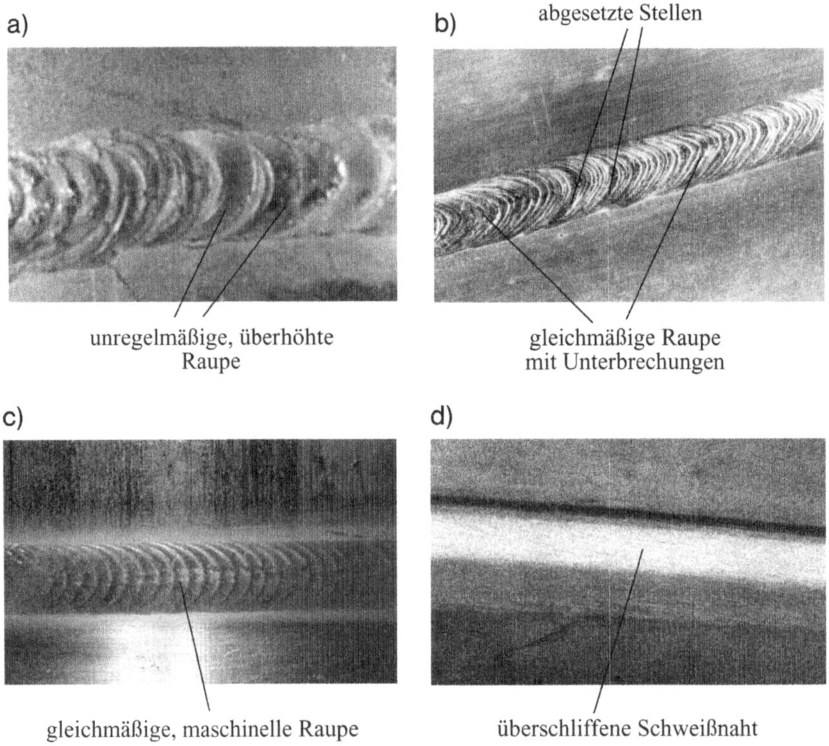

Abb. 10.60 Bilder von Schweißnähten:
(a) unregelmäßige Handschweißung mit hohem Hygienerisiko,
(b) gleichmäßige Schweißraupe mit Unterbrechungen, (c) maschinengeschweißte, hygienegerechte Schweißnaht, (d) überschliffene Schweißnaht.

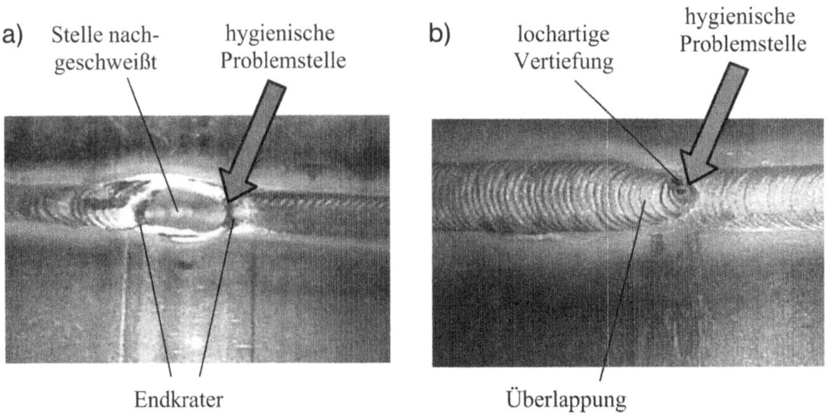

Abb. 10.61 Nahtenden:
(a) fehlerhafter Endkrater (Hygienerisiko),
(b) überlappende Nahtstelle mit geringfügiger Überhöhung.

Abb. 10.62 Automatisch längsgeschweißter gebeizter Rohrbogen.

Ergänzend sind zunächst in Abb. 10.60 einige Beispiele von Schweißnähten dargestellt, die von Edelstahlbauteilen aus der Praxis stammen und in Einbausituation oder nach Auswechslung fotografiert wurden. Die Abb. 10.60a zeigt eine schlecht geschweißte Handnaht mit unregelmäßiger, stark überhöhter Raupe. In Abb. 10.60b ist eine relativ regelmäßig geschweißte, unbehandelte Naht dargestellt, die ebenfalls eine zu starke Überhöhung aufweist. Die völlig gleichmäßige unbehandelte Naht nach Abb. 10.60c ist maschinengeschweißt und zeigt deutlich die Ausbildung der Raupe sowie die hellere Wärmeeinflusszone. Die einzelnen Raupenglieder sind stufenförmig ausgebildet, bogenförmig und haben leicht geneigte glatte Oberflächen, die zum nächsten Glied schräg abfallen. Die Abb. 10.60d zeigt eine überschliffene Naht, deren Vorhandensein nur aufgrund der unterschiedlichen Farbe deutlich wird. In Abb. 10.61a ist ein fehlerhafter Endkrater einer überlappenden Naht dargestellt, der nachträglich überschweißt wurde. Die Abb. 10.61b zeigt eine automatisch geschweißte Nahtüberlappung mit zwei lochartigen Vertiefungen (Fehlstellen) am Nahtende. Der längsgeschweißte Rohrbogen nach Abb. 10.62 wurde auf der produktberührten Innenseite gebeizt. Der vergrößerte Ausschnitt zeigt deutlich einen Helligkeitsunterschied zwischen Schweißnaht und Rohrwerkstoff, der auf unterschiedlich Gefügeausbildung zurückzuführen ist.

Beim Schweißen von Rohrleitungen ist auf ausreichende Inertisierung der Innenseite zu achten, da ansonsten die Nahtwurzel gemäß Abb. 10.63 eine aufgeraute Oberfläche ergibt und als Folge schlecht zu reinigen ist. Bei kurzen Leitungen können die Enden zur Inertisierung, für die z. B. Argon verwendet wird, mit Blindkappen verschlossen und an einer Seite durch eine Bohrung das Inertgas zugeführt werden. Bei längeren Rohrleitungsstrecken kann man gemäß der Prinzipdarstellung nach Abb. 10.64 ballonartige Abschlussteile verwenden, die mit Druckluft aufgeblasen werden und beiderseits der Naht abdichten. Das Inertgas wird in den abgedichteten Bereich eingeleitet und tritt an der Stoßstelle aus. Nach Fertigstellung der Schweißnaht kann die Vorrichtung am offenen Ende wieder herausgezogen werden.

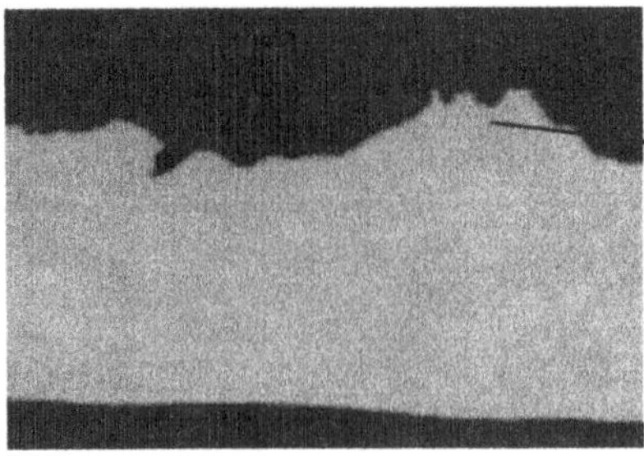

Abb. 10.63 Nicht inertisierte Innenseite einer Rohrnaht (nach [10.52]).

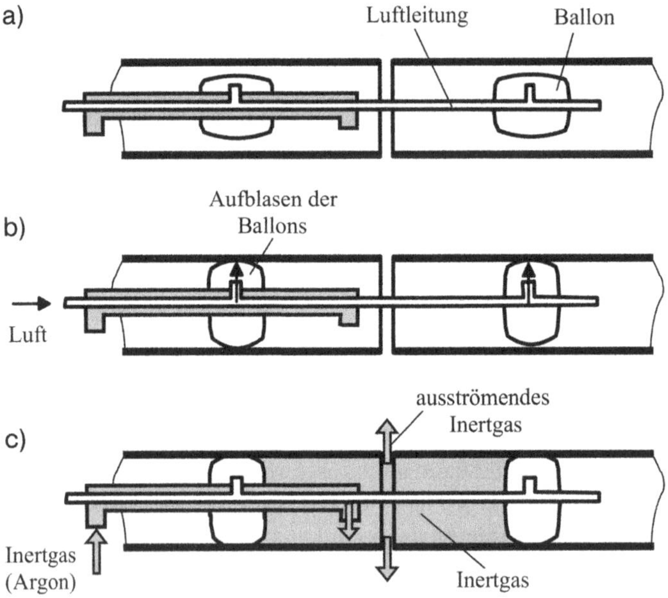

Abb. 10.64 Vorrichtung zum Inertisieren in Rohrleitungen.

Bei der Nahtvorbereitung ist auf einen rechtwinkligen, glatten Schnitt der Rohr- oder Fittingenden zu achten. Abrundungen der Schnittkanten führen zu schlechter Nahtausbildung und damit hygienischen Problemzonen (Abb. 10.65a). Die Rohrenden müssen fluchtend gespannt werden, da Desaxialitäten zu Stufen führen, die schlecht reinigbar sind. Maximale Abweichungen [52] sind in Abb. 10.65b angegeben. Auch die Rundheit der Rohre spielt eine entscheidende Rolle. Da die produktberührte Innenseite nach dem Schweißen nicht mehr direkt zugänglich ist, muss anhand von Schweißproben die zu erreichende Qualität beurteilt und gesichert werden. Zusätzlich kann mit endoskopischen Geräten die Naht überprüft werden, was allerdings sehr aufwändig ist.

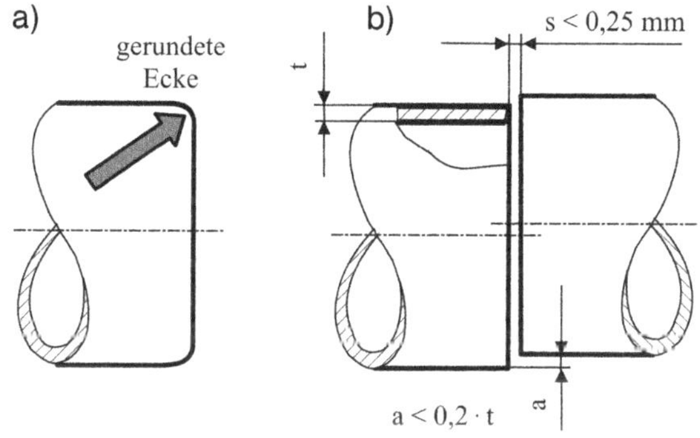

Abb. 10.65 Fehler bei der Nahtvorbereitung (nach [52]):
(a) Abrunden der Kanten am Außendurchmesser,
(b) Toleranzen für den Versatz an Rohrenden.

10.3.1.11 **Hygienegerechte Gestaltung von Schweißverbindungen**

Für die hygienegerechte Gestaltung von Schweißverbindungen sind zunächst alle prinzipiellen Gestaltungsprinzipien anzuwenden und Problembereiche (s. Kapitel 9) auszuschalten. Hinzu kommt, dass die Schweißnaht selbst in Oberflächenqualität und Ausführung erheblichen Einfluss auf die Reinigbarkeit ausübt. Im Folgenden sollen einige einfache grundlegende Beispiele für Hygienerisiken bzw. Hygienic Design aufgezeigt werden. Sie sollen als Orientierung dienen, um kompliziertere Anwendungen reinigungsgerecht gestalten zu können.

Bei Schweißnähten in inneren Ecken ergeben sich aus hygienischer Sicht noch erheblich größere Reinigungsprobleme als in Ecken ohne Nähte. Obwohl die von innen geschweißte Naht nach Abb. 10.66b eventuell in Qualität und Oberflächenstruktur während des Schweißens kontrolliert werden kann, stellen vor allem die Nahtseiten schlecht reinigbare Bezirke dar. Bei dünneren Blechen ergibt sich bei der von außen durchgeschweißten Naht (Abb. 10.66a) noch zusätzlich das Problem, dass die innen liegende Wurzel wegen der ungünstigen

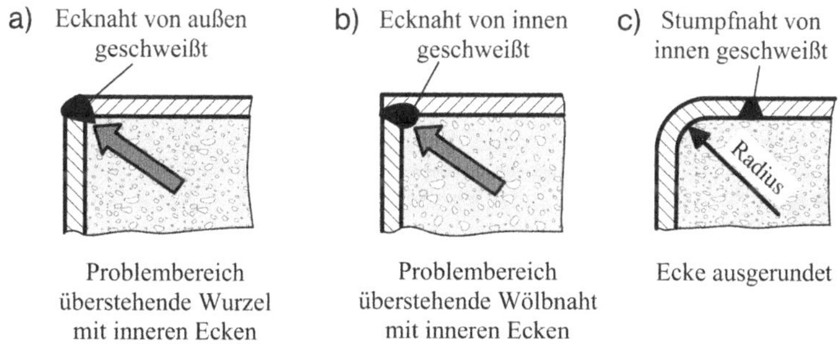

Abb. 10.66 Schweißnähte in Ecken:
(a) Hygieneproblem durch im Eck überstehende Nahtwurzel,
(b) hygienische Fehlstelle durch Nahtwölbung im Eck einer von innen geschweißten Naht, (c) hygienegerecht gestaltete und ausgeführte Schweißung.

Lage ein erhebliches Hygienerisiko darstellt. Eine hygienegerechte Gestaltung setzt entsprechend Abb. 10.66c voraus, dass das Blech im Eckbereich mit einem ausreichenden Radius gebogen wird und die Naht in dem nicht verformten Teil mit entsprechender Oberflächenqualität geschweißt wird.

Beim Verschweißen unterschiedlicher Wandstärken beeinflussen geringe Unterschiede die hygienegerechte Gestaltung der Naht kaum. Bei größeren Unterschieden bereitet häufig die unsymmetrisch ausgebildete Naht und deren Wölbung gemäß Abb. 10.67a hygienische Probleme. Eine Verbesserung ist durch Abschrägen der Kante des dickeren Bleches (Abb. 10.67b) möglich, was eine mechanische Vorbereitung erfordert. Um auf sichere Weise hygienegerechte Verhältnisse zu erreichen, sollte das Blechende des dickeren Bleches auf die Dicke des dünneren gebracht und in ausreichendem Abstand *l* zur Abschrägung gemäß Abb. 10.67c geschweißt werden.

T-Stöße im Produktbereich sollten soweit wie möglich vermieden werden, da sie zwangsläufig innere Ecken ergeben, die nicht ausgerundet werden können. Außerdem ist darauf zu achten, dass bei hohem Wärmeeintrag die Teile ausreichend zu spannen sind, um ein Verziehen (Winkelverzug) zu vermeiden (Abb. 10.68a). Kehl- oder Hohlkehlnähte sind Wölbnähten vorzuziehen, da sich dadurch günstiger reinigbare Eckbereiche (Abb. 10.68b) ergeben.

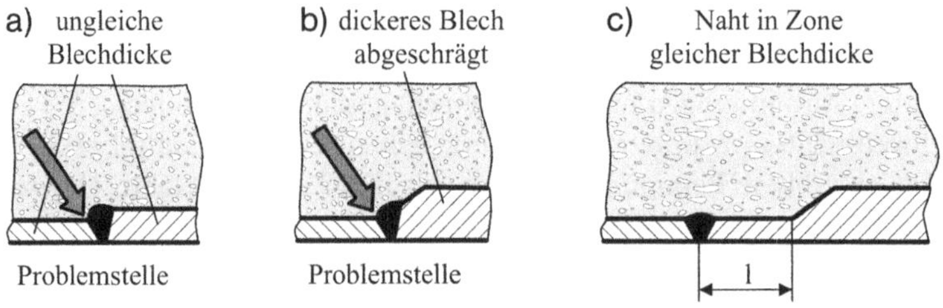

Abb. 10.67 Schweißen unterschiedlicher Blechstärken:
(a) Hygienerisiko durch Stufe und überstehende Naht,
(b) verbesserte Gestaltung durch abgeschrägtes Blech, aber vorgewölbte Naht,
(c) hygienegerechte Gestaltung durch Naht im Bereich gleicher Wandstärken.

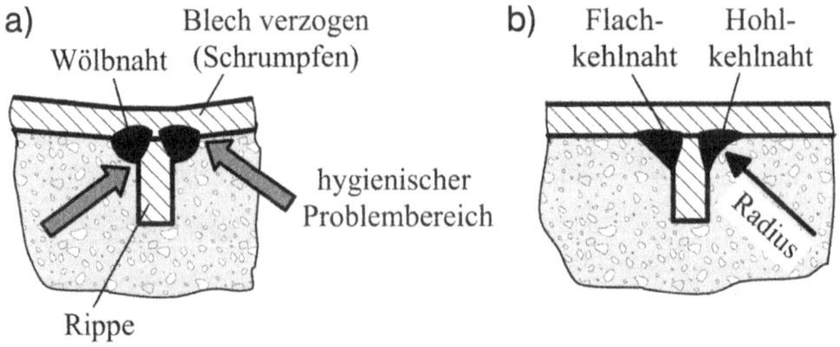

Abb. 10.68 T-Stoß:
(a) Hygienerisiko durch Wölbnähte und Verziehen durch Schrumpfen,
(b) hygienegerechte Hohlkehlnaht.

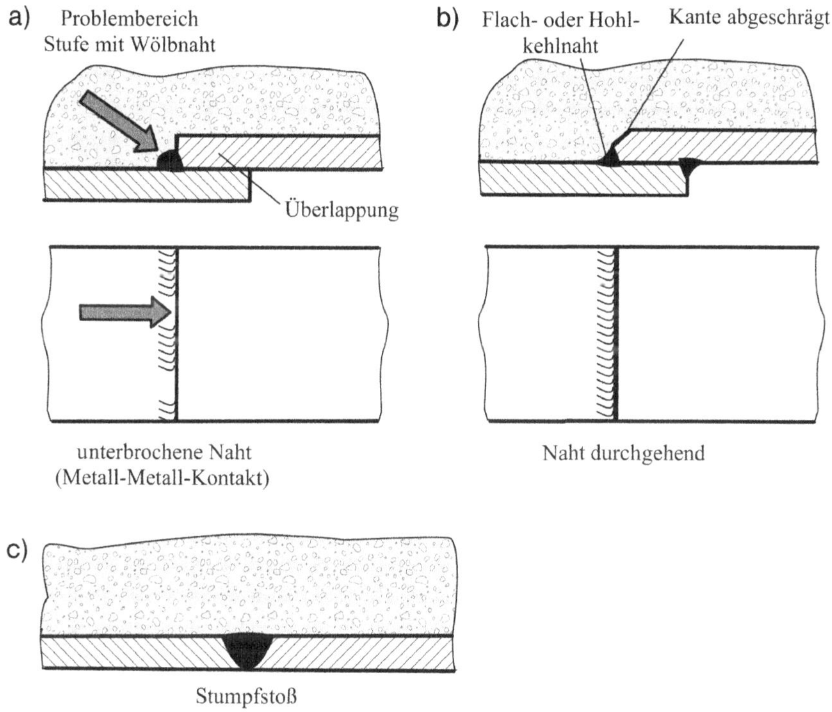

Abb. 10.69 Blechverbindungen:
(a) Hygienerisiko durch überlappende unterbrochene Wölbnaht,
(b) verbesserte Gestaltung bei überlappenden Blechen durch durchgehende Flach- oder Hohlkehlnaht und Abschrägung der Blechkante,
(c) hygienegerechte Gestaltung als Stumpfstoß mit durchgehender, einwandfrei ausgeführter Naht.

Überlappende Schweißverbindungen sind möglichst zu vermeiden, da zunächst die entstehenden Stufen selbst und zusätzlich die Kehlnaht Hygienerisiken darstellen. Im Produktbereich müssen aus hygienischen Gründen alle Schweißnähte durchgehend geschweißt werden. Unterbrochene Nähte nach Abb. 10.69a ergeben an Stellen der direkten Werkstoffberührung zumindest mikroskopische Spaltbildung durch die Rauheitskonturen, wenn sich nicht zusätzlich durch Schrumpfen Bereiche verziehen. Eine Verbesserung überlappender Verbindungen kann gemäß Abb. 10.69b durch Abschrägen der Kanten und qualitativ hochwertige Flach- oder Kehlnähte erreicht werden. Mittel der Wahl sind Stumpfstöße (Abb. 10.69c) unter Einhaltung der geforderten Nahtausführung.

Bei größeren ebenen Blechplatten, die z. B. als Böden von Behältern verwendet werden, ist das Verziehen durch Schrumpfspannungen ein besonderes Problem. Verwerfungen in horizontalen Bereichen behindern vor allem das selbsttätige Ablaufen. Grundsätzlich sollte von innen nach außen geschweißt werden, um Dehnungen nicht zu behindern. Aus dem gleichen Grund werden gemäß

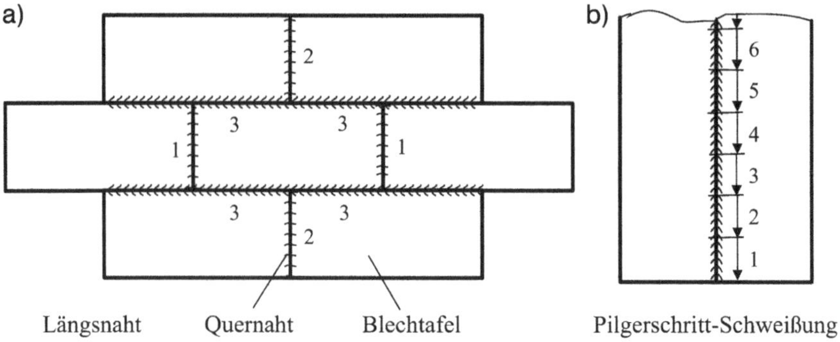

Abb. 10.70 Ausführung größerer, ebener Blechwände:
(a) Schweißfolge, um Verformungen durch Schrumpfen zu minimieren,
(b) Pilgerschrittverfahren zur Minimierung des Schrumpfens.

Abb. 10.70a zuerst Quernähte und danach Längsnähte geschweißt. Außerdem kann dadurch der Schweißspalt jeweils konstant gehalten werden. Bei langen Längsnähten sollte vor allem beim Handschweißen abschnittsweise geschweißt werden, wie es Abb. 10.70b am Beispiel des Pilgerschrittschweißens zeigt. Die einzelnen kleineren Bereiche können dabei abkühlen, bevor ein Weiterschweißen erfolgt.

Auf spezielle Anforderungen an die hygienegerechte Gestaltung von Schweißkonstruktionen, z. B. bei Behältern und Komponenten wird im nachfolgenden Buch eingegangen.

10.3.2
Kunststoffe

Beim Schweißen von Kunststoffen können bei entsprechender Erfahrung mit Nahtvorbereitung, Temperatur, Zusatzwerkstoff und Schweißgeschwindigkeit hohe Nahtqualitäten garantiert werden, die allen Anforderungen an Hygiene gerecht werden.

Dabei werden je nach Ausführung der Bauteile und Art der Kunststoffe unterschiedliche Verfahren verwendet, von denen einige beispielhaft beschrieben werden, z. B. Heizelement-, Warmgas-, Lichtstrahl-, Ultraschall- und Hochfrequenzschweißverfahren.

Im Grenzbereich zwischen plastischem Fließen und voll aufgeschmolzenem Zustand können Kunststoffe geschweißt werden. Eine einwandfreie Schweißverbindung ist jedoch im Gegensatz zu Metallen nur möglich, wenn die erwärmten Stoßstellen mit Kraft gefügt werden. Dabei werden die Makromoleküle der Randzonen ineinander verschoben, sodass sie sich durchdringen und verfilzen. Die beim Schweißen notwendigen Arbeitgänge umfassen im Wesentlichen das Bearbeiten, Reinigen, Erwärmen und Zusammenpressen der Fügeflächen. Das Abkühlen erfolgt anschließend meist ebenfalls unter Anpressdruck.

Zum Schweißen von Kunststoffen werden unterschiedliche Verfahren eingesetzt, die gleichzeitig entscheidend für die erzielbare Oberflächenqualität der Schweißstelle sind.

10.3.2.1 **Heizelementschweißen**

Nach [56] werden die Werkstücke, die aus thermoplastischen Kunststoffen bestehen, mit Heizelementen erwärmt und unter Kraft mit oder ohne Schweißzusatz geschweißt. Die Plastifizierung der Stoßstellen kann dabei im Kontakt mit dem Heizelement oder kontaktlos über Wärmestrahlung erfolgen. Durch das Anpressen entsteht im Allgemeinen ein Wulst, der als hygienische Problemstelle anzusehen ist. Der entstehende Schmelzewulst kann mit Schmelzefangnuten verdeckt werden. Die Vorteile des Verfahrens liegen darin, dass es kostengünstig ist und bei unverstärkten Materialien die Festigkeiten des Grundmaterials erreicht werden können. Im Gegensatz zu anderen Schweißverfahren können durch das Heizelementschweißen auch räumlich geformte und komplizierte Fügeflächen zuverlässig verbunden werden.

Das Thermoschweißen gilt aufgrund der direkten Energieeinleitung sowie des zeitlich gedehnten Fügeprozesses als das zuverlässigste und sicherste Schweißverfahren für thermoplastische Kunststoffteile.

Wie Abb. 10.71 [57] dem Prinzip nach verdeutlicht, werden beim Heizelementschweißen die z. B. auf den beweglichen Schlitten aufgespannten Fügepartner an das Heizelement gefahren. Anschließend wird unter dem Anwärmdruck der Angleichvorgang gestartet. Dieser dient zum Erreichen einer gleichmäßigen Anlagefläche am Heizelement. Ist der voreingestellte Angleichweg erreicht, beginnt die Erwärmphase, in der nahezu drucklos das Schmelzepolster gebildet wird. Danach werden die Schlitten zurückgefahren, bis das Heizelement vollständig frei zurückgezogen werden kann. Dann beginnt der eigentliche Schweißprozess, in dem die aufgeschmolzenen Fügepartner unter dem Fügedruck zusammengefahren werden.

Als spezielles Beispiel kann das mechanisierte Schweißen von Rohrleitungselementen angeführt werden. In hygienerelevanten Bereichen werden für eine Vielzahl von Anlagen und Medien, die von Hilfs- und Betriebsstoffen bis hin zu hochreinem Wasser reichen, Kunststoffrohrleitungssysteme verwendet. Vor allem der Kunststoff Polyvinylidenfluorid (PVDF) bietet sich für Einsatzgebie-

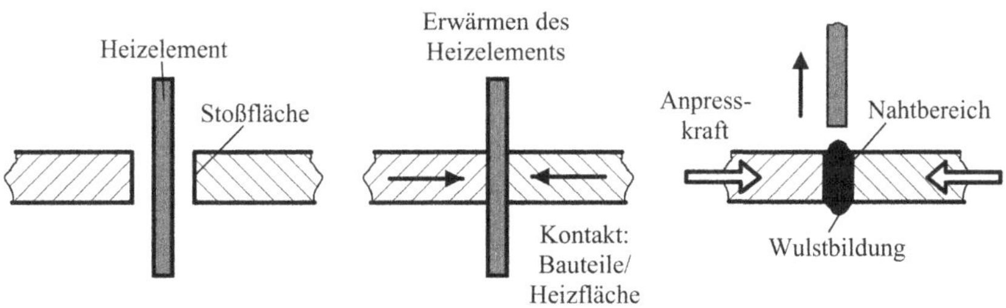

Abb. 10.71 Prinzip des Heizelementschweißens bei Kunststoffen.

te bei Temperaturen zwischen –40 und +140 °C wegen seiner hochwertigen Oberfläche an. Aufgrund der guten Temperaturbeständigkeit lassen sich PVDF-Rohrleitungssysteme z. B. auch thermisch sterilisieren.

Mit einem speziellen Verfahren (WNF-Schweißen) können komplexe Installationen und lange Rohrleitungsabschnitte wulst- und nutfrei miteinander verschweißt werden (Abb. 10.74b). Dabei wird den zu verschweißenden Rohrleitungskomponenten an den Rohr- bzw. Fittingaußenflächen über halbschalige Heizelemente eine definierte Wärmemenge durch Wärmeleitung zugeführt. Gleichzeitig stützt ein elastischer Druckkörper (Blase) zur Vermeidung eines Schweißwulstes die Innenseite der Schweißzone. Der im Schmelzbereich entstehende Schweißdruck erzeugt eine homogene Verbindung. Eine vollautomatische Ablaufsteuerung des Schweißvorganges gewährleistet optimale reproduzierbare Schweißverbindungen ohne Wulste, Nuten bzw. Hinterschneidungen [58]. Die Schweißzone ist nahezu spannungsfrei und verfügt über eine Oberflächengüte von $Ra \leq 0{,}25$ µm.

Bewährte andere Werkstoffe für das Heizelementschweißen sind z. B. PMMA, PP, PVC, PE, PS, ABS, POM und bestimmte PA-Sorten. Außerdem lassen sich PMMA mit ABS, PVC und PS gut verschweißen. Anwendungsgebiete sind das Schweißen von Rohrkörpern aller Art, Sensoren, Bauteile der Medizintechnik und Gehäuse von Geräten.

10.3.2.2 **Warmgasschweißen**

Bei diesem Verfahren wird als Wärmequelle ein Gasstrom verwendet [56], der den Bauteilen über eine Düse zugeführt wird. Der erforderliche Druck wird meist durch den Schweißzusatz ausgeübt (Abb. 10.72). Für Anwendungen in hygienerelevanten Bereichen sind Nahtvorbereitung, Schweißposition, Temperatur und Zusatzmaterial entscheidend. Dabei müssen die Schweißparameter über Steuerung oder Regelung von Temperatur und Gasmenge konstant gehalten werden.

Anwendungen liegen beim Schweißen von Formteilen, dickeren Formteilen und Rohren.

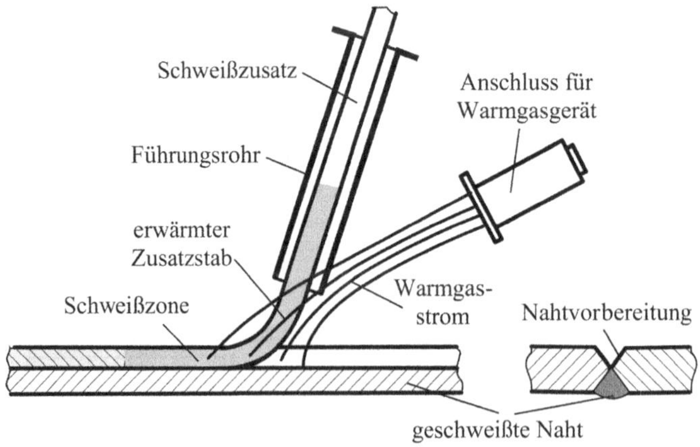

Abb. 10.72 Darstellung des Warmgasschweißens bei Kunststoffbauteilen.

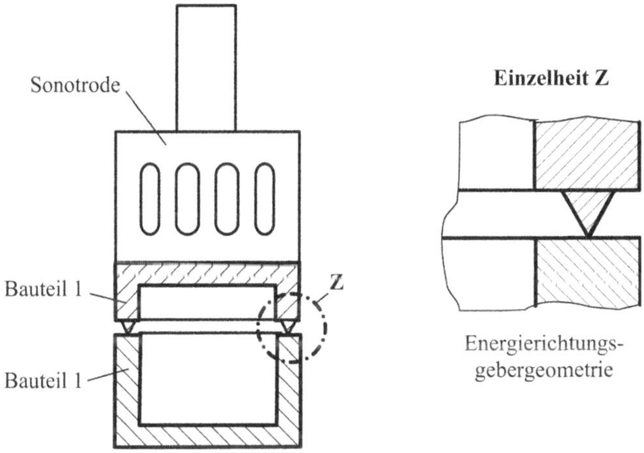

Abb. 10.73 Ultraschallschweißen bei Kunststoffen.

10.3.2.3 **Ultraschallschweißen**

Beim Ultraschallschweißen von thermoplastischen Kunststoffen werden die zu verbindenden Bauteile in der Fügezone durch gezieltes Umwandeln von Schallenergie in Wärme unter Druck plastifiziert. Dabei werden von einem Ultraschallgenerator erzeugte elektrische Schwingungen durch den Ultraschallwandler (Konverter) in mechanische Schwingungen gleicher Frequenz umgewandelt und über ein Transformationszwischenstück (Booster) und das Schweißwerkzeug (Sonotrode) dem Werkstück zugeleitet [56]. Die Schallenergie wird dann durch eine gezielte Nahtgeometrie (Energierichtungsgebergeometrie), die einen entscheidenden Anteil an der Schallumwandlung hat, in Wärme umgewandelt (Abb. 10.73). Übliche Ultraschallfrequenzen liegen zwischen 15 und 40 KHz.

Da die geschmolzenen Oberflächen bei einer einwandfreien Schweißung in der Naht ineinander gedrückt und miteinander vermischt werden müssen, erzeugt normalerweise ein Anteil der Schmelze an der Nahtstelle einen Grat. Dieser stellt im Produktbereich eine hygienische Problemzone dar. Man kann jedoch bei bestimmten Anwendungen durch konstruktive Maßnahmen die Austrittrichtung des Grates steuern, sodass im Produktbereich kein Hygienerisiko entsteht.

10.3.2.4 **Infrarotschweißen**

Das Verfahren, das sich gut zur Automatisierung eignet, ist insbesondere für kleinflächige Bereiche einsetzbar. Durch geringe Tiefenwirkung und kurze Einwirkzeit der Infrarotstrahlung wird das Zersetzen des Werkstoffes vermieden [56].

Für das Schweißen von Rohrleitungen kann das Infrarot-Stumpfschweißen eingesetzt werden. Nach dem Erwärmen auf Schweißtemperatur werden die Rohrenden nicht durch eine definierte Kraft zusammengedrückt, sondern um einen vorausberechneten Weg (Fügeweg) zusammengefahren, wodurch sich der Anpressdruck ergibt. Dadurch lässt sich ein wesentlich kleinerer Wulst als bei herkömmlichen Verfahren erzielen (Abb. 10.74a).

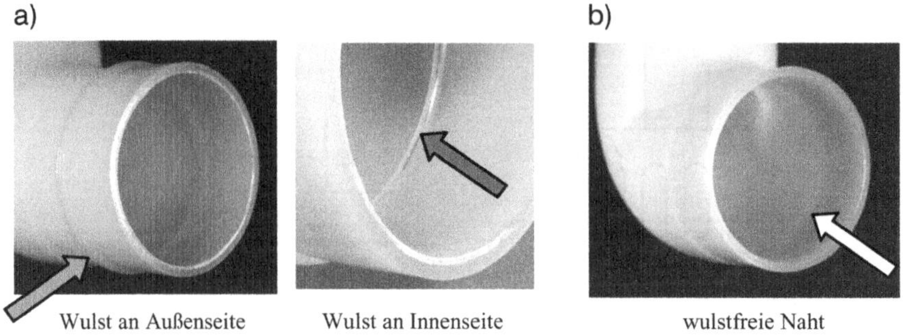

Abb. 10.74 Schweißnähte an Kunststoffrohren:
(a) infrarotgeschweißter Rohranschluss mit Wulst (IR-Kunststoff-Schweißnaht),
(b) wulstfreie Heizelementschweißung eines Rohres (WNF-Kunststoff-Schweißnaht).

Fast alle gebräuchlichen Thermoplaste wie z. B. PE, PP, PC und bestimmte PA-Sorten können problemlos verarbeitet werden.

10.3.2.5 **Laserschweißen**

Beim Laserschweißen von thermoplastischen Kunststoffen wird eine stoffschlüssige Verbindung zwischen zwei oder mehr Fügepartnern mittels Wärmeeinbringung durch einen Laserstrahl hergestellt. Als Wärmequelle für das Erschmelzen der zu fügenden Bauteile dient der Laserstrahl [59]. Geschweißt werden können schmelzbare Kunststoffe, während z. B. Duroplaste nicht schweißbar sind. Die typische Verbindungsgeometrie ist eine überlappende Verbindung. Der obere Fügepartner muss für die eingesetzte Laserwellenlänge weitgehend transparent sein, der untere Fügepartner die Laserstrahlung deutlich absorbieren. Dies führt zum Schmelzen des unteren Fügepartners an der Stoßstelle zum oberen. Durch den Kontakt unter Anwendung von Anpressdruck wird die Wärme auch in den oberen Fügepartner eingetragen. Es entsteht eine Schmelzlinse. Aufgrund der erforderlichen „Durchsichtigkeit" des oberen Partners und „Undurchsichtigkeit" des unteren Partners können Farbänderungen am Produkt gravierenden Einfluss auf die Laserschweißbarkeit haben. Neben der Automatisierbarkeit ist die gute Zugänglichkeit an kompliziert geformten Bauteilen ein Vorteil des Verfahrens. Es kann z. B. Für Dichtschweißungen von Vorratsbehältern für Flüssigkeiten angewendet werden.

10.3.2.6 **Hygieneanforderungen**

Beim Schweißen von Kunststoffen ist zu beachten, dass durch den notwendigen Anpressdruck an der Nahtstelle meist ein stark überstehender Wulst entsteht, der einen hygienischen Problembereich darstellt (Abb. 10.74). Eine mechanische Bearbeitung der Nahtoberfläche zur Beseitigung des Wulstes führt häufig zu einer aufgerauten porigen Oberfläche. Durch Spezialverfahren, wie sie z. B. für das Schweißen von PVDF-Rohren eingesetzt werden, lassen sich glatte, wulstfreie Nahtoberflächen erreichen.

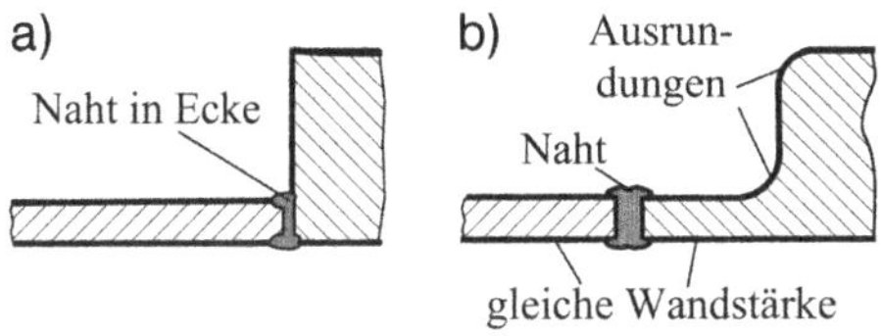

Abb. 10.75 Gestaltung von Kunststoff-Schweißstößen:
(a) Hygienerisiko durch Schweißnahtwulst und ungleiche Wandstärken in einer Ecke,
(b) Naht im Bereich gleicher Wandstärken verlegt und Ecke ausgerundet.

Besonderes Augenmerk muss zusätzlich auf die Gestaltung der Bauteile im Nahtbereich gelegt werden (Abb. 10.75). Da Kunststoffbauteile stark kerbempfindlich sind und an Kerbstellen Anrisse entstehen können, müssen Schweißnähte vor allem weit genug von Querschnittsänderungen entfernt sein, die z. B. durch Änderung der Wandstärke, durch Bohrungen oder Nuten entstehen. Das Ausrunden von Ecken und die Entfernung der Naht von solchen Stellen spielen eine bedeutende Rolle.

10.4 Gestaltung von Dichtungen

Dichtungen im Produktbereich sind aus der Sicht der reinigungsgerechten Gestaltung äußerst sensible Elemente, denen häufig zu geringe Aufmerksamkeit geschenkt wird. Die Rekontamination von Produktchargen durch nicht hygienegerecht gestaltete Dichtstellen ist in der Praxis häufig latent vorhanden, selbst wenn eine In-place-Reinigung mit anschließendem Sterilisationsprozess durchgeführt wurde. Die Risiken sind daher nicht zu unterschätzen und können sich in hohen Kosten z. B. durch Rückrufaktionen von kontaminierten Produkten niederschlagen. Im Folgenden sollen daher die grundlegenden Problembereiche von Dichtstellen anhand von Prinzipdarstellungen aufgezeigt und Lösungsbeispiele von hygienegerechten Dichtungen, die für unterschiedliche Hygienestufen entwickelt wurden, üblichen Konstruktionen mit Hygienerisiken gegenübergestellt werden.

Dichtungen haben die Aufgabe, Bereiche, in denen verschiedene Bedingungen vorliegen, gegeneinander abzuschließen. Beispiele solcher Bedingungen können unterschiedliche Drücke (Überdruck, Vakuum), chemische Medien (Laugen, Säuren), Zustandsformen von Materialien (Feststoffe, Flüssigkeiten, Gase), Prozesszustände (Produktion, Reinigung, Sterilisation), Hygienezustände (rein, unrein oder verkeimt, keimarm, keimfrei) oder Luftzustände (feucht, trocken) sein. Das bedeutet, dass Dichtungen dazu verwendet werden, Stoffverluste oder Vermischung von Medien zu vermeiden, Kontamination (z. B. aus der Umgebung) und Rekontamination (z. B. unterschiedlicher Chargen) von Produkten durch Mikroorganismen zu verhindern und die Umwelt vor dem Austritt toxischer Medien zu schützen. Die zuletzt genannte Aufgabe des Schutzes vor Produkt- bzw.

Umgebungskontamination betrifft in erster Linie die hygienegerechte Gestaltung von Anlagen, Apparaten und Komponenten.

Bekanntlich existieren im Allgemeinen maschinenbaubewährte Lösungen für Dichtungen aller Art, die aufgrund langjähriger Erfahrungen den physikalischen Vorgaben (z. B. Druck, Temperatur, Feuchtigkeit) sowie den Anforderungen durch die Konsistenz des abzudichtenden Mediums (z. B. Feststoff, Flüssigkeit oder Gas) und seiner chemischen Beschaffenheit und Aggressivität (z. B. Lauge, Säure, Öl, Fett) entsprechend angepasst werden können. Die Auswahl der richtigen Dichtungswerkstoffe, deren elastisches Verhalten sowie die Expansions- und Kontraktionscharakteristik der Dichtung spielen dabei eine entscheidende Rolle. Häufig verwendete Dichtungsformen wie z. B. Flachdichtungen oder bestimmte Profildichtungen wie Rundringe wurden aufgrund der allgemeinen Akzeptanz und definierter Form in Normen aufgenommen.

In Bereichen, an die Hygieneanforderungen gestellt werden, können solche Dichtungen meist nicht akzeptiert werden, da sie besondere Problemstellen enthalten, die häufig nicht ausreichend bekannt sind. Ursachen sind zum einen die Werkstoffe selbst, die untoxisch sein müssen und keine äußeren Poren haben dürfen. Zum anderen können im Apparatebau übliche Konstruktionen bei falscher Handhabung und Reinigung Infektionsgefahren in sich bergen. An hygienegerecht gestaltete Dichtungen werden daher zusätzliche Anforderungen gestellt, die bei üblichem Einsatz nicht entscheidend sind. Auf den ersten Blick besteht auch aus hygienischer Sicht die wesentliche bereits angedeutete Dichtungsaufgabe darin, den Produktbereich gegenüber der Umgebung abzudichten, um entweder das herzustellende Produkt vor Verunreinigungen und Kontamination aus der Umgebung zu schützen oder bei toxisch wirkenden oder kontaminierten Stoffen (z. B. im Pharmabereich oder bei genveränderten Produkten der Biotechnologie) das Austreten von Stoffen aus dem Verarbeitungs- und Lagerbereich aus Gründen des Umwelt- und Personenschutzes in die Umgebung zu verhindern. Bei genauerer Betrachtung liegt das erheblichere Problem darin, dass vor allem Mikroorganismen in nicht visuell feststellbare Dichtspalte eindringen, sich dort vermehren und anschließend neue Produktchargen kontaminieren können. Reinigung und Sterilisation, die aufgrund heutzutage höherer Anforderungen an die Haltbarkeitsdauer bei gleichzeitigem Verzicht auf Konservierungsstoffe bei keimarmen und aseptischen Prozessen immer mehr an Bedeutung gewinnen, können oft nicht ausreichend zuverlässig ihre Wirkung an solchen Problemstellen entfalten.

Im Laufe der Entwicklung der Dichtungstechnik wurden je nach Einsatzgebiet hygienisch relevante und steriltechnische Anforderungen bei der Konstruktion mitberücksichtigt. Solche Dichtungen, die aufgrund allgemeiner Erfahrungen optimiert und herstellerspezifisch angeboten wurden, konnten in den verschiedensten hygienerelevanten Bereichen der Industrie im Wesentlichen zufriedenstellend eingesetzt werden, wenn das Reinigungsverfahren entsprechend ausgewählt wurde. Trotzdem können Probleme und Risiken bei der Sterilisation durch Hitzeanwendung entstehen, vor allem wenn teilweise trockene Hitze zur Entkeimung von Geräten angewendet wird. Bei hitzebeständigen Werkstoffen werden hohe

Temperaturen und lange Heißhaltezelten notwendig, um die gewünschte Keimzahlreduktion mit Sicherheit zu erreichen. Im Bereich von Dichtungen kann die Sterilisationswirkung durch mangelnden Wärmetransport sowie infolge des Feuchtigkeitsmilieus im Dichtspalt behindert werden. Wird eine Dichtung auf eine Dichtfläche gepresst, so kann durch die Verdrängung des Wassers ein Milieu mit reduzierter Feuchte entstehen, in dem Mikroorganismen eine so hohe Resistenz besitzen, dass sie übliche Sterilisationsbedingungen überleben. Einzelne Mikroorganismen, die an solchen Stellen lebensfähig bleiben, werden erst dann zu einem erkennbaren Problem, wenn sie sich während des nachfolgenden Produktionszeitraumes vermehren können. Wechselwirkungen zwischen Werkstoffen und anhaftenden Keimen, die deren Wachstum beeinflussen, können daher bei der Beurteilung verschiedener Materialien der Dichtflächen und Dichtelemente entscheidende Auswirkungen ergeben. Die mikrobielle Kontamination der Produkte durch ungenügend gereinigte und desinfizierte bzw. sterilisierte Bauteile mit Dichtungen (z. B. Rohrverbindungen, Ventile) muss in diesem Zusammenhang als hygienisch kritisch angesehen werden. Die Kontaminationen werden, wie bereits erwähnt, auf eine ungenügende Reinigung von Spalten, Toträumen oder Rissen in verschlissenen Dichtungen oder das Nichterreichen der Desinfektionstemperaturen zurückgeführt. Jedoch können nicht alle Störfälle mit diesen Ursachen erklärt werden [60].

Allgemeingültige differenzierte Anforderungen an die reinigungsgerechte und hygienerelevante Gestaltung von Dichtungen erlangen mit zunehmender Herstellung mikrobiell empfindlicher Produkte wachsende Bedeutung. Die Kriterien der für den Nahrungsmittelbereich maßgebenden Maschinenrichtlinie [61] zwangen dazu, vorhandene Konstruktionen kritisch zu überprüfen und vor allem grundlegende Regeln für Anforderungsprofile zur hygienegerechten Gestaltung von Dichtungen aufzustellen und zu diskutieren. Aufgrund anerkannter Testmethoden ist eine konkrete Überprüfung der Qualität der Dichtwirkung möglich [33].

10.4.1 Statische Dichtungen

Gemäß Definition ist es die Aufgabe statischer Dichtungen, Bauelemente gegeneinander abzudichten, die im abgedichteten Zustand keine Relativbewegung zueinander ausführen. Dazu gehören zum einen Dichtungen, bei denen die zu dichtenden Bauteile nach Montage generell nicht gegeneinander bewegt werden. Beispiele dafür sind lösbare Flansch-, Schraub- oder Klemmverbindungen von Rohrleitungen oder Behältern sowie unlösbare Rohrverbindungen in Form von Pressverbindungen. Schweißverbindungen, die häufig zu diesen Dichtungen gezählt werden, sind getrennt betrachtet worden (siehe Abschnitt 10.3). Im Allgemeinen werden aber auch Dichtungen einbezogen, bei denen die Anforderung nur im Abdichtungszustand erfüllt ist, während im nicht dichtenden Zustand die Bauteile von einander entfernt, d. h. relativ zueinander bewegt werden. Ein Beispiel dafür sind Tellerdichtungen von Ventilen oder Abdichtungen von Behälteröffnungen, die im geschlossenen Zustand abdichten, beim Öffnen aber eine Relativbewegung zwischen den Bauelementen ausführen. Von Dichtbeginn bis zum völligen Abdichten kann dabei auch eine Relativbewegung der Dichtpartner stattfinden, die zwar nicht für das Dichtprinzip entscheidend ist, aber Hygiene und Verschleiß beeinflussen kann.

Die gegeneinander abzudichtenden Flächen von Bauteilen bezeichnet man als Dichtflächen. Bei sich berührenden Dichtstellen können Dichtflächen entweder unmittelbar oder mittelbar über ein zusätzliches Dichtelement abgedichtet werden, das zwischen den beiden gegeneinander zu dichtenden Bauteilen liegt. Die notwendige Annäherung durch Verformung der Dichtflächen oder Dichtelemente erfolgt bei Montage oder nach Betätigung durch äußere Vorspannkräfte, die im Wesentlichen vom Verformungswiderstand der Dichtwerkstoffe und von den Abmessungen sowie der Gestaltung der Dichtfläche abhängen. Der Einsatz von Weichstoffdichtungen mit weichen, elastischen Dichtelementen wird dann gewählt, wenn die Anpressung von Dichtflächen zu hohe Vorspannkräfte erfordern würde, wie es z. B. bei Metallen der Fall ist. Im Betriebszustand werden die Dichtflächen im Allgemeinen zusätzlich durch Betriebsbelastungen (z. B. Über- oder Unterdruck) be- oder entlastet, was bei der einzusetzenden Vorspannkraft zu berücksichtigen ist.

Die Kraftübertragung zwischen den abzudichtenden Bauteilen kann entweder im Haupt- oder Nebenschluss erfolgen. Bei Hauptschluss wird die gesamte Verspannungskraft gemäß Abb. 10.76a, b direkt über die Dichtfläche übertragen.

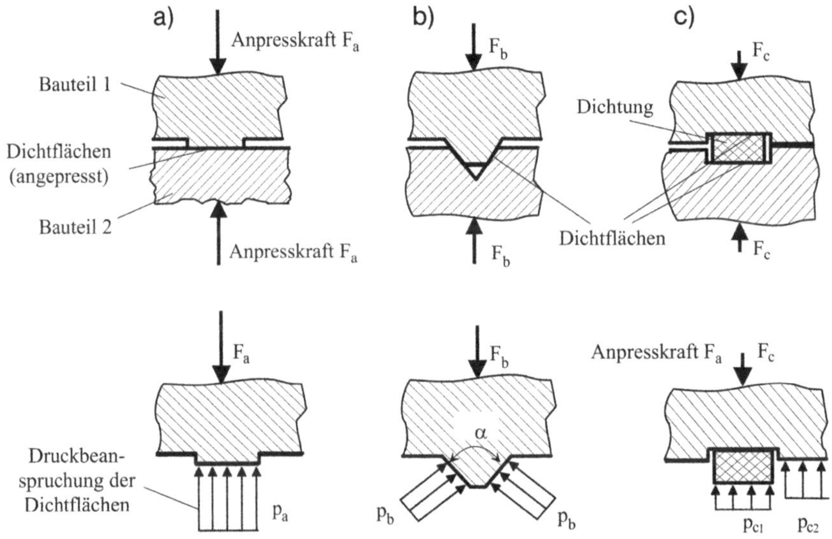

Abb. 10.76 Anordnung und Anpressung von Dichtflächen:
(a) Kraftübertragung im Hauptschluss, Dichtfläche senkrecht zur Anpresskraft,
(b) Kraftübertragung im Hauptschluss, Dichtflächen zur Anpresskraft geneigt,
(c) Kraftübertragung im Nebenschluss, Dichtfläche senkrecht zur Anpresskraft.

Sie bestimmt zusammen mit der Größe der Dichtfläche den Anpressdruck *p*, der zu einer ausreichenden Dichtwirkung erforderlich ist. Eine schräge Anordnung der Dichtflächen entsprechend Abb. 10.76b ermöglicht eine Verringerung der Vorspannkraft, um dieselbe Größe des Anpressdruckes *p* zu erreichen. Bei Verwendung leicht verformbarer Dichtelemente kann der Anpressdruck entsprechend verringert werden. Bei Nebenschluss erfolgt die Übertragung des größten Anteils der Vorspannkraft, wie Abb. 10.76c zeigt, über eine Fläche, die nicht als Dichtfläche, sondern als Anschlag dient. Das Dichtelement wird aufgrund eines definiert gewählten Übermaßes verformt und damit an die Dichtflächen angepresst. Dazu ist der andere Anteil der Vorspannkraft erforderlich, der vor allem bei weichen Dichtelementen relativ gering sein kann.

Theoretisch sind absolut glatte und ebene Dichtflächen in unmittelbarem Kontakt absolut dicht. Praktisch sind solche Verhältnisse jedoch nicht erreichbar, da Dichtflächen sowohl eine Mikrostruktur (Abb. 10.77) in Form ihrer Oberflächenrauheit als auch eine Makrostruktur durch sichtbare Unebenheiten und Formfehler besitzen. Beide Größen sind abhängig vom verwendeten Dichtwerkstoff sowie der Qualität (z. B. Struktur, Bearbeitungszustand) seiner Oberfläche. Bei zunehmender Annäherung zweier Dichtflächen steigt die Dichtwirkung an. Dabei erfolgt ein Angleichen der Oberflächen durch elastische oder plastische Verformung ihrer Mikro- und Makrostrukturen. Gleichzeitig nimmt der als räumliches Spaltsystem ausgebildete Dichtspalt zunehmend ab. Von wesentlichem Einfluss ist zusätzlich die Struktur der Rauheit der Dichtfläche sowie die Verformbarkeit des Werkstoffes. Bei mechanischer Bearbeitung können rillenförmige Rauheiten entweder in oder senkrecht zur Richtung des Abdichtens liegen. Aufgrund von molekularen Kohäsions- und Kapillarkräften im Spalt sowie der Oberflächenspannung ist eine „leckagefreie" Abdichtung z. B. bei Flüssigkeiten trotz eines

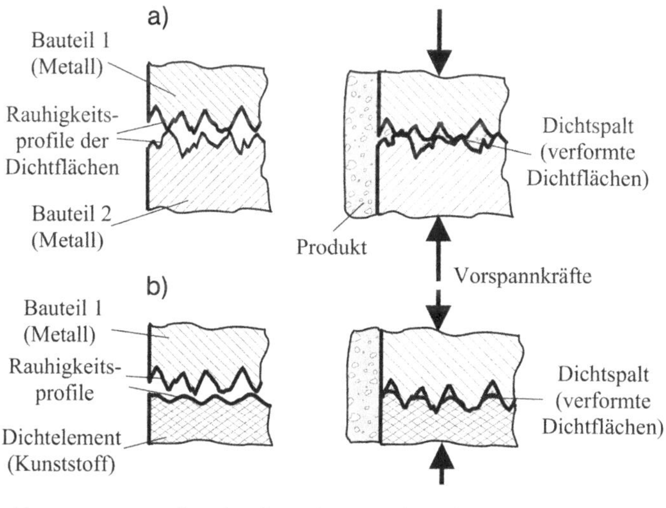

Abb. 10.77 Prinzipielle mikroskopische Darstellung des Dichtspaltes bei (a) metallischen Berührflächen und (b) Berührflächen Metall/Kunststoff.

mikroskopischen Spaltes möglich. Für das Abdichten gegenüber Gasen müssen die Dichtflächen entsprechend stark vorgespannt werden, um den Dichtspalt zu minimieren. Bei feuchten Gasen kann Kondensation im Dichtspalt auftreten, sodass ähnliche Verhältnisse wie bei Flüssigkeiten auftreten. Bei trockenen Gasen wird im Allgemeinen versucht, eine geschlossene Dichtlinie bzw. einen durchgehenden Dichtbereich senkrecht zur Abdichtungsrichtung zu erzielen, der wesentlich von der Struktur (z. B. Bearbeitungsrillen der Dichtflächen) abhängt. Praktisch wird der Spalt bei solchen „dichten" Abdichtungen als „null" angesehen, obwohl er unter mikroskopischen Gesichtspunkten nicht völlig zum Verschwinden gebracht werden kann. Außerdem ist zu berücksichtigen, dass manche Werkstoffe aufgrund ihrer Porosität (z. B. Elastomere) selbst eine gewisse Gasdurchlässigkeit aufweisen. Die Vorspannung muss in diesen Fällen so hoch gewählt werden, dass ein Schließen der Poren erreicht wird. Die Gasdurchlässigkeit von Dichtstellen wird üblicherweise mit dem Heliumtest [63] überprüft.

Eine Reinigung mikroskopisch enger Spalte ist ohne Zerlegen, d. h. Entfernen der Dichtung von den Dichtflächen, praktisch nicht möglich. Daher muss bei hygienerelevanten Anwendungen, bei denen das Dichtelement zur Reinigung nicht entfernt wird, grundsätzlich darauf geachtet werden, dass der Dichtspalt so eng ist, dass das Eindringen von Mikroorganismen verhindert wird. Dies kann in erster Linie durch möglichst gutes Angleichen der Dichtflächen aneinander z. B. durch hohe Bearbeitungsqualität erreicht werden, wobei wirtschaftliche Gesichtspunkte diesem Vorgehen Grenzen setzen. Bei flächenartigen Dichtflächen mit konstanter Anpressung kann die Mikrostruktur des Dichtspaltes aufgrund der Rauhigkeiten und geometrischen Formfehler nicht genau definiert werden.

Das bedeutet, dass häufig Dichtspalte erzeugt werden, die im Mittel zwar ausreichend abdichten, örtlich aber trotzdem Stellen mit weiteren Spalten enthalten (Abb. 10.78). Wenn diese am Rand der Dichtfläche liegen, können Mikroorganismen dort eindringen. Hygienedichtungen sollten daher so gestaltet werden, dass die höchste Anpressung und damit die stärkste Verformung der Dichtung möglichst in einer definierten Zone unmittelbar am Rand der Dichtfläche entsteht, wo die Gefahr des Eindringens von Mikroorganismen z. B. aus dem nicht

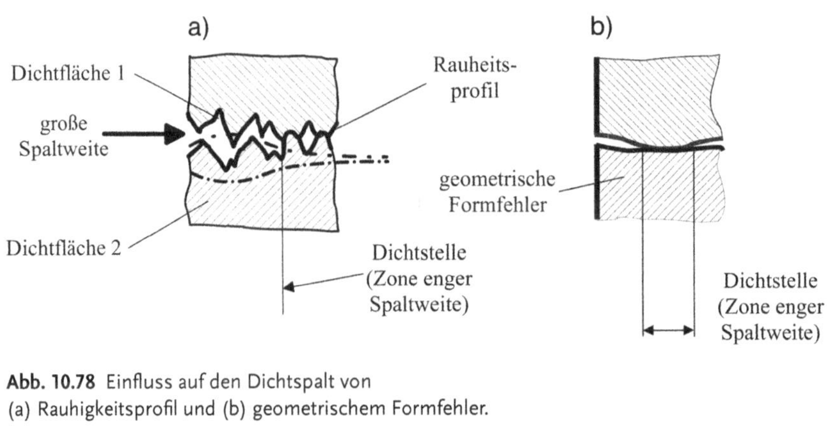

Abb. 10.78 Einfluss auf den Dichtspalt von (a) Rauhigkeitsprofil und (b) geometrischem Formfehler.

keimfreien Produktbereich oder der kontaminierten Prozessumgebung gegeben ist. Die Wirksamkeit dieser Maßnahme kann mithilfe besonders kleiner und mobiler Bakterien überprüft werden, die auch zum Testen der Bakteriendichtheit [64] von Abdichtungen verwendet werden.

Zu beachten ist zusätzlich, dass je nach Gestaltung neben der Dichtstelle makroskopische, bewusst erzeugte Spalte unterschiedlicher geometrischer Form vorliegen. Sie dienen dazu, Doppelpassungen zu vermeiden.

Abbildung 10.79 verdeutlicht dies anhand von Prinzipskizzen von Dichtstellen im Hauptschluss. Wenn solche Spalte zwischen Produktraum und Dichtstelle angeordnet sind, sind sie für die schlechte Reinigbarkeit einer Dichtstelle entscheidend. Für eine eindeutige Kraftübertragung, d. h. Pressung der Dichtflächen und Vermeidung von Doppelpassungen, darf nur eine Anpressfläche verwendet werden. Liegt die Dichtstelle entsprechend Abb. 10.79a nicht unmittelbar an der Produktseite, so muss sowohl vor als auch nach der Dichtfläche ein ausreichendes Spiel vorgesehen werden. Dieses ermöglicht vom Produktraum her das Eindringen von Schmutz und Mikroorganismen in den Spalt bis zur Dichtung. Eine Reinigung dieser Stelle ist ohne Zerlegen nicht möglich. Eine Verbesserung bezüglich der hygienegerechten Gestaltung kann dadurch erzielt werden, dass die Dichtstelle entsprechend Abb. 10.79b unmittelbar zum Produktraum hin verlegt

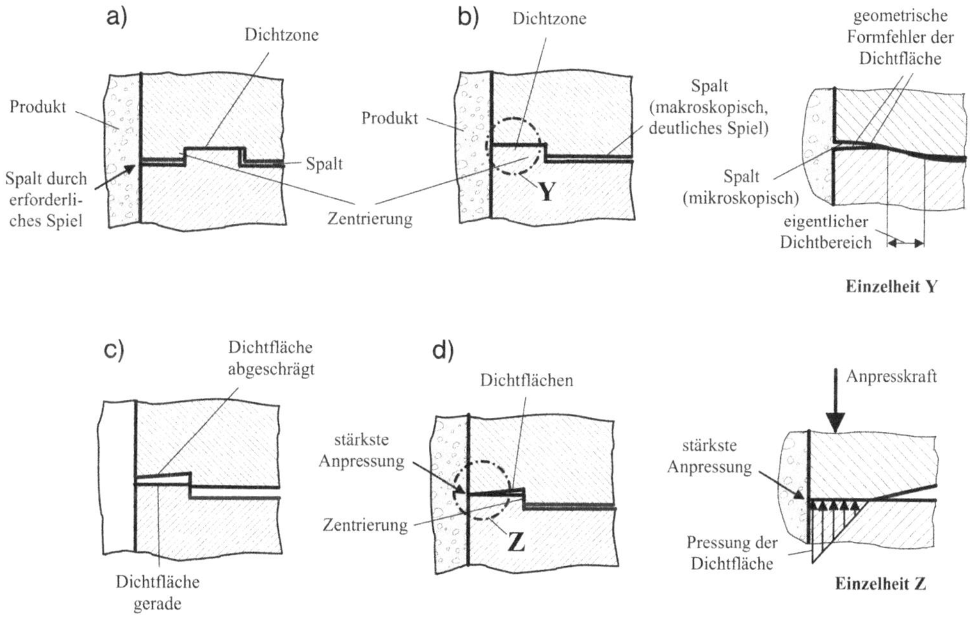

Abb. 10.79 Lage und Gestaltung von Dichtflächen:
(a) parallele Dichtflächen gegenüber dem Produktbereich zurückversetzt,
(b) parallele Dichtflächen unmittelbar am Produktraum, Dichtbereich nicht definiert,
(c, d) Dichtflächen unmittelbar am Produktraum, durch Abschrägung einer Dichtfläche größte Pressung und Dichtwirkung unmittelbar an der Produktseite.

wird. Aufgrund von Formfehlern und Rauhigkeitsunterschieden der Dichtflächen ist die Dichtstelle jedoch trotzdem nicht ausreichend definiert (Abb. 10.78), sodass auch in diesem Fall Mikroorganismen in den Dichtbereich eindringen können. Durch Abschrägung einer der beiden Dichtflächen gemäß Abb. 10.79c und d kann erreicht werden, dass aufgrund der stärksten Pressung die stärkste Verformung und damit die größte Dichtwirkung unmittelbar an der Produktseite liegt. Um ein Fluchten der Bauteile an der Produktseite zu erreichen, muss bei rotationssymmetrischen Bauteilen eine Zentrierung und ansonsten ein Anschlag durch einen Versatz der Bauelemente vorgesehen werden.

Weiterhin ist zu berücksichtigen, dass sich bei der Verwendung von Dichtelementen (z. B. Weichstoffdichtungen) eine Expansion oder Kontraktion durch Temperaturänderung ergibt.

Damit ist das Entstehen einer Problemstelle dadurch möglich (Abb. 10.80), dass das Dichtelement einen Vorsprung oder Rücksprung gegenüber dem Produktraum bildet. Es muss daher zum einen im Verhältnis zu seiner Nut richtig gestaltet und mit einer entsprechenden Passung versehen werden, zum anderen ist ein entsprechender Dehnungsraum im Bereich des Dichtelementes vorzusehen, der einen Teil der Dehnung in Richtung Produktraum kompensieren hilft. Dehnungs- und Kontraktionsmaße können dadurch begrenzt werden, dass Dich-

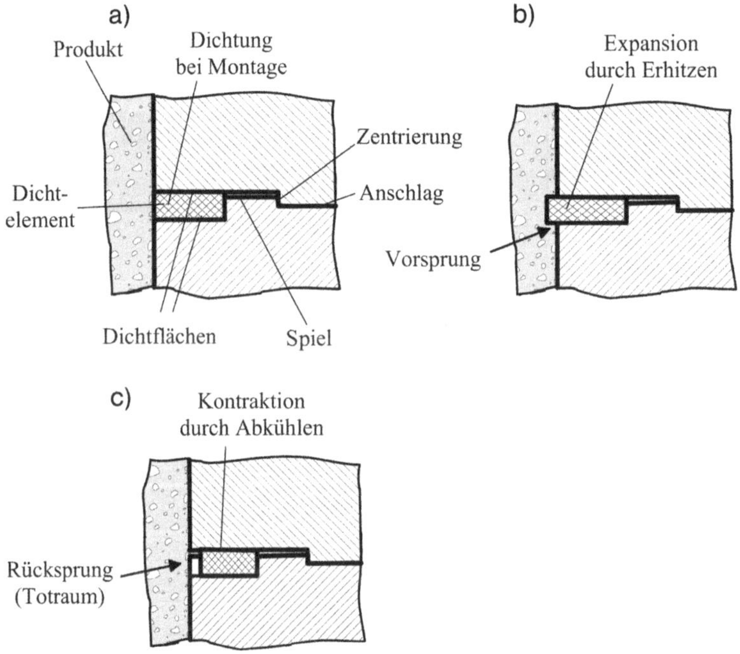

Abb. 10.80 Prinzipielle hygienische Risiken durch Temperatureinflüsse auf Elastomerdichtelemente: (a) Dichtelement bei Montage, (b) Vorsprung im Produktbereich bei Expansion durch Temperaturerhöhung, (c) Totraumbildung bei Kontraktion durch Abkühlung.

telemente mit geringen Abmessungen (kleines Volumen) verwendet werden. Die Gestaltung der Dichtstelle muss berücksichtigen, dass die Dichtung bei Vakuum im Produktraum nicht in diesen hineingezogen wird. Bei Demontage sollte die Dichtung in einem der Bauelemente verbleiben.

Aus den angeführten grundlegenden Überlegungen lassen sich folgende Anforderungen an die hygienegerechte Gestaltung von statischen Dichtungen ableiten:

- unmittelbar an der produktberührten Oberfläche liegende Dichtstelle,
- „spaltfreie" Dichtstelle (Berücksichtigung makroskopischer und mikroskopischer Einflüsse),
- definierte Pressung der Dichtstelle bzw. des Dichtelements (z. B. durch Anschlag der zu dichtenden Bauteile),
- größte Pressung des Dichtelementes unmittelbar an produktberührter Oberfläche,
- Fluchten der abzudichtenden Bauteile und der Dichtelemente an produktberührter Oberfläche (Zentrierung oder Versatz),
- Dehnungs- bzw. Kontraktionsmöglichkeit für Dichtelemente bei Temperaturänderung ohne Bildung eines Wulstes oder einer Vertiefung gegenüber dem Produktraum,
- Verhindern des Einziehens von Dichtelementen bei Vakuum,
- Dichtelemente unverlierbar (Fixierung in einem der abzudichtenden Bauteile).

Allgemeine Anforderungen bezüglich richtiger Werkstoffwahl und rechtlicher Voraussetzungen müssen zusätzlich in folgender Hinsicht erfüllt werden:

- Berücksichtigung physikalische Anforderungen an Dichtstellen und Dichtelemente (z. B. Festigkeit, Dehnung, Temperatur),
- chemische Beständigkeit gegen Produkt, Reinigungs- und Desinfektionsmittel,
- physiologische Unbedenklichkeit (Nachweis durch Erfüllung rechtlicher Vorgaben bezüglich Produktverträglichkeit nach LFGB in der Nahrungsmittelindustrie bzw. nach FDA),
- Erfüllung funktioneller Anforderungen.

Bei berührungslosen Dichtungen werden die Dichtflächen einander nur so weit angenähert, dass es zu keiner Berührung kommt. Der in diesem Fall auftretende, möglichst geringe Spalt sowie die damit verbundene Undichtheit werden dabei in Kauf genommen. Der Spalt wird deshalb so gestaltet, dass ein möglichst hoher Durchflusswiderstand entsteht, wie Abb. 10.81 am Beispiel einer Labyrinthabdichtung zeigt. Auf der Produktseite werden berührungslose Dichtungen für hygienegerechte Abdichtungen nicht eingesetzt, da für die Dichtstelle im montierten Zustand, d. h. in-place, keine Reinigungsmöglichkeit besteht.

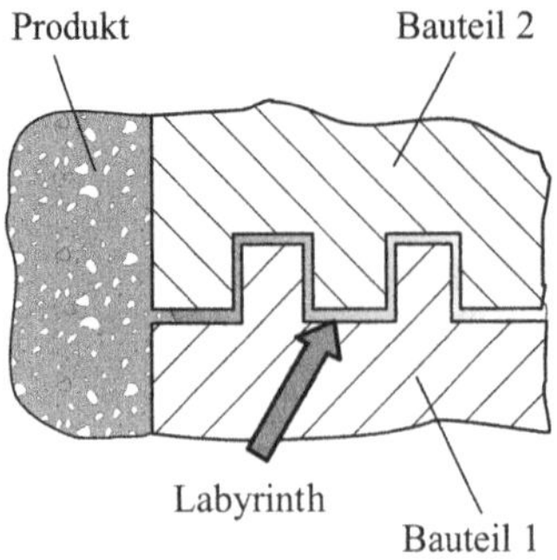

Abb. 10.81 Berührungslose mäanderförmige Dichtung.

10.4.1.1 **Metallische Dichtungen**

Im Maschinenbau sind berührende metallische Dichtungen durchaus üblich. Sie nutzen im Allgemeinen die elastische Materialverformung zur Dichtwirkung aus, die unter mechanischer Vorspannung der Dichtflächen häufig im Hauptschluss, bei Weichmetalldichtungen auch im Nebenschluss erfolgt. Bei Anwendung im Hygienebereich soll die Dichtstelle unmittelbar an der Produktoberfläche liegen. Daher wird nach Stand der Technik die Dichtung direkt durch den Werkstoff Edelstahl gebildet. An den sich berührenden Dichtflächen wird das Rauhigkeitsprofil bei senkrecht zur Fläche wirkender Anpresskraft im Allgemeinen elastisch verformt. Dabei liegt häufig, wie Untersuchungen zeigen, das dreidimensionale mikroskopische Spaltsystem der Dichtflächen im Bereich bzw. über der Größenordnung von Mikroorganismen (s. auch Abb. 10.78), sodass das Eindringen von Mikroorganismen und anderer entsprechend kleiner Substanzen nicht verhindert werden kann. Trotzdem kann, wie oben erläutert, ein ausreichender Widerstand entstehen, um eine Dichtwirkung gegenüber Medien wie Flüssigkeiten oder pulverförmigen Feststoffen zu erreichen. Ohne Demontage ist eine Reinigung dieser engen Spalte der Dichtflächen nicht möglich, sodass bei Produktionsbeginn nach einer In-place-Reinigung eine Rekontamination von Produkten nicht vermieden werden kann. Reinigbarkeitstests an üblich gestalteten axialen metallischen Dichtflächen, die axial vorgespannt werden, bestätigen diese Aussage.

Eine Lösung des Problems wird darin gesehen, dass man die metallischen Berührflächen so stark verformt, dass durch teilplastisches Verformen des Materials die räumlichen Spalte weitgehend geschlossen werden. Damit wird ein Eindringen von Mikroorganismen und anderen kleinen Substanzen verhindert.

Aufgrund mikrobiologischer Reinigbarkeitstests hat sich gezeigt, dass sich dies als grundsätzlich richtig erweist. So wurde z. B. eine Pressverbindung für Rohre (Abb. 10.82) untersucht, die über eine keilförmige Muffe mit hohem axialen Druck verpresst wird. Diese Verbindung wird nach Montage nicht mehr gelöst, sodass eine teilplastische Verformung an der Dichtfläche durch sehr hoch gewählte Anpresskräfte erreicht werden kann. Durchgeführte Reinigbarkeitstests ergaben keine Hinweise, dass an der Dichtstelle Spalte vorhanden sind, in die Mikroorganismen eindringen. Ergebnisse über hygienerelevante Anwendungen und Erkenntnisse in der Praxis liegen derzeit nicht vor.

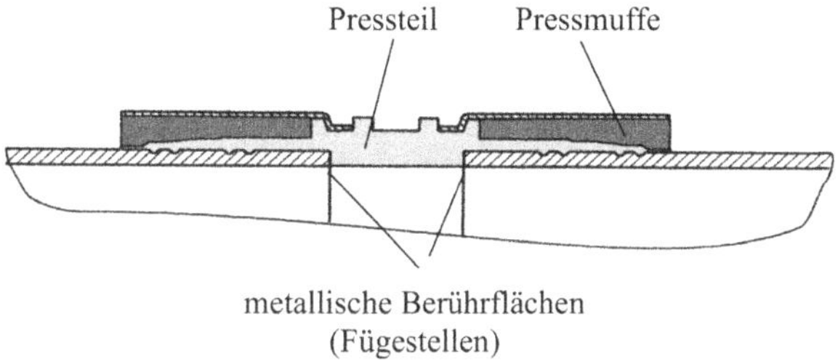

Abb. 10.82 Hygienegerechte metallische Dichtung als Pressverbindung.

Eine andere konstruktive Lösung geht von konischen Dichtflächen in Form von Kegelsitzen aus (Abb. 10.83). Der innere Konus besitzt eine geringfügig steilere Neigung als der äußere. Bei axialem Vorspannen wird die Berührfläche (Dichtfläche) in einem geringen Bereich teilplastisch verformt, wobei die stärkste Verformung am Umfang des kleinsten Durchmessers vorliegt. Damit ergibt sich für die Dichtwirkung eine definierte Stelle, die so gewählt werden kann, dass sie unmittelbar an der produktberührten Seite der Konstruktion liegt. Außerdem wird das Prinzip der Keilwirkung genutzt, wodurch eine Vergrößerung der Anpresskraft der Dichtflächen im Verhältnis zur axialen Vorspannkraft entsteht. Bei einmaliger Verwendung solcher Verbindungen konnten hygienegerechte Verhältnisse nachgewiesen werden. Bei wiederholter Montage können Probleme dadurch entstehen, dass die bereits verformten Bereiche nicht mehr ausreichend spaltfrei bzw. dicht sind. Im Allgemeinen ist es daher erforderlich, jeweils einen unverformten Bereich der konischen Fläche zum Fließen zu bringen, um Dichtheit zu erzielen. Hierfür ist aufgrund der größer werdenden Dichtfläche eine zunehmend höhere axiale Vorspannung erforderlich. Wird das Konstruktionsprinzip für Bauteile verwendet, von denen jeweils eins der beiden z. B. bei Versagen nach Erreichen der Lebensdauer ersetzt werden muss, so ist eine erneute teilplastische Verformung an der Dichtfläche möglich.

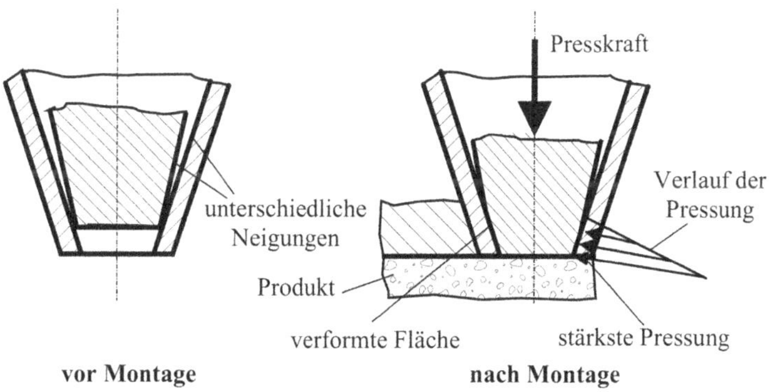

Abb. 10.83 Hygienegerechte metallische Dichtung mit unterschiedlich geneigten Dichtflächen (höchste Pressung unmittelbar an der Produktseite).

10.4.1.2 Elastomerdichtungen

In produktberührten Bereichen von Apparaten und Bauteilen werden statische Weichstoffdichtungen aus Elastomeren oder Thermoplasten in verschiedenen Konstruktionsvarianten als berührende Dichtungen ausgeführt. Dabei berühren im Allgemeinen die Dichtflächen des vorgespannten und verformten Dichtelementes die der beiden Bauteile, wodurch die Abdichtung erzielt wird. Die Dichtelemente werden in den meisten Fällen im Nebenschluss eingesetzt. In Einzelfällen sind auch Dichtungen im Hauptschluss anzutreffen. Weichstoffdichtelemente unterscheiden sich von metallischen Dichtungen in erster Linie durch das günstige elastische Verformungsverhalten infolge des erheblich niedrigeren Elastizitätsmoduls sowie durch die Oberflächenstruktur. Diese wird zum einen durch die Bearbeitungsgüte der Form festgelegt, die zum Extrudieren der Dichtung dient. Da die Formen meist in kleinen Stückzahlen hergestellt werden, können sie ohne zu hohe Kosten ausreichend glatt bearbeitet werden. Zum anderen wird beim Extrudieren die Oberfläche stark verdichtet, wodurch sich hygienerelevante Poren vermeiden bzw. schließen lassen. Bei bearbeiteten Werkstoffen ist die Bearbeitungsqualität des Dichtelementes entscheidend für das Dichtverhalten. Der Dichtspalt wird im Allgemeinen zwischen dem Dichtelement und einer Metall- oder Kunststoffgegenfläche gebildet. Bei relativ geringer Anpresskraft kann durch elastische Verformung des Dichtelementes der Dichtspalt soweit vermindert werden, dass das Eindringen von Mikroorganismen vermieden wird. Ein wesentliches Merkmal von Elastomeren ist, dass sie nahezu volumenbeständig sind. Das bedeutet, dass das Volumen V des unbelasteten Elementes sich bei Belastung nicht ändert. Erfolgt z. B. eine Zusammendrückung eines ringförmigen Dichtelementes mit Rechteckquerschnitt der Breite b und der Höhe h um einen bestimmten Prozentsatz x in Richtung der Ringachse, so dehnt sich der Querschnitt senkrecht dazu so aus, dass bei gleichem mittlerem Durchmesser Dm die Querschnittsfläche gleich bleibt.

Damit erhält man

$$\text{unverformt:} \quad V = Dm \cdot \pi \cdot b \cdot h \qquad (4)$$

$$\text{verformt:} \quad V = Dm \cdot \pi \cdot b \cdot x \cdot h \cdot \frac{1}{x} \qquad (5)$$

Wird die Dehnung verhindert, so ist auch keine Zusammendrückung möglich. Der Werkstoff wird dadurch unverformbar, d. h. inkompressibel.

Für die unterschiedlichen Einsatzgebiete ist die Auswahl des Werkstoffes der Dichtelemente entscheidend. Sie hängt wesentlich von der Art der herzustellenden Produkte, den Prozessbedingungen sowie dem Reinigungs- und Sterilisationsprozess ab. Tabelle 10.9 gibt eine Übersicht über die am häufigsten verwendeten Elastomere und ihre Beständigkeit bzw. Einsatzmöglichkeiten.

Tabelle 10.9 Betriebsparameter von Elastomerdichtungen
(Einwirkung: A = keine bis geringe, B = geringe, C = mäßig bis stark, U = stark).

Medien	EPDM	FFKM	FKM	FPM	NR	NBR	HNBR	VMQ
Beanspruchung	A	A	B		A			A
Temperatur (allgemein)	–30 °C 140 °C		–20 °C 210 °C	110 °C	–50 °C 70 °C	–30 °C 120 °C	–30 °C 140 °C	–60 °C 200 °C
Dampf (140 °C)	B	A	U	A	U	C/U	U	U
Natronlauge	A	A	C	C/U[a]	C	A	A	B
Phosphorsäure		A	A	A	B	B	A	B
Salpetersäure	B	A	A	A	U	B	A	B
Salzsäure	A	A	A		B	B	A	B
Zitronensäure	A	A	A					C
Hypochlorid	B	A	A		B	U	U	A
Wasserstoffperoxid	B	A	A		U	U	A	B
Sauerstoff, Ozon	A	B	A		B[b]	C	A	A
Öle, Fette	C/U[a]	A	A	A[a]	A	A	A	A
Alkohol	A	A	A		A	A	A	A
Wasser (dest./demineralisiert)	A	A			B[a]	A[a]		A/B[a]

[a] Konzentrations- und temperaturabhängig; [b] Additive erforderlich
Quelle: Dr. B. Ledig, Busak + Shamban GmbH, Stuttgart, Vortrag CP-Heidelberg, 2000.
APV, Fluid Handling, R&D-Bericht.

10.4.1.3 **Rundringdichtungen**

Die Problematik funktioneller, konstruktiver und hygienischer Einzelheiten soll zunächst am Beispiel des Rundrings (O-Ring) als Dichtelement erläutert werden. Aufgrund seiner einfachen Form wird er im allgemeinen Apparatebau sowie im Maschinenbau bevorzugt eingesetzt, wo er eine ausgezeichnete technische Lösung darstellt. Allerdings erfüllt er in der herkömmlichen Form nicht die erforderlichen hygienischen und. reinigungstechnischen Voraussetzungen. Der Rundring ist ein Dichtelement, das entsprechend ISO 3601 [65] bzw. DIN 3771 [66] genormt ist. Er wird im Allgemeinen als radiale Dichtung in einer Nut mit Rechteckquerschnitt verwendet. Der unbelastete Rundring besitzt ein radiales Übermaß sowie ein reichliches seitliches Spiel in der Nut.

Im Einbauzustand wird er infolgedessen radial vorgespannt und dadurch verformt (Abb. 10.84a). Durch Druckbelastung im Produktraum wird der O-Ring im Allgemeinen zusätzlich gepresst, wie in Abb. 10.84b beispielhaft dargestellt. Die nicht ausgefüllten Räume in den Ecken der Nut geben dem Rundring die entsprechende Möglichkeit zu expandieren oder zu kontrahieren, ohne dass da-

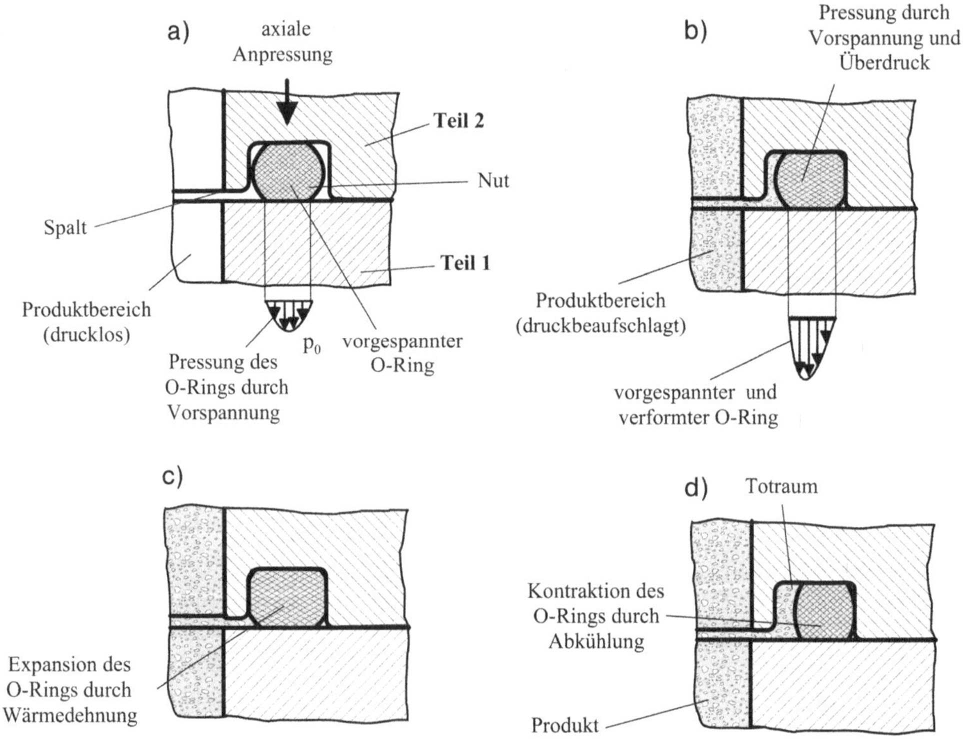

Abb. 10.84 Prinzipielle Darstellung der Problembereiche üblicher O-Ring-Dichtungen bei axialer Vorspannung:
(a) Pressung des Dichtrings bei Montage, (b) Verformung (Totraum) durch Überdruck im Produktbereich, (c) Expansion durch Temperaturerhöhung, (d) Kontraktion bei Abkühlung mit Vergrößerung des Totraums.

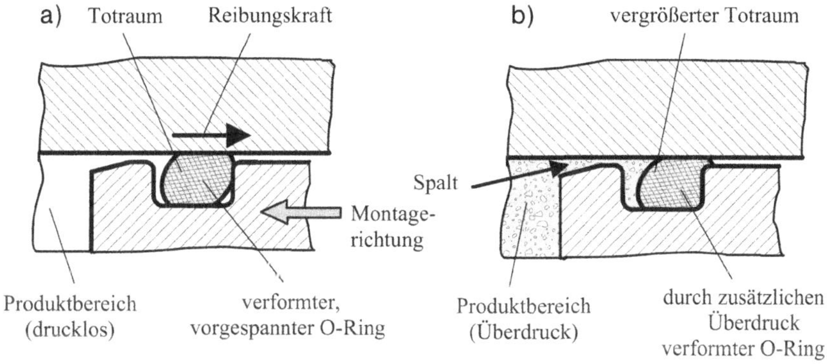

Abb. 10.85 Darstellung der O-Ringdichtung bei radialer Vorspannung:
(a) Verformung bei Montage,
(b) zusätzliche Pressung durch Überdruck im Produktraum.

durch seine Elastizität und damit radiale Dichtwirkung grundlegend beeinträchtigt wird. Gerade dieses Konstruktionsmerkmal ist für den weiten Einsatzbereich bei Druck- und Temperaturschwankungen maßgebend (Abb. 10.84c,d). Die Nutform der Dichtung bedingt, dass die Dichtung nicht direkt an der abzudichtenden Produktseite liegen kann. Zwischen der Nut und dem Produktbereich liegen vielmehr metallische Berührflächen vor. Diese werden vielfach als spaltfrei angesehen, stellen aber wie bereits dargelegt aufgrund der Rauhigkeitsprofile der Berührflächen in Realität enge dreidimensionale Kanäle dar. Versuche zeigen, dass je nach Größe der Rauhigkeit Mikroorganismen in diese engen Spalte und damit auch in den Nutbereich der Rundringdichtung eindringen können. In den Toträumen der Nut können sich Mikroorganismen ungehindert vermehren und auf umgekehrtem Weg das Produkt rekontaminieren. Ein weiteres Problem kann eine nicht fachgerechte Montage von Rundringen verursachen, wenn sie am Umfang verdreht in die Nut eingelegt werden.

Dies kann bei axialer Montage ineinander dichtender Bauteile durch Reibungseffekte noch unterstützt werden, wie Abb. 10.85 verdeutlichen soll. Entsprechend der Wärmedehnung und Kontraktion bei Temperaturänderungen können bei statischen Dichtungen geringe Bewegungen in axialer Richtung entstehen, die wie bei einem Pumpvorgang die Rekontamination unterstützen. Praktische Erfahrungen und Untersuchungen zeigen, dass sich diese Stellen nicht reinigen lassen und auch bei thermischer Sterilisation Probleme bereiten, da zum Teil die Temperaturen nicht ausreichend lange erreicht werden. Bei Untersuchungen von Rundringen in den üblichen Nutformen wurde ein hohes Infektionsrisiko festgestellt. Der Rundring stellt deshalb in üblicher Form aus hygienischer Sicht die ungünstigste Lösung einer Dichtung dar.

Daher wurden zunächst Alternativen zur üblichen Nutform gesucht, die in Form von breiter Nut (schwimmender O-Ring, Abb. 10.86), dreieckiger Nut (Abb. 10.86b) und Schwalbenschwanznut (Abb. 10.86c) zu günstigen reinigbaren Verhältnissen führen sollten. Gleichzeitig wurde vom Produktraum her ein

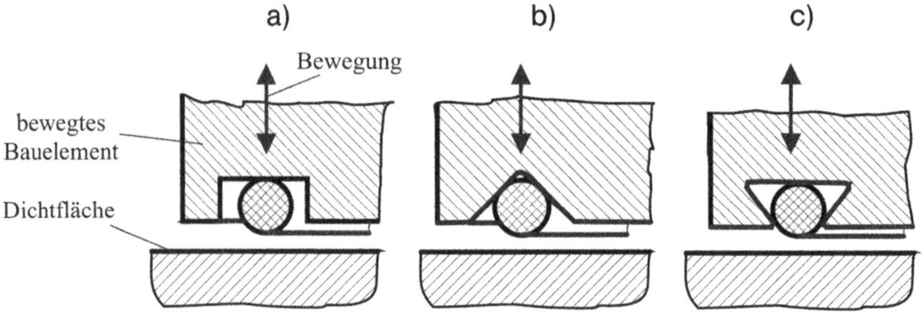

Abb. 10.86 Gestaltung von O-Ringdichtungen, die zum Abdichten zur Gegenfläche hin bewegt werden: (a) schwimmender O-Ring (Hygienerisiko), (b) O-Ring in dreieckförmiger Nut (Hygienerisiko), (c) O-Ring in Schwalbenschwanznut (bei Entfernen von der Dichtfläche leicht reinigbar).

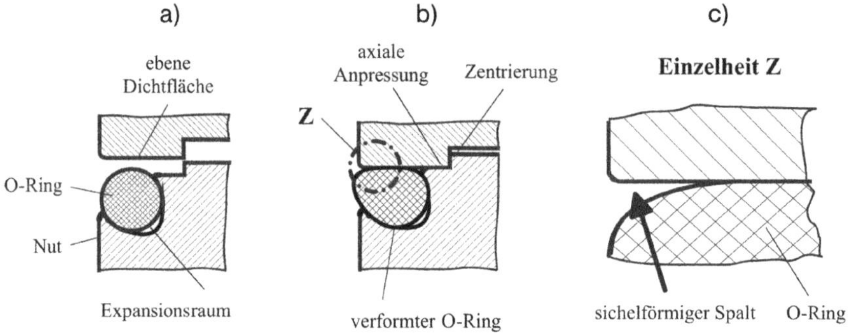

Abb. 10.87 Prinzipielle Gestaltungsprobleme einer hygienegerechten O-Ringabdichtung bei axialer Vorspannung: (a) O-Ringnut mit Expansionsraum und Gegenfläche, (b) montierter O-Ring unmittelbar an Produktseite mit definierter Anpressung und Zentrierung, (c) hygienische Problemzone in Form eines sichelförmigen Spaltes.

deutlicher Spalt vorgesehen, um eine Reinigungswirkung bis in die Nut hinein zu erreichen. Diese Bemühungen waren allerdings in dieser Weise nicht erfolgreich. Dagegen führten die Dichtungen zu deutlich verbesserter Reinigbarkeit, wenn sie wie z. B. bei Ventiltellern während der Reinigung von der Dichtfläche abgehoben werden und damit für das Reinigungsmedium direkt zugänglich sind. Hier ergibt vor allem die Lösung des O-Rings mit Schwalbenschwanznut günstige Verhältnisse, da die Dichtstellen des O-Rings in der Nut unmittelbar an der zu reinigenden Oberfläche liegen und die Konstruktion im nicht dichtenden Zustand für die Reinigung frei zugänglich ist.

Um das einfache und zuverlässig wirksame Dichtelement beibehalten zu können, wurden nach den generellen Erfahrungen mit üblich gestalteten O-Ringen völlige Veränderungen der Nut vorgenommen. Dabei erfolgt gemäß Abb. 10.87 eine Anpassung der Nut an die Rundform des Dichtelementes, wobei die Nutränder sorgfältig ausgerundet sind, um Beschädigungen des Dichtrings zu vermeiden. Der Rundring verliert allerdings durch die Maßnahme der weitgehenden

Kapselung erheblich an Elastizität. Aufgrund der Nutform kann der Dichtring bündig zum Produktraum liegen, um Spalte durch metallische Berührflächen zu vermeiden. Bei ebener Dichtfläche des Gegenstücks, wie sie bei manchen praktisch ausgeführten Versionen zu finden ist, ergibt sich trotzdem ein sichelförmiger Spalt, der zu Hygieneproblemen führt (Abb. 10.87c). Die notwendige Pressung wird durch die sorgfältige Dimensionierung der Nut in Relation zum O-Ring erreicht. Dabei zeigt sich, dass bei Erwärmung sich der Ring in den Produktraum hinein ausdehnt und dort zu einem schlecht reinigbaren Vorsprung führt. Bei Abkühlen reichen die Kontraktionskräfte häufig nicht aus, die Reibung an den Kanten der Nut zu überwinden, sodass die beim Erwärmen erreichte Lage erhalten bleiben kann.

Um eine optimierte hygienegerechte O-Ringdichtung zu erreichen, wurde eine Zusammenarbeit zwischen der EHEDG und DIN erreicht, an der sich namhafte europäische Komponentenhersteller beteiligten.

Mithilfe von Finite-Elemente-Methoden wurden Nutform und -lage der Dichtung unter Berücksichtigung von Toleranzen untersucht und optimiert. Die O-Ringnuten nach Abb. 10.88a und b werden auf der Seite des einen Bauteils mit einer schrägen Anlagefläche für das Dichtelement ausgeführt, während im ande-

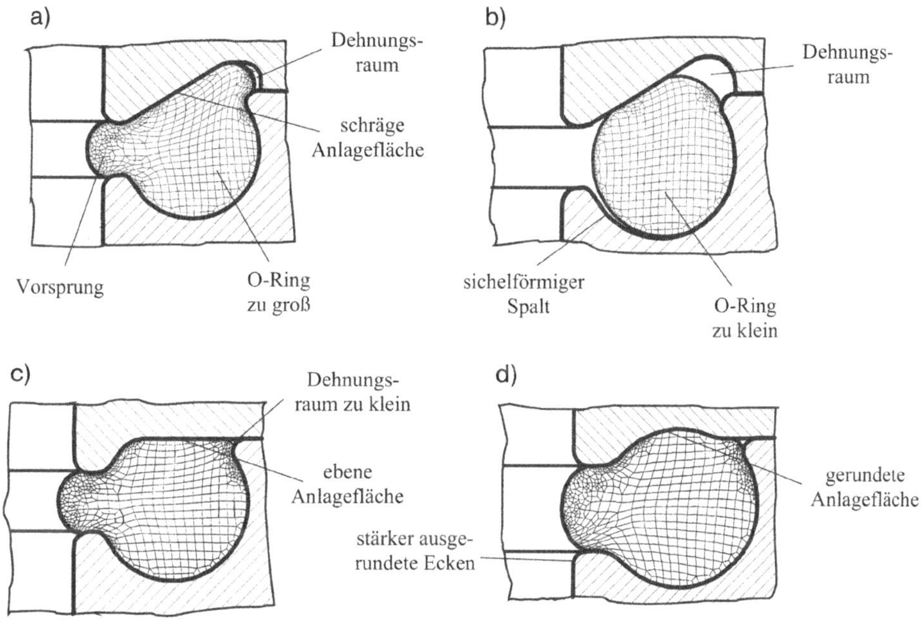

Abb. 10.88 Beispiele von Untersuchungen zur Optimierung einer hygienegerechten O-Ringabdichtung mithilfe von Finite-Elementen: (a) obere Anlagefläche schräg, O-Ring zu groß, (b) obere Anlagefläche schräg, O-Ring zu klein (Spaltbildung), (c) obere Anlage horizontal mit ausreichender Ausrundung, O-Ring zu groß, (d) optimierte, hygienegerechte O-Ringnut nach DIN 11 864, Form A.

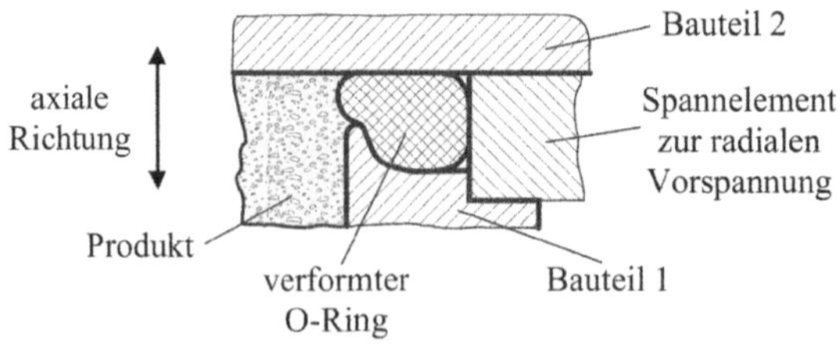

Abb. 10.89 Gestaltung einer O-Ringabdichtung bei radialer Vorspannung.

ren Bauteil die Nuten dem O-Ring angepasst sind. Bei zu enger Nut (Abb. 10.88a) tritt das Dichtelement z. B. bei Temperaturerhöhung in den Produktraum aus und führt zu einer Problemzone. Dabei ist die Dehnung in den Produktraum hinein von der Gestaltung und Größe des Dehnungsraums im rückwärtigen Bereich der Nut abhängig. Eine Rückdehnung beim Abkühlen erfolgt wegen der hohen Reibungskräfte an der engsten Nutstelle meist nicht. Bei zu weiter Nut (Abb. 10.88b) ergibt sich ein vom Produktraum ausgehender Rücksprung sowie ein sichelförmiger Spalt in der Nut, die nicht zu reinigen sind. Gleiche Verhältnisse können bei identischer Nut und zu großem bzw. zu kleinem Dichtelement aufgrund zu großer Toleranzbereiche auftreten. Bei einseitig gerader Nut und symmetrischer Ausrundung zum Produktraum hin (Abb. 10.88c) treten bei zu enger Nut zu hohe Pressungen des O-Rings auf, wobei er in den Produktraum hineinragt. Zu wenig abgerundete Kanten zum Produktraum hin können außerdem zu Beschädigungen des Dichtelementes führen. Als entscheidend stellt sich heraus, dass die Gegenfläche für den O-Ring ebenfalls der Wölbung des Dichtelementes angepasst werden muss und die Nut eine Expansion und Kontraktion in ausreichendem Maße zulässt. Die nach Abb. 10.88d ausgeführte optimierte Dichtung wurde anschließend mit Reinigbarkeitstests sowie Heiß-Kalt-Lastwechseln überprüft [67]. Das Ergebnis hat in DIN 11 864, Form A [68] als Dichtung für Schraub- und Flanschverbindungen Eingang gefunden und sich mittlerweile als hygienegerecht gestaltete O-Ringdichtung bewährt.

Bei radial dichtenden O-Ringen kann man auf derselben Basis eine verbesserte Gestaltung gegenüber Abb. 10.85 erreichen. Gemäß Abb. 10.89 kann bei optimierter Nut (Bauteil 1) eine radiale Vorspannung dadurch erreicht werden, dass man den O-Ring durch ein axiales Spannelement verformt. In Bauteil 2 ist wegen der radialen Montage keine Vertiefung in Form einer Nut möglich, sodass eine Optimierung an dieser Seite nicht erreichbar ist.

10.4.1.4 **Profildichtungen**

Alternativen zum Rundring bieten Profildichtungen. Eines der am weitesten verbreiteten Dichtelemente ist der Profilring der Verschraubung nach DIN 11 851 [69]. Er wird mit seinem Rechteckteil in die rechteckförmige Nut eingelegt und dichtet mit seiner runden Seite, die durch Anpressung gemäß Abb. 10.90a verformt wird. Das Dichtelement ist gegenüber dem Produktraum zurückversetzt und aufgrund eines fehlenden Anschlags nicht definiert gepresst, sodass ein mehr

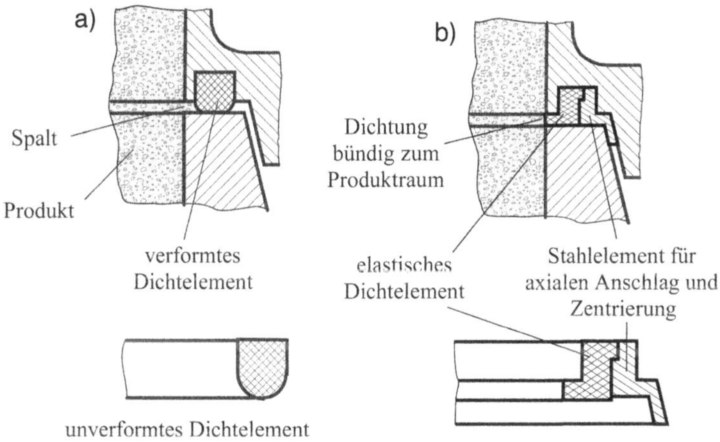

Abb. 10.90 Elastomerformdichtungen:
(a) Milchrohrverschraubung nach DIN 11 851 ohne Zentrierung mit Spalt an Dichtstelle,
(b) kombinierte Profildichtung als hygienegerechte Verbesserung.

oder minder weiter Spalt entsteht, der ohne Zerlegen nicht reinigbar ist. Außerdem fehlt eine Zentrierung, sodass die zu dichtenden Bauteile nicht fluchtend montiert werden können, was Problembereiche ergibt. Die Dichtung wird wegen ihrer Einstellbarkeit und Beweglichkeit, die zu Lasten der hygienegerechten Gestaltung geht, vor allem in der Lebensmittelindustrie häufig verwendet.

Aufgrund von hygienischen Anforderungen wurden Verbesserungen entwickelt, die bei Beibehaltung der Nut die Problemstellen beseitigen. Abbildung 10.90b zeigt eine Kombinationsdichtung, die aus einem Elastomer- und einem Edelstahlteil besteht. Das Dichtelement füllt den Spalt zur Produktseite hin aus. Das Edelstahlteil dient zur definierten Pressung der Dichtung sowie zur Zentrierung der Bauteile. In der Praxis hat sich zum einen gezeigt, dass der Ersatz der Profildichtung nach DIN 11 851 nur dann erfolgreich vorgenommen werden kann, wenn die Nut exakt hergestellt ist. In manchen Fällen werden die Maße nicht ausreichend genau eingehalten, sodass der Kombinationsring nicht passt. Zum anderen können z. B. flüssige Medien und Schmutz von außen her zwischen Stahl- und Dichtelement eindringen, wo es zu Verderb und Geruchsbildung kommen kann. Aus diesem Grund wurden Kombinationselemente entwickelt, die auch nach außen hin abdichten.

Eine ähnlich gestaltete Dichtung entsprechend Abb. 10.91, die in ihrem Profil der schwalbenschwanzförmigen Nut angepasst ist, wird häufig an Stellen eingesetzt, die sich zum Abdichten, wie z. B. bei Ventilteller und Sitz, einander annähern. Der produktberührte Teil des Dichtelementes sowie die Dichtstellen können jeweils bei abgehobener Dichtung problemlos gereinigt werden.

Ein Beispiel, bei dem durch metallische Anlageflächen eine definierte Pressung erreicht wird, zeigt eine T-förmige Elastomerdichtung, die bündig zum Produktraum hin gestaltet ist. Bei parallelen Dichtflächen (Abb. 10.92) ist die Dichtstelle aufgrund von Form- und Rauhigkeitsfehlern nicht genau definiert.

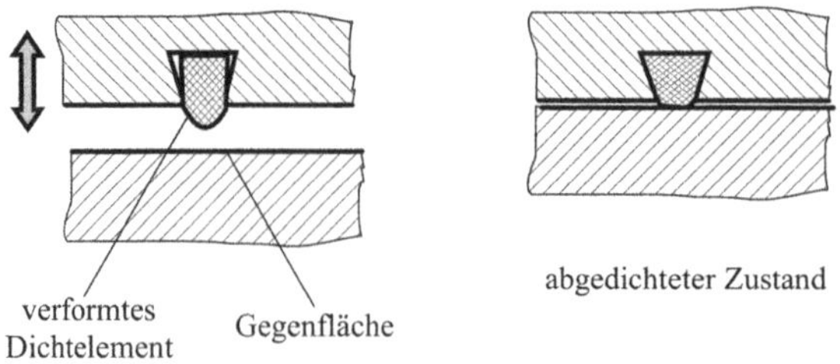

Abb. 10.91 Spaltfreie Formdichtung in Schwalbenschwanznut, die beim Abdichten an der Gegendichtfläche anliegt.

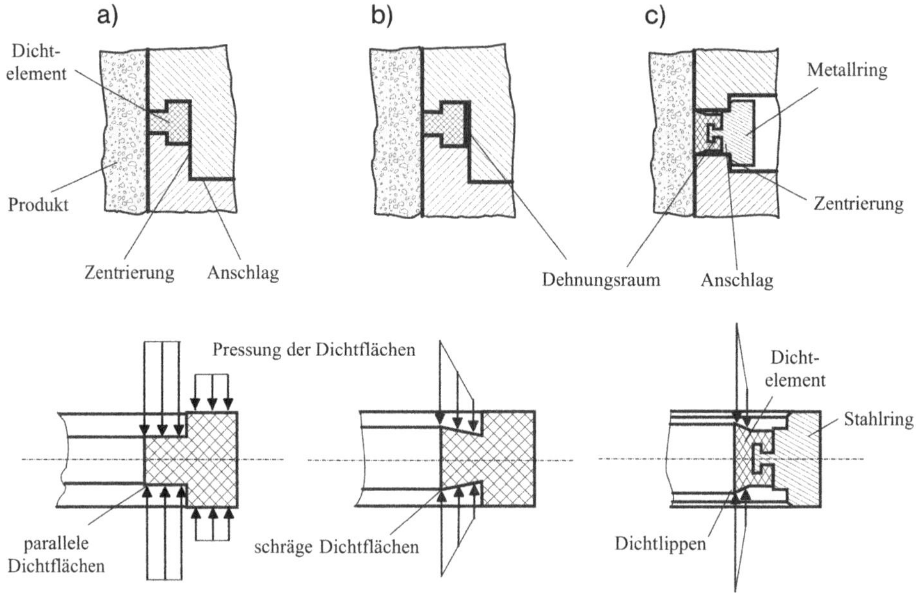

Abb. 10.92 Unterschiedlich gestaltete, T-förmige Elastomerdichtelemente: (a) mit parallelen Dichtflächen ohne Expansionsraum (undefinierte Dichtstelle, eventuell Spaltbildung), (b) mit abgeschrägten Dichtflächen (höchste Pressung an Produktseite, hygienegerecht), (c) mit metallischem Zentrierring und abgeschrägten Dichtflächen (hygienegerecht).

Damit könnten z. B. Mikroorganismen grundsätzlich zwischen Dichtfläche und Dichtelement vom Produktraum her bis zu einer bestimmten Tiefe eindringen und zu Kontamination führen. Bei angeschrägter oder lippenförmiger Dichtung (Abb. 10.92b) entsteht die höchste Pressung unmittelbar am Produktraum, sodass diese Gefahr ausgeschlossen wird. Außerdem ist auf einen Dehnungsraum an der Rückseite der Dichtung zu achten, damit sich das Dichtelement nicht in den Produktraum hinein ausdehnen muss. Wichtig ist, dass jeweils die Pressung des Dichtelementes durch einen Anschlag begrenzt und die abzudichtenden Bauteile durch eine Zentrierung oder einen Versatz zum Fluchten gebracht werden.

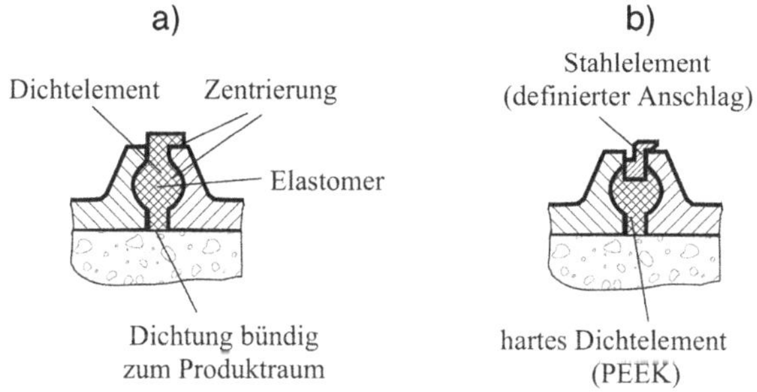

Abb. 10.93 (a) Elastomer-Formdichtung für Klemmverbindung (Zentrierung durch Dichtelement, keine definierte Pressung), (b) Kombinationsdichtung mit Edelstahlring (definierte Pressung der Dichtung).

Diese Aufgaben können bei einem kombinierten Dichtelement, das gemäß Abb. 10.92c nach ISO 2853 [70] aus einem Edelstahlring mit Elastomerdichtelement besteht, von dem Stahlring übernommen werden. Vorteilhaft an dieser Konstruktion ist, dass die abzudichtenden Bauteile an der Dichtstelle symmetrisch gestaltet werden können. Neben T-förmigen werden auch L-förmig gestaltete Dichtelemente als Hygienedichtungen eingesetzt. Dies ist dann von Vorteil, wenn eine der beiden Dichtflächen aus Gründen des Werkstoffes (z. B. Keramik) eben sein muss, d. h. keine Nut zulässt.

Für Klemmverbindungen nach ISO 2852 (Zoll-Maße) [71] und DIN 32 676 (mm-Maße) [72] ist die Formdichtung gemäß Abb. 10.93a so gestaltet, dass sie über das O-ringförmige Mittelteil die beiden Dichtflächen zentriert. Zusätzlich erfolgt eine einseitige Zentrierung durch den außenliegenden Ring, der an einem Flansch außen anliegt. Die Dichtung ist nicht definiert gepresst, was zu Hygienerisiken führen kann. Eigene Versuche sowie Hygienetests zeigen, dass bei höheren Belastungen (z. B. Biegebeanspruchung) einseitige Spalte an der Dichtstelle entstehen, die zu Kontaminationen führen können. Eine definierte Pressung und Zentrierung ist durch die Kombinationsdichtung nach Abb. 10.93b gegeben. Der mit dem Kunststoffelement verbundene Außenring aus Edelstahl ergibt einen Anschlag für das Dichtelement. Die Dichtung ist in diesem Fall aus dem harten Kunststoff PEEK gefertigt, der sehr gute elastische Eigenschaften besitzt und die üblich verwendete Dichtung verbessert. Bei einer Weiterentwicklung wird die gesamte Dichtung mit integriertem Zentrierring aus PEEK gefertigt [73].

Eine weitere hygienegerechte Formdichtung, die ebenfalls Eingang in DIN 11 864 als Form B [68] gefunden hat, ist in Abb. 10.94 dargestellt. Die Dichtung besteht im Prinzip im vorderen, produktberührten Bereich aus einem O-ringähnlichen Teil mit kleinem Querschnitt. Damit wird das Expansions- und Kontraktionsverhalten bei Temperaturänderungen gegenüber O-Ringen mit herkömmlichen Abmessungen erheblich vermindert. Außerdem ist nur ein kleiner Bereich der Dichtung mit Produkt in Berührung. Um das Dichtelement entsprechend leicht handhaben zu können, ist an den O-ringförmigen ein größerer rechteckiger Querschnitt angeschlossen. Für diesen ist in der Nut, in der

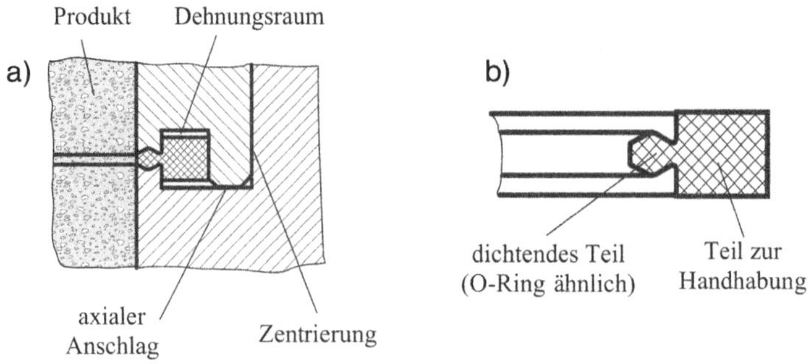

Abb. 10.94 Hygienegerechte Formdichtung nach DIN 11 864, Form B: (a) Gestaltung der Dichtstelle, (b) Form des Dichtelementes.

auf einer Seite der Ring festgehalten wird, jeweils seitlich ein Dehnungsraum vorgesehen, der eine Expansion zulässt.

10.4.1.5 **Flachdichtungen**

Flachdichtungen werden aus Tradition wegen einfacher Fertigung der Dichtflächen (z. B. Drehen, Schmieden) sowie der günstigen geometrischen Form der Dichtelemente für Flansche von Apparaten, Behältern und Rohrleitungen verwendet. Sie werden aus Gründen der definierten Pressung und Belastung meist im Nebenschluss eingesetzt, wobei ein Absatz oder eine Nut das Dichtelement auf- und die definierte Pressung übernimmt. Das Dichtelement muss unmittelbar an der produktberührten Oberfläche und nicht zurückversetzt (Spaltbildung) montiert sein. Bei großen Abmessungen runder Bauteile (Behälterdeckeldichtungen) werden Flachdichtungen meist aus Bandmaterial mit Rechteckquerschnitt ausgeschnitten und der kreisförmigen Dichtstelle mehr oder minder gut angepasst.

Als Folge dieser unzureichenden Maßnahme fluchtet die Dichtung an der Produktseite meist nicht mit den abzudichtenden Flanschen, sodass erhebliche hygienische Problemstellen durch ungleichmäßig vorstehende oder zurückliegende Stellen der Dichtung entstehen (Abb. 10.95a). Wenn in axialer Richtung der metallische Anschlag nicht erreicht wird (Abb. 10.95b), kann das Dichtelement nicht reproduzierbar und definiert gepresst werden, wodurch die Bildung mikroskopischer Spalte nicht auszuschließen ist. Durch Verwendung einer Zentrierung oder eines Absatzes können Vor- bzw. Rücksprünge der abzudichtenden Bauteile vermieden werden, sodass die produktberührten Oberflächen fluchten (Abb. 10.95c). Für eine eindeutige Kraftübertragung zur Pressung der Dichtung an einem axialen Anschlag müssen Doppelpassungen vermieden werden. Aufgrund von Formfehlern und Rauheitsunterschieden ist die Dichtstelle bei parallelen Dichtflächen jedoch nicht ausreichend definiert (s. auch Abb. 10.80), wodurch Mikroorganismen wie z. B. Sporen vom Produktbereich her in die Dichtstelle eindringen und ein Milieu (Feuchtigkeit) vorfinden können, das sie gegen Hitzeeinwirkung weitgehend resistent machen kann. Wie Untersuchungen gezeigt haben, hängt die Resistenz von der Art des verwendeten Dichtwerkstoffes ab.

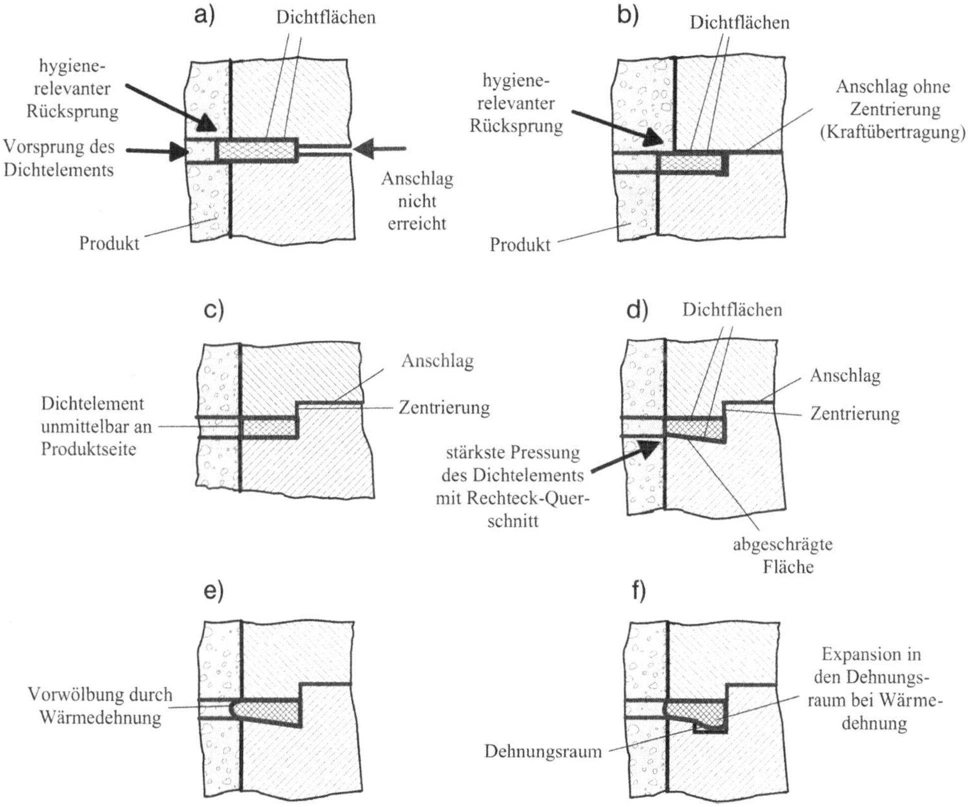

Abb. 10.95 Gestaltung von Flachdichtungen:
(a) Dichtstelle mit parallelen Dichtflächen ohne Anschlag und Zentrierung, Vorsprung der Dichtung (Hygienerisiko), (b) Dichtflächen wie a, Dichtstelle mit Anschlag, aber nicht zentrierten Elementen (Hygienerisiko), (c) Dichtflächen wie a, Dichtstelle mit Anschlag und Zentrierung (Hygienerisiko vermindert), (d) Dichtflächen auf einer Seite geneigt (ohne Expansion: hygienegerecht), (e) Dichtflächen wie d, Expansion bei Wärmedehnung (Hygienerisiko), (f) Dichtflächen wie d, Expansionsraum für Dichtung (hygienegerecht).

Dichtungen können den Sporen beim Erhitzen Wasser entziehen und dadurch deren Resistenz erhöhen. Da die Abnahme der Wasseraktivität um so größer ist, je weiter die Temperatur steigt, weicht die Abtötungsgeschwindigkeit immer stärker von den Werten im wässrigen Milieu ab [60]. Außerdem kann bei Anwendung von Unterdruck die Dichtung eventuell gegen den Reibungswiderstand an den Dichtflächen in den Produktraum hineingezogen werden, wodurch Dichtheitsprobleme entstehen können.

Durch Änderung der Dichtungsnut, indem z. B. eine einseitige Abschrägung gemäß Abb. 10.95d vorgenommen wird, kann erreicht werden, dass aufgrund der stärksten Verformung die stärkste Pressung und damit die Dichtstelle unmittelbar an der Produktseite liegt [31].

Tabelle 10.10 Maßangaben für Nutabschrägung bei Flachdichtungen (nach [74]).

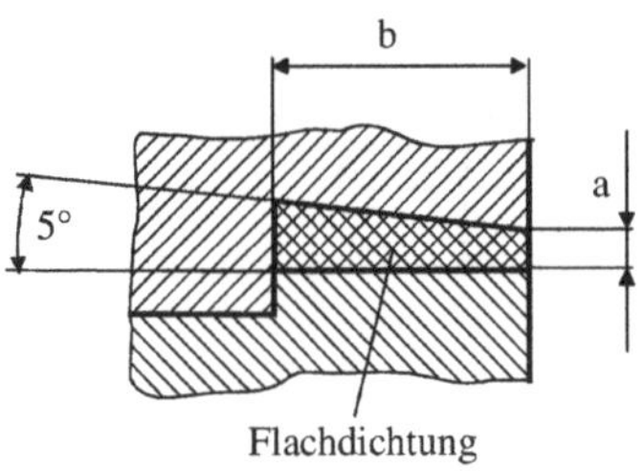

Dicke der Dichtung mm	b mm	a mm
1,0	5	0,8
2,0	10	1,7
3,0	15	2,5
4,0	20	3,4

Werte für die Abmessungen solcher Dichtelemente sind in Tabelle 10.10 [74] zusammengestellt. Das Einziehen der Dichtung bei Vakuum wird dadurch zusätzlich erschwert. Weiterhin ist zu berücksichtigen, dass sich das Dichtelement durch Temperaturänderung in den Produktraum hinein ausdehnen oder auch zurückziehen kann. Damit ist das Entstehen einer Problemstelle möglich (Abb. 10.82), indem das Dichtelement einen Vorsprung oder Rücksprung ergibt. Das Dichtelement muss daher zum einen im Verhältnis zu seiner Nut richtig gestaltet und mit einer entsprechenden Passung versehen werden, zum anderen ist ein entsprechender Dehnungsraum im Bereich des Dichtelementes vorzusehen, der einen Teil der Dehnung in Richtung Produktraum kompensieren hilft.

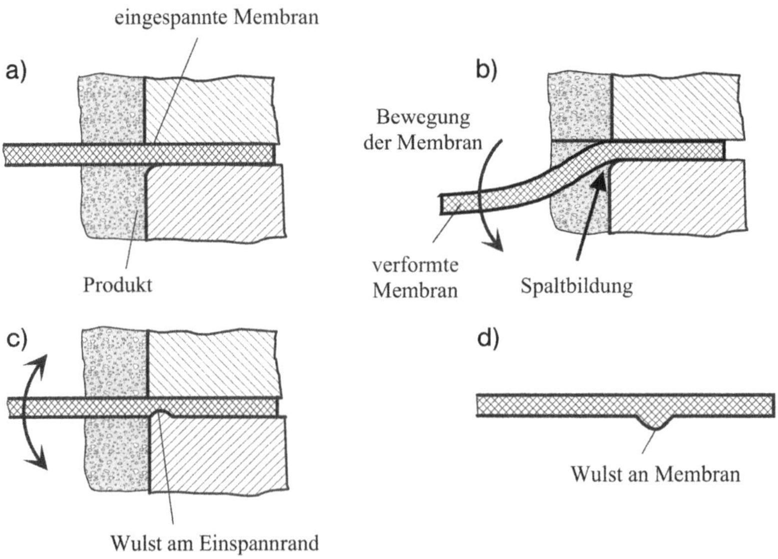

Abb. 10.96 Gestaltung der Dichtstellen von Membranen:
(a) Einspannung der Membran bei Montage, (b) Hygienerisiko (Spalt) durch Verformung der Membran, (c) Wulst am Gehäuse zur Reduzierung des Hygienerisikos, (d) Wulst an Membran.

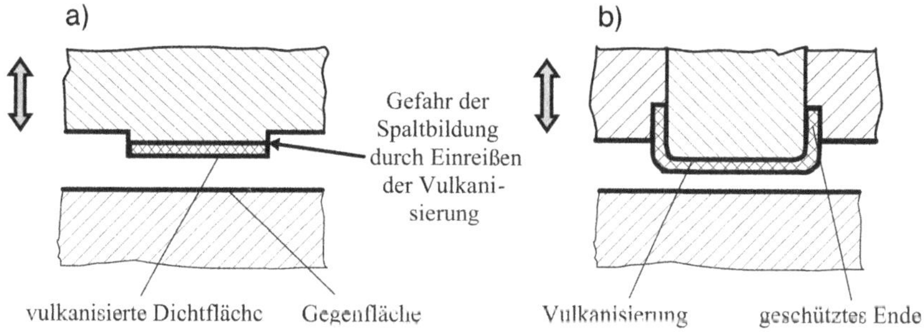

Abb. 10.97 Auf Edelstahl vulkanisierte Dichtflächen:
(a) Hygienerisiko durch Abheben der Enden der Vulkanisierung,
(b) geschützte Enden.

Dehnungs- und Kontraktionsmaße können dadurch begrenzt werden, dass Dichtelemente mit geringen Abmessungen (kleines Volumen) verwendet werden.

Membranen z. B. von Membranventilen oder -pumpen werden häufig an den Rändern im Hauptschluss eingespannt. Entsprechend Abb. 10.96a entstehen an der Einspannstelle unmittelbar am Produktraum dieselben Probleme wie bei Flachdichtungen mit Rechteckquerschnitt, d. h. mit parallelen Flächen. Hinzu kommt, dass die Membran eine Bewegung durchführt, wodurch an der Einspannstelle vor allem durch Dehnung und Durchbiegung der Membran ein Spalt (Abb. 10.96b) entstehen kann. Um eine definierte Anpressung der Membran unmittelbar am Produktbereich zu erzielen, wird bei manchen Konstruktionen entweder am Gehäuserand (Abb. 10.96c) eine wulstartige Erhöhung oder an der Membran (Abb. 10.96d) eine entsprechende Verdickung vorgenommen.

Als Flachdichtungen können auch auf Edelstahlelemente aufvulkanisierte Schichten aus Gummiwerkstoffen aufgefasst werden. Sie können z. B. als Dichtungen für Ventilteller verwendet werden, die zum Schließen der Dichtfläche angenähert werden. In diesem Fall stellen die Enden der Vulkanisierung häufig Problemzonen dar, da hier ein Abheben von der Metalloberfläche stattfinden kann. Dies führt zu Spaltbildung zwischen Metall und vulkanisierter Kontaktoberfläche (Abb. 10.97a). An den Enden sind daher Schutzmaßnahmen (z. B. gemäß Abb. 10.97b) vorzusehen.

10.4.1.6 **Druckluftbeaufschlagte Dichtungen**

Schlauchförmige Dichtelemente können entsprechend Abb. 10.98 mit innerem Überdruck beaufschlagt und damit zum Abdichten gegenüber einer Dichtfläche gebracht werden. Die Dichtelemente werden als Hoch- oder Niederdruckprofile in sehr unterschiedlichen Formen hergestellt und lassen sich der abzudichtenden Fläche beliebig anpassen. Die Dichtelemente werden zum Abdichten von Kühlkammern, Trockenschränken und Reinraumschleusen verwendet.

Sie werden aber auch im Anwendungsbereich von pulverförmigen Trockenprodukten eingesetzt, wo ein kontaktfreies Öffnen und Schließen einer Dichtstelle z. B. bei Ventilen erforderlich wird. Dieses kann bei druckloser Dichtung

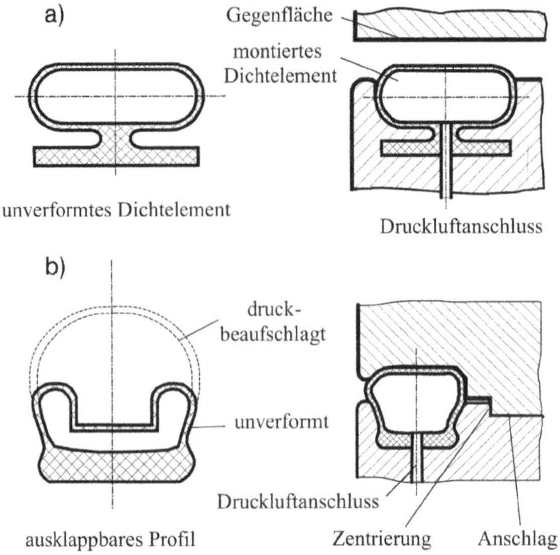

Abb. 10.98 Druckbeaufschlagte Dichtungen: (a) übliche Formdichtung, (b) umklappbare Dichtung.

erfolgen, um Beschädigungen der Dichtstellen durch Partikel zu vermeiden. Die Dichtwirkung wird danach durch Beaufschlagung des Innenraums der Dichtung mit Druckluft vorgenommen. Neben Porenfreiheit der Oberfläche des Dichtelementes ist je nach Anwendungsbereich darauf zu achten, ob die Dichtungswerkstoffe gasdicht sein müssen, um den Austritt von Luft in den Produktbereich zu vermeiden.

10.4.2 Dynamische Dichtungen

Die Aufgabe dynamischer Dichtungen ist es, bewegte Bauteile gegeneinander abzudichten. Zusätzlich zu den bei statischen Dichtstellen aufgezeigten Hygienerisiken ergeben sich aufgrund der Bewegung Probleme bei der reinigungsgerechten Gestaltung von Konstruktionen. Das Hauptproblem entsteht durch das Eindringen von Schmutz und Mikroorganismen in die Dichtstelle sowie deren aktiven Transport durch die Dichtstelle hindurch. Generell unterscheidet man zwischen Abdichtungen für geradlinig hin- und hergehende sowie drehende Relativbewegungen von Bauteilen. Für die hygienegerechte Abdichtung stehen unterschiedliche Wirkprinzipien und Dichtelemente zur Verfügung.

10.4.2.1 Dichtungen für Längsbewegungen

Bewegt sich ein Bauteil entlang eines Dichtelementes (z. B. Ventilstange), so wird infolge der Bewegung Medium (Produkt, Schmutz), das dem bewegten Teil anhaftet, an der Dichtstelle vorbei transportiert. Ursache dafür ist, dass zunächst aufgrund der Rauhigkeiten flüssige Medien an den Dichtflächen anhaften und damit zu einem Gleiten des Dichtelementes auf einem dünnen Flüssigkeitsfilm führen, was von zunächst trockener Reibung bis zu sogenannter Mischreibung führt. Darüber hinaus kann die Flüssigkeit je nach Form des Dichtelementes und Geschwindigkeit der Bewegung zu einem Schmierkeil führen, der einen hohen Druck erzeugt und damit einen deutlichen Spalt zwischen Dichtfläche und Dichtelement ergibt. Bei der Rückbewegung in den hygienischen Bereich erfolgt unter etwas geänderten Bedingungen ein Rücktransport des Restfilms, der sich in einer unreinen Umgebung mit Keimen angereichert haben kann.

Abdichtung mit elastischen Dichtelementen

Bei dynamischen Abdichtungen von Ventilstangen befinden sich die elastischen Dichtelemente im Allgemeinen im feststehenden Gehäuse. Das in der üblichen Dichtungstechnik am häufigsten verwendete Dichtelement ist, wie bei statischen Dichtungen, aus Gründen der Einfachheit der O-Ring. Abbildung 10.99a verdeutlicht die Transportverhältnisse durch den Dichtspalt in prinzipieller Form am Beispiel einer üblichen O-Ringdichtung.

Die Dicke des Spaltes zwischen Dichtung und bewegtem Element hängt im Wesentlichen von den Rauhigkeitsverhältnissen an der Dichtfläche, der Zähigkeit der anhaftenden Schicht sowie der Anpressung (Vorspannung) des Dichtelementes ab. Wird der beim Aufwärtshub am bewegten Teil anhaftende Schmutz vor dem Rückhub nicht abgereinigt, so gelangt der Infektionsherd in den Produktraum, setzt sich dort fest und kann erhebliche Gefahren hervorrufen (Abb. 10.99b). Weitere Probleme können sich durch Antrocknen des Restfilms

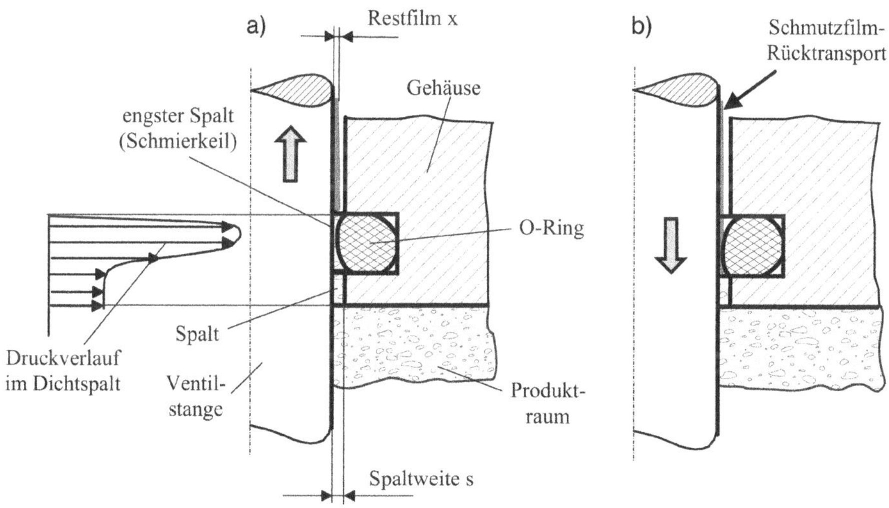

Abb. 10.99 Prinzipielle Darstellung der Hygienerisiken bei dynamischen Dichtungen für hin- und hergehende Bewegungen am Beispiel von O-Ringen:
(a) Spalte bei Bewegung aus dem Produktraum,
(b) Schmutzrücktransport bei Rückbewegung.

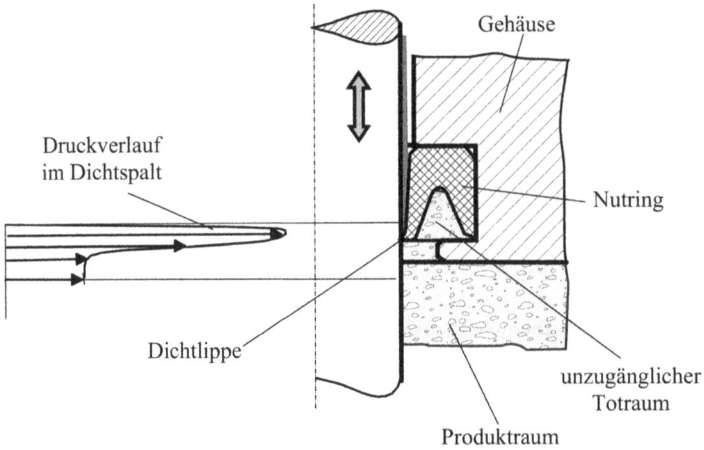

Abb. 10.100 Hygienerisiken bei Nutringen mit Dichtlippen (Abstreifwirkung durch Dichtlippe, nicht reinigbarer Totraum).

bzw. durch Auskristallisieren von Bestandteilen dieses Films ergibt. Vor allem durch Kristalle, die durch die Dichtstelle transportiert werden, kommt es zu Beschädigungen der Dichtung und damit zu erhöhten Gefahren, wobei sich Mikroorganismen an solchen Stellen der Dichtung vermehren und zu zusätzlicher Kontamination führen können. Eine weitere Folge des Dichtungsverschleißes können Undichtigkeiten sein.

Um die ungünstigen Transportverhältnisse des O-Rings zu verbessern, der aufgrund seiner Form einen sichelförmigen Produktkeil begünstigt, sind Dichtelemente mit Dichtlippe (Abb. 10.100) zu bevorzugen, da sie eine gewisse „Abstreifwirkung“ besitzen, d. h. die am bewegten Element haftende Schicht vermindern. Bei Betriebsüberdruck kann bei entsprechender Gestaltung des Dichtelementes, wie der im allgemeinen Apparatebau als Stangen- und Kolbendichtung allgemein verwendete Nutring zeigt, die Anpressung durch den Druck im Produktraum noch erhöht werden. Konstruktionen dieser Art sind jedoch in der üblichen Gestaltungsform nicht hygienegerecht, da Produkt in die Nut eindringt und durch eine In-place-Reinigung nicht aus dem vorhandenen Totraum entfernt werden kann.

Als keimarme Abdichtungen, die den Transport von Verunreinigungen minimieren, können einerseits Kombinationsdichtungen bezeichnet werden, die das Fließen und gute Gleiten von PTFE an dem bewegten Element ausnutzen. Sie besitzen ebenfalls eine gewisse Abstreifwirkung, benötigen allerdings wegen des Fließverhaltens ein elastisches Element z. B. in Form eines Elastomers, das wie eine Feder das Dichtelement anpresst und nachstellt.

Eine Prinzipdarstellung einer solchen Dichtstelle, die zudem bündig zum Produktraum abschließt, zeigt Abb. 10.101a. Andererseits ist die Verwendung von hutförmigen Dichtelementen mit Dichtlippe (Abb. 10.101b) möglich, bei denen der höchste Anpressdruck unmittelbar am Anfang der Dichtstelle im

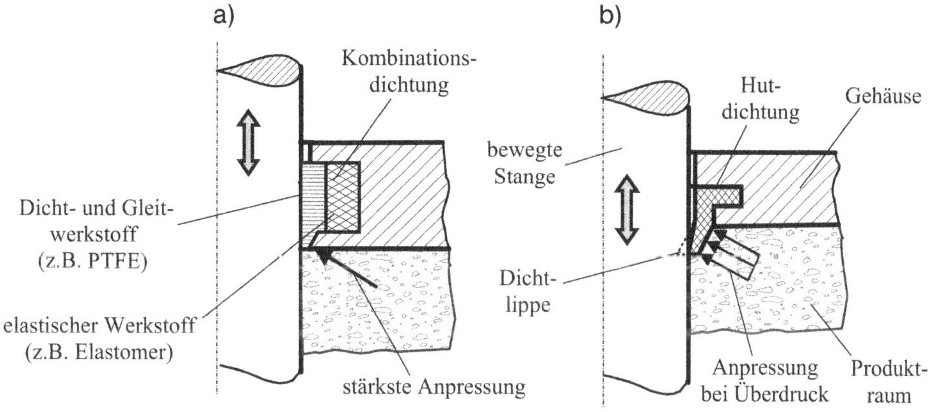

Abb. 10.101 Hygienegerechte dynamische Dichtungen für keimarme Verhältnisse:
(a) Kombinationsdichtung mit stärkster Anpressung an Produktseite,
(b) Elastomerdichtung mit Lippe, Anpressung durch Betriebsüberdruck.

Produktbereich erzielt wird. Da das Dichtelement in den Produktraum hineinragt, erzeugt ein Überdruck eine zusätzliche Anpressung, was die Dichtwirkung erhöht. Mithilfe von Doppelmanschetten mit Dichtlippen (Abb. 10.101c) wird die Abstreifwirkung sowohl vom Produktraum her bei der Aufwärtsbewegung als auch von der Umgebung her beim Abwärtsbewegen erzielt. Die in Abb. 10.101 gezeigten Abdichtungen können zum einen den Transport durch die Dichtstelle hindurch nicht vermeiden, sondern höchstens verringern, zum anderen besteht dadurch generell das Risiko einer Kontamination des Produktes, wenn der Außenraum nicht keimfrei ist.

Maßnahmen zur Verbesserung bezüglich der hygienischen Verhältnisse können stufenweise angeführt werden. Ausgehend von dem Beispiel einer doppelt wirkenden Lippendichtung (Abb. 10.102a) kann gemäß Abb. 10.102b zwischen den Dichtungen ein Spülraum als Ringkanal angeordnet werden, der von außen mit einem Spülmedium wie z. B. keimfreiem Wasser (Kondensat) durchflossen wird. Ist die Höhe der Kammer größer als der Hub des bewegten Elementes, so tritt der durch die produktseitige Dichtstelle transportierte Haftfilm lediglich in den Spülraum ein. Dort kann er abgespült werden, wenn er leicht wasserlöslich ist. Bei Verwendung von Heißwasser ist gleichzeitig eine Reduzierung von Keimen möglich, die in dem Film enthalten sind. Gleiches gilt für von außen in den Spülraum eingedrungene Verunreinigungen. Ein Rücktransport in den Produktraum bei Rückbewegung stellt damit ein erheblich reduziertes Risiko dar. Bei der Reinigung kann der Spülraum ebenfalls einer In-place-Reinigung sowie eventuell einer Sterilisation mit Dampf unterzogen werden, sodass bei erneutem Prozessbeginn hygienegerechte Verhältnisse vorliegen.

Bei Abdichtungen von Kolben wird das Dichtelement meist im bewegten Teil untergebracht. Hierbei wird entsprechend Abb. 10.103a die übliche maschinenbauliche Ausführung, die als nicht hygienegerecht einzustufen ist, mit O-Ringab-

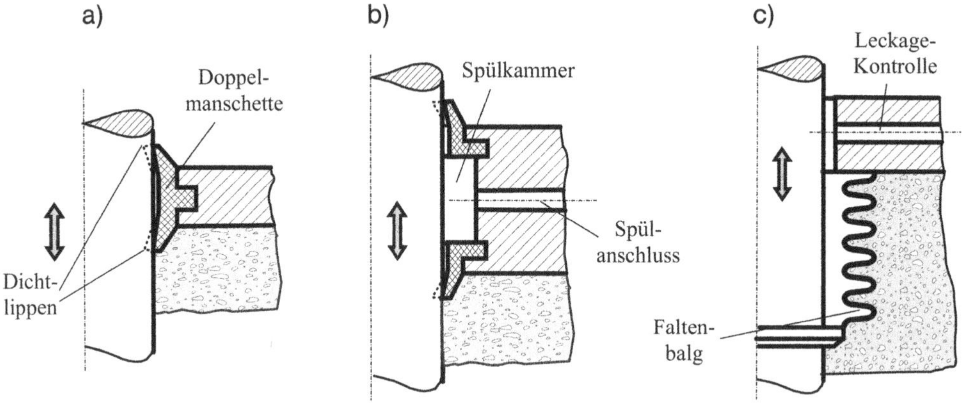

Abb. 10.102 Hygienegerechte Gestaltung dynamischer Dichtungen für unterschiedliche Anforderungen: (a) doppelte Lippendichtung, (b) zwei Lippendichtungen mit dazwischenliegender Spülkammer, (c) hermetische Abdichtung mit Faltenbalg.

dichtungen ausgeführt. Um eine gute Führung zu erreichen, wird der Kolben mit einem Gleitelement aus PTFE im Zylinder gelagert. Wie bei Stangenabdichtungen kann eine deutliche hygienische Verbesserung durch Lippendichtungen erreicht werden, die gemäß Abb. 10.103b in doppelter Anordnung eingesetzt werden können. Die Dichtung muss allerdings auch auf der Befestigungsseite spaltfrei angeordnet werden. Die produktseitige Kolbenbefestigung erfolgt mittels einer hygienegerecht gestalteten Hutmutter, die zum Kolben hin mit einer definiert gepressten statischen Dichtung abgedichtet ist. Hygienegerecht gestaltete Konstruktionen (Abb. 10.103c) für keimarme Verhältnisse können mit Edelstahlkolben mit Kunststoffummantelung oder Vollkunststoffkolben jeweils mit Dichtlippen ausgestattet werden. Die Kolben werden entweder direkt auf die Kolbenstange aufgeschraubt oder mit hygienegerecht gestalteten Schraubkappen angeschraubt. Die Anpressung der Lippen kann durch Federelemente, die in den Kolben spaltfrei integriert werden, zusätzlich erhöht werden. Bei der Lage der Lippen ist darauf zu achten, dass sie wegen leichter Reinigbarkeit unmittelbar an der produktberührten Seite angeordnet sind. Wenn der Kolben in eine spezielle Reinigungsposition gebracht wird, in der eine völlige Umspülung der Lippen gewährleistet ist, sind sehr gute hygienische Verhältnisse zu erreichen.

Hermetische Abdichtungen

Um bei Sterilprozessen einen völligen Ausschluss von Kontaminationen von außen zu gewährleisten, werden hermetische Abdichtungen verwendet. Abbildung 10.102c zeigt das Prinzip einer solchen Abdichtung in Form eines Faltenbalges. Er wird an einem Ende mit dem stillstehenden Teil (z. B. Gehäuse) und an dem anderen mit dem bewegten Element (z. B. Ventilstange) dichtungsfrei (z. B. durch eine Schweißnaht) verbunden. Damit ist keine Dichtung zwischen Produktraum und Umgebung vorhanden. Die Elastizität des Faltenbalges muss

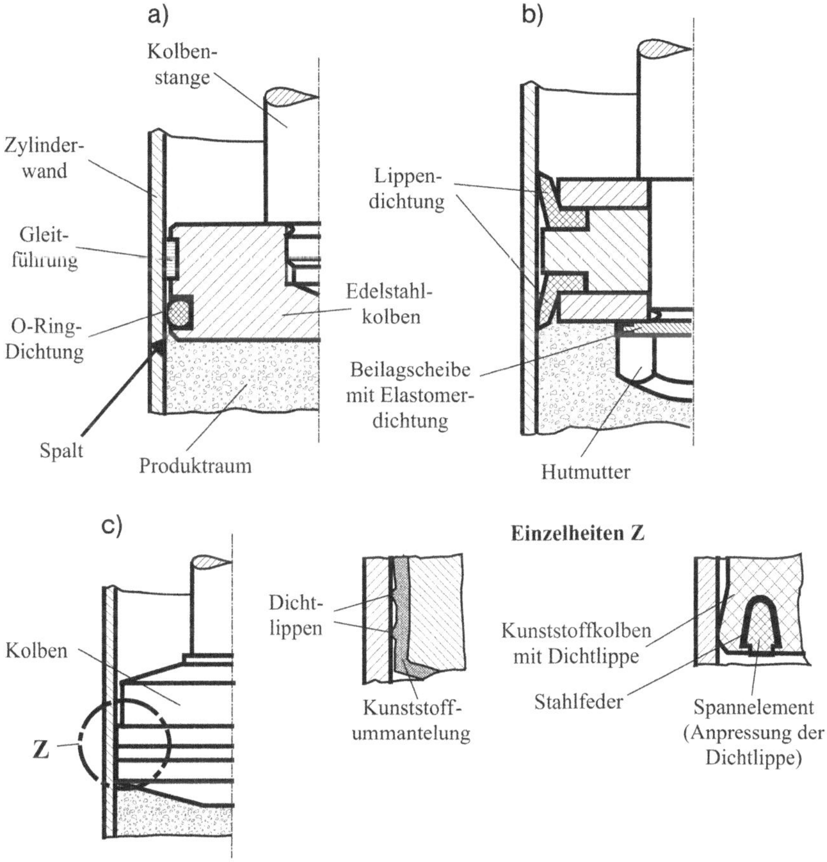

Abb. 10.103 Beispiele von Kolbendichtungen: (a) O-Ring in Rechtecknut, (b) doppelte Lippendichtung (Spalt an statischer Dichtungsseite), (c) Beispiele von Dichtlippen bei beschichteten Kolben.

ausreichen, um den Hub der Bewegung zu ermöglichen, was eine entsprechende Länge des Balges erfordert. Weiterhin ist auf leichte Reinigbarkeit der Falten zu achten, was ausreichend große Faltenabstände bei nicht zu tiefen Falten erfordert. Um eventuelle Risse im Balg zu erkennen, werden Leckagen über ein Bohrungssystem von außen automatisch überwacht. Die auf dem Markt erhältlichen Faltenbälge sind in Edelstahl- oder PTFE-Ausführung erhältlich und für hohe Lastwechselzahlen geeignet.

10.4.2.2 **Dichtungen für drehende Bewegungen**

Generell kann man feststellen, dass das Kontaminationsrisiko bei der Abdichtung rotierender Bauteile geringer eingeschätzt wird als dies bei hin- und herbewegten Konstruktionen der Fall ist. Dies hängt damit zusammen, dass ein eventueller Transport durch den Dichtspalt im Allgemeinen senkrecht (radial) zur abzudichtenden Bewegung (Rotation) liegt und damit nicht durch die Bewegung unterstützt wird. Hinzu kommt, dass der abzudichtende, hygienisch sensible Bereich häufig unter Überdruck steht, sodass ein Druckgefälle von der „reinen" zur „unreinen" Seite hin vorhanden ist, was eine Kontamination in umgekehrter Richtung ebenfalls vermindert.

Wellendichtringe

Im allgemeinen Maschinenbau werden bei drucklosen Verhältnissen oder geringen Drücken am häufigsten radiale Wellendichtringe für die Abdichtung rotierender Maschinenteile (z. B. Wellen) verwendet, da sie als funktionsfähige Dichteinheiten zur Verfügung stehen und in den gebräuchlichsten Ausführungen in DIN 3760 [75] sowie ISO 6194-2 [76] genormt sind.

Sie bestehen im Wesentlichen aus einem gummielastischen Ring mit metallischer Versteifung, der ein radiales Dichtelement mit einer Lippe trägt. Diese wird gemäß Abb. 10.104 durch eine Wurmfeder gegen die Dichtfläche gepresst. Die steile Seite der Dichtlippe übt den Dichteffekt aus und wird daher gegen das abzudichtende Medium gestellt. Bei Anwendung im Bereich von Flüssigkeiten bildet sich bei Betriebsbedingungen unter der Dichtlippe ein hydrodynamischer Schmierkeil aus, der den Verschleiß vermindert. Aus hygienischer Sicht können Wellendichtringe in dieser Form im Produktbereich nicht eingesetzt werden, da sie einen deutlichen Totraum im Inneren des Rings zur Produktseite hin bilden, der nicht ausreichend reinigbar ist. Dagegen sind sie häufig im nicht produktberührten Bereich zur Abdichtung von Motoren, Getrieben usw. zu finden. Neue hygienegerechte Konstruktionen werden zur Zeit diskutiert.

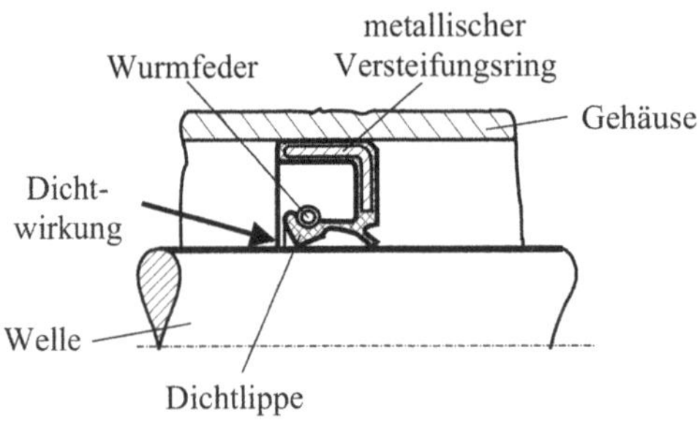

Abb. 10.104 Wellendichtring zum Abdichten drehender Bewegungen (Hygienerisiko).

Gleitringdichtungen

Das Einsatzgebiet von Gleitringdichtungen reicht vom Vakuum- bis zum Hochdruckbereich, wobei in erster Linie flüssige Medien abgedichtet werden [77, 78, 79]. Die dynamische Abdichtung erfolgt, wie die Prinzipdarstellung nach Abb. 10.105a zeigt, an der radialen Berührfläche eines mit dem rotierenden Bauteil umlaufenden Gleitrings und einem feststehenden Gegenring. Beide Ringe werden gegenüber den zugeordneten Bauteilen durch elastische statische Dichtungen abgedichtet, die im Allgemeinen gleichzeitig zur elastischen Lagerung der Ringe dienen. Vor allem Temperatureinflüsse lassen sich dadurch kompensieren. Zur

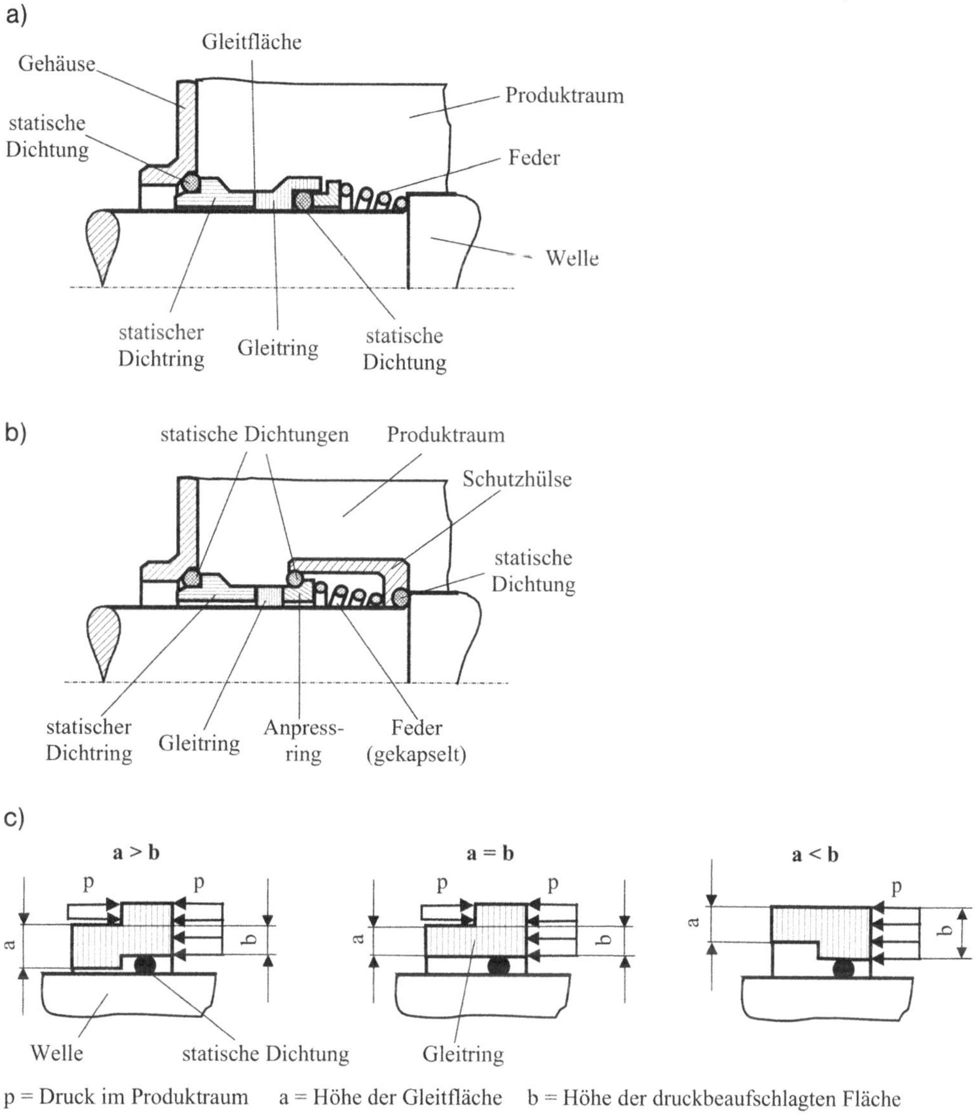

Abb. 10.105 Gleitringdichtungen zum Abdichten drehender Bewegungen: (a) übliche, einfach wirkende Anordnung (Hygienerisiko durch Spalte im Federbereich), (b) Prinzip einer verbesserten Gestaltung mit Schutzhülse, (c) prinzipielle Darstellung der möglichen Druckverhältnisse am Gleitring.

Voranpressung des Gleitrings werden Federn verwendet, die in offen liegender Ausführung ein Hygienerisiko darstellen, wenn sie produktberührt sind. Durch Verwendung von abgedichteten Schutzhülsen gemäß Abb. 10.105b kann dieses Problem beseitigt werden. In diesem Fall ist gleichzeitig auf eine hygienegerechte Ausführung der statischen Dichtungen zu achten (siehe auch [80]).

Der Betriebsdruck *p* im Produktraum kann den Gleitring zusätzlich zur Voranpressung stärker anpressen oder entlasten (Abb. 10.105c), je nach Gestaltung und Größe der druckbeaufschlagten Fläche *b* zur Gleitfläche *a*. Entscheidend für die Funktionsfähigkeit von Gleitringdichtungen ist, dass die Gleitfläche im Betrieb durch ein Fluid geschmiert werden muss, um einen dünnen Schmierfilm aufzubauen und die Dichtstelle zu kühlen. Bei Trockenlauf entstehen aufgrund der trockenen Reibung so hohe Temperaturen, dass es zum Versagen der Ringe kommt.

Von wesentlicher Bedeutung sind daher die Werkstoffpaarungen der Gleitwerkstoffe. Sie sollten ausreichende Notlaufeigenschaften besitzen, um kurzzeitiges Versagen der Schmierung zu überstehen. Weiterhin dürfen sie nicht zu ungleichmäßigem Verschleiß und zu Riefenbildung neigen, was durch steigende Leckraten auch die hygienischen Verhältnisse beeinflussen kann. Es hat sich als vorteilhaft erwiesen, dass die beiden Gleitwerkstoffe unterschiedliche Härten aufweisen. Meist werden Kunststoffe oder kohlekeramische Werkstoffe mit verschiedenen Metallen, Metalloxiden oder Karbiden gepaart. Bei Kunststoffen werden hauptsächlich Duroplaste auf Phenolharzbasis eingesetzt. Kohlen werden zum Schließen herstellungsbedingter Poren mit Kunstharzen oder Metallen imprägniert. Als weitere Gleitwerkstoffe kommen neben Metallen (Hastelloy, Chromguss) wegen guter Verschleißfestigkeit und hoher chemischer Beständigkeit Metalloxide und Karbide (Aluminiumoxid, Wolframkarbid, Titankarbid) zum Einsatz, obwohl sie schwierig zu bearbeiten sind. Aus hygienischer Sicht ist zu bemerken, dass im Produktbereich auf die entsprechenden rechtlichen Voraussetzungen zu achten ist, um unzulässige Migrationen zu vermeiden.

Aus hygienischer Sicht stehen mittlerweile verschiedene Lösungen zur Verfügung, die den unterschiedlichen Anforderungen angepasst sind und in prinzipieller Form in Abb. 10.106 dargestellt sind. Neben der hygienegerechten Gestaltung des produktberührten Bereichs der Gleitringdichtung, die für die Reinigbarkeit entscheidend ist, kann gemäß Abb. 10.106a außerhalb der Gleitpaarung eine Spülkammer angeordnet werden. Diese kann im einfachsten Fall gegenüber der Umgebung mit einer üblichen dynamischen Dichtung (z. B. berührender Dichtring aus Kunststoff) abgedichtet werden. Durch Spülen mit Kondensat oder Reinwasser kann ein direkter Kontakt zwischen Außen- und Innenbereich und damit die Kontamination der Produktseite durch den Dichtspalt hindurch vermindert werden.

Gegenüber der einfach wirkenden Gleitringdichtung kann eine generelle Verminderung des Kontaminationsrisikos durch eine doppelte Anordnung erreicht werden. Eine der beiden Dichtungen übernimmt dabei gemäß Abb. 10.106b die Abdichtung zur Produktseite hin, während die andere nach außen abdichtet. Bei der produktseitigen Gestaltung des Dichtsystems ist auf leichte Reinigbarkeit zu achten. Durch eine Spülkammer im Bereich der beiden dynamischen Dichtstellen können Kontaminationsgefahren weiter vermindert werden. Solche Anordnungen können bei entsprechender Wahl des Spülmediums auch für Sterilanforderungen eingesetzt werden.

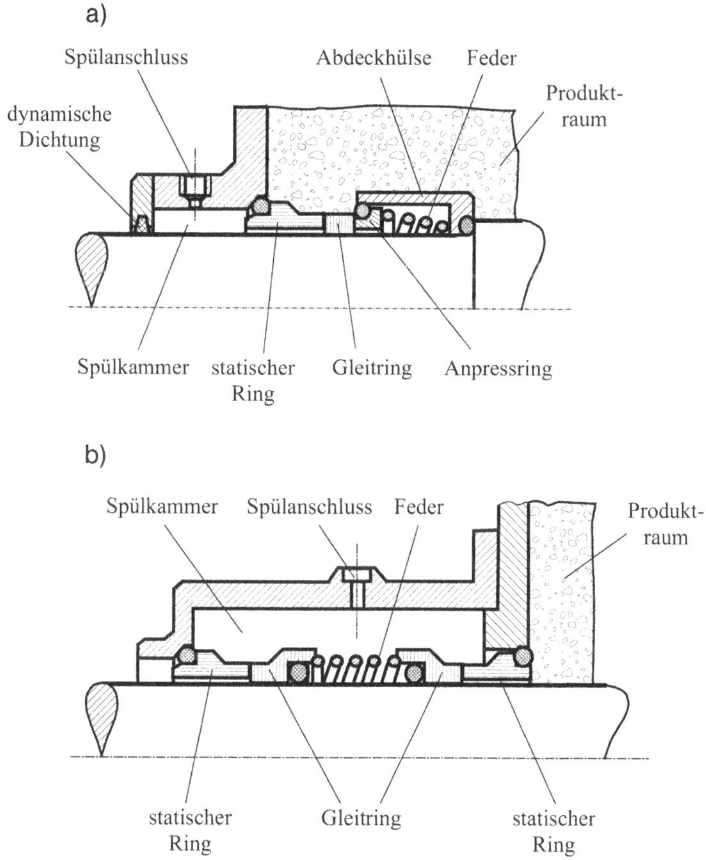

Abb. 10.106 Gleitringdichtungen mit Spülkammern für höhere hygienische Anforderungen:
(a) einfach wirkende Anordnung mit außenliegender Spülkammer,
(b) doppelte Anordnung mit Spülraum.

Hermetische Abdichtungen

Ebenso wie bei Bauteilen mit hin- und herbewegten Elementen ist auch bei rotierenden Bewegungen eine hermetische Trennung von Produktraum und Umgebung möglich. Wie Abb. 10.107 anhand einer Prinzipdarstellung zeigt, kann von einem Magnetantrieb aus ein drehendes Teil über eine Trennwand hinweg angetrieben werden. Damit wird eine Kontamination des Produktes aus der Umgebung völlig ausgeschlossen. Unter hygienischen Aspekten ist dabei die Lagerung des angetriebenen Elementes im Produktbereich zu lösen, da sich zwischen der Welle und der als Lager dienenden Trennwand ein enger Spalt ergibt. Praktische Ausführungen bei Rührer- und Pumpenantrieben zeigen, dass hier neue Lösungen zu einer leichten Reinigbarkeit dieser Problemstelle führen können.

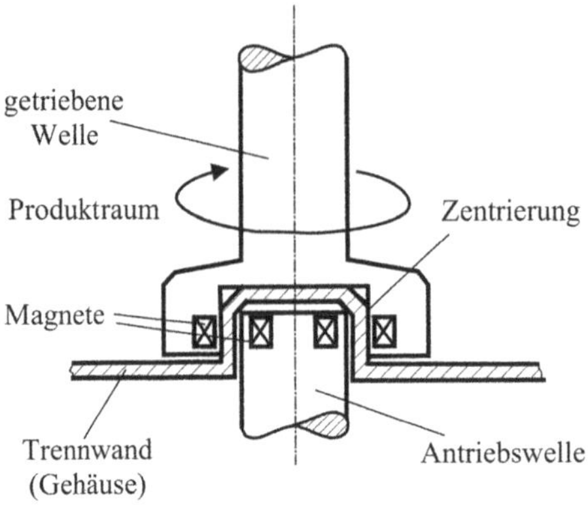

Abb. 10.107 Hermetische Abdichtung von drehbewegten Elementen bei Verwendung von Magnetantrieb.

10.5
Löt- und Klebeverbindungen

Löten und Kleben gehören ebenso wie das Schweißen zu den festen Verbindungen, die als Stoffschlussverbindungen bezeichnet werden. Sie ermöglichen ein Fügen auch nicht schweißbarer Werkstoffe ohne Verwendung von Nieten oder Schrauben, wobei ein Bindemittel zum Fügen der Bauteile benutzt wird [81]. Aufgrund der Aussagen von DIN EN 1672-2 [34] und DIN EN ISO 14 159 [35] ist Kleben nach dem Schweißen die bevorzugte Fügeart, während Löten nur in besonderen Ausnahmefällen angewendet werden sollte.

Bei beiden Verbindungsarten ist aus hygienischer Sicht zum einen die Eignung des Bindematerials entscheidend, das bei Anwendung im Produktbereich die Anforderungen bezüglich Produktverträglichkeit erfüllen muss. Zum anderen ist die hygienegerechte Gestaltung der Verbindung wichtig, da entsprechend DIN EN 1672-2 [34] bei festen Verbindungen z. B. Rücksprünge, hervorstehende Ränder und innere Vorsprünge zu vermeiden sind.

10.5.1
Löten

Unter Löten versteht man das Verbinden erwärmter Metalle – die dabei nicht schmelzen, sondern in festem Zustand verbleiben – durch schmelzende metallische Zusatzwerkstoffe, die als Lote bezeichnet werden. An der Lötstelle müssen die zu lötenden Werkstücke während des Vorgangs mindestens die Arbeitstemperatur erreichen, die meist höher als der untere Schmelzpunkt des Lots liegt. Eine Bindung zwischen Werkstück und Lotmetall tritt jedoch auch auf, wenn das Werkstück zwar die Schmelztemperatur des Lots nicht erreicht, dafür aber das Lotmetall eine wesentlich höhere Temperatur hat. Diese Werkstücktemperatur wird häufig mit Bindetemperatur oder Benetzungstemperatur bezeichnet. Sie ist stets niedriger als die Arbeitstemperatur. Damit flüssige Lote benetzen und fließen können, müssen die Werkstückoberflächen metallisch rein sein. Dicke Oxidschichten werden mechanisch entfernt. Dünne Oxidschichten, die zum Teil noch während der Erwärmung auf Löttemperatur entstehen, lassen sich durch Flussmittel lösen oder durch Flussmittel bzw. Gase reduzieren [82].

Die Bindung ist abhängig von den Reaktionen zwischen Lot und Grundwerkstoff und von der Verarbeitungstemperatur. Neben der reinen Oberflächenbindung im Fall fehlender Legierungsbildung zwischen Grundwerkstoff und Lot tritt in den meisten Fällen Diffusion einer oder mehrerer Komponenten des Lots in den Grundwerkstoff und umgekehrt ein.

Im Bereich der Verbindung von tragenden Bauteilen müssen diese einen Spalt aufweisen, der beim Löten mit dem flüssigen Lot gefüllt wird. Die Spaltbreite in der Lötfuge sollte einen oberen Grenzwert von etwa 500 µm nicht überschreiten. Als günstigster Bereich haben sich 20–50 µm bewährt. Riefen von mechanischen Bearbeitungsverfahren sollten möglichst in Flussrichtung des Lots liegen, wenn ihre Tiefe 20 µm übersteigt.

In Bezug auf die Verwendung von Lötverbindungen sagt DIN EN ISO 14 159 [35] aus, dass sie ebenso wie Press- und Schrumpfpassungen nur verwendet werden dürfen, wenn Schweißen oder Verkleben nicht möglich ist und es zwingende technologische Gründe erfordern. Wenn nicht vermeidbar, müssen Lötverbindungen ebenso wie andere Verbindungsarten fehlerfrei und ohne Überlappungen hergestellt werden. Zum Glätten von Verbindungen und zur Herstellung von Kehlungen, um die Mindestanforderungen an Ausrundungen zu erfüllen, dürfen Silberlote verwendet werden. Abbildung 10.108 zeigt als prinzipielles Beispiel eine Lötverbindung zwischen zwei unterschiedlichen Metallen, von denen das dünne Blech z. B. eine Membran sein kann. Da an der Verbindungsstelle im Produktbereich eine scharfe innere Kante entstehen würde, muss die Ecke mit Silberlot ausgerundet werden.

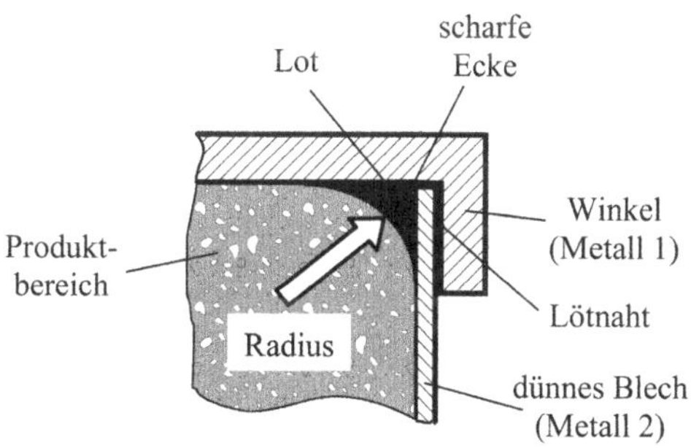

Abb. 10.108 Lötverbindung unterschiedlicher Metalle mit Silberlot und Ausrundung der inneren Ecken mit Lot (ISO 14 159).

10.5.2
Kleben

Wie bereits erwähnt ist aufgrund der erwähnten Normen nach dem Schweißen das Kleben die bevorzugte Art zum festen Verbinden von Bauteilen. Es wird zum einen bei Metallen angewendet, wenn die zu fügenden Werkstoffe durch das Schweißen nachteilige Veränderungen ihrer mechanisch-technologischen Eigenschaften erfahren. Vor allem dünne Werkstücke, die sich nur unter großem Aufwand oder gar nicht schweißen lassen, können durch Kleben miteinander verbunden werden. Zum anderen dient es zum Fügen von Metallen mit Nichtmetallen oder von Nichtmetallen untereinander. Als charakteristische Eigenschaft ist hervorzuheben, dass zum Herstellen der Verbindung keine oder nur in geringem Maß Wärme benötigt wird. Dadurch entstehen im Allgemeinen keine durch Wärme hervorgerufenen Verformungen. Außerdem wird die stoffliche Struktur der zu klebenden Teile im makroskopischen Bereich nicht beeinflusst [83].

Im Wesentlichen sind zwei physikalische Effekte für das Kleben verantwortlich, nämlich Adhäsion und Kohäsion. Die Bindefähigkeit gegenüber Materialien wird vorwiegend auf die Adhäsion zwischen Klebstoff und Oberfläche zurückgeführt. Eine Voraussetzung dafür ist, dass der Klebstoff die Oberfläche benetzt und sich ihr damit bis in den Nanobereich anpasst. Um dies zu erreichen, ist für die Benetzung eine geringe Viskosität des Klebers erforderlich. Außerdem müssen die Klebeflächen sauber und ausreichend glatt sein. Eine zweite wichtige Voraussetzung besteht darin, dass zwischen der benetzten Oberfläche und dem benetzenden Klebemittel physikalische oder chemische Wechselwirkungen wirksam werden müssen. Der mechanischen Haftung infolge mechanischer Verankerung wird weitaus geringere Bedeutung zugemessen. Sie spielt z. B. beim Kleben poröser Stoffe eine Rolle.

In der Schicht des Klebemittels wirkt als physikalischer Effekt Kohäsion. Sie kennzeichnet den inneren Zusammenhalt des Klebemittels und beruht auf Molekularkräften. Die Kohäsionskräfte bewirken die Festigkeit oder die Viskosität. Eine Erhöhung der Kohäsion wird dadurch erreicht, dass der Klebstoff in der Klebefuge erstarrt oder aushärtet. Dies kann entweder durch eine chemische Reaktion bei Zweikomponentenklebstoffen oder durch einen physikalischen Vorgang, wie das Verdunsten des Lösungsmittels, erfolgen. Der Klebstoff sollte eine möglichst geringe Neigung zum Schrumpfen besitzen. In der Kleberschicht müssen Gas- oder Lufteinschlüsse vermieden werden.

Bei metallischen Werkstoffen eignen sich für Klebverbindungen besonders gut die Leichtmetalle auf Aluminium- und Magnesiumbasis und Stahl, weniger gut dagegen die Buntmetalle. Spezielle Anforderungen in Zusammenhang mit Klebeverbindungen bei Edelstahl werden in [84] diskutiert. Beim Verkleben von Kunststoffen spielt die Polarität eine besondere Rolle. So können z. B. im Allgemeinen nur polare Kunststoffe miteinander verklebt werden, während die Verbindung von Kunststoffen mit unterschiedlicher Polarität schwierig ist. Die Polarität des Klebemittels lässt sich häufig durch Weichmacher, Harze oder Säuren verändern.

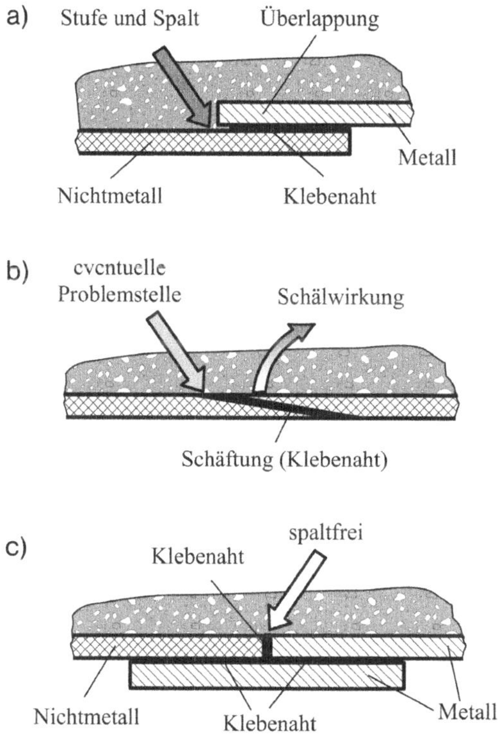

Abb. 10.109 Klebeverbindungen:
(a) unzulässige Überlappung im Produktbereich, (b) Schäftung,
(c) außenliegende Überlappung mit spaltfreier Klebung des Stumpfstoßes im Produktbereich.

Die hygienischen Anforderungen besagen nach ISO 14 159 [35] zunächst, dass Klebstoffe und die daraus hergestellten Verbindungen mit den Oberflächen, Produkten und den Reinigungs- und Desinfektionsmitteln verträglich sein müssen, mit denen sie in Kontakt kommen. Alle Verbindungen müssen durchgehend und vollständig verklebt sein, sodass sich die Klebstoffe nicht von den Werkstoffen ablösen können. Außerdem müssen die zu verklebenden Oberflächen bündig sein. Da Klebeverbindungen aus Gründen der Festigkeit hauptsächlich in tangentialer Richtung belastet werden sollten, ergibt sich dadurch eine Beeinflussung der konstruktiven Gestaltung. Die Abb. 10.109a zeigt zunächst eine unter Gesichtspunkten von Hygienic Design nicht zulässige überlappende Klebeverbindung. Neben der Stufe im Produktbereich ist die Naht als Gefahr zu beachten, die im dargestellten Beispiel nicht bündig mit dem produktberührten Blechende ausgeführt ist. In Abb. 10.109b sind die zu verbindenden Elemente geschäftet. Diese Art der Verbindung wird dann angewendet, wenn z. B. wie bei Transportbändern beiderseits der Verbindung keine Stufe entstehen darf. Als Problemstelle ist das Nahtende im Produktbereich zu betrachten, da hier durch Beschädigungen oder Beanspruchungen ein Ablösen der geklebten Teile erfolgen kann. Vor allem sogenannte Schälbeanspruchungen unterstützen diesen Vorgang. Eine hygienegerecht ausgeführte Klebeverbindung ist in Abb. 10.109c dargestellt. Im Produktbereich stoßen die verklebten Enden der Bauteile stumpf aneinander und ergeben eine bündige Verbindung. Zu beachten ist dabei, dass der Klebstoff am Stumpfstoß die Fuge völlig bis zur Blechoberfläche füllt. Die eigentliche Klebestelle, die der Kraftübertragung dient, wird zwischen den Bauelementen und dem überlappenden Blech außerhalb des Produktbereiches gefügt.

10.6 Schraubenverbindungen

Schraubenverbindungen, die zu den lösbaren Verbindungen gehören, sollten nur eingesetzt werden, wenn das Lösen bzw. Demontieren von Bauelementen unbedingt erforderlich ist. Sie verbinden Bauteile mithilfe von Schrauben, die unterschiedliche Funktion haben und unterschiedlich gestaltet sein können. Wenn die Bauteile gemäß Abb. 10.110 keine Relativbewegung gegeneinander ausführen, bezeichnet man die Schrauben als Befestigungsschrauben. Bei einer Schraubenverbindung, wie z. B. den in der Abbildung dargestellten Durchsteckschrauben, entsteht beim Anziehen durch Drehen der Mutter eine Zugkraft F_S in der Schraube, genannt Vorspannkraft, wodurch der Schraubenbolzen gedehnt wird. Eine gleich hohe Druckkraft zwischen den Bauteilen, drückt diese zusammen. Da Schrauben aufgrund des Gewindes eine hohe Kerbwirkung besitzen, sollen sie nicht direkt durch Querkräfte F belastet werden. Diese müssen vielmehr entweder durch Reibung zwischen den Bauteilen, die durch die Anpresskräfte der Schrauben erzeugt wird, oder durch Formschlusselemente wie Stifte oder Zentrierbunde aufgenommen werden.

Eine konstruktiv richtig ausgelegte Schraubenverbindung mit Befestigungsschrauben, die zuverlässig vorgespannt ist, braucht im Allgemeinen keine zusätzliche Schraubensicherung. Durch Lockern infolge Setzens der Verbindungselemente oder durch selbsttätiges Losdrehen als Folge von Relativbewegungen zwischen den Kontaktflächen, z. B. durch Schwingungen kann die erforderliche Vorspannkraft jedoch unterschritten werden, sodass geeignete Sicherungselemente vorzusehen sind. Mitverspannte federnde Elemente wie z. B. Federscheiben vermögen in der Regel das Losdrehen nicht zu verhindern. Formschlüssige Elemente wie bei Kronenmuttern verwendete Splinte können ein Losdrehmoment aufnehmen, das durch ihre Festigkeit begrenzt wird, und sollten daher nur bei Schrauben im unteren Festigkeitsbereich eingesetzt werden. Da sie in der Regel lediglich eine geringe Restvorspannkraft aufrechterhalten, sichern sie die Verbindung insbesondere nach Setzen gegen Verlieren. Klemmende Elemente z. B. in „selbstsichernden" Muttern gemäß Abb. 10.110b bieten einen hohen Reibschluss und können zumindest als Verliersicherungen angesehen werden. Kontermuttern mit einer niedrigeren Mutter als untere Mutter schützen nicht zuverlässig gegen Losdrehen.

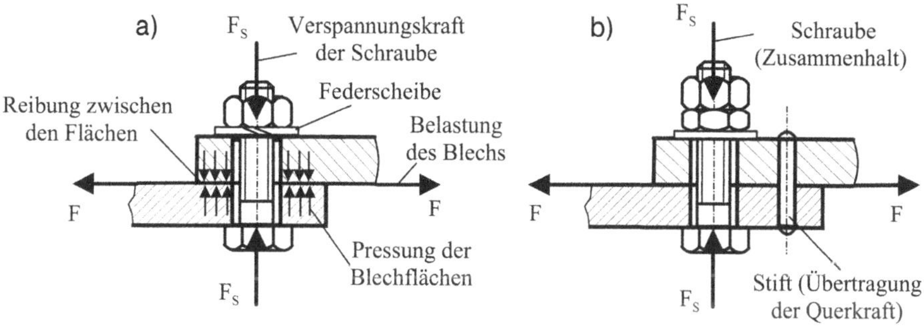

Abb. 10.110 Grundlegende Darstellung der Beanspruchungen einer Schraubenverbindung:
(a) Querkraftübertragung durch Reibung,
(b) Querkraftübertragung durch Stift, definierte Lage der Bleche.

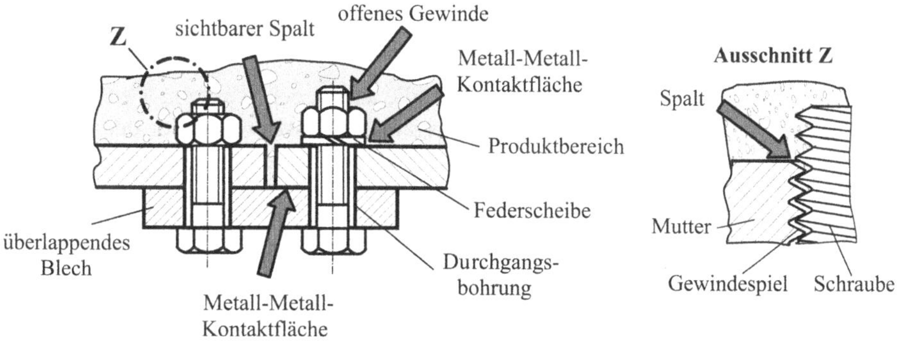

Abb. 10.111 Hygienische Problembereiche an Schraubenverbindungen.

Aus hygienischer Sicht entstehen an üblichen Verbindungen durch Befestigungsschrauben eine Reihe von Problemstellen, die mit der Verbindung der Bauteile, den Formen von Schraubenkopf und Mutter sowie den Toleranzen in den Gewinden bzw. Bohrungen zusammenhängen. Um die Verhältnisse zu verdeutlichen, sind in der Darstellung nach Abb. 10.111 eine Reihe möglicher Fehler enthalten. So ist z. B. zwischen den aneinandergrenzenden Blechen, die durch Durchsteckschrauben befestigt sind, ein Spalt unvermeidbar, da die Schrauben gegenüber dem Einschraubgewinde aus konstruktiven Gründen ein deutliches Spiel aufweisen müssen und damit die Spaltgröße von der zufälligen Anpressung bei der Montage abhängt. Hinzu kommt, dass sich dieser Spalt durch Wärmedehnung verändern kann. Ein gravierendes Hygieneproblem entsteht durch das Schraubengewinde, das zum Produktraum hin offen ist. Während die überstehenden Gewinderillen immerhin einer Reinigung noch zugänglich wären, ergibt sich entsprechend dem Ausschnitt Z der Abbildung aufgrund notwendiger Toleranzen zwischen dem Gewinde des Schraubenbolzens und der Mutter ein Spalt, der sich schraubenförmig vom Produktbereich durch die Bleche bis in den Außenbereich hineinzieht. Dieser Bereich ist nicht reinigbar. Weitere hygienische

Schwachstellen entstehen durch die Metall-Metall-Kontaktflächen an der Auflage der Muttern auf den Blechen sowie der Auflage der Bleche auf dem überlappenden Blechteil. Gleiches gilt für Federringe, die zusätzlich einen sichtbaren Spalt an der Teilungsstelle aufweisen.

Anhand der aufgezeigten Problemzonen kann man die Anforderungen an die hygienegerechte Gestaltung in produktberührten Bereichen allgemein folgendermaßen formulieren:

- Schraubenverbindungen sollten im Produktbereich nur in Fällen verwendet werden, wo dies wegen erforderlicher Zerlegbarkeit der Bauelemente unumgänglich ist,
- aneinanderstoßende Bauteilenden müssen hygienegerecht abgedichtet werden,
- offene Gewinde sind zu vermeiden,
- Kontaktflächen von Metallen sind im Allgemeinen zu vermeiden bzw. hygienegerecht abzudichten,
- Sicherungselemente mit Spalten sind zu vermeiden.

Bei Apparaten für trockene Produkte, die auch trocken gereinigt werden, sind metallische Berührflächen erfahrungsgemäß zulässig, wenn eine definierte Anpressung garantiert ist, d. h. wenn sich keine größeren Spalte ergeben können.

Schrauben werden auch häufig zur Umsetzung einer Drehbewegung in eine Längsbewegung oder umgekehrt eingesetzt, um eine Relativbewegung zwischen den Bauteilen zu erzeugen. Bewegungsschrauben werden dabei wie bei Maschinenspindeln zur Erzeugung einer Bewegung verwendet, während bei Stellschrauben die Bewegung zum Einstellen einer bestimmten Lage der Bauteile zueinander wie z. B. an Maschinenfüßen genutzt wird. In der eingestellten Lage befinden sich die Bauelemente dann in Ruhe. In beiden Fällen muss bei der hygienegerechten Gestaltung darauf geachtet werden, dass vor allem in Muttern geführte Gewindeteile im Produktbereich vermieden werden.

10.6.1
Hygienegerechte Schrauben und Muttern

Die Benennung von Schrauben, Muttern und Zubehör ist in DIN ISO 1891 [85] international festgelegt. Nach DIN EN 1672-2 [34] müssen Verbindungselemente wie z. B. Schrauben im Produktbereich vermieden werden. Wenn sie technisch unvermeidbar sind, müssen sie reinigbar und wenn erforderlich desinfizierbar sein. Der Entwurf DIN EN ISO 14 159 [35] enthält die gleiche Aussage, ergänzt aber, dass hervorstehende Schraubengewinde oder Vertiefungen nicht vorhanden sein dürfen und stuft im Gegensatz zu DIN 1672-2 auch metallische Berührflächen als Hygienerisiko ein. Die Anforderungen der EHEDG [37], auf deren Abbildungen und Unterlagen im Wesentlichen bei der Erstellung der DIN EN ISO 14 159 zurückgegriffen wurde, gehen von einer Abdichtung solcher Kontaktbereiche aus. Eine Ausnahme bilden in dieser Hinsicht nur Bauteile für trockene Produkte, die auch trocken gereinigt werden [32]. Bei diesen werden metallische Kontaktflächen akzeptiert, da ein Wachstum von Mikroorganismen wegen der trockenen Bedingungen auszuschließen ist. Um die unterschiedlichen Hygienerisiken an Schrauben und Muttern aufzuzeigen, sind zunächst in Abb. 10.112 einige Schrauben beispielhaft dargestellt. Die Zylinderschraube mit Innensechskant nach DIN EN ISO 4762 [86] in der Ausführung als Kopfschraube ist in der dargestellten Form nach Abb. 10.112a bei In-place-Reinigung nicht reinigbar, da sich in der Senkung um den Zylinderkopf ein enger Spalt ergibt und der Innensechskant eine Vertiefung besitzt. Dies ist in der dargestellten Lage außerdem nicht selbsttätig ablaufend. Die häufige Anwendung dieser Schraubenart ist darauf zurückzuführen, dass der Schraubenkopf bündig zur Bauteiloberfläche montiert werden kann. Die Problemstelle der Senkschraube nach Abb. 10.112b liegt in der Vertiefung des Schlitzes bzw. Kreuzschlitzes, der in-place nicht reinigbar ist. Außerdem ergibt sich in der Praxis häufig ein Rücksprung aufgrund einer zu starken Ansenkung des Bauteils. Bei der Schlitzschraube mit Zylinderkopf nach Abb. 10.112c stellt zum einen der Schlitz eine schwierig zu reinigende Stelle dar. Zum anderen ergibt sich hinter dem über die Bauteiloberfläche vorstehenden Schraubenkopf eine Totwasserzone, die allerdings aufgrund der geringen Kopfhöhe als nicht erheblich einzustufen ist. Der dargestellte Federring ist in Hygienebereichen wegen des Spalts nicht verwendbar und muss, wo erforderlich, durch eine Beilagscheibe mit Abdichtung ersetzt werden. Für die strömungsgünstig gestalteten Köpfe der Schlitz- bzw. Kreuzschlitzschrauben nach Abb. 10.112d und e liegt das Hygienerisiko in den unzulässigen Vertiefungen der Schlitze und der damit verbundenen schlechten Reinigbarkeit. Außerdem können diese Köpfe nur sehr schwierig gegenüber ihrer Auflage abgedichtet werden. Die Köpfe von Sechskantschrauben nach DIN EN ISO 4014 [87] (Abb. 10.112f)

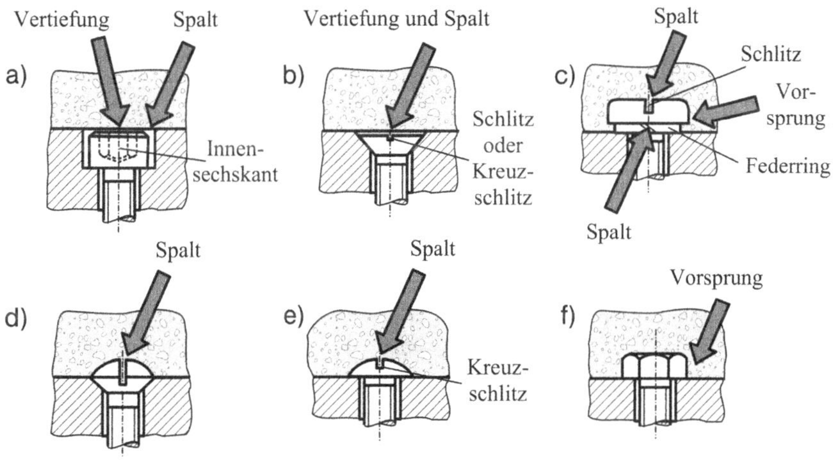

Abb. 10.112 Nicht bzw. schlecht reinigbare Stellen von Schraubenköpfen: (a) Zylinderkopfschraube mit Innensechskant, (b) Schlitzschraube mit kegeligem Senkkopf, (c) Schlitzschraube mit Zylinderkopf und Federring, (d, e) Kreuzschlitzschrauben, (f) Sechskantschraube.

ohne oder mit Flansch können in diesem Rahmen als leicht reinigbar eingestuft werden, wenn sie mit einer Abdichtung zwischen Schraubenkopf und Auflage eingesetzt werden. Das Hygienerisiko besteht im Totwasserbereich stromabwärts hinter dem Kopf. Im Zusammenhang mit Wanderhebungen wurde der auch für die Reinigbarkeit maßgebende Strömungswiderstand an Sechskantköpfen bereits 1953 [88] untersucht und gemessen. Durch wechselnde Strömungsrichtung lässt sich dieser Problembereich jedoch weitgehend beseitigen. Außerdem muss erwähnt werden, dass vor allem die Schraubenköpfe nach Abb. 10.112c–f bei Verwendung hygienegerechter Abdichtungen als reinigbar einzustufen sind, wenn sie durch Spritzreinigung von Hand gereinigt werden und man die Vertiefungen ausreichend erfassen kann. DIN EN 12 854 [89] schlägt die aufgeführten Schraubenformen ohne Abdichtung für den Spritzbereich vor.

Eine weitere reinigbare Lösung bieten Hutformen [90, 91] gemäß Abb. 10.113a und b, die nicht nur als Schraubenkopf, sondern auch als Muttern im Produktbereich einsetzbar sind, da die Mutter das Gewinde abdeckt. Sie bieten zudem Schutz vor Verletzungen. Aufgrund der Abrundung des Hutes ist die Umströmung trotz der größeren Höhe etwas günstiger als beim Sechskantkopf. In [31] und [36] wird der Einsatz von nicht genormten Hutmuttern mit unterschiedlichen Ansätzen an der Auflage empfohlen. Gleiches gilt für die als Einzelanfertigung hygienegerecht gestaltete Mutter mit konischer Kopfform und zwei ebenen Flächen als Schlüsselweite nach Abb. 10.113c. In Verbindung mit einer hygienegerecht gestalteten Abdichtung, deren Nut direkt in die Mutter integriert werden kann, sind auch solche Formen als leicht reinigbar einzustufen.

Beispiele für die Gestaltung der Abdichtung sind ebenfalls in Abb. 10.113 dargestellt. Der Dichtring gemäß Abb. 10.113a wurde von der EHEDG empfohlen und

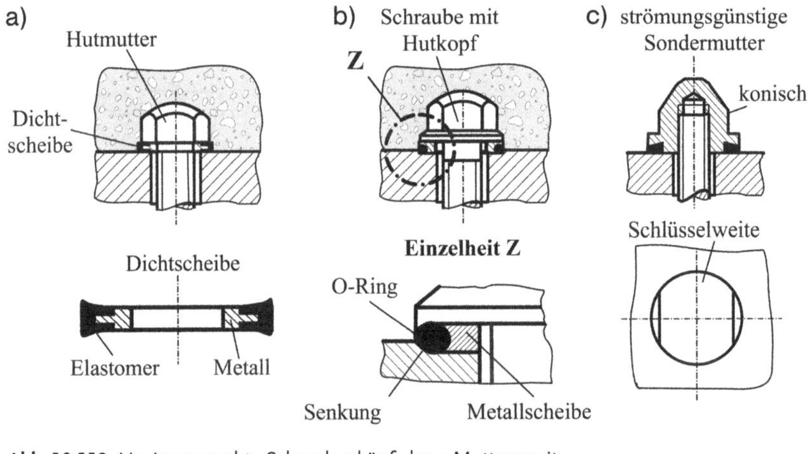

Abb. 10.113 Hygienegerechte Schraubenköpfe bzw. Muttern mit abgedichteten metallischen Berührflächen:
(a) Hutmutter mit kombinierter Elastomer-Metall-Beilagscheibe,
(b) Hutkopf mit Beilagscheibe und O-Ringdichtung,
(c) Formmutter mit integrierter Dichtungsnut.

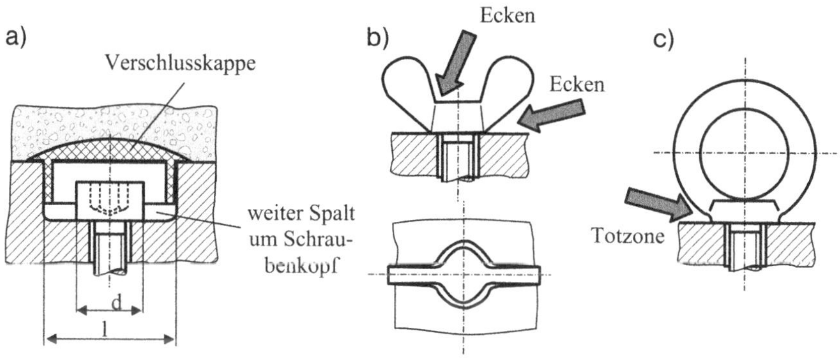

Abb. 10.114 Spezialschrauben mit Problembereichen:
(a) Verbindung mit Innensechskantschraube nach prEN 12 854,
(b) Flügelschraube, (c) Ringschraube.

in DIN EN ISO 14 159 [35] übernommen. Er besteht aus einer Beilagscheibe, die außen eine Elastomer-Formdichtung mit höchster Pressung an der Produktseite enthält. Die Scheibe ergibt den axialen Anschlag zwischen Schraube und Bauteil, um eine definierte Vorspannung der Dichtung zu erreichen. Eine andere mögliche Variante ist in Abb. 10.113b dargestellt. Sie benutzt einen O-Ring, dessen Nuten in Anlehnung an DIN 11 864 Form A [48] gestaltet sind. Der eine Teil der Nut ist in der Beilagscheibe enthalten, während sich der andere durch Ansenkungen im Bauteil und Kragen des Kopfes ergibt (zwei metallische Berührflächen!). Einfacher ist es, gemäß Abb. 10.113c die Dichtung in die Mutter zu integrieren.

Wenn eine Konstruktion die Verwendung einer Innensechskantschraube erfordert, die in einer Senkung montiert ist, empfiehlt DIN EN 12 854 [89] entsprechend Abb. 10.114a ein große Plansenkung. Der Hersteller muss dann bei offener Verwendung entweder eine wirkungsvolle Reinigungsmöglichkeit in seiner Betriebsanleitung empfehlen, die im Prinzip nur in einer Spritzreinigung (eventuell von Hand) zu sehen ist, oder er muss die Senkung mit einem dichtenden und dauerhaften Stopfen verschließen, der den Anforderungen des Lebensmittelbereiches entspricht. Eine Prinzipdarstellung eines solchen Verschlusses ist ebenfalls in der Abbildung gezeigt. Auch für die häufig im Apparatebau zu findenden Flügelschrauben bzw. Ringschrauben nach Abb. 10.114 b und c müssen Anleitungen zur Reinigung gegeben werden, falls eine Verwendung im Produktbereich, wie z. B. an Apparataußenseiten in einer hygienerelevanten Umgebung erforderlich ist.

10.6.2
Gestaltung der Verbindung

Bei der Gestaltung von Schraubenverbindungen wird im Folgenden davon ausgegangen, dass sie im Produktbereich jeweils in-place gereinigt werden. Bei Zerlegung und Reinigung im zerlegten Zustand gelten entsprechend vereinfachte

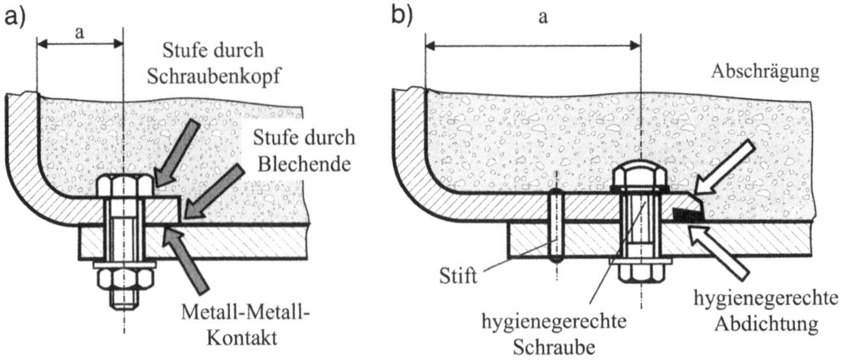

Abb. 10.115 Schraubenverbindungen mit Problembereich durch Überlappung: (a) nicht definierte Lage der Bleche, metallische Berührflächen im Produktbereich, (b) Fixierung durch Stift, Abdichtung der metallischen Berührflächen.

Anforderungen an die Konstruktion. Außerdem sollen die in diesem Zusammenhang abgebildeten Abdichtungen lediglich stets das zu verwirklichende Prinzip darstellen, nicht aber eine im Detail hygienegerechte Lösung wiedergeben.

Nach DIN EN 1672-2 [34] müssen lösbare Verbindungen „eine bündige und hygienische einwandfreie Passung haben". Daraus lässt sich schließen, dass überlappende Schraubenverbindungen nicht zulässig sind, da sie aufgrund des Blechendes nicht bündig sind, sondern eine Stufe ergeben. Das Hygieneproblem liegt entsprechend Abb. 10.115a einerseits in den vorstehenden Schraubenköpfen, die sich in unmittelbarer Umgebung der durch die Überlappung gebildeten Stufe befinden. Andererseits ergibt sich am Blechende zusätzlich eine Problemstelle durch den metallischen Kontakt am Blechende, dessen Anpressung vom Abstand der Schrauben abhängt. Ein größerer Spalt ist daher nicht generell auszuschließen. Allerdings sind metallische Berührflächen z. B. an bündigen Stoßenden der Bleche ohne Abdichtung zugelassen, obwohl sie sich aufgrund von Tests als hygienische Problemzone herausgestellt haben. DIN EN ISO 14 159 [35] setzt in dieser Hinsicht höhere Anforderungen, indem lösbare Verbindungen „an der produktberührten Oberfläche bündig und hygienisch abgedichtet" werden müssen. Den gleichen Standpunkt nimmt die EHEDG [36] ein, die ebenfalls grundsätzlich eine Abdichtung fordert.

Wenn sich Überlappungen an lösbaren Verbindungen nicht vermeiden lassen, muss das überstehende Blechende entsprechend Abb. 10.115b hygienegerecht abgedichtet werden. Bei dickeren Blechen sollte es zusätzlich abgeschrägt werden. Schraubenverbindungen in der Nähe von Ecken sollten weit genug davon entfernt sein und diese gut ausgerundet werden. Generell sollten sich mehrere Bereiche mit Hygienerisiken nicht an einer Stelle häufen.

Die einwandfreie Passung bündiger Schraubenverbindungen entsprechend DIN EN 1672-2 kann nur durch eine definierte Fixierung der Bauteile z. B. durch Stifte gemäß Abb. 10.116a erreicht werden. Da diese ein Übermaß gegenüber der Bohrung haben, ist dort die metallische Berührung unkritisch. Für die Verschraubung können bei dünneren Blechen danach Durchsteckschrauben mit Sechskantkopf im Produktraum ohne Abdichtung verwendet werden. Allerdings sind gegenüber dieser Gestaltungsform berechtigte Zweifel anzumelden, wenn höhere Hygieneanforderungen zu erfüllen sind. Schraubenbolzen und Durchsteckschrauben erfordern Durchgangslöcher, die nach DIN ISO 20 273 [92] in den Ausführungen fein, mittel und grob jeweils einen deutlichen Spalt um die Schraube ergeben. Man muss sich bei dieser Ausführung darüber im Klaren sein, dass ein erhebliches Hygienerisiko darin liegt, dass die metallische Auflage der Schraubenköpfe ohne Abdichtung eine mikroskopische Verbindung zur Durchgangsbohrung schafft, wo ein Mikroorganismenwachstum stattfinden kann. Eine Kontamination des Produktraums durch entstehende Biofilme ist damit nicht auszuschließen. In umgekehrter Richtung ist über das offene Gewinde das Eindringen von Schmutz mit Mikroorganismen ebenfalls möglich. Zumindest sollte daher auch im Nicht-Produktbereich eine Abdeckung des offenen Gewindes mithilfe einer Hutmutter vorgenommen werden, wie es die linke Seite von Abb. 10.116a zeigt. Die EHEDG [32] empfiehlt daher eine solche konstruktive Lösung nur für trockene Produkte in Zusammenhang mit trockener Reinigung, wo ein Wachstum von Mikroorganismen aufgrund des geringen a_W-Wertes nicht stattfinden kann.

Hygienerisiken lassen sich bei Gestaltung einer Schraubenverbindung mit Durchsteckschrauben entsprechend Abb. 10.116b vermeiden. Die bündigen Blechenden werden durch eine hygienegerecht zu gestaltende Dichtung abgedichtet, bei der wegen möglicher Temperaturänderungen ein Dehnungsbereich vorzusehen ist, damit die Dichtung im Produktraum keinen Vorsprung ergibt. Die zur definierten Pressung der Dichtung verwendeten Zylinderstifte müssen nach jeder Zerlegung der Verbindung wieder sorgfältig montiert werden. Der Kopf der Schrauben, der auch als Sechskant ausgeführt sein könnte, ist gegenüber der Unterlage mit einer Dichtscheibe hygienegerecht abgedichtet. Auf der Nicht-Produktseite wird ein offen liegendes Gewinde durch die Verwendung von Hutmuttern vermieden. Eine Abdichtung gegenüber der Auflage ist dort nicht erforderlich. Wenn die Möglichkeit besteht, sollten die Schrauben grundsätzlich aus dem Produktbereich in den Nicht-Produktbereich verlegt werden, wie es in Abb. 10.116c mit Schrauben in Sackbohrungen dargestellt ist. Voraussetzung dafür ist eine ausreichende Dicke der zu verbindenden Bleche. Wenn die Fixierung der Lage und damit die Pressung der Dichtung durch Stifte erfolgt, die ebenfalls in Sackbohrungen enden, müssen Stifte mit Gewindeansatz verwendet werden, um sie bei Demontage abziehen zu können. Eine bessere, aber eventuell teurere Lösung besteht im Einsatz von Passschrauben, durch die die geforderte definierte Lage der Bleche zueinander festgelegt werden kann. An dünnere Bleche lassen sich entsprechend Abb. 10.116c Schraubenbolzen von außen her anschweißen. Das Gewinde kann im Nicht-Produktbereich durch Hutmuttern abgedeckt werden. Liegt der Außenbereich ebenfalls in einem Hygieneraum, wie z. B. einem Reinraum, so ist zwischen Schraubenköpfen und Auflage zusätzlich abzudichten. Das Gewinde der Zylinderstifte ist dann gegebenenfalls auch durch eine Mutter abzudecken.

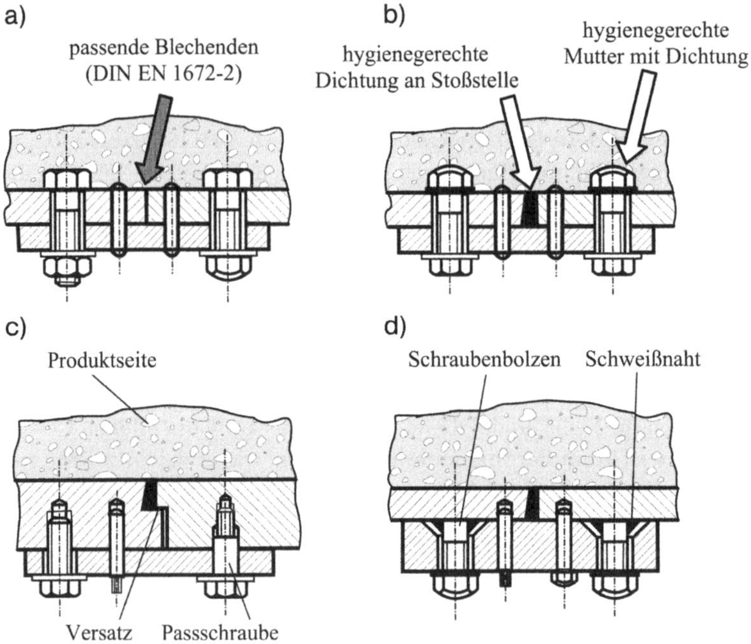

Abb. 10.116 Gestaltung von Schraubenverbindungen: (a) Problembereich durch metallische Kontaktflächen, (b) abgedichtete metallische Berührflächen, (c, d) Beispiele für die Verlegung der Schrauben in den Nicht-Produktbereich.

Hygienegerechte Lösungen zur Gestaltung von Schraubenverbindungen sind auch mithilfe von Flanschen möglich. Diese können sowohl bei rotationssymmetrischen als auch bei flächigen Bauteilen eingesetzt werden. Zum Produktbereich hin müssen die Bauelemente entsprechend Abb. 10.117 mit einer hygienegerechten Dichtung abgedichtet werden, die durch axialen Anschlag definiert gepresst und durch Zentrierung oder Versatz bündig montiert wird. Wenn der Außenbereich nicht produktberührt ist, können Sechskantschrauben mit Hutmuttern ohne Abdichtung verwendet werden. Befindet sich dagegen die Flanschverbindung in einem Raum mit Hygieneanforderungen wie z. B. einem Reinraum, so sind Schraubenkopf und Mutter gegenüber ihren Auflagen abzudichten wie Abb. 10.117b zeigt. Zusätzlich ist in diesem Fall der Flansch ebenfalls nach außen hin mit einer Hygienedichtung abzudichten, um das Eindringen von Schmutz und Mikroorganismen in den Spalt zwischen den Flanschen zu vermeiden.

Schraubverbindungen wie z. B. gemäß Abb. 10.118 [68] sollten an offenen Apparaten sowie in hygienerelevanten Räumen, die zum Produktbereich zu zählen sind, nicht verwendet werden. Der Spalt zwischen Überwurfmutter und Bauelement (Pfeil) sowie das Gewinde der Verschraubung sind Bereiche mit hohem Hygienerisiko, wenn nicht bei jeder Reinigung eine Zerlegung erfolgt. Gleiches

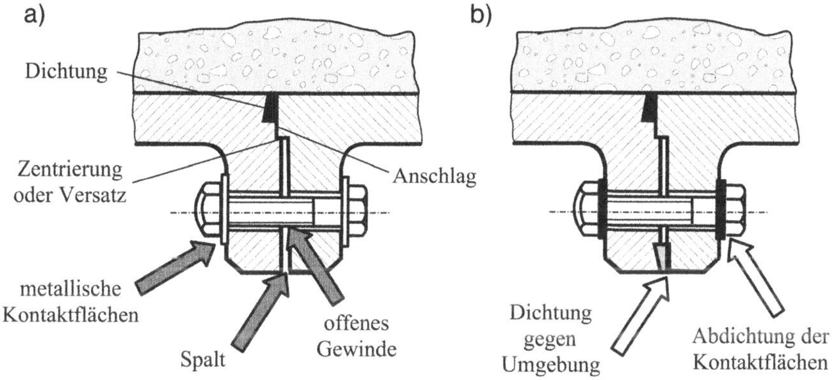

Abb. 10.117 Flanschverbindung mit hygienegerechter Gestaltung (Abdichtung): (a) an der Innenseite, (b) an der Innen- und Außenseite.

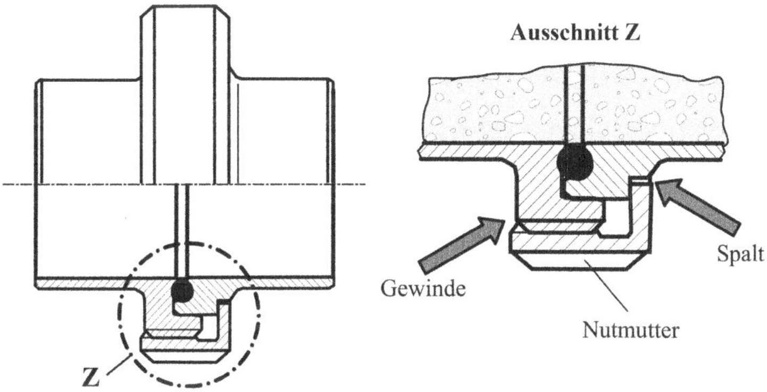

Abb. 10.118 Problembereiche an Verschraubungen (Außenseite) bei Verwendung in Reinräumen.

gilt z. B. auch für die Außenbereiche der Klemmverbindung nach DIN 32 676 [93], die häufig bei Sterilanforderungen im Reinbereich eingesetzt wird.

Offene Gewindespindeln von Bewegungsschrauben müssen im Produktbereich vor allem wegen des spiralförmigen, nicht reinigbaren Spalts zwischen Spindel und Mutter vermieden werden. Auch das offen liegende Gewinde (Abb. 10.119a) ist schwierig zu reinigen. Um die Hygienerisiken auszuschalten, die mit dem Gewinde verbunden sind, muss das Gewinde gemäß Abb. 10.119b in den Nicht-Produktbereich verlegt und zum Produktbereich hin abgedichtet werden. Dies muss durch eine hygienegerechte Dichtung erfolgen, die unterschiedlich zu gestalten ist, je nachdem welche funktionellen Anforderungen vorliegen. Bei Bewegungsschrauben sind dynamische Dichtungen erforderlich, während bei Stellschrauben, die selten verstellt werden, statische Dichtungen mit guten Gleiteigenschaften häufig ausreichen.

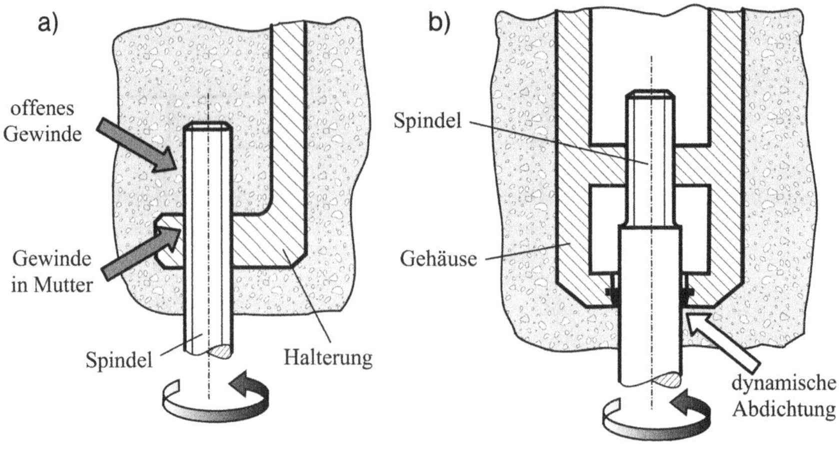

Abb. 10.119 Gewindespindeln:
(a) hygienische Gefahrenstellen, (b) hygienegerechte Gestaltung.

10.7
Achsen und Wellen

Achsen und Wellen werden in den meisten Fällen in runder Form hergestellt und eingesetzt. Achsen dienen zur Lagerung von Bauteilen und übertragen daher kein Drehmoment. Sie können ruhend oder umlaufend verwendet werden. Wellen dienen zur Übertragung eines Drehmoments und führen meist eine Drehbewegung oder Teile davon aus.

10.7.1
Allgemeine Gestaltungsanforderungen

Aus hygienischer Sicht sind Wellen meist relativ einfach zu gestaltende Bauteile. Zunächst muss die Werkstoffwahl nach dem beabsichtigten Gebrauch erfolgen, um Korrosionsschäden durch Produkt und Reinigungsmittel zu vermeiden. Im Allgemeinen werden daher im Produktbereich nicht rostende Stähle eingesetzt. In manchen Fällen sind härtbare Typen erforderlich. Bei der Oberflächenqualität sollte der allgemein empfohlene Mittenrauwert $Ra < 0{,}8\ \mu m$ eingehalten werden.

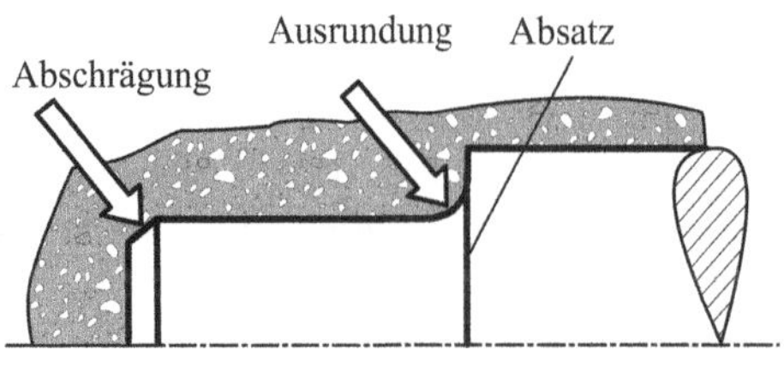

Abb. 10.120 Gestaltung von Wellen (Wellenende und Absatz).

Höhere Anforderungen müssen vereinbart und bei der Art der Bearbeitung wie z. B. Polieren oder Läppen entsprechend berücksichtigt werden. Soweit wie möglich sollten Wellen mit gleichbleibendem Durchmesser verwendet werden. Wellenenden sind abzuschrägen oder zu runden, Wellenabsätze ausreichend auszurunden (Abb. 10.120).

10.7.2 Spezielle Wellenausführungen

In einigen Fällen sind bestimmte Beweglichkeiten von Wellen im Produktbereich erforderlich, die abweichend eine hygienegerechte Gestaltung erforderlich machen.

10.7.2.1 Biegsame Wellen

Biegsame Wellen bestehen üblicherweise aus schraubenförmig gewickelten Drähten, die gemäß Abb. 10.121 in mehreren Lagen mit entgegengesetzter Steigung übereinander gewickelt werden. Aus technischen und hygienischen Gründen muss die Welle mit einem hygienegerechten Schutz (z. B. Schutzschlauch) aus einem zugelassenen Material ummantelt werden, der an den Enden hygienegerecht abzudichten ist. Bei geringen Durchbiegungen können auch leicht reinigbar gestaltete Biegestäbe eingesetzt werden.

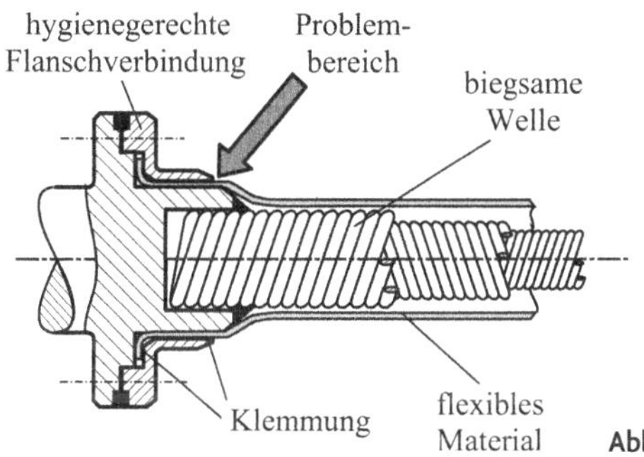

Abb. 10.121 Biegsame Welle mit Schutzhülse.

10.7.2.2 Teleskopwellen

Für notwendige Längsbewegungen von Antrieben im Produktraum lassen sich Teleskopwellen einsetzen, bei denen z. B. zur Übertragung des Drehmoments ein Vielnutprofil oder eine Gleitfederverbindung benutzt werden kann. Zur hygienegerechten Gestaltung kann die Welle von einem Faltenbalg umgeben werden, der die Längsbewegung ermöglicht. Der Faltenbalg kann aus Edelstahl oder einem geeigneten hydrophoben Kunststoff wie z. B. PTFE hergestellt sein. Er kann entweder wie eine hermetische Dichtung nur die unmittelbare Umgebung der gegeneinander verschieblichen Teile abdichten oder den gesamten Wellenbereich wie ein Schlauch umschließen. Die Abb. 10.122a soll das Prinzip der Gestaltung verdeutlichen. Die Enden des Balgs müssen verschweißt oder

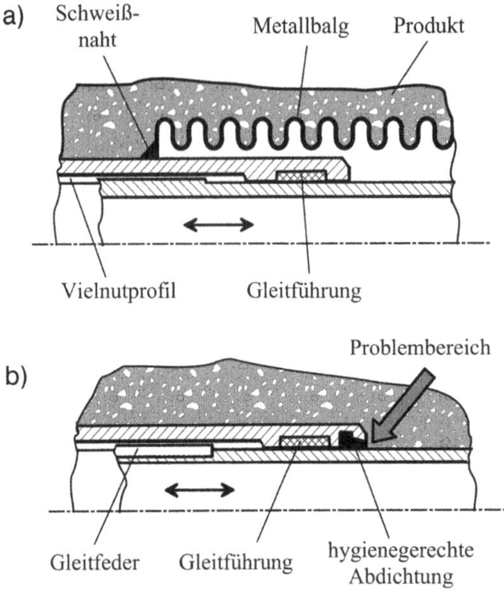

Abb. 10.122 Teleskopwelle:
(a) mit Faltenbalg, (b) mit dynamischer Dichtung.

hygienegerecht abgedichtet werden. Die Länge des Faltenbalgs bestimmt dabei die zulässige Längsverschiebung der Teleskopteile. Die Falten sollten wegen leichter Reinigbarkeit nicht zu eng und tief gewählt werden. Während der Reinigung sollte der Balg soweit wie möglich gestreckt sein, um die Reinigung der Falten zu erleichtern. Ein Problem besteht darin, dass aufgrund der dynamischen Beanspruchung Risse im Faltenbalg entstehen können, die nicht registriert werden und zu Kontaminationen führen können.

Eine andere Möglichkeit der Gestaltung liegt darin, die verschieblichen Teile jeweils durch eine hygienegerecht gestaltete dynamische Dichtung abzudichten (Abb. 10.122b). Dabei ist jedoch eine Kontamination nicht zu vermeiden, da jeweils zwischen Innen- und Außenraum ein Transport von Schmutz einschließlich Mikroorganismen stattfindet (s. Abschnitt 10.3).

10.8 Wellen-Naben-Verbindungen

Wellen-Naben-Verbindungen dienen zur Übertragung von Drehmomenten und axialen Kräften zwischen Welle und Nabe. Häufig sind beide Aufgaben zu erfüllen, sodass es der Übertragungsmechanismus ermöglichen muss, entweder gleichzeitig oder in getrennter Ausführung Drehmomente und Längskräfte zu übertragen. Sind nur Drehmomente zu übertragen, ist trotzdem eine Lagesicherung der Nabe auf der Welle notwendig.

Bei der Verbindung von Wellen mit Naben werden folgende grundlegende Wirkprinzipien angewandt:

- Formschluss,
- vorgespannter Formschluss,
- Reibschluss oder
- Stoffschluss.

In produktberührten Bereichen ist besonders darauf zu achten, dass auch im Detail die essenziellen Anforderungen von Hygienic Design erfüllt werden, was zu Änderung oder Neugestaltung von erprobten Konstruktionen führt. Der Aufwand zur hygienegerechten Gestaltung kann je nach verwendetem Prinzip sehr unterschiedlich sein und manche Verbindungsarten völlig ausschließen. Die Abb. 10.123 zeigt das Übertragungsprinzip am Beispiel einer Verbindung, die zur Übertragung des Drehmoments eine Passfeder verwendet. Zur axialen Sicherung bzw. Aufnahme geringer Längskräfte dient eine Madenschraube. Gleichzeitig soll die Darstellung beispielhaft wesentliche hygienische Problembereiche verdeutlichen. Die nach außen offene Passfedernut in der Nabe lässt sich ohne Zerlegung ebenso wenig reinigen wie der Spalt im Gewinde der Madenschraube. In den meisten Fällen lassen sich außerdem rechte innere Winkel zwischen Welle und Nabe nicht vermeiden, die in Normen und Leitlinien ebenfalls als Hygienerisiken bezeichnet werden. Sie sind aber gegenüber den erwähnten Elementen zweitrangig.

Im Folgenden werden einige Prinzipien der Verbindungen aufgezeigt. Die zu realisierenden Dichtstellen sind nur beispielhaft angedeutet. Die Dichtungen müssen von Fall zu Fall konstruktionsbezogen hygienegerecht gestaltet werden. Die Anforderungen an die Eignung der verwendeten Werkstoffe sowie die erforderlichen Oberflächenqualitäten (z. B. $Ra < 0{,}8\ \mu m$) und -strukturen sollten eingehalten werden. Wenn Abweichungen notwendig werden wie z. B. bei manchen

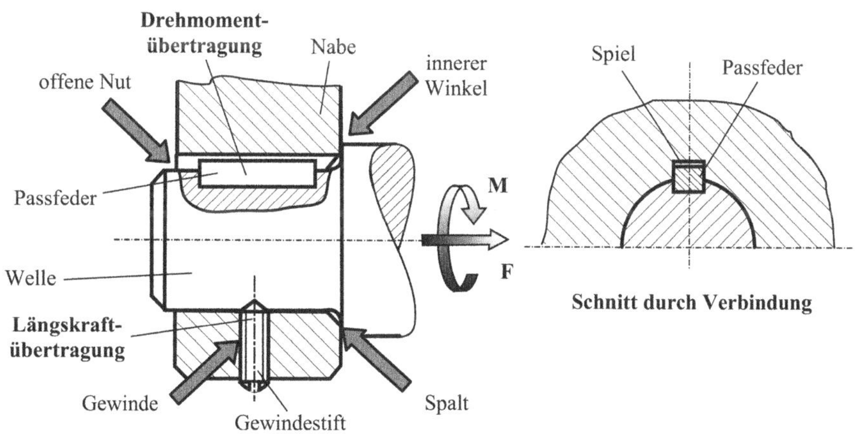

Abb. 10.123 Grundlegende Problemstellen an Wellen-Naben-Verbindungen.

Gusswerkstoffen, ist ein Nachweis über die Reinigbarkeit beispielsweise durch einen Test zu erbringen. Metallische Kontaktstellen sollten mit Ausnahme von Prozessen für trockene Produkte so weit wie möglich vermieden werden.

10.8.1 Formschlussverbindungen

Bei mittelbarem Formschluss greifen Teilekonturen von zwischengeschalteten Übertragungselementen in Welle und Nabe ein. Die einfachsten dieser Verbindungselemente sind z. B. Stifte, Passfedern und Scheibenfedern. Werden die Verbindungselemente direkt in die Bauteile integriert, so liegt unmittelbarer Formschluss vor. Verbindungen dieser Art sind z. B. Keil- und Zahnwellenverbindungen oder Stirnkerbverzahnungen. Aufgrund der höheren Genauigkeit ist die Herstellung aufwändiger, meist sind sie aber auch höher belastbar als mittelbare Verbindungen. Eine Demontage ist im Gegensatz zu Reibschlussverbindungen meist mit nur geringem Kraftaufwand möglich.

10.8.1.1 Stiftverbindungen

Stifte zur formschlüssigen Verbindung von Naben auf Wellen oder Achsen sind die einfachsten mittelbaren Verbindungselemente. Während zylindrische Längsstifte nur Drehmomente übertragen, dienen Querstifte gleichzeitig der Drehmoment- und Längskraftübertragung und werden mit Längspresssitz und Übermaß in Bohrungen eingeschlagen, die auf Passmaß in Montageanordnung von Welle und Nabe aufgerieben werden. Die beste Lagesicherung lässt sich mit Kegelstiften [94, 95] erzielen.

Die Abb. 10.124 zeigt eine Querstiftverbindung mit Zylinderstift [96] an einem Wellenende, die nicht abgedichtete metallische Kontaktflächen zwischen Welle und Nabe enthält. Ohne zusätzliche Gestaltungsmaßnahmen kann sie z. B. nach EHEDG [32] für produktberührte Trockenbereiche eingesetzt werden. Nach Stand der Technik ist für diesen Fall lediglich der innere 90°-Winkel zwischen Nabenende und Welle als geringes Hygienerisiko einzustufen, der sich jedoch erfahrungsgemäß bei laufender Welle leicht reinigen lässt. Der verwendete Stift muss an den Oberfläche bis auf die vorstehende Kuppe bündig montiert sein. Stifte mit Gewindeansatz oder Innengewinde zum Abziehen sowie Spann- und Kerbstifte können aus hygienischen Gründen nicht verwendet werden.

Bei Einsatz im produktberührten Nassbereich stellen die metallischen Kontaktflächen zwischen Nabe und Welle wegen mikroskopischer Spalte durch die Rauheitsprofile grundsätzlich hygienische Problemstellen [97] dar und müssen vermieden werden. Vor allem zwischen der Seitenfläche der Nabe und dem Wellenabsatz kann sich bei ungenauer Fertigung ein unzulässiger Spalt ergeben. Eine hygienegerechte Gestaltung erfordert, wie später gezeigt wird, erheblichen Aufwand, da diese Stellen abgedichtet werden müssen. Die Stiftverbindung selbst ist aufgrund des Übermaßes zwischen Stift und Bohrung aus hygienischer Sicht im Allgemeinen unproblematisch, wird aber bei hohen Hygieneanforderungen nicht akzeptiert.

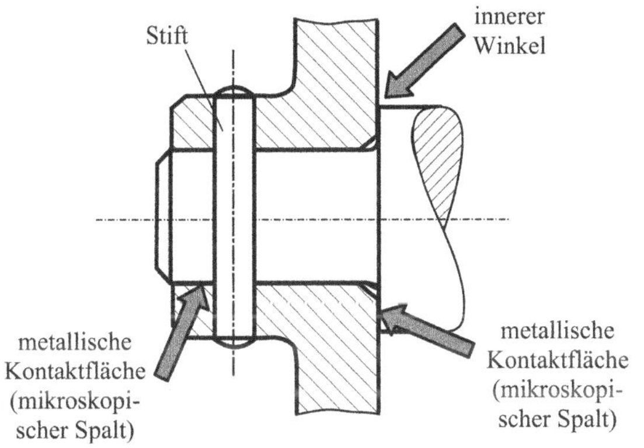

Abb. 10.124 Formschlussverbindung mit eingepresstem Zylinderstift.

10.8.1.2 **Passfeder-, Scheibenfeder- und Keilwellenverbindungen**

Die Passfederverbindung [98, 99] entsprechend Abb. 10.125a ist die am häufigsten verwendete mittelbare Wellen-Naben-Verbindung. Sie dient nur der Übertragung eines Drehmomentes und wird hauptsächlich bei Belastung in einer Drehrichtung eingesetzt. Für die Übertragung von Längskräften oder zur Lagesicherung der Nabe müssen zusätzliche Elemente verwendet werden. An diesem Verbindungstyp sollen die konstruktiven Möglichkeiten zur völlig abgedichteten hygienegerechten Gestaltung aufgezeigt werden.

Als Grundprinzip ist zu beachten, dass zur Beseitigung der hygienischen Schwachstellen zum einen die metallischen Kontaktflächen und zum anderen die Passfedernut in der Nabe abgedichtet werden müssen.

Eine dieser Dichtstellen ist an der Kontaktfläche zwischen Nabe und Wellenabsatz zu realisieren. Um eine definierte Vorspannung der Dichtung an dieser Stelle zu erreichen, ist ein axialer Anschlag der Nabe am Wellenabsatz erforderlich. Der aus Festigkeitsgründen auszurundende Wellenabsatz muss dazu so groß gewählt werden, dass Anschlag und Dichtung entsprechend Platz haben, ohne dass die Nabennut eine Beschädigung der Dichtung verursacht. Zur Abdichtung ist eine hygienegerechte Lösung (z. B. O-Ring, Flachdichtung in abgeschrägter Nut, Formdichtung) zu verwenden. Bei Einsatz eines O-Ringes müssen entsprechend [68] Nabe und Wellenabsatz eine entsprechende Nut erhalten, um hygienegerechte Bedingungen zu erreichen. Bei Verwendung einer Flachdichtung kann die Dichtungsnut in die Nabe integriert werden. Um den Wellenabsatz kleiner zu gestalten, kann zwischen Nabe und Wellenabsatz eine Scheibe verwendet werden, die dann aber sowohl zum Absatz als auch zur Nabe hin abgedichtet werden muss.

Die Anpressung der Nabe an den Wellenabsatz, durch die gleichzeitig die axiale Sicherung erfolgt, wird am aufgezeigten Beispiel durch eine Schraube in Verbindung mit einer Scheibe erzielt. Als Beispiel enthält die Scheibe eine abgeschrägte Nut zur Aufnahme einer Flachdichtung, mit der die metallische Berührfläche sowie die Nut in der Nabe abgedichtet werden. Aus hygienischer Sicht proble-

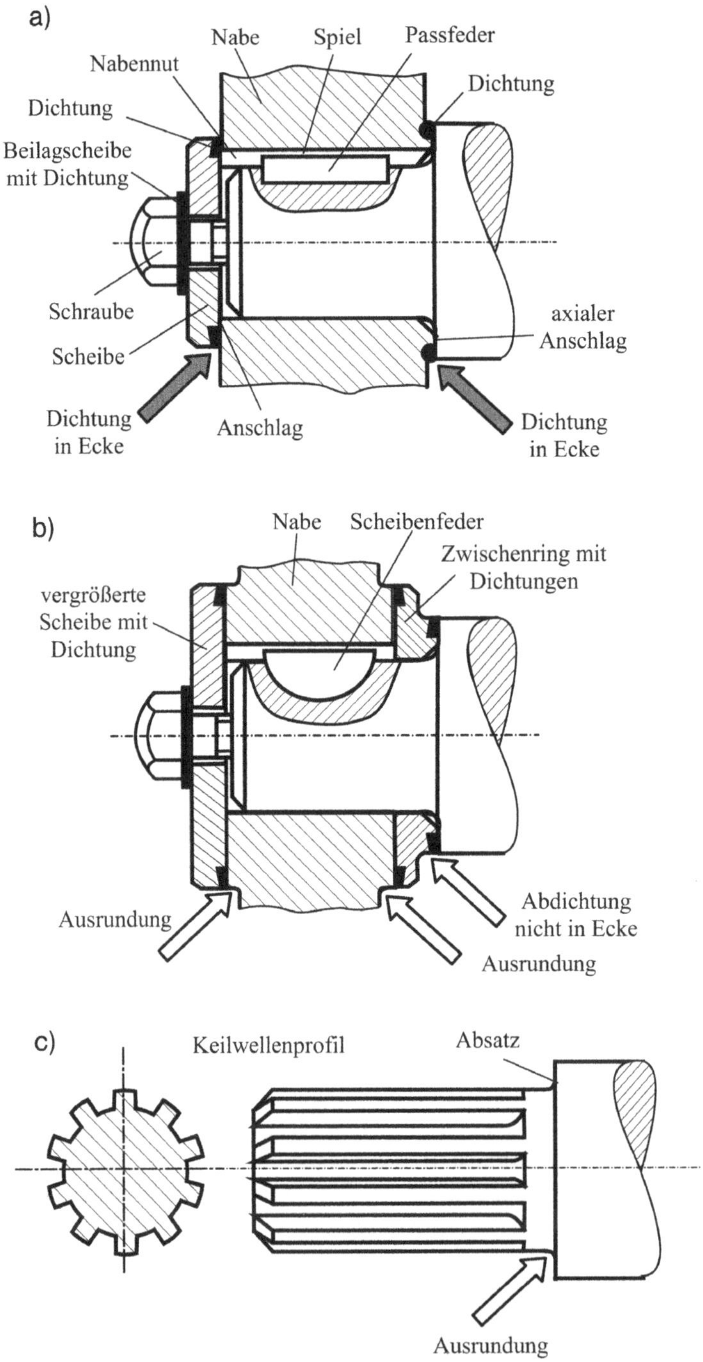

Abb. 10.125 Prinzip von hygienegerecht gestalteten Formschlussverbindungen: (a) Passfeder, (b) Scheibenfeder, (c) Vielnutprofil.

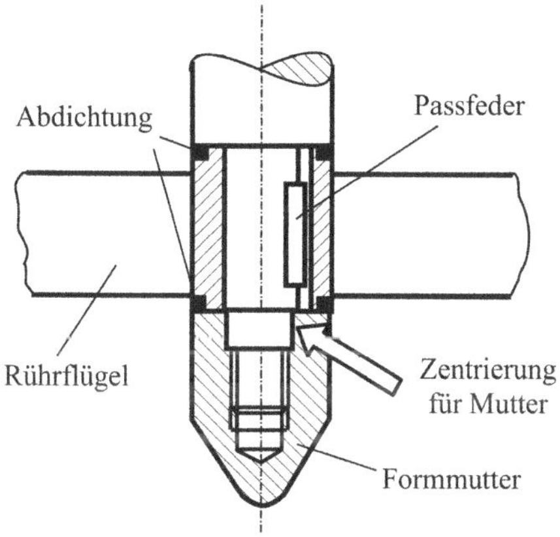

Abb. 10.126 Beispiel der EHEDG [100] für eine Passfederverbindung.

matisch ist, dass zum einen die Dichtung im Eck zwischen Deckel und Nabe liegt. Zum anderen wird die Dichtung im Bereich der Passfedernut in der Nabe nicht gleichmäßig gepresst. Für die Schraube muss eine hygienegerechte Form wie Hut- oder Sechskantschraube mit einer Beilagscheibe verwendet werden, die ebenfalls eine Dichtung enthält. Um Fluchten der einzelnen Bauelemente zu erreichen, muss auf entsprechende Zentrierung geachtet werden.

Das Beispiel einer hygienegerechten Passfederverbindung wird von EHEDG in [36] dargestellt und in Abb. 10.126 geringfügig modifiziert. Aufgrund des einfachen Gesamtkonzepts von Wellenende, Nabe und axialer Befestigung lässt sich eine hygienisch günstige Lösung verwirklichen. Die axiale Sicherung und Anpressung der Nabe am Wellenansatz erfolgt durch eine Formmutter. Diese bringt allerdings den Nachteil mit sich, dass die Dichtung durch die Drehbewegung beim Anziehen der Mutter durch Reibung beansprucht wird und verschleißen kann. Außerdem sollte sie auf dem Wellenende zentriert werden, was über das Gewinde nicht möglich ist. Die Dichtungen, die in dem Beispiel nur prinzipiell dargestellt sind, müssen ebenfalls hygienegerecht gestaltet werden. Sie können in die Nabe integriert werden und dichten zum Wellenabsatz sowie zur Mutter hin ab.

Bei geeigneter Passungswahl kann eine Passfeder auch grundsätzlich als Gleitfeder zur axialen Relativverschiebung zwischen Nabe und Welle verwendet werden. Dazu wird die Passfeder in der Wellennut mit Zylinderschrauben festgelegt. Hygienegerechte Ausführungen von Gleitfedern erfordern eine verschiebliche, d. h. dynamische Dichtung und sind daher höchst aufwändig.

Muss die Wellen-Naben-Verbindung in Wellenmitte erfolgen, so kann eine Abdichtung der Nabe über einen abgedichteten Zwischenring erfolgen, der sich an einem weiteren Bauteil oder Deckel abstützt.

Am Beispiel der Scheibenfeder [100, 101] nach Abb. 10.124b, die wegen der einfachen Herstellung eine billige Lösung darstellt und hauptsächlich für kleine Drehmomente verwendet wird, soll eine aus hygienischer Sicht verbesserte Lösung aufgezeigt werden. Für die konstruktive Gestaltung der Abdichtung zwischen Nabe und Wellenabsatz wird eine Zwischenscheibe verwendet, die den Vorteil hat, dass die Nabennut für die Passfeder nicht im Bereich der Dichtung liegt. Außerdem ergibt sich durch den ausgerundeten Ansatz an der Nabe, der denselben Durchmesser wie der Zwischenring besitzt, eine bündige Dichtstelle, sodass dort keine Ecke entsteht. Auf der Seite der Schraubenverbindung ist das gleiche Prinzip verwirklicht.

Als unmittelbare Wellen-Naben-Verbindungen werden Keilwellen gemäß Abb. 10.125c [102] verwendet. Sie sind allerdings aufgrund des Fertigungsverfahrens und der eng bemessenen Toleranzen teurer. Sie lassen sich für höhere wechselnde und stoßartig auftretende Drehmomente einsetzen und werden sowohl in fester als auch in beweglicher Ausführung verwendet. Für die hygienegerechte Gestaltung zum Einsatz im Produktbereich von Keilwellen gelten die für Passfedern gemachten Ausführungen entsprechend Abb. 10.124a und b.

10.8.1.3 **Axiale Sicherungselemente**

Viele der Formschlussverbindungen erfordern mittelbare Sicherungselemente auf Wellen oder Achsen zur Lagesicherung oder Führung von Naben, wobei zum Teil erhebliche Axialkräfte aufgenommen werden müssen. Die gleiche Funktion übernehmen Wellenbunde, die als unmittelbare Sicherungselemente in einer Richtung dienen. Für große Kräfte werden vorzugsweise formschlüssige Sicherungen eingesetzt.

Aufgrund hygienischer Anforderungen sind nur wenige der üblichen axialen Sicherungen wie die in Abb. 10.124a und b gezeigten Wellenabsätze, Deckel und Scheiben anwendbar, wenn eine hygienegerechte Abdichtung dieser Elemente erfolgen muss. Dagegen lassen sich z. B. Wellenmuttern, Sicherungsringe (Abb. 10.127a), Sprengringe (Abb. 10.127b), Federstecker, Splinte, selbstsperrende Klemmscheiben (Abb. 10.127c), Stellringe oder Klemmringe (Abb. 10.127d) in den üblichen Formen nicht einsetzen, da sie unterschiedliche hygienische Risikostellen wie Zwischenräume, Spalte oder offene Gewinde enthalten.

10.8.1.4 **Polygonwellenverbindungen**

Während bei den Passfeder- und Keilwellenverbindungen die ausgeprägten Formschlusselemente eine starke Kerbwirkung der Welle ergeben, erfolgt beim Einsatz von Polygonprofilen eine weitestgehende Reduzierung der Kerbbeanspruchung. In der Praxis werden sie daher bei großen und stoßartig auftretenden Drehmomenten eingesetzt. Das Beispiel nach Abb. 10.128 zeigt ein genormtes P3G-Profil nach DIN 32 711 [103]. Da die Verbindung mit Übermaß gefertigt wird, kann bei geringer Längsbelastung oder bei einseitiger Längskraft in Richtung des Wellenabsatzes eine axiale Sicherung entfallen. In der dargestellten Ausführung ohne Abdichtung wäre die Verbindung in produktberührten Trockenbereichen ohne Einschränkung einsetzbar, während in Nassbereichen ein Hygienerisiko in den metallischen Kontaktflächen zu sehen ist. Falls axiale Sicherung und völlige Abdichtung erforderlich werden, kann die Gestaltung nach dem Prinzip gemäß Abb. 10.124a bzw. b erfolgen.

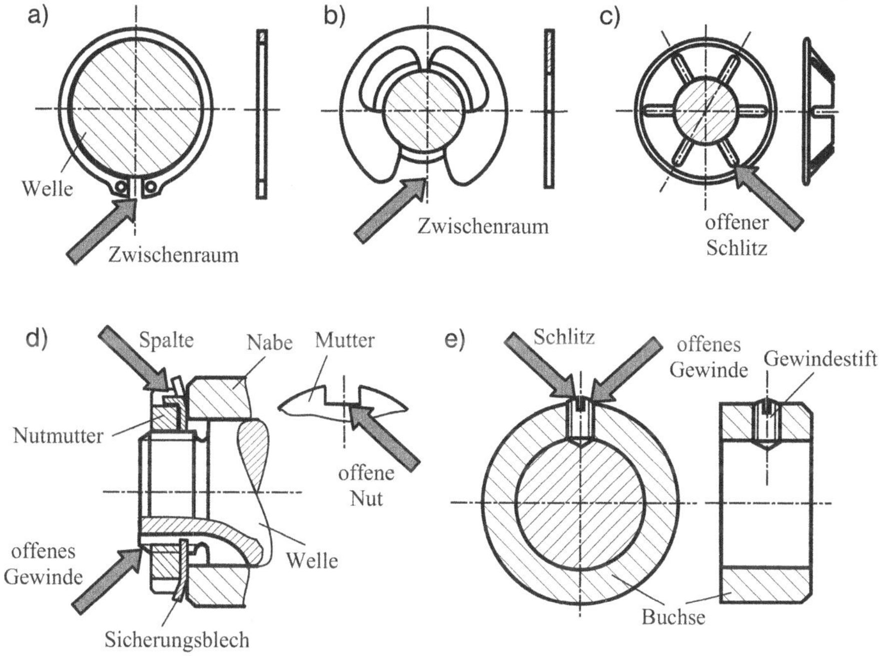

Abb. 10.127 Problembereiche an üblichen axialen Sicherungselementen für Wellen-Naben-Verbindungen:
(a) Sicherungsring, (b) Sprengring, (c) Federstecker,
(d) Nutmutter mit Sicherungsblech, (e) Madenschraube.

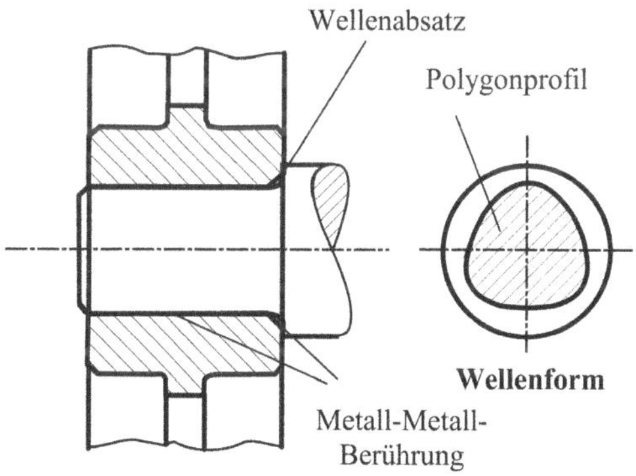

Abb. 10.128 Polygonwellenverbindung mit P3G-Profil.

10.8.2
Vorgespannte Formschlussverbindungen

Der allgemeine technische Vorteil des Formschlusses wird bei diesen mittelbaren Verbindungen zur Übertragung von Drehmomenten, zu denen Keile aller Art wie Einlegekeile, Scheibenkeile, Treibkeile mit und ohne Nase, Hohlkeile, Flachkeile und Tangentkeile gehören, mit dem der Vorspannung kombiniert. Durch die Verspannung neigen die Verbindungen zur Exzentrizität zwischen Welle und Nabe, was sich auf das Betriebsverhalten auswirkt und den Einsatz nur in bestimmten Fällen zulässt. Da das durch Reibschluss übertragbare Drehmoment von der Eintreibkraft des Keils abhängig und damit ungewiss ist, wird in den meisten Fällen von Formschluss als mechanischem Übertragungsmechanismus ausgegangen. Der zusätzlich vorhandene Reibschluss wird häufig nur als axiale Sicherungsmaßnahme betrachtet und bei der Übertragung des Drehmomentes vernachlässigt. Mit Ausnahme von Tangentkeilen eignen sich verspannte Welle-Nabe-Verbindungen nur zur Übertragung kleinerer Drehmomente sowie zur axialen Fixierung. Außerdem sind sie wegen der Unwucht nur bei verhältnismäßig geringen Umfangsgeschwindigkeiten einsetzbar.

Das wesentliche Problem bei der hygienegerechten Gestaltung besteht darin, dass zum Verspannen entweder eine Relativbewegung zwischen Nabe und Welle wie z. B. bei Einlegekeil oder Scheibenkeil oder zwischen Keil und Welle wie bei Treibkeilen erforderlich ist. Im ersten Fall ist die Lage der Nabe auf der Welle meist unbestimmt, da das Auftreiben der Nabe auf den Keil von der Größe der Kraft abhängig ist, die zum Treibvorgang verwendet wird, und meist nicht ausreichend genau festliegt. Nur wenn bis zu einem definierten Anschlag z. B. an einem Wellenabsatz oder einem Zwischenring reproduzierbar aufgepresst werden kann, ist zwischen Welle und Nabe eine hygienegerechte Abdichtung möglich. Im zweiten Fall kann die Lage der Nabe gegenüber der Welle bei der Montage durch entsprechende Maßnahmen exakt festgelegt werden, sodass die Anforderungen an Hygienedichtungen erfüllt werden können. Allerdings muss entsprechend Platz für das Ein- und Austreiben des Keils vorhanden sein, was die Gestaltung erschwert. Eine mögliche Gestaltung unter Hygienic-Design-Aspekten zeigt Abb. 10.129 an einem Wellenende mit Absatz. Da zur Abdichtung des Wellenendes ein Deckel verwendet wird, der selbst eine axiale Sicherung

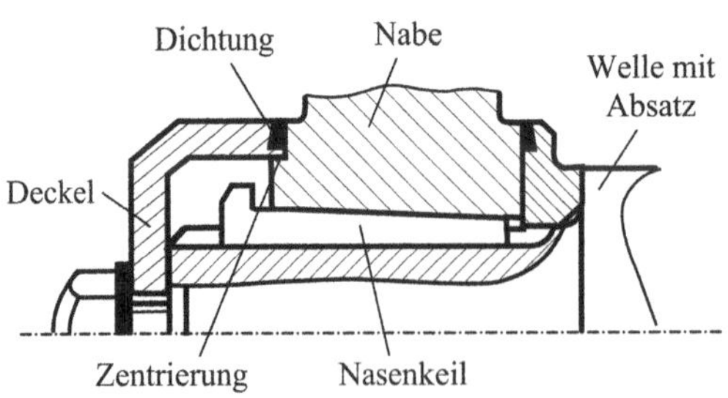

Abb. 10.129 Verbindung mit Nasenkeil.

ergibt, stellt sich die grundsätzliche Frage, ob nicht die Verwendung eines reinen Formschlusselementes wie z. B. einer Passfeder von vornherein vorzuziehen ist. Damit wird die Verwendung der meisten Keilverbindungen unter hygienischen Gesichtspunkten generell in Frage gestellt.

10.8.3 Reibschlussverbindungen

Reibschlussverbindungen werden mit zylindrischen oder kegeligen Wirkflächen verwendet. Infolge des Reibschlusses kann die Verbindung bei entsprechender Überlastung durchrutschen, sodass eine Zerstörung an der Verbindungsstelle ausgeschlossen ist.

10.8.3.1 Presssitze

Bei Presssitzen werden zylindrische Wirkflächen ohne Zwischenelemente zur Kraftübertragung benutzt. Sie können als Querpresssitze (Schrumpfsitz, Dehnsitz), die durch Temperaturdifferenz gefügt werden, oder als Längspresssitze, bei denen das Aufpressen durch eine Längskraft erfolgt, eingesetzt werden. Generell sind solche Verbindungen schwer lösbar und werden deshalb meist für selten zu lösende Konstruktionen bei Übertragung größerer Drehmomente verwendet.

Die Abb. 10.130a zeigt als Beispiel eine Verbindung mit Presssitz auf einem abgesetzten Wellenende, die aus Hygienegesichtspunkten als Querpresssitz ausgeführt werden sollte. Wenn die Welle an der Stelle des Sitzes besonders zu bearbeiten ist, kann auch beiderseits der Nabe ein Absatz mit geringer werdendem Durchmesser vorgesehen werden (Abb. 10.129). Die Welle erhält dann an der Stelle der Verbindung den größten Durchmesser. Eine hygienegerechte Abdichtung an den Enden der Nabe gegenüber dem Wellenabsatz ist bei Anwendung hoher Temperaturen zum Fügen (Schrumpfsitz) meist nicht möglich. Dort kann sich aber wegen undefinierter und ungenügender Anpressung ein mikroskopischer

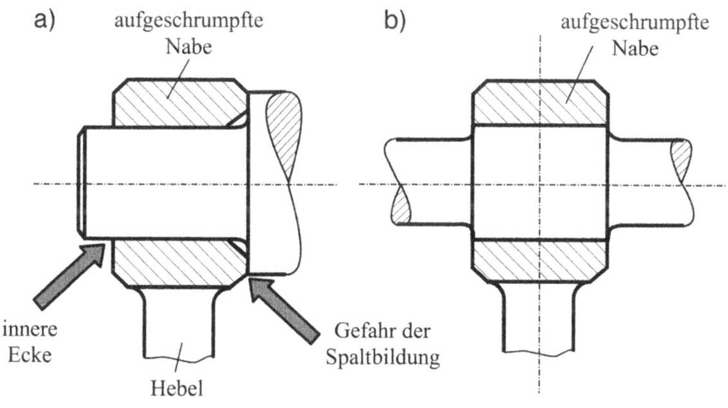

Abb. 10.130 Pressverbindung:
(a) Schrumpfsitz an Wellenabsatz, (b) Schrumpfsitz in Wellenmitte.

Spalt ergeben, der ein allgemeines Hygienerisiko darstellt und nur in Trockenbereichen zulässig ist. Am Presssitz selbst erfolgt aufgrund des Übermaßes der Bauteile, das zur Übertragung der Kraftgrößen erforderlich ist, eine starke Verformung der Rauheitsprofile an den Kontaktflächen. Reinigbarkeitstests haben gezeigt, dass ein hygienerelevanter Spalt dort nicht feststellbar ist. Damit ist als Hygienerisiko lediglich der rechtwinklige Übergang zwischen Nabe und Welle zu betrachten, der eine innere Ecke bildet. Bei vertikaler Anordnung der Welle würde außerdem die oben liegende horizontale Fläche der Nabe nicht selbsttätig ablaufen. Eine entsprechende Neigung der Welle oder leicht konische Gestaltung der Nabe kann dieses Problem beheben. Wegen eines möglichen Überstehens der Nabe sollten Längspresssitze stets an einem Wellenabsatz verwendet werden. Durch das axiale Aufpressen ist in diesem Fall auch der Anschlag zwischen Nabe und Wellenabsatz mit einem geringeren Hygienerisiko verbunden.

10.8.3.2 **Verbindungen mit kegeligen Wirkflächen**

Pressverbände mit kegeligen Wirkflächen sind leichter füg- und lösbar als Presssitzverbindungen. Die Nabe wird dabei mithilfe eines Spannelements wie z. B. einer Schraube mit der Welle verspannt. Wie das Beispiel der Kegelverbindung nach Abb. 10.131 zeigt, wird zwar auch hier der mikroskopische Spalt an der Berührfläche zwischen Nabe und Welle durch Verformung minimiert, wenn die Bearbeitungs- und Formgenauigkeit hoch genug ist. Da eine hygienegerechte Abdichtung der Nabe wegen der Relativverschiebung zwischen Welle und Nabe bei Montage nur sehr schwer möglich ist, empfiehlt es sich jedoch, bei dieser Verbindung generell metallische Berührflächen an Schraubenkopf und Scheibe zuzulassen und auf entsprechende Einsatzgebiete wie trockene Produkte zu beschränken. Wichtig ist dabei, dass zur Vermeidung eines Spalts der Kegel der Welle länger ausgeführt wird als der der Nabe, wie die Einzelheiten in Abb. 10.131 verdeutlichen sollen. Im Gegensatz zum Presssitz entsteht am Nabenende ein innerer Winkel, der kleiner als 90° und damit besonders wegen der Reinigbarkeit zu beachten ist.

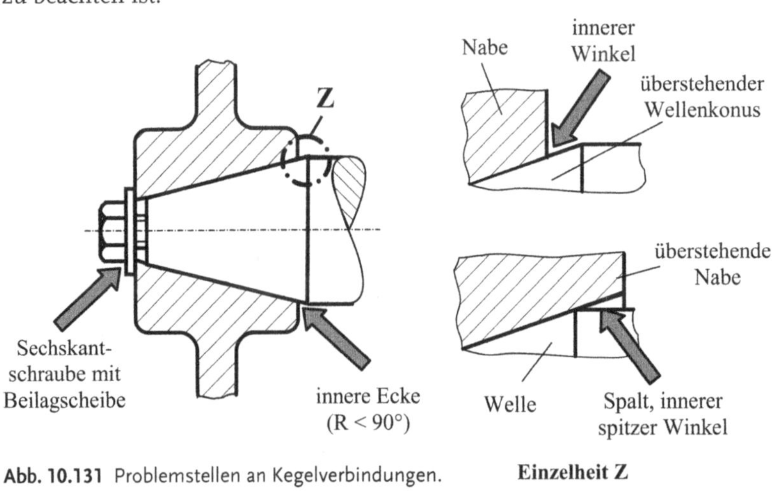

Abb. 10.131 Problemstellen an Kegelverbindungen.

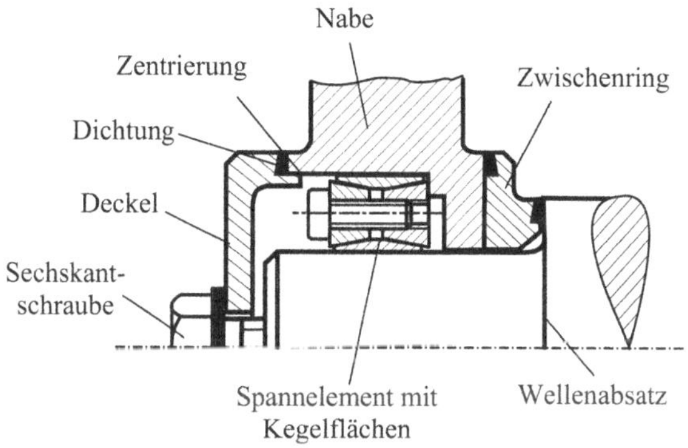

Abb. 10.132 Hygienegerechte Gestaltung einer Verbindung mit kegeligen Spannelementen.

Als weiteres prinzipielles Beispiel für die hygienegerechte Gestaltung einer Verbindung mit kegeligen Wirkflächen ist in Abb. 10.132 die Spannverbindung mit Kegelspannringen dargestellt. Die Verbindung kann in der Nabe untergebracht und diese an beiden Seiten hygienegerecht nach außen abgedichtet werden.

10.8.3.3 **Klemmverbindung**

Leicht lösbare Klemmverbindungen entstehen dadurch, dass die Nabe durch Schraubenkräfte auf die Welle aufgepresst wird. Damit werden Kräfte senkrecht zur Berührungsfläche erzeugt, die Reibungskräfte in der Fläche zur Folge haben. Dadurch lassen sich sowohl Drehmomente als auch Längskräfte übertragen, wie Abb. 10.133 am Beispiel einer geschlitzten Nabe zeigt. Während sich die Seitenflächen der Nabe gegenüber der Welle sowie die Schraubenverbindung mit den vorher angedeuteten konstruktiven Möglichkeiten hygienegerecht abdichten lassen, gilt dies für den Schlitz in der Nabe nicht. Das gleiche Problem entsteht, wenn die Nabe geteilt ist. Damit sind Klemmverbindungen, die zur Reinigung nicht demontiert werden, für Produktbereiche nicht geeignet.

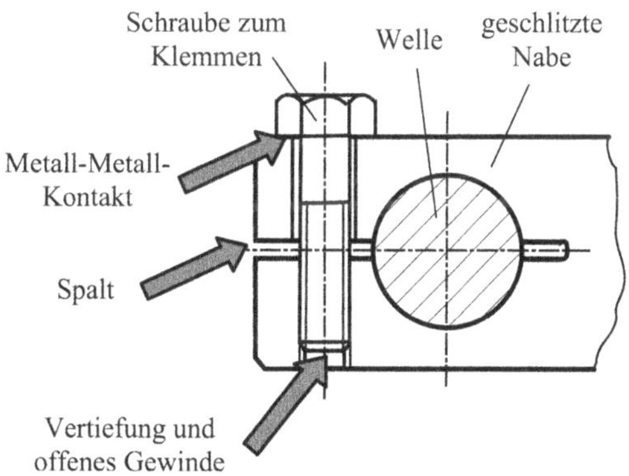

Abb. 10.133 Hygienerisiken an Klemmverbindung.

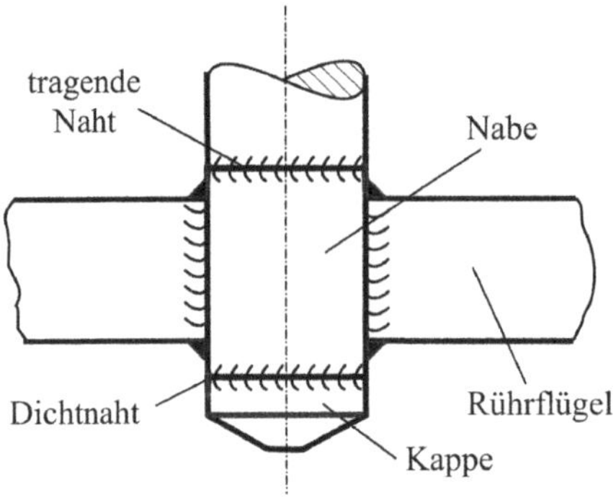

Abb. 10.134 Stoffschlussverbindung (geschweißt).

10.8.4 Stoffschlussverbindungen

Stoffschlussverbindungen sind dadurch gekennzeichnet, dass ein Bindematerial (Bindemittel) Welle und Nabe direkt verbindet. Zu Verbindungen dieser Art zählen Kleben, Löten und Schweißen. Dabei wird gefordert, dass zum einen die Bindematerialien die Anforderungen an physiologische Unbedenklichkeit erfüllen und zum anderen die Gestaltung der Verbindungsstelle nach den relevanten Hygienic-Design-Kriterien erfolgt. In Abb. 10.134 ist das von der EHEDG [36] verwendete Beispiel der Befestigung eines Rührers durch Schweißen dargestellt. Die Nähte können die Aufnahme von Längskräften übernehmen. Sie müssen als Dichtnähte ausgeführt werden, wo Spalte zu vermeiden sind.

10.9 Wellenkupplungen

Kupplungen haben die Aufgabe, Wellen miteinander zu verbinden, um Drehmomente ohne Wandlung zu übertragen. Das heißt, dass sie im stationären Zustand gleichgroße Drehmomente am Ein- und Ausgang aufweisen. Grundsätzlich können Kupplungstypen verwendet werden, bei denen zu verbindende Wellen entweder fluchten müssen oder eine axiale bzw. winkelige Abweichung gegeneinander besitzen dürfen. Außerdem können bestimmte Kupplungen zum „Schalten", d. h. zum Verbinden und Lösen der Verbindung verwendet werden. Einige der üblichen in der Praxis eingesetzten Konstruktionen eigenen sich nicht zum Einsatz im Produktbereich, da sich eine hygienegerechte Gestaltung manchmal ausschließt. Vor allem bei höheren Anforderungen bezüglich Ausgleich oder Elastizität, was jeweils kompliziertere Konstruktionen erfordert, sollte grundsätzlich versucht werden, Kupplungen in den Nicht-Produktbereich zu verlegen. Gleiches gilt für Schaltkupplungen. Im Folgenden sollen für einige ausgewählte einfache Beispiele von Kupplungen die prinzipiellen Konstruktionsanforderungen unter Hygieneaspekten aufgezeigt werden.

10.9.1
Starre Kupplungen

Bei starren Kupplungen, die zu den einfachsten Kupplungsarten gehören, müssen die zu verbindenden Wellen fluchten und dürfen in montiertem Zustand keinen axialen Abstand besitzen. Es ist allerdings darauf zu achten, dass zur Montage und Demontage wegen der Zentrierung eine axiale Verschiebung notwendig ist.

Als Beispiel ist in Abb. 10.135 eine Scheibenkupplung [104] dargestellt, bei der die prinzipiellen Details der hygienegerechten Gestaltung aufgezeigt werden. Die wesentlichen Merkmale des Designs wurden bereits in [36] von der EHEDG diskutiert. Wie die Darstellung zeigt, sind alle inneren Ecken gut auszurunden. Ebene Flächen, die in Einbaulage horizontal liegen, müssen geneigt werden, um selbsttätiges Ablaufen zu ermöglichen. Zusätzlich müssen zum einen die Kupplungsscheiben gegeneinander durch eine hygienegerecht gestaltete Dichtung abgedichtet werden, um metallische Kontaktflächen zu vermeiden. Zum anderen ist das gleiche bei der Schraubenverbindung zu beachten, wofür Beilagscheiben mit Dichtung unter Schraubenkopf und Mutter verwendet werden können. Zusätzlich deckt die Hutmutter das Schraubengewinde ab.

Nach EHEDG-Empfehlungen kann die Kupplung nach Abb. 10.135 für Trockenbereiche bei trockener Reinigung auch ohne Dichtungen ausgeführt werden, da dann ein Wachstum von Mikroorganismen und damit eine biologische Kontamination ausgeschlossen werden kann. Um das axiale Verschieben zu vermeiden, könnte die Kupplung in diesem Fall auch mit geteiltem Zwischenring ausgeführt werden, durch den sich die axiale Verschieblichkeit bei Montage und Demontage vermeiden lässt.

Diese einfachste Kupplungsart wird häufig im Produktbereich z. B. zum Anschluss von Rührern eingesetzt. Eine als Sterilausführung für die Biotechnologie konzipierte Flanschkupplung zeigt Abb. 10.136 [105]. Der Übergang von Nabe zu Flansch ist gut ausgerundet und die Flächen abgeschrägt, sodass bei Einbau mit vertikaler Achse ein selbsttätiges Ablaufen gewährleistet ist. Die Kupplungsscheiben werden mit einer O-Ringdichtung zum Produktbereich hin abgedichtet. Wichtig dabei ist, dass die Dichtstelle hygienegerecht gestaltet ist. Zum Verbinden

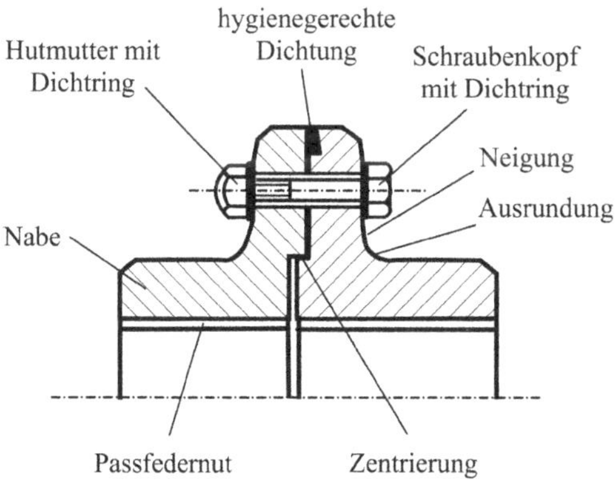

Abb. 10.135 Hygienegerechte Flanschkupplung.

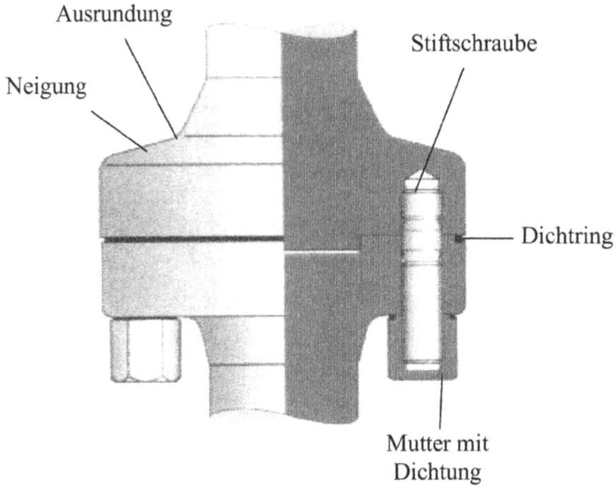

Abb. 10.136 Sterilausführung einer Flanschkupplung [105].

der Kupplungsflansche werden Stiftschrauben verwendet, deren Gewinde mit einer abgedichteten Sechskant-Hutmutter abgedeckt wird. Hier wäre ein runder Ansatz an der Auflage der Mutter zu empfehlen, um eine nach außen bündige Abdichtung durch den O-Ring zu erreichen, was beim Sechskant aufgrund der Ecken nicht möglich ist.

Schalenkupplungen, die aufgrund ihrer Konstruktion geteilt ausgeführt werden müssen und in der Teilfuge einen deutlichen Spalt besitzen, lassen sich dort praktisch nicht hygienegerecht abdichten, sodass sich ein Einsatz im Produktbereich ausschließt.

10.9.2
Drehstarre Ausgleichskupplungen

Je nach Bauart können diese Kupplungen axiale, radiale oder winklige Wellenverlagerungen ausgleichen, die z. B. durch Montage-Ungenauigkeit, Wärmedehnung oder elastische Verformung entstehen. Ein Beispiel zeigt Abb. 10.137 in Form einer Metallbalgkupplung, die alle angeführten Abweichungen ausgleichen kann. Das Zwischenstück mit angeschweißtem Metallbalg, der zur Übertragung des Drehmomentes dient, wird mit den Kupplungsflanschen durch hygienegerecht gestaltete Schraubenverbindungen verschraubt, die metallischen Berührflächen der Flansche durch hygienegerechte Dichtungen abgedichtet. Die linke Seite der Kupplung deutet die hygienisch bessere Möglichkeit an, das Gewinde in einem Flanschteil unterzubringen, um eine Mutter zu vermeiden. Auf der rechten Seite ist die übliche Gestaltung mit Durchsteckschrauben dargestellt, wo sich ein hygienischer Problembereich hinter den Muttern zum Faltenbalg hin ergibt, da diese Stelle schlecht für die Reinigung zugänglich ist. Außerdem ist die Gestaltung der Falten des Metallbalgs bezüglich Tiefe und Weite zu beachten. Es ist darauf zu achten, dass bei laufender Welle gereinigt wird, sodass durch die

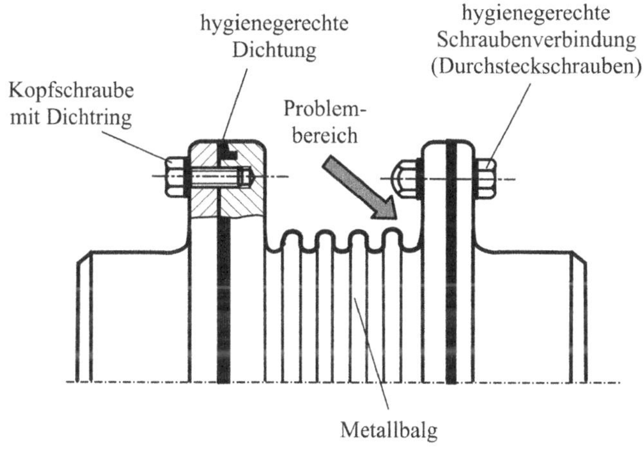

Abb. 10.137 In Hygienebereichen verwendbare Ausgleichskupplung mit Metallbalg.

entstehende Rotationsströmung um den Balg eine günstige Reinigungswirkung in den Falten erzeugt wird.

Im Prinzip könnten auch andere Kupplungsarten wie z. B. Kreuzgelenke in Produktbereichen eingesetzt werden, wenn die Problembereiche der Konstruktion (Gelenke) durch ein elastisches Element abgedeckt werden und damit nach außen eine geschlossene dichte Gestaltung aufweisen, wie es die Prinzipdarstellung nach Abb. 10.138 zeigt. Dabei kann je nach notwendiger Elastizität entweder ein Faltenbalg (Darstellung im oberen Bereich der Kupplung) oder ein glatter Balg (unterer Bereich) verwendet werden. Der Balg muss nicht nur die Winkelbewegung ermöglichen, sondern auch einen Ausgleich in Umfangsrichtung gestatten,

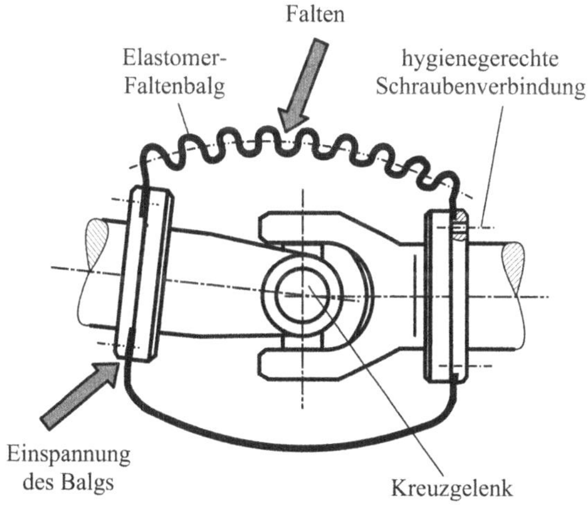

Abb. 10.138 Hermetisch abgedichtetes Kreuzgelenk.

da bei konstanter Umlaufgeschwindigkeit der Antriebswelle die der abgewinkelten Welle pulsiert [106]. Kritische Stellen aus hygienischer Sicht sind die Falten sowie die Einspannstellen des Balgs, die gleichzeitig die Dichtfunktion gegenüber den Kupplungselementen übernehmen. Außerdem müssen die angedeuteten Schraubenverbindungen hygienegerecht gestaltet werden. Auf konstruktive Details soll in diesem Zusammenhang jedoch nicht näher eingegangen werden. Ein weiteres generelles Problem des Einsatzes von elastischen Bälgen im Produktbereich ist die Beschädigungsgefahr bei Betrieb und Wartung. Da durch Risse erhebliche Kontaminationsgefahren entstehen können, die eventuell unbemerkt bleiben, sollten Konstruktionen dieser Art so weit wie möglich vermieden werden.

10.9.3 Elastische Kupplungen

Um radiale, axiale und winkelige Abweichungen von Wellen gegeneinander auszugleichen und zusätzlich drehelastische Eigenschaften zu verwirklichen, werden Kupplungen mit elastischen Übertragungselementen eingesetzt. Die Elemente können aus metallischen Werkstoffen, Polymeren oder Elastomeren bestehen, wobei die Elastizität zusätzlich durch die konstruktive Gestaltung beeinflusst werden kann.

Ein Beispiel einer solchen Kupplung, die auf der linken Seite einen starren Flansch besitzt, während rechts ein Elastomerelement an Nabe und Verbindungsring anvulkanisiert ist, zeigt Abb. 10.139a. Das Beispiel nach Abb. 10.139b soll veranschaulichen, dass die Kupplung durch einfache Maßnahmen hygienegerecht umgestaltet werden könnte, wenn entsprechender Bedarf für den Einsatz im Produktbereich besteht. Der umgestaltete Flanschring dient zur Aufnahme des Gewindes einer hygienegerecht zu gestaltenden Schraubenverbindung, z. B. mit Kopfschraube und Abdichtung. Die Kupplungsscheiben sind nach Hygienic-

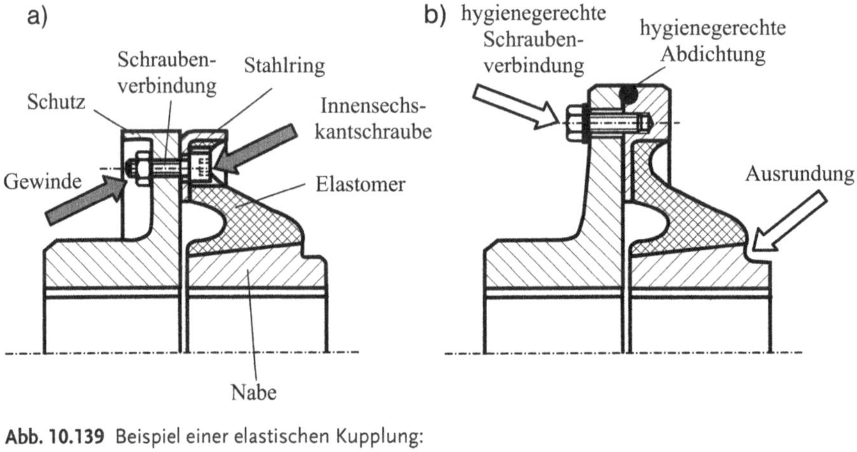

Abb. 10.139 Beispiel einer elastischen Kupplung:
(a) übliche Ausführung, (b) hygienegerechte Gestaltung.

Design-Prinzipien bündig abzudichten. Der linke Flansch ist ausgerundet und abgeschrägt, um bei Einsatz mit vertikaler Achse selbsttätig ablaufen zu können.

Es sollte noch erwähnt werden, dass andere elastische Kupplungen wie z. B. Bolzenkupplungen mit Elastomerhülsen bei Bedarf in einfacher Weise hygienegerecht umgestaltet werden können, indem man die kritischen Stellen mit einem Balg abdeckt, wie es Abb. 10.138 vom Prinzip her zeigt.

10.10 Lager

Lager dienen zum Führen von Maschinenelementen, die eine drehende Bewegung wie z. B. Wellen, Achsen und Bolzen oder eine hin- und hergehende Bewegung wie z. B. Ventil- oder Kolbenstangen ausführen. Gleichzeitig müssen sie die Belastungen der zu lagernden Bauteile aufnehmen. Unter hygienischen Aspekten ist eine exakte Lagerung, die möglichst statisch bestimmt ausgeführt werden sollte, eine wesentliche Voraussetzung für die Funktion dynamischer Dichtungen.

Man unterscheidet Lager zum einen nach der Richtung der Belastung, die radial oder axial erfolgen kann. Zum andern wird nach den Bewegungsverhältnissen zwischen Gleit- und Wälzlagern unterschieden.

Im Allgemeinen sollten Lagerstellen von bewegten Bauelementen in den Nicht-Produktbereich verlegt werden und soweit erforderlich durch dynamische Dichtungen wie Gleitringdichtungen oder vorgespannte Lippendichtungen zum Produktraum hin abgedichtet werden. Nach DIN EN ISO 14 159 [35] wird dies in folgender Form gefordert: „*Wo immer dies möglich ist, müssen geschmierte Lager einschließlich solcher Lagertypen, die rundherum abgedichtet sind, außerhalb der produktberührten Oberfläche angeordnet sein. Zwischen dem Lager und der produktberührten Oberfläche muss ein angemessener Spielraum vorhanden sein, der für die Kontrolle offen ist.*“ Für Fälle, in denen sich aus funktionellen Gründen eine Lagerung direkt im Produktbereich nicht vermeiden lässt, müssen hygienegerechte Konstruktionen eingesetzt werden, um Kontaminationsgefahren auszuschließen. Prinzipielle Anforderungen und Gestaltungsbeispiele werden im Folgenden aufgezeigt.

10.10.1 Gleitlager

Bei Gleitlagern führt ein Bauteil eine entsprechende Bewegung unmittelbar im Lager aus. Dies kann entweder bei Drehbewegungen z. B. der Wellenzapfen einer Welle oder bei hin- und hergehender Bewegung eine Stange bzw. ein Kolben sein. Dabei besteht bei Bewegungsbeginn und langsamer Bewegung immer direkter Kontakt zwischen den Werkstoffen von Lager und Bauteil, wodurch Verschleiß durch Reibung entsteht. Durch Verwendung von geeigneten Schmiermitteln, die auch flüssige Produkte sein können, wird der Verschleiß vermindert. Bei Drehbewegungen kann bei hohen Umlaufgeschwindigkeiten der Werkstoffkontakt dadurch aufgehoben werden, dass ein durchgehender Flüssigkeitsfilm zwischen Lager und Bauteil entsteht.

Um den Verschleiß zu minimieren, der sich auf die Genauigkeit der Lagerung auswirkt und damit auch Hygienic-Design-Maßnahmen negativ beeinflussen kann, müssen geeignete Lagerwerkstoffe ausgewählt werden. Diese müssen bei Verwendung im Produktbereich die entsprechenden Hygieneanforderungen erfüllen, d. h. sie müssen inert und an der produktberührten Oberfläche ausreichend glatt sowie poren- und fehlerfrei wie z. B. frei von Rissen und nicht sichtbaren Spalten sein. Da Edelstahl bei Kontakt mit Edelstahl zum Fressen neigt, werden entsprechende Lagerwerkstoffe mit guter Gleitfähigkeit eingesetzt. Bei Metallen kommen im produktberührten Bereich Legierungen aus Zinn, Nickel und Silber in Frage. Häufig werden aber auch Lager mit Kunststoffauskleidung, wie z. B. mit geeigneten PTFE-Werkstoffen eingesetzt. Wenn das Lager zum Produkt hin abgedichtet wird, dürfen nur zugelassene Schmierstoffe wie z. B. H1-Schmiermittel [107] eingesetzt werden.

10.10.1.1 Lagerstellen für Drehbewegungen

Abbildung 10.140 zeigt eine Prinzipdarstellung eines produktgeschmierten Gleitlagers mit einseitiger axialer Führung am Wellenabsatz. Das Lager besteht aus einer zylindrischen Buchse mit glatter Innenoberfläche, die in das Gehäuse eingepresst ist. In dieser Form stellt das Lager im Produktbereich ein Hygienerisiko dar, da der enge Spalt zwischen Lager und Welle zwar durch ein flüssiges Produkt ausreichend geschmiert werden kann, aber nicht zuverlässig gereinigt wird. Vor allem der Wellenabsatz stellt eine ausgesprochene Problemstelle dar.

Eine erhebliche Verbesserung der Reinigbarkeit wird entsprechend [36, 108] dadurch erzielt, dass die Lagerung nach Abb. 10.141 nur zur radialen Führung benutzt wird. Der Wellenzapfen enthält axiale Nuten, die in axialer Richtung durch große Ausrundungen strömungsgünstig gestaltet sind. Sie werden während der Produktion von Produkt bzw. während der Reinigung von Reinigungsmittel durchströmt. Aufgrund des Energieeintrags durch die Drehbewegung erfolgt bei der Reinigung ein intensiver Kontakt aller mit Schmutz benetzten Stellen der

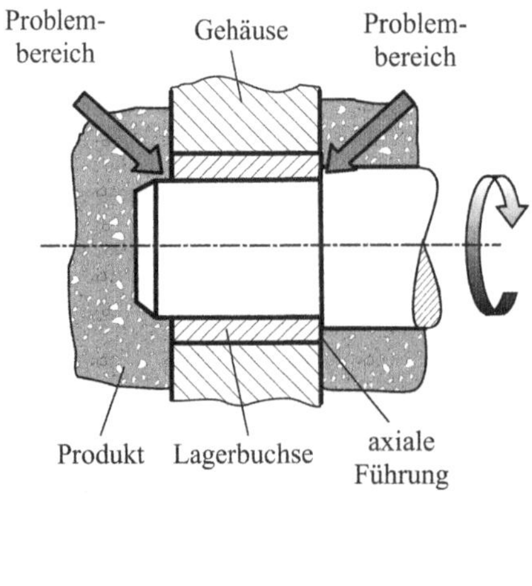

Abb. 10.140 Problemzonen bei radialen Gleitlagern für Drehbewegungen im Produktbereich.

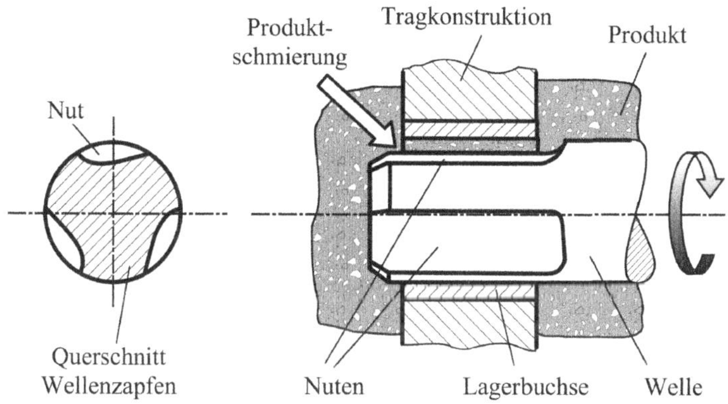

Abb. 10.141 Reinigbar gestaltetes Gleitlager (nach [108]).

inneren Oberflächen des Lagers und der Welle mit Reinigungsmittel. Damit ist eine einfache und leichte Reinigung im Durchfluss gewährleistet.

10.10.1.2 **Lagerstellen für Schwenkbewegungen in Umfangsrichtung**

Für hin- und hergehende Drehbewegungen werden Lagerstellen häufig auch als Gelenkverbindungen bezeichnet. Die Bewegung wird dabei meist durch Achsen oder Bolzen ermöglicht, die entweder in einfach gestalteten Lagerbüchsen oder direkt in den Bauteilen gelagert sind. Gelenke spielen in der Praxis eine große Rolle, wenn Schwenkbewegungen wie beim Öffnen von Deckeln ausgeführt werden müssen. Ein großes Anwendungsgebiet stellen außerdem die Gelenkverbindungen von Transportketten dar. In Abb. 10.142 ist ein übliches Bolzengelenk dargestellt, bei dem der Bolzen in dem inneren Bauteil gelagert ist, während er in dem äußeren beispielsweise eingepresst sein kann. In diesem Fall liegt ein eindeutiges Lager vor, das eine radiale und axiale Führung ermöglicht.

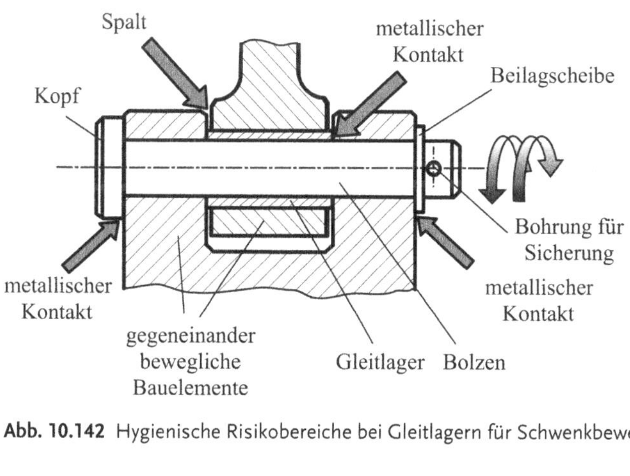

Abb. 10.142 Hygienische Risikobereiche bei Gleitlagern für Schwenkbewegungen.

Aus hygienischer Sicht eignet sich eine solche Konstruktion nicht für den Betrieb im Produktbereich bei in-place-Reinigung. Zum einen ergeben sich eine Reihe metallischer Kontaktflächen, zum anderen liegen Spalte zwischen den Bauteilen sowie in der Bohrung für das axiale Sicherungselement (z. B. Splint) vor. Eine hygienegerechte Lösung ließe sich nur mit erheblichem und im Allgemeinen nicht vertretbarem Aufwand erreichen. Dazu müssten beispielsweise alle metallischen Kontaktflächen zum Produkt hin abgedichtet werden. Zur axialen Sicherung könnte z. B. das Bolzenende mit Gewinde versehen und durch eine abgedichtete Hutmutter abgedeckt werden. Das größte konstruktive Problem liegt in der Abdichtung der Spalte der gegeneinander bewegten Bauelemente, wo geeignete dynamische Dichtungen erforderlich wären.

Verbesserte hygienische Verhältnisse lassen sich erzielen, wenn die Funktion der Bauteile eine sogenannte schwimmende Lagerung zulässt, bei der eine axiale Verschieblichkeit ausreichend große und damit reinigbare Spalte zwischen den Bauteilen ermöglicht. Durch Nuten im Bolzen oder Lager könnte die Reinigbarkeit im Lagerbereich gemäß Abb. 10.143 erhöht werden, die zusätzlich wie z. B. bei Kettengliedern durch die Bewegung unterstützt wird. Die Lagerung könnte grundsätzlich im inneren oder im äußeren Bauteil erfolgen. Eine Verbesserung der Reinigbarkeit kann dadurch erzielt werden, dass die Lagerstelle nicht völlig umschlossen wird, sodass unterschiedliche Bereiche des Bolzens während der Schwenkbewegung der Reinigung zugänglich sind.

Eine praktisch ausgeführte Konstruktion zeigt Abb. 10.144. Dabei ist das Mittelteil kugelförmig gerundet, um Spalte zwischen den gelenkig verbundenen Bauteilen zu vermeiden. Der Spalt im mittleren Bauteil zwischen Lager und Bolzen lässt sich bei dieser Konstruktion nicht vermeiden.

Insgesamt gesehen stellen Gelenke in ausgeführten Konstruktionen ein hohes Hygienerisiko dar, von dem häufig Mikroorganismenwachstum ausgeht. Die sicherste Lösung ist in der Zerlegung während der Reinigung zu sehen, wobei Bolzen und Bauteile im Lagerbereich getrennt zu reinigen sind.

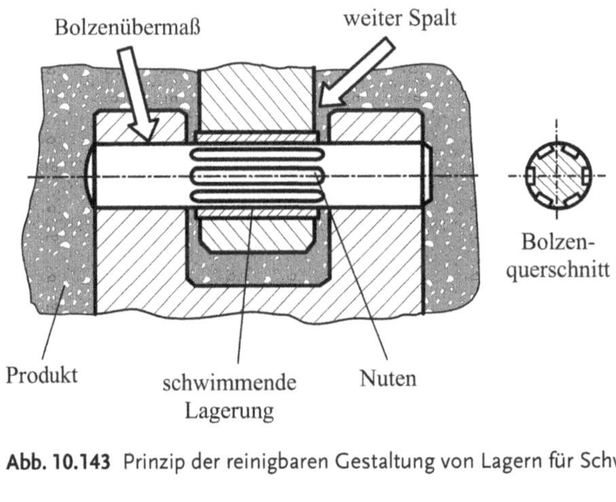

Abb. 10.143 Prinzip der reinigbaren Gestaltung von Lagern für Schwenkbewegungen.

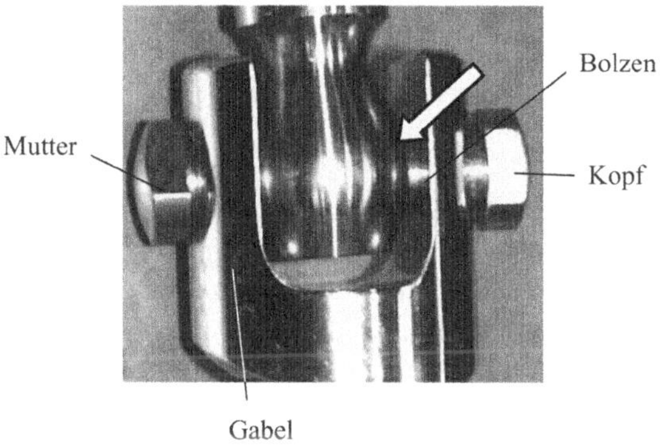

Abb. 10.144 Beispiel eines Gelenks mit verbesserter Reinigbarkeit.

10.10.1.3 **Lagerstellen für hin- und hergehende Längsbewegungen**

Bei hin- und hergehenden Bewegungen werden häufig die Funktionen von Lagerung und Abdichtung nicht konsequent getrennt, was hygienische Probleme nach sich zieht. Die Abb. 10.145a soll dies prinzipiell an einer Kombinationsdichtung verdeutlichen (s. auch Abschnitt 10.4.2). Der aus Gleitmaterial wie z. B. PTFE ausgeführte innere Ring erfüllt in manchen Fällen, häufig z. B. wegen Platzmangels, gleichzeitig die Aufgabe einer Führung und der Abdichtung der Stange zum Gehäuse hin. Der zusätzliche montierte Elastomerring übernimmt die elastische Vorspannung. Aufgrund der Nachgiebigkeit wird die Lagerfunktion nicht ausreichend erfüllt, da sich der Elastomerring je nach Belastungsrichtung unterschiedlich verformt. Dies hat umgekehrt zur Folge, dass auch die Dichtwirkung ungenügend ausgeübt wird. Noch ungünstigere Verhältnisse liegen vor, wenn eine Elastomerdichtung direkt als Lager verwendet wird. Ein wesentliches Prinzip ist es daher, ein zusätzliches Lager zu verwenden, um die Lagerfunktion

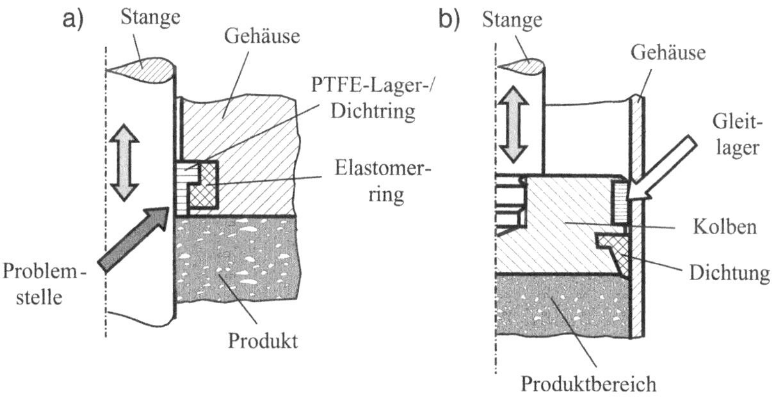

Abb. 10.145 Gleitlager für hin- und hergehende Bewegungen:
(a) Problemstelle durch Kombination von Lagerung und Dichtung,
(b) Trennung von Lagerung und Dichtung.

konsequent von der Dichtfunktion zu trennen, wie es das Beispiel der Kolbenabdichtung nach Abb. 10.145b verdeutlichen soll. Das Lager besteht aus einem ausreichend harten Lagermaterial und liegt eigentlich im Nicht-Produktbereich. Die Dichtung dichtet im Prinzip gegenüber dem Produktbereich ab. Tatsächlich ist jedoch aufgrund der dynamischen Bewegung ein Transport durch die Dichtung hindurch unvermeidbar (s. auch Abschnitt 10.3). Deshalb muss zum einen der Werkstoff des Gleitlagers den relevanten Hygieneanforderungen entsprechen. Zum Beispiel ist bei porösen Materialien wie Sinterwerkstoffen die Gefahr gegeben, dass in den Poren Mikroorganismen wachsen und eine Kontamination bis in den Produktbereich verursachen. Zum anderen muss ein zulässiger Schmierstoff zum Schmieren der Lagerstelle verwendet werden (s. Abschnitt 7.4.1). Wenn ein Transport durch die Dichtung generell ausgeschlossen werden muss, ist eine hermetische Abdichtung zu wählen, bei der das Lager dann tatsächlich im Nicht-Produktbereich liegt.

10.10.2
Wälzlager

Für Drehbewegungen eingesetzte Wälzlager sind im Allgemeinen einbaufertige Maschinenelemente. Sie bestehen aus zwei Ringen, zwischen denen sich Wälzkörper abwälzen, die die Bewegung mittelbar ermöglichen. Der Abstand der Wälzkörper gegeneinander kann durch einen Käfig gewährleistet werden. Die Ringe werden auf den zugehörigen Bauelementen wie Welle und Gehäuse mit Übermaß montiert, d. h. auf- bzw. eingepresst. Bei Spezialausführungen können bestimmte Wälzkörper wie Zylinderrollen oder Nadeln direkt auf entsprechend gehärteten und ausgeführten Oberflächen der Bauteile laufen. Auch der Käfig kann bei manchen Lagerbauarten entfallen.

Aus hygienischer Sicht sind Wälzlager wegen ihres komplizierten Aufbaues im Allgemeinen nicht geeignet, in produktberührten Bereichen eingesetzt zu

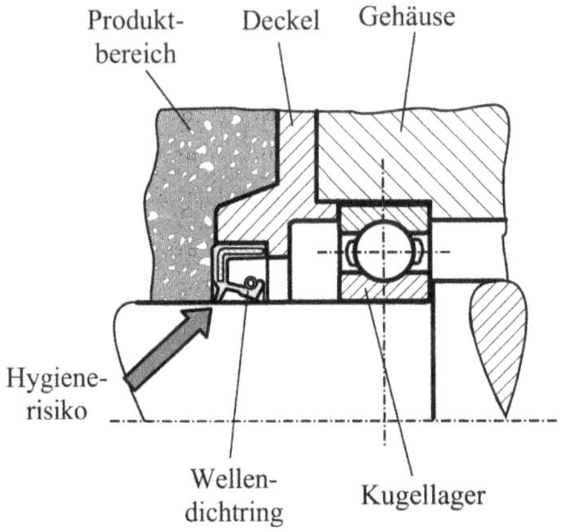

Abb. 10.146 Hygienerisiko bei Abdichtung von Wälzlagern durch Wellendichtringe.

werden. Die Abb. 10.146 zeigt eine prinzipielle Darstellung einer Lagerung mit einem Rillenkugellager. In dem Beispiel ist das Gehäuse zum Produktraum hin mit einem Wellendichtring abgedichtet, der so angeordnet ist, dass die Dichtlippe den Austritt von Schmiermittel und Kontaminanten aus dem Gehäuse in den Produktraum begrenzt. Da ein Transport geringer Mengen durch die Dichtung hindurch nicht ausgeschlossen werden kann, muss ein zugelassener, physiologisch unbedenklicher Schmierstoff eingesetzt werden. Eine umgekehrte Anordnung des Dichtrings, die hauptsächlich das Eindringen von Produkt in das Gehäuse verhindern würde, ist aus hygienischer Sicht nicht zulässig, da die Feder zum Anpressen der Dichtlippe Spalte enthält und als nicht reinigbar anzusehen ist.

Für höhere Anforderungen kann der Lagerbereich durch eine Doppeldichtung mit dazwischenliegendem Spülraum gegenüber dem Produktraum abgedichtet werden. Bei entsprechenden Betriebsverhältnissen ist die Verwendung von Gleitringdichtungen in einfacher oder doppelter Anordnung möglich.

Untersuchungen mit Wasser haben gezeigt, dass Kugellager aus Keramikwerkstoffen auch im produktberührten Bereich einsetzbar sind. Durch die Bewegungen der Kugeln wird die Reinigungswirkung unterstützt, sodass bei Reinigbarkeitstests keine Schmutzrückstände festgestellt werden konnten. Allerdings liegen keine Betriebserfahrungen über längere Zeiten vor.

Längslagerungen mit Wälzkörpern wie Kugeln sollten grundsätzlich nur im Nicht-Produktbereich eingesetzt werden, da produktberührte hygienegerechte Abdichtungen kostengünstig nicht realisierbar sind.

10.11 Getriebe

Getriebe wie z. B. Riemen-, Ketten-, Reibrad- oder Zahnradgetriebe dienen zum Wandeln von Drehzahlen und Drehmomenten zwischen Wellen. In dieser Funktion handelt es sich um Maschinenelemente, die grundsätzlich nicht im Produktbereich eingesetzt werden, sondern in getrennten Gehäusen oder gekapselten Bereichen von Maschinen und Apparaten untergebracht werden sollten. Eine Abdeckung z. B. von Keil-, Flach- oder Kettenantrieben durch Schutzbleche oder andere Schutzvorrichtungen in hygienerelevanten Produktionsräumen, in denen Produkte in offener Weise hergestellt oder abgepackt werden, ist keine ausreichende Maßnahme, um Kreuzkontamination durch Schmiermittel und Schmutz einschließlich Mikroorganismen zu vermeiden.

10.12 Elektromotoren

Elektromotoren dienen zum Antrieb von Maschinen und wandeln dabei elektrische Energie in mechanische um. Sie werden in unterschiedlichen Bauarten ausgeführt, die in erster Linie das Antriebsverhalten bestimmen. Um eine ange-

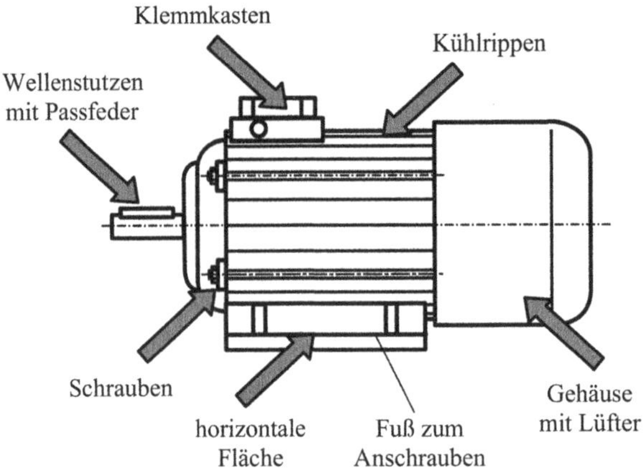

Abb. 10.147 Hygienische Problembereiche von Elektromotoren.

messene Lebensdauer zu erreichen, ist die Erwärmung der Motoren zu begrenzen. Dabei wird die Wärme an ein Kühlmittel wie Luft oder Wasser abgegeben.

In den meisten Fällen werden Elektromotoren im Nicht-Produktbereich eingesetzt, für den relativ geringe Anforderungen bezüglich hygienegerechter Gestaltung bestehen. Für diesen Zweck entsprechen sie zwar meist den grundlegenden Anforderungen. Das bedeutet, dass spezielle Motoren auch in Nassbereichen einsetzbar und nass reinigbar sein müssen. Sie besitzen dann meist eine durch Beschichtung oder Anstrich korrosionsbeständig behandelte, nicht absorbierende äußere Werkstoffoberfläche. In Bezug auf grundlegende Anforderungen an Hygienic Design lassen sich jedoch meist Mängel feststellen.

Wenn sich die Motoren jedoch direkt in Hygienebereichen befinden, in denen eine Kreuzkontamination von nicht hygienegerecht gestalteten Motorelementen ausgehen kann, ist eine hygienegerechte Ausführung Voraussetzung für ihren Einsatz. Neben leichter Reinigbarkeit der Oberflächen sind in diesem Fall alle hygienisch problematischen Bereiche so weit wie möglich auszuschließen bzw. hygienegerecht zu verbessern. Dies sind z. B. wie Abb. 10.147 zeigt Vertiefungen im Gehäuse und schlecht zugängliche Bereiche der Kühlrippen, wo sich Schmutznester bilden und das Ablaufen von Flüssigkeiten nicht vollständig möglich ist. Problemstellen sind weiterhin das zum Gehäuse abgedichtete Wellenende mit Passfeder, die Art der Abdichtung, Gehäuseschrauben, der Klemmkasten für den elektrischen Anschluss sowie, falls vorhanden, der Ventilator zur Belüftung und Kühlung. Außerdem können Einbauort und -lage im Fall offener Prozessanlagen hygienische Probleme bereiten. Im Folgenden sollen deshalb Möglichkeiten zur Verbesserung des Hygienic Designs diskutiert werden, wenn die Motoren in Hygienebereichen verwendet werden.

10.12.1
Allgemeine Gestaltung

Aus Gründen der Reinigbarkeit sind völlig glatte, selbsttätig ablaufende Motoroberflächen anzustreben. Die Lackierung muss laugen- und säurebeständig ausgeführt werden, um den Antrieb nicht nur vor Produkteinflüssen, sondern auch vor aggressiven Reinigungsmedien zu schützen. Horizontale Flächen sind für jede Einbaulage zu vermeiden, um das Ablaufen von Flüssigkeiten nicht zu behindern. Wenn Kühlrippen erforderlich sind, sollten diese einen ausreichenden Abstand zueinander erhalten, um die Zwischenräume leicht reinigen zu können. Der Rippenbereich muss selbsttätig ablaufend gestaltet werden, was z. B. durch am Ende offene Rippen und Abschrägung gewährleist werden kann. Erforderliche Klemmkästen sollten keine Spalte zur Motoroberfläche hin erzeugen, die nicht reinigbar sind und die Bildung von Schmutznestern ermöglichen. Sie müssen leicht reinigbar gestaltet werden und entweder einen ausreichenden Abstand zur Motoroberfläche erhalten oder in diese integriert werden. Eine hygienisch günstige Lösung des elektrischen Anschlusses kann z. B. auch mithilfe von geeigneten reinigbaren Steckverbindungen erreicht werden, sodass ein Klemmkasten vermieden wird.

Schrauben müssen entsprechend den Anforderungen gemäß Abschnitt 10.4 gestaltet werden. Das bedeutet, dass geeignete Kopfformen wie Sechskant- oder Hutkopf zu verwenden sind und die Muttern das Gewinde abdecken müssen. Außerdem ist eine Abdichtung von Kopf und Mutter zur Auflage hin erforderlich. In Trockenbereichen kann diese Abdichtung entfallen. Die Wellendurchführung durch das Gehäuse sollte so abgedichtet werden, dass keine unzulässigen Vor- oder Rücksprünge und Spalte entstehen. Bei Wellenenden mit Passfeder muss es die Konstruktion der Kupplung ermöglichen, dass Nute und andere Spalte zum Hygienebereich hin abgedichtet werden (s. Abschnitt 10.7).

Hauben aus Edelstahl zur Motorabdeckung, die nicht völlig geschlossen und dicht sind, lassen sich in Hygienebereichen im Allgemeinen nicht verwenden. Wenn sie dennoch eingesetzt werden, müssen sie einfach zu entfernen sein, um eine Reinigung der abgedeckten Bereiche zu ermöglichen.

10.12.2
Motorkühlung

Für die Standardausführung von Elektromotoren wird meist eine Innenbelüftung durch Axial- oder Radiallüfter zur Kühlung verwendet. Diese sind im Motorgehäuse untergebracht und werden mit einem Deckel geschützt, der über ein Gitter die Belüftung ermöglicht. Da der Lüfter praktisch nicht gereinigt wird, bilden sich innerhalb des Motorgehäuses im Umfeld des Lüfters Staub- und Schmutzansammlungen (Abb. 10.148). Speziell bei feuchten Umgebungsverhältnissen wird das Wachstum von Mikroorganismen gefördert. Durch die Luftströmung des Lüfterrads besteht die Gefahr, Schmutzteilchen und Mikroorganismen in die Umgebung und damit auch in das Produkt zu transportieren.

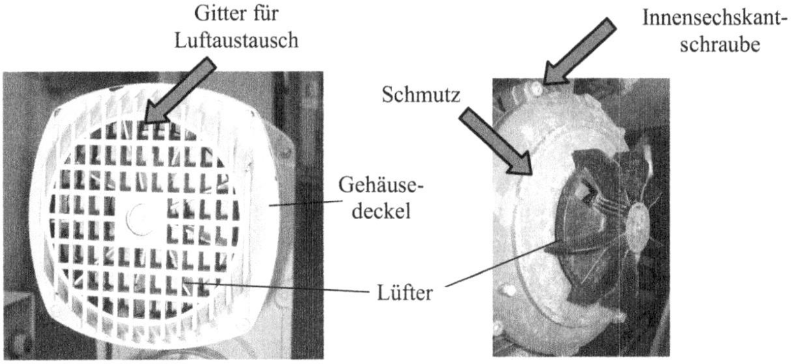

Abb. 10.148 Kontaminationsgefahr durch Motoren mit Lüfter in Hygienebereichen: (a) Schutzgitter, (b) schwer reinigbare Schmutzstellen im Ventilatorbereich.

Deshalb stellt dieser Bereich eines Elektromotors eine erhebliche Kontaminationsgefahr dar.

10.12.2.1 **Luftkühlung über Gehäuseoberfläche ohne Lüfter**

Um das Risiko der Keimbildung zu vermindern und eine Verwirbelung der Raumluft durch den Antrieb zu verhindern, sind Motoren ohne Lüfter verfügbar [109]. Die Kühlung erfolgt in diesem Fall direkt über die Gehäuseoberfläche (Abb. 10.149). Auf Wunsch kann die Temperatur mithilfe von Thermistoren kontrolliert werden, um unzulässige Temperaturen zu vermeiden.

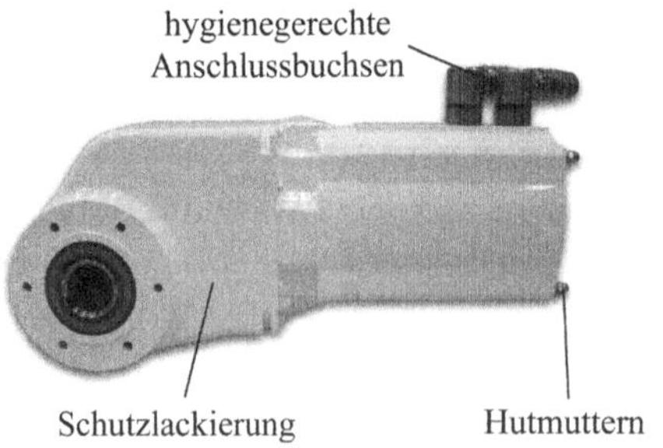

Abb. 10.149 Motor ohne Ventilator.

Topfmotoren mit hygienegerechter Oberflächengestaltung und vergossener Wicklung, die durch eine Zweikomponenten-Vergussmasse lunkerfrei versiegelt wird, bieten aufgrund der Kapselung gegen Wasser hervorragende Wärmeableiteigenschaften.

10.12.2.2 **Wassergekühlte Motoren**

Elektromotoren mit Flüssigkeitskühlung sind für viele Anwendungen in hygienerelevanten Produktionsräumen wie z. B. Reinräumen oftmals eine technisch und wirtschaftlich sinnvolle Lösung. Auch im unteren Leistungsbereich – wo traditionell mit Luft gekühlt wird – ist die Kühlung mittels Flüssigkeit wirtschaftlich möglich. Zusatzvorteile ergeben sich durch maximale Leistung auf kleinstem Volumen, geringes Gewicht, einen niedrigen Geräuschpegel und keine Wärmeabstrahlung an die unmittelbare Umgebung. Der Einsatz ist auch unter schwierigen Umgebungsbedingungen wie bei Staub, Wärme oder Kälte möglich.

Die Oberflächen der Motoren lassen sich in diesem Fall hygienegerecht glatt und rippenfrei gestalten. Klemmenkästen können in den Motor integriert werden, sodass vorstehende Teile entfallen.

Für bestimmte Anwendungsfälle wie z. B. den Antrieb von Pumpen sind Sonderbauarten von Motoren entwickelt worden, die zusammen mit dem Pumpenteil eine kompakte Einheit bilden. Solche Motoren sind in erster Linie: Tauchmotoren, Spaltrohrmotoren und Unterwassermotoren.

Der Tauchmotor hat ein von außen benetzbares Motorgehäuse, sodass seine Motorwärme an die Förderflüssigkeit abgegeben werden kann, in die das angetriebene Bauelement eintaucht. Die Motoren sind z. B. mit Luft oder Öl gefüllt und gegen die Förderflüssigkeit abgedichtet. Sie sind häufig so ausgelegt, dass sie auch betrieben werden können, wenn das Motorgehäuse nur gelegentlich oder nur zum Teil von außen benetzt wird.

Der Spaltrohrmotor ist ein Nassläufermotor mit trockener Statorwicklung. Durch korrosionsbeständige dünnwandige zylindrische Rohre (Spaltrohre) wird die Statorwicklung und meistens auch der Rotor gegen die Förderflüssigkeit im Rotorraum abgedichtet. Dadurch können auch gasdichte Motoren einfach und sicher hergestellt werden. Spaltrohrmotor und Pumpe bilden eine Einheit ohne Wellendichtung.

Der Unterwassermotor ist ein Nassläufermotor mit nasser Statorwicklung. Der Motor ist vollständig mit Flüssigkeit wie z. B. Wasser gefüllt.

10.12.3 Einbausituation

Um Hygienerisiken auszuschließen, sollten Antriebe möglichst in den Nicht-Produktbereich verlegt werden. Dies ist bei geschlossenen Produktionsanlagen generell der Fall, wo Motoren und Getriebe wie z. B. bei Pumpen außerhalb der Apparate angeordnet werden und eine hygienegerechte dynamische Abdichtung zum Produkt hin besteht. Bei offenen Prozessen ist dies entsprechend Abb. 10.150 in gleicher Weise möglich, indem die Antriebsaggregate in geschlossenen und dichten Gehäusen der Maschinen oder Apparate untergebracht werden. Dabei ist auf eine ausreichende natürliche oder zwangsweise Kühlung des Gehäuses zu achten.

Werden die Antriebe in Umgebung eines in offener Weise hergestellten Produktes eingesetzt, so ergibt sich die direkte Gefahr einer Kreuzkontamination. Ein Beispiel dafür zeigt die Anordnung eines Motors mit Lüfter gemäß Abb. 10.151a in unmittelbarer Nähe eines Transportbandes, auf dem gereinigte Flaschen zum Abfüllen gefördert werden. Der Lüfter des Motors ist so montiert, dass die Luft direkt in Richtung Flaschenmündung geblasen wird. Aufgrund der feuchten

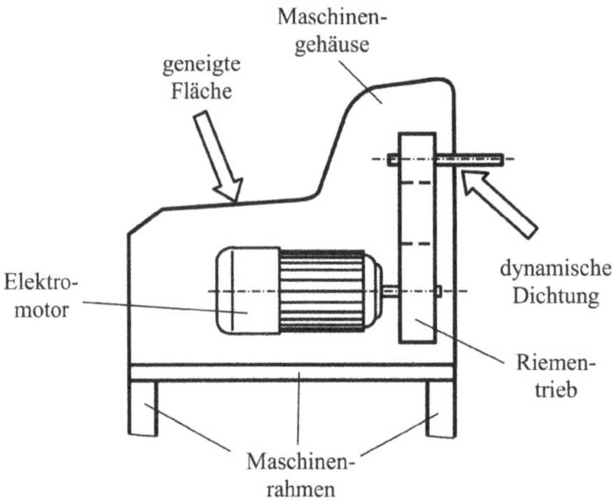

Abb. 10.150 Unterbringung von Motor und Getriebe in geschlossenem Gehäuse (Kühlung über Gehäuseflächen).

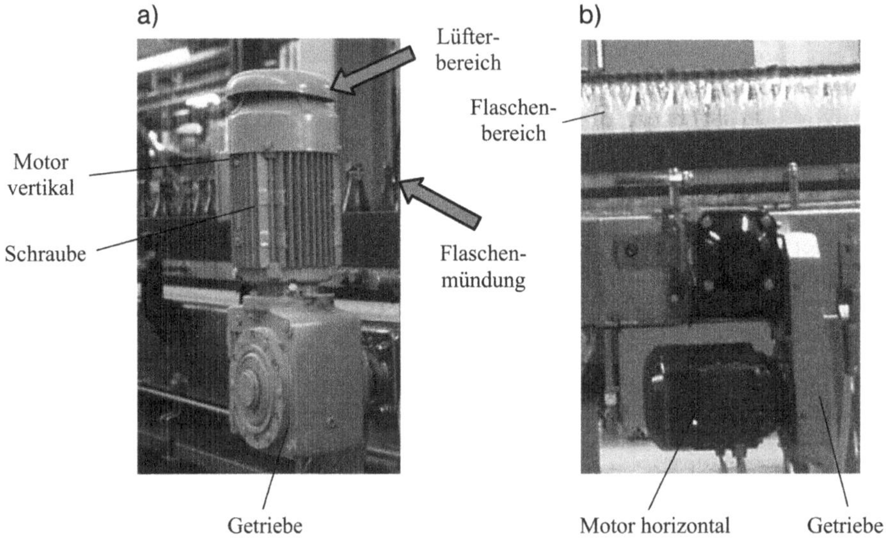

Abb. 10.151 Anordnung von Motoren in offenen Bereichen (Transport gereinigter Flaschen):
(a) Luftströmung von Motorventilator im Flaschenhalsbereich,
(b) Motor unterhalb der Flaschenöffnungen.

Umgebung ist eine Kontamination der Flaschen vorprogrammiert. Durch einfache Änderung der Anordnung entsprechend Abb. 10.151b kann die Situation bereits erheblich verbessert werden. Zusätzliche sollte der Motor hygienegerecht gestaltet, d. h. leicht reinigbar sein und eine lüfterlose Version verwendet werden (Abb. 10.149).

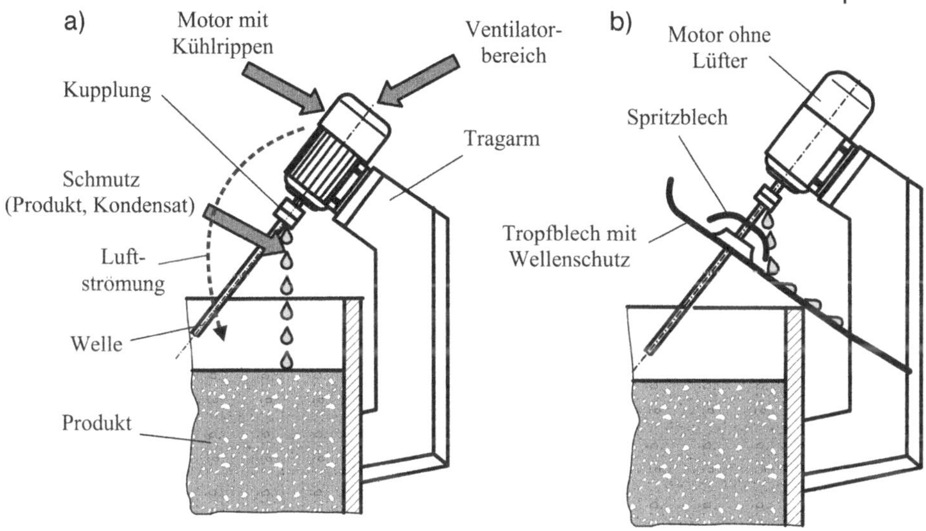

Abb. 10.152 Anordnung von Motoren über „offenen" Produktbereichen:
(a) Gefährdung des Produkts durch Abtropfen von Schmutz und verschmutzte Luft,
(b) Gestaltungsvorschlag zur Verbesserung der hygienischen Verhältnisse.

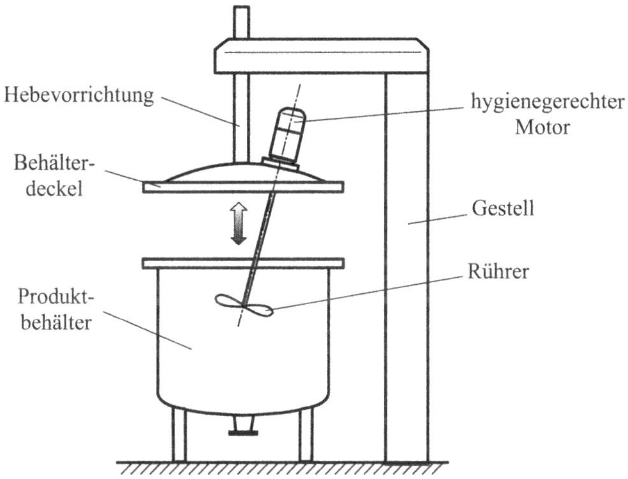

Abb. 10.153 Verlegung des Motors während der Produktion in den Nicht-Produktbereich.

Wenn Antriebe z. B. über Produkten angeordnet werden müssen und dadurch eine Gefährdung in Form von Verunreinigungen durch Schmutz, Kondensat und Schmiermittel verursacht wird, kann eine Verbesserung der Hygienesituation auch durch Schutzabdeckungen erreicht werden, wie es die EHEDG als prinzipielle Gestaltungsmöglichkeit vorschlägt [36]. Ein an auf die Welle monierter

Spritzring vermeidet das Tropfen von Kondensat und Schmiermittel in den Produktbereich (Abb. 10.152). Beim Einsatz über Behältern lässt sich der Antrieb auf einen Deckel montieren, der zur Produktion den Behälter dicht abschließt, sodass der Prozess geschlossen abläuft. Die Reinigung kann ebenfalls innerhalb des geschlossenen Behälters erfolgen (Abb. 10.153). Wenn beispielsweise zum Befüllen der Behälter geöffnet wird, muss eine Kontamination aus der Umgebung ausgeschlossen sein, was eine hygienegerechte Gestaltung und Reinigung des gefährdenden Umfelds erfordert.

11
Abschließende Aspekte zu hygienegerechtem Konstruieren

An den Neubau von Gebäuden sowie die Neukonstruktion von Anlagen, Prozesslinien, Maschinen und Apparaten zur Herstellung hygienerelevanter Produkte wird eine Reihe von unterschiedlichen Anforderungen gestellt. Diese müssen zum einen vom Architekten – möglichst in Abstimmung mit dem Anlagenbauer – und zum anderen vom Konstrukteur, der für die Gestaltung der erforderlichen Prozesslinien und deren Komponenten verantwortlich ist, während des Entwurf- und Konstruktionsprozesses zu einem möglichst optimalen Ergebnis vereinigt werden.

Vor allem das Gebiet Hygienic Design ist erst in den letzten Jahren zu einem systematischen Arbeitsgebiet geworden. Obwohl auf den Gebieten der Pharma-, Lebensmittel- und Bioindustrie von jeher Anlagen gereinigt und entsprechend konstruktiv gestaltet werden mussten, können nur wenige Fachleute auf weitreichende Erfahrungen zurückgreifen. Dies liegt vor allem daran, dass für Konstrukteure keine Ausbildungsrichtung verfügbar ist, die dieses Gebiet vermittelt. Daher wird meist der unmittelbare Tätigkeitsbereich über Erfahrung in Betrieben sowie mit Kunden abgedeckt. Außerdem ist festzustellen, dass die Anwendung von Hygienic Design in der Praxis bei bestimmten Kategorien von Maschinen und Apparaten schrittweise und unterschiedlich schnell bzw. intensiv Anwendung gefunden hat. Viele Entwicklungen sind noch im Gange oder werden erst gestartet.

Bei der Gestaltung und Konstruktion von Prozesslinien, Maschinen, Apparaten und Geräten sind die einzelnen Anforderungen und Gesichtspunkte zunächst systematisch zu ermitteln und zu analysieren. Hygienic Design stellt nur einen Teilaspekt dar, der aber in seiner Konsequenz als besonders weitreichend einzustufen ist.

Zu den wesentlichen Einflussfaktoren gehören:

- **Gesetzliche Vorgaben**
  Als Erstes muss festgestellt werden, ob und in welcher Weise gesetzliche Vorgaben z. B. in Bezug auf Sicherheit, Hygiene oder Verbraucherschutz zu erfüllen sind.

Hygienische Produktionstechnologie. Gerhard Hauser
Copyright © 2008 WILEY-VCH Verlag GmbH & Co. KGaA, Weinheim
ISBN: 978-3-527-30307-3

- **Funktionalität**
  Im Hinblick auf die konstruktive Gestaltung wird die Hauptanforderung durch den Prozessablauf gestellt, bei dem die Herstellung eines bestimmtes Produktes oder einer Produktgruppe mit vielfältigen Eigenschaften im Vordergrund steht. Diese müssen nicht nur für die Endstufe, sondern in allen Zwischenschritten der Herstellung zusammen mit allen Hilfs- und Zusatzstoffen zunächst bekannt sein oder umfassend ermittelt werden. Aus den verfügbaren Erkenntnissen ist die konstruktive Gestaltung zu realisieren, die alle verfahrenstechnischen und mikrobiologischen Aspekte umfasst.

- **Hygienic Design**
  In hygienerelevanten Industrien wie der Lebensmittel-, Kosmetik-, Pharma- und Bioindustrie stehen Reinigbarkeit und Sauberkeit von Produktionsanlagen mit an vorderster Stelle. Für den Verbraucher sichere und kontaminationsfreie Produkte können nur mit hygienegerechten Anlagen und Apparaten hergestellt werden, die sich leicht reinigen lassen.

- **Wirtschaftlichkeit**
  In Zusammenhang mit Funktionalität und Hygienic Design ist die Wirtschaftlichkeit eine wichtige Forderung, die mit im Vordergrund stehen muss. Sie wird zum einen durch die Auswahl der Materialien, die Art der Fertigung, den Einsatz von Halbzeugen und vorgefertigten Baugruppen und zum anderen durch die Kompliziertheit der konstruktiven Gestaltung bestimmt, die in vielen Fällen über die notwendigen Anforderungen hinausgeht. Gerade unter dem letzten Gesichtspunkt sollte stets versucht werden, einfache Gestaltungsmaßnahmen zu bevorzugen.

- **Lebensdauer und Wartung**
  Konstruktionen müssen meist auf eine bestimmte Lebensdauer hin konzipiert werden, d. h. für einen Zeitraum, in dem eine technische Konstruktion ohne den Austausch von Kernkomponenten oder komplettes Versagen genutzt werden kann. Da nicht alle Komponenten gleich anfällig sind, werden in diesem Zeitraum Wartungsarbeiten erforderlich, die leicht und ohne lange Stillstandzeiten ausführbar sein sollten. Aufgrund der Kurzlebigkeit von Produkten und ihrem Design spielt in diesem Zusammenhang auch die Anpassung von Prozesslinien an sich verändernde Konzepte eine wesentliche Rolle.

Im Folgenden soll zusammenfassend auf die wesentlichen Aspekte der systematischen hygienegerechten Gestaltung, d. h. auf die Konstruktion im Hinblick auf Hygienic Design eingegangen werden. Die verschiedenen Aspekte sowie die Ausführung der Konstruktionsaufgabe sind dem Konstrukteur meist nicht klar vorgegeben. Daher ist zunächst eine Strukturierung erforderlich, um die Aufgabe klar zu gliedern, sich von bekannten Ausführungen zu lösen und so weit wie möglich Vereinfachungen anzustreben. Zum Beispiel lassen sich in der Entwicklungsphase Strukturzusammenhänge in Form von Fließdiagrammen und

Blockschaltbildern darstellen. Eventuell können dabei funktionelle Zusammenhänge und hygienische Aspekte zusammengefasst werden.

Als kreative Form der Konstruktionsentwicklung kann Brainstorming in einem Team unterschiedlich ausgebildeter Teilnehmer erfolgreich angewendet werden. Dabei können gegenseitige Anregungen zu neuen Konstruktionsideen führen. Auch ausgefallene Ideen aus entfernt liegenden oder fremden Gebieten können zu Assoziationen für neue Konstruktionen führen. Dabei sollte man sich der Kritik an solchen Vorschlägen enthalten. Wichtig ist, dass anschließend eine systematisch Analyse der Ideen erfolgt, um diese miteinander kombinieren und weiterentwickeln zu können.

Auch die Suche nach analogen Funktionszusammenhängen und Ausführungsformen macht bei der Lösung von Konstruktionsaufgaben frei von traditionellen Konstruktionen, führt zu neuartigen Lösungen und eventuell zu Originalität. Außerdem vermittelt die Methode ein tieferes Verständnis für die jeweilige Problematik. Da meist nur Denkanstöße vermittelt werden, wird jedoch ein hohes Abstraktionsvermögen vorausgesetzt.

Konkret geht es dabei darum, vergleichbare Ausführungsformen und Problemstellungen in anderen Bereichen zu suchen und auf den jeweiligen Fall zu übertragen und anzupassen. Ein Beispiel ist die Bionik, aus der verschiedene Gestaltungsmöglichkeiten oder Effekte in den Konstruktionsbereich übertragen werden können: wie der Lotuseffekt, mit dessen Hilfe versucht wird, leicht reinigbare Oberflächen zu erreichen. Ein anderes Beispiel ist durch die Gestaltungsskizzen in den Normen DIN EN 1672-2 [1] oder DIN EN ISO 14 159 [2] gegeben.

Generell sollten zu solchen Sitzungen nicht nur Experten hinzugezogen werden, die mit dem jeweiligen Problem vertraut sind, meist ist es auch hilfreich, „unbelastete“ Personen zu beteiligen. Von ihnen können unerwartete und unkonventionelle Vorschläge kommen, die im Team unvoreingenommen diskutiert werden sollten. Wenn schließlich verschiedene Lösungsmöglichkeiten aufgrund der unterschiedlichen Vorgehensweisen zur Diskussion stehen, muss eine konkrete Auswahl getroffen werden.

Der Konstrukteur für die Gestaltung von Prozesslinien und ihren Komponenten ist zunächst für den unmittelbaren Maschinen- und Apparatebereich zusammen mit dem notwendigen Zubehör zuständig. In Bezug auf Hygienic Design bedeutet das, dass er sich in erster Priorität mit allen Fragen des produktberührten Bereichs auseinanderzusetzen hat. In diesem sind die höchsten Hygieneanforderungen zu erfüllen. In zweiter Linie muss er sich der Konstruktion des Nicht-Produktbereiches und dem Prozessumfeld widmen, für die geringere Anforderungen gestellt werden.

Für die Gestaltung des Produktbereiches kann die folgende Reihenfolge, zusammen mit stichpunktartigen Gesichtpunkten, eine Hilfe bedeuten. Als erste wichtige Entscheidung ist festzustellen, ob das Konstruktionsobjekt als geschlossener oder als offener Prozess einzuordnen ist. Während beim geschlossenen Prozess im Sinne einer Systematik nur die inneren Maschinen- und Apparatebereiche als produktberührt gelten, erweitert sich dies beim offenen Prozess auch auf außenliegende Oberflächen. Bei der Definition dieser Bereiche ist wesentlich von Einfluss, ob man der enger gefassten Abgrenzung der Normen [1, 2] folgt oder die von Experten als essenziell angesehenen Empfehlungen der EHEDG [1] als Konstruktionsgrundlage anwendet. Meist ist diese Frage mit dem Anwender abzuklären, der seine Anforderungen in seinem Lastenheft festlegt.

Nach dem Entwurf des Konstruktionsobjekts, der zunächst in erster Linie eine maschinenbaulich-funktionelle Aufgabe darstellt, sollten Produktbereich und Nichtproduktbereich jeweils gekennzeichnet werden, um die unterschiedlichen Maßnahmen für die hygienegerechte Gestaltung gegeneinander abzugrenzen.

Die folgenden Punkte sollte der Konstrukteur bei der Gestaltung vom Grundsatz her beachten:

1. **Mikroskopische Spalte, Poren und Vertiefungen**
   Unter mikroskopischen Spalten kann man alle Unregelmäßigkeiten in Oberflächen sowie an Kontaktflächen von Bauelementen einordnen, die unter der Sichtbarkeitsgrenze des bloßen Auges liegen, d. h. kleiner als etwa 50–100 µm sind. Dazu zählen z. B. Riefen und Rauheiten der Oberflächenbearbeitung, durch Rauheitsprofile gebildete Kanäle zwischen ruhenden und bewegten Berührflächen, Kratzer durch Beschädigungen, Risse und beginnender Lochfraß von Korrosion sowie Poren, z. B. in Schweißnähten und Kunststoffoberflächen. In mikroskopischen Maßstäben zu denken und zu konstruieren, ist dem Konstrukteur meist völlig fremd. Wenn man jedoch bedenkt, dass die größten Kontaminationsgefahren für Produkte von Mikroorganismen ausgehen, die in ihrer Größe einen Bereich von etwa 1–10 µm umfassen, muss man sich mit diesen Größenordnungen vertraut machen. Aus Untersuchungen ist bekannt, dass Mikroorganismen sich in solchen Bereichen ungestört vermehren können und Biofilme von dort häufig ihren Ausgang nehmen. Hinzu kommt, dass enge Spalte und Poren aufgrund ihrer Kapillarwirkung praktisch nicht reinigbar sind. Kontaktflächen können dagegen nach Zerlegen gereinigt werden. Der Konstrukteur sollte alle Stellen, die den angegebenen Kategorien zuzurechnen und nicht mit bloßem Auge sichtbar sind, sorgfältig analysieren und durch konstruktive Maßnahmen zu vermeiden versuchen. Der Erfolg lässt sich häufig mithilfe von Testmethoden objektiv nachweisen.

2. **Makroskopische Spalte und Vertiefungen**
   Obwohl die Beurteilung makroskopischer Bereiche wesentlich einfacher ist, benötigt man doch auch hierfür eine Schulung, um sensibel dafür zu sein und die richtigen Maßnahmen zur Vermeidung anzuwenden. Sichtbare Spalte können auftreten, wenn z. B. O-Ringdichtungen in üblichen Rechtecknuten verwendet werden, Durchsteckschrauben durch größer gebohrte Bohrungen führen, Gewinde große Toleranzen aufweisen oder Kontaktflächen von Bauteilen nicht gegeneinander, z. B. durch Verstiften oder Vorspannen, festgelegt sind. Vertiefungen ergeben sich, wenn z. B. Dichtungen gegenüber Oberflächen wie bei der Milchrohrverschraubung zurückversetzt liegen oder sich bei Belastung in Nuten zurückziehen.

3. **Ungünstige Strömungsbereiche und Totstellen**
   Negative Auswirkung auf das Strömungsverhalten haben z. B. scharfkantige Übergänge an Erweiterungen oder Verengungen von Querschnitten, plötzliche Umlenkungen der Strömung, Strömungsschatten und Ablösungen hinter Hindernissen sowie Totbereiche. Hygienegerechte Gestaltung bedeutet daher in den meisten Fällen strömungsgünstige Gestaltung, d. h. Vermeidung der genannten kritischen Bereiche. Zu begründen ist dies damit, dass zum einen alle Fließvorgänge flüssiger und trockener Produkte dieser Gesetzmäßigkeit folgen und dadurch Ablagerungen vermieden werden, zum anderen wird die in vielen Fällen eingesetzte Nassreinigung begünstigt. Von Vorteil ist, dass zur Optimierung von strömungsgünstigen Konstruktionen im Vorfeld Finite-Elemente-Methoden eingesetzt werden können, sodass Auswirkungen der Gestaltung bezüglich der Strömungsverhältnisse analysiert werden können.

4. **Fehlendes Selbstentleeren und Abfließen**
   Die Forderung nach Entleerbarkeit von produktberührten Anlagen und Bauelementen ist gesetzlich vorgegeben [4] und daher einzuhalten. Problemstellen, die nicht selbsttätig entleeren, waren ursprünglich in einer Vielzahl von Konstruktionen vorhanden. Durch entsprechende Maßnahmen wurden viele davon mittlerweile beseitigt. In diesem Zusammenhang ist es wichtig, dass auch alle horizontalen Flächen, von denen bei offenen Prozessen ein Kontaminationsrisiko ausgehen kann, geneigt ausgeführt werden, um z. B. das Ablaufen von Reinigungsflüssigkeiten zu ermöglichen sowie Schmutzansammlungen und Mikroorganismenwachstum zu vermeiden.

5. **Fehlende Dichtheit von Konstruktionen (Penetration)**
   Bei der Gestaltung aseptischer Bereiche ist zu berücksichtigen, dass Innenräume vor Prozessbeginn gereinigt und desinfiziert werden müssen, um frei von Mikroorganismen zu sein. Außerdem dürfen während der Produktion keine Mikroorganismen aus der Umgebung in aseptische Innenräume eindringen. Aus diesem Grund müssen aseptische Konstruktionen vollständig dicht ausgeführt werden. Diese Dichtheit muss für alle statischen und dynamischen Kontaktstellen gewährleistet werden. Auch diese Anforderung an Konstruktionen lässt sich mithilfe von Testmethoden überprüfen.

Bei Anwendung der genannten Kriterien sollte man noch eine Gewichtung der Risiken vornehmen, um den Einfluss möglicher Kontaminationen durch die Konstruktion bewerten zu können. So stellen z. B. große Totbereiche eine höhere unmittelbare Gefahr der Verkeimung dar als wenige mikroskopische Spalte. Bei sogenannten keimarmen Konstruktionen kann eine kontrollierte Durchdringung von außen nach innen erlaubt sein, während sie bei aseptischer Gestaltung völlig auszuschließen ist.

Nach dieser prinzipiellen Einordnung von möglichen Problembereichen können die grundlegenden Maßnahmen für Hygienic Design im Detail diskutiert und verwirklicht werden. Dabei sind die folgenden Gesichtspunkte zu berücksichtigen.

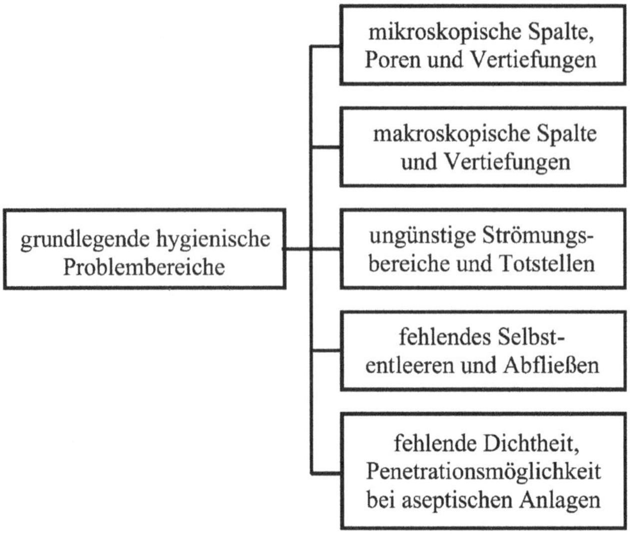

Abb. 11.1 Zusammenstellung von kritischen Konstruktionsbereichen aus hygienischer Sicht.

11.1 Werkstoffwahl

Aufgrund von Hygienic Design sind die wesentlichsten Gesichtspunkte: Unbedenklichkeit im Hinblick auf die Migrationen von Werkstoffbestandteilen in das Produkt sowie die Korrosionsgefahr, durch die korrodierte Substanzen ebenfalls in Produkte gelangen. Nach Stand der Technik ist ein Hauptwerkstoff rostfreier Edelstahl, der in seiner Zusammensetzung aufgrund der Korrosionsrisiken auszuwählen ist. Außerdem steht die große Gruppe der Kunststoffe zur Verfügung, die in Übereinstimmung mit den Vorgaben der EU sowie FDA eingesetzt werden können (s. auch Kapitel 7). Weitere grundlegende Werkstoffeigenschaften wie Festigkeit, Dichte, elastisches Verhalten, Härte usw. sind aus funktionellen Gründen bei der kritischen Werkstoffauswahl zu berücksichtigen. So haben z. B. Werkstoffe mit geringerer Festigkeit größere Querschnitte zur Folge, wodurch neben den Abmessungen sich auch die Masse der Gesamtkonstruktion vergrößert. Durch den Einsatz hochfester Werkstoffe können zwar kleinere Querschnitte erreicht werden, jedoch werden dadurch vielfach die Werkstoffkosten insgesamt höher (relative Werkstoffkosten). Die Forderungen nach hoher Verschleißfestigkeit, guter Schweißbarkeit, hoher Elastizität, Korrosionsbeständigkeit und guter Dämpfung bestimmen ebenfalls die Wahl des geeigneten Werkstoffes. Alle diese zusätzlichen Auswahlkriterien beeinflussen die Gesamtgestaltung und können sich daher auch auf Hygienic Design auswirken.

11.2 Ausführung der Oberflächen

Bei den grundlegenden Elementen der Detailkonstruktion steht die Rauheit und Struktur von Oberflächen in Verbindung mit der Werkstoffwahl an vorderster Stelle (s. auch Abschnitt 10.1). Dabei sind im Allgemeinen die besonderen hohen Hygieneanforderungen für produktberührte Oberflächen mit relativ großen zusammenhängenden Bereichen wie z. B. bei Behälter- und Apparatewänden, Rohrleitungen, Pumpen usw. maßgebend, während für Kleinbereiche wie z. B. Schweißnähte abgeminderte Vorgaben gelten können. Die Beurteilung von ausgeführten Oberflächen erfordert Hilfsmaßnahmen, da Einzelheiten nicht mit bloßem Auge sichtbar sind, sondern in den mikroskopischen Bereich fallen. Der inzwischen als Stand der Technik zu bezeichnende Rauheitswert von $Ra \leq 0{,}8$ μm ist für produktberührte Flächen angemessen. Wesentlich verminderte Rauheitswerte erhöhen die Herstellungskosten. Die in der Lebensmittelindustrie meist üblichen geschliffenen Strukturen erfüllen die Anforderungen an leichte Reinigbarkeit, während in der Pharmaindustrie häufig elektropolierte bzw. spiegelnde Oberflächen aus Gründen der optischen Kontrolle verlangt werden. Nicht produktberührte Oberflächen dürfen naturgemäß in geringeren Oberflächenqualitäten ausgeführt werden.

Obwohl produktberührte Oberflächen den Gesamtbereich der Konstruktionen bestimmen, wird ihnen in der Praxis im Verhältnis zu anderen Konstruktionselementen ein besonders hoher, meist nicht zu rechtfertigender Stellenwert zugemessen. Dies liegt häufig daran, dass der Reinigungseffekt z. B. in meist zugänglichen Oberflächen von Behältern und Apparaten kontrollierbar ist. In Spalten, unzugänglichen Ecken, Totzonen und anderen Problemstellen, die nicht zugänglich sind und dementsprechend auch die Reinigung erschweren, ergeben sich dagegen Gefährdungen, die ein wesentlich höheres Risikopotenzial beinhalten. Daher sollte die geforderte Glattheit von Oberflächen stets in Relation zur generell erreichbaren oder erreichten Gesamtgestaltung eines hygienerelevanten Bereichs gesehen und bewertet werden. Zu berücksichtigen ist auch, dass von der Oberflächenqualität in Zusammenhang mit den Eigenschaften des Werkstoffes z. B. das Haftvermögen von Mikroorganismen, Produktresten und -belägen, der Aufbau von Krusten sowie das Entstehen von Biofilmen abhängt. Hinzukommt, dass die Oberflächenqualität meist nur einen Anfangszustand bei neuen Anlagen darstellt, der durch mechanischen Verschleiß, chemischen Angriff sowie Alterungsprozesse negativ verändert wird.

11.3 Gestaltung von Schweißnähten

Schweißen sollte die am meisten verwendete Verbindungsart für Edelstahl im Maschinen- und Apparatebau sein, da es aus hygienischer Sicht vor allem in automatischer Ausführung am zuverlässigsten und mit mikrobiologischer Sicherheit angewendet werden kann. Durch Schutzgasschweißung mit ausreichender Inertisierung, die sowohl auf der Schweiß- als auch auf der Wurzelseite der Naht den Zutritt von Luftsauerstoff und damit weitgehend Anlauffarben verhindert, können porenfreie Nähte ohne merklichen Wulst hergestellt werden, die alle hygienischen Anforderungen erfüllen. Anforderungen an den zulässigen Sauerstoffgehalt beim Schweißen von Rohrleitungen sowie an die Ausführung von Nähten sind in [5] zusammengestellt. Außerdem ist zu berücksichtigen, dass innerhalb einer Anlage Schweißnähte durch Chromverarmung im Nahtbereich sowie bei Zutritt von Chlor am stärksten korrosionsgefährdet und damit aus hygienischer Sicht anfällig für Oberflächenfehler sein können. Auch beim Schweißen von Kunststoffen werden bei entsprechender Erfahrung mit Nahtvorbereitung, Temperatur, Zusatzwerkstoff und Schweißgeschwindigkeit hohe Nahtqualitäten in hygienegerechter Ausführung erreicht (s. auch Abschnitt 10.3). Bei der hygienegerechten Gestaltung von Schweißverbindungen ist es wichtig, dass möglichst gleiche Wandstärken verbunden werden, wenn notwendig eine entsprechende Nahtvorbereitung durchgeführt wird, die Nähte aus Ecken und Kanten herausgelegt werden und bei von außen geschweißten Nähten ein sicheres Durchschweißen erreicht wird, wenn der Produktbereich innen liegt. Zur Dokumentation sollten stichprobenartige Schweißproben zu Beginn und während der Ausführung der Arbeiten beurteilt werden.

11.4 Gestaltung von lösbaren Verbindungen

Wie bereits erwähnt, sollten unlösbare Verbindungen so weit wie möglich lösbaren vorgezogen werden (s. auch Abschnitt 10.6). Aus hygienischer Sicht können an üblichen lösbaren Verbindungen eine Reihe von mikroskopischen und makroskopischen Problemstellen entstehen, die nur durch sorgfältiges hygienegerechtes Konstruieren auszuschalten sind.

Die häufigste Verwendung finden Schraubenverbindungen. Ein Beispiel stellen Befestigungen von Platten und Deckeln dar, die mit Durchsteckschrauben befestigt werden. Weitere Beispiele für produktberührte lösbare Schraubenverbindungen sind die Befestigung der Laufräder von Pumpen, die Verbindung von starren Kupplungselementen sowie von Rührflügeln an Naben.

Durch metallische Kontaktflächen zwischen Schraubenkopf bzw. Mutter und Auflage, die Form der Sicherungselemente sowie die Toleranzen in den Gewinden bzw. Bohrungen entstehen hygienische Problemstellen. Entsprechend Abschnitt 10.6 lässt sich daraus für produktberührte Bereiche Folgendes ableiten:

- Schraubenverbindungen sollten im Produktbereich nur in Fällen verwendet werden, wo dies wegen erforderlicher Zerlegbarkeit der Bauelemente unumgänglich ist.
- Aneinander angrenzende Bauteile mit metallischen Kontaktflächen müssen hygienegerecht abgedichtet werden (nur bei trockenen Produkten können Dichtungen entfallen).
- Offene Gewinde dürfen nicht mit Produkt in Berührung kommen, sondern müssen abgedichtet werden.
- Sicherungselemente mit Spalten wie Federringe sind zu vermeiden.

In diesem Zusammenhang ist darauf hinzuweisen, dass Bauteile wie Schrauben und Sicherungselemente auch nach Zerlegen nicht leicht zu reinigen sind. Außerdem stellen sie während des Herstellungsprozesses bei längeren Produktionszeiten ein Kontaminationsrisiko dar.

Eine weitere lösbare Verbindung stellt die Klemmverbindung dar. Sie wird z. B. in Produktbereichen als Schalenkupplung zur Verbindung von Wellen eingesetzt. Bei Verbindungen dieser Art entsteht zusätzlich zu den Problembereichen, die von der Verwendung von Schrauben herrühren, ein Spalt zwischen Klemme und zu klemmendem Teil. Wenn Abdichtungen dieser Stellen nicht möglich sind, müssen andere Verbindungselemente eingesetzt werden.

11.5 Ausführung von Dichtstellen

Dichtungen im Produktbereich sind aus der Sicht der reinigungsgerechten Gestaltung äußerst wichtige und sensible Elemente, deren Gestaltung nicht aus dem allgemeinen Maschinenbau auf hygienerelevante Bereiche übertragen werden kann. Mikroskopische Spalte, die sich ohne Zerlegen nicht reinigen lassen, sowie makroskopische Spalte, bei denen die Reinigung nur teilweise erfolgreich ist, führen in Nass- und Feuchtbereichen langfristig zum Ausgangspunkt von Kontaminationen mit Bildung von Biofilmen. Die Risiken sind für den Anwender nicht zu unterschätzen und können hohe Kosten, z. B. durch Rückrufaktionen von kontaminierten Produkten nach sich ziehen. Für aseptische Anwendungen wird an Abdichtungen die zusätzliche Anforderung gestellt, dass eine Penetration der Dichtstelle durch Mikroorganismen nicht möglich ist. Das bedeutet, dass bei aseptischen Konstruktionen eine Kontamination durch Mikroorganismen aus der Umgebung sowohl nach der Sterilisation als auch während des Prozessablaufs auszuschließen sein muss. Im umgekehrten Fall muss bei toxisch wirkenden oder kontaminierten Stoffen, z. B. im Pharmabereich, oder bei genveränderten Produkten der Biotechnologie das Austreten von Stoffen aus dem Verarbeitungsbereich in die Umwelt verhindern werden.

Statische Dichtungen haben die Aufgabe, relativ zueinander ruhende Bereiche mit verschiedenen Hygienebedingungen gegeneinander abzutrennen bzw. abzuschließen. Vom Standpunkt der hygienegerechten Gestaltung müssen sie definiert, d. h. möglichst spaltfrei und bündig zur Produktseite dichten (s. Abschnitt 10.4.1). Daher erfordert die Dichtstelle eine Konstruktion, die dies ohne Vor- oder Rücksprung ermöglicht und zusätzlich eine definierte Pressung der Dichtung zulässt. Die Auswahl der richtigen Dichtungswerkstoffe, deren elastisches Verhalten sowie die Expansions- und Kontraktionscharakteristik der Dichtung spielen dabei eine entscheidende Rolle. Die am häufigsten verwendete Dichtungsform aus Elastomerwerkstoffen besitzt aus Gründen der Einfachheit einen runden Querschnitt wie es bei O-Ringen oder Rundschnüren der Fall ist, obwohl in diesen Fällen die Spaltfreiheit nicht völlig sichergestellt werden kann. Für die produktbündige Gestaltung der Dichtstelle würden sich bestimmte Profildichtungen sowie Flachdichtungen in speziell gestalteten Nuten besser eignen. Allerdings fehlt es in diesen Fällen an der allgemeinen Akzeptanz. Metallische Kontaktflächen scheiden als Abdichtungen wegen der mikroskopischen Kanäle, die durch die Rauheitsprofile gebildet werden, im Allgemeinen aus. Spezielle Konstruktionen, die auf mikrobielle Dichtheit getestet wurden, lassen sich für Fälle einsetzen, bei denen Elastomere vermieden werden müssen. Auch für Trockenprodukte, in denen ein Wachstum von Mikroorganismen nicht stattfinden kann, sind metallische Abdichtungen zulässig.

Dynamische Dichtungen haben die Aufgabe hin- und hergehend oder rotierend bewegte Bauteile gegeneinander abzudichten. Eine gute Dichtwirkung kann nur erreicht werden, wenn eine eindeutige einwandfreie Lagerung für eine exakte Bewegung sorgt. Deshalb darf die Dichtung nie gleichzeitig als Lager fungieren. Zusätzlich zu den bei statischen Dichtstellen aufgezeigten Hygienerisiken ergibt sich aufgrund der Bewegung das Problem, dass im Allgemeinen trotz reinigungsgerechter Gestaltung ein Transport durch die Dichtstelle stattfindet, der mit berührenden Dichtelementen zwar minimiert aber nicht völlig vermieden werden kann. Das damit verbundene Problem besteht in dem Eindringen von Schmutz und Mikroorganismen in die Dichtstelle sowie deren aktivem Transport durch die Dichtstelle hindurch (s. Abschnitt 10.4.2).

Für aseptische Konstruktionen, bei denen eine Penetration vermieden werden muss, kommen als erster Schritt sogenannte Doppeldichtungen in Frage. Bei diesen Konstruktionen verhindert eine mit einem Sterilmedium gespülte Kammer zwischen der produktseitigen und der umgebungsseitigen Dichtung eine völlige Durchdringung der Dichtstellen. Reichen solche Maßnahmen nicht aus, können hermetische Abdichtungen eingesetzt werden, die im Fall von hin- und hergehenden Bewegungen durch elastische Membranen oder Faltenbälge realisiert werden können. Bei rotierenden Bewegungen besteht die Möglichkeit, Magnetantriebe einzusetzen.

11.6 Geometrische Formgebung

Neben der Feinstruktur von Oberflächen ist die geometrische Gestaltung im Produktbereich für die Reinigbarkeit von entscheidender Bedeutung (s. auch

Abschnitt 10.1.4). Deshalb müssen innere Ecken ausgerundet werden. Der empfohlene Mindestradius beträgt dabei R_{min} = 3 mm. Stufen, Rück- und Vorsprünge sowie Strömungsschatten sind so weit wie möglich auszuschließen. Ein besonderes Problem stellen Totbereiche dar. Sie sind besonders deshalb zu vermeiden, weil an solchen Stellen, wo kein Austausch von Produkt bzw. Reinigungsmittel stattfindet, die dort vorhandenen Mengen an Mikroorganismen und Schmutz ein weit höheres Risiko bedeuten als z. B. große glatte Oberflächen. Ein typisches Beispiel für solche Totzonen stellen T-Stücke dar, an deren Enden beispielsweise Sensoren eingebaut werden. Die toten Enden solcher Formteile sollten so kurz wie möglich sein. Untersuchungen haben gezeigt, dass bei Anströmung in Richtung des toten Endes eine Tiefe, die etwa dem Durchmesser der Leitung entspricht, noch reinigbar ist. Alles was darüber liegt, kann nur durch Zerlegen gereinigt werden.

11.7 Zusätzliche Konstruktionsanforderungen für offene Prozesse

Im Fall offener Prozesse kommen zu den oben angeführten Einflüssen auf die hygienegerechte Gestaltung noch die Bereiche hinzu, die bei geschlossenen Konstruktionen als nicht produktberührt gelten. Das bedeutet, dass z. B. alle Gehäuseteile, Abdeckungen, Gestelle, Füße, Führungen, Antriebe und Kabel eine Kontaminationsgefahr für das herzustellende Produkt darstellen können, wenn sie nicht hygienegerecht gestaltet werden. Die Transportwege von Schmutzpartikeln und Mikroorganismen durch Tropfen, Spritzen, Aerosolnebel sowie durch Luft (airborne contamination) können äußerst vielschichtig und kompliziert sein. Bereiche von vornherein ausklammern zu wollen, bedeutet, dass im Prinzip ein Nachweis erbracht werden muss, dass Hygienerisiken ausgeschlossen werden können.

Weitere wichtige zusätzliche Konstruktionsprinzipien sind zum einen, dass alle über dem Produkt befindlichen Geräte, Elemente und Leitungen aus diesem Bereich herauszulegen sind, soweit sie nicht funktionell an diesen Stellen notwendig sind. In diesem Fall ist besonders auf die hygienegerechte Gestaltung zu achten. Zum anderen sollten alle horizontalen Flächen des gesamten Einflussbereiches geneigt ausgeführt werden und ein Ableiten von ablaufenden oder abtropfenden Medien vom Produktbereich weg erfolgen. Gleichzeitig lassen ausreichend geneigte Flächen über Augenhöhe Verschmutzungen erkennen.

Die Zusammenstellung soll als zusammenfassende grobe Orientierungshilfe für den Konstrukteur dienen, wenn er sich mit Hygienic Design auseinandersetzt. Genauere Hinweise und Beispiele sind in den einzelnen Kapiteln zu finden. Bei Apparaten für trockene Produkte, die auch trocken gereinigt werden, bestehen für einige Bereichen und Details geringere Anforderungen, da in diesem Fall das Wachstum von Mikroorganismen ausgeschlossen werden kann. Anforderungen für den Nicht-Produktbereich finden sich z. B. in [2] sowie in einigen EHEDG-Dokumenten und sollen hier nicht im Einzelnen angeführt werden.

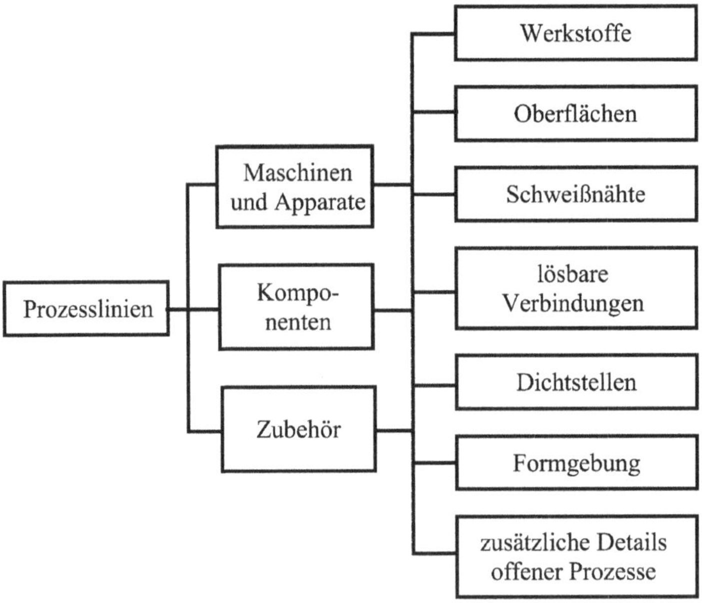

Abb. 11.2 Beispiel einer Checkliste für die Konstruktion von Prozesslinien.

Literatur

Literatur zu Kapitel 1

1 Kommission der Europäischen Gemeinschaften: Weißbuch zur Lebensmittelsicherheit, Brüssel, 12. Januar 2000, KOM (1999) 719 endg.

2 Food Code, Preface, 1999, US Department of Health and Human Services, Public Health Service, Food and Drug Administration

Literatur zu Kapitel 2

1 Europäische Union: Organe und Verfahren; http://eur-lex.europa.eu/de/droit_communautaire/droit_communautaire.htm

2 Richtlinie 93/43/EWG des Rates vom 14. Juni 1993 über Lebensmittelhygiene, ABl. EG Nr. L 21, S. 42

3 Verordnung über Lebensmittelhygiene vom 5. August 1997 (BGBl. I S. 2008) (Lebensmittelhygieneverordnung, LMHV)

4 Verordnung (EG) Nr. 178/2002 des Europäischen Parlaments und des Rates vom 28. Januar 2002 zur Festlegung der allgemeinen Grundsätze und Anforderungen des Lebensmittelrechts, zur Errichtung der Europäischen Behörde für Lebensmittelsicherheit und zur Festlegung von Verfahren zur Lebensmittelsicherheit, Amtsblatt der Europäischen Gemeinschaften L 31/1, 1.2.2002

5 Verordnung (EG) Nr. 852/2004 des Europäischen Parlaments und des Rates vom 29. April 2004 über Lebensmittelhygiene, Amtsblatt der Europäischen Union L 139/1, 30.4.2004

6 Verordnung (EG) Nr. 853/20 4 des Europäischen Parlaments und des Rates vom 29. April 2004 mit spezifischen Hygienevorschriften für Lebensmittel tierischen Ursprungs, Amtsblatt der Europäischen Union L 226/22, 25.6.2004

7 Verordnung (EG) Nr. 854/2004 des Europäischen Parlaments und des Rates vom 29. April 2004 mit besonderen Verfahrensvorschriften für die amtliche Überwachung von zum menschlichen Verzehr bestimmten Erzeugnissen tierischen Ursprungs, Amtsblatt der Europäischen Union L 226/83, 25.6.2004

8 Richtlinie 80/590/EWG der Kommission vom 9. Juni 1980 zur Festlegung des Symbols für Materialien und Gegenstände, die dazu bestimmt sind, mit Lebensmitteln in Berührung zu kommen, ABl. EG Nr. L 151 S. 21

9 Richtlinie 89/109/EWG zur Angleichung der Rechtsvorschriften der Mitgliedstaaten über Materialien und Gegenstände, die dazu bestimmt sind mit Lebensmitteln in Berührung zu kommen vom 21. Dez. 1988

10 Verordnung (EG) Nr. 1935/2004 des Europäischen Parlaments und des Rates vom 27. Oktober 2004 über Materialien und Gegenstände, die dazu bestimmt sind, mit Lebensmitteln in Berührung zu kommen und zur Aufhebung der Richtlinien 80/590/EWG und 89/109/EWG, Amtsblatt der Europäischen Union L 338/4, 13.11.2004

11 Gesetz über den Verkehr mit Lebensmitteln, Tabakerzeugnissen, kosmetischen Mitteln und sonstigen Bedarfsgegenständen (Lebensmittel-

Hygienische Produktionstechnologie. Gerhard Hauser
Copyright © 2008 WILEY-VCH Verlag GmbH & Co. KGaA, Weinheim
ISBN: 978-3-527-30307-3

und Bedarfsgegenständegesetzes – LMBG) i.d.F. vom 9. September 1997, BGBl. I S. 2296
12 Lebensmittel-, Bedarfsgegenstände- und Futtermittelgesetzbuch (Lebensmittel- und Futtermittelgesetzbuch – LFGB), Vom 26. April 2006, Bundesgesetzblatt Jahrgang 2006 Teil I Nr. 20, ausgegeben zu Bonn am 27. April 2006
13 Richtlinie 91/356/EWG der Kommission vom 13. Juni 1991 zur Festlegung der Grundsätze und Leitlinien der Guten Herstellungspraxis für zur Anwendung beim Menschen bestimmte Arzneimittel, Amtsblatt Nr. L 193 vom 17/07/1991
14 Richtlinie 2001/83/EG des Europäischen Parlaments und des Rates vom 6. November 2001 zur Schaffung eines Gemeinschaftskodexes für Humanarzneimittel, Amtsblatt der Europäischen Gemeinschaften L 311/67, 28.11.2001 (ergänzt durch Richtlinien 2002/98/EC, 2003/63/EC, 2004/24/EC und 2004/27/EG)
15 Richtlinie 2003/94/EG der Kommission vom 8. Oktober 2003 zur Festlegung der Grundsätze und Leitlinien der Guten Herstellungspraxis für Humanarzneimittel und für zur Anwendung beim Menschen bestimmte Prüfpräparate, Amtsblatt der Europäischen Union L 262/22, 14.10.2003
16 DIN 11480 Milchwirtschaftliche Maschinen, Reinigung und Desinfektion, Jan. 1983
17 Richtlinie 89/392/EWG des Rates vom 14.06.1989 zur Angleichung der Rechtsvorschriften der Mitgliedstaaten für Maschinen (Amtsbl. Nr. L 183 vom 29.06.89)
18 Richtlinie 98/37/EG des Europäischen Parlamentes und des Rates vom 22.06.1998 zur Angleichung der Rechts- und Verwaltungsvorschriften der Mitgliedstaaten für Maschinen (Amtsbl. Nr. L 207 vom 23.07.98)
19 Richtlinie 2006/42/EG des Europäischen Parlaments und des Rates vom 17. Mai 2006 über Maschinen und zur Änderung der Richtlinie 95/16/EG (Neufassung), Amtsblatt der Europäischen Union L 157/24, 9.6.2006
20 Food Safety and Inspection Service (FSIS): Facilities, Equipment & Sanitation, 11,000 Series, www.fsis.usda.gov/regulations_&_policies/11000_Series-Facilities_Equipment_&_Sanitation/index
21 Food and Drug Administration (FDA), Center for Food Safety and Applied Nutrition (CFSAN), www.cfsan.fda.gov/list.html
22 Code of Federal Regulations (CFR), www.gpoaccess.gov/cfr/index.html
23 Entschließung des Rates über eine neue Konzeption auf dem Gebiet der technischen Harmonisierung und der Normung" vom Mai 1985 (New Approach)
24 Kunststoffe im Lebensmittelverkehr, Carl Heymanns Verlag KG, Köln
25 Kunststoffempfehlungen des BfR, http://bfr.zadi.de/kse/index.htm?lang=de
26 Richtlinie 65/65/EWG des Rates vom 26. Jan. 1965 zur Angleichung der Rechts- und Verwaltungsvorschriften über Arzneispezialitäten, Amtblatt Nr. 022, 09. 02. 1965
27 Richtlinie 91/412/EWG der Kommission vom 23. Juli 1991 zur Festlegung der Grundsätze und Leitlinien der Guten Herstellungspraxis für Tierarzneimittel, ABl. L 228/70 vom 17. 8. 91
28 Richtlinie 2001/82/EG des Europäischen Parlaments und des Rates vom 6. November 2001 zur Schaffung eines Gemeinschaftskodexes für Tierarzneimittel, ABl. L 311 vom 28.11.2001
29 Richtlinie 2004/28/EG des Europäischen Parlaments und des Rates vom 31. März 2004 zur Änderung der Richtlinie 2001/82/EG zur Schaffung eines Gemeinschaftskodexes für Tierarzneimittel, ABl. L 136/58, 30.4.2004
30 Leitfaden für die gute Herstellungspraxis, Humanarzneimittel und Tierarzneimittel, Ausgabe 1999, EUROPÄISCHE KOMMISSION, Generaldirektion III – Industrie, Arzneimittel und Kosmetika
31 Will, H.-G.: Der EG-Leitfaden einer Guten Herstellungspraxis für Arzneimittel im Gesamtzusammenhang der GMP-Harmonisierung
32 EUDRALEX: The Rules Governing Medicinal Products in the European

Union Volume 4, EU Guidelines to Good Manufacturing Practice, Medicinal Products for Human and Veterinary Use: Introduction, Part I – Basic Requirements for Medicinal Products, Part II – Basic Requirements for Active Substances used as Starting Materials, Annexes, 03 October 2005

33 Richtlinie 2004/27/EG des Europäischen Parlaments und des Rates vom 31. März 2004 zur Änderung der Richtlinie 2001/83/EG zur Schaffung eines Gemeinschaftskodexes für Humanarzneimittel

34 PIC, Bekanntmachung des Leitfadens einer Guten Herstellungspraxis für pharmazeutische Produkte der Pharmazeutischen Inspektions-Convention (PIC-GMP-Leitfaden) vom 10.8.1990, BAnz. Nr. 214a (1990), (aktuelle Version: PIC/S GMP GUIDE, revised May 2007), www.picscheme.org/

35 Verordnung zur Ablösung der Betriebsverordnung für pharmazeutische Unternehmer vom 3. November 2006 (Verordnung über die Anwendung der Guten Herstellungspraxis bei der Herstellung von Arzneimitteln und Wirkstoffen und über die Anwendung der Guten fachlichen Praxis bei der Herstellung von Produkten menschlicher Herkunft (Arzneimittel- und Wirkstoffherstellungsverordnung – AMWHV), Bundesgesetzblatt Jahrgang 2006 Teil I Nr. 51, 9. November 2006

36 Richtlinie 90/679/EWG des Rates vom 26. November 1990 über den Schutz der Arbeitnehmer gegen Gefährdung durch biologische Arbeitsstoffe bei der Arbeit, ABl. L 374 vom 31/12/1990

37 Richtlinie 2000/54/EG des Europäischen Parlaments und des Rates vom 18. September 2000 über den Schutz der Arbeitnehmer gegen Gefährdung durch biologische Arbeitsstoffe bei der Arbeit, ABl. L 262/21, 17.10.2000

38 Richtlinie 90/219/EWG des Rates vom 23. April 1990 über die Anwendung genetisch veränderter Mikroorganismen in geschlossenen Systemen, ABl. L 117, 08/05/1990

39 Entscheidung der Kommission 2005/174/EG vom 28. Februar 2005 über die Festlegung von Leitlinien zur Ergänzung von Anhang II Teil B der Richtlinie 90/219/EWG des Rates über die Anwendung genetisch veränderter Mikroorganismen in geschlossenen, ABl. L 59/20, 5.3.2005

40 Richtlinie 90/220/EWG des Europäischen Parlaments und des Rates vom 23. April 1990 über die absichtliche Freisetzung genetisch veränderter Organismen in die Umwelt ABl. L 117, 08/05/1990

41 Richtlinie 2001/18/EG des Europäischen Parlaments und des Rates vom 12. März 2001 über die absichtliche Freisetzung genetisch veränderter Organismen in die Umwelt und zur Aufhebung der Richtlinie 90/220/EWG des Rates, ABl. L 106/1, 17.4.2001

42 Verordnung (EG) Nr. 1829/2003 des Europäischen Parlaments und des Rates vom 22. September 2003 über genetisch veränderte Lebensmittel und Futtermittel, ABl. L 268/1, 18.10.2003

43 Food and Drug Administration FDA, US Department of Health and Human Services, http://www.fda.gov/

44 Food Code, Chapter 4, Equipment, Utensils, and Linens, U. S. Department of Health and Human Services, Public Health Service, Food and Drug Administration, Washington, DC 20204, 1999

45 Food Code, Chapter 4, Equipment, Utensils, and Linens, U. S. Department of Health and Human Services, Public Health Service, Food and Drug Administration, Washington, DC 20204, 2005

46 Guide to Inspections, FDA, Office of Regulatory Affairs, Inspection Guides, updated 5-2006, http://www.fda.gov/ora/inspect_ref/

47 CFSAN, U. S. Food and Drug Administration, Center for Food Safety and Applied Nutrition, www.cfsan.fda.gov

48 FDA: Guide of Inspections of Dairy Product Maufacturers, www.fda.gov/ora/inspect_ref/igs/dairy.html

49 3-A Accepted Practices for the Sanitary Construction, Installation, Testing and Operations of HTST Pasteurizers, http://www.3-a.org/

50 Guide to Inspections: Validation of Cleaning Processes, FDA, http://www.fda.gov/ora/inspect_ref/igs/valid.html

51 FDA, Code of Federal Regulations CFR, Title 21 – Food and Drugs, Chapter I; Part 210: Current Good Manufacturing Practice in Manufacturing, Processing, Packing, or Holding of Human Food; (21CFR210), 04.2003

52 FDA, Code of Federal Regulations CFR, Title 21 – Food and Drugs, Chapter I; Part 170 (21CFR170), Food additives; http://www.accessdata.fda.gov/scripts/cdrh/cfdocs/cfcfr; FDA, Code of Federal Regulations CFR, Title 21 – Food and Drugs, Chapter I – Part 210: Current Good Manufacturing Practice in Manufacturing, Processing, Packing, or Holding of Drugs; (21CFR210), 03.2003

53 FDA, Code of Federal Regulations CFR, Title 21 – Food and Drugs, Chapter I; Part 177 (21CFR177), Indirect food additives: Polymers, http://www.accessdata.fda.gov/scripts/cdrh/cfdocs/cfcfr

54 FDA, Code of Federal Regulations CFR, Title 21 – Food and Drugs, Chapter I; Part 175 (21CFR175), Indirect food additives: Adhesives and Components of Coatings, http://www.accessdata.fda.gov/scripts/cdrh/cfdocs/cfcfr

55 FDA, Code of Federal Regulations CFR, Title 21 – Food and Drugs, Chapter I; Part 175 (21CFR177), Indirect food additives: Adjuvants, Production Aids, and Sanitizers, http://www.accessdata.fda.gov/scripts/cdrh/cfdocs/cfcfr

56 FDA, Code of Federal Regulations CFR, Title 21 – Food and Drugs, Chapter I; Part 210 (21CFR210), Current Good Manufacturing Practice in Manufacturing, Processing, Packing, or Holding of Drugs, http://www.accessdata.fda.gov/scripts/cdrh/cfdocs/cfcfr

57 FDA, Code of Federal Regulations CFR, Title 21 – Food and Drugs, Chapter I; Part 211 (21CFR211), Current Good Manufacturing Practice for Finished Pharmaceuticals, http://www.accessdata.fda.gov/scripts/cdrh/cfdocs/cfcfr

58 USDA United States Department of Agriculture, http://www.usda.gov/subject/subject.html

59 Non-Food Compounds Used in Food-Processing Facilities – Food-Grade Lubricants – Draft Standard for Trial Use, Document Number: NSF DRAFT 116-00

Literatur zu Kapitel 3

1 Why is international standardization needed? ISO International Organization for Standardization, Central Secretariat, 1, rue de Varembé, Case postale 56, 1211 Geneva 20, Switzerland, http://www.iso.ch/iso/en/aboutiso/introduction/whyneeded.html

2 DIN-Studie über Vorteile der Normung: Gesamtwirtschaftlicher Nutzen der Normung, DIN Deutsches Institut für Normung e. V., Burggrafenstraße 6, 10787 Berlin, Herausgeber: Beuth Verlag GmbH, Bestellnummer: 97880, Ausgabe: 2000-12

3 Storz, C. Standards und Kommunikation: Zum ökonomischen Problem von Mehrdeutigkeit und Kontrolle, Fakultät für Wirtschaftswissenschaft, Wittener Diskussionspapiere, Heft Nr. 100, Mai 2002

4 Allgemeines über CEN, CEN Management Centre, 36, rue de Stassart, B-1050 Brussels, http://www.cenorm.be/aboutcen/aboutcen.htm

5 Agreement on Technical Co-Operation between ISO and CEN (Vienna Agreement), International Organization for Standardization (ISO), European Committee for Standardization (CEN), VA codified – Version 3.3, 2001-09-20

6 Technical Committee, TC 153, CEN, http://www.cenorm.be/standardization/tech_bodies/cen_tcs.htm

7 DIN EN 1672-2, Ausgabe: 1997-06; Nahrungsmittelmaschinen – Allgemeine Gestaltungsleitsätze, Teil 2: Hygieneanforderungen, deutsche Fassung EN 1672-2: 1997 EN 1672-2

8 Unternehmensleitbild des DIN, Deutsches Institut für Normung e. V., Burggrafenstraße 6, 10787 Berlin, http://www2.din.de/

9 Selbstportrait, Beuth Verlag, Burggrafenstraße 6, 10787 Berlin, http://www2.beuth.de/

10 DIN 11 864-1, Ausgabe: 1998-07, Armaturen für Lebensmittel, Chemie und Pharmazie – Aseptik-Verbindung, Teil 1: Aseptik-Rohrverschraubung aus nichtrostendem Stahl zum Anschweißen, Aseptik-Flanschverbindung aus nichtrostendem Stahl zum Anschweißen

11 About AINSI, Washington, DC Headquarters, 1819 L Street, NW, 6th Fl., Washington, DC, 20036, http://www.ansi.org/public/about.html
12 General Information, NIST, 100 Bureau Drive, Stop 3460, Gaithersburg, MD 20899-3460, http://www.nist.gov/public_affairs/general2.htm
13 Organisation von ISO, ISO Central Secretariat, International Organization for Standardization (ISO), 1, rue de Varembé, Case postale 56, 1211 Geneva 20, Switzerland, http://www.iso.ch/iso/en/ISOOnline.frontpage
14 ISO 14 159, Ausgabe: 2002-04, Sicherheit von Maschinen – Hygieneanforderungen an die Gestaltung von Maschinen
15 About ASTM International, ASTM International, 100 Barr Harbor Drive, PO Box C700, West Conshohocken, Pennsylvania, USA 19428-2959, http://www.astm.org/

Literatur zu Kapitel 4

1 European Hygienic Equipment & Design Group (EHEDG): Aims, Work, http://www.ehedg.org/f_about.htm; Sekretariat der EHEDG, Ms. Ellen Moens, Avenue Grand Champ 148, 1150 Brussels, Belgium
2 3-A, International Association of Food Industry Suppliers, Secretariat: 1451 Dolley Madison Boulevard, McLean, Virginia USA 22101-3850, http://www.3-a.org/
3 HYFOMA European Network for Hygienic Manufacturing of Food, The Fifth Framework Programme, Quality of Life and Management of Living Resources, Key Action 1: Food, Nutrition and Health, Health, Food and Environment, European Commission Research DG, Rue de la Loi 200, 1049 Brussels, Belgium
4 Die DECHEMA stellt sich vor, http://www.dechema.de, DECHEMA, Gesellschaft für Chemische Technik und Biotechnologie e. V., Theodor-Heuss-Allee 25, 60486 Frankfurt am Main
5 Korrosionsschutzgerechte Konstruktionen, Merkblätter zur Verhütung von Korrosion durch konstruktive und fertigungstechnische Maßnahmen (1983), 422 Seiten, ISBN 3-921567-40-8
6 DECHEMA-WERKSTOFF-TABELLE/ Corrosion Handbook, Concordance of US and German Designations for Metallic Materials, ISBN 3-527-26651-8
7 VDMA, Qualified Hygienic Design QHD, Wir über uns, VDMA, Lyoner Str. 18, 60528 Frankfurt-Niederrad, http://www1.vdma.de
8 Qualified Hygienic Design (QHD), das Prüfsystem für die hygienische Gestaltung und Reinigbarkeit von Komponenten und Maschinen, VDMA, Nahrungsmittelmaschinen und Verpackungsmaschinen
9 Der VDI im Profil, VDI Verein Deutscher Ingenieure e. V., Graf-Recke-Str. 84, 40239 Düsseldorf, http://www.vdi.de
10 VDI-Gesellschaft Verfahrenstechnik und Chemieingenieurwesen, GVC-Geschäftsstelle, Postfach 10 11 39, 40002 Düsseldorf
11 About 3-A Standards, 3-A, http://www.3-a.org/standards/
12 About NSF International, NSF International, P. O. Box 130140, 789 N. Dixboro Road, Ann Arbor, MI 48113-0140, USA, http://www.nsf.org/info/contact.html
13 Non-Food Compounds Used in Food-Processing Facilities – Food-Grade Lubricants – Draft Standard for Trial Use, Document Number: NSF DRAFT 116-00, http://www.techstreet.com/cgi-bin/
14 About ASME, ASME International, Headquarters, Three Park Avenue, New York, NY 10016-5990, http://www.asme.org/
15 WHO Headquarters, Avenue Appia 20, 1211 Geneva 27, Switzerland, http://www.who.int/about/contacthq/e
16 Understanding the Codex Alimentarius, Food and Agriculture Organization of the United Nations, World Health Organization, M-83, ISBN 92-5-104248-9, http://www.fao.org/docrep
17 About IDF, International Dairy Federation, Diamant Building, Boulevard Auguste Reyers

80, 1030 Brussels, Belgium, http://www.fil-idf.org/about.htm
18 About ISPE, Internatonal Society of Pharmaceutical Engineers, Headquarters, 3816 W. Linebaugh Ave, Suite 412, Tampa, FL 33624, USA, http://www.ispe.org
19 AAMI, 1110 N. Glebe Road, Suite 220 Arlington, VA 22201, http://www.aami.org/
20 ABSA, 1202 Allanson Road, Mundelein, IL 60060, USA, http://www.absa.org/
21 Active Pharmaceutical Ingredients Committee (APIC), Av. E. Van Nieuwenhuyse 4/Box 2, 1160 Brussels
22 ASHRAE, American Society of Heating, Refrigerating and Air-Conditioning Engineers, Inc., 1791 Tullie Circle, N. E., Atlanta, GA 30329, USA, http://www.ashrae.org/
23 ASM, 1752 N Street N. W., Washington, D. C. 20036, http://www.asmusa.org/
24 BGN – Berufsgenossenschaft Nahrungsmittel und Gaststätten, Dynamostraße 7–11, 68165 Mannheim, http://www.bgn.de/
25 CEFIC, European Chemical Industry Council, Avenue Van Nieuwenhuyse 4, Box 1, 1160 Brussels, Belgium, www.cefic.org
26 Controlled Environment Testing Association, 1500 Sunday Drive, Suite 102, Raleigh, NC 27607, http://www.cetainternational.org/
27 EFPIA, Rue du Trône 108, 1050 Brussels, Belgium, http://www.efpia.org
28 International Association of Food Industry Suppliers, 1451 Dolley Madison Boulevard, McLean, Virginia, USA, http://www.iafis.org/
29 IchemE, Davis Building, 165–189 Railway Terrace, Rugby, CV21 3HQ, United Kingdom, http://www.icheme.org/
30 Institute of Environmental Sciences and Technology, 5005 Newport Drive, Suite 506, Rolling Meadows, IL 60008-3841, USA, http://www.iest.org
31 Sheet Metal and Air Conditioning Contractors' National Association, 4201 Lafayette Center Drive, Chantilly, Virginia 20151-1209, http://www.smacna.org/

Literatur zu Kapitel 5

1 DIN EN 1050: Sicherheit von Maschinen – Leitsätze zur Risikobeurteilung; Ausgabe: 1997-01, Deutsche Fassung EN 1050: 1996 und DIN EN ISO 14121-1 Norm, 2007-12, Sicherheit von Maschinen – Risikobeurteilung – Teil 1: Leitsätze (ISO 14121-1:2007); Deutsche Fassung EN ISO 14121-1:2007
2 Richtlinie 98/37/EG des Europäischen Parlaments und des Rates vom 22. Juni 1998 zur Angleichung der Rechts- und Verwaltungsvorschriften der Mitgliedstaaten für Maschinen, ABl. L 207 vom 23.7.1998, S. 1 und Richtlinie 2006/42/EG des Europäischen Parlaments und des Rates vom 17. Mai 2006 über Maschinen und zur Änderung der Richtlinie 95/16/EG (Neufassung), Amtsblatt der Europäischen Union L 157/24, 9.6.2006
3 Richtlinie 91/356/EWG der Kommission vom 13. Juni 1991 zur Festlegung der Grundsätze und Leitlinien der Guten Herstellungspraxis für zur Anwendung beim Menschen bestimmte Arzneimittel ersetzt durch Richtlinie 2003/94/EG der Kommission vom 8. Oktober 2003 zur Festlegung der Grundsätze und Leitlinien der Guten Herstellungspraxis für Humanarzneimittel und für zur Anwendung beim Menschen bestimmte Prüfpräparate, Amtsblatt der Europäischen Union L 262/22, 14.10.2003
4 Richtlinie 91/412/EWG der Kommission zur Festlegung der Grundsätze und Leitlinien der Guten Herstellungspraxis für Tierarzneimittel; Richtlinie 2001/82/EG des Europäischen Parlaments und des Rates vom 6. November 2001 zur Schaffung eines Gemeinschaftskodexes für Tierarzneimittel, ABl. L 311 vom 28.11.2001; Richtlinie 2004/28/EG des Europäischen Parlaments und des Rates vom 31. März 2004 zur Änderung der Richtlinie 2001/82/EG zur Schaffung eines Gemeinschaftskodexes für Tierarzneimittel, Abl. L 136/58, 30.4.2004
5 Richtlinie 93/43/EWG des Rates vom 14. Juni 1993 über Lebensmittelhygiene, Amtsblatt Nr. L 175 vom 19/07/1993 S. 0001–0011, ersetzt durch Verordnung (EG) Nr. 852/2004 des Europäischen

Parlaments und des Rates vom 29. April 2004 über Lebensmittelhygiene, Amtsblatt der Europäischen Union L 139/1, 30.4.2004
6 EG-Leitfaden einer Guten Herstellungspraxis für Arzneimittel, Kommission der Europäischen Gemeinschaften, III/2244187, Einleitung, Rev. 3, Januar 1989
7 Code Of Federal Regulations (USA): Mutual recognition of pharmaceutical good manufacturing practice reports, medical device quality system audit reports, and certain medical device product evaluation reports: United States and the European Community, Title 21, Volume 1, Part 26; April 2001, revised April 2002; U. S. Government Printing Office
8 Handbuch Maschinensicherheit, HRSG.: Berufgenossenschaft Nahrungsmittel und Gaststätten, Jedermann-Verlag, Heidelberg, 2. Auflage, 01.1996
9 DIN EN 1672-2, Nahrungsmittelmaschinen – Allgemeine Gestaltungsleitsätze – Teil 2: Hygieneanforderungen, Ausgabe: 1997-06; Deutsche Fassung EN 1672-2:2005
10 DIN EN ISO 14159, Sicherheit von Maschinen – Hygieneanforderungen an die Gestaltung von Maschinen, Deutsche Fassung: 2004
11 EHEDG: Guidelines and Test Methods for the Safe and Hygienic Processing of Foods from the European Hygienic Equipment Design Group; www.ehedg.org
12 DIN EN ISO 12100-1/A1 Norm-Entwurf, 2008-01: Sicherheit von Maschinen – Grundbegriffe, allgemeine Gestaltungsleitsätze – Teil 1: Grundsätzliche Terminologie, Methodologie – Änderung 1 (ISO 12100-1:2003/DAM 1:2008); Deutsche Fassung EN ISO 12100-1:2003/prA1:2008
13 Code of Federal Regulations: Current good manufacturing practice in manufacturing, packing, or holding human food; Title 21, Volume 2, Part 110; April 2003; U. S. Government Printing Office
14 Richtlinie 2003/94/EG der Kommission vom 8. Oktober 2003 zur Festlegung der Grundsätze und Leitlinien der Guten Herstellungspraxis für Humanarzneimittel und für zur Anwendung beim Menschen bestimmte Prüfpräparate, Amtsblatt der Europäischen Union L 262/22, 14.10.20039
15 CFR, Title 21 – Food and Drugs, Part 820 – Quality System Regulation, Subpart C – Design Controls, modifiziert Nov 2006
16 BgVV: Fragen und Antworten zum Hazard-Analysis- and Crtitical-Control-Point- (HACCP) Konzept, Bundesgesundheitsbl. 2/97
17 Christelsohn, M., Czabon, V., Stähle, S. (1994): Praxishandbuch Qualitätsmanagement. Hamburg: Behr's Verlag
18 DIN EN ISO 22000 Berichtigung 1, Norm, 2006-07: Managementsysteme für die Lebensmittelsicherheit – Anforderungen an Organisationen in der Lebensmittelkette (ISO 22000:2005); Deutsche Fassung EN ISO 22000:2005, Berichtigungen zu DIN EN ISO 22000:2005-11
19 DIN EN ISO 9000: Qualitätsmanagementsysteme – Grundlagen und Begriffe; Ausgabe: 2000-12; (ISO 9000: 2005); DIN EN ISO 9001 Norm, 2000-12: Qualitätsmanagementsysteme – Anforderungen (ISO 9001:2000-09); Dreisprachige Fassung EN ISO 9001:2000; DIN EN ISO 9004, Norm, 2000-12: Qualitätsmanagementsysteme – Leitfaden zur Leistungsverbesserung (ISO 9004:2000); Dreisprachige Fassung EN ISO 9004:2000
20 Verordnung (EG) Nr. 854/2004 des Europäischen Parlaments und des Rates vom 29. April 2004 mit besonderen Verfahrensvorschriften für die amtliche Überwachung von zum menschlichen Verzehr bestimmten Erzeugnissen tierischen Ursprungs, Amtsblatt der Europäischen Union L 226/83, 25.6.2004
21 ALINORM: Reports of the Sessions of the Codex Committee in Food Hygiene, WHO/FAO Codex Alimentarius Commission; 93/13A, 26th Session, 2003 bis 05/28/13, 37th Session 2005
22 31. Verordnung über allgemeine Lebensmittelhygiene, (Lebensmittelhygieneverordnung), Bundesministerien für Frauenangelegenheiten und Verbraucherschutz, BGBl. II Nr. 31/1998 vom 3. Februar 1998

23 Woidich, A.: Praxishandbuch Lebensmittelsicherheit, (2001) Behr's Verlag, Hamburg

24 WHO: Hazard Analysis and Critical Control Point (HACCP) system and guidelines for its application; Annex to CAC/RCP 1-1969, Rev. 4 (2003)

25 Dertinger, L.: GMP, PIC, gesetzliche Grundlagen, Verordnungen, Richtlinien auf den wichtigsten Märkten

26 cGMP Medical Devices, Experte für Pharmatechnik, Th. Peiter, Pecon, Speyer, 2000

27 ISPE, Baseline Pharmaceutical Engineering Guide Series: Baseline Guide Vol. 5 – Commissioning and Qualification, 1st Edition, 03/01

28 Sathayé, B. V.: Qualifizierung einer Verpackungslinie anhand einer Thermoform-, Kartoniermaschine und Endkontrollwaage, Diplom-Arbeit, Lehrstuhl für Maschinen- und Apparatekunde, TU München, 1998

29 Guideline on general principles of process validation; Center for Drugs and Biologics and Center for Devices and Radiological Health, Food and Drug Administration; 1987; Rockville, Maryland

30 CFR, Definitions; Title 21, Volume 8, Sec. 820.3; April, 2001; FDA

31 Koerv, O.: Wege aus dem Validierungsdschungel – Validierung aus der Sicht eines Apparateherstellers, Kraus Maffei Verfahrenstechnik, GmbH. München.

32 PIC/S Secretariat: Pharmaceutical Inspection Convention – Pharmaceutical Inspection Co-Operation Scheme; Recommendations on validation master plan, installation and operational qualification, non-sterile process validation, cleaning validation; PI 006-1, August 2001, Geneva, http://www.picscheme.org

33 Verordnung (EG) Nr. 852/2004 des Europäischen Parlaments und des Rates vom 29. April 2004 über Lebensmittelhygiene, Amtsblatt der Europäischen Union L 139/1, 30.4.2004

34 Richtlinie 89/397/EWG über die amtliche Lebensmittelüberwachung

35 Richtlinie 93/99/EWG des Rates vom 29. Oktober 1993 über zusätzliche Maßnahmen im Bereich der amtlichen Lebensmittelüberwachung, Amtsblatt Nr. L 290 vom 24/11/1993; Verordnung (EG) Nr. 854/2004 des Europäischen Parlaments und des Rates vom 29. April 2004 mit besonderen Verfahrensvorschriften für die amtliche Überwachung von zum menschlichen Verzehr bestimmten Erzeugnissen tierischen Ursprungs, Amtsblatt der Europäischen Union L 226/83, 25.6.2004

36 Freund, M.: Erarbeitung eines Gefahrenidentifizierungs- und -Bewertungskonzeptes in der Weinwirtschaft nach § 4 der Lebensmittelhygieneverordnung – dargestellt am Fallbeispiel des Weingutes der Forschungsanstalt Geisenheim; Diss., Fachbereich Agrarwissenschaften, Ökotrophologie und Umweltmanagement; Universität Gießen; 2000

37 Richtlinie 91/356/EWG zur Festlegung der Grundsätze und Leitlinien der Guten Herstellungspraxis für zur Anwendung beim Menschen bestimmte Arzneimittel; Juni 1991

38 Richtlinie 91/412/EWG of 23 July 1991 zur Festlegung der Grundsätze und Leitlinien der Guten Herstellungspraxis für die Anwendung veterinär-medizinischer Produkte.

39 Convention for the mutual recognition of inspections in respect of the manufacture of pharmaceutical products; Geneva; October 1970; The European Free Trade Association, Geneva

40 Auerhoff, PIC-Empfehlungen für die Validierung; Richtlinie 90 Pharm. Ind. Nr. 4 (1996)

41 Aide Memoire, Pharmaceutical Inspection Convention, Pharmaceutical Inspection Co-operation Scheme, PIC/S Sekretariat, June 2002, Geneva

42 Guide to Inspections of Foreign Pharmaceutical Manufacturers, modifiziert Jan. 2006; prepared by FDA's Office of Regulatory Affairs (ORA) with the assistance of the Center for Drug Evaluation and Research (CDER) and the Center for Veterinary Medicine (CVM), USA

43 Office of Regulatory Affairs, Compliance References: Compliance Program Guidance Manual for FDA Staff; FDA, updated 11/2007; http://www.fda.gov/ora/cpgm/default.htm

44 FDA/ORA Compliance Policy Guides (CPG) Manual, 2006, Office of Regula-

tory Affaire, http://www.fda.gov/ora/compliance_ref/cpg/cpgfod/default.htm
45 FDA/ORA Regulatory Procedures Manual, August 1997 (Includes Updates Through: 03.20.2001); http://www.fda.gov/ora/compliance_ref/cpg/
46 Guideline for drug master files; Center for Drug Evaluation and Research Food and Drug Administration Department of Health and Human Services; September 1989
47 Compliance Program Guidance Manual for FDA Staff: Drug Manufacturing Inspections, Program 7356.002 FDA/Center for Drug Evaluation and Research, Last Updated: January 14/2002, Originator: OTCOM/DLIS, HTML by SJW
48 Information Materials for the Food and Cosmetics Industries, A Catalog of publications and other materials; available from non-government sources as well as FDA and other agencies; http://www.cfsan.fda.gov/~dms/industry.html#proc; 2002-OCT
49 Biotechnology inspection guide reference materials and training aids, Division of Field Investigations (HFC-130), Office of Regional Operations, Office of Regulatory Affairs, US. Department of Health and Human Services, Public Health Service; Food And Drug Administration, November 1991
50 Inspections, Compliance, Enforcements and Recalls; Literaturübersicht; U. S. Food and Drug Administration; Center for Food Safety and Applied Nutrition, 2002-MAR, modifiziert 2007-FEB

Literatur zu Kapitel 6

1 Richtlinie 98/37/EG des Europäischen Parlaments und des Rates vom 22. Juni 1998 (Maschinenrichtlinie)
2 Lebensmittel- und Bedarfsgegenständegesetz (Langtitel: Gesetz über den Verkehr mit Lebensmitteln, Tabakerzeugnissen, kosmetischen Mitteln und sonstigen Bedarfsgegenständen) in der Fassung vom 9.9.1997, zuletzt geändert durch Gesetz zur Anpassung von Zuständigkeiten im Gentechnikrecht vom 22.3.2004
3 GMP-Richtlinie 2003/94/EG
4 Richtlinie 93/43/EWG des Rates vom 14. Juni 1993 über Lebensmittelhygiene (Lebensmittelhygienerichtlinie)
5 DIN EN 1672-2, Ausgabe: 1997-06 Nahrungsmittelmaschinen – Allgemeine Gestaltungsleitsätze, Teil 2: Hygieneanforderungen, deutsche Fassung EN 1672-2: 1997 (Norm-Entwurf); DIN EN 1672-2, Ausgabe: 2003-04, Nahrungsmittelmaschinen – Allgemeine Gestaltungsleitsätze, Teil 2: Hygieneanforderungen, deutsche Fassung prEN 1672-2: 2003
6 DIN EN ISO 14 159, Ausgabe: 2004-05, Sicherheit von Maschinen – Hygieneanforderungen an die Gestaltung von Maschinen (ISO 14 159:2002), deutsche Fassung EN ISO 14 159: 2004
7 DIN-Taschenbuch 308 Biotechnik, Normen, weitere Unterlagen, Ausgabe: 2001-02
8 DIN EN 1619, Ausgabe: 1996-09, Biotechnik – Verfahren im Großmaßstab und Produktion – Allgemeine Anforderungen an Verwaltung und Organisation bei Verfahren zur Stammkonservierung, deutsche Fassung EN 1619: 1996
9 DIN EN 1620, Ausgabe: 1996-10, Biotechnik – Verfahren im Großmaßstab und Produktion – Gebäude entsprechend dem jeweiligen Gefährdungsgrad, deutsche Fassung EN 1620: 996
10 Müller, G., Weber, H.: Mikrobiologie der Lebensmittel, Grundlagen, Behr, Hamburg, 1996
11 Back, W.: Farbatlas und Handbuch der Getränkebiologie, Teil I und II, 1999, Verlag Hans Carl, Nürnberg
12 Schlegel, H. G.: Allgemeine Mikrobiologie, 1992, Thieme Verlag, Stuttgart
13 Kessler, H. G.: Lebensmittel- und Bioverfahrenstechnik, Molkereitechnologie, Verlag A. Kessler, München, 4. Aufl., 1996
14 Madigan, M. T., Martinko, J. M., Parker, J.: BROCK – Mikrobiologie, herausgegeben von Werner Goebel, Elsevier, London, 2000
15 Schmidt, R.: Werkstoffverhalten in biologischen Systemen – Grundlagen, Anwendungen, Schädigungsmechanismen, Werkstoffprüfung, 2. Aufl., Springer, Berlin, 1999

16 Riedewald, F.: Biofilms in Pharmaceutical Water, Pharmaceutical Engineering, The Official Journal of ISPE, 1997, Vol. 17, No. 6

17 Donlan, R. M., Costeron, J. W.: Biofilms, Survival Mechanisms of Clinically Relevant Microorganisms, Clinical Microbiology Reviews, 2002, American Society for Microbiology

18 Flemming, H.-C., Wingender, J.: Biofilme – die bevorzugte Lebensform der Bakterien, Biologie in Unserer Zeit, Nr. 3, 31. Jahrgang 2001

19 Flemming, H.-C., Wingender, J.: Was Biofilme zusammenhält, Chemie in unserer Zeit, Nr. 1, 36. Jahrgang 2002

20 Schmitt, J., Nivens, D., White, D. C., Flemming, H.-C.: Changes of biofilm properties in response to sorbed substancies – an FTIR-ATR-study; Water Sci Technol, 32, 1995

21 Back, W.: Biofilme in der Brauerei und Getränkeindustrie, 2 Brauwelt Online, Nr. 24/25, 2002

22 Blackman, I. C., Frank, J. F.: Growth of Listeria monocytogenes as a biofilm on various food-processing surfaces, Journal Food Prot 59, 1996

23 Israelachvili, J.: Intermolecular & Surface Forces, 2. Aufl., Academic Press, London, 1998

24 Dörfler, H.: Grenzflächengleichgewichte – Grundlagen zur Messung der Ober- und Grenzflächenspannungen von Flüssigkeiten. In: Dörfler, H. (Hrsg.), Grenzflächen- und Kolloidchemie, VCH, Weinheim, 1994

25 Wedler, G.: Lehrbuch der Physikalischen Chemie, Wiley-VCH Verlag, Weinheim, 1997

26 Cassie, A.: Contact angles. Disc. Faraday Soc. 3, 1948

27 Wenzel, R.: Communication to the editor – Surface roughness and contact angle. Journal of Physical Colloid Chemistry 53 (1949), S. 1466–1467

28 Marmur, A.: Thermodynamic aspects of contact angle hysteresis. Advances in Colloid and Interface Science 50, 1994

29 Institut für Grenzflächenverfahrenstechnik, Fraunhofer, Stuttgart, www.igb.fhg.de/WWW/GF/GrenzflMem/Grenzflaechen/gf-physik/GFphys-KontWinkel-Obfl.html

30 Stieß, M.: Mechanische Verfahrenstechnik 2, Springer-Lehrbuch, Berlin, 1994

31 Dörfler, H.: Grenzflächen- und Kolloidchemie, VCH, Weinheim, 1994

32 Palzer, St.: Anreichern und Benetzen von pulverförmigen Lebensmitteln mit Flüssigkeiten in diskontinuierlichen Mischaggregaten, Diss. TU München, 2000

33 Barthlott, W., Neinhuis, C.: Der Lotus-Effekt: biologische Grundlagenforschung und die Entwicklung neuer Werkstoffe. In: von Gleich, A.: Bionik. Ökologische Technik nach dem Vorbild der Natur? 2. Aufl., B. G. Teubner, Stuttgart, Leipzig, Wiesbaden, 2001

34 Krupp, H.: Particle Adhesion: Theory and Experiment. Advances in Colloid and Interface Science 1, Nr. 2, 1967

35 Hauser, G., Sommer, K.: Basic Aspects on Plant Cleaning in the Food Industry, Proc 2nd Conference on Engineering Innovation in the Food Industry, University of Bath, 1990

36 Schubert, H.: Grundlagen des Agglomerierens, Chem.-Ing.-Tech. 51, Nr. 4, 1979

37 Moser, S., Sommer, K.: Calculation of van der Waals Forces in Adhering Systems, Powder Technology 17, Nr. 2, 1977

38 Sommer, K.: Size Enlargement in Ullmann's Encyclopedia of Industrial Chemistry, VCH, Weinheim, 1988

39 Visser, J.: On Hamaker Constants: A Comparison between Hamaker Constants and Lifshitz-van der Waals Constants. In: Overbeek, J., Prins, W., Zettlemayer, A. C. (Hrsg.), Advances in Colloid and Interface Science, Amsterdam: Elsevier, 1972

40 Rumpf, H. Sommer, K. Steier, K.: Mechanismen der Haftkraftverstärkung bei der Partikelhaftung durch plastisches Verformen, Sintern und viskoelastisches Fließen; Chem.-Ing.-Tech. 48, Nr. 4, 1976

41 John, D. F. S., Montgomery, D. J.: Adhesion of Small Metal Spheres to Plane Metal Substrates, Journal of Applied Physics 42, 1971

42 Schubert, H.: Kapillarität in porösen Feststoffsystemen. Berlin: Springer, 1982

43 Lyklema, J.: Elektrische Doppelschichten: Elektrostatik und Elektrodynamik, Chem.-Ing.-Tech. 71, Nr. 12, 1999

44 Hauser, G., Krüs, H.: Hygienegerechte Gestaltung von Bauteilen für die Lebensmittelherstellung, Lehrstuhl für Maschinen- und Apparatekunde, TU München-Weihenstephan und Cyclone Fluid Dynamics B. V., Waalre, Die Niederlande, www.cyclone.nl/ventil/ventil.htm

45 Truckenbrodt, E.: Fluidmechanik. Band 1: Grundlagen und elementare Strömungsvorgänge dichtebeständiger Fluide, Springer, Berlin, 1980

46 Cleaver, J. W., Yates, B.: Mechanism of Detachment of Colloidal Particles from a Flat Substrate in a Turbulent Flow, Journal of Colloid and Interface Science, 44, Nr. 3, 1973

47 Eck, B.: Technische Strömungslehre Band 1 und 2, Springer, Berlin, 1991

48 Graßhoff, A.: CIP-Anlagen in der Lebensmitteltechnik – Eine Einführung. VDI-Berichte Nr. 1238, VDI-Verlag GmbH, Düsseldorf, S. 105–114 (1996)

49 Kretzschmar, H.-J.: Kapitel 8 Thermodynamik, in Grundwissen des Ingenieurs, Fachbuchverlag Leipzig (2002)

50 Rubin, G.: Widerstands- und Auftriebswerte von ruhenden, kugelförmigen Partikeln in stationären, wandnahen laminaren Grenzschichten, Diss., Univ. Karlsruhe, 1977

51 Sommer, K.: Werkstoffoberflächen, Haftung und Reinigung: neue Konzepte zur Lebensmittelproduktion

52 Weigl, B.: Trennkräfte zwischen Mikroorganismen, Partikeln und Oberflächen, Diss., TU-München, 2004

Literatur zu Kapitel 7

1 Klapp, E.: Apparate- und Anlagentechnik, Planung, Berechnung, Bau und Betrieb stoff- und energiewandelnder Systeme auf konstruktiver Grundlage (2002), Springer Verlag

2 „Maschinenrichtlinie" Richtlinie 98/37/EG Des Europäischen Parlaments und des Rates vom 22. Juni 1998 zur Angleichung der Rechts- und Verwaltungsvorschriften der Mitgliedstaaten für Maschinen

3 Richtlinie 89/109/EWG des Rates vom 21. Dezember 1988 zur Angleichung der Rechtsvorschriften der Mitgliedstaaten über Materialien und Gegenstände, die dazu bestimmt sind, mit Lebensmitteln in Berührung zu kommen, Amtsblatt Nr. L 040 vom 11/02/1989

4 Lebensmittel-, Bedarfsgegenstände- und Futtermittelgesetzbuch (Lebensmittel- und Futtermittelgesetzbuch – LFGB), Vom 26. April 2006, Bundesgesetzblatt Jahrgang 2006 Teil I Nr. 20, ausgegeben zu Bonn am 27. April 2006

5 DIN EN 1672-2 Norm: 2005-07, Nahrungsmittelmaschinen – Allgemeine Gestaltungsleitsätze – Teil 2: Hygieneanforderungen; Deutsche Fassung EN 1672-2:2005

6 Code of Federal Regulations, 174.5 General provisions applicable to indirect food additives, Title 21, Volume 3, Revised as of April 1, 2001 (21CFR174.5)

7 EG-Leitfaden der Guten Herstellungspraxis für Arzneimittel, III/2244/87, Rev. 3, Jan. 1989, Kommission der Europäische Gemeinschaften; ersetzt durch: Richtlinie 2003/94/EG der Kommission vom 8. Oktober 2003 zur Festlegung der Grundsätze und Leitlinien der Guten Herstellungspraxis für Humanarzneimittel und für zur Anwendung beim Menschen bestimmte Prüfpräparate, Amtsblatt der Europäischen Union L 262/22, 14.10.2003

8 Title 21 – Food and Drugs, Chapter I – Food and Drug Administration, Department of Health and Human Services, Part 110, Current Good Manufacturing Practice in Manufacturing, Packing, or Holding Human Food, Subpart C – Equipment, April 2003

9 Richtlinie 2006/42/EG des Europäischen Parlaments und des Rates vom 17. Mai 2006 über Maschinen und zur Änderung der Richtlinie 95/16/EG (Neufassung), Amtsblatt der Europäischen Union L 157/24, 9.6.2006

10 Beitz, W., Grothe, K.-H.: Dubbel – Taschenbuch für den Maschinenbau, 20. Aufl., 2001, Springer-Verlag, Heidelberg

11 Bezeichnungssysteme für Stähle; Teil 2: Nummernsystem; DIN EN 10 027-2, Ausgabe 1992-09, Deutsche Fassung EN 10 027-2:1992

12 Bezeichnungssysteme für Stähle; Teil 1: Kurznamen, Hauptsymbole;

DIN EN 10 027-1, Ausgabe 1992-09, Deutsche Fassung EN 10 027-1:1992, Entwurf DIN EN 10 027-1, August 2001
13 Merkblatt 821: Edelstahl rostfrei – Eigenschaften, Informationsstelle Edelstahl Rostfrei (ISER), Düsseldorf, 2. Aufl., 1997
14 Vrochte, H. et al.: Untersuchungen zur Frage der Nickelfreisetzung aus Edelstahlkochtöpfen, Z. Ernährungswiss. 30; (1991) S. 181–191
15 Bauer, A. E.: Stainless Steel for Food Contact Constructions, Nickel Development Institute, EHEDG-Symposium, Sept. (1994), Berne, Switzerland
16 Edelstahl Rostfrei – Die Verarbeitung von Edelstahl Rostfrei; Merkblatt 822, 3. Aufl. (2001), Informationsstelle Edelstahl Rostfrei, Düsseldorf
17 Lohmeyer, S.: Edelstahl, Taschenbuch (1993) expert-verlag, Renningen-Malmsheim
18 Hornbogen, E., Warlimont, H.: Metallkunde – Aufbau und Eigenschaften von Metallen und Legierungen, 4. Aufl. 2001, Springer Verlag Heidelberg
19 Bargel, H.-J., Schulze, G.: Werkstoffkunde, 6. Aufl. (1999), Springer-Verlag Heidelberg
20 Hübner: Schweissen hochlegierter Stähle, Vorlesungsmanuskript, www.tu-freiberg.de/wt/pdf/huebner/spezielleEisenwerkstoffe/Schweissen hochlegierter_Staehle.pdf
21 Basler Norm BN 2, BCI, Arbeitsgruppe Chemieanlagenbau, Basler chemische Industrie Ausgabe 1997-06-19
22 Schoß, V.: Martensitische Umwandlung und Ermüdung austenitischer Edelstähle, Gefügeveränderungen und Möglichkeiten der Früherkennung von Ermüdungsschädigungen, Diss. TU Bergakademie Freiberg (2001)
23 HARDifference: Ferrit in austenitischem Stahl, 2. Jahrg. Nr. 2 (1997)
24 Kolsterisieren, Firma Bodycote, http://ceg.bodycote.org/de/db72.asp
25 DIN EN 10 088-1 Norm: 2005-09, Nichtrostende Stähle – Teil 1: Verzeichnis der nichtrostenden Stähle; Deutsche Fassung EN 10 088-1:2005
26 EHEDG: Hygienic Equipment Design Criteria, Document 8 (1991), updated 2004
27 International Stainless Steel Forum (ISSF): Die ferritische Lösung – Eigenschaften, Vorteile, Einsatzmöglichkeiten; April 2007, ISBN 2-930069-51-1
28 Merkblatt 893: Edelstahl rostfrei für die Wasserwirtschaft, Informationsstelle Edelstahl Rostfrei (ISER), 1. Aufl. 2007
29 Böhler, Edelstahlhandbuch, Böhler-Uddeholm Deutschland GmbH, Düsseldorf, www.boehler.de
30 Dwars, A., Kühl, A.: Deutlich verbessert – Modifizierte austenitisch-ferritische Stähle im Pumpenbau, Chemie-Technik, 29. Jg. (2000) Nr. 5
31 DIN EN 12 258-1: Aluminium und Aluminiumlegierungen – Allgemeine Begriffe und Definitionen; Teil 1: Allgemeine Begriffe, dreisprachige Version, Sept. 1998
32 Proposed Exemption for Aluminum in Bottled Water, FDA & HHS Fact Sheets and Talk Papers, US FDA/Center for Food Safety & Applied Nutrition, Food & Nutrition FDA Talk Papers and Press Releases, 1995
33 Aluminum and Health: A Review of the Issues and Efforts, 1996, The Aluminum Association, Washington, DC
34 DIN EN 602, Aluminium und Aluminiumlegierungen – Kneterzeugnisse – Chemische Zusammensetzung von Halbzeug für die Herstellung von Erzeugnissen, die in Kontakt mit Lebensmitteln kommen; Deutsche Fassung EN 602, 2004
35 DIN EN 601, Aluminium und Aluminiumlegierungen – Gußstücke – Chemische Zusammensetzung von Gussstücken, die in Kontakt mit Lebensmitteln kommen; Ausgabe 2004-07, Deutsche Fassung EN 601: 2004
36 DIN EN 485-1 Norm-Entwurf, 2007-01: Aluminium und Aluminiumlegierungen – Bänder, Bleche und Platten – Teil 1: Technische Lieferbedingungen; Deutsche Fassung prEN 485-1:2006 und DIN EN 485-2, Norm-Entwurf, 2008-03: Aluminium und Aluminiumlegierungen – Bänder, Bleche und Platten – Teil 2: Mechanische Eigenschaften; Deutsche Fassung prEN 485-2: 1999
37 Rutherford Online: Elementbeschreibungen: Aluminium; Lexikon der Ele-

mente 2006, http://www.uniterra.de/rutherford

38 Aluminium Handbook, Volume 1: „Fundamental and Materials“, Aluminium-Verlag Marketing & Kommunikation GmbH, Aachener Straße 172, D-40223 Düsseldorf, 1999

39 EHEDG Guideline: General hygienic design criteria for the safe processing of dry particulate materials, Doc. 22, 2001

40 DIN EN 573-1, Norm, 2005-02: Aluminium und Aluminiumlegierungen – Chemische Zusammensetzung und Form von Halbzeug – Teil 1: Numerisches Bezeichnungssystem; Deutsche Fassung EN 573-1:2004

41 DIN EN 573-3, Norm, 2007-11: Aluminium und Aluminiumlegierungen – Chemische Zusammensetzung und Form von Halbzeug – Teil 3: Chemische Zusammensetzung und Erzeugnisformen; Deutsche Fassung EN 573-3:2007

42 European Aluminium Association: Aluminium und Gesundheit, Brüssel, Belgien; 12 B-I 150, Februar 1998 und Januar 2001

43 Schlosser, F.-U. et al.: Gesundheitliche Anforderungen an Werkstoffe und Materialien im Kontakt mit Trinkwasser, Bundesgesundheitsblatt – Gesundheitsforschung – Gesundheitsschutz, Volume 50, Nummer 3, März 2007

44 Lidén, C. et al.: Nickel-containing alloys and platings and their ability to cause dermatitis, British Journal of Dermatology 134 (2), February 1996

45 Kompetenzzentrum für Qualitätssicherung, Laboratoire Dubois SA, Alexis-Marie, CH-2305 La Chaux-de-Fonds, Schweiz, http://www.laboratoire-dubois.ch/accueil.de.html

46 Summary: Second Edition of the Guide for the Health Maintenance of Workers Exposed to Nickel, Its Compounds and Alloys; Nickel Development Institute NiDI, Toronto, Canada, http://www.nipera.org/safe use guide about.html, May 2001

47 Diekmann, H.: Hochlegierte nichtrostende Stähle und Nickelbasislegierungen im Chemie-Apparatebau, Volume 37, Issue 3, Materials and Corrosion/Werkstoffe und Korrosion, Jan. 1986

48 Vite, M. et al.: Dry and wet abrasive resistance of Inconel 600 and stellite, Volume 258, Issues 1–4, wear, January 2005

49 Rutherford: Zinn, Rutherford Online, Lexikon der Elemente, 2006, www.uniterra.de/rutherford/ele050.htm

50 DIN EN 611-1, Norm 1995-09: Zinn und Zinnlegierungen – Zinnlegierungen und Zinngerät – Teil 1: Zinnlegierungen; Deutsche Fassung EN 611-1:1995; DIN EN 611-2, Norm, 1996-08: Zinn und Zinnlegierungen – Zinnlegierungen und Zinngerät – Teil 2: Zinngerät; Deutsche Fassung EN 611-2:1996

51 DIN EN 10 333, Norm, 2005-07: Verpackungsblech – Flacherzeugnisse aus Stahl für die Verwendung in Berührung mit Lebensmitteln, Produkten und Getränken für den menschlichen und tierischen Verzehr – Verzinnter Stahl (Weißblech); Deutsche Fassung EN 10 333: 2005

52 Smolka, S., Cameron, P.: Gefahren durch hormonell wirksame Biozide und Pestizide – Schadstoffe in Lebensmitteln, Garten und Haus; Worldwide Fund for Nature, WWF Deutschland, 1. Aufl., 2000

53 Roos, E., Maile, K.: Werkstoffkunde für Ingenieure – Grundlagen, Anwendung, Prüfung; Springer Verlag, Heidelberg, 1. Aufl., 2002

54 Franck, A.: Kunststoffkompendium, Vogel Verlag, 2000

55 Bargel, H.-J., Schulze, G.: Werkstoffkunde, 3. Aufl. (1984), Springer-Verlag Heidelberg

56 Kunststoffe im Lebensmittelverkehr (1997) Karl Heymanns Verlag, Köln

57 110. Sitzung der Kommission/Expertengruppe für die gesundheitliche Beurteilung von Kunststoffen und anderen Materialien im Rahmen des Lebensmittel- und Bedarfsgegenständegesetzes des Bundesinstitutes für gesundheitlichen Verbraucherschutz und Veterinärmedizin (Kunststoff-Kommission/Expertengruppe des BgVV), Bericht, 14./15. November 2001, Berlin

58 111. Sitzung der Kommission für die gesundheitliche Beurteilung von Kunststoffen und anderen Materialien im Rahmen des Lebensmittel- und

Bedarfsgegenständegesetzes des Bundesinstitutes für gesundheitlichen Verbraucherschutz und Veterinärmedizin (Kunststoffkommission des BgVV), Bericht, 17./18. April 2002, Berlin

59 Code of Federal Regulations, Title 21 – Food And Drugs, Chapter I – Food And Drug Administration, Department of Health and Human Services, Part 174 – Indirect Food Additives: General – Table of Contents, April 2007

60 Guggenbichler, J.-P., Böswald, M., Lugauer, S., Krall, T.: A New Technology of Microdispersed Silver in Polyurethane Induces Antimicrobial Activity in Central Venous Catheters. Infection. 27 Suppl:16–24 (1999)

61 109. Sitzung der Kommission/Expertengruppe für die gesundheitliche Beurteilung von Kunststoffen und anderen Materialien im Rahmen des Lebensmittel- und Bedarfsgegenständegesetzes des Bundesinstitutes für gesundheitlichen Verbraucherschutz und Veterinärmedizin (Kunststoff-Kommission/Expertengruppe des BgVV), Bericht, 25./26. April 2001, Berlin

62 Kunststoffe, Kennzeichnung, Zusammensetzung DIN EN ISO 1043-1, Ausgabe 2002-06 Kunststoffe – Kennbuchstaben und Kurzzeichen – Teil 1: Basis-Polymere und ihre besonderen Eigenschaften (ISO 1043-1:2001); Deutsche Fassung EN ISO 1043-1:2002

63 DIN EN ISO 1043-2, Ausgabe 2002-04: Kunststoffe – Kennbuchstaben und Kurzzeichen – Teil 2: Füllstoffe und Verstärkungsstoffe (ISO 1043-2:2000); Deutsche Fassung EN ISO 1043-2:2001

64 DIN ISO 1629, Norm, 2004-11: Kautschuk und Latices – Einteilung, Kurzzeichen (ISO 1629: 1995)

65 Bargel, H.-J., Schulze, G.: Werkstoffkunde, VDI-Verlag, 9. Aufl., 2005

66 Laska, R., Felsch, Ch.: Werkstoffe für Ingenieure, Friedr. Vieweg & Sohn, Braunschweig/Wiesbaden, 1992

67 Keim, W. (Hrsg.): Kunststoffe, Synthese, Herstellungsverfahren, Apparaturen, Wiley-VCH, Weinheim, 1. Aufl., 2006

68 Weichmacherfreies Polyvinylchlorid, weichmacherfreie Mischpolymerisate des Vinylchlorids und Mischungen dieser Polymerisate mit anderen Mischpolymerisaten und chlorierten Polyolefinen mit überwiegendem Gehalt an Vinylchlorid in der Gesamtmischung, Kunststoffe im Lebensmittelverkehr, Bundesinstitut für gesundheitlichen Verbraucherschutz und Veterinärmedizin, BGVV, DIMDI: Kunststoffempfehlungen (KE01) © BfR Bundesgesundheitsblatt Nr. 45, 2002, Ausgabe Nr. 5, Seite 463

69 Kunststoffempfehlungen des BfR: I. Weichmacherhaltige Hochpolymere, letzte Änderung 2006, http://bfr.zadi.de/kse/index.htm

70 Kunststoffempfehlungen des BfR: III. Polyethylen, Stand 06 2007, http://bfr.zadi.de/kse/index.htm

71 Kunststoffempfehlungen des BfR: XLVI. Vernetztes Polyethylen, Stand 06 2007, http://bfr.zadi.de/kse/index.htm

72 Kunststoffempfehlungen des BfR: XXXVI/1. Koch- und Heißfilterpapiere und Filterschichten, Stand 06 2007, http://bfr.zadi.de/kse/index.htm

73 Kunststoffempfehlungen des BfR: XLVIII. Materialien zur Außenbeschichtung von Hohlgläsern, Stand 03 1975, http://bfr.zadi.de/kse/index.htm

74 Kunststoffempfehlungen des BfR: VII. Polypropylen, Stand 06 2007, http://bfr.zadi.de/kse/index.htm

75 Kunststoffempfehlungen des BfR: V. Polystyrol, das ausschließlich durch Polymerisation von Styrol gewonnen wird, Stand 04 2006, http://bfr.zadi.de/kse/index.htm

76 Kunststoffempfehlungen des BfR: L. Acrylnitril-Misch- und Pfropfpolymerisate; 06. 1994, http://bfr.zadi.de/kse/index.htm

77 Kunststoffempfehlungen des BfR: XXXIII. Acetalharze, Stand 06 2007, http://bfr.zadi.de/kse/index.htm

78 Hyde, F. W., Alberg, M., Smith, K.: Comparison of Fluorinated Polymers against Stainless Steel, Glass, and Polypropylenen in Microbial Biofilm Adherence and Removal, J. Ind. Microbil. & Biotech, 19, 142–149 (1997)

79 EHEDG: Hygienic Equipment Design Criteria, Doc. 8, 1993, updated 2004

80 Kunststoffempfehlungen des BfR: LI. Temperaturbeständige Beschichtungssysteme aus Polymeren für Brat-,

Koch- und Backgeräte, Stand 04 2006, http://bfr.zadi.de/kse/index.htm
81 Title 21: Food and Drugs, PART 177 – Indirect Food Additives: Polymers; Subpart B – Substances for Use as Basic Components of Single and Repeated Use Food Contact Surfaces, § 177.1615 Polyethylene, fluorinated
82 Schlipf, M.: Kleine Veränderung mit großer Wirkung, Fluorpolymere der 2. Generation für den schwierigen Korrosionsschutz im chemischen Apparatebau, cav, 2 (1999)
83 Kunststoffempfehlungen des BfR: XIV. Kunststoff-Dispersionen, Stand 06 2007, http://bfr.zadi.de/kse/index.htm
84 Davidson, C. A. B., Lowe, C. R.: Optimisation of polymeric surface pre-treatment to prevent bacterial biofilm formation for use in microfluidics; Journal of Molecular Recognition, Jan. 2004
85 Teflon PFA fluorpolymer resins, Properties Handbook, DuPont, 5 (1997)
86 Dümig, M., Fleischmann, R.: Verwendung von High Tech Fluorkunststoff PFA (Perfluoralkoxy) als Gefäßmaterial zum Einsatz in HTS, UHTS (High throughput screening, Ultra High ...) und Kombinatorischer Chemie, Fachbereich Chemie und Biotechnologie, Fachgebiet physikalische Chemie, FH Darmstadt, 2002
87 Gangal, S. V., Grot, W.: Tetrafluoroethylene Polymers; Wiley-Interscience, Encyclopedia of Polymer Science and Engineering. Vol. 16. Styrene Polymers to Toys. Second Edition, 1989
88 Fachverband der Kunststoffindustrie: Kunststoffrohr Handbuch – Rohrleitungssysteme für die Ver- und Entsorgung, 4. Aufl., 2000, Vulkan Verlag
89 Kunststoffempfehlungen des BfR: XXXIV. Vinylidenchlorid-Mischpolymerisate mit überwiegendem Gehalt an Polyvinylidenchlorid; 02. 2005, http://bfr.zadi.de/kse/index.htm
90 Kopp, R.: PVDF versus Edelstahl – nur bei oberflächlicher Betrachtung teuerer; Pharma + Food; 3, 2001
91 Kunststoffempfehlungen des BfR: X. Polyamide, Stand 06 1998, http://bfr.zadi.de/kse/index.htm
92 Kunststoffempfehlungen des BfR: XI. Polycarbonate und Mischungen von Polycarbonaten mit Polymerisaten bzw. Mischpolymerisaten, Stand 06 1998, http://bfr.zadi.de/kse/index.htm
93 Reimer, W., Weidig, R.: Polyetheretherketon (PEEK) = Polyetherether ketone (PEEK), Kunststoffe, 1996, Vol. 86, No. 10
94 Weidig, R.: Gut in Form bleiben – PEEK etabliert sich als Werkstoff für hohe Anforderungen; Chemie Technik, 31. Jahrgang, Nr. 4
95 ifm: Induktive efector$_m$-Sensoren für Lebensmittel-/Pharmabereich; Archiv 2002, www.ifm-electronic.com
96 BGVV: Verwendung von werkstofflich recycliertem Kunststoff aus Polyethylenterephthalat (PET) für die Herstellung von Lebensmittelbedarfsgegenständen Bundesgesundheitsblatt, 38, 73, 1995, Stand 10-2000
97 Franz, R., Welle, F.: Analytisches Screening und Bewertung von marktüblichen „postconsumer"-PET-Recyclaten für die erneute Anwendung in Lebensmittelverpackungen, Deutsche Lebensmittel-Rundschau (1999) 95
98 Kunststoffempfehlungen des BfR: XXI. Bedarfsgegenstände auf Basis von Natur- und Synthesekautschuk, Stand 06 2007, http://bfr.zadi.de/kse/index.htm
99 Duzick, T. C., Bonnel, S. I.: Eignung bewiesen; Perfluorelastomerdichtungen – dynamisch belastbar und dabei inert wie PTFE?, Pharma und Food, 2, 2000
100 DuPont Dow elastomers: Kalrez elastomer parts, Technical Information, Rev. 3, Nov. 2002
101 Kunststoffempfehlungen des BfR: XVIII. Melaminharzpreßmassen, Stand 07 1984, http://bfr.zadi.de/kse/index.htm
102 Kunststoffempfehlungen des BfR: XV. Silicone, II Siliconharze; Stand 06 2007, http://bfr.zadi.de/kse/index.htm
103 BGVV: XII. Ungesättigte Polyesterharze; DIMDI: Kunststoffempfehlungen (KE01) © BfR; letzte Änderung: Bundesgesundheitsblatt Nr. 27, 1984, Ausgabe Nr. 9, Seite 289
104 Kunststoffempfehlungen des BfR: Temperaturbeständige Beschichtungssysteme aus Polymeren für Brat-, Koch- und Backgeräte, 2.2.2.2 Epoxidharze;

Stand 04 2006, http://bfr.zadi.de/kse/index.htm
105 DIN EN 1388-2: Werkstoffe und Gegenstände in Kontakt mit Lebensmitteln – Silicatische Oberflächen; Teil 2: Bestimmung der Abgabe von Blei und Cadmium aus silicatischen Oberflächen ausgenommen keramischen Gegenständen, Nov. 1995
106 Pilhofer, TH.: Einsatzbereich des Werkstoffs Glas in der Anlagentechnik, Chem.-Ing.-Tech. 56 (1984), Nr. 4, S. 299–305
107 Technische Information, Firma QVF, Katalog, 2002, www.qvf.com/de/Equipment_1/Bauteileprogramm
108 DIN ISO 3585: Borosilicatglas 3.3 – Eigenschaften, Ausgabe 10, 1999
109 Pfaudler-Werke GmbH: Pfaudler Emails – Reinheit und Beständigkeit; 614-1d, 07. 2006, www.pfaudler.de/images/stories/File/614-1d_web.pdf
110 DIN EN 15 159-1, Norm, 2006-10: Emails und Emaillierungen – Emaillierte Apparate für verfahrenstechnische Anlagen – Teil 1: Qualitätsanforderungen für Apparate, Apparateteile, Einbau- und Zubehörteile; Deutsche Fassung EN 15 159-1: 2006
111 Informationszentrum Technische Keramik: Werkstoffe, 09, 2004; www.keramverband.de
112 DIN EN 60 672-1; VDE 0335-1: 1996-05 Norm, 1996-05: Keramik- und Glasisolierstoffe – Teil 1: Begriffe und Gruppeneinteilung (IEC 60 672-1: 1995); Deutsche Fassung EN 60 672-1: 1995; DIN V ENV 12 212, Vornorm, 1996-01: Hochleistungskeramik – Einheitliches Verfahren zur Klassifizierung; Deutsche Fassung ENV 12 212: 1995
113 Dietz, R.: Die technischen Neuerungen der feinkeramischen Industrie, Zeitschrift für angewandte Chemie, Vol. 27, Iss. 64–69, Published Online: Jan 18 2006
114 DIN V ENV 1071-5, Vornorm, 1995-04: Hochleistungskeramik – Verfahren zur Prüfung keramischer Schichten – Teil 5: Bestimmung der Porosität; Deutsche Fassung ENV 1071-5: 1995
115 Niemann, G., Winter, H., Höhn, B.-R.: Maschinenelemente, Band 1: Konstruktion und Berechnung von Verbindungen, Lagern, Wellen, 4., bearb. Aufl., 2005, Springer, Berlin
116 DIN 51 502: Schmierstoffe und verwandte Stoffe: Kurzbezeichnung der Schmierstoffe und Kennzeichnung der Schmierstoffbehälter, Schmiergeräte und Schmierstellen, Aug. 1990
117 Richtlinie des Rates 89/107/EWG vom 21. Dezember 1988 zur Angleichung der Rechtsvorschriften der Mitgliedstaaten über Zusatzstoffe, die in Lebensmitteln verwendet werden dürfen, ABl. EG, 1989 Nr. L 40, S. 27–33
118 DIN EN ISO 21 469, Norm, 2006-05: Sicherheit von Maschinen – Schmierstoffe mit nicht vorhersehbarem Produktkontakt – Hygieneanforderungen (ISO 21 469: 2006); Deutsche Fassung EN ISO 21 469: 2006
119 Food and Drug Administration FDA, Indirect Food Additives: Adjuvants, Production Aids, and Sanitizers – Table of Contents, Subpart D – Certain Adjuvants and Production Aids, Lubricants with incidental food contact, Code of Federal Regulations, Title 21, Volume 3, CITE: 21CFR178.3570, Rev. April 2002
120 Saurabh Lawate, The Lubrizol Corporation, „What You Need to Know About Food-grade Lubricants“. Machinery Lubrication Magazine. July 2007
121 NSF 116-01ds (zurückgezogen): Nonfood compounds used in food processing facilities – Food-grade lubricants, Revision of Draft standard for Trial Use 116 – 2000, NSF International; 03-Dec-2001
122 NSF, Whitebook Listings, USDA-Authorized and NSF-Registered Proprietary Substances and Nonfood Compounds, www.nsf.org/business/nonfood_compounds/
123 EHEDG: Production and use of food-grade lubricants, Document 23, 2002
124 Fa. Wika: Druckübertragungsflüssigkeiten für Druckmittler, www.wika.de/deutsch/produkte/druckmesstechnik/druckmittler/druckmittler.html
125 Food and Drug Administration FDA: Title 21, Chapt. 1, Art 178: Indirect Food Additives: Adjuvants, Production Aids, and Sanitizers, 21CFR178
126 VDI-Richtlinie 3821: Kunststoffkleben, Sept. 1978

127 Food and Drug Administration FDA: Indirect Food Additives: Adhesives and Components of Coatings – Table of Contents, Subpart B – Substances for Use Only as Components of Adhesives, Code of Federal Regulations, Title 21, Volume 3, CITE: 21CFR175.105, Page 141–156, Rev. April 1, 2001

128 Tostman, K.-H.: Korrosion, Ursachen und Vermeidung, Wiley VCH Verlag GmbH, 2001

129 Kunze, E.: Korrosion und Korrosionsschutz, 1. Edition – April 2001, Wiley VCH Verlag GmbH

130 Kaesche, H.: Die Korrosion der Metalle, Berlin: Springer 1990

131 Flemming, H. C.: Biofouling und Biokorrosion – die Folgen unerwünschter Biofilme, Chemie Ingenieur Technik, Volume 67, Issue 11, Published Online: 2 Februar 2004

132 Tuthill, A. H., Covert, R. A.: Stainless steels: An introduction to their metallurgy and corrosion resistance, NiDi Nickel development Institute, NiDi Reprint Series No. 14 056 (2000)

133 Eul, U.: Dissertation, Entwicklung und Einsatz einer Simulationsapparatur zum Nachweis und zur Verhinderung von mikrobiologisch beeinflusster Korrosion (MIC), Universität Frankfurt am Main, 1997

134 Tuthill, A. H., Avery, R. E., Covert, R. A.: Cleaning stainless steel surfaces prior to sanitary service, NiDi Nickel Development Institute, NiDi Technical Series No. 10 080 (1997)

135 Henkel, G.: Perfekte wiederkehrende Anlagensanierung im sensiblen Pharmabereich, Aufsatz Nr. 70, Rev. 00, Technical Bulletin, Henkel Beiz- und Elektropoliertechnik, 2003

136 Aluminium-Taschenbuch, 16. Aufl. Band 1: „Grundlagen und Werkstoffe", Aluminium-Zentrale e. V. Düsseldorf, Aluminium-Verlag GmbH, Düsseldorf, 2002

137 DIN EN 485-2, Norm, 2007-07: Aluminium und Aluminiumlegierungen – Bänder, Bleche und Platten – Teil 2: Mechanische Eigenschaften; Deutsche Fassung EN 485-2: 2007

138 ISO 9591, Norm, 2004-09: Korrosion von Aluminiumlegierungen – Bestimmung der Beständigkeit gegen Spannungsrisskorrosion

139 Brill, U.: Korrosion und Korrosionsschutz – Nickel, Cobalt und Nickel- und Cobalt-Basislegierungen, Krupp VDM GmbH, Werdohl, http//www.kruppvdm.de

140 Verband Deutscher Glasbläser: Unerwarteter Schaden an einer Glasrohrleitung; http://www.vdg-ev.org/technik/technik11.html

141 Clark, D. E., Zoitos, B. K. (Eds.): Corrosion of glass, ceramics and ceramic superconducters – Principles, testing, characterisation and applications, erschienen im Handbuch der Technischen Keramischen Werkstoffe. Herausgeber J. Kriegesmann. 56. Ergänzungslieferung März 2000

142 DIN EN 12 923-1, Norm, 2007-03: Hochleistungskeramik – Monolithische Keramik – Teil 1: Allgemeines zur Durchführung von Korrosionsprüfungen; Deutsche Fassung EN 12 923-1: 2006

Literatur zu Kapitel 8

1 Richtlinie 98/37/EG des Europäischen Parlaments und des Rates vom 22. Juni 1998 zur Angleichung der Rechts- und Verwaltungsvorschriften der Mitgliedstaaten für Maschinen (ABl. L 207 vom 23.7.1998, S. 1);
Richtlinie 2006/42/EG des Europäischen Parlaments und des Rates vom 17. Mai 2006 über Maschinen und zur Änderung der Richtlinie 95/16/EG (Neufassung), Amtsblatt der Europäischen Union L 157/24, 9.6.2006

2 Richtlinie 89/109/EWG des Rates vom 21. Dezember 1988 zur Angleichung der Rechtsvorschriften der Mitgliedstaaten über Materialien und Gegenstände, die dazu bestimmt sind, mit Lebensmitteln in Berührung zu kommen; Amtsblatt Nr. L 040 vom 11/02/1989 S. 0038–0044; Verordnung (EG) Nr. 1935/2004 des Europäischen Parlaments und des Rates vom 27. Oktober 2004 über Materialien und Gegenstände, die dazu bestimmt sind, mit Lebensmitteln in Berührung zu kommen und zur

Aufhebung der Richtlinien 80/590/EWG und 89/109/EWG, Amtsblatt der Europäischen Union L 338/4, 13.11.2004
3 Verordnung (EG) Nr. 852/2004 des Europäischen Parlaments und des Rates vom 29. April 2004 über Lebensmittelhygiene, Amtsblatt der Europäischen Union L 139/1, 30.4.2004
4 Richtlinie 2003/94/EG der Kommission vom 8. Oktober 2003 zur Festlegung der Grundsätze und Leitlinien der Guten Herstellungspraxis für Humanarzneimittel und für zur Anwendung beim Menschen bestimmte Prüfpräparate, Amtsblatt der Europäischen Union L 262/22, 14.10.2003
5 Code of Federal Regulations: Title 21 – Food and Drugs, Chapter I, Part 110 – Current Good Manufacturing Practice in Manufacturing, Packing, or Holding Human Food; Subpart A – General Provisions; Food and Drug Administration, Department of Health and Human Services
6 DIN EN 1672-2, Norm, 2005-07: Nahrungsmittelmaschinen – Allgemeine Gestaltungsleitsätze – Teil 2: Hygieneanforderungen; Deutsche Fassung EN 1672-2: 2005
7 DIN EN ISO 14 159, Norm, 2004-05: Sicherheit von Maschinen – Hygieneanforderungen an die Gestaltung von Maschinen (ISO 14 159: 2002); Deutsche Fassung EN ISO 14 159: 2004
8 EHEDG: Hygienic Design Criteria, Document Nr. 8, EHEDG Guideline, 1993; updated 2004
9 EHEDG: Hygienic design of closed equipment for the processing of liquid food, Document Nr. 10, EHEDG Guideline, 1993; updated 2006
10 EHEDG: Hygienic design of equipment for open processing, Document Nr. 13, EHEDG Guideline, 1996
11 DIN EN 1620, 10-1996: Biotechnik, Verfahren im Großmaßstab und Produktion, Gebäude entsprechend dem jeweiligen Gefährdungsgrad, Deutsche Fassung EN 1620:1996

Literatur zu Kapitel 9

1 EHEDG: Hygienic equipment design criteria, Document 8, EHEDG, 1993, updated 2004
2 Hauser, G.: Konstruktive Problemzonen, Hochschulkurs Hygienic Design, Lehrstuhl für Maschinen und Apparatekunde, Technische Universität München, Nov. 2002
3 Hauser, G.: Recommandations on Hygienic Design of Open Processing, Processing/Automation, New Food, Vol. 1, Iss. 2, 1998
4 Richtlinie 98/37/EG des Europäischen Parlaments und des Rates vom 22. Juni 1998 zur Angleichung der Rechts- und Verwaltungsvorschriften der Mitgliedstaaten für Maschinen (ABl. L 207 vom 23.7.1998, S. 1);
Richtlinie 2006/42/EG des Europäischen Parlaments und des Rates vom 17. Mai 2006 über Maschinen und zur Änderung der Richtlinie 95/16/EG (Neufassung), Amtsblatt der Europäischen Union L 157/24, 9.6.2006

Literatur zu Kapitel 10

1 Schmidt, R.: Materialoberflächen und Sterilität. PROCESS (1999), Heft 11
2 Bongrand, P., Claesson, P. M., Curtis, A. S. G. (Eds.): Studying Cell Adhesion. Springer, Berlin/Heidelberg/New York 1994.
3 DIN EN ISO 4287, Norm, 1998-10: Geometrische Produktspezifikationen (GPS) – Oberflächenbeschaffenheit: Tastschnittverfahren – Benennungen, Definitionen und Kenngrößen der Oberflächenbeschaffenheit (ISO 4287: 1997); Deutsche Fassung EN ISO 4287: 1998
4 DIN EN ISO 11 562, Norm, 1998-09: Geometrische Produktspezifikationen (GPS) – Oberflächenbeschaffenheit: Tastschnittverfahren – Meßtechnische Eigenschaften von phasenkorrekten Filtern (ISO 11 562: 1996); Deutsche Fassung EN ISO 11 562: 1997
5 DIN EN ISO 13 565-3, Norm, 2000-08: Geometrische Produktspezifikation (GPS) – Oberflächenbeschaffenheit:

Tastschnittverfahren; Oberflächen mit plateauartigen funktionsrelevanten Eigenschaften – Teil 3: Beschreibung der Höhe von Oberflächen mit der Wahrscheinlichkeitsdichtekurve (ISO 13 565-3: 1998); Deutsche Fassung EN ISO 13 565-3: 2000
6 DIN EN ISO 1302, Norm, 2002-06: Geometrische Produktspezifikation (GPS) – Angabe der Oberflächenbeschaffenheit in der technischen Produktdokumentation (ISO 1302: 2002); Deutsche Fassung EN ISO 1302: 2002
7 DIN 17 440, Ausgabe 2001-03, Nichtrostende Stähle – Technische Lieferbedingungen für gezogenen Draht; DIN EN 10 088-2, Norm, 2005-09: Nichtrostende Stähle – Teil 2: Technische Lieferbedingungen für Blech und Band aus korrosionsbeständigen Stählen für allgemeine Verwendung; Deutsche Fassung EN 10 088-2: 2005
8 DIN 4766 (aus dem Verkehr gezogen): Teil 2, 1981, Oberflächenrauhigkeit in Beziehung zu Arten der Bearbeitung, Methoden; Erzielbare arithmetische Mittelwerte zwischen Spitzen und Tälern; Rz entsprechend DIN 4768 Teil 1
9 DIN EN 13 143, Norm, 2003-06: Metallische und andere anorganische Überzüge – Definitionen und Festlegungen, die die Porigkeit betreffen; Deutsche Fassung EN 13 143: 2003; Beabsichtigte Zurückziehung mit Ersatz zum 2008-04
10 EHEDG Guideline, Hygienic Equipment Design Criteria, Document 8, EHEDG, 1993; update 2004
11 DIN 10 502-1, Norm, 2000-11: Lebensmittelhygiene – Transportbehälter für flüssige, granulatförmige und pulverförmige Lebensmittel – Teil 1: Werkstoffe und konstruktive Merkmale
12 DIN 11 480, Milchwirtschaftliche Maschinen, Tanks und Apparate, Oberflächen, Juni 1992
13 VDMA 24432: Komponenten und Anlagen für keimarme oder sterile Verfahrenstechniken; Qualitätsmerkmale und Empfehlungen; Ausgabe 1992-11, VDMA-Empfehlung
14 DIN 11 866, Norm, 2008-01: Rohre aus nichtrostendem Stahl für Aseptik, Chemie und Pharmazie – Maße, Werkstoffe
15 Schmidt, R.: Comportement des matériaux dans les milieux biologiques – Applications en médecine et biotechnologie. Traité des Matériaux vol. 7, Presses Polytechniques et Universitaires Romandes (PPUR), Lausanne 1999.
16 Flemming, H.-C.: Biofilme, Biofouling und mikrobielle Schädigung von Werkstoffen. Habilitation Universität Stuttgart. München: Oldenbourg-Verlag, 1994, S. 1–65.
17 Schmidt, R.: Aggregation Kinetic of Saccharomyces cerevisiae on Solid Surfaces. Acta Biotechnologica 12 (1992) 3, pp. 237–246.
18 Timperley, D. A.: The Mechanism of Inplace Cleaning of Pipelines: A Practical and Theoretical Study, Second World Congress of Chemical Engineering, Montreal, Canada, Oct., 1981
19 Barthlott, W., Neinhuis, C.: Purity of the sacred lotus or escape from contamination in biological surfaces, Planta, 202, 1–8, 1997
20 Nachtigall, W.: Bionik, Grundlagen und Beispiele für Ingenieure und Naturwissenschaftler, Springer 1998
21 Schmidt, R.: Werkstoffverhalten in biologischen Systemen, 2. Aufl., VDI – Verlag, Düsseldorf, Springer 1999
22 Schmidt, R.: Mathematical Modeling of Destruction Mechanisms and Biofilm Reactions. ch. 5. In: E. Heitz, W. Sand, H.-G. Flemming (Eds.): Microbially Influenced Corrosion of Materials. Springer, Berlin/Heidelberg 1996, pp. 56–72.
23 Busscher, H. J. et al.: Adhesional aspects of dental calculus formation. Rec. Adv. in Study of the Dental Calculus, Oxford Univ. Press, Oxford 1989.
24 Informationsstelle Edelstahl Rostfrei: Die Verarbeitung von Edelstahl Rostfrei; Merkblatt Merkbatt 822, Düsseldorf, 3. überarbeitete Aufl., 2001; Informationsstelle Edelstahl Rostfrei, Borges: Die Verarbeitung von Edelstahl Rostfrei, Düsseldorf, 1. Aufl. Oktober (1995)
25 Flemming, H.-C.: Biofouling und Biokorrosion – die Folgen unerwünschter Biofilme, Chemie Ingenieur Technik (67) 11, 1995
26 Flemming, H. C., Wingender, J.: Biofilme – die bevorzugte Lebensform

der Bakterien, Biologie in unserer Zeit, Nr. 3, 31. Jahrg., 2001

27 EHEDG Guideline, Passivation of stainless steel, Document 18, EHEDG, 1998

28 DIN 8580, Norm, 2003-09: Fertigungsverfahren – Begriffe, Einteilung

29 Borges, W., Mitwirkung: Pießlinger-Schweiger, S.: Elektropolieren und Polieren nichtrostender Stähle, Informationsstelle Edelstahl rostfrei, Düsseldorf, 1. Aufl. Oktober (1995)

30 Pießlinger-Schweiger, S.: Elektropolieren hochwertiger funktioneller Edelstahloberflächen, Chemie-Technik, 12, Heft 4 (1983)

31 EHEDG: Hygienic Design of closed equipment for the processing of Liquid Food, Document 10, EHEDG, 1993, updated 2007

32 EHEDG: General hygienic design criteria for the safe processing of dry particulate materials, Document 22, EHEDG, 2001

33 Richtlinie 98/37/EWG des Rates zur Angleichung der Rechtsvorschriften der Mitgliedstaaten für Maschinen, Anhang 1, 2.1 Nahrungsmittelmaschinen, Juni 1998

34 DIN EN 1672-2, Norm, 2005-07, Nahrungsmittelmaschinen – Allgemeine Gestaltungsleitsätze – Teil 2: Hygieneanforderungen; Deutsche Fassung EN 1672-2: 2005

35 DIN EN ISO 14 159, Norm: 2004-05, Sicherheit von Maschinen – Hygieneanforderungen an die Gestaltung von Maschinen (ISO 14 159: 2002); Deutsche Fassung EN ISO 14 159: 2004

36 EHEDG: Hygienic Design of equipment for open processing, Document 13, EHEDG, 1996

37 Richtlinie 2006/42/EG des Europäischen Parlaments und des Rates vom 17. Mai 2006 über Maschinen und zur Änderung der Richtlinie 95/16/EG (Neufassung), Amtsblatt der Europäischen Union L 157/24, 9.6.2006

38 EHEDG: Hygienic Design of pumps, homogenisers and dampening devices, Document 17, EHEDG, 1998

39 Hauser, G.: Hygienic Building Design; New Food, Vol. 2, Iss. 2 (1999), S. 17–23

40 Informationsstelle Edelstahl Rostfrei: Schweißen von Edelstahl; Merkblatt 823, 3. Aufl. 2000, Düsseldorf

41 Merkblatt DVS 0504, Ausgabe 1988-04, Transport, Lagerung und Rücktrocknung umhüllter Stabelektroden

42 DVS 0920, Technische Regel, 2004-07: Wolfram-Inertgasschweißen (WIG) – Allgemeine Übersicht

43 DVS 0934, Technische Regel, Ausgabe 1994-03: WIG-Schweißen; Ausrüstung und Geräte

44 DIN EN 439, Norm, 1995-05: Schweißzusätze – Schutzgase zum Lichtbogenschweißen und Schneiden; Deutsche Fassung EN 439: 1994

45 Henon, B. K.: Orbital welding of stainless steel tubing for biopharmaceutical, food and dairy use, Sept. 1999, Arc Machines, Inc., Pacoima, California

46 DVS 2707, Ausgabe 1997-04, Plasmaschweißen – Verfahrensübersicht, Gasauswahl und Kennwerte zum Schweißen

47 DIN EN 1011-7, Norm, 2004-10: Schweißen – Empfehlungen zum Schweißen metallischer Werkstoffe – Teil 7: Elektronenstrahlschweißen; Deutsche Fassung EN 1011-7: 2004

48 DVS 0917, Technische Regel, 2006-10: Unterpulverschweißen austenitischer Stähle

49 DVS 3203-3, Technische Regel, Ausgabe 1990-01: Qualitätssicherung von CO_2-Laserstrahlschweißarbeiten; Laserstrahl-Schweißeignung von metallischen Werkstoffen

50 Lohmeyer, S.: Edelstahl, Eigenschaften, optimale Verarbeitung und Korrosionsschutz hochlegierter Stähle, Band 70, Kontakt & Studium, Werkstoffe, expert verlag, 1981

51 Henkel, G.: Hinweise zur Bildung, Entstehung und Wirkung von δ (Delta)-Ferrit in austenitischen Edelstahllegierungen (Werkstoffnummern 1.4404/1.4435), Aufsatz Nr. 32, Sonderdruck Dockweiler, 1999

52 EHEDG Guideline: Welding stainless steel to meet hygienic requirements; Document 9, EHEDG, 1993

53 DIN EN 1011-3, Norm, 2001-01: Schweißen – Empfehlungen zum Schweißen metallischer Werkstoffe – Teil 3: Lichtbogenschweißen von nichtrostenden Stählen; Deutsche Fassung EN 1011-3:2000

54 DIN 8536, Teil 3, Sicherung der Güte von Schweißnähten, 1975
55 ASME BPE-2002: Bioprocessing Equipment
56 DIN 1910, Teil 3: Schweißen, Schweißen von Kunststoffen, Verfahren, Sept. 1977
57 Bayer, Kunstoffschweißverfahren, www.plastics.bayer.de/AG/DE/technology/1206/5483/index.jsp
58 Fischer, G. F.: Wulst- und nutfrei Schweissen (WNF); www.piping.georgfischer.com/static_site/65/
59 Bayer AG: Laserdurchstrahlschweißen Bayer-Thermoplaste, Anwendungstechnische Informationen, Sept. 2001, plastics.bayer.de/pdf/A1142DE.PDF
60 Pfeifer, Jochen: Einfluss der Wasseraktivität sowie des Milieus zwischen Dichtungen und Dichtflächen auf die Hitzeinaktivierung von Mikroorganismen am Beispiel bakterieller Sporen, Dissertation, Fakultät für Brauwesen, Lebensmitteltechnologie und Milchwissenschaft, TU-München, 1992
61 Richtlinie 89/392/EWG des Rates (EG-Maschinen-Richtlinie) vom 14.06.1989 und Ergänzung vom 20.06.1991, European Community, Brussels
62 EHEDG Guideline: A method for the assessment of in-place cleanability of food processing equipment, Document 2, EHEDG, update 2000
63 FORCE Institute: Industrial applications of Helium Leak Test, December 1998, Vol. 3, No. 12; NDT.net; www.ndt.net/article/ecndt98/offshore/268/268.htm
64 EHEDG Guideline: A method for the assessment of bacteria tightness of food processing equipment, Document 7, EHEDG, 1990
65 ISO 3601-1, Ausgabe 2002-08; Systeme der Fluidtechnik; O-Ringe – Teil 1: Innendurchmesser, Querschnitte, Grenzabmaße und Größenkennzeichnung; Teil 2: Maße der Einbauräume für allgemeine Anwendungen; Teil 3: Kriterien der Güteabnahme
66 DIN 3771-1, Ausgabe 1984-12; Fluidtechnik; O-Ringe; Maße nach ISO 3601/1;
DIN 3771-4, Ausgabe 1984-12; Fluidtechnik; O-Ringe; Form- und Oberflächenabweichungen
67 EHEDG Guideline: Hygienic Pipe Couplings, Document 16, EHEDG, 1995
68 DIN 11 864-1, Norm, 2006-01: Armaturen aus nichtrostendem Stahl für Aseptik, Chemie und Pharmazie – Teil 1: Aseptik-Rohrverschraubung, Normalausführung; Teil 2: Aseptik-Flanschverbindung, Normalausführung; Teil 3: Aseptik-Klemmverbindung, Normalausführung
69 DIN 11 851, Ausgabe 1998-11, Armaturen für Lebensmittel, Chemie und Pharmazie – Rohrverschraubungen aus nichtrostendem Stahl – Ausführung zum Einwalzen und Anschweißen
70 ISO 2853, Ausgabe 1993-06; Rohrverschraubungen aus nichtrostendem Stahl für die Lebensmittelindustrie
71 ISO 2852, Publication date: 1993-06, Stainless steel clamp pipe couplings for the food industry
72 DIN 32 676, Ausgabe 2001-02; Armaturen für Lebensmittel, Chemie und Pharmazie – Klemmverbindungen für Rohre aus nichtrostendem Stahl – Ausführung zum Anschweißen
73 The Pharmaceutical Katalog: Tri Clamp Gasket Type Hyjoin, The Helen Group, www.heleon.nl/
74 Unilever: Betriebveröffentlichung, Hygienic Design (grünes Heft)
75 DIN 3760, Ausgabe 1996-09: Radial-Wellendichtringe
76 ISO 6194-3, Norm, 1988-11: Lippendichtungen für rotierende Wellen; Teil 3: Lagerung, Handhabung und Einbau
77 DIN 28 138, Ausgabe 2006-06, Teil 1: Gleitringdichtungen für Rührwellen; Rührwellen aus unlegiertem und nichtrostendem Stahl; Betriebsdaten, Einbaumaße;
Teil 2: Gleitringdichtungen für Rührwellen; Rührwellen aus Stahl, emailliert; Betriebsdaten, Einbaumaße;
78 DIN 28 138-3, Ausgabe 2006-06, Gleitringdichtungen für Rührwellen; Bezeichnung, Sperrflüssigkeits-, Kühl-, Kontroll- und Montageanschlüsse
79 (Norm-Entwurf) DIN EN 12 756, Ausgabe 1997-06; Gleitringdichtungen – Hauptmaße, Bezeichnung und Werkstoffschlüssel; Deutsche Fassung prEN 12 756:1997

80 EHEDG: Design of Mechanical Seals for hygienic and aseptic applications, Document 25, 2002
81 DIN 8593-0, Ausgabe 2003-09; Fertigungsverfahren Fügen – Teil 0: Allgemeines; Einordnung, Unterteilung, Begriffe
82 DIN 8593-7, Ausgabe 2003-09; Fertigungsverfahren Fügen – Teil 7: Fügen durch Löten; Einordnung, Unterteilung, Begriffe
83 DIN 8593-8, Ausgabe 2003-09; Fertigungsverfahren Fügen – Teil 8: Kleben; Einordnung, Unterteilung, Begriffe
84 Merkblatt 382: Das Kleben von Stahl und Edelstahl Rostfrei, 5. Aufl. 1998, Informationsstelle Edelstahl Rostfrei, Düsseldorf
85 DIN ISO 1891, Ausgabe 1979-09; Mechanische Verbindungselemente; Schrauben, Muttern und Zubehör, Benennungen
DIN ISO 1891, Norm-Entwurf, 2007-06: Mechanische Verbindungselemente – Benennungen (ISO/DIS 1891:2007)
86 DIN EN ISO 4762, Norm, 2004-06: Zylinderschrauben mit Innensechskant (ISO 4762: 2004); Deutsche Fassung EN ISO 4762: 2004
87 DIN EN ISO 4014, Ausgabe 2001-03, Sechskantschrauben mit Schaft – Produktklassen A und B (ISO 4014:1999); Deutsche Fassung EN ISO 4014:2000
88 Tillmann, W.: Neue Widerstandsmessungen an Oberflächenstörungen in der turbulenten Reibungsschicht, Forschungshefte für Schiffstechnik, Heft 2, 1953
89 DIN EN 12 854, Ausgabe 2003-09, Nahrungsmittelmaschinen – Rüsselmixer mit flexibler Welle – Sicherheits- und Hygieneanforderungen; Deutsche Fassung EN 12 854:2003
90 DIN 917, Ausgabe 2000-10, Sechskant-Hutmuttern, niedrige Form
91 DIN 1587, Ausgabe 2000-10, Sechskant-Hutmuttern, hohe Form
92 DIN EN 20 273, Ausgabe 1992-02, Mechanische Verbindungselemente; Durchgangslöcher für Schrauben (ISO 273: 1979); Deutsche Fassung EN 20 273: 1991
93 DIN 32 676, Ausgabe 2001-02, Armaturen für Lebensmittel, Chemie und Pharmazie – Klemmverbindungen für Rohre aus nichtrostendem Stahl – Ausführung zum Anschweißen
94 ISO 2339, Ausgabe 1986-11: Kegelstifte, ungehärtet
95 DIN EN 22 339, Ausgabe 1992-10: Kegelstifte, ungehärtet (ISO 2339:1986); Deutsche Fassung EN 22 339:1992
96 DIN EN ISO 2338, Ausgabe 1998-02: Zylinderstifte aus ungehärtetem Stahl und austenitischem nichtrostendem Stahl (ISO 2338:1997); Deutsche Fassung EN ISO 2338:1997
97 DIN 6885-1, Ausgabe 1968-08; Mitnehmerverbindungen ohne Anzug; Passfedern, Nuten, hohe Form
98 DIN 6892, Ausgabe 1998-11; Mitnehmerverbindungen ohne Anzug – Passfedern – Berechnung und Gestaltung
99 DIN 6885-3, Norm, 1956-02: Mitnehmerverbindungen ohne Anzug; Paßfedern, niedrige Form, Abmessungen und Anwendung
100 DIN 6888, Ausgabe 1956-08; Mitnehmerverbindungen ohne Anzug; Scheibenfedern, Abmessungen und Anwendung
101 ISO 3912, Ausgabe 1977-06; Scheibenfedern und Scheibenfedernuten
102 DIN ISO 14, Ausgabe 1986-12; Keilwellen-Verbindungen mit geraden Flanken und Innenzentrierung; Maße, Toleranzen, Prüfung; Identisch mit ISO 14, Ausgabe 1982
103 DIN 32 711, Ausgabe 1979-03; Antriebselemente; Polygonprofile P3G
104 DIN 116, Ausgabe 1971-12; Antriebselemente; Scheibenkupplungen, Maße, Drehmomente, Drehzahlen
105 Henzler: Rühraufgaben in der Biotechnologie, Mischen und Rühren, Grundlagen und moderne Praxis, VDI-GVC, Tagungsband, Baden-Baden, 23./24. Nov. 1998, S. 371-398
106 Dubbel Winkelgeschwindigkeit Kupplungen
107 EHEDG: Production and use of food-grade lubricants, Document 23, 2002

108 DIN 11 484, Norm, 1990-02: Milchwirtschaftliche Maschinen; Rührwerke; Anforderungen an die Reinigungsfähigkeit

109 Danfoss: Bauer Aseptic Drive, 2007, www.danfoss.com/Germany/BusinessAreas/Geared+Motors/Products

Literatur zu Kapitel 11

1 DIN EN 1672-2, Nahrungsmittelmaschinen – Allgemeine Gestaltungsleitsätze, Teil 2: Hygieneanforderungen, 2005-07, deutsche Fassung EN 1672-2:2005

2 DIN EN ISO 14 159: Sicherheit von Maschinen – Hygieneanforderungen an die Gestaltung von Maschinen (ISO 14 159: 2002), deutsche Fassung EN ISO 14 159, 2004

3 EHEDG: Hygienic design of equipment for open processing, Document No. 13, 1995, Second Editon 2005

4 EHEDG: Welding of Stainless Steel tubing in the food industry, Document No. 35, 2007

5 Richtlinie 2006/42/EG des Europäischen Parlaments und des Rates vom 17. Mai 2006 über Maschinen und zur Änderung der Richtlinie 95/16/EG (Neufassung)

Stichwortregister

Hygienische Produktionstechnologie. Gerhard Hauser
Copyright © 2008 WILEY-VCH Verlag GmbH & Co. KGaA, Weinheim
ISBN: 978-3-527-30307-3

Lightning Source UK Ltd.
Milton Keynes UK
UKOW07n1541280416

273149UK00009B/87/P

9 783527 303076